Chemische Technologie der Kunststoffe in Einzeldarstellungen

Herausgegeben von

Dipl.-Ing. Dr. techn. Franz Kainer

Polyvinylchlorid

und

Vinylchlorid-Mischpolymerisate

von

Dipl.-Ing. Dr. techn. Franz Kainer

Patentanwalt in Heidelberg

Mit 61 Abbildungen

Springer-Verlag

Berlin / Göttingen / Heidelberg

1951

ISBN 978-3-642-49108-5   ISBN 978-3-642-87891-6 (eBook)
DOI 10.1007/978-3-642-87891-6

Vorwort zur Sammlung.

In den letzten Jahren hat die Kunststofftechnik nicht nur in Deutschland, sondern in einem vielleicht noch größeren Ausmaße im Ausland einen ungeheuren Aufschwung genommen.

Eine Vielzahl neuer Kunststoffklassen wurde erschlossen, eine ebenso große Anzahl von Verfahren zu ihrer Herstellung und Anwendung ausgearbeitet. Hand in Hand mit dieser Entwicklung haben Forscher den Aufbau dieser Kunststoffe und die Gesetzmäßigkeiten ihrer Bildung zu ergründen versucht.

Diese Fülle von Arbeiten und Veröffentlichungen wissenschaftlichen und technischen Inhaltes, die Unzahl von Patenten bedingen es, daß selbst dem Kunststoffchemiker immer mehr der Überblick über sein Arbeitsgebiet verlorengeht. Er bedarf einer Übersicht über die wichtigsten Fortschritte in den einzelnen Kunststoffzweigen, die ihn gleichzeitig über die wesentlichsten Fortschritte in der Technologie der Kunststoffe orientiert.

Andererseits wird auch der auf einem Spezialgebiet der Kunststoffe arbeitende Chemiker oder Ingenieur eine eingehende Darstellung seines Arbeitsgebietes vermissen, die ihm das langwierige und zeitraubende Studium der Kunststoffliteratur, die bis heute bereits ungeheure Ausmaße angenommen hat, erleichtert bzw. erspart.

Es erscheint somit gerechtfertigt, eine Sammlung zu schaffen, die neben einer guten Übersicht über das gesamte Gebiet noch eine eingehende Darstellung einzelner Kunststoffe bzw. Kunststoffklassen bringt. Sie soll sowohl dem forschenden als auch Betriebschemiker, aber auch dem in der Kunststoffindustrie tätigen Ingenieur einen Überblick über sein Arbeitsgebiet vermitteln und ihn dazu anregen, weiter in dieses überaus reizvolle und interessante Gebiet einzudringen.

Auf Grund einer freundschaftlichen Übereinkunft wird diese Sammlung nunmehr vom Springer-Verlag weitergeführt.

Der Herausgeber.

Dipl.-Ing. Dr. techn. Franz Kainer
Patentanwalt.

Vorwort.

Von den vollsynthetischen, durch Polymerisation aus einfachen Bausteinen gewonnenen Kunststoffen besitzen das Polyvinylchlorid und seine abgewandelten Formen, wie nachchloriertes Polyvinylchlorid und Vinylchlorid-Mischpolymerisate, wohl die größte Bedeutung.

In Polyvinylchlorid und Vinylchlorid-Mischpolymerisaten stehen der Industrie und dem Gewerbe Stoffe zur Verfügung, deren Anwendungsmöglichkeiten auf den verschiedensten Gebieten der Technik und Bedarfsgüter gar nicht abzusehen sind. Schon heute gibt es kaum ein Gebiet in der Technik oder in modischen Artikeln oder Gegenstände des täglichen Bedarfs, in das Polyvinylchlorid oder Polyvinylchloridmassen nicht irgendwie hereinspielen.

Diese hervorragende Stellung innerhalb der großen Klasse der Kunststoffe ist vor allem auf die wertvollen Eigenschaften dieser Polymerisate zurückzuführen; seine Verwendung als Kunststoff verdankt das Polyvinylchlorid nicht zuletzt auch dem Umstand, daß es in Mischung mit Weichmachern weichgummiähnliche Eigenschaften besitzt, ohne die Nachteile des Weichgummis selbst aufzuweisen.

Die Herstellung und Verarbeitung von homogenen oder heterogenen Polymerisaten des Vinylchlorids hat in den letzten Jahren einen ungeahnten Aufschwung gerade im Ausland genommen, während in Deutschland, dem Geburtslande dieser Kunststoffklasse, die Entwicklung durch den Krieg und dessen Folgen schwer gehemmt wurde.

Die Herstellung der heute schon bedeutenden Mengen dieser Polyvinylchlorid-Kunststoffe setzt nicht nur die Entwicklung wirtschaftlicher Verfahren zur Herstellung der monomeren Verbindung, sondern auch die Beherrschung der Polymerisationsverfahren voraus. Es bedurfte jahrelanger Forschertätigkeit, um technisch brauchbare Verfahren sowohl zur Herstellung des Vinylchlorids als auch zur Polymerisation dieser interessanten Verbindung zu entwickeln. Nicht minder umfangreich waren die Arbeiten, die geleistet werden mußten, um dem Polyvinylchlorid oder den dieses enthaltenden Kunststoffmassen den Weg zur Anwendung zu ebnen.

Eine zusammenfassende Behandlung dieser wertvollen Kunststoffe auf Polyvinylchlorid-Basis lag bisher, wenn man von der Darstellung in dem vom Verfasser vor Jahren herausgegebenen Werk: „Kurzes Handbuch der Polymerisationstechnik" absieht, nicht vor. Diese Lücke soll die vorliegende Arbeit schließen.

Nach einer Darstellung der auf die technische Herstellung von Vinylchlorid Bezug nehmenden Verfahren in der Einleitung werden im ersten Teil die verschiedenen Verfahren zur Herstellung von homogenen

und heterogenen Polymerisaten des Vinylchlorids, die Nachbehandlung,
wie Chlorierung, Stabilisierung, Härtung, Weichmachung und Plastizierung, dieser Polymerisate und die durch Verarbeiten mit anderen
Kunst- oder Naturstoffen erhaltenen modifizierten Polyvinylchlorid-
Massen behandelt.

Anschließend werden die chemische Zusammensetzung und die Eigenschaften dieser Kunststoffe, sowie das für den technischen Einsatz so
wichtige Verhalten gegenüber Wasser, Lösungsmitteln und Chemikalien
besprochen.

Die derzeit noch im Fluß befindliche und nicht abgeschlossene
chemische und physikalische Untersuchung von Polyvinylchlorid und
Vinylchlorid-Mischpolymerisaten sind im dritten Teil zusammengefaßt.

Nach einem kurzen Eingehen auf die chemische Umsetzung von Polymerisaten oder Mischpolymersiaten des Vinylchlorids werden die Herstellung der zur weiteren Verarbeitung erforderlichen Lösungen, Emulsionen, Pasten u. dgl. eingehend beschrieben.

Die für den Einsatz von Polyvinylchlorid-Massen so wichtigen Verformungsverfahren, und zwar sowohl die spanabhebende als auch die
spanlose Verformung, sind im vierten Teil ausführlich behandelt und
ebenso die Verfahren, welche die Herstellung von besonderen Formkörpern, wie Schwämme, Schläuche, Rohre, Folien, Filme, Platten,
Fäden, Fasern usw., ermöglichen. Anschließend werden die bei den
thermoplastischen Polyvinylchlorid-Massen anwendbaren Schweißverfahren besprochen.

Der fünfte Teil soll schließlich die verschiedensten Anwendungsmöglichkeiten der Polyvinylchlorid-Kunststoffe aufzeigen.

Bei dem Umfang dieser Monographie ist es verständlicherweise unmöglich, zu all den behandelten Arbeitsweisen, Verfahren usw. kritisch
Stellung zu nehmen; schon deshalb, weil viele der neuen Vorschläge noch
nicht praktisch erprobt sind. Wo aber eine solche kritische Überprüfung
bereits stattgefunden hat und trotz des Bestrebens nach Zurückhaltung
der gewonnenen Erkenntnisse auch offenbart wurde, wurde diese mit
berücksichtigt.

Trotz dieser Einschränkung hofft der Verfasser mit der vorliegenden
Arbeit allen Chemikern, Ingenieuren, Technikern und Forschern, die sich
mit der Herstellung und Anwendung dieser interessanten Kunstoffe befassen oder befassen wollen, ein anschauliches Bild über diese Kunststoffklasse gegeben zu haben.

Die Literatur konnte bis etwa Mitte 1950 berücksichtigt werden.

Bei der Durchsicht des Manuskripts wurde der Verfasser von Frau
Ilse Wagenknecht und beim Lesen der Korrekturen von seiner Frau Irene
unterstützt, für welche Hilfe auch an dieser Stelle der Dank ausgesprochen werden soll.

Besonderen Dank ist der Verfasser dem Springer-Verlag schuldig,
der mit der Übernahme der Sammlung auch für einen würdigen äußeren
Rahmen gesorgt hat.

Der Verfasser.

Inhaltsverzeichnis.

Einleitung.

Seite

I. Vinylchlorid 1
   A. Herstellung. 1
     Durch Chlorwasserstoffabspaltung S. 2. — Durch Chlorwasserstoff-
     anlagerung S. 7. — Durch Umsetzung von Acetylen mit Dichloräthan
     S. 18. — Durch Chlorieren von Äthylen oder Äthan S. 19.
   B. Reinigung 19
   C. Lagerung 20

Erster Teil.

Herstellung von Polyvinylchlorid, Vinylchlorid-Mischpolymerisaten und polyvinylchloridhaltigen Massen.

I. Polymerisation von Vinylchlorid 21
   A. Polymerisationsmechanismus 21
   B. Polymerisationsgeschwindigkeit 22
   C. Molekulargewicht und Polymerisationsgrad 23
   D. Struktur von Polyvinylchlorid 24

II. Polymerisationsverfahren 27
   A. Lichtpolymerisation 27
   B. Druck-Wärme-Polymerisation 29
   C. Katalytische Polymerisation 30
   D. Lösungspolymerisation 37
   E. Emulsionspolymerisation 41
     In wäßriger Phase S. 42. — In nichtwäßriger Phase S. 51. — Auf-
     arbeitung der Polyvinylchlorid-Emulsion S. 52.
   F. Suspensions-Polymerisation 53
   G. Besondere Polymerisations-Verfahren 54
     Niedermolekulares Polyvinylchlorid S. 54. — Lösliche und unlös-
     liche Polyvinylchloride S. 55. — Pulverförmiges Polyvinylchlorid
     S. 58.

III. Mischpolymerisation von Vinylchlorid 59
   A. Mit Kohlenwasserstoffen 63
     Acetylenkohlenwasserstoffe S. 63. — Butadienkohlenwasserstoffe
     S. 63. — Divinylbenzol S. 66. — Äthylen S. 66. — Höhere Olefine S. 70.
     — Styrol S. 70. — Acenaphthylen S. 73. — Aromatische Kohlen-
     wasserstoffe S. 73. — Heterocyclische Kohlenwasserstoffe S. 73.
   B. Mit Halogenkohlenwasserstoffen 73
     Halogen-2-butadien-1, 3 S. 73. — Vinylfluorid S. 74. — Vinyliden-
     chlorid S. 76. — 1-Chlor-1-bromäthylen S. 81. — Trichloräthylen
     S. 81. — Fluoräthylene S. 81. — Allyl- oder Methallylchlorid S. 83. —
     Methacrylylfluorid S. 83. — Halogenstyrole S. 83.
   C. Mit Alkoholen und Äthern 83
     Vinylakohol S. 83. — Vinylphenol S. 84. — Vinylalkyläther S. 84.
     Ungesättigte Äther S. 85. — 1, 3-Dioxolan S. 86.
   D. Mit Ketonen und Oxoverbindungen 86
     Vinylketone S. 86. — Olefinische Oxoverbindungen S. 86.
   E. Mit Amiden und Lactamen 87
     Vinylsulfamide S. 87. — N-Vinyllactame S. 87.

F. Mit Säuren und Säurederivaten 87
Acethylencarbonsäuren S. 87. — Vinylester S. 87. — Vinylester
ungesättigter Säuren S. 97. — α, β-ungesättigte Ester von Carbon-
und Orthocarbonsäuren S. 97. — Ungesättigte Säuren oder ihre
Derivate S. 98. — Acrylsäure oder deren Derivate S. 98. — Methacryl-
säureester S. 104. — Fettsäureester S. 107. — Fette, Öle S. 107. —
Alkylidenacetessigester S. 108. — Olefindicarbonsäuren oder deren
Derivate S. 108. — Aconitsäureester S. 113. — Olefinpolycarbonsäuren
S. 114. — Säureanhydride S. 114. — Ungesättigte Alkydharze S. 115.
IV. Polyvinylchloride und Vinylchlorid-Mischpolymerisate des
Handels 116
V. Nachbehandlung von Polyvinylchlorid und Vinylchlorid-
Mischpolymerisaten 120
A. Nachchlorierung 120
B. Stabilisierung 125
C. Härtung 140
D. Vulkanisierung 144
E. Weichmachung 145
Weichmachungsmittel S. 145. — Weichmachermenge S. 179. — Aus-
wahl der Weichmacher S. 180. — Einarbeiten der Weichmacher S. 183.
F. Plastizierung 190
VI. Polyvinylchloridhaltige Massen 191
A. Mit Polymerisat-Kunststoffen 192
Butadien-Polymerisate S. 192. — Butadien-Mischpolymerisate S. 193.
— Polyvinylbenzol S. 195. — Polyisoolefine S. 196. — Polystryol
S. 196. — Polyvinylidenchlorid S. 196. — Polyvinyläther S. 196. — Poly-
acrylsäure S. 196. — Polyacrylsäure- oder Methacrylsäureester S. 197.
B. Mit Polyamiden 197
C. Mit Alkydharzen und linearen Polyester 198
D. Mit Phenol-Aldehyd-Harzen 199
E. Mit Formaldehyd-Harnstoff-Harzen 200
F. Mit Formaldehyd-Terpen-Reaktionsprodukten 200
G. Mit Melamin-Formaldehyd-Harzen 200
H. Mit Ketonharzen 200
I. Mit Kolophoniumestern 200
K. Mit Naturkautschuk 200
L. Mit Kohlenwasserstoffen 201

Zweiter Teil.
**Zusammensetzung und Eigenschaften von Polyvinylchlorid und
Vinylchlorid-Mischpolymerisaten.**

I. Chemische Zusammensetzung 202
II. Chemische Beständigkeit 204
A. Wasserbeständigkeit 204
B. Lösungsmittelbeständigkeit 205
Von Polyvinylchlorid S. 202. — Von Vinylchlorid-Mischpolymeri-
saten S. 206. — Von weichgestellten Polyvinylchlorid S. 207.
C. Chemikalienbeständigkeit 208
Von weichmacherfreien Polymerisaten oder Mischpolymerisaten des
Vinylchlorids S. 209. — Von weichgestellten Polymerisaten oder
Mischpolymerisaten des Vinylchlorids S. 214.
D. Verhalten gegenüber Abgasen und aggressiven Gasen 218
III. Physikalische Eigenschaften 220
A. Farbe 220
B. Fluoreszenzfarbe 220
C. Mechanische Eigenschaften 221
IV. Thermische Eigenschaften 223
V. Elektrische Eigenschaften 224
VI. Physiologisches Verhalten 227

Seite

Dritter Teil.

Untersuchung von Polyvinylchlorid und Vinylchlorid-Mischpolymerisaten.

I. Untersuchung von Polyvinylchlorid 228
   A. Chemische Untersuchung 228
      Qualitative Untersuchung S. 228. — Quantitative Untersuchung
      S. 229.
   B. Bestimmung der Stabilität 233
      Bestimmung der chemischen Stabilität S. 233. — Bestimmung der
      thermischen Stabilität S. 234.
   C. Bestimmung des Molekulargewichtes 237
      Bestimmung der Viskosität S. 237. — Bestimmung des K-Wertes
      S. 238. — Bestimmung der M-Zahl S. 240.
   D. Physikalische Untersuchung 240
   E. Technologische Untersuchung 241

II. Untersuchung von weichgestelltem Polyvinylchlorid 245
   A. Chemische Untersuchung 245
   B. Bestimmung der physikalischen Eigenschaften 248

III. Untersuchung von weichmacherhaltigen Kabelmassen . . . 250
   A. Bestimmung des Weichmachergehaltes 251
   B. Bestimmung der Stabilisier- und Emulgiermittel 251
   C. Bestimmung des Füllstoffgehaltes 251
   D. Bestimmung des Polyvinylchloridgehaltes 251

IV. Untersuchung von Polyvinylchlorid-Pasten 252
   A. Bestimmung der Viskosität 252
   B. Bestimmung des Fließverhaltens 252

Vierter Teil.

Verarbeitung von Polyvinylchlorid und Vinylchlorid-Mischpolymerisaten.

I. Chemische Umsetzung von Polyvinylchlorid oder Vinyl-
   chlorid-Mischpolymerisaten 253
   A. Mit Aldehyden 253
   B. Mit Ketonen oder Ketonacetalen 254
   C. Mit Hydroxylamin 254
   D. Mit Eiweißstoffen 254
   E. Mit Säuren 254
   F. Veresterung 255
   G. Umesterung 255
   H. Verseifung 255

II. Mechanische Verarbeitung von Polyvinylchlorid und Vinylchlorid-Mischpolymerisaten 257
   A. Verarbeitungsformen von Polyvinylchlorid oder Vinylchlorid-
      Mischpolymerisaten 257
      Lösungen von Vinylchlorid-Polymerisaten oder -Mischpolymerisaten
      S. 257. — Polyvinylchlorid-Emulsionen S. 262. — Polyvinylchlorid-
      Dispersionen S. 263. — Reversibel dispergierbares Polyvinylchlorid
      S. 265. — Polyvinylchlorid-Pasten S. 266. — Glasartiges Polyvinyl-
      chlorid S. 273. — Pulverförmiges Polyvinylchlorid S. 273. — Poröses
      Polyvinylchlorid S. 275. — Gefärbtes Polyvinylchlorid S. 277. —
      Füllstoffhaltiges Polyvinylchlorid S. 279.

III. Verformung von Polyvinylchlorid oder Vinylchlorid-Misch-
   polymerisaten 280
   A. Spanabhebende Formung 280
   B. Spanlose Verformung 282
      Verformung während der Polymerisation S. 283. — Verformung
      nach der Polymerisation S. 284. — Formkörper aus Polyvinylchlorid
      und anderen Kunststoffen S. 307.

IV. Besondere Formkörper 309
  A. Herstellung von Hohlkörpern. 309
    Nach dem Tauchverfahren S. 309. — Nach dem Gießverfahren
    S. 313. — Nach dem Blasverfahren S. 314. — Nach dem Wickel-
    verfahren S. 314. — Nach dem Preßverfahren S. 314.
  B. Herstellung von aufblasbaren Formkörpern 315
  C. Herstellung von Schwämmen 316
  D. Herstellung von Schläuchen 318
  E. Herstellung von Rohren 323
  F. Herstellung von Stäben 330
 V. Platten 331
VI. Filme, Folien und Bänder 334
  A. Herstellung von weichmacherfreien Folien 335
    Aus Lösungen S. 335. — Aus lösungsmittelhaltigen Pasten S. 337. —
    Nach dem Celluloidverfahren S. 339. — Aus wäßrigen Emulsionen
    oder Pasten S. 340. — Nach dem Walzverfahren S. 342. — Nach
    dem Schmelzverfahren S. 345.
  B. Herstellung von weichmacherhaltigen Folien 345
  C. Veredlung von Folien 351
    Feuchtigkeitsfeste Filme S. 352. — Nichtklebende Filme S. 352. —
    Licht- und wärmebeständige Folien S. 352. — Mechanisch wider-
    standsfähige Folien S. 354. — Farblose Folien S. 359. — Elektrisch
    nicht erregbare Folien S. 361. — Nicht einreißbare Filme oder Fo-
    lien S. 362. — Gefärbte oder bedruckte Folien S. 363.
  D. Eigenschaften von Folien 364
  E. Mischfolien 368
VII. Fäden, Fasern und Garne. 370
  A. Herstellung 372
    Aus vorgeformten Massen S. 372. — Aus Schmelzen S. 373. — Aus
    Lösungen S. 375.
  B. Veredlung 382
  C. Färben von Polyvinylchlorid-Fasern. 387
  D. Eigenschaften 391
  E. Mischfäden 393
    Homogene Mischfäden S. 394. — Heterogene Mischfäden S. 395.
  F. Stapelfaser 397
  G. Schnüre 398
VIII. Gewebe 399
  A. Polyvinylchlorid-Gewebe 399
  B. Färben Polyvinylchlorid-Geweben 400
  C. Mischgewebe 401
IX. Verbinden von Formteilen aus Polyvinylchlorid 402
  A. Schweißen 402
    Autogene Schweißung S. 402. — Kontaktschweißung S. 407. —
    Hochfrequenzschweißung S. 408.

Fünfter Teil.

Anwendung von Polyvinylchlorid oder Vinylchlorid-Mischpolymerisaten.

  I. Papierindustrie 410
  A. Veredlung von Papier 410
  B. Veredlung von Pappe 412
 II. Filmindustrie 412
III. Textilindustrie 414
  A. Veredlung von Textilgeweben 414
    Appretieren von Geweben S. 414. — Imprägnieren von Geweben
    S. 415. — Kaschieren von Geweben S. 420. — Doublierte Ge-
    webe S. 424. — Färben von Geweben S. 425. — Bedrucken von
    Geweben S. 425.

Seite

B. Dauerwäsche 425
C. Steifgewebe 426
D. Ballon- und Flugzeugbespannstoff 428

IV. Bekleidungsindustrie 429
A. Verarbeitung von imprägnierten Geweben 429
B. Verarbeitung von kaschierten Geweben 430
C. Verarbeitung von Polyvinylchlorid-Folien 430
D. Verarbeitung von Polyvinylchlorid-Geweben 436

V. Filz- und Wachstuchindustrie 437
A. Filze 437
B. Wachstuch 437

VI. Bürstenindustrie 438
A. Borsten 438

VII. Fischereigewerbe 441

VIII. Tapeziergewerbe 442
A. Polstermaterial 442
B. Dekorationsmaterial 443

IX. Kunstlederindustrie 444
A. Herstellung 444
   Von trägerfreiem Kunstleder S. 447. — Von faservlieshaltigem
   Kunstleder S. 449. — Von trägerhaltigem Kunstleder S. 450. —
   Von polyvinylchloridhaltigem Kunstleder S. 454.
B. Kunstleder-Erzeugnisse 455

X. Lederindustrie 457

XI. Schuhindustrie 458
A. Schnürriemen 458
B. Schuhkappen und Schuhfutter 459
C. Randleder 459
D. Besatzbänder und Schuhbesatz 460
E. Kleben von Schuhsohlen 460
F. Veredlung von Sohlenmaterial 461
G. Herstellung von Sohlen 462
H. Schuhoberteil 467
I. Schuhabsätze 468
K. Schuhwerk 468

XII. Lack- und Farbenindustrie 470
A. Herstellung von Lacken 471
   Lacklösungen S. 471. – Lackemulsionen S. 479. – Lackpasten S. 481.
B. Anwendung von Lacken 482
   Lackierung von Kautschukoberflächen S. 482. — Überzüge auf
   Vulkanfiber S. 483. — Flugzeuglacke S. 484. — Lackieren von
   Metalloberflächen S. 484.
C. Mischlacke 490
D. Anstrichfarben 494
E. Leuchtfarben 495

XIII. Klebstoff- und Kittindustrie 496
A. Klebstoffe 496
B. Klebestreifen und Klebefolien 500
C. Kitte 502

XIV. Verpackungsindustrie 502
A. Lackieren von Verpackungsmaterialien 503
B. Kaschierte Verpackungshüllen 505
C. Verpackungsbehälter aus Faserstoffen 508
D. Verpackungsfolien 509
E. Verpackungsbehälter aus Polyvinylchlorid-Folien 513
F. Verpackungsbehälter aus Polyvinylchlorid-Geweben 515
G. Behälterverschlüsse 516

XV. Bürobedarf 518
    A. Bleistifthüllen 518
    B. Farbbänder 519
    C. Schreibmaschinenwalzen und -hüllen 519
    D. Radiermassen 519
    E. Stempelkissen 519
    F. Schilder 519

XVI. Graphisches Gewerbe und Photographie 521
    A. Diazotypie 522
    B. Photolithographie 522
    C. Photomeschanische Druckverfahren 522
    D. Photographie 523
    E. Konservieren von Zeichnungen und Dokumenten 524

XVII. Chemische Industrie 525
    A. Veredlung von Mineralölprodukten 525
    B. Pflanzenschutzmittel 526
    C. Kunststoffindustrie 527
       Formenmaterial und Formenabdruckmasse S. 527.
    D. Sprengtechnik 528

XVIII. Glasindustrie 528
    A. Sicherheitsglas 528
    B. Organisches Glas 530
    C. Optisches Glas 532

XIX. Korrosionsschutz 532
    A. Behälterauskleidung 533
    B. Metallrohrisolierung 539
       Rohrumkleidung S. 540. — Rohrauskleidung S. 542.
    C. Apparate- und Maschinenschutz 542

XX. Apparatebau 543
    A. Rohrverarbeitung 544
       Rohrbiegen S. 544. — Rohrverbindungen S. 549. — Rohrverbin-
       dungselemente S. 546. — Armaturen S. 547. — Rorhleitungen
       S. 547.
    B. Isoliermaterial 550
    C. Filter und Siebe 550
    D. Diaphragmen und Dialysenmembranen 556
    E. Dichtungen und Manschetten 557
    F. Treibriemen und Transportbänder 561

XXI. Maschinenindustrie 562
    A. Gießerei 562
    B. Elektrolytische Verchromung 563
    C. Elektroden 564

XXII. Elektroindustrie 564
    A. Elektrische Isolierstoffe 564
    B. Isolierung von Drähten und Leitern 573
       Lackdrähte S. 577.   Umspritzte Drähte S. 577. — Folienisolierte
       Drähte S. 580. — Umflechten der Drähte S. 586. — Schlauch-
       isolierte Drähte S. 586. — Ausbessern von Fehlerstellen von iso-
       lierten Drähten S. 587.
    C. Kabelisolierung 588
       Abstandhalter S. 592. — Kabelhüllen S. 594. — Kabelzubehör-
       teile S. 600.
    D. Isolatoren 601
    E. Spulenisolation 601
    F. Elektroden 601
    G. Widerstände 602

Seite

H. Magnetische Massenkerne 602
I. Kondensatoren 602
K. Dynamomaschinen 603
L. Akkumulatoren 604
M. Trockenelemente 605
N. Elektrogeräte 605
O. Schirme für Transparentprojektion 606
P. Kapselmikrophone und Lautsprechermembranen 606

XXIII. Baugewerbe 607
A. Preßholz 607
B. Wandbelag 607
C. Fußbodenbelag 607
D. Straßenbelag . . . . — 612
E. Dichtungsmassen 613

XXIV. Medizin 614
A. Humanmedizin 614
B. Dentaltechnik 616

XXV. Verschiedene Anwendungen 619
A. Geformte Reinigungsmittel 619
B. Schleifmittel 619
C. Reibflächen für Zündhölzer 620
D. Zündkerzen 620
E. Fahrzeugschläuche und Fahrzeugreifen 621
F. Tonwiedergabe 622
    Schallplatten S. 622. — Magnetophonträger S. 630.
G. Kinderspielzeug und Reklamefiguren 631

Patentverzeichnis 632

Namenverzeichnis 654

Sachverzeichnis 667

Einleitung.

I. Vinylchlorid.

Die als Ausgangsstoff für Polyvinylchlorid und alle dieses enthaltende Mischpolymerisate dienende Verbindung, das *Chloräthen*, auch *Chloräthylen*, meist aber als *Vinylchlorid* bezeichnet, kann als Salzsäureester des in monomerer Form unbekannten *Vinylalkohols* angesehen werden.

Das Vinylchlorid besitzt die Bruttoformel

$$C_2H_3Cl$$

und die Konstitutionsformel

$$CH_2{=}CHCl.$$

Das Vinylchlorid ist bei gewöhnlicher Temperatur ein Gas, das sich bei normalem Druck bei einer Temperatur von —13,9° zu einer farblosen Flüssigkeit kondensieren läßt.

A. Herstellung.

Der erste Chemiker, dem die Synthese von Vinylchlorid gelang, dürfte REGNAULT gewesen sein, der diese Verbindung im Rahmen seiner Untersuchungen über chlorierte Kohlenwasserstoffe bereits im Jahre 1835 herstellte, und zwar durch Chlorwasserstoffabspaltung aus *Dichloräthan*.

Das zweite grundlegende Verfahren zur Herstellung von Vinylchlorid hat F. KLATTE bei der Firma Chemische Fabrik Griesheim Elektron etwa 80 Jahre später entwickelt. Bei diesem Verfahren erfolgt die Bildung von Vinylchlorid durch direkte Anlagerung von Chlorwasserstoff an *Acetylen*.

Diese beiden Herstellungsweisen von Vinylchlorid wurden im Laufe der Zeit in verschiedener Hinsicht abgewandelt und technisch verbessert, wie die nachstehende Übersicht erkennen läßt[1].

Als Quelle für den zur Anlagerung an Actylen erforderlichen Chlorwasserstoff ist auch Dichloräthan vorgeschlagen worden, welches unter bestimmten Bedingungen umgesetzt, mit Acetylen ebenfalls Vinylchlorid liefert.

Schließlich sind auch Verfahren bekanntgeworden, nach welchen man unter bestimmten Arbeitsbedingungen bei der Chlorierung von *Äthylen* oder *Äthan* direkt Vinylchlorid erhalten kann.

---

[1] KAINER, F.: Kolloid-Z. **113**, 121 (1949).

1. Durch Chlorwasserstoffabspaltung.

a) Aus Dichloräthan.

Die Abspaltung von Chlorwasserstoff kann beim Dichloräthan entweder durch alkalische Verseifung oder mit Hilfe von geeigneten Katalysatoren, unter Umständen aber auch durch Erhitzen auf hohe Temperaturen erfolgen.

Auf diese Weise kann man sowohl vom *1,2-Dichloräthan* als auch vom *1,1-Dichloräthan* ausgehend Vinylchlorid erhalten.

α) Alkalische Verseifung. Aus dem durch Anlagerung von Chlor an Äthylen erhaltenen 1,2-Dichloräthan hat bereits REGNAULT[1] bei der Behandlung mit alkoholischer Kalilauge Vinylchlorid gemäß der Gleichung

$$CH_2Cl—CH_2Cl + KOH \rightarrow CH_2=CHCl + H_2O + KCl$$

dadurch erhalten, daß er das Gemisch von 1,2-Dichloräthan und alkoholischer Kalilauge 4 Tage lang stehenließ und dann erwärmte.

Später haben A. WÜRTZ und FRAPOLLI[2] gefunden, daß auch 1,1-Dichloräthan mit Natriumäthylat nach der Gleichung

$$CH_3—CHCl_2 + CH_3 \cdot CH_2ONa \rightarrow CH_2=CHCl + CH_3CH_2OH + NaCl$$

zu Vinylchlorid verseift werden kann.

In der Folge ist diese Verseifung von Dichloräthan zu Vinylchlorid mehrfach untersucht worden.

Nach der von I. OSTROMYSSLENSKI[3] vorgeschlagenen Arbeitsweise erhält man Vinylchlorid wie folgt:

Zu 100 g 90prozentigem Natriumhydroxyd in 150 ccm Wasser werden 100 g 1,2-Dichloräthan und 160 ccm 96prozentiger Äthylalkohol zugesetzt. Beim Kochen entwickelt sich Vinylchlorid in einer Ausbeute von 85 Prozent der Theorie.

Bei der Abspaltung von Chlorwasserstoff aus 1,2-Dichloräthan mit säurebindenden Mitteln, wie z. B. Natriumhydroxyd oder Kaliumhydroxyd, soll zweckmäßig in Gegenwart von Methylalkohol gearbeitet werden, da dieser besser wasserfrei zu halten ist als Äthylalkohol und auch Natriumhydroxyd besser löst.

Zur Herstellung von Vinylchlorid durch alkalische Verseifung von Dichloräthan sind später verschiedene Verfahren entwickelt worden.

Nach W. P. KOMAROW, P. I. PAWLOWITSCH und S. B. KOROTKEWITSCH[4] wird Dichloräthan in wäßrig-alkoholischer Natronlauge vermischt und ein Teil der Mischung mittels eines Injektors in den Reaktionsraum eingeblasen, während der andere Teil im Reaktionsraum durch festes Natriumhydroxyd filtriert wird. Das gebildete Vinylchlorid wird ununterbrochen abgeführt und fraktioniert.

Bei der Gewinnung von Vinylchlorid aus Dichloräthan durch Einwirkung von Natron- oder Kalilauge in alkoholischer Lösung wird nach

---

[1] REGNAULT: Liebigs Ann. **14**, 30 (1835).
[2] WÜRTZ, A., u. FRAPOLLI: Liebigs Ann. **108**, 224 (1858).
[3] OSTROMYSSLENSKI, I.: J. Russ. Phys.-chem. Ges. **48**, 1143 (1916).
[4] KOMAROW, W. P., P. I. PAWLOWITSCH u. S. B. KOROTKEWITSCH: Russ.P. 51962.

einem anderen Vorschlag[1] in Gegenwart von Glykolen oder ihren Äthern, die noch eine freie Hydroxylgruppe enthalten, gearbeitet.

2,5 bis 3 kg Dichloräthan werden mit 25 g Diäthylenglykolmonoäthyläther versetzt und 1 kg gekörntes Natrium portionsweise eingetragen. Dabei entsteht Vinylchlorid, dessen Bildungsmenge mit dem Zusatz von Dichloräthan geregelt wird.

S. L. BROUS[2] erhitzt wieder 1,1-Dichloräthan bei Atmosphärendruck in Gegenwart von Wasser und einem flüchtigen, in Wasser löslichen Alkohol, wie Methylalkohol, mit konzentrierter Natronlauge, wobei der Natriumhydroxydgehalt der Lauge unterhalb der dem 1,2-Dichloräthan äquivalenten Menge liegt.

Die Verseifung von 1,2-Dichloräthan gelingt nach CH. O. YOUNG[3] auch durch Erhitzen mit wäßrigem Ätzalkali unter Druck.

Neben anderen Reaktionsprodukten wird ferner bei der Verseifung des Dichloräthans mittels Natriumcarbonatlösungen auch Vinylchlorid erhalten[4].

Für die großtechnische Gewinnung von Vinylchlorid kommen jedoch die vorbeschriebenen Verfahren nicht in Betracht.

β) Katalytische Chlorwasserstoffabspaltung. Einfacher und rascher läßt sich die Abspaltung von Chlorwasserstoff aus Dichloräthan auf katalytischem Wege erzielen[5].

Die Bildung von Vinylchlorid gelingt z. B. dann, wenn man 1,2-Dichloräthan mit Alkoholen oder deren funktionellen Derivaten bei höheren Temperaturen über *Aluminiumoxyd* oder aktivem *Tonerdegel* oder anderen *Oxyden*, z. B. des Thoriums, Titans, Zirkoniums, oder *Phosphate* oder *Borate* des Aluminiums, Silbers, Cadmiums, Zinns, Eisens, Chroms, Calciums, Urans leitet[6].

Bei Verwendung von Methylalkohol erfolgt diese Umsetzung nach der Gleichung

$$CH_2Cl—CH_2Cl + CH_3OH \rightarrow CH_2{=}CHCl + CH_3Cl + H_2O.$$

So erhält man z. B. aus 1,2-Dichloräthan und Methylalkohol beim Überleiten dieser Verbindungen über Aluminiumoxyd bei 290° Vinylchlorid neben Methylchlorid und Wasser.

D. PH. BAXTER, W. A. M. EDWARDS und R. M. WINTER[7] leiten wieder 1,2-Dichloräthan, mit der achtfachen Menge Wasserdampf verdünnt, mit einer großen Geschwindigkeit durch eine 800 bis 1000° heiße, mit Bimsstein gefüllte Reaktionskammer.

An Stelle von Wasserdampf können auch andere Verdünnungsmittel, z. B. Chlorwasserstoff, Stickstoff oder Kohlendioxyd, benützt werden.

---

[1] F.P. 885877, Union des Fabriques des Textiles Artificiels Fabelta Soc. An.

[2] A.P. 2041814, B. F. Goodrich Co.

[3] A.P. 1752049, Carbide and Carbon Chemicals Corp.

[4] KLEBANSKI, A. L., u. I. M. DOLGOPOLSKI: Chem. J. Ser. B. J. angew. Chem. 7, 790 (1934).

[5] KRCZIL, F.: Techn. Adsorptionsstoffe in der Kontaktanalyse, S. 239, 599. Leipzig 1938.

[6] F.P. 805563, I.G. Farbenindustrie A.G.

[7] E.P. 363009, Imperial Chemical Industries Ltd.

Bimsstein als Kontakt zur Chlorwasserstoffabspaltung von 1, 2-, aber auch von 1, 1-Dichloräthan hat im übrigen schon früher H. BILTZ[1] vorgeschlagen. Die Chlorwasserstoffabspaltung gelingt, wenn man die Dämpfe von Dichloräthan über diesen auf Rotglut erhitzten Kontakt leitet.

Bei der von J. B. SENDERENS[2] beschriebenen Arbeitsweise erfolgt die Abspaltung von Chlorwasserstoff aus 1, 2-Dichloräthan in Gegenwart von *Aluminiumoxyd* bei einer Temperatur von 350°.

Später hat die Firma I.G. Farbenindustrie A.G.[3] einen weit günstigeren Katalysator für diese Reaktion in *aktiver Kohle* festgestellt. An diesem Kontakt geht die Abspaltung eines Chlorwasserstoffmoleküls bei zufriedenstellender Geschwindigkeit schon bei einer Temperatur von 250° quantitativ vor sich. Arbeitet man bei höheren Temperaturen, z. B. 300 bis 350°, so kann in der gleichen Zeit in ein und demselben Kontaktraum ein Vielfaches an 1, 2-Dichloräthan umgesetzt werden.

In Gegenwart von *aktiver Kohle* nehmen auch J. C. VLUGTER, W. L. J. DE NIE und R. H. METTIVIER MEYER[4] die Clorwasserstoffabspaltung von 1, 2-Dichloräthan vor. Man leitet zu diesem Zwecke das Dichloräthan bei Temperaturen unterhalb 540°, z. B. bei 400 bis 410°, über Aktivkohle.

Als katalytisch besonders wirksam haben sich die mit Phosphorsäure oder bei Aktivierungstemperaturen Phosphorsäure abspaltenden Verbindungen aktivierten Kohlen erwiesen[5].

Zur Darstellung von Vinylchlorid führt man die Dämpfe von 1, 2-Dichloräthan zweckmäßig in einer das Umsetzungsvermögen der Aktivkohle jeweils übersteigenden Menge durch ein Kontaktrohr, das mit aktiver Kohle beschickt ist und auf einer Temperatur oberhalb 230° gehalten wird.

Bei einer Temperatur von 230° werden je Stunde und Liter Kontaktmasse etwa 10 bis 20 g Vinylchlorid gebildet, bei 300° dagegen etwa 110 bis 170 g.

Das nicht umgesetzte 1, 2-Dichloräthan wird durch Kondensation aus dem Vinylchlorid niedergeschlagen und in den Prozeß zurückgeführt. Aus den Reaktionsgasen wird der gebildete Chlorwasserstoff durch Auswaschen mit Wasser entfernt und das Vinylchlorid durch Tiefkühlung oder Aufnahme in einem Lösungsmittel gewonnen.

Die Herstellung von Vinylchlorid durch katalytische Abspaltung von Chlorwasserstoff aus 1, 2-Dichloräthan hat neuerdings in der Vereinigten Staaten von Nordamerika technische Bedeutung erlangt.

Als Ausgangspunkt dienen *Äthylen* oder *äthylenhaltige Gase*, wie solche bei der Destillation, bei der thermischen oder katalytischen Spaltung, bei der Synthese von Kohlenwasserstoffen u. dgl. Verfahren anfallen und neben Äthylen, Äthan, Methan und Stickstoff mitunter auch höhersiedende Kohlenwasserstoffe enthalten.

---

[1] BILTZ, H.: Ber. dtsch. chem. Ges. **35**, 3524 (1902).

[2] SENDERENS, J. B.: Bull. Soc. chim. France **(4)**, 3, 828 (1908) — C. r. Acad. Sci. Paris **146**, 1213 (1908).

[3] DRP. 585793, I.G. Farbenindustrie A.G.

[4] Holl.P. 59461, N. V. de Bataafsche Petroleum Mij.

[5] DRP. 371691, DRP. 408926, Farbwerke Höchst vorm. Meister, Lucius & Brüning.

Von diesen Äthylen enthaltenden Gasen ausgehend, stellt die Firma Shell Development Co.[1] in einem kombinierten Verfahren durch Chlorierung zunächst 1, 2-Dichloräthan her und führt dieses durch katalytische Chlorwasserstoffabspaltung in Vinylchlorid über.

In der ersten Chlorierungsstufe erfolgt zunächst die Anlagerung von 1 Molekül Chlor an die Doppelbindung von Äthylen unter Bildung von 1, 2-Dichloräthan, und zwar bei Temperaturen von 20 bis 150°, vorzugsweise 50 bis 100°. Chlor soll hierbei in solchen Mengen vorhanden sein, daß praktisch das gesamte Äthylen umgesetzt wird; ein Überschuß ist zu vermeiden. Die Chlorierung erfolgt bei gewöhnlichem oder erhöhtem Druck, z. B. bei 2 bis 15 Atmosphären im Gegensatz von Katalysatoren, hauptsächlich Calciumchlorid, allein oder zusammen mit Halogeniden von Barium, Strontium, Eisen, Kobalt, Kupfer, Blei, Molybdän, Aluminium, Antimon, zweckmäßig in feinverteilter oder granulierter Form und in Gegenwart von Trägern, wie *Bimsstein, Kieselsäuregel* oder *Kohle*.

Aus dem gebildeten 1, 2-Dichloräthan wird Chlorwasserstoff abgespalten, und zwar durch Erhitzen des Dichloräthans in Gegenwart von Kontaktstoffen, wie *Bimsstein, Quarz* oder *gebranntem Ton*. Hierbei wird Vinylchlorid und Chlorwasserstoff erhalten. Letzterer wird in einer zweiten Chlorierungsapparatur mit dem dort eingeführten Äthylen oder solches enthaltenden Gasen bei 150 bis 300°, vorzugsweise 200 bis 270°, und etwa 5 at Druck chloriert. Die Chlorierung erfolgt in Gegenwart eines Katalysators, der ein *Halogenid* eines *Metalles*, wie Kupfer und bzw. oder Eisen, und außerdem Strontium-, Titan-, Vanadium-, Chrom-, Mangan-, Kobalt- oder Nickelchlorid enthält und auf Trägern aufgebracht sein kann. Man beschickt die zweite Chlorierungsapparatur mit einer solchen Menge an Äthylen, daß diese für die Umsetzung mit der eingeführten Menge an Chlorwasserstoff ausreicht.

Die technische Darstellung von Vinylchlorid nach diesem Verfahren kann z. B. in folgender Weise erfolgen:

Die gasförmige Fraktion aus dem Rektifizierungsadsorber einer katalytischen Spaltung, bestehend aus 26 Mol-Prozent Stickstoff, Wasserstoff und Kohlenoxyd, 51,4 Mol-Prozent Methan, 13,2 Mol-Prozent Äthylen und 8,4 Mol-Prozent Äthan und 1 Mol-Prozent hochsiedendem Anteil, wird in zwei Ströme geteilt.

Einer derselben wird mit einer Menge Chlor, die dem stöchiometrischen Äquivalent des Gehaltes an Äthylen entspricht, vermengt und das Gemisch bei maximal 90° mit Calciumchlorid in Berührung gebracht, wobei ziemliche Umsetzung des Äthylens zu 1, 2-Dichloräthan erfolgt. Aus dem austretenden Gasstrom wird letzteres abgetrennt und destilliert. Das ziemlich reine Produkt wird vorgewärmt und bei einem absoluten Druck von 13,6 kg und 630° thermisch gespalten und dabei erhalten:

1 Mol-Prozent Methylchlorid,
42,2 Mol-Prozent Vinylchlorid,
12,5 Mol-Prozent 1, 2-Dichloräthan,
1,1 Mol-Prozent Trichlorpropan und
34,2 Mol-Prozent Chlorwasserstoff.

Das Gasgemisch wird in seine Bestandteile zerlegt, die dichloräthanhaltige Fraktion in das System zurückgeleitet und der Chlorwasserstoff mit frischem Ausgangsgas in der zweiten Zone mit Luft in Gegenwart eines aus Kupferchlorid und aktiviertem Aluminium bestehenden Katalysators auf 243° erhitzt (1 Mol Luft

---

[1] F.P. 918985, Shell Development Co.

auf 1,8 Mol Chlorwasserstoff). Gleichzeitig wird zur Aufrechterhaltung der Temperatur und des verflüssigten Zustandes des Katalysators Wasserdampf eingeleitet, hierbei wird Äthylen zu 80 Prozent in 1, 2-Dichloräthan umgewandelt. Der austretende Gasstrom wird mit Wasser gewaschen, neutralisiert und in Gegenwart von Kerosin einer extrahierenden Destillation unterworfen. Das 1, 2-Dichloräthan wird in das Verfahren zurückgeleitet. Bei dieser Arbeitsweise werden 78,5 Prozent des eingesetzten Äthylens in Vinylchlorid umgewandelt.

γ) Thermische Chlorwasserstoffabspaltung. Unter bestimmten Arbeitsbedingungen gelingt die Chlorwasserstoffabspaltung aus Dichloräthan auch durch einfaches Erhitzen des letzteren auf hohe Temperaturen, z. B. nach dem bereits beschriebenen Verfahren von D. PH. BAXTER, W. A. M. EDWARDS und R. M. WINTER[1] unter Fortlassung des Bimsstein-Kontaktes.

Bei der Herstellung von Vinylchlorid durch thermische Zersetzung von Dichloräthan wird zur Vermeidung der unerwünschten Acetylenbildung nach einem anderen Verfahren[2] in einem glattwandigen Rohr, z. B. aus Glas, bei Temperaturen von 600 bis 650° gearbeitet.

Temperatur und Strömungsgeschwindigkeit von Dichloräthan sind dabei so zu regeln, daß die Zersetzung unter 70 Prozent des durchgesetzten Dichloräthans bleibt. Unzersetztes Dichloräthan wird nach Zerlegung der Reaktionsprodukte in den Kreislauf zurückgeführt. Bei dieser Arbeitsweise betragen die Ausbeuten an Vinylchlorid bis zu 98,7 Prozent der Theorie.

b) Aus Trichloräthan.

Nach einem Verfahren der Firma I.G. Farbenindustrie A.G.[3] kann man auch aus *1, 1, 2-Trichloräthan* unter Abspaltung von zwei Molekülen Chlorwasserstoff reines hochprozentiges Vinylchlorid erhalten, wenn man das 1, 1, 2-Trichloräthan bei erhöhter Temperatur mit Zink, Eisen oder Aluminium in geeigneter Verteilung in Anwesenheit von Wasser oder Wasserdampf behandelt.

Man setzt z. B. ein Gemisch von Eisenfeilspänen, Wasser und Trichloräthan unter Druck einer Temperatur von 100 bis 120° aus.

Von Zeit zu Zeit läßt man das Vinylchlorid in eine Kühlvorrichtung abblasen, aus der es gesammelt wird.

Technische Bedeutung hat jedoch dieses Verfahren zur Herstellung von Vinylchlorid nicht erlangt, ebenso wie ein älteres Verfahren, bei dem die Abspaltung von Chlorwasserstoff aus 1, 1, 2-Trichloräthan mit Hilfe von Zink in alkoholischen Lösungen erfolgt.

c) Aus symmetrischem Dichloräthylen.

Durch Chlorwasserstoffabspaltung und gleichzeitige Hydrierung konnte P. BRETEAU[4] aus *symmetrischem Dichloräthylen* nach der Gleichung

$$CHCl{=}CHCl + H_2 \rightarrow CH_2{=}CHCl + HCl$$

Vinylchlorid erhalten.

---

[1] E.P. 363 009, Imperial Chemical Industries Ltd.

[2] F.P. 890 679, Solvay & Cie.

[3] DRP. 525 309, F.P. 703 767, I.G. Farbenindustrie A.G.

[4] F.P. 521 801, P. BRETEAU.

Diese Umsetzung gelingt bei der Hydrierung von symmetrischem Dichloräthylen mit Wasserstoff in Gegenwart von Katalysatoren der Platingruppe, vorzugsweise feinverteiltem *Palladium*.

Aus dem Reaktionsgemisch wird der entstandene Chlorwasserstoff durch Alkalisalze, z. B. Carbonate, entfernt und das Vinylchlorid durch Ausfrieren der Lösung gewonnen.

2. Durch Chlorwasserstoffanlagerung.

a) An Acetylen.

Es ist das bleibende Verdienst des deutschen Chemikers F. KLATTE, einen von den vorbeschriebenen Verfahren abweichenden und einfacheren Weg zur Gewinnung von Vinylchlorid gefunden zu haben.

Nach diesem Forscher[1] wird zur Darstellung von Vinylchlorid von dem aus Calciumcarbid und Wasser erhaltenen *Acetylen* ausgegangen.

Die Kondensation von Acetylen und Chlorwasserstoff gemäß der Gleichung

$$CH \equiv CH + HCl \rightarrow CH_2 = CHCl$$

erfolgt bei höherer Temperatur in Gegenwart von bestimmten Katalysatoren.

Von H. PLAUSON[2] ist zwar später angegeben worden, daß die Anlagerung von Chlorwasserstoff an Acetylen auch in Abwesenheit von Katalysatoren, und zwar dann erfolgt, wenn man beide Gase bei Temperaturen von 100 bis 120° unter erhöhtem Druck von 1 bis 2 Atmosphären zur Einwirkung bringt.

Nach diesen Angaben werden 26 Gewichtsteile Acetylen und 36 Gewichtsteile Chlorwasserstoff, die beide vorher gereinigt und getrocknet wurden, gemischt und durch einen Kompressor in einen Autoklaven unter 1 bis 2 Atmosphären Druck eingedrückt und auf 100 bis 120° während 10 bis 24 Stunden erwärmt.

Man erhält 30 bis 35 Gewichtsteile Vinylchlorid und 3 bis 6 Gewichtsteile eines sirupösen Polymerisationsproduktes von Vinylchlorid.

Das Vinylchlorid wird mit alkalihaltigem Wasser gewaschen, um den freien Chlorwasserstoff zu binden, und dann über Chlorcalcium getrocknet.

Dieses PLAUSONsche Verfahren hat sich aber in der Technik nicht behaupten können. Man zieht die Anlagerung von Chlorwasserstoff an Acetylen in Anwesenheit von Katalysatoren vor.

Bei der katalytischen Anlagerung von Chlorwasserstoff an Acetylen gelangt man mitunter zu Vinylchloridsorten, die aus unkontrollierbaren Gründen unter den üblichen Bedingungen nur schwer oder gar nicht zur Polymerisation zu bringen sind.

Nach H. BERG und E. KALB[3] kann man jedoch regelmäßig polymerisationsfreudige Vinylchloride erhalten, wenn man bei deren Herstellung nicht von reinem Acetylen ausgeht, sondern das bei der Umsetzung von technischem Calciumcarbid mit Wasser oder Wasserdampf entstehende Rohgas, lediglich getrocknet, vorzugsweise mit Calciumcarbid, aber mit seinen Verunreinigungen unmittelbar zur Reaktion bringt.

---

[1] DRP. 278249, Chemische Fabrik Griesheim Elektron.

[2] DRP. 362750, A.P. 1425130, F.P. 533578, Plauson's Forschungsinstitut G.m.b.H.

[3] DRP. 720686, Chemische Forschungsges.m.b.H.

Mit einem solchen trockenen, aber ungereinigten Acetylen erhält man bei der Reaktion mit Chlorwasserstoff, gleichgültig, nach welcher Methode und mit welchen Katalysatoren man die Anlagerung vornimmt, leicht polymerisierbares Vinylchlorid.

Die katalytische Anlagerung von Chlorwasserstoff an Acetylen kann sowohl in Gegenwart von fest angeordneten als auch in Gegenwart von gelösten oder in flüssigen Medien suspendierten Kontakten erfolgen.

α) **In Gegenwart fest angeordneter Katalysatoren.** In höchst einfacher und in vorzüglicher Ausbeute kann man nach F. KLATTE[1] Vinylchlorid erhalten, wenn man ein Gemisch von Acetylen und Chlorwasserstoff über bestimmte Katalysatoren leitet.

Besonders wirksam sind *Quecksilberverbindungen*, doch gibt es noch zahlreiche andere Verbindungen, z. B. *Metalle, saure* oder *basische Oxyde, Salze* oder dgl., die mehr oder weniger katalytisch wirken.

Die Temperatur, auf der der Katalysator zu halten ist, hängt von der Natur desselben ab. Meist arbeitet man bei 150 bis 200°, jedoch kann man auch bei höheren oder tieferen Temperaturen arbeiten.

Von den Quecksilbersalzen eignet sich besonders das *Quecksilberchlorid*, welches zweckmäßig auf poröse Stoffe, wie *Bimsstein* oder *Koks*, aufgetragen wird.

Beispielsweise wird Koks, der mit Quecksilberchlorid beladen ist, in einem Rohr auf 180° erhitzt. Durch das Rohr werden gleiche Volumina von Acetylen und trockenem Chlorwasserstoff geleitet. Das hierbei quantitativ gebildete Vinylchlorid wird dann kondensiert.

An Stelle der vorbeschriebenen Trägerstoffe hat man später als Träger für das Quecksilberchlorid *oberflächenaktive Stoffe* vorgeschlagen.

Die Firma Solvay et Cie.[2] benützt einen Katalysator, der aus auf *Aluminiumhydroxyd* niedergeschlagenem Quecksilberchlorid besteht. Dieser Träger verleiht dem Chlorid eine genügende Aktivität, um die Kondensation von Acetylen und Chlorwasserstoff bei Temperaturen, bei der die Dampfspannung des Quecksilberchlorids vernachlässigt werden kann, vollständig zu gestalten.

Von oberflächenaktiven Stoffen ist auch *Kieselsäuregel* als Träger für Quecksilberchlorid als geeignet befunden worden.

J. VAN DALFSEN und J. P. WIBAUT[3] haben z. B. festgestellt, daß beim Überleiten von Acetylen-Chlorwasserstoff-Gemischen bei 195° Vinylchlorid in einer Ausbeute von 96 bis 98 Prozent erhalten wird.

Zur Bereitung eines brauchbaren *Quecksilberchlorid-Kieselsäuregel-Kontaktes* haben H. E. FIERZ-DAVID und HCH. ZOLLINGER[4] folgende Vorschrift angegeben.

120 g mit reiner konzentrierter Salzsäure gewaschenes und getrocknetes Kieselsäuregel werden mit einer heißen Lösung von 10 g Quecksilberchlorid in 100 ccm Wasser gut verrührt und 24 Stunden bei 120 bis 130° getrocknet.

---

[1] DRP. 278249, Chemische Fabrik Griesheim Elektron.
[2] Belg.P. 448831, Solvay et Cie.
[3] DALFSEN, J. VAN, u. J. P. WIBAUT: Rec. Trav. chim. Pays-Bas et Belg. (Amsterd.) **51**, 636 (1932).
[4] FIERZ-DAVID, H. E., u. HCH. ZOLLINGER: Helvet. chim. Acta **28**, 1125 (1945).

Über diesen, auf 200° erhitzten Kontakt werden stündlich je 1,80 Liter Acetylen und Chlorwasserstoff geleitet.

Die Ausbeute an Vinylchlorid liegt unmittelbar nach der Inbetriebnahme des Kontaktes unter 60 Prozent und erreicht erst nach etwa 10 Stunden die volle Aktivität.

Die katalytische Aktivität des auf Kieselsäuregel niedergeschlagenen Quecksilberchlorids bleibt jedoch nur dann erhalten, wenn man die zur Kondensation benützten Ausgangsgase Acetylen und Chlorwasserstoff in völlig trockenem Zustand verwendet.

Als Träger für das Quecksilberchlorid wird ferner vielfach *Aktivkohle* verwendet.

Unter Benützung von auf aktiven Trägerstoffen, vorzugsweise *aktiver Kohle*, niedergeschlagenen Quecksilbersalzen kann man z. B. nach einem Verfahren der Firma Soc. Belge de l'Azote et des Produits Chimiques du Marley Soc. An.[1] in der Weise arbeiten, daß man die gesamte Katalysatormasse in zwei Teile teilt, die man durch Umkehrung des Stromes der reagierenden Gase und geeignete Erhitzung oder Abkühlung abwechselnd in der Wärme als Katalysator für die Reaktion und in der Kälte als Sammler für die Quecksilbersalze einwirken läßt.

Ein Gemisch von Acetylen und trockenem Chlorwasserstoff (105 bis 110 Liter je Stunde) wird in zwei Rohre von 1 Liter Fassungsraum, die mit Quecksilberchlorid imprägnierte Aktivkohle enthalten, eingeleitet. Ein Dreiweghahn gestattet abwechselnd eine Röhre als auf 140° geheizten Reaktionsofen, die andere bei gewöhnlicher Temperatur als Sammler für das flüchtige Quecksilbersalz zu verwenden, und umgekehrt.

Alle 8 bis 10 Stunden kehrt man die Richtung des Gasstromes um.

Das die zweite Röhre verlassende Reaktionsgemisch wird von Chlorwasserstoff freigewaschen und liefert 265 g je Stunde Vinylchlorid 99,9prozentig.

Die Ausbeute an Vinylchlorid kann wesentlich erhöht werden, wenn man dem Katalysator Metallstücke, die fast ebenso groß sind wie die Katalysatorteilchen, zumischt. Von den Metallen haben sich als brauchbar erwiesen Kupfer, Silber, Eisen, Chrom oder Silicium[2].

In einen 1,4 Liter fassenden Behälter, der eine mit Quecksilber oder Quecksilbersalzen beladene Aktivkohle enthält, bekommt man aus gleichen Raumteilen Acetylen und Chlorwasserstoff bei einer Temperatur von 160° eine Ausbeute an Vinylchlorid, die 120 g in der Stunde nicht überschreitet.

Wenn man jedoch dem Katalysator in einer Menge von 50 Volumprozenten Kupferstücke zumischt, kann unter den gleichen Bedingungen eine stündliche Ausbeute von 180 bis 200 g Vinylchlorid erzielt werden.

Die Wirkungsdauer der zur Bildung von Vinylchlorid benützten Katalysatoren, insbesondere Quecksilbersalzen, läßt sich nach Angaben der Firma B. F. Goodrich Comp.[3] dadurch beträchtlich verlängern, daß man das Gemisch von Acetylen und Chlorwasserstoff durch mindestens drei hintereinandergeschaltete Kontaktkammern leitet. Wenn der Umsatz unter ein bestimmtes Niveau, etwa 95 Prozent, gesunken ist, wird das Acetylen-Chlorwasserstoff-Gemisch statt in die erste in die letzte Kontaktkammer eingeleitet; eine oder mehrere der ersten

---

[1] F.P. 921569, Soc. Belge de l'Azote et des Produits Chimiques du Marley Soc. An.

[2] F.P. 893096, Dr. A. Wacker Ges. f. elektrochem. Ind. G.m.b.H.

[3] F.P. 950207, B. F. Goodrich Comp.

Kontaktkammern werden abgeschaltet und dafür am Ende der Reihe
eine oder mehrere Kammern mit neuem Katalysator angeschlossen.
Das Gasgemisch geht nun durch die neue Reihe von Kontaktkammern,
bis der Umsatz erneut absinkt, worauf die gleiche Umschaltung vorgenommen wird.

Der bei der Herstellung von Vinylchlorid aus Acetylen und Chlorwasserstoff erschöpfte Quecksilberchlorid-Träger-Kontakt wird nach
D. G. JONES und M. PHILLIPSON[1] zur Wiederbelebung mit Chlor bei
erhöhter Temperatur und danach mit Chlorwasserstoff ebenfalls bei
erhöhter Temperatur behandelt, um das absorbierte Chlorgas zu entfernen.

Ein Quecksilberchlorid-Tonerde-Kontakt hat für Acetylen und Chlorwasserstoff einen Umsetzungsgrad zu Vinylchlorid von 96 bis 98 Prozent. Nach Einwirkung von Schwefelwasserstoff ist der Wirkungsgrad nur noch 13 Prozent. Danach wird der Katalysator 1 Stunde lang im Chlorstrom auf 100° erhitzt und anschließend einem Chlorwasserstoffstrom ausgesetzt. Die Wirksamkeit des Katalysators beträgt wieder 98 Prozent.

Neben Quecksilberchlorid vermögen, wie bereits F. KLATTE[2] festgestellt hat, auch andere Verbindungen die Anlagerung von Acetylen
an Chlorwasserstoff unter Bildung von Vinylchlorid zu katalysieren.

Eine solche Kondensation bewirken nach Angaben der Firma Cons.
f. elektrochem. Ind. G.m.b.H.[3] Verbindungen der zweiten und fünften
Gruppe des periodischen Systems, die auf großoberflächigen Trägern,
wie *Aktivkohle* oder *Kieselsäuregel*, niedergeschlagen werden.

Beispielsweise werden gleiche Volumina Acetylen und Chlorwasserstoff bei
200° über mit Wismutchlorid getränkte hochaktive Kohle geleitet.

Je Stunde und Liter Katalysatorraum können 100 g Vinylchlorid und 8 bis
10 g 1, 1-Dichloräthan erhalten werden.

Die Leistungsfähigkeit des Katalysators ist noch nach 100 Stunden unverändert.

Mit auf *aktiver Kohle* niedergeschlagenem *Wismutchlorid* oder auf
hochaktiver Kohle oder *Kieselsäuregel* niedergeschlagenen Verbindungen
von *Antimon*, *Vanadium*, *Aluminium*, *Zink*, *Eisen*, *Barium*, *Strontium*,
Calcium oder *Magnesium* katalysieren nach H. BERG und E. KALB[4] die
Bildung von Vinylchlorid aus Acetylen und Chlorwasserstoff.

Als Katalysator eignet sich z. B. eine hochaktive Kohle, die mit einer salz-
sauren Lösung von Wismutchlorid getränkt und im Chlorwasserstoffstrom getrocknet ist. Man leitet bei 200° stündlich ungefähr 75 bis 100 Liter trockenes Salz-
säuregas über 1000 ccm dieses Katalysators. Es werden je Stunde und Liter
Katalysatorraum 100 g Vinylchlorid neben 8 bis 10 g 1, 1-Dichloräthan erhalten.

Hinsichtlich ihrer katalytischen Aktivität stehen jedoch diese Kontakte weit hinter derjenigen der Quecksilberverbindungen zurück. Dies
gilt insbesondere für die Erdalkalichloride.

Die katalytische Wirkung dieser letzteren läßt sich aber durch Zusatz kleinster Mengen von Quecksilberchlorid, etwa 0,1 bis 2 Prozent,
stark erhöhen und dabei die Haltbarkeit der Katalysatoren verlängern[5].

---

[1] A.P. 2407701, Imperial Chemical Industries Ltd.
[2] DRP. 278249, Chemische Fabrik Griesheim Elektron.
[3] F.P. 684836, E.P. 339093, Cons. f. elektrochem. Ind. G.m.b.H.
[4] DRP. 720686, Chemische Forschungsges.m.b.H.
[5] F.P. 868362, Ital.P. 385361, Dr. A. Wacker Ges. f. elektrochem. Ind. G.m.b.H.

Vorteilhaft wird Acetylen im Überschuß, etwa bis zur vierfachen Menge angewandt und das nicht umgesetzte Acetylen nach dem Abtrennen des gebildeten Vinylchlorids in den Reaktionsraum zurückgeleitet.

Nach dem vorerwähnten Verfahren wird zur Herstellung eines geeigneten Katalysators hochaktive Kohle mit einer heißen, gesättigten Bariumchloridlösung, die 0,2 Prozent Quecksilberchlorid enthält, getränkt und dann getrocknet.

Zur Herstellung von Vinylchlorid leitet man bei einer Temperatur von 160 bis 250° je Stunde ein Gasgemisch aus 200 Liter Acetylen und 120 Liter Chlorwasserstoffgas durch einen mit dem Katalysator gefüllten Reaktionsraum mit 6 Litern Inhalt. Es werden erhalten je Stunde 300 bis 330 g Vinylchlorid, welche in bekannter Weise von dem Acetylen durch Auswaschen mit Lösungsmitteln oder durch Absorption an aktiver Kohle oder durch Kühlung getrennt werden.

Erst nach 500 Stunden geht der Umsatz um etwa 30 Prozent zurück. Ohne Gehalt des Katalysators an Quecksilberchlorid ist eine höhere Temperatur nötig, und es zeigt sich schon nach 200 Stunden ein Zurückgehen des Umsatzes auf weniger als die Hälfte der oben angegebenen Mengen Vinylchlorid.

Mit Katalysatoren, die aus Gemischen von auf *Aktivkohle* niedergeschlagenem *Bariumchlorid* und *Quecksilberchlorid* bestehen, stellt die Firma Dr. A. Wacker Ges. f. elektrochem Ind. G.m.b.H.[1] in großtechnischem Umfange Vinylchlorid aus Acetylen und Chlorwasserstoff her.

Als *Aktivkohle* wird eine nach dem Zinkchlorid-Verfahren[2] bei 700° hergestellte hochaktive Kohle verwendet, die nicht mehr als 0,08 Prozent Kupfer enthalten darf.

Weglassen des Quecksilberchlorids verlangt höhere Reaktionstemperaturen; Ersatz des Bariumchlorids durch *Zinkchlorid* verschiebt die Reaktion zur Bildung von Vinylidenchlorid.

Die Lebensdauer des Kontaktes liegt über 8000 Betriebsstunden.

Zur Herstellung von Vinylchlorid werden die Reaktionsgase zunächst mit 40 Prozent Stickstoff gemischt, nach 1 bis 2 Tagen kann man auf 15 bis 30 Prozent Stickstoffgehalt heruntergehen.

Die Temperaturen liegen zwischen 110 und 180°; der Umsatz beträgt 25 Prozent.

Bei dem von A. B. JAPS[3] ausgearbeiteten Verfahren wird die Anlagerung von Chlorwasserstoff an Acetylen in Gegenwart eines festen Komplexsalzes eines *Quecksilberhalogenids* und eines *Erdalkalihalogenids*, das auf einen porösen Träger niedergeschlagen ist, bei etwa 200° vorgenommen.

Als Katalysatoren eignen sich z. B. die Doppelsalze Quecksilberchlorid-Kaliumchlorid, Quecksilberchlorid-Bariumchlorid, Quecksilberchlorid-Strontiumchlorid, Quecksilberchlorid-Kaliumchlorid-Natriumchlorid. Diese Doppelsalze werden auf einen oberflächenaktiven Träger, wie *aktive Kohle, Kieselsäuregel* oder *aktive Tonerde*, aufgebracht.

Die Katalysierung der Kondensation von Acetylen und Chlorwasserstoff in Gegenwart von festen Komplexsalzen aus einem *Quecksilberhalogenid* und *Erdalkalihalogenid*, auf *porösen Trägern* niedergeschlagen, hat A. B. JAPS[4] später beschrieben.

---

[1] F.I.A.T.-Bericht 867; Kunststoffe **37**, 177 (1947).
[2] Siehe bei F. KRCZIL: Adsorptionstechnik, S. 5. Dresden 1935.
[3] A.P. 2225635, B. F. Goodrich Co.
[4] A.P. 2265286, B. F. Goodrich Co.

Zur Katalysierung der Vinylchlorid-Bildung aus Acetylen und Chlorwasserstoff hat TH. BOYD[1] ein aus *Quecksilber-* und *Cerchlorid* bestehendes Komplexsalz vorgeschlagen, welches vorteilhaft auf oberflächenaktiven Stoffen, wie *Aktivkohle, Kieselsäuregel, Kieselgur* und *aktivem Aluminiumoxyd*, aufgebracht wird. Man verwendet als Katalysator das Doppelsalz $CeCl_3 \cdot 4\,HgCl_2$, doch kann auch sowohl das Cer- als auch das Quecksilberchlorid im Überschuß vorhanden sein.

Zur Bereitung des Katalysators löst man 12,2 g Cerchlorid und 53,8 g Quecksilberchlorid in 170 ccm mit etwa 4 ccm konzentrierter Salzsäure angesäuertem dest. Wasser, gibt diese Lösung zu 200 g vorher bei 400° und einem absoluten Druck von 5 mm Quecksilber entwässerter Aktivkohle, trocknet das erhaltene Gemisch 8 Stunden bei 110° und 50 mm und dann 24 Stunden bei 175 bis 200° und 5 mm absol. Druck.

Den so erhaltenen Katalysator füllt man in ein Eisenrohr von etwa 30 cm Länge und 2,5 cm Durchmesser, erhitzt in einem Ölbad auf 100° und schickt ein wasserfreies Gemisch äquimolarer Mengen von Acetylen und Chlorwasserstoff mit einer Geschwindigkeit von 600 ccm je Minute für jedes Gas zusammen mit 0,2 bis 2 ccm Chlor pro Minute durch das Rohr. Der Umsatz zu Vinylchlorid ist zu Anfang 100 Prozent und beträgt nach 300 Stunden immer noch 98,5 Prozent.

Von J. A. BRALLEY[2] sind neuerdings zur Katalysierung der Addition von Chlorwasserstoff an Acetylen Kontakte vorgeschlagen worden, die aus einer zweiwertigen Quecksilberverbindung bestehen, in der eine Wertigkeit durch Chlor und die zweite Wertigkeit durch eine β-Halogenvinylgruppe abgesättigt ist. Kontakte dieser Art, wie z. B. *β-Chlorvinyl-Quecksilber-Chlorid*, werden auf einen oberflächenaktiven Trägerstoff, wie *Aktivkohle, Kieselsäuregel* oder *Kieselgur*, niedergeschlagen.

Diese Katalysatoren zeigen im Vergleich zu Quecksilberchlorid nur geringe Korrosionserscheinungen gegenüber Eisen und gestatten daher die Regenerierung auch bei Anwendung eiserner Reaktionsgefäße.

Zur Herstellung von Vinylchlorid füllt man einen Katalysator, den man durch Lösen von 232 g β-Chlorvinyl-Quecksilber-Chlorid in 500 g Aceton, Eintragen der Lösung in 1375 ccm Kieselsäuregel und dreistündiges Erhitzen auf 100° erhalten hat, in ein Kontaktrohr. Durch dieses leitet man dann wenige Minuten lang ein Gemisch aus Acetylen und Chlorwasserstoff zwecks Verdrängung der Luft und der restlichen Mengen Aceton. Anschließend wird das Reaktionsrohr im Ölbad auf 100° unter ständigem Durchleiten von 700 ccm Acetylen je Minute und 710 ccm Chlorwasserstoff je Minute erhitzt. Man erhält nach zweistündiger Reaktionsdauer etwa 189 g Vinylchlorid entsprechend einer Ausbeute über 90 Prozent.

Quecksilber vermag auch in Form von *Quecksilbervanadat* die Anlagerung von Chlorwasserstoff an Acetylen zu katalysieren[3]. Zur Bereitung des Kontaktes wird *aktive Kohle* zunächst mit einer Lösung von Ammoniumvanadat und dann mit einer Lösung von Quecksilberchlorid imprägniert.

Die Anlagerung von Chlorwasserstoff an Acetylen erfolgt durch Überleiten beider Gase über den Kontakt bei einer Temperatur von 100°.

---

[1] A.P. 2446123, Monsanto Chemical Co.
[2] A.P. 2436711, Canad.P. 445613, F.P. 949431, B. F. Goodrich Co.
[3] A.P. 2467013, Canad.P. 463904, Soc. An. des Manufactures des Glaces et Produits Chimiques de St. Gobain, Chauny & Cirey.

Von der Firma I.G. Farbenindustrie A.G.[1] wurde weiter gefunden, daß auch *Aktivkohle* allein die Bildung von Vinylchlorid aus Acetylen und Chlorwasserstoff zu katalysieren vermag.

Nach F. K. FERTSCH[2] eignen sich zum Katalysieren dieser Reaktion insbesondere solche aktive Kohlen, die mit Säuren, besonders mit Phosphorsäure aktiviert und mit Wasser gewaschen sind. Über einen solchen Kontakt wird bei einer Temperatur von 180° Acetylen zusammen mit Chlorwasserstoff geleitet.

Die Firma Imperial Chemical Industries und J. TH. BAXTER[3] verwenden als Katalysator wieder eine *Aktivkohle*, die durch Behandlung mit Halogenwasserstoff bei Temperaturen von 200 bis 600° vor der Reaktion aktiviert worden ist. Zweckmäßig wird für die Bildung von Vinylchlorid zuerst die aktive Kohle bei 400° mit Chlorwasserstoff behandelt, worauf man gleiche Volumina der Gase bei 200° zur Reaktion bringt. Beim Nachlassen der Reaktion wird die aktive Kohle erneut mit Chlorwasserstoff behandelt.

Die in Gegenwart von Aktivkohle erzielbare Umsetzung von Acetylen und Chlorwasserstoff kann beträchtlich gesteigert werden, wenn man bei Überdruck arbeitet[4].

Durch einen auf etwa 180° erhitzten Katalysatorraum von 1 Liter Inhalt, der mit Aktivkohle gefüllt ist, wird in der Stunde ein Gemisch von 75 g Acetylen und 105 g Chlorwasserstoffgas bei einem Überdruck von 3 atü geleitet. Es werden in der Stunde erhalten 146 g flüssiges Vinylchlorid, was einem Umsatz von 81 Prozent entspricht, bezogen auf die angewendete Menge Chlorwasserstoffgas.
Ohne Anwendung von Überdruck werden nur 34 g Vinylchlorid erhalten.

Bei dem vorbeschriebenen Verfahren kann man eine weitere Steigerung der Ausbeute bzw. des Umsatzes an Vinylchlorid dadurch erreichen, daß man die Ausgangsstoffe ununterbrochen oder zeitweise mit dampfförmigem Quecksilber belädt oder auf den Katalysator geringe Mengen Quecksilberchlorid oder metallisches Quecksilber aufbringt.

Nach einem im Prinzip gleichen Verfahren arbeitet die Firma I.G. Farbenindustrie A.G. bei Normaldruck.

Bei der ununterbrochenen Herstellung von Vinylchlorid durch Überleiten von Acetylen und Chlorwasserstoff über *Aktivkohle* versehen J. BOESLER, E. EBERHARDT, W. SANDHAAS und R. STADLER[5] die Reaktionsteilnehmer mit *metallischem Quecksilber*.

Diese Aufladung von Acetylen und Chlorwasserstoff mit Quecksilber kann kontinuierlich oder periodisch erfolgen[6].

Beispielsweise werden 400 Liter je Stunde Gasgemisch mit 16 Prozent Acetylen, 60 Prozent Wasserstoff, 4 Prozent Kohlenoxyd, 5 Prozent Olefinen und 9 Prozent gesättigten Kohlenwasserstoffen mit 70 Liter je Stunde Chlorwasserstoff bei 100° durch Quecksilber und dann bei 130° über 10 Liter Aktivkohle geleitet. Das erhaltene Vinylchlorid wird durch Kühlung getrennt.

---

[1] E.P. 339 727, I.G. Farbenindustrie A.G.
[2] F.P. 685 409, A.P. 1 903 894, I.G. Farbenindustrie A.G.
[3] E.P. 349 017, Imperial Chemical Industries Ltd. und J. Th. Baxter.
[4] DRP. Anm. w 111 200, Dr. A. Wacker, Ges. f. elektrochem. Ind. G.m.b.H.
[5] DRP. 763 141, A.P. 2 265 509, I.G. Farbenindustrie A.G.
[6] E.P. 492 980, I.G. Farbenindustrie A.G.

Zur Herstellung von Vinylchlorid leiten J. R. Lang und C. E. Gleim[1] eine Mischung von Acetylen und Chlorwasserstoff durch eine Schicht von *metallischem Quecksilber* und *Aktivkohle* und anschließend durch eine *quecksilberfreie Aktivkohle*.

β) Mit gelösten oder suspendierten Katalysatoren. Die zur Katalysierung der Vinylchlorid-Bildung erforderlichen Katalysatoren können auch in gelöster oder suspendierter Form zur Anwendung kommen, wie schon F. Klatte[2] in seinen ersten grundlegenden Untersuchungen vorgeschlagen hat.

Nach diesem Forscher werden die zur Katalysierung der Kondensation von Acetylen und Chlorwasserstoff dienenden *Quecksilbersalze* in wäßriger Lösung oder gelöst in Aceton oder Methyläthylketon verwendet.

An Stelle der Kontaktlösungen kann man auch die in einem flüssigen Medium suspendierten Kontakte benützen.

Die Reaktionstemperatur liegt einige Grade unter dem Siedepunkt des Lösungsmittels.

Man kann auch das Acetylen so rasch durch die Flüssigkeit leiten, daß sich nur ein Teil desselben umsetzt, und den Überschuß von neuem verwenden, nachdem das gebildete Vinylchlorid durch Alkohol usw. ausgeschieden wurde. Das zurückgebliebene Acetylen wird dann in einen zweiten oder in den ersten Kontaktraum zurückgeleitet.

Die Ausgangsgase Acetylen und Chlorwasserstoff können gleichzeitig oder nacheinander in die Kontaktlösung oder Kontaktsuspension eingeleitet werden.

Dieses von F. Klatte entwickelte Verfahrensprinzip ist später mehrfach abgewandelt worden.

Nach H. Plauson und J. A. Vielle[3] entsteht z. B. Vinylchlorid schon beim Erhitzen von Calciumcarbid mit konzentrierter Salzsäure in Gegenwart des Quecksilbersalzes der Äthylenchlorsulfonsäure, neben 1, 2-Dichloräthan und Dichloracetaldehyd.

Dieses Verfahren ist aber zur technischen Herstellung von Vinylchlorid ungeeignet.

Nach einem anderen, von I. Ostromysslenski[4] mitgeteilten Verfahren wird Acetylen durch auf 90° erhitzten Chlorwasserstoff geleitet, in dem etwas Quecksilberchlorid gelöst ist.

Zur Herstellung von Vinylchlorid suspendiert H. M. Stanley[5] den aus *Quecksilberchlorid* auf einem Trägerstoff, wie *Aktivkohle*, aufgebauten Kontakt in dem aus Acetylen und Chlorwasserstoff bestehenden Gasgemisch unter Zusatz eines inerten Verdünnungsmittels, besonders von Kohlenwasserstoffen und chlorierten Kohlenwasserstoffen, die bei 120 bis 150° flüssig sind und welche das Quecksilberchlorid nicht lösen.

---

[1] Canad.P. 447 482, Wingfoot Corp.

[2] DRP. 288 584, Zusatz zu DRP. 278 249, Chemische Fabrik Griesheim Elektron.

[3] E.P. 151 117, E.P. 156 120, Norweg.P. 26 486, A.P. 1 445 168, Canad.P. 227 883, H. Plauson und J. A. Vielle.

[4] A.P. 1 541 174, Naugatuck Chemical Corp.

[5] A.P. 2 407 039, E.P. 575 381, Distillers Co. Ltd.

Zum Beispiel setzt man das Gasgemisch aus gleichen Teilen Acetylen und Chlorwasserstoff in Methylalkohol in Gegenwart von Paraffinöl oder Diisopropylalkohol bei 140° um.

Zur Herstellung von Vinylchlorid leiten L. Beer und H. Berg[1] durch ein Reaktionsgefäß eine Halogenwasserstofflösung im Kreislauf, führen getrennt davon das Acetylen ein, ziehen aus dem Kreislauf außerhalb des Reaktionsgefäßes das Vinylchlorid in einem Abscheider dampfförmig ab und saugen frischen Chlorwasserstoff mit Hilfe der Kreislauflösung, ebenfalls außerhalb des Reaktionsgefälles, ein. Man kommt bei dieser Arbeitsweise ohne Gebläse aus, das beim Arbeiten mit Chlorwasserstoff stets Schwierigkeiten bereitet.

Eine mit Entgasungsgefäß und Absorptionsgefäß sowie einer Einblasdüse ausgestatteten Anlage, deren Umsetzungsturm 200 mm Durchmesser und eine Nutzhöhe von 2000 mm hat, wird mit 40 Liter 19 prozentiger Chlorwasserstoffsäure, in der Quecksilberchlorid gelöst ist, gefüllt. Durch die Düse werden stündlich 1,3 cbm Acetylen eingepreßt und gleichzeitig 1,2 cbm Chlorwasserstoff in das Absorptionsgefäß eingeleitet. Die Temperatur der Katalysatorflüssigkeit wird durch entsprechendes Vorwärmen des eingepreßten Acetylens auf etwa 90° gehalten. Aus den Abführungsrohren entweichen stündlich 1,3 cbm Umsetzungsgas mit einem Gehalt von 6 bis 12 Prozent Acetylen, 2 bis 6 Prozent Acetaldehyd und 82 bis 92 Prozent Vinylchlorid. Das verdampfte Wasser wird durch einen aufgesetzten Rückflußkühler aus dem Umsetzungsgas kondensiert. Chlorwasserstoff ist im Umsetzungsglas nicht mehr enthalten, wenn die Konzentration in der Katalysatorflüssigkeit unter 20 Prozent gehalten wird.

Bei dem von der Firma Bata A.G.[2] entwickelten Verfahren wird eine 15- bis 22 prozentige Salzsäurelösung, die 5 bis 12 Prozent Quecksilberchlorid enthält, unter starkem Rühren derart mit Acetylen und Chlorwasserstoff beschickt, daß die Säurekonzentration konstant bleibt.

In einem geschlossenen Gefäß mit Rührer und zwei Gaseinleitungsrohren werden 300 t 20- bis 22 prozentige Salzsäure mit 9 Prozent Quecksilberchlorid, Acetylen und Chlorwasserstoffgas kontinuierlich eingeleitet und das gebildete Vinylchlorid abgeführt. Nicht umgesetztes Acetylen gelangt in den Kreislauf zurück.

Ein solcher Ansatz soll zur Herstellung von 1000 t Vinylchlorid ausreichen.

Die Firma I.G. Farbenindustrie A.G.[3] leitet wieder zur Herstellung von Vinylchlorid Acetylen durch eine konzentrierte, wäßrige Lösung von Salzsäure, die Quecksilber- und Kupferverbindungen oder einerseits Kupfer- und bzw. oder Quecksilberverbindungen und andererseits Verbindungen mindestens eines Schwermetalls der zweiten, fünften und siebenten Gruppe des periodischen Systems, das unter den Reaktionsbedingungen lösliche Chloride zu bilden vermag, enthält. Solche Metalle sind z. B. Zink, Cadmium, Antimon und Wismut; besonders geeignet sind ihre Chloride, ferner Sulfate. Die sehr wirksamen Quecksilber- und Kupfersalze werden im allgemeinen in kleinen Mengen, die

---

[1] DRP. 765 193, Schwed.P. 105 424, Dr. A. Wacker, Ges. f. elektrochem. Ind. G.m.b.H.

[2] F.P. 886 819, Bata A.G.

[3] F.P. 899 901, I.G. Farbenindustrie A.G.

Salze der anderen Schwermetalle in verhältnismäßig großen Mengen angewendet.

Ein aus *Quecksilber-*, *Kupfer-* und *Zinkchlorid* bestehender Katalysator hat nach ununterbrochener sechsmonatiger Benutzung noch seine volle Wirksamkeit.

Man kann bei gewöhnlichem, vermindertem oder erhöhtem Druck. bei erhöhter Temperatur, z. B. bis zum Siedepunkt der Lösung, und im geschlossenen Kreislauf arbeiten. Die erforderliche Menge Salzsäure oder ein kleiner Überschuß kann gleichzeitig mit dem Acetylen oder für sich in die Lösung eingeleitet werden.

In einem Turm, der eine Lösung von 2160 g konzentrierte Salzsäure, 600 g Zinkchlorid, 120 g Kupferchlorid enthält, werden stündlich bei 98 bis 100° 38 Liter Acetylen und 38 bis 40 Liter Chlorwasserstoff eingeleitet, wobei man für möglichst feine Verteilung der Gase sorgt. Hierbei erfolgt fast quantitative Umwandlung von Acetylen in Vinylchlorid, das in sehr reiner Form anfällt.

Die Anlagerung von Chlorwasserstoff an Acetylen unter gleichzeitiger Bildung von Vinylchlorid gelingt auch in Gegenwart der von J. W. NIEUWLAND[1] vorgeschlagenen *Kupferchlorür-Ammoniumchlorid-Lösungen*.

Die Bildung von Vinylchlorid aus Acetylen und Chlorwasserstoff in Gegenwart dieser Katalysatoren haben S. ARUTJAN und S. MARUTJAN[2] untersucht. Sie nehmen an, daß neben den bereits bekannten Komplexen mit Ammoniumchlorid und Acetylen auch Kupferchlorür-Komplexe gebildet werden, die gleichzeitig Ammoniumchlorid und Chlorwasserstoff oder Ammoniumchlorid und Acetylen enthalten. Das wahrscheinlichste Zwischenprodukt der Bildung von Vinylchlorid dürften Kupferchlorür-Ammoniumchlorid-Komplexe sein. Die Rolle des Ammoniumchlorids besteht in der Erhöhung der Löslichkeit des Kupferchlorürs; das Ammoniumchlorid ist als solches an der Reaktion nicht beteiligt.

Von N. KOSLEW[3] wird angenommen, daß Acetylen unter dem Einfluß von Kupferchlorür in Isoacetylen

$$CH \equiv CH \;\rightarrow\; CH_2 = C$$

umgelagert wird und dieses Isoacetylen Chlorwasserstoff unter Bildung von Vinylchlorid nach der Gleichung

$$CH_2 = C + HCl \;\rightarrow\; CH_2 = CHCl$$

addiert.

Die Zusammensetzung eines geeigneten Katalysators hat J. N. NIEUWLAND[4] angegeben:

Man verwendet ein Gemisch von 1000 Teilen Ammoniumchlorid, 3000 Teilen Kupferchlorür, 1000 Teilen Salzsäure (Dichte 1,194) und 100 Teilen Kupferpulver.

Leitet man in dieses Gemisch bei einer Temperatur von 20 bis 40° Acetylen ein, so erhält man beim anschließenden Erhitzen ein Gemisch aus Acetylen und Vinylchlorid.

An Stelle des Ammoniumchlorids kann man in der Kontaktsuspension auch das Salz eines tertiären Amins verwenden[5].

---

[1] DRP. 588283, A.P. 1811959, Norweg.P. 52401, Du Pont de Nemours & Co.

[2] ARUTJAN, S., u. S. MARUTJAN: Kautschuk (russ.) **1937**, Nr. 2, 36.

[3] KOSLEW, N.: Chem. J. Ser. B J. angew. Chem. (russ.) **10**, 116 (1937).

[4] DRP. 588283, A.P. 1811959, Norweg.P. 52401, E. I. du Pont de Nemours & Co.

[5] Norweg.P. 52401, E. I. du Pont de Nemours & Co.

Als Katalysator verwendet man eine Mischung aus 945 Gewichtsteilen Ammoniumchlorid, 1000 Gewichtsteilen Wasser, 2850 Gewichtsteilen Kupferchlorür und 100 Gewichtsteilen Kupferpulver.

Dieser Mischung wird noch Salzsäure in solcher Menge zugesetzt, daß der
p_H-Wert der Mischung wenigstens 6 beträgt.

Das Kontaktgemisch wird auf einer Temperatur von 45 bis 100° gehalten
und die Mischung während des Einleitens von Acetylen gerührt.

Das nicht zu Vinylchlorid umgesetzte Acetylen wird gegebenenfalls getrennt
und mit frischem Acetylen in den Kontaktraum zurückgeführt.

Beim Durchleiten von Acetylen durch eine auf 65 bis 70° erwärmte
und ständig gerührte Kontaktsuspension, bestehend aus 250 g Kupferchlorür, 100 g Ammoniumchlorid und 300 ccm 15 prozentiger Salzsäure, wird als einziges Produkt Vinylchlorid gebildet.

Nach einem anderen Vorschlag von J. W. NIEUWLAND[1] läßt man
Acetylen auf Chlorwasserstoff in Gegenwart von Ammoniumchlorid
und Kupferpulver einwirken und treibt aus der Reaktionsmischung das
gebildete Vinylchlorid aus.

Nach dem von G. PERKINS[2] beschriebenen Verfahren leitet man
Acetylen bei 20 bis 65° durch eine wäßrige Lösung ein, die freie Salzsäure (12 Prozent), ferner Kupferchlorür und Alkali- oder Erdalkalichloride oder Ammoniumchlorid enthält. Während der Reaktion wird
die Salzsäurekonzentration durch Einleiten von Chlorwasserstoff aufrechterhalten.

Mit diesen gesättigten Kupferchlorür-Ammoniumchlorid-Lösungen
mit noch reichlich Bodenkörper werden bei 70 bis 90° Ausbeuten an
Vinylchlorid bis zu 73 Prozent erhalten.

Die Herstellung von Vinylchlorid mit diesen Kontakten erfolgt unter
Kreislaufführung der nicht umgesetzten Gase im großtechnischen Umfange[3].

Die Chlorwasserstoffanlagerung an Acetylen nimmt O. FRUHWIRTH[4]
in einem flüssigen, wasserfreien Medium vor, in welchem ein Misch-
kontakt, bestehend aus Mercuri- und Ferrichlorid, gelöst oder suspendiert ist.

Die Darstellung des Vinylchlorids erfolgt in der Weise, daß ein Gasgemisch
aus gleichen Teilen Acetylen und Chlorwasserstoff bei 30° in eine Lösung des
genannten Mischkontaktes in Tetrachloräthan, bereitet durch Eintragen von
0,2 Gewichtsprozent Ferrichlorid und 0,01 Gewichtsprozent Mercurichlorid, eingeleitet wird. Nach Sättigung der Lösung mit dem gebildeten Vinylchlorid entweicht dasselbe und wird durch Tiefkühlung kondensiert. Die Ausbeute an Vinylchlorid beträgt 95 Prozent, bezogen auf die angewandte Acetylenmenge.

b) An Acetylen-Äthylen-Gemischen.

Als Ausgangsmaterial für die Herstellung von Vinylchlorid haben
A. I. JOHNSON und A. I. CHERNIAVSKY[5] die beim Spalten von gesättig-

---

[1] A.P. 1812542, E. I. du Pont de Nemours & Co.
[2] A.P. 1934324, Carbide and Carbon Chemicals Corp.
[3] FIERZ-DAVID, H. E., u. HCH. ZOLLINGER: Helvet. chim. Acta **28**, 125 (1945).
[4] Österr.P. 163818, Donau Chemie A.G.
[5] E.P. 603099, Shell Development Co.

ten Kohlenwasserstoffen bei 120 bis 160° und Kontaktzeiten von 15 Sekunden erhaltenen Acetylen-Äthylen-Fraktionen vorgeschlagen.

Durch Anlagerung von Chlorwasserstoff wird das in diesen Fraktionen vorhandene Acetylen in Vinylchlorid übergeführt. Das vom Vinylchlorid abgetrennte Äthylen wird zu Dichloräthan chloriert und letzteres thermisch unter Chlorwasserstoffabspaltung ebenfalls in Vinylchlorid übergeführt.

Der bei dieser Abspaltung frei werdende Chlorwasserstoff kann in der ersten Verfahrensstufe zur Anlagerung an Acetylen verwendet werden.

3. Durch Umsetzung von Acetylen mit Dichloräthan.

Den zur Bildung von Vinylchlorid aus Acetylen erforderlichen Chlorwasserstoff kann man auch aus Dichloräthan erhalten, wobei letzteres gleichzeitig in Vinylchlorid übergeführt wird.

Die Bildung von Vinylchlorid verläuft hierbei gemäß der Gleichung

$$CH \equiv CH + CH_2Cl—CH_2Cl \rightarrow 2\,CH_2{=}CHCl$$

im Falle der Umsetzung von Acetylen mit 1, 2-Dichloräthan und gemäß der Gleichung

$$CH \equiv CH + CH_3—CHCl_2 \rightarrow 2\,CH_2{=}CHCl$$

im Falle der Umsetzung mit 1,1-Dichloräthan.

Diese Umsetzungen katalysieren großoberflächige Kontakte, wie *Aktivkohle, Kieselsäuregel* oder *Aluminiumoxydgel*, die auch mit Schwermetallsalzen, z. B. von Kupfer, Quecksilber, Silber oder Gold, oder Erdalkalisalzen, wie z. B. Calciumsulfat oder Bariumsulfat, imprägniert sein können[1].

Diese Reaktionen erfolgen mit den genannten Kontakten bei Temperaturen von etwa 280 bis 400°.

Das Dichloräthan wird zweckmäßig im Überschuß verwendet und der dann sich bildende Chlorwasserstoff in der gleichen oder einer besonderen Vorrichtung gleichfalls mit Acetylen zu Vinylchlorid umgesetzt.

Beispielsweise leitet man 200 g je Stunde 1, 2-Dichloräthan und 40 g je Stunde Acetylen bei 350 bis 400° über 1,5 Liter eines Kontaktes, der sich aus mit 8 Prozent Quecksilberchlorid imprägnierter Aktivkohle zusammensetzt. Man erhält 195 g Vinylchlorid.

Ein ähnliches Resultat wird mit 1, 1-Dichloräthan erhalten.

In ähnlicher Weise stellt J. F. WEILER[2] Vinylchlorid aus 1, 2-Dichloräthan her. Den bei der thermischen Zersetzung von 1, 2-Dichloräthan neben Vinylchlorid frei werdenden Chlorwasserstoff setzt er mit Acetylen katalytisch zu Vinylchlorid um.

1, 2-Dichloräthan wird in einem Pyrexglas bei 575 bis 600° thermisch gespalten. Das entstandene Zersetzungsgemisch wird mit Acetylen bei 240 bis 250° über einen Katalysator geleitet, der aus Quecksilberchlorid, auf Aktivkohle niedergeschlagen, besteht.

Die Ausbeute an Vinylchlorid beträgt 90 Prozent.

Nach diesem Prinzip stellt die Firma N. V. de Bataafsche Petroleum Mij.[3] Vinylchlorid her. Dichloräthan wird durch Erhitzen bei etwa 500°

[1] Norweg.P. 68019, F.P. 894546, I.G. Farbenindustrie A.G.
[2] A.P. 2412308, Mathieson Alkali Works Inc.
[3] F.P. 906869, N. V. de Bataafsche Petroleum Mij.

in Gegenwart von Schamotte oder dgl. gespalten. Aus dem erhaltenen Zersetzungsprodukt kann das Vinylchlorid und das nicht umgesetzte Dichloräthan abgetrennt werden, doch ergibt sich eine wesentliche apparative Vereinfachung, wenn man auf die Abtrennung verzichtet und das bei der thermischen Zersetzung von Dichloräthan erhaltene Reaktionsgemisch mit Acetylen zur Umsetzung bringt.

Man trägt z. B. fraktioniertes Dichloräthan mit einer Geschwindigkeit von 3,5 Liter je Stunde in ein eisernes, in einem auf 515° erhitzten Salzbad befindliches, mit Schamotte gefülltes Reaktionsgefäß von 7 cm innerem Durchmesser und 300 cm Länge ein. Unter diesen Bedingungen werden 85 Prozent des Dichloräthans umgewandelt. Man führt das Reaktionsgas durch einen auf 0° gekühlten Turm, in dem sich der Hauptteil des nicht umgesetzten Dichloräthans absetzt. Das aus dem Turm austretende Gas, etwa 1,85 Liter je Stunde, das zu 46 Prozent aus Vinylchlorid und zu 50 Prozent aus trockenem Chlorwasserstoff besteht, vermischt man mit trockenem Acetylen (Geschwindigkeit 900 Liter je Stunde) und leitet es durch ein 50 Liter fassendes Reaktionsgefäß, in dem sich ein Katalysator befindet, der durch Sublimieren von Quecksilberchlorid in Kohlendioxyd bei 225° auf trockenes Kieselsäuregel erhalten worden ist. Die Anlagerung von Chlorwasserstoff an Acetylen findet bei etwa 200° statt, überschüssige Wärme wird abgeführt. Nach dem Waschen mit Wasser erhält man 4,7 kg rohes Vinylchlorid je Stunde.

4. Durch Chlorieren von Äthylen oder Äthan.

Nach einem von H. P. A. GROLL, G. HEARNE, J. BURGIN und D. S. LA FRANCE[1] entwickelten Verfahren kann man Vinylchlorid durch Chlorierung von Äthylen erhalten. Diese Chlorsubstitution gelingt dann, wenn man Äthylen in Überschuß anwendet und bei Temperaturen von 200 bis 700°, vorzugsweise 300 bis 500°, in Gegenwart oder Abwesenheit von Katalysatoren mit einer die Flammenfortpflanzung überschreitenden Geschwindigkeit arbeitet. Äthylen und Chlor werden zweckmäßig auf 200 bis 700° vorerhitzt. Bei dieser Chlorsubstitution wird die Kohlenstoffabscheidung des vorerhitzten Äthylens durch einen Gehalt an Schwefelwasserstoff, Selenwasserstoff oder Tellurwasserstoff verhindert.

Neben Äthyl- und Methylchlorid wird nach J. H. REILLY[2] Vinylchlorid erhalten, wenn man Äthan und Chlor in der Gasphase im Verhältnis 1 zu 2,4 bis 3,5 bei etwa 250° oder höher in Gegenwart von Schmelzen von Metallchloriden aufeinander einwirken läßt. Als Kontakte eignen sich Schmelzen aus 17,7 Teilen Aluminiumchlorid, 6,4 Teilen Natriumchlorid und 1 Teil Kupferchlorid.

Führt man die Reaktion bei etwa 400° durch, so besteht das Reaktionsprodukt zu 21,9 Prozent aus Vinylchlorid, 45,9 Prozent Äthylchlorid und 3,7 Prozent Methylchlorid.

B. Reinigung.

Das zur Polymerisation verwendete Vinylchlorid muß einen bestimmten Reinheitsgrad aufweisen, der bei vielen technischen Herstellungsverfahren nicht erreicht werden kann. Man muß somit das Vinylchlorid vor der Polymerisation einer Nachreinigung unterziehen.

---

[1] A.P. 2167927, Shell Development Co.
[2] A.P. 2140547, Dow Chemical Co.

Das bei der Chlorwasserstoffabspaltung aus *Dichloräthan* hergestellte Vinylchlorid wird z. B. nach R. C. Sosser und J. B. Arnold[1] mit Schwefelsäure von mindestens 88 Prozent, vorteilhaft von 96 Prozent, behandelt.

Einer Reinigung muß auch das durch Kondensation aus *Acetylen* und Chlorwasserstoff erhaltene Vinylchlorid unterworfen werden.

Bei dieser Kondensation bildet sich auch Äthylendichlorid, welches durch Überleiten des Vinylchlorids über *Kieselsäuregel* oder *Aktivkohle* unter Abspaltung von Chlorwasserstoff in Vinylchlorid übergeführt wird[2].

Die bei der Darstellung von Vinylchlorid gleichzeitig in geringen Mengen gebildeten anderen Halogenverbindungen können durch Behandlung mit konzentrierten wäßrigen Lösungen von Alkalien, z. B. Natriumcarbonat, entfernt werden[3].

Zweckmäßigerweise leitet man das gasförmige Vinylchlorid zur Reinigung durch einen Turm mit 50prozentiger Natriumcarbonatlösung.

Das aus Acetylen und Chlorwasserstoff gebildete Vinylchlorid enthält ferner geringe Mengen nicht umgesetzter Ausgangsstoffe, welche entfernt werden müssen, da Acetylen die Polymerisation verhindert, während Chlorwasserstoff als Katalysator bei der Polymerisation wirkt, diese in unerwünschtem Maße beschleunigt und eine Erniedrigung des Durchschnitts-Molekulargewichtes des Polyvinylchlorids bedingt[4].

Um zu einem reinen Vinylchlorid zu gelangen, unterwerfen J. C. Vlugter, W. L. J. de Nie und R. H. Mettivier Meyer[5] dasselbe einer Destillation. Das destillierte Monomere soll einen Brechungs-index von 1,4449 bis 1,4452 bei 20° haben.

C. Lagerung.

Sofern das nach einem der beschriebenen Verfahren hergestellte Vinylchlorid nicht unmittelbar anschließend oder nach einem Reinigungsverfahren zur Polymerisation verwendet werden soll, wird das Vinylchlorid bei tiefer Temperatur verflüssigt und, um eine vorzeitige Polymerisation zu verhindern, mit Stabilisatoren, wie Phenol, Hydrochinon, Pyrogallol oder ähnlich wirkenden Stoffen, versetzt[6].

Als Stabilisatoren kommen nach I. L. Wolk[7] ferner aliphatische Alkylamine, Alkylmercaptane, Alkylsulfide und Alkylhydrazin in Betracht.

---

[1] A.P. 2266177, Dow Chemical Co.

[2] Dalesch-Paetsch, H.: Kautschuk u. Gummi **2**, 307 (1949).

[3] F.P. 837233, Dr. A. Wacker Ges. f. elektrochem. Ind. G.m.b.H.

[4] Thinius, K.: Gummi u. Asbest **2**, 262 (1949).

[5] Holl.P. 59461, N. V. de Bataafsche Petroleum Mij.

[6] Dalesch-Paetsch: Kautschuk u. Gummi **2**, 307 (1949).

[7] A.P. 2407861, Phillips Petroleum Co.

Erster Teil.

Herstellung von Polyvinylchlorid, Vinylchlorid-Mischpolymerisaten und polyvinylchloridhaltigen Massen.

I. Polymerisation von Vinylchlorid.

A. Polymerisationsmechanismus.

Vinylchlorid besitzt infolge seines Molekülbaues ebenso wie alle anderen Verbindungen, welche die charakteristische

$$CH_2{=}C{<}\text{-Gruppe}$$

enthalten, die Eigenschaft, daß sich mehrere Einzelmoleküle zu einem höhermolekularen Komplex, dem Polyvinylchlorid, verknüpfen.

Die als Polymerisation bezeichnete Verknüpfung einer Vielzahl von Vinylchlorid-Molekülen verläuft ebenso wie die der anderen Vinylverbindungen als Kettenreaktion, die im wesentlichen durch drei Vorgänge bestimmt wird: nämlich *Keimbildung*, *Wachstumsreaktion* und *Kettenabbruch*[1].

Von diesen drei Reaktionsstufen wird die Keimbildung, wie noch später gezeigt wird, durch *Licht*, *Wärme* und vor allem aber durch bestimmte als Beschleuniger wirkende Stoffe begünstigt.

Diese Verknüpfung von Vinylchlorid-Molekülen verläuft exotherm: die frei werdende Wärmemenge beträgt 15 bis 30 Kcal/Mol. Durch diese Erwärmung wird der Polymerisationsprozeß autokatalytisch beschleunigt.

Die Polymerisation des Vinylchlorids verläuft in der Regel so, daß einzelne Moleküle des Vinylchlorids aktiviert werden, die dann befähigt werden, eine große Zahl neuer monomerer Vinylchlorid-Moleküle anzulagern. Dadurch entstehen neue Moleküle mit aktiven Endgruppen, die man als Makroradikale ansprechen kann. Der Polymerisationsprozeß verläuft dann so lange, bis durch eine Nebenreaktion oder Desaktivierung ein Kettenabbruch eintritt[2].

Schematisch stellt sich der Vorgang wie folgt dar:

$$\begin{array}{ccccccc}
CH_2{=}CH & & -CH_2{-}CH{-} & & CH_2{=}CH & & \\
\mid & \rightarrow & \mid & + & \mid & \rightarrow \\
Cl & & Cl & & Cl &
\end{array}$$

$$\begin{array}{ccccc}
-CH_2{-}CH{-}CH_2{-}CH{-} & & \left[CH_2{=}CH\right] & & \\
\mid\qquad\qquad\mid & + & \mid & \rightarrow \\
Cl\qquad\quad Cl & & \quad Cl\ \big]_x &
\end{array}$$

$$\begin{array}{ccccc}
CH_2{-}CH{-}\left[-CH_2{-}CH{-}\right]-CH_2{-}CH{-} & \\
\mid\qquad\quad\ \mid\qquad\qquad\mid \\
Cl\qquad\quad Cl\ \big]_x\qquad\ Cl
\end{array}$$

---

[1] SCHULZ, G., u. E. HUSEMANN: Angew. Chem. **50**, 767 (1937).
[2] STAUDINGER, H.: Die hochmolekularen organischen Verbindungen, S. 149. 1932.

Bei dieser als Kettenpolymerisation bezeichneten Reaktion tritt keine Wanderung von Wasserstoffatomen ein im Gegensatz zu der gleichfalls möglichen sogenannten kondensierenden Polymerisation[1], bei der die Bildung aktiver Moleküle unterbleibt und ein ungesättigtes Molekül an ein anderes unter Wasserstoffwanderung angelagert wird, so daß schließlich bei Fortsetzung dieser Reaktion auch ein polymeres Vinylchlorid entsteht.

Diese kondensierende Polymerisation verläuft somit nach dem Schema

$$
\begin{array}{c}
CH{=}CH_2 \\
| \\
Cl
\end{array}
+
\begin{array}{c}
CH{=}CH_2 \\
| \\
Cl
\end{array}
\rightarrow
\begin{array}{c}
CH_2{-}CH_2{-}C{=}CH_2 \\
| \\
Cl \qquad\quad Cl
\end{array}
+
\begin{array}{c}
CH{=}CH_2 \\
| \\
Cl
\end{array}
\rightarrow
$$

$$
\rightarrow
\begin{array}{c}
CH_2{-}CH_2{-}CH{-}CH_2{-}C{=}CH_2 \\
| \qquad\quad | \qquad\quad\quad | \\
Cl \qquad\quad Cl \qquad\quad Cl
\end{array}
+
\begin{array}{c}
CH{=}CH_2 \\
| \\
Cl
\end{array}
\quad \text{usw.}
$$

· bewegliches Wasserstoffatom.

Nach dem ersten Reaktionsschema verläuft die Polymerisation nicht schrittweise über stabile niedermolekulare Verbindungen, sondern es entstehen im Gegensatz zur kondensierenden Polymerisation gleich zu Anfang der Reaktion Polymerisate, bei denen die Kettenlänge denen der Endprodukte entspricht.

B. Polymerisationsgeschwindigkeit.

Die Geschwindigkeit, mit der die Verknüpfung der monomeren Vinylchlorid-Moleküle zu höhermolekularen Molekülkomplexen, den Polyvinylchloriden, erfolgt, kann durch bestimmte Maßnahmen verändert werden.

Die Polymerisationsreaktion läßt sich sowohl verhindern, verzögern als auch beschleunigen.

Durch Zusatz von sogenannten *Stabilisatoren* der auf S. 125 erwähnten Art kann man die Polymerisation von Vinylchlorid unter normalen Bedingungen verhindern.

Andere Stoffe, die als *Verzögerer* bekannt sind, können den zeitlichen Ablauf der Polymerisation verlangsamen.

Umgekehrt läßt sich die Vinylchlorid-Polymerisation auch beschleunigen. Eine solche Beschleunigung der Polymerisation von Vinylchlorid bewirken *Licht* oder *Strahlen* anderer Wellenlängen, besonders *ultraviolette Strahlen*.

Weiter wird die Polymerisation von Vinylchlorid durch *Druck*, *Wärme* und verschiedene Zusätze, sogenannte Polymerisationskatalysatoren, beschleunigt.

Die Verknüpfung der monomeren Vinylchlorid-Moleküle kann in Gegenwart von Polymerisationsbeschleunigern, wie noch später gezeigt wird, nicht nur in Abwesenheit von *Verdünnungsmitteln*, sondern auch in Gegenwart dieser, also in *Lösung*, *Emulsion* oder *Suspension* erfolgen.

---

[1] DREHER, E.: Zur Chemie der Kunststoffe. 2. Aufl. S. 44. München 1941.

C. Molekulargewicht und Polymerisationsgrad.

Die Anzahl der bei der Polymerisation zum Makromolekül zusammentretenden Vinylchlorid-Moleküle hängt ab von der Art und Weise der Durchführung der Polymerisationsreaktion.

Die bei Polymerisationsreaktionen aus Vinylchlorid erhaltenen Polyvinylchloride unterscheiden sich somit untereinander durch das Molekulargewicht des Makromoleküls oder durch den *Polymerisationsgrad*, der die Anzahl der zu Polyvinylchlorid verknüpften monomeren Vinylchlorid-Moleküle angibt.

Als Maßstab für den Polymerisationsgrad dienen der von H. Fikentscher[1] eingeführte *K-Wert* sowie die *M-Zahl*, deren Bestimmung später beschrieben werden wird.

Durch bestimmte Führung des Polymerisationsvorganges kann man Polyvinylchloride und in gleicher Weise natürlich auch Vinylchlorid-Mischpolymerisate verschiedener Molekülgröße oder verschiedenen Polymerisationsgrades erhalten.

Der Polymerisationsgrad wird besonders von der Polymerisationstemperatur beeinflußt. Je höhermolekular das Polyvinylchlorid sein soll, desto niedriger muß die Polymerisationstemperatur, besonders zu Beginn der Polymerisation, sein. Der Polymerisationsgrad hängt weiterhin ab von der Menge des dem Vinylchlorid bei der Polymerisation zugesetzten Katalysators; je größer die zugesetzte Katalysatormenge ist, desto höher ist der Polymerisationsgrad[2].

Aber selbst bei Einhaltung genauer Arbeitsbedingungen der Polymerisationsreaktion werden hinsichtlich Molekulargewicht und Polymerisationsgrad nicht einheitliche Polyvinylchloride erhalten; es entstehen vielmehr stets Gemische von Polyvinylchloriden mit mehr oder weniger eng aneinanderliegenden Molekulargewichten, unter denen jeweils ein bestimmter sogenannter *Durchschnittspolymerisationsgrad* vorherrscht.

Obwohl man natürlich Polyvinylchloride mit den verschiedensten Polymerisationsgraden herstellen kann, kommen für die technische Verwendung gewöhnlich zwei Gruppen von Polyvinylchloriden in Betracht, und zwar niederpolymere und hochpolymere Vinylchloride.

Die Molekulargewichte der niederpolymeren Vinylchloride liegen nach osmotischen Messungen ungefähr zwischen 15000 und 30000, entsprechend einem Polymerisationsgrad von 250 und 500[3].

Die Molekulargewichte hochmolekularer Polyvinylchloride schwanken zwischen 60000 und 150000; diesen Molekulargewichten entsprechen Durchschnittspolymerisationsgrade von 1000 bis 2500.

Auf Grund von praktischen Erfahrungen werden Polyvinylchloride mit bestimmten Polymerisationsgraden für bestimmte Anwendungszwecke benützt. So dienen z. B. die niederpolymeren, in einer Reihe von Lösungsmitteln noch löslichen Polyvinylchloride als Lackrohstoffe,

---

[1] Fikentscher, H.: Cellulosechemie **13**, 60 (1932).
[2] Thinius, K.: Gummi u. Asbest **2**, 269 (1949).
[3] Staudinger, H., u. J. Schneiders: Liebigs Ann. **541**, 150 (1939).

während die hochpolymeren, in den üblichen Lösungsmitteln unlöslichen Polymerisate als Kunststoff Verwendung finden[1].

Das unter dem Namen *Igelit PCU* von der Firma I.G. Farbenindustrie A.G. im Handel befindliche Polyvinylchlorid ist ein hochmolekulares Produkt mit einem Durchschnittspolymerisationsgrad von 1000
bis 2000, entsprechend einem Molekulargewicht von 60000 bis 120000[2].
Eine weitere Unterteilung der Igelit PCU-Sorten hat sich in der Praxis
als notwendig erwiesen, so daß diese Polyvinylchloride unter den Sorten H, L, K, G, R, F oder T erhältlich sind.

Ein hochmolekulares Produkt ist das von der Fa. Dr. A. Wacker
Ges. f. elektrochem. Ind. G.m.b.H. hergestellte *Vinnol HH*.

D. Struktur von Polyvinylchlorid.

Das aus Vinylchlorid bei der Polymerisation erhaltene Polyvinylchlorid besitzt einen kettenförmigen Molekülbau, bei dem die Verknüpfung der einzelnen Grundmoleküle entweder gemäß dem Formelbild

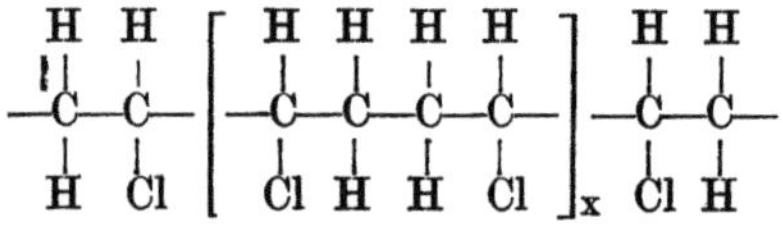

$$-\overset{\displaystyle H}{\underset{\displaystyle H}{C}}-\overset{\displaystyle H}{\underset{\displaystyle Cl}{C}}-\left[-\overset{\displaystyle H}{\underset{\displaystyle Cl}{C}}-\overset{\displaystyle H}{\underset{\displaystyle H}{C}}-\overset{\displaystyle H}{\underset{\displaystyle H}{C}}-\overset{\displaystyle H}{\underset{\displaystyle Cl}{C}}-\right]_x-\overset{\displaystyle H}{\underset{\displaystyle Cl}{C}}-\overset{\displaystyle H}{\underset{\displaystyle H}{C}}-$$

oder nach dem Formelbild

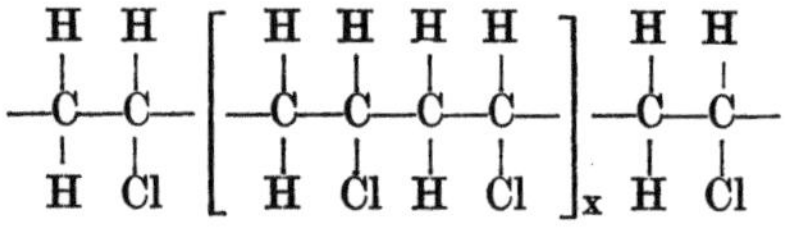

$$-\overset{\displaystyle H}{\underset{\displaystyle H}{C}}-\overset{\displaystyle H}{\underset{\displaystyle Cl}{C}}-\left[-\overset{\displaystyle H}{\underset{\displaystyle H}{C}}-\overset{\displaystyle H}{\underset{\displaystyle Cl}{C}}-\overset{\displaystyle H}{\underset{\displaystyle H}{C}}-\overset{\displaystyle H}{\underset{\displaystyle Cl}{C}}-\right]_x-\overset{\displaystyle H}{\underset{\displaystyle H}{C}}-\overset{\displaystyle H}{\underset{\displaystyle Cl}{C}}-$$

möglich ist.

Auf Grund der Tatsache, daß monomeres Vinylacetat bei der Polymerisation Derivate des 1, 3-Glykols und nicht Derivate des 1, 2-Gly-
kols liefert[3], haben H. STAUDINGER und J. SCHNEIDERS[4] geschlossen,
daß auch beim Vinylchlorid ein gleicher Polymerisationsverlauf wahrscheinlich ist und dem Polyvinylchlorid somit der zuletzt angeführte
kettenförmige Aufbau gemäß der übersichtlicheren Formel

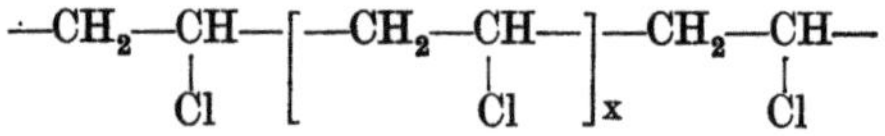

$$-CH_2-\underset{\displaystyle Cl}{CH}-\left[-CH_2-\underset{\displaystyle Cl}{CH}-\right]_x-CH_2-\underset{\displaystyle Cl}{CH}-$$

zukommt.

Der experimentelle Nachweis dieser Struktur des Polyvinylchlorids
ist C. S. MARVELL, J. H. SAMPLE und M. F. ROY[5] gelungen.

Aus verdünnter Dioxanlösung konnten mit Zink aus Polyvinylchlorid nur
84 bis 87 Prozent Chlor entfernt werden. Wenn dem Polyvinylchlorid die 1, 2-Struk-
tur zuzuschreiben wäre, so müßte ein vollständiger Entzug des Chlors erfolgen.

---

[1] STAUDINGER, H., u. J. SCHNEIDERS: Liebigs Ann. **541**, 151 (1939).
[2] WICK, G., u. K. KAINZ: Kunststoffe **33**, 65 (1943).
[3] STAUDINGER, H., K. FREY u. W. STARCK: Ber. dtsch. chem. Ges. **60**,
1782 (1927).
[4] STAUDINGER, H., u. J. SCHNEIDERS: Liebigs Ann. **541**, 151 (1939).
[5] MARVELL, C. S., J. H. SAMPLE u. M. F. ROY: J. amer. chem. Soc. **61**, 3241
(1939).

Für die 1, 3-Struktur spricht weiter die Tatsache, daß das Polyvinylchlorid aus einer peroxydfreien Dioxanlösung von Kaliumjodid Jod nicht in Freiheit setzt, was bei einer 1, 2-Struktur der Fall sein müßte.

Ebenso führt auch ein Vergleich der UV-Absorptionsspektren des Polyvinylchlorids mit 2, 3- und 2, 4-Dichlorpentan zu dem Schluß der 1, 3-Struktur, da das Absorptionsspektrum des Polyvinylchlorids dem des 2, 4-Dichlorpentans ähnelt.

Zu der gleichen Schlußfolgerung kam auch W. C. Sears[1], der festgestellt hat, daß das Polyvinylchlorid ein dem Polyvinylacetat gleiches Infrarotspektrum aufweist; er folgert hieraus, daß beide Polymeren eine ähnliche Kettenstruktur besitzen müssen.

Die Atomfiguration entspricht nach R. Brill[2] aber nicht der vorbeschriebenen schematischen Formel, sondern dem Bild

Dieser in einer ebenen Zickzackkette dargestellten Atomanordnung entspricht jedoch in Wirklichkeit eine räumliche.

Durch Röntgeninterferenzen wurde an Stelle eines Abstandes von 2,7 Å, den identische CHCl-Gruppen bei ebener Anordnung des Moleküls haben würden, eine Identitätsperiode von 5,2 Å gefunden. Dies ist so zu erklären, daß jede CHCl-Gruppe gegen die vorhergehende versetzt ist[3].

Auf Grund dieses Röntgenbildes ist somit beim Polyvinylchlorid, und zwar bei der Kette mit Kopf-Schwanz-Struktur, nur das fünfte und das neunte Kohlenstoffatom mit dem ersten identisch.

Diese wechselständige Anordnung der Chloratome im Polyvinylchlorid veranschaulicht das nebenstehend wiedergegebene räumliche Modell vom Teil eines Polyvinylchlorids.

Nach neueren Feststellungen deutscher Firmen[4] kann die Verknüpfung der monomeren Vinylchlorid-Moleküle auch nach dem 1, 2-Schema erfolgen.

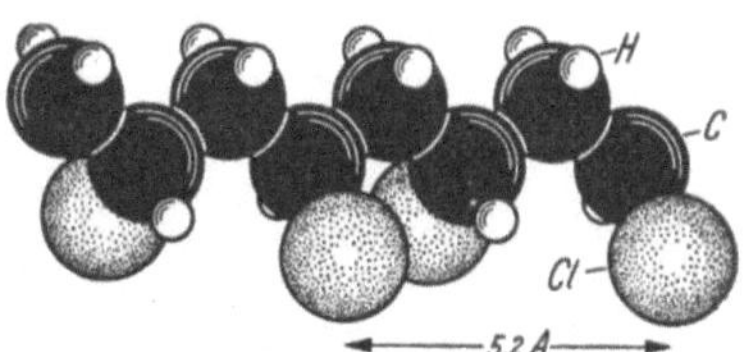

Abb. 1. Räumliches Modell eines Polyvinylchlorid-Moleküls.

Die Art der Verknüpfung der einzelnen monomeren Vinylchlorid-Moleküle bei der Polymerisation hängt nämlich von der Art des angewandten Polymerisationskatalysators ab.

Von den beiden wichtigsten Katalysatoren ergibt das *Kaliumpersulfat* Polyvinylchloride, bei denen die Ketten 1, 3-, also Kopf-Schwanz-Struktur zeigen, während Benzoylperoxyd eine 1, 2-Struktur,

---

[1] Sears, W. C.: J. appl. physics **12**, 35 (1941).
[2] Lepsius, R.: Kunststoffe **33**, 133 (1943).
[3] Fuller, G. S.: Rubber Chem. a. Techn. **4**, 323 (1941). — R. Brill nach R. Lepsius: Kunststoffe **33**, 133 (1943).
[4] F.I.A.T.-Bericht 862; Brit. Plastics **19**, 175 (1947).

d. h. Kopf-Kopf-Schwanz-Schwanz-Struktur, nach der übersichtlichen Formel

$$-CH_2-CH-\left[-CH-CH_2-\right]_x-CH_2-CH-$$
$$\quad\ \ \ |\qquad\quad |\qquad\qquad\qquad |$$
$$\quad\ \ \ Cl\qquad\ \ Cl\qquad\qquad\qquad Cl$$

herbeiführt.

Von H. STAUDINGER und J. SCHNEIDERS[1] ist ferner angenommen worden, daß neben diesem kettenförmigen Aufbau des Polyvinylchlorids noch unbekannte Verzweigungen in den Makromolekülen vorliegen. Diese Verzweigungen, die bei der Kettenreaktion entstehen sollen, sollen die Ursache für die Abweichungen vom Viskositätsgesetz sein. Ihre Existenz wird ferner begründet mit dem Umstand, daß sämtliche Polyvinylchloride 0,5 bis 1 Prozent zuwenig Chlor besitzen.

Die Existenz dieser Verzweigungen wird aber von H. E. FIERZ-DAVID und HCH. ZOLLINGER[2] bestritten und der niedrige Chlorgehalt auf Chlorwasserstoffabspaltung zurückgeführt.

Bei der Polymerisation von Vinylchlorid erfolgt somit die Verknüpfung der Einzelmoleküle zu kettenförmig aufgebauten *Fadenmolekülen*.

Über die Gestalt dieser Molekülketten innerhalb des Molekülverbandes können exakte Angaben nicht gemacht werden: man weiß nicht, ob diese gestreckt, gekrümmt oder knäuelförmig, ob sie zu Gruppen gebündelt sind oder nicht[3]. Am wahrscheinlichsten ist, daß der Molekülverband aus Polyvinylchlorid-Ketten besteht, die wie ein Wattebausch ineinander geknäuelt sind, wobei die Ketten sich stellenweise ausrichten und in diesen mizellähnlich geordneten Bereichen wahrscheinlich auch eine engere gegenseitige Richtung eingehen.

Abb. 2. Molekülverband von Polyvinylchlorid.

Diese Vorstellung vom Molekülverband paßt am besten zu allen Beobachtungen über die Eigenschaften des Polyvinylchlorids im festen Zustand. Durch starke Verformung, wie Walzen, Recken, wird die Ausrichtung einheitlicher und umfassender, so daß in diesem Zustand der Molekülbau durch Röntgeninterferenzen erforscht werden kann.

In der Abb. 2 ist in schematischer Darstellung die wahrscheinliche Struktur des Molekülverbandes von Polyvinylchlorid, im Kreis in größerem Maßstabe, wiedergegeben.

---

[1] STAUDINGER, H., u. J. SCHNEIDERS: Liebigs Ann. **541**, 151 (1939).
[2] FIERZ-DAVID, H. E., u. HCH. ZOLLINGER: Helvet. chim. Acta **28**, 4555 (1945).
[3] BUCHMANN, W.: Eigenschaften von Polyvinylchloridkunststoff, S. 12. München 1944.

II. Polymerisationsverfahren.

Für die Herstellung technisch verwertbarer Polyvinylchloride ist eine Vielzahl von Verfahren entwickelt worden.

Bei den älteren Verfahren hat man den beschleunigenden Einfluß des Sonnenlichtes oder von Lichtstrahlen anderer Wellenlänge bzw. den Einfluß von Druck und Wärme bei der Überführung von Vinylchlorid in seine polymeren Formen ausgewertet.

Diese Verfahren haben jedoch an Bedeutung verloren, nachdem man in sauerstoffabgebenden Verbindungen Katalysatoren ermittelt hatte, die die Herstellung von gleichartigen Polymerisaten in relativ kurzen Zeiträumen ermöglichten.

Diese katalytische Polymerisation hat man ursprünglich in Abwesenheit von Verdünnungsmitteln vorgenommen. Später ist man dazu übergegangen, in Gegenwart von Lösungsmitteln zu arbeiten. Die größte Bedeutung haben aber diejenigen Verfahren erlangt, bei denen die Polymerisation von Vinylchlorid in wäßriger Emulsion durchgeführt wird.

Neuerdings sind auch Verfahren entwickelt worden, die die Polymerisation von Vinylchlorid in Suspension ermöglichen.

Für bestimmte Sonderzwecke wurden ferner Verfahren ausgearbeitet, welche die Herstellung von Polyvinylchloriden mit bestimmten Eigenschaften ermöglichen.

Von den nachstehend beschriebenen Verfahren haben die Emulsionsverfahren die größte technische Bedeutung erlangt; doch soll neuerdings auch die Blockpolymerisation wieder eine gewisse Bedeutung besitzen.

A. Lichtpolymerisation.

Schon REGNAULT hat bei der ersten Synthese von Vinylchlorid die Beobachtung gemacht, daß Vinylchlorid unter dem Einfluß des *Sonnenlichtes* in ein weißes Pulver übergeht.

Diese auf einen Polymerisationsvorgang zurückzuführende Umwandlung des Vinylchlorids ist etwa 50 Jahre später von E. BAUMANN[1] eingehender untersucht worden. Er fand, daß bei dieser Polymerisation die Wellenlänge der Strahlen der angewandten Lichtquelle von Einfluß auf die Polymerisationsgeschwindigkeit und auf die Eigenschaften des polymeren Vinylchlorids ist.

Bei gewöhnlicher Temperatur verläuft die Polymerisation von Vinylchlorid unter der Einwirkung des *Sonnenlichtes* nur sehr langsam. Mit größerer Geschwindigkeit erfolgt jedoch die Polymerisation unter dem Einfluß *ultravioletter Strahlen*.

Von diesen ultravioletten Strahlen sind diejenigen des äußersten Ultravioletts der Quarzlampe besonders wirksam[2]; in Gegenwart dieser Strahlen polymerisiert Vinylchlorid leicht zu einem einheitlichen Produkt, und zwar am besten in Methylalkohol als Lösungsmittel.

---

[1] BAUMANN, E.: Liebigs Ann. **163**, 308 (1878).
[2] PLOTNIKOW, J.: Z. wiss. Photogr., Photophys. u. Photochem. **21**, 117 (1922).

Diese Wirkung des Sonnenlichtes oder der ultravioletten Strahlen auf Vinylchlorid hat I. Ostromisslensky[1] zur Herstellung von Polyvinylchlorid technisch auszuwerten versucht. Nach seinem Vorschlag wird gasförmiges oder gelöstes Vinylchlorid der Wirkung der genannten Strahlen ausgesetzt.

Die bei gewöhnlicher Temperatur im Lichte der Sonne oder der Uviollampe nur langsam verlaufende Polymerisation von Vinylchlorid läßt sich in ihrer Geschwindigkeit beträchtlich beschleunigen, wenn man bei höheren Temperaturen oder in Gegenwart bestimmter Zusatzstoffe arbeitet. Nach Feststellung der Firma A.G. für Anilinfabrikation[2] vermögen z. B. *Uranylsalze, Kobaltsalze* oder *Vanadiumsalze* die Geschwindigkeit der Polymerisation beträchtlich zu erhöhen. Von den angeführten Salzen zeichnen sich besonders die *Uranylsalze* durch ihre hohe Wirksamkeit aus.

1800 ccm einer Lösung von 117,6 g Vinylchlorid in Methylalkohol werden z. B. mit einer konzentrierten methylalkoholischen Lösung von 4 g Uranylchlorid versetzt und dem Sonnenlicht einige Stunden ausgesetzt. Das Polymerisat fällt als weißer, dicker Brei aus, der von gebundenem und eingeschlossenem Vinylchlorid durch Behandeln mit Wasser getrennt wird. Nach dem Trocknen verbleiben 99 g reines Polymerisat, entsprechend 84,2 Prozent der Theorie.

Bei dieser Lichtpolymerisation kann man die Eigenschaften des polymeren Vinylchlorids nicht nur durch die Art der benützten Strahlen, der Polymerisationsdauer und gegebenenfalls der zugesetzten Beschleuniger, sondern auch dadurch abwandeln, daß man die Polymerisate durch bestimmte Maßnahmen in bestimmte Fraktionen zerlegt.

Nach dem von I. Ostromisslensky[3] entwickelten und schon erwähnten Verfahren wird das Vinylchlorid in einem organischen Lösungsmittel, wie Alkohol, Methylalkohol, Monochlorbenzol, Äthylenchlorid oder Äthylenbromid, der Wirkung der ultravioletten Strahlen oder des Sonnenlichtes ausgesetzt und nach Verdampfung des monomeren Vinylchlorids mit Aceton das in diesem lösliche Polymerisat extrahiert. Anschließend wird das in Monochlorbenzol lösliche Produkt extrahiert. Als Rückstand verbleibt ein in beiden unlösliches Polymerisat.

Nach einem weiteren Verfahren nimmt I. Ostromisslensky[4] die Polymerisation des Vinylchlorids in zwei Stufen vor.

In der ersten Stufe erfolgt die Herstellung des in Aceton löslichen Polymeren, hierauf führt man dieses in das in Aceton unlösliche, in Chlorbenzol lösliche Polymere über.

Man behandelt z. B. das flüssige Vinylchlorid in einem geschlossenen Behälter, z. B. Quarzrohr, mit ultraviolettem Licht, bis das in Aceton lösliche Polymere gebildet ist.

Nach dem Entfernen des unveränderten Vinylchlorids durch Destillation, Reinigung durch Lösen in Aceton und Abdampfen des Acetons behandelt man das Polymere längere Zeit mit ultraviolettem Licht oder erwärmt längere Zeit auf 50 bis 130°.

---

[1] DRP. 255837, L. A. van Dyck.
[2] DRP. 362666, A.G. für Anilinfabrikation.
[3] DRP. 255837, L. A. van Dyck.
[4] E.P. 260550, L. A. van Dyck.

B. Druck-Wärme-Polymerisation.

Polymeres Vinylchlorid läßt sich unmittelbar bei der Herstellung dieses Halogenkohlenwasserstoffes aus Acetylen und Chlorwasserstoff gewinnen, wenn man diese Kondensationsreaktion bei höherer Temperatur unter Druck vornimmt[1].

26 Gewichtsteile Acetylen und 36,5 Gewichtsteile Chlorwasserstoffgas, die beide vorher gereinigt und getrocknet wurden, werden gemischt und durch einen Kompressor in einen Autoklaven unter 1 bis 2 Atmosphären Druck eingepreßt und auf 100 bis 120° während 10 bis 24 Stunden erwärmt. Man erhält bis zu 30 bis 35 Gewichtsteile Vinylchlorid und 3 bis 6 Gewichtsteile eines sirupösen Polymerisationsproduktes von Vinylchlorid.

Erhitzt man das Gemisch noch weitere 10 Stunden auf 150 bis 200°, so erhält man 36 bis 37 Gewichtsteile Polyvinylchlorid.

Durch längeres Erhitzen kann bis zu 90 Prozent des Vinylchlorids in polymerer Form erhalten werden.

Bei der Herstellung in größerem Maßstabe sollen die Polymerisationsbehälter mit Kieselgur gefüllt sein, und die Gasmischung wird gegebenenfalls mit einem Verdünnungsgas eingepreßt.

Diese aus Gründen der Explosionsgefahr des Acetylens erforderlichen Maßnahmen sind nicht notwendig, wenn man von zuvor in einem gesonderten Arbeitsgang gebildetem Vinylchlorid ausgeht.

Nach A. Voss und E. DICKHÄUSER[2] wird z. B. zur Herstellung von Polyvinylchlorid die monomere Verbindung in reiner Form unter sehr langsam ansteigender Temperatur unter Druck erhitzt. Man arbeitet zweckmäßig in einem Druckgefäß.

Beispielsweise werden 100 Gewichtsteile Vinylchlorid in eine innen emaillierte oder mit Edelmetall ausgekleidete Bombe unter Druck eingefüllt und die Bombe hierauf mehrere Stunden bei 30°, dann einige Stunden nacheinander bei 40, 50 und 60° erhitzt, wobei die Masse so lange auf 60° gehalten wird, bis der Druck nachläßt, was im allgemeinen nach etwa 12 Stunden der Fall ist.

Der Inhalt der Bombe besteht aus einer weißen, sehr festen Masse, die durch Auflösen in Chlorbenzol und Umfällen mittels Alkohol gereinigt wird. Man erhält ein Produkt, das sich gegebenenfalls nach Zusatz von Füllstoffen zu geformten Kunstgegenständen verarbeiten läßt.

Zur Unterstützung der Druck-Wärme-Polymerisation kann man nach Angaben der gleichen Forscher[3] auf das Vinylchlorid gleichzeitig chemisch wirksame Strahlen einwirken lassen.

Um eine stoßweise Polymerisation des Vinylchlorids zu vermeiden, können die als Polymerisationsräume vorgesehenen Rührautoklaven oder rollende Zylinder mit einem Ausgleichsraum verbunden werden. Zwischen beiden können noch Kühleinrichtungen geschaltet und die Temperatur des Ausgleichsraumes höher oder niedriger als die Polymerisationstemperatur gehalten werden[4]. Nimmt man die Polymerisation des Vinylchlorids auf einmal vor, so destilliert ein Teil der Monomeren in den Ausgleichsraum. Man kann aber auch so arbeiten, daß man zu-

---

[1] DRP. 362750, Plausons Forschungsinstitut G.m.b.H.; — E.P. 156117, H. Plauson.

[2] DRP. 579048, F.P. 676424, I.G. Farbenindustrie A.G.

[3] DRP. 579048, F.P. 676424, I.G. Farbenindustrie A.G.

[4] F.P. 687721, Belg.P. 366727, E.P. 331265, I.G. Farbenindustrie A.G.

nächst einen Teil des Vinylchlorid polymerisiert und kontinuierlich Vinylchlorid in den Polymerisationsraum aus dem Vergleichsraum destilliert oder nachlaufen läßt.

C. Katalytische Polymerisation.

Es ist bereits erwähnt worden, daß die Geschwindigkeit der Polymerisation von Vinylchlorid bei der Einwirkung von Licht durch die gleichzeitige Anwesenheit bestimmter Metallsalze beträchtlich gesteigert werden kann.

Mit Hilfe bestimmter katalytisch wirkender Stoffe läßt sich auch die Polymerisation von Vinylchlorid beschleunigen, auch wenn dieses nicht der Einwirkung wirksamer Strahlen ausgesetzt wird[1].

Eine solche beschleunigende Wirkung vermag neben bestimmten Metallen, wie *Natrium, Aluminiumamalgam* usw.[2], nach CH. O. YOUNG und ST. D. DOUGLAS[3] *Bleitetraäthyl* auszuüben. Die katalytische Wirksamkeit dieser Verbindung kann nach CH. O. YOUNG[4] durch die Anwesenheit bestimmter Metalle oder Metallverbindungen beeinflußt werden. Während z. B. Aluminium, Zinn oder Blei in Form von Auskleidungen oder als Metallwolle die katalytische Wirkung von Bleitetraäthyl erhöhen, bewirken andererseits Metalle, wie Eisen, Kupfer, Zink oder Nickel bzw. deren Verbindungen, eine Minderung der katalytischen Leistung.

Für die großtechnische Darstellung von Polyvinylchlorid konnten sich aber diese Polymerisationsbeschleuniger nicht durchsetzen.

Man verwendet hier Sauerstoff oder sauerstoffabgebende Verbindungen, wie *Ozon, Wasserstoffsuperoxyd, Ozonide, Peroxyde, Persäuren* oder *Persalze.*

Die als Katalysatoren dienenden Peroxyde werden bei der Polymerisation nicht in die Moleküle eingebaut. Diese von H. E. FIERZ-DAVID und HCH. ZOLLINGER[5] vertretene Ansicht steht aber in Widerspruch zu Versuchen von B. JACOBI[6], der bei der Polymerisation von Vinylchlorid mit Persulfat Polyvinylchloride erhielt, die schwefelhaltig waren und nach ihren Eigenschaften Schwefelsäureester- oder Sulfonsäuregruppen enthalten.

Der Einbau von Peroxyden in die Polyvinylchlorid-Kette wird auch von E. JENCKELS, H. ECKMANS und B. RUMBACH[7] angenommen. Die Anzahl der je Kette eingebauten Moleküle Peroxyd ist dabei in Abwesenheit von Sauerstoff viel größer als in dessen Gegenwart.

---

[1] KRCZIL, F.: Kurzes Handbuch der Polymerisationstechnik, Bd. 1, S. 367. Leipzig 1940.

[2] DRP. 264 123, I. OSTROMISSLENSKY und Ges. f. Fabrikation u. Vertrieb von Gummiwaren Bogatir.

[3] A.P. 1 775 882, Carbide and Carbon Chemicals Corp.

[4] A.P. 2 011 132, Carbide and Carbon Chemicals Corp.

[5] FIERZ-DAVID, H. E., u. HCH. ZOLLINGER: Helvet. chim. Acta 28, 455 (1945).

[6] KERN, W., u. H. KÄMMERER: Makromolekul. Chem. 2, 127 (1948).

[7] JENCKELS, E., H. ECKMANS u. B. RUMBACH: Makromolekulare Chem. 4, 15 (1949).

Diese sauerstoffabgebenden Katalysatoren verhalten sich hinsichtlich ihrer polymerisationsbeschleunigenden Wirkung nicht gleich und bedingen, wie auf S. 25 gezeigt ist, unter Umständen auch eine verschiedenartige Verknüpfung der monomeren Vinylchlorid-Moleküle.

Besonders wertvolle Polymerisate, die z. B. als Isolierstoffe Verwendung finden können, werden erhalten, wenn man die Polymerisation von Vinylchlorid in Gegenwart von *Sauerstoff* oder *Peroxyden*, gegebenenfalls unter Zusatz von Füll- oder Farbstoffen oder Weichmachungsmitteln, bei allmählich ansteigender Temperatur vornimmt und die Polymerisationswärme durch Kühlung oder eine andere Maßnahme entfernt[1].

Wasserstoffsuperoxyd und *Ozon* wird z. B. von W. E. Lawson[2] als Polymerisationsbeschleuniger benützt. Mit *Ozon* läßt sich die Polymerisation von Vinylchlorid nach dem gleichen Forscher[3] in der Weise durchführen, daß man das zu polymerisierende Vinylchlorid mit einem ozonisierten Lösungsmittel erhitzt.

Die katalytische Wirkung des *Ozons* kann nach Ch. O. Young[4] durch Anwesenheit bestimmter Metalle beeinflußt werden; Aluminium, Zinn und Blei bedingen eine Erhöhung und Eisen, Kupfer, Nickel oder deren Verbindungen eine Herabsetzung der katalytischen Leistung.

Von sauerstoffabgebenden Stoffen werden besonders häufig *anorganische* oder *organische Peroxyde* als Polymerisationsbeschleuniger benützt.

Mit *Bariumsuperoxyd* arbeiten z. B. W. E. Lawson[5], W. E. Lawson und I. H. Werntz[6] bzw. H. Staudinger und J. Schneiders[7].

Von organischen Peroxyden eignet sich besonders das *Benzoylperoxyd* zur Beschleunigung der Vinylchlorid-Polymerisation. Diesen Kontakt benützen z. B. W. E. Lawson und I. H. Werntz[6], die Firmen E. I. du Pont de Nemours & Co.[8], Dr. A. Wacker Ges. f. elektrochem. Ind. G.m.b.H.[9], I.G. Farbenindustrie A.G.[10], P. I. Pawlowitsch[11], H. Staudinger und J. Schneiders[7] usw. Die Verwendung von *Benzoylsuperoxyd* hat indessen den Nachteil, daß zur Polymerisation relativ große Katalysatormengen erforderlich sind und die Entfernung des Kontaktes aus dem Polymerisat zusätzliche Maßnahmen erforderlich macht.

Diese Nachteile werden bei Verwendung von *Azetylbenzoylperoxyd* als Polymerisationsmittel vermieden; die mit diesen von L. Cl. Shriver[12]

---

[1] E.P. 381693, I.G. Farbenindustrie A.G.
[2] F.P. 709562, E.P. 319588, E. I. du Pont de Nemours & Co.
[3] E.P. 319587, E. I. du Pont de Nemours & Co.
[4] A.P. 2011132, Carbide and Carbon Chemicals Corp.
[5] F.P. 709562, E.P. 319588, E. I. du Pont de Nemours & Co.
[6] E.P. 319591, E. I. du Pont de Nemours & Co.
[7] Staudinger, H., u. J. Schneiders: Liebigs Ann. **541**, 152 (1939).
[8] E.P. 377653, E. I. du Pont de Nemours & Co.
[9] F.P. 837233, Dr. Wacker Ges. f. elektrochem. Ind. G.m.b.H.
[10] DRP. 663220, F.P. 836967, E.P. 494772, I.G. Farbenindustrie A.G.
[11] Pawlowitsch, P. I.: Ind. org. Chem. (russ.) **2**, 1927 (1936).
[12] DRP. 636315, F.P. 748972, E.P. 397364, Carbide and Carbon Chemikals Corp.

vorgeschlagenen Katalysator erhaltenen Polyvinylchloride erweisen sich auch gegen Hitze- und Lichteinwirkung widerstandsfähiger.

Von organischen Peroxyden können ferner *Toluylperoxyd*, *Acetylperoxyd* bzw. auch höhermolekulare aliphatische Peroxyde, wie *Palmitylperoxyd*, nach W. E. LAWSON[1] als Polymerisationskontakte Verwendung finden.

Die zur Polymerisation von Vinylchlorid erforderliche Zeit kann nach CL. H. ALEXANDER und H. TUCKER[2] durch Anwendung von solchen *Diacylperoxyden* verkürzt werden, die sich von Monocarbonsäuren mit 4 bis 10 Kohlenstoffatomen ableiten.

Besonders wirksam sind *Dibutyryl-*, *Dicaproyl-*, *Dicaprylyl-*, *Dipelargonylperoxyd*. Die zuzusetzende Menge beträgt 0,25 bis 1 Prozent des Vinylchlorides. Bei Anwendung von Dicaprylylperoxyd sind höchstens 2 Prozent erforderlich.

Nach Feststellungen der Firma The Distillers Co. Ltd.[3] können auch Peroxydverbindungen ungesättigter Carbonylverbindungen, z. B. *peroxydische Derivate* der *Croton-* oder *Methacrylsäure*, die Polymerisation von Vinylchlorid bei erhöhter Temperatur und normalem oder erhöhtem Druck beschleunigen. Gegenüber anderen Peroxyd-Katalysatoren zeichnen sich diese peroxydischen Verbindungen dadurch aus, daß sie die dielektrischen Eigenschaften des Polyvinylchlorids nicht verändern.

Zur Beschleunigung der Polymerisation von Vinylchlorid haben ferner V. L. FOLT und E. W. SHAVER[4] *Alkoxybenzoylperoxyde*, wie o, o'-Dimeth- oder o, o'-Diäthoxybenzoylperoxyd, p, p'-Diäthoxybenzoylperoxyd, p, p'- oder o, o'-Di-n-propoxy- oder -Diisopropoxybenzoylperoxyd, p, p'-Dibutoxy-, p, p'-Di-n-hexoxy-, p, p'-Di-n-heptyloxybenzoylperoxyd, 2, 4, 2', 4'- oder 2, 6, 2', 6'-Tetramethoxybenzoylperoxyd, in Mengen von 0,05 bis 2 Prozent und mehr vorgeschlagen. Die besten Resultate geben Peroxyde, bei denen die Alkoxygruppe in o-Stellung steht. Nitro-, Aldehyd-, Sulfonsäure- und andere elektropositive Gruppen sollen im Peroxydmolekül nicht vorhanden sein, da sie die Polymerisation verzögern. Zweckmäßig enthält die Alkoxygruppe 2 bis 7 Kohlenstoffatome.

Die Firma Soc. An. des Usines de Melle[5] verwendet wieder als Polymerisationsbeschleuniger *Dioxan-* oder *Dioxalanperoxyde*, die ähnlich wie Tetrahydrofuranperoxyde wirken.

Als besonders wirksam haben sich zur Katalysierung der Polymerisation von Vinylchlorid *Alkylperoxydicarbonate* erwiesen. Nach F. STRAIN[6] wird diese Polymerisation bei Temperaturen von 0 bis 60° vorgenommen. Die Polymerisationstemperatur liegt hier im allgemeinen 15 bis 30° niedriger als bei den sonst üblichen Peroxydkatalysatoren.

[1] Siehe Fußnote 5, S. 31.
[2] A.P. 2366306, F.P. 951308, B. F. Goodrich Co.
[3] F.P. 947255, E.P. 570198, The Distillers Co. Ltd.
[4] A.P. 2419347, F.P. 950422, B. F. Goodrich Co.
[5] Soc. An. des Usines de Melle.
[6] A.P. 2464062, Pittsburgh Plate Glass Co.

Die Polymerisation von Vinylchlorid unter Verwendung von organischen Peroxyden als Katalysatoren kann in Anwesenheit von Wasser erfolgen[1].

Die katalytische Wirkung der Peroxyde kann nach CH. O. YOUNG[2] durch Anwesenheit von Metallen in gleicher Weise beeinflußt werden wie die katalytische Wirkung von Wasserstoffsuperoxyd.

Durch Zusatz einer Verbindung eines in mehreren Wertigkeitsstufen existierenden Schwermetalls läßt sich die katalytische Wirkung von sauerstoffabgebenden Katalysatoren, wie z. B. *Wasserstoffsuperoxyd*, erhöhen oder beschleunigen[3]. Die Metallverbindung wird dabei in der reduzierten Form verwendet, und damit diese während der Reaktion zumindestens bei einem größeren Teil der Metallverbindung erhalten bleibt, wird ferner ein Reduktionsmittel zugesetzt. Als Aktivator für den Katalysator eignet sich besonders Eisen-II-sulfat, doch kommen auch Salze des Vanadiums, Kupfers, Kobalts, Nickels, Cers, Bleis, Zinns in Frage; sie sollen in Mengen von 0,1 bis 5 Teilen auf 1 Million Teilen der gesamten Reaktionsmenge verwendet werden.

Als Reduktionsmittel eigenen sich z. B. Formaldehydnatriumsulfoxylat, Formaldehydzinksulfoxylat, 1- oder d-Ascorbinsäure, oxydierte Glucose, Acet-, Butyr-, Propion-, Hept-, Benzaldehyd, Aceton, Methylamylketon, Diacetonalkohol, Phoron, Pyrogallol, Propylenoxyd, Natriumsulfit, Thioharnstoffperoxyd.

Die Reaktion wird bei Temperaturen zwischen 25 und 60° durchgeführt.

Nach E. CZAPP[4] läßt sich die durch sauerstoffabgebende Stoffe, wie z. B. *Benzoylperoxyd* oder *Tetrahydronaphthalinsuperoxyd*, katalysierte Polymerisation von Vinylchlorid innerhalb relativ kurzer Zeit bei relativ tiefer Temperatur durchführen, wenn man die Polymerisation in Gegenwart von Verbindungen vornimmt, die imstande sind, labile Aminooxyde zu bilden. Stoffe dieser Art sind Triarylamine, Trialkylamine oder arylaliphatisch-aromatische Amine, die in Mengen von 0,1 bis 6 Prozent und darüber, vorteilhaft zwischen 0,5 und 3 Prozent (bezogen auf den tertiären Aminstickstoff) zugesetzt werden. Die Menge dieser Amine wird dem als Katalysator zugefügten Sauerstoff oder frei zu machenden Sauerstoff angepaßt, derart, daß der Sauerstoff in größeren Mengen vorliegt, als zur Umsetzung des Aminstickstoffs unter Bildung eines labilen Aminoxyds erforderlich ist.

In Gegenwart von sauerstoffabgebenden Stoffen, wie *Peroxyden*, und Aktivatoren, wie *tertiären Aminen* oder *unstabile Aminooxyde* bildende Amine, polymerisiert die Firma Röhm & Haas G.m.b.H.[5] Vinylchlorid. Zweckmäßig setzt man der Reaktionsmischung vor der Polymerisation höhermolekulare Verbindungen oder Naturstoffe, wie Kautschuk, Chlorkautschuk usw., zu.

---

[1] F.P. 854115, Manufacture des Glaces et Produits Chimiques de St. Gobain, Chauny & Cirey.

[2] A.P. 2011132, Carbide and Carbon Chemicals Corp.

[3] F.P. 923712, E. I. du Pont de Nemours & Co.

[4] Schwed.P. 126006, F.P. 883679, Deutsche Gold & Silber Scheideanstalt vorm. Roessler.

[5] F. P.888775, Röhm & Haas G.m.b.H.

Eine beträchtliche Steigerung der Ausbeute kann man auch erzielen, wenn man Vinylchlorid mit Peroxyd-Katalysatoren im Gemisch mit 0 bis 50 Prozent einer Verbindung, die die Gruppe —C——C— enthält, z. B. *Äthylenoxyd*, polymerisiert[1].

In einem doppelwandigen Autoklaven werden 5 kg Vinylchlorid und eine Lösung von 7,5 g Dicrotonylperoxyd in 0,5 kg Äthylenoxyd eingefüllt. Der Inhalt des Autoklaven wird unter Rühren und durch eine im Mantel des Autoklaven befindlichen Flüssigkeit auf einer Temperatur von 40° gehalten. Nach 36 Stunden wird abgekühlt und nicht polymerisiertes Vinylchlorid entfernt. Man erhält ein weißes, feinkörniges Polyvinylchlorid in einer Ausbeute von 70 Prozent.

Bei der Polymerisation von 5,5 kg flüssigem Vinylchlorid unter sonst gleichen Bedingungen, aber in Abwesenheit von Äthylenoxyd und unter Verwendung von 0,15 Gewichtsprozent Benzolperoxyd beträgt die Ausbeute an Polyvinylchlorid nur 34 Prozent. Das erhaltene Polymerisat besitzt überdies eine viel kleinere Viskosität.

Eine gleich günstige Wirkung erzielt man, wenn man die Polymerisation von Vinylchlorid mit Peroxyden im Gemisch mit 2 bis 50 Gewichtsprozent einer Verbindung vornimmt, die einen Glycidrest und eine ungesättigte, aliphatische Gruppe im Molekül enthält.

Von sauerstoffabgebenden Verbindungen kommen als Polymerisationsbeschleuniger auch Persalze, z. B. *Lithiumperborat*[2], oder *Persulfate*, wie Ammonium-, Kalium- oder Natriumpersulfat[3], und *Persäuren*[4], z. B. Perameisensäure, Peressigsäure, in Betracht.

Die katalytische Wirkung dieser Katalysatoren kann durch gleichzeitige Verwendung zweier Kontaktstoffe gesteigert werden, oder es können durch Verwendung solcher Kontaktgemische besondere Polymerisationseffekte erzielt werden, wie dies z. B. H. Hopff, E. Kühn und H. Scholz[5] für Polymerisationsbeschleuniger beobachtet haben, die aus Gemischen von *Wasserstoffsuperoxyd* mit *Peroxyden* oder *Persäuren* bestehen.

Die Firma E. I. du Pont de Nemours & Co.[6] polymerisiert z. B. Vinylchlorid in Gegenwart von Benzoylperoxyd und solchen Säuremengen, daß das Polyvinylchlorid eine gute Viskosität ohne eine ungünstige Verfärbung aufweist. Dies wird durch Zugabe von Säuremengen bis zu 1 Prozent, vorzugsweise 0,5 Prozent, Salzsäure oder eine entsprechende Menge einer anderen Säure, wie Ameisensäure oder Benzoesäure, erreicht. Die Polymerisation erfolgt bei einer Temperatur zwischen 130 und 150°. Der Säureüberschuß wird durch Äthylenoxyd neutralisiert. Eine ähnliche, wenn auch nicht so gute Wirkung üben Carbonate, Amine usw. aus.

Man drückt z. B. eine Mischung von 2,4 kg Vinylchlorid, 1,6 kg Toluol, 48 g Benzoylperoxyd und 12 g Salzsäure unter 38 Atm. bei 105 bis 110° durch ein 2,45 m langes emailliertes Rohr mit einer Geschwindigkeit von 1 Liter je Stunde.

---

[1] F.P. 947258, The Distillers Co., Ltd.
[2] F.P. 746969, I.G. Farbenindustrie A.G.
[3] DRP. 663220, F.P. 836967, E.P. 494772, I.G. Farbenindustrie A.G.
[4] DRP. 663220, I.G. Farbenindustrie A.G.
[5] DRP. 662121, I.G. Farbenindustrie A.G.
[6] F.P. 712303, E. I. du Pont de Nemours & Co.

Die Polymerisation von Vinylchlorid nimmt auch S. D. DOUGLAS[1] in Gegenwart eines Peroxyds und einer organischen Säure, z. B. Essigsäure, Oxalsäure bzw. deren Anhydriden, vor.

In Gegenwart einer wäßrigen Säure mit höchstens 4 Kohlenstoffatomen, die keine Hydroxyl- oder Aminiosubstituenten enthält, nehmen neuerdings auch H. P. STAUDINGER und M. D. COOKE[2] die katalytische Polymerisation von Vinylchlorid vor. Das Reaktionsgemisch kann außer der Säure und dem Peroxydkatalysator noch enthalten Wasser und einen mit Wasser mischbaren aliphatischen Alkohol und gegebenenfalls wasserlösliche Salze. Das Verhältnis dieser Komponenten wird so gewählt, daß sich ohne Alkoholzusatz ein System aus zwei flüssigen Phasen ausbildet, und es wird so viel Alkohol zugesetzt, daß bei der Polymerisationstemperatur ein Reaktionsgemisch aus einer Phase entsteht.

Der günstige Einfluß, den die Säure auf die Ausbeute und Eigenschaften des erhaltenen Polyvinylchlorids ausübt, geht aus den nachstehenden Vergleichsversuchen hervor:

15 g Vinylchlorid, 15 g 98,2 prozentige Essigsäure und 0,075 g Crotonylperoxyd werden in einem geschlossenen Rohr 48 Stunden auf 40° erhitzt.

In einem zweiten, gleichen Rohr wird Polyvinylchlorid unter den gleichen Bedingungen erhitzt, nur daß an Stelle der Essigsäure 15 g Methanol zugefügt werden.

Nach 4 Stunden wird der Inhalt des 1. Rohres infolge fortgeschrittener Polymerisation undurchsichtig, während dies im 2. Rohr erst nach 10 Stunden der Fall ist.

Nach 48 stündiger Polymerisation werden beide Rohre auf −30° abgekühlt und der Inhalt in Wasser geleert, derart, daß nicht polymerisiertes Vinylchlorid verdampft. Anschließend wird mit kochendem Wasser gewaschen und dann im Vakuum bei 60° getrocknet.

In Gegenwart von Essigsäure beträgt die Ausbeute an Polyvinylchlorid von heller strohgelber Farbe 98 Prozent, während in Gegenwart von Methanol die Ausbeute an Polyvinylchlorid mit dunkler Bernsteinfarbe nur 62,5 Prozent beträgt.

Die Viskosität[3] und die Hitzebeständigkeit[4] ist beim Polyvinylchlorid, hergestellt in Gegenwart von Essigsäure, höher bzw. besser.

Mit *Peroxyden* oder *Persulfaten* und Anhydriden organischer Säuren polymerisiert die I.G. Farbenindustrie A.G.[5] Vinylchlorid in Abwesenheit von Lösungs- oder Verdünnungsmitteln, und zwar so lange, bis die Polymerisate in den üblichen Lösungsmitteln unlöslich geworden sind.

Solche Produkte erhält man z. B., wenn man 100 Teile Vinylchlorid mit 2 Teilen Natriumperborat und 15 Teile Essigsäureanhydrid im Rührautoklaven 6 Stunden auf 60° erhitzt und das Polymerisat in reinem Alkohol wäscht.

Die erhaltenen Polyvinylchloride sind warmbeständig, plastisch und mechanisch sehr widerstandsfähig.

Die gleiche Firma[6] polymerisiert Vinylchlorid in Gegenwart von Katalysatoren und gegebenenfalls in Anwesenheit organischer Säure-

---

[1] F.P. 789857, A.P. 2075575, Canad.P. 348471, Carbide and Carbon Chemicals Corp.

[2] F.P. 947370, A.P. 2447289, The Distillers Co., Ltd.

[3] Siehe Seite 222.   [4] Siehe Seite 223.

[5] F.P. 706593, I.G. Farbenindustrie A.G.

[6] F.P. 719032, I.G. Farbenindustrie A.G.

anhydride im geschlossenen Gefäß in Abwesenheit von Lösungsmitteln, und zwar unter solchen Bedingungen, daß die Polymerisation unterbrochen wird, wenn noch eine beträchtliche Menge, z. B. die Hälfte, Monomeres vorhanden ist.

Als Katalysator zur Polymerisation von Vinylchlorid verwendet K. G. BLAIKIE[1] eine Lösung eines Reaktionsproduktes aus einem aliphatischen Säureanhydrid, wie Essigsäureanhydrid oder Propionsäureanhydrid, mit *Wasserstoffsuperoxyd, Natriumperoxyd* oder einem wahren Persalz, z. B. *Natriumperborat.*

Von F. KLATTE und H. MÜLLER[2] wurden auch Anhydride organischer Säuren allein zur Katalysierung der Polymerisation von Vinylchlorid vorgeschlagen.

Neben den bisher allgemein üblichen sauerstoffabgebenden Katalysatoren verwenden R. E. BURK und M. HUNT[3] neuerdings zur Beschleunigung der Vinylchlorid-Polymerisation als Katalysatoren Azoverbindungen, in welchen die Azogruppe zwei verschiedene aliphatische oder alicyclische Reste trägt. Der Vorteil dieser Katalysatoren soll darin bestehen, daß diese die während der Polymerisation zugesetzten Farbstoffe nicht angreifen, wenn man die Reaktionsbedingungen vorsichtig wählt.

Nach einem neueren von M. SANS[4] entwickelten Verfahren polymerisiert man Vinylchlorid durch Aufheizung unter Druck in Gegenwart eines Katalysators und gleichzeitiger Einwirkung eines Zusatzstoffes, der den bei der Polymerisation gebildeten Chlorwasserstoff binden kann und der weder direkt noch durch Produkte, die er während der Reaktion bilden kann, einen schädlichen Einfluß auf den Katalysator ausübt. Bei dieser Polymerisation wird die Katalysatormenge kleiner gewählt, als zur Polymerisation ohne den Zusatzstoff zur Erzielung des gleichen Polymerisationsgrades im gleichen Zeitraum erforderlich ist.

Die katalytische Polymerisation von Vinylchlorid läßt sich auch kontinuierlich in der Weise durchführen, daß man das Vinylchlorid mit Katalysatoren, wie *Alkalimetallen, Peroxyden, Ozoniden, Bortrifluorid* usw., in Röhren einträgt und in diesen während der Polymerisation unter gutem Mischen, z. B. mittels Transportschnecken, vorwärtsbewegt[5].

Bei diesem kontinuierlich arbeitenden Polymerisationsverfahren kann man höchstmolekulare Polyvinylchloride einheitlicher Zusammensetzung erhalten, wenn man die Polymerisation des Vinylchlorids nach Erreichung eines optimalen Mengenverhältnisses abbricht und das Polyvinylchlorid von dem Vinylchlorid abtrennt.

Nach H. BERG, W. FRITZ und F. GERSTNER[6] kann man das Abtrennen des gebildeten Polyvinylchlorids unter Zurückführung des mono-

---

[1] E.P. 387323, Canadian Electro Products Co.
[2] DRP. 671889, I.G. Farbenindustrie A.G.
[3] F.P. 945172, E. I. du Pont de Nemours & Co.
[4] Schwed.P. 127069, Soc. An. des Manufactures des Glaces et Produits Chimiques de St. Gobain, Chauny & Cirey.
[5] Ital.P. 366485, I.G. Farbenindustrie A.G.
[6] DRP. 750608, Dr. A. Wacker Ges. f. elektrochem. Ind. G.m.b.H.

meren Chlorids in dem Polymerisationsraum im Kreislauf ohne Pumpen dadurch durchführen, daß man das zu trennende Gemisch in eine geschlossene Filtriervorrichtung schickt, deren Aufnahmeteil für das Filtrat eine niedrigere Temperatur aufweist als der über dem Filter liegende Raum.

Dieses Verfahren läßt sich in der in Abb. 3 schematisch wiedergegebenen Vorrichtung durchführen.

In dem Rührautoklaven *1* wird Vinylchlorid bei einer Temperatur von beispielsweise 35 bis 40° in Gegenwart geeigneter Katalysatoren polymerisiert. Je nach dem gewünschten Polymerisationsgrad wird die Polymerisation bei einem bestimmten Verhältnis von noch unverändertem Vinylchlorid zum gebildeten Polyvinylchlorid unterbrochen und das zu filtrierende Gemisch durch ein Ventil am Boden des Rührautoklaven in ein geschlossenes Filtriergefäß *2* abgelassen, dessen hinter bzw. unter dem Filter liegender, mit Kühlmantel versehener Raum gekühlt wird, wozu im allgemeinen Leitungswasser von 8 bis 15° ausreicht. Da das monomere Vinylchlorid im Rührautoklaven bei der gewählten Polymerisationstemperatur von 35 bis 40° einen gewissen Druck ausübt, und da die Saugraumtemperatur erheblich niedriger liegt, entsteht beim Öffnen des Blasventils des Autoklaven eine Druckdifferenz zwischen Saugraum und dem über dem Filter liegenden, zur Aufnahme des zu filtrierenden Polyvinylchlorids bestimmten Raum *3*. Diese Druckdifferenz reicht aus, um ein rasches und wirksames Filtrieren des Polymerisatbreies ohne zusätzliche Saugwirkung durch Pumpen zu gewährleisten. Der Saugraum *4* ist mit einem größeren Vorratsgefäß *5* verbunden, das gekühlt und geheizt werden kann. Während des Filtrierens wird der Saugraum zweckmäßig gleich mit dem leitungswassergekühlten Vorratsgefäß verbunden, und das Filtrat sammelt sich dort an. Nach der Filtration wird sowohl das Ventil zwischen Rührautoklaven und Filtriervorrichtung als auch ein Ventil zwischen Filtriervorrichtung und Vorratsgefäß geschlossen. Nun kann das Filtrat durch Aufheizen des Vorratsgefäßes wiederum in den Rührautoklaven zur weiteren Polymerisation gedrückt werden, wobei zweckentsprechende Mengen frischen Vinylchlorids zugesetzt werden können. Gleichzeitig kann das Polyvinylchlorid auf dem Filter von den letzten Spuren monomeren Vinylchlorids beispielsweise mittels einer auf dem Filter angeordneten Heizschlange durch Erwärmen befreit und durch einen Schieber zweckmäßig automatisch ausgebracht werden. Eine neue Polymerisation kann sich sofort anschließen; es ist auf diese Weise

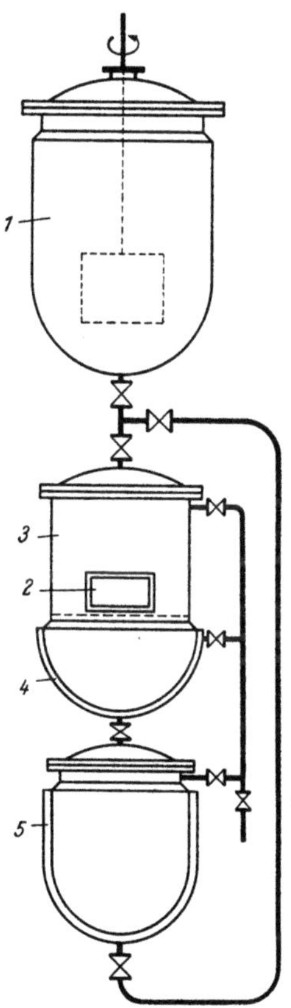

Abb. 3. Vorrichtung zur Abtrennung von Polyvinylchlorid aus der Reaktionsmischung.

möglich, die an sich diskontinuierliche Druckpolymerisation von Vinylchlorid durch Bedienen einiger Ventile im richtigen Zeitpunkt praktisch kontinuierlich zu gestalten.

D. Lösungspolymerisation.

Die Polymerisation von Vinylchlorid kann auch in Gegenwart von Lösungsmitteln durchgeführt werden[1].

---

[1] KRCZIL, F.: Kurzes Handbuch der Polymerisationstechnik, Bd. I, S. 371. Leipzig 1940.

Bei dieser Polymerisation von Vinylchlorid macht sich der Einfluß des Lösungsmittels, vor allem auf die Eigenschaften des Polyvinylchlorids, bemerkbar.

Von den unter gleichen Bedingungen in Aceton, Isopropylalkohol und Benzol hergestellten Vinylchlorid-Polymerisaten besitzt das in Acetonlösung erhaltene Polyvinylchlorid die höchste *Zerreißfestigkeit*, *Zerreißdehnung* und *bleibende Dehnung*[1]. Die mit Ketonen, z. B. Aceton, als Lösungsmittel erhaltenen Polyvinylchloride besitzen lange Ketten; ihre Filme haben bessere mechanische Eigenschaften als die in alkoholischer Lösung hergestellten; diese haben wieder bessere Löslichkeitseigenschaften[2].

Auch die äußere Form des Polyvinylchlorids aus der Lösungspolymerisation ist von dem Lösungsmittel abhängig: Alkohole oder Benzin führen zu pulverigen Polymerisaten; in Benzol entstehen gelartige Massen.

Die bei der Lösungspolymerisation benützten Lösungsmittel können so ausgewählt werden, daß sie entweder nur für das Monomere oder auch für das Polymere Lösungsvermögen besitzen.

Zur Herstellung besonders wertvoller Polymerisate erhitzten z. B. A. Voss und E. Dickhäuser[3] sehr reines Vinylchlorid in Lösungsmitteln, wie Benzol, Ligroin, Äthylalkohol, Äthylenchlorid usw., unter sehr langsam ansteigender Temperatur in einer Bombe allmählich auf eine 100° nicht übersteigende Temperatur.

Die Polymerisation kann in Gegenwart von katalytisch wirkenden Stoffen und gegebenenfalls auch in Anwesenheit chemisch wirksamer Strahlen erfolgen.

Zum Beispiel werden 60 Gewichtsteile Vinylchlorid mit 40 Gewichtsteilen Äthylenchlorid unter starker Kühlung gemischt und in diesem zunächst 5 Stunden bei 40°, dann 5 Stunden bei 60° und schließlich noch 5 Stunden bei 80° gehalten. Der Inhalt der Bombe besteht aus einer elastischen klaren, durchsichtigen glasigen Masse, die durch Erwärmen, zweckmäßig im Vakuum, von den flüchtigen Anteilen befreit wird. Man erhält ein Produkt, das sich in beliebige Formkörper pressen läßt.

W. O. Herrmann und W. Haehnel[4] polymerisieren Vinylchlorid in Gegenwart ungesättigter, nicht oder schwer polymerisierbarer Chlorkohlenwasserstoffe, wie Dichloräthylen oder Trichloräthylen. Man erhält hierbei leicht lösliche schmelzbare Polymerisate, deren Schmelzen sich nicht verfärben und keinen Chlorwasserstoff abspalten. Sie finden Verwendung für Lacke, Imprägnierungen, Isoliermaterial, plastische Massen.

Wertvolle Polymerisate werden auch bei der Behandlung von Vinylchlorid mit Zinkstaub oder anderen Metallen oder Metallmischungen, z. B. mit Kupfer überzogenem Zinkstaub, Aluminiumamalgam, Natrium usw., in Gegenwart von Alkohol erhalten[5].

---

[1] Pawlowitsch, P. I.: Chem. J. Ser. B. J. angew. Chem. **10**, 1071 (1937).

[2] Brajnikoff, B. I.: Plastics **6**, 151 (1942). — K. Thinius: Gummi u. Asbest **2**, 262 (1949).

[3] DRP. 579048, F.P. 676424, I.G. Farbenindustrie A.G.

[4] F.P. 880028, Belg.P. 445648, Dr. A. Wacker Ges. f. elektrochem. Ind. G.m.b.H.

[5] DRP. 241123, I. Ostromisslensky und Ges. f. Fabrikation und Vertrieb von Gummiwaren, Bogatir.

Unter Druck nehmen W. E. Lawson und I. R. Werntz[1] die Polymerisation von Vinylchlorid vor. Vinylchlorid wird in einem Lösungsmittel, z. B. Methylalkohol, Essigester, Aceton, Äthylendichlorid, Chlorbenzol oder Toluol, gelöst und diese Lösung in Gegenwart eines Kontaktes, z. B. *Ozon, Bariumperoxyd, Benzoylperoxyd* usw., unter Druck auf eine Temperatur von 80 bis 120° erhitzt. Man erhält Polymerisate, die zur Herstellung von Kunstmassen oder Verkleidungen Verwendung finden.

Zur Herstellung von Polymeren des Vinylchlorids löst W. E. Lawson[2] das Monomere in einem vorher mit Ozon behandelten Lösungsmittel und nimmt die Polymerisation durch Erhitzen oder Stehenlassen am Tageslicht vor.

Beispielsweise behandelt man Vinylchlorid mit ozonisiertem Äthylenchlorid oder man setzt eine Lösung von Vinylchlorid in ozonisiertem Methylalkohol 3 Tage dem Tageslicht aus.

Man kann so auch verfahren, daß man eine Lösung von Vinylchlorid in ozonisiertem Methylalkohol mit 10 Prozent Wassergehalt erhitzt oder 60 Stunden am Tageslicht stehenläßt.

Bei der Polymerisation von Vinylchloridlösungen lassen sich weit einfacher als bei der Polymerisation von Vinylchlorid in Abwesenheit von Verdünnungsmitteln Polyvinylchloride bestimmten Polymerisationsgrades erhalten.

Nach dem von I. Ostromisslensky[3] entwickelten und auf S. 28 bereits erwähnten Verfahren kann man solche Polyvinylchloride bestimmten Polymerisationsgrades erhalten.

Bei der Polymerisation von Vinylchlorid verwendet man vielfach solche Lösungsmittel, die zwar das Vinylchlorid, nicht aber das Polymerisat zu lösen vermögen.

Mit solchen Lösungsmitteln, wie Gasolin, Methylalkohol, Äthylacetat, Dibutyläther, Toluol, nimmt die Firma Imperial Chemical Industries Ltd.[4] die Polymerisation von Vinylchlorid, gegebenenfalls in Gegenwart von Katalysatoren, auch kontinuierlich vor.

In den gleichen Lösungsmitteln polymerisiert die Firma Carbide and Carbon Chemicals Corp.[5] Vinylchlorid, zweckmäßig bei 30 bis 40°. Zur Beschleunigung der Polymerisation können der Lösung Peroxyde sowie gegebenenfalls auch organische Säuren oder ihre Anhydride zugesetzt werden.

Bei der Polymerisation wird die Konzentration des Vinylchlorids konstant gehalten, dadurch, daß man Vinylchlorid nur in dem Maße, wie das unlösliche Polymerisat entsteht, zuführt.

Zur kontinuierlichen Darstellung von Polyvinylchlorid wird eine Mischung von 96 Gewichtsteilen Vinylchlorid, 24 Gewichtsteilen Butan und 1,2 Gewichtsteilen Acetylbenzoylperoxyd bei 30° in einem mit Blei ausgekleideten Autoklaven erhitzt, welcher mit einer zur Zirkulation des Inhaltes dienenden Pumpe und

---

[1] E.P. 319591, E. I. du Pont de Nemours & Co.
[2] E.P. 319587, E. I. du Pont de Nemours & Co.
[3] DRP. 255837, L. A. van Dyck.
[4] E.P. 366897, Imperial Chemical Industries Ltd.
[5] DRP. 671749, F.P. 789857, Carbide and Carbon Chemicals Corp.

zwei in die Leitung parallel geschalteten Filterpressen ausgerüstet ist. In dem
Maße, wie die Reaktion fortschreitet, bildet sich ein feines Polyvinylchlorid im
flüssigen Butan, welches kontinuierlich durch eine der Filterpressen hindurch-
gedrückt wird. Dieses Polymere sammelt sich in Form von Filterkuchen in einer
der Filterpressen an, welche ohne Unterbrechung abwechselnd benutzt werden.
Das Harz, welches von ausgezeichneter Beschaffenheit und heller Farbe ist, wird
aus den Pressen entfernt und getrocknet. In dem Maße, wie die Polymerisation
fortschreitet, werden zusätzliche Mengen an Vinylchlorid und Acetylbenzoylperoxyd in häufigen Zeitabschnitten zugesetzt, um eine im wesentlichen konstante
Konzentration des noch nicht in Reaktion getretenen Vinylchlorids im Autoklaven aufrechtzuerhalten.

Zur Verteilung des Vinylchlorids bei der Polymerisation hat die
gleiche Firma[1] bereits früher ein Lösungsmittel vorgeschlagen, dessen
Löslichkeit bezüglich der Polymerisation nicht größer als die des Toluols
ist. Die Polymerisation des in diesen Lösungsmitteln verteilten Vinylchlorids erfolgt durch Erhitzen auf Temperaturen unter 60°, vorzugsweise bei 40°.

Die Polymerisation von Vinylchlorid in Lösung läßt sich nach Untersuchungen von E. HANSCHKE[2] in kürzerer Zeit durchführen, wenn man
das Vinylchlorid in einer Mischung von Wasser mit einer gewichts-
mäßig größeren Menge eines das Polymerisat schwer oder nicht lösenden
organischen Lösungsmittels durchführt, welches Wasser zu lösen vermag.
Man verwendet z. B. Gemische von Wasser mit niedermolekularen aliphatischen Alkoholen, Aceton, Eisessig, Äther oder Dioxan. Das Vinylchlorid kann in der Mischung gelöst oder suspendiert sein. Zur Beschleunigung der Polymerisation verwendet man Peroxydkatalysatoren,
wie *Wasserstoffsuperoxyd* oder *Perborat.* Durch den Zusatz von Wasser
zu den organischen Lösungsmitteln werden Polyvinylchloride erhalten,
die eine höhere Viskosität aufweisen.

2 Teile Methylalkohol und 1 Teil Vinylchlorid werden z. B. unter Zusatz von
0,012 Teilen Benzoylperoxyd in einem Druckgefäß zusammengebracht und
44 Stunden lang auf 35 bis 40° gehalten. Man erhält Polyvinylchlorid als lockeres
Pulver in einer Ausbeute von 50 Prozent mit einer Viskosität von 125 Sekunden
nach ENGLER.

Verwendet man an Stelle von wasserfreiem Methylalkohol 2 Teile einer Mischung, die zu 80 Prozent aus Methylalkohol und zu 20 Prozent aus Wasser besteht, so erhält man unter denselben Bedingungen eine Ausbeute von 64 Prozent
mit einer Viskosität von Polyvinylchlorid von 140 Sekunden nach ENGLER.

Wird jedoch eine Mischung von 60 Prozent Methylalkohol und 40 Prozent
Wasser verwendet, so erhält man unter denselben Bedingungen eine Ausbeute
von 84 Prozent.

Vinylchlorid polymerisiert die Firma E. I. du Pont de Nemours
& Co.[3] in Gegenwart von 0,001 bis 5 Prozent einer die Gruppierung

$$-C(OH)=C(OH)-C(=O)-$$

aufweisenden Verbindung, wie Ascorbinsäure, Isoascorbinsäure, Dioxy-
maleinsäure, sowie in Gegenwart einer Lösung von 0,01 bis 5 Prozent
einer Peroxydverbindung, z. B. *Wasserstoffsuperoxyd, Kaliumpercarbonat, Natriumperborat, Ammonium-* oder *Kaliumpersulfat,* bei Tem-

---

[1] F.P. 741657, Carbide and Carbon Chemicals Corp.
[2] DRP. 676627, I.G. Farbenindustrie A.G.
[3] F.P. 923711, E. I. du Pont de Nemours & Co.

peraturen zwischen 20 und 60°. Als Lösungsmittel für die Katalysatoren werden Wasser oder eine hydroxylhaltige organische Verbindung mit einem Molekulargewicht unter 61, wie Alkohol, Methylalkohol, Isopropylalkohol, verwendet. Das Verhältnis der Menge des Lösungs- oder Verdünnungsmittels zu der Menge des Vinylchlorids soll 10 zu 1 bis 1 zu 1 betragen. Die Polymerisation kann in neutralem, saurem oder alkalischem Medium vorgenommen werden; die Reaktionszeit beträgt weniger als 5 Stunden; ist also wesentlich kürzer als bei anderen Verfahren. Dies ist auf die Verwendung der angegebenen Katalysator-Mischung zurückzuführen.

Die erhaltenen Polyvinylchloride eignen sich zur Herstellung von plastischen Massen, Filmen, Folien und Fäden sowie als Überzugs- und Klebmittel.

In einem Lösungsmittel, das kein Alkohol oder aliphatischer Kohlenwasserstoff sein soll, nimmt W. E. Lawson[1] die Polymerisation von Vinylchlorid kontinuierlich in der Weise vor, daß er eine Lösung des Monomeren, z. B. in Toluol, Benzol, Solventnaphtha, Chlorbenzol, Aceton, Äthylchlorid usw., bei 90 bis 130° unter einem über 13,5 Atm. liegenden Druck, z. B. 34 Atm., in Gegenwart eines Katalysators allmählich durch ein Reaktionsrohr laufen läßt. Die stündlich durch das Reaktionsrohr laufende Vinylchloridmenge soll die Hälfte bis ein Drittel des Volumens des Reaktionsrohres und die Konzentration des gelösten Vinylchlorids 50 bis 70 Prozent betragen.

Das Polymerisat ist in aromatischen Kohlenwasserstoffen sowie Aceton löslich und eignet sich zur Herstellung von Lacken, Überzügen und elastischen Massen.

Eine Mischung aus 1500 Teilen Vinylchlorid, 1000 Teilen Toluol und 45 Teilen Benzoylperoxyd wird unter einem Stickstoffdruck von 34 Atm. bei 115 bis 120° durch ein 1 Meter langes, mit Blei ausgekleidetes Rohr mit einem Volumen von 463 ccm in einer Menge von 300 ccm je Stunde getrieben. Man erhält das Polymere in einer Menge von 50,3 Prozent als braune Lösung.

An Stelle von Benzoylperoxyd kann man auch Toluyl-, Palmityl-, Acetyl- oder Bariumperoxyd, Wasserstoffsuperoxyd, Ozon oder ein Ozonid verwenden.

In Gegenwart einer indifferenten Flüssigkeit, wie Paraffinkohlenwasserstoffe, Chlorkohlenwasserstoffe oder Wasser, polymerisiert die Firma I. G. Farbenindustrie A.G.[2] Vinylchlorid in der Weise, daß sie letzteres durch eine Filterkerze in die Flüssigkeit preßt oder die Flüssigkeit durch intensives Rühren mit dem Chlorid mischt. Dem Verdünnungsmittel können auch Polymerisationsbeschleuniger zugesetzt werden.

Nach diesem Verfahren wird Vinylchlorid durch eine Filterkerze aus Kieselgur von unten in einen 2 m hohen und 4 cm weiten, mit einer 1prozentigen Natriumperboratlösung gefüllten Glasturm bei 50 bis 60° gepreßt. Man erhält eine weiße pulverförmige Masse, löslich mit hoher Viskosität in Estern, Ketonen, unlöslich in Alkoholen und aliphatischen Kohlenwasserstoffen.

E. Emulsionspolymerisation.

Weit größere Bedeutung als die Lösungspolymerisation besitzt die Polymerisation von Vinylchlorid in *wäßriger Emulsion*. Der größte Teil

---

[1] F.P. 709562, E.P. 319588, E. I. du Pont de Nemours & Co.
[2] Holl.P. 46851, F.P. 820749, I.G. Farbenindustrie A.G.

des in Deutschland hergestellten Polyvinylchlorids wird durch Emulsionspolymerisation hergestellt[1].

Für die großtechnische Gewinnung des Polyvinylchlorids kommt die Emulsionspolymerisation deshalb in Betracht, weil sich bei dieser die Reaktionsbedingungen am besten regeln und unter verhältnismäßig hoher Polymerisationsgeschwindigkeit lange Ketten mit recht einheitlichem Polymerisationsgrad erzielen lassen[2].

Bei dieser Emulsionspolymerisation wird das verflüssigte Vinylchlorid in wäßriger Phase emulgiert, wobei diese feine Verteilung des Vinylchlorids durch Zusatz von Emulgiermitteln, in bestimmten Fällen aber auch ohne diesen, erzielt werden kann.

1. In wäßriger Phase.

Zur Erzielung der feinen Verteilung des Vinylchlorids in der wäßrigen Phase setzt man dieser sogenannte Emulgiermittel zu.

Die Eigenschaften der bei der Emulsionspolymerisation erhaltenen Vinylchloridpolymeren werden in mancher Hinsicht durch die *Art* und *Zusammensetzung* der zur Herstellung der Emulsionen angewandten Emulgiermittel beeinflußt, wie B. J. BRAJNIKOFF[3] bei Verwendung von *isopropylierter Naphthalinsulfonsäure, Triäthanolamin-Ölsäureseife, Gelatine* und *Revertex* als Emulgiermittel beobachtet hat.

Unter diesem Gesichtspunkt erscheint es daher verständlich, daß man bei der Emulsionspolymerisation von Vinylchlorid verschiedentlich bestimmte Emulgatoren vorgeschlagen hat.

Die Firma Chemische Forschungsgesellschaft m.b.H[4]. benutzt als Emulgiermittel nicht verseifende Stoffe, wie *Methylcellulose, wasserlösliche Polyvinyläther, Pektin, Glycerin, Glykol* usw.

Von der Firma I. G. Farbenindustrie A.G.[5] wurden ferner als Emulgiermittel hochmolekulare homöopolare Verbindungen, die genügend Hydroxyl- oder Carboxylgruppen enthalten, um hochviskose Lösungen zu bilden, vorgeschlagen. Als solche kommen in Betracht *Polyvinylalkohol* und die *teilweise verseiften Polyvinylester* oder die durch *Oxäthylierung polymerer Carbonsäuren* erhaltenen Produkte.

Von den genannten Emulgiermitteln wird der *Polyvinylalkohol* wegen seiner guten emulgierenden Eigenschaften bei der Polymerisation von Vinylchlorid verwendet.

In Gegenwart dieses Emulgiermittels werden z. B. noch W. STARCK und H. FREUDENBERGER[6] bei der Polymerisation von Vinylchlorid Emulsionen von hochviskosen Polymeren erhalten.

Dieses Emulgiermittel benützen auch D. D. COFFMAN und P. C. McGREW[7].

[1] F.I.A.T.-Bericht 862; Plastics **19**, 175 (1947).
[2] KRCZIL, F.: Kurzes Handbuch der Polymerisationstechnik, Bd. I, S. 362. Leipzig 1940.
[3] BRAJNIKOFF, B. J.: Plastics **6**, 151 (1942).
[4] F.P. 801034, Chem. Forschungsges.m.b.H.
[5] F.P. 798036, I.G. Farbenindustrie A.G.
[6] DRP. 727955, F.P. 843797, I.G. Farbenindustrie A.G.
[7] A.P. 2404791, E. I. du Pont de Nemours & Co.

Die Emulsionspolymerisation wird in Gegenwart eines löslichen Alkali- oder Erdalkalisalzes der Perischwefelsäure durchgeführt.

Man polymerisiert bei einem p_H-Wert von 10 bis 12; unter 10 läßt die Polymerisationsgeschwindigkeit nach, über p_H 12 wird aus dem Polymeren Chlorwasserstoff abgespalten und das Polymere abgebaut.

Als Emulgiermittel werden ferner Salze von Alkylarylsulfonsäure mit wenigstens 10 Kohlenstoffatomen im Alkylrest verwendet, deren Arylrest z. B. aus Phenyl, Diphenyl und Naphthyl bestehen kann[1].

Emulgatoren der letzteren Art erhält man durch Chlorieren höherer aliphatischer Kohlenwasserstoffe, wie Mineralöl oder die bei der Kohlenoxyd-Hydrierung erhaltenen höhermolekularen Kohlenwasserstoffe, und Kondensation der Chlorierungsprodukte mit aromatischen oder aromatisch-aliphatischen Kohlenwasserstoffen und Sulfonierung dieser Produkte.

Diese Sulfonierungsprodukte von Synthese-Paraffinen mit einer Kohlenstoffkette von 12 bis 20 Kohlenstoffatomen, die unter dem Handelsnamen *Mersolate* bekannt sind, werden in Deutschland neben den Fettsulfonaten als Emulgiermittel verwendet[2].

Die Eigenschaft der ersteren, vornehmlich unlösliche Kalksalze zu bilden, zusammen mit der Elektrolytempfindlichkeit der Emulsion hat zur Folge, daß nur ein durch Austauschreiniger behandeltes, elektrolytfreies Wasser zur Anwendung kommen kann.

Bei der Emulsionspolymerisation von Vinylchlorid mit den Salzen von Alkylarylsulfonsäuren als Emulgiermittel werden weiche Polymerisate erhalten.

Von J. N. Borglin[3] sind als Emulgiermittel Alkalimetallsalze von Oxytetrahydroabietinsäure, gegebenenfalls zusammen mit anderen Seifen, vorgeschlagen worden.

Die Art des Emulgiermittels bestimmt auch die Konzentration der Emulsion an Polyvinylchlorid. Mittels octodecansulfonsaurem Natrium kann man nur Emulsionen bis zu 32 Prozent Trockengehalt erhalten, während die Sulfonierungsprodukte der Paraffine bis zu 50 Prozent Trockengehalt ermöglichen.

Zur Einleitung und Beschleunigung der Polymerisation werden der Emulsion Katalysatoren, meist sauerstoffabgebende Stoffe, zugesetzt.

Von den sauerstoffabgebenden Katalysatoren kann *Wasserstoffsuperoxyd* verwendet werden. Beim Arbeiten mit Wasserstoffsuperoxyd muß die wäßrige Emulsion eine möglichst neutrale Reaktion, d. h. einen p_H-Wert von 6,5 bis 7,5 haben, da nur in diesem Gebiet der Wasserstoffsuperoxyd-Zerfall die richtige Polymerisationsgeschwindigkeit ergibt. Eine zu saure Reaktion verlangsamt den Zerfall und damit die Polymerisation sehr, und bei alkalischem p_H ist Wasserstoffperoxyd zerfallen, ehe die Polymerisation überhaupt angesprungen ist.

Der p_H-Wert ist ferner auch für die optimale Emulgierwirkung von Bedeutung. Als Puffer wird aus Natronlauge und Phosphorsäure ein Gemisch von etwa 4 Teilen sekundärem Natriumphosphat und einem Teil primärem Natriumphosphat hergestellt. Die Konzentration der Emulgatorlösung beträgt etwa 20 Prozent.

---

[1] F.P. 881997, I.G. Farbenindustrie A.G.

[2] Thinius, K.: Gummi u. Asbest **2**, 262 (1949).

[3] A.P. 2450415, Hercules Powder Co.

Um gleichmäßige Polymerisate zu erhalten, müssen die Bestandteile eines Polymerisationsansatzes stets in der richtigen Reihenfolge zum Wasser bzw. der Emulgatorlösung hinzugegeben werden.

Die Menge an Natronlauge und Phosphorsäure für die Puffersubstanz sowie die Menge an Wasserstoffsuperoxyd hängen von dem herzustellenden Polyvinylchlorid-Typ ab. Für die höhermolekularen Einstellungen wird die größte Menge Katalysator verbraucht, während die niedermolekularen Sorten mit einer wesentlich kleineren Menge Katalysator gefahren werden.

J. C. VLUGTER, W. L. J. DE NIE und R. H. METTIVIER[1] stellen durch Zugabe von Schwefelsäure den p_H-Wert der Vinylchlorid-Emulsion auf 5,5 ein.

Beispielsweise werden 25 Teile Vinylchlorid, welches vorher durch Destillation gereinigt wurde, mit 0,2 Teilen Wasserstoffsuperoxyd und der zur Einstellung auf den genannten p_H-Wert erforderlichen Schwefelsäure und Wasser auf insgesamt 100 Gewichtsteilen der Emulsion versetzt und diese in einem V2A-Stahlautoklaven auf 42 bis 43° erhitzt.

Nach H. HOPFF, E. KÜHN und H. SCHOLZ[2] besitzt *Wasserstoffsuperoxyd* als Katalysator den Nachteil, daß der Beginn der Polymerisation oft sehr lange verzögert wird, wodurch die Raum-Zeit-Ausbeute stark beeinflußt wird.

Eine raschere Polymerisation kann man nach Feststellungen der genannten Forscher[2] aber erzielen, wenn man als Polymerisationsbeschleuniger Gemische von *Wasserstoffsuperoxyd* mit *organischen Persäuren*, wie Perameisensäure, oder Gemische von *Wasserstoffsuperoxyd* mit solchen Stoffen verwendet, die sich unter den Reaktionsbedingungen wie organische Persäuren verhalten, wie z. B. *Natriumperborat* und *Essigsäureanhydrid*.

100 Teile Vinylchlorid werden z. B. in einer 2prozentigen wäßrigen Lösung von α-oxyoctodecansulfonsaurem Natrium, die 20 Teile einer 10prozentigen Lösung von Acetopersäure und 50 Teile 3prozentigem Wasserstoffsuperoxyd enthält, unter Rühren emulgiert und hierauf auf 60 bis 70° erwärmt. Die Polymerisation tritt bereits nach kurzer Zeit ein und ist nach 5 Stunden beendet.

Zur Katalysierung der Emulsionspolymerisation von Vinylchlorid werden bei der großtechnischen Herstellung von Polyvinylchorid in Deutschland *Benzoylperoxyd* und *Kaliumpersulfat* verwendet[3]. Wie an anderer Stelle[4] gezeigt wird, beeinflussen die Katalysatoren nicht nur die Art der Verknüpfung der monomeren Vinylchlorid-Moleküle, sondern auch die Eigenschaften der Polymerisate in verschiedener Richtung. Die optimale Konzentration des Katalysators ist 0,1 bis 0,5 Prozent. Höherer Katalysatorgehalt beschleunigt zwar die Polymerisation, erniedrigt aber das durchschnittliche Molekulargewicht des Polymeren.

Bei Verwendung von Kaliumpersulfat als Katalysator muß die Emulsion auf einen p_H-Wert von etwa 4,5 bis 6,5 eingestellt werden[5].

Von amerikanischen Forschern sind in den letzten Jahren noch weitere Katalysatoren zur Beschleunigung der Emulsionspolymeri-

---

[1] Holl.P. 59461, N. V. de Bataafsche Petroleum Mij.
[2] DRP. 662121, I.G. Farbenindustrie A.G.
[3] F.I.A.T.-Bericht 862; — Plastics **19**, 175 (1947).   [4] Siehe Seite 25 u. 26.
[5] THINIUS, K.: Gummi u. Asbest **2**, 262 (1949).

sation des Vinylchlorids vorgeschlagen worden. Als solche haben z.B.
H. W. Arnold, M. M. Brubaker und G. L. Dorough[1] *Perdisulfate* sowie
auch *Sauerstoff* und V. L. Folt und F. W. Shaver[2] *Alkoxybenzoylperoxyde* der auf S. 32 angegebenen Art empfohlen. In Abwesenheit von
Sauerstoff verläuft bei Anwendung der zuletzt genannten Katalysatoren
die Polymerisation des Vinylchlorids bei Temperaturen von 40 bis etwa
50° zwei- bis viermal schneller als mit *Benzoylperoxyd.*

Bei dem von F. K. Schoenfeld[3] entwickelten Verfahren wird die
Polymerisation von Vinylchlorid in wäßriger Emulsion in Gegenwart
einer katalytisch wirkenden *Perverbindung* derart vorgenommen, daß
man bei Temperaturen von unter 50° und bei Drucken unter 10 Atm.
in Abwesenheit von Sauerstoff arbeitet.

Der Polymerisationsverlauf kann durch gleichzeitigen Zusatz weiterer Stoffe beeinflußt werden.

Nach H. Hopff und C. W. Rautenstrauch[4] läßt sich eine starke
Beschleunigung der Polymerisation von Vinylchlorid in Emulsion erzielen, wenn man die Polymerisation des Vinylchlorids in Gegenwart
von wasserlöslichen *Acetylenalkoholen*, beispielsweise Propargylalkohol,
Butin-1, 4-diol oder Methylbutinol, ausführt. In Gegenwart dieser Alkohole wird die Polymerisation besonders beschleunigt oder bei wesentlich
niedrigeren Temperaturen als sonst erforderlich durchgeführt. Als
Emulgiermittel dienen Alkalisalze höherer Fettsäuren oder auch Tauride
höhermolekularer Fettsäuren, ferner auch Schwefelsäureester höhermolekularer Fettalkohole oder sulfonierte Fettsäuren. Man arbeitet
in Anwesenheit von sauerstoffabgebenden Stoffen, insbesondere organischen und anorganischen Peroxyden, Persulfaten oder Persäuren.

Russische Forscher[5] polymerisieren Vinylchlorid in Gegenwart einer
Mischung von Wasser und Acetaldehyd als Katalysator.

P. W. Denny[6] nimmt wieder die Polymerisation von Vinylchlorid
in wäßriger Emulsion in Gegenwart einer geringen Menge *Formaldehyd*
und einem Katalysator durch 18stündiges Erhitzen auf 45° vor.

Man verwendet z. B. folgenden Ansatz:

100 Gewichtsteile Vinylchlorid, 212 Gewichtsteile Wasser, 2 Gewichtsteile einer
sulfonierten Ölsäure, 0,4 Gewichtsteile Ammoniumpersulfat, 0,25 Gewichtsteile
40prozentigen Formaldehyd und 8,8 Gewichtsteile Natriumhydroxyd.

Nach erfolgter Polymerisation wird das gebildete Polyvinylchlorid mit 100 Gewichtsteilen einer 3,5prozentigen Bleiacetatlösung koaguliert.

Ch. F. Fryling[7] arbeitet in Gegenwart von weniger als 5 Gewichtsprozent, bezogen auf Vinylchlorid, Polymerisationsanreger, wie wasserlöslichen, anorganischen Sauerstoff und nicht höher als vierwertigen
Schwefel enthaltenden Verbindungen, und geringen Mengen eines wasserlöslichen *komplexen Eisensalzes.*

[1] A.P. 2404781, E. I. du Pont de Nemours & Co.
[2] A.P. 2419347, F.P. 950422, B. F. Goodrich Co.
[3] A.P. 2168808, B. F. Goodrich Co.
[4] DRP. 704432, F.P. 50879, Zusatz zu F.P. 845661, I.G. Farbenindustrie A.G.
[5] Russ.P. 59945, P. I. Pawlowitsch, O. G. Benfnsson und W. G. Nikulina.
[6] A.P. 2414934, Imperial Chemical Industries Ltd.
[7] A.P. 2356925, B. F. Goodrich Co.

D. Brundrit und J. A. D. Hickson[1] führen wieder die Emulsionsploymerisation von Vinylchlorid in Gegenwart einer Peroxydverbindung und in Anwesenheit von einem oder mehreren, in der wäßrigen Phase löslichen *Kupfersalzen* durch. Die Menge des in Salzform, wie Sulfat, Nitrat oder Chlorid, vorliegenden Kupfers beträgt 0,01 bis 0,5 Teile je 1 000 000 Teile Vinylchlorid.

Die wäßrige Phase enthält z. B. 0,1 bis 1 Prozent Emulgiermittel und schaumverhütendes Mittel und 0,01 bis 0,1 Prozent Peroxydkatalysator. Vinylchlorid wird in einer Menge von 33 bis 50 Gewichtsprozent der wäßrigen Phase unter einem solchen Druck, von z. B. 5 bis 10 Atm., zugesetzt, daß sie flüssig ist. Unter Rühren wird die Polymerisation bei einer Temperatur von 30 bis 80° durchgeführt. Beim Arbeiten im Autoklaven kann der Verlauf der Polymerisation an der Änderung des Druckes verfolgt werden; die Polymerisation ist beendet, wenn der Druck auf etwa 2,5 Atm. gefallen ist.

Das Verfahren kann im Gegenstrom unter Benutzung eines Turmes kontinuierlich durchgeführt werden.

Beispielsweise werden 2200 Teile Vinylchlorid unter Druck in einem rostfreien Rührautoklaven, der 3600 Teile Wasser, 26 Teile Natriumsalz einer hochsulfonierten Ölsäure, 2,5 Teile Ammoniumpersulfat, 0,006 Teile krist. Kupfersulfat, 3,4 Teile Natriumhydroxyd und 22 Teile Palmitinsäureäthylester enthält, eingeleitet. Dann erwärmt man auf 50° und rührt, bis der Druck von 5 auf 2,5 Atm. gefallen ist, was nach etwa 5$^3/_4$ Stunden erreicht ist. Aus der Emulsion wird das gebildete Polyvinylchlorid in bekannter Weise abgeschieden.

Von weiterem Einfluß ist die Polymerisationsdauer. Hochmolekulare Polyvinylchloride erfordern eine Polymerisationszeit von 24 Stunden, während die etwas niedermolekularen Typen meist in höchstens 20 bis 24 Stunden Polymerisationsdauer hergestellt werden[2].

Die Höhe des *Polymerisationsgrades* wird außerdem von der Polymerisationstemperatur beeinflußt[1]. Je höhermolekular das Polyvinylchlorid erhalten werden soll, um so niedriger ist die Anfangstemperatur und die Geschwindigkeit, mit der die Temperatur auf die Endtemperatur, die ebenfalls wieder für hohe Polymerisationsgrade niedrig sein muß, gesteigert wird.

Die Maximaltemperatur der hochviskosen Polyvinylchloride liegt bei 60°, die der niederviskosen bei 70° und die der sehr niederviskosen Sorten bei 78 bis 83°. Die Polymerisation wird im letzteren Falle mit wesentlich größerer Temperatursteigerung je Zeiteinheit gefahren.

Um eine konstante Reaktionsgeschwindigkeit während der Polymerisation und damit ein gleichmäßiges Polymerisat zu erhalten, nimmt die Firma The B. F. Goodrich Co.[3] die Emulsionspolymerisation von Vinylchlorid in Gegenwart von Katalysatoren und Emulgatoren bei allmählich abnehmender Temperatur vor, wobei die Polymerisation bei einer Temperatur zwischen 30 und 100°, besonders zwischen 60 und 70°, begonnen und bei einer Temperatur von 40 bis 55° beendet wird.

---

[1] F.P. 930340, Imperial Chemical Industries Ltd.
[2] Thinius, K.: Gummi u. Asbest **2**, 262 (1949).
[3] F.P. 950047, B. F. Goodrich Co.

Die Polymerisation von Vinylchlorid nach dem Emulsionsverfahren kann diskontinuierlich oder kontinuierlich durchgeführt werden.

Bei dem diskontinuierlichen Verfahren wird das Vinylchlorid in einem wäßrigen Emulgiermittel unter Zusatz von Katalysatoren und gegebenenfalls Puffersubstanzen in einem Druckgefäß unter Durchmischung der Einwirkung von erhöhter Temperatur unterworfen.

Als Polymerisationsgefäße werden meist Autoklaven verwendet, die mit einem Rührwerk ausgerüstet sind oder als Schüttel- oder Taumelautoklaven ausgebildet sein können.

Die vielfach benützten liegenden Rollautoklaven besitzen bei einem Fassungsvermögen von 12 Kubikmetern eine Länge von 12 Metern. Mit Rücksicht auf die am Ende der Reaktion infolge Abspaltung von Chlorwasserstoff auftretende saure Reaktion werden nickelplattierte Autoklaven und für die Herstellung niederviskoser Polyvinylchloride verbleite Autoklaven verwendet[1].

Die zu emulgierenden Bestandteile oder die Emulsion werden in diese Autoklaven eingefüllt und die Emulsion erwärmt, wobei die Temperatur infolge der frei werdenden Polymerisationswärme ohne weitere Wärmezufuhr ansteigt. Darauf gibt man einen Teil kalter Emulsion zu, um die Temperatur auf der gewünschten Höhe zu halten[2]. Ist die Hauptmenge bereits polymerisiert, wird die Temperatur wieder etwas erhöht, um die Reste monomerer Anteile umzuwandeln. Flüchtige Anteile werden gegebenenfalls durch Einblasen von Wasserdampf schnell entfernt.

Beispielsweise wird monomeres Vinylchlorid mit der Hälfte Wasser und 5 Prozent Polyvinyläther, bezogen auf Vinylchlorid, als Emulgator stark im Doppelmantelautoklaven gerührt. Dabei erwärmt sich das Reaktionsgemisch sehr und muß gekühlt werden.

Dann wird 1 Prozent eines Peroxydkatalysators, ebenfalls auf Vinylchlorid bezogen, in Aceton gelöst zugegeben, wonach die Temperatur auf 120° steigt und durch Mantelkühlung auf 90° reduziert wird. Bei dieser Temperatur hält man bis zur vollständigen Polymerisation.

Die erforderliche feine Verteilung des Vinylchlorids in der Emulsion kann nicht nur durch Rühren, sondern auch durch Umpumpen der Emulsion erfolgen[3]. Die Emulsion wird in dem Maße, wie die Polymerisation fortschreitet, in den Polymerisationsraum eingeführt bzw. das Vinylchlorid zu der wäßrigen Phase gegeben.

Bei der Polymerisation entstehen zunächst außerordentlich kleine Teilchen von 20 bis 30 $\mu\mu$, die den Emulgator wie ein aktives Gel binden[1]. Die hochdispersen Emulsionen stehen mit der Emulgatormenge nicht im Ausgleich, sondern nehmen ihrer inneren Oberfläche entsprechend zusätzlich Emulgator-Mengen auf.

Hochmolekulare Polyvinylchloride werden dann erhalten, wenn die Emulsion und der Autoklav stets sauerstofffrei sind und bei Gegenwart von Reduktionsmitteln und sehr niedriger Polymerisationstemperatur gearbeitet wird.

---

[1] THINIUS, K.: Gummi u. Asbest **2**, 262 (1949).
[2] DALESCH-PAETSCH, H.: Kautschuk u. Gummi **2**, 307 (1949).
[3] F.P. 746969, I.G. Farbenindustrie A.G.

Die Höhe des Molekulargewichtes ist auch vom Katalysator abhängig. Durch Persulfat, das im Laufe der Polymerisation in das Polyvinylchlorid eintritt, wird auch das Polymere zur Emulgierung prädisponiert. Ammon-Ionen aus polyacrylsauren Salzen verstärken diesen Effekt, so daß diese als Schutzkolloide Verwendung finden.

Bei der Emulsionspolymerisation ist auf eine genaue Einhaltung der Polymerisationstemperatur zu achten. Die mitunter auftretende spontane heftige Wärmeentwicklung und Verdampfung des Vinylchlorids kann durch Anwendung einer vollautomatischen Polymerisationsanlage kompensiert werden[1].

In dieser Anlage wird ein Reaktionsraum durch elektrische Heizvorrichtungen u. dgl., deren Temperatur durch ein Relais geregelt wird, erwärmt. Er ist mit einem Rückflußkondensator von so großer Oberfläche verbunden, daß alle flüchtigen, verdampfbaren Bestandteile im Augenblick kondensiert und als Flüssigkeit in den Reaktionsraum zurückgeführt werden können, wie groß auch die entwickelte Wärmemenge sei. Der Wärmeregler wird auf die optimale Polymerisationstemperatur eingestellt.

In dieser Apparatur kann Vinylchlorid bei einem Druck von 8 kg und bei einer 45 bis 50° in keinem Augenblick überschreitenden Temperatur innerhalb 3 bis 4 Stunden zu einem Polyvinylchlorid umgewandelt werden, dessen Molekulargewicht etwa 35000 beträgt und das ausgezeichnete physikalische, chemische und mechanische Eigenschaften aufweist.

Das diskontinuierliche Emulsionsverfahren ist mit einer Reihe von Nachteilen verknüpft. Abgesehen davon, daß diese Arbeitsweise mit einem erheblichen Energie- und Zeitaufwand für Füllen und Entleeren der Autoklaven, Aufheizen und Abkühlen dieser belastet ist, kann durch verzögerten Reaktionsbeginn eine anormal verlaufende Reaktion eintreten, die nicht zu einem Polyvinylchlorid des gewünschten Polymerisationsgrades führt.

Die Überwachung der Reaktionstemperatur erfordert große Sorgfalt, um unerwünschte Temperatursteigerungen, verbunden mit Drucksteigerungen, auszuschalten.

Ein weiterer Nachteil der periodischen Arbeitsweise ist darin zu erblicken, daß die Emulsionslösung im Verhältnis zu der zu verarbeitenden Menge Vinylchlorid in großem Überschuß gebraucht wird, so daß das gebildete Polyvinylchlorid in der Emulsionslösung in äußerst feiner Form in geringer Konzentration verteilt ist, wodurch die Gewinnung des Polyvinylchlorids aus der Emulsion[2] erschwert wird.

Diese Nachteile zeigt das von R. BAPPERT und G. WICK[3] entwickelte kontinuierliche Verfahren nicht. Nach diesem Verfahren gelingt die Polymerisation von Vinylchlorid unter Bildung einheitlicher Produkte jedes gewünschten Polymerisationsgrades auch im Großbetrieb ohne jede Schwierigkeit.

---

[1] F.P. 920687, Soc. Belge de l'azote et des Produits Chimiques du Marly Soc. An.

[2] Siehe Seite 52.

[3] DRP. 679897, F.P. 827401, Ital.P. 366660, I.G. Farbenindustrie A.G.

Im Prinzip beruht diese Arbeitsweise darauf, daß man das Vinylchlorid gleichzeitig mit dem wäßrigen Emulgiermittel, dem die erforderlichen Katalysatoren beigemischt sind, durch ein Druckrohr durchlaufen läßt, das mit einer Heiz- oder Kühlvorrichtung versehen ist.
Das Verhältnis von Vinylchlorid zu Emulgiermittel und Katalysatoren,
die Eintrittstemperatur der Emulsion, die Polymerisationstemperatur
im Rohr und die Geschwindigkeit des Durchflusses lassen sich dabei so
regeln, daß am Austragende des Rohres ein einheitliches Polyvinylchlorid der gewünschten Molekülgröße erhalten wird.

In ein horizontal oder schwach geneigt gelagertes Druckrohr von 500 Liter
Inhalt und etwa 25 cm Durchmesser, das mit einer 6prozentigen wäßrigen Lösung
von α-oxyoctodecansulfosaurem Natrium und Wasserstoffsuperoxyd von 0,2 Prozent zu vier Fünftel des Rauminhaltes beschickt ist, wird fortlaufend an einem
Ende verflüssigtes Vinylchlorid und gleichzeitig Emulgierlösung von der gleichen
Konzentration, wie sie sich bereits im Rohr befindet, hineingedrückt. Dabei
werden in der Stunde etwa 20 kg Vinylchlorid und 80 kg Emulgierlösung eingeführt. Der Rohrinhalt wird auf einer Temperatur von 40 bis 50° gehalten, wobei
etwa 8 bis 9 Atmosphären Überdruck auftritt. Gegebenenfalls kann das Rohr
dabei in eine drehende oder rüttelnde Bewegung versetzt werden. Am anderen
Ende des Rohres wird fortlaufend die Emulsion, die nun das Polyvinylchlorid
enthält, entnommen. Diese Emulsion, die durch Entgasen von noch in dem Wasser
gelöstem monomerem Chlorid befreit werden kann, wird unmittelbar in eine Verdüsungsapparatur geführt, in der das Wasser verdampft und das trockene feste
Polyvinylchlorid in Pulverform anfällt.

Nach diesem Emulsionsverfahren wurden in Deutschland etwa
1500 Tonnen Polyvinylchlorid monatlich hergestellt[1]. Es wurden und
werden Polymerisationsprodukte verschiedenen Molekulargewichtes erzeugt, die von der Firma I.G. Farbenindustrie A.G., bzw. deren Rechts-
nachfolgerinnen, der Badischen Anilin & Soda Fabrik unter den Handelsbezeichnungen *Igelit PCU*, und zwar den Marken H, L, G, R, F oder T,
und von der Firma Dr. A. Wacker Ges. f. elektrochem. Ind. G.m.b.H.
unter dem Namen *Vinnol HH* in den Handel gebracht werden.

Bei einem weiteren kontinuierlichen Verfahren wird Vinylchlorid
in wäßriger Emulsion durch eine oder mehrere Röhren fließen gelassen,
die keine mechanisch bewegten Teile enthalten und gegebenenfalls auf
verschiedene Temperaturen erhitzt sein können[2]. Am Ende der Röhre
oder des Röhrensystems sammelt sich die entstehende Dispersion des
Polyvinylchlorids an.

Die Firma N. V. de Bataafsche Petroleum Mij.[3] hat ein kontinuierlich arbeitendes Emulsionsverfahren entwickelt, bei dem das Vinylchlorid zunächst in einem nichtsauren Medium emulgiert und die
Emulsion erst vor dem Einführen in die Apparatur angesäuert wird.
Der Katalysator wird am besten ebenfalls erst nach der Emulgierung,
zweckmäßig gleichzeitig mit der Säure zugesetzt. Durch diese Maßnahmen erhält man eine stabile Emulsion des Vinylchlorids, die einen
hohen Dispersionsgrad aufweist.

Nach diesem Verfahren werden 7,1 Gewichtsteile einer 2prozentigen wäßrigen
Lösung von Natriumacetylsulfat in einem geschlossenen Mischer mit 2,9 Teilen

---

[1] THINIUS, K.: Gummi u. Asbest **2**, 262 (1949).
[2] F.P. 847151, I.G. Farbenindustrie A.G.
[3] F.P. 949919, N. V. de Bataafsche Petroleum Mij.

Vinylchlorid gemischt und die Mischung in einem Turbo-Mischer emulgiert. Die Emulsion wird mit der Geschwindigkeit von 10 kg je Stunde in die Reaktionsapparatur eingeführt. Kurz vorher werden mit einer Geschwindigkeit von 0,2 kg je Stunde eine 4prozentige saure Lösung von Wasserstoffsuperoxyd zugesetzt, wodurch der p_H-Wert auf 2,5 eingestellt wird.

Die Apparatur besteht aus Röhren aus säurefestem Stahl (Durchmesser 2,5 cm, Gesamtlänge 120 m). Der Inhalt der Apparatur beträgt also etwa 60 Liter; durch äußere Kühlung wird die Temperatur auf 35° gehalten. Zur Auslösung der Reaktion werden von einem Punkt am ersten Drittel der Rohrlänge aus regelmäßig 3,4 kg Emulsion in das Rohr zurückgeleitet.

Während einer 250 Stunden dauernden Betriebszeit verlief die Polymerisation gleichmäßig mit einer Ausbeute von 25 bis 30 g Polymerisat je Liter Emulsion und Stunde.

Arbeitet man mit einer Emulsion, die die saure Wasserstoffsuperoxydlösung vor der Emulgierung zugesetzt erhält, so muß die Polymerisation schon nach 40 Stunden wegen Abscheidungen der Polymerisate abgebrochen werden.

Als ein kontinuierlich arbeitendes Verfahren kann man ferner die von der Firma B. F. Goodrich Co.[1] vorgeschlagene Arbeitsweise ansehen. Nach dieser enthält das Reaktionsgefäß zunächst nur 20 bis 50 Prozent des Endgehaltes an Emulgiermittel. Während der Reaktion wird dann weiteres Emulgiermittel kontinuierlich oder periodisch zugesetzt. Auch das Vinylchlorid kann erst während der Reaktion vollends zugeführt werden; im letzteren Falle kann der entstehende Latex unter Umständen kontinuierlich abgezogen werden.

Nach dem gleichen Prinzip nimmt die Firma N. V. de Bataafsche Petroleum Mij.[2] die Polymerisation von Vinylchlorid in einer Reihe von mit Röhren versehenen Kammern oder Röhren mit perforierten Platten vor. Über die ganze Länge oder einen großen Teil der Röhren kann eine Wirbelströmung erzeugt werden.

Man fügt im Laufe der Polymerisation neue Mengen Vinylchlorid an einer oder an mehreren Stellen des Polymerisationsweges zu. Dabei soll die Konzentration des Vinylchlorids immer größer sein als diejenige, unterhalb deren die Polymerisationsgeschwindigkeit von ihr abhängt. Man arbeitet bei einer Temperatur unterhalb von 30° und muß dafür Sorge tragen, daß die wäßrige Phase der Emulsion sich nicht, und zwar auch nicht geringfügig ändert.

Von J. J. H. Staudinger und M. D. Cooke[3] ist ferner ein Zweiphasen-Emulsionsverfahren entwickelt worden, bei dem die Polymerisation in Wasser in Gegenwart einer freien, wasserlöslichen, niedermolekularen gesättigten aliphatischen Carbonsäure, wie Ameisensäure, Essigsäure, Propionsäure, Oxalsäure oder Citronensäure, vor sich geht.

Bei Einhaltung bestimmter Arbeitsbedingungen kann man die Emulsionspolymerisation von flüssigem Vinylchlorid durchführen. Bei diesem von F. K. Schoenfeld[4] ausgearbeiteten Verfahren erfolgt die Emulsionspolymerisation in Gegenwart einer katalytisch wirkenden *Perverbindung* derart, daß die Temperatur unter 50°, der Druck über

---

[1] E.P. 630611, B. F. Goodrich Co.
[2] F.P. 941948, N. V. de Bataafsche Petroleum Mij.
[3] E.P. 598890, The Distillers Co. Ltd.
[4] A.P. 2168808, B. F. Goodrich Co.

10 at gehalten und in dem Polymerisationsgefäß ein sauerstofffreier Gasraum, z. B. Stickstoff, aufrechterhalten wird.

Bei den vorbeschriebenen Verfahren erfolgt die Emulgierung des Vinylchlorids in dem wäßrigen Medium mit Hilfe von Emulgiermitteln.

In letzter Zeit ist nun ein Verfahren bekanntgeworden, bei dem die Emulgierung von Vinylchlorid nicht mit Hilfe von Emulgiermitteln, sondern ohne Zusatz dieser durch *Ultraschall* mit einer Frequenz von mindestens 5, möglichst

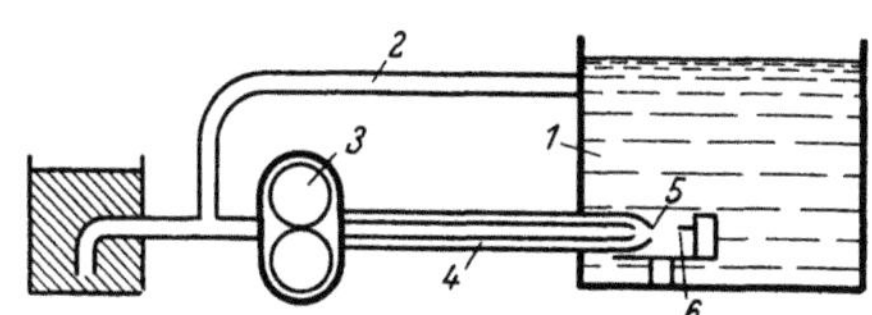

Abb. 4. Vorrichtung zur Kreislauf-Emulsionspolymerisation von Vinylchlorid.

jedoch über 8 kHz erzielt wird[1]. Dabei kann man die gesamte Polymerisation im Bereich der Schwingungen durchführen, oder man läßt nur jeweils einen kleinen Teil der Emulsion durch das Gefäß, in dem die Schwingungen erzeugt werden, zirkulieren.

Im letzteren Falle kann man die Polymerisation in der in Abb. 4 wiedergegebenen Apparatur durchführen.

In einem 5 Liter fassenden Stahlgefäß *1* werden 3 Liter einer 0,1prozentigen wäßrigen Benzoylperoxydlösung eingefüllt. Nach Kühlung auf 20° werden 750 ccm Vinylchlorid eingeührt, das Stahlgefäß geschlossen und auf 40° erwärmt. Aus dem Stahlgefäß *1* führt eine obere Leitung *2* zu einer Pumpe *3*, welche die Flüssigkeit durch eine Pfeife *4* wieder in den unteren Teil des Gefäßes zurückpumpt. Die Pfeife *4* hat eine Öffnung *5* von 2 mm Durchmesser, der gegenüber eine Stahlklinge *6* mit der Eigenfrequenz 10 kHz angebracht ist.

Nachdem der Druck durch Erwärmen auf 10 at angestiegen ist und konstant bleibt, läßt man die Pumpe *3* 24 Stunden laufen. Es wird eine Emulsion von Polyvinylchlorid hohen Molekulargewichtes erhalten. Die Ausbeute beträgt etwa 60 Prozent.

2. In nichtwäßriger Phase.

Die Emulsionspolymerisation von Vinylchlorid kann, wie A. Voss und W. Starck[2] festgestellt haben, auch in einem nichtwäßrigen Medium, und zwar in Gegenwart eines solchen organischen Lösungsmittels vorgenommen werden, welches weder mit dem Monomeren noch mit dem polymeren Chlorid reagiert, das Monomere entweder löst oder nicht löst, das Polymerisat hingegen nicht löst. Als emulgierend wirkende Stoffe verwendet man solche, die sich in dem Verdünnungsmittel lösen und auf das Vinylchlorid eine stark netzende oder stark emulgierende Wirkung ausüben.

Nach diesem Verfahren werden beispielsweise 100 Gewichtsteile Vinylchlorid, 200 Gewichtsteile einer Mischung von Benzin und Sprit, 40 Gewichtsteile einer 5prozentigen Lösung von mastiziertem Kautschuk in Benzol und 1 Gewichtsteil Benzoylperoxyd in eine Bombe eingefüllt. Unter Rühren wird zunächst 8 Stunden auf 60°, dann 8 Stunden auf 80° und 8 Stunden auf 100° erhitzt. Nach dieser Zeit ist das Vinylchlorid vollständig polymerisiert und liegt in dem Benzin als stabile milchige Emulsion vor. Durch Wasserdampfdestillation kann man das Lösungsmittel entfernen und das Polyvinylchlorid als farbloses Pulver erhalten.

Bei der Polymerisation von Vinylchlorid in nichtwäßriger Phase kann man auch ohne Zusatz von Emulgiermitteln in Emulsion poly-

---

[1] F.P. 946454, Wolsey Ltd.
[2] DRP. 675146, F.P. 765363, E.P. 434783, I.G. Farbenindustrie A.G.

merisieren. Man geht hierbei so vor, daß man monomeres Vinylchlorid
als solches oder gelöst in organischen Lösungsmitteln mit einer wäßrigen
Lösung einer *Persäure* oder eines *Persalzes*, z. B. Ammonium-, Kalium-
oder Natriumpersulfat, durch Rühren in eine Emulsion überführt und
unter Erwärmen, z. B. auf 80°, polymerisiert[1].

3. Aufarbeitung der Polyvinylchlorid-Emulsion.

Je nach den Arbeitsbedingungen bleibt bei der Polymerisation von
Vinylchlorid das erhaltene Polymere in der Emulsion emulgiert oder
fällt während der Polymerisation feinpulverig, flockig oder kompakt aus.

Im ersteren Falle muß das Polyvinylchlorid, sofern es nicht in Form
seiner Emulsion verwendet werden soll, aus letzterer abgeschieden
werden.

Beim Arbeiten nach dem periodischen Verfahren erfolgt die Abscheidung des Polyvinylchlorids aus der Emulsion durch *Elektrophorese*,
durch Zusatz von ionisierten Verbindungen, wie Salze, Säuren oder
Alkalien.

Von den Salzen eignen sich z. B. Natriumchlorid, Calciumchlorid
oder Aluminiumchlorid.

Diese Salze geben aber Anlaß zur Bildung schwer löslicher Niederschläge mit den in den Dispersionen im allgemeinen vorhandenen
Emulgatoren.

Man hat ferner versucht, zum Ausfällen von Polyvinylchlorid aus
dessen wäßrigen Dispersionen Methyl- oder Äthylalkohol zu benutzen.
Hierzu werden aber relativ große Alkoholmengen benötigt. Setzt man
der Dispersion Alkohol in Mengen von 80 Prozent hinzu, so fällt das
Polyvinylchlorid in einer feinst verteilten, schwer filtrierbaren Form
aus. Um ein filtrierbares Koagulat zu erhalten, muß man Alkohol in
Mengen von wtwa 100 bis 150 Prozent des Polymerisatgewichtes verwenden.

Weit einfacher kann man die Koagulation von Polyvinylchlorid oder
Vinylchlorid-Mischpolymerisate enthaltenden Dispersionen nach B. Jacobi[2] mit Salzen von Polyaminen, z. B. solchen des Äthylendiamins,
Diäthylentriamins, oder der aus Äthyleniminen durch Polymerisation
gewonnenen Polyamine vornehmen. Diese wirken infolge ihrer Mehr-
wertigkeit in 0,2- bis 0,5prozentiger Lösung. Die Polymerisate fallen
dabei in leicht filtrierbarer Form aus.

1 Liter einer 25prozentigen Dispersion von Polyvinylchlorid, hergestellt unter
Verwendung von chlorhexadecansulfosaurem Natrium als Emulgator, wird mit
1 Liter einer 0,3prozentigen Lösung von Polyäthyleniminformiat gefällt. Nach
kurzem Erhitzen wird das Fällungsprodukt abgesaugt, gewaschen und getrocknet.
Es ist vollkommen klar und zeigt auf der Walze einen außerordentlich guten Fluß.

In ähnlicher Weise wird 1 Liter einer 25prozentigen wäßrigen Dispersion
eines Mischpolymerisates aus 80 Teilen Vinylchlorid und 20 Teilen Acrylsäuremethylester, hergestellt unter Verwendung von oxyoctodecansulfonsaurem Natrium als Emulgator, mit 1 Liter einer 5prozentigen wäßrigen Lösung von Di-
äthylentriaminsulfat verrührt. Es entsteht ein Brei, der beim Erwärmen grob-

---

1 F.P. 836967, E.P. 494772, I.G. Farbenindustrie A.G.
2 DRP. 746080, I.G. Farbenindustrie A.G.

schlammige Beschaffenheit annimmt. Das Fällungsprodukt wird abgesaugt, auf dem Filter kurz gewaschen und getrocknet. Es wird ein Produkt erhalten, welches nach dem Verpressen völlig transparente Gegenstände liefert.

Durch Zusatz dieser Fällungsmittel werden aber Fremdstoffe in das Polyvinylchlorid eingebracht, die nachträglich entfernt werden müssen. Das von diesen Beimengungen abgetrennte Polyvinylchlorid wird dann anschließend getrocknet.

In wesentlich einfacherer Weise kann man noch dazu mit einem erheblichen Energie- und Zeitgewinn zu reinen Polyvinylchlorid-Massen gelangen, wenn man beim Arbeiten nach dem kontinuierlichen Emulsionsverfahren von R. BAPPERT und G. WICK[1] die erhaltene Polyvinylchloridemulsion unmittelbar nach ihrem Austritt aus dem Polymerisationsraum in einer Verdüsungsapparatur verdüst und mittels eines heißen Gasstromes vom Wasser befreit.

F. Suspensions-Polymerisation.

In Gegenwart von bestimmten Dispergiermitteln läßt sich Vinylchlorid allein oder gemeinsam mit anderen monomeren Verbindungen in wäßrigem Medium polymerisieren, wobei die Polymerisate oder Mischpolymerisate des Vinylchlorids gleichzeitig in mehr oder weniger feinkörniger Form anfallen.

Nach W. E. GORDON und W. W. HACKERT[2] erhält man z. B. ein körniges Polyvinylchlorid, wenn man eine mit einem Pigment versetzte Lösung von polymerem Vinylchlorid in monomerem Vinylchlorid mit einem Dispergiermittel versetzt und zu diesem Gemisch eine relativ größere Menge heißen Wassers, in dem ein Körnungsmittel, z. B. Methylstärke, und gegebenenfalls ein Pufferstoff enthalten sind, hinzufügt und das Gemisch dann fertig polymerisiert.

Verwendet man als Pigment einen Farbstoff, so kann man gleichzeitig gefärbte Polymerisate oder Mischpolymerisate des Vinylchlorids erhalten. In diesem Falle verfährt man nach Angaben der gleichen Forscher[3] in der Weise, daß man die pigmenthaltige sirupartige Lösung aus einem monomeren und polymeren Acrylsäure- oder Methycrylsäureester, die Lecithin oder einen lecithinhaltigen Stoff, zweckmäßig in dreifacher Menge, berechnet auf den Pigmentfarbstoff, enthält, gemeinsam mit Vinylchlorid mischpolymerisiert.

R. C. REINHARDT[4] verteilt nach einem anderen Verfahren Vinylchlorid unter Rühren in Wasser, das zur Verbesserung der Dispergierung Methylcellulose oder Gummi, auch Pufferstoffe enthalten kann, und hält die Suspension in einer ersten Polymerisationszone so lange, als sich noch wenig oder kein festes Polymeres abtrennt; in der folgenden Zone wird die Suspension sehr stark gerührt, damit bei der einsetzenden exothermen Hauptreaktion keine Verklumpung erfolgt. In der dritten Zone erfolgt die Fertigpolymerisation unter langsamerem Rühren, um ein Zermahlen der Polymerisatkörner zu vermeiden.

---

[1] DRP. 679897, F.P. 827401, Ital.P. 366660, I.G. Farbenindustrie A.G.
[2] A.P. 2067234, E. I. du Pont de Nemours & Co.
[3] DRP. 701622, E. I. du Pont de Nemours & Co.
[4] A.P. 2445970, Dow Chemical Co.

H. T. Neher und F. J. Glavis[1] nehmen die Suspensionspolymerisation von Vinylchlorid oder dessen Gemischen mit Methacrylsäuremethylester oder Maleinsäuredimethyl- bzw. -diäthylester in Gegenwart von wasserhaltigen komplexen Magnesiumsilikaten vor, die in Wasser quellen und mit ihm Gelee bilden. Geeignete komplexe Magnesiumsilikate dieser Art sind z. B. Saponit, Hectorit.

In flockiger Form wird Polyvinylchlorid nach dem von L. B. Morgan und W. McGillivrey[2] beschriebenen Verfahren erhalten, wenn man die Polymerisation von Vinylchlorid unter Rühren in wäßriger Lösung vornimmt, die 0,25 bis 0,5 Prozent wasserlösliches Polyacryl- oder Polymethacrylsäure bzw. Mischpolymere dieser Säuren mit ihren Estern enthält.

G. Besondere Polymerisations-Verfahren.

Der Polymerisationsgrad und die Eigenschaften des Polyvinylchlorids hängen von der Art des bei der Polymerisation von Vinylchlorid angewandten Verfahrens ab.

Durch besondere Führung der Polymerisationsreaktion kann man somit Polyvinylchloride mit bestimmten Eigenschaften, z. B. niedermolekulare, lösliche, unlösliche bzw. hochmolekulare Polyvinylchloride erhalten.

1. Niedermolekulares Polyvinylchlorid.

Während man im allgemeinen bestrebt ist, bei der Polymerisation von Vinylchlorid hochmolekulare Produkte zu erhalten, besteht doch für bestimmte, später noch behandelte Sondergebiete das Bedürfnis, Polyvinylchloride von niederem Polymerisationsgrad herzustellen.

Polyvinylchloride niederen Polymerisationsgrades kann man bei der Polymerisation des Vinylchlorids in Lösung[3] erhalten.

Obwohl man auf diese Weise brauchbare Polymerisate erhält, war man doch immer bestrebt, zur Herstellung von niederpolymerem Vinylchlorid die technisch einfachere und leichter regelbare Emulsionspolymerisation anzuwenden.

Ein solches Verfahren, welches die Herstellung von niederpolymerem Polyvinylchlorid mit K-Werten in Höhe von etwa 28[4] gestattet, haben G. Wick und H. Ostermayer[5] entwickelt. Nach diesem Verfahren wird Vinylchlorid in Gegenwart geringer Mengen eines nicht polymerisierbaren aliphatischen, niedrig molekularen Chlorkohlenwasserstoffes und in Gegenwart von Benzin in wäßriger Emulsion polymerisiert. Dabei hat die Mitverwendung von Benzin den Vorteil, daß eine unerwünscht hohe Drucksteigerung vermieden wird, daß man also die stark exotherm verlaufende Polymerisation gut überwachen kann.

Als Emulsionsmittel sowie als Katalysatoren lassen sich hier die bekanntgewordenen[6] verwenden. Um eine Zersetzung des Vinylchlorids

---

[1] A.P. 2440808, Röhm & Haas Co.
[2] A.P. 2322309, Imperial Chemical Industries Ltd.
[3] Siehe Seite 37.   [4] Siehe Seite 238.
[5] DRP. 744401, Belg.P. 451680, F.P. 896342, I.G. Farbenindustrie A.G.
[6] A.P. 2068424, I. G. Farbenindustrie A.G.

zu verhindern, gibt man der Emulsion noch einen Stabilisator, z. B. sekundäres Natriumphosphat, hinzu.

In 200 Liter einer wäßrigen Lösung, enthaltend 0,5 Prozent α-oxyoctodecansulfonsaures Natrium, 0,5 Prozent sek. Natriumphosphat und 1 Prozent Wasserstoffsuperoxyd, bezogen auf Wasser, werden 50 kg Vinylchlorid zusammen mit 5 kg eines Gemisches emulgiert, welches Tetrachlorkohlenstoff und Benzin vom Siedepunkt 55 bis 65° im Verhältnis 3 zu 1 enthält. Diese Emulsion wird in einem Druckgefäß auf 70 bis 75° erhitzt, um die Reaktion in Gang zu bringen, wobei ein Druck bis zu 15 Atmosphären auftritt. Nach Beendigung der Reaktion, was nach 4 bis 5 Stunden der Fall ist, wird aus dem Reaktionsgemisch unverändertes Vinylchlorid sowie der zugesetzte Chlorwasserstoff und das Benzin durch Verdampfen entfernt. Man erhält in einer Ausbeute von 80 bis 85 Prozent ein festes Polyvinylchlorid in feinverteiltem Zustand, dessen Polymerisationsgrad einem K-Wert von etwa 30 entspricht.

Für technische Zwecke wird außer diesem Polyvinylchlorid noch ein niederpolymeres Produkt mit einem K-Wert von 40 bis 45 hergestellt.

Die Korngröße dieser Polymerisate liegt zwischen 10 und 100 μ.

Niedermolekulare Polyvinylchloride sind unter der Bezeichnung *Vinoflex PCU 3* und *Vinoflex PCU 8* im Handel.

2. Lösliche und unlösliche Polyvinylchloride.

Die Löslichkeitseigenschaften der bei der Polymerisation des Vinylchlorids erhaltenen Produkte hängen in hohem Maße von der Art des zur Polymerisation angewandten Verfahrens und vor allem davon ab, bis zu welchem Grade das Vinylchlorid hierbei polymerisiert wird.

Ganz allgemein gilt, daß mit zunehmendem Polymerisationsgrad die Löslichkeit des Polyvinylchlorids abnimmt. Während niederpolymeres Vinylchlorid noch löslich ist, sind die höhermolekularen Produkte praktisch unlöslich.

Bei Emulsionspolymerisaten scheint auch ein gewisser Zusammenhang zwischen den zur Emulgierung des Vinylchlorids benützten Emulgiermitteln und der Löslichkeit der erhaltenen Polymerisate zu bestehen[1].

Bei Verwendung von isopropylierter Naphthalinsäure als Emulgiermittel werden Polymerisate erhalten, die dem *Mipolam* am nächsten kommen. Dagegen sind die Polyvinylchloride, die mit Gelatine als Emulgiermittel erhalten worden sind, ebenso wie solche, die in Gegenwart von Natriumabietinat hergestellt wurden, gegenüber Mipolam durch größere Beständigkeit gegen Lösungsmittel ausgezeichnet Ganz aus dem Rahmen fallen Polyvinylchloride, die aus Emulsionen mit Revertex erhalten werden; sie bestehen hauptsächlich aus völlig unlöslichem Polyvinylchlorid.

Eine weitere Möglichkeit, die Lösungseigenschaften des Polyvinylchlorids zu beeinflussen, besteht darin, daß man die Polymerisate einer besonderen Nachbehandlung unterwirft.

Die Löslichkeitseigenschaften des Polyvinylchlorids werden, wie noch später gezeigt wird, durch die Art des zur Lösung benützten Lösungsmittels bestimmt.

a) Lösliches Polyvinylchlorid.

Bei Einhaltung besonderer Arbeitsbedingungen erhält man bei der Polymerisation von Vinylchlorid lösliche Polymerisate[2].

---

[1] BRAJNIKOFF, B. J.: Plastics **6**, 151 (1942).

[2] KRCZIL, F.: Kurzes Handbuch der Polymerisationstechnik, Bd. I. Einstoffpolymerisation, S. 379. Leipzig 1940.

Bei der Lichtpolymerisation von Vinylchlorid hängt z. B. die Löslichkeit des erhaltenen Polymerisats von der Wellenlänge der benützten Lichtstrahlen ab[1]. Erfolgt die Polymerisation im Tages- oder Sonnenlicht, so wird ein schwerer lösliches, aber geschmeidigeres Produkt erhalten. Beim Arbeiten mit ultraviolettem Licht wird nach Umlösung ein leichter lösliches, aber härteres Produkt gewonnen.

Ein in Toluol lösliches Polyvinylchlorid stellt z. B. die Firma E. I. du Pont de Nemours & Co.[2] in folgender Weise her:

Ein Gemisch von 1500 Teilen Vinylchlorid, 1600 Teilen Toluol und 45 Teilen Benzoylperoxyd wird mit einem Druck von 45 Atm. durch ein verbleites Rohr bei 115 bis 120° geleitet. Man erhält 1770 Teile einer leichtbraunen Flüssigkeit, welche 42,6 Teile feste Bestandteile enthält, die aus polymerisiertem Vinylchlorid bestehen.

Nach einem anderen von P. W. DENNY[3] angegebenen Verfahren kann man ein lösliches Polyvinylchlorid dadurch erhalten, daß man Vinylchlorid in einem Formaldehyd und einem Peroxyd-Kontakt enthaltenden wäßrigen Medium der Einwirkung von Druck und Wärme unterwirft. Das erhaltene Polyvinylchlorid ist in Toluol löslich und besitzt eine gute Farbbeständigkeit.

Nach diesem Druck-Wärme-Verfahren arbeitet auch die Firma Comp. des Produits Chimiques et Electrometallurgiques Alais, Froges & Camargue[4].

Die Polymerisation wird in einem Autoklaven vorgenommen, der auf einem Druck unterhalb des Sättigungsdruckes des Monomeren gehalten wird. Der Druck beträgt 1 bis 10 at, die Temperatur 20 bis 100°. Das gasförmige Vinylchlorid wird dabei dem Autoklaven unter einem Druck zugeführt, der unterhalb des Sättigungsdruckes liegt. Man erhält ein Polyvinylchlorid, das in Lösungsmitteln, wie Aceton, Dichloräthan usw., löslich ist und eine niedrige Viskosität besitzt.

Man gibt in einen Autoklaven 1000 Teile Wasser, 5 Teile Kaliumstearat, 5 Teile Kaliumpersulfat und 0,5 Teile Kaliumhydroxyd. Der Autoklav, der auf einer Temperatur von 58° gehalten wird, wird in Verbindung gebracht mit einem Vorratsbehälter für Vinylchlorid, dessen Temperatur 20° beträgt, so daß ein Druckgefälle von 3 bis 4 at entsteht.
Nach 14stündiger Polymerisationsdauer erhält man eine Emulsion, die 14 Prozent Polyvinylchlorid enthält.

Ein in Aceton lösliches Vinylchlorid-Polymerisat wird nach einem Verfahren der Firma Imperial Chemical Industries Ltd.[5] in der Weise erhalten, daß man Vinylchlorid in Mischung mit dem doppelten Volumen (bei —20° berechnet) und 1 Prozent *Benzoylperoxyd* 7 Tage bei 50° polymerisiert.

Ein leicht lösliches Polyvinylchlorid fällt bei der Polymerisation von Vinylchlorid in Gegenwart geringer Mengen eines nach den üblichen

---

[1] DRP. 281877, Chem. Fabrik Griesheim Elektron.
[2] E.P. 377653, E. I. du Pont de Nemours & Co.
[3] A.P. 2414934, Imperial Chemical Industries Ltd.
[4] F.P. 946750, Comp. des Produits Chimiques et Electrometallurgiques Alais, Froges & Camargue.
[5] Schwz.P. 222262, Imperial Chemical Industries Ltd.

Methoden nicht zu makromolekularen Körpern polymerisierbaren halogenierten Äthylenderivats[1].

Zu löslichen Polyvinylchloriden kann man auch gelangen, wenn man hochpolymere unlösliche Vinylchloride einer teilweisen *Depolymerisation* unterwirft[2]. Diesen Abbau bewirken bestimmte alkalisch reagierende Verbindungen bei höheren Temperaturen. Als Depolymerisationsmittel kommen in Betracht: Amine, wie Anilin, Nitroseverbindungen, wie Nitrobenzol, Acetopheron, Pyridin, Lutidine, Toluidine und Xylidine.

Nach G. M. WILMANNS und M. HAGEDORN[3] kann man auch mit sauer reagierenden Stoffen höherpolymeres Vinylchlorid in lösliche niederpolymere Produkte überführen, und zwar in kürzerer Zeit als bei Anwendung alkalischer Verbindungen.

Neben Säuren, wie Salzsäure, Phosphorsäure, Schwefelsäure, Schwefeldioxyd oder Essigsäure, Milchsäure, Benzoesäure, starken organischen Sulfosäuren, bewirken auch Verbindungen, die in der Wärme sauer reagieren, wie Magnesium-, Calcium-, Aluminium-, Bor- und Siliciumhalogenide, die gleiche Umwandlung. Auch organische Verbindungen, die Säure abzuspalten vermögen, wie Pyridinchlorhydrat, Piperidinchlorhydrat, p-Toluolsulfochlorid oder Betainchlorhydrat, können für den gleichen Zweck verwendet werden.

Zur Überführung dieser schwerlöslichen Polymerisate des Vinylchlorids in niedermolekulare, lösliche Produkte werden erstere in einem Lösungsmittel gelöst und unter Zugabe eines der vorbeschriebenen sauer reagierenden Stoffe so lange erhitzt, bis das aus der Lösung isolierte Produkt die gewünschte Löslichkeit in niedrigsiedenden Lösungsmitteln erlangt hat.

Beispielsweise werden 100 g Polyvinylchlorid mit 3600 g Äthylenchlorhydrin unter sofortigem, sehr kräftigem Rühren durch Erhitzen in einem Bad, z. B. bei 160°, zur Lösung gebracht. Der Rührer wird zweckmäßig dicht am Boden vorbeigeführt, um ein Ansetzen an der Gefäßwand zu verhindern. Zu der siedenden Lösung wird eine Lösung von 30 g kristallisiertem Magnesiumchlorid in 600 g Äthylenchlorhydrin hinzugefügt und eine halbe Stunde im Sieden gehalten. Die siedend heiße Lösung wird von dem sich ausscheidenden basischen Magnesiumsalz abgegossen und abgekühlt. Das in Lösung befindliche Polyvinylchlorid scheidet sich beim Abkühlen quantitativ ab und wird durch Abfiltrieren und Auswaschen mit Wasser gereinigt. Es löst sich glatt zu einer 25prozentigen Lösung in Methylenchlorid, während das nicht nachbehandelte Ausgangsmaterial in diesem Lösungsmittel nur ein gewisses Quellvermögen besitzt.

b) Unlösliches Polyvinylchlorid.

Hochmolekulare, in den meisten Lösungsmitteln unlösliche Polymerisate des Viny'chlorids lassen sich auch nach F. KLATTE und H. MÜLLER[4] erhalten, wenn man Vinylchlorid in Abwesenheit eines Lösungs- oder Verdünnungsmittels oder gegebenenfalls in Gegenwart von An-

---

[1] Belg.P. 452083, Cons. f. elektrochem. Ind. G.m.b.H.

[2] KRCZIL, F.: Kurzes Handbuch der Polymerisationstechnik, Bd. I, S. 379. Leipzig 1940.

[3] DRP. 647116, I.G. Farbenindustrie A.G.

[4] DRP. 671889, I.G. Farbenindustrie A.G.

hydriden organischer Säuren in einem geschlossenen Gefäß gelinde erwärmt und die Reaktion vor ihrer Vollendung unterbricht, z. B. dann, wenn die Hälfte des angewandten Vinylchlorids polymerisiert ist. Das nicht in Reaktion getretene monomere Vinylchlorid wird durch Destillation abgetrennt.

Verwendet man unter sonst gleichen Verhältnissen Vinylchlorid, das eine Vorbelichtung erfahren hat, indem man z. B. Vinylchlorid vor dem Einfüllen in den Autoklaven in Gasform durch ein von außen mit einer Quarzlampe belichtetes Quarzrohr leitet, so verläuft die Polymerisation erheblich schneller.

Man verfährt z. B. in der Weise, daß man 100 Teile Vinylchlorid in einem Rührautoklaven mit 6 Teilen Essigsäureanhydrid 24 bis 30 Stunden auf Temperaturen von 35 bis 45° erwärmt. Nach dem Abdestillieren des nicht polymerisierten Monomeren werden 400 bis 500 Teile pulverförmiges Polyvinylchlorid erhalten.

Ein in Aceton unlösliches Polyvinylchlorid kann ferner in folgender Weise erhalten werden[1]: Vinylchlorid wird mit der doppelten Menge Wasser (auf Vinylchlorid-Volumen bei $-20°$ berechnet) im Autoklaven 72 Stunden bei 50° polymerisiert. Das polymerisierte Vinylchlorid wird abfiltriert, getrocknet und gemahlen.

Die Löslichkeit des Polyvinylchlorids läßt sich nicht nur durch eine besondere Führung der Polymerisation der monomeren Verbindung zurückdrängen; man kann vielmehr auch durch eine entsprechende Nachbehandlung von bereits polymerisiertem Vinylchlorid unlösliche Produkte erhalten.

Nach S. L. Brous[2] kann man die Löslichkeit des Polyvinylchlorids dadurch verringern, daß man letzteres in Gegenwart von geringen Mengen von Salzen oder Oxyden der Metalle: Eisen, Aluminium, Zinn, Kupfer, Nickel, Kobalt oder Mangan auf Temperaturen von 105 bis 166° erhitzt.

Man erhitzt z. B. eine Mischung von 100 Teilen Polyvinylchlorid, 75 Teilen Trikresylphosphat und 3 Teilen Zinkchlorid in einer Presse auf 125°. Das erhaltene Produkt ist dunkler in der Farbe, beträchtlich gehärtet, nicht thermoplastisch und unlöslich in heißem Chlortoluol.

3. Pulverförmiges Polyvinylchlorid.

In feinverteilter Form fällt das Polyvinylchlorid an, wenn man Vinylchlorid in Gegenwart von niederen aliphatischen Äthern polymerisiert[3]. Die Vinylchlorid-Menge kann die Äthermenge übersteigen.

Man polymerisiert in 114 Gewichtsteilen Äther 500 Gewichtsteile Vinylchlorid mit 5 Gewichtsteilen Benzoylperoxyd unter Bewegung im Autoklaven bei 10 at und 45° 19 Stunden.

Das Polymerisat fällt als feines Pulver an, das in Aceton klar löslich ist.

Ebenso kann man 750 Gewichtsteile Vinylchlorid in 769 Gewichtsteilen n-Butyläther polymerisieren.

---

[1] Schwz.P. 222262, Imperial Chemical Industries Ltd.
[2] A.P. 2157997, B. F. Goodrich Co.
[3] F.P. 904473, Cons. f. elektrochem. Ind. G.m.b.H.

III. Mischpolymerisation von Vinylchlorid.

Die monomeren Vinylchlorid-Moleküle sind nicht nur befähigt, sich untereinander zu höhermolekularen Polyvinylchloriden zu vereinigen, sondern können auch mit anderen polymerisierbaren monomeren Verbindungen zu sogenannten *Mischpolymerisaten* verknüpft werden.

Diese Mischpolymerisate können dabei neben Vinylchlorid noch eine andere oder mehrere polymerisierbare Verbindungen enthalten. Im ersteren Falle spricht man von *Zweistoffpolymerisaten*, im letzteren Falle von *Mehrstoffpolymerisaten*.

In den Mischpolymerisaten sind die Vinylchlorid-Moleküle mit den Molekülen der anderen monomeren Komponente zu einem einheitlichen, kettenförmig aufgebauten Molekül verknüpft.

Bei der später noch eingehend beschriebenen Mischpolymerisation von Vinylchlorid mit Vinylacetat vollzieht sich der Verknüpfungsvorgang nach E. DREHER[1] etwa nach der Formel

$$x+1 \; \begin{array}{c} Cl \\ | \\ CH{=}CH_2 \end{array} \quad + \quad x+1 \; \begin{array}{c} CH{=}CH_2 \\ | \\ O \\ | \\ CO{-}CH_3 \end{array} \quad \rightarrow$$

$$\rightarrow \; \begin{array}{c} Cl \\ | \\ {-}CH{-}CH_2{-} \end{array} \left[\begin{array}{c} \quad\quad\quad Cl \\ \quad\quad\quad | \\ CH{-}CH_2{-}CH{-}CH_2{-} \\ | \\ O{-}CO{-}CH_3 \end{array} \right]_x \begin{array}{c} \\ {-}CH{-}CH_2{-} \\ | \\ O{-}CO{-}CH_3 \end{array}$$

Aus dem Verhalten von Vinylchlorid-Vinylacetat-Mischpolymerisaten bei der Verseifung mit alkoholisch-wäßriger Salzsäure, bei der ein Chlorhydrin entsteht, das durch Perjodsäure, dem Reagenz auf 1, 2-Glykole, nicht angegriffen wird, nehmen C. S. MARVEL, G. D. JONES, T. W. MARTIN und G. L. SCHERTZ[2] an, daß die Verknüpfung der Vinylchlorid- und Vinylacetat-Moleküle der oben angegebenen Kopf-Schwanz-Struktur entspricht.

Nach älteren Quellenangaben[3] treten 3 Moleküle Vinylchlorid mit 1 Molekül Vinylacetat in Reaktion zu Fadenmolekülen der nachstehenden Formel

$$\begin{array}{c} Cl \\ | \\ {-}CH{-}CH_2{-} \end{array} \begin{array}{c} Cl \\ | \\ CH{-}CH_2{-} \end{array} \begin{array}{c} Cl \\ | \\ CH{-}CH_2{-} \end{array} \begin{array}{c} Cl \\ | \\ CH{-}CH_2{-} \end{array} \begin{array}{c} Cl \\ | \\ CH{-}CH_2{-} \end{array} \begin{array}{c} Cl \\ | \\ CH{-}CH_2{-} \end{array} \begin{array}{c} Cl \\ | \\ CH{-}CH_2{-} \end{array} \begin{array}{c} Cl \\ | \\ CH{-} \end{array}$$
$$\begin{array}{c} | \\ O{-}CO{-}CH_3 \end{array} \qquad\qquad\qquad\qquad\qquad \begin{array}{c} | \\ O{-}CO{-}CH_3 \end{array}$$

Neben einheitlichen Mischpolymerisaten können auch solche entstehen, die eine abweichende Zusammensetzung aufweisen.

H. STAUDINGER und J. SCHNEIDERS[4] fanden z. B., daß ein aus gleichen Teilen Vinylchlorid und Vinylacetat durch Belichten in Gegen-

---

[1] DREHER, E.: Zur Chemie der Kunststoffe. 2. Aufl., S. 55. München 1941.

[2] MARVEL, C. S., G. D. JONES, T. W. MARTIN u. G. L. SCHERTZ: J. amer. chem. Soc. **64**, 2356 (1942).

[3] COURME, G. O., u. S. D. DOUGLAS: Ind. Engng. Chem. **28**, 1123 (1936).

[4] STAUDINGER, H., u. J. SCHNEIDERS: Liebigs Ann. Chem. **541**, 152 (1939).

wart von *Benzoylperoxyd* hergestelltes Mischpolymerisat beim Fraktionieren Produkte ergab, die, wie Tab. 1 erkennen läßt, in keiner Fraktion das ursprüngliche Verhältnis der monomeren Komponenten 1 zu 1 enthalten.

Außer dem bereits erwähnten Vinylacetat lassen sich noch zahlreiche andere monomere Verbindungen mit Vinylchlorid mischpolymerisieren.

Tabelle 1.

Zusammensetzung von Fraktionen eines Vinylchlorid-Vinylacetat-Mischpolymerisats.

Fraktion	Chlorgehalt	Verhältnis Vinylchlorid-Vinylacetat
1	39,85	1 : 0,33
2	38,20	1 : 0,43
3	31,35	1 : 0,6
4	19,58	1 : 1,4

In den folgenden Tabellen 2 und 3 sind die wichtigsten dieser Verbindungen und einige Konstanten dieser wiedergegeben.

Die Mischpolymerisation von Vinylchlorid mit einer der vorgenannten polymerisierbaren monomeren Verbindungen kann nach den gleichen Verfahren erfolgen, die zur Polymerisation von Vinylchlorid gebräuchlich sind.

Man kann somit diese Gemische im *Block*, in *Lösung*, in *Emulsion* oder in *Suspension* polymerisieren.

Man arbeitet zweckmäßig in Gegenwart von sauerstoffabgebenden *Katalysatoren*. Von diesen eignen sich neben den bekannten Peroxydkatalysatoren die von H. W. ARNOLD, M. M. BRUBAKER und G. L. DOROUGH[1] vorgeschlagenen Perdisulfate, welche die Emulsionspolymerisation von Vinylchlorid mit Isobutylen, Vinylidenchlorid, Vinylketonen, Acryl- und Methacrylverbindungen, deren Amiden und Olefindicarbonestern beschleunigen.

Von Peroxyd-Katalysatoren eignen sich zur Mischpolymerisation von Vinylchlorid mit polymerisierbaren monomeren Verbindungen der Formel

$$CH_2 = C{\overset{\displaystyle X}{\underset{\displaystyle Y}{<}}},$$

in der X und Y andere Reste als Wasserstoff oder Alkylreste bedeuten, *peroxydische* Derivate der *Croton-* oder *Methacrylsäure*[2].

Die Eigenschaften der Mischpolymerisate können in weiten Grenzen variieren; sie werden einmal bestimmt durch die Art und Zusammensetzung der neben Vinylchlorid mischpolymerisierten monomeren Verbindungen sowie durch das Verhältnis der Komponenten im Reaktionsgemisch.

---

[1] A.P. 2404781, E. I. du Pont de Nemours & Co.
[2] F.P. 947255, The Distillers Co. Ltd.

Sie können darüber hinaus noch durch das angewandte Polymerisationsverfahren, die Art der zugesetzten Polymerisationsbeschleuniger und die Polymerisationsdauer beeinflußt werden.

Vinylchlorid-Mischpolymerisate besitzen in vielen Fällen für bestimmte Anwendungszwecke bessere Eigenschaften als reines Polyvinylchlorid.

Im folgenden werden nun die verschiedenen Verfahren zur Herstellung von Vinylchlorid-Mischpolymerisaten behandelt.

Tabelle 2. *Mit Vinylchlorid mischpolymerisierbare ungesättigte Verbindungen, ihre Formeln, Molgewichte und Siedepunkte.*

Monomere Verbindung	Formel	Molgewicht	Siedepunkt
Divinylacetylen	$CH_2{=}CH{-}C{\equiv}C{-}CH{=}CH_2$	78,04	83,5°
Acetylen	$CH{\equiv}CH$	26,01	$-83,8°$
Butadien	$CH_2{=}CH{-}CH{=}CH_2$	54,09	$-5°$ (713 mm)
Isopren	$CH_2{=}C{-}CH{=}CH_2$ $\quad\;\vert$ $\quad CH_3$	68,11	34,08°
Divinylbenzol	$C_6H_4{<}^{CH=CH_2}_{CH=CH_4}$	130,08	52—54° (2 mm)
Äthylen	$CH_2{=}CH_2$	28,05	$-103,9°$
Isobutylen	$^{CH_3}_{CH_3}{>}C{=}CH_2$	56,10	$-6°$
Styrol	$C_6H_5{-}CH{=}CH_2$	104,14	146°
Chlorbutadien	$CH_2{=}C{-}CH{=}CH_2$ $\quad\;\vert$ $\quad Cl$	88,50	
Vinylfluorid	$CH_2{=}CHF$	46,02	$-51°$
Vinylidenchlorid	$CH_2{=}CCl_2$	96,95	37°
Trichloräthylen	$CHCl{=}CCl_2$	131,40	87°
Vinylmethyläther	$CH_3 \cdot O \cdot CH{=}CH_2$	58,06	5—6°
Vinyläthyläther	$C_2H_5 \cdot O \cdot CH{=}CH_2$	72,09	35,5°
Vinylpropyläther	$C_3H_7 \cdot O \cdot CH{=}CH_2$	86,11	65,5°
Vinylisobutyläther	$(CH_3)CH{-}CH_2 \cdot O \cdot CH{=}CH_2$	100,14	93,3—93,8°
Vinyloctyläther	$CH_3(CH_2)_6CH_2 \cdot O \cdot CH{=}CH_2$	156,24	58° (4 mm)
Vinylmethylketon	$CH_2{=}CH{-}C{=}O$ $\qquad\quad\;\vert$ $\qquad\quad CH_3$	78,04	
Acrylsäure	$CH_2{=}CH \cdot COOH$	72,07	140°
Methacrylsäure	$CH_2{=}C \cdot COOH$ $\quad\;\vert$ $\quad CH_3$	86,09	163°
Maleinsäure	$HC \cdot COOH$ $\;\parallel$ $HC \cdot COOH$	116,07	160°
Fumarsäure	$HOOC \cdot CH$ $\qquad\;\parallel$ $\qquad CH \cdot COOH$	116,07	sublimiert
Itaconsäure	$CH_2{=}C{-}CH_2 \cdot COOH$ $\quad\;\vert$ $\quad COOH$	130,10	zersetzt sich

Tabelle 3. *Mit Vinylchlorid mischpolymerisierbare Ester, ihre Formeln, Molgewichte und Siedepunkte.*

Ester	Formel	Mol-gewicht	Siedepunkt
Vinylacetat	$CH_3 \cdot COO \cdot CH = CH_2$	84,07	72°
Vinylpropionat	$CH_3 \cdot CH_2 \cdot COO \cdot CH = CH_2$	100,10	34—35° (70 mm)
Vinylbutyrat	$CH_3 \cdot (CH_2)_2 \cdot COO \cdot CH = CH_2$	114,12	115° (720 mm)
Maleinsäure-dimethylester	$CH_3 \cdot OOC \cdot CH = CH \cdot COO \cdot CH_3$	144,12	205°
Fumarsäure-dimethylester	$CH_3 \cdot COO \cdot CH = CH \cdot COO \cdot CH_3$	144,12	192°
Maleinsäurediäthyl-ester	$C_2H_5 \cdot COO \cdot CH = CH \cdot COO \cdot C_2H_5$	172,17	225°
Fumarsäurediäthyl-ester	$C_2H_5 \cdot COO \cdot CH = CH \cdot COO \cdot C_2H_5$	172,17	218—218,5°
Acrylsäuremethyl-ester	$CH_2 = CH — COO \cdot CH_3$	86,09	85°
Acrylsäureäthyl-ester	$CH_2 = CH \cdot COO \cdot CH_2 \cdot CH_3$	100,12	98,5°
Acrylsäurebutyl-ester	$CH_2 = CH \cdot COO \cdot (CH_2)_3 \cdot CH_3$	128,17	128—138°
Methacrylsäure-methylester	$CH_2 = C(CH_3) — COO \cdot CH_3$	100,12	100,3°
Methacrylsäure-äthylester	$CH_2 = C(CH_3) — COO \cdot CH_2 \cdot CH_3$	114,15	116,5—117°
Methacrylsäure-butylester	$CH_2 = C(CH_3) — COO \cdot (CH_2)_3 \cdot CH_3$	142,20	164°
Itaconsäure-dimethylester	$CH_2 = C(COO \cdot CH_3) — CH_2 \cdot COO \cdot CH_3$	158,16	208°
Itaconsäurediäthyl-ester	$CH_2 = C(COO \cdot CH_2 \cdot CH_3) — CH_2 \cdot COO \cdot CH_2 \cdot CH_3$	186,22	228—229°
Acrylsäurenitril	$CH_2 = CH — \underset{O}{\overset{\|}{C}} — C \equiv N$	81,03	78°
Methacrylsäure-nitril	$CH_2 = C(CH_3) — \underset{O}{\overset{\|}{C}} — C \equiv N$	95,04	90—92,5°

A. Mit Kohlenwasserstoffen.

1. Acetylenkohlenwasserstoffe.

Lösliche Mischpolymerisate, die zu harten Filmen trocknen, können nach J. H. WERNTZ[1] gewonnen werden, wenn man Gemische aus Divinylacetylen und Vinylchlorid in Gegenwart geringer Mengen *Jod* in einer Stickstoff-Kohlendioxyd-Atmosphäre oder Luft bei einer Temperatur von 85 bis 90° polymerisiert.

Ein kautschukähnliches Mischpolymerisat erhält man aus Vinylchlorid und Acetylen, wenn man ein Gemisch beider Monomeren in die heiße Lösung eines Metallchlorids einleitet[2].

2. Butadienkohlenwasserstoffe.

Kunststoffe mit besonderen Eigenschaften werden durch gemeinsame Polymerisation von Vinylchlorid mit Butadienkohlenwasserstoffen erhalten[3].

So erhält man z. B. Polymerisate von großer Festigkeit, Isolierfähigkeit und Unverbrennlichkeit, wenn man ein Gemisch von Vinylchlorid und Butadien bei langsam ansteigender Temperatur, die 100° nicht überschreiten soll, in Gegenwart oder Abwesenheit katalytisch wirkender Stoffe mit oder ohne Einwirkung chemisch wirksamer Strahlen der Druckpolymerisation unterwirft[4]. Die erhaltenen Produkte sind leicht in organischen Lösungsmitteln löslich und eignen sich daher zur Herstellung von Lacken usw.

Als Katalysator kann man bei der Mischpolymerisation von Butadien und Vinylchlorid *Benzoylperoxyd* verwenden[5]. Die in Gegenwart geringer Mengen dieses Beschleunigers erhaltenen Produkte besitzen kautschukähnliche Eigenschaften.

Die Polymerisation von Gemischen aus Vinylchlorid und Butadienkohlenwasserstoffen läßt sich auch in Gegenwart von Verdünnungs- oder Lösungsmitteln durchführen. Bei einem von der Firma I. G. Farbenindustrie A.G.[6] entwickelten Verfahren erfolgt die Mischpolymerisation in Gegenwart einer inerten Flüssigkeit, welche Polymerisationskontakte gelöst enthalten kann, in der Weise, daß man das Gemisch der Monomeren intensiv rührt oder das Gemisch der Monomeren durch eine Filterkerze oder ein sonst feinporiges Filter in eine solche Flüssigkeit preßt.

Von organischen Verdünnungsmitteln sind nach Angaben der gleichen Firma[7] besonders solche geeignet, welche mit den Monomeren bzw. mit dem Mischpolymerisat nicht reagieren, dieses nicht lösen und das Gemisch der Monomeren lösen oder nicht lösen. Verdünnungsmittel dieser

---

[1] A.P. 2055597, E. I. du Pont de Nemours & Co.
[2] Belg.P. 417026, Pharmakon, Ges. f. Pharmazeutik u. Chemie G.m.b.H.
[3] KRCZIL, F.: Kurzes Handbuch der Polymerisationstechnik, Bd. II, S. 74. Leipzig 1941.
[4] F.P. 676424, I.G. Farbenindustrie A.G.
[5] F.P. 697693, I.G. Farbenindustrie A.G.
[6] F.P. 820749, I.G. Farbenindustrie A.G.
[7] F.P. 765363, E.P. 434783, I.G. Farbenindustrie A.G.

Art sind z. B. aliphatische Kohlenwasserstoffe, Alkohole oder Äther. Diesem Gemisch aus Monomeren und Verdünnungsmitteln setzt man ferner vor der Polymerisation emulgierend wirkende Stoffe zu, welche in dem Verdünnungsmittel löslich sind und auf die zu polymerisierende Mischung eine lösende oder stark netzende Wirkung ausüben, wie z. B. natürliche oder synthetische Harze, Cellulosederivate oder andere hochmolekulare Hydroxylverbindungen. Das Mischpolymerisat stellt eine latexartige Emulsion dar und kann als solche zum Imprägnieren, als Firnis, Lack, Film oder nach der Koagulation als plastische Masse verwendet werden.

Die Polymerisation von Gemischen aus Vinylchlorid und Butadien läßt sich auch in wäßriger Emulsion, und zwar unter Verwendung von *Wasserstoffsuperoxyd* durchführen.

Beim Arbeiten mit Wasserstoffsuperoxyd verläuft die Polymerisation besonders zu Beginn der Reaktion sehr langsam. Nach H. HOPFF, E. KÜHN und H. SCHOLZ [1] läßt sich aber die Polymerisationsgeschwindigkeit schon zu Beginn der Reaktion erhöhen, wenn man zur Beschleunigung ein Gemisch aus *Wasserstoffsuperoxyd* und organischen Persäuren, wie *Perameisen-* oder *Peressigsäure*, bzw. solche Stoffe verwendet, die sich unter den Reaktionsbedingungen wie solche Säuren verhalten, z. B. Natriumperborat und Essigsäureanhydrid.

Bei der Emulsionspolymerisation von Gemischen aus Vinylchlorid und Butadienkohlenwasserstoffe lassen nach W. PANNWITZ und B. RITZENTHALER [2] sich als Emulgiermittel Stoffe der allgemeinen Zusammensetzung

$$X—CH_2—CH_2—Y—CH_2—CH_2—NZ$$

verwenden.

In dieser Formel bedeuten Y Sauerstoff oder Schwefel, NZ das Radikal eines sekundären Amins oder einer quartären Ammoniumverbindung und X das Radikal eines sekundären Amins, eines Säureamids, Esters, Äthers, einer quartären Ammoniumverbindung oder eine Hydroxylgruppe, wobei eines der Radikale X und Z wenigstens 8 Kohlenstoffatome in offener Kette enthält.

Die Herstellung der Mischpolymerisate kann nach diesem Verfahren z. B. in nachstehender Weise durchgeführt werden:

2,5 Teile des durch Umsetzung von β, β'-Dichlordiäthyläther mit Dimethyldodecylamin erhältlichen Emulgiermittels, 75 Teile Butadien und 25 Teile Vinylchlorid werden mit einer Lösung von 0,75 Teilen Kaliumpersulfat in 200 Teilen Wasser bis zur Bildung einer gleichmäßigen Emulsion verrührt. Die Emulsion wird dann 2 Tage bei 30° gerührt. Man erhält ein kautschukähnliches Polymerisat von guten Eigenschaften.

Als Emulgiermittel eignen sich bei der Mischpolymerisation von Vinylchlorid und Butadien Salze von Alkylarylsulfonsäuren mit wenigstens 10 Kohlenstoffatomen im Alkylrest und deren Arylrest z. B. Phenyl, Diphenyl oder Naphthyl ist [3].

Man erhält diese Emulgatoren durch Chlorieren höherer aliphatischer Kohlenwasserstoffe, wie Mineralöle oder bei der Kohlenoxyd-Hydrierung erhaltene höhermolekulare Kohlenwasserstoffe, und Kondensation der Chlorierungsprodukte mit

[1] DRP. 662121, I.G. Farbenindustrie A.G.
[2] DRP. 702749, F.P. 834419, E.P. 496443, I.G. Farbenindustrie A.G.
[3] F.P. 881997, I.G. Farbenindustrie A.G.

aromatischen oder aromatisch-aliphatischen Kohlenwasserstoffen und Sulfonierung dieser Produkte.

Die Emulsionspolymerisation von Vinylchlorid und Butadien nehmen H. Hopff und C. W. Rautenstrauch[1] in Gegenwart der auf S. 45 genannten wasserlöslichen Acetylenalkohole als Emulgiermittel vor.

Mischpolymerisate aus Butadienkohlenwasserstoffen und Vinylchlorid können auch in der Weise hergestellt werden, daß man die eine der beiden Komponenten in Gegenwart der zweiten bereits polymerisierten Komponente im Gemisch polymerisiert. Zu einem solchen Produkt gelangt man z. B. nach H. Hopff[2], wenn man Vinylchlorid in Kautschukmilch emulgiert und das Gemisch, gegebenenfalls nach Zusatz von weiteren Emulgiermitteln, einer Wärmepolymerisation unterwirft. Man kann der Emulsion auch vor der Polymerisation Kontakte, wie *Wasserstoffsuperoxyd* u. dgl., zusetzen. Je nach dem Mengenverhältnis der Komponenten erhält man Produkte, die kautschukartig elastische bis hartgummiähnliche zähe Massen darstellen.

Zur Herstellung eines solchen Mischpolymerisats werden zu 100 Teilen Kautschukmilch mit etwa 30 Prozent Kautschukgehalt 2 Prozent eines Emulgiermittels, z. B. oleoylmethylaminoäthansulfonsaures Natrium, zugesetzt. Man säuert dann bis zur schwach kongorotsauren Reaktion mit verdünnter Salzsäure an, gibt 50 Teile 3 prozentiges Wasserstoffsuperoxyd zu und leitet unter Druck 100 Teile Vinylchlorid ein. Man erwärmt das Ganze so lange auf 60°, bis die Polymerisation beendet ist, und setzt nach kurzem Stehen 10 Teile einer konzentrierten Aluminiumsulfatlösung zu. Es tritt Koagulation ein, und man erhält ein weißes Pulver, das nach dem Absaugen, Waschen mit Wasser und Trocknen beim Walzen ein durchscheinendes lederartiges Fell gibt.

Aus einem Gemisch aus Vinylchlorid und Isopren können ebenfalls wertvolle Kunststoffe erhalten werden, wenn man die Mischpolymerisation in Behältern, z. B. Flachkammern, vornimmt, die mit Einlagen aus Papier, Leinen, Jute, Metall, ferner Holzfurnier, Holzbrei usw. versehen sind[3].

Vinylchlorid und Butadienkohlenwasserstoffe können auch in Gegenwart einer dritten polymerisierbaren Komponente mischpolymerisiert werden.

Nach F. W. Johnson[4] wird z. B. Vinylchlorid mit Butadien und α-ungesättigten Carbonsäuren, wie 2-Chlor-2-propenyl-, 3-Chlor-2-propenyl-, 2-Chlor-2-butenyl-, 3-Chlor-2-butenylmethacrylat, -chloracrylat, -maleat, -fumarat, -citraconat, -itaconat, mischpolymerisiert.

Die Firma I.G. Farbenindustrie A.G.[5] polymerisiert wieder eine Mischung von Vinylchlorid, Butadien und einem Ester einer 1, 2-Dicarbonsäure nach bekannten Methoden, z. B. in wäßriger Emulsion, gegebenenfalls unter Zusatz von wasserlöslichen Lösungsmitteln[6].

Butadienkohlenwasserstoffe, wie Butadien-1, 3, Isopren, Dimethyl-2, 3-butadien-1, 3, polymerisiert D. T. Morwy[7] gemeinsam mit Vinyl-

---

[1] DRP. 704432, I.G. Farbenindustrie A.G.
[2] DRP. 623351, I.G. Farbenindustrie A.G.   [3] E.P. 436084, O. Röhm.
[4] A.P. 2402819, E. I. du Pont de Nemours & Co.
[5] F.P. 849987, I.G. Farbenindustrie A.G.
[6] E.P. 466898, E.P. 512703, I.G. Farbenindustrie A.G.
[7] A.P. 2398321, Monsanto Chemical Co.

chlorid und ungesättigten Nitrilen, z. B. Benzalmalonnitril, Methyl-, Äthyl-, Propyl-, Isoamyl-α-cyancinnamat, vorzugsweise in wäßriger Emulsion bei Temperaturen bis zu 70°.

3. Divinylbenzol.

G. F. D'Alelio[1] polymerisiert Divinylbenzol gemeinsam mit Vinylchlorid, welches als Polymerisationsverzögerer wirkt, in Dialkyllösung und einem Polymerisationskatalysator, z. B. *Benzoylperoxyd*, und unterbricht die Polymerisation durch Ausfällen des Mischpolymerisates, bevor letzteres bei fortschreitender Polymerisation selber ausfällt.

Die Mischpolymerisation von Vinylchlorid mit Divinylbenzol kann auch in wäßriger Emulsion erfolgen, und zwar in Gegenwart der von H. Hopff und C. W. Rautenstrauch[2] vorgeschlagenen wasserlöslichen Acetylenalkohole.

4. Äthylen.

Unter bestimmten Arbeitsbedingungen kann Vinylchlorid mit Äthylen mischpolymerisiert werden.

Weiche oder plastische Kunstmassen lassen sich z. B. gewinnen, wenn man flüssiges Äthylen unter Zusatz geringer Mengen von Sauerstoff, z. B. 0,2 bis 0,4 Prozent, oder solchen abgebenden Stoffen, wie *Benzoylperoxyd*, zusammen mit Vinylchlorid unter hohen Drucken, z. B. 1500 bis 2000 Atm., bei Temperaturen von 200 bis 250° erhitzt[3].

Die Mischpolymerisation von Vinylchlorid und Äthylen katalysieren ferner *Dialkyldioxyde* der allgemeinen Formel

$$ROOR',$$

worin R und R' einfache, unsubstituierte, gleiche oder ungleiche Alkylreste, wie Methyl, Äthyl, Propyl, sind, z. B. Dimethyl-, Diäthyl-, Dipropyl-, Äthylpropyldioxyd[4]. Diese Katalysatoren beschleunigen die Mischpolymerisation von Vinylchlorid und Äthylen bei gewöhnlichem oder erhöhtem Druck, bis zu 3000 Atm., in Gegenwart geringer Mengen Sauerstoff bei Temperaturen von 65 bis 200°. Die Katalysatormenge beträgt 0,001 bis 1, höchstens 5 Gewichtsprozent, bezogen auf das Gesamtgewicht der Ausgangsstoffe. Die gleichzeitig anwesende Sauerstoffmenge soll 0,1 bis 0,002 Teile auf 100 Teile Ausgangsstoffe betragen.

Die Mischpolymerisation von Vinylchlorid und Äthylen in Anwesenheit von Sauerstoff oder einem Peroxyd kann unter solchen Bedingungen durch Einhaltung bestimmter Verhältnisse zwischen Temperatur, Druck und Menge durchgeführt werden, daß die gebildeten Mischpolymerisate während des ganzen Polymerisationsvorganges in der Dampfphase gelöst gehalten werden[5]. Der Druck wird so hoch wie möglich gewählt,

---

[1] A.P. 2404220, General Electric Co.

[2] DRP. 704432, I.G. Farbenindustrie A.G.

[3] F.P. 836988, Imperial Chemical Industries Ltd.; — E.P. 497643, Imperial Chemical Industries Ltd., M. W. Perrin, E. W. Fawcett, J. G. Paton, E. G. Williams.

[4] F.P. 919134, E. I. du Pont de Nemours & Co.

[5] F.P. 924296, E. I. du Pont de Nemours & Co.

z. B. 800 bis 4000 Atm. Man erhält unter diesen Arbeitsbedingungen feste und halbfeste Produkte.

Nach einem Verfahren der Firma E. I. du Pont de Nemours & Co.[1] wird Vinylchlorid im Gemisch mit Äthylen bei einem Druck von mehr als 50, vorzugsweise mehr als 200 Atm., und bei Temperaturen oberhalb 45, besonders von 60 bis 120°, in innige Berührung mit einer Flüssigkeit und einem Peroxyd-Katalysator gebracht. Als Flüssigkeit verwendet man Wasser oder organische Lösungsmittel, wie Isooctan, Toluol, Methanol, Butanol, Butylacetat, Chloroform, Äther, n-Hexan, Cyclohexan, Cyclohexanon oder Dioxan. Oberflächenaktive Stoffe, wie Stärke, höhere Alkylsulfate, Alkylsulfonate usw., können zugegen sein. Im allgemeinen arbeitet man bei einem p_H von 3,5 bis 6, der mittels Salzsäure, Schwefelsäure, Phosphorsäure, Ameisensäure, Essigsäure oder Propionsäure eingestellt wird; mitunter arbeitet man auch bei p_H 7 bis 11.

Bei dem von A. T. LARSON[2] entwickelten Verfahren wird die Mischpolymerisation von Vinylchlorid und Äthylen bei Drucken von 650 bis 1000 Atm. und Temperaturen von 150 bis 275° in Gegenwart von 0,003 bis 0,015 Prozent Sauerstoff oder sauerstoffabgebenden Stoffen der nachbeschriebenen Art sowie in Gegenwart von 0,1 bis 0,5 Gewichtsteilen Benzol oder Chlorbenzol und vorzugsweise Wasser, und zwar in Mengen von 1 bis 6 Gewichtsteilen, bezogen auf 1 Teil Monomerengemisch, vorgenommen.

Als Polymerisationsraum verwendet die Firma E. I. du Pont de Nemours & Co.[3] ein rohrförmiges Reaktionsgefäß. In dieses wird das Gemisch der Monomeren und der Katalysator, z. B. Sauerstoff, Luft oder sauerstoffhaltige Verbindungen, wie Wasserstoffsuperoxyd, Perbernsteinsäure, Lauryl-, Tetralin-, Harnstoff-, Butyryl-, Acetyl-, Acetobenzoyl-, Diäthylperoxyd, Peressigsäure, Persulfate und Perborate der Alkali- und Erdalkalimetalle sowie des Ammoniums, sowie einer Flüssigkeit der bereits genannten Zusammensetzung derart eingeführt, daß eine Durchwirbelung der Reaktionsteilnehmer stattfindet. Die Flüssigkeit bewirkt eine gute Verteilung der Reaktionsteilnehmer, sorgt für die erforderliche Wärmezufuhr und verhindert ein Absetzen der festen oder halbfesten Mischpolymerisate an der Rohrwandung.

Der Sauerstoff-Katalysator, wie molarer Sauerstoff, Luft, Wasserstoffsuperoxyd, Perverbindungen, kann im Gemisch mit der Flüssigkeit an mehreren über die ganze Länge des röhrenförmigen Reaktionsraumes verteilten Stellen eingepreßt werden[4].

Das Mengenverhältnis von Vinylchlorid und Äthylen kann bei dem von M. M. BRUBAKER, J. R. ROLAND und M. D. PETERSON[5] entwickelten Verfahren innerhalb weiter Grenzen schwanken, und zwar 99 bis 1 Teile Vinylchlorid und 1 bis 99 Teile Äthylen betragen. Die Misch-

---

[1] F.P. 923314, E. I. du Pont de Nemours & Co.
[2] A.P. 2405962, E. I. du Pont de Nemours & Co.
[3] F.P. 922940, E. I. du Pont de Nemours & Co.
[4] F.P. 924461, E. I. du Pont de Nemours & Co.
[5] A.P. 2422392, E. I. du Pont de Nemours & Co.

polymerisation wird durch Erhitzen unter Druck auf 50 bis 300° in Gegenwart von 0,2 bis 5 Teilen Wasser, 0,001 bis 0,5 Prozent eines organischen Peroxyds und 0,001 bis 0,1 Prozent einer oxydierbaren Sulfoxyverbindung vorgenommen, wobei der p_H-Wert durch einen alkalischen Puffer sorgfältig zwischen 7 und 11 gehalten wird.

Bei Mischungen mit hohem Vinylchlorid-Gehalt nimmt man die Mischpolymerisation bei Drucken von 5 bis 50 Atm. vor, während bei hohen Äthylenanteilen Drucke von 500 bis 1500 Atm. angewandt werden müssen.

Unter 5 Atm. erhält man polyvinylchloridähnliche Mischpolymerisate mit geringen Mengen gebundenem Äthylen.

Das Reaktionsgefäß wird durch vorheriges Polieren oder Behandeln mit Wasserstoffsuperoxyd von Verzögerern befreit. Man verwendet 0,1 bis 50 Gewichtsteile Wasser je Teil Monomerengemisch, wobei das Wasser teilweise durch organische Lösungsmittel, wie Benzol, Chlorbenzol oder tert. Butylmethyläther, ersetzt werden kann.

Ein Schüttelfaß aus rostfreiem Stahl von 400 ccm wird mit 140 g Wasser, 0,02 g Benzoylperoxyd und 1 g Borax gefüllt (p_H 8,0), evakuiert, mit 100 g Vinylchlorid und 80 g Äthylen gefüllt, 13 Stunden bei 75 bis 77° geschüttelt und der Druck durch wiederholtes Zugeben von sauerstofffreiem Wasser bei 850 bis 985 Atm. gehalten.

Man erhält 68 g Mischpolymerisat mit einem Vinylchloridgehalt von 74,7 Prozent.

Vinylchlorid und Äthylen lassen sich auch in wäßriger Emulsion mischpolymerisieren. Diese von der Firma I.G. Farbenindustrie A.G.[1] entwickelte Mischpolymerisation wird in Gegenwart von Sauerstoff oder solchen abgebenden Stoffen bei erhöhter Temperatur vorgenommen.

Diese Emulsionspolymerisation von Vinylchlorid und Äthylen nehmen H. HOPFF, S. GOEBEL und C. RAUTENSTRAUCH[2] z. B. in folgender Weise vor:

In einem druckfesten Gefäß werden in 1500 Teilen einer 2prozentigen Lösung von α-oxyoctodecansulfonsaurem Natrium, die 3 Teile Kaliumpersulfat und 10 Teile Wasserstoffsuperoxyd enthält, 300 Teile verflüssigtes Vinylchlorid emulgiert. Dann werden 10 Atm. Stickstoff und 60 Atm. Äthylen aufgedrückt. Die Polymerisation wird bei 80° durchgeführt, wobei der Druck anfangs steigt und dann auf 60 bis 65 Atm. fällt. Der Druck wird durch ständiges Nachpressen von Äthylen auf 70 bis 80 Atm. gehalten. Wenn keine Druckabnahme mehr erfolgt, wird das erhaltene Polymerisationsprodukt durch Zusatz von Elektrolyten gefällt.

Man erhält ein weißes Pulver, das nach Waschen und Trocknen sich in der Hitze zu farblosen Platten verpressen läßt.

Die Polymerisationsdauer kann man bei dem vorbeschriebenen Verfahren wesentlich verkürzen und zugleich in Eisengefäßen arbeiten, wenn man bei der Mischpolymerisation dafür Sorge trägt, daß die Emulsion wenigstens zu Beginn des Polymerisationsvorganges alkalische Reaktion aufweist[3]. Zu diesem Zwecke setzt man Kaliumverbindungen zu, die gleichzeitig eine emulgierende Wirkung haben, wie z. B. Kaliumsalze von Fettsäuren usw.

---

[1] F.P. 865762, I.G. Farbenindustrie A.G.

[2] DRP. 737960, I.G. Farbenindustrie A.G.

[3] F.P. 52763, Zusatz zu F.P. 865762, I.G. Farbenindustrie A.G.

Zur Beschleunigung dieser Emulsionspolymerisation kann man auch die auf S. 66 näher beschriebenen Dialkyldioxyde verwenden[1].

An Stelle von Peroxyd-Katalysatoren verwendet M. J. ROEDEL[2] *Azine*, z. B. Dimethyl-, Diphenyl-, Dicyclohexylketazin, in Mengen von 0,001 bis 5, vorzugsweise 0,1 bis 2, Gewichtsprozent der Monomeren-Mischung. Diese Katalysatoren sind frei von Sauerstoff, so daß die Mischpolymerisate frei von zusätzlichen anorganischen Rückständen oder Sauerstoff sind.

Bei dieser Emulsionspolymerisation von Vinylchlorid und Äthylen wirkt der Umstand störend, daß die Polymerisationsgeschwindigkeiten beider Komponenten verschieden sind. Um einheitliche Mischpolymerisate zu erhalten, polymerisiert die Firma N. V. de Bataafsche Petroleum Mij.[3] in der wäßrigen Emulsion zunächst das Vinylchlorid bis gegen Ende der Induktionsperiode und setzt dann das schwerer polymerisierbare Äthylen zu und polymerisiert die Mischung zu Ende.

Die Eigenschaften der aus Vinylchlorid und Äthylen aufgebauten Mischpolymerisate kann man nicht nur durch das Verhältnis der Einzelkomponenten, sondern auch noch dadurch variieren, daß man die Mischpolymerisation in Gegenwart einer dritten polymerisierbaren Substanz vornimmt.

Nach W. E. HANFORD und J. R. ROLAND[4] kann man Vinylchlorid und Äthylen gemeinsam mit Halogenvinylverbindungen der Formel

$$CH_2{=}CXR ,$$

worin X Halogen und R Alkyl, Aryl, Acyloxy, Carbalkoxy, Carbamyl, N-sustituiertes Carbamyl, z. B. α-Chloracrylsäure, deren Ester, Nitril, Amid, Anilid usw., in wäßriger Dispersion oder wäßriger Emulsion bei 40 bis 350° unter Druck von 30 bis 1500 Atm. in Gegenwart eines Katalysators polymerisieren. Als Katalysatoren eignen sich Wasserstoffsuperoxyd, Benzoyl-, Tetralin-, Acetyl-, Lauroylperoxyd, Acetylbenzoylperoxyd, Harnstoff-, Butyrylperoxyd, Peressigsäure, Perborate, Percarbonate und Persulfate, Tetraäthylblei, Organometallverbindungen, die sich bei höherer Temperatur in freie Radikale umsetzen, molarer Sauerstoff bei über 125°, wobei die Kontakte in Mengen von 0,1 bis 10 Prozent angewendet werden.

Die Polymerisation erfolgt in einem Autoklaven aus rostfreiem Stahl, Silber, Aluminium, Zinn, Emaille oder Glas.

Arbeitet man in Lösung, so kann man Toluol, Benzol, Cyclohexan, n-Hexan, Isooctan, Butylacetat, Äther, Dioxan, N·N-Dimethylformamid, Cyclohexan, Methanol, Butanol, Essigsäure verwenden.

Arbeitet man in wäßriger Emulsion, so kann man höhere Alkylsulfate, Mineralölsulfonate, Alkansulfonate oder Säuren als Emulgatoren verwenden.

An Stelle der beschriebenen Halogenvinylverbindungen kann man

[1] F.P. 919134, E. I. du Pont de Nemours & Co.
[2] A.P. 2439528, E. I. du Pont de Nemours & Co.
[3] F.P. 942991, N. V. de Bataafsche Petroleum Mij.
[4] A.P. 2409679, E. I. du Pont de Nemours & Co.

nach W. E. HANFORD und J. R. ROLAND[1] unter sonst gleichen Arbeitsbedingungen Gemische von Vinylchlorid und Äthylen mit N-Vinylimiden
mischpolymerisieren.

Nach J. R. ROLAND[2] kann man auch Gemische von Vinylchlorid
und Äthylen gemeinsam mit Halogenkohlenwasserstoffen, wie 1, 2-Di-
chloräthylen, Trichloräthylen, Tetraäthylen, Tetrachlorpropylen, Hexa-
chlorpropylen, Allylchlorid, Methallylchlorid, Crotylchlorid, Hexachlor-
propen, Chlor-1-buten-3 usw., in Gegenwart von *Peroxyden, Persalzen,
Tetramethyl-, Tetraäthyl-, Tetraphenylblei, Dialkylquecksilber, Uviol-
licht*, zweckmäßig unter Zusatz von Quecksilber, Alkyljodid, Aceton,
polymerisieren. Bei dieser Mischpolymerisation wirkt Sauerstoff in geringen Mengen als Katalysator, in größeren als Verzögerer.

Bei Anwendung von Peroxydkatalysatoren arbeitet man bei 50 bis
130°, bei anderen Katalysatoren, wie *Sauerstoff* oder *Hydrazinverbin-
dungen*, bei 130 bis 300° und mehr.

Um einen unerwünschten Temperaturanstieg zu vermeiden, ist gutes
Rühren und die Verwendung von Verdünnungsmitteln, wie Wasser und
bzw. oder Isooctan, Dioxan, erforderlich. Man arbeitet bei Drucken
von 20 bis 200 Atm., kann aber bis 1000 Atm. und höher gehen.

5. Höhere Olefine.

Höhere Olefine, wie Propylen, vor allem aber Isobutylen, können
ebenfalls mit Vinylchlorid, z. B. in gleicher Weise wie Äthylen, mischpolymerisiert werden[3].

Mischpolymerisate, die als Isolier- oder Anstrichmittel Verwendung
finden, können durch gleichzeitige Polymerisation von Vinylchlorid mit
Isobutylen oder dessen niedrigpolymeren Formen, z. B. Triisobutylen,
in Gegenwart von *Borfluorid* als Katalysator erhalten werden[4]. Diese
Mischpolymerisation erfolgt bei Temperaturen unter 0°, zweckmäßig
bei —20 bis —80°, in Gegenwart eines Lösungsmittels, wie Propan,
Butan, Methylchlorid usw.

In gleicher Weise lassen sich auch andere Olefine, z. B. Propylen,
Methyl-2-buten-1, mit Vinylchlorid mischpolymerisieren.

6. Styrol.

Die gemeinsame Polymerisation von Vinylchlorid mit Vinylbenzol
(Styrol) gelingt schon, wenn man Gemische der Monomeren *chemisch
wirksamen Strahlen* aussetzt oder diese in Gegenwart von Katalysatoren
auf höhere Temperaturen erhitzt[5].

Von den Polymerisationsbeschleunigern kommen vor allem sauerstoffabgebende Stoffe, z. B. *Ozon, Wasserstoffsuperoxyd, organische Peroxyde* usw., in Betracht. Geeignete Peroxyde sind z. B. *Benzoylperoxyd*

[1] A.P. 2402136, E. I. du Pont de Nemours & Co.
[2] A.P. 2438021, E. I. du Pont de Nemours & Co.
[3] F.P. 924461, E. I. du Pont de Nemours & Co.
[4] F.P. 834018, Standard Oil Development Co.
[5] KRCZIL, F.: Kurzes Handbuch der Polymerisationstechnik, Bd. II, S. 82.
Leipzig 1941.

oder *Acetylbenzoylperoxyd*. Letzteres zeichnet sich nach L. CL. SHRIVER[1] gegenüber dem Benzoylperoxyd durch eine größere katalytische Aktivität und ferner auch dadurch aus, daß die erhaltenen Mischpolymerisate licht- und temperaturbeständiger sind.

Zur Beschleunigung der Mischpolymerisation von Vinylchlorid und Styrol können nach S. D. DOUGLAS[2] organische Peroxyde gemeinsam mit einer organischen Säure, z. B. *Benzoesäure* oder *Essigsäure*, oder Säureanhydriden verwendet werden.

Die Polymerisation von Gemischen dieser Monomeren erfolgt nach A. VOSS und E. DICKHÄUSER[3] glatt und unter Bildung von technisch wertvollen Polymerisaten, wenn man das Gemisch in reiner Form bei sehr langsam ansteigender Temperatur unter Druck, gegebenenfalls in Gegenwart von Katalysatoren oder chemisch wirkenden Strahlen, erhitzt.

Beispielsweise wird ein Gemisch aus gleichen Teilen Vinylchlorid und Styrol mit 0,5 Prozent Benzoylperoxyd in einem emaillierten Druckgefäß langsam hochgeheizt, dann 20 Stunden auf 90° und 30 Stunden auf 100° gehalten. Die Mischung ist nach dieser Zeit zu einem festen Block erstarrt, der sich durch mechanische Bearbeitung zerkleinern läßt.

Dem zu polymerisierenden Gemisch aus Vinylchlorid und Styrol setzt H. I. BARETT[4] geringe Mengen einer terpenartigen Substanz, wie Kolophonium, dessen Derivate, Dipenten oder Campher, zu.

Die Mischpolymerisation von Gemischen aus Vinylchlorid und Styrol kann auch in Gegenwart von organischen Lösungsmitteln erfolgen. Von letzteren werden vielfach solche verwendet, in denen das Gemisch der Monomeren, nicht aber das Mischpolymerisat löslich ist[5]. Lösungsmittel dieser Art sind z. B. aliphatische Kohlenwasserstoffe, Alkohole, Äther, Äthylacetat, Dibutyläther, Toluol usw. Man arbeitet bei Temperaturen von 30 bis 40° und in Gegenwart von Katalysatoren, wie *Peroxyden*, sowie gegebenenfalls organischen Säuren oder deren Anhydriden. Während der Polymerisation wird die Konzentration des Gemisches der Monomeren konstant gehalten.

Mit besonderem Vorteil kann die Mischpolymerisation von Gemischen aus Vinylchlorid und Styrol in wäßriger Emulsion durchgeführt werden. Neben den bekannten Emulgatoren kann man hier die auf S. 64 genannten Salze von Alkylarylsulfonsäuren[6] bzw. nach H. HOPFF und C. W. RAUTENSTRAUCH[7] wasserlösliche Acetylenalkohole der auf S. 45 genannten Art als Emulgiermittel verwenden.

Zur Beschleunigung dieser Mischpolymerisation werden sauerstoffabgebende Stoffe, wie *Wasserstoffsuperoxyd* oder *Peroxyde*, verwendet.

---

[1] DRP. 636315, F.P. 748972, E.P. 397364, Carbide and Carbon Chemicals Corp.

[2] A.P. 2075575, Carbide and Carbon Chemicals Corp.

[3] DRP. 579048, F.P. 676424, I.G. Farbenindustrie A.G.

[4] A.P. 1942531, E. I. du Pont de Nemours & Co.

[5] F.P. 789857, Carbide and Carbon Chemicals Corp.; — E.P. 366897, Imperial Chemical Industries Ltd.

[6] F.P. 881997, I.G. Farbenindustrie A.G.

[7] DRP. 704432, I.G. Farbenindustrie A.G.

Eine Beschleunigung der Mischpolymerisation, besonders zu Beginn der Reaktion, kann man nach H. HOPFF, E. KÜHN und H. SCHOLZ[1] erzielen, wenn man Wasserstoffsuperoxyd zusammen mit organischen Persäuren der auf S. 64 genannten Art verwendet.

In Gegenwart von *Ozon, Lithiumperoxyd, organischen Peroxyden, Benzoe-* oder *Essigsäure* mischpolymerisiert die Firma I.G. Farbenindustrie A.G.[2] Gemische aus Vinylchlorid und Styrol bei einer Temperatur zwischen 35 und 80° und einer Wasserstoffionenkonzentration der Emulsion entsprechend einem p_H-Wert von 1,5 bis etwa 5. Die Polymerisation der Emulsion erfolgt unter Rühren oder Umpumpen, wobei die Emulsion in dem Maße, wie die Polymerisation fortschreitet, in dem Polymerisationsraum eingeführt bzw. das Gemisch der Monomeren zu der wäßrigen Phase zugesetzt wird. Das anfallende Mischpolymerisat wird durch Koagulation aus der Emulsion abgeschieden.

Das bei der Polymerisation in Emulsion erhaltene Mischpolymerisat läßt sich durch Behandlung der Emulsion des Mischpolymerisats vor der Koagulation mit Wasserdampf oder einem indifferenten Gas, wie Kohlendioxyd oder Stickstoff, gegebenenfalls bei vermindertem Druck reinigen[3].

Die Eigenschaften der aus Vinylchlorid und Styrol bestehenden Mischpolymerisate kann man noch verbessern, wenn man die Mischpolymerisation beider Monomeren in Gegenwart einer weiteren polymerisierbaren monomeren Verbindung vornimmt.

Produkte dieser Art werden z. B. erhalten, wenn man Vinylchlorid und Styrol mit Vinylestern mischpolymerisiert.

Wertvolle Kunststoffe können ferner hergestellt werden, wenn man Vinylchlorid, Styrol und Acrylsäure z. B. in wäßriger Emulsion in Gegenwart oxydierender Mittel in der Wärme polymerisiert[4].

Man erhitzt z. B. 60 Teile Vinylchlorid, 100 Teile Styrol und 80 Teile Acrylsäuremethylester mit 1,25 Teilen Benzoylperoxyd 48 Stunden in einem Autoklaven auf 80°. Man erhält eine plastische und elastische Masse, die sich für Lacke eignet oder als Kunststoff verarbeiten läßt.

Nach dem vorbeschriebenen Verfahren können auch Gemische von Vinylchlorid, Styrol und Maleinsäureestern, z. B. Maleinsäuredimethyl- oder Maleinsäurediäthylester, mischpolymerisiert werden[5].

Diese Emulsionspolymerisation der Gemische der genannten monomeren Komponenten kann auch unter Zusatz von wasserlöslichen organischen Lösungsmitteln erfolgen[6].

Die in Gegenwart von Maleinsäureestern erhaltenen Mischpolymerisate aus Vinylchlorid und Styrol geben harte lichtechte, elastische Harze[7].

---

[1] DRP. 662121, I.G. Farbenindustrie A.G.
[2] F.P. 746969, I.G. Farbenindustrie A.G.
[3] F.P. 713999, I.G. Farbenindustrie A.G.
[4] F.P. 835357, E.P. 498329, E.P. 498464, I.G. Farbenindustrie A.G.
[5] F.P. 835357, E.P. 498329, 498464, I.G. Farbenindustrie A.G.
[6] E.P. 466898, I.G. Farbenindustrie A.G.
[7] LIGHT, L.: Paint Manufacture **10**, 243 (1940).

7. Acenaphthylen.

Vinylchlorid kann nach dem von H. F. MILLER und R. G. FLOWERS[1] entwickelten Tieftemperaturverfahren mit Acenaphthylen in Gegenwart von Peroxyden als Beschleuniger mischpolymerisiert werden.

8. Aromatische Kohlenwasserstoffe.

Die in Gegenwart von Wasserstoffsuperoxyd sehr langsam einsetzende Mischpolymerisation von Vinylchlorid mit Inden kann nach H. HOPFF, E. KÜHN und H. SCHOLZ[2] wesentlich beschleunigt werden, wenn man diese Perverbindung gemeinsam mit organischen Persäuren der auf S. 64 genannten Art als Polymerisationsbeschleuniger verwendet.

9. Heterocyclische Kohlenwasserstoffe.

Vielseitig verwendbare Kunststoffe werden bei der Mischpolymerisation von Vinylchlorid mit N-Vinylpyrrol oder N-Vinylindol erhalten[3].

Zu ähnlichen Produkten gelangt man nach W. REPPE, E. KEYSSNER und E. DORRER[4], wenn man Vinylchlorid mit Vinylcarbazol mischpolymerisiert. Diese Mischpolymerisation kann für sich oder in Lösung, Emulsion und in Gegenwart von Katalysatoren, z. B. *Ozon, Ozoniden, anorganischen* oder *organischen Peroxyden, Persalzen,* ferner *Halogen* oder *Halogeniden,* wie Borfluorid, Zinntetrachlorid, Säurechloriden, sowie *Kohlendioxyd, Schwefeldioxyd, Schwefel, Schwefelverbindungen, Aktivkohle, Bleicherde,* oder *Verzögerern,* wie Alkalimetallen, ihren Oxyden, Hydroxyden, Carbonaten, Ammoniak, organischen Basen usw., erfolgen.

Die Mischpolymerisation kann gleichzeitig oder aufeinanderfolgend oder auch so vorgenommen werden, daß man in die eine monomere Komponente die ganz oder teilweise polymerisierte zweite Komponente einträgt und dann die Polymerisation der Gemische zu Ende führt.

Den Gemischen dieser Monomeren können vor, während oder nach der Polymerisation Füll-, Farbstoffe, Harze, Weichmacher usw. zugesetzt werden.

Die Geschwindigkeit der Mischpolymerisation von Vinylchlorid und Carbazol oder Cumaron in Gegenwart von Wasserstoffsuperoxyd läßt sich nach H. HOPFF, E. KÜHN und H. SCHOLZ[5] durch Zugabe der auf S. 64 angeführten organischen Persäuren erhöhen.

B. Mit Halogenkohlenwasserstoffen.

1. Halogen-2-butadien-1, 3.

Die Polymerisation von Gemischen aus Vinylchlorid und Halogen-2-butadien-1, 3 führt je nach der Zusammensetzung der Gemische und dem Polymerisationsgrad zu viskosen Ölen, plastischen oder kautschukartigen Massen, zähen oder hochspröden Harzen[6].

---

[1] A.P. 2445181, General Electric Co.
[2] DRP. 662121, I.G. Farbenindustrie A.G.
[3] F.P. 792820, I.G. Farbenindustrie A.G.
[4] DRP. 664231, F.P. 792820, I.G. Farbenindustrie A.G.
[5] DRP. 662121, I.G. Farbenindustrie A.G.
[6] F.P. 806325, Chem. Forschungsanstalt G.m.b.H.

Kautschukartige Produkte werden bei der Mischpolymerisation von Vinylchlorid mit Chlor-2-butadien-1,3 unter folgenden Arbeitsbedingungen erhalten[1]:

50 g destilliertes Vinylchlorid werden mit 50 g destilliertem Chlor-2-butadien-1,3 im Autoklaven 80 Stunden auf 60° erhitzt. Der nach dem Abdestillieren der nicht umgesetzten Komponenten verbleibende Kautschuk hat eine hohe Elastizität, ist nicht klebrig und in Chloroform vollkommen löslich.

Das mit Halogen-2-butadienen, wie Chlor-, Brom- oder Jod-2-butadien-1,3 zu polymerisierende Vinylchlorid kann nach W. H. CAROTHERS, A. M. COLLINS und J. E. KIRBY[2] vor oder während der Polymerisation den Halogen-2-butadienen zugesetzt werden.

Die Mischpolymerisation von Vinylchlorid und Halogen-2-butadien-1,3 kann auch in wäßriger Emulsion durchgeführt werden. Plastische, gut vulkanisierbare Produkte erhält man, wenn man Halogen-2-butadien-1,3 zusammen mit 1 bis 50 Prozent Vinylchlorid der Emulsionspolymerisation unterwirft[3].

Technisch verwertbare Kunststoffe werden nach W. H. CAROTHERS und G. I. BERCHET[4] auch erhalten, wenn man Dichlor-2,3-butadien-1,3 gemeinsam mit Vinylchlorid, gegebenenfalls in wäßriger Emulsion mischpolymerisiert.

2. Vinylfluorid.

In Gegenwart von Polymerisationskatalysatoren und Drucken von mindestens 50 Atm. kann Vinylchlorid mit Vinylfluorid mischpolymerisiert werden[5]. Diese Mischpolymerisation wird bei Temperaturen vorgenommen, die unterhalb der Zersetzungstemperatur der Monomeren und des Mischpolymerisates liegt, z. B. bei einer Temperatur von 50 bis 150°.

Damit die Temperatur der exothermen Reaktion reguliert werden kann, empfiehlt es sich, in Gegenwart eines flüchtigen Mediums zu arbeiten, z. B. Wasser, tertiärem Butanol, Tetrachlorkohlenstoff. Gegebenenfalls können der Reaktionsmischung Seifen, Alkylsulfonsäuren, quaternäre Ammoniumverbindungen u. dgl. zugesetzt werden.

Diese Mischpolymerisation von Vinylchlorid und Vinylfluorid wird nach einem anderen Verfahren bei einem Druck von mindestens 150 Atm., vorzugeweise von 200 bis 1500 Atm., und in Gegenwart einer geringen Menge einer organischen Peroxydverbindung (0,005 bis 5 Gewichtsprozent, bezogen auf das Monomerengemisch) vorgenommen[6].

Geeignete Katalysatoren sind: *Ascaridol, Alkylperoxyde, Diacylperoxyde*. Die Mischpolymerisation wird bei Temperaturen von 50 bis 200° vorgenommen, wobei die Temperatur dem angewandten Druck angepaßt wird.

---

[1] Russ.P. 47810, A. D. ABKIN, W. S. KLIMENKOW, F. F. KOSCHELEW und S. S. MEDWEDEW.

[2] A.P. 2066330, E. I. du Pont de Nemours & Co.

[3] F.P. 803563, I. G. Farbenindustrie A.G.

[4] A.P. 1965369, E. I. du Pont de Nemours & Co.

[5] F.P. 922331, E. I. du Pont de Nemours & Co.

[6] F.P. 920993, E. I. du Pont de Nemours & Co.

Die Mischpolymerisation aus den genannten Monomeren wird zweckmäßig in einer mit Rührwerk versehenen Hochdruckapparatur vorgenommen[1]. Man arbeitet bei einem Druck von mindestens 100 Atm. bei erhöhten Temperaturen in Gegenwart eines Katalysators und Wasser, wobei die Wassermenge das 0,1- bis 10fache, vorzugsweise das 0,2- bis 5fache, des Gewichtes der Monomeren beträgt.

Als Katalysatoren kommen in Betracht: *Benzoylacetyl-, Dipropionyl-, Dipropylperoxyd, tert. Butylhydroperoxyd, Wasserstoffsuperoxyd, Barium-, Magnesium-, Zinkperoxyd, Kalium-, Ammoniumpersulfat, Kaliumpercarbonat, Kaliumperphosphat, Natriumperborat, Sauerstoff, Hydrazinsalze* (Sulfat, Sebacinat), *Aminoxyde,* Organometallverbindungen, wie *Tetraäthylblei, Tetraphenylblei, Butyllithium, Silberacetylid.*

Neben dem Katalysator können noch Polymerisationsbeschleuniger, wie *Natriumbisulfit, Schwefeligsäureanhydrid, Sulfoxylate, Hyposulfite, Acetylenalkohole, Metallcarbonyle,* zugesetzt werden.

Im Verlaufe der Mischpolymerisation nimmt der Druck ab; er wird durch periodisches Einspritzen des Monomerengemisches oder Wasser konstant gehalten.

Die Mischpolymerisation kann diskontinuierlich oder kontinuierlich durchgeführt werden. Bei der diskontinuierlichen Arbeitsweise wird der Katalysator vor Beginn der Mischpolymerisation in den Autoklaven eingebracht; bei der kontinuierlichen Mischpolymerisation wird der Kontakt periodisch eingespritzt.

Die Polymerisationstemperatur (30 bis 250°) wird dem angewandten Katalysator und Druck angepaßt. Die untere Temperaturgrenze liegt dort, wo der Katalysator wirksam wird, die obere, wo die Monomeren oder das Mischpolymerisat sich zu zersetzen beginnen.

Die Mischpolymerisation wird bei Drucken von 200 bis 1000 Atm. vorgenommen.

Man kann auch durch Zusatz von Seifen, Alkylsulfonsäuren, Alkylbetainen, Fettalkoholen, Polyvinylalkoholen eine Dispergierung des Mischpolymerisats hervorrufen und dieses in Form einer Emulsion oder Latex wiedergewinnen.

Gemische von Vinylfluorid und Vinylchlorid können nach E. L. MARTIN[2] auch gemeinsam mit Tetrafluoräthylen mischpolymerisiert werden. Der Gehalt der Einzelkomponenten soll mindestens 5 Prozent betragen. Die Mischpolymerisation nimmt man durch Erhitzen auf 40 bis 200° in Gegenwart eines Peroxydkatalysators, z. B. *Benzoylperoxyd, Lauroylperoxyd, Diäthylperoxyd, Ammoniumpersulfat, Kaliumpersulfat, Kaliumpercarbonat* und *Wasserstoffsuperoxyd,* vor.

10 Teile Vinylchlorid, 60 Teile Vinylfluorid und 30 Teile Tetrafluoräthylen werden bei 75° in Gegenwart von Benzoylperoxyd und 50 Teilen tertiärem Butylalkohol und 150 Teilen Wasser polymerisiert.

Die Produkte dienen zur Herstellung von photographischen Filmen, elektrischen Isolierlacken und Überzügen.

---

[1] F.P. 925153, E. I. du Pont de Nemours & Co.
[2] A.P. 2409948, E. I. du Pont de Nemours & Co.

3. Vinylidenchlorid.

Zur Mischpolymerisation mit Vinylchlorid ist auch Vinylidenchlorid geeignet. In den aus beiden Komponenten erhaltenen Mischpolymerisaten bleiben, da das Vinylidenchlorid als chloriertes Äthylen der Formel

$$CH_2=CCl_2$$

dem Vinylchlorid sehr ähnlich ist, und keine verseifbaren oder hydrophilen Gruppen enthält, die eigentümlichen, besonders wertvollen Eigenschaften des Polyvinylchlorids vollkommen erhalten.

Gemische aus Vinylchlorid und Vinylidenchlorid können z. B. nach R. M. WILEY[1] in Gegenwart von Katalysatoren, wie *Benzoylperoxyd, Chloracetylchlorid, Tetraäthylblei, Nickelcarbonyl* usw., in der Wärme in geschlossenen Gefäßen polymerisiert werden.

An Stelle von einfachen Katalysatoren verwendet R. C. REINHARDT[2] Gemische dieser, und zwar aus *Benzoylperoxyd, Chloracetylchlorid* und *Tetraäthylblei*.

Die Firma I.G. Farbenindustrie A.G.[3] verwendet zur Mischpolymerisation von Vinylchlorid und Vinylidenchlorid Gemische dieser Monomeren, die frei von molarem Sauerstoff sind. Zu diesem Zwecke wird das Gemisch der Monomeren mit einer Sauerstoff aufnehmenden wäßrigen Lösung, wie alkalische Natriumhyposulfit- oder Eisen-II-sulfatlösung, gewaschen, destilliert und danach in einem indifferenten Gas, wie Stickstoff oder Wasserstoff, aufbewahrt. Die Mischpolymerisation wird unter völligem Ausschluß von molarem Sauerstoff ausgeführt. Als Polymerisationsbeschleuniger dienen *Peroxyde* und *Perverbindungen*, gegebenenfalls in Mischung mit stark reduzierend wirkenden Mitteln, wie Natriumhyposulfit, Hydroxylamin. Man erhält farblose Massen, die in Lösungsmitteln, wie Methylenchlorid, Tetrachloräthan, Aceton, Tetrahydrofuran, glatt löslich sind.

Eine Erhöhung der Ausbeute und Verbesserung der Eigenschaften von Mischpolymerisaten aus Vinylchlorid und Vinylidenchlorid kann man erhalten, wenn man neben dem *Peroxydkatalysator* die auf S. 35 genannten Säuren zusetzt[4].

Nach diesem Verfahren werden z. B. 10 g Vinylidenchlorid, 5 g Vinylchlorid, 15 g 94prozentige Propionsäure und 0,1 g Crotonylperoxyd in einem geschlossenen Rohr 24 Stunden auf 45° erhitzt. Man erhält eine weiche, schwammartige Masse, die leicht in feine Körner zerschlagen werden kann. Gewicht 13,7 g entsprechend 92 Prozent Ausbeute. Das Mischpolymerisat ist nur in heißem Cyclohexanon löslich.

Die bei der Mischpolymerisation von Vinylchlorid und Vinylidenchlorid erhaltenen Kunststoffe sind in ihren Eigenschaften abhängig von der mengenmäßigen Zusammensetzung beider Komponenten und der Art der durchgeführten Mischpolymerisation.

Mischpolymerisate, die gegenüber Polyvinylchlorid eine erhöhte Schlagbiegefestigkeit und Löslichkeit aufweisen, werden z. B. erhalten, wenn man Vinylchlorid in wäßriger Emulsion mit nicht mehr als 75 Ge-

---

[1] A.P. 2160931, Dow Chemical Co.

[2] A.P. 2160939, Dow Chemical Co.

[3] Ital.P. 393311, I.G. Farbenindustrie A.G.

[4] F.P. 947370, A.P. 2447289, The Distillers Co. Ltd.

wichtsprozent·Vinylidenchlorid bei Temperaturen von 40 bis 50° zusammenpolymerisiert,[1]. Völlige Löslichkeit in Aceton wird erreicht, wenn das Mischpolymerisat etwa 35 Gewichtsprozent Vinylidenchlorid enthält.

Zur Herstellung löslicher Mischpolymerisate von niedrigem Erweichungspunkt von 80 bis 98° werden nach R. M. WILEY[2] 45 bis 85 Gewichtsprozent Vinylchlorid zusammen mit 55 bis 15 Gewichtsprozenten Vinylidenchlorid polymerisiert. Die Lösungen dieser Mischpolymerisate, z. B. in o-Dichlorbenzol oder in heißem Methylamylketon, haben selbst bei hoher Konzentration eine hinreichend niedrige Viskosität.

Nach A. ILOFF[3] erhält man Produkte mit besonders wertvollen Eigenschaften, wenn man Vinylchlorid mit solchen wesentlichen Mengen, z. B. einem Drittel seiner Menge, Vinylidenchlorid in Anwesenheit polymerisationsbeschleunigender Stoffe in wäßriger Emulsion oder in Gegenwart eines organischen Lösungsmittels so polymerisiert, daß ein in organischen Lösungsmitteln, beispielsweise in einem Gemisch von Butylacetat, Benzol und Aceton, gut lösliches Produkt entsteht.

Bei der Herstellung des Mischpolymerisates kann man bekannte, die Polymerisation beschleunigende oder regelnde Katalysatoren und Pufferstoffe zusetzen und die Polymerisation unter Erwärmen und Druck, gegebenenfalls bei gleichzeitiger Einwirkung von Licht, durchführen.

Die erhaltenen Produkte besitzen Eigenschaften, wie solche bei Polyvinylchlorid allein nur durch Zusatz von geeigneten Weichmachern erreicht werden können.

Zur Herstellung eines solchen Mischpolymerisates werden in 500 Teilen Wasser 4 Teile Seife, 3 Teile Wasserstoffsuperoxyd 30prozentig, 0,47 Teile saures Ammoniumphosphat gelöst und in einem Druckgefäß 42 Teile Vinylidenchlorid und 126 Teile Vinylchlorid zugefügt. Nach dieser Zeit ist die Reaktion beendet. Die entstandene Emulsion des Mischpolymerisates wird durch Aussalzen zur Koagulation gebracht und das ausgefallene Produkt mit Alkali und anschließend mit Wasser gewaschen.

Man erhält ein Mischpolymerisat aus etwa 75 Prozent Vinylchlorid und 25 Prozent Vinylidenchlorid, das in organischen Lösungsmitteln, wie z. B. einem Gemisch von Butylacetat, Benzol und Aceton, löslich ist.

Bei der Emulsions-Mischpolymerisation von Vinylchlorid und Vinylidenchlorid hat sich nach D. BRUNDRIT und J. A. D. HICHSON[4] ein geringer Zusatz der auf S. 46 erwähnten Kupfersalze erwiesen.

R. G. R. BACON, J. LEWIS und L. B. MORGAN[5] setzen bei der Mischpolymerisation von Vinylchlorid und Vinylidenchlorid in wäßriger Emulsion oder in Lösung neben den wasserlöslichen Peroxyd-Katalysatoren, wie Perschwefelsäure oder einem wasserlöslichen Persulfat, noch eine wasserlösliche, zur Bindung von molarem Sauerstoff befähigte Verbindung, wie Natriumhydrosulfit, zu.

---

[1] F.P. 861766, B. F. Goodrich & Co.
[2] A.P. 2235782, Dow Chemical Co.
[3] DRP. 749586, I.G. Farbenindustrie A.G.
[4] E.P. 630340, Imperial Chemical Industries Ltd.
[5] F.P. 915146, Imperial Chemical Industries Ltd.

Um eine konstante Reaktionsgeschwindigkeit während der Mischpolymerisation des Vinylchlorids mit Vinylidenchlorid zu erhalten, nimmt man die Mischpolymerisation bei allmählich abnehmender Temperatur vor[1].

Zur Durchführung dieses Mischpolymerisatverfahrens wird eine Emulsion, bestehend aus 1173 kg Vinylchlorid, 2440 kg Wasser, 2,04 kg Gelatine, 3,18 kg Natriumbicarbonat und 1,37 kg Caprylperoxyd in das Polymerisationsgefäß eingefüllt, die Luft aus dem letzteren entfernt und die Mischung auf 60° erhitzt; die Polymerisation setzt sofort ein. Um das gewünschte Mischpolymerisat zu erhalten, werden im Verlauf von 13 Stunden etwa 95 kg Vinylidenchlorid zugesetzt. Die Temperatur sinkt pro Stunde um 0,6° ab. Nach 16 Stunden erreicht die Temperatur 50°, die Reaktionsgeschwindigkeit sinkt sehr schnell ab, und in weniger als 20 Stunden ist die Polymerisation beendet.

50 Teile Vinylchlorid, 50 Teile Vinylidenchlorid und 1 Teil Benzoylperoxyd werden bei 45° zwei Wochen lang polymerisiert, wobei ein weiches kautschukartiges Polymerisat erhalten wird, das löslich in Dioxan, Benzol, Toluol und Xylol ist.

Daraus hergestellte Filme sind sehr wenig durchlässig für Wasser und beständig gegen Säuren, Alkalien, außer Ammoniak, und Oxidationsmitteln.

Die Lösungen des Mischpolymerisats, denen Nichtlöser, Teillöser oder Verdünnungsmittel zugesetzt werden können, dienen als Lacke.

Gut lösliche plastische Mischpolymerisate, die für Filme oder Überzüge Verwendung finden können, stellt die Firma I.G. Farbenindustrie A.G.[2] durch Polymerisation des Gemisches aus Vinylchlorid und 20 bis 80 Prozent Vinylidenchlorid in wäßriger Emulsion, zweckmäßig unter Zusatz von Pufferstoffen, wie Diammoniumphosphat, her.

Als Emulgiermittel kann man mit besonderem Vorteil die auf S. 64 genannten Salze von Alkylarylsulfonsäuren verwenden[3].

In wäßriger Emulsion kann man auch die von molarem Sauerstoff befreiten Gemische der Monomeren mischpolymerisieren[4].

Nach A. ILOFF[5] erhält man Produkte mit besonders wertvollen Eigenschaften, wenn man Vinylchlorid mit solchen wesentlichen Mengen, z. B. einem Drittel seiner Menge, Vinylidenchlorid in Anwesenheit polymerisationsbeschleunigender Stoffe in wäßriger Emulsion oder in Gegenwart eines organischen Lösungsmittels so polymerisiert, daß ein in organischen Lösungsmitteln, beispielsweise in einem Gemisch von Butylacetat, Benzol und Aceton gut lösliches Produkt entsteht.

Bei der Herstellung der Mischpolymerisate kann man bekannte, die Polymerisation beschleunigende oder regelnde Katalysatoren und Pufferstoffe zusetzen und die Polymerisation unter Erwärmen und Druck, gegebenenfalls bei gleichzeitiger Einwirkung von Licht, durchführen.

Die erhaltenen Produkte besitzen Eigenschaften, wie solche bei Polyvinylchlorid allein nur durch Zusatz von geeigneten Weichmachern erreicht werden können.

Zur Herstellung eines solchen Mischpolymerisats werden in 500 Teilen Wasser 4 Teile Seife, 3 Teile Wasserstoffsuperoxyd 30prozentig, 0,47 Teile saures Ammo-

---

[1] F.P. 950047, B. F. Goodrich Co.

[2] E.P. 477532, I.G. Farbenindustrie A.G.

[3] F.P. 881997, I.G. Farbenindustrie A.G.

[4] Ital.P. 393311, I.G. Farbenindustrie A.G.

[5] DRP. 749586, I.G. Farbenindustrie A.G.

niumphosphat gelöst und in einem Druckgefäß 42 Teile Vinylidenchlorid und
126 Teile Vinylchlorid zugefügt. Man erwärmt unter Schütteln auf 48° und hält
dann etwa 20 Stunden bei dieser Temperatur. Nach dieser Zeit ist die Reaktion
beendet. Die entstandene Emulsion des Mischpolymerisats wird durch Aussalzen
zur Koagulation gebracht und das ausgefallene Produkt mit Alkali und anschließend mit Wasser gewaschen.

Man erhält ein Mischpolymerisat aus etwa 75 Prozent Vinylchlorid und 25 Prozent Vinylidenchlorid, das in organischen Lösungsmitteln, wie z. B. einem Gemisch von Butylacetat, Benzol und Aceton, löslich ist.

Die Mischpolymerisation von Vinylchlorid-Vinylidenchlorid kann
auch kontinuierlich durchgeführt werden, z. B. nach dem auf S. 50 beschriebenen Verfahren[1].

Als besonders wertvolle Produkte, hauptsächlich für die Lack- und
Firnisbereitung, haben sich diejenigen Anteile erwiesen, die gänzlich
oder überwiegend aus Mischpolymerisaten bestehen, die, bezogen auf
Vinylchlorid und Vinylidenchlorid, zu etwa 5 bis 15 Gewichtsprozent
aus Vinylidenchlorid herrühren[2]. Die werden aus dem Polymerisat-
gemisch durch fraktionierte Herauslösung, fraktionierte Fällung, durch
gemeinsame Anwendung beider Maßnahmen oder z. B. durch Ultra-
zentrifugieren oder Dialyse abgetrennt.

Indem man sich der verschiedenen Löslichkeit der einzelnen Polymeren bedient, kann man einerseits die höhermolekularen, wenig oder
kein Vinylidenchlorid enthaltenden und andererseits die niedermolekularen, verhältnismäßig viel Vinylidenchlorid, z. B. mehr als 15 Prozent, aufweisenden Bestandteile abtrennen; in dem Rest befinden sich
dann neben den gesuchten Bestandteilen noch kleine Mengen an Polymeren von wenig höherem Molekulargewicht, die wenig oder kein
Vinylidenchlorid enthalten, und höhermolekulare Produkte mit ziemlich hohem Gehalt an Vinylidenchlorid[1].

Man löst in 15 Liter Dioxan 200 g eines Mischpolymerisats mit einem Chlorgehalt von 57,3 Prozent, entsprechend 15 Prozent Vinylidenchlorid, das durch
Emulsionspolymerisation von 83 Teilen Vinylchlorid und 17 Teilen Vinylidenchlorid bei 50° hergestellt wurde, fügt bei gewöhnlicher Temperatur unter Rühren
langsam 5 Liter Methanol zu, trennt die beiden entstehenden Schichten durch
Zentrifugieren, koaguliert sie in Wasser und trocknet sie. Aus der unteren Schicht
erhält man ein Produkt mit 55,5 Prozent Chlor und 3 Prozent Vinylidenchlorid,
aus der oberen ein Produkt mit 59,1 Prozent Chlor und 20 Prozent Vinylidenchlorid. Letzteres wird 2 Tage mit der 100fachen Menge eines Gemisches von
Aceton und Methanol 1 zu 1 behandelt, die zwei entstehenden Schichten werden
zentrifugiert und koaguliert, wobei zwei Fraktionen mit 57,1 bzw. 62,3 Prozent
Chlor anfallen. Die erstere löst sich im Gegensatz zum Ausgangsmaterial völlig
in einem Gemisch von Xylol und Butylacetat.

Homologe Mischpolymerisate mit einem gleichmäßigen Chlorgehalt,
der zu 5 bis 15 Prozent aus Vinylidenchlorid herrührt, werden erhalten,
wenn man zunächst nur das Vinylchlorid polymerisierenden Bedingungen
unterwirft und erst, wenn ein Teil der für die Polymerisation erforderlichen Anlaufzeit, während der noch keine Polymerisation erfolgt, ver-
strichen ist, das Vinylidenchlorid zufügt[3]. Zweckmäßig verwendet man

---

[1] F.P. 941948, N. V. de Bataafsche Petroleum Mij.
[2] F.P. 899809, Belg.P. 453282, N. V. de Bataafsche Petroleum Mij.
[3] F.P. 899810, N. V. de Bataafsche Petroleum Mij.

vom Vinylidenchlorid eine etwas größere Menge, als dem Prozentsatz entspricht, der in dem Mischpolymerisat enthalten sein soll. Die Polymerisationstemperatur liegt zwischen 20 und 80° und besonders zwischen 30 und 50°. Die Dauer der Anlaufzeit hängt stark ab von der Polymerisationstemperatur, der Katalysatorkonzentration, der Emulsionskonzentration und der Art des Emulgators. Der Zeitpunkt der Zugabe des Vinylidenchlorids erfolgt zweckmäßig am Ende der Anlaufperiode.

In einem 10 Liter-Autoklaven werden 930 ccm einer 24,2 prozentigen wäßrigen Lösung von Natriumcetylsulfat, 30 ccm 30 prozentiges Wasserstoffsuperoxyd und 2460 ccm destilliertes Wasser eingefüllt, worauf das p_H mit 4 fach normaler Schwefelsäure auf 6,0 eingestellt wird. Dann drückt man 820 g destilliertes Vinylchlorid ein und erwärmt innerhalb 1 Stunde auf 61°. (Die Dauer der Anlaufperiode wurde im Vorversuch zu 5 Stunden ermittelt.) Nach 3 Stunden werden unter Stickstoffdruck 220 g Vinylidenchlorid eingepreßt; in den folgenden 2 Stunden setzt eine schnelle Polymerisation ein. Die Suspension des Mischpolymerisats wird mit 800 ccm einer 10 prozentigen Aluminiumsulfatlösung koaguliert und das Koagulat gewaschen und getrocknet. Es enthält 55,9 Prozent Chlor entsprechend einem Gehalt an 10 Prozent Vinylidenchlorid, ist in einem Gemisch von Butylacetat und Xylol 1 zu 1 sowie in Äthylacetat und Aceton bei gewöhnlicher Temperatur gut löslich und liefert aus seinen Lösungen gut haftende Filme.

Die nach dem vorbeschriebenen Verfahren erhaltenen Mischpolymerisate werden für die Herstellung von Lacken und Firnissen sowie Preßmassen und für die Imprägnierung von Papier und Textilien verwendet.

Die aus Vinylchlorid und Vinylidenchlorid in wäßriger Emulsion bei Temperaturen von 40 bis 50° erhaltenen Mischpolymerisate zeigen gegenüber reinem Polyvinylchlorid eine Verbesserung der Hitzebeständigkeit, der Löslichkeit und Schlagfestigkeit[1].

Aus Vinylchlorid und Vinylidenchlorid bestehende Mischpolymerisate werden besonders in den Vereinigten Staaten von Nordamerika, und zwar von den Firmen B. F. Goodrich Co. und Dow Chemical Corp., hergestellt. Die erstere Firma hat Mischpolymerisate, und zwar aus überwiegenden Mengen Vinylchlorid und als Rest Vinylidenchlorid unter der Bezeichnung *Geon 200* auf den Markt gebracht, während die Firma Dow Chemical Co. Mischpolymerisate dieser Art unter der auch für reine Vinylidenchlorid-Polymerisate üblichen Bezeichnung *Saran* in den Verkehr gebracht hat.

Die in Deutschland aufgenommene Herstellung dieser wertvollen Vinylchlorid-Mischpolymerisate ist durch den Krieg unterbrochen worden.

Vinylchlorid-Vinylidenchlorid-Mischpolymerisate mit abgewandelten Eigenschaften werden erhalten, wenn man die Mischpolymerisation dieser Monomeren in Gegenwart von Arcylsäure- oder Methacrylsäureverbindungen vornimmt. Das Verhältnis, in dem die Monomeren mischpolymerisiert werden, wird zweckmäßig so gewählt, daß der Gehalt an polymerisierten Acrylsäure- und bzw. oder Methacrylsäureverbindungen in den Mischpolymerisaten weniger als etwa 20 Gewichtsprozent und vorzugsweise 5 bis 10 Gewichtsprozent beträgt[2].

Beispielsweise werden in einem Rührautoklaven von 10 Liter Inhalt 5000 ccm Wasser, 40 g 30 prozentiger Wasserstoffsuperoxyd, 140 g Natriumcetylsulfat und

---

[1] F.P. 861766, B. F. Goodrich Co.
[2] F.P. 941949, N. V. de Bataafsche Petroleum Mij.

10 g 4n-Schwefelsäure eingefüllt. Der p_H-Wert liegt dann bei 4,8. In diese Lösung drückt man bei 43° ein Gemisch von 500 g Vinylchlorid, 625 g Vinylidenchlorid und 125 g Acrylsäuremethylester ein und koaguliert nach 17 Stunden die stabile Suspension.

Das Mischpolymerisat ist in den üblichen Lösungsmitteln löslich und bildet auch ohne Zusatz von Weichmachern geschmeidige Filme.

Mischpolymerisate, die neben Vinylchlorid und Vinylidenchlorid im Makromolekül noch Acrylsäurenitril enthalten, sind bereits vor Kriegsende in Deutschland hergestellt worden. Als ein aussichtsreiches Mischpolymerisat galt das als *Diuril* bezeichnete Produkt, welches einer Zusammensetzung von 13 Prozent Vinylchlorid, 85 Prozent Vinylidenchlorid und 2 Prozent Acrylsäurenitril entsprach.

4. 1-Chlor-1-bromäthylen.

In gleicher Weise wie Vinylidenchlorid kann auch nach R. M. WILEY[1] 1-Chlor-1-brom-äthylen gemeinsam mit Vinylchlorid in Gegenwart von Katalysatoren, wie Benzoylperoxyd, Chloracetylchlorid, Tetraäthylblei, Nickelcarbonyl usw., mischpolymerisiert werden.

5. Trichloräthylen.

Ein Mischpolymerisat, das aus 1 Mol Vinylchlorid und 1 Mol Trichloräthylen besteht und leicht löslich ist, wird erhalten, wenn man eine Lösung von 47 Gewichtsteilen Vinylchlorid in einer Lösung von 500 Gewichtsteilen Trichloräthylen photopolymerisiert[2].

Die bei der Mischpolymerisation von Vinylchlorid mit Trichloräthylen erhaltenen Mischpolymerisate sind nach W. O. HERRMANN und W. HAEHNEL[3] in den meisten organischen Lösungsmitteln leicht löslich.

6. Fluoräthylene.

In ähnlicher Weise wie Vinylfluorid können auch höher fluorierte Äthylene bzw. Fluoräthylene, bei denen weitere Wasserstoffatome durch Halogen ersetzt sind, mit Vinylchlorid mischpolymerisiert werden.

Zur Mischpolymerisation mit Vinylchlorid sind nach R. M. JOYCE und J. M. SAUER[4] Fluoräthylene der allgemeinen Formel

$$\begin{matrix} F \\ X \end{matrix} C = C \begin{matrix} Y \\ Z \end{matrix}$$

geeignet.

In dieser Formel bedeuten X, Y und Z Wasserstoff oder Halogen mit einem Atomgewicht kleiner als 100, zweckmäßig kleiner als 40. Höchstens eines dieser Atome X, Y und Z darf ein anderes als Fluor sein.

Halogenderivate dieser Art sind z. B. 1, 2-Difluoräthylen, 1, 1-Difluoräthylen, 1-Chlor-1-Fluoräthylen, Trifluoräthylen, Trifluorbromäthylen und Tetrafluoräthylen.

---

[1] A.P. 2160931, Dow Chemical Co.

[2] Schwz.P. 227591, Dr. A. Wacker Ges. f. elektrochem. Ind. G.m.b.H.

[3] Schwed.P. 125639, Dr. A. Wacker Ges. f. elektrochem. Ind. G.m.b.H.

[4] F.P. 918506, F.P. 922429, E. I. du Pont de Nemours & Co.; siehe auch M. PROBER: J. Amer. chem. Soc. **72**, 1036 (1950).

Die Mischpolymerisation dieser Fluoräthylene mit Vinylchlorid erfolgt in Gegenwart eines wasserlöslichen *Salzes* einer *anorganischen Persäure*, z. B. Kaliumpercarbonat, Natriumperborat, Kaliumperphosphat, Ammoniumpersulfat, Kaliumpersulfat usw., welche in Mengen von 0,001 bis etwa 5 Prozent, zweckmäßig 0,01 bis 0,2 Prozent, bezogen auf das Monomerengewicht, verwendet werden. Zur Steigerung der Aktivität der Katalysatoren kann man Natriumsulfit, Natriumhyposulfit, Eisen-II-salze zusetzen.

Das Mengenverhältnis zwischen Vinylchlorid und den genannten Fluoräthylenen kann innerhalb weiter Grenzen schwanken; zweckmäßig soll der Anteil der Fluoräthylene 5 bis 95 Prozent, vorzugsweise 45 bis 90 Prozent, der Gesamtmenge der Monomeren betragen.

Die Mischpolymerisation erfolgt unter Ausschluß von molarem Sauerstoff in Gegenwart von Wasser und einer in neutralem Wasser löslichen organischen Verbindung. Die Temperatur liegt zwischen 20 und 150°, besonders zwischen 40 und 100°, der Druck kann zwischen 3 nnd 1000 Atm., zweckmäßig zwischen 15 und 100 Atm., liegen.

Von den Fluoräthylenen gibt besonders das Tetrafluoräthylen mit Vinylchlorid wertvolle Mischpolymerisate. Die Polymerisation dieser Monomeren kann nach weiteren Angaben der Firma E. I. du Pont de Nemours & Co.[1] bei Temperaturen von 10 bis 300° und Drucken von 3 bis 1000 Atm. zweckmäßig in Gegenwart von Wasser oder Hexan, Octan, Cyclohexan, Benzol, Aceton, Alkohol oder Dioxan durchgeführt werden.

Während der Mischpolymerisation von Tetrafluoräthylen und Vinylchlorid hält man den p_H-Wert auf einen annähernd gleichen Wert[2]. Man erreicht dies durch Zusatz von Pufferstoffen, wie Borax, Dinatriumphosphat, Natrium- oder Ammoniumcarbonat, Formamid, Natriumacetat, oder, falls der p_H-Wert unter 7 liegen soll, Essig-, Propionsäure oder Mononatriumphosphat.

Man nimmt die Polymerisation in Gegenwart von Wasser und einem sauerstoffhaltigen Katalysator bei Temperaturen oberhalb 20°, zweckmäßig zwischen 55 und 240°, und bei Drucken von mindestens 35 Atm., besser 70 Atm. vor. Die Wassermenge beträgt 1 Teil auf 2 Teile der Monomerenmischung.

Als Katalysatoren werden anorganische oder organische Peroxyde verwendet. Zur Erhöhung der Aktivität dieser Katalysatoren können noch Natriumsulfit, Natriumhydrosulfit oder Trimethylamin zugesetzt werden.

Die Mischpolymerisate aus Vinylchlorid und Tetrafluoräthylen sind von ausgezeichneter chemischer und thermischer Haltbarkeit, guten elektrischen Eigenschaften und schwer oder nicht entflammbar. Man kann sie auf Filme, Folien, schwammartige Gegenstände, Klebmittel, elektrische Isoliermittel usw. verarbeiten.

---

[1] F.P. 928549, E. I. du Pont de Nemours & Co.
[2] F.P. 924982, E. I. du Pont de Nemours & Co.

7. Allyl- oder Methallylchlorid.

Bei der gemeinsamen Polymerisation von Vinylchlorid mit 2 bis 50 Prozent der Mischung Allyl- oder Methallylchlorid erhält man nach E. W. Moffett und R. E. Smith[1] harzartige Mischpolymerisate.

8. Methacrylylfluorid.

Durch Block- oder Lösungspolymerisation von Vinylchlorid mit Methacrylylfluorid in Gegenwart von Benzoylperoxyd erhält man nach B. W. Howk[2] ein Mischpolymerisat, welches bei Verwendung von 40 Gewichtsteilen Vinylchlorid und 10 Gewichtsteilen Methacrylylfluorid zur Herstellung von Filmen, Verpackungsmaterial, als Preß- oder Spritzgußmasse usw. verwendet werden kann.

9. Halogenstyrole.

α-Alkyl-aryl-vinyl-Verbindungen, die am aromatischen Kern ein oder mehrere Halogenatome tragen, jedoch nicht an den Kohlenstoffatomen, die den die Vinyl-Gruppe tragenden Kohlenstoffatomen benachbart sind, wie z. B. 3, 4-Dichlor-α-methylstyrol, lassen sich mit Vinylchlorid mischpolymerisieren[3].

50 Teile 3, 4-Dichlor-α-methylstyrol, 50 Teile Vinylchlorid, 10 Teile Maleinsäureanhydrid, 0,5 Teile Benzoylperoxyd werden gemischt und die Mischung 24 Stunden bei 60° in einem geschlossenen Rohr gehalten.

Das Mischpolymerisat kann nach Weichmachung zur Herstellung von Formstücken oder Überzügen verwendet werden.

C. Mit Alkoholen und Äthern.

1. Vinylalkohol.

Mischpolymerisate, die neben Vinylchlorid im Makromolekül noch Vinylalkohol enthalten, können durch Polymerisation des Gemisches der Monomeren nicht erhalten werden, weil der monomere Vinylalkohol, der eine desmotrope Form des Acetaldehyds darstellt, nicht bekannt ist[4].

Man kann aber Mischpolymerisate dieser Art indirekt dadurch erhalten, daß man die bei der Polymerisation von Gemischen aus Vinylchlorid und Vinylestern erhaltenen Mischpolymerisate[5] einer verseifenden Behandlung unterwirft. Bei dieser Verseifung werden die blockierten Hydroxylgruppen je nach den angewandten Reaktionsbedingungen ganz oder teilweise frei, während die Vinylchloridgruppe im Makromolekül erhalten bleibt.

Bei vollständiger Verseifung der Estergruppen werden auf diese Weise Mischpolymerisate erhalten, die neben Vinylchlorid nur Vinylalkoholmoleküle enthalten, während bei unvollständiger Verseifung

[1] A.P. 2356871, Pittsburgh Plate Glass Co.
[2] A.P. 244090, E. I. du Pont de Nemours & Co.
[3] F.P. 949678, The General Tire & Rubber Comp.
[4] Siehe bei F. Kainer und H. Kainer: Polyvinylalkohole. Stuttgart: F. Enke 1949.
[5] Siehe Seite 87.

Mischpolymerisate anfallen, die außerdem noch Vinylester-Moleküle aufweisen.

Nach diesem Prinzip können alle Vinylchlorid-Vinylester-Mischpolymerisate in Vinylchlorid-Vinylalkohol-Mischpolymerisate übergeführt werden.

Vielseitig anwendbare Kunstmassen, die z. B. für die Herstellung von Klebstoffen, Folien, geformten Gegenständen, Zwischenschichten für Sicherheitsglas, Fasern, Filme, Überzüge usw. geeignet sind, werden nach J. R. ROLAND[1] erhalten, wenn man Mischpolymerisate aus Vinylchlorid und Vinylestern von Monocarbonsäuren der allgemeinen Formeln

$$R' \cdot COOH \quad \text{bzw.} \quad C_nH_{2n+1} \cdot COOH,$$

worin R' Wasserstoff oder Kohlenwasserstoffreste und n eine ganze Zahl von 1 bis 6 darstellen, in Gegenwart einer starken Base und eines sekundären oder tertiären Alkohols hydrolysiert.

Kunststoffe, die zum Überziehen von Glas- oder Metalloberflächen, von Fäden und Drähten, Gewebe und Papier, z. B. als Verpackungsmaterial dienen, stellt R. W. QUARLES[2] durch Verseifen von Mischpolymerisaten her, die aus 80 bis 95 Prozent Vinylchlorid, 1,5 bis 10 Prozent Vinylacetat und 0,2 bis 10 Prozent Maleinsäure bestehen.

Man erhitzt z. B. eine Mischung aus 100 Teilen Mischpolymerisat, bestehend aus 86 Prozent Vinylchlorid, 13 Prozent Vinylacetat und 1 Prozent Maleinsäure mit 1515 Teilen Dioxan und 20 Teilen festem Natriumhydroxyd 48 Stunden auf 85 bis 90°, neutralisiert mit Essigsäure, filtriert, fällt mit Wasser und trocknet vorsichtig.

2. Vinylphenol.

Im Gegensatz zu Vinylalkohol ist Vinylphenol beständig und deshalb mit Vinylchlorid mischpolymerisierbar.

Man nimmt diese Mischpolymerisation in Gegenwart von *Sauerstoff* und *Peroxyden*, gegebenenfalls unter Zusatz von Weichmachungsmitteln, Füll- und Farbstoffen vor[3].

Die Temperaturbeständigkeit und Wärmebeständigkeit dieser Mischpolymerisate kann noch dadurch verbessert werden, wenn man die Temperatur während der Mischpolymerisation langsam ansteigen läßt.

3. Vinylalkyläther.

Wertvolle Kunststoffe werden bei der Mischpolymerisation von Vinylchlorid mit Vinylalkyläthern erhalten[4]. Diese Mischpolymerisation kann im Block, in Lösung oder in Emulsion erfolgen.

Bei einem von der Firma I.G. Farbenindustrie A.G.[5] ausgearbeiteten Verfahren erfolgt die Polymerisation der Monomeren-Gemische in inniger Berührung mit einer indifferenten Flüssigkeit, wie Chlorkohlenwasserstoffen, Paraffinkohlenwasserstoffen oder Wasser, in der Weise,

---

[1] F.P. 921933, E. I. du Pont de Nemours & Co.
[2] A.P. 2458639, Carbide and Carbon Chemicals Corp.
[3] E.P. 381693, I.G. Farbenindustrie A.G.
[4] KRCZIL, F.: Kurzes Handbuch der Polymerisationstechnik, Bd. II, S. 174. Leipzig 1941.
[5] F.P. 820749, I.G. Farbenindustrie A.G.

daß man entweder das zu polymerisierende Gemisch durch eine Filterkerze in die Flüssigkeit preßt oder das Lösungsmittel durch intensives Rühren mit den zu polymerisierenden Bestandteilen mischt. Das Lösungsmittel für die zu polymerisierenden Gemische kann Polymerisationsbeschleuniger gelöst enthalten.

Die bei der Mischpolymerisation von Vinylchlorid und Vinylalkyläthern erhaltenen Produkte stellen harte oder zähe feste Massen dar, deren Eigenschaften von der Zusammensetzung des einzupolymerisierenden Äthers sowie dem Mengenverhältnis beider Komponenten abhängen.

Von den Vinylalkyläthern eignet sich besonders der Isobutylvinyläther zur Mischpolymerisation, die im Block oder in Emulsion erfolgen kann[1]. Die hierbei erhaltenen Produkte sind vulkanisierbar.

Vinyläther, vor allem die der aliphatischen Alkohole, ferner die der mehrwertigen Alkohole sowie der aromatischen und der hydroaromatischen Alkohole, geben nach H. FIKENTSCHER[2] ebenfalls wertvolle Kunststoffe. Man erhält diese bei der Mischpolymerisation mit Vinylchlorid, zweckmäßigerweise bei der Emulsionspolymerisation in Abwesenheit oder in Gegenwart von Lösungsmitteln, Katalysatoren u. dgl. Bei der Mischpolymerisation in wäßrigem Medium wird der p_H-Wert zweckmäßig größer als 7 gehalten.

Je nach den physikalischen Eigenschaften lassen sich die dargestellten Mischpolymerisate zu Isolierstoffen für die Elektrotechnik oder zusammen mit Füllmassen und Pigmenten zu Ersatzstoffen für Linoleum usw. verarbeiten.

Das aus Vinylchlorid und Isobutylvinyläther hergestellte Mischpolymerisat wird von der Firma Badische Anilin & Soda Fabrik A.G. unter der Handelsbezeichnung *Vinoflex MP 400* in den Verkehr gebracht und dient als Lackrohstoff.

Die Mischpolymerisation von Vinylchlorid und Vinylalkyläthern kann man auch in Gegenwart von Maleinsäureestern vornehmen. Diese Dreistoffpolymerisation erfolgt zweckmäßig in wäßriger Emulsion, gegebenenfalls unter Zusatz von wasserlöslichen organischen Lösungsmitteln[3].

4. Ungesättigte Äther.

Vinylchlorid polymerisiert mit 2 bis 4 Prozent Dipropylenäther glatt bei 40 bis 60° in Gegenwart von *Benzoylperoxyd* und *Bortrifluorid*[4].

Durch Mischpolymerisation von Vinylchlorid mit 0,1 bis 10 Prozent Trivinylglyzerid bei 50° in Gegenwart von *Benzoylperoxyd* wird nach 20 Stunden ein fester, spröder Körper mit einem Zersetzungspunkt von 174 bis 200° erhalten.

---

[1] E.P. 496276, I.G. Farbenindustrie A.G.
[2] DRP. 643408, I.G. Farbenindustrie A.G.
[3] E.P. 466898, I.G. Farbenindustrie A.G.
[4] LOSEW, I. P., u. S. M. ZBIVUKHIN: Trudy Konferntsii Vysokomolekular Chem. Abstracts 40, 3719 (1946?).

5. 1,3-Dioxolan.

1,3-Dioxolan läßt sich nach Angaben von D. J. Leder und W. F. Gresham[1] ebenfalls mit Vinylchlorid mischpolymerisieren.

D. Mit Ketonen und Oxoverbindungen.

1. Vinylketone.

Technisch wertvolle Produkte werden bei der Mischpolymerisation von Vinylchlorid und Vinylketonen erhalten.

Diese Mischpolymerisation von Vinylchlorid und Vinylketonen hat sich die Firma Comp. des Meules Norton[2] schützen lassen.

Die aus Vinylchlorid und Vinylketonen der allgemeinen Formel

$$CH_2=CR_1-CO-R_2,$$

in der R_1 Wasserstoff oder Alkyl und R_2 Alkyl, Cycloalkyl, Aryl oder Aralkyl bedeuten, erhaltenen Mischpolymerisate können nach J. H. Balthis[3] in eine säurelösliche Form dadurch übergeführt werden, daß man diese mit Ammoniak oder Aminen umsetzt. Bei genügender Aminmenge erhält man säurelösliche Produkte, die als Filme, Fäden, Überzüge, Emulsions- oder Dispergiermittel verwendet werden können.

2. Olefinische Oxoverbindungen.

Derivate olefinischer Oxoverbindungen, bei denen die Ketogruppe als solche nicht mehr vorhanden ist, sondern als Derivat des entsprechenden hypothetischen Diols vorliegt, lassen sich nach G. Kränzlein, K. Billig und H. Freudenberger[4] gemeinsam mit Vinylchlorid mit oder ohne Lösungsmittel oder in Form wäßriger Emulsionen mischpolymerisieren.

Als Derivate von olefinischen Oxoverbindungen der genannten Art kommen in Betracht z. B. Acroleindiacetat oder das Ringacetal aus Crotonaldehyd und Äthylenglykol der Formel

$$CH_3-CH=CH-CH{\Big<}{\overset{\displaystyle O-CH_2}{\underset{\displaystyle O-CH_2}{\big|}}}.$$

Beispielsweise wird eine Mischung von 950 Gewichtsteilen Vinylchlorid, 50 Gewichtsteilen des Ringacetals aus Crotonaldehyd und Äthylenglykol, 1000 Gewichtsteilen Methylenchlorid und 10 Gewichtsteilen Benzoylperoxyd in einem Druckkessel 24 Stunden auf 60 bis 70° erhitzt. Es entsteht ein Mischpolymerisat, das gegenüber dem Polyvinylchlorid eine ganz erheblich gesteigerte Löslichkeit aufweist und z. B. schon in Benzol löslich ist.

Diacylate ungesättigter Aldehyde, z. B. Acroleindiacetat, polymerisieren auch L. M. Minsk und C. C. Unruh[5] gemeinsam mit Vinylchlorid.

[1] A.P. 2394862, E. I. du Pont de Nemours & Co.
[2] F.P. 861527, Comp. des Meules Norton.
[3] A.P. 2122707, E. I. du Pont de Nemours & Co.
[4] DRP. 707280, I.G. Farbenindustrie A.G.
[5] A.P. 2417404, Eastman Kodak Co.

E. Mit Amiden und Lactamen.

1. Vinylsulfamide.

Die Firma I.G. Farbenindustrie A.G.[1] polymerisiert Vinylchlorid
gemeinsam mit Vinylsulfamiden der Formel

$$CH_2 = CH \cdot SO_2 \cdot NR_1R_2.$$

In dieser Formel bedeuten R_1 Alkyl, R_2 Wasserstoff, Alkyl, Aralkyl;
R_1 und R_2 können auch zusammen eine Alkyl- oder Aralkylgruppe oder
den Rest eines Ringes bedeuten.

2. N-Vinyllactame.

Die gleiche Firma[2] polymerisiert auch Vinylchlorid gemeinsam mit
N-Vinyllactamen in Gegenwart von Sauerstoff oder sauerstoffabgebenden Mitteln, wie *Wasserstoffsuperoxyd*, *Persulfate*, *Acetopersäure* sowie
anorganischen oder *organischen Peroxyden*, z. B. durch dreistündiges
Erhitzen auf 110°.

F. Mit Säuren und Säurederivaten.

1. Acetylencarbonsäuren.

Vinylchlorid-Mischpolymerisate, welche neben Carboxylgruppen
noch Doppelbindungen enthalten und demnach der Vulkanisation unterworfen werden können, erhält man nach G. KRÄNZLEIN und H. STÄRK[3],
wenn man Acetylencarbonsäuren oder deren Derivate gemeinsam mit
Vinylchlorid mischpolymerisiert.

80 Gewichtsteile Vinylchlorid, 20 Gewichtsteile Acetylenmonocarbonsäure-
methylester und 0,7 Gewichtsteile Benzoylperoxyd werden in 200 Gewichtsteilen
Methanol gelöst und im Autoklaven unter Rühren 20 Stunden auf 60 bis 70° erhitzt. Nach dieser Zeit ist die Polymerisation beendet, und das Polymerisat ist als
Pulver angefallen, das abfiltriert und auf der Nutsche nachgewaschen werden kann.

Das Mischpolymerisat ist löslich in Chlorkohlenwasserstoffen und zeigt ungesättigten Charakter.

2. Vinylester.

Technisch vielseitig verwertbare Kunststoffe werden bei der Mischpolymerisation von Vinylchlorid und Vinylestern erhalten[4]. Zu dieser
Mischpolymerisation mit Vinylchlorid eignen sich grundsätzlich alle
Vinylester, also solche von gesättigten und ungesättigten aliphatischen
sowie aromatischen Säuren.

Die Eigenschaften dieser Mischpolymerisate werden dabei weitgehend durch die chemische Konstitution des gleichzeitig mit Vinylchlorid mischpolymerisierten Vinylesters bestimmt.

Von diesen Mischpolymerisaten haben besonders die aus Vinylchlorid und Vinylacetat bestehenden Kombinationen infolge ihrer wertvollen Eigenschaften eine große Bedeutung erlangt.

---

[1] F.P. 878568, Schwz.P. 221933, I.G. Farbenindustrie A.G.
[2] Ital.P. 385519, I.G. Farbenindustrie A.G.
[3] DRP. 712277, I.G. Farbenindustrie A.G.
[4] KRCZIL, F.: Kurzes Handbuch der Polymerisationstechnik, Bd. II, S. 187.
Leipzig 1941.

Mischpolymerisate aus Vinylchlorid und Vinylacetat werden besonders in Deutschland und in den Vereinigten Staaten von Nordamerika hergestellt. In Deutschland werden diese Kunststoffe unter der Bezeichnung *Vinnol H 40* von der Firma Wacker Ges. f. elektrochem. Industrie G.m.b.H. und in den Vereinigten Staaten von Nordamerika unter der Bezeichnung *Vinylite* in den Handel gebracht.

Bei diesen Mischpolymerisaten von Vinylchlorid und Vinylacetat hängen wieder die Eigenschaften von der mengenmäßigen Zusammensetzung der Einzelkomponenten im Gemisch ab.

So wird z. B. die Verträglichkeit mit anderen Filmbildnern, z. B. aus der Reihe der Cellulosederivate, durch das Verhältnis Vinylchlorid zu Vinylacetat bestimmt; sie sinkt mit steigendem Gehalt an Vinylchlorid[1].

Es erscheint deshalb verständlich, daß man bestimmte Zusammensetzungen von Vinylchlorid und Vinylacetat zur Mischpolymerisation hat schützen lassen, so z. B. E. W. Reid[2] die Kombination von 10 bis 90 Teilen Vinylchlorid und 90 bis 10 Teilen Vinylacetat.

Besonders wertvoll sind solche Vinylchlorid-Vinylacetat-Mischpolymerisate, die aus überwiegenden Mengen Vinylchlorid bestehen. Vinylchlorid-Vinylacetat-Mischpolymerisate, die 85 bis 95 Prozent Vinylchlorid und 15 bis 5 Prozent Vinylacetat enthalten, sind z. B. die unter der Handelsbezeichnung *Vinylite* bekannten Mischpolymerisate amerikanischen Ursprungs.

In der Tab. 4 ist die Zusammensetzung bestimmter Vinylite-Marken ersichtlich.

Tabelle 4. *Zusammensetzung von Vinylite-Marken.*

Marke	Zusammensetzung in %		Molgewicht
	Vinylchlorid	Vinylacetat	
Vinylit VYLF	85—88	15—12	5000
Vinylit VYHH . . .	85—88	15—12	10000
Vinylit VYNS	88—90,5	12— 9,5	18000
Vinylit VYNW . . .	95	5	25000

Die Eigenschaften dieser Mischpolymerisate hängen auch vom Molekulargewicht ab. Nach Untersuchungen von E. G. Couzens, J. A. Hetherington und L. W. Turner[3] besteht eine bestimmte, aber nicht geradlinige Abhängigkeit der mechanischen Eigenschaften vom Molgewicht, während *Wasseraufnahme, Brechungsindex* und *Brinellhärte* oberhalb eines Molgewichtes von 5000 praktisch unabhängig von der Molgewichtszunahme sind.

Der Polymerisationsgrad und damit zusammenhängend die Eigenschaften der Mischpolymerisate aus Vinylchlorid und Vinylacetat oder einem anderen Vinylester werden weitgehend bestimmt durch die Art und Weise der durchgeführten Mischpolymerisation.

---

[1] Ind. Engng. Chem., Ind. Edit. **32**, 315 (1940).

[2] A.P. 1935577, Carbide and Carbon Chemicals Corp.

[3] Couzens, E. G., J. A. Hetherington u. L. W. Turner: Chem. and Ind. **59**, 209 (1940).

Mischpolymerisate aus Vinylchlorid und Vinylestern werden schon erhalten, wenn man das Gemisch der Monomeren einer Druckbehandlung bei Drucken von über 2000 Atm. aussetzt[1].

In einfacherer Weise lassen sich Mischpolymerisate aus Vinylchlorid und Vinylestern durch Erhitzen eines Gemisches der Monomeren auf Temperaturen bis zu 100° erhalten[2]. Die Mischpolymerisate können gepreßt oder mechanisch bearbeitet, mit Harzen, Ölen, Cellulosederivaten, Füllmitteln, Farbstoffen usw. gemischt als Isoliermaterial, für Gebrauchsartikel, Filme usw. verwendet werden.

Die Polymerisation eines aus Vinylchlorid und Vinylacetat bestehenden Gemisches verläuft nach A. Voss und E. DICKHÄUSER[3] glatt und unter Bildung von technisch wertvollen Produkten, wenn man sie in reiner Form und unter sehr langsam ansteigenden Temperaturen allmählich erhitzt.

40 Gewichtsteile Vinylchlorid werden z. B. mit 60 Gewichtsteilen Vinylacetat unter starker Kühlung und in reiner Form unter Druck zunächst 5 Stunden bei 40°, dann 5 Stunden bei 60° und schließlich noch weitere 5 Stunden bei 80° erhitzt.

Das erhaltene Mischpolymerisat stellt einen plastischen Körper dar, der sich auf Lacke verarbeiten läßt.

Die *Wärmepolymerisation* von Gemischen aus Vinylchlorid und Vinylestern kann noch durch *chemisch wirksame Strahlen*[3], besonders aber durch *kurzwelliges Licht*[2] beschleunigt werden.

Eine den Lichtstrahlen ähnliche Wirkung üben auch katalytisch wirkende Zusätze, und zwar sauerstoffabgebende Stoffe, wie *Ozonide*, *Wasserstoffsuperoxyd*, *Persäuren*, *Persalze*, *organische Peroxyde*, aus.

Eine solche Mischpolymerisation von Vinylchlorid und Vinylestern führt in Gegenwart von *Sauerstoff* oder *Peroxyden* besonders dann zu wertvollen und widerstandsfähigen Mischpolymerisaten, wenn man bei der Mischpolymerisation durch Abführung der Reaktionswärme, z. B. durch Kühlung, die Temperatur auf einer gewünschten Höhe hält[4]. Dabei arbeitet man zunächst bei niederer Temperatur, z. B. bis 50°, und steigert diese im Verlaufe der Mischpolymerisation auf 85°.

Von den organischen Peroxyden wird besonders *Benzoylperoxyd* vielfach als Polymerisationsbeschleuniger verwendet. Eine größere katalytische Aktivität besitzt nach L. CL. SHRIVER[5] aber Acetylbenzoylperoxyd, von dem schon 0,15 bis 0,3 Prozent des Gemisches der Monomeren genügen, um eine raschere Mischpolymerisation zu bewirken. Dabei werden Produkte mit einer größeren Licht- und Hitzebeständigkeit erhalten.

Eine Mischung aus 2000 Gewichtsteilen Vinylchlorid, 500 Gewichtsteilen Vinylacetat und 2500 Gewichtsteilen Aceton wird in einem Autoklaven mit 7,5 Gewichtsteilen von rohem Acetylbenzoylperoxyd versetzt. Man erhitzt den Autoklaveninhalt auf 40°. Nach dieser Zeit ist die Polymerisation beendet.

[1] F.P. 699555, E. I. du Pont de Nemours & Co.
[2] Schwz.P. 145713, I.G. Farbenindustrie A.G.
[3] DRP. 579048, F.P. 676424, I.G. Farbenindustrie A.G.
[4] E.P. 381693, I. G. Farbenindustrie A.G.
[5] DRP. 636315, F.P. 748972, E.P. 397364, Carbide and Carbon Chemicals Corp.

Zu besonders hochmolekularen Mischpolymerisaten gelangt man nach A. Voss und W. Heuer[1], wenn man zur Mischpolymerisation von Vinylchlorid und Vinylacetat *Peroxyde* von mindestens vier Kohlenstoffatome im Molekül aufweisende Fettsäuren verwendet.

Zur Darstellung dieser Mischpolymerisate wird z. B. unter guter Rührung eine Mischung von 500 Gewichtsteilen Vinylchlorid, 500 Gewichtsteilen Vinylacetat, 500 Gewichtsteilen Essigester und 1 Gewichtsteil Distearylperoxyd 20 Stunden auf 70° erhitzt. Nach dieser Zeit ist eine hochviskose Lösung des Mischpolymerisats in Essigester entstanden. Um das reine Produkt zu erhalten, läßt man das Lösungsmittel auf der heißen Walze verdampfen. Man erhält auf diese Weise ein Mischpolymerisat von hohem Molekulargewicht, das sich zu Formkörpern verschiedenster Art verarbeiten läßt und auch für Lacke Verwendung finden kann.

Die katalytische Wirkung dieser sauerstoffabgebenden Katalysatoren kann nach Ch. O. Young[2] durch gleichzeitige Anwesenheit der auf S. 30 erwähnten Metalle beeinflußt werden.

Als Polymerisationskatalysator verwenden E. C. Britton und W. J. Le Febre[3] ein Gemisch aus einer Säure, einem sauerstoffabgebenden Katalysator, wie Wasserstoffsuperoxyd, Peroxyd, und einem Eisen-III-salz einer anorganischen Säure, vorzugsweise Salpetersäure, in einer Menge von 0,001 bis 0,05 Prozent des Gesamtgewichtes an Monomeren, so daß der Ansatz ein p_H von 1,5 bis 3 aufweist.

Zur Beschleunigung der Mischpolymerisation von Vinylchlorid und Vinylacetat kann man nach St. D. Douglas[4] organische Peroxyde mit einer organischen Säure (siehe S. 35) oder nach K. G. Blaikie[5] eine Lösung eines Reaktionsproduktes aus einem aliphatischen Säureanhydrid mit den auf S. 36 genannten sauerstoffabgebenden Perverbindungen verwenden.

Katalytisch wirken auch manche Metalloxyde, z. B. Siberoxyd[6] und nach Ch. O. Young und St. D. Douglas[7] Bleitetraäthyl.

Man erhitzt z. B. 175 Teile Vinylchlorid, 175 Teile Vinylacetat, 7 Teile Bleitetraäthyl und 150 Teile Aceton in einem verbleiten oder verzinnten Autoklaven 24 Stunden auf 100°.

Die katalytische Wirkung von Bleitetraäthyl kann durch Zusatz von Metallen nach Ch. O. Young[2] in der auf S. 30 erwähnten Weise abgewandelt werden.

Mischpolymerisate mit guten Viskositätseigenschaften und geringer Verfärbung können erhalten werden, wenn man Vinylchlorid und Vinylacetat mit Salzsäure in Mengen bis zu 1 Prozent, zweckmäßig 0,5 Prozent, oder mit einer entsprechenden Menge einer anderen Säure, z. B. Ameisen- oder Benzoesäure, bei etwa 130 bis 150° polymerisiert[8]. Nach erfolgter Mischpolymerisation muß der Säureüberschuß durch Carbonate, Amine, noch besser aber mit Äthylenoxyd neutralisiert werden.

---

[1] DRP. 679943, I.G. Farbenindustrie A.G.

[2] A.P. 2011132, Carbide and Carbon Chemicals Corp.

[3] A.P. 2407946, Dow Chemical Co.

[4] A.P. 2075575, Carbide and Carbon Chemicals Corp.

[5] E.P. 387323, Canadian Elektro-Produits Co.

[6] DRP. 593399, I.G. Farbenindustrie A.G.

[7] A.P. 1775882, Carbide and Carbon Chemicals Corp.

[8] F.P. 712303, E. I. du Pont de Nemours & Co.

Dieses Verfahren besitzt aber nur eine untergeordnete Bedeutung. Die wichtigsten Katalysatoren sind auch bei diesen Mischpolymerisationen sauerstoffabgebende Substanzen, vor allem Peroxyde.

In Gegenwart dieser Katalysatoren kann die Mischpolymerisation von Vinylchlorid und Vinylestern in Anwesenheit von Verdünnungs- oder Lösungsmitteln erfolgen.

Als Verdünnungsmittel wird vielfach Wasser verwendet. Nach dem von A. Voss, K. Eisfeld und H. Freudenberger[1] beschriebenen Verfahren verfährt man bei der Mischpolymerisation zweckmäßig in folgender Weise:

120 Gewichtsteile Vinylchlorid und 40 Gewichtsteile Vinylacetat werden mit 0,5 Gewichtsteilen Acetylpersäure gemischt, die Mischung mit einer Lösung von 20 Teilen Natriumchlorid in 100 Gewichtsteilen Wasser im Autoklaven zunächst 6 Stunden bei 50°, dann 6 Stunden bei 80° gehalten. Das Polymerisat stellt eine weiße, feinpulverige Masse dar, die ausgewaschen und getrocknet wird. Das Produkt ist in Aceton oder aromatischen Kohlenwasserstoffen gut löslich, in Alkohol und aliphatischen Kohlenwasserstoffen nur unvollkommen.

Bei Verwendung von Wasser als Verdünnungsmittel kann man die Mischpolymerisation des Monomerengemisches in gasförmiger Phase in der Weise vornehmen, daß man das gasförmige Gemisch der Monomeren ohne erhöhten Druck durch ein Gasfilter preßt und in sehr feinen Bläschen durch eine hohe Flüssigkeitssäule hochsteigen läßt[2].

Von technisch größerem Wert ist die Mischpolymerisation von Vinylchlorid und Vinylestern in Gegenwart von Lösungsmitteln[3,4]. Diese Lösungsmittel können gleichzeitig den Polymerisationsbeschleuniger gelöst enthalten[5].

Arbeitet man in Anwesenheit von niederen aliphatischen Äthern, so erhält man Mischpolymerisate, die in feinpulveriger Form anfallen[6].

Man mischpolymerisiert z. B. 500 Gewichtsteile Vinylchlorid und 75 Gewichtsteile Vinylacetat in 1200 Gewichtsteilen Äther.

Nach H. Dalesch-Paetsch[7] erfolgt die Herstellung der als *Vinylite* bekannten Mischpolymerisate durch Polymerisation der Gemische der Monomeren in Gegenwart eines Lösungsmittels und *Benzoylperoxyd* als Katalysator. Aus der Lösung wird das gebildete Mischpolymerisat mit Wasser ausgefällt und bei mäßiger Hitze in einer rotierenden Trockenanlage getrocknet.

Der Zusatz eines indifferenten Lösungsmittels wirkt sich nach A. Voss und E. Dickhäuser[8] besonders günstig bei der stufenweisen Polymerisation von Vinylchlorid-Vinylacetat-Gemischen aus.

Als Lösungsmittel wird vielfach Aceton benützt[9]. Neben diesem verwendet man auch solche Lösungsmittel, die in bezug auf das Misch-

[1] DRP. 664351, I.G. Farbenindustrie A.G.
[2] Holl.P. 46851, I.G. Farbenindustrie A.G.
[3] DRP. 593399, A.P. 2118863, 2118864, 2118946, I.G. Farbenindustrie A.G.
[4] Schwz.P. 145713, I.G. Farbenindustrie A.G.
[5] F.P. 820749, I.G. Farbenindustrie A.G.
[6] F.P. 904473, Consortium für elektrochemische Industrie G.m.b.H.
[7] Dalesch-Paetsch, H.: Kautschuk u. Gummi 2, 307 (1949).
[8] DRP. 579048, F.P. 676424, I.G. Farbenindustrie A.G.
[9] DRP. 636315, F.P. 748972, E.P. 397364, Carbide and Carbon Chemicals Corp.

polymerisat bestimmte Lösungseigenschaften aufweisen. So verwendet die Firma Carbide and Carbon Chemicals Corp.[1] solche Lösungsmittel, die, wie Methyl-, Äthylalkohol, Äthyl-, Butylacetat, Pentan, Xylol, Äthylenchlorid, Propylenchlorid, Tetrachloracetylen, bezüglich des Mischpolymerisates keine größere Lösungskraft als Toluol besitzen. In Gegenwart dieser Verdünnungsmittel wird das Gemisch von Vinylchlorid und Vinylestern bei einer Temperatur unter 60°, vorzugsweise bei 40°, polymerisiert.

Man erhitzt z. B. 260 kg Vinylchlorid, 65 kg Vinylacetat, 325 kg Methylalkohol und 1,62 kg Benzoylperoxyd im Bleiautoklaven unter Rühren 60 Stunden bei 40° und erhält ein weißes, im Methanol suspendiertes Pulver, das zu 90 Prozent in Toluol unlöslich und für Überzüge und als Formmasse verwendet werden kann.

In Gegenwart eines die Monomeren lösenden, das Mischpolymerisat jedoch nicht lösenden Mittels, wie Gasolin, Methylalkohol, Dibutyläther, Äthylacetat, Toluol, polymerisieren auch die Firmen Imperial Chemical Industries Ltd.[2] und Carbide and Carbon Chemicals Corp.[3] Gemische von Vinylchlorid und Vinylestern. Diese Mischpolymerisation erfolgt bei Temperaturen von 30 bis 40° und in Gegenwart von Katalysatoren, z. B. organischen Peroxyden, wie *Benzoylperoxyd*, *Acetylperoxyd* oder *Acetylbenzoylperoxyd*. Bei dieser Arbeitsweise erhält man gleichmäßige Mischpolymerisate, wenn man die Konzentration des Monomerengemisches mit Bezug auf die in der Reaktionszone befindliche Gesamtmenge hoch und im wesentlichen konstant hält. Dabei ist es vorteilhaft, das während der Reaktion gebildete Mischpolymerisat im Maß seiner Entstehung aus dem System zu entfernen, z. B. dadurch, daß man die Flüssigkeit durch eine Filterpresse oder einen Absetzbehälter führt. Man kann hierbei im Kreislauf arbeiten und dem System die durch Mischpolymerisation verbrauchten Monomeren ständig oder in Zwischenräumen zuführen.

Hinsichtlich Zusammensetzung einheitliche Mischpolymerisate von höchstem Molekulargewicht kann man nach dem auf S. 36 von H. Berg, W. Fritz und F. Gerstner[4] beschriebenen Verfahren erhalten.

Eine Mischung von 75 Teilen Vinylchlorid, 25 Teilen Vinylacetat und 75 Teilen Methanol wird im Autoklaven mit 0,1 Teilen Benzoylperoxyd auf 35 bis 40° unter Rühren erwärmt. Das Mischpolymerisat ist im Methanol unlöslich und fällt allmählich pulverförmig aus.

Die Filtration des Mischpolymerisats wird, wie bei der Polymerisation von Vinylchlorid (Seite 37) beschrieben, vorgenommen. Die Mutterlauge muß, bevor sie in den Autoklaven zurückgedrückt wird, genau auf das Verhältnis der drei Komponenten zueinander untersucht werden, damit das Mischpolymerisat laufend in einheitlicher Zusammensetzung erhalten wird. Erfahrungsgemäß muß der Anteil an monomerem Vinylacetat immer etwas höher gehalten werden, als dem Mischpolymerisat entsprechen soll, da das Vinylacetat etwas langsamer polymerisiert als das Vinylchlorid.

In kontinuierlicher Weise lassen sich Gemische von Vinylchlorid und Vinylacetat auch polymerisieren, wenn man Lösungen dieser Mono-

---

[1] F.P. 741657, Carbide and Carbon Chemicals Corp.
[2] E.P. 366897, Imperial Chemical Industries Ltd.
[3] DRP. 671749, F.P. 789857, Carbide and Carbon Chemicals Corp.
[4] DRP. 750608, Dr. A. Wacker Ges. f. elektrochem. Ind. m.b.H.

meren in Chlorbenzol, Aceton oder Toluol in Gegenwart von Katalysatoren durch erhitzte Reaktionsrohre mit Stickstoff oder durch Pumpen[1] drückt.

Beispielsweise wird ein Gemisch von Äthylacetat, Vinylchlorid und Vinylacetat bei 120° durch ein verbleites Rohr gepreßt.

Eine Polymerisation von Vinylchlorid-Vinylacetat-Gemischen kann auch in der Weise erfolgen, daß man die Monomeren durch eine Filterkerze in das Lösungsmittel preßt[2].

Die Polymerisation von Vinylchlorid und Vinylacetat in Gegenwart von Lösungsmitteln nehmen A. Voss und W. STARCK[3] unter Zusatz von solchen emulgierend wirkenden Stoffen vor, die in dem organischen Lösungsmittel löslich sind und lösliche oder netzende Eigenschaften gegenüber dem zu polymerisierenden Gemisch besitzen. Man verwendet ein Lösungsmittel, das mit den Monomeren und dem Mischpolymerisat nicht reagiert, letzteres nicht löst, die Monomeren löst oder auf diese eine stark netzende Wirkung ausübt. Als Verdünnungsmittel kommen neben aliphatischen Kohlenwasserstoffen Alkohole oder Äther und als Emulgiermittel natürliche oder synthetische Harze, Cellulosederivate oder hochmolekulare Hydroxylverbindungen in Betracht.

In einer Bombe wird z. B. ein Gemisch aus 100 Gewichtsteilen Äthylalkohol, 40 Gewichtsteilen Vinylchlorid und 10 Gewichtsteilen Vinylacetat, 1 Gewichtsteil mit Äthylenoxyd bis zur Wasserlöslichkeit umgesetztes Ricinusöl und 1 Gewichtsteil Benzolperoxyd 8 Stunden auf 100° erhitzt. Man erhält nach dieser Zeit eine stabile Emulsion des Mischpolymerisates in Alkohol. Diese kann entweder als solche oder nach Zusatz von Lösungsmitteln für lacktechnische Zwecke Anwendung finden.

An Stelle von organischen Lösungsmitteln kann man bei der Emulsionspolymerisation von Gemischen aus Vinylchlorid und Vinylestern auch Wasser oder wäßrige Lösungen verwenden.

Nach einem Verfahren der Firma I.G. Farbenindustrie A.G.[4] kann man eine Emulsion dadurch erhalten, daß man die Gemische aus Vinylchlorid und Vinylestern als solche oder gelöst in organischen Lösungsmitteln mit einer wäßrigen Lösung einer wasserlöslichen *Persäure* oder eines *Persalzes*, z. B. Ammoniumpersulfat, durch Rühren in eine Emulsion überführt und das Monomerengemisch durch Erwärmen, z. B. auf 80°, polymerisiert. Man erhält Wasser-in-Öl-Emulsionen, die als klare Schichten auftrocknen und wasserbeständig sind.

Im allgemeinen setzt man aber dem Gemisch aus Vinylchlorid und Vinylestern ein Emulgiermittel zu. Als solche werden neben den bekannten Emulgiermitteln z. B. die auf S. 64 beschriebenen Verbindungen[5] verwendet.

Gleichmäßige Kunststoffe werden ferner bei der Mischpolymerisation von Vinylchlorid und Vinylacetat erhalten, wenn man als Emulgiermittel solche Derivate des *Polyvinylalkohols* verwendet, deren 20 pro-

[1] E.P. 319588, E. I. du Pont de Nemours & Co.
[2] F.P. 820749, Holl.P. 46851, I.G. Farbenindustrie A.G.
[3] DRP. 675146, E.P. 434783, F.P. 765363, I.G. Farbenindustrie A.G.
[4] F.P. 836967, I. G. Farbenindustrie A.G.
[5] F.P. 881997, I.G. Farbenindustrie A.G.

zentige Lösung nach der Kugelfangmethode[1] eine Viskosität unterhalb 30 Sekunden aufweisen[2].

Nach diesem Verfahren wird ein Gemisch von 1200 g Vinylacetat und 2800 g Vinylchlorid in einem Rührautoklaven in 2000 g einer 25 ccm Wasserstoffsuperoxyd (30prozentig) enthaltenden wäßrigen Lösung eines Polyvinylalkohols, der aus niedrigviskosem Polyvinylacetat hergestellt wurde[3], zu einer Emulsion verrührt. Bei 70° setzt die Polymerisation lebhaft ein und erfordert bis zum Abklingen keine weitere Wärmezufuhr. Die auspolymerisierte Emulsion hat einen Festgehalt von 66 Prozent.

Die Mischpolymerisation von Vinylchlorid-Vinylester-Gemischen wird auch in wäßriger Emulsion durch sauerstoffabgebende Stoffe beschleunigt. Als solche eignen sich z. B. *Wasserstoffsuperoxyd*, deren beschleunigende Wirkung nach H. HOPFF, E. KÜHN und H. SCHOLZ[4] durch Zusatz von *organischen Persäuren* erhöht werden kann.

75 Teile Vinylchlorid und 25 Teile Vinylacetat werden z. B. in einem Schüttelautoklaven bei Zimmertemperatur in 500 Teilen einer 1prozentigen Lösung eines Natriumsalzes von Oleylmethyltaurin emulgiert, worauf 50 Teile 3prozentiges Wasserstoffsuperoxyd und 10 Teile einer 10prozentigen Lösung von Acetopersäure zugegeben werden. Man erwärmt sodann unter ständigem Rühren auf 50° und hält so lange auf dieser Temperatur, bis die Polymerisation beendet ist.

Die Emulsionspolymerisation von Vinylchlorid und Vinylestern nehmen H. W. ARNOLD, M. M. BRUBAKER und G. L. DOROUGH[5] in Gegenwart von *Perdisulfaten* bzw. *Sauerstoff* und CH. F. FRYLING[6] in Anwesenheit der auf S. 45 angegebenen Polymerisationsanreger und Polymerisationskatalysatoren vor.

Die Mischpolymerisation von Vinylchlorid und Vinylacetat kann nach D. BRUNDRIT und J. A. D. HICKSON[7] nach dem auf S. 46 erwähnten Emulsionsverfahren in Gegenwart geringer Mengen löslicher *Kupfersalze* durchgeführt werden.

H. HOPFF und C. W. RAUTENSTRAUCH[8] nehmen wieder die Mischpolymerisation von Vinylchlorid und Vinylestern in Gegenwart von wasserlöslichen *Acetylenalkoholen* vor.

Diese Mischpolymerisation von Vinylchlorid und Vinylacetat kann in der auf S. 48 beschriebenen vollautomatischen Polymerisationsanlage durchgeführt werden[9].

Einheitliche Mischpolymerisate lassen sich aus Vinylchlorid und Vinylestern nach R. BAPPERT und G. WICK[10] erhalten, wenn man die Emulsionspolymerisation kontinuierlich durchführt.

---

[1] Kugelfangmethode: Die Lösung oder Dispersion (20°) wird in ein 20 cm langes Rohr mit 2 cm Durchmesser gefüllt und so über einen Spiegel gestellt, daß man den Rohrboden im Spiegel gut beobachten kann. Man bringt mit der Pinzette eine polierte Stahlkugel von 3 mm Durchmesser und 0,1098 g Gewicht in die Rohrmitte auf die Flüssigkeit, worauf die Zeit gestoppt wird, in der die Kugel die Flüssigkeit durchfällt, also im Spiegel sichtbar wird.

[2] Schwz.P. 220494, Dr. A. Wacker Ges. f. elektrochem. Ind. m.b.H.

[3] Gehalt an freien Hydroxylgruppen 85 Prozent.

[4] DRP. 662121, I.G. Farbenindustrie A.G.

[5] A.P. 2404781, E. I. du Pont de Nemours & Co.

[6] A.P. 2356925, B. F. Goodrich Co.

[7] F.P. 930340, Imperial Chemical Industries Ltd.

[8] DRP. 704432, I.G. Farbenindustrie A.G.

[9] F.P. 920687, Soc. Belge de l'Azote et des Produits Chimiques du Marly Soc. An.

[10] DRP. 679897, I.G. Farbenindustrie A.G.

In gleicher Weise wie Vinylacetat können auch andere Vinylester mit Vinylchlorid mischpolymerisiert werden.

Von dem Vinylester geben die von gesättigten oder ungesättigten Carbonsäuren mit mindestens 5 Kohlenstoffatomen im Fettsäurerest[1] sowie Vinylester hochmolekularer organischer Säuren mit einer über 6 Kohlenstoffatome hinausgehenden Kohlenstoffkette[2], wie z. B. Vinyllaurat oder Vinylstearat, technisch wertvolle Mischpolymerisate mit Vinylchlorid.

Diese Polymerisation von Gemischen aus Vinylchlorid und Vinylestern höherer Fettsäuren wird nach W. REPPE, W. STARCK und A. VOSS[3] durch Sonnenlicht bei Raum- oder höherer Temperatur beschleunigt. Diese Mischpolymerisation kann in einem aliphatischen Kohlenwasserstoffgemisch, wie Benzin, z. B. in folgender Weise durchgeführt werden:

In einer Aluminiumbombe werden 270 Gewichtsteile Vinylchlorid, 30 Gewichtsteile Vinylester der Ölsäure, 150 Gewichtsteile Benzin und 1,5 Gewichtsteile Benzoylperoxyd eingeschlossen. Die Bombe wird unter Rühren 6 Stunden auf 60°, dann weitere 8 Stunden auf 80° erhitzt. Das erhaltene weiße Pulver wird abfiltriert und im Vakuum getrocknet. Es ist zur Herstellung von temperatur- und wasserbeständigen elastischen Preßmassen geeignet.

Diese Mischpolymerisation von Vinylchlorid mit Vinylestern, wie Vinylacetat, Vinylchloracetat, Vinylbutyrat, Vinylpropionat, Vinyloleat, Vinylstearat, kann nach dem Emulsionsverfahren und nach R. BAPPERT und G. WICK[4] kontinuierlich in der Weise durchgeführt werden, daß man die Emulsion der Monomeren, zweckmäßig bei Temperaturen zwischen 35 und 80° und bei einem p_H von 1,5 bis etwa 5 in Gegenwart von Katalysatoren, wie *Ozon, Wasserstoffsuperoxyd, Lithiumperborat, Benzoe-* oder *Essigsäure* usw., unter Umrühren oder Umpumpen in dem Maße dem Reaktionsraum zuführt, wie die Polymerisation fortschreitet[5]. Den Mischungen können Weichmachungsmittel und sonstige Füllstoffe während der Polymerisation zugesetzt werden.

Nach W. REPPE, W. STARCK und A. VOSS[6] können neben Vinylestern von aliphatischen Monocarbonsäuren auch Vinylester höhermolekularer oder heterocyclischer Mono- und Dicarbonsäuren, wie Adipin-, Sebacin-, Zimt-, Phthal-, Salicyl-, Pyridin-, Chinolincarbonsäure usw., gemeinsam mit Vinylchlorid auch kontinuierlich polymerisiert werden. Diese Polymerisation kann durch Lichteinwirkung oder Katalysatoren beschleunigt werden. Eine solche Wirkung üben auch oberflächenaktive Stoffe, wie aktive *Bleicherde* oder *Aktivkohle*, aus.

L. ORTHNER und R. REUBER[7] haben ferner festgestellt, daß auch Vinylester alkoxylierter Fettsäuren gemeinsam mit Vinylchlorid im

---

[1] E.P. 395478, I.G. Farbenindustrie A.G.
[2] DRP. 747738, ohne Firmenangabe.
[3] DRP. 593399, E.P. 487593, I.G. Farbenindustrie A.G.
[4] DRP. 679897, I.G. Farbenindustrie A.G.
[5] F.P. 746969, I.G. Farbenindustrie A.G.
[6] A.P. 2118863, 2118864, 2118946, I.G. Farbenindustrie A.G.
[7] DRP. 695755, I.G. Farbenindustrie A.G.

Block, in Lösung oder besonders vorteilhaft in Emulsion mischpolymerisiert werden können.

Als Emulgiermittel kommen hierbei Salze von Sulfonsäuren und von Sulfonsäureestern höherer Fettalkohole, Salze sulfitierter Fettsäuren, Polyvinylalkohol usw., in Betracht.

57 Gewichtsteile Vinylisopropoxypropionat und 300 Gewichtsteile Vinylchlorid werden mit 800 Gewichtsteilen Wasser, das 4 Gewichtsteile Kaliumpersulfat und 5 Teile Natriumoleat gelöst enthält, bei 60° so lange geschüttelt, bis die Polymerisation beendet ist. Die entstandene Dispersion wird mit Säure koaguliert.

Bei der Emulsionspolymerisation erweist es sich als zweckmäßig, zunächst den Alkoxyfettsäurevinylester für sich allein kurze Zeit anzupolymerisieren, wobei bereits eine dünne Emulsion entsteht, und erst hierauf, gegebenenfalls nach Abkühlung auf Zimmertemperatur, Vinylchlorid zuzusetzen, um die Polymerisation unter den jeweils erforderlichen Bedingungen fortzuführen.

Von diesen Vinylestern polymerisiert D. D. COFFMAN[1] die Vinyloxyessigsäureester der Formel

$$CH_2{=}CH \cdot O \cdot CH_2 \cdot COOR,$$

worin R einen Alkylrest, vorzugsweise bis zu 7 Kohlenstoffatomen, wie Äthyl, Propyl, Butyl, Cyclohexyl, Benzyl, Tetrahydrofurfuryl, Äthoxyäthyl, Allyl, Methallyl bedeutet.

Die Polymerisation kann in Substanz, in Lösung, in Emulsion oder in körniger Dispersion erfolgen. Bei der Emulsionspolymerisation verwendet man bekannte Emulgiermittel, wie Natriumcetylsulfat, Stearyltrimethylammoniumbromid und Peroxyde oder Persalze, wie Persulfate, Benzoylperoxyd als Katalysatoren und arbeitet bei 40 bis 65°.

Bei der Perlpolymerisation wird das aus 90 Prozent Vinylchlorid und 10 Prozent Vinyloxyessigsäureestern bestehende Monomerengemisch in einem wäßrigen System gerührt und erwärmt, das einen Puffer, wie sek. Natriumphosphat, Citrate, Acetate, einen Katalysator, wie Benzoylperoxyd, Lauroylperoxyd, Wasserstoffsuperoxyd, und ein kornbildendes Mittel, wie teilweise verseiftes Polyvinylacetat, Natriumpolymethacrylat, Methylstärke, Pektin, enthält.

Mit Vinylchlorid lassen sich ferner α-Alkoxybuttersäurevinylester mischpolymerisieren[2].

Die Eigenschaften von aus Vinylchlorid und Vinylestern aufgebauten Mischpolymerisaten kann man in verschiedener Hinsicht abändern, wenn man die Mischpolymerisation der monomeren Komponenten in Gegenwart von anderen, gegebenenfalls auch mitpolymerisierbaren Verbindungen durchführt.

Die Firma Carbide and Carbon Chemicals Corp.[3] nimmt z. B. die Mischpolymerisation von Vinylchlorid und Vinylacetat in Gegenwart von geringen Mengen, bis zu 10 Prozent, von Verbindungen mit wenig-

---

[1] A.P. 2399626, E. I. du Pont de Nemours & Co.
[2] F.P. 949581, Distillers Co. Ltd., C. A. BRIGTON, M. D. COOKE, J. J. P. STAUDINGER, D. FAULKNER und D. CLEVERDON.
[3] F.P. 801462, Carbide and Carbon Chemicals Corp.

stens zwei olefinischen Doppelbindungen, die nicht konjugiert oder gekreuzt sind, vor. Zusätze dieser Art sind z. B. Allylcrotonat, Äthylenglykoldicrotonat, Divinyläther, Divinylacetat, Crotonylcrotonat, Crotonylacrylat usw. Die hierbei erhaltenen Mischpolymerisate zeichnen sich durch einen höheren Erweichungspunkt aus.

Die gleiche Firma[1] stellt ferner modifizierte Mischpolymerisate aus Vinylchlorid und Vinylestern in der Weise her, daß sie 60 bis 90 Gewichtsprozent Vinylchlorid und die entsprechenden Gewichtsprozente eines Vinylesters, wie Vinylformiat, Vinylacetat, Vinylpropionat, Vinylbutyrat, mit 0,1 bis 10 Prozent einer Verbindung, wie Maleinsäure, dessen Anhydrid, Maleinsäure- oder Fumarsäuremonoester, α-Alkyl-, α-Alkenyl-, α-Acryl- oder α-Aralkylderivate dieser Säuren, mischpolymerisiert.

Mischpolymerisate mit abgewandelten Eigenschaften werden ferner nach W. REPPE, W. STARCK und A. VOSS[2] erhalten, wenn man Vinylchlorid und Vinylester einer Säure mit 5 oder 6 Kohlenstoffatomen im Molekül gemeinsam mit Acrylsäureäthylester oder Olefincarbonsäureestern, wie z. B. Maleinsäureisobutylester, z. B. in wäßriger Lösung unter Zusatz von Lösungsmitteln und gegebenenfalls in Gegenwart von Katalysatoren, wie Aktivkohle, mischpolymerisiert.

Die Mischpolymerisation von Vinylchlorid und Vinylacetat kann auch in Gegenwart anderer Stoffe vorgenommen werden. H. I. BARRETT[3] nimmt diese Mischpolymerisation in Gegenwart geringer Mengen einer terpenartigen Verbindung, wie Kolophonium, oder Terpenderivaten, wie Dipenten oder Campher, vor.

3. Vinylester ungesättigter Säuren.

Wertvolle Mischpolymerisate können hergestellt werden, wenn man Vinylchlorid gemeinsam mit β,β'-Dimethylacrylsäurevinylester oder Crotonsäurevinylester im Block, in Lösung oder in Emulsion polymerisiert[4].

4. α,β-ungesättigte Ester von Carbon- und Orthocarbonsäuren.

Durch Mischpolymerisation von Vinylchlorid mit α,β-ungesättigten Estern von Carbon- und Orthocarbonsäuren, z. B. von Orthosäuren der Ameisen-, Essig-, Propion-, Butter-, Isobutter-, Valerian-, Chloressig-, Oxal-, Malon-, Bernstein-, Adipin-, Croton-, Acryl-, Methacryl-, Benzoe-, Phthal-, Terephthal-, Chlorbenzoe-, Nitrobenzoe-, Toluyl-, Naphthen-, Phenylessig-, Tolylessig-, Phenylpropion-, Naphthylessigsäure mit Allyl-, Methallyl-, Furfuryl-, Crotonyl-, Tiglyl-, Propargyl-, Zimtalkohol, Butadien-1,2-ol-4, Chlor-3-buten-2-ol-1, Hexadien-2,4-ol-1, Dimethyl-3,7-octadien-2,7-ol-1, erhält man nach M. O. DEBACHER[5] unlösliche Mischpolymerisate.

---

[1] F.P. 885 251, Carbide and Carbon Chemicals Corp.
[2] A.P. 2 118 863, 2 118 864, 2 118 946, I.G. Farbenindustrie A.G.
[3] A.P. 1 942 531, E. I. du Pont de Nemours & Co.
[4] E.P. 496 276, I.G. Farbenindustrie A.G.
[5] A.P. 2 409 548, Monsanto Chemical Co.

5. Ungesättigte Säuren oder ihre Derivate.

Nach einem Verfahren der Firma I.G. Farbenindustrie A.G[1]. wird Vinylchlorid zusammen mit schwer polymerisierbaren, eine olefinische Doppelbindung enthaltenden Monocarbonsäuren, wie Crotonsäure, Isocrotonsäure, oder ihren Estern und Nitrilen in Gegenwart von Sauerstoff abgebenden Katalysatoren, gegebenenfalls in Emulsion polymerisiert, wobei das Molverhältnis des Vinylchlorids zu der Säure oder deren Derivaten wenigstens 2 zu 1 betragen soll.

6. Acrylsäure oder deren Derivate.

Zu Mischpolymerisaten aus Vinylchlorid und Acrylsäure kann man auf zwei verschiedenen Wegen gelangen.

Die weniger bekannte Herstellungsweise besteht darin, daß man ein aus Vinylchlorid und einem Acrylsäureester bestehendes Mischpolymerisat einer verseifenden Behandlung unterwirft, wobei vornehmlich die Verseifung des Esters erfolgt, so daß ein aus Vinylchlorid und Acrylsäure bestehendes Mischpolymerisat übrigbleibt.

Der bekanntere Weg zur Darstellung dieser Mischpolymerisate besteht jedoch darin, daß man die monomere Acrylsäure mit dem Vinylchlorid mischpolymerisiert.

Polymerisate von großer Festigkeit, Isolierfähigkeit und Unverbrennlichkeit erhält man, wenn man Gemische von Vinylchlorid und Acrylsäure bei langsam ansteigender Temperatur bei Gegenwart oder in Abwesenheit katalytisch wirkender Massen mit oder ohne Einwirkung chemisch wirksamer Strahlen der Druckpolymerisation unterwirft[2].

Wertvolle Mischpolymerisate aus diesen Monomeren werden nach A. Voss und E. Dickhäuser[3] erhalten, wenn man gleiche Teile oder zwei bis drei Teile des einen Monomeren mit einem Teil des anderen Monomeren der gemeinsamen Polymerisation unterwirft.

Beispielsweise werden 100 Teile Vinylchlorid, 115 Teile Acrylsäure, 1 Teil Benzoylperoxyd und 500 Teile Methylenchlorid im Autoklaven 10 Stunden unter Rühren auf 60 bis 70° erhitzt. Man erhält das Mischpolymerisat in Form eines feinverteilten Pulvers.

Die Mischpolymerisation von Vinylchlorid und Acrylsäuse kann in Gegenwart von *Sauerstoff* oder *Peroxyden,* und gegebenenfalls Weichmachungsmitteln, Farb- und Füllstoffen, bei zunächst niedriger Temperatur und im Verlauf der Reaktion allmählich bis zu 85° ansteigender Temperatur vorgenommen werden[4].

An Stelle der Acrylsäure kann man auch deren Derivate, besonders die Ester oder das Nitril, gemeinsam mit Vinylchlorid mischpolymerisieren.

Bei dieser Mischpolymerisation von Gemischen aus Vinylchlorid und Acrylsäurederivaten erhält man Produkte mit besonderer Stabilität und chemischer Widerstandsfähigkeit, wenn man das Vinylchlorid der

[1] E.P. 499025, Zusatz zu E.P. 495337, I.G. Farbenindustrie A.G.
[2] F.P. 676424, I.G. Farbenindustrie A.G.
[3] A.P. 2041502, I.G. Farbenindustrie A.G.
[4] E.P. 381693, I.G. Farbenindustrie A.G.

auf S. 20 erwähnten Behandlung unterwirft und anschließend sofort mischpolymerisiert[1].

Die durch gemeinsame Polymerisation von Vinylchlorid und Acrylsäureestern erhaltenen Mischpolymerisate zeichnen sich gegenüber den Polymerisaten der Einzelkomponenten dadurch aus, daß sie nicht nur die günstigen Eigenschaften der Komponenten in gesteigertem Maße, sondern zum Teil auch gänzlich neue Eigenschaften besitzen[2]. Während z. B. die Polymerisationsprodukte von Vinylchlorid oder von Acrylsäuren allein keine dem Celluloid ähnliche Eigenschaften besitzen, lassen sich nach H. FIKENTSCHER und W. WOLFF[3] durch Mischpolymerisation beider Komponenten Produkte erhalten, die als Celluloidersatz verwendet werden können.

Gegenüber dem Polyvinylchlorid zeigen die Vinylchlorid-Acrylsäureester-Mischpolymerisate verbesserte Löslichkeitseigenschaften.

Die Eigenschaften dieser Mischpolymerisate werden dabei weitgehend von der mengenmäßigen Zusammensetzung der Monomeren bestimmt. So bedingt eine Steigerung des Anteiles an Vinylchlorid eine Erhöhung des Erweichungspunktes sowie der Bruchfestigkeit und der Härte, während die Schlagbiegefestigkeit und Elastizität vermindert werden.

Eine weitere Beeinflussung der Eigenschaften bedingt die bei Acrylsäureestern an Acrylsäure gebundene Alkoholkomponente.

Von Acrylsäureestern wird besonders der Acrylsäuremethylester vielfach mit Vinylchlorid mischpolymerisiert.

Mischpolymerisate dieser Art, die überwiegende Mengen Vinylchlorid enthalten, sind z. B. unter der Handelsbezeichnung *Igelit MP* in Deutschland bekannt. Die *Marke K* besteht z. B. aus 86 Prozent Vinylchlorid und 14 Prozent Acrylsäuremethylester, während die *Marke D (Astralon)* 80 Prozent Vinylchlorid und 20 Prozent Acrylsäuremethylester enthält.

Neben dem Methylester können auch der Äthylester sowie die Ester von höhermolekularen Alkoholen mit Vinylchlorid mischpolymerisiert werden.

Die durch gemeinsame Polymerisation von Vinylchlorid mit einem oder mehreren Estern der Acrylsäure mit aliphatischen gesättigten oder ungesättigten Alkoholen mit mehr als drei Kohlenstoffatomen im Molekül erhaltenen Mischpolymerisate lassen sich besonders gut auf heißen Walzen zu Folien unter 0,1 mm Stärke verarbeiten[4]. Von diesen Mischpolymerisaten sind besonders solche geeignet, die Vinylchlorid und Acrylsäurebutylester z. B. im Verhältnis von 80 zu 20 oder Vinylchlorid und Acrylsäureoctylester im Verhältnis von 85 zu 15 enthalten.

Als besonders wertvoll haben sich ferner die Mischpolymerisate aus Vinylchlorid erwiesen, die Acrylsäureester von Alkoholen der Alkylenreihe enthalten und z. B. aus 82 Teilen Vinylchlorid und 18 Teilen des

---

[1] F.P. 837233, Dr. A. Wacker Ges. f. elektrochem. Ind. m.b.H.
[2] KRCZIL, F.: Kurzes Handbuch der Polymerisationstechnik, Bd. II, S. 202. Leipzig 1941.
[3] DRP. 669793, I.G. Farbenindustrie A.G.
[4] DRP. 669747, F.P. 46937, Zusatz zu F.P. 795872, Deutsche Celluloid-Fabrik.

Esters der Acrylsäure mit dem Oleinalkohol oder aus 70 Teilen Vinyl-chlorid und 30 Teilen des Esters der Acrylsäure mit dem Octenol oder seinen Isomeren bestehen.

Mischpolymerisate dieser Art zeichnen sich durch eine hohe Duktili-tät aus, so daß sie ohne Mühe auf vorgeheizte Platten zu dünnsten Folien verarbeitet werden können.

Von den Acrylsäureestern geben auch die Ester mit einer über 6 Kohlenstoffatome hinausgehenden Kohlenstoffkette des Alkohols, wie Acrylsäureoctylester, Acrylsäuredodecylester, mit Vinylchlorid technisch brauchbare Mischpolymerisate[1].

Eine vielseitige Verwendung z. B. als Isoliermaterial für elektrische Leiter, für Isolierlacke, Imprägnier- und Klebstoffe oder Preßmassen finden solche Kunststoffe, die durch Mischpolymerisation von Vinyl-chlorid mit wenigstens einem Acrylsäureester eines gegebenenfalls halogenierten Arylalkohols der Formel

$$CH_2=CH-COO-(CR_2)_n-Z$$

erhalten werden[2].

In dieser Formel bedeuten n mindestens 1, R Wasserstoff oder einen ein-wertigen Rest, z. B. Methyl bis Amyl, Phenyl, Alkylphenyl, Tolyl, Phenetyl, Naphthyl, einen heterocyclischen, hydrocyclischen Rest oder deren Nitro-, Halo-gen-, Essigsäure-Carbalkoxy- oder Acetoxyderivat und Z einen Mono- oder Poly-arylrest, wie Phenyl-, Halogen-, Nitro-, Alkyl-, Oxy-, Phenoxy-, Acetoxy-, Carb-alkoxyphenyl, Diphenyl, Naphthyl usw.

Von den möglichen Estern geben besonders die Benzyl-, o- oder p-Chlorbenzylacrylate mit Vinylchlorid wertvolle Mischpolymerisate.

Harte und glasartige bis kautschukartige Massen werden ferner bei der Mischpolymerisation von Vinylchlorid mit Ketoestern der Acryl-säurereihe erhalten[3].

Die Mischpolymerisation von Vinylchlorid mit den genannten Acryl-säureestern kann durch Erhitzen, Belichten oder Polymerisationsmittel, besonders sauerstoffabgebende Verbindungen, durchgeführt werden.

Die Mischpolymerisation kann dabei im Block, in Gegenwart von Verdünnungsmitteln, in Lösung oder in Emulsion erfolgen.

Beim Arbeiten in Gegenwart eines Verdünnungsmittels kann das Gemisch der Monomeren, das neben Vinylchlorid noch Acrylsäureester oder Acrylsäurenitril enthält, durch ein Gasfilter nach dem auf S. 41 beschriebenen Verfahren gepreßt und polymerisiert werden[4].

Nach dem bereits beschriebenen Verfahren (S. 52) kann ferner das Gemisch von Vinylchlorid und Acrylsäureestern oder Acrylsäurenitril, gegebenenfalls gelöst in organischen Lösungsmitteln, in einer wäßrigen Lösung einer *Persäure* oder eines *Persalzes* polymerisiert werden, wobei eine Wasser-in-Öl-Emulsion erhalten wird, die als solche verwendet werden kann[5].

---

[1] DRP. 747738, ohne Patentinhaberangabe.

[2] F.P. 877124, Comp. Française pour l'Exploitation des Procédés Thomson-Houston; — Ital.P. 393114, Comp. Gen. di Elettricitá.

[3] F.P. 915795, Wingfoot Corp. und A. M. Clifford.

[4] Holl.P. 46851, I.G. Farbenindustrie A.G.

[5] F.P. 836967, I.G. Farbenindustrie A.G.

Nach einem besonderen Verfahren kann man die Mischpolymerisation von Acrylsäurenitril mit kleinen Mengen Vinylchlorid in einer 0,1 bis 4 Prozent *Alkali-* oder *Ammoniumpersulfat* und 0,05 bis 2 Prozent *Natriumbisulfit* enthaltenden wäßrigen Lösung bei Temperaturen von 30 bis 50° vornehmen. Vor der Mischpolymerisation wird die Luft durch ein inertes Gas entfernt und dieses während der Mischpolymerisation durch den Polymerisationsraum geführt[1].

Der p_H-Wert der wäßrigen Lösung wird nach R. A. JACOBSON[2] bei der Mischpolymerisation von Acrylsäurenitril mit bis zu 50 Prozent Vinylchlorid auf zweckmäßig 2 bis 5 eingestellt.

Bei einem p_H-Wert von 2 wird bei einer Temperatur von 50° oder höher, etwa 72°, zweckmäßig in einer indifferenten Gasatmosphäre gearbeitet.

Zweckmäßigerweise verwendet man jedoch Emulgiermittel, welche zu beständigeren Emulsionen führen; als solche verwenden D. D. COFFMAN und P. C. McGREW[3] *Polyvinylalkohol*, die Firma I.G. Farbenindustrie A.G.[4] die auf S. 64 beschriebenen Salze von Alkylarylsulfonsäuren.

Die emulgierten Gemische von Vinylchlorid und Acrylsäureestern können durch Belichten mit Sonnen- oder künstlichem Licht, Ozon, Wasserstoffsuperoxyd od. dgl. mischpolymerisiert werden[5].

In Gegenwart von Wasserstoffsuperoxyd wird z. B. die *Igelit MP Marke D* durch Mischpolymerisation von Vinylchlorid und Acrylsäuremethylester hergestellt[6]. Die monomeren Komponenten werden in dem angegebenen prozentualen Verhältnis mit der halben Menge Wasser und 5 Prozent *Polyvinyläther*, auf Monomerengemisch berechnet, im Autoklaven unter starkem Rühren emulgiert, wobei 0,5 Prozent 3prozentiges Wasserstoffsuperoxyd als Katalysator dient. Die Polymerisationsdauer beträgt etwa 75 Minuten.

Die durch Wasserstoffsuperoxyd erzielte katalytische Beschleunigung bei der Mischpolymerisation von Vinylchlorid und Acrylsäureestern oder Acrylsäurenitril kann nach H. HOPFF, E. KÜHN und H. SCHOLZ[7] durch gleichzeitige Mitverwendung einer *organischen Persäure* noch erheblich erhöht werden.

80 Teile Vinylchlorid und 20 Teile Acrylsäuremethylester werden z. B. in einem Druckgefäß bei Zimmertemperatur in 400 Teilen einer 2prozentigen wäßrigen Lösung von α-oxyoctodecansaurem Natrium, die 10 Teile einer 10prozentigen Lösung von Acetopersäure und 30 Teile 3prozentiges Wasserstoffsuperoxyd enthält, unter Rühren emulgiert, worauf der Inhalt auf 50 bis 60° erwärmt wird. Der Beginn der Polymerisation ist schon nach kurzer Zeit feststellbar; die Polymerisationsdauer wird durch die Anwesenheit der Acetopersäure etwa auf die Hälfte der mit Wasserstoffsuperoxyd erforderlichen Polymerisationszeit herabgedrückt.

---

[1] F.P. 923008, E. I. du Pont de Nemours & Co.
[2] A.P. 2436926, E. I. du Pont de Nemours & Co.
[3] A.P. 2404791, E. I. du Pont de Nemours & Co.
[4] DRP. 654989, F.P. 710901, E.P. 358531, I.G. Farbenindustrie A.G.
[5] F.P. 881997, I.G. Farbenindustrie A.G.
[6] DALESCH-PAETSCH, H.: Kautschuk u. Gummi 2, 307 (1949).
[7] DRP. 662121, I.G. Farbenindustrie A.G.

Zur Beschleunigung der Mischpolymerisation können nach H. W. Arnold, M. M. Brubaker und G. L. Dorough[1] *Perdisulfate* bzw. *Sauerstoff*, ferner nach Angaben der Firma I.G. Farbenindustrie A.G.[2] die auf S. 95 genannten Katalysatoren benützt und nach den dort angegebenen Bedingungen diese Mischpolymerisation durchgeführt werden.

Die Mischpolymerisation von Vinylchlorid und Acrylsäureestern, z. B. von α-Chloracrylsäureestern, kann nach D. Brundrit und J. A. D. Hickson[3] in Gegenwart geringer Mengen von *Kupfersalzen* und nach E. C. Britton und W. J. Le Febre[4] in Anwesenheit geringer Mengen Eisen-III-salze vorgenommen werden.

Die Emulsions-Mischpolymerisation von Acrylsäurenitril mit geringen Mengen Vinylchlorid erfolgt nach R. G. R. Bacon und I. B. Morgan[5] in Gegenwart von Wasser und unter Verwendung von *Perschwefelsäure* oder *Natrium-, Kalium-* oder *Ammoniumpersulfat* als Katalysator in wesentlich kürzerer Zeit, wenn man noch ein Silbersalz zusetzt. Der Katalysator soll in Mengen von 0,1 bis 4 Prozent, das Silbersalz in Mengen von 0,05 bis 0,3 Prozent, gerechnet auf die wäßrige Flüssigkeit, zur Anwendung kommen.

Die Mischpolymerisation von Vinylchlorid und Acrylsäureestern kann auch kontinuierlich, z. B. in nachstehender Weise durchgeführt werden[6].

Man bereitet zunächst eine wäßrige Emulsion eines Gemisches von flüssigem Vinylchlorid und Acrylsäuremethylester unter Verwendung von α-oxyoctodecan-sulfosaurem Natrium, das leichter als Wasser ist, und trägt die Emulsion in eine Kolonne von oben ein.

In dieser Kolonne wird die Polymerisation in Gegenwart von Kaliumpersulfat bei etwa 50° bewirkt, wobei der obere Teil der Flüssigkeitssäule gerührt wird. Am unteren Ende wird das Mischpolymerisat abgezogen.

Infolge der verschieden großen Polymerisationsgeschwindigkeit von Vinylchlorid einerseits und Acrylsäureestern andererseits erhält man bei der gleichzeitigen Polymerisation dieser Stoffe in wäßriger Emulsion uneinheitliche Gemische von Polymerisaten beider Komponenten, die zum Teil auch Mischpolymerisate enthalten.

Zu einheitlicheren Mischpolymerisaten kann man jedoch nach H. Fikentscher und J. Hengstenberg[7] gelangen, wenn man den leichter polymerisierbaren Acrylsäureester in kleinen Anteilen während der Polymerisation dem schwerer polymerisierbaren Vinylchlorid zusetzt. Das Verfahren wird z. B. in der Weise ausgeführt, daß man das Vinylchlorid zunächst nur mit einem Fünftel der anzuwendenden Gesamtmenge des Acrylsäureesters zur Polymerisation ansetzt. Sobald der Ester vollständig oder zum größten Teil polymerisiert ist, wird das zweite Fünftel zugegeben usw.

---

[1] A.P. 2404781, E. I. du Pont de Nemours & Co.
[2] F.P. 746969, I.G. Farbenindustrie A.G.
[3] F.P. 930340, Imperial Chemical Industries Ltd.
[4] A.P. 2407946, Dow Chemical Co.
[5] F.P. 922735, Imperial Chemical Industries Ltd.
[6] F.P. 844023, Ital.P. 366669, I.G. Farbenindustrie A.G.
[7] DRP. 629220, F.P. 798056, I.G. Farbenindustrie A.G.

Man löst z. B. in einem geschlossenen emaillierten Druckrohrkessel 0,7 Teile α-oxyoctodecansulfosaures Natrium, 0,4 Teile 30prozentiges Wasserstoffsuperoxyd und 0,006 Teile konzentrierte Ameisensäure in 60 Teilen Wasser und gibt 17,7 Teile Vinylchlorid und 0,35 Teile Acrylsäuremethylester zu. Man entnimmt von Zeit zu Zeit Proben der sich bildenden wäßrigen Dispersion, deren spez. Gewicht bei 20° mittels eines Aräometers bestimmt wird. Sobald die Dispersion die spez. Gewichte 1,015, 1,026, 1,037, 1,048 und 1,059 besitzt, werden jeweils 0,24 Teile Acrylsäuremethylester nachgegeben. Nach etwa 20 Stunden bei 44 bis 47° Innentemperatur und 6 bis 7 Atm. Anfangsdruck ist die Mischpolymerisation beendet, wobei der Druck auf Atmosphärendruck fällt. Man koaguliert mit einer verdünnten Aluminiumsulfatlösung, erwärmt das breiige Koagulat in etwa 0,5prozentiger Natronlauge auf 70 bis 80°; dann wird das Koagulat zentrifugiert, gewaschen und getrocknet. Man erhält ein weißes, thermoplastisches Pulver mit einem Chlorgehalt von 49,5 Prozent. Die bei den spez. Gewichten 1,026, 1,037, 1,048 und 1,059 entnommenen Proben besitzen einen Chlorgehalt von 49,0, 49,0, 49,6 und 49,2 Prozent, ein Zeichen für die homogene Zusammensetzung des erhaltenen Mischpolymerisats.

Auf Grund der vorbeschriebenen Verfahren hat sich folgende Arbeitsweise als zweckmäßig erwiesen[1].

In langen Autoklaven geringen Durchmessers wird oben das Monomeren-Gemisch eingespeist und das Mischpolymerisat dann unten abgezogen, wobei die Dichteunterschiede zur Trennung ausgenutzt werden.

Turbulente Strömungen in der Emulsion und des Materialstromes müssen vermieden werden. Der p_H-Wert der Emulsion wird während der bei einer Temperatur von 40 bis 42° in Gegenwart von Persäuren erfolgenden Mischpolymerisation zwischen 1,5 bis 5,0 gehalten.

Zu Beginn der Polymerisation wird nur ein Teil des Acrylsäureesters dem Vinylchlorid beigemischt, der sich schneller in die Kette einpolymerisierende Acrylsäureester nachgespeist.

Aus der Emulsion wird das Mischpolymerisat durch Verdüsen oder Elektrolyt-Koagulation und Walzentrocknung gewonnen.

Die Eigenschaften von Mischpolymerisaten aus Vinylchlorid und Acrylsäurederivaten können durch geringe Zusätze anderer monomerer Verbindungen während der Mischpolymerisation beeinflußt werden.

Gegen Licht und Hitze beständigere Mischpolymerisate können nach H. FIKENTSCHER und W. FRANCKE[2] erhalten werden, wenn man dem Gemisch aus Vinylchlorid und Acrylsäureester geringe Mengen, z. B. Bruchteile eines Prozents bis einige Prozente Acrylsäure, zusetzt und nach erfolgte Mischpolymerisation das Reaktionsprodukt einer Nachbehandlung mit alkalischen Lösungen unterwirft.

In einem Druckgefäß werden z. B. 33 Teile Vinylchlorid, 6,5 Teile Acrylsäureisooctylester und 0,5 Teile Acrylsäure in 125 Teilen Wasser mit Hilfe von 1,5 Teilen eines Emulgiermittels emulgiert. Nach Zusatz von 0,1 Prozent eines Peroxyds als Katalysator wird bei einem p_H-Wert von 3,5 unter stetiger guter Durchmischung im Verlaufe von etwa 20 Stunden polymerisiert. Die Emulsion wird durch Zusatz eines Elektrolyten gefällt. Es wird dann mit so viel Alkali versetzt, daß der Alkaligehalt etwa 0,5 Prozent beträgt. Nach dem Aufheizen auf 80° wird der Niederschlag abgeschleudert und mit dest. Wasser so lange gewaschen, bis er, mit Wasser angeteigt, einen p_H-Wert von 7,7 bis 8,0 zeigt. Das getrocknete Gut enthält 43,0 Prozent Chlor, entsprechend 77,1 Prozent Vinylchlorid. Bei der Verarbeitung des Mischpolymerisats bei höherer Temperatur tritt im Vergleich zu einem entsprechenden, ohne Zusatz von Acrylsäure hergestellten Produkt eine erheblich geringere Verfärbung ein.

---

[1] Ind. Engng. Chem., Ind. Edit. **32**, 315 (1940).
[2] DRP. 663 220, I.G. Farbenindustrie A.G.

Durch gleichzeitiges Einpolymerisieren geringer Mengen eines Stoffes mit zwei polymerisierbaren Gruppen, wie Allylacrylat, Allylmethacrylat, Methallylmethacrylat, 2-Chlorallylacrylat, Glykoldimethylacrylat, Allylitaconat, Vinyloxalat, kann die Lösungsmittelfestigkeit von aus Vinylchlorid und den auf S. 100 beschriebenen Acrylsäureestern weitgehend verbessert werden.

Ferner können auch andere Stoffe in monomerer, teilweise polymerisierter oder polymerisierter Form dem Gemisch der Monomeren oder den teilweise polymerisierten Komponenten zugesetzt werden.

Eine weitere Abwandlung der Eigenschaften von Mischpolymerisaten aus Vinylchlorid und Acrylsäureestern kann man dadurch erzielen, daß man die entsprechenden Monomeren gleichzeitig mit Äthylen-1, 2-dicarbonsäuren oder deren Amiden oder Nitrilen, zweckmäßig in wäßriger Emulsion, mischpolymerisiert[1].

Diese Dreistoffpolymerisation in wäßriger Emulsion kann man gegebenenfalls unter Zusatz von wasserlöslichen organischen Lösungsmitteln vornehmen[2].

Mit Vinylchlorid können nach den vorbeschriebenen Verfahren auch modifizierte Acrylsäurederivate mischpolymerisiert werden. Von letzteren haben J. B. DICKES und TH. E. STANNIN[3] Fluoracetoxyacrylnitril der Formel

$$CH_2 = C(CN) \cdot OOC \cdot CXF_2$$

vorgeschlagen.

In dieser Formel bedeuten X Wasserstoff, Fluor oder Chlor.

Mischpolymerisate aus diesen Nitrilen, z. B. Trifluoracetoxyacrylnitril und Vinylchlorid können auf Fäden, Filme, Röhren od. dgl. verarbeitet werden.

7. Methacrylsäureester.

Ähnlich wie Acrylsäureester lassen sich auch Methacrylsäureester mit Vinylchlorid mischpolymerisieren, und zwar nach dem Wärme-, Lösungs- oder Emulsionsverfahren, gegebenenfalls unter Zusatz von Katalysatoren, Weichmachern, Füll- oder Farbstoffen[4].

Die Eigenschaften dieser Mischpolymerisate können durch Abänderung des Mischungsverhältnisses der monomeren Komponenten und ferner auch durch die Verwendung bestimmter Methacrylsäureester beeinflußt werden. Von letzteren gibt besonders der Methacrylsäuremethylester bei der Mischpolymerisation mit Vinylchlorid wertvolle Kunststoffe.

Die Mischpolymerisation von Vinylchlorid und Methacrylsäuremethylester kann z. B. durch Erhitzen der Komponenten auf 40 bis 60° in Gegenwart von *Benzoylperoxyd* erfolgen[5].

Arbeitet man in wäßriger Emulsion, so kann man als Emulgiermittel

---

[1] Ital.P. 347946, I.G. Farbenindustrie A.G.
[2] E.P. 466898, I.G. Farbenindustrie A.G.
[3] A.P. 2464120, Eastman Kodak Co.
[4] F.P. 746713, Imperial Chemical Industries Ltd.
[5] LOSEW, I. P., u. S. M ZBIVUKCHIN: Trudy Konferentsii Vysokomolekular, Chem. Abstracts **40**, 3719 (1946).

die auf S. 64 erwähnten Salze von Alkylarylsulfonsäuren[1] verwenden
und nach D. BRUNDRIT und J. A. D. HICKSON[2] in Gegenwart von Peroxyden und geringen Mengen von Kupfersalzen die Mischpolymerisation durchführen.

Zur Beschleunigung der Mischpolymerisation eigenen sich nach
E. C. BRITTON und W. J. LE FEBRE[3] die auf S. 90 genannten Be-
schleuniger-Gemische.

Die Emulsions-Mischpolymerisation von Vinylchlorid und Methacrylsäuremethylester kann nach dem von der Firma B. F. Goodrich
Co.[4] entwickelten Verfahren[5] z. B. in folgender Weise erfolgen:

In einem Rührautoklaven aus rostfreiem Stahl mit einem Inhalt von 5000 Liter
werden 1925 Liter Wasser und 3,17 kg Kaliumpersulfat sowie 23,8 kg eines unter
dem Handelsnamen Aerosol Nr. 22 bekannten Emulgiermittels eingefüllt. Der Inhalt wird 20 Minuten gerührt, um die festen Anteile zu lösen; hierauf wird die
Luft aus dem Autoklaven durch Evakuieren entfernt. Sobald der Druck auf
30 mm Hg sinkt, werden 23,1 kg einer 28prozentigen Ammoniaklösung und 45,3 kg
Vinylchlorid hinzugegeben und die Temperatur der Mischung auf 45° erhöht.
Diese Temperatur wird während des ganzen Verlaufes der Mischpolymerisation
gehalten. Nach dem Erreichen der Temperatur von 45° wird mit der Zufuhr von
Methacrylsäuremethylester begonnen.

Insofern man ein Mischpolymerisat von 80 Prozent Vinylchlorid und
20 Prozent Methacrylsäureester erhalten will, wird mit der Zugabe von weiteren
Mengen Vinylchlorid begonnen, nachdem 9 kg Vinylchlorid zugefügt wurden. Die
beiden Monomeren werden dann zusammen in einem Verhältnis von 54,4 kg
Vinylchlorid und 13,6 kg Methacrylsäuremethylester je Stunde hinzugefügt. Nachdem insgesamt 680 kg der Monomeren zugegeben wurden, wird mit der ununterbrochenen Zugabe des vorgenannten Emulgiermittels in Form einer 30prozentigen
wäßrigen Lösung begonnen. Das Emulgiermittel wird in einem Verhältnis von 53 kg
der 30prozentigen Lösung je 0,45 kg Monomerengemisch zugesetzt. Gleichzeitig
wird mit der Zugabe der zusätzlichen Kaliumpersulfatmenge in Form einer 3 prozentigen wäßrigen Lösung, und zwar in Anteilen von 1,54 kg je Stunde, begonnen.

Nach 31 Stunden, nachdem 1641 kg Vinylchlorid und 410,2 kg Methacrylsäuremethylester zugegeben waren, wird die Zugabe der Monomeren unterbrochen und
der Inhalt des Autoklaven mit 158 kg der Emulgiermittel-Lösung aufgefüllt. Um
die Polymerisation der zuletzt eingefüllten Monomeren-Anteile zu Ende zu führen,
wird noch für weitere 5 Stunden Katalysatorlösung zugegeben und der Inhalt nach
Zugabe der letzten Menge an Katalysatorlösung noch weitere 5 Stunden bei Reaktionstemperatur gerührt. Nach dieser Zeit ist die Mischpolymerisation beendet.

Die erhaltene Emulsion enthält 52,7 Prozent Festanteile, und die Gesamtaus-
beute an Mischpolymerisat beträgt 90 Prozent des theoretischen Wertes. Die
Emulsion ist hochstabil und koagulierte auch nach wochenlangem Lagern bei
Raumtemperatur nicht, während die Emulsion eines Mischpolymerisates, das durch
Zugabe der gesamten Anteile der Monomeren zu Beginn der Polymerisation erhalten
wurde, schon nach wenigen Tagen zur Koagulation neigt.

Bei der älteren Arbeitsweise, also der Zugabe der gesamten Anteile der Monomeren zu Beginn der Polymerisation, kann in der gleichen Apparatur in derselben
Zeit nur die Hälfte an Mischpolymerisat-Emulsion erhalten werden.

Die Mischpolymerisation von Vinylchlorid und Methacrylsäuremethylester kann auch in der auf S. 48 angeführten vollauto-

---

[1] F. P. 881997, I. G. Farbenindustrie A. G.
[2] F. P. 930340, Imperial Chemical Industries Ltd.
[3] A. P. 2407946, Dow Chemical Co.
[4] E. P. 630611, B. F. Goodrich Co.
[5] Siehe Seite 50.

matischen Polymerisationsanlage[1] bzw. kontinuierlich durchgeführt werden.

Um trotz der verschiedenen Polymerisationsgeschwindigkeiten von Vinylchlorid und Methacrylsäuremethylester bei der kontinuierlichen Mischpolymerisation einheitliche Mischpolymerisate zu erhalten, setzt man bei einem weiteren Verfahren[2] die Monomeren mit annähernd derselben Geschwindigkeit zu, mit der sie durch die ablaufende Mischpolymerisation verbraucht werden, und zwar so, daß das anfängliche Gewichtsverhältnis der Monomeren konstant gehalten wird und die absoluten Werte der kritischen Konzentrationen (in Emulsionen etwa 5 bis 7 Prozent, in Lösungsmitteln etwa 15 Prozent) an monomerer Substanz nicht überschritten werden.

In einem 100 Liter fassenden Rührautoklaven aus V2A-Stahl werden z. B. eingeführt: 50 Liter einer wäßrigen 2prozentigen Lösung des Natriumsalzes der α-Oxyoctodecansulfonsäure, der 0,2 Gewichtsprozent Wasserstoffsuperoxyd zugesetzt sind und die mit Salzsäure auf einen p_H-Wert von 3,0 eingestellt ist, ferner 9 kg scharf fraktioniertes Vinylchlorid und 1 kg scharf fraktionierter Methacrysäuremethylester.

Die Polymerisation wird bei 55° in Gang gesetzt und beginnt etwa 20 Minuten nach Beginn des Versuches. Innerhalb 5 Minuten steigt die Polymerisationsgeschwindigkeit auf 100 g polymerer Substanz je Liter Emulsion und Stunde.

5 Minuten nach dem Einsetzen der Mischpolymerisation beginnt man eine Emulsion einzupumpen, die aus 2 Drittel Gewichtsteilen einer wäßrigen 3prozentigen Emulsion des Natriumsalzes aus α-Oxyoctodecansulfonsäure, die mit Salzsäure auf p_H 2,8 eingestellt ist, und 1 Drittel Gewichtsteilen einer Mischung von Vinylchlorid und Methacrylsäuremethylester im Gewichtsverhältnis von 3 zu 2 besteht.

Die Emulsion wird mit einer Geschwindigkeit von 20 Liter je Stunde, entsprechend 6,8 kg monomerer Substanz je Stunde, eingepumpt; die Geschwindigkeit bleibt während des Versuches konstant.

Die Geschwindigkeit der Polymerisation steigt nun schnell auf 150 g Mischpolymerisat je Liter und Stunde, um nach einer halben Stunde abzusinken, bis sie bei Beendigung des Versuches 110 g Mischpolymerisat je Liter Emulsion und Stunde beträgt.

Das so gebildete Mischpolymere besteht aus 60 Prozent Vinylchlorid und 40 Prozent Methacrylsäuremethylester.

Neben dem Methylester können auch andere Ester der Methacrylsäure, besonders von höheren aliphatischen oder cycloaliphatischen Alkoholen mit Vinylchlorid, und zwar zu benzinlöslichen Produkten mischpolymerisiert werden[3].

Ebenso lassen sich die von ungesättigten Alkoholen abgeleiteten Methacrylsäureester, wie z. B. der Methacrylsäurevinylester[4] oder der Methacrylsäureallylester[5], mit Vinylchlorid mischpolymerisieren.

Durch gleichzeitigen Zusatz einer dritten polymerisierbaren Verbindung kann man die Eigenschaften von Vinylchlorid-Methacrylsäureester-Mischpolymerisaten weiter beeinflussen.

---

[1] F.P. 920687, Soc. Belge de l'Azote et des Produits Chimiques du Marly Soc. An.

[2] F.P. 944063, N. V. de Bataafsche Petroleum Mij.

[3] E.P. 487593, I.G. Farbenindustrie A.G.

[4] F.P. 859548, Comp. des Meules Norton.

[5] F.P. 859257, Pittsburgh Plate Glass Co.

So nimmt z. B. die Firma Norton Grinding Wheel Co. Ltd.[1] die Mischpolymerisation von Vinylchlorid und Methacrylsäureestern mit 1 bis 30 Prozent Methacrylsäure vor.

Mischpolymerisate von großer Härte und hohem Brechungsindex werden auch erhalten, wenn man Derivate der Methacrylsäure mit Äthylidendimethacrylat und Vinylchlorid polymerisiert[2].

8. Fettsäureester.

Mischpolymerisate, die als Grundstoffe für Lacke, Imprägnierungsmittels uw. Verwendung finden können, lassen sich nach O. JORDAN, H. HOPFF und E. KÜHN[3] erhalten, wenn man Ester von ungesättigten Fettsäuren mit anderen Alkoholen als Glycerin zusammen mit Vinylchlorid mischpolymerisiert.

Diese Polymerisation kann durch längeres Stehen bei gewöhnlicher Temperatur, durch Erhitzen auf 30 bis 300°, durch Bestrahlen, durch stille elektrische Entladung, gegebenenfalls in Gegenwart von Katalysatoren, wie *Metallcarbonylen, Metalloxyden, anorganischen* oder *organischen Peroxyden, Borsäureanhydrid, Phosphoroxychlorid, Zinntetrachlorid, Aluminiumchlorid, wasserfreiem Fluorwasserstoff, Borfluorid* oder deren *Diätherverbindungen* usw., erfolgen.

9. Fette, Öle.

Vinylchlorid läßt sich mit fetten Ölen zu Produkten mischpolymerisieren, die sich durch eine besonders große Wasserbeständigkeit auszeichnen und vielfach schwer- bis unverbrennlich sind[4].

Zur Herstellung solcher Produkte polymerisieren W. E. LAWSON und L. TH. SANDBOM[5] Vinylchlorid gemeinsam mit unpolymerisierten und nicht oxydierten trocknenden Ölen, z. B. Leinöl oder Holzöl, gegebenenfalls in Gegenwart von Katalysatoren und Lösungsmitteln, denen noch Mittel gegen Verfärbung, wie Pyridin, Äthylenoxyd oder Bleitetraäthyl, zugemischt werden können.

Technisch wertvolle Produkte, die besonders als Grundstoffe für Lacke, Imprägnierungen usw. Verwendung finden, werden durch Mischpolymerisation von Umwandlungsprodukten trocknender Öle, insbesondere Standöl, und Vinylchlorid erhalten.

Das Mengenverhältnis zwischen den Umwandlungsprodukten der fetten Öle und Vinylchlorid kann nach O. JORDAN, H. HOPFF und E. KÜHN[2] in weiten Grenzen schwanken. Bei Verwendung kleiner Mengen Vinylchlorid erhält man Produkte mit Eigenschaften, die denen der Standöle nahestehen, jedoch verbessert sind; bei Verwendung großer Mengen Vinylchlorid erhält man dagegen Produkte, deren Elastizität und Wasserbeständigkeit gegenüber dem Polyvinylchlorid verändert sind.

---

[1] E.P. 531956, 532022, Norton Grinding Wheel Co. Ltd.
[2] F.P. 859549, Comp. des Meules Norton.
[3] DRP. 580234, I.G. Farbenindustrie A.G.
[4] KRCZIL, F.: Kurzes Handbuch der Polymerisationstechnik, Bd. II, S. 186. Leipzig 1941.
[5] E.P. 392924, E. I. du Pont de Nemours & Co.

Die Polymerisation von Vinylchlorid mit fetten Ölen kann unter den gleichen Bedingungen erfolgen wie die Mischpolymerisation von Vinylchlorid und Fettsäureestern.

Zur Bereitung eines Mischpolymerisats werden z. B. 500 Teile aus Leinöl durch Erhitzen unter Luftabschluß hergestelltes Leinölstandöl mit 250 Teilen Vinylchlorid, 1 Teil Natriumperborat und 5 Teilen Essigsäureanhydrid in einem Druckgefäß unter Rühren 15 Stunden lang auf 95 bis 100° erhitzt. Darauf trennt man das Reaktionsprodukt von dem angewandten Natriumperborat durch Abgießen ab; es ist vollkommen klar und kann ohne weiteres als Anstrichmittel verwendet werden. Die damit hergestellten Filme zeichnen sich durch ein sehr gutes Trockenvermögen und gegenüber dem Standöl durch wesentlich erhöhten Glanz aus.

Die Mischpolymerisation von Vinylchlorid und trocknenden Ölen oder nichttrocknenden Ölen nimmt O. Röhm[1] in Polymerisationsgefäßen vor, die mit Einlagen aus Papier, Gewebe, Metall usw. versehen sind.

10. Alkylidenacetessigester.

Von polymerisierbaren ungesättigten Verbindungen kann man nach Ch. Dörfelt und K. Billig[2] Alkylidenacetatessigester mit Vinylchlorid mischpolymerisieren, und zwar sowohl in Abwesenheit als auch in Gegenwart von Verdünnungsmitteln, Lösungsmitteln oder auch in Emulsion.

In einer Druckbombe werden 300 Gewichtsteile Wasser, in dem 4 Prozent Polyvinylalkohol und 0,8 Prozent Wasserstoffsuperoxyd gelöst sind, eingefüllt und dann 60 Gewichtsteile Benzylidenacetessigester zugegeben. Hierauf werden 120 Teile Vinylchlorid eingeschleust und unter gutem Durchrühren der Inhalt der Bombe auf 50° geheizt. Die Temperatur wird etwa 5 Stunden auf dieser Höhe gehalten und darauf das Gemisch noch weitere 5 bis 10 Stunden auf 60 bis 65° erwärmt. Nach dieser Zeit ist die Polymerisation meist beendet. Der Inhalt der Bombe wird nach dem Erkalten abgedrückt und stellt dann einen Latex dar, aus dem das Polymerisat in bekannter Weise durch Aussalzen gefällt und nach dem Auswaschen getrocknet wird.

Es stellt dann ein weißes Pulver dar, das in aromatischen Kohlenwasserstoffen in der Wärme löslich ist, nicht dagegen in Alkoholen.

Es läßt sich durch entsprechende Behandlung bei Temperaturen von 100° und darüber beispielsweise nach dem Preß- oder Spritzverfahren verformen. Die so hergestellten Formkörper zeichnen sich durch eine hohe Festigkeit und chemische Widerstandsfähigkeit aus.

11. Olefindicarbonsäuren oder deren Derivate.

Durch gleichzeitige Polymerisation von Vinylchlorid und Olefindicarbonsäuren oder deren Derivaten erhält man Kunststoffe, die sich in ihren Eigenschaften vielfach von denen des Polyvinylchlorid unterscheiden[3].

So werden z. B. bei der Mischpolymerisation von Vinylchlorid und Olefindicarbonsäuren Produkte erhalten, die sich durch eine Löslichkeit in wäßrigen Alkalien und auch gleichzeitig in organischen Lösungsmitteln auszeichnen.

Die Polymerisation von Gemischen aus Vinylchlorid und Maleinsäure oder deren Derivaten, wie Anhydrid oder Estern, kann schon

---

[1] E.P. 436084, O. Röhm.

[2] DRP. 679944, I.G. Farbenindustrie A.G.

[3] Krczil, F.: Kurzes Handbuch der Polymerisationstechnik, Bd. II, S. 214. Leipzig 1941.

in gasförmiger Phase in der Weise erfolgen, daß man das Gemisch der Monomeren durch ein Gasfilter preßt und die gebildeten Gasbläschen durch eine hohe Wassersäule, gegebenenfalls bei erhöhter Temperatur langsam hochsteigen läßt[1].

Harzartige Produkte werden nach A. Voss und E. Dickhäuser[2] durch Mischpolymerisation von Vinylchlorid und Äthylen-1, 2-dicarbonsäuren, wie Maleinsäure, oder deren Anhydriden erhalten.

80 Gewichtsteile Vinylchlorid werden mit 100 Gewichtsteilen Maleinsäureanhydrid, 0,5 Gewichtsteilen Bariumperoxyd und 1,2 Gewichtsteilen Essigsäureanhydrid in einem mit Aluminiumblech ausgeschlagenen Autoklaven 16 Stunden unter Rühren auf 80° erhitzt. Nach dem Öffnen entweichen nur geringe Mengen Vinylchlorid, die Hauptmenge ist zu einem weißen Pulver polymerisiert, das 14 Prozent Chlor enthält und nicht nur in verdünnten Alkalien, sondern auch in Wasser löslich ist.

Die Mischpolymerisation von Vinylchlorid mit Äthylen-1, 2-dicarbonsäuren, wie Malein-, Fumar-, Itacon-, Citracon-, Mesacon-, Monooder Diphenylmaleinsäure, nimmt H. L. Gerhart[3] in Gegenwart von Methyllävulinat als Weichmacher vor.

Die Eigenschaften dieser Mischpolymerisate lassen sich nach A. Voss und L. Berlin[4] noch verbessern, wenn man den Monomeren vor der Polymerisation Stoffe zusetzt, die sich an der Polymerisation nicht beteiligen, aber die vorhandene Carboxylgruppe zu verestern vermögen.

Mischpolymerisate aus Vinylchlorid und Derivaten der Äthylen-1, 2-dicarbonsäuren lassen sich nach A. Voss und E. Dickhäuser[5] auch erhalten, wenn man zunächst Vinylchlorid mit der Olefindicarbonsäure, z. B. Maleinsäure oder deren Anhydrid, umsetzt, das Reaktionsprodukt polymerisiert und die polymerisierte Dicarbonsäure in das gewünschte Derivat überführt. Dabei kann die Umsetzung von Vinylchlorid mit der Maleinsäure und die Polymerisation dieses Gemisches in einem Arbeitsgang vorgenommen werden.

Vielseitig verwertbare Produkte lassen sich nach Angaben der gleichen Forscher[6] aus wasserlöslichen oder durch Behandlung mit Stickstoffbasen wasserlöslich gemachten Mischpolymerisaten aus Vinylchlorid und Maleinsäure oder Maleinsäureanhydrid herstellen, wenn man diese in Gegenwart von organischen Hydroxylverbindungen auf höhere Temperaturen, z. B. 100° und darüber, erhitzt.

Mischpolymerisate, die als Lacke Verwendung finden können, stellen G. Kränzlein, A. Voss und E. Dickhäuser[7] auch dadurch her, daß sie Vinylchlorid mit Kondensationsprodukten aus Maleinsäure bzw. deren Derivaten und ungesättigten Alkoholen polymerisieren.

Zu Mischpolymerisaten, die aus Vinylchlorid und Maleinsäureestern bestehen, kann man auch durch direkte Polymerisation der Gemische

[1] Holl.P. 46851, I.G. Farbenindustrie A.G.
[2] DRP. 540101, I.G. Farbenindustrie A.G.
[3] A.P. 2407413, Pittsburgh Plate Glass Co.
[4] DRP. 598732, I.G. Farbenindustrie A.G.
[5] DRP. 544326, I.G. Farbenindustrie A.G.
[6] DRP. 579254, I.G. Farbenindustrie A.G.
[7] DRP. 547384, I.G. Farbenindustrie A.G.

dieser Monomeren gelangen[1]. Bei dieser Mischpolymerisation werden zweckmäßigerweise Polymerisationsbeschleuniger, wie *Peroxyde*, *Persulfate* oder *Peressigsäure*, verwendet. Diese Polymerisation wird zweckmäßig in wäßriger Emulsion vorgenommen.

Nach diesem Prinzip stellen z. B. H. HOPFF, G. STEINBRUNN und H. FREUDENBERGER[2] Mischpolymerisate aus Vinylchlorid und Maleinsäuredimethyl- oder Maleinsäuredi-n-butylester her.

Von den Maleinsäureestern lassen sich mit Vinylchlorid auch solche mischpolymerisieren, deren Alkoholrest eine über 6 Kohlenstoffatome hinausgehende Kohlenstoffkette aufweist, wie z. B. Maleinsäurediheptylester, Maleinsäuredioctylester usw.[3].

In einer Druckbombe wird z. B. ein Gemisch von 30 Gewichtsteilen Vinylchlorid und 75 Teilen Maleinsäurediheptylester in 150 Gewichtsteilen Wasser, das etwa 3 Gewichtsteile Natriumoleat enthält, eingetragen und unter gutem Rühren auf 50 bis 60° erhitzt. Der zunächst auftretende Druck nimmt im Maße des Fortschreitens der Polymerisation ab. Nach etwa 10 Stunden ist kein Überdruck mehr vorhanden. Man erhält eine Emulsion, aus der auf üblichem Wege durch Aussalzen oder durch Fällung, z. B. mit Alkohol, das Mischpolymerisat als farbloses Harz gewonnen werden kann.

Von den aus Vinylchlorid und Maleinsäureestern bestehenden Mischpolymerisaten zeichnen sich diejenigen durch ihre Benzinlöslichkeit aus, die Maleinsäureester höherer aliphatischer oder cycloaliphatischer Alkohole in Mischung mit Vinylchlorid enthalten[4].

Die Eigenschaften der aus Vinylchlorid und Maleinsäureester bestehenden Mischpolymerisate lassen sich ferner dadurch beeinflussen, daß man mit Vinylchlorid mehr als einen Maleinsäureester mit verschiedenen Alkoholkomponenten mischpolymerisiert.

Eine weitere Beeinflussung der Eigenschaften kann durch das zur Mischpolymerisation verwendete Mischungsverhältnis der monomeren Komponenten erreichen.

Mischpolymerisate mit wertvollen Eigenschaften werden bei der Emulsionspolymerisation von überwiegenden Mengen Vinylchlorid einerseits und Estern von Äthylen-1,2-dicarbonsäuren andererseits erhalten[5]. Als zweite Polymerisationskomponente kommen in Betracht: die Dimethyl-, Diäthyl-, Di-n-butyl- und Diisobutylester der Malein- oder Fumarsäure, die entsprechenden Monohexyl- und Di(chloräthyl)ester sowie die Ester des Methyl-, Äthyl-, Butylglykoläthers des Acetylglykols.

Von diesen vorwiegend aus Vinylchlorid bestehenden Maleinsäureester-Mischpolymerisaten hat das aus 80 Prozent Vinylchlorid und 10 Prozent Dimethylmaleat und 10 Prozent Diäthylmaleat bestehende Produkt große technische Bedeutung. Es ist als *Igelit MP Marke A* von der Firma I.G. Farbenindurstrie A.G.[6] in großen Mengen hergestellt worden.

---

[1] Ital.P. 347946, E.P. 466898, I.G. Farbenindustrie A.G.
[2] Canad.P. 382033, I.G. Farbenindustrie A.G.
[3] DRP. 747738, ohne Angabe des Patentinhabers.
[4] E.P. 487593, I.G. Farbenindustrie A.G.
[5] DRP. 728664, I.G. Farbenindustrie A.G. ·
[6] FIAT-Bericht 862, Plastics **19**, 175 (1947).

Die Mischpolymerisation von Vinylchlorid und Maleinsäureestern wird vielfach in der Weise vorgenommen, daß man Vinylchlorid und den Ester gleichzeitig zur Polymerisation bringt.

Dabei kann man sich des Emulsionsverfahrens bedienen. Bei der Herstellung von Vinylchlorid-Mischpolymerisaten, z. B. mit Maleinsäuredimethylester, ist die Anwesenheit einer genügenden Menge Emulgator wichtig, um eine innige Mischung sicherzustellen[1].

Diese Mischpolymerisate aus Vinylchlorid und Estern der Malein- und bzw. oder der Fumarsäure besitzen gegenüber Polyvinylchlorid eine erhöhte Verformbarkeit und eine bessere Löslichkeit.

Die Mischpolymerisate sind aber insofern nicht einheitlich, als das zu Beginn der Reaktion erhaltene Mischpolymerisat einen höheren Estergehalt aufweist als das gegen Ende der Reaktion erhaltene Produkt.

Durch bestimmte Maßnahmen während des Polymerisationsvorganges kann man aber einheitlichere Produkte erhalten.

Man kann dies z. B. dadurch erreichen, daß man zunächst das Vinylchlorid vorpolymerisiert und nach Zusatz des Esters die Mischung fertig polymerisiert[2].

1500 Teile einer wäßrigen 2prozentigen Lösung des Natriumsalzes des α-Oxyoctodecylschwefelsäureesters, die 150 ccm einer 30prozentigen Wasserstoffsuperoxyd- und 50 Teile einer 10prozentigen Peressigsäurelösung enthält, wird auf einen p_H-Wert von 3,5 eingestellt und mit 500 Teilen Vinylchlorid im Autoklaven eine Stunde verrührt.

Dieser Mischung wird innerhalb von 24 Stunden bei 50° eine Emulsion von 100 Teilen Maleinsäuremethylester in 300 Teilen der erstgenannten Lösung zugesetzt. Nach beendeter Polymerisation wird mit Aluminiumsulfatlösung koaguliert und der unverändert gebliebene Maleinsäureester mit Wasserdampf abgetrieben, worauf das Polymerisat mit 0,5prozentiger Natronlauge bei 30° behandelt und schließlich vorsichtig getrocknet wird.

Ein homogenes Produkt wird nach J. J. H. STAUDINGER und C. A. BRIGHTON[3] ferner erhalten, wenn die Monomeren während der Polymerisation in konstantem Verhältnis von Vinylchlorid zum Esteranteil aufgegeben werden.

Nach einem Verfahren der Firma I.G. Farbenindustrie A.G.[4] nimmt man die Mischpolymerisation von Vinylchlorid und Maleinsäureestern, z. B. Dimethyl-, Dicyclohexyl-, Dibenzylester oder Mono-n-hexyl-, Monoisohexylester, in wäßriger Emulsion und wasserlöslichen Lösungsmitteln vor.

An Stelle der Diester können auch die Monoester und Monoäther von Glykolen, ferner die Amide und Nitrile der Maleinsäure oder einer anderen Äthylen-1,2-dicarbonsäure in gleicher Weise mit Vinylchlorid mischpolymerisiert werden[5].

In gleicher Weise wie die Maleinsäure und deren Derivate lassen sich auch Fumarsäure oder Fumarsäurederivate mit Vinylchlorid mischpolymerisieren.

---

[1] FIAT-Bericht 862, Plastics **19**, 175 (1947).
[2] Ital.P. 347946, E.P. 466898, I.G. Farbenindustrie A.G.
[3] E.P. 581995, The Distillers Co.
[4] E.P. 466898, I.G. Farbenindustrie A.G.
[5] E.P. 487592, I.G. Farbenindustrie A.G.

R. E. Christ, B. W. Howk und R. A. Jacobson[1] nehmen die Mischpolymerisation von Vinylchlorid und Fumarsäurediäthylester in Gegenwart von Photokatalysatoren vor. Solche sind α-Carbonylalkohole der allgemeinen Formel

$$R \cdot CO \cdot CHOH \cdot R',$$

in der R und R' Wasserstoff oder einwertige Kohlenwasserstoffreste bedeuten. Geeignete Katalysatoren sind z. B. Acyloine, wie *Benzoin*, *Acetoin*, *Butyroin* usw.

Die Polymerisation kann in Block, in Emulsion, in Granulat oder in Lösung erfolgen.

H. Hopff und C. W. Rautenstrauch[2] verwenden wieder zum Mischpolymerisieren von Fumarsäureestern mit Vinylchlorid geringe Mengen sauerstoffabgebender Stoffe. Die Polymerisation der Monomerengemische erfolgt in wäßriger Dispersion in einem geschlossenen Gefäß.

Die Mischpolymerisation von Vinylchlorid und Fumarsäure bzw. deren Derivate, wie Ester, Amide, Nitrile, wird mit Vorteil in wäßriger Emulsion durchgeführt[3].

Die Eigenschaften dieser Mischpolymerisate werden ebenfalls weitgehend von der mengenmäßigen Zusammensetzung der zu polymerisierenden Komponenten bestimmt.

Es wurden deshalb besondere Verfahren entwickelt, welche die Herstellung von Mischpolymerisaten bestimmter Zusammensetzung zum Gegenstande haben.

Die Firma Wingfoot Corp.[4] nimmt z. B. die Emulsionspolymerisation von 60 bis 95 Gewichtsteilen Vinylchlorid und 40 bis 5 Gewichtsteilen Dialkylfumarat bei einem p_H der Emulsion von 7 bis 9 mit 0,1 bis 3 Gewichtsprozent (bezogen auf Emulsion) einer Peroxydverbindung als Katalysator vor.

H. W. Arnold[5] polymerisiert wieder Vinylchlorid mit einem Fumarester, dessen Gehalt in der Mischung 1 bis 25 Prozent betragen soll; geeignete Ester sind z. B. der Dimethyl-, Diäthyl-, Dibutyl-, Dicyclohexyl-, Dibenzyl-, Di-(Chloräthyl)fumarat bzw. Fumarsäureester mit Methyl-, Äthyl- oder Butylglykoläther. Diese Mischpolymerisate zeigen Erweichungspunkte bis zu 80° und besitzen eine hohe Zähigkeit und eine gute Schlagfestigkeit.

Wertvolle Mischpolymerisate werden nach J. L. Jones[6] auch erhalten, wenn man Vinylchlorid mit Allylestern der Fumar- oder Maleinsäure einer gemeinsamen Polymerisation unterwirft.

Kunststoffe, welche vielfach bessere Eigenschaften als Polyvinylchlorid aufweisen, werden bei der Mischpolymerisation von Vinylchlorid und Itaconsäurediestern erhalten, und zwar dann, wenn man 90 und mehr Prozent Vinylchlorid mit 10 und weniger Prozent der Ester

[1] F.P. 926637, E. I. du Pont de Nemours & Co.
[2] DRP. 699445, I.G. Farbenindustrie A.G.
[3] F.P. 814093, E.P. 466808, I.G. Farbenindustrie A.G.
[4] E.P. 571367, Wingfoot Corp.
[5] A.P. 2404780, E. I. du Pont de Nemours & Co.
[6] A.P. 2443915, Libbey-Owens-Ford Glass Co.

bei Temperaturen zwischen 20 und 130° in Gegenwart von *Sauerstoff,*
Ozon, **Peroxyden,** Säuren, Aluminium- oder Borhalogenid mischpolymerisiert. Kunststoffe der genannten Zusammensetzung zeigen nach
G. F. d'ALELIO[1] gegenüber dem Polyvinylchlorid erhöhte Schlag- und
Biegefestigkeit, wobei maximale Werte bei den Mischpolymeren aus
94 bis 99 Prozent Vinylchlorid und 6 bis 1 Prozent Diester erhalten
werden.

Zur Mischpolymerisation mit Vinylchlorid sind geeignet die Ester:
Din-n-propyl-, Di-n-butyl-, Diisopropyl-, Diisobutyl-, Diisoamyl-, Di-
decyl-, Diäthoxyäthyl-, Dibutoxyäthyl-, Diäthyl- und Dioctylester.
Mischpolymerisate der genannten Art werden für Preß- und Spritzgut-
artikel, Lacke, Emaillen, Firnis, Imprägniermittel usw. verwendet.

Vinylchlorid gibt ferner bei der Mischpolymerisation mit Ester der
Itaconsäure mit ungesättigten Alkoholen wertvolle Kunststoffe[2].

Von Olefindicarbonsäurederivaten lassen sich auch die Imide dieser
Säuren gemeinsam mit Vinylchlorid polymerisieren[3]. Man erhält Produkte, die sich durch eine hohe Wärmebeständigkeit und Elastizität
sowie vollkommener Farblosigkeit auszeichnen.

Die Polymerisation von Vinylchlorid mit inneren Imiden von mehrwertigen Carbonsäuren mit einer aliphatischen Doppelbindung oder
Derivaten, bei denen der Imidwasserstoff substituiert ist, nehmen
L. ORTHNER, H. SÖNKE und U. LAMPERT[4] in Gegenwart eines Katalysators, wie Benzoylperoxyd, und einem Lösungsmittel, wie Methylenchlorid, vor.

65 Gewichtsteile Vinylchlorid werden mit 110 Gewichtsteilen Maleinsäure-
N-methylimid, 0,3 Gewichtsteilen Benzoylperoxyd und 40 Gewichtsteilen Methylenchlorid im Rührautoklaven 8 Stunden auf 60 bis 70° erhitzt. Nach Verdampfung des Lösungsmittels oder durch Wasserdampfdestillation wird das Mischpolymerisat aus dem entstandenen Sirup gewonnen.

Das Mischpolymerisat ist schwer löslich in Kohlenwasserstoffen, Alkoholen
und Estern, dagegen löslich in chlorierten Kohlenwasserstoffen.

12. Aconitsäureester.

Mischpolymerisate von Vinylchlorid und Aconitsäureestern, wie Tri-
methyl-, Triäthyl-, Tripropyl- oder Tributylester, werden durch Einwirkung von *Licht, Wärme,* in An- oder Abwesenheit von Lösungsmitteln, auf das Gemisch der Monomeren erhalten. Die Mischpolymerisation kann auch in wäßriger Emulsion erfolgen. Das Vinylchlorid soll
nach F. W. Cox[5] in Mengen von 80 bis 95 Prozent angewandt werden.
Zweckmäßig arbeitet man bei p_H 7 und höher. Die Mischpolymerisate
zeigen eine höhere Reißfestigkeit, wenn auch vielfach eine geringere
Zugfestigkeit und Dehnung als Polyvinylchlorid.

---

[1] F.P. 962 089, Comp. Française Thomson-Houston.
[2] F.P. 867 615, Comp. Française pour l'Exploitation des Procédés Thomson-
Houston.
[3] Ital. P. 367 061, I.G. Farbenindustrie A.G.
[4] DRP. 708 131, E.P. 505 120, I.G. Farbenindustrie A.G.
[5] A.P. 2 419 122, Wingfoot Corp.

13. Olefinpolycarbonsäuren.

Gemeinsam mit Vinylchlorid können nach G. Kränzlein und H. Stärk[1] auch Äthylentri- bzw. Äthylentetracarbonsäuren oder ihre Derivate mischpolymerisiert werden, und zwar unter ganz ähnlichen Bedingungen wie mit den Äthylendicarbonsäuren.

60 Gewichtsteile Vinylchlorid, 20 Gewichtsteile Äthylentetracarbonsäuretetraäthylester, 100 Gewichtsteile Methylenchlorid und 1 Gewichtsteil Benzoylperoxyd werden in einem Autoklaven 15 Stunden auf 60 bis 70° erhitzt, wonach die Polymerisation beendet ist. Nach Entfernung des Lösungsmittels erhält man ein festes und klares Mischpolymerisat. Es ist unlöslich in Alkoholen und aliphatischen Kohlenwasserstoffen, schwer löslich in aromatischen Kohlenwasserstoffen und Aceton.

14. Säureanhydride.

Die an sich nicht polymerisierbaren Diensyntheseprodukte aus Dienen, wie Isopren, Butadien, Dimethylbutadien, 2-Chlorbutadien, Cyclopentadien und Hexadiene, und Verbindungen, die durch negative Substituenten aktivierte doppelte oder dreifache Bindungen aufweisen, wie z. B. Maleinsäurederivate, ungesättigte Aldehyde, die in Nachbarschaft zur Vinylgruppe eine Carbonylgruppe aufweisen, können nach H. Hopff und W. Rapp[2] in Gegenwart von Vinylchlorid nach den üblichen Methoden polymerisiert werden.

Zur Mischpolymerisation eignet sich z. B. das aus Butadien und Maleinsäureanhydrid nach der Formel

$$
\begin{array}{c}
\overset{\nearrow CH_2}{\underset{\searrow CH_2}{\overset{\displaystyle CH}{\underset{\displaystyle CH}{|}}}}
\;+\;
\begin{array}{c}CH-CO\\ \| \qquad\quad \\ CH-CO\end{array}\!\!\Big\rangle O
\;=\;
\begin{array}{c}H_2\\ C\\ CH\ CH-CO\\ \| \quad |\qquad\quad \\ CH\ CH-CO\\ C\\ H_2\end{array}\!\!\Big\rangle O
\end{array}
$$

erhaltene Tetrahydrophthalsäureanhydrid.

Die Mischpolymerisation dieser Anlagerungsprodukte mit Vinylchlorid kann durch Erhitzen, gegebenenfalls in Anwesenheit von Polymerisationsbeschleunigern, wie *Benzoylperoxyd*, *Acetylperoxyd*, *Wasserstoffsuperoxyd* oder sauerreagierende anorganische Halogenide, z. B. *Borfluorid*, erfolgen.

Man kann die Mischpolymerisation auch in wäßriger Emulsion unter Zusatz von dispergierend wirkenden Stoffen, beispielsweise alkylierten Naphthalinsulfonsäuren, Schwefelsäureestern höherer Fettalkohole, Anlagerungsprodukten von mehreren Molen Äthylenoxyd an hydroxyl- oder aminogruppenhaltige organische Verbindungen, ferner von Tauriden höherer Fettsäuren oder sulfitierten Fettsäureamiden, durchführen.

Eine Emulsion aus 100 Teilen Vinylchlorid und 25 Teilen Tetrahydrophthalsäureanhydrid in 400 Teilen Wasser, das 6 Teile α oxyoctodecansulfonsaures Natrium gelöst enthält, wird nach Zusatz von 0,6 bis 1 Teil Kaliumpersulfat und Wasserstoffsuperoxyd bei einem p_H-Wert von 3,5 in einem Druckgefäß unter gutem Durchmischen 24 Stunden lang bei 50° polymerisiert. Die dabei erhaltene

---

[1] DRP. 730649, I.G. Farbenindustrie A.G.
[2] STÄRK. 695756. F.P. 860506, I.G. Farbenindustrie A.G.

Polymerisationsdispersion wird mit Aluminiumsulfatlösung versetzt. Das dabei ausfallende Mischpolymerisat wird bei 60 bis 80° mit etwa 0,5prozentiger Natriumhydroxydlösung behandelt, abgeschleudert, mit Wasser neutralgewaschen, dann noch mit Methanol gewaschen und getrocknet. Das erhaltene helle körnige Mischpolymerisat enthält 50,4 Prozent Chlor, entsprechend 88 Prozent Vinylchlorid.

In gleicher Weise erhält man mit 250 Teilen Tetrahydrophthalsäureäthylester und 250 Teilen Vinylchlorid ein Mischpolymerisat mit einem Chlorgehalt von 40,1, entsprechend 70,5 Prozent Vinylchlorid.

Gemeinsam mit Vinylchlorid lassen sich auch solche gemischte Anhydride mischpolymerisieren, die aus Ameisensäure und Acrylsäuren oder deren α-Substitutionsprodukten der nachstehend angeführten Zusammensetzung bestehen[1]:

$$\begin{array}{c} CH_2{=}C{-}C{=}O \\ | \quad \diagdown \\ R \quad \quad O \\ \diagup \\ H{=}C{=}O \end{array}$$

In dieser Formel kann R Wasserstoff oder Alkyl bedeuten.

Die Gemische aus Vinylchlorid und diesen gemischten Säureanhydriden können nach den üblichen Verfahren mischpolymerisiert werden. Die erhaltenen Produkte sind hart, schmelzbar, je nach dem Anhydridgehalt (bis zu 30 Prozent) durchsichtig oder opak, in der Wärme unter Druck verformbar. Sie dienen als Bindemittel bei Schleifmassen und zur Herstellung optischer Gegenstände.

15. Ungesättigte Alkydharze.

Ungesättigte Alkydharze können nach E. C. HURDIS[2] mit Vinylchlorid in Gegenwart von Peroxyd-Katalysatoren und geringen Mengen, z. B. 0,005 bis 2 Gewichtsprozent, Methylenpoly-[N · N'-dialkylarylamin] der Formel

$$[RRNAr]_2X \,,$$

in der Ar Aryl, R Alkyl und X die Gruppen CH_2, CHON, CO, CNH, $CH \cdot C_6H_5$, $CH \cdot C_6H_4 \cdot N(R)_2$ bedeuten, zweckmäßig bei Temperaturen unterhalb 50° mischpolymerisiert werden.

Nach I. E. MUSKAT[3] können auch die durch Reaktion einer Mischung aus Äthylenglykol, einer ungesättigten mehrbasischen Säure und Phthalsäure oder deren Anhydrid bei 150 bis 220°, zweckmäßig in Abwesenheit von Luft erhaltenen ungesättigten Alkydharze mit Vinylchlorid, und zwar durch Licht und bzw. oder Wärme in Gegenwart von Peroxyden mischpolymerisiert werden.

---
[1] F.P. 864564, Comp. des Meules Norton S.A.
[2] A.P. 2467033, United States Rubber Co.
[3] A.P. 2423042, Marco Chemicals Inc.

IV. Polyvinylchloride und Vinylchlorid-Mischpolymerisate des Handels.

Die technische Herstellung von homogenen und heterogenen Polymerisaten des Vinylchlorids wurde zunächst in Deutschland, und zwar von der Firma I.G. Farbenindustrie A.G. aufgenommen. Die Nachfolgefirmen dieser Gesellschaft, und zwar die Badische Anilin & Soda Fabrik A.G. und das Elektrochemische Kombinat Bitterfeld, sind auch heute noch maßgebend an der Herstellung von Polyvinylchlorid und Vinylchlorid-Mischpolymerisaten beteiligt. In Deutschland stellen ferner die Firmen Dr. A. Wacker Ges. f. elektrochem. Ind. m.b.H. und Chemische Werke Hüls in großen Mengen diese Kunststoffe her.

Die große Bedeutung der auf Basis von Vinylchlorid aufgebauten Kunststoffe wurde auch in den Vereinigten Staaten von Nordamerika sehr bald erkannt, wo bereits im Jahre 1928 Polyvinylchlorid von der Firma Carbide and Carbon Chemicals Corp. erzeugt wurde. Etwa 10 Jahre später haben andere amerikanische Firmen, wie B. F. Goodrich Co., Monsanto Chemical Co., E. I. du Pont de Nemours & Co. sowie Dow Chemical Co., Bakelite Co., Polymerisate und Mischpolymerisate des Vinylchlorids in sehr großen Mengen produziert.

Auch in England wurde die Herstellung von Polyvinylchlorid aufgenommen, so z. B. von den Firmen Imperial Chemical Industries Ltd., Firestone Corp. und Rubber Improvement Ltd.; letztere ist die derzeit größte englische Polyvinylchlorid-Herstellerin.

In den letzten Jahren haben auch andere europäische Länder die Produktion von Polyvinylchlorid aufgenommen, so z. B. in Holland, Italien, Frankreich, Spanien, Belgien, Norwegen usw. Ebenso wurden die deutschen Herstellungsverfahren von Rußland übernommen und entsprechende Anlagen zur Gewinnung dieser Kunststoffe erstellt.

Über den Aufschwung, den die Herstellung der Vinylchlorid-Kunststoffe in den letzten Jahren genommen hat, gibt die nachstehende Tab. 5 Auskunft. In dieser sind die laut Feststellungen und Berechnungen der holländischen Zeitschrift Plastics im Jahre 1947 in europäischen Ländern hergestellten und in den Jahren 1952/1953 wahrscheinlich herzustellenden Mengen an Vinylharzen, von denen nahezu die größte, wenn nicht die gesamte Menge auf Vinylchlorid-Kunststoffe entfällt, zusammengestellt.

Tabelle 5. *Herstellung von Vinylharzen in verschiedenen europäischen Ländern.*

Land	1947	1952/1953
Benelux	1800	13 600
Frankreich	4100	24 000
Italien	500	4 500
England	6500	33 500
Norwegen	0	1 000
Schweiz	2300	2 300
Spanien	0	360
Westdeutschland	4700	21 500

Recht beachtliche Polyvinylchlorid-Mengen werden auch in Bitterfeld und Schkopau hergestellt. Die derzeitige Jahresproduktion in diesen ehemaligen I.G. Farbenindustrie A.G.-Werken soll etwa 15 600 Tonnen betragen.

Außer diesen bereits in Betrieb befindlichen Erzeugungsstätten werden in den verschiedenen Ländern weitere in Betrieb genommen oder erstellt. Die Produktion in Schweden soll etwa 600 Jahrestonnen, die von Jugoslawien in Split bestehende Anlage 3000 Jahrestonnen Polyvinylchlorid betragen. — In Belgien nimmt die Firma Solvay & Cie. die Produktion von Polyvinylchlorid auf[1].

Eine Anlage, die im Jahre 1950 mit einer Produktion von 360 Jahrestonnen beginnen und im Jahre 1952 auf 3600 Jahrestonnen erhöht werden soll, wird in Japan von der Firma Nissin Chemical Co.[2] errichtet bzw. erweitert.

Eine weitere Fabrikanlage zur Herstellung von Polyvinylchlorid wird von der Firma Imperial Chemical Industries Ltd. of Australia and New Zealand Ltd.[3] in Botany errichtet.

Auch in Rußland müssen große Anlagen zur Herstellung von Polyvinylchlorid bereits bestehen oder unter Mitwirkung deutscher Chemiker in Errichtung begriffen sein, über deren Kapazität Angaben nicht gemacht werden.

Die gewaltige Produktionszunahme von Polyvinylchlorid in den Vereinigten Staaten von Nordamerika veranschaulich die in Abb. 5 wiedergegebene graphische Darstellung; die dort bis zum Jahre 1948 gemachten Produktionsziffern sind inzwischen schon weit überschritten worden.

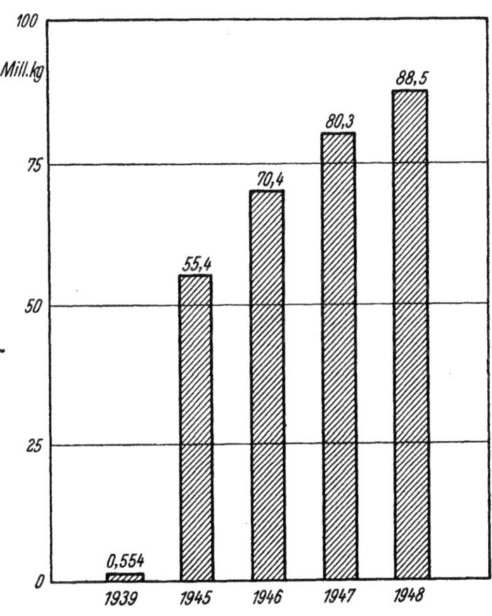

Abb. 5. Graphische Darstellung der Polyvinylchlorid-Erzeugung in den Vereinigten Staaten von Nordamerika.

Die von den verschiedenen in- und ausländischen Firmen hergestellten Polymerisate oder Mischpolymerisate des Vinylchlorids kommen unter verschiedenen Handelsnamen, die meist warenzeichenrechtlich geschützt sind, in den Handel.

In den folgenden Tab. 6 und 7 sind die bekanntgewordenen Handelsbezeichnungen für Polyvinylchlorid bzw. für Vinylchlorid-Mischpolymerisate wiedergegeben.

---

[1] Chem. Trade J. **125**, Nr. 3259, S. 611 (1949).
[2] Chem. Trade J. **125**, Nr. 3263, S. 747 (1949).
[3] Chem.-Ing.-Technik **22**, 450 (1950).

Tabelle 6. *Handelsbezeichnungen von Polyvinylchlorid.*

Handels-bezeichnung	Polymerisat	Herstellerfirma
Corvic	Polyvinylchlorid	Imperial Chemical Industries Ltd., London
Decelith H	Polyvinylchlorid-Produkte	Deutsche Celluloid Fabrik, Eilenburg
Decelith W	Polyvinylchlorid-Produkte	Deutsche Celluloid Fabrik, Eilenburg
Flamenol	Polyvinylchlorid	General Electric Co., Shenectady
Formex	Polyvinylchlorid	Amerikanischer Herkunft
Genotherm	Polyvinylchlorid-Folie	Anorgana, Gendorf
Geon	Polyvinylchlorid	B. F. Goodrich Co., Akron
Guttagena	Polyvinylchlorid-Folie	Anorgana, Gendorf
Guttasyn	Polyvinylchlorid-Produkte	H. Rost & Co., Hamburg
Igelit PCU	Polyvinylchlorid	Badische Anilin & Soda Fabrik, Ludwigshafen
Igelit PC	Nachchloriertes Polyvinylchlorid	Badische Anilin & Soda Fabrik, Ludwigshafen
Ioroplast	Polyvinylchlorid-Isoliermasse	Elektro-, Glimmer- und Preßwerke Scherb & Schwer K.G., Berlin
Korogel	Polyvinylchlorid-Lösung	B. F. Goodrich Co., Akron
Korolac	Polyvinylchlorid-Lösung	B. F. Goodrich Co., Akron
Koroseal	Weichgestelltes Polyvinylchlorid	B. F. Goodrich Co., Akron
Luvitherm	Polyvinylchlorid-Spezial-Folie	Badische Anilin & Soda Fabrik, Ludwigshafen
Marvinol	Polyvinylchlorid	Glenn L. Martin & Co., Baltimore
Mipolam PCU	Polyvinylchlorid	Venditor Kunststoffverkaufs-Ges., Troisdorf
Noraplast	Polyvinylchlorid	Vital-Schuh-Gesellschaft, Weinheim a. d. B.
Nyhalit	Polyvinylchlorid	New York-Hamburger Gummiwaren-Fabrik, Hamburg
Permalon	Weichgestelltes Polyvinylchlorid	Rüger & Mallon, K.G., Berlin
Plastosyn	Polyvinylchlorid	
Polymon	Polyvinylchlorid	Pierce Plastics Inc., Michigan
Protodur H	Polyvinylchlorid	Siemens-Schuckert-Werke A.G., Berlin
R.D.T.-Silber	Polyvinylchlorid-Dichtungsmat.	Rüger & Malon K.G., Berlin
Rilcolm	Polyvinylchlorid	Rubber Improvement Ltd., England
Solvic	Polyvinylchlorid	Solvay & Cie., Brüssel
Tenaglas	Polyvinylchlorid	Hydro Plastics Ltd., of Putney London
Tewenol	Polyvinylchlorid	Textilgesellschaft Weißbach
Velon	Polyvinylchlorid-Massen	Firestone Corp.
Vestolit	Polyvinylchlorid	Chem. Werke Hüls, Marl.
Vinidur	Polyvinylchlorid-Produkte	Badische Anilin & Soda Fabrik, Ludwigshafen
Vinifol	Polyvinylchlorid	Badische Anilin & Soda Fabrik, Ludwigshafen
Vinnol	Polyvinylchlorid	Dr. A. Wacker Ges. f. elektrochem. Ind. m.b.H., München
Vinylaz C	Polyvinylchlorid	Soc. Belge de l'Azote et des Produits Chimique du Marly
Vinylite Q	Polyvinylchlorid	Carbide and Carbon Chemical Co.
Vipla	Polyvinylchlorid	Montecatini, Mailand
Welvic	Polyvinylchlorid	Imperial Chemical Industries Ltd., London

Tabelle 7. *Handelsbezeichnungen von Vinylchlorid-Mischpolymerisaten.*

Handels- bezeichnung	Zusammensetzung	Herstellerfirma
Astralon	Vinylchlorid-Mischpoly- merisat	Celluloid-Verkaufs GmbH., Berlin
Chemaco Vinyl		
Elasti-glass		
Hekodent	Vinylchlorid-Mischpoly- merisat für Zahnprothesen	Heko-Werk, Berlin-Tempelhof
Igelit MP Type A	80% Vinylchlorid, 10% Äthyl- und 10% Methylmaleinat	I.G. Farbenindustrie
Igelit MP Type AK	80% Vinylchlorid, 10% Methylacrylat, 10% Isobutylmaleinat	I.G. Farbenindustrie
Igelit MP Type D	80% Vinylchlorid, 20% Methylacrylat	I.G. Farbenindustrie
Igelit MP Type K	84% Vinylchlorid, 16% Methylacrylat	I.G. Farbenindustrie
Lumarith VN		
Luvimal	80% Vinylchlorid, 20% Maleinsäurediäthyl- ester	Badische Anilin & Soda Fabrik, Ludwigshafen
Mipolam MP	Mischpolymerisat	Venditor Kunststoffverkaufsges., Troisdorf
Neohekolith	Mischpolymerisat für Zahnprothesen	Heko-Werk, Berlin-Tempelhof
Nyhalam	Vinylchlorid-Mischpoly- merisat mit Weich- macherzusatz	New York-Hamburger Gummi- waren-Fabrik, Hamburg
Pohmon	Mischpolymerisat	Rüger & Mallon K.G., Berlin
Resproid		
Saran	Vinylchlorid-Venyliden- chlorid-Mischpolymerisate	Dow Chemical Co.
Vinylaz CA	Vinylchlorid-Vinylacetat- Mischpolymerisat	Soc. Belge de l'Azote et des Pro- duits chemiques du Marly
Vinnol H 40	Vinylchlorid-Vinylacetat- Mischpolymerisat	Dr. A. Wacker Ges. f. elektrochem. Ind. m.b.H., München
Vinoflex MP	Mischpolymerisat	Badische Anilin & Soda Fabrik, Ludwigshafen
Vinylite VYLF	85—88% Vinylchlorid, 15—12% Vinylacetat	Carbide and Carbon Chemical Co.
Vinylite VYHH	85—88% Vinylchlorid, 15—12% Vinylacetat	Carbide and Carbon Chemical Co.
Vinylite VYNS	88—90,5% Vinylchlorid, 12—9,5% Vinylacetat	Carbide and Carbon Chemical Co.
Vinylite VYNW	95% Vinylchlorid, 5% Vinylacetat	Carbide and Carbon Chemical Co.
Weschulin	Mischpolymerisat	Weber & Schulz, Hamburg- Bahrenfeld
Wyglas	Mischpolymerisat	H. Redlhammer, Berlin W.

V. Nachbehandlung von Polyvinylchlorid und Vinylchlorid-Mischpolymerisaten.

Die an sich hervorragenden Eigenschaften von Kunststoffen auf der Basis von Vinylchlorid können durch eine besondere Nachbehandlung noch in verschiedener Hinsicht verbessert oder in bestimmter Richtung beeinflußt werden.

Man erreicht diese Verbesserung oder Abwandlung der Eigenschaften durch Nachchlorierung, Stabilisierung, Härtung, Vulkanisierung und vor allem durch Weichmachung und Plastizierung der nach der Polymerisation von Vinylchlorid allein oder in Gegenwart anderer monomerer Verbindungen erhaltenen Kunststoffmassen.

A. Nachchlorierung.

Bei der Polymerisation von Vinylchlorid gelingt es nicht, Produkte darzustellen, welche bei einer hinreichend großen Löslichkeit auch eine ausreichende Festigkeit besitzen, da mit Zunahme des Polymerisationsgrades nur die Festigkeit zunimmt, während die Löslichkeit umgekehrt abnimmt[1].

Nach C. Schönburg[2] läßt sich nun ein niederpolymeres Polyvinylchlorid, das zwar gute Löslichkeit, aber keine oder nur minderwertige filmbildende Eigenschaften aufweist, durch nachträgliche Chlorierung in ein Erzeugnis überführen, das zur Verarbeitung auf hochwertige Filme, Lacke usw. geeignet ist.

Zur Herstellung eines solchen, als nachchloriertes Polyvinylchlorid bezeichneten Produktes verfährt man in der Weise, daß man das niederpolymere Vinylchlorid in etwa 5prozentiger Suspension in Tetrachlorkohlenstoff durch Nachchlorieren in ein Produkt von höherem Chlorgehalt überführt, das dabei in Lösung geht und sich nach dem Wiederabkühlen der Lösung durch Zusetzen von Methylalkohol ausfällen und als feines Pulver gewinnen läßt.

Bei der Darstellung dieses nachchlorierten Polyvinylchlorids kann man z. B. in folgender Weise verfahren:

100 Teile eines in Butylacetat zu etwa 10 Prozent löslichen niederpolymeren Polyvinylchlorids, das durch Polymerisation von Vinylchlorid im Autoklaven in Gegenwart von Benzoylperoxyd und Essigsäureanhydrid bei etwa 60° hergestellt wurde und das infolge ungenügender Festigkeit keine Lackfilme zu bilden vermag, werden in 2000 Teile Tetrachlorkohlenstoff suspendiert, worauf bei 60 bis 70° Chlor eingeleitet wird.

Nachdem durch Probenahme festgestellt ist, daß das Produkt gute filmbildende Eigenschaften besitzt, wird die Chlorierung abgebrochen, die Flüssigkeit nach Abkühlen mit 600 Teilen Methylalkohol versetzt und von dem ausgefüllten Chlorierungsprodukt abfiltriert. Das Produkt wird dann bis zur Säurefreiheit mit Methylalkohol nachgewaschen und getrocknet.

Das weiße Pulver hat einen Chlorgehalt von 64 bis 66 Prozent und ist in Butylacetat, Aceton, Benzol zu etwa 25 Prozent löslich.

---

[1] KRCZIL, F.: Kurzes Handbuch der Polymerisationstechnik, Bd. I. Einstoffpolymerisation, S. 393. Leipzig 1940.

[2] DRP. 596911, F.P. 755048, Ital.P. 324432, E.P. 401200, I.G. Farbenindustrie A.G.

In ähnlicher Weise nehmen neuerdings B. GRAHAM und H. S. TUR-NER[1] die Nachchlorierung von Polyvinylchlorid vor. Sie leiten Chlor in eine Lösung von Polyvinylchlorid in Tri-, Tetra- oder Pentachlor-äthan mit 0,12 bis 1 Gewichtsprozent Wasser ein.

Die vorbeschriebene Nachchlorierung des Polyvinylchlorids in Gegenwart einer organischen Flüssigkeit, die ein Suspendierungs- oder Quellungsmittel für das Ausgangsmaterial, vorzugsweise ein chlorierter aliphatischer Kohlenwasserstoff, wie Tetrachlorkohlenstoff oder Tetrachloräthan, sein kann, wird ganz wesentlich vereinfacht, wenn man sie nach E. HANSCHKE[2] im geschlossenen Gefäß unter Druck vornimmt. Durch Zugabe der für den gewünschten Chlorierungsgrad notwendigen Chlormenge, Erwärmung auf Reaktionstemperatur und gegebenenfalls Abkühlung nach Anspringung der Chlorierung zur Abführung der überschüssigen Reaktionswärme kann man in kurzer Zeit leicht einen Endstoff mit bestimmten Eigenschaften, insbesondere bestimmter Löslichkeit, erzielen. Als Suspendierungsmittel kann man auch niedrig siedende Chlorkohlenwasserstoffe, wie Chloroform, verwenden, aus welchen sich der Endstoff, beispielsweise durch Einlaufenlassen der Fraktionsmischung in kochendes Wasser, restlos abscheiden und wiedergewinnen läßt. Man kommt dabei mit einer geringen Menge des Lösungsmittels aus.

Die Nachchlorierung des Polyvinylchlorids wird zweckmäßig in einem Roll- oder Schüttelautoklaven vorgenommen.

In einem Rollautoklaven werden 50 Teile Polyvinylchlorid mit einem K-Wert von 62,3, 800 Teile Tetrachlorkohlenstoff und 50 Teile Chlor auf etwa 80 bis 90° erhitzt, bis die Reaktion einsetzt. Durch Kühlung hält man die Temperatur auf 100 bis 110°. Der höchste Druck beträgt etwa 9 bis 10 atü. Das Umsetzungsprodukt hat einen Chlorgehalt von 66,8 Prozent und ergibt bis zu 15 prozentige Lösungen in Tetrahydrofuran.

Nach diesem Verfahren wurde die Nachchlorierung von Polyvinylchlorid in den Werken der I.G. Farbenindustrie A.G.[3] vorgenommen. Als Ausgangsmaterial diente hier *Igelit PCU Type F* mit einem K-Wert von 65. Aus diesem Polyvinylchlorid wurde eine Lösung in Tetrachloräthan bereitet, die in Chlorierungsgefäße eingefüllt wurde. Letztere dürfen kein freigelegtes Eisen enthalten, da sonst die beim Einleiten von Chlor einsetzende Reaktion äußerst lebhaft vor sich geht und das Chlorierungsprodukt gelartig und dunkel anfällt[4]. Die Chlorierung dauert 24 bis 40 Stunden, während welcher die Temperatur auf 120° ansteigt. Der bei der Reaktion gebildete Chlorwasserstoff wird mit Kalk neutralisiert und das Reaktionsprodukt durch Zusatz von Methanol gefällt. Das ausgefällte nachchlorierte Polyvinylchlorid wird abfiltriert und getrocknet. Das Tetrachloräthan-Methanol-Gemisch wird durch Destillation in seine Bestandteile getrennt.

---

[1] Canad.P. 439858, Canadian Industries Ltd.
[2] Schwz.P. 216170, F.P. 869381, I.G. Farbenindustrie A.G.
[3] RUEBENSSAAL, C. R.: Mod. Plastics **25**, 143 (1948); Bericht PB 77673 US-Handelsministerium; Kunststoffe **39**, 51 (1949).
[4] B.I.O.S.-Bericht 1001, Brit. Plastics **19**, 176 (1947).

Das Igelit PC-Pulver wird dann in einer sich drehenden Trommel im Vakuum bei 70° etwa 24 Stunden getrocknet. Das hierbei entweichende Methanol wird in einem mit Sole gefühlten Kühler kondensiert und somit wiedergewonnen.

Während der Fällung des nachchlorierten Polyvinylchlorids (*Igelit PC*) kommt es manchmal vor, daß das Produkt nicht als Pulver, sondern als Gel ausfällt. Es muß in diesem Falle nach Entfernung der Flüssigkeit erneut in Tetrachloräthan gelöst und zum zweitenmal mit Methanol gefällt werden.

Nach dem vorbeschriebenen Verfahren läßt sich aber das für viele Zwecke der Technik gleichfalls wertvolle nachchlorierte hochpolymere Vinylchlorid nicht gewinnen, da es bei der Ausfällung der Tetrachlorkohlenstofflösung mit einem Nichtlöser für Polyvinylchlorid, wie Methanol, statt eines Pulvers grobflockige zähe Ausscheidungen liefert, die nur schwer vom Lösungsmittel zu befreien sind.

In einer leicht verarbeitbaren sandig-pulverigen Form werden nach G. Wick[1] jedoch auch diese hochpolymeren nachchlorierten Vinylchloride erhalten, wenn man nachstehende Arbeitsbedingungen einhält:

Die Lösung des nachchlorierten Polyvinylchlorids, beispielsweise in Tetrachloräthan, wird gegebenenfalls nach Anreicherung derselben, durch Verflüchtigung eines Teiles des Lösungsmittels bis zur Erzielung einer etwa 10 prozentigen Lösung so weit abgekühlt, bis die Lösung zu gelieren beginnt; hierzu ist je nach dem Polymerisationsgrad eine Abkühlung bis auf Temperaturen von etwa 0 bis —20° erforderlich. In die abgekühlte Lösung wird nun ein Nichtlöser für Polyvinylchlorid, z. B. Methanol, zweckmäßig vorgekühlt, im Ausmaß von etwa ein Viertel bis ein Drittel des Volumens der Lösung unter Rühren zugefügt, worauf sich sofort das nachchlorierte Polyvinylchlorid als sandiges, ausgezeichnet filtrierbares, weißes Pulver praktisch quantitativ ausscheidet, das nach dem Waschen mit Methanol in hoher Reinheit ausfällt.

Von C. Schönburg[2] wurde später gefunden, daß man dieses Verfahren auch kontinuierlich ausführen kann. Hierbei verfährt man in der Weise, daß man die Lösung des nachchlorierten Polyvinylchlorids durch Abkühlung auf Temperaturen von etwa —10 bis —40° zum beginnenden Gelieren bringt und die so erhaltene zähflüssige Masse durch eine Düse beliebiger Form in ein Fällbad einbringt, das z. B. mit Methanol beschickt ist. In dem Fällbad scheidet sich das nachchlorierte Polyvinylchlorid in Form eines festen Bandes oder Faserbündels ab, das fortlaufend abgezogen werden kann.

G. Wick[3] verwendet hier zweckmäßig die bei der Emulsionspolymerisation von Vinylchlorid anfallende Emulsion, der ein Quell- oder organisches Suspensionsmittel, wie Tetrachloräthan oder Chloroform, zugesetzt wird.

<hr>

[1] DRP. 651 878, F.P. 813 828, A.P. 2 080 589, I.G. Farbenindustrie A.G.

[2] DRP. 675 147, F.P. 49 230, Zusatz zu F.P. 813 828, I.G. Farbenindustrie A.G.

[3] Schwed.P. 111 410, Norweg.P. 68 099, Belg.P. 451 275, I.G. Farbenindustrie A.G.

Die Chlorierung von Polyvinylchlorid in wäßriger Emulsion hat mit den Verfahren, die mit Lösungen von Polyvinylchlorid arbeiten, den gemeinsamen Nachteil, daß die Chlorierungstemperatur durch die Siedepunkte der Lösungsmittel bzw. der wäßrigen Emulsion begrenzt ist, so daß eine genügend hohe Chlorierungsstufe häufig nur nach verhältnismäßig langer Dauer erreicht wird.

Nach H. JACQUÉ[1] kann man aber Polyvinylchlorid in technisch besonders vorteilhafter Weise chlorieren, wenn man es in fester großoberflächiger Form, besonders in Form von Pulver, Grieß od. dgl., bei erhöhter Temperatur mit gasförmigem Chlor behandelt und die Temperatur entsprechend dem Fortschreiten der Chlorierung weiter erhöht, jedoch jeweils unterhalb des Sinterungsbereiches des Polyvinylchlorids hält.

Man arbeitet in strömender Chloratmosphäre in drehenden Rohren oder Behältern, in denen das Polyvinylchlorid-Pulver auf endlosen Bändern bewegt wird. Man kann auch in senkrechten Türmen oder Rohren arbeiten, in denen das Polyvinylchlorid auf untereinander angeordneten Tellern kreisförmig bewegt und durch Schlitze von Teller zu Teller langsam fallend durch den Chlorierungsbehälter von oben nach unten befördert wird.

Ein grießförmiges Polyvinylchlorid mit einem K-Wert über 70 wird in einem Drehrohr der Einwirkung eines Chlorstromes ausgesetzt. Die Temperatur wird ab etwa 110°, wo bereits eine geringe Chloraufnahme erfolgte, innerhalb 100 Minuten auf 180° erhöht und etwa weitere 90 Minuten auf dieser gehalten, bis 100 Gewichtsteile des angewandten Polymerisats etwa 50 Gewichtsteile Chlor aufgenommen haben.

Die Nachchlorierung von Polyvinylchlorid kann auch auf photochemischem Wege erfolgen. Der Betrag an aufgenommenem Chlor kann nach J. CHAPMAN und J. W. C. CRAWFORD[2] erhöht werden, wenn man bei dieser Nachchlorierung in Gegenwart einer geringen Menge Wasser arbeitet.

Beispielsweise belichtet man ein Gemisch von Polyvinylchlorid, Tetrachloräthan, Chlor und Wasser bei Zimmertemperatur 10 Stunden mit einer elektrischen Lampe, bläst Chlor und Chlorwasserstoff mit einem Luftstrom ab, kühlt auf −20° und fällt das Reaktionsprodukt mit Methanol aus. Es enthält 67,5 Prozent Chlor, während man beim Arbeiten in Abwesenheit von Wasser ein Produkt mit einem Chlorgehalt von nur 60 Prozent erhält.

Durch die Nachchlorierung von Polyvinylchlorid, die auch von der Firma Röhm und Haas A.G.[3] vorgeschlagen wurde, wird der Chlorgehalt des Polyvinylchlorids[4], wie schon aus den angeführten Beispielen hervorgeht, um wenige Prozent erhöht. Es wird etwa in jedem Grundmolekül ein Wasserstoffatom gegen ein Chloratom ausgetauscht.

Aus den Versuchen von H. E. FIERZ-DAVID und HCH. ZOLLINGER[5] scheint hervorzugehen, daß die Nachchlorierung von Polyvinylchlorid

---

[1] D.B.P. 801304, Badische Anilin & Soda Fabrik.
[2] A. P. 2426080, Imperial Chemical Industries Ltd.
[3] F.P. 750873, Röhm & Haas A.G.
[4] Siehe Seite 202.
[5] FIERZ-DAVID, H. E., u. HCH. ZOLLINGER: Helvet. chim. acta **28**, 455 (1945).

nur dann möglich ist bzw. nur bei solchen Produkten stattfinden kann, bei denen Doppelbindungen infolge Abspaltung von Chlorwasserstoff vorhanden sind. Allerdings scheint diese Beobachtung nur Gültigkeit zu haben bei der Chlorierung des Polyvinylchlorids bei 20°; ein Beweis, daß bei erhöhten Temperaturen eine direkte Substitution von Wasserstoffatomen durch Chloratome nicht erfolgt, konnte jedoch nicht erbracht werden.

Das nach einem der behandelten Verfahren hergestellte nachchlorierte Polyvinylchlorid läßt sich in eine licht- und wärmebeständigere Form überführen, wenn man das nachchlorierte Produkt mit solchen organischen Flüssigkeiten extrahiert, die kein Quellungsvermögen für das Polymerisat aufweisen, die niedermolekularen Anteile jedoch zu lösen vermögen[1].

Zur Darstellung eines Produktes dieser Eigenschaft werden z. B. 100 g eines nachchlorierten Polyvinylchlorids in pulverförmigem Zustande mit 94 prozentigem Alkohol, dem 2 Prozent Toluol zugesetzt sind, in der Weise extrahiert, daß der Alkohol bei 40° zwanzigmal durch das Pulver langsam hindurchläuft. Nach dem Abdestillieren des Lösungsmittels erhält man ein Polymerisat mit einem Erweichungspunkt von 80°, während das Ausgangsmaterial einen solchen von 71° besitzt.

In ähnlicher Weise wie Polyvinylchlorid kann man auch Mischpolymerisate des Vinylchlorids, z. B. Mischpolymerisate aus Vinylchlorid und Vinylacetat[2], nachchlorieren.

Diese Nachchlorierung von Vinylchlorid-Vinylacetat-Mischpolymerisat nehmen W. O. HERRMANN und W. HAEHNEL[3] in Lösungen oder Suspensionen in organischen hydroxylgruppenhaltigen Lösungsmitteln mit geringem Wassergehalt vor.

Durch eine Chlorierung von Mischpolymerisaten aus Vinylchlorid und Vinylidenchlorid kann man die Wärmebeständigkeit, aber auch die Löslichkeit dieser Mischpolymerisate verbessern[4]. Man nimmt nach O. W. CASS[5] die Nachchlorierung der genannten Vinylchlorid-Mischpolymerisate in einem Lösungsmittel, wie Tetrachlorkohlenstoff, mit wenig Wasser als Katalysator unter aktin. Bestrahlung vor. Die aufzunehmende Chlormenge wird so geregelt, daß die Mischpolymerisate mit viel Vinylidenchlorid 4 bis 5 Prozent Chlor, die mit viel Vinylchlorid 8 bis 10 Prozent Chlor aufnehmen.

Mischpolymerisate aus Vinylchlorid und Vinylidenchlorid mit verbesserten Lösungseigenschaften kann man nach A. ILOFF[6] dadurch erhalten, daß man diese Produkte zunächst nachchloriert und gegebenenfalls einer gleichzeitigen oder nachfolgenden Depolymerisation unterwirft.

Eine Verbesserung der Eigenschaften kann man auch bei Vinylchlorid-Trichloräthylen-Mischpolymerisaten erzielen, wenn man diese

---

[1] DRP. 679896, Deutsche Celluloid Fabrik.

[2] F.P. 750873, Röhm & Haas A.G.

[3] F.P. 882650, Dr. A. Wacker Ges. f. elektrochem. Ind. m.b.H.

[4] E.P. 592348, Imperial Chemical Industries Ltd.

[5] A.P. 2408608, 2408609, E. I. du Pont de Nemours & Co.

[6] DRP. 749586, I.G. Farbenindustrie A.G.

polymeren Körper einer nachträglichen Chlorierung unterwirft[1]. Um Produkte mit höherem Erweichungspunkt, heller Farbe, guter Löslichkeit in den üblichen Lösungsmitteln und verbesserter Wärmefestigkeit zu erhalten, chloriert man die 1 bis 5 Prozent Trichloräthylen enthaltenden Mischpolymerisate bis zu einem Gesamtchlorgehalt von 64 bis 66 Prozent durch Einleiten von Chlor in eine Suspension des Mischpolymerisats in Tetrachlorkohlenstoff bei 50 bis 60° und Bestrahlen mit chemisch wirksamem Licht[2]. Man entfernt Chlorwasserstoff und Chlor durch Durchblasen von Luft und fällt mit Methanol. Diese chlorierten Mischpolymerisate eignen sich zur Herstellung von Schutzüberzügen mit guter Biegsamkeit, Haftung und Säure- und Alkalifestigkeit.

Durch eine nachträgliche Chlorierung kann man ferner Mischpolymerisate aus Vinylchlorid und Vinylalkyläthern[3] bzw. aus Vinylchlorid und Acrylsäureestern[4] in ihren Eigenschaften verbessern.

B. Stabilisierung.

Unter dem Einfluß von Licht oder Wärme erweist sich Polyvinylchlorid vielfach insofern als unbeständig, als dieses unter den genannten Bedingungen sich mehr oder weniger stark verfärbt.

Diese Verfärbung ist zum Teil darauf zurückzuführen, daß das zur Polymerisation gelangende Vinylchlorid mitunter andere Halogenverbindungen enthält, die mehr oder weniger instabil sind und im polymeren Vinylchlorid sich zersetzen und damit die Verfärbung des Polymerisats bedingen.

Auf Grund dieser Erkenntnis kann man nicht nur hinsichtlich *Stabilität*, sondern auch hinsichtlich *chemischer Widerstandsfähigkeit* bessere Polyvinylchloride erhalten, wenn man das Vinylchlorid vor der Polymerisation durch Behandlung mit konzentrierten Lösungen von Alkalien, z. B. *Natriumcarbonat*, von fremden Halogenverbindungen befreit und anschließend sofort polymerisiert[5].

Nach diesem Verfahren wird gasförmiges Vinylchlorid z. B. in einem Turm mit 50prozentiger Natriumcarbonatlösung gewaschen und anschließend in einem Autoklaven mit Benzoylperoxyd in wäßriger Emulsion bei Temperaturen von 30 bis 35° polymerisiert.

Gegen Licht und Hitze besonders beständige Polymerisationsprodukte lassen sich nach H. FIKENTSCHER und W. FRANKE[6] auch erhalten, wenn man Vinylchlorid in Gegenwart geringer Mengen, d. h. Bruchteile eines Prozents bis einige Prozente, einer *ungesättigten Carbonsäure* oder deren *Amid* polymerisiert und das Polymerisat mit verdünnten Lösungen von *Alkalien* oder stark alkalisch reagierenden Stoffen nachbehandelt.

---

[1] E.P. 592348, Imperial Chemical Industries Ltd.
[2] E.P. 582348, Imperial Chemical Industries Ltd.
[3] F.P. 750873, Röhm & Haas A.G.
[4] F.P. 758454, I.G. Farbenindustrie A.G.
[5] F.P. 837233, Dr. A. Wacker Ges. f. elektrochem. Ind. m.b.H.
[6] DRP. 663220, I.G. Farbenindustrie A.G.

Als solche, die Licht- und Hitzebeständigkeit steigernde Zusatzstoffe kommen *Acrylsäure* und ihre Homologen, z. B. *Methacrylsäure*
sowie ihre Substitutionsprodukte, ferner *Maleinsäure* sowie alle ungesättigten Carbonsäuren und deren Amide in Betracht, die befähigt
sind, mit dem Vinylchlorid zusammen zu polymerisieren.

Die erhaltenen Polymerisate werden mit verdünnten Lösungen von
Alkalien, z. B. 0,5prozentigen Lösungen von Natriumhydroxyd, Ammoniak oder Soda, nachbehandelt und hernach durch Auswaschen von den
überschüssigen alkalischen Stoffen befreit.

Ein Gemisch aus 40 Teilen Vinylchlorid, 1,7 Teilen Emulgiermittel, 0,15 Teilen
Ammoniumpersulfat und 0,9 Teilen Natriumpyrophosphat wird in einem Druckgefäß in 150 Teilen Wasser emulgiert und bei 50° unter Zugabe von 0,4 Teilen
Methacrylsäureamid polymerisiert. Die erhaltene Emulsion wird durch Zusatz
eines Elektrolyten gefällt, der Niederschlag mit so viel Alkali versetzt, bis der
Gehalt 0,4 Prozent beträgt, auf 70 bis 90° aufgeheizt, abgeschleudert und mit
reinem Wasser bis zu einem p_H-Wert von 7,5 bis 8 gewaschen. Nach dem Trocknen
erhält man ein weißes lockeres Pulver, das wesentlich hitzebeständiger ist als ein
entsprechendes Produkt, das ohne Zusatz von Methacrylsäureamid hergestellt
wurde.

An Stelle von Methacrylsäureamid lassen sich auch Amide von anderen ungesättigten Säuren, z. B. Acrylsäureamid, verwenden.

In eine licht- und wärmebeständigere Form läßt sich Polyvinylchlorid auch überführen, wenn man das polymere Produkt oder Mischpolymerisate aus Vinylchlorid und Vinylacetat mit solchen organischen
Flüssigkeiten erschöpfend extrahiert, die kein Quellungsvermögen für
das hochpolymere Vinylchlorid aufweisen, die niedermolekularen Anteile aber zu lösen vermögen[1]. Nach diesem Prinzip behandelt eine
japanische Firma[2] Polyvinylchlorid in folgender Weise: Das Polyvinylchlorid wird mit einem heißen Lösungsmittel, wie Äthylenchlorid oder
Chlorbenzol, behandelt, die ungelösten Anteile werden abgetrennt und
das noch in Lösung verbliebene unlösliche Polyvinylchlorid durch Zugabe der etwa doppelten Menge eines niedermolekularen aliphatischen
Alkohols ausgeschieden.

Praktische Bedeutung haben aber diese Arbeitsweisen nicht erlangt.

Mit Hilfe der vorbeschriebenen Verfahren kann man zwar Polyvinylchloride erhalten, die eine verbesserte *Licht-* und *Wärmebeständigkeit*
von Haus aus aufweisen. Man kann aber auch durch diese Maßnahmen
nicht verhindern, daß die Polymerisate des Vinylchlorids sich beim Erhitzen über den Erweichungspunkt verfärben.

Diese mangelhafte Stabilität der von Vinylchlorid abgeleiteten homogenen oder heterogenen Hochpolymeren ist auf eine *Abspaltung* von
Chlorwasserstoff infolge beginnender Zersetzung des polymeren Vinyl-
chlorid-Moleküls zurückzuführen, als deren unmittelbare Folge die als
Instabilität bezeichneten Erscheinungen auftreten, wie Minderung der
Festigkeit, Vergilbung des transparenten und *Vergrauung* des weißpigmen-
tierten Polymerisats.

---

[1] DRP. 679896, Deutsche Celluloid Fabrik A.G.

[2] Jap.P. 147779, Furukawa Denki Kogyo K. K. T. Shiomi, N. Sakuma und
K. Rodo.

Die Verwendung der Polymerisate oder Mischpolymerisate des Vinylchlorids hängt aber von der Stabilität dieser polymeren Körper ab.

Während der Hersteller hauptsächlich auf eine gute *Wärmebeständigkeit* Wert legt, um während der meist thermoplastischen Verarbeitung Rückschläge zu vermeiden, legt der Verbraucher Wert auf eine gute *Lichtbeständigkeit.*

Eine Verbesserung der Beständigkeit von in Alkoholen unlöslichen Polyvinylchloriden kann man nach G. W. STANTON[1] erzielen, wenn man diese Polymeren mit einem niedermolekularen aliphatischen einwertigen Alkohol oberhalb 100° behandelt. Die von der Polymerisation noch vorhandenen Peroxyde werden hierbei in nicht mehr schädliche Stoffe umgewandelt. Als Alkohole eignen sich die einwertigen Alkohole von Methanol und Hexanol. Das Polyvinylchlorid wird gepulvert und gegebenenfalls mit Säurelösung zur Entfernung von Metallsalzen gemischt.

Man erwärmt 230 Gewichtsteile Vinylchlorid, 800 Gewichtsteile Wasser, 1,24 Gewichtsteile Benzoylperoxyd und 0,75 Gewichtsteile Methylcellulose 84 Stunden auf 34 bis 38°, filtriert und trocknet. Das Polyvinylchlorid enthält 0,55 Gewichtsprozent Peroxydkatalysatorrückstand.

20 Gewichtsteile Polymeres werden mit 60 Teilen Methanol rasch auf 138° erwärmt. Der Druck steigt dabei auf etwa 2,14 kg/cm². Proben des so vorbehandelten Polyvinylchlorids können bei 170° 30 Sekunden ohne Verfärbung verformt werden.

Die durch Licht- und Wärmeeinwirkung auftretende Qualitätsverschlechterung läßt sich aber besser dadurch vermeiden, daß man den Polymerisaten oder Mischpolymerisaten des Vinylchlorids bestimmte Stoffe zusetzt.

Als solche als Stabilisierungsmittel bezeichnete Stoffe eignen sich z. B. die von C. L. SHAPIRO[2] vorgeschlagenen *Carbonsäuren.* Letztere können nicht nur Polyvinylchlorid oder Mischpolymerisaten aus Vinylchlorid und Vinylestern, sondern auch Mischungen von Polyvinylchlorid und Polymethacrylsäureestern zugesetzt werden.

Zur Stabilisierung von Polyvinylchlorid verwendet die Firma The B. F. Goodrich Co.[3] 0,5 bis 3,0 Gewichtsprozent eines *partiellen Esters* eines mehrwertigen Alkohols, der neben dem Sauerstoff der Hydroxylgruppen nur aus Kohlenstoff und Wasserstoff aufgebaut ist, und einer ungesättigten Fettsäure mit über 10 Kohlenstoffatomen. Ein geeigneter Ester ist z. B. der Glycerinmonoester der Fettsäure des Baumwollöls.

Eine Stabilisierung läßt sich z. B. auch erzielen, wenn man den Mischpolymerisaten aus Vinylchlorid und Vinylestern *Äthylenoxyd* zusetzt[4].

Die Beständigkeit von Polyvinylchlorid wird ferner durch Zusatz von Äthern, die mindestens zwei Epoxyäthylgruppen im Molekül enthalten und einen Kochpunkt oberhalb 300° besitzen, erhöht[5].

---

[1] A.P. 2348480, Dow Chemical Co.

[2] A.P. 2439677, Lynnwood Laboratories Inc.

[3] F.P. 950206, The B. F. Goodrich Co.

[4] F.P. 712303, E. I. du Pont de Nemours & Co.

[5] F.P. 952879, N. V. de Bataafsche Petroleum Mij.

Geeignete Stabilisatoren dieser Art sind z. B. 1, 3-Bis(2'· 3'-epoxy-1-propoxy)-benzol, α-(2'· '3-Epoxy-1'-propoxy)-naphthalin usw.

Die durch Einwirkung von Licht oder Wärme bedingte Verfärbung von Mischpolymerisaten aus Vinylchlorid und Fumarsäureestern kann durch Zusatz von 0,1 bis 5 Gewichtsprozent einer 1, 2-Epoxyverbindung, z. B. *Phenoxypropylenoxyd*, verhindert werden[1].

Zur Stabilisierung von polyvinylchloridhaltigen Massen setzt C. D. LE CLAIRE[2] diesen eine organische *Isonitroso-Verbindung* zu.

Bis zu einem gewissen Grade üben eine stabilisierende Wirkung ferner solche einkernige aromatische Verbindungen aus, die eine einzige Hydroxylgruppe und in Ortho-Stellung hierzu eine Nitro-, Alkyl-, Alkoxy- oder veresterte Carboxylgruppe aufweisen[3]. Als besonders brauchbar haben sich z. B. erwiesen *o-Nitrophenol*, *Gujakol*, *o-Kresol* und vor allem die *Alkylester* der *Salicylsäure*, wie Methyl-, Äthyl-, Butylsalicylat, Triäthylenglykolsalicylat oder β-Butoxyäthylsalicylat.

Diese Stoffe werden den Polymerisaten oder Mischpolymerisaten des Vinylchlorids, z. B. mit Vinylestern von aliphatischen Säuren, in Mengen bis zu 5 Gewichtsprozenten zugesetzt.

Um die Lichtempfindlichkeit von Polymerisaten des Vinylchlorids zu vermindern, setzt die Firma Imperial Chemical Industries Ltd.[4] diesen geringe Mengen, z. B. 0,5 bis 10 Prozent, Ester aromatischer Säuren, besonders der *Benzoesäure* oder *Salicylsäure*, mit *ein-* oder *mehrwertigen Phenolen* zu. Diese Stoffe vermögen das Licht von Wellenlängen bis zu 3400 Å zu adsorbieren, können aber nicht eine Verfärbung der Polymerisate durch Wärmeeinwirkung verhindern.

Um diese Wärmestabilisierung zu erzielen, muß man zusätzlich noch Schwermetallseifen zusetzen.

Zur Beseitigung der beim Erhitzen auftretenden Verfärbung muß man den Polymerisaten oder Mischpolymerisaten des Vinylchlorids solche Stoffe zusetzen, welche den unter dem Einfluß höherer Temperatur abgespaltenen, die Verfärbung bedingenden Chlorwasserstoff neutralisieren oder chemisch binden.

Eine Abspaltung von Chlorwasserstoff und damit zusammenhängend eine Verschlechterung der Eigenschaften von Polymerisaten oder Mischpolymerisaten aus überwiegenden Mengen Vinylchlorid und anderen polymerisierbaren Stoffen beim Erhitzen kann man nach K. QUARTHAL und M. HIRT[5] verhindern, wenn man den genannten polymeren Stoffen hochmolekulare *Kondensationsprodukte* aus *Arylolefinen* und *aromatischen Oxyverbindungen* und bzw. oder deren *Äther* zusetzt. Diese stabilisierende Wirkung wird meist schon mit geringen Mengen, z. B. 0,25 bis 3 oder 4 Prozent, der Kondensationsprodukte erzielt.

---

[1] E.P. 570 348, E. I. du Pont de Nemours & Co.
[2] A.P. 2476829, The Firestone Tire & Rubber Co.
[3] DRP. 701 837, Carbide and Carbon Chemicals Corp.
[4] F.P. 885120, Imperial Chemical Industries Ltd.
[5] DRP. 735446, I.G. Farbenindustrie A.G.

Stabilisierend wirken ferner *Carbinole*, *Ester* oder *Äther*, die die $(R_1R_2R_3)CO$-Gruppe enthalten[1].

In dieser Gruppe bedeuten R_1, R_2 und R_3 gleiche oder verschiedene aromatische oder heterocyclische Reste, d. h. solche mit 5 bis 6 Ringatomen und 2 bis 3 konjugierten Doppelbindungen.

Derartige Verbindungen sind z. B. *Triphenylcarbinol* und seine Derivate, wie Ester, Äther und Substitutionsprodukte, *Trifurylcarbinol*, *Trinaphthylcarbinol* oder *Trixenylcarbinol*. Von diesen Verbindungen setzt man dem Polyvinylchlorid geringe Mengen bis zu höchstens 5 Prozent zu.

Zur Neutralisation der beim Erhitzen aus Polyvinylchlorid abgespaltenen geringen Mengen Chlorwasserstoff hat man auch vielfach *alkalisch* oder *aminisch* reagierende Stoffe vorgeschlagen.

Eine Verfärbung von Polyvinylchlorid oder Vinylchlorid-Mischpolymerisaten wird auch verhindert, wenn man diesen polymeren Stoffen aliphatische oder aromatische Aminocarbonsäuren oder diese enthaltende natürliche Stoffe, wie Leim oder Gelatine, in einer Menge von höchstens 4 Prozent der Polymeren hinzufügt[2].

Geeignete Zusätze sind z. B. Glykokoll, Leucin, Alanin, Asparaginsäure usw. Vorzüglich geeignet sind ferner natürliche Leimstoffe, die die Aminosäuren im Gemisch mit filmbildenden Stoffen enthalten; solche sind Leim oder Gelatine.

Als Stabilisatoren für Polyvinylchlorid oder Vinylchlorid enthaltende Mischpolymerisate eignen sich *Hydroxyde* oder *Carbonate* der *Alkalimetalle*, wie z. B. *Natriumcarbonat*, und nach A. B. JAPS[3] auch *Phosphate* der *Alkalimetalle*, z. B. *Trinatriumphosphat*.

Mit verdünnten Lösungen alkalisch wirkender Stoffe behandeln G. v. SUSICH und H. FIKENTSCHER[4] auch Mischpolymerisate aus Vinylchlorid und Vinylestern.

Nach CL. H. ALEXANDER[5] wird eine Stabilisierung von Polyvinylchlorid ferner erreicht, wenn man Polyvinylchlorid in einer heißen Mühle mit einer Wasserglaslösung vermahlt, bis das Wasser verdampft ist. Die gleiche stabilisierende Wirkung wie Alkalisalze üben auch *Hydroxyde* oder *Carbonate* der *Erdalkalimetalle* und nach CL. H. ALEXANDER[6] auch *Erdalkalisilicate* aus. Von letzteren eignen sich Calcium-, Barium-, Strontium-, Blei- oder Silbersilicat auch zum Stabilisieren von Mischpolymerisaten aus Vinylchlorid und Vinylestern, wie Vinylacetat.

Von anorganischen Alkalimetallsalzen hat die Firma Wingfoot Corp.[7] *Alkalimetallsulfid* als Stabilisator für Mischpolymerisate des Vinylchlorids mit Dialkylfumaraten empfohlen.

---

[1] F.P. 917529, Imperial Chemical Industries Ltd. und J. R. MYLES und W. J. LEVY.

[2] DRP. 734524, Deutsche Celluloid-Fabrik A.G.

[3] A.P. 2218645, B. F. Goodrich Co.

[4] DRP. 659042, I.G. Farbenindustrie A.G.

[5] A.P. 2174545, B. F. Goodrich Co.

[6] A.P. 2179973, B. F. Goodrich Co.

[7] E.P. 585215, Wingfoot Corp.

Eine stabilisierende Wirkung üben auch verschiedene Alkali- oder Erdalkalisalze organischer Säuren aus.

Zum Stabilisieren von homogenen oder heterogenen Polymerisaten des Vinylchlorids verwendet K. K. FLIGOR[1] geringe Mengen, z. B. 0,5 bis 3 Prozent eines Alkali- oder Erdalkalisalzes einer schwachen organischen Säure, wie z. B. den Stearaten, Oleaten, Ricinoleaten, Seifen von oxydierten oder geblasenen Leinölen usw.

Eine solche stabilisierende Wirkung üben nach F. W. Cox und J. M. WALLACE jr.[2] *Alkalimonosulfide*, z. B. Natrium- oder Kaliummonosulfid, aus.

Calciumstearat verhindert auch bei Mischpolymerisation aus Vinylchlorid und Vinylacetat die Chlorwasserstoffabspaltung[3].

Diese *Erdalkaliseifen* können auch gemeinsam mit *Alkylestern* der *Salicylsäure* zum Stabilisieren von Vinylchlorid-Mischpolymerisaten verwendet werden[4].

Zu 100 Gewichtsteilen eines durch Polymerisation einer Mischung aus 75 Prozent Vinylchlorid und 25 Prozent Vinylacetat erhaltenen Mischpolymerisates werden ein Teil Strontiumoleat und 2,5 Teile Butylsalicylat zugesetzt.

Die Mischung wird während 10 Minuten bei 100° auf einer Differenzwalzenmühle durchgeknetet. Das erhaltene Produkt zeichnet sich durch seine Farblosigkeit und Stabilität gegen Hitze sowie Widerstandsfähigkeit gegen Verfärbung bei längerer Einwirkung des Sonnenlichtes und von ultraviolettem Licht aus.

Um das Verfärben von Polyvinylchlorid oder Vinylchlorid-Mischpolymerisaten beim Erwärmen auszuschließen, setzen F. W. Cox und J. M. WALLACE jr.[5] diesen 0,5 bis 5 Prozent eines Erdalkalisalycilates zu.

Man walzt z. B. 10 g Mischpolymerisat von 90 Prozent Vinylchlorid und 10 Prozent Diäthylfumerat mit 2 ccm Dibutylsebacat und 0,2 g Calciumsalycilat 5 Minuten bei 60° und 5 Minuten bei 100°.

Eine ähnliche stabilisierende Wirkung üben ferner *Salze* von *alkyl-* und bzw. oder acylsubstituierten Salicylsäuren, vor allem mit Metallen der II a-Gruppe des periodischen Sytems, aber auch die entsprechenden Nickel- oder Bleisalze aus[6]. Sie werden dem Polyvinylchlorid in Mengen von 1 bis 10 Prozent zugesetzt.

Außer den vorbeschriebenen Alkali- oder Erdalkalisalzen können zur Stabilisierung von Vinylchlorid-Mischpolymerisaten, die neben Vinylchlorid noch eine andere polymerisierbare Verbindung enthalten, *Erdalkalialkoholate, Calciummethylat, -äthylat, -propylat, -2-äthylhexalat, -phenolat, -naphtholat, -kresolat* und *-eugenolat* sowie die entsprechenden *Barium-, Magnesium-* oder *Strontiumalkoholate* oder *-penolate* verwendet werden[7]. Von diesen Alkoholaten werden den Vinylchlorid-Mischpolymerisaten 0,5 bis 10 Prozent, vorzugeweise 2 Gewichtsprozent, zugesetzt.

---

[1] F.P. 719914, A.P. 2181478, Carbide and Carbon Chemicals Corp.
[2] A.P. 2478862, Wingfoot Corp.
[3] WAGNER, R., u. H. F. SARX: Kunstharze, S. 124. München 1943.
[4] DRP. 701837, Carbide and Carbon Chemicals Corp.
[5] A.P. 2438102, Wingfoot Corp.
[6] F.P. 946039, N. V. de Bataafsche Petroleum Mij.
[7] F.P. 861916, Carbide and Carbon Chemicals Corp.

Erdalkaliverbindungen der allgemeinen Formel

$$X{=}(O \cdot R)_2 \,,$$

worin X ein Erdalkalimetall und R einen aliphatischen oder aromatischen Rest bedeuten, vermögen gleichfalls Polyvinylchlorid zu stabilisieren[1].

Gegen die Einwirkung von Licht schützen H. W. MOLL und E. C. BRITTON[2] Polyvinylchloride durch Zusatz von 2 bis 10 Prozent einer Verbindung der Formel

$$X \!-\!\!\left\langle \!\!\! \begin{array}{c} \\ \text{OH} \end{array} \!\!\!\right\rangle \!\!-\!\! \underset{\underset{O}{\parallel}}{C}\!-\!O\!-\!\!\left\langle \!\!\! \right\rangle\!\!-X_n$$

in welcher X Halogen, Kohlenwasserstoff- oder Kohlenwasserstoffoxyrest, das andere X Wasserstoff, Halogen, Kohlenwasserstoff- oder Kohlenwasserstoffoxyrest und n eine ganze Zahl nicht über 3 bedeuten.

Verbindungen dieser Art sind z. B. 4-tert.-Butyl-phenyl-salicylat, 4-tert.-Butyl-phenyl-5-tert.-salicylat, 4-tert.-Butyl-phenyl-2-chlorsalicylat.

Eine Stabilisierung von Polyvinylchlorid oder solchen Vinylchlorid-Mischpolymerisaten, die mindestens 70 Prozent Vinylchlorid und bis zu 30 Prozent eines olefinischen Monomeren enthalten, gegen Verfärbung beim Erhitzen auf höhere Temperaturen gelingt auch durch Zusatz von 0,1 bis 5 Prozent von *Alkali-* oder *Erdalkalimetallsalzen nitrosubstituierter Alkane* mit 2 bis 4 Kohlenstoffatomen im Molekül[3].

Auch schwach alkalisch reagierende stickstoffhaltige organische Verbindungen nehmen in der Hitze aus Polymerisaten oder Mischpolymerisaten des Vinylchlorids den abgespaltenen Chlorwasserstoff auf und neutralisieren ihn.

Diese stabilisierende Wirkung üben z. B. nach LA VERNE E. CHEYNEY und C. R. PARKS[4] 0,05 bis 5 Prozent *Formamid* aus.

Neben aliphatischen Alkylaminen kommen *Arylamine*, ferner *Guanidin*, *Diphenylguanidin*, *Triäthanolamin* als Stabilisierungsmittel in Betracht.

Nach F. W. Cox und J. M. WALLACE jr.[5] bewirken *Aminoguanidin* oder dessen Salze in Mengen von 0,05 bis 10 Gewichtsprozent eine Wärmestabilisierung von Polyvinylchlorid oder Mischpolymerisaten von Vinylchlorid mit Vinylestern, Alkylchlormaleaten, -fumaraten, Acrylaten oder Alkacrylaten.

Eine Chlorwasserstoffabspaltung aus Polyvinylchlorid oder Mischpolymerisaten auf Vinylchlorid-Basis kann nach J. NELLES und O. BAYER[6] unschädlich gemacht werden, wenn man den genannten

---

[1] A.P. 2256625, Carbide and Carbon Chemicals Corp.

[2] A.P. 2464263, Standard Oil Development Co.

[3] A.P. 2464177, Monsanto Chemical Co.

[4] A.P. 2435769, E.P. 571597, Wingfoot Corp.

[5] A.P. 2410775, Wingfoot Corp.

[6] DRP. 732087, I.G. Farbenindustrie A.G.

polymeren Verbindungen *acylierte Äthyleniminderivate* der allgemeinen Formel

$$R-N\diagdown\!\!\!\!\diagup\begin{array}{c}C\\C\end{array}$$

zusetzt.

In dieser Formel stellt R eine Acylgruppe dar; R kann also jeder beliebige organische Rest sein, der imstande ist, mit Aminen unter Bildung von Stoffen mit Amidcharakter zusammenzutreten.

So kann z. B. R der Rest einer beliebigen organischen Carbonsäure, organischen Sulfonsäuren usw. sein.

In der Formel können ferner die Kohlenstoffatome beliebig substituiert sein.

Das Einarbeiten dieser Stabilisatoren in die Polymerisate oder Mischpolymerisate des Vinylchlorids kann auf verschiedene Weise erfolgen; z. B. durch Vermischung der beiden Bestandteile mit und ohne Lösungsmittel oder durch Einwalzen.

In nachchloriertes Polyvinylchlorid werden z. B. 5 Prozent N-Benzoyläthylenimin eingearbeitet. Die erhaltene Masse ist bei 120° beständiger als ohne den stabilisierenden Zusatz.

Nach einer anderen Ausführungsform werden 300 Teile eines wasserfeuchten Emulsionspolymerisates aus Vinylchlorid und Maleinsäuredimethylester in 300 Teilen Wasser aufgeschlämmt und unter Rühren mit einer Lösung von 1,5 Teilen N-Octadecyl-N-äthylenharnstoff in 30 Teilen Methanol versetzt. Das nach dem Absaugen und Trocknen erhaltene Polymerisatpulver besitzt, auch wenn es bei erhöhter Temperatur verarbeitet wird, eine gute Licht- und Wärmebeständigkeit.

In gleicher Weise wirken auch *Harnstoff, Thioharnstoff, z. B. Monophenylthioharnstoff, Diphenylthioharnstoff* oder *Methyl-(3-Aminophenyl)-sulfon* und *4, 4'-Diaminodiphenylsulfon*.

Die genannten Verbindungen sind allerdings nicht allein in der Lage, eine Chlorwasserstoffabspaltung und Verfärbung zu verhindern. Sie werden deshalb nur gemeinsam mit alkalisch wirkenden anorganischen Salzen oder mit Aminen oder Carbamiden mit beweglichem, durch Alkali ersetzbarem Wasserstoffatom verwendet.

Als Wärmestabilisierungsmittel für Polyvinylchlorid oder solche Vinylchlorid-Mischpolymerisate, die wenigstens 50 Prozent Vinylchlorid im Molekül enthalten, verwendet Ch. G. Kamin[1] N-chlorierte Hydantoine, wie z. B. 1, 3-Dichlorhydantoin usw. Zusätze dieser Verbindungen in Mengen von 0,1 bis 10 Prozent, zweckmäßig 0,5 bis 5 Prozent, verhindern nicht nur die Verfärbung beim Erhitzen der Polyvinylchlorid-Massen, sondern entfärben durch Chlorwasserstoffabspaltung verfärbte Massen.

Von der Firma I.G. Farbenindustrie A.G. wurde ferner gefunden, daß eine Reihe weiterer Verbindungen, welche die nachstenden Atomgruppierungen

$$\begin{array}{l}\text{R}\diagdown\!\!N\\\text{R}_1\diagup\qquad\diagup\text{CO},\\\text{R}\diagdown\!\!N\\\text{R}_1\diagup\end{array}\qquad\begin{array}{l}\text{R}\diagdown\!\!N\\\text{R}_1\diagup\qquad\diagup\text{CS},\\\text{R}\diagdown\!\!N\\\text{R}_1\diagup\end{array}\qquad\begin{array}{l}\text{R}\diagdown\\\text{R}_1\diagup\text{SO},\end{array}\qquad\begin{array}{l}\text{R}\diagdown\\\text{R}\diagup\text{O},\end{array}\qquad\begin{array}{l}\text{R}\diagdown\\\text{R}\diagup\text{SO}\end{array}\quad\text{oder}$$

$$R-S-S-R$$

---

[1] A.P. 2441360, E. I. du Pont de Nemours & Co.

enthalten, Polyvinylchlorid oder Vinylchlorid-Mischpolymerisate gegen die Einwirkung von Licht und Wärme zu schützen vermögen.

In den angeführten Formeln bedeuten R und R_1 Wasserstoff oder einen Aralkylrest oder heterocyclische oder hydroaromatische Reste.

Geeignete Stabilisierungsmittel sind *Phenyl-, Tetraäthylharnstoff, Alkylthioharnstoff, Dioxäthylsulfid, Dibenzylsulfid, Diphenylenoxyd, Dibenzylsulfoxyd* und *Dinitrodiphenyldisulfid.*

Alkylmercaptane, Alkylsulfide oder *Alkylhydrazine* setzt L. L. WOLK[1] dem Polyvinylchlorid als Stabilisierungsmittel zu.

Um ein Verfärben von licht- und hitzebeständigen Polymerisaten aus Vinylchlorid oder Mischpolymerisaten aus Vinylchlorid und Vinylestern zu verhindern, hat CH. O. YOUNG[2] als Stabilisatoren solche Verbindungen vorgeschlagen, die frei von säurebildenden oder oxydierenden Mischungen sind, wie z. B. *Hexamethylentetramin.*

Eine Stabilisierung bedingen nach D. M. GRAY[3] auch organische Basen, besonders bei Mischpolymerisaten von Vinylchlorid und Vinylacetat.

Um Polyvinylchlorid oder Vinylchlorid enthaltende Mischpolymerisate gegen Hitze- und Lichteinflüsse beständig zu machen, setzen E. K. ELLSWORTH und P. L. SALZBERG[4] diesen polymeren Körpern nichtflüchtige, filmbildende, polymere, Amino-Stickstoff enthaltende, in organischen Lösungsmitteln lösliche Stoffe in Mengen von 0,1 bis 50 Prozent zu. Geeignete Stabilisatoren dieser Art sind z. B. α, β-Diäthylaminoäthyl- und β-Dicyclohexylaminoäthylacrylat, α, β-Di-n-butyl-, β-Diäthyl-, β-Dicyclohexylaminoäthyl- und β-Dimethylaminoäthyl-α-methacrylat, α 2-Aminocycloäthylmethacrylat, α 4-(β-Metharylyloxyäthyl)morpholin. Ferner Methylamino- und Dimethylaminophenolformaldehydharz; das Reaktionsprodukt von Ammoniak mit einem Mischpolymerisat aus Methacrylsäuremethylester und Methylvinylketon oder von Polymethylvinylketon mit wäßrigem Ammoniak oder Cyclohexylamin oder Äthylendiamin oder Hexamethylendiamin entstehenden Harze; ferner Dibutylamino- und Cyclohexyläthylaminomethylzein; das Reaktionsprodukt von Polyvinylchloracetat mit Dibutylamin. Weitere Stabilisierungsmittel der genannten Art sind die bei der Reaktion von Cyclohexanon oder Aceton mit Formaldehyd und Methyl- oder Butylamin entstehenden Harze.

Der Zusatz der vorbeschriebenen alkalisch reagierenden Stoffe bzw. der Amine besitzt den Nachteil, daß diese mit dem Chlorwasserstoff leicht spaltbare Salze bilden.

Die Dosierung dieser Stoffe ist schwierig; es besteht die Gefahr, daß, um eine Säurewirkung auf die Dauer zu kompensieren, Alkali oder Amine im Überschuß verwendet werden. Diese überschüssigen alkalischen oder aminischen Stoffe bewirken jedoch eine Verseifung, welche ihrerseits eine gleiche Verschlechterung der Fertigprodukte bedingt.

---

[1] A.P. 2407861, Phillips Petroleum Co.
[2] Canad.P. 374550, Carbide and Carbon Chemicals Corp.
[3] A.P. 2103581, Hazel-Atlas Glass Co.
[4] A.P. 2190776, E. I. du Pont de Nemours & Co.

Eine bleibende Verbesserung der Hitzebständigkeit von Polymerisaten oder Mischpolymerisaten des Vinylchlorids kann man nach H. FIKENTSCHER[1] jedoch erreichen, wenn man *alkalisch wirkende Stoffe* gemeinsam mit solchen Aminen oder Carbaminen, die ein bewegliches, durch Alkali ersetzbares Wasserstoffatom besitzen, als Stabilisatoren verwendet.

Als alkalisch wirkende Mittel kommen die bereits erwähnten *Alkali-* oder *Erdalkalihydroxyde*, *Alkali-* oder *Erdalkalicarbonate* sowie die gleichen *Salze schwacher Säuren* oder der *Borsäure*, ferner basische Salze der *Phosphorsäure* in Betracht.

Als gleichzeitig zu verwendende Amine oder Carbamine mit mindestens einem durch Alkalimetall ersetzbaren Wasserstoffatom können *Diarylamine*, wie Diphenylamine, ferner *Thioharnstoff* und insbesondere *Arylthioharnstoffe*, auch *Arylharnstoffe* und *Ureide* verwendet werden.

Im allgemeinen wird mit 0,1 bis 1 Prozent an alkalisch wirkenden Mitteln und mit 0,1 bis 4 Prozent an Aminen oder Carbaminen der gewünschte Effekt erzielt.

Diese Stabilisierungsmittel-Gemische können in Lösung oder Suspension oder auch als Pulver den Polymerisaten des Vinylchlorids zugesetzt werden.

Eine gleich gute Wirkung üben geringe Zusätze eines alkalischen Stoffes und eines antioxydierend wirkenden Amins aus[2].

Als alkalisch reagierender Stoff kommt z. B. *Natriumcarbonat* in Betracht; von den Aminen eignen sich z. B. α- oder β-*Naphthylamin*, *o-*, *m-* oder *p-Phenylendiamin*, *1, 8-*, *1, 5-* oder *1, 4-Naphthylendiamin*, *Diphenylamin*, *Phenyl-β-naphthylamin*, *Dimethylanilin* oder *Aldol-α-naphthalin* usw.

Eine vorzügliche stabilisierende Wirkung auf Polymerisate oder Mischpolymerisate des Vinylchlorids üben ferner α-*Aminocarbonsäuren* der aliphatischen oder aromatischen Reihe aus. Geeignete Stoffe dieser Art sind *Glykokoll, Leucin, Asparaginsäure* sowie *natürliche Leimstoffe*, die die Aminocarbonsäure im Gemisch mit filmbildenden Substanzen enthalten, wie *Gelatine* oder *Leim*. Diese Stoffe werden dem Polyvinylchlorid in Mengen bis zu 4 Prozent, bezogen auf das Polymerisat, zugesetzt.

Als Stabilisierungmittel hat G. MEYER[3] weiter Verbindungen vorgeschlagen, die eine Äthylengruppe enthalten. Stoffe dieser Art sind die *Alkyl-* oder *Arylderivate* des *Äthylenoxyds, Epichlorhydrins, Glycid* und seine *Äther*. Die Zumischung dieser Stoffe zu den Polymerisaten kann in einem indifferenten Lösungsmittel bei gewöhnlicher oder erhöhter Temperatur vorgenommen werden. Die Menge dieser Zusatzstoffe beträgt 1 bis 4 Prozent.

Äthylenoxyd-Gruppen enthaltende Wärmestabilisatoren, wie *Phenoxypropenoxyd*, werden z. B. für nachchloriertes Polyvinylchlorid (*Vinoflex PC*) verwendet.

---

[1] DRP. 746081, I.G. Farbenindustrie A.G.

[2] Ital.P. 309144, Zusatz zu Ital.P. 286760, I.G. Farbenindustrie A.G.

[3] DRP. 656133, I.G. Farbenindustrie A.G.

Polyvinylchlorid oder Mischpolymerisate aus Vinylchlorid und anderen polymerisierbaren Verbindungen können auch dadurch thermisch beständig gemacht werden, daß man ihnen mit Chlorwasserstoff unter Salzbildung reagierende Stoffe oder solche Verbindungen zusetzt, die die Äthylenoxyd-Gruppierung enthalten. Geeignete Stabilisierungsmittel sind insbesondere die *Alkali-* oder *Erdalkalisalze* der *Äthylenoxyddicarbonsäure*, ferner der *Propylenoxydmonocarbonsäuren*, die mindestens eine Äthylenoxydgruppe enthalten[1]. Auch *Glycidcarbonsäure* ist als Stabilisierungsmittel geeignet. Ihre stabilisierende Wirkung ist aber der von Alkalisalzen dieser Carbonsäure oder allgemein von Alkalisalzen von Äthylenoxydcarbonsäuren unterlegen.

100 Teile feuchtes, feinpulveriges, durch Emulsionspolymerisation und anschließende Koagulation hergestelltes Polyvinylchlorid werden mit einer wäßrigen Lösung des Natriumsalzes von Äthylenoxyddicarbonsäure verrührt, geschleudert und getrocknet. Das Polymerisat besitzt eine ausgezeichnete Hitze- und Lichtbeständigkeit.

Nach einer anderen Ausführungsform werden 100 Teile eines durch Emulsionspolymerisation und Koagulation der Polymerisatdispersion erhaltenen feuchten, feinpulverigen Mischpolymerisates aus 80 Teilen Vinylchlorid und 20 Teilen Maleinsäuredimethylester mit einer wäßrigen Lösung des Kaliumsalzes der Äthylenoxyddicarbonsäure verrührt, abgesaugt und getrocknet. Das Mischpolymerisat besitzt eine gute Licht- und Wärmebeständigkeit.

Als Stabilisatoren für Polyvinylhalogenide hat die Firma Comp. Generale di Elettricità[2] weiter organische *Ester* der *Säuren* des *Siliciums* und des *Bors* angewandt, wie *Äthylsilcat* oder *n-Butylborat*.

Von M. M. Safford und E. L. Mincher[3] sind zum Stabilisieren von Polyvinylchlorid oder Mischpolymerisaten von Vinylchlorid mit Vinylestern, Vinylidenchlorid, Methacrylsäureestern oder Mischpolymerisaten aus Vinylchlorid, Vinylacetat und Methacrylsäureestern gegen die Einwirkung von Licht und Hitze Silanolate der Formel

$$(R)_3—Si—O—Pb—O—Si—(R)_3,$$

in der R ein einwertiger Alkyl-, Aryl- oder Aralkylrest darstellt, vorgeschlagen werden. Geeignete Verbindungen sind Triäthyl-, Methyldiäthyl-, Äthyldimethyl-, Triphenyl-, Phenyldimethyl-, Tritolyl- oder Tribenzylsilanolat.

Nach diesem Verfahren werden z. B. 60 Teile Polyvinylchlorid mit 1 oder 2 Teilen Bleitrimethylsilanolat und mit 39 oder 38 Teilen Trikresylphosphat gemischt.

Zur Verhinderung der Chlorwasserstoffabspaltung hat man dem Polyvinylchlorid oder den Mischpolymerisaten aus Vinylchlorid und Vinylestern aliphatische Säuren, ferner Metalle oder Metallverbindungen zugesetzt, die unlösliche Chlorverbindungen zu bilden vermögen, oder Stoffe mit mäßig reduzierenden Wirkungen.

Verbindungen dieser Art sind die *Sauerstoff-*, *Schwefel-* und *Phosphorverbindungen* des *Silbers*, *Bleis* sowie auch des *Zinks*, *Kupfers* und anderer Metalle.

---

[1] DRP. 750173, ohne Patentinhaberangabe.

[2] Ital.P. 385298, Comp. Generale di Elettricità.

[3] F.P. 946322, Comp. Française Thomson-Houston; Canad.P. 467185, Canadien General Electric Co. Ltd.

Metalloxyde der Eisengruppe, des Kupfers, Zinns, Zinks, Thoriums usw., die einen Austausch des Halogens gegen andere Elemente oder Gruppen bewirken, setzt die Firma Dynamit A.G.[1] dem Polyvinylchlorid, nachchloriertem Polyvinylchlorid bzw. Mischpolymerisaten aus Vinylchlorid und anderen polymerisierbaren monomeren Verbindungen als Stabilisatoren zu. Eine ähnliche Wirkung übt auch Antimonoxyd, in Mengen bis zu 7 Prozent, aus[2]. Noch größere Mengen Antimonoxyd, und zwar bis zu 30 Prozent, hat A. K. DOOLITTLE[3] für solche Vinylchlorid-Vinylester-Mischpolymerisate als Stabilisierungsmittel vorgeschlagen, die im Mischpolymerisat 65 bis 90 Prozent Vinylchlorid enthalten.

Durch Einarbeiten von Salzen, Hydroxyden oder Oxyden des Calciums, Bariums oder Bleis kann man nach M. BAER[4] die Beständigkeit der Mischpolymerisate aus Vinylchlorid, Maleinsäure bzw. Maleinsäureanhydrid und Vinylacetat gegen Licht und Wärme sowie ihre elektrischen Eigenschaften verbessern.

Diese Verbindungen werden in Form ihrer wäßrigen Lösungen bei Temperaturen von 40 bis 90° in die Mischpolymerisate eingewalzt.

Nach CH. J. CHABEAU[5] lassen sich Polyvinylchlorid oder Mischpolymerisate aus Vinylchlorid und Vinylacetat durch Einarbeiten von anorganischen Peroxyden oder Persalzen (in Mengen von 1 bis 10 Prozent) gemeinsam mit 0,1 bis 10 Prozent Phosphorsäureestern bei einem p_H-Wert von 8 bis 12 stabilisieren.

Von den genannten Metallen, Metalloxyden oder Metallhydroxyden sind aber nicht alle Stabilisatoren für Polyvinylchlorid oder für Mischpolymerisate aus Vinylchlorid und Vinylacetat gleich gut geeignet, denn Zink und Eisen bzw. deren Oxyde beschleunigen die Wärmezersetzung[6]. Hingegen ist Zinn in Form seiner metallorganischen Verbindungen nach V. YNGWE[7] als Wärmestabilisator für Polyvinylchloridmassen sehr gut geeignet. Von diesen Verbindungen können zum Stabilisieren von Mischpolymerisaten aus Vinylchlorid und einem Vinylester einer aliphatischen Säure, z. B. *Tetraphenylzinn*, *Propyltriphenylzinn*, *Tripropylphenylzinn* oder *Dipropylphenylzinn*, verwendet werden.

Nach V. YNGWE[8] ist auch *Triphenylzinnhydroxyd* oder eine andere metallorganische Verbindung, die Zinn an Sauerstoff oder an die Hydroxylgruppe gebunden enthält, als Stabilisator geeignet. Weitere Stabilisiermittel dieser Art sind nach V. YNGWE[9] *Tetrabutylzinn* oder ein anderes *Tetraakylderivat* des *Zinns* und nach weiteren Angaben der Firma Carbide and Carbon Chemicals Corp.[10] *Dibutylzinnlaurat, Di-*

---

[1] F.P. 843503, Dynamit A.G. vorm. A. Nobel & Co.
[2] A.P. 2161026, Carbide and Carbon Chemicals Corp.
[3] Canad.P. 393923, Carbide and Carbon Chemicals Ltd.
[4] A.P. 2483959, Monsanto Chemical Co.
[5] A.P. 2493390, Stabelau Chemical Co.
[6] WAGNER, H., u. H. F. SARX: Kunstharze, S. 124. München 1943.
[7] A.P. 2219463, F.P. 829713, Carbide and Carbon Chemicals Corp.
[8] A.P. 2267777, Carbide and Carbon Chemicals Corp.
[9] A.P. 2267779, Carbide and Carbon Chemicals Corp.
[10] F.P. 924693, Carbide and Carbon Chemicals Corp.

phenylzinnoxyd, Dibutylzinndiacetat bzw. *Triphenylzinnhydrat, Dibutyl-
zinnoxyd, Tributylzinnoleat.*

In Form von *Salzen organischer Säuren* eignet sich Zink zum Stabilisieren von Polyvinylchlorid. Geeignete Zinksalze sind das Acetat,
Propionat, Laurat, Stearat, Crotonat, Butyrat, Valerat, Oleat, Myri-
stinat, Palmitat[1]. Andere Zinksalze, wie Maleinat, Citrat, Phthalat,
Diäthylaminlaurat, Thiophenoleat, Trikreosolat, Diäthyldithiocarbonat,
Diaminodithiocarbonat, können gleichfalls verwendet werden; doch ist
den fettsauren Salzen der Vorrang zu geben.

Diese Zinksalze organischer Säuren eignen sich zum Stabilisieren
von Polyvinylchlorid und Mischpolymerisaten aus Vinylchlorid und
anderen polymerisierbaren ungesättigten Verbindungen, wie Fumar-
säurealkylestern, Maleinsäurealkylestern, besonders Chlormaleinsäure-
alkylestern oder Vinylidenchlorid.

Das Zinkstereat stabilisiert diese Polyvinylchlorid-Massen während
einem $1^1/_2$ stündigen Erhitzen auf 135°.

Das *Zinkstearat* übt auch gleichsam mit einem *Alkali-* oder *Erd-
alkalistereat*, z. B. Magnesiumstereat, eine stabilisierende Wirkung auf
Polyvinylchlorid oder Vinylchlorid-Mischpolymerisate, z. B. Vinylchlorid-Vinylacetat-Mischpolymerisate, aus[2].

Durch Zusatz von 0,5 bis 10 Prozent, vorzugsweise 2 bis 5 Prozent, von Zinkstearat und einem der genannten Stearate, die einzeln oder in Mischung zugesetzt
werden können, wird eine Verfärbung des Polymerisats beim Einarbeiten der
Weichmacher auf dem Kalander verhindert.

Zinksalze verwendet auch die Firma I.G. Farbenindustrie A.G.[3]
gemeinsam mit einem *Alkalisalz*, vorzugsweise einer *niedrigmolekularen
Carbonsäure* oder einer *Sulfonsäure*, zum Stabilisieren von Polyvinylchlorid.

100 Teile Polyvinylchlorid werden z. B. mit einer Lösung von 1,5 Teilen Zinkacetat und 0,75 Teilen Natriumtoluolsulfonat in 200 Teilen Wasser verknetet und
dann getrocknet. Man erhält eine Masse, die selbst bei längerem Walzen bei 180°
eine glänzende, klare und farblose Masse ergibt.

Polymerisate oder Mischpolymerisate des Vinylchlorids können
gegen Verfärbung auch durch Zusatz von 0,2 bis 10 Gewichtsprozent
eines *Thorium-* oder *Zirkonsalzes*, wie Thorium- oder Zirkonnitrat, oder
organischen bzw. anorganischen Nitriten und Nitraten stabilisiert
werden[4].

Man gibt zu einem Fell aus 100 Teilen eines Mischpolymerisats aus wenigstens
50 Prozent Vinylchlorid und Diäthylfumarat und 20 Teilen Dibutylsebacat 2 Teile
Thoriumacetat. Das Fell ist bei längerem Erwärmen auf 135° stabiler als ein
solches ohne Zusatz.

Hingegen erreicht man mit Ceroxalat in Polyvinylchlorid und Thoriumacetat
in Vinylchlorid (85 Prozent)-Diäthylmaleat (15 Prozent)-Mischpolymerisat nur geringe Stabilisierung.

---

[1] F.P. 917830, E.P. 584434, Wingfoot Corp., F.W. Cox, J.M. Wallace jr. und
W. Scott.

[2] F.P. 914745, A.P. 2446976, Wingfoot Corp. und E. Cousins.

[3] Ital.P. 383148, I.G. Farbenindustrie A.G.

[4] E.P. 584674, E.P. 585033, F.P. 914054, Wingfoot Corp.

Eine ähnlich günstige Wirkung übt nach F. W. Cox[1] Antimonalkalitartrat aus.

Eine gute stabilisierende Wirkung üben auch *fettsaure Alkali-* bzw. *Erdalkalisalze* aus. Geeignet sind z. B. die *Calcium-* oder *Magnesiumsalze* von Vorlauf-Fettsäuren der Paraffinoxydation[2] bzw. *Calcium-* oder *Cadmiumstearat.* Letzteres gelangt nach K. K. Fligor[3] zweckmäßig in Mischung mit einem *Alkalimetallsalz* einer *Monocarbonsäure,* wie Natrium- oder Kaliumacetat bzw. -formiat, zur Anwendung.

Eine Reihe weiterer Vorschläge geht da hinaus, die durch Chlorwasserstoffabspaltung bewirkte Verfärbung von Polymerisaten oder Mischpolymerisaten des Vinylchlorids durch Zusatz von *Bleiverbindungen* zu verhindern.

Eine Stabilisierung von Polymerisaten oder Mischpolymerisaten des Vinylchlorids wird nach J. J. P. Staudinger, C. A. Brighton, D. A. Benett und D. Faulkner[4] schon dadurch erreicht, daß man die Polymerisation oder Mischpolymerisation des Vinylchlorids in Gegenwart einer Bleiverbindung vornimmt.

Gewöhnlich setzt man aber diese Bleiverbindungen den fertig polymerisierten Produkten zu. Als solche Bleiverbindungen verwendet die Firma Bakelite Corp.[5] *Bleioxyd, Bleiweiß* oder Bleiseifen und Cl. H. Alexander[6] *Bleisilicat.*

Mit Bleisalzen, z. B. *Bleicarbonat,* kann man auch das in Mischung mit *Perbunan* vorliegende Polyvinylchlorid stabilisieren[7].

K. K. Fligor[8] verwendet ferner zum Stabilisieren von Polyvinylchlorid oder Mischpolymerisaten aus Vinylchlorid und Vinylestern, besonders Vinylacetat, eine Mischung von *Bleistearat* und einem Alkalimetallsalz der bereits erwähnten Art.

Das Blei kann nach V. Yngwe[9] auch in Form einer Organometallverbindung vorliegen. Zum Stabilisieren von Mischpolymerisaten aus Vinylchlorid und Vinylestern einer aliphatischen Säure ist z. B. *Diphenylblei, Tetraphenylblei, Propylphenylblei, Tripropylphenylblei* und *Dipropyldiphenylblei* geeignet. Ähnlich wirken *Tetrapropylblei, Dipropyldiphenylblei, Triphenylbleihydrat* und *Tributylbleistereat*[10]. Ferner kommen nach V. Yngwe[11] solche *Organometallverbindungen* des *Bleis* in Betracht, die Blei an Sauerstoff oder an die Hydroxylgruppe gebunden enthalten, bzw. *metallorganische Bleisalze* einer Fettsäure[12], wie Diphenylbleistearat.

---

[1] A.P. 2461531, Wingfoot Corp.

[2] Kainer, F.: Die Kohlenwasserstoff-Synthese nach Fischer-Tropsch. Berlin, Göttingen, Heidelberg: Springer 1950.

[3] A.P. 2181478, Carbide and Carbon Chemicals Corp.

[4] E.P. 599429, Distillers Co.

[5] Lee, J. A.: Chem. Engng. **53**, 120 (1946).

[6] A.P. 2179973, B. F. Goodrich Co.

[7] Mod. Plastics **25**, 51 (1948).

[8] A.P. 2181478, Carbide and Carbon Chemicals Corp.

[9] A.P. 2219463, Carbide and Carbon Chemicals Corp.

[10] F.P. 924693, Carbide and Carbon Chemicals Corp.

[11] A.P. 2267777, Carbide and Carbon Chemicals Corp.

[12] A.P. 2267778, Carbide and Carbon Chemicals Corp.

Nach R. W. Staley[1] bewirken ferner *Bleiverbindungen* der allgemeinen Formel
$$\text{Aryl—O—Pb—O—CO—R}$$
eine Stabilisierung von Polyvinylchlorid gegen Licht- und Wärmeeinflüsse.

In der vorstehenden Formel bedeutet R einen aliphatischen Rest mit mindestens 9 Kohlenstoffatomen.

Eine stabilisierende Wirkung üben nach D. M. Young und W. M. Quattlebaum[2] auch Verbindungen aus, die durch Erhitzen eines *Blei-* oder *Cadmiumsalzes* einer niederen Fettsäure mit einem Alkalisalz einer solchen Säure erhalten werden.

Mangan-, Cadmium-, aber auch *Bleisalze* einer schwachen organischen Säure, wie *Stearate, Oleate, Ricinoleate, Seifen* von *oxydiertem* oder *geblasenem Leinöl* usw., benützt ebenfalls die Firma Carbide and Carbon Chemicals Corp.[3] zum Stabilisieren von Polyvinylchlorid.

Zur Stabilisieren von hochmolekularem Polyvinylchlorid eignen sich auch *Blei-, Silber-* oder *Quecksilbersalze* von Fettsäuren des Wollschweißes, die in niedermolekularen Alkoholen löslich, in niedermolekularen Kohlenwasserstoffen aber unlöslich sind[4]. Man setzt diese Salze dem Polyvinylchlorid in Mengen von 0,5 bis 5 Prozent zu.

Geeignete Stabilisierungsmittel sind ferner die *Bleisalze* der *Äthylendicarbonsäuren* oder der *Propylenoxydmonocarbonsäuren*, die mindestens eine Äthylenoxydgruppe enthalten[5].

Ein Nachteil dieser an sich gut stabilisierenden Verbindungen ist jedoch die Giftigkeit der Bleiverbindungen und ihre Neigung, sich insbesondere in Gegenwart geringer Mengen Schwefelwasserstoff zu verfärben. Aus diesen Gründen werden Bleiverbindungen zum Stabilisieren von Polyvinylchlorid oder Vinylchlorid-Mischpolymerisaten nur in besonderen Fällen verwendet. Ihr Zusatz zu den genannten Polymerisaten hat aber überall dort zu unterbleiben, wo die stabilisierten Polyvinylchlorid-Massen, wie z. B. zu Folien usw., verarbeitet werden, die zur Herstellung von Verpackungsmaterialien, Bekleidung usw. dienen.

Blei, Bleioxyd oder *Bleisalze* anorganischer oder organischer Säuren werden aber als Wärmestabilisatoren für solche Polyvinylchlorid-Massen verwendet, die für elektrische Isolationszwecke dienen sollen, da sie die elektrischen Eigenschaften der Polymerisate des Vinylchlorids zu verbessern vermögen[6].

Nach Feststellungen von H. Heering und H. Müller[7] bedürfen die Polymerisate oder Mischpolymerisate des Vinylchlorids, sofern diese als elektrische Isolierstoffe Verwendung finden sollen, schon einer

---

[1] A.P. 2340151, General Electric Co.
[2] A.P. 2281611, Carbide and Carbon Chemicals Corp.
[3] F.P. 791914, Carbide and Carbon Chemicals Corp.
[4] F.P. 942990, N. V. de Bataafsche Petroleum Mij.
[5] DRP. 750173, ohne Patentinhaberangabe.
[6] F.P. 872845, Comp. Française pour l'Exploit. des Procédés Thomson-Houston.
[7] DRP. 729419, Siemens-Schuckert-Werke A.G.

Stabilisierung bei Temperaturen unterhalb von 100°, wobei gleichzeitig an die Stabilisatoren wesentlich schärfere Bedingungen gestellt werden müssen.

Für diese Anwendungszwecke genügt es nämlich nicht, daß der bei der Zersetzung der Polymerisate oder Mischpolymerisate des Vinylchlorids frei werdende Chlorwasserstoff gebunden wird, vielmehr müssen diese chlorbindenden Stoffe in einer isoliertechnisch unschädlichen Form entstehen oder in eine solche übergehen, insbesondere also keine Elektrolyte bilden.

Von allen zur Wärmestabilisierung vorgeschlagenen Verbindungen entsprechen diesen Forderungen *Blei* und *Silber* oder deren *Oxyde*, *Hydroxyde* oder *Carbonate*. Diese Metalle oder Metallverbindungen wirken in an sich schon geringen Mengen.

Zur Erzielung einer guten stabilisierenden Wirkung ist es notwendig, daß die Stabilisierungsmittel, wie z. B. die Bleisalze, in den Polymerisaten oder Mischpolymerisaten des Vinylchlorids gut verteilt sind.

Diese gleichmäßige Verteilung des Stabilisierungsmittels in den Polymerisaten oder Mischpolymerisaten des Vinylchlorids wird bei dem üblichen Verfahren, nämlich beim nachträglichen Zusatz zu den Polymerisaten, z. B. auf dem Walzenstuhl oder im Kneter, nicht immer sicher gewährleistet.

Nach einem Vorschlag von G. WICK, A. ILLOF und H. SKARDA[1] kann man eine weit bessere Verteilung dadurch erzielen, daß man die Bleiverbindungen der wäßrigen Polyvinylchlorid-Emulsion vor deren Trockenverdüsung zusetzt.

100 kg Polyvinylchlorid-Emulsion, die 35 Prozent Festanteile enthält, werden gleichzeitig mit 8,75 Liter einer wäßrigen Suspension von 700 g Bleistereat in einem Heißluftstrom verdüst. Das anfallende Trockenprodukt enthält dann 2 Prozent Bleistearat und kann dann unmittelbar weiterverarbeitet werden.

Verdüst man in der gleichen Apparatur gleichzeitig 100 kg Polyvinylchlorid-Emulsion mit 35 Prozent Feststoff und eine Suspension von 700 g Bleistereat und 700 g Ruß in 8,75 Liter Wasser, so erhält man ein Pulver, das 2 Prozent des Stabilisators und des Pigments enthält.

Manche Polyvinylchlorid-Hersteller liefern ihre Produkte in bereits stabilisierter Form aus, so daß der Verbraucher das Polyvinylchlorid nicht vor der Verarbeitung stabilisieren muß. Um einen zweiten Zusatz an Stabilisiermittel zu vermeiden, muß jeweils festgestellt werden, ob das Polyvinylchlorid oder die Vinylchlorid-Mischpolymerisate bereits Wärmestabilisiermittel enthalten.

C. Härtung.

Durch Erhitzen von Polymerisaten oder Mischpolymerisaten des Vinylchlorids mit vorwiegend aminischen Verbindungen kann man die Thermoplastizität dieser Kunststoffe erheblich herabsetzen.

Bei diesem Härtungsvorgang wird nach TH. H. ROGERS jr. und R. D. VICKERS[2] aus der Polyvinylchlorid-Kette Chlor abgespalten, das

---

[1] DRP. 749 509, I.G. Farbenindustrie A.G.
[2] A.P. 2 421 852, Wingfoot Corp.

an einem Säurebindner, wie Magnesiumoxyd als Magnesiumchlorid, gebunden wird. Durch die hierbei frei werdenden Bindungen kann das Polyvinylchlorid weiter polymerisiert werden.

Als Härtemittel kommen z. B. *aliphatische* oder *acyclische Amine* in Betracht[1].

Nach TH. H. ROGERS jr. und R. D. VICKERS[2] kann man mit aliphatischen Aminen, wie *N-Monomethylpropylendiamin, Di-3-aminopropylmethylamin, m-Dipropylentriamin, Monohexadecylamin, Triäthylamin, Di-(3-Aminopropyl)-äther* usw., Mischpolymerisate aus Vinylchlorid und Vinylidenchlorid mit 90 bis 75 Prozent Vinylchlorid härten.

Man setzt diesen Mischpolymerisaten, z. B. einem Mischpolymerisat aus 80 bis 90 Prozent Vinylchlorid und 20 bis 10 Prozent Vinylidenchlorid, 4 bis 6 Prozent eines der genannten Amine zu und erhitzt auf 116 bis 182°. Durch gleichzeitige Zugabe von 2 bis 10, zweckmäßig 5 bis 10 Prozent Phenol-Formaldehyd-Harz wird die Härtungszeit erniedrigt und eine flache Härtungskurve hinsichtlich der Zugfestigkeit der Mischpolymerisate erreicht. Der Zuwachs an Zugfestigkeit soll mindestens 50 Prozent des Wertes des ungehärteten Mischpolymerisats betragen. Das gehärtete Produkt ist in Methyläthylketon unlöslich; der kalte Fluß wird verringert.

Der zu härtenden Mischung setzt man zweckmäßig einen Säurebinder, z. B. Magensiumoxyd, zu.

Durch Einmischen eines aliphatischen Amins, z. B. von *Monomethylpropylendiamin*, lassen sich nach Angaben der gleichen Forscher[2] auch Mischpolymerisate aus 90 bis 75 Prozent Vinylchlorid und 10 bis 25 Prozent Vinylidenchlorid stabilisieren.

Nach L. F. REUTER[3] bewirken auch aliphatische Polyamine, wie *Äthylendiamin, Diäthylentriamin, Triäthylentetramin, Propylendiamin, Trimethylendiamin, 1, 2, 2, 3-* oder *1, 3-Diaminobutan, Hexa-, Penta-* oder *Tetramethylendiamin, 2, 4-Diaminopentan, 1, 2, 3-Triaminopropan* oder *Hexahydrophenylendiamin*, eine härtende Wirkung auf Polyvinylchlorid oder Mischpolymerisate von Vinylchlorid mit Vinyl-, Acrylsäure- oder Methacrylsäureestern aus.

Man plastiziert z. B. 100 Gewichtsteile Polyvinylchlorid mit 70 Gewichtsteilen Butylphthalylbutylglykolat auf der Heißwalze und setzt dann 3 Gewichtsteile Tetraäthylenpentamin zu und heizt in der Presse 30 Minuten bei 166°. Das so erhaltene Produkt behält seine Federelastizität und kautschukartigen Eigenschaften bis zu 150° bei; es kann auf der heißen Walze nicht mehr zu Fellen ausgezogen werden.

Durch Erhitzen mit 1 bis 10 Gewichtsprozent, besonders 4 bis 6 Gewichtsprozent, eines *heterocyclischem Amins*, wie Hexamethylentetramin, Piperidin, 1-Methylpiperidin, Piperazin, Morpholin, Pyridin, Chinolin, Chinaldin, Pyrrolidin oder Pyrimidin, können nach TH. H. ROGERS jr. und R. D. VICKERS[4] Mischpolymerisate aus Vinylchlorid und Vinylidenchlorid, besonders solchen aus 80 bis 90 Prozent Vinylchlorid,

---

[1] A.P. 2451174, Canad.P. 433186, Wingfoot Corp.
[2] Canad.P. 433186, Wingfoot Corp.
[3] A.P. 2451174, B. F. Goodrich Corp.
[4] A.P. 2446984, Wingfoot Corp.

gehärtet werden. Das Erhitzen erfolgt zweckmäßig in Gegenwart eines säurebindenden Stoffes, wie Magnesiumoxyd, Natriumcarbonat oder Calciumoxyd.

Das gehärtete Produkt ist in Methyläthylketon unlöslich und zeigt eine größere Zugfestigkeit als unbehandeltes Mischpolymerisat. Eine Untersuchung hat ergeben, daß Chlor abgespalten und Stickstoff gebunden wird.

Man erhitzt z. B. eine Mischung aus 100 Teilen Mischpolymerisat (85 Prozent Vinylchlorid, 15 Prozent Vinylidenchlorid), 35 Teilen Dibutylsebacat, 5 Teilen Magnesiumoxyd, 1 Teil Ruß und 2 Teilen Hexamethylentetramin 20 Minuten auf 160°.

Eine gleich gute härtende Wirkung üben nach TH. H. ROGERS jr. und R. D. VICKERS[1] Guanidine, wie *Diphenyl-*, *Ditolyl-*, *Tritolyl-*, *Triphenyl-*, *Dixylylguanidin*, *Guanidincarbonat* oder *Guanidinacetat* auf Vinylchlorid-Mischpolymerisate mit 10 bis 25 Prozent Vinylidenchlorid aus. Man verwendet diese Verbindungen in Mengen von 1 bis 10 Prozent, zweckmäßig in Gegenwart von Säurebindern, wie Magnesiumoxyd, Magnesiumcarbonat oder Natriumcarbonat, und Phenol-Formaldehyd-Harz.

Man mischt z. B. 100 Teile Vinylchlorid-Vinylidenchlorid-Mischpolymerisat (85 zu 15) auf der heißen Walze mit etwas Dibutylsebacat und nach 10 Minuten mit dem restlichen Dibutylsebacat (im ganzen 35 Teile), worauf 5 Teile Magnesiumoxyd und 1 Teil Ruß zugesetzt werden. Man kühlt und setzt 4 Teile Triphenylguanidin zu. Es wird zwischen Aluminiumfolien in der Presse bei einem Druck von 105 kg/cm² und 160° geheizt.

Die Mischung zeigt nach 40 Minuten eine Zugfestigkeit bei Raumtemperatur von 144 kg/cm², eine Dehnung von 300 Prozent und ist in Methyläthylketon unlöslich.

Eine Vergleichsmischung ohne Triphenylguanidin hat die entsprechenden Werte von 58 kg/cm² Zugfestigkeit, 250 Prozent Dehnung und ist in Methyläthylketon löslich.

Eine Härtung von Vinylchlorid-Vinylidenchlorid-Mischpolymerisaten erreichen die gleichen Forscher[2] durch Erhitzen dieser Mischpolymerisate mit 1 bis 10 Prozent, zweckmäßig 4 bis 6 Prozent, *quaternärer Ammonium-Basen*, wie Trimethyl-, Triäthyl-, Dimethyläthylbenzylammoniumhydroxyd, Betain, Tetramethylammoniumhydroxyd und deren Salzen, wie Acetaten, Formiaten, Benzoaten oder Oxalaten, gegebenenfalls unter Zusatz von 2 bis 10 Prozent, vorteilhaft 5 bis 10 Prozent, Phenol-Formaldehyd-Harz sowie eines Säurebinders, wie Magnesiumoxyd, Natriumcarbonat oder Magnesiumcarbonat, auf 116 bis 182°. Dabei erfolgt Chlorwasserstoffabspaltung, Bildung neuer Bindungen und Weiterpolymerisation. Durch diese Behandlung wird die Zugfestigkeit, Fließfestigkeit und Unlöslichkeit in Lösungsmitteln erhöht.

Man mischt ein Vinylchlorid-Vinylidenchlorid-Mischpolymerisat (85 zu 15) mit etwa 25 Prozent des zuzusetzenden Dibutylsebacats auf der heißen Walze, gibt restliches Dibutylsebacat zu, im Verhältnis 100 Teile Mischpolymerisat, 35 Teile Dibutylsebacat, 5 Teile Magnesiumoxyd, 1 Teil Ruß, gegebenenfalls 2 Teile Lecithin und 4 Teile Trimethylbenzylammoniumhydroxyd; letzteres nach Abkühlen der Walze. Die Mischung wird zwischen Aluminiumfolien in der Presse bei 160° und 105 Atm. gehärtet.

---

[1] A.P. 2419166, Wingfoot Corp.   [2] A.P. 2438097, Wingfoot Corp.

Nach T. H. ROGERS jr. und R. D. VICKERS[1] kann man eine Härtung von Mischpolymerisaten aus 75 bis 90 Prozent Vinylchlorid und 25 bis 10 Prozent Vinylidenchlorid durch Zusatz von 1 bis 10 Prozent *Ammoniumsalzen* von *Carbon-* oder *Thiocarbonsäuren*, die bei 95 bis 205° dissoziieren, wie cyclische Ammoniumderivate, z. B. Cyclohexylamin-, Pyridin-, Hexamethylenimin-salze u. a. Besonders geeignet ist Hexamethylenammoniumhexamethylendithiocarbamat. Die Härtung erfolgt bei 95 bis 205°, bis die Zugfestigkeit um mindestens 50 Prozent gestiegen ist. Dies ist nach etwa 10 bis 40 Minuten der Fall.

Eine Härtung von Polyvinylchlorid wird nach L. F. REUTER[2] durch Erhitzen mit *Aldehyd-Ammoniak-Reaktionsprodukten* erzielt.

Man mischt z. B. 100 Teile Polyvinylchlorid, 80 Teile Butylphthalylbutylglykolat und 10 Teile Magnesiumoxyd auf der heißen Walze, gibt 5 Teile Hexamethylentetramin als Härtemittel zu und erhitzt die Masse in der Presse 30 Minuten bei 166°.

Durch Zusatz von Modifizierungsmitteln zusammen mit dem Härtungsmittel werden Dehnung, Farbe, Geruch des Vulkanisats noch weiter verbessert. Solche Mittel sind organische Verbindungen mit einer Vielzahl funktioneller Hydroxylgruppen, die also nicht Teil anderer funktioneller Gruppen sind, z. B. mehrwertige Alkohole.

Zum Härten von Polyvinylchlorid oder Mischpolymerisaten aus Vinylchlorid einerseits und Äthylen, Olefinen, Vinylestern und Diäthylfumarat andererseits bzw. nachchloriertem Polyvinylchlorid verwenden K. L. BERRY und J. W. HILL[3] Kondensationsprodukte aus *aliphatischen Aldehyden* und *aromatischen Aminen*, wie *Butyraldehyd-Anilin* oder *Acetaldehyd-p-Toluidin*, ferner *Alkalisulfide, Thiurammono-, -di-, -tetrasulfide, Harnstoff, N-Alkylharnstoffe, Thioharnstoffe, Dithiocarbaminsäuren, Mercaptothiazole, Xanthogenate, Guanidin, Guanidinhydrochlorid, Guanidinsalz* der *Dimethylaminodimethyldithiocarbaminsäure* sowie Zinkoxyd, Magnesiumoxyd, Zinkstaub und Schwefel.

Vor dem Härten behandelt L. W. RAINARD[4] das Mischpolymerisat aus Vinylchlorid und Acrylsäureester in Substanz oder in Lösung mit Brom. Das farblose Mischpolymerisat wird dann getrocknet und mit etwa 4 Prozent Natriumsulfid, Natriumpolysulfid, Natriumalkoholat, Diamin oder anderen brückenbauenden Gruppen durch Walzen gemischt und bei 160° 2 Stunden gehärtet.

Eine Härtung von Polyvinylchlorid bewirken auch Alkoholate von mehrwertigen Metallen mit Ausnahme der Erdalkalimetalle[5]. Diese Alkoholate werden in Mengen von 2 bis 50 Gewichtsprozent dem Polyvinylchlorid zugesetzt.

Mischpolymerisate aus Vinylchlorid und Äthylendicarbonsäureestern härten B. W. HOWK und H. J. RICHTER[6] durch Erhitzen in Gegenwart von 0,5 bis 10 Prozent Oxyden der zweiten Gruppe des periodischen Systems.

---

[1] A.P. 2466998, Wingfoot Corp.
[2] A.P. 2427070, 2427071, B. F. Goodrich Co.
[3] A.P. 2405008, E. I. du Pont de Nemours & Co.
[4] A.P. 2410103, National Dairy Products Corp.
[5] F.P. 958893, Soc. des Usines Chimiques Rhône-Poulenc.
[6] A.P. 2416874, E. I. du Pont de Nemours & Co.

12 Gewichtsteile des Mischpolymerisates aus 95 Prozent Vinylchlorid und 5 Prozent Diäthylfumarat, 6 Gewichtsteile Methoxyäthylacetylricinoleat, 3 Gewichtsteile Ruß, 0,25 Gewichtsteile Schwefel, 0,125 Gewichtsteile 2-Mercaptothiazolin und 1,25 Gewichtsteile Zinkoxyd werden auf der Walze bei 80 bis 100° gemischt, in der Form 50 Minuten bei 150° unter 490 kg/cm² Anfangsdruck zu einer zähen biegsamen, in organischen Lösungsmitteln wenig quellbaren Masse erhitzt, die bis 240° nicht klebrig wird.

Oxyde der zweiten Gruppe des periodischen Systems verwenden ebenfalls R. V. Lindasy jr. und S. Le Roy Scott[1] gemeinsam mit Vulkanisationsbeschleunigern und Schwefel oder schwefelabgebenden Vulkanisationsbeschleunigern zum Härten von Polyvinylchlorid, nachchloriertem Polyvinylchlorid, Mischpolymeren von Vinylchlorid mit anderen organischen ungesättigten polymerisierbaren Verbindungen.

12 Gewichtsteile Polyvinylchlorid, 6 Gewichtsteile Di-(butylcellosolve)-sebacat, 3 Gewichtsteile Ruß, 0,96 Gewichtsteile Dipentamethylenthiuramtetrasulfid und 0,8 Gewichtsteile Zinkoxyd werden bei 80 bis 100° auf der Walze gemischt und 50 Minuten in der Form bei 150° und einem Anfangsdruck von 490 kg/cm² erhitzt.

D. Vulkanisierung.

Die im monomeren Vinylchlorid-Molekül vorhandene ungesättigte Kohlenstoff-Bindung verschwindet bei der Polymerisation, so daß das Polyvinylchlorid infolge Fehlens einer ungesättigten Bindung selbst nicht vulkanisierbar ist.

Durch eine bestimmte Nachbehandlung kann man jedoch Polyvinylchlorid in einen vulkanisierbaren Kunststoff überführen, und zwar gelingt dies nach J. Dowding[2] dadurch, daß man aus dem Polyvinylchlorid 3 bis 10 Prozent des gebundenen Chlorwasserstoffs entfernt.

Diese Chlorwasserstoffabspaltung gelingt mit Hilfe einer starken Base, z. B. Kaliumhydroxyd, in Gegenwart eines teilweise verätherten Glykols, wie z. B. Monomethyläther von Äthylenglykol.

Durch diese teilweise Chlorwasserstoffabspaltung wird eine Polyvinylchlorid-Masse erhalten, die nicht nur in gleicher Weise wie Kautschuk vulkanisierbar ist, sondern sich vom normalen Polyvinylchlorid durch einen erhöhten Erweichungspunkt und eine größere Beständigkeit gegenüber den üblichen Lösungs- und Quellungsmitteln für Polyvinylchlorid unterscheidet.

Während somit Polyvinylchlorid erst durch die vorbeschriebene Chlorwasserstoffabspaltung in eine vulkanisierbare Masse überführt werden kann, enthalten bestimmte Vinylchlorid-Mischpolymerisate noch ungesättigte Bindungen und können deshalb durch eine Vulkanisation in abgesättigte Produkte mit abgewandelten Eigenschaften überführt werden.

Vollständig abgesättigte Mischpolymerisate aus Vinylchlorid und Äthylen werden nach R. V. Lindasy jr. und S. Le Roy Scott[3] erhalten durch Vermahlen mit zweiwertigen Metalloxyden und Thiuramsulfid und viertelstündiges Erhitzen auf 100 bis 150°.

---

[1] A.P. 2416878, E. I. du Pont de Nemours & Co.
[2] E.P. 618902, British Celanese Ltd.
[3] A.P. 2416878, E. I. du Pont de Nemours & Co.

B. W. Howk und J. H. Richter[1] vulkanisieren wieder unlösliche Mischpolymerisate aus Vinylchlorid und Diäthylfumarat durch 50 bis 60 Minuten langes Erhitzen auf 130 bis 150° mit 0,25 bis 10 Prozent Schwefel, 3 bis 5 Prozent Zinkoxyd und 0,25 bis 5 Prozent Mercaptobenzothiazol.

Mischpolymerisate von höherem Erweichungspunkt und größerer Widerstandsfähigkeit gegen organische Lösungsmittel werden in der Weise hergestellt, daß man ein Mischpolymerisat, bestehend aus 10 bis 95 Prozent Vinylchlorid und 90 bis 5 Prozent eines Esters einer unsubstituierten Äthylencarbonsäure, in Gegenwart von 0,25 bis 10 Prozent Schwefel oder eine schwefelentwickelnde Verbindung, 0,25 bis 5 Prozent eines Vulkanisationsbeschleunigers und 0,5 bis 10 Prozent eines Oxyds der zweiten Gruppe des periodischen Systems, z. B. Zinkoxyd, mindestens 15 Minuten auf mindestens 100° erhitzt[2]. Der Schwefel kann durch den Vulkanisationsbeschleuniger, z. B. durch einen solchen vom Thiuramtetrasulfidtyp, geliefert werden. Den zu vulkanisierenden Mischpolymerisaten können Füllstoffe, Pigmente und Weichmacher zugesetzt werden.

E. Weichmachung.

Um dem Polyvinylchlorid die für viele Verwendungszwecke erforderliche Plastizität zu geben, muß man zwischen seinen Molekülen eine Flüssigkeit einschieben, welche die innere Reibung herabsetzt[3].

Der Zusatz solcher als Weichmacher bezeichneten Stoffe ist aus technischen Gründen meist auch bei solchen Polyvinylchlord-Massen erforderlich, bei denen infolge gleichzeitiger Mitpolymerisation eines zweiten Stoffes die innere Reibung des Mischpolymerisatmoleküls an sich schon herabgesetzt ist.

Weichmachungsmittel.

Die meist als nichtflüchtige Flüssigkeiten vorliegenden Weichmacher werden dem pulverförmigen Polyvinylchlorid oder Vinylchlorid-Mischpolymerisaten in noch später zu behandelnder Weise zugesetzt.

Beim Einbau der Weichmacher in Polyvinylchlorid wird der Weichmacher zunächst komprimiert[4]. Bei fortschreitender Weichmachung verschwindet dieser Effekt.

Bei der Mischung von Polyvinylchlorid-Pulver[5] und Weichmacher werden die Polymerisat-Teilchen zunächst angequollen; damit aber der Weichmacher eine die Polyvinylchlorid-Moleküle umhüllende Bindung mit diesen eingeht, müssen die zwischenmolekularen Bindungen durch Erwärmen bis nahe an die Fließtemperatur gelockert werden. In diesem Zustand kann das weichgestellte Polyvinylchlorid als eine feste Lösung aufgefaßt werden[4].

---

[1] A.P. 2416874, E. I. du Pont de Nemours & Co.
[2] E.P. 584691, E. I. du Pont de Nemours & Co.
[3] Kainer, F.: Kunststoffe **38**, 163 (1948).
[4] Birnthaler, W.: Kunststoffe **38**, 11 (1948).
[5] Siehe Seite 273.

Die Wirksamkeit der Weichmacher beruht somit darauf, daß dieselben infolge ihrer Lösungswirkung die Aggregation der Polyvinylchlorid-Moleküle verhindern. Die Weichmachermoleküle schirmen die Kohäsionskräfte, welche die gelösten Polyvinylchlorid-Moleküle wieder zu verbinden trachten, ab oder machen sie unwirksam[1,2].

Weichgestelltes Polyvinylchlorid kann also als eine verwickelte Masse von geknäulten Polyvinylchlorid-Ketten aufgefaßt werden, welche Ketten durch den umhüllenden Weichmacher beweglich gemacht sind und miteinander mit einem dreidimensionalen Netzwerk durch winzige Kristallite, die nur eine untergeordnete Rolle im geformten Material spielen, verknüpft sind[3].

Die innige Verbindung zwischen Polyvinylchlorid und Weichmacher hängt dabei auch von der Molekülgröße und vom Molekülbau des Weichmachers ab[4]. Dabei haben sich langgestreckte Moleküle wirksamer erwiesen als solche mit gleichem oder ähnlichem Molgewicht, aber von kompakterer, kugeliger Gestalt.

Durch den Zusatz von Weichmachungsmitteln werden die Eigenschaften von Polyvinylchlorid oder Vinylchlorid-Mischpolymerisaten in vieler Hinsicht abgewandelt. Die Weichmacher vermindern die *Viskosität* von Polymerisaten oder Mischpolymerisaten des Vinylchlorids bei der Verarbeitungstemperatur und geben bei gewöhnlicher Temperatur ein biegsames Material. Sie bewirken eine Vergrößerung der *plastischen Dehnung*, d. h. eine Erhöhung der Zügigkeit und Geschmeidigkeit[5]. In bestimmten Fällen bewirken die Weichmacher gleichzeitig eine Verbesserung anderer Eigenschaften der Polyvinylchlorid-Massen und beeinflussen die *Temperaturbeständigkeit*, die *Kältefestigkeit* sowie auch die *elektrischen Eigenschaften*.

An einen brauchbaren Weichmacher werden verschiedene Anforderungen gestellt. Zunächst muß eine Verträglichkeit des Weichmachers mit dem Polyvinylchlorid oder Vinylchlorid-Mischpolymerisat innerhalb eines weiten Konzentrationsbereiches und eine leichte Einarbeitung verlangt werden.

Brauchbare Weichmacher müssen mit dem Polyvinylchlorid ein dauerhaftes Gel eingehen, aus dem sie weder ausschwitzen, noch bei erhöhter Temperatur flüchtig sind. Dieses Gel soll möglichst hochwertige mechanische Eigenschaften besitzen.

Der Weichmacher muß ferner bei einer geringen Flüchtigkeit eine weitgehende chemische Beständigkeit sowie Beständigkeit gegen Wasser- und Ölextraktion und eine geringe Diffusionsgeschwindigkeit aufweisen.

---

[1] DOOLITTLE, A. K.: Polym. Sci. **2**, 121 (1947).

[2] Näheres über die Theorie der Lösungsmittelwirkung bei Weichmachern und bei der Weichmachung von Polyvinylchlorid siehe auch bei R. F. BOYER, R. S. SPENCER: Polym. Sci. **2**, 157 (1947); W. AIKEN, A. TURNER jr., A. JANSSEN u. H. MARK: Polym. Sci. **2**, 178 (1947).

[3] ALFREY, T. jr., R. STEIN, A. V. TOBOLSKY u. N. WIEDERTOM: Polym. Sci. **2**, 178 (1947).

[4] MEAD, D. J., R. L. TISHENOR u. R. M. FUOSS: J. amer. chem. Soc. **64**, 283 (1942); siehe auch P. STÖCKLIN: Kautschuk u. Gummi **2**, 367 (1949).

[5] MÜNZINGER, W. M.: Kunststoffe **31**, 389 (1941).

Seine weichmachende Wirkung soll sich innerhalb eines größeren Temperaturbereiches erstrecken[1].

Bei Verwendung eines Weichmachers sind ferner noch die physiologischen Eigenschaften, wie Geruch, Geschmack, Giftigkeit, Entflammbarkeit usw., zu berücksichtigen.

Die Anforderungen, die an einen Weichmacher für Polyvinylchlorid-Kunststoffe gestellt werden müssen, haben P. SCHMIDT und KL. STOECKHERT[2] ausführlich behandelt. Neben Geruch- und Geschmacklosigkeit ist auch eine weitgehende Farblosigkeit bei geringer Flüchtigkeit erforderlich.

In chemischer Hinsicht darf der Weichmacher nicht zur Oxydation oder Verharzung neigen, soll vielfach gegen aliphatische und aromatische Kohlenwasserstoffe beständig sein und mit Wasser nicht zur Emulsionsbildung neigen. Er darf ferner keine korrodierenden Bestandteile enthalten. Der Weichmacher muß mit den Hilfsstoffen verträglich sein und selbst gute physikalische Eigenschaftswerte aufweisen und die physikalischen Eigenschaften der Polyvinylchlorid-Kunststoffe, wie thermische Beständigkeit, mechanische Festigkeit und elektrische Eigenschaften, möglichst wenig verändern.

Hinsichtlich der weichstellenden Wirkung sowie auch hinsichtlich der Beeinflussung anderer Eigenschaften von Polyvinylchlorid oder Vinylchlorid-Mischpolymerisaten verhalten sich nicht alle Weichmacher gleich. Aus diesem Grunde erscheint es verständlich, daß eine Vielzahl von Stoffen zum Weichmachen dieser polymeren Verbindungen vorgeschlagen wurde, wie nachstehend gezeigt wird.

Die Entwicklung brauchbarer Weichmacher war erst die Voraussetzung dafür, daß das Polyvinylchlorid sich so schnell und auf so breiter Basis auf den verschiedensten Anwendungsgebieten durchsetzen konnte[3]. Die früher bekannten Weichmacher, vor allem natürlicher Herkunft, hätten diesen Siegeszug des Polyvinylchlorids nicht zugelassen.

Der chemischen Zusammensetzung nach lassen sich die als Weichmacher vorgeschlagenen Stoffe einteilen in *Ester anorganischer* und *organischer Säuren* mit *aliphatischen, aromatischen* usw. *Alkoholen,* ferner in *Äther* und *Ketone.* Auch bestimmte *Kohlenwasserstoffe,* besonders *chlorierte Kohlenwasserstoffe,* besitzen das Vermögen, Polyvinylchlorid weichzustellen.

Neben diesen als *echte Weichmacher* anzusprechenden Verbindungen vermögen auch bestimmte *hochpolymere Verbindungen* dem Polyvinylchlorid die erforderliche Plastizität zu erteilen.

a) Ester-Weichmacher.

α) **Phosphorsäureester.** Von den anorganischen Estern eignen sich zum Weichstellen von Polyvinylchlorid nur die *Ester* der *Phosphorsäure.*

---

[1] REED, M. C.: Polym. Sci. **2**, 115 (1947).
[2] SCHMIDT, P., u. KL. STOECKHERT: Kunststoffe **40**, 145 (1950).
[3] WERNER, K.: Kunststoffe **39**, 121 (1949).

Diese Phosphorsäureester sind die lösungsaktivsten Weichmacher; die kritische Lösungstemperatur des Tripropyl- bzw. Tributylphosphats liegt bei 40 bis 60°[1].

Zur Herstellung von weichgummiähnlichen Massen aus Polyvinylchlorid wird dieses Polymerisat vielfach mit *Trikresylphosphat (Lindol)* gewöhnlich in Mengen von 25 bis 40 Prozent und mehr als Weichmacher versetzt. Dieser in Deutschland, aber auch in den Vereinigten Staaten von Nordamerika[2] vielfach benutzte Weichmacher gibt Plastifikate mit einer guten *Wärmebeständigkeit, Alterungsbeständigkeit*[3] und *Schwerverbrennlichkeit*, aber einem schlechten Verhalten bei sehr tiefen Temperaturen.

Mit diesem Weichmacher gelatinierte Polyvinylchloride sind zwar für viele, aber nicht für alle Zwecke verwendbar[4]. Für Gebrauchsgegenstände, die mit Lebens- und Genußmitteln sowie mit der menschlichen Haut in Berührung kommen, dürfen aber mit diesem Ester weichgestellte Polyvinylchlorid-Massen nicht verwendet werden[5].

Von *Phosphorsäureestern* finden noch *Hexylphosphyt, Isobutylphosphat* sowie Tributylphosphat und Trioctylphosphat als Weichmacher für Polyvinylchlorid Verwendung[6]. Diese Phosphorsäureester gelatinieren Polyvinylchlorid sehr gut, im Gegensatz zu *Trikresylphosphat*.

In Italien wird ferner *Tributylphosphat* unter der Handelsbezeichnung *Crioplasto E* zum Weichstellen von Polyvinylchlorid benützt.

Bei hohen Temperaturen und bzw. oder langen Belastungszeiten sind mit *Trioctylphosphat* weichgemachte Vinylchlorid-Vinylacetat-Mischpolymerisate steifer als trikresylphosphatweichgemachte Produkte, während bei niederen Temperaturen und bzw. oder kurzen Zeiten mit letzterem Ester weichgestellte Mischpolymerisate steifer sind[7].

Eine dem *Trikresylphosphat* ähnliche weichmachende Wirkung besitzt auch das unter dem Handelsnamen *Orsakoid* bekannte *Triphenylphosphat*[8].

TH. F. CARRUTHERS[9] hat ferner in *Tri-2-äthylhexylphosphat* einen Weichmacher gefunden, der dem Polyvinylchlorid oder den Vinylchlorid-Mischpolymerisaten eine ausgezeichnete *Kältebeständigkeit, Wärmebeständigkeit* und *Wasserfestigkeit* verleiht. Dieser Weichmacher ist unter der Bezeichnung *Plextol TOF* im Handel.

Mit Phosphorsäureestern können auch Mischpolymerisate aus Vinylchlorid und Estern von Äthylen-1,2-dicarbonsäuren weichgestellt werden[10].

---

[1] THINIUS, K.: Chem. Techn. **3**, 14 (1950).

[2] STOUTJESDIJK, L. C.: Chem. Weekblad **37**, 81 (1943); — E. ESCALES, K. HULTZSCH u. E. RÖMER: Kunststoffe **37**, 117 (1949).

[3] PASELLI, P.: Materie Plastiche **6**, 255 (1936).

[4] BERGER, H.: Kunststoffe **39**, 65 (1949).

[5] Siehe Seite 227.

[6] MÜNZINGER, W. M.: Kunststoffe **31**, 389 (1941).

[7] AIKEN, A., A. TURNER jr., A. JANSEN u. H. MARK: Polym. Sci. **2**, 178 (1947).

[8] F.I.A.T.-Bericht 861, British Plastics **19**, 174 (1947).

[9] F.P. 925715, Carbide and Carbon Chemicals Corp.; Kunststoffe **37**, 178 (1947).

[10] DRP. 728664, I.G. Farbenindustrie A.G.

Brauchbare Weichmacher stellen auch solche Phosphorsäureester dar, die durch Veresterung der Phosphorsäure mit den bei der Oxo-Synthese[1] anfallenden Alkoholen erhalten werden. Von diesen Alkoholen gibt der synthetische Octylalkohol nach der Veresterung mit Phosphorsäure Weichmacher, die weniger riechen als die aus 2-Äthylhexanol und n-Octylalkohol hergestellten, und der Widerstand gegen ultraviolettes Licht ist größer. Oxooctylphosphat plastiziert hochmolekulares Polyvinylchlorid oder Vinylchlorid-Vinylacetat-Mischpolymerisate leichter.

β) **Ester anderer aromatischer Säuren.** Gute Weichmacher für Polyvinylchlorid oder Vinylchlorid-Mischpolymerisate, besonders für Vinylchlorid-Acrylsäureester-Mischpolymerisate, sind nach A. Riche und E. Hanschke[2] die *Diester* der *Polyglykole* der allgemeinen Formel

$$R\text{—}O\text{—}CH_2\text{—}CH_2\text{—}O\text{—}(CH_2\text{—}CH_2O)_n\text{—}R',$$

in welcher R und R' Radikale von aromatischen und bzw. oder cycloaliphatischen Monocarbonsäuren sind und n 1, 2, 3 oder 4 bedeuten.

Unter ihnen sind als besonders wertvoll das *Dibenzoyldiglykol* und das *Tribenzoyltriglykol* zu nennen, welche infolge ihrer geringen Flüchtigkeit nach dem Einarbeiten in das Polyvinylchlorid von diesem gut festgehalten werden. Außerdem besitzen die so hergestellten Plastifikate eine besonders gute *Dehnung* und *Reißfestigkeit*.

Als weitere gut brauchbare Verbindungen sind ferner beispielsweise *Dinaphthensäureester* des *Di-* und *Triglykols* sowie die *Ester* des *Tetra-* und *Pentaglykols* genannt.

Polyvinylchlorid wird zweckmäßig mit 30 bis 40 Prozent Diäthylenglykoldibenzoat bei geeigneten Temperaturen, z. B. 155 bis 160°, verwalzt. Man erhält Felle von vorzüglicher Dehnung und Reißfestigkeit sowie von großer Kältebeständigkeit, die z. B. bei −15° noch weich sind; der Gewichtsverlust eines Felles mit 40 Prozent Dibenzoat beträgt bei 80° nach 8 Tagen nur 3 Prozent.

Nach einem anderen Beispiel werden Polyvinylchlorid oder ein Mischpolymerisat aus Vinylchlorid und Acrylsäuremethylester mit 25 bis 40 Prozent Benzoylnaphthenoyltriäthylenglykol bei gegebenen Temperaturen verwalzt. Die erhaltenen Felle weisen die gleichen Eigenschaften auf.

Eine gute weichmachende Wirkung besitzen die Alkylester der o-Benzoylbenzoesäure; sie sind sowohl für Polymerisate als auch für Mischpolymerisate des Vinylchlorids geeignet[3]. Mit Verlängerung der Alkylkette steigt das Lösungsvermögen des Weichmachers für das Polyvinylchlorid bei gleichzeitigem Anstieg des Siedepunktes.

γ) **Phthalsäureester.** Neben Phosphorsäureestern werden bevorzugt auch *Phthalsäureester* zum Weichstellen von Polyvinylchlorid verwendet. Ester dieser Art besitzen gute plastifizierende Eigenschaften.

Von Phthalsäureestern ist besonders *Dibutylphthalat* ein guter Weichmacher für Polyvinylchlorid[4]. Dieser in Deutschland unter der Bezeichnung *Palatinol C*, in Italien als *Viniplasto U* bekannte Weichmacher ergibt Polyvinylchlorid-Massen, die auch bei sehr tiefen Tem-

---

[1] Sparks, W. J., u. D. W. Young: Ind. Engng. Chem. **41**, 665 (1949).
[2] DRP. 745025, I.G. Farbenindustrie A.G.
[3] F.P. 949903, B. F. Goodrich Co.
[4] Clark, F. W.: Chem. Ind. Rev. **60**, 225 (1941).

peraturen verwendbar sind[1]. *Dibutylphthalat* ist aber stark flüchtig, und mit diesem Ester weichgestellte Polyvinylchloride sind daher nicht wärmebeständig.

Außer *Dibutylphthalat, Diäthylphthalat (Palatinol A)* und *Dimethylphthalat (Palatinol M* [2]) ist in den Vereinigten Staaten von Nordamerika *Dioctylphthalat* der am meisten benützte Weichmacher für Polyvinylchlorid[3].

In Deutschland wird *Dioctylphthalat* unter der Bezeichnung *Vestinol AH* von der Firma Chemische Werke Hüls hergestellt. Dieser Weichmacher besitzt ein ausgezeichnetes Gelatinierungsvermögen für Polyvinylchlorid und gibt Massen von ausgezeichneter *Kältebeständigkeit* bei gleichzeitig guter *Wärmebeständigkeit*. Er ist weitgehend indifferent gegen Pigmente.

Unter der Bezeichnung *Monoplex DCP* bringt die Firma Resinous Products & Chemical Co. einen Weichmacher in den Handel, der aus Dicaprylphthalat besteht.

Von Phthalsäureestern findet auch der *Phthalsäurediäthylhexylester,* und zwar unter der Bezeichnung *Palatinol AH*, Verwendung zum Weichstellen von Polyvinylchlorid.

Neuartige Weichmachertypen werden aus synthetischen Alkoholen erhalten. Letztere erhält man, wenn man die bei der Oxydation von Synthese-Kohlenwasserstoffen erhaltenen Vorlauf-Fettsäuren[4] reduziert. Die Alkohole mit 4 bis 9 Kohlenstoffatomen im Molekül werden dann mit zweibasischen Säuren, insbesondere Phthalsäure, verestert.

Diese Ester-Weichmacher besitzen ähnliche Eigenschaften wie *Dibutylphthalat, Dihexylphthalat* und nähern sich in ihren weichstellenden Eigenschaften dem aus Kokosfettsäure hergestellten Phthalsäureester des Laurylalkohols[5].

Ein solcher Weichmacher wird unter dem Namen *Palatinol F* in Deutschland verwendet. *Palatinol F*, das dem Polyvinylchlorid eine gute *Kältebeständigkeit* verleiht, ist nach englischen Quellenangaben ein Diphthalat der Fischer-Tropsch-Alkohole mit 7 bis 9 Kohlenstoffatomen im Molekül[6].

Nach der gleichen Quellenangabe wird der *Palatinol HS-Weichmacher*[7] durch Veresterung der Leuna-Alkohole des Siedebereiches 145 bis 160° mit Phthalsäureanhydrid erhalten.

Auch die bei der Oxo-Synthese[8] erhaltenen Octylalkohole geben nach der Veresterung mit Phthalsäure hochwertige Weichmacher[9].

---

[1] VEIT, J.: British Plastics **15**, 353 (1943).

[2] Italienische Bezeichnung Viniplasto E.

[3] ESCALES, E., K. HULTZSCH u. E. RÖMER: Kunststoffe **37**, 117 (1947).

[4] KAINER, F.: Die Kohlenwasserstoff-Synthese nach Fischer-Tropsch. Berlin, Göttingen, Heidelberg: Springer 1950.

[5] WERNER, K.: Kunststoffe **39**, 121 (1949).

[6] Modern Plastics **24**, 154, 192 (1947).

[7] Auch bekannt unter der Handelsbezeichnung *Intrasolvan*.

[8] KAINER, F.: Kunststoffe **38**, 163 (1948); Die Kohlenwasserstoff-Synthese nach Fischer-Tropsch. S. 289. Berlin, Göttingen, Heidelberg: Springer 1950.

[9] SPARKS, W. J., u. D. W. YOUNG: Ind. Engng. Chem. **41**, 665 (1949).

Als Weichmacher für Vinylchlorid-Polymerisate kommen ferner *Chlorphthalsäureester* der Formel

$$Cl_n - \overset{\text{—COOR}}{\underset{\text{—COOR}'}{\bigcirc}}$$

in der n eine Zahl 1 bis 4; R, R' Kohlenwasserstoffreste mit aliphatischer Funktion, wobei die Gesamtzahl der Kohlenstoffatome in R und R' 7 bis 23 sind[1].

Für Polyvinylchlorid werden z. B. verwendet Di-(2-äthylhexyl)-monochlorphthalat oder -dichlorphthalat oder Di-n-butyl-tetrachlorphthalat.

Die Produkte besitzen eine hohe Alterungsbeständigkeit, Unverbrennlichkeit bei stark erhöhtem elektrischem Widerstand.

Von den Chlorphthalsäureestern benützt G. J. BORER[2] die *Dioctylester* der *Tetrachlorphthalsäure*, z. B. den Di-(2-äthylhexyl)-tetrachlorphthalsäureester, in Mengen von 67 Prozent, berechnet auf Polyvinylchlorid.

J. K. STEVENSON, LA VERNE E. CHEYNEY und M. M. BALDWIN[3] haben eine Reihe von Alkyltetrachlorphthalate auf ihre Eignung zur Weichmachung von Mischpolymerisaten aus Vinylchlorid und Vinylacetat, besonders solchen aus 95 Prozent Vinylchlorid und 5 Prozent Vinylacetat untersucht. Hierbei wurden die nachstehenden Ergebnisse erzielt:

Mit Ausnahme des n-Octyldiesters sind die Ester sehr verträglich mit diesen Mischpolymeren. Die Wirksamkeit der geradkettigen Ester nimmt mit wechselnder Kettenlänge, gemessen an Dehnbarkeit, Steifigkeit und Härte, ab. Bei verzweigter Kette war die Wirksamkeit geringer. Die höheren Glieder der geradkettigen Ester geben Produkte von besserer Kältebeständigkeit als die niederen und die verzweigtkettigen. Die Ester verursachen Flammenbeständigkeit.

Der Verlust an Weichmachern durch Verdampfung ist umgekehrt proportional dem Molgewicht des Esters. Die Ester neigen nicht zum Wandern.

Zur Herstellung von plastischen Kunststoffmassen auf Grundlage von Vinylchlorid-Polymerisaten, wie Polyvinylchlorid oder Mischpolymerisaten aus Vinylchlorid einerseits und 1,1-Dichloräthylen, organischen Vinylestern, Acrylsäureestern, Methacrylsäureestern oder Maleinsäureanhydrid andererseits verwendet die Firma I.G. Farbenindustrie A.G.[4] Diester halogenierter Phthalsäuren, z. B. *Di-(α-äthylbutyl)-tetraphthalat, Di-(butoxyäthyl)-, Dibutyltetrachlorphthalat* oder *Dibutyldichlorphthalat* als Weichmacher.

An Stelle der vorbeschriebenen Chlorphthalsäureester hat TH. A. GRESHAM[5] *Phthalsäureester* der allgemeinen Formel

$$\overset{\text{—COOR}_1}{\underset{\text{—COOR}_2}{\bigcirc}}$$

als Weichmacher für Vinylchlorid-Polymerisate vorgeschlagen.

---

[1] F.P. 949603, A P. 2460574, B. F. Goodrich Co.

[2] A.P. 2496852, General Electric Co.

[3] STEVENSON, J. K., LA VERNE E. CHEYNEY u. M. M. BALDWIN: Amer. Paint J. **33**, 12 (1949).

[4] F.P. 881970, I.G. Farbenindustrie A.G.

[5] F.P. 950210, A.P. 2325951, B. F. Goodrich Co.

In dieser Formel bedeuten R_1 und R_2 Alkylreste mit 6 bis 12 Kohlenstoffatomen und verzweigter Kette. Die Gesamtzahl der Kohlenstoffatome in R_1 und R_2 soll nicht mehr als 18 sein.

Weichmacher dieser Art sind z. B. Di-(-äthylhexyl)-, Di-(2-äthyl-butyl)- oder 2-Äthylhexyl-2-äthylheptylphthalat. Von diesen Estern setzt man 0,5 bis 4 Gewichtsteile 1 Teil Polyvinylchlorid zu.

S. U. K. A. RICHTER und B. S. BERNDTSSON[1] verwenden zum Weich-stellen von Polyvinylchlorid *Mischester* der *Phthalsäure*, bei denen die eine Carboxylgruppe mit einem monovalenten Alkohol verestert ist, welcher keinerlei Ätherbindung enthält, während die andere Carboxyl-gruppe verestert ist mit einem teilweise verätherten Glykol oder Poly-glykol.

Palatinol HS, auch unter dem Namen *Intrasolvan* bekannt, ist ein Gemisch von Phthalsäurehexyl- und Phthalsäureheptylester (20 zu 80) und gibt weichgestellte Polyvinylchloride mit sehr guter *Kältefestigkeit*, jedoch mit etwas geringerer *Wärmebeständigkeit*.

Sehr gute Weichmacher werden ferner erhalten, wenn man die sauer-stoffhaltigen Reaktionsprodukte der *Oxo-Synthese*[2] zu Alkoholen redu-ziert und letztere mit Phthalsäure oder auch mit Phosphorsäure ver-estert. Diese Weichmacher eignen sich sowohl für Polyvinylchlorid als auch für Vinylchlorid-(95)-Vinylacetat-(5)-Mischpolymerisate und sind hinsichtlich Wirksamkeit und Extraktionsverlust dem *Di-2-äthyl-hexyl-phosphat*[3], *Tri-2-äthylphosphat*[4] bzw. *Di-n-octylphthalat*[5] gleichzustellen[6].

Zum Weichstellen von höchstmolekularem Polyvinylchlorid ver-wendet die Firma Dr. A. Wacker Ges. f. elektrochem. Ind. G.m.b.H.[7] *Phthalsäurehexylester, phthalsauren β-Äthoxybutylalkohol* oder *phthal-sauren Glykolsäurebutylester*.

Weichmacher, die Polyvinylchlorid gut gelatinieren, sind *Pala-tinol BB* und *Palatinol O*. Ersteres ist die Handelsbezeichnung für *Benzylbutylphthalat*, letzteres für Dimethylglykolphthalat[8]. Mit *Pala-tinol O* werden ausgezeichnete kältebeständige Polyvinylchlorid-Massen erhalten[9].

Ein Glykolphthalat, und zwar *Dibutylglykolphthalat*, ist der als *Palatinol K* bezeichnete Weichmacher.

Aus Phthalsäureestern aliphatischer Alkohole besteht der Weich-macher *Palatinol L*.

Mit *Phthalsäureestern* können auch Vinylchlorid-Mischpolymerisate weichgestellt werden; z. B. Mischpolymerisate, die aus überwiegenden Mengen Vinylchlorid und Äthylen-1, 2-dicarbonsäureestern bestehen[10].

---

[1] Schwed.P. 126947, Svenska Olejeslageriaktiebolaget.

[2] KAINER, F.: Die Kohlenwasserstoff-Synthese nach Fischer-Tropsch, S. 267. Berlin, Göttingen, Heidelberg: Springer 1950.

[3] Handelsbezeichnung DOP.   [4] Handelsbezeichnung Flexol TOF.

[5] Handelsbezeichnung Dinopol.

[6] SPARKS, W. J., u. D. W. YOUNG: Kunststoffe **39**, 126 (1949); Ind. Engng. Chem. **41**, 665 (1949).

[7] Schwz.P. 223079, Dr. A. Wacker Ges. f. elektrochem. Ind. G.m.b.H.

[8] MÜNZINGER, W. M.: Kunststoffe **31**, 389 (1941).

[9] PASELLI, P.: Materie Plastiche **6**, 255 (1936).

[10] DRP. 728664, I.G. Farbenindustrie A.G.

ϑ) **Di- und Polycarbonsäureester.** Neben Phthalsäureestern dienen ferner zahlreiche *Ester aliphatischer Dicarbonsäuren* zum Weichstellen von Polymerisaten oder Mischpolymerisaten des Vinylchlorids.

So verwenden z. B. D. M. ELLAN, H. M. PREUSSER und R. L. PAGE[1] als Weichmacher für Mischpolymerisate aus Vinylchlorid und Vinylacetat *Tetrahydrofurfurylester* der *Bernsteinsäure* oder langkettiger Säuren.

Zum Weichstellen von Polyvinylchlorid oder Vinylchlorid-Vinylacetat-Mischpolymerisaten verwendet L. T. SUTHERLAND[2] Ester der Formel

$$R' \cdot O \cdot OC \cdot CHR \cdot CH_2 \cdot CO \cdot O \cdot R'',$$

worin R eine Alkenylgruppe mit 3 bis 14 Kohlenstoffatomen und R' und R'' gleiche oder verschiedene Kohlenwasserstoffreste mit wenigstens 5 Kohlenstoffatomen, z. B. Alkyl-, Cycloalkyl- oder Aralkylrest bedeuten.

Von diesen Estern sind besonders die *Alkenylbernsteinsäureester* oder *-mischester* mit Amyl-, Hexyl-, Heptyl-, Octylalkohol, Cyclohexanol, Methylcyclohexanol, Benzyl- und Methylbenzylalkohol als Weichmacher geeignet. Man verwendet von diesen 20 bis 100 Teile auf 100 Teile Polyvinylchlorid-Harz.

In den Vereinigten Staaten von Nordamerika werden neben Phosphorsäure- oder Phthalsäureestern zum Weichstellen von Polyvinylchlorid *Dibutylsuccinat* oder *Dioctylsuccinat* benützt[3].

Unter der Bezeichnung *Dikosol* hat die Firma Deutsche Hydrierwerke A.G. einen Weichmacher für Polyvinylchlorid herausgebracht, der chemisch als ein hochmolekularer Ester einer zweibasischen Säure aufzufassen ist.

Ester der *4-Cyclohexen-1, 2-dicarbonsäure* besitzen nicht nur eine weichmachende Wirkung, sondern setzen überdies die Verfärbung von Polymerisaten oder Mischpolymerisaten des Vinylchlorids unter der Einwirkung von Wärme und Licht herab[4]. Zur Erzielung besserer elektrischer Eigenschaften können außerdem basische Stabilisatoren zugesetzt werden.

Ein Dialkylester einer synthetischen langkettigen zweibasischen Säure ist der von der Firma Resinous Products and Chemical Co.[5] unter der Bezeichnung *Monoplex 11* herausgebrachte Weichmacher. Er erteilt den Polyvinylchlorid-Massen eine hohe *Kältebeständigkeit* sowie Beständigkeit gegen ultraviolettes Licht.

Von Estern zweibasischer Säuren eignen sich nach J. J. RUSSELL[6] *Sebacinsäuredibenzylester* oder *Arylester* anderer *Dicarbonsäuren*.

Ein Weichmacher, der noch bei —40° gut plastizierende Wirkung besitzt, ist nach E. H. SORG[7] *Diisobutyladipat*.

[1] ELLAN, D. M., H. M. PREUSSER u. R. L. PAGE: Modern Plastics **20**, 95, 146, 150 (1943).
[2] A.P. 2440985, Allied Chemical & Dye Corp.
[3] ESCALES, E., K. HULTZSCH u. E. RÖMER: Kunststoffe **37**, 117 (1947).
[4] F.P. 950203, B. F. Goodrich Co.
[5] Ind. and Eng. News **1947**, 2104.
[6] A.P. 2227154, General Electric Co.
[7] A.P. 2414399, Gl. L. Martin Co.

Das als Weichmacher gleichfalls benützte *Dioctyladipat* ist in Deutschland unter der Bezeichnung ED 133 bekannt; der gleiche Weichmacher wird von der Firma B. F. Goodrich Co. unter dem Handelsnamen GP 233 in den Verkehr gebracht.

Mit Hilfe von Diestern von aliphatischen Dicarbonsäuren, in denen jeder Alkoholrest und der Säurerest mindestens je 6 Kohlenstoffatome enthalten, nimmt H. JONES[1] die Weichmachung von Polyvinylchlorid vor.

Besonders geeignet sind Dioctylester der Sebacinsäure, nämlich der Di-2-äthylhexylester dieser Säure; auch Dihexyl-, Diheptyl-, Dioctyl-, Dinonyl-, Didecylester der Adipin-, Pimelin-, Kork-, Azelain- oder Nonandicarbonsäure.

Weichmacher, die dem Polyvinylchlorid eine gute *Zugfestigkeit* und *Biegsamkeit* bei niedriger Temperatur verleihen und geringe elektrische Verluste innerhalb eines großen Temperaturbereiches bewirken, werden durch Veresterung einer langkettigen gesättigten aliphatischen zweibasischen Säure mit mindestens sechs Kohlenstoffatomen im Molekül, entsprechend der Summenformel

$$C_nH_{2n-2}O_4$$

mit Alkoholen der Formel

$$X(CH_2)_nOH$$

erhalten[2].

In der ersten Formel stellt n eine ganze Zahl dar, die mindestens 6, vorzugsweise 6 bis 12 einschließlich ist.

X bedeutet den Rest eines carbocyclischen oder heterocyclischen Ringes und n Null oder eine ganze Zahl.

An zweibasischen Säuren kommen in Betracht z. B. *Adipin-*, *Pimelin-*, *Kork-*, *Acelain-*, *Sebacin-* und *Decamethylendicarbonsäure.*

Als Alkohole eignen sich der *Benzyl-*, *Phenyläthyl-*, *Phenylpropyl-*, *Cyclohexyl-* sowie der *Tetrahydrofurfurylalkohol.*

Tetrahydrofurfurylester zweibasischer Säuren sind auch von anderen Forschern zum Weichstellen von Polyvinylchlorid benützt worden. CL. H. ALEXANDER[3] hat die Ester dieses Alkohols mit *Adipin-*, *Bernstein-*, *Sebacinsäure* sowie der *Phthalsäure* vorgeschlagen. Diese Ester verleihen den Polyvinylchlorid-Massen eine gute *Kältebeständigkeit.* *Tetrahydrofurfurylester aliphatischer Dicarbonsäuren* der genannten Art hat ferner J. J. RUSSELL[4] als Weichmacher empfohlen.

Für den gleichen Zweck eignen sich auch *Dicarbonsäureester kernhalogenierter Oxyarylverbindungen.* Die Firma Comp. General di Elettricità[5] hat von diesen *Di-(p-chlorbenzyl)-sebacat*, *Di-(o-chlorbenzyl)-adipat* und *Di-(o, p-dichlorbenzyl)-sebacat* vorgeschlagen.

Neben diesen Carboxylestern einer im Kern halogenierten Oxyarylverbindung hat die gleiche Firma[6] später noch die durch Veresterung

[1] F.P. 941127, Geigy Co. Ltd.
[2] DRP. 749564, ohne Firmenangabe; E.P. 527408, British Thomson-Houston Co.
[3] A.P. 2234615, B. F. Goodrich Co.
[4] A.P. 2259141, General Electric Co.
[5] Ital.P. 393114, Comp. Generale di Elettricità.
[6] Ital.P. 393129, Comp. Generale di Elettricità.

von *Malon-*, *Bernstein-*, *Itacon-*, *Fumar-*, *Citracon-*, *Tricarballyl-* oder *Cycloalkanpolycarbonsäure* mit *p-Bromphenoxyäthylalkohol*, *α-Methyl-β-(pentachlorphenyl)-propanol*, *o-*, *m-*, *p-Chlorbenzylalkohol*, *2, 4-Dichlorbenzylalkohol*, *2-Methyl-4-brombenzylalkohol*, *p-Fluorphenetylalkohol*, *4-Phenyl-2-chlorbenzylalkohol* u. a. erhaltenen Ester als Weichmacher vorgeschlagen.

Ester der vorbeschriebenen Art, wie z. B. *Di-(chlorbenzyl)-glutarat*, *Di-(trichlorbenzyl)-phthalat*, *Bis-(dichlorbenzyl)-sebacat*, dienen nicht nur zum Weichstellen von Polyvinylchlorid, sondern auch von Mischpolymerisaten aus Vinylchlorid und anderen ungesättigten polymerisierbaren Verbindungen, wie Chlor-2-butadien-1, 3, Vinyläthern, Vinylketonen, Vinylestern, Itaconsäureestern, Acrylsäureestern, Atropasäureestern, Alkyl-, Benzyl-, Polychlorbenzylacrylsäureestern[1].

Die bei der Mischpolymerisation von Vinylchlorid mit Fumarsäureestern, wie Dimethyl- oder Diäthylfumarat, erhaltenen Kunststoffe werden zweckmäßig mit Alkoxyalkylester einer Carbonsäure, die wenigstens zwei sauerstoffenthaltende funktionelle Gruppen enthält, weichgestellt[2].

Brauchbare Weichmacher für Polyvinylchlorid sind auch andere Ester von ungesättigten Dicarbonsäuren. Von diesen hat die Firma Comp. Française pour l'Exploit. des Procédés Thomson-Houston[3] *Ester* der *Itaconsäure* oder deren Homologen mit aliphatischen Alkoholen mit 3 bis 9 Kohlenstoffatomen oder mit carbocyclischen Alkoholen mit 6 bis 15 Kohlenstoffatomen vorgeschlagen.

Polyvinylchlorid-Massen, die in der Elektrotechnik Verwendung finden, werden gemäß dem F.I.A.T.-Bericht 861[4] in Deutschland mit einem Ester weichgestellt, der aus einem Alkohol mit 10 Kohlenstoffatomen im Molekül und *Dichlormaleinsäure* erhalten wird.

Zum Weichstellen von höchstmolekularem Polyvinylchlorid eignen sich *Acetobernsteinsäureäthylester*, *Oxalsäuredioctylester*, *bernstein-* oder *adipinsaures Äthylhexanol*, *acetobernsteinsaurer Äthyloctylester*, *adipinsaurer*, *bernsteinsaurer* oder *oxalsaurer Glykolsäurebutylester*, *bernsteinsaurer Butylester*, *Octyloxalat*, *oxalsaures Octandiolmonobutyrat*, *oxalsaurer β-Äthylhexylbutylalkohol*, *adipindiglykolsaurer β-Äthoxybutylalkohol*, *Wein-* und *Maleinsäureäthylhexylester,Citronen-*, *Äpfel-*, *Weinsäure-n-hexylester*[5].

Als Weichmacher für Polyvinylchlorid werden ferner die durch Umsetzung der *n-Dipropyläther-ω, ω'-dicarbonsäure* mit ein- oder mehrwertigen Alkoholen, die wenigstens 4 Kohlenstoffatome im Molekül enthalten, hergestellten Ester empfohlen[6].

Von D. FAULKNER[7] wurde der Konstutionseinfluß verschiedener *Phthalsäureester* und *Ester* mit konstantem Molekulargewicht von *ali-*

---

[1] F.P. 877124, Comp. Française pour l'Exploit. des Procédés Thomson-Houston.
[2] E.P. 570702, E. I. du Pont de Nemours & Co.
[3] F.P. 867863, Comp. Française pour l'Exploit. des Procédés Thomson-Houston.
[4] F.I.A.T.-Bericht 861, British Plastics **19**, 174 (1947).
[5] Schwz.P. 223079, Dr. A. Wacker Ges. f. elektrochem. Ind. G.m.b.H.
[6] F.P. 880237, I.G. Farbenindustrie A.G.
[7] FAULKNER, D.: Kunststoffe **37**, 230 (1947).

phatischen zweibasischen Säuren auf die weichmachenden Eigenschaften von Polyvinylchlorid untersucht.

Zur Beurteilung der Weichmachereigenschaften wurden herangezogen die innere Viskosität als Maß für die Lösekraft, die Bestimmung des Quellungsgleichgewichtes, die Fällbarkeit aus Lösungen des Polymerisats und das Reiß-Dehnungs-Diagramm der plastifizierbaren Mischungen.

Mit den zuletzt genannten Estern wurden gute qualitative Übereinstimmungen der nach den vorgenannten Methoden erhaltenen Werte erzielt und ein Maximum der Lösekraft beobachtet. Kettenverzweigungen im Weichmachermolekül setzen die Lösekraft herab. Bei den *Phthalsäureestern* war die Übereinstimmung mit den vier Methoden weniger zufriedenstellend.

Th. F. CARUTHERS und C. M. BLAIR[1] verarbeiten Polyvinylchlorid mit einem Ester einer niederen Monoxyfettsäure, der mit einer unsubstituierten Dicarbonsäure verestert ist.

Als Weichmacher oder Gelatiniermittel verwendet die Firma Deutsche Hydrierwerke A.G.[2] Polycarbonsäureester, die aus aliphatischen oder cycloaliphatischen mehrbasischen Säuren, welche eine ununterbrochene Kette von mindestens 6 Kohlenstoffatomen haben und aus schwefelfreien höheren Alkoholen mit mindestens 5 und höchstens 10 Kohlenstoffatomen oder auch aus Phenolen aufgebaut sind.

Als Säuren sind verwendbar *Adipin-, Sebacin-, Hexahydrophthal-* oder *Hexahydrophenylendiessigsäure*. Geeignete Alkohole sind *Hexyl-, Octyl-, Naphthenalkohole, Cyclohexanol, Benzylalkohol, Furanalkohol*.

Man kann auch Ester verwenden, die aus *Furanalkohol* oder *Tetrahydrofuranalkohol* und solchen mehrbasischen Carbonsäuren, die in der Kohlenstoffkette Heteroatome oder Heteroatomgruppen enthalten, bestehen. Säuren dieser Art sind z. B. *Iminodiessigsäure, Pyrrolidin-2, 5-dicarbonsäure, Nitrilotriessigsäure* und *Thiodiglykolsäure*.

Gute lösende und weichstellende Eigenschaften besitzen schließlich die durch Veresterung von *Butantri-* oder *-tetracarbonsäuren* mit einwertigen Alkoholen erhaltenen Ester[3].

Zur Herstellung eines Weichmachers werden z. B. 400 Teile Butantetracarbonsäure in 2000 Teilen Methanol gelöst, wobei gleichzeitig Chlorwasserstoffgas eingeleitet wird. Das Gemisch wird zum Sieden gebracht. Hierbei entsteht der Methylester der Butantetracarbonsäure.

ε) **Fettsäureester.** Vorzügliche plastifizierende Eigenschaften besitzen auch Ester, die sich von Säuren der Fettsäurereihe ableiten.

Weichstellende Eigenschaften besitzen sowohl die niederen Glieder der Fettsäurereihe als auch die höhermolekularen, aus natürlichen Ölen und Fetten gewonnenen hochmolekularen Fettsäuren nach Veresterung mit ein- oder mehrwertigen Alkoholen.

Ester hochmolekularer Fettsäuren, wie *Butylstearat, Butyloleat* oder *Butyllionoleat*, vermögen auch höchstmolekulare Polyvinylchloride zu plastifizieren[4].

---

[1] A.P. 2260295, Carbide and Carbon Chemicals Corp.
[2] F.P. 881787, Deutsche Hydrierwerke A.G.
[3] F.P. 849806, I.G. Farbenindustrie A.G.
[4] Schwz.P. 223079, Dr. A. Wacker Ges. f. elektrochem. Ind. G.m.b.H.

Für den gleichen Zweck eignen sich auch *Fettsäureester mehrwertiger Alkohole*, wie z. B. die durch Veresterung von *Butandiol*, *Di-* und *Triäthylenglykol* mit *Capron-, Diäthylessig-, Äthylcapronsäure* erhaltenen Ester[1].

In vielen Fällen bewirken auch die von *Triäthylenglykol* abgeleiteten Fettsäureester eine Plastifizierung des Polyvinylchlorids. Besonders gute weichstellende Eigenschaften besitzen die *Ester* des *Triäthylenglykols* und anderer *Polyäthylenglykole* mit hochmolekularen Fettsäuren, wie *Kokosfettsäuren*.

Ebenso kann man durch Zusatz partiell veresterter mehrwertiger Alkohole, wie z. B. *Butylenglykolmonostearat*, Polyvinylchlorid weichstellen.

F. MANCHEN und W. SCHMIDT[2] haben weiter gefunden, daß zum Weichmachen von Polymerisaten auf der Grundlage von Vinylchlorid solche *Polyäthylenglykolester* infolge ihrer größeren Verträglichkeit sich besonders gut eignen, die durch Verestern von Triäthylenglykol oder solchen Glykolen oder Glykolgemischen, deren mittleres Molekulargewicht dem des Triäthylenglykols entspricht oder nahekommt, mit Fettsäuregemischen von der Säurezahl zwischen 350 und 430 und einem Kohlenstoffgehalt von mindestens 4 und höchstens 12 Kohlenstoffatomen erhalten werden.

Neben dem Triäthylenglykol eignen sich für die Herstellung von Weichmachungsmitteln auch Hexantriol oder Dipropylenglykol oder solche technische Äthylenglykolgemische, die neben Triäthylenglykol Tetraäthylenglykol und Glykole niederen oder höheren Molekulargewichts enthalten und deren mittleres Molekulargewicht etwa dem des Triäthylenglykols entspricht.

Die Fettsäuregemische bestehen vorteilhaft aus mindestens mehreren Säuren verschiedener Kettenlänge. Besonders geeignet sind Mischungen aus Heptan-, Octan- und Nonansäure oder auch Gemische niederer Fettsäuren mit 5 bis 12 Kohlenstoffatomen.

Diese Weichmachungsmittel verleihen den aus Polyvinylchlorid oder Mischpolymerisaten aus Vinylchlorid und Vinylestern hergestellten plastischen Massen eine hervorragende *Kältebeständigkeit* und dabei gleichzeitig eine gute *Wärmebeständigkeit*. Sie zeichnen sich durch ein vorzügliches Gelatinierungsvermögen aus, wodurch die mit ihnen hergestellten Massen besonders leicht zu verarbeiten sind.

Von Glykolen geben auch solche, deren Hydroxylgruppen durch eine Kette von mindestens 4 und höchstens 6 Kohlenstoffatomen getrennt sind, wie z. B. *Butandiol-1, 4, Hexandiol-2, 5* oder *Pentandiol-1, 5*, nach Veresterung mit Fettsäuren, wie *Propion-* oder *Buttersäure*, brauchbare Weichmacher für Polyvinylchlorid[3].

Als Plastifiziermittel für Polyvinylchlorid sind auch von R. STAEGER[4] Ester von Monocarbonsäuren mit mehrwertigen Alkoholen vorgeschlagen worden. Als Alkohole kommen hierbei in Frage z. B. Butylenglykol, Polybutylenglykol, Pentaerythrit, bei denen alle oder einzelne

---

[1] Siehe Fußnote 4, Seite 156,
[2] DRP. 739000, Ital.P. 388949, I.G. Farbenindustrie A.G.
[3] F.P. 889079, I.G. Farbenindustrie A.G.
[4] F.P. 906818, R. Staeger.

Hydroxylgruppen mit aliphatischen Monocarbonsäuren verestert sind, wobei mindestens eine dieser Säuren 4 Kohlenstoffatome in der Kohlenstoff-Kohlenstoff-Bindung der Hauptkette aufweisen soll. Dabei können alle Hydroxyl-Gruppen des Alkohols oder ein Teil dieser mit der gleichen oder mit verschiedenen Carbonsäuren verestert sein.

Ester dieser Art sind z. B. *Pentaerythrittetrabutyrat* oder *-dibutyrat*, *Butylenglykolmonobutyratmonoacetat, Pentaerythrittrimethoxybutyratmonoacetat* usw.

Die Firma Soc. Usines Chimiques Rhône-Poulenc[1] verwendet zum Weichstellen von Polyvinylchlorid 1, 2, 5-Pentantriol-Ester, z. B. 1,2,5-*Pentantrioldiacetat*, 1, 2, 5-*Pentantrioltriacetat* oder 1, 2, 5-*Pentantrioltripropionat*, in Mengen von 15 bis 50 Prozent.

Brauchbare Weichmacher für Polyvinylchlorid oder Vinylchlorid-Vinylacetat-Mischpolymerisate werden nach R. M. GOEPP jr.[2] auch aus *Hexiten* durch Abspaltung eines Mols Wasser und darauffolgende Veresterung der vier Oxygruppen mit den Resten von organischen Carbonsäuren mit 2 bis 8 Kohlenstoffatomen, wie *Essigsäure, Propionsäure, Buttersäure, Valeriansäure, Capronsäure* oder *Caprylsäure*, hergestellt.

Als Alkoholkomponente kommen auch aromatische oder hydroaromatische Alkohole in Betracht. Zum Weichstellen von Polyvinylchlorid, nachchloriertem Polyvinylchlorid oder Vinylchlorid in überwiegender Menge enthaltenden Mischpolymerisaten eignen sich z. B. Ester von *Phenolen* mit *höheren gesättigten* oder *ungesättigten aliphatischen Säuren*, die mehr als 10 Kohlenstoffatome im Molekül enthalten[3]. Gute Weichmacher sind z. B. *Phenylstearat, Benzylstearat, Xylenylstearat* oder *Tetrahydronaphthyloleat*.

Von Fettsäureestern kommen ferner *Ester* aus *Thiophenol* oder aus *aromatischen Mercaptanen* einerseits und *Öl-* oder *hochmolekularen Fettsäuren* andererseits sowie Sulfide, die eine aromatische und eine höhermolekulare aliphatische Gruppe enthalten, in Betracht[4]. Solche Ester sind z. B. *Phenylthiostearat* oder *Benzylmercaptostearat*.

Lichtbeständige Polyvinylchlorid-Massen werden nach CL. H. ALEXANDER[5] erhalten, wenn man zum Weichstellen von Polyvinylchlorid den *Tetrahydrofurfurylester* der Laurinsäure verwendet.

Eine gute weichstellende Wirkung üben auch *chlorierte Ester* der *Stearinsäure*, z. B. der *chlorierte Stearinsäuremethylester*, aus[6]. Die plastifizierende Wirkung dieser Ester ist um so größer, je höher der Chlorgehalt ist. Ebenso verringern sich die elektrischen Verluste mit der Zahl der Chloratome im Ester. Besonders geeignet sind chlorierte Stearinsäureester mit 3 bis 6 Chloratomen im Molekül.

---

[1] Schwz.P. 230270, Soc. Usines Chimiques Rhône-Poulenc.
[2] A.P. 2441241, R. M. Goepp jr.
[3] E.P. 513296, Siemens-Schuckert-Werke A. G.; — Holl.P. 46908, Ges. f. elektro-techn. Erzeugnisse m.b.H.
[4] Holl.P. 52854, Cons. f. elektrochem. Ind. G.m.b.H.
[5] A.P. 2234615, B. F. Goodrich Co.
[6] Ital.P. 395147, Comp. Generale di Elettricità; — F.P. 872845, Comp. Française pour l'Exploit. des Procédés Thomson-Houston; — Belg.P. 446036, Soc. d'Electricité et de Méchanique-Procédés Thomson-Houston.

An Stelle der in Deutschland während des Krieges schwer erhältlichen Säuren aus natürlichen Fetten oder Ölen hat man als Ausgangssäuren für Weichmacher auf Fettsäurebasis die bei der Oxydation von Kohlenwasserstoffen, insbesondere von Synthese-Paraffin, erhaltenen *Vorlauf-Fettsäuren*[1] herangezogen. Die nach dem Verestern mit ein- oder mehrwertigen Alkoholen erhaltenen Weichmacher kommen hinsichtlich ihren weichmachenden Eigenschaften denen der *Phthalsäureester* sehr nahe.

In den Vorlauf-Fettsäureestern mit mehrwertigen Alkoholen liegen Weichmacher mit einer ausgesprochenen komplex-dreidimensionalen Struktur vor. Bei Raumtemperatur sind sie ohne Quellwirkung auf Polyvinylchlorid; diese Quellwirkung ist selbst bei 120 bis 144° gering[2].

Die Verwendung dieser *Fettsäureester* zum Weichstellen von Polyvinylchlorid ist mehrfach unter Schutz gestellt worden.

Im besonderen hat sich die Firma Deutsche Hydrierwerke A.G.[3] die Verwendung von Estern von aliphatischen Monocarbonsäuren, besonders mit 6 bis 12 Kohlenstoffatomen im Molekül, ferner Fettsäuren mit 7 bis 9 Kohlenstoffatomen, wie sie bei der Oxydation von hochmolekularen Kohlenwasserstoffen entstehen, ferner *Kokosfett-*, *Undecylsäure*, mit zwei- oder mehrwertigen Alkoholen, wie *Glycerin*, *Trimethyloläthan*, *Trimethylolpropan*, *Erythrit* und *Pentaerythrit*, zum Weichmachen von Polyvinylchlorid schützen lassen.

Für den gleichen Zweck benützt die Firma I.G. Farbenindustrie A.G.[4] Ester eines wenigstens dreiwertigen Alkohols mit mindestens einer einbasischen aliphatischen Carbonsäure, die eine Kette von 5 bis 14 Kohlenstoffatomen enthält und bei der Oxydation von Synthese-Paraffin als *Vorlauf-Fettsäuren* erhalten werden. Mit diesen Estern können Polyvinylchlorid, nachchloriertes Polyvinylchlorid, Mischpolymerisate aus Vinylchlorid und Acrylsäureester weichgestellt werden.

Es kommen die vollständigen oder Teilester von Glycerin, Trimethyloläthan, Pentaerythrit oder Hexantriol mit Valerian-, Capron-, Önanth-, Pelargon-, Caprin-, Undecyl-, Laurin-, Tridecyl- oder Myristinsäure zur Anwendung.

Diese Weichmacher ergeben Polyvinylchlorid-Massen von guter *Kälte-* und *Lichtbeständigkeit*, ohne daß die *Reißfestigkeit* und *Oberflächenhärte* wesentlich herabgesetzt werden.

Zur Herstellung von Weichmachern hat die Firma I.G. Farbenindustrie A.G.[5] die *Vorlauf-Fettsäuren* der Paraffin-Oxydation mit den auf S. 157 erwähnten *Glykolen* verestert.

Technische Bedeutung haben die durch Veresterung von *Vorlauf-Fettsäuren* mit *Hexantriol* erhaltenen Ester-Weichmacher erlangt. Die aus *Vorlauf-Fettsäuren* und *Hexantriol* bestehenden Ester-Weichmacher sind unter der Handelsbezeichnung *Elaole* bekannt.

---

[1] KAINER, F.: Die Kohlenwasserstoff-Synthese nach Fischer-Tropsch, S. 286. Berlin, Göttingen, Heidelberg: Springer 1950.
[2] THINIUS, K.: Chem. Techn. 2, 14 (1950).
[3] F.P. 874890, Deutsche Hydrierwerke A.G.
[4] DRP. 748016, Schwz.P. 223963, Norweg.P. 63363, Dän.P. 60917, I.G. Farbenindustrie A.G.
[5] F.P. 889079, I.G. Farbenindustrie A.G.

Elaol 1 ist der Ester aus Hexantriol und Vorlauf-Fettsäure I; *Elaol 2* der Hexantriol-Ester der Vorlauf-Fettsäure II. *Elaol 12* ist der gleiche Ester aus den Gesamt-Vorlauf-Fettsäuren und *Elaol K 1* der Hexantriolester der Vorlauf-Fettsäuren mit 6 bis 9 Kohlenstoffatomen im Molekül.

Elaol 2 ähnelt dem *Ricinusöl* und verleiht dem Polyvinylchlorid eine gute *Kältebeständigkeit*.

Elaol 3 ist der Pentaerythritester von Vorlauf-Fettsäuren.

Die mit Triäthylenglykol veresterten Vorlauf-Fettsäuren mit 6 bis 9 Kohlenstoffatomen im Molekül sind als Weichmacher unter dem Namen *Plastomoll KF* bekannt.

Zum Weichstellen von Polyvinylchlorid sind auch Ester geeignet, die durch Verestern des bei der Oxydation von Paraffin anfallenden Säuregemisches von 7 bis 9 Kohlenstoffatomen im Molekül mit Polyoxyverbindungen mit mindestens einer Thioäthergruppe erhalten werden[1].

Geeignete Thioäther sind z. B. *γ, γ'-Dioxypropylsulfid, Di-(β-oxypropyl)sulfid, β-Oxyäthyl -β-oxypropylthioäther*.

ζ) **Aminocarbonsäureester.** Nach M. Bögemann und J. Nelles[2] stellen auch *Ester tertiärer Aminocarbonsäuren* wertvolle Weichmacher für Polyvinylchlorid, dessen Nachchlorierungsprodukte oder Mischpolymerisate von Vinylchlorid mit Vinylacetat oder Acrylsäureestern dar.

In den als Weichmacher benützten tertiären Aminen enthält mindestens eines der am Stickstoff befindlichen Substituenten den Rest eines Carbonsäureesters. Die anderen Substituenten können Arylreste, wie z. B. Naphthyl cder Phenyl, oder Alkylreste, wie z. B. Butyl, sein.

Als Rest einer Carbonsäure kommt in erster Linie der Rest der Essigsäure in Frage.

Als Alkohole, welche mit den Carbonsäuren verestert sind, eignen sich Glykolchlorhydrin, Glykolmonoalkyläther, Butylalkohol und höhere aliphatische sowie hydroaromatische Alkohole.

Brauchbar haben sich als Weichmacher erwiesen *Ester* der *Triglykolamidsäure* der Formel

$$N \Big\langle\!\!\!\begin{array}{l} CH_2 \cdot COOR \\ CH_2 \cdot COOR, \\ CH_2 \cdot COOR \end{array}$$

Ester der *Alkyliminodiessigsäure* der Formel

$$Alkyl\!-\!N \Big\langle\!\!\begin{array}{l} CH_2 \cdot COOR \\ CH_2 \cdot COOR \end{array},$$

Ester der entsprechenden Aryliminodiessigsäure der Formel

$$Aryl\!-\!N \Big\langle\!\!\begin{array}{l} CH_2 \cdot COOR \\ CH_2 \cdot COOR \end{array}$$

---

[1] F.P. 875150, Deutsche Hydrierwerke A.G.
[2] DRP. 707279, F.P. 853706, I.G. Farbenindustrie A.G.

sowie Ester der N-Aryl-N-Alkyliminoessigsäure der Formel

$$\left.\begin{array}{c}\text{Aryl} \\ \text{Alkyl}\end{array}\right\rangle\text{N—CH}_2\cdot\text{COOR},$$

wobei R jeweils einen der vorgenannten Alkohole bedeutet.

100 Gewichtsteile Polyvinylchlorid werden beispielsweise mit 35 Gewichtsteilen N-Butylphenylaminoessigsäurebutylester verknetet. Die Masse wird sodann bei 170° ausgewalzt. Man erhält ein plastisches Produkt, das sich durch hervorragende mechanische Festigkeit bei guter Reißdehnung und guter Wasserfestigkeit auszeichnet.

In ähnlicher Weise werden 100 Gewichtsteile eines Mischpolymerisates aus 80 Gewichtsteilen Polyvinylchlorid und 20 Gewichtsteilen Acrylsäuremethylester mit 35 Gewichtsteilen Butyliminodiessigsäure-di-butylglykolester im Kneter bei 100° gut durchgemischt. Die Masse wird etwa 10 Minuten auf der Walze homogenisiert. Vom Kalander lassen sich so hellfarbige geschmeidige Felle abziehen, die gummiartigen Charakter haben und auch bei tiefen Temperaturen ihre Elastizität behalten.

Eine gute weichmachende Wirkung üben auch *Polyaminopolyessigsäureester*, z. B. *Tetrabutyl-* oder *Tetraisopropylester* des *Äthylendiamintetraessigsäureesters*, aus[1]. Diese Ester eignen sich zum Weichstellen von Mischpolymerisaten aus Vinylchlorid und Vinylacetat oder Vinylidenchlorid und werden in Mengen von einem Drittel des Mischpolymerisatgewichtes angewandt.

η) **Diesteramide.** Als Weichmacher für Polyvinylchlorid oder Vinylchlorid-Mischpolymerisate hat die Firma Carbide and Carbon Chemicals Corp.[2] *Diesteramide* der Formel

$$\text{R—CO—N}=(\text{C}_2\text{H}_3\text{R}_1\text{COOCR})_2$$

vorgeschlagen.

In dieser Formel bedeuten R einen Alkylrest mit 2 bis 8 Kohlenstoffatomen und R_1 Wasserstoff oder Methylrest.

Diese Weichmacher werden in Mengen von 10 bis 50 Prozent den Vinylchlorid-Polymerisaten oder -Mischpolymerisaten durch Heißwalzen zugemischt oder, zur Erzielung flüssiger bzw. pastenförmiger Produkte, einer Emulsion dieser Polymerisate untermischt.

ϑ) **Oxysäure- und Ätherester.** Zum Weichstellen von Polyvinylchlorid verwendet die Firma Deutsche Hydrierwerke A.G.[3] Ester von *Butoxyessigsäure* oder *Oxyessigsäure* mit drei- oder mehrwertigen Alkoholen.

Von der Firma I.G. Farbenindustrie A.G.[4] sind später ebenfalls Ester aus solchen aliphatischen Monocarbonsäuren, die durch eine Äthergruppe substituiert sind, und mehrwertige Alkohole für den gleichen Zweck vorgeschlagen worden. Für ihre Herstellung kommen vor allem *Oxyessigsäuren*, die durch aliphatische, cycloaliphatische oder araliphatische Alkohole mit gerader oder verzweigter Kette oder durch

---

[1] A.P. 2413856, F. C. Bersworth.

[2] F.P. 945525, Carbide and Carbon Chemicals Corp.

[3] F.P. 874890, Deutsche Hydrierwerke A.G.

[4] F.P. 892084, I.G. Farbenindustrie A.G.

Phenole verestert sind, in Betracht. Solche Säuren sind z. B. *α-Butoxy-*, *α-Phenoxyessigsäure*, *α-Methoxypropion-*, *α-Phenoxyisobuttersäure*, *α-Methoxylaurinsäure* und Carbonsäuren, in denen die Äthergruppe von der Carboxylgruppe weiter entfernt ist, wie z. B. *β-Butoxy-* und *γ-Methoxybuttersäure*. Diese Säuren werden mit Alkoholen, wie Äthylen-, Propylen-, 1, 3- oder 1, 4-Butylenglykol, 1, 6-Hexandiol, Xylylenglykol, Glykole, in denen die Kohlenstoffkette durch Heteroatome unterbrochen sind, z. B. Diäthylenglykol, *β, β'*-Dioxydiäthylsulfid, Diäthanolamin, ferner Glycerin, Trimethylolpropan, Triäthanolamin, Hexantriol, Pentaerythrit, verestert.

Die Herstellung erfolgt durch Erhitzen der Äthercarbonsäuren und Alkohole unter Wasserabspaltung oder durch Austausch eines Halogenatoms in Estern von Halogencarbonsäuren und mehrwertigen Alkoholen gegen eine Alkoxygruppe.

Durch geeignete Auswahl der Ausgangsstoffe kann man die Ester dem jeweiligen Verwendungszweck anpassen und ihren Kochpunkt und ihre Flüchtigkeit modifizieren. Verestert man niedrige mehrwertige Alkohole, so verwendet man zweckmäßig Säuren mit einer höhermolekularen Äthergruppe und umgekehrt. Auch kann man Ester, die die Reste von verschiedenen Äthercarbonsäuren enthalten, bereiten, z. B. durch Veresterung von Glykol mit Äthercarbonsäuregemischen.

Die Weichmacher werden in Mengen von 10 bis 60 Prozent, bezogen auf die Menge des Endproduktes, angewandt.

Die mit diesen Estern erhaltenen Polyvinylchlorid-Massen sind sehr kälte- und alterungsbeständig.

Von den vorbeschriebenen Estern eignen sich z. B. der *Tributoxyessigsäureglycerinester* oder die *Butandiol-*, *Di-* und *Triäthylenglykolester* der *Phenoxyessig-*, *Diacetylphenoxyessig-*, *Chlorphenoxyessigsäure* zum Weichmachen von höchstmolekularem Polyvinylchlorid[1].

Vorzügliche Weichmacher für Polyvinylchlorid, insbesondere nachchloriertem Polyvinylchlorid, sind *Ricinusöl* oder die von *Ricinolsäure* abgeleiteten Ester.

Nach M. C. AGNES[2] kann man aus Polyvinylhalogeniden, insbesondere Polyvinylchlorid, gummiähnliche Produkte mit *acylierten Ricinolsäureestern* erhalten. Zweckmäßig verfährt man zur Bereitung solcher Massen in der Weise, daß man das Polyvinylchlorid und den acylierten Ricinolsäureester vorher in einem geeigneten Lösungsmittel löst oder auch mit einem solchen anquellt. Im letzteren Falle wird die angequollene Masse zuerst auf Mischwalzen mittels Hitze und Druck homogen vermischt, bevor sie weiter verarbeitet werden kann.

60 Gewichtsteile Polyvinylchlorid und 40 Gewichtsteile acylierter Glycerinester der Ricinolsäure (acyliertes Ricinusöl) werden lose miteinander vermischt und in heißem Methylamylketon zum Anquellen gebracht. Die Masse wird dann auf heiße Mischwalzen aufgetragen und das erhaltene Fell zwischen chromplattierten Metallplatten bei etwa 150° gepreßt. Man erhält ein durchsichtiges, biegsames und festes flächenartiges Gebilde.

---

[1] Schwz.P. 223079, Dr. A. Wacker Ges. f. elektrochem. Ind. G.m.b.H.
[2] DRP. 744851, Allg. Elektrizitäts-Ges. — E.P. 499931, British Thomson-Houston Co. Ltd.

An Stelle des acylierten Glycerinesters der Ricinolsäure lassen sich auch andere acylierte Ester der Ricinolsäure, z. B. der *acylierte Methyl-, Äthyl-* oder *Butylester* der *Ricinolsäure,* verwenden.

Acylierte Ricinolsäureester eignen sich auch zum Weichstellen von höchstmolekularem Polyvinylchlorid[1].

Als Weichmacher kommen ferner die *acylierten Ester* der *Polyricinolsäure* in Frage.

Die durch Acylierung von Estern hydroxylsubstituierter Monocarbonsäuren mit 18 Kohlenstoffatomen, besonders von Ricinusölsäureestern oder hydrierten Ricinolsäureestern, z. B. die aus Ricinusöl mit einem Überschuß von Fettsäureanhydriden mit 4 bis 8 Kohlenstoffatomen erhaltenen Acylierungsprodukten verwendet die Firma B. F. Goodrich Co.[2] als Weichmacher für Polymerisate oder Mischpolymerisate des Vinylchlorids.

Wie M. C. Agnes[3] weiter gefunden hat, üben auch die einfachen, d. h. die nicht acylierten *Ricinolsäureester aliphatischer einwertiger Alkohole,* wie z. B. der *Methyl-, Äthyl-* oder *Butylester* der *Ricinolsäure* bzw. auch die von aliphatischen einwertigen Alkoholen abgeleiteten Ester der polymerisierten Ricinolsäure, eine ähnlich weichstellende Wirkung auf Polyvinylchlorid aus.

Von den Ätherestern sind nach F. J. Tuttle und E. B. Kester[4] die durch Verestern einer Säure, wie *Öl-, Ricinusöl-, Baumwollöl-, Tallölfett-, Maisölfett-* oder *Sebacinsäure,* mit Säuren, wie *Glycidol, Tetrahydrofurfurylalkohol, Dimethylglycerinäther, Äthoxyäthanol, Butoxyäthanol,* erhaltenen Produkte als Weichmacher für Vinylchlorid-Mischpolymerisate geeignet.

W. Gruber und H. Machemer[5] verwenden als Weichmacher für Polyvinylchlorid Ester aliphatischer Alkohole mit acylierten oder bzw. und alkylierten aliphatischen Polyoxy- bzw. Chloroxycarbonsäuren, wie z. B. *9, 10-Diacetoxystearinsäuremethylester, Diacetoxystearinsäurebutylester, trans-Diacetoxystearinsäuremethylester* usw. Mit diesen Weichmachern versetztes Polyvinylchlorid behält selbst bei Temperaturen von —60° seine Elastizität.

Von der Firma E. I. du Pont de Nemours[6] sind wieder als Weichmacher Alkoxyalkylester einer Carbonsäure, die wenigstens 2 Sauerstoffenthaltende funktionelle Gruppen enthält, vorgeschlagen worden.

Zum Weichstellen von Polyvinylchlorid benützt Cl. H. Alexander[7] *Alkoxyalkylester höherer aliphatischer Carbonsäuren* mit wenigstens 10 Kohlenstoffatomen im Molekül, wie z. B. *Methoxyäthyloleat* oder *Äthoxyäthyloleat.*

---

[1] Schwz.P. 223079, Dr. A. Wacker Ges. f. elektrochem. Ind. G.m.b.H.
[2] E.P. 630610, B. F. Goodrich Co.
[3] DRP. 743318, Allg. Elektrizitäts-Ges.
[4] Tuttle, F. J., u. E. B. Kester: Modern Plastics **24,** 163 (1946).
[5] Ital.P. 391972, Dr. A. Wacker Ges. f. elektrochem. Ind. G.m.b.H.
[6] E.P. 570702, E. I. du Pont de Nemours & Co.
[7] A.P. 2193662, B. F. Goodrich Co.

D. M. ELLAN, H. M. PREUSSER und R. L. PAGE[1] empfehlen zum Weichstellen von Vinylchlorid-Vinylacetat-Mischpolymerisaten mit 87 bzw. 95 Prozent Vinylchloridgehalt die *Alkoxyalkylester* von *Bernstein-* und *Fumarsäure* bzw. Glyzerinester langkettiger Säuren.

Nach H. FIKENTSCHER und G. HAGEN[2] sind *Carbonsäureester* von *Monoaryläthern mehrwertiger Alkohole* vorzügliche Weichmacher für Polymerisate oder Mischpolymerisate des Vinylchlorids und des nachchlorierten Polyvinylchlorids. Solche geeignete Weichmacher sind *Phenyl-*, *Kresyl-* und *Xylenyläther* von *Glykolen*, wie *Äthylen-*, *Propylen-* oder *Diäthylenglykol*, ferner von *Glyzerin* und *Polyglycerin*, deren freie Hydroxylgruppen zweckmäßig alle durch eine aliphatische, aliphatisch-aromatische oder aromatische Carbonsäure verestert sind.

Von den genannten Weichmachungsmitteln zeichnen sich die Polyglykol- und Polyglycerinabkömmlinge durch sehr geringen Dampfdruck aus und liefern daher sehr alterungsbeständige Massen, die einerseits beim Lagern bei erhöhter Temperatur keine oder nur unwesentliche Gewichtsverluste erleiden und andererseits auch bei verhältnismäßig niedrigen Temperaturen ihre Dehnbarkeit und andere mechanische Eigenschaften beibehalten.

Gute weichstellende Eigenschaften besitzen auch Veresterungsprodukte von Säuren der Paraffinoxydation mit 7 bis 9 Kohlenstoffatomen im Molekül mit Thioäthern, wie *Di-(β-oxypropyl)sulfid*, *γ, γ'-Dioxypropylsulfid*[3].

ι) **Ester von Thiosäuren.** Um den Mangel an natürlichen Fetten und Ölen, aus denen, wie z. B. aus Ricinusöl, die für die Weichmachung wichtigen Estern hergestellt werden können, zu beseitigen, wurde in Deutschland auch die von W. REPPE hergestellte *Thiobuttersäure* zur Bereitung von Weichmachern herangezogen[4].

Ester aus *Thiobuttersäure* und *Butylenglykol* geben benzinbeständige Polyvinylchloride, doch sind nach dem F.I.A.T.-Bericht 861 die weichmachenden Eigenschaften des als *Plastomoll* bezeichneten Esters nicht sehr gut; diese Feststellung steht aber in Widerspruch zu deutschen Beobachtungen.

Der als *Plastomoll TV* bezeichnete Weichmacher ist seiner chemischen Zusammensetzung nach ein *Thiobuttersäureester* der Formel

$$(C_7H_{15}O\cdot CO\cdot CH_2\cdot CH_2CH_2)_2S \ ^1.$$

Plastomoll gibt Polyvinylchlorid-Massen von guter *Wärme-* und *Kältebeständigkeit*.

Ester aus *Thiobuttersäure* und *Thioglykol* zeigen bei unbeeinträchtigter *Kältebeständigkeit* verbesserte elektrische Werte.

Plastomoll TAH, der *2-Äthylhexanolester* der *Thiodibuttersäure*, ist nach C. F. RUEBENSAAL[5] der beste deutsche Weichmacher.

Auch andere Thiosäuren zeigen nach Veresterung sehr gute weichmachende Wirkungen.

[1] ELLAN, D. M., H. M. PREUSSER u. R. L. PAGE: Modern Plastics **20**, 95, 146, 150 (1943).
[2] DRP. 735380, I.G. Farbenindustrie A.G.
[3] F.P. 875150, Deutsche Hydrierwerke A.G.
[4] F.I.A.T.-Bericht, British Plastics **19**, 40 (1947).
[5] RUEBENSAAL, C. F.: Modern Plastics **25**, 143, 202 (1948).

Als Weichmacher für Polyvinylchlorid verwendet die Firma Deutsche Hydrierwerke A.G.[1] Ester von Carbonsäuren, die im Molekül eine oder mehrere Thioäthergruppen enthalten. Solche Säuren sind z. B. *Thiodiglykolsäure, Methylenbisthioglykolsäure, Thiohydracylsäure, α, α'-Thiodiisobuttersäure, Äthylenbisthioglykolsäure, Tetramethylen-1, 4-bisthioglykolsäure, 2-Äthylmercaptobenzoesäure, 2-Phenylmercaptobenzoesäure.*

Aliphatische oder aromatische Polycarbonsäuren mit mindestens einer Thioäthergruppe, wie *Thiodiessigsäure, Thiodipropionsäure* oder *Thiodibuttersäure,* oder Säuren der Formel

$$H_2C = (S \cdot CH_2 \cdot COOH)_2$$

oder
$$HOOC \cdot CH_2 \cdot S \cdot CH_2 \cdot CH_2 \cdot S \cdot CH_2 \cdot COOH,$$

die mit Tetrahydrofurfurylalkohol verestert sind, benützt die Firma I.G. Farbenindustrie A.G.[2] als Weichmacher für Polyvinylchlorid.

6,5 Teile Polyvinylchlorid werden z. B. mit 3,5 Teilen Tetrahydrofurfurylmethylendithioglykolat 15 Stunden bei 70° gelatiniert und auf dem Walzenmischer anschließend bei 130 bis 140° homogenisiert.

Zum Weichmachen von Polyvinylchlorid sind auch *Dialkyl-, Diaryl-* oder *Diarylalkylester* von Thiosäuren vorgeschlagen worden[3], die sich von Di-, Tri- oder Polyalkoholen ableiten.

Man mischt z. B. 5,64 kg Polyvinylchlorid in Pulverform mit 3,76 kg Thiodiglykolsäuredibutylester und 0,5 kg Talk und 0,01 kg eines roten Kautschukfarbstoffes im Werner-Pfleiderer 30 Minuten bei 60°.

x) **Sulfonsäureester.** Vorzügliche Ester-Weichmacher sind die im Jahre 1939 in Deutschland aus Kohlenwasserstoffen der FISCHER-TROPSCH-Synthese hergestellten *Sulfonsäureester*[4].

Zur Bereitung dieser Ester geht man von einer Kohlenwasserstoff-Fraktion, dem Kogasin, aus, deren Siedebereich zwischen 230 und 320° liegt. Diese Fraktion wird durch Hydrierung gereinigt und die vorwiegend geradkettigen Kohlenwasserstoffe mit einer mittleren Kettenlänge von 15 Kohlenstoffatomen im Molekül der Einwirkung von Schwefeldioxyd und Chlor unter gleichzeitiger Belichtung mit kurzwelligen Strahlen sulfochloriert.

Diese Sulfochloride werden nach P. HEROLD, K. SMEYKAL, P. ASINGER und H. D. FRH. V. D. HORST[5] mit Phenolen verestert.

Ein durch Kohlenoxyd-Hydrierung erhaltener Kohlenwasserstoff wird mit Schwefeldioxyd und Chlor bis zum Dichteanstieg auf 1,02 (bei 10°) behandelt und bei Unterdruck vom gelösten Chlor befreit.

100 Teile des Produktes werden mit 21 Teilen Phenol in 77 Teilen wäßriger Natronlaugelösung (15prozentig) bei nicht über 66° umgesetzt. Nach Stehenlassen und eingetretener Schichtenbildung wird die obere ölige Schicht mit Natriumchloridlösung gewaschen.

Man erhält mit 96 Prozent Ausbeute ein als Weichmacher für Polyvinylchlorid geeignetes Produkt.

---

[1] F.P. 875260, Deutsche Hydrierwerke A.G.
[2] F.P. 886735, I.G. Farbenindustrie A.G.
[3] F.P. 902321, Manufactures de Caoutchouc P. Lacollonge.
[4] KAINER, F.: Kunststoffe **38**, 163 (1948).
[5] DRP. 715846, Ital.P. 374228, I.G. Farbenindustrie A.G.

Bei dieser Veresterung hat es sich nach H. D. FRH. V. D. HORST[1] als zweckmäßig erwiesen, in Gegenwart säurebindender Mittel, wie Ammoniak oder Aminen, zu arbeiten.

Beispielsweise mischt man 2 kg eines 10 Prozent Schwefel und 12 Prozent hydrolysierbares Chlor enthaltenden Produktes, das durch Behandeln eines bei 240 bis 370° siedenden Kohlenoxyd-Hydrierungsproduktes mit Schwefeldioxyd und Chlor unter Bestrahlung mit kurzwelligem Licht hergestellt ist, mit 830 g eines Phenol-Kresol-Xylenol-Gemisches und leitet bei 40° während 2 Stunden 243 g gasförmiges Ammoniak ein. Beim Aufarbeiten erhält man ein geruchloses Öl.

Über die technische Darstellung dieser als *Mesamoll* bezeichneten Ester-Weichmacher sind aus englischen Veröffentlichungen weitere Einzelheiten bekanntgeworden[2].

Neben dem nach dem vorbeschriebenen Verfahren hergestellten Weichmacher *Mesamoll I* wurde durch Herabsetzung des hydrolysierbaren Chlor- und Disulfochloridgehaltes auf den halben Wert nach gleicher Veresterung der Weichmacher *Mesamoll H* erhalten, der dem Polyvinylchlorid infolge seines geringen Gehaltes an Disulfochlorid eine verbesserte Kältebeständigkeit erteilt.

Durch Mischen von zwei Teilen *Mesamoll H* mit einem Braunkohlehydrierungsprodukt wird ein Weichmacher *Mesamoll HB* erhalten, der den Weichmacher *Palatinol* ersetzen kann.

Gegenüber *Trikresylphosphat* haben die *Mesamoll-Weichmacher* den Vorteil geringeren Phenolverbrauches und der Einsparung von Phosphorsäure. Im Kontakt mit der Haut erweisen sich die *Mesamoll-Weichmacher* als harmlos.

Die Gelatinierungsgeschwindigkeit gegenüber Polyvinylchlorid ist bei 160° so groß wie die von *Trikresylphosphat*, bei 140° aber erheblich geringer.

Mit *Mesamoll* verwandte Weichmacher mit sehr guter *Kältefestigkeit* werden erhalten, wenn man das Sulfochlorid nach dem von P. HEROLD, K. SMEYKAL, F. ASINGER und H. D. FRH. V. D. HORST[3] angegebenen Verfahren mit aliphatischen Alkoholen mit einer Kohlenstoffkette von 6 bis 16 Kohlenstoffatomen verestert. Diese Alkylsulfonsäureester haben eine *Kältebeständigkeit* von bis zu —35°.

Zur Herstellung eines weiteren Weichmachers setzen K. SMEYKAL und R. KÜHNE[4] die durch Sulfochlorierung aus aliphatischen Kohlenwasserstoffen erhaltenen Sulfochlorid-Gemische ohne Anwendung von Lösungsmitteln in Gegenwart säurebindender Stoffe, z. B. Ammoniak, mit Mercaptoverbindungen um. Die erhaltenen gelblichen Öle dienen als Weichmacher für Polyvinylchlorid.

100 Teile eines Sulfochloridgemisches mit 12 Prozent leicht umsetzbarem Chlorgehalt aus höhermolekularen aliphatischen Kohlenwasserstoffen werden mit 20 Teilen tert. Butylmercaptan und Einleiten von Ammoniakgas und Kühlung gemischt. Sobald kein Ammoniak mehr aufgenommen wird, trennt man das Ammoniumchlorid ab. Die Beimengungen werden dann im Vakuum abdestilliert. Das nicht unzersetzbar destillierbare Öl dient als Weichmacher für Polyvinylchlorid.

---

[1] DRP. 719059, I.G. Farbenindustrie A.G.

[2] British Plastics **19**, 40 (1947) — H. D. V. D. HORST: Modern Plastics **24**, 154, 192 (1947).

[3] DRP. 715846, Ital.P. 374228, I.G. Farbenindustrie A.G.

[4] DRP. 721892, I.G. Farbenindustrie A.G.

b) Äther-Weichmacher.

Eine gewisse weichstellende Wirkung üben auch verschiedentlich Äther bestimmter Zusammensetzung aus.

Die von F. A. Bent und K. E. Marple[1] empfohlenen Weichmacher bestehen aus *Glyceringlycidäthern* oder *-thioäthern* der allgemeinen Formel

$$CH_2-CH-CH_2$$
$$XR_1 \quad XR_2 \quad XR_3,$$

in der X entweder Sauerstoff oder Schwefel und R_1, R_2 und R_3 Wasserstoff oder organische Reste, wenigstens aber einen Glycid-Rest bedeuten. Geeignete organische Reste sind Methyl, Äthyl, Propyl, Isopropyl, n-Butyl, Isobutyl, sec. Butyl, n-Pentyl, Hexyl, Cetyl, Stearyl, Allyl, Methallyl, Crotyl, Phenyl- oder Methylvinylcarbinyl, Butenyl, Pentenyl usw.

Als Weichmacher sind vor allem geeignet *Glycerid-β-glycid* der vorbeschriebenen Formel, wie z. B. *Glycerin-α, γ-diamylglycidäther.*

Äther oder *Thioäther*, die die Tetrahydrofurfurylgruppe enthalten, sind von Cl. H. Alexander[2] zu Weichstellen von Polyvinylchlorid vorgeschlagen worden.

Nach R. M. Wiley und J. E. Livak[3] besitzen weichstellende Eigenschaften ferner *Diaralkyläther* der *Benzolreihe*, wie *Di-(α-phenyläthyl)-äther*, sowie Aralkyläther aromatischer Oxyverbindungen der Benzolreihe, z. B. der *Benzyläther* des *Ätheresters* der 3-Phenylsalicylsäure, oder Aralkyläther der Phenole, z. B. *o-Chlorbenzyläther* des *Di-ter.-amylphenols*, bzw. Aralkyläther der Oxyphenole, z. B. des *Benzyläthers* des *2, 4, 6-Trioxy-3-chlordiphenyls.*

Diese Weichmacher erhöhen zugleich die *Wärmebeständigkeit* der Polyvinylchlorid-Massen.

Als gute Weichmacher für Polyvinylchlorid haben sich nach Cl. H. Alexander[4] *Äther aus Naphtholen* bzw. *Oxydiphenyl* und *aliphatischen* oder *alicyclischen Alkoholen* mit mehr als 6 Kohlenstoffatomen erwiesen, die besonders die *dielektrischen Eigenschaften* und die *Säurebeständigkeit* der Vinylchlorid-Polymerisate erhöhen.

Geeignete Äther dieser Art sind: Methyl-α-naphthyläther, Äthyl-β-naphthyläther, Propyl-o-biphenyläther, Isopropyl-m-biphenyläther, Amyl-β-naphthyläther, Cyclohexyl-o-biphenyläther, Amyl-m-biphenyläther, 2-Chlor-2′-amyloxybiphenyl und 3-Chlor-3′-cyclohexylbiphenyl.

Zum Weichstellen von Mischpolymerisaten aus Vinylchlorid und Vinylidenchlorid verwenden A. M. Clifford und J. G. Lichty[5] *Bis-(Carboalkoxy)-diäthyläther*, z. B. *Bis-(carboisoamyloxy)-diäthyläther.*

Von diesem Weichmacher setzt man 40 Teile zu 100 Teilen eines Mischpolymerisates aus 90 bis 75 Teilen Vinylchlorid und 10 bis 25 Teilen Vinylidenchlorid zu.

---

[1] A.P. 2400333, Shell Development Co.

[2] A.P. 2234615, B. F. Goodrich Co.

[3] A.P. 2232933, Dow Chemical Co.

[4] A.P. 2193614, B. F. Goodrich Co.

[5] A.P. 2414022, Wingfoot Corp.

Zum Weichmachen eines Mischpolymerisates aus Vinylchlorid und Vinylidenchlorid dient ein *Bis-(carboalkoxy)-diäthyläther*, dessen Alkoxygruppen 1 bis 8 Kohlenstoffatome besitzen.

Von T. A. KAUPPI, K. D. BACON und F. B. SMITH[1] sind zum Weichstellen von Mischpolymerisaten aus Vinylchlorid und Styrol *hydroaromatische substituierte Aryläther* der Formel

$$(R \cdot O \cdot R')X_n$$

vorgeschlagen worden.

In dieser Formel bedeuten R und R' Aryl, nämlich Phenyl, Alkylphenyl, Aralkylphenyl und Naphthyl und ihre Halogenderivate, X einen hydroaromatischen Rest, nämlich Alkylcyclohexyl, Dicyclohexyl, Arylcyclohexyl und Cyclohexyl, und n die Zahlen 1 bis 6.

Als Weichmacher für Polyvinylchlorid oder nachchloriertes Polyvinylchlorid dienen auch wenig flüchtige *Äther* des 1- oder 2-Oxymethyl-5, 6, 7, 8-tetrahydronaphthalins, deren aromatischer Kern gegebenenfalls noch durch Alkyl-, Aralkyl- oder Halogenreste substituiert sein kann[2].

Unter Verwendung dieser Weichmacher lassen sich *Kältebeständigkeiten* der weichgestellten Polyvinylchloridmassen bis zu —30° erreichen.

Nach Feststellungen von J. LINTNER[3] besitzen solche *Äther* des *2, 3-Dioxydioxans*, in denen wenigstens einer von den Dioxanringen verschiedene Reste Äther-, Ester- oder Ketogruppen oder Halogenatome enthält, gute weichmachende Eigenschaften. Diese Äther sind gegenüber den *unsubstituierten Alkyl-* oder *Aryläthern des 2, 3-Dioxans* mit Polyvinylchlorid besser verträglich.

Als ätherartige Weichmacher können auch die aus *Phenol-Formaldehyd-Harz* erhaltenen Produkte angesehen werden. Man veräthert diese Harze derart, daß mindestens 50, vorzugsweise 90 Prozent der aromatischen Oxygruppen umgesetzt werden[4]. Diese Weichmacher eignen sich für Mischpolymerisate von Vinylchlorid und Vinylacetat.

Zum Weichstellen von Polyvinylchlorid hat die Firma Ciba A.G.[5] die Einwirkungsprodukte von Halogenmethyläthern der Zusammensetzung

$$\text{Halogen—CH}_2\text{—O—R}$$

vorgeschlagen. In der Formel bedeutet R eine gegebenenfalls substituierte Alkyl-, Aralkyl- oder heteroaromatische Gruppe mit mindestens 3 Kohlenstoffatomen, auch cyclische Oxyverbindungen, die neben den Oxygruppen noch Carboxyl- und bzw. oder Oxymethylgruppen enthalten können.

---

[1] A.P. 2188903, Dow Chemical Co.
[2] F.P. 858778, Schwz.P. 214188, Dynamit A.G. vorm. A. Nobel & Co.
[3] DRP. 737353, I.G. Farbenindustrie A.G.
[4] F.P. 920626, Bakelite Corp.; H. L. Bender und A. G. Farnham.
[5] F.P. 926667, Ciba A.G.

Geeignet sind z. B. einerseits die Halogenmethyläther, die sich von Propyl-, Butyl-, Amyl-, Octyl-, Stearyl-, Benzylalkohol oder Cyclohexanol ableiten, und andererseits Oxyverbindungen der Benzol- und Naphthalinreihe.

Vorzugsweise werden Reaktionsprodukte verwendet, die keine alkalilöslichen Bestandteile mehr enthalten.

c) Acetal-Weichmacher.

Zum Weichmachen von Polyvinylchlorid oder dessen Nachchlorierungsprodukten benützen K. DESAMARI und R. HEBERMEHL[1] Acetale aus Aryloxyalkylalkoholen, z. B. *Formaldehydacetal von Phenoxy-, Kresoxy-, p-Thiokresoxyäthanol, Acetaldehydacetal* von *Phenoxyäthanol.*

Eine besonders gute weichstellende Wirkung üben nach K. BILLIG[2] die *Acetale* des *Thiodiglykols* aus.

Als Weichmachungsmittel sind ferner solche *cyclische Acetale* des *Tetrahydrofurfurols* mit drei- oder mehrwertigen Alkoholen geeignet, bei denen die nach der Acetalbildung noch freien Hydroxyl-Gruppen mit Sulfon- oder Carbonsäuren verestert sind[3].

Die z. B. mit Methylsulfonaten bzw. Benzoaten des Tetrahydrofurfurolglycerinacetals hergestellten Massen sind *lichtbeständig* und hinsichtlich Festigkeit und Dehnbarkeit z. B. den mit *Trikresylphosphat* hergestellten überlegen.

d) Keton-Weichmacher.

Die Eigenschaften von Polyvinylchlorid oder Vinylchlorid-Mischpolymerisaten lassen sich nach A. WEISSENBORN, A. RICHE und E. HANSCHKE[4] auch variieren, wenn man diesen polymeren Stoffen *gemischte aliphatisch-aromatischer Ketone* als Weichmacher einverleibt. Während der aliphatische Rest dieser Mischketone mehr als 4 Kohlenstoffatome enthalten soll, kann der aromatische Rest die verschiedensten Substituenten, wie z. B. Halogen, Alkyl usw., besitzen. Die durch Kondensation von höheren Fettsäurechloriden mit Kohlenwasserstoffen erhältlichen Mischketone verleihen den mit ihnen weichgestellten Polyvinylchloriden eine gute *Dehnbarkeit* und *Kältebeständigkeit.*

Geeignete Mischketone sind z. B. *Laurochlornaphthalin, Isoheptanoylchlornaphthalin, Isooctanoylchlornaphthalin, Butyrochlornaphthalin, Nonaoylphenon* usw.

Es können auch beliebige Gemische dieser Mischketone angewendet werden.

Polyvinylchlorid oder ein Mischpolymerisat aus Vinylchlorid und Acrylsäuremethylester wird mit 20 bis 40 Prozent Lauro-α-Chlornaphthalin bei geeigneten Temperaturen verwalzt. Die erhaltenen Felle zeichnen sich durch große Dehnung und Kältebeständigkeit aus.

Der Gewichtsverlust eines so bereiteten Felles beträgt bei 70° nach 8 Tagen nur 0,2 Prozent.

Bei —25° ist dieses Fell noch sehr weich.

---

[1] DRP. 681708, I.G. Farbenindustrie A.G.
[2] DRP. 676136, I.G. Farbenindustrie A.G.
[3] F.P. 889362, I.G. Farbenindustrie A.G.
[4] DRP. 728786, I.G. Farbenindustrie A.G.

Zum Weichstellen von Polyvinylchlorid sind von Cl. H. Alexander[1] ferner Ketone der Formel

$$R-\underset{\displaystyle \|}{C}-CH_2-HC\begin{array}{c} HC\!-\!\!-\!CH \\ | \quad\; | \\ \diagdown O \diagup \end{array}CH$$

empfohlen worden. Diese Ketone enthalten die Tetrahydrofurfurylgruppe.

e) Kohlenwasserstoff-Weichmacher.

Trotz ihres unpolaren Charakters üben auch bestimmte *Kohlenwasserstoffe* eine weichmachende Wirkung auf Polyvinylchlorid aus.

Von diesen Kohlenwasserstoffen zeigen die *aromatischen Kohlenwasserstoffe* und ihre Derivate eine stärker quellende Wirkung auf Polyvinylchlorid als die *aliphatischen Kohlenwasserstoffe*[2].

Nach L. Rosenthal und W. Becker[3] eignen sich zum Weichstellen von Polyvinylchlorid die hochsiedenden aromatischen und kohlenstoffreichen ungesättigten Kohlenwasserstoffe, wie *Olefine* und *Cycloolefine* des Erdöls, die z. B. beim Behandeln von Erdöl mit flüssigem Schwefeldioxyd gewonnen werden. Von diesen Edelanu-Extrakten werden nach W. Becker und L. Rosenthal[4] die im Temperaturbereich von 160 bis 310° bei 10 mm Quecksilberdruck siedende Fraktion als Weichmacher für Polyvinylchlorid oder nachchloriertem Polyvinylchlorid verwendet.

Von der Firma Metallgesellschaft A.G.[5] sind zum Weichstellen von Polyvinylchlorid oder Mischpolymerisaten aus Vinylchlorid und Vinylestern oder Acrylsäurenitril die bei der Erdölraffination mittels selektiver Lösungsmittel oder aus den Säureteeren der Mineralölraffination durch Neutralisation und etwaige Destillation erhaltenen *Kohlenwasserstoffgemische* vorgeschlagen worden.

E. W. M. Fawcett und E. S. Narracott[6] benützen zum Weichstellen von Vinylchlorid-Polymerisaten ein Mineralölprodukt mit einem durchschnittlichen Molekulargewicht von 200 bis 800.

Dieses Mineralölprodukt wird aus Mineralöldestillaten oder -rückständen durch Extraktion mit einem polaren Lösungsmittel oder einer Lösungsmittel-Mischung, bei der mindestens ein Lösungsmittel polaren Charakter besitzt, erhalten.

Das Weichmachungsmittel enthält ferner als Stabilisierungsmittel ein öllösliches Bleisalz oder ein öllösliches Salz von einem Metall oder von Metallen, welche eine weiße Fällung zu ergeben vermögen, z. B. Zink- oder Calciumsalze.

Als Weichmacher für Polyvinylchlorid oder dessen Nachchlorierungsprodukte eignen sich nach A. Weihe[7] die mit Gemischen von Tetrahydronaphthalin und Kresolen unter Anwendung von Druck erhaltenen Kohlenextrakte, die nach Entfernung des Lösungsmittels einer Hydrie-

---

[1] A.P. 2234615, B. F. Goodrich Co.
[2] F.I.A.T.-Bericht 861, British Plastics **19**, 174 (1947).
[3] A.P. 2210434, I.G. Farbenindustrie A.G.
[4] DRP. 710008, I.G. Farbenindustrie A.G.
[5] Ital.P. 388208, Metallgesellschaft A.G.
[6] Schwed.P. 126946, Anglo Iranian Oil Co., Ltd.
[7] DRP. 705146, I.G. Farbenindustrie A.G.

rung unter milden Bedingungen unterworfen werden. Die Hydrierungs-produkte werden fraktioniert destilliert und anschließend von Asphalten abgetrennt.

Auch die aus Steinkohlenteeröl bei gewöhnlichem Druck und höheren Temperaturen erhaltenen, über 200° siedenden Fraktionen können nach M. FAIDUTTI[1] als Weichmacher verwendet werden.

Ein aus Steinkohlenteeröl hergestelltes *Heizöl* wurde vielfach während des Krieges in Deutschland als Weichmacher für Polyvinylchlorid be-nützt[2].

Eine gewisse Weichmacherwirkung besitzt auch das bei der Teeröl-destillation als Schlußfraktion anfallende *Rohanthracen*, das handels-übliche *Rohanthracen* sowie das *Reinanthracen*[3].

Von aromatischen Kohlenwasserstoffen hat man auch *Benzylnaphtha-lin* zum Weichmachen von Polyvinylchlorid vorgeschlagen. Dieser Kohlen-wasserstoff-Weichmacher ist in Deutschland unter der Handelsbezeich-nung *Vulkanol B* und in Italien unter dem Namen *Olio B* 51 bekannt.

Kältebeständige Polyvinylchlorid-Massen, die nebenbei gute elek-trische Eigenschaften besitzen, werden nach A. RIECHE, H. BEHNKE, K. BRODERSEN und H. HANSCHKE[4] erhalten, wenn man zum Weich-stellen von Polyvinylchlorid oder Mischpolymerisaten aus Vinylchlorid und Acrylsäureestern *cyclohexylierte Naphthaline* oder ihre Substitutions-produkte, z. B. *Methylcyclohexyl-*, *Methylcycloaceto-*, *Cyclohexylmethyl-*, *Cyclohexylchlor-* oder *Dicyclohexylnaphthalin*, verwendet.

Polyvinylchlorid wird mit 40 Prozent Methylcyclohexylnaphthalin oder Cyclo-hexylnaphthalin bei 155 bis 160° verwalzt. Die erhaltenen Felle zeichnen sich durch Kältebeständigkeit und gute elektrische Eigenschaften aus.

Aralkylierte Naphthaline, wie *Benzylnaphthalin* oder *chlorierte Naphthaline* oder Diphenyle, eignen sich auch zum Weichstellen von aus überwiegenden Mengen Vinylchlorid und Äthylen-1, 2-dicarbon-säureestern bestehenden Mischpolymerisaten[5].

Kohlenwasserstoff-Weichmacher werden auch durch Kondensation von *Benzol* und *Octadecylchlorid* oder aus *Naphthalin* und *Decylchlorid* bzw. *Diphenyl* und *Dodecylchlorid* erhalten[6]. Dieselben eignen sich so-wohl zum Weichstellen von Polyvinylchlorid als auch von Mischpoly-merisaten aus überwiegenden Mengen Vinylchlorid.

Durch Einführung von Halogen kann die Weichmacherwirkung von Kohlenwasserstoffen verbessert werden. So zeigen z. B. *chlorierte aliphatische Kohlenwasserstoffe* passender Kettenlänge eine befriedigende Gelierwirkung[7]. Eine solche günstige Wirkung zeigen auch die bei der Chlorierung von Synthese-Kohlenwasserstoffen[8] erhaltenen *Chlor-*

---

[1] F.P. 883949, Soc. Chimiques des Gerland S.A.

[2] PAETSCH, H.: Kautschuk u. Gummi **1**, 19 (1948).

[3] Schwz.P. 246479, Soc. Salpa Française.

[4] DRP. 679128, I.G. Farbenindustrie A.G.

[5] DRP. 728664, I.G. Farbenindustrie A.G.

[6] Holl.P. 46908, Ges. f. elektrotechn. Erzeugnisse m.b.H.

[7] F.I.A.T.-Bericht 861, British Plastics **19**, 174 (1947).

[8] KAINER, F.: Die Kohlenwasserstoff-Synthese nach Fischer-Tropsch, S. 269. Berlin/Göttingen/Heidelberg: Springer 1950.

kohlenwasserstoffe mit gerader oder verzweigter Kette, die mindestens 8 Kohlenwasserstoffatome im Molekül enthalten[1].

Eine sehr gute weichstellende Wirkung üben auf Polyvinylchlorid Chlorierungsprodukte von aliphatischen und gesättigten oder ungesättigten alicyclischen Kohlenwasserstoffen vom Siedebereich 120 bis 240° aus[2]. Chlorierungsprodukte dieser Art werden durch Halogenieren von Mineralölkohlenwasserstoffen, deren Hydrierungsprodukten oder Braunkohle- oder Kohlenoxydhydrierungsprodukten, von ungesättigten Kohlenwasserstoffen, die durch Wasserabspaltung aus höhermolekularen natürlichen oder synthetischen Alkoholen entstehen oder von Polyäthylenen, Polyisobutylenen oder Decahydronaphthalin oder dessen Homologen erhältlich sind. Die mit diesen Halogenierungsprodukten verarbeiteten Polyvinylchloride sind wärmebeständig, erleiden geringe Alterungsverluste und haben gute dielektrische Eigenschaften.

So kann man z. B. 40 Teile eines Chloroctodecans mit 60 Prozent Chlorgehalt mit 60 Teilen Polyvinylchlorid bei etwa 69° walzen und erhält ein Produkt mit guter Wärmebeständigkeit.

Als Weichmachungsmittel besonders für Polyvinylchlorid sind ferner geeignet aromatische Kohlenwasserstoffe, deren Kern mit halogenierten aliphatischen oder isoaliphatischen Ketten substituiert ist[3].

Brauchbare Weichmacher werden z. B. durch Kondensation mit einem 30 Prozent Chlor enthaltenden aliphatischen Gasöl erhalten.

Ein ähnlich wirkender Weichmacher wird erhalten, wenn man ein zu 13 Prozent chloriertes Fischer-Tropsch-Gasöl in Gegenwart von Aluminiumchlorid mit Monochlorbenzol im Überschuß kondensiert.

Weichmacher, welche die dielektrischen Eigenschaften von Polyvinylchlorid-Massen verbessern, sind nach Cl. H. ALEXANDER[4] gegebenenfalls im Kern halogenierte Alkylnaphthaline oder Alkylbiphenyle der allgemeinen Formel

$$X \cdot A \cdot R.$$

In dieser Formel bedeuten X Halogen oder Wasserstoff, A den Naphthalin- oder Biphenylkern und R Alkyl oder Cycloalkyl.

Solche halogenierte Kohlenwasserstoffe sind z. B. *1-Amyl-4-chlornaphthalin, 1-Äthyl-2-Chlornaphthalin, 1-Amyl-, 2-Isopropyl-, 1-Cyclohexyl-, 1-Amyl-4-brom-* und *1-Propyl-2-Chlorbiphenyl* bzw. *1-Amyl-* oder *2-Amylnaphthalin* sowie *2-Cyclohexylnaphthalin*.

Im allgemeinen werden auf 1 Teil Polyvinylchlorid 0,5 bis 4 Teile Weichmacher angewandt.

Zum Weichstellen von Polyvinylchlorid verwendet die Firma Comp. Française de Raffinage[5] p, p′-Dichlordiphenyläthan-Derivate.

f) Sonstige Verbindungen.

Zum Weichstellen von Polyvinylchlorid benützt H. MÜLLER[6] solche organische Verbindungen, wie z. B. *Kohlenwasserstoffe, Äther, Ester*

---

[1] F.P. 882450, I.G. Farbenindustrie A.G.

[2] F.P. 905687, I.G. Farbenindustrie A.G.

[3] F.P. 924035, Comp. Française de Raffinage.

[4] A.P. 2193613, B. F. Goodrich Co.

[5] E.P. 621681, Comp. Française de Raffinage.

[6] E.P. 497001, Ital.P. 352168, A.P. 2198970, Siemens-Schuckertwerke A.G.; Holl.P. 46908, Ges. f. elektrotechn. Erzeugnisse m.b.H.

oder *Ketone*, die wenigstens eine aromatische Gruppe und wenigstens eine aliphatische Gruppe mit mehr als 10 Kohlenstoffatomen enthalten; die aromatischen und aliphatischen Gruppen können hierbei direkt oder über ein Sauerstoff- bzw. Stickstoffatom bzw. eine COO- oder CONH-Gruppe miteinander verbunden sein.

Die aliphatischen und aromatischen Gruppen können ferner durch eine S- oder CO-Brücke miteinander verbunden sein[1].

Nach einem weiteren Verfahren der Siemens-Schuckertwerke A.G.[2] sind zum Weichmachen von Polyvinylchlorid, nachchloriertem Polyvinylchlorid oder Vinylchlorid-Mischpolymerisaten organische Verbindungen der gleichen Art geeignet, die außer der aliphatischen Gruppe mit wenigstens 10 Kohlenstoffatomen noch wenigstens eine hydroaromatische, heterocyclische, ganz oder teilweise hydrierte heterocyclische Gruppe enthalten.

Als Weichmacher sind ferner von der Firma Deutsche Hydrierwerke A.G.[3] solche heterocyclische Verbindungen vorgeschlagen worden, die wenigstens eine

$$-C(OR)=N\text{-Gruppe}$$

enthalten, wobei R einen beliebigen acylierten oder cyclischen, substituierten oder unsubstituierten Kohlenwasserstoffrest bedeutet.

An Stelle dieser Verbindungen haben W. HENTRICH, E. SCHIRM, W. KAISER und R. ENDERS[4] die entsprechenden Schwefelanaloga verwendet, also heterocyclische Verbindungen, die wenigstens einmal die Gruppe

$$-C(SR)-N-$$

bzw. deren strukturisomere Form

$$-C\!\!\begin{array}{c}\diagup S\\ \diagdown NR\end{array}$$

enthalten, wobei R einen beliebigen acyclischen oder cyclischen Kohlenwasserstoffrest bedeutet, der auch Heteroatome, wie Sauerstoff, Schwefel, Stickstoff, Halogen sowie bekannte sauerstoff-, schwefel- oder stickstoffhaltige Atomgruppen, enthalten kann.

Als Schwefelverbindungen dieser Art sind z. B. zu nennen: Kondensationsprodukte des Cyanurchlorids mit Methyl-, Butyl-, Lauryl-, Octadecyl-, Oleylmercaptan, ferner mit Cyclohexyl-, Alkylcyclohexyl-, Abietyl-, Benzylmercaptan, mit gegebenenfalls durch längere oder kürzere Reste im Kern alkylierten Thiophenolen.

100 Gewichtsteile Polyvinylchlorid werden mit 25 Gewichtsteilen 2-(Octylmercapto)-benzthiazol verknetet, bis eine homogene Masse entstanden ist. Diese Masse kann in üblicher Weise verpreßt werden[5].

---

[1] Ital.P. 382393, Zusatz zu Ital.P. 352168, Siemens-Schuckertwerke A.G.
[2] Ital.P. 382394, Zusatz zu Ital.P. 352168, Siemens-Schuckertwerke A.G.
[3] DRP. 713161, Deutsche Hydrierwerke A.G.
[4] DRP. 725753, Deutsche Hydrierwerke A.G.
[5] A.P. 2219434, I.G. Farbenindustrie A.G.

Als Weichmacher für Polyvinylchlorid hat CL. H. ALEXANDER[1] auch Verbindungen der allgemeinen Formel

$$R_1-A_1\!\!\begin{array}{c}\diagup\ S\diagdown\\[-4pt]\diagdown\ S\diagup\end{array}\!\!A_2-R_2$$

vorgeschlagen. In dieser Formel bedeuten R_1 und R_2 aliphatische oder alicyclische Kohlenwasserstoffgruppen mit 2 bis 6 Kohlenstoffatomen und A_1 und A_2 aromatische Kohlenwasserstoffreste mit Schwefelbindungen in Ortho-Stellung.

Verbindungen dieser Art sind z. B. *Bisäthyl-, -cyclohexyl-, -amyl-, -isopropyl-o-phenylendisulfid* usw.

R. C. FEAGIN und J. G. E. WRIGHT[2] benützen wieder zum Weichmachen von Polyvinylchlorid *Phenoxypropenoxyd, sek. Amyl-* oder *p-tert.-Amylphenoxypropenoxyd*, deren Menge so eingestellt wird, daß die weichgestellte Polyvinylchlorid-Masse 50 bis 60 Prozent Polyvinylchlorid enthält.

g) Polymerisat-Weichmacher.

Eine gewisse weichmachende Wirkung auf Polyvinylchlorid oder Vinylchlorid-Mischpolymerisate wird auch von bestimmten *hochpolymeren Körpern* bzw. Kunstharzen ausgeübt.

Nach Feststellungen der Firma Standard Oil Development Co.[3] besitzen z. B. die aus *Isoolefinen*, wie *Isobutylen* oder *Isoamylen*, in Gegenwart von Borfluorid, gegebenenfalls in Mischung mit Fluorwasserstoff, Phosphortrichlorid, Phosphorpentafluorid oder Aluminium und Chlorwasserstoff erhaltenen Polymerisate mit einem Molekulargewicht bis zu 30000 die Eigenschaft, als Weichmacher für Polyvinylchlorid zu wirken.

Eine weichstellende Wirkung üben ferner *Butadien-Acrylsäurenitril-Mischpolymerisate* auf Polyvinylchlorid oder Vinylchlorid-Mischpolymerisate aus.

Besonders geeignet sind die als *Perbunan* bekannten Mischpolymerisate, die D. W. YOUNG, R. S. NEWBERG und R. M. HOWLETT[4] zum Weichstellen von Vinylchlorid-Vinylacetat-Mischpolymerisaten, besonders der Marke *Vinylite VYNW*, bestehend aus 95 Prozent Vinylchlorid und 5 Prozent Vinylacetat, empfohlen haben.

Die Verträglichkeit von *Perbunan* mit Polyvinylchlorid bzw. Vinylchlorid-Mischpolymerisaten nimmt mit höherem Acrylsäurenitril-Gehalt im Perbunan zu. Die mit *Perbunan* weichgestellten Polyvinylchloride oder Vinylchlorid-Mischpolymerisate zeichnen sich durch eine bessere *Lichtbeständigkeit* aus.

Mischpolymerisate aus *Butadien-* und *Acrylsäurenitril* benützt auch die Firma B. F. Goodrich Co.[5] zum Weichstellen von Polyvinylchlorid.

[1] A.P. 2175048, B. F. Goodrich Co.

[2] A.P. 2255487, General Electric Co.

[3] F.P. 812490, E.P. 479478, Standard Oil Development Co.

[4] YOUNG, D. W., R. C. NEWBERG u. R. M. HOWLETT: Ind. Engng. Chem. **39**, 1446 (1947).

[5] PITTENGER, J. E., u. G. F. COHAN: Mod. Plastics **25**, 81 (1947).

Diese weichgestellten Polyvinylchlorid-Massen sind unter der Bezeichnung *Geon-Polyblend* in den Vereinigten Staaten von Nordamerika auf dem Markt.

Ein Polymerisat-Weichmacher auf *Acrylsäurenitril-Basis* ist ferner das von der Firma Resinous Products & Chemical Co.[1] hergestellte *Monoplex 16*. Dieser Weichmacher verleiht den Polymerisaten auf Vinylchlorid-Basis hohe *Biegsamkeit, Unempfindlichkeit* gegen *Wasser, ultraviolettes Licht* und Wärme. Diese Polyvinylchlorid-Massen sind auch *kältebeständig*.

Die Verwendung von öligen Mischpolymerisaten aus 50 bis 10 Prozent Acrylsäure- oder Methacrylsäurenitril und 50 bis 90 Prozent eines Diolefins mit konjugierten Doppelbindungen und 4 bis 6 Kohlenstoffatomen im Molekül als Weichmacher für Polyvinylchlorid hat sich auch die Firma Standard Oil Development Co.[2] schützen lassen.

Solche Zusätze von Polymerisaten zu Polyvinylchlorid sind schon früher von der Firma I.G. Farbenindustrie A.G.[3] empfohlen worden; diese Firma hat ein unter der Handelsbezeichnung *Palamoll I* nicht näher chemisch definiertes Polymerisationsprodukt als Weichmacher für Polyvinylchlorid vorgeschlagen.

Nach L. GERHART[4] können auch die bei der Mischpolymerisation aus Vinylverbindungen und einem Dioxyalkoholester der Tetrahydrophthalsäure oder deren Homologen oder deren Anhydriden erhaltenen Produkte zum Weichmachen von Polyvinylchlorid verwendet werden.

Für Polyvinylchlorid haben sich schließlich auch *nichttrocknende Alkylharze* als Weichmacher bewährt[5].

h) Weichmachergemische.

Durch gleichzeitige Verwendung von zwei oder mehreren Weichmachern kann man Weichmachereffekte erzielen, die vielfach von den mit den Einzelkomponenten erhaltenen Effekten gänzlich verschieden sind. Der einzelne Weichmacher gibt somit im Gemisch mit anderen Weichmachern seine Eigenart auf und erhält in Verbindung mit den anderen Weichmachern neue Eigenschaften. Man kann somit durch Zusammenstellung von Weichmachergemischen oft bessere Effekte erzielen, als dies mit den einzelnen Weichmachern möglich ist. In Weichmachergemischen ergänzen sich daher einzelne Weichmacher sehr vorteilhaft, und es treten eutektische Erhöhungen der Eigenschaften ein[6].

Aus diesen Gründen werden in der Polyvinylchlorid verarbeitenden Industrie häufig Gemische von zwei oder mehreren Weichmachern verwendet. Die Kombinationsmöglichkeiten dieser Mischungen sind bei der Vielzahl der vorgeschlagenen Weichmacher sehr groß, und es müssen demnach die nachstehend aufgeführten Kombinationen nur als einige in der Kunststoffindustrie erprobte Beispiele angesehen werden.

---

[1] Ind. a. Eng. News **1947**, 2104.
[2] F.P. 943407, Standard Oil Development Co. I. R. C. NEWBERG, O. C. SLOTTERBECK und B. M. VANDERBILT.
[3] I.G. Kunststoffe, Taschenbuch für die verarbeitende Industrie, S. 47. 1942.
[4] A.P. 2421876, Pittsburgh Plate Glass Co.
[5] NEIDIG, C. P., u. H. BURELL: Chem. Engng. News **26**, 25 (1948).
[6] I.G. Kunststoff-Taschenbuch für die verarbeitende Industrie, S. 43. 1942.

Durch gleichzeitige Mitverwendung eines zweiten Weichmachers kann man z. B. beim Weichstellen von Polyvinylchlorid mit *Trikresylphosphat* noch günstigere Weichmachereffekte erzielen.

Beispielsweise wird die Kältebeständigkeit der mit *Trikresylphosphat* allein erhaltenen Polyvinylchlorid-Massen wesentlich verbessert, wenn man diesen Weichmacher in Mischung mit *Palatinol K* und *Palatinol HS* im Verhältnis 1 zu 1 zu 1 verwendet, ohne daß die vorzügliche Wärmelagerbeständigkeit eine Verschlechterung erfährt[1].

Mit der gleichen Mischung, gegebenenfalls im Verhältnis 1 zu 2 zu 2, gelingt es, stärker gefüllte Polyvinylchlorid-Massen kältefest zu machen.

Zur Verarbeitung höchstmolekularer Vinylchlorid-Polymerisate verwenden H. BERG und O. LESCHHORN[2] Weichmachergemische, die neben *Trikresylphosphat* Ester von höheren, insbesondere ungesättigten Fettsäuren enthalten. Die Hydroxylgruppen dieser können gegebenenfalls veräthert oder verestert sein.

Die Firma I.G. Farbenindustrie A.G.[3] hat ferner *Phosphorsäureester* gemeinsam mit *Estern höhermolekularer Alkohole* zum Weichstellen von Polyvinylchlorid vorgeschlagen. Mit diesen Weichmachergemischen werden Massen erhalten, die in der Hitze und in der Kälte ihre plastischen Eigenschaften beibehalten.

Von Estern höhermolekularer Alkohole eignen sich z. B. *Dodecylphthalat* und Monoxylyldiäthylenglykolätherbenzoat.

In Verbindung mit anderen Weichmachern finden außer dem *Dodecylphthalat (Palatinol DP)* auch der als *Palatinol F* bezeichnete *Phthalsäureester* von *aliphatischen Alkoholen* mit 7 bis 9 Kohlenstoffatomen und *Vorlauf-Fettsäuren*[4] Verwendung zum Weichstellen von Polyvinylchlorid.

Sehr gut verträglich mit anderen Weichmachern ist auch das *Dioctylphthalat (Vestinol AH)*.

Gleichzeitig *wärme-* und *lichtbeständige Massen* von großer Biegsamkeit auch bei niedrigen Temperaturen erhält man nach A. B. JAPS[5], wenn man dem Polyvinylchlorid einen Weichmacher, z. B. einen *Phthalsäureester*, und bis zur doppelten Menge dieses einen *Ester* einer *ungesättigten Fettsäure* mit einer Kette von 18 Kohlenstoffatomen und einem Alkohol mit einem Kohlenwasserstoffrest mit 1 bis 7 Kohlenstoffatomen zusetzt. Ester dieser Art sind z. B. die *Acetate* des *Ricinolsäurebutylesters* oder die entsprechenden *Phenyl-* oder *Cyclohexylester*.

Das als Weichmachungsmittel vorgeschlagene *chlorierte Methylstearat* gelangt zweckmäßig mit einem Zusatz von *acyliertem Ricinusöl*[6] oder gemeinsam mit *Ricinusöl* bzw. *Trikresylphosphat*[7] zur Anwendung.

---

[1] Igelit-Prospekt Nr. 14.

[2] F.P. 52072, Zusatz zu F.P. 881716, Ital.P. 389632, Dr. A. Wacker Ges. f. elektrochem. Ind. G.m.b.H.

[3] F.P. 842339, I.G. Farbenindustrie A.G.

[4] Siehe Seite 159.

[5] A.P. 2274555, E. I. du Pont de Nemours & Co.

[6] Ital.P. 395147, Comp. Generale di Elettricità.

[7] F.P. 872845, Comp. Française pour l'Exploit. des Procédés Thomson-Houston.

Auch die auf S. 161 beschriebenen *Ester* von *Äthercarbonsäuren*[1] oder die bereits erwähnten *hydroaromatischen substituierten Aryläther*[2] können nach T. A. KAUPPI, K. D. BACON und F. B. SMITH[3] mit anderen Weichmachern verarbeitet werden.

Nach F. C. BERSWORTH[4] werden *Polyaminopolyessigsäureester* mit *Trikresylphosphat, Dibutylbenzoat* oder *Triäthylenglykoldi-2-äthylbutyrat* bzw. *-hexoat* zum Weichstellen von Mischpolymerisaten aus Vinylchlorid und Vinylacetat oder Vinylidenchlorid verwendet.

Für höchstmolekulare Polyvinylchloride sind Weichmachergemische vorgeschlagen worden, die aus den nachstehenden Ester-Weichmachern bestehen können[5]: Estern einer höhermolekularen organischen Säure, vorzugsweise einem Ester einer höhermolekularen Fettsäure, insbesondere einer gesättigten, vorzugsweise verätherten, veresterten oder freie Hydroxylgruppen enthaltenden Fettsäure, z. B. Butyloleat, Butylstearat, Acetylricinolsäurebutyl-, -äthyl- oder -methylester, Tributoxyessigsäureglycerinester, ferner Ester mehrwertiger Alkohole, z. B. von Butandiol, Äthoxybutylalkohol, Di-, Triäthylenglykol, Äthylenglykolmonomethyl- oder -äthyläther mit Säuren, wie Capron-, Diäthylessigsäure, Äthylcapron-, Phenoxyessig-, Diacetylphenoxyessig-, Chlorphenoxyessig- und Diglykolsäure, z. B. Ester aus Diäthylenglykol und 2-Äthylcapronsäure.

Weiter Acetobernsteinsäureäthylester, Phthalsäurehexylester, Oxalsäuredioctylester, bernstein- oder adipinsaures Äthylhexanol, Weinoder Maleinsäureäthylhexylester, oxalsaures Octandiolmonobutyrat, Citronen-, Äpfel-, Weinsäure-n-hexylester, oxalsaurer β-Äthylhexylbutylalkohol, adipinsaurer, bernsteinsaurer, phthalsaurer oder oxalsaurer Glykolsäurebutylester.

Diese Weichmacher können auch gemischt mit anderen Weichmachern zur Anwendung kommen.

Zu kältefesteren Polyvinylchlorid-Massen kann man gelangen, wenn man den *Diglykolsäurebutylenester (Plastomoll AL* oder *Albanol)* gemeinsam mit dem *Glycerin-tri-(diäthylenglykolester)-triacetat (Weichmacher 90)* verwendet.

Zum Weichstellen von Polyvinylchlorid werden auch die aus den Kohlenwasserstoffen der Kohlenoxyd-Hydrierung durch Sulfochlorierung und Veresterung mit aliphatischen Alkoholen erhaltenen *Alkylsulfonsäureester*[6] gemeinsam mit anderen Weichmachern verwendet.

Nach J. J. RUSSELL[7] läßt sich auch der *Sebacinsäuredibenzylester* in Mischung mit anderen Weichmachern, wie *Trikresylphosphat* oder *acylierten Triricinolsäureestern*, verarbeiten.

---

[1] F.P. 892084, I.G. Farbenindustrie A.G.
[2] Siehe Seite 68.
[3] A.P. 2188903, Dow Chemical Co.
[4] A.P. 2413856, F. C. Bersworth.
[5] Schwz.P. 223079, Dr. A. Wacker Ges. f. elektrochem. Ind. G.m.b.H.
[6] KAINER, F.: Die Kohlenwasserstoff-Synthese nach Fischer-Tropsch, S. 274. Berlin/Göttingen/Heidelberg: Springer 1950.
[7] A.P. 2227154, General Electric Co.

Ferner können die auf S. 161 beschriebenen Ester von aliphatischen Monocarbonsäuren, die durch eine Äthergruppe substituiert sind, und mehrwertigen Alkohole[1], die von F. A. Bent und K. E. Marple[2] vorgeschlagenen Glyceringlycidäther bzw. die von T. A. Kauppi, K. D. Bacon und F. B. Smith[3] benutzten hydroaromatischen substituierten Aryläther oder ihre Mischungen untereinander oder mit anderen Weichmachern zum Weichstellen von Polymerisaten oder Mischpolymerisaten auf Basis von Vinylchlorid benützt werden.

Die Firma I.G. Farbenindustrie A.G.[4] verwendet zum Weichstellen von Polyvinylchlorid Gemische aus Chlorierungsprodukten der Ester aus Di-n-propylthioäther-ω, ω'-dicarbonsäure mit einem C_6- bis C_9-Alkoholgemisch, das durch Hydrieren von Vorlauffettsäuren der Paraffinoxydation erhalten wurde, im Gemisch mit den Chlorierungsprodukten eines zwischen 250 bis 320° siedenden Kohlenwasserstoff-Gemischs aus der Kohlenoxyd-Hydrierung.

In vielen Fällen empfiehlt es sich, auch die unter den verschiedenen Handelsnamen in den Verkehr gebrachten Weichmacher zusammen mit einem anderen Weichmacher zu verwenden.

Wegen der nicht ganz befriedigenden *Wärmebeständigkeit* werden z. B. die unter den Handelsbezeichnungen *Palatinol C*, *Palatinol K* und *Plastomoll KF* bekannten Weichmacher zweckmäßig in Mischung mit anderen Weichmachern verwendet[5].

Ebenso wird der Weichmacher *Palatinol HS* bei höheren Temperaturen ausgesetzten Polyvinylchlorid-Massen zweckmäßig mit äußerst wärmebeständigen Weichmachern abgemischt.

Die geringe Geliergeschwindigkeit von *Palatinol DP* tritt nicht in Erscheinung, wenn dieser Weichmacher mit anderen Weichmachungsmitteln gemischt zur Anwendung kommt.

Um das Ausschwitzen des mit größeren Mengen *Plastol DG* weichgestellten Polyvinylchlorids zu verhindern, mischt man diesen Weichmacher zweckmäßig mit anderen Weichmachern ab.

Zum Verschneiden mit gelierfreudigen Weichmachern, deren *Kältefestigkeit* nur durchschnittlich ist, eignet sich *Elaol 1*.

Durch Zusatz eines zweiten Weichmachers kann man auch einen an sich für Polyvinylchlorid nicht geeigneten Weichmacher für diesen Zweck verwendbar machen.

So kann man z. B. *Vulkanol B*, dessen Verträglichkeit mit Polyvinylchlorid nur gering und dessen *Wärmebeständigkeit* nicht befriedigend ist, im Gemisch mit einem anderen Weichmacher zum Plastifizieren von Polyvinylchlorid verwenden.

Ebenso kann *Anthracen* in Form- von Roh- oder Reinanthracen mit anderen Weichmachern, wie Trikresylphosphat oder Phthalaten, eingesetzt werden[6].

---

[1] F.P. 892084, I.G. Farbenindustrie A.G.
[2] A.P. 2400333, Shell Development Co.
[3] A.P. 2188903, Dow Chemical Co.
[4] F.P. 905687, I.G. Farbenindustrie A.G.
[5] I.G. Kunststoff-Taschenbuch für die verarbeitende Industrie, S. 40. 1942.
[6] Schwz.P. 246479, Soc. Salpa Française.

Zum Weichstellen von Polyvinylchlorid oder Vinylchlorid in überwiegenden Mengen enthaltenden Mischpolymerisaten setzt man den Kondensationsprodukten aus *Benzylchlorid* und *Naphthalin Dioctylphthalat*, zweckmäßig im Verhältnis 3 zu 1, zu[1].

Die zum Weichstellen von Vinylchlorid-Vinylacetat-Mischpolymerisaten erforderliche Menge an Dioctylphthalat kann nach A. J. McGILLICUDDY[2] beträchtlich vermindert werden, wenn man neben diesem Weichmacher raffinierte Mineralöle zum Weichstellen verwendet.

Durch gleichzeitige Zugabe anderer Weichmacher können auch die mit *Chlorkohlenwasserstoffen* weichgestellten Polyvinylchlorid-Massen, die physikalisch nicht vollständig genügen, in ihren Eigenschaften beträchtlich verbessert werden[3]. Als zusätzliche Weichmacher kommen bei *chloriertem Paraffin* (mit 35 bis 55 Prozent Chlorgehalt) nach Angaben der Firma Imperial Chemical Industries Ltd. und E. F. BROOKMAN und ST. F. PEARCE[4] *Trikresylphosphat, Dibutylphthalat* usw. in Betracht. Mit diesen Gemischen können außer Polyvinylchlorid auch solche Mischpolymerisate von Vinylchlorid einerseits und Vinylidenchlorid, Vinylacetat, Styrol, Methacrylsäuremethylester, α-Chloracrylsäuremethylester andererseits, die nicht mehr als 20 Prozent Vinylchlorid enthalten, weichgestellt werden. In diesen Massen soll der Anteil an Polyvinylchlorid oder Vinylchlorid-Mischpolymerisat mindestens 40, aber höchstens 75 Prozent ausmachen.

In Verbindung mit anderen Weichmachern gelangen zweckmäßig auch bestimmte weichstellende Eigenschaften aufweisende Polymerisate zur Anwendung. Beispielsweise übt *Palamoll I*[5] in Kombination mit anderen Weichmachern eine stark weichmachende und die *Kältebeständigkeit* erhöhende Wirkung auf Polyvinylchlorid aus.

Durch gleichzeitige Verwendung von *Perbunan* und *Phthalsäureestern* kann nicht nur der Anteil, sondern auch die Flüchtigkeit des Esterweichmachers herabgesetzt werden. Mischungen aus Vinylchlorid-Mischpolymerisaten, *Perbunan* und *Dioctylphthalat* haben höhere Zugfestigkeit als Mischungen ohne Perbunan-Zusatz[6].

i) Weichmachermenge.

Die dem Polyvinylchlorid oder den Vinylchlorid-Mischpolymerisaten zuzusetzende Menge an Weichmacher oder Weichmachergemischen richtet sich nach der gewünschten oder erforderlichen Weichheit und Elastizität der herzustellenden Polyvinylchlorid-Massen; sie ist aber auch von der spezifischen Art des Weichmachers abhängig.

Hinsichtlich des Verhältnisses Polyvinylchlorid zu Weichmacher gilt folgende Regel:

---

[1] Holl.P. 46908, Ges. f. elektrotechn. Erzeugnisse m.b.H.

[2] A.P. 2450435, A. J. McGILLICUDDI.

[3] F.P. 882450, I.G. Farbenindustrie A.G.

[4] F.P. 918341, Imperial Chemical Industries Ltd. und E. F. BROOKMAN und ST. F. PEARCE.

[5] I.G. Kunststoff-Taschenbuch für die verarbeitende Industrie, S. 47. 1942.

[6] YOUNG, D. W., R. C. NEWBERG u. R. M. HOWLETT: Ind. Engng. Chem. **39**, 1446 (1947).

Je mehr Weichmacher im Produkt, um so geringer ist die Reißfestigkeit, um so größer ist die Dehnung und um so besser ist die Kältefestigkeit.

Man muß somit bei der zuzusetzenden Weichmachermenge Rücksicht auf den späteren Verwendungszweck des Polyvinylchlorids oder der Vinylchlorid-Mischpolymerisate nehmen.

Sollen die Polymerisate oder Mischpolymerisate des Vinylchlorids mit Füllstoffen verarbeitet werden, so muß die Menge des Weichmachers entsprechend der Füllstoffmenge erhöht werden.

In der Regel schwanken die Zusätze an Weichmacher für Polyvinylchlorid, z. B. der Marke *Igelit PCU*, zwischen 20 und 70 Prozent, auf Polyvinylchlorid gerechnet, und bei Vinylchlorid-Mischpolymerisaten, wie z. B. *Igelit MP*, zwischen 20 und 90 Prozent.

Für das unter der Bezeichnung *Vinnol HH* bekannte Polyvinylchlorid der Firma Dr. A. Wacker Ges. f. elektrochem. Ind. G.m.b.H. ist zur Erzielung weichgummiartiger Produkte die Zugabe von mindestens 30 bis 40 Prozent Weichmacher erforderlich.

Bei einer Reihe von Weichmachern ist die dem Polyvinylchlorid zuzusetzende Menge nach oben hin begrenzt. So kann z. B. *Plastol DG* und *Weichmacher ABC* dem Polyvinylchlorid nur in Mengen bis zu 55 Prozent zugesetzt werden[1].

Benzylnaphthalin (*Vulkanol B*) ist nur bis zu 30 Prozent mit Polyvinylchlorid verträglich[2].

Bei Verwendung von *Diphenyl* kann ein Weichmachergehalt von 20 Prozent nicht überschritten werden, weil *Diphenyl* sonst nach Abkühlung aus dem Polyvinylchlorid wieder auskristallisiert[3].

Tetrahydronaphthalin kann dem Polyvinylchlorid in Mengen bis zu 40 Prozent zugesetzt werden.

Die dem Polyvinylchlorid bzw. den Vinylchlorid-Vinylacetat-Mischpolymerisaten einzuarbeitende Menge an *Perbunan* kann zwischen 12,5 und 150 Gewichtsteilen je 100 Gewichtsteilen Vinylchlorid-Mischpolymerisat schwanken[4]. Bei Mitverwendung von *Dioctylphthalat* liegt der Perbunan-Zusatz in den Grenzen von 25 und 75 Gewichtsteilen je 100 Gewichtsteilen Vinylchlorid-Mischpolymerisat.

k) Auswahl der Weichmacher.

Die plastifizierende und sonstige Wirkung der Weichmachungsmittel auf Polymerisate oder Mischpolymerisate des Vinylchlorids ist, wie schon allein aus der verschiedenartigen Zusammensetzung der Weichmacher verständlich ist, eine sehr unterschiedliche.

Die Eigenschaften, die ein Weichmacher dem Polyvinylchlorid verleiht, sind in erster Linie abhängig von seinen funktionellen oder löslichmachenden Gruppen[5]. Die Kenntnis dieser Gruppen ist deshalb außerordentlich nützlich bei der Auswahl der Weichmacher.

---

[1] Igelit-Prospekt Nr. 14.

[2] F.I.A.T.-Bericht 861, British Plastics **19**, 174 (1947).

[3] Fuoss, F.: J. amer. chem. Soc. **63**, 2410 (1941).

[4] Young, D. W., R. C. Newberg u. R. M. Howlett: Ind. Engng. Chem. **39**, 1446 (1947).

[5] Lawrence, R. R., u. E. B. McIntyre: Kunststoffe **39**, 126 (1949).

Die Ergebnisse zeigen, daß die *Carboxylestergruppe* die wirksamste löslichmachende Gruppe ist. Um eine genügende Wirkung hervorzurufen, ist jedoch die Anwesenheit von zwei Gruppen dieser Art erforderlich.

Phosphat-Gruppen sind ebenso wirksam, *Ätherbindungen* und *Doppelbindungen* haben nur geringe Bedeutung.

Im allgemeinen sind die Eigenschaften *aliphatischer Gruppen* denen *aromatischer Gruppen* überlegen, besonders was die weichmachende Wirkung und die Biegsamkeit bei tiefen Temperaturen angeht.

Hinsichtlich der Beständigkeit gegenüber der Weichmacherwanderung sind jedoch die *Arylgruppen* den *Alkylgruppen* überlegen.

Hochmolekulare Ester geben weniger Anlaß zu Beanstandungen.

Phthalsäureester, von denen der *Dioctylester* außerordentlich gut ist, sind wesentlich besser als *Sebacate* und *Phosphate*.

Jedoch steht fest, daß die Verbesserung der Eigenschaften eines Weichmachers durch Einbau irgendeiner funktionellen Gruppe im allgemeinen auf Kosten anderer Eigenschaften geht. Die Auswahl eines Weichmachers für irgendeinen besonderen Zweck ist somit nur durch ein Kompromiß möglich.

Hinsichtlich der weichstellenden Wirkung lassen sich die Weichmacher in folgende Gruppen einteilen[1]:

Polyvinylchlorid sehr gut gelatinierende Weichmacher:

Hexylphosphat, Isobutylphosphat, Palatinol BB, Palatinol C, Palatinol F, Palatinol HS, Palatinol R, Palatinol L, Plastomoll F, Tributylphosphat, Weichmacher KZ 47, Weichmacher KZ 49, Weichmacher KZ 51 und *Weichmacher ED 242.*

Polyvinylchlorid gelatinierende Weichmacher:

Elaol 1, Palatinol AH, Palatinol O, Solvoplast.

Polyvinylchlorid erst in der Wärme gelatinierende Weichmacher:

Sintol I, Trikresylphosphat, Weichmacher KZ 49 und *Weichmacher ED 140.*

Schwach gelatinierende und mit Polyvinylchlorid beschränkt verträgliche Weichmacher:

Cetamoll Qu, Elaol 2 und *Vulkanol B.*

In vielen Fällen werden den Polymerisaten oder Mischpolymerisaten des Vinylchlorids außer den plastifizierenden noch andere Eigenschaften erteilt bzw. letztere verbessert.

Nach Mitteilung von W. M. MÜNZINGER[1] verleihen die nachstehenden Weichmacher dem Polyvinylchlorid eine gute *Kältebeständigkeit:*

Elaol 1, Mesamoll I, Palatinol AH, Palatinol F, Palatinol HS, Plastol DG, Weichmacher ED 242.

Bei dem von der Firma Dr. A. Wacker Ges. f. elektrochem. Ind. G.m.b.H.[2] hergestellten *Vinnol HH* bewirken besonders die Weichmacher *Plastomoll KF, Weichmacher 1203, Hexylphosphat, Weichmacher JW 36, Weichmacher ED 140* eine Erhöhung der *Kältefestigkeit.*

Bis zu —20° kältebeständige Polyvinylchlorid-Massen werden ferner mit den auf Basis *Tetrahydrofurfurol* oder ähnlichen *Furol-Derivaten*

---

[1] MÜNZINGER, W. M.: Kunststoffe **31**, 389 (1941).
[2] Privatmitteilung.

aufgebauten Weichmachern ED 236, 356 und 3095 der Firma Deutsche Hydrierwerke A.G. erhalten.

Kältebeständige Polyvinylchlorid-Massen geben auch die Weichmacher J 1204/2, 1212/2 und 1215 der Firma Dr. Herbert.

Die *Kältebeständigkeit* von weichgestelltem Polyvinylchlorid ist im allgemeinen um so geringer, je höher viscos der Weichmacher ist.

Eine Ausnahme stellt Triphenylphosphat dar, das, obgleich ein fester Körper, die gleiche weichmachende Wirkung hat wie Trikresylphosphat.

In *Ester-Weichmachern* ergeben gerade Ketten bessere *Kältebeständigkeit*, verzweigte Ketten bessere *elektrische Werte*.

Die Wirkung von verschiedenen Weichmachern auf Polyvinylchlorid wurde von K. LEILICH[1] eingehend studiert. Nach dessen Untersuchungen ergeben hochviscose Weichmacher, wie z. B. *Trikresylphosphat*, harte Polyvinylchlorid-Mischungen, während niedrigviscose Weichmacher, wie z. B. *Weichmacher ED 140*, in gleicher Zusatzhöhe zu weichen Polyvinylchlorid-Massen führen.

Ferner hat sich gezeigt, daß zur Erreichung der gleichen Weichheit von Polyvinylchlorid-Mischungen bei Verwendung dünnflüssiger Weichmacher eine entsprechend geringere Menge gebraucht wird als bei Verwendung zähflüssiger Weichmacher.

Zwischen der *Kältefestigkeit* und *Wärmebeständigkeit* von mit Weichmachern versetzten Polyvinylchlorid-Massen (*Igelit*) und der Viscositäts-Temperatur-Kurve der letzteren besteht eine Beziehung insofern, als nur Polyvinylchlorid-Massen mit solchen Weichmachern gute *Kältefestigkeit* und *Wärmebeständigkeit* aufweisen, deren Viscositäts-Temperatur-Kurve möglichst flach verläuft; Weichmacher der letzteren Art geben Isoliermassen mit verhältnismäßig kleinen Verlustwinkeln.

Diese Abhängigkeit der Wirksamkeit eines Weichmachers von seiner Viscosität hat später F. WÜRSTLIN[2] bestätigt.

Über den Einfluß, den die Weichmacher auf die elektrischen Eigenschaften von mit diesen weichgestellten Polyvinylchlorid-Massen ausüben, wird noch später berichtet[3].

Für die richtige Auswahl eines Weichmachers sind auch physiologische Gesichtspunkte bestimmend. Man hat nämlich vor Einsatz der Polyvinylchlorid-Massen zu prüfen, ob die weichgestellten Massen für technische Zwecke Verwendung finden oder zur Herstellung von Gegenständen des täglichen Bedarfes dienen sollen.

Die polyvinylchloridverarbeitende Industrie darf daher die Weichmacher nicht ohne vorherige Prüfung einsetzen[4]; dies gilt insbesondere für die Bedarfsgegenstände herstellende Industrie. Hier muß auch die physiologische Wirkung der Weichmacher mitberücksichtigt werden[5].

---

[1] LEILICH, K.: Kolloid-Z. **99**, 107 (1942).
[2] WÜRSTLIN, F.: Kolloid-Z. **105**, 9 (1943).
[3] Siehe Seite 564.
[4] BERGER, H.: Kunststoffe **39**, 65 (1949).
[5] Merkblatt der I.G. Farbenindustrie A.G.: Über die Verwendung von Weichmachern bei der Herstellung von Kunststofferzeugnissen.

Dies ist deshalb erforderlich, weil bei der Vielzahl der einsetzbaren Weichmacher das sonst so wertvolle *Trikresylphosphat* geringe Anteile der schädlich wirkenden Ortho-Verbindung enthält. Infolge dieses gesundheitsschädlichen Verhaltens von o-Trikresylphosphat darf Trikresyl-*phosphat* nicht in Polyvinylchlorid oder Vinylchlorid-Mischpolymerisaten eingearbeitet werden, die zur Herstellung von solchen Gebrauchsgegenständen dienen sollen, die mit Lebensmitteln oder mit der menschlichen Haut in Berührung kommen.

Im Gegensatz zu *Trikresylphosphat* sind die meisten anderen Weichmacher physiologisch unbedenklich.

Insbesondere können z. B. die *Palatinol-Weichmacher* der Marken *DP*, *F*, *HS*, die *Plastomoll-Weichmacher* der Typen *KF*, *TV* und *TAH* sowie der Weichmacher *Elaol 1 K* ohne weiteres zum Weichstellen von Polyvinylchlorid verwendet werden, aus welchem Bedarfsgegenstände hergestellt werden, die mit Lebens- oder Genußmitteln in Berührung kommen.

Zum Weichstellen von Polyvinylchlorid, das zur Herstellung von Bedarfsgegenständen dienen soll, die mit der menschlichen Haut in Berührung kommen, eignen sich außer den vorgenannten Weichmachern noch die *Palatinol-Marken A*, *AH*, *C*, *M* und *O* sowie die *Mesamoll-Weichmacher*.

Wegen der besonderen Eigenschaften des *Trikresylphosphats* wird man aber auf dessen Verwendung als Weichmacher für Polyvinylchlorid, welches nicht den vorgenannten Zwecken dienen soll, nicht verzichten können[1].

l) Einarbeiten der Weichmacher.

Das Einverleiben der Weichmacher kann nach verschiedenen Verfahren erfolgen.

In bestimmten Fällen kann die erforderliche homogene Mischung aus Polyvinylchlorid oder Vinylchlorid-Mischpolymerisaten und Weichmacher dadurch erhalten werden, daß man letzteren den monomeren Verbindungen vor oder während der Polymerisation zusetzt.

Vor der Polymerisation werden z. B. die auf S. 155 beschriebenen Weichmacher[2], ferner die von R. M. WILEY und J. E. LIVAK[3] vorgeschlagenen Äther-Weichmacher bzw. die von der Firma Comp. Generale di Elettricità[4] hergestellten *Carboxylester kernhalogenierter Oxyarylverbindungen*[5] oder die auf S. 175 angeführten Weichmacher-Gemische[6] dem Vinylchlorid oder Gemischen von Vinylchlorid mit einer anderen ungesättigten polymerisierbaren Verbindung zugesetzt.

Diese Zugabe von Weichmachern kann sowohl bei der Lösungs-, aber auch bei der Emulsionspolymerisation[7] von Vinylchlorid erfolgen.

---

[1] HILD, W.: Kautschuk u. Gummi **1**, 239 (1948).
[2] Schwz.P. 223079, Dr. A. Wacker Ges. f. elektrochem. Ind. G.m.b.H.
[3] A.P. 2232933, Dow Chemical Co.
[4] Ital.P. 393129, Comp. Generale di Elettricità.
[5] Siehe Seite 154.
[6] F.P. 52072, Zusatz zu F.P. 881716, Ital.P. 389632, Dr. A. Wacker Ges. f. elektrochem. Ind. G.m.b.H.
[7] F.P. 746969, I.G. Farbenindustrie A.G.

Nach letzterem Verfahren arbeitet z. B. W. E. F. Gates[1]. Ein Gemisch aus Vinylchlorid und Methacrylsäureester wird in wäßriger Emulsion unter Zusatz von 35 bis 80 Prozent Weichmacher, bezogen auf das Gesamtgewicht, polymerisiert.

Bei bestimmten Verfahren setzt man die Weichmacher während der Polymerisation von Vinylchlorid zu. So können z. B. die auf S. 170 näher beschriebenen *Kohlenwasserstoff-Gemische* nicht nur vor, sondern auch während der Polymerisation von Vinylchlorid oder der Mischpolymerisation von Vinylchlorid und Vinylestern bzw. Acrylsäurenitril zugesetzt werden[2].

Ebenso setzt H. C. Gerhart[3] das als Weichmacher dienende *Methyllävulinat* den Gemischen aus Vinylchlorid einerseits und Malein-, Fumar-, Itacon-, Citracon-, Mesacon-, Mono- oder Diphenylmaleinsäure vor oder während der Polymerisation, aber zweckmäßig noch vor der Verfestigung, zu.

In den weitaus meisten Fällen setzt man jedoch die Weichmacher dem Vinylchlorid nach erfolgter Polymerisation zu.

Die Zugabe des Weichmachers kann dabei unmittelbar nach der Herstellung der Polymerisate oder Mischpolymerisate erfolgen.

So rühren z. B. R. G. R. Bacon und L. Wood[4] den Weichmacher, gegebenenfalls unter Zusatz eines Emulgiermittels, bei über 50° in die bei der Polymerisation oder Mischpolymerisation von Vinylchlorid erhaltenen Emulsion ein.

Auf diese Weise arbeitet G. L. Wheelock[5] den aus Butadien-Acrylsäurenitril-Mischpolymerisat der auf S. 193 näher beschriebenen Zusammensetzung bestehenden Weichmacher in eine Polyvinylchlorid oder Vinylchlorid-Vinylidenchlorid-Mischpolymerisat enthaltende Emulsion ein.

Man mischt z. B. 50 Teile des Butadien-Acrylsäurenitril-Mischpolymerisats als Latex mit einer 50 Teile Polyvinylchlorid enthaltenden Emulsion, koaguliert mit Säure, worauf mit Alkali ausgewaschen wird.

J. P. Heitz[6] vermischt wieder das in wäßriger Emulsion hergestellte Polyvinylchlorid nach Koagulation in wäßrigem Medium mit einem Weichmacher, wobei pulverförmige Massen entstehen, die leicht getrocknet werden können.

Von F. K. Schoenfeld[7] wird wieder das Einarbeiten des Weichmachers in folgender Weise vorgenommen:

Man verrührt eine Suspension von Polyvinylchlorid oder Vinylchlorid-Mischpolymerisaten mit einem Weichmacher unterhalb 100° in einem flüssigen, flüchtigen Mittel, das weder das Polymerisat noch den Weichmacher löst, in dem jedoch beide dispergiert oder suspendiert werden können.

---

[1] E.P. 501810, Imperial Chemical Industries Ltd.
[2] Ital.P. 388208, Metallgesellschaft A.G.
[3] A.P. 2407413, Pittsburgh Plate Glass Co.
[4] E.P. 575901, Imperial Chemical Industries Ltd.
[5] F.P. 954199, B. F. Goodrich Co.
[6] F.P. 963553, Soc. des Usines Chimiques Rhône-Poulenc.
[7] F.P. 951309, B. F. Goodrich Co.

Für Polyvinylchlorid verarbeitende Betriebe, die das Polyvinylchlorid nicht selbst herstellen, kommen die vorbeschriebenen Verfahren nicht in Betracht. In diesen Fällen muß der Weichmacher in das meist in Pulverform vorliegende Polyvinylchlorid nachträglich eingearbeitet werden.

Zur Herstellung von weichgestelltem Polyvinylchlorid verwendet man zweckmäßig solche Polyvinylchlorid-Sorten, die eine höhere *Eigenviskosität*, somit einen höheren Polymerisationsgrad aufweisen.

Die Vereinigung von Polyvinylchlorid und Weichmacher kann durch Mischen, gewünschtenfalls unter Zusatz der üblichen Lösungs- und Quellungsmittel, mit denen der Weichmacher verträglich ist, erfolgen.

Die Verwendung von Lösungsmitteln empfiehlt sich aber nur dann, wenn man das weichgestellte Polyvinylchlorid in Form einer Lösung verwenden will. Ist dies nicht der Fall, so sieht man von der Verwendung von Lösungsmitteln ab und arbeitet den Weichmacher bei höherer Temperatur in das Polyvinylchlorid bzw. in die Vinylchlorid-Mischpolymerisate ein.

Die zur Einarbeitung der Weichmacher erforderliche Temperatur liegt bei Vinylchlorid-Mischpolymerisaten in der Regel etwas tiefer als bei Polyvinylchlorid.

Sie hängt darüber hinaus auch vom Polymerisationsgrad der weichzustellenden Polymerisate oder Mischpolymerisate des Vinylchlorids ab.

Eine Mischung aus 70 Teilen Polyvinylchlorid und 30 Teilen *Dioctylphthalat* erfordert z. B. eine Verarbeitungstemperatur von 120°, wenn der *K-Wert* des Polyvinylchlorids 60 ist, dagegen eine Verarbeitungstemperatur von 160°, wenn der *K-Wert* 80 beträgt.

Die Bedingungen, unter denen die Gelatinierung des Polyvinylchlorids mit dem Weichmacher eintreten, sind auch in gewissem Grade abhängig von der Art und dem Aufbau der Weichmacher und muß für jeden neu verwendeten Weichmacher jeweils bestimmt werden[1].

Beim Verwalzen der Mischung auf dem Kalander müssen im allgemeinen bei 20 Prozent Weichmachergehalt und einem mittleren Polymerisationsgrad des Polyvinylchlorids Temperaturen von 130 bis 150°, bei 50 Prozent Weichmacher 110 bis 120° angewandt werden.

Die innige Vereinigung von Polyvinylchlorid und Weichmacher tritt nach G. WICK[2] erst unter Anwendung von Druck und bei Temperaturen ein, bei denen die Mischung unter Gelatinierung ohne Durchlaufen der flüssigen Phase plötzlich homogenisiert wird.

Die Vereinigung von Weichmacher und Polyvinylchlorid oder Vinylchlorid-Mischpolymerisaten kann in heizbaren Knetern, auf dem Walzwerk, unter der Presse usw. vorgenommen werden.

Nach diesem Verfahren werden z. B. 100 Teile Polyvinylchlorid-Pulver mit 50 Teilen Trikresylphosphat auf dem Kalander verarbeitet. Bei einer Temperatur von 115° tritt plötzlich ein Gelatinieren der Masse ein; es wird noch so lange weitergewalzt, bis eine vollkommen homogene, glasklare Walzhaut entstanden ist. Das Produkt stellt eine gummiartige, zähe Masse dar, die auch bei Temperaturen von etwas unterhalb von Null Grad noch plastisch ist.

---

[1] Siehe Seite 246.
[2] DRP. 681026, I.G. Farbenindustrie A.G.

In gleicher Weise werden 55 Teile Polyvinylchlorid-Pulver mit 45 Teilen Trikresylphosphat auf dem Kalander bei 150° so lange verarbeitet, bis eine homogene, gummiartige Masse erhalten wird. Man bekommt schon nach wenigen Minuten eine gummiartige, zähe Masse, die bei Temperaturen bis zu −20° noch plastische Eigenschaften besitzt.

Auf diese Weise erfolgt in den meisten Fällen die Vereinigung von Weichmacher mit den Polymerisaten oder Mischpolymerisaten des Vinylchlorids[1].

Gewöhnlich wird das Polyvinylchlorid oder Vinylchlorid-Mischpolymerisat in pulverförmigem Zustand mit der erforderlichen Weichmachermenge in Mischern, z. B. *Pott-Mischern*, homogen verrührt. Bei diesem Einmischen des Weichmachers in die Polymerisate oder Mischpolymerisate des Vinylchlorids bilden sich unter Umständen Nester, die später nur schwer zu entfernen sind. Diese Schwierigkeit kann vermieden werden, wenn man die Polymerisate oder Mischpolymerisate des Vinylchlorids und Weichmachungsmittel nach inniger Mischung etwa 15 bis 24 Stunden zum Zweck einer guten Durchtränkung eventuell bei Temperaturen bis zu 80° stehen läßt.

Abb. 6. Mischwalzwerk.

Das erhaltene, sich trocken anfühlende Gemisch kann als solches auf Preßartikel verarbeitet werden.

Gewöhnlich wird aber das Polymerisat-Weichmacher-Gemisch auf dem Mischwalzwerk bzw. einem Gummikneter homogenisiert. In der Abb. 6 ist ein zum Einarbeiten von Weichmacher in Polyvinylchlorid geeignetes Mischwalzwerk wiedergegeben. Verarbeitet man Polyvinylchlorid, so wendet man Temperaturen von 140 bis 160° an, während bei der Verarbeitung von Vinylchlorid-Mischpolymerisaten Temperaturen von 100 bis 120° einzuhalten sind.

Bei normaler Belastung der Walze ist der Gelatinierungsprozeß in etwa 5 bis 15 Minuten beendet. Der Endpunkt der Gelatinierung läßt sich leicht bei Probenahme erkennen; bei Erreichung der geforderten Homogenität muß die Probe einen glatten, knötchen- und schlierenfreien Schnitt aufweisen.

Die Herstellung weichgestellter Polyvinylchlorid-Massen kann auch in dem bekannten zweiflügeligen WERNER-PFLEIDERER-Kneter erfolgen. Für den vorliegenden Zweck ist dieser Kneter (Abb. 7) mit heizbaren Rührarmen und mit heiz- und kühlbarem Trogmantel ausgestattet.

Bei einem Fassungsvermögen von 180 Litern beträgt die Leistung etwa 200 kg je Stunde.

---

[1] Igelit-Prospekt Nr. 14.

Der Kraftbedarf beträgt 25 bis 30 PS.

Infolge des niedrigen Anschaffungspreises ist dieser Kneter dem Mischwalzwerk überlegen.

Das Vermischen von Polyvinylchlorid mit Weichmachungsmitteln kann auch in einem sogenannten *Plastikmaker* erfolgen[1]. Das Prinzip dieser Mischvorrichtung besteht darin, daß die Polyvinylchlorid-Teilchen in einer sich langsam drehenden Trommel mit dem flüssigen Weichmacher durch eine Düse besprüht und so imprägniert werden. Anschließend erfolgt Trocknung durch Überblasen eines Gasstromes.

Im Gegensatz zu diesen diskontinuierlich arbeitenden Mischvorrichtungen arbeitet der neu entwickelte sogenannte *Ko-Kneter*[2] kontinuierlich. Bei diesem Kneter wird die durch ein mit Knetzähnen ausgestattetes Schneckenge-

häuse kontinuierlich hindurchgeführte Mischung aus Polyvinylchlorid und Weichmacher durch eine rotierende Bewegung einer Schnecke, der eine axiale Verschiebung koordiniert ist, innerhalb kürzester Zeit und unter geringstem Kraftaufwand homogenisiert.

Das in den vorbeschriebenen Knetvorrichtungen zu verarbeitende Vinylchlorid-Polymerisat oder Mischpolymerisat, das Verhältnis dieser zu dem Weich-

Abb. 7. WERNER-PFLEIDERER-Kneter.

macher oder Weichmachergemisch sowie die einzuhaltenden Temperaturen während der Homogenisierung werden den jeweiligen Anforderungen angepaßt.

Zum Teil bilden diese Arbeitsgänge den Gegenstand von besondereren Verarbeitungsverfahren.

Nach einer Anleitung der Firma Dr. A. Wacker Ges. f. elektrochem. Ind. G.m.b.H.[3] wird der Weichmacher der unter der Bezeichnung *Vinnol HH* bekannten Polyvinylchlorid-Sorte in einer heizbaren Mischmaschine zugegeben und die Mischung auf etwa 100° aufgeheizt, wobei man ein sich vollständig trocken anfühlendes Pulver erhält.

Durch Vorplastifizieren und Homogenisieren dieser pulverförmigen Mischung auf dem Mischwalzwerk bei Temperaturen von 150 bis 175°, je nach der Zusammensetzung, erzielt man bessere mechanische Eigenschaften des weichgestellten Polyvinylchlorids.

In ähnlicher Weise können auch Polyvinylchlorid bzw. Vinylchlorid-Mischpolymerisate mit Gemischen von flüssigen Weichmachern und Polymerisat-Weichmachern plastifiziert werden.

---

[1] SANDLER, J.: Mod. Plastics **24**, 137 (1947).
[2] LIST, H.: Kunststoffe **40**, 185 (1950).   [3] Privatmitteilung.

Die Einarbeitung von *Palamoll I* kann z. B. auf der Mischwalze erfolgen, und zwar in die bereits durch kurzes Walzen angelatinierte Polyvinylchlorid-Weichmacher-Mischung[1]. In Anbetracht der meist etwas geringeren Menge an flüssigen Weichmachern empfiehlt es sich, die Verarbeitungstemperatur bei etwa 160 bis 170° zu wählen.

Nach demselben Prinzip erfolgt auch die Herstellung von mit *Perbunan* und flüssigen Weichmachern plastifizierten Polyvinylchlorid- oder Vinylchlorid-Mischpolymerisat-Massen[2]. In einem Kneter, z. B. *Banbury-Mixer*, wird zuerst Polyvinylchlorid und Weichmacher 4 bis 5 Minuten auf 132 bis 149° erhitzt, nach dieser Zeit Perbunan zugesetzt und noch weitere 10 Minuten weitergemischt.

Beim Kalandrieren soll die Kalandertemperatur 127 bis 138° betragen, je nach dem Gehalt an Perbunan und flüssigem Weichmacher.

Beim Einarbeiten der Weichmacher in Polyvinylchlorid oder Vinylchlorid-Mischpolymerisaten soll die auf Grund praktischer Erfahrungen festgelegte Temperatur eingehalten werden.

Überschreitet man bei der Verarbeitung von Gemischen von Polyvinylchlorid und Weichmachungsmitteln auf Walzenmischern eine Temperatur von etwa 150°, so tritt leicht ein Verkleben der Walzen durch die Masse ein, was zu Störungen des Weichmachungsvorganges führt.

Man kann dieses Verkleben der Walzen aber dadurch verhindern, daß man dem Polyvinylchlorid-Weichmacher-Gemisch eine kleine Menge, z. B. 2 bis 5 Prozent, eines *Polyvinyläthers*, besonders *Polyvinyläthyl*- oder *Polyvinylisopropyläther*, vor oder während des Kalanderns zusetzt[3].

Nach E. ESCALES[4] lassen sich Polymerisate auf der Grundlage des Vinylchlorids, z. B. Polyvinylchlorid selbst und auch Mischpolymerisate des Vinylchlorids mit beispielsweise Acrylsäureestern, in technisch besonders einfacher Weise und schnell mit geringstem Energieaufwand plastifizieren, wenn man sie in feinpulveriger Form unter Vermeidung von Druck und bzw. oder Erwärmung mit dem Weichmacher so schnell mischt, daß sie gleichmäßig darin verteilt werden, bevor eine Gelatinierung der erhaltenen Mischung durch Erwärmen ohne Anwendung von Druck bewirkt wird. Dabei ist wesentlich, daß die Durchmischung rasch stattfindet, da die Polymerisate häufig schon kurze Zeit nach der Berührung mit Weichmacher diesen unter Gelatinierung absorbieren. Zur Herbeiführung einer solchen schnellen und gründlichen Durchmischung eignen sich Mischapparate bekannter Konstruktionen zum Mischen pulverförmigen Gutes, z. B. leichte Kollergänge oder besonders schnell laufende Kneter. Als besonders wertvoll haben sich sogenannte *Rollenkneter* erwiesen. In einem solchen *Rollenkneter* gibt man bei Raumtemperatur zweckmäßig zunächst das fein gepulverte Polymerisat und dann das Weichmachungsmittel unter starkem Rühren auf einmal hinzu. Innerhalb weniger Minuten entsteht dabei ein gleichmäßiges Gemisch, ohne daß eine praktisch merkliche Gelatinierung stattgefunden hat.

---

[1] I.G. Kunststoff-Taschenbuch für die verarbeitende Industrie, S. 47. 1942.
[2] Mod. Plastics **25**, 91 (1947).
[3] F.P. 899958, Belg.P. 452992, Dr.A.Wacker Ges. f. elektrochem.Ind. G.m.b.H.
[4] DRP. 742329, I.G. Farbenindustrie A.G.

Falls man gleichzeitig *Füllstoffe* mit verwenden will, empfiehlt es sich, diese erst nach der Durchmischung der Polymerisate mit dem Weichmacher zuzusetzen und noch kurze Zeit weiterzurühren. Man erhält je nach der Menge des verwendeten Weichmachers Pulver oder steife bis zähflüssige Teige.

Die erhaltenen Teige können zwecks Zerkleinerung einer mechanischen Behandlung, z. B. in *Farbmühlen*, auf *Walzenstühlen* oder *Homogenisiermaschinen*, unterworfen werden. Durch diese Behandlung werden die Teige dann flüssiger und gleichmäßiger und ergeben nach dem Plastifizieren besonders gleichmäßige Massen. Diese können durch Evakuieren von Lufteinschlüssen befreit werden.

Die so erhaltenen Mischungen erwärmt man ohne Anwendung von Druck, um die Gelatinierung durchzuführen. Dieses Erwärmen der Massen nimmt man zweckmäßig in dünner Schicht vor. Die Gelatinierung tritt schon bei mäßig erhöhter Temperatur, z. B. 60° und darüber, ein. Nach dem Abkühlen wird die gelatinierte Masse von der Unterlage, z. B. Blechhorden, abgezogen, wobei zusammenhängende Felle erhalten werden.

In einem Teigkneter, wie er in Bäckereien verwendet wird, werden 55 Teile Polyvinylchlorid in Form eines feinen Pulvers eingebracht und hierauf unter starkem Rühren 45 Teile Trikresylphosphat zugegeben. In etwa 5 Minuten wird eine gleichmäßige, dünnflüssige Paste erhalten. In diese werden nunmehr 30 Teile Talkum eingetragen. Nach weiteren 5 Minuten Mischen ist auch das Talkum gleichmäßig verteilt. Der erhaltene zähflüssige Teig wird hierauf auf Blechen 2 bis 3 Stunden lang auf 60 bis 80° erwärmt. Dabei tritt Gelatinierung ein. Die Masse kann nach dem Erkalten von den Blechen in Form eines zusammenhängenden Felles abgezogen und in gewünschter Form weiterverarbeitet werden.

Auf eine besondere, von den vorbeschriebenen, üblichen Verfahren abweichende Weise bringt die Firma Carbide and Carbon Chemicals Corp.[1] den Weichmacher in ein Mischpolymerisat aus Vinylchlorid und einem Vinylester einer aliphatischen Säure ein.

Das Mischpolymerisat wird zunächst in einem geeigneten Lösungsmittel gelöst und aus dieser Lösung mit einem Nichtlöser ausgefällt. Nach dem Abtrennen des Mischpolymerisates wird dieses zur Entfernung der Lösungsmittelreste ausgewaschen. Das Mischpolymerisat wird dann in einer Flüssigkeit, z. B. Wasser, suspendiert, in der weder das Mischpolymerisat noch der Weichmacher, wie z. B. *Triäthylenglykoldi-(2-Äthylbutyrat)*, *Dibutyl-* oder *Diäthylphthalat*, löslich sind. In die Suspension wird dann unter Rühren der Weichmacher eingebracht. Das Mischpolymerisat adsorbiert den Weichmacher in kurzer Zeit, worauf das plastifizierte Mischpolymerisat von dem Nichtlöser getrennt und getrocknet wird.

Die Herstellung von physikalisch einheitlichen Gemischen aus Polyvinylchlorid bzw. Vinylchlorid-Mischpolymerisaten und Weichmachern kann auch nach den im Abschnitt Polyvinylchlorid-Pasten besprochenen Verfahren erfolgen.

Gleichzeitig mit dem Weichmacher können dem Polyvinylchlorid auch andere Stoffe zugesetzt werden.

---

[1] F.P. 862093, Carbide and Carbon Chemicals Corp.

Die Verarbeitung von Polyvinylchlorid mit Weichmachern nimmt die Firma Dynamit Nobel A.G. vorm. A. Nobel & Co.[1] in Gegenwart von halogenaustauschenden Mitteln, z. B. Oxyden des Eisens, Kobalts, Nickels, Zinns, Zinks, Bleis, Silbers oder Thoriums, ferner von Cadmiumsulfid, Silberoxalat, Silbersuccinat oder Silbertartrat, vor. Durch diese Zusätze wird die Zugfestigkeit und der Ausdehnungskoeffizient der Polymerisate erhöht.

Zusätze der gleichen Art, und zwar Salze oder Oxyde derselben Metalle, hat später auch S. L. BROUS[2] empfohlen.

Man erhitzt z. B. eine Mischung aus 100 Teilen Polyvinylchlorid, 75 Teilen Polyvinylchlorid und 3 Teilen Zinkchlorid in einer Presse 20 Minuten auf 129°.

Die mit einem Esterweichmacher weichgestellten Vinylchlorid-Vinylacetat-Mischpolymerisate besitzen einen vom Weichmacher herrührenden Geruch. Nach V. YNGWE[3] kann man diesen weichgestellten Vinylchlorid-Mischpolymerisaten als Geruchsstabilisator Phthalsäureanhydrid zusetzen.

F. Plastizierung.

Außer den im vorhergehenden Abschnitt behandelten Weichmachern vermögen auch noch andere Stoffe den Polymerisaten oder Mischpolymerisaten des Vinylchlorids die für bestimmte Anwendungszwecke erforderliche Plastizität zu erteilen.

Um ein besseres Fließen von Polyvinylchlorid zu erzielen, hat man nach englischen Quellenangaben[4] in Deutschland diesem sowie verschiedenen Vinylchlorid-Mischpolymerisaten sogenannte *Gleitmittel* zugesetzt; als solche kommen z. B. *Wachsalkohole*, besonders Octodecylalkohol, Fette, natürliche und künstliche Harze, in Betracht.

Diesen Octodecylalkohol kann man bei dem der Emulsionspolymerisation erhaltenen dispergierten Polyvinylchlorid nach G. WICK, A. ILOFF und H. SKARDA[5] schon während der Aufarbeitung z. B. wie folgt zusetzen:

100 kg einer Polyvinylchlorid-Emulsion mit 35 Prozent Feststoff werden gleichzeitig mit einer Lösung von 700 g Octodecylalkohol in 8,75 kg Methanol verdüst und im Heißluftstrom zur Trockne gebracht.

Man erhält ein Trockenprodukt, welches 2 Prozent des Gleitmittels enthält.

Von H. REIN und K. RÖSSLER[6] wurde gefunden, daß auch *Schwefel*, in geringen Mengen, z. B. bis zu 5 Prozent, zugesetzt, dem Polyvinylchlorid eine gute Plastizität erteilen kann. Dabei zeigen die Plastifikate nicht die bei Zusatz von Gleitmitteln beobachtete Verschlechterung der mechanischen Eigenschaften.

Setzt man den Polymerisaten oder Mischpolymerisaten des Vinylchlorids nach G. LAMPERT und H. HOOK[7] außer *Schwefel* oder *Selen*

---

[1] F.P. 843 503, Dynamit A.G. vorm. A. Nobel & Co.
[2] A.P. 2157997, B. F. Goodrich Co.
[3] A.P. 2394417, Bakelite Corp.
[4] British Plastics **19**, 40 (1947).
[5] DRP. 749509, I.G. Farbenindustrie A.G.
[6] DRP. 721033, Belg.P. 431141, I.G. Farbenindustrie A.G.
[7] DRP. 747644, H. Rost & Co.

in Mengen von mehr als 5 Prozent, bezogen auf die Gesamtmenge des Polymerisats, noch Weichmachungsmittel und gegebenenfalls noch Füllmittel zu, so erhält man Produkte von weichgummiartiger Beschaffenheit. Zur Verhinderung der Oberflächenklebrigkeit wird die Ausbildung mikrokristalliner Metalloidausscheidungen durch chemische oder mechanische Reizung unterstützt bzw. beschleunigt.

Der Schwefel wird zweckmäßig erst auf der Mischwalze der in Gelbildung begriffenen Mischung bei der Verarbeitungstemperatur, die oberhalb 114° liegt, hinzugefügt. Der dabei von der rhombischen in monokline Kristallform übergehende Schwefel liegt im Polymerisat-Gemisch in kolloider Form vor, während er sich an der Oberfläche der Polymerisate in mikroskopisch kleinen Kriställchen abscheidet.

30 Gewichtsteile Polyvinylchlorid, 11 Gewichtsteile Trikresylphosphat, 15 Gewichtsteile Dimethylphthalat, 10 Gewichtsteile Dibutylphthalat, 10 Gewichtsteile Zinkoxyd, 11 Gewichtsteile Magnesia usta, 1 Gewichtsteil Lampenruß und 4 Gewichtsteile Schwefel geben nach dem Verarbeiten eine weichgummiartige Masse von besonders guter Chemikalienbeständigkeit.

Ein ähnliches Verfahren hat sich auch die Firma E. I. du Pont de Nemours & Co.[1] schützen lassen.

Man verreibt z. B. 24 g eines aus 95 Prozent Vinylchlorid und 5 Prozent Vinylacetat bestehenden Mischpolymerisats mit 9,6 g des Sebacinsäureesters von Äthylenglykolmonobutyläther, 0,48 g Schwefel und je 0,48 g eines aus einem Anilin-Butyraldehyd-Kondensationsproduktes bestehenden Beschleunigers und Magnesiumoxyd bei 100° und erhitzt 50 Minuten auf 150° unter 500 Atm. Druck.

Zur Herstellung von plastischen Massen setzt die Firma Aziende Colori Nazionali Affini[2] dem Polyvinylchlorid *Schwefel*, *Alkali-* oder *Erdalkalipolysulfide* oder andere Substanzen, die Chloratome gegen Schwefel austauschen können, bei mäßiger Temperatur oder in der Kälte zu.

Nach weiteren Angaben der gleichen Firma[3] kann die Plastizierung von Polyvinylchlorid auch mit einer schwefelabgebenden Verbindung allein, wie *Polysulfid*, *Alkali-* oder *Erdalkalisulfid*, bewirkt werden.

VI. Polyvinylchloridhaltige Massen.

Polyvinylchlorid oder Vinylchlorid-Mischpolymerisate sind mit einer Reihe von Kunst- oder Naturstoffen verträglich und lassen sich mit diesen zu Kunstmassen mit zum Teil neuartigen Eigenschaften verarbeiten.

Besonders gut verträglich sind die homogenen und heterogenen Vinylchlorid-Polymerisate mit einer Reihe anderer durch Polymerisation von monomeren Verbindungen erhaltenen Kunststoffe.

Modifizierte Polyvinylchlorid-Massen erhält man durch Einarbeiten von Alkydharzen, linearen Polyestern, Phenol-Aldehyd-Harzen, Ketonharzen, Kohlenwasserstoffharzen und Naturkautschuk.

---

[1] E.P. 589360, E. I. du Pont de Nemours & Co.
[2] Ital.P. 388927, Aziende Colori Nazionali Affini.
[3] Ital.P. 388928, Aziende Colori Nazionali Affini.

Plastische Massen werden ferner z. B. erhalten, wenn man Polyvinylchlorid mit Hydro- und bzw. oder Oxycellulose vermischt[1].

Unter bestimmten Voraussetzungen ist Polyvinylchlorid auch mit Nitrocellulose mischbar[2].

Hochwertige Kunststoffe werden ferner erhalten, wenn man das Polyvinylchlorid mit bestimmten Siliconen, und zwar Siliconen vom Phenoltyp, verarbeitet[3].

Polyvinylchlorid-Massen der vorbeschriebenen Art können entweder dadurch erhalten werden, daß man die Polymerisation oder Mischpolymerisation von Vinylchlorid in Gegenwart der mit diesen zu vermischenden Kunst- oder Naturstoffe vornimmt oder die bereits polymerisierten oder mischpolymerisierten Vinylchloride mit den mit ihnen verträglichen Kunst- oder Naturstoffen u. dgl., gegebenenfalls in Lösung oder bei erhöhter Temperatur, vermischt.

Nachstehend sind nun die nach besonderen Verfahren aus Polyvinylchlorid oder Vinylchlorid-Mischpolymerisaten und den eingangs erwähnten Kunst- oder Naturstoffen herstellbaren Polyvinylchlorid-Massen beschrieben.

A. Mit Polymerisat-Kunststoffen.

1. Butadien-Polymerisate.

Mischpolymerisate aus Vinylchlorid und den auf S. 100 beschriebenen Acrylsäureestern können mit polymeren Butadienkohlenwasserstoffen, wie Polybutadien, Polychloropren, polymerem Dichlor-2, 3-butadien-1,3, polymerem Carbalkoxy-2-butadien-1,3, polymerem Dicarbalkoxy-2,3-butadien-1,3 gemischt und gegebenenfalls vulkanisiert werden[4].

Ein beständiger kautschukähnlicher Kunststoff wird nach R. A. CRANFORD[5] auch beim Zusammenmischen eines Polymeren des Vinylchlorids, das nicht weniger als 10 Prozent und bis zu 50 Prozent Weichmacher enthält, mit Polychloropren (Neopren) und anschließender Vulkanisation erhalten. Die beiden Kunststoff-Komponenten werden in etwa gleicher Menge verwendet.

Von den Mischpolymerisaten des Vinylchlorids eignen sich nach LA VERNE E. CHEYNEY[6] die aus Vinylchlorid und Vinylidenchlorid aufgebauten Kunststoffe zum Vermischen mit natürlichem oder künstlichem Kautschuk.

Bei der Vulkanisation von synthetischem Kautschuk, z. B. aus Butadien, der Polyvinylchlorid als Weichmacher enthält, wird als Beschleuniger Bleioxyd an Stelle von Zinkoxyd verwendet[7]. Die erhaltenen Kunststoffe sind schwer brennbar und eignen sich zur Herstellung von Kabeln.

---

[1] Russ.P. 56545, G. S. PETROW und J. A. SCHMIDT.

[2] Siehe Seite 492.

[3] PATTERSON, J. R.: Amer. Paint J. **32**, Nr. 32, 80 (1943).

[4] F.P. 877124, Comp. Française pour l'Exploit. des Procédés Thomson-Houston. Ital.P. 393114, Comp. Gen. di Elettrictà.

[5] A.P. 2278833, B. F. Goodrich Co.

[6] F.P. 918119, Wingfoot Corp.

[7] F.P. 883625, Patentverwertungs-G.m.b.H., Hermes.

2. Butadien-Mischpolymerisate.

Besonders technisch wertvolle Kunstmassen sind die Kombinationen von Polyvinylchlorid oder Vinylchlorid-Mischpolymerisaten mit Butadien-Acrylsäurenitril-Mischpolymerisaten (*Perbunan*)[1].

Durch den Zusatz von *Perbunan* wird die Temperaturbeständigkeit des Polyvinylchlorids bzw. der Vinylchlorid-Mischpolymerisate sowohl bei tiefen als auch bei hohen Temperaturen verbessert.

So hält z. B. eine Mischung aus 100 Teilen Vinylchlorid-Mischpolymerisat, 25 Teilen Perbunan und 25 Teilen Dioctylphthalat Temperaturen bis zu −46° aus.

Von noch größerer Bedeutung für die praktische Anwendung ist die Beständigkeit bei hohen Temperaturen.

Nach 168stündigem Erhitzen bei 82° zeigt eine Mischung aus Vinylchlorid-Vinylacetat-Mischpolymerisat (*Vinylite VYNW*) und 50 Teilen Weichmacher DOP[2] eine Gewichtsabnahme von 0,2 Prozent, dagegen eine Mischung aus 100 Teilen des gleichen Mischpolymerisats, 5 Teilen Perbunan und 25 Teilen DOP nur eine Abnahme von 0,05 Gewichtsprozent.

Auch sonst werden die Eigenschaften des Polyvinylchlorids bzw. der Vinylchlorid-Mischpolymerisate verbessert.

Die Eigenschaften dieser Kunststoffmischungen hängen sowohl von dem Mischungsverhältnis Polyvinylchlorid bzw. Vinylchlorid-Mischpolymerisat und Perbunan als auch von der Zusammensetzung des Butadien-Acrylsäurenitril-Mischpolymerisates ab[3].

Die Verträglichkeit von *Perbunan* mit Vinylchlorid-Vinylacetat-Mischpolymerisaten, z. B. Vinylite VYNW, nimmt mit dem Gehalt an Acrylsäurenitril im Perbunan-Molekül zu.

Perbunane, die 26 bis 35 Prozent Acrylsäurenitril enthalten, ergeben Kunststoffmischungen mit höherer Zerreißfestigkeit, höherem Modul und größerer Bruchdehnung als Kunststoffmischungen, die weniger Acrylsäurenitril im Perbunan-Molekül enthalten.

Diese verbesserten Eigenschaften werden jedoch nur dann erhalten, wenn die Endprodukte 13 bis 15 Prozent *Perbunan* enthalten. Bei höheren Konzentrationen an *Perbunan* variieren der Zug- und Modulwert für Polyvinylchlorid-Mischungen nicht mit dem Acrylsäurenitrilgehalt.

Nach Feststellungen der Firma Standard Oil Co.[4] haben sich aber auch Kunststoffmischungen als sehr geeignet erwiesen, die 25 bis 50 Teile *Perbunan* auf 100 Teile Polyvinylchlorid enthalten.

Die Herstellung von Polyvinylchlorid-Perbunan-Mischungen kann z. B. in der Weise erfolgen, daß man Polyvinylchlorid mit Stabilisatoren, Weichmachern, Füllstoffen im Kneter, z. B. Banbury-Mixer, mischt[4]. Der Kneter wird auf 132 bis 149° erhitzt; nach etwa 4 bis 5 Minuten langem Mischen setzt man Perbunan zu und mischt weitere 10 Minuten.

---

[1] Mod. Plastics **25**, 91 (1947).
[2] Siehe Seite 152.
[3] YOUNG, D. M., D. J. BUCKLEY u. R. C. NEWBERG: Ind. Engng. Chem. **41**, 401 (1949).
[4] Mod. Plastics **25**, 91 (1947).

Das Vermischen von Polyvinylchlorid oder Vinylchlorid-Mischpolymerisaten mit Perbunan kann nach M. T. HARVEY[1] mit Hilfe eines Lösungsmittels für beide Kunststoffe oder mittels eines, mit beiden mischbaren Produktes, wie Aceton, Methylisobutylen, Trikresylphosphat oder Kondensationsprodukten aus Formaldehyd mit tertiären Alkoholen, ungesättigten Kohlenwasserstoffen, erfolgen.

Zur Bereitung dieser Mischungen walzt man z. B. je 1 Gewichtsteil Vinylchlorid-Vinylacetat-Mischpolymerisat, z. B. der Zusammensetzung Vinylite VYNW, Vinylite VYNS oder Vinylite VYLF, mit Perbunan und gibt portionsweise 0,5 Teile Aceton zu, bis beide Mischpolymerisate in Lösung miteinander gegangen sind.

Kunststoffkombinationen aus Polyvinylchlorid oder Vinylchlorid-Mischpolymerisaten und *Perbunan* werden in den letzten Jahren in den Vereinigten Staaten von Nordamerika in großem Umfange hergestellt. Von der Firma B. F. Goodrich Co.[2] wird die vulkanisierbare Mischung von Polyvinylchlorid und *Hycar-Nitril-Kautschuk* unter dem Namen *Geon-Polyblend* in den Handel gebracht. Dieses Kunststoffprodukt ist lederähnlich, schmiegsam, fühlt sich wärmer an und ist geruchsärmer als weichgestelltes Polyvinylchlorid[3]. *Geon-Polyblend* besitzt eine gelbliche Farbe, hat ein spezifisches Gewicht von 1,18 und gute mechanische und elektrische Eigenschaften. Gegen Licht ist *Geon-Polyblend* beständiger als Nitril-Kautschuk, ohne Ruß und weniger beständig als flüssige Weichmacher enthaltendes Polyvinylchlorid.

Geon-Polyblend vereinigt die Zähigkeit und chemische Widerstandsfähigkeit des Polyvinylchlorids mit der Biegsamkeit und Lösungsmittelbeständigkeit des *Perbunans*.

Der Zusammensetzung nach besteht *Geon-Polyblend* aus einer Mischung aus 55 Prozent Polyvinylchlorid und 45 Prozent Hycar-Nitril-Kautschuk[3].

Geon-Polyblend verhält sich wie Polyvinylchlorid und synthetischer Kautschuk. Es läßt sich infolge seines Gehaltes an Polyvinylchlorid als Thermoplast verarbeiten und gemäß seinem Kautschukanteil vulkanisieren, z. B. mit Mercaptobenzothiazol oder dessen Disulfid.

Zur mechanischen Behandlung wird ein geringer Schmiermittelzusatz, wie Bleistearat, Stearinsäure usw., empfohlen.

Eine Mischung aus 100 Teilen Geon-Polyblend, je 1,5 Teile Schwefel und Benzothiazoldisulfid, 0,5 Teile Selen-Diäthyldithiocarbamat und 5 Teile Bleioxyd gibt, 30 Minuten bei 154° vulkanisiert, eine Zugfestigkeit von 221 kg/qcm, Dehnung 325 Prozent, Modul (100 Prozent) 125 kg/qcm.

Geon-Polyblend gibt auf der kalten Walze sofort ein glattes Fell, bei 149 bis 163° wandelt es sich in eine homogene plastische Masse um. Es kann Verwendung finden in der elektrischen Industrie, als Lederersatz, für Schläuche, Dichtungen, Überzüge und anderes.

Bei Zusatz von Phenol-Formaldehyd-Harzen zu *Geon-Polyblend* erhält man biegsame und klebrige bis zähe, harte Massen, die zu 25 bis 30 Prozent löslich in Methyläthylketon sind.

---

[1] A.P. 2412216, Harvel Research Corp.

[2] PITTENGER, J. E., u. G. F. COHAN: Mod. Plastics **25**, 81 (1947).

[3] PITTENGER, J. E., u. G. F. COHAN: Rubber Age **61**, 563 (1947); Rev. gén. Caoutchouc **25**, 6 (1948).

Kombinationen von Polyvinylchlorid bzw. Vinylchlorid-Mischpolymerisaten mit *Perbunan* werden auch von der Firma Standard Oil Development Co.[1], und zwar unter den Bezeichnungen *Perbunan NS 26* und *Perbunan 35 NS 90* in den Handel gebracht. Um diesen Kombinationen eine gute Licht- und Wärmebeständigkeit zu verleihen, setzt man ihnen Phenyl-β-methylamin als Stabilisator zu.

Diese Polyvinylchlorid-Perbunan-Kombinationen können nicht nur als selbständige Kunststoffe mit besonderen Eigenschaften z. B. für die bereits erwähnten und später noch ausführlicher behandelten Zwecke verarbeitet werden, sondern dienen als Weichmacher, als Zusatz oder als Modifizierungsmittel für andere Kunstharze[2].

Nach LA VERNE E. CHEYNEY[3] können Mischpolymerisate des Butadiens mit Acrylsäurenitril oder Styrol ebenfalls mit Mischpolymerisaten aus Vinylchlorid oder Vinylidenchlorid zu einheitlichen Kunstmassen verarbeitet werden. Als Butadien-Mischpolymerisate eignen sich solche, die aus 50 bis 80 Prozent Butadien-1,3 und 50 bis 20 Prozent Acrylsäurenitril oder Styrol bestehen; als zweite Komponente kommen Mischpolymerisate aus 20 bis 50 Prozent Vinylchlorid und 80 bis 50 Prozent Vinylidenchlorid in Betracht. Die Vermischung kann in einer gegebenenfalls geheizten Mastiziervorrichtung in Gegenwart von Lösungsmitteln in einer Rührvorrichtung erfolgen.

Die Eigenschaften von Gemischen aus Polymerisaten oder Mischpolymerisaten des Vinylchlorids und Perbunan können noch durch Zusatz weiterer Kunststoffe weiter abgewandelt werden.

Die Verarbeitungseigenschaften dieser Mischungen aus Vinylchlorid-Vinylacetat-Mischpolymerisaten und *Perbunan* kann ferner durch Zusatz von Butadien-Styrol-Mischpolymerisaten (*Buna S*) verbessert werden; dieser Zusatz bewirkt ferner eine Verbesserung der Alterungsbeständigkeit dieser Kunststoffmischungen[4].

Eine Verbesserung der plastischen Eigenschaften von Polyvinylchlorid bewirken auch Zusätze von Mischpolymerisaten aus Butadien und Fumarsäureestern; diese Mischpolymerisate können dem Polyvinylchlorid schon während der Aufarbeitung nach dem von G. WICK, A. ILOFF und H. SKARDA[5] angegebenen Verfahren erfolgen.

100 kg einer wäßrigen Emulsion, enthaltend 35 kg Polyvinylchlorid, werden gleichzeitig mit einer Emulsion des genannten Mischpolymerisats in einem Heißluftstrom verdüst, so daß das Trockenpulver 8 Prozent des Mischpolymerisats enthält.

3. Polydivinylbenzol.

Ein modifiziertes Polyvinylchlorid erhält man nach G. F. D'ALELIO[6], wenn man Vinylchlorid in Gegenwart von schmelzbarem und löslichem Polyvinylbenzol polymerisiert.

---

[1] Mod. Plastics **25**, 91 (1947).   [2] Kautschuk u. Gummi **2**, 121 (1949).
[3] F.P. 918119, Wingfoot Corp.
[4] YOUNG, D. W., R. C. NEWBERG u. R. C. HOWLETT: Ind. Engng. Chem. **39**, 1446 (1947).
[5] DRP. 749509, I.G. Farbenindustrie A.G.
[6] A.P. 2405817, General Electric Co.

4. Polyisoolefine.

Die aus Isoolefinen, wie Isobutylen oder Isoamylen, in Gegenwart von Bortrifluorid, gegebenenfalls in Mischung mit Fluorwasserstoff, Phosphortrichlorid, Aluminium und Chlorwasserstoff usw., erhaltenen Polymerisate sind mit Polyvinylchlorid mischbar[1]. Dabei wirken die Polyisoolefine bis zu einem Molgewicht bis zu 30000 als Weichmacher, die höhermolekularen Polyisoolefine als Alterungsschutzmittel für Polyvinylchlorid.

Mit Polyisobutylen bzw. mit Polyisoamylen sind ferner Vinylchlorid-Mischpolymerisate, z. B. der auf S. 100 genannten Art[2], bzw. Mischpolymerisate aus Vinylchlorid und Acrylsäureestern verträglich und mischbar.

5. Polystyrol.

Polyvinylchlorid ist auch mit Polystyrol verträglich; durch den Zusatz von Polyvinylchlorid wird z. B. die Walzbarkeit von Polystyrol verbessert[3].

Ebenso lassen sich Vinylchlorid-Mischpolymerisate der auf S. 99 angegebenen Art mit Polystyrol zu neuem Kunststoff verarbeiten[4].

Einheitliche Kunstmassen werden nach D. W. YOUNG und W. J. SPARKS[5] ferner erhalten, wenn man Mischpolymerisate von Sytrol oder dessen Halogensubstitutionsprodukte mit Isobutylen und einen Polyolefin mit Polyvinylchlorid vermischt.

6. Polyvinylidenchlorid.

Eine weichgummiartige Kunststoffmasse wird nach G. F. D'ALELIO[6] erhalten, wenn man Polyvinylchlorid mit Polyvinylidenchlorid und Dicyclohexylitaconat zu einer homogenen Mischung verarbeitet.

7. Polyvinyläther.

Einheitliche Kunststoffe mit abgewandelten Eigenschaften lassen sich nach L. KOLLEK[7] ferner erhalten, wenn man Polyvinylchlorid mit Polyvinyläthern, wie z. B. Polyvinylmethyl-, Polyvinyläthyl- oder Polyvinylisobutyläther, verarbeitet.

8. Polyacrylsäure.

Eine Polyvinylchlorid-Masse, die während der Herstellung in flockiger Form anfällt, kann man erhalten, wenn man die Polymerisation von Vinylchlorid in wäßrigem Medium in Gegenwart polymerer freier Säuren, z. B. Polyacrylsäure, Polymethacrylsäure, vornimmt.

---

[1] F.P. 812490, E.P. 479478, A.P. 2202363, Standard Oil Development Co.
[2] Ital.P. 393114, Comp. Generale di Elettricità.
[3] F.P. 877124, Comp. Française pour l'Exploit. des Procédés Thomson-Houston.
[4] F.P. 804989, Deutsche Celluloid-Fabrik A.G.
[5] F.P. 918101, Standard Oil Development Co.
[6] A.P. 2340108, General Electric Co.
[7] KOLLEK, L.: Kunststoffe **30**, 229 (1940).

Man erhitzt nach L. B. Morgan und W. McGillivrey Morgan [1] unter fortwährendem Rühren im Beisein eines Plastifizierungsmittels und bzw. oder eines Polymerisationskatalysators Vinylchlorid in Form einer wäßrigen Mischung mit Polyacrylsäure, Polymethacrylsäure oder einer anderen Säure, die man durch Zwischenpolymerisation von Acrylsäure und Methacrylsäure untereinander oder mit einem Ester dieser Säuren erhält.

Man löst z. B. 7 Teile Natriumsalz eines Zwischenpolymerisationsproduktes von 75 Teilen Methacrylsäure und 25 Teilen Methacrylsäuremethylester in 1400 Teilen Wasser, fügt 4,5 Teile Essigsäure hinzu und leitet diese wäßrige Säurelösung zusammen mit 120 Teilen Di-n-butylphthalat, 480 Teilen Vinylchlorid und 2,4 Teilen Benzoylperoxyd in einen Autoklaven, der 3000 Teile Wasser enthält und sich mit einer Geschwindigkei tvon 35 bis 40 Umdrehungen je Minute dreht. Den hermetisch abgeschlossenen Autoklav läßt man 3 Tage in einem 55° warmen Wasserbad sich drehen, entfernt dann das wäßrige Polymerisatgemisch, scheidet durch Filtration das feste Produkt aus der wasserhellen Flüssigkeit, wäscht es mit Wasser und trocknet. Man erhält eine weißflockige Masse.

9. Polyacrylsäure- oder Methacrylsäureester.

Polyacrylsäureverbindungen können mit Vinylchlorid-Acrylsäureester-Mischpolymerisaten [2] und Polymerisate von Acrylsäure-, Methacrylsäure- oder Äthacrylsäureestern mit Vinylchlorid-Mischpolymerisaten der auf S. 100 beschriebenen [3] Art zu einheitlichen Kunststoffen verarbeitet werden.

Von den Methacrylsäureestern ist der polymere Methylester besonders gut mit Polyvinylchlorid oder Vinylchlorid-Mischpolymerisaten verträglich. Die erhaltenen Kunststoffmischungen besitzen gegenüber den Einzelkomponenten verbesserte Eigenschaften.

Nach L. R. Stephans und W. O. Stell [4] bestehen geeignete Polymerisat-Mischungen aus mindestens 20 Gewichtsprozent eines zweckmäßig höhermolekularen Polyvinylchlorids mit einem K-Wert von größer als 49 oder aus Vinylchlorid-Mischpolymerisaten mit Vinylidenchlorid, Vinylacetat oder Acrylsäureestern, 1 bis 50 Gewichtsprozent Polymethacrylsäuremethylester und einem oder mehreren mit beiden Polymerisaten verträglichen Weichmacher, wie Dibutylphthalat, Trikresylphosphat, Dihexylphosphat usw. Ein Teil des Weichmachers kann durch chloriertes Paraffin ersetzt werden.

Die Herstellung dieser Kunststoffe erfolgt in der Weise, daß man die feinkörnigen Polymerisate in dem Weichmacher durch Erhitzen auf 140 bis 170° dispergiert.

B. Mit Polyamiden.

Vielseitig verwendbare Kunstharze lassen sich nach F. W. Hoover [5] herstellen, wenn man N-Alkoxymethylpolyamide mit solchen ver-

---

[1] F.P. 920074, Imperial Chemical Industries Ltd., L. B. Morgan und W. McGillivrey Morgan.

[2] F.P. 877124, Comp. Française pour l'Exploit. des Procédés Thomson-Houston.

[3] Ital.P. 393114, Comp. Generale di Elettricità.

[4] F.P. 918488, Imperial Chemical Industries Ltd.

[5] A.P. 2448978, E. I. du Pont de Nemours & Co.

seiften Mischpolymerisaten aus Vinylchlorid und Vinylestern vermischt, die wenigstens 5 und weniger als 45 Prozent Hydroxylgruppen enthalten.

Diese Kunststoffe eignen sich zur Herstellung von Fasern, Filmen, Gegenständen, Isolierungen, Überzugsmassen oder Klebstoffen.

C. Mit Alkydharzen und linearen Polyestern.

Modifizierte Polyvinylchlorid-Massen können durch Zusatz von Alkydharzen oder linearen Polyestern erhalten werden.

Durch Zusatz von Kondensationsprodukten aus mehrwertigen Alkoholen und mehrbasischen Säuren läßt sich die Alkali- und Säurefestigkeit sowie die Beständigkeit gegen Wasser von Polyvinylchlorid erhöhen und die Verbrennlichkeit herabsetzen[1].

Biegsame und kältebeständige Kunststoffmassen werden durch Vermischen von Polyvinylchlorid mit den linearen Polyestern aus zweiwertigen Alkoholen und zweibasischen Carbonsäuren mit mindestens vier Kohlenstoffatomen erhalten[2].

In gleicher Weise lassen sich Mischpolymerisate des Vinylchlorids verarbeiten.

Die erhaltenen Kunststoffe besitzen ausgezeichnete Alterungseigenschaften.

Die Plastizität von Polymerisaten oder Mischpolymerisaten des Vinylchlorids kann durch Zusatz eines polymerisierbaren Diesters einer Dicarbonsäure mit über 5 Kohlenstoffatomen und einem kernhalogenierten Benzylalkohol, wie Adipinsäure-di-o-chlorbenzylester oder Sebacinsäure-di-p-chlorbenzylester, verbessert werden[3].

Nach F. J. HELD und R. P. BLAINE[4] kann man die Härte von Polyvinylchlorid-Massen bei normaler Temperatur erhöhen und die gute Verarbeitbarkeit bei den üblichen Verarbeitungstemperaturen erhalten, wenn man dem Polyvinylchlorid 5 bis 100 Gewichtsprozent eines aliphatischen Diesters eines 4, 4′-Dicarbonat-diphenyl-alkans, besonders von Diestern von 4, 4′-Bis(alkylcarbonat)-diphenylalkanen oder 4, 4′-Bis(alkylencarbonat)-diphenylalkanen, in denen beide Phenylgruppen im gleichen Kohlenstoffatom des Alkans stehen und mit Halogen substituiert sind, zumischt.

Eine innige Vermischung von Polyvinylchlorid mit Alkydharzen wird erreicht, wenn man die Polymerisation in Gegenwart von gegebenenfalls selbst polymerisierbaren Alkydharzen vornimmt.

Beispielsweise werden die durch Reaktion einer Mischung von Monoglykol, einer ungesättigten mehrbasischen Säure und Phthalsäure oder deren Anhydrid bei 150 bis 220°, zweckmäßig in Abwesenheit von Luft und in Gegenwart eines Polymerisationsverhinderers erhaltenen Alkydharze nach I. E. MUSKAT[5] mit Vinylchlorid durch Licht und bzw. oder Wärme in Gegenwart von Peroxyden polymerisiert.

---

[1] DRP. 601323, Allg. Elektrizitätsges.
[2] E.P. 599523, E. I. du Pont de Nemours & Co.
[3] F.P. 877124, Comp. Française pour l'Exploit. des Procédés Thomson-Houston
[4] A.P. 2468975, B. F. Goodrich Co.   [5] A.P. 2423042, Marco Chemicals Inc

E. C. HURDIS[1] polymerisiert wieder Vinylchlorid gemeinsam mit ungesättigten Alkydharzen in Gegenwart der üblichen Katalysatoren und eines N-Monoalkylmono-(monocycloaryl)-sek. Monoamins, wie N-Methylanilin, N-Äthyl-, N-Propyl-, N-Isopropyl-, N-Amyl-, N-Isoamylanilin usw.

Die zu mischpolymerisierende Mischung enthält 20 bis 95 Prozent des ungesättigten Alkyds mit 0,005 bis 2 Gewichtsprozent, bezogen auf die polymerisierbare Mischung, an den genannten sek. Monoaminen.

CH. F. FISK[2] polymerisiert wieder Vinylchlorid gemeinsam mit einem flüssigen polyenischen Polyester eines mehrwertigen Alkohols mit einer α-olefinischen Dicarbonsäure (ungesättigte Alkydharze) in Gegenwart eines Peroxydkatalysators. Der Verlauf der Polymerisation wird geregelt durch Zusatz geringer Mengen einer Sulfhydrid-Verbindung, z. B. Ammoniumhydrosulfid oder Kohlenwasserstoffthiole.

Neben Polyvinylchlorid geben auch Mischpolymerisate aus Vinylchlorid und Vinylidenchlorid mit Alkydharzen modifizierte Kunststoffmassen.

E. L. KROPA[3] setzt z. B. diese Mischpolymerisate den bei der Polymerisation von Arylvinylverbindungen, wie z. B. Styrol, und Alkydharzen erhaltenen hochmolekularen Harzen zu.

D. Mit Phenol-Aldehyd-Harzen.

Zur Herstellung eines Kunststoffes mit kautschukähnlichen Eigenschaften erhitzt B. W. WATSON[4] ein Phenol-Aldehyd-Harz und einen flüssigen Weichmacher, der eine stark lösende Wirkung auf das Harz besitzt, auf eine Temperatur von etwa 135°, bis gelatinöse Konsistenz erreicht ist. Das erhaltene hochplastizierte Phenol-Aldehyd-Harz wird dann mit Polyvinylchlorid oder einem Mischpolymerisat aus Vinylchlorid und Vinylacetat gemischt. Der Phenol-Aldehyd-Harzgehalt des Gemisches soll zwischen 0,5 und 15 Gewichtsprozent in bezug auf die Gesamtmischung liegen, wobei Füllstoffe nicht berücksichtigt sind.

Einheitliche Kunstmassen werden auch nach einem Verfahren der Firma Dynamit A.G. vorm. A. Nobel & Co.[5] erhalten, wenn man den Phenol-Aldehyd-Harzen vor, während oder nach der Kondensation Polyvinylchlorid oder Mischpolymerisate aus Vinylchlorid und Maleinsäureestern zusetzt.

Die nach dem Verfahren von R. W. QUARLES[6] hergestellten Vinylchlorid-Vinylalkohol-Mischpolymerisate sind mit zahlreichen Phenol-Formaldehyd-Harzen verträglich und geben in dieser Kombination wertvolle Kunststoffe.

---

[1] A.P. 2449299, United States Rubber Co.
[2] A.P. 2466800, United States Rubber Co.
[3] F.P. 915080, American Cyanamid Co.
[4] A.P. 2437284, B. W. WATSON.
[5] F.P. 868522, Dynamit A.G. vorm. A. Nobel & Co.
[6] A.P. 2458639, Carbide and Carbon Chemicals Corp.

E. Mit Formaldehyd-Harnstoff-Harzen.

Plastifizierte Harnstoff-Formaldehyd-Harze werden nach O. R. Ludwig[1] erhalten, wenn man wasserlösliche Zwischenprodukte der genannten Harze mit Dispersionen von Mischpolymerisaten aus Vinylchlorid und Ester der Acrylsäure oder der α-substituierten Acrylsäure versetzt nnd die Kondensation der Zwischenprodukte zu Ende führt.

Mit Hilfe der unter der Bezeichnung Perbunan bekannten Mischpolymerisate von Butadien mit 18 bis 40 Prozent Acrylsäurenitril kann man Polyvinylchlorid auch mit modifizierten Phenol-Formaldehyd-Harzen kombinieren[2].

F. Mit Formaldehyd-Terpen-Reaktionsprodukten.

Eine Polyvinylchlorid-Masse mit modifizierten Eigenschaften kann man nach M. T. Harvey[3] erhalten, wenn man pulverförmiges Polyvinylchlorid bei einer Temperatur über 60° in eine Flüssigkeit einträgt, welche bei der sauren Reaktion zwischen Formaldehyd und einem Terpen oder Terpenalkohol entsteht. Die erhaltene, bei Raumtemperatur zu einem Gel erstarrende Lösung wird in warmflüssigem Zustand und in Anwesenheit eines freien Sauerstoff enthaltenden Gases so lange bewegt, bis ihre bei 25° gemessene Viskosität sich um 50 Prozent erhöht hat.

G. Mit Melamin-Formaldehyd-Harzen.

Die vorbeschriebenen Vinylchlorid-Vinylalkohol-Mischpolymerisate sind nach Angaben des gleichen Forschers[4] auch mit Melamin-Formaldehyd-Harzen verträglich.

H. Mit Ketonharzen.

S. A. Ballard und J. A. Perona[5] setzten dem Polyvinylchlorid Ketonharze zu, die durch Kondensation von Ketonen mit wenigstens 12 Kohlenstoffatomen mit Aldehyden in Gegenwart eines Katalysators, wie z. B. Alkalihydroxyd, Säuren u. dgl., bei etwa 50 bis 150° erhalten werden.

I. Mit Kolophoniumestern.

Vinylchlorid-Mischpolymerisate, die Carboxy- oder Carbalkoxygruppen, also als zweite Komponente Acryl-, Methacrylsäure oder deren Ester enthalten, können nach J. B. Rust und W. B. Canfield[6] mit Kolophoniumestern mehrwertiger Alkohole durch Erhitzen auf 200 bis 300° zu einheitlichen Kunstharzen verarbeitet werden.

K. Mit Naturkautschuk.

Kombinationen von Polyvinylchlorid und Naturkautschuk kann man erhalten, wenn man eine wäßrige Dispersion von Polyvinylchlorid mit Kautschukmilch mischt und aus der erhaltenen Dispersion das Gemisch Polyvinylchlorid und Kautschuk ausfällt[7].

---

[1] DRP. 733710, Röhm & Haas G.m.b.H.
[2] Mod. Plastics **25**, 91 (1947).   [3] A.P. 2415096, Harvel Research Corp.
[4] Siehe Fußnote 6, S. 199.   [5] A.P. 2410623, Shell Development Co.
[6] A.P. 2447367, Montclair Research Corp. und Ellis-Foster Co.
[7] F.P. 763460, I.G. Farbenindustrie A.G.

Kautschukhaltiges Polyvinylchlorid läßt sich ferner auch herstellen, wenn man die Polymerisation des Vinylchlorids in Gegenwart von Kautschukmilch vornimmt.

Man gibt z. B. 2 Prozent des Natriumsalzes der Oleylmethylaminoäthanolsulfonsäure zu 100 Teilen Kautschukmilch, versetzt diese mit verdünnter Salzsäure bis zur leicht kongosauren Reaktion, gibt 50 Teile einer 3 prozentigen Wasserstoffsuperoxydlösung zu und leitet unter Druck 100 Teile Vinylchlorid in die Emulsion. Man erhitzt im geschlossenen Gefäß bei 60° und koaguliert nach beendeter Polymerisation mit Aluminiumsulfat.

Man erhält ein weißes Pulver, das zu einem durchscheinenden Fell ausgewalzt und mit Schwefel und Zinkoxyd zu einer lederartigen Masse vulkanisiert werden kann.

L. Mit Kohlenwasserstoffen.

Modifizierte Polyvinylchlorid-Massen können nach E. F. BROOKMAN und ST. F. PEARCE[1] erhalten werden, wenn man dem Polyvinylchlorid oder Mischpolymerisaten mit mindestens 80 Prozent Vinylchlorid mindestens 0,5 Prozent eines chlorierten Paraffinwachses mit einem Chlorgehalt von 10 bis 35 Prozent zusetzt.

Thermoplastische Massen werden nach den gleichen Forschern[2] auch gewonnen, wenn man dem Polyvinylchlorid größere Mengen, nämlich 1 bis 65 Prozent, eines chlorierten Paraffinwachses, bezogen auf Gemisch aus Wachs und Weichmacher, zusetzt.

Polyvinylchlorid oder Vinylchlorid-Vinylacetat-Mischpolymerisate, in denen der Vinylchlorid-Anteil überwiegt, sind mit asphaltartigen Spaltrückständen, die bei der thermischen Spaltung von Mineralölen anfallen, verträglich[3]. Man setzt diese in Mengen über 25 Prozent den Polyvinylchlorid-Massen, die ferner Weichmacher, z. B. weniger als 30 Prozent eines Ester-Weichmachers (bezogen auf Gesamtgewicht) und gegebenenfalls Füllstoffe enthalten können, zu.

Zur Herstellung von Formmassen geeignete Kombinationen bestehen ferner aus 75 bis 5 Prozent eines Polyvinylchlorids oder eines Gemisches aus Polyvinylchlorid und Polyvinylacetat und 25 bis 95 Prozent eines asphaltischen Materials, das mindestens 25 Prozent Asphaltene, höchstens 25 Prozent Harze, bezogen auf Asphaltene, und mindestens 25 Prozent Öle und Wachse enthält[4].

---

[1] A.P. 2421408, Imperial Chemical Industries Ltd.
[2] A.P. 2421409, E.P. 573841, F.P. 918341, Imperial Chemical Industries Ltd.
[3] A.P. 2464263, Standard Oil Development Co.
[4] A.P. 2464219, Standard Oil Development Co.

Zusammensetzung und Eigenschaften von Polyvinylchlorid und Vinylchlorid-Mischpolymerisaten

I. Chemische Zusammensetzung.

Bei der Polymerisation von Vinylchlorid wird wie bei der Polymerisation anderer monomerer Verbindungen die mengenmäßige Zusammensetzung der das Polymerisat aufbauenden Elemente gegenüber der des monomeren Vinylchlorids nicht verändert.

Polyvinylchlorid besitzt demnach theoretisch die gleiche Zusammensetzung wie Vinylchlorid und besteht somit gemäß der auf S. 1 angegebenen Formel aus

> 38,41 Prozent Kohlenstoff,
> 4,86 Prozent Wasserstoff und
> 56,73 Prozent Chlor.

Genaue Bestimmungen der elementaren Zusammensetzung von im Laboratorium als auch unter technischen Bedingungen hergestellten Polyvinylchloriden haben aber ergeben, daß der Chlorgehalt meist um 0,5 bis 1 Prozent und mehr unter dem theoretisch berechneten Wert liegt[1].

Der niedrigere Chlorgehalt wird darauf zurückgeführt[2], daß bei der bei höherer Temperatur durchgeführten Polymerisation aus dem Vinylchlorid geringe Mengen Chlorwasserstoff abgespalten werden.

Nimmt man die Polymerisation bei niedrigen Temperaturen von z. B. 20° vor, so erhält man Polymerisate mit dem theoretischen Chlorgehalt.

Nach H. BERGER[3] beträgt z. B. der Chlorgehalt des von der Firma Badische Anilin & Soda Fabrik hergestellten *Igelit PCU* 55,5 $\pm$ 1 Prozent. Bei Polyvinylchloriden anderer Herkunft[4] haben H. E. FIERZ-DAVID und HCH. ZOLLINGER[2] Chlorgehalte von 55,69 bis 55,98 Prozent ermittelt.

Durch die auf S. 121 beschriebene Nachchlorierung von Polyvinylchlorid können in dessen Makromoleküle weitere Chloratome eingelagert werden, wodurch der Chlorgehalt auf etwa 65 Prozent ansteigt.

---

[1] STAUDINGER, H., u. J. SCHNEIDERS: Liebigs Ann. d. Chem. **541**, 151 (1939).
[2] FIERZ-DAVID, H. E., u. HCH. ZOLLINGER: Helvet. chim. Acta **28**, 455 (1945).
[3] BERGER, H.: Kunststoffe **30**, 35 (1940).
[4] Lonza Elektrizitätswerke und Chemische Fabriken.

Technische Polyvinylchloride zeigen nach der Nachchlorierung Chlorgehalte, die, wie z. B. beim *Igelit PC*, zwischen 64 und 66 Prozent schwanken.

Durch gleichzeitige Polymerisation von Vinylchlorid mit einer zweiten oder mit mehreren chlorfreien monomeren Verbindungen wird der Chlorgehalt, entsprechend dem prozentualen Anteil der letzteren, im Mischpolymerisat herabgesetzt.

Bei einem Vinylchlorid-Vinylacetat-Mischpolymerisat mit 80 Prozent Vinylchlorid und 20 Prozent Vinylacetat beträgt der Chlorgehalt 45,3 Prozent und sinkt bei einem Mischpolymerisat aus 20 Prozent Vinylchlorid und 80 Prozent Vinylacetat auf 11,3 Prozent ab.

Bei dem als *Igelit MP* bekannten Mischpolymerisat der Firma Badische Anilin & Soda Fabrik schwankt der Chlorgehalt nach H. BERGER[1] zwischen 46,5 ± 1 Prozent.

Wird Vinylchlorid mit chlorhaltigen Monomeren mischpolymerisiert, so kann der Chlorgehalt des Mischpolymerisates über dem des Polyvinylchlorids liegen, wie dies z. B. bei Mischpolymerisaten aus Vinylchlorid und Vinylidenchlorid der Fall ist.

Mischpolymerisate dieser Art enthalten z. B. bei einer Zusammensetzung von 80 Prozent Vinylchlorid und 20 Prozent Vinylidenchlorid einen theoretischen Chlorgehalt von 60,0 Prozent.

Die im technischen Umfange hergestellten Polymerisate oder Mischpolymerisate des Vinylchlorids enthalten neben den Grundelementen: Kohlenstoff, Wasserstoff und Chlor noch mehr oder weniger geringe Mengen von Verunreinigungen bzw. Beimengungen, die entweder von der Herstellung oder Lagerung herrühren können.

So enthalten technische Polyvinylchloride geringe Mengen Feuchtigkeit, die während der mehr oder weniger langen Lagerung aufgenommen werden. Dieser Feuchtigkeitsgehalt darf bei besonderen Anwendungszwecken einen bestimmten Gehalt nicht überschreiten[2].

Polyvinylchloride, die durch Polymerisation eines aus Acetylen und Chlorwasserstoff in Gegenwart von Quecksilbersalzen hergestellten Vinylchlorids bereitet werden, enthalten stets Spuren von Quecksilber[3].

Der Quecksilbergehalt dieser Polyvinylchloride beträgt 0,002 bis 0,005 Prozent und läßt sich durch quantitative Mikroanalyse ermitteln.

Vom Herstellungsprozeß rühren auch die in technischen Polyvinylchloriden oder Vinylchlorid-Mischpolymerisaten anwesenden geringen Mengen anorganischer Bestandteile her. Diese Aschebestandteile dürfen bei bestimmten Anwendungszwecken der Polymerisate einen gewissen Gehalt nicht überschreiten. So soll z. B. Polyvinylchlorid, das für Kabelmassen Verwendung finden soll, nicht mehr als 1,5 Prozent Asche enthalten[1].

Durch Zusatz von Weichmachungsmitteln, Stabilisierungsmitteln, Füll- und Farbstoffen kann die Zusammensetzung von Polymerisaten oder Mischpolymerisaten des Vinylchlorids weitgehend verändert werden.

---

[1] BERGER, H.: Kunststoffe **30**, 35 (1940).   [2] Siehe Seite 8.
[3] FIERZ-DAVID, H. E., u. HCH. ZOLLINGER: Helvet. chim. Acta **28**, 1125 (1945).

II. Chemische Beständigkeit.

A. Wasserbeständigkeit.

Polyvinylchlorid ist weitgehend wasserbeständig. Nach den von HJ. SAECHTLING[1] angestellten Versuchen nimmt z. B. die Polyvinylchlorid-Handelsmarke *Vinidur* nach 32 tägiger Lagerung in Wasser die in Tab. 8 angegebenen Wassermengen reversibel auf.

Tabelle 8.
Wasseraufnahme von Vinidur.

Temperatur °C	Wasseraufnahme in g/m²
20	5
40	15
60	23

Durch den Zusatz von Weichmachern wird die an sich gute Wasserbeständigkeit unter Umständen verschlechtert. Wasser wird von weichgestellten Polyvinylchloriden in intermicellarer Quellung in das Gelgerüst aufgenommen. Eine Erweichung ist mit diesem Vorgang, der reversibel ist, nicht verbunden. Nach dem Austrocknen bleiben keine Schädigungen zurück.

Die Wasseraufnahme von mit verschiedenen Weichmachern weichgestellten Polyvinylchloriden verschiedener Weichheitszahl ist in Tab. 9 zusammengestellt.

Tabelle 9.
Wasseraufnahme von weichgestellten Polyvinylchloriden in g/m² nach 32 Tagen.

	Igelit PCU Trikresylphosphat		Igelit PCU Plastomoll			Mipolam K 190 TV
Weichheit	30	60	30	60	90	70
Temperatur 20° . . .	40	40	60	65	90	200
„ 40° . . .		100		125		600
„ 60° . . .		150		160		etwa 1000

Bei 20° kann das mit Trikresylphosphat weichgestellte Polyvinylchlorid gegenüber Wasser als dauerbeständig angesehen werden. Ebenso ist das mit Plastomoll TV versetzte Polyvinylchlorid mit der Weichheitszahl[2] von 30 noch dauerbeständig. Weichgestellte Polyvinylchloride der gleichen Zusammensetzung mit einer Weichheitszahl 60 und 90 sind als bedingt dauerbeständig anzusprechen, ebenso wie das Weichmipolam MP 190.

Bei höheren Temperaturen bis zu 60° sind die mit Trikresylphosphat und Plastomoll TV weichgestellten Polymerisate noch bedingt dauerbeständig, während das Weichmipolam MP 190 schon ab 40° unbeständig im Dauergebrauch ist.

Bei Mischpolymerisaten aus Vinylchlorid und Vinylacetat ist die Wasseraufnahmefähigkeit nach Versuchen von S.D. DOUGLAS und W.N. STOOPS[3] unabhängig vom Polymerisationsgrad der Mischpolymerisate.

---

[1] SAECHTLING, HJ.: Kunststoffe **36**, 31 (1936).
[2] Siehe Seite 249.
[3] DOUGLAS, S.D., u. W.N. STOOPS: Kunststoffe **26**, 245 (1936).

B. Lösungsmittelbeständigkeit.

Polymerisate und Mischpolymerisate des Vinylchlorids zeigen gegenüber organischen Lösungsmitteln ein verschiedenes Verhalten. Von bestimmten Lösungsmitteln, wie Alkohol, Benzin und Mineralölen, werden diese Kunststoffe nicht gelöst, während wieder andere Lösungsmittel, z. B. Ester, Ketone, aromatische Kohlenwasserstoffe und die meisten Chlorkohlenwasserstoffe, eine quellende oder lösende Wirkung ausüben.

Dabei hängt die Löslichkeit dieser Polymerisate, wie schon auf S. 55 erwähnt ist, vielfach von den Herstellungsbedingungen, vor allem von dem Polymerisationsgrad ab.

Tabelle 10.

Beständigkeit von Polyvinylchlorid gegenüber organischen Lösungsmitteln.

Lösungsmittel	Konzentration	Temperatur °C	Beständigkeit
Aceton	Spuren	20	unbeständig
	100%	20	,,
	100%	56	,,
Äthyläther	100%	20	,,
Äthylalkohol wäßrig	jede	40	beständig
	96%	60	bedingt beständig
Äthylenchlorid	100%	20	unbeständig
Alkoholische Gärungsmaische	—	40	beständig
	—	60	bedingt beständig
Allylalkohol	96%	20	,, ,,
	96%	60	unbeständig
Benzin	100%	60	beständig
Benzol	100%	20	unbeständig
Benzin-Benzol-Gemisch	80/20	20	,,
Butandiol wäßrig	bis 10%	20	beständig
	10%	40	bedingt beständig
	60%	60	unbeständig
	bis 100%	20	,,
Butanol	100%	20	beständig
	100%	40	,,
	100%	60	bedingt beständig
Butylacetyl	100%	20	unbeständig
Chlormethyl	100%	20	,,
Cyclohexanol	100%	20	,,
Cyclohexanon	100%	20	,,
Essigester	100%	20	,,
Glykol wäßrig	handelsüblich	60	beständig
Glycerin	jede	60	,,
Kokosfettalkohole	100%	20	,,
	—	60	,,
Kresol, wäßrig	bis 90%	45	bedingt beständig
Methylalkohol	100%	40	beständig
	100%	60	bedingt beständig
Methylenchlorid	100%	20	unbeständig
Phenol, wäßrig	bis 90%	45	bedingt beständig
Propan, flüssig	100%	20	beständig
Tetrachlorkohlenstoff	100%	20	bedingt beständig
	100%	60	unbeständig
Toluol	100%	20	,,
Trichloräthylen	100%	20	,,

1. Von Polyvinylchlorid.

Die Beständigkeit von Polyvinylchlorid, und zwar der Handelsmarke *Vinidur*, gegenüber organischen Lösungsmitteln ist von der Firma Badische Anilin & Soda Fabrik eingehend untersucht worden. In der vorstehende Tab. 10 sind die Beständigkeitswerte nach den Zusammenstellungen von W. Krannich[1] mitgeteilt.

2. Von Vinylchlorid-Mischpolymerisaten.

Durch Einbau von anderen Molekülen wird die Beständigkeit der Vinylchlorid-Mischpolymerisate gegen Lösungsmittel vielfach herabgesetzt.

So weist z. B. Polyvinylchlorid nach der Einpolymerisation von 10 bis 15 Prozent Vinylacetat eine bedeutend bessere Löslichkeit auf.

Tabelle 11. *Lösungsmittelbeständigkeit von Vinylchlorid-Mischpolymerisaten.*

Lösungsmittel	Astralon [2]	Astralon U [2]	Igelit MP [3]	Mipolam MP [2]
Aliphatische Kohlenwasserstoffe	—	—	gut beständig	—
Benzin	beständig	beständig	—	beständig
Mineralöl	—	beständig	—	beständig
Benzol.	unbeständig	—	unbeständig	unbeständig
Treibstoffgemisch . . .	schlecht beständig	schlecht beständig	schlecht beständig	—
Chlorkohlenwasserstoffe	unbeständig	—	schlecht beständig	unbeständig
Tetrachlorkohlenstoff .	—	beständig	schlecht beständig	unbeständig
Alkohole	—	—	gut beständig	—
Methylalkohol	beständig	beständig	—	—
Äthylalkohol	beständig	beständig	beständig	beständig
Butylalkohol	beständig	beständig	—	—
Ketone	—	—	schlecht beständig	—
Aceton	schlecht beständig	schlecht beständig	—	unbeständig
Äther	schlecht beständig	beständig	schlecht beständig	unbeständig
Ester	—	—	schlecht beständig	unbeständig
Äthylacetat	schlecht beständig	schlecht beständig	—	—
Butylacetat	schlecht beständig	schlecht beständig	—	—
Phenolöle	beständig	beständig	—	—
Pflanzenöle	beständig	beständig	—	beständig

---

[1] Krannich, W.: Die chem. Fabrik **13**, 233 (1940); Kunststoffe im techn. Korrosionsschutz, S. 138. München 1943. — Buchmann, W.: Kunststoffe **30**, 357 (1940).

[2] Venditor Kunststoff Verkaufs-G.m.b.H.

[3] Pabst, F.: Kunststoff-Taschenbuch, S. 51. 1941.

In der Tab. 11 ist die Beständigkeit von verschiedenen Polyvinylchlorid-Mischpolymerisaten des Handels gegenüber verschiedenen Lösungsmitteln nach F. KAINER[1] wiedergegeben.

3. Von weichgestelltem Polyvinylchlorid.

Bei weichgestellten Polymerisaten oder Mischpolymerisaten des Vinylchlorids ist neben der Eigenlöslichkeit der Kunststoffe noch die des Weichmachers bei der Beurteilung des Verhaltens gegenüber Lösungsmitteln zu berücksichtigen[2]. Dabei ist hier festzuhalten, daß alle Weichmacher leichter löslich sind als die Polymerisate oder Mischpolymerisate des Vinylchlorids, sich jedoch in ihren Lösungseigenschaften untereinander immerhin beträchtlich unterschiedlich verhalten.

In der Tab. 12 ist die Beständigkeit eines mit Trikresylphosphat weichgestellten Polyvinylchlorids, und zwar *Weichmipolam* von der Weichheitszahl von etwa 40, gegenüber verschiedenen organischen Lösungsmitteln zusammengestellt.

Tabelle 12. *Löslichkeit und Beständigkeit von Weichmipolam.*

Lösungsmittel	Konzentration	Temperatur °C	Beständigkeit
Aceton	jede	20	unbeständig
Äthylacetat	100%	20	,,
Äthyläther	100%	20	,,
Äthylalkohol	96%	20	,,
Benzin	100%	20	,,
Benzol	100%	20	,,
Butanol	100%	20	,,
Butylacetat	100%	20	,,
Chlormethyl	100%	20	,,
Dieselöl	100%	40	bedingt beständig
Essigester	100%	20	unbeständig
Glykol	100%	40	bedingt beständig
Phenol	jede	20	unbeständig
Schwefelkohlenstoff	100%	20	,,
Tetrachlorkohlenstoff	100%	20	,,
Toluol	100%	20	,,
Trichloräthylen	100%	20	,,

Organische Lösungsmittel lösen vor allem aus den weichgestellten Polyvinylchlorid-Massen den Weichmacher heraus; im Laufe der Zeit erfolgt jedoch eine Gleichgewichtseinstellung bei jeweils bestimmten restlichen Weichmachergehalten. Die Folge des Herauslösens des Weichmachers ist eine Verhärtung des weichgestellten Polyvinylchlorids, namentlich nach dem Trocknen.

Wie weitgehend organische Lösungsmittel den Weichmacher aus weichgestelltem Polyvinylchlorid herauszulösen vermögen, zeigen die in Abb. 8 wiedergegebenen Kurvenbilder am Beispiel des Weichmipolams PCU 1014.

---

[1] KAINER, F.: Kurzes Handbuch der Polymerisationstechnik, 3. Bd., S. 1066. Leipzig 1944.
[2] SAECHTLING, HJ.: Kunststoffe **36**, 31 (1946).

Das günstige Verhalten gegen Öle ist kennzeichnend für Polyvinylchloride, die mit Trikresylphosphat weichgestellt sind. Andere Weichmacher sind in Ölen erheblich mehr löslich, so daß mit solchen Weichmachern versetzte Polyvinylchloride keine ausreichende Ölbeständigkeit besitzen.

Die Weichmacher enthaltenden Polyvinylchloride der Handelsmarke *Guttasyn*[1] sind beständig gegen Alkohol in einer Konzentration bis zu 75 Prozent, ebenso beständig gegen Glycerin, Benzin, Mineralöle, pflanzliche und tierische Öle, aber unbeständig gegen niedrig siedende Ester und Ketone, Halogenkohlenwasserstoffe, Benzol und Phenole sowie ätherische Öle.

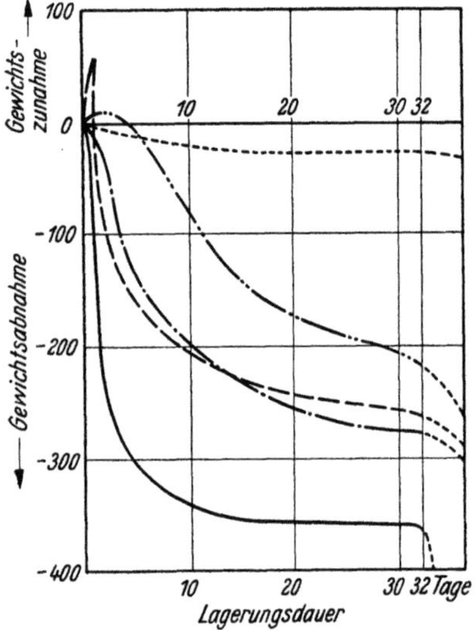

Abb. 8. Gewichtsveränderung von Weichmipolam PCU 1014 durch Behandlung mit verschiedenen Lösungsmitteln.
—— Fliegerbenzin,   —·— Äthanol,
— — Eisessig,   —··— Testbenzin,
······ Trafoöl, Schmieröl.

C. Chemikalienbeständigkeit.

Polyvinylchlorid ist gegen eine Reihe von aggressiven Chemikalien, insbesondere gegen schwache und starke Alkalien sowie gegen anorganische Säuren und die meisten anorganischen und organischen Salzlösungen weitgehend beständig.

Diese gute Chemikalienbeständigkeit hat dem Polyvinylchlorid als Austauschstoff gegen korrodierende Metalle u. dgl. eine weitverbreitete Verwendung gesichert, wie noch später ausführlich behandelt wird.

Die Anwendung von Polyvinylchlorid gerade im Korrosionsschutz hatte eine umfangreiche Untersuchung des Verhaltens von Polyvinylchlorid gegenüber den verschiedensten Chemikalien zur Voraussetzung. Diese Kenntnis vom Verhalten des Polyvinylchlorids gegenüber Chemikalien erspart bei der Anwendung dieses Kunststoffes eine Reihe von Unannehmlichkeiten.

Im folgenden ist nun das Verhalten von Polymerisaten und Mischpolymerisaten des Vinylchlorids gegenüber anorganischen und organischen Säuren, Alkalien und Salzlösungen nach dem Stande unserer Kenntnis besprochen, und zwar getrennt nach reinen Polymerisaten und Mischpolymerisaten des Vinylchlorids und solchen mit Zusätzen von Weichmachungsmitteln. Diese Unterteilung erscheint zweckmäßig, weil bei den weichgestellten Polymerisaten oder Mischpolymerisaten des Vinylchlorids zu der Eigenbeständigkeit noch diejenige des Weichmachungsmittels hinzukommt und somit mitzuberücksichtigen ist.

---

[1] Merkblatt der Firma H. Rost & Co.

1. Von weichmacherfreien Polymerisaten oder Mischpolymerisaten des Vinylchlorids.

a) Säurebeständigkeit.

Polyvinylchlorid ist gegen die meisten anorganischen und organischen Säuren beständig; im einzelnen ist das Verhalten von Polyvinylchlorid, und zwar der Marke *Vinidur*, der Tab. 13 zu entnehmen[1].

Tabelle 13. *Beständigkeit von Vinidur gegenüber anorganischen Säuren.*

Säure	Konzentration		Temperatur °C	Beständigkeit
Bromsäure, wäßrig . . .		10%	20	beständig
Bromwasserstoffsäure . .	bis	10%	40	,,
	bis	10%	60	bedingt beständig
		48%	60	beständig
Chlorsäure		1%	40	,,
		1%	60	bedingt beständig
	10—20%		40	beständig
	10—20%		60	bedingt beständig
Chlorsulfonsäure		100%	20	,, ,,
Chromsäure/Schwefelsäure/Wasser	340—400/10/1000		40	beständig
	340—400/10/1000		55	bedingt beständig
	250/200/1000		40	beständig
	250/200/1000		60	bedingt beständig
Flußsäure		40%	20	beständig
		60%	20	bedingt beständig
		40%	60	,, ,,
		68%	20	,, ,,
Kieselfluorwasserstoffsäure	bis	32°	60	beständig
Mischsäure (Schwefelsäure/Salpetersäure/Wasser)	48/49/3		20	,,
	48/49/3		40	bedingt beständig
	50/50/0		20	,, ,,
	50/50/0		40	unbeständig
	10/20/70		50	beständig
	11/87/3		20	bedingt beständig
	50/31/19		30	beständig
Oleum		10%	20	unbeständig
Phosphorsäure	bis	30%	40	bedingt beständig
	über	30%	60	beständig
Salpetersäure	bis	30%	50	,,
	30—50%		50	,,
Salzsäure	bis	30%	40	,,
	bis	30%	60	bedingt beständig
	über	30%	60	beständig
Schwefelsäure	bis	40%	40	,,
	bis	40%	60	bedingt beständig
	40—80%		60	beständig
	80—90%		40	,,
		96%	20	,,
		96%	60	bedingt beständig
Spinnbadsäure (Schwefelkohlenstoffgehalt)	bis	100 mg/lt	52	beständig
		200 mg/lt	52	bedingt beständig
		700 mg/lt	52	unbeständig
Überchlorsäure	bis	10%	40	beständig
	bis	10%	60	bedingt beständig

[1] KRANNICH, W.: Kunststoffe im technischen Korrosionsschutz, S. 138. München 1943.

Tabelle 14. *Beständigkeit von Vinidur gegenüber organischen Säuren*[1].

Säure	Konzentration	Temperatur °C	Beständigkeit
Adipinsäure, wäßrig . . .	kalt gesättigt	20	beständig
	„ „	60	bedingt beständig
Apfelsäure, wäßrig . . .	1 %	20	beständig
Ameisensäure, wäßrig . .	bis 50 %	40	„
	50 %	60	bedingt beständig
	100 %	60	unbeständig
Benzoesäure, wäßrig . .	jede	40	beständig
	jede	60	bedingt beständig
Borsäure, wäßrig	verdünnte Lösung	40	beständig
		60	bedingt beständig
	„ „ kalt gesättigte	60	„ „
Buttersäure, wäßrig . .	20 %	20	beständig
	konzentriert	20	unbeständig
Chloressigsäure, flüssig .	100 %	40	beständig
	100 %	60	bedingt beständig
Essigsäure	konzentriert	20	„ „
	„	40—60	unbeständig
Essigsäure, verdünnt . .	bis 25 %	40	beständig
	bis 25 %	60	bedingt beständig
	25—60 %	60	beständig
	80 %	40	bedingt beständig
Essig (Weinessig)	handelsüblich	40	beständig
		60	bedingt beständig
Maleinsäure, wäßrig . .	kalt gesättigt	40	beständig
		60	bedingt beständig
Oxalsäure, wäßrig . . .	„ „ verdünnt	40	beständig
	„	60	bedingt beständig
	kalt gesättigt	60	beständig
Palmkernfettsäure . . .	100 %	60	„
Stearinsäure	100 %	60	„
Weinsäure	bis 10 %	40	„
	bis 10 %	60	bedingt beständig
	kalt gesättigt	60	beständig
Zitronensäure, wäßrig . .	bis 10 %	40	„
	bis 10 %	60	bedingt beständig
	kalt gesättigt	60	beständig

Ein ähnlich günstiges Verhalten zeigen auch Polyvinylchloride anderer Handelsbezeichnungen, wie die Tab. 15 erkennen läßt.

Die aus überwiegenden Mengen Vinylchlorid aufgebauten Mischpolymerisate verhalten sich gegenüber Säuren, wie die Tab. 16 erkennen läßt, ähnlich günstig[2].

b) Laugenbeständigkeit.

Polymerisate auf Basis von Vinylchlorid sind auch weitgehend gegen Alkalien beständig. Das Verhalten von *Vinidur* gegenüber Alkalien ist aus der Tab. 17 ersichtlich[3].

---

[1] KAINER, F.: Kurzes Handbuch der Polymerisationstechnik, 3. Bd., S. 1054. Leipzig 1944.

[2] KAINER, F.: Kurzes Handbuch der Polymerisationstechnik, 3. Bd., S. 1055. Leipzig 1944.

[3] KRANNICH, W.: Kunststoffe im techn. Korrosionsschutz, S. 138. München 1943.

Tabelle 15. *Säurebeständigkeit von Polyvinylchlorid.*

Säure	Konzentration	Decelith H[1]	Decelith SL[2]	Decelith W[1]	Igelit PCU[3]	Mipolam PCU[4]
Schwefelsäure... Salpetersäure ...	1:1	ziemlich beständig	—	—	—	—
Phosphorsäure ..	verdünnt	beständig	—	—	—	—
Salpetersäure ...	verdünnt	—	—	—	gut beständig	—
	35%	—	vollkommen beständig	—	—	—
	40%	beständig	—	—	—	—
Salzsäure.......	verdünnt	beständig	—	—	gut beständig	beständig
	konzentriert	beständig	vollkommen beständig	beständig	gut beständig	beständig
Schwefelsäure...	verdünnt	beständig	—	—	gut beständig	beständig
	konzentriert	beständig	beständig	—	gut beständig	beständig
Ameisensäure...	konzentriert	beständig	—	—	—	—
Essigsäure......	25—85%	—	—	—	gut beständig	—

Tabelle 16. *Säurebeständigkeit von Vinylchlorid-Mischpolymerisaten.*

Säure	Konzentration	Astralon[4]	Astralon U[4]	Igelit MP[5]	Mipolam MP[4]
Chromsäure ..	50%	—	beständig	—	—
Chlorsulfonsäure	konzentriert	unbeständig	unbeständig	—	—
Flußsäure . . .	40%	—	beständig	—	—
Kieselfluorwasserstoffsäure	30%	beständig bis 70°	unbeständig	—	—
Oleum	—	zerstört	zerstört	—	—
Phosphorsäure .	10%	beständig	—	—	—
	verdünnt	—	ziemlich gut beständig	—	—
	50%	—	beständig	—	—
Salpetersäure .	konzentriert	unbeständig	unbeständig	—	—
Salzsäure . . .	verdünnt	beständig	beständig	gut beständig	beständig
	konzentriert	beständig	beständig	—	—
Schwefelsäure .	verdünnt	beständig	beständig	beständig	beständig
	konzentriert	beständig	beständig	mäßig beständig	unbeständig
Ameisensäure .	verdünnt	—	beständig	—	—
	konzentriert	beständig	beständig	—	—
Essigsäure ..	verdünnt	beständig	beständig	—	gut beständig
	konzentriert	—	beständig	—	—
Milchsäure ..	verdünnt	—	beständig	—	—
	konzentriert	quillt	beständig	—	—

[1] Deutsche Celluloid-Fabrik A.G.   [2] LÖBLEIN, F.: Kunststoffe **27**, 87 (1937).
[3] PABST, F.: Kunststoff-Taschenbuch 1941, S. 51.
[4] Venditor Kunststoff-Verkaufs G.m.b.H.
[5] Deutsche Celluloid-Fabrik A.G.

Tabelle 17. *Laugenbeständigkeit von Vinidur.*

Alkali	Konzentration	Temperatur °C	Beständigkeit
Ammoniak, wäßrig . . .	gesättigt	40	beständig
		60	bedingt beständig
Kalilauge	bis 40%	40	beständig
		60	bedingt beständig
	50 bis 60%	60	beständig
Kali-Natronlauge	bis 40%	40	„
		60	bedingt beständig
	50 bis 60%	60	beständig
Natronlauge	bis 40%	40	„
		60	bedingt beständig
	50 bis 60%	60	beständig

Eine gleich gute Beständigkeit zeigen auch andere Polyvinylchlorid-Sorten. Beispielsweise ist *Decelith H*[1] sowohl gegen Ammoniak als auch gegen Alkalien bis zu einer Konzentration von 50 Prozent beständig. Ebenso sind die Polyvinylchloride *Igelit PCU* und *Mipolam PCU*[2] gegen verdünnte und konzentrierte Alkalien beständig. *Decelith SL*[3] widersteht Natronlauge bis zu 36 Prozent, Natriumhydroxyd und auch gesättigten Soda- bzw. Kalkwasserlösungen vollkommen.

Die Vinylchlorid-Mischpolymerisate *Mipolam MP* und *Igelit MP*[4] sind im allgemeinen widerstandsfähig gegenüber verdünnte und starke Alkalien.

c) Salzbeständigkeit.

Aus der großen Beständigkeit der Polyvinylchlorid-Massen gegenüber Säuren und Alkalien kann gefolgert werden, daß diese Kunststoffe auch durch Salzlösungen bei Temperaturen unterhalb des Erweichungspunktes nicht verändert werden. Dies trifft in der Tat auch zu.

Wie der Tab. 18 zu entnehmen ist, erweist sich z. B. *Vinidur*[5] gegenüber den verschiedensten Salzlösungen als ausreichend beständig.

d) Chemikalienbeständigkeit.

Die vielfältige Verwendungsmöglichkeit von Polyvinylchlorid-Massen ist nicht zuletzt auch dadurch begründet, daß diese Kunststoffe auch gegen andere technische Chemikalien weitgehend beständig sind. Dieses Verhalten ermöglicht den Einsatz dieser Kunststoffe in den verschiedensten Industriezweigen als Austauschstoff gegen Metalle, Glas oder Porzellan.

Eine Übersicht über diese Beständigkeit von Vinidur vermittelt Tab. 19[5].

Eine ähnlich gute Chemikalienbeständigkeit zeigen auch andere Polyvinylchloride; beispielsweise erleiden *Mipolam PCU* als auch

---

[1] Deutsche Celluloid-Fabrik A.G.
[2] Venditor Kunststoff-Verkaufs G.m.b.H.
[3] Löblein, F.: Kunststoffe **27**, 87 (1937).
[4] Pabst, F.: Kunststoff-Taschenbuch 1941, S. 51.
[5] Krannich, W.: Kunststoffe im techn. Korrosionsschutz, S. 138. München 1943.

Tabelle 18. *Salzbeständigkeit von Vinidur.*

Salzlösungen	Konzentration	Temperatur °C	Beständigkeit
Alaune aller Art.	verdünnt	40	beständig
		60	bedingt beständig
	kalt gesättigt	60	beständig
Aluminiumchlorid oder Aluminiumsulfat	verdünnt	40	,,
		60	bedingt beständig
	kalt gesättigt	60	beständig
Ammoniumsalze, wäßrig . . (Chlorid, Sulfat, Nitrat, Sulfid, Sulfhydrat)	verdünnt	40	,,
		60	bedingt beständig
	kalt gesättigt	60	beständig
Calciumchlorid	verdünnt	40	,,
		60	bedingt beständig
	kalt gesättigt	60	beständig
Calciumnitrat	50%	40	,,
Kaliumsalze (Bromid, Chlorid, Nitrat)	verdünnt	40	,,
		60	bedingt beständig
	kalt gesättigt	60	beständig
Kaliumbichromat	40%	20	,,
Kaliumborat	1%	40	,,
		60	bedingt beständig
Kaliumbromat.	bis 10%	40	beständig
		60	bedingt beständig
Kaliumchromat	40%	20	beständig
Kaliumperchlorat	1%	40	,,
		60	bedingt beständig
Kaliumpermanganat	bis zu 6%	20	beständig
		40	bedingt beständig
		60	beständig
	18%	40	,,
Kaliumpersulfat	verdünnt	40	,,
		60	bedingt beständig
	kalt gesättigt	40	beständig
		60	bedingt beständig
Kupfersulfat	verdünnt	40	beständig
		60	bedingt beständig
Magnesiumsalze . . . . . . (Chlorid, Sulfat)	verdünnt	40	beständig
		60	bedingt beständig
	kalt gesättigt	60	beständig
Natriumsalze . . . . (Chlorid, Sulfit, Bisulfit)	verdünnt	40	,,
		60	bedingt beständig
	kalt gesättigt	60	beständig
Natriumchlorat	verdünnt	40	,,
		60	bedingt beständig
	kalt gesättigt	60	beständig
Seifenlösung.	konzentriert	20	,,
		60	bedingt beständig
Silbernitrat	bis 8%	40	beständig
		60	bedingt beständig
Zinksalze (Chlorid, Sulfat) .	verdünnt	40	beständig
		60	bedingt beständig
	kalt gesättigt	60	beständig
Zinnchlorür	verdünnt	40	,,
		60	bedingt beständig
	kalt gesättigt	60	beständig

Tabelle 19. *Beständigkeit von Vinidur.*

Chemikalien	Konzentration	Temperatur °C	Beständigkeit
Anilin	100%	20	unbeständig
Antiformin	2%	20	beständig
Benzoesäuresulfimidchlorhydrat . .	kalt gesättigt	40	unbeständig
Biercouleur	handelsüblich	60	beständig
Bleichlauge, 12,5% wirksames Chlor	12,5%	40	,,
Bleitetraäthyl	100%	20	,,
Clophen	handelsüblich	20	,,
Emulsionen, photographische . . .	jede	40	,,
Entwickler, photographische . . .	übliche	40	,,
Fixierbäder, photographische . . .	handelsübliche	40	,,
Gerbextrakte	übliche	20	,,
Glucose	kalt gesättigt	60	,,
Holländerleim	Betriebs-konzentration	20	,,
Lauril-Carbolineum	Verbrauchs-konzentration	20	,,
Melasse	Betriebs-konzentration	20 60	,, bedingt be-ständig
Melassewürze	,,	60	beständig
Obstpulp	,,	20	,,
Stärkesirup	,,	60	,,
Stellhefenwürze	,,	40	,,
Traubenzucker	kalt gesättigt	20 60	,, bedingt be-ständig

Igelit PCU bei Zimmertemperatur keinen sichtbaren Angriff durch pflanzliche Gerbstoffextrakte; bei 50° tritt eine mäßige Zunahme des Angriffes auf, die jedoch wesentlich geringer ist als der von Kupfer oder Messing[1].

2. Von weichgestellten Polymerisaten oder Mischpolymerisaten des Vinylchlorids.

Durch den Zusatz von Weichmachern kann die chemische Beständigkeit von Polyvinylchlorid bzw. Vinylchlorid-Mischpolymerisaten weitgehend beeinflußt werden.

Die Beschaffung allgemeiner Beurteilungsgrundlagen wird hier erschwert durch die Mannigfaltigkeit der Aufbaumöglichkeiten von weichgestellten Polyvinylchlorid-Massen, einmal dadurch, daß als Grundstoff sowohl Polyvinylchlorid als auch die verschiedenartigsten Vinylchlorid-Mischpolymerisate dienen können, und zweitens dadurch, daß zum Weichstellen die mannigfaltigsten Weichmacher[2], deren Zusammensetzung überdies in weiten Grenzen schwanken kann, verwendet werden können[3].

Sämtliche Weichmacher sind leichter chemisch angreifbar als Polyvinylchlorid. Kein weichgestelltes Polyvinylchlorid erreicht daher die

---

[1] STATHER, F., u. H. HERFELD: Collegium **1939**, Nr. 825, Nr. 1, 11.
[2] SAECHTLING, HJ.: Kunststoffe **36**, 31 (1946).   [3] Siehe Seite 145.

hohe Beständigkeit des reinen Polymerisats gegen alle Arten von Angriffen. Die Angreifbarkeit steigt dabei mit dem Weichmachergehalt.

Der Einfluß der einzelnen Weichmacher in Polyvinylchlorid-Massen gleicher Weichheit ist recht unterschiedlich.

Die beste Beständigkeit in bezug auf jede Art von Angriffen zeigen trikresylphosphathaltige Massen; weniger widerstandsfähig sind solche mit *Palatinol HS, Palatinol K, Palatinol F* oder *Palatinol C*; die geringste Beständigkeit wiesen die mit *Plastomol TV* weichgestellten Polyvinylchloride auf.

Mesamol ist weniger beständig als *Trikresylphosphat*.

Die Herstellung von weichgestellten Polyvinylchloriden, welche gleichzeitig höchst korrosionsfest und höchst kältebeständig sind, ist sehr schwierig. Praktisch werden, namentlich bei wäßrigen Angriffsmitteln, selten beide Anforderungen zugleich entsprechen. Durch geschickte Kombination und Zufügung von Ausgleichsstoffen sind weichgestellte Polyvinylchloride, wie *Weichmipolam*, entwickelt worden, welche Korrosionsfestigkeit und Kältebeständigkeit in befriedigendem Ausmaße variieren.

Obwohl Polyvinylchlorid ohne Weichmacherzusatz chemisch beständiger ist als weichmacherfreie Vinylchlorid-Mischpolymerisate, verhalten sich letztere im weichgestellten Zustande, wie z. B. *Weichmipolam MP*, namentlich bei höherer Weichheit, in mancher Beziehung günstiger, da zur gleichen Weichmachung bei den Vinylchlorid-Mischpolymerisaten kleinere Weichmachermengen erforderlich sind als beim Polyvinylchlorid, z. B. *Igelit PCU*.

Ferner ist gegebenenfalls der Einfluß zu berücksichtigen, welche Füllstoffe gemäß ihrer Eigenbeständigkeit oder infolge ihrer Wirkung auf die Durchlässigkeit des Gelgerüstes ausüben.

Trotz der Mannigfaltigkeit der Angriffsmöglichkeiten von Chemikalien auf weichgestellte Polymerisate oder Mischpolymerisate des Vinylchlorids kann man doch eine Reihe von Gesetzmäßigkeiten feststellen.

Die meisten organischen Flüssigkeiten lösen die Weichmacher heraus, so daß eine Verhärtung des Polyvinylchlorids erfolgt.

Stark angreifende Chemikalien zersetzen in erster Linie die den Polymerisaten zugesetzten Weichmacher, z. B. durch Verseifung. Dadurch versprödet das weichgestellte Vinylchlorid-Polymerisat oder Mischpolymerisat. Die sonstigen Veränderungen sind fallweise verschieden.

a) Säurebeständigkeit.

Bei weichgestellten Polymerisaten oder Mischpolymerisaten des Vinylchlorids wird die Säurebeständigkeit infolge des Weichmachergehaltes herabgemindert, da der Weichmacher besonders von starken Säuren zersetzt werden kann.

Das Verhalten von weichgestellten Polymerisaten oder Mischpolymerisaten des Vinylchlorids hat HJ. SAECHTLING[1] gegenüber einer Reihe von Säuren auf Grund von Lagerungsversuchen festgestellt.

---

[1] SAECHTLING, HJ.: Kunststoffe **36**, 31 (1946).

Bei diesen Lagerungsversuchen wurden Probekörper von $2\times25\times60$ mm in 32tägiger Lagerung mit Wägung und Beobachtung nach 1, 2, 4, 8, 16 und 32 Tagen, anschließend 18 Tage Lufttrocknung, untersucht.

In der folgenden Tab. 20 sind die Resultate für mit Trikresylphosphat bzw. Plastomol TV weichgestelltes Polyvinylchlorid (*Igelit PCU*) sowie für weichgestelltes Vinylchlorid-Mischpolymerisat (*Weichmipolam MP*) zusammengestellt.

Tabelle 20. *Säurebeständigkeit von weichgestellten Polymerisaten oder Mischpolymerisaten des Vinylchlorids.*

Säure	Temperatur °C	Igelit PCU + Trikresylphosphat		Igelit PCU + Plastomol TV			Mipolam MP 190
Weichheitszahl		30	60	30	60	90	70
Salzsäure 3,6%ig . . .	20	+	+	+	+	+	+
	40		+		+		●
	60	+	+		○		●
Salzsäure konz.. . . .	20	+	+	○	○	−	×
	40		+		−		○
	60		+		−		−
Schwefelsäure 32%ig .	20	+	+	×	×	×	+
	40		+		×		+
	60		×		○		+
Schwefelsäure 60%ig .	20	×	+	×	○	○	+
	40		+		○−		○
	60		+		−		○
Schwefelsäure 96%ig .	20	−	−	−	−		−
	40		−		−		−
	60		−		−		−
Salpetersäure 6,3%ig .	20	+	+	×	○	○−	●
	40		●+		○−		●
	60		●		−		●
Salpetersäure konz. . .	20	●	●−	○−	−	−	−
	40		−		−		−
	60		−		−		−
Essigsäure 6%ig . . .	20	+	+	+●	●	●	−
	40		●		●		−
	60		●		−		−
Eisessig	20	−	−	−	−	−	−

+× = dauerbeständig   + = Quellung
●○ = bedingt dauerbeständig   ● = Quellung
−− = unbeständig

Wie der Tab. 20 zu entnehmen ist, werden Säuren geringen oder mittleren Grades von trikresylphosphythaltigem Polyvinylchlorid bei Temperaturen bis zu 60° gemäß ihrer Äquivalentkonzentration in reversibler Quellung aufgenommen. Dies gilt — abgesehen von Verfärbungen — auch für konzentrierte Salzsäure und Schwefelsäure bis zu 60 Prozent. Verdünnte Salpetersäure wirkt unter Oxydation und Essigsäure unter Quellung verhältnismäßig stark ein.

In der Essigindustrie hat sich Weichmipolam trotzdem in langem Gebrauch bewährt.

Gegen konzentrierte Schwefelsäure (Monohydrat) und konzentrierte Salpetersäure (65 prozentig) ist kein weichgestelltes Polyvinylchlorid auch nur dauerbeständig. Beide bewirken eine Versprödung und erzeugen Blasen; Schwefelsäure unter Schwarzfärbung und Schrumpfung, Salpetersäure unter Bleichung und Quellung.

Von den in Deutschland im Handel befindlichen weichgestellten Polyvinylchlorid-Sorten sind die von der Firma H. Rost & Co[1]. vertriebenen *Guttasyne* ebenfalls weitgehend säurebeständig. Sie zeichnen sich durch ihre Beständigkeit gegenüber anorganischen Säuren, wie konzentrierte Flußsäure, konzentrierte Salzsäure und konzentrierte Phosphorsäure aus und sind beständig gegen 60prozentige Schwefelsäure und ferner gegenüber organischen Säuren, wie Oxal-, Zitronen-, Milchsäure, verdünnte Essigsäure und höhere Fettsäuren.

b) Laugenbeständigkeit.

Von HJ. SAECHTLING[2] ist auch der Einfluß von Laugen auf weichgestellte Polymerisate oder Mischpolymerisate des Vinylchlorids untersucht worden. In der Tab. 21 sind die hierbei erhaltenen Beständigkeiten zusammengestellt.

Tabelle 21. *Laugenbeständigkeit von weichgestellten Polymerisaten oder Mischpolymerisaten des Vinylchlorids.*

Laugen	Temperatur °C	Igelit PCU + Trikresylphosphat		Igelit PCU + Plastomol TV			Weichmipolam MP 190
Weichheitszahl		30	60	30	60	90	
Natronlauge 4%ig . .	20	+	+	×	×	○	+
	40		×		○		○
	60		○		−		○
Natronlauge konz. . .	20	+	○	○×	○	○−	×
	40		−		−		○
	60		−		−		−

+× = dauerbeständig   + = Quellung
● ○ = bedingt dauerbeständig   ● = Quellung
— — = unbeständig im Dauerbetrieb

Der Einfluß von Laugen hängt von der Konzentration und der Temperatur ab. Verdünnte Laugen wirken bei Raumtemperatur auf trikresylphosphathaltige Polyvinylchlorid-Massen ausschließlich quellend; bei höherer Temperatur und mit konzentrierten Laugen bei Raumtemperatur macht sich ein, wenn auch geringfügiger, chemischer Angriff bemerkbar. Der Angriff auch verdünnter Laugen auf *Mipolam* mit anderen Weichmachern ist stärker. Gegen konzentrierte Laugen bei höherer Temperatur ist kein weichgestelltes Polyvinylchlorid beständig.

Verhältnismäßig günstig bei konzentrierten Laugen verhalten sich weichgestellte Vinylchlorid-Mischpolymerisate.

c) Salzbeständigkeit.

Gegenüber Salzlösungen verhalten sich weichgestellte Polymerisate oder Mischpolymerisate des Vinylchlorids weitgehend beständig. Dies

---

[1] Merkblatt Guttasyn 11, 29.
[2] SAECHTLING, HJ.: Kunststoffe **36**, 31 (1946).

gilt insbesondere gegenüber Kochsalzlösung. Sowohl gegenüber 5,9proluter als auch konzentrierter Kochsalzlösung erweisen sich die in Tab. 21 (vorstehende Tabelle) genannten weichgestellten Polyvinylchlorid-Massen dauerbeständig, wobei eine gewisse Quellung eintritt.

Von HJ. SAECHTLING[1] wurde die Beständigkeit eines mit Trikresylphosphat weichgestellten *Mipolams* mit einer Weichheitszahl von 40 gegenüber Salzlösungen untersucht; die Ergebnisse der Beständigkeit bei der angegebenen Höchsttemperatur sind in der folgenden Tab. 22 mitgeteilt.

Tabelle 22.
Beständigkeit von weichgestelltem Mipolam gegen Salzlösungen.

Salzlösung	Konzentration	Temperatur $^\circ$C
Alaune aller Art	jede	40
Aluminiumsalze	,,	40
Ammoniumsalze	,,	60
Eisenchlorid	,,	60
Calciumchlorid	,,	60
Ferri- und Ferrocyanid	,,	60
Kaliumbichromat	gesättigt	20
Kaliumsalze	jede	60
Kupfersalze	,,	60
Magnesiumsalze	,,	60
Nickelsalze	,,	60
Seifenlösung	gesättigt	20
Silbernitrat	10%	60
Zinksalze	jede	20

D. Verhalten gegenüber Abgasen und aggressiven Gasen.

Polymerisate oder Mischpolymerisate des Vinylchlorids werden u. a. auch zur Herstellung von Schläuchen, Rohren od. dgl. verwendet, die zum Transport von aggressiven Gasen oder Abgasen oder zur Lagerung ersterer dienen. Voraussetzung hierfür ist die Beständigkeit dieser Kunststoffe gegenüber diesen Gasen. Diese Forderung wird sowohl von reinen als auch von weichgestellten Polymerisaten oder Mischpolymerisaten des Vinylchlorids vielfach erfüllt, wie die nachstehende Tab. 23 erkennen läßt[2].

Ebenso wie *Vinidur* sind auch andere Vinylchlorid-Sorten, wie *Igelit PCU*, oder Vinylchlorid-Mischpolymerisate, wie *Igelit MP*, gegen Chlorgas nur mäßig beständig[3]. Die Vinylchlorid-Mischpolymerisate *Astralon* und *Astralon U*[3] werden durch Chlor zerstört. Die zuletzt angeführten Mischpolymerisate sind gegen Ozon beständig und schlecht beständig gegen Schwefeldioxyd und Schwefelwasserstoff.

Das Verhalten von mit Trikresylphosphat weichgestelltem Polyvinylchlorid (*Weich-Mipolam* mit einer Weichheitszahl von etwa 40)

[1] SAECHTLING, HJ.: Kunststoffe **36**, 31 (1946).
[2] Venditor Kunststoff-Verkaufs-G.m.b.H.
[3] PABST, F.: Kunststoff-Taschenbuch 1941, S. 51.

Tabelle 23.
Beständigkeit von Polyvinylchlorid (Vinidur) gegenüber Gasen und Abgasen.

Gas	Konzentration	Temperatur °C	Beständigkeit
Abgase, fluorwasserstoffhaltig . .	Spuren	60	beständig
„ , kohlensäurehaltig . . .	jede	60	„
„ , nitrosehaltig	Spuren	60	„
„ , oleumhaltig	höhere	60	unbeständig
„ , „	„	20	bedingt beständig
„ , „	niedere	20	beständig
„ , salzsäurehaltig	jede	60	„
„ , schwefelseäurehaltig feucht	„	60	„
„ , schwefeldioxydhaltig . .	geringere	60	„
Ammoniakgas	100%	60	„
Bromdämpfe	geringere	20	bedingt beständig
Chlorgas, trocken	100%	40	„ „
„ , feucht	10%	40	beständig
„ , „	66 g/cbm	20	„
„ , „	10 g/cbm	20	„
„ , „	5 g/cbm	20	„
Kohlendioxyd	100%	60	„
Nitrose Gase mit feuchter Luft .	konzentriert	20	bedingt beständig
Phosgen, gasförmig	100%	20	beständig
„ , „	100%	60	bedingt beständig
Röstgase, trocken	jede	60	beständig
Sauerstoff	„	60	„
Schwefeldioxyd, trocken	„	60	„
„ , feucht	„	40	„
Schwefelwasserstoff, trocken . .	100%	60	„
Wasserstoff	100%	60	„

Tabelle 24. *Beständigkeit von Weich-Mipolam gegen Abgase und aggressive Gase.*

Gase	Konzentration	Temperatur °C	Beständigkeit
Abgase, kohlensäurehaltig . . .	jede	60	beständig
„ , salzsäurehaltig	„	60	„
Acetylen	100%	20	bedingt beständig
Bromdampf	100%	20	unbeständig
Chlor, feucht	jede	20	„
Sauerstoff	„	60	beständig
Schwefeldioxyd	„	40	bedingt beständig

gegenüber verschiedenen Abgasen und aggressiven Gasen hat
HJ. SAECHTLING[1] untersucht. Die Ergebnisse der Dauerversuche sind
in Tab. 24 zusammengestellt.

Nach Angaben der Firma H. Rost & Co.[2] sind die unter der Bezeichnung *Guttasyn* bekannten weichgestellten Polyvinylchloride gegenüber technischen Gasen, wie Acetylen, Leuchtgas, Ozon, Sauerstoff
und Schwefeldioxyd, beständig.

---

[1] SAECHTLING, HJ.: Kunststoffe **36**, 31 (1946).
[2] Merkblatt der Firma H. Rost & Co.

III. Physikalische Eigenschaften.

A. Farbe.

Das bei der Lösungs- oder Emulsionspolymerisation erhaltene Polyvinylchlorid hat eine rein weiße Farbe, die allerdings bei der Einwirkung von Wärme, z. B. bei der Verarbeitungstemperatur, nicht bestehen bleibt, sondern in Gelb, Rotgelb bis Dunkelbraun übergeht.

Diese Verfärbung des Polyvinylchlorids ist auf die bei der Verarbeitungstemperatur auftretende Abspaltung von Chlorwasserstoff zurückzuführen.

Die Farbtiefe der Verfärbung hängt nicht nur von der Höhe der bei der Verarbeitung angewandten Temperatur, sondern auch vom Katalysator ab, der zur Polymerisation des monomeren Vinylchlorids benützt wurde. Mit *Persulfat-Katalysatoren* hergestellte Polyvinylchloride werden von Gelb nach Braun verfärbt, während mit *Wasserstoffsuperoxyd* hergestellte Polyvinylchloride Rotfärbungen zeigen[1].

Eine Verfärbung des Polyvinylchlorids tritt auch dann auf, wenn letzteres Weichmacher enthält; allerdings ist die Verfärbung nicht so intensiv. Infolge der Verdünnung durch den Weichmacher zeigen weichgestellte Polyvinylchloride nach dem Erhitzen auf Verarbeitungstemperaturen eine mehr oder minder hellgelbe Färbung.

Nachchloriertes Polyvinylchlorid erweist sich beim Erhitzen farbbeständiger; das auf Verarbeitungstemperatur erhitzte nachchlorierte Polyvinylchlorid zeigt eine schwach gelbe bis hellbraune Farbe.

Im Gegensatz zu Polyvinylchlorid zeigen die auf Vinylchlorid-Basis aufgebauten Mischpolymerisate, z. B. *Astralon* oder *Igelit MP*, auch nach Erwärmung auf die Verformungstemperaturen, die allerdings hier niedriger liegen als beim Polyvinylchlorid, keinerlei Verfärbung; sie sind bei Flächengebilden bis zu 3 mm glashell und transparent.

B. Fluoreszenzfarbe.

Die Fluoreszenzfarbe im filtrierten ultravioletten Licht kann zur Kenntlichmachung von Polyvinylchlorid herangezogen werden.

Reines Polyvinylchlorid gibt eine matte blaugrüne Fluoreszenzfarbe.

Vinylchlorid-Acrylsäureester-Mischpolymerisat (Igelit MP) gibt sich durch eine matt weißblaue Fluoreszenzfarbe zu erkennen.

Durch die Anwesenheit von Weichmachern, Stabilisierungsmitteln u. dgl. wird aber diese Nachweismethode stark beeinflußt.

Gemische von Igelit-PCU-Pulver mit Weichmacher verhalten sich ganz anders.

Die Fluoreszenzfarbe von Polyvinylchlorid kann schon durch Spuren von Verunreinigungen stark beeinflußt werden; dies gilt insbesondere für Spuren von Lösungs- oder Fällungsmitteln[2].

---

[1] THINIUS, K.: Gummi u. Asbest **2**, 262 (1949).
[2] THINIUS, K.: Farbe und Lack **56**, 3 (1950).

C. Mechanische Eigenschaften.

Eine Voraussetzung für die vielseitigen Anwendungsmöglichkeiten von Polymerisaten oder Mischpolymerisaten des Vinylchlorids sind nicht nur die hervorragenden chemischen Eigenschaften, sondern auch die ebenso wertvollen mechanischen Eigenschaften.

Letztere sind jedoch weitgehend vom Polymerisationsgrad abhängig, wie die nebenstehende Abb. 9 erkennen läßt, welche die Zugfestigkeit von einem Vinylchlorid-Vinyl-acetat-Mischpolymerisat in Abhängigkeit vom Molekulargewicht nach Versuchen von S. D. DOUGLAS und W. N. STOOPS[1] wiedergibt.

Bei gleichem Polymerisationsgrad sind die mechanischen Eigenschaften wieder von der Temperatur abhängig, wie die von R. NITSCHE

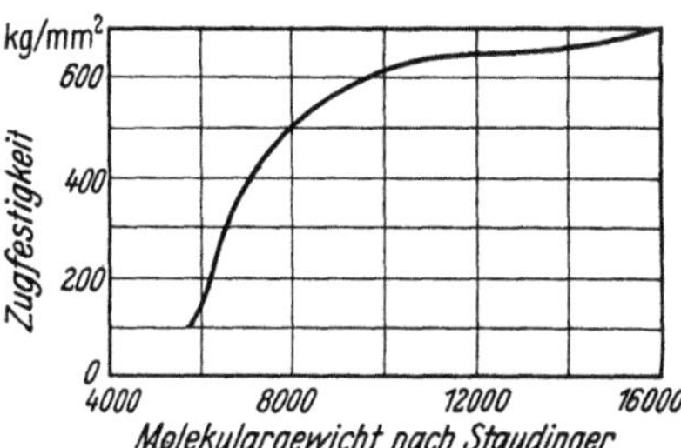

Abb. 9. Abhängigkeit der Zugfestigkeit vom Molekulargewicht von Vinylchlorid-Vinyl-acetat-Mischpolymerisat.

und E. SALEWSKI[2] mitgeteilten und in der Tab. 25 wiedergegebenen Werte der Schlagbiegefestigkeit von Polyvinylchlorid und Vinylchlorid-Mischpolymerisat erkennen lassen.

Tabelle 25.
Abhängigkeit der Schlagbiegefestigkeit von Polyvinylchlorid von der Temperatur.

Temperatur °C	Polyvinylchlorid PCU	Mischpolymerisat MP
	Schlagbiegefestigkeit in cmkg/cm²	
−70	27,3	38,0
−33	41,2	36,8
0	43,0	43,6
+20	>100,0	>100,0
+50	>100,0	>100,0

Diese hohe Schlagbiegefestigkeit ist von anderen Kunststoffen bisher nicht erreicht worden.

Vinylchlorid-Mischpolymerisate besitzen eine größere Schlagbiegefestigkeit als Polyvinylchlorid, aber eine geringere Biegefestigkeit und Wärmefestigkeit als letzteres.

Durch den Einbau des weichen Acrylsäureesters wird das harte Polyvinylchlorid weicher und elastischer; dadurch läßt es sich besser verarbeiten und die Kältebeständigkeit wie auch die Löslichkeit steigen.

Die mechanischen Eigenschaften der Polymerisate und Mischpolymerisate des Vinylchlorids werden durch Zusätze, wie Füllstoffe und Weichmacher, in gewisser Hinsicht auch durch die Art der Verarbeitung beeinflußt.

Bei ein und demselben plastizierten Polyvinylchlorid ist die Reiß- und Biegefestigkeit, je nachdem man die Prüfung in der Kalander-

---

[1] DOUGLAS, S. D., u. W. N. STOOPS: Ind. Engng. Chem. **28**, 1152 (1936).
[2] NITSCHE, R., u. E. SALEWSKI: Kunststoffe **31**, 381 (1941).

richtung oder in der Querrichtung vornimmt, verschieden[1]. Dieses Verhalten erlaubt die Schlußfolgerung, daß im Verlauf des Kalanderns die langen Molekülketten im Fell des Polymeren sich im Kalandersinn ausrichten. Die Unterschiede in der Dehnung bestätigen diese Annahme.

Die Mittelwerte der Zerreißfestigkeit und Dehnung von Polyvinylchlorid-Butyltartrat-Mischungen im Verhältnis 10 zu 40 in Abhängigkeit von der Prüfrichtung, ermittelt mit Prüfstreifen von 50 mal 8 mal 0,5 mm bei 22°, zeigt Tab. 26.

Tabelle 26. *Abhängigkeit der Zerreißfestigkeit und Dehnung von der Prüfrichtung.*

Dicke des Prüfstreifens	Zerreißfestigkeit kg/mm²	Dehnung %
	Kalanderrichtung	
0,459	1,031	81,7
	Querrichtung	
0,464	0,814	96

Von physikalischen Eigenschaften ist auch die Viskosität vom Molekulargewicht des Polyvinylchlorids bzw. der Vinylchlorid-Mischpolymerisate abhängig, wie die Abb. 10 erkennen läßt. In dieser ist die Viskosität einer 20 prozentigen Lösung von Vinylchlorid-Vinylacetat-Mischpolymerisat in Metylisobutylketon in Abhängigkeit vom Molekulargewicht dargestellt.

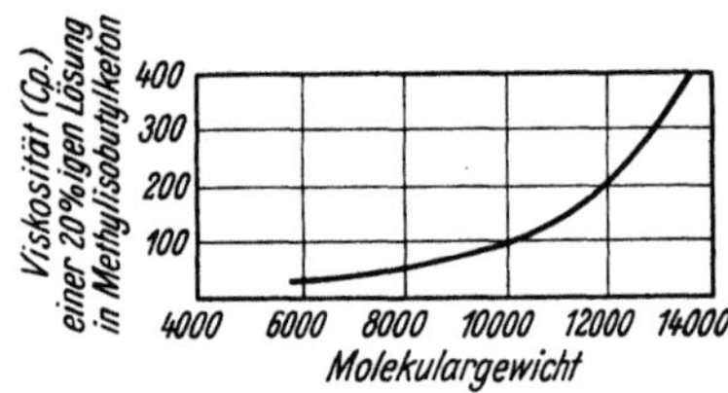

Abb. 10. Abhängigkeit der Viskosität vom Molekulargewicht.

Bei technischen Polymerisaten oder Mischpolymerisaten des Vinylchlorids sind die mechanischen Werte weitgehend konstant und für diese Stoffe charakteristische Größen.

In den Tab. 27 bis 29 sind nun die mechanischen Eigenschaften von Polyvinylchlorid, nachchloriertem Polyvinylchlorid und Vinylchlorid-Mischpolymerisaten zusammengestellt.

Tabelle 27. *Physikalische Eigenschaften von Polyvinylchlorid.*

Eigenschaften	Igelit PCU[2]	Mipolam PCU[3]	Vinidur[3]	Marvinol[4]
Wichte . . . . kg/dm³	1,38	1,38	1,38	1,2—1,3
Biegefestigkeit . . . . kg/cm²	1000	—	1200	—
Schlagbiegefestigkeit . . . . . . cmkg/cm²	175	100	150	—
Kerbschlagzähigkeit cmkg/cm²	5	—	10	—
Zugfestigkeit . . . . kg/cm²	600	—	600	—
Druckfestigkeit . . . kg/cm²	800	—	800	—
Elastizitätsmodul . . kg/cm²	34000	—	30000—40000	—
Härte: Brinell	1000	1000	1200	—
Shore	—	—	—	40—60
Dehnung . . . . %	—	—	—	450—600

[1] DE SIMONE, G.: Materie Plastiche **9**, 41 (1943).
[2] PABST, F.: Kunststoff-Taschenbuch 1941, 51.
[3] Venditor Kunststoff-Verkaufs-G.m.b.H.
[4] DALESCH-PAETSCH, H.: Kautschuk u. Gummi **2**, 344 (1949).

Tabelle 28. *Physikalische Eigenschaften von nachchloriertem Polyvinylchlorid.*

Eigenschaften	Igelit PC [2]
Wichte. . . . . kg/dm³	1,47
Zugfestigkeit . . . . . . kg/cm²	650—750
Dehnung. . . . . %	450

Tabelle 29. *Physikalische Eigenschaften von Vinylchlorid-Mischpolymerisaten.*

Eigenschaften	Astralon [1]	Igelit MP [2]	Mipolam MP [1]	Vinylchlorid-Ester-Misch-polymerisat [3]
Wichte . . . . . . kg/dcm³	1,34—1,37	1,34	1,34	1,36
Biegefestigkeit. . . . kg/cm²	etwa 1000	1100	1000	1000
Schlagbiegefestig-keit . . . . . cmkg/cm²	etwa 440	250	bis 400	200
Kerbschlagzähigkeit cmkg/cm²	—	—	—	5
Druckfestigkeit . . . kg/cm²	785	—	785	—
Härte (Brinell) . . . kg/cm²	etwa 1050	960	960	1000
Elastizitätsmodul . . kg/cm²	32000	—	32000	60000
Dehnung . . . . %	etwa 40	—	—	—

IV. Thermische Eigenschaften.

Polyvinylchlorid besitzt keinen scharfen Schmelzpunkt; es beginnt bei etwa 80 bis 85° zu erweichen, wird bei ungefähr 130° lederartig und beginnt bei Temperaturen von 180° an zu fließen.

Bei längerem Erhitzen auf Temperaturen, die zwischen dem Erweichen und dem Fließen des Polyvinylchlorids liegen, erfolgt eine allmähliche Abspaltung von Chlorwasserstoff, die gleichzeitig mit einer Verfärbung des Polyvinylchlorids begleitet ist.

Oberhalb einer Temperatur von etwa 200° setzt innerhalb eines kurzen Temperaturbereiches der Zerfall mit dem Verlust der chemischen Beständigkeit und der guten physikalischen Eigenschaften ein[4].

Mischpolymerisate des Vinylchlorids, und zwar auch solche mit überwiegenden Mengen Vinylchlorid, wie z. B. *Astralon, Igelit MP* od. dgl., besitzen einen etwas niedrigeren Erweichungspunkt, der bei den genannten Mischpolymerisaten um etwa 70° liegt.

Unter Druck werden die Polymerisate oder Mischpolymerisate des Vinylchlorids bei Temperaturen von 145 bzw. 110° zähflüssig.

Beim Erhitzen auf hohe Temperaturen erweist sich Polyvinylchlorid als schwer brennbar; nach dem Fortnehmen der Flamme erlischt Polyvinylchlorid von selbst.

Auch weichgestelltes Polyvinylchlorid weist nur eine geringe Brennbarkeit auf, wenn man zweckentsprechende Weichmachungsmittel verwendet.

---

[1] Venditor Kunststoff-Verkaufs-G.m.b.H.

[2] PABST, F.: Kunststoff-Taschenbuch 1941, 51.

[3] HOUWINK, R.: Grundriß der Kunststoff-Technologie. 2. Aufl., S. 64. Leipzig 1944.

[4] VOIGT, P.: Kunststoffe **37**, 190 (1947).

Der Zusatz von Weichmachungsmitteln kann die thermischen Eigenschaften von Polyvinylchlorid oder Vinylchlorid-Mischpolymerisaten, wie im Abschnitt Weichgestelltes Polyvinylchlorid zu ersehen ist, weitgehend beeinflussen. Diese Stoffe können sowohl die Wärmebeständigkeit, aber auch umgekehrt die Kältefestigkeit dieser Kunststoffe vielfach weitgehend verbessern.

Die thermischen Eigenschaften von Polymerisaten oder Mischpolymerisaten des Vinylchlorids, und zwar von handelsüblichen Produkten, sind in der Tab. 30 zusammengestellt.

Tabelle 30. *Thermische Eigenschaften von Polymerisaten oder Mischpolymerisaten des Vinylchlorids.*

Eigenschaften	Igelit PCU[1]	Mipolam PCU[2]	Astralon[3]	Igelit MP[1]	Mipolam MP[2]
Wärmefestigkeit					
nach MARTENS . . °C	70	67	58—60	60	58—60
nach VICAT . . . . °C	—	—	75	—	—
Lineare Wärmeausdehnung . . . . $10^{-6}/°C$	—	—	78	—	78
Wärmeausdehnung cal/cm·sec·°C$\times 10^{-5}$	—	50	25	—	50
Glutsicherheit, Gütegrad	2	—	2	—	2

V. Elektrische Eigenschaften.

Polyvinylchlorid besitzt ausgezeichnete dielektrische Eigenschaften. Seine isolierenden Eigenschaften gegen Gleich- und Wechselstromspannungen entsprechen recht gut denen von Hartgummi[4].

In der Tab. 31 sind die dielektrischen Eigenschaften von verschiedenen technischen Polyvinylchlorid-Sorten zusammengestellt.

Tabelle 31. *Elektrische Eigenschaften von Polyvinylchlorid.*

Eigenschaften	Decelith H[3]	Decelith W[3]	Igelit PCU[1]	Mipolam PCU[2]	Vinidur[2]
Oberflächenwiderstand . . . . . $M\Omega$	10^{12}	—	>3 Mill.	>3 Mill.	—
Spezifischer Widerstand . . . $\varrho\cdot\Omega\cdot$cm	10^{16}	10^{16}—10^{14}	$>10^{16}$	—	$>10^{16}$
Innerer Widerstand $M\Omega$	10^{12}	—	—	>3 Mill.	—
Dielektrizitätskonstante					
für 50 Hz	3,5	—	4,0	—	—
800 Hz	—	—	3,1—3,5	3,4	3,4
1 Million Hz	—	—	3,4	—	—
Dielektr. Verlustfaktor					
für 800 Hz	0,015	—	0,02	—	—
1 Million Hz	—	—	—	0,0145	—
Durchschlagsfestigkeit kV/mm	45	20—50	>40	50	50

---

[1] PABST, F.: Kunststoff-Taschenbuch 1941, 51.

[2] Venditor Kunststoff-Verkaufs-G.m.b.H.

[3] RÖHM, R.: Kunststoffe **27**, 79 (1937).

[4] BECK, H., in W. KRANNICH: Kunststoffe im techn. Korrosionsschutz, S. 331. München 1943.

Wie der Tab. 31 zu entnehmen ist, weichen die elektrischen Eigenschaften der Polyvinylchloride des Handels nur wenig voneinander ab.

Die hohe Durchschlagsfestigkeit reicht nach W. Buchmann[1] für alle elektrischen Zwecke aus. Der spezifische Widerstand ist sehr hoch.

Nach ihren dielektrischen Eigenschaften gehört Polyvinylchlorid zu den wenigen ausgesprochen verlustarmen Isolierstoffen.

Die dielektrischen Eigenschaften von Polyvinylchlorid sind jedoch temperaturabhängig, wie der auf S. 226 wiedergegebenen Abb. 11 zu entnehmen ist.

Hinsichtlich der elektrischen Eigenschaften verhält sich nachchloriertes Polyvinylchlorid ähnlich wie das nicht nachchlorierte Polymerisat, wie der Tab. 32 zu entnehmen ist.

Tabelle 32. *Elektrische Eigenschaften von nachchloriertem Polyvinylchlorid.*

Eigenschaften	Igelit PC[2]	Igelit PC[3]
Spezifischer Widerstand . . . . $\varrho \cdot \Omega \cdot$ cm	10^{15}—10^{16}	—
Dielektrizitätskonstante für		
50 Hz	$\approx 2,5$	3,1
1 Million Hz.	$\approx 2,0$	—
Dielektrischer Verlustfaktor für		
50 Hz bei 20°	—	0,0084
800 Hz	$\approx 0,01$	—
Durchschlagsfestigkeit . . . . kV/cm	> 40	—

Die dielektrischen Eigenschaften des Polyvinylchlorids werden durch Zusatz von Weichmachern beeinflußt, und zwar je nach Art und Menge des Weichmacherzusatzes in verschiedenem Maße[4]. Dabei sind sämtliche dielektrischen Eigenschaften von *Weich-Igelit* stark temperaturabhängig, und zwar im Sinne einer Verschlechterung der Eigenschaften mit steigender Temperatur[5]. Diese Abhängigkeit der dielektrischen Eigenschaften von weichgestelltem Polyvinylchlorid von der Temperatur, Frequenz und Weichmachergehalt haben J. M. Davies, R. F. Miller und W. F. Busse[6] studiert. Nach ihren Feststellungen nimmt die maximale Dielektrizitätskonstante bei Polyvinylchlorid und Trikresylphosphat mit zunehmendem Weichmachergehalt ab, weil Trikresylphosphat eine niedrigere Dielektrizitätskonstante besitzt als Polyvinylchlorid; bei tiefen Temperaturen sind die Verluste von reinem Polyvinylchlorid größer als bei Weichmacherzusatz.

Das dielektrische Verhalten von weichgestelltem Polyvinylchlorid hat O. R. Fouts im Frequenzbereich von 20 bis 10000 Hz und später[7]

---

[1] Krannich, W.: Kunststoffe im techn. Korrosionsschutz, S. 78. München 1943.

[2] Buchmann, W., in W. Krannich: Kunststoffe im techn. Korrosionsschutz, S. 77. München 1943.

[3] Pabst, F.: Kunststoff-Taschenbuch 1941, 51.

[4] Berger, H.: Elektrotechn. Z. **61**, 97 (1940).

[5] Beck, H.: VDE-Fachberichte **10**, 120 (1938). — P. Nowak: Kunststoffe **32**, 55 (1942).

[6] Davies, J. M., R. F. Miller u. W. F. Busse: J. Amer. chem. Soc. **63**, 361 (1941).

[7] Fouts, O. R.: Appl. Physics **12**, 21 (1941).

Tabelle 33. *Elektrische Eigenschaften von weichgestelltem Polyvinylchlorid.*

Eigenschaften	Weich-Igelit[1] Igelit/Weichmacher 60/40	Koroseal[2] 50 Vol.-% Trikresylphosphat	Koroseal[2] 100 Vol.-%
Spezifischer Widerstand . . $\varrho \cdot \Omega \cdot$cm	$10^8 \cdots 5 \cdot 12^{12}$	10^6	10^4
Dielektrizitätskonstante für			
50 Hz	$7 \cdots 10$	—	—
800 Hz	—	6	8
1 Million Hz	$3 \cdots 4$	—	—
Dielektrischer Verlustfaktor für			
50 Hz	$0,05 \cdots 0,5$	—	—
800 Hz	—	0,2	—
1 Million Hz	$0,01 \cdots 0,15$	—	—
Durchschlagsfestigkeit . . . kV/mm	$20 \cdots 50$	15	—

im Hochfrequenzbereich gemessen. Im Frequenzbereich zwischen 100 und 240 kHz schwankt die Dielektrizitätskonstante von *Koroseal* zwischen 3, 5 und 6. Sie besitzt ein Maximum bei einem Weichmachergehalt von 25 Prozent. Der Verlustfaktor ändert sich im gleichen Frequenzbereich von 0,17 bis 0,01 und durchläuft bei einem Weichmachergehalt von 20 Prozent ein Maximum.

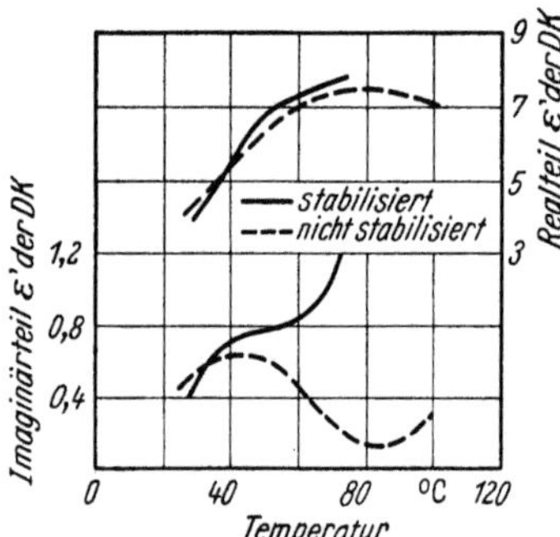

Abb. 11. Temperaturabhängigkeit der dielektrischen Eigenschaften von Polyvinylchlorid mit 46% Dimethylthiantren bei 1000 Hz.

In der vorstehenden Tab. 33 sind die elektrischen Eigenschaften von weichgestellten Polyvinylchloriden verschiedener Herkunft und verschiedenem Weichmachergehalt mitgeteilt.

Bis zu einem gewissen Grade hängen die dielektrischen Eigenschaften auch vom Gehalt an Stabilisatoren,

Tabelle 34. *Elektrische Eigenschaften von Vinylchlorid-Mischpolymerisaten.*

Eigenschaften	Astralon[3]	Igelit MP[4]	Mipolam MP[1]
Oberflächenwiderstand . . . . M	>3 Millionen	—	>3 Millionen
Spezifischer Widerstand . . . cm	—	10^{16}	—
Innerer Widerstand . . . . . . M	>3 Millionen	—	>3 Millionen
Dielektrizitätskonstante für			
800 Hz	3,2	—	3,5
1 Million Hz	—	3,2	—
Dielektrischer Verlustfaktor für			
800 Hz bei 18°	0,013	≈0,015 bis 0,02	—
1 Million Hz	0,0225	—	0,016
Durchschlagsfestigkeit . . . kV/mm	—	>40	50

[1] BUCHMANN, W., in W. KRANNICH: Kunststoffe im techn. Korrosionsschutz, S. 77. München 1943.

[2] HOUWINK, R.: Grundriß der Kunststoff-Technologie. 2. Aufl., S. 64. Leipzig 1944.

[3] RÖHM, R.: Kunststoffe **27**, 79 (1937).

[4] PABST, F.: Kunststoff-Taschenbuch 1941, 51.

wie Bleioxyd oder Bleisilikat, ab[1]. Die Wirkung dieser stabilisierenden Zusätze bei Polyvinylchlorid mit 46 Prozent Weichmacher Dimethylthiantren als Funktion der Temperatur zeigt die Abb. 11.

Durch den Einbau von anderen polymerisierbaren monomeren Verbindungen werden die Eigenschaften der aus überwiegenden Mengen Vinylchlorid aufgebauten Mischpolymerisate im Hinblick auf die Eigenschaften der reinen Polyvinylchloride wenig verändert, wie die Gegenüberstellung der in Tab. 33 mitgeteilten Zahlenwerte mit denen der Tab. 34 erkennen läßt.

VI. Physiologisches Verhalten.

Polyvinylchlorid sowie die meisten Mischpolymerisate auf Basis von Vinylchlorid sind in physiologischer Hinsicht vollkommen einwandfrei; ebenso sind die aus den reinen Polymerisaten oder Mischpolymerisaten des Vinylchlorids hergestellten Bedarfsgegenstände völlig unschädlich.

Meist enthalten die aus den genannten polymeren Verbindungen hergestellten Formkörper, Gegenstände usw. auch Farbstoffe, Füllstoffe und bei weichgummiartigen Gebrauchsgegenständen auch noch Weichmacher[2].

Von der Art dieser Zusatzstoffe hängt es ab, ob die Fertigartikel physiologisch einwandfrei sind oder nicht.

Im Abschnitt Weichgestelltes Polyvinylchlorid ist ausführlich behandelt, daß von den als Weichmacher für Polyvinylchlorid bekannten Stoffen das *Trikresylphosphat* physiologisch nicht einwandfrei ist. Das technische *Trikresylphosphat* enthält etwa 2 bis 6 Prozent der als Kapillargift wirkenden Ortho-Verbindung.

Um Gesundheitsschädigungen durch Gebrauchsgegenstände aus weichgestellten Polymerisaten oder Mischpolymerisaten von Vinylchlorid auch bei Verkettung ungünstiger Umstände mit Sicherheit zu vermeiden, sollte deshalb von der Verwendung des *technischen Trikresylphosphates* abgesehen und physiologisch unbedenkliche Weichmacher eingesetzt werden[3].

Andere Weichmacher oder sonstige Stoffe, die dem Polyvinylchlorid oder den Vinylchlorid-Polymerisaten vor der Verarbeitung zugesetzt werden, sind zwar in physiologischer Hinsicht einwandfrei, können aber die mit den Polyvinylchlorid-Massen in Berührung kommenden Gegenstände, vor allem Lebens- und Genußmittel, in geschmacklicher oder sonstiger Hinsicht ungünstig beeinflussen, so daß deren Verwendung in besonderen Fällen zu vermeiden ist[4].

---

[1] DAVIES, J. M., R. F. MILLER u. W. F. BUSSE: J. Amer. chem. Soc. **63**, 361 (1941).

[2] Siehe Seite 145.

[3] BERGER, H.: Kunststoffe **39**, 65 (1949). — Vgl. Rundschreiben des Gesamtverbandes der Kunststoff-verarbeitenden Industrie 1950.

[4] Siehe auch Seite 182.

Dritter Teil

Untersuchung von Polyvinylchlorid und Vinylchlorid-Mischpolymerisaten.

I. Untersuchung von Polyvinylchlorid.

A. Chemische Untersuchung.

1. Qualitative Untersuchung.

Die auf Basis von Vinylchlorid aufgebauten Kunststoffe bzw. die aus diesen hergestellten Erzeugnisse können durch relativ einfache qualitative Prüfungen als solche erkannt und von anders aufgebauten Kunststoffen leicht unterschieden werden.

a) Brandprobe. Charakteristisch für Polyvinylchlorid-Massen ist ihr Verhalten beim Verbrennen.

Beim Einstellen in eine Flamme brennen zwar Polyvinylchlorid oder Vinylchlorid-Mischpolymerisate; die Flamme erlischt aber sofort nach Entfernung der Zündflamme. Bei diesem Verbrennen oder bei der trockenen Destillation geben Polyvinylchlorid-Massen Schwaden, die mineralsauer reagieren.

b) Chlornachweis. Entsprechend ihrem chemischen Aufbau besitzen Polyvinylchlorid und Vinylchlorid-Mischpolymerisate einen hohen Chlorgehalt, der zum qualitativen Nachweis herangezogen werden kann.

Wie alle organischen Chlorverbindungen geben Polyvinylchlorid-Massen die Beilsteinprobe; wird eine Probe dieser Kunststoffe mit einem Kupferdraht in den Saum einer Bunsenflamme gehalten, so entsteht eine intensive Grünfärbung der Flamme.

Chlor kann nach G. BANDEL[1] auch in folgender Weise nachgewiesen werden:

Man schmilzt die Kunststoffmasse mit metallischem Kalium. In der gelösten Schmelze wird Chlor mit Silbernitrat nachgewiesen.

c) p_H-Wert des wäßrigen Auszuges. 5 g Polyvinylchlorid werden in einen 100 ccm-Kolben gebracht, mit 50 ccm kochendem, destilliertem Wasser übergossen, mit einem Uhrglas bedeckt und 5 Minuten lang auf dem siedenden Wasserbad erhitzt[2]. Danach wird der Auszug abgekühlt und filtriert. Der p_H-Wert wird elektrometrisch ermittelt.

d) Chlorionenbestimmung im wäßrigen Auszug. Zu 10 cm³ des in vorbeschriebener Weise erhaltenen wäßrigen Auszuges werden einige Tropfen 2 n-Salpetersäure und n/10-Silbernitratlösung hinzugefügt. Die Trübung wird mit der einer Salzsäurelösung bekannter Konzentration verglichen.

---

[1] BANDEL, G.: Angew. Chem. **51**, 570 (1938).
[2] NOWAK, P.: Kunststoffe **33**, 297 (1943).

2. Quantitative Untersuchung.

a) Bestimmung der flüchtigen Bestandteile.

Zur Bestimmung der flüchtigen Bestandteile werden nach der von H. Berger[1] mitgeteilten Vorschrift etwa 2 g Polyvinylchlorid oder Vinylchlorid-Mischpolymerisat in einer flachen Schale 3 Stunden auf 110° erhitzt und nach dieser Zeit der Gewichtsverlust ermittelt. Letzterer soll nicht mehr als 0,4 Prozent betragen.

b) Aschebestimmung.

Die Bestimmung des Aschegehaltes durch einfaches Veraschen ergibt nach H. Berger[1] schwankende Werte.

Hingegen hat sich die folgende Veraschungsmethode bewährt:

2 g Polyvinylchlorid werden in einem gewogenen Porzellantiegel mit Deckel abgewogen, mit konz. Schwefelsäure durchfeuchtet und langsam über kleiner Flamme erhitzt. Sobald keine brennbaren Gase mehr entweichen, läßt man erkalten und befeuchtet den Rückstand wieder mit ein paar Tropfen konz. Schwefelsäure. Nun wird zunächst mit kleiner Flamme erwärmt, bis die Schwefelsäure verjagt ist; dann wird mit größerer Flamme erhitzt. Meist bleibt nach dem ersten Behandeln mit konz. Schwefelsäure etwas Kohle zurück. In diesem Falle muß das Abrauchen mit konz. Schwefelsäure zwei- bis dreimal wiederholt werden. Wenn keine Kohlepartikelchen mehr vorhanden sind, fügt man kleine Mengen aschefreien Ammoniumcarbonats zu und verjagt anfangs mit kleiner, dann mit starker Flamme die Ammoniumsalze. Man läßt im Exsikkator erkalten und prüft nach dem Wägen auf Neutralität der Asche mit Methylorange, indem man einen Tropfen Wasser und einen Tropfen Indikatorlösung auf die Asche bringt. Sollte die Asche sauer reagieren, so muß man unter Zusatz von wenig Ammoniak vorsichtig eindampfen und nach dem Trocknen bei 120° erneut glühen.

c) Chlorbestimmung.

Der Chlorgehalt von Vinylchlorid oder Vinylchlorid-Mischpolymerisation ist infolge der chemischen Zusammensetzung dieser Kunststoffe eine definierte Größe. Er ermöglicht deshalb Rückschlüsse auf die Reinheit der Polymerisate oder Mischpolymerisate bzw. den Gehalt dieser in Kunststoffmischungen zu ermitteln.

Zur Chlorbestimmung sind verschiedene Methoden vorgeschlagen worden, die alle im Prinzip auf der Zerstörung der organischen Substanz und Überführung des Chlors in Silberchlorid beruhen.

α) Nach Carius. Bei dieser bekannten Methode wird die organische Substanz durch starke Salpetersäure zerstört und das hierbei frei werdende Chlor durch gleichzeitig vorhandenes Sibernitrat in Silberchlorid übergeführt.

Zur Chlorbestimmung wird nach dieser Methode die zu untersuchende Polyvinylchlorid-Masse zunächst zerkleinert, sofern sie nicht in Pulverform vorliegt.

---

[1] Berger, H.: Kunststoffe **30**, 35 (1940).

Von diesem vorbereiteten Material wird eine bestimmte Menge in ein Glasröhrchen abgewogen und letzteres mit der Substanz in ein starkwandiges, einseitig abgeschlossenes Glasrohr von etwa 35 bis 45 cm Länge, in dem sich etwa 1,5 bis 2,0 cm³ rauchende Salpetersäure sowie ca. 1 bis 1,5 g Silbernitrat in Kristallform befinden, so eingeführt, daß die Salpetersäure nicht in die Glasröhrchen eindringt.

Nach dem Zuschmelzen des Rohres wird dieses in einem Bombenofen mehrere Stunden auf 180 bis 300° erhitzt. Nach dem Erkalten des Ofens wird das Rohr etwas aus dem Ofen herausgezogen und die Spitze durch Erhitzen erweicht, wobei die unter Druck stehenden Verbrennungsgase aus dem Rohr nach einer Bildung einer Öffnung entweichen.

Das obere Rohrende wird dann abgesprengt und der Inhalt des Bombenrohres in ein Becherglas gespült. Das gebildete Silberchlorid wird in bekannter Weise in einem Goochtiegel abgenutscht, gewaschen, getrocknet und gewogen. Die erhaltene Silberchlorid-Menge wird dann auf Chlor umgerechnet.

Die Methode nach CARIUS ist sehr genau und findet deshalb für Schiedsanalysen Verwendung.

β) **Nach HOFMEIER und SCHRÖDER.** Für Serienuntersuchungen, bei denen es nicht auf höchste Genauigkeit ankommt, ist die Methode von CARIUS zu umständlich.

In diesem Falle bewährt sich die von H. HOFMEIER und W. SCHRÖDER[1] ausgearbeitete Methode, welche auf der oxydativen Zerstörung von Polyvinylchlorid mittels Schwefelsäure und Kaliumnitrat und Abscheidung des Chlors in Silbernitrat enthaltenden Vorlagen beruht.

Nach diesem Prinzip kann der Chlorgehalt von Polyvinylchlorid-Massen, Polyvinylchlorid-Folien oder Polyvinylchlorid-Pulver ermittelt werden.

In fester Form vorliegendes Polyvinylchlorid muß zunächst zerkleinert werden, während pulverförmiges Polyvinylchlorid zweckmäßig zu Tabletten verpreßt wird, weil das Pulver selbst schwer benetzbar ist.

Die Chlorbestimmung kann in dem angelieferten Zustand, also auch in Gegenwart von Weichmachungsmitteln bei weichmacherhaltigen Polymerisaten oder nach erfolgter Extraktion des Weichmachers durchgeführt werden.

Zur Durchführung der Chlorbestimmung dient die nachstehend beschriebene Apparatur:

Diese besteht im wesentlichen aus einem Erlenmeyerkolben von 50 ccm Inhalt, der mittels Glasschliff mit einem Tropftrichter mit eingeschliffenem Hahn und mit zwei hintereinandergeschalteten Waschflaschen verbunden ist. Die Waschflaschen sind mit salpetersaurer Silbernitratlösung bzw. konzentrierter Schwefelsäure gefüllt. Die Waschflaschen stehen mit einem Kippapparat in Verbindung, dem Kohlendioxyd entnommen wird. Der Zersetzungskolben ist vermittels Glasschliff mit drei hintereinandergeschalteten Vorlagen verbunden, die je etwa 20 cm³ einer ungefähr n/20-Silbernitratlösung und einige Tropfen Salpetersäure gefüllt und mit einer Lichtschutzhülle umgeben sind.

In der vorbeschriebenen Apparatur wird die Chlorbestimmung in nachstehender Weise durchgeführt:

0,05 bis 0,5 g Substanz werden in den Zersetzungskolben genau eingewogen und etwa 2 g Kaliumnitrat pro analysi dazugegeben.

Darauf werden Zersetzungskolben und Vorlage miteinander verbunden. In den Tropftrichter werden nunmehr 20 bis 30 cm³ Schwefelsäure 1,84 pro analysi gegeben, die Verbindung zum KIPPschen Apparat wird hergestellt und die

---

[1] HOFMEIER, H., u. W. SCHRÖDER: Kunststoffe **34**, 104 (1944).

Schwefelsäure mit Hilfe von Kohlendioxyd in den Zersetzungskolben gedrückt, so daß sich ein langsamer Kohlendioxydstrom von einer Blase je Sekunde einstellt. Dann wird mit der Erhitzung des Zersetzungskolbens begonnen, die bis zur völligen Zersetzung der Substanz fortgesetzt wird.

Zuweilen kriechen kleine Reste des Polyvinylchlorids an den Kolbenwänden hoch. Um auch diese zu zersetzen, werden einige Kubikzentimeter heiße konz. Schwefelsäure durch den Tropftrichter nachgegeben.

Nachdem sich die Flüssigkeit im Zersetzungskolben, die bei beginnender Zersetzung dunkel gefärbt ist, wieder aufgehellt hat, wird noch weitere 20 bis 30 Minuten in einem etwas stärkeren Kohlendioxydstrom (etwa 3 Blasen je Sekunde) erhitzt.

Das in der Vorlage abgeschiedene Silberchlorid wird in bekannter Weise filtriert, getrocknet und gewogen.

Diese Methode gibt in der Regel Chlorwerte, die um etwa 0,2 bis 0,4 Prozent tiefer liegen als die nach der CARIUS-Methode erhaltenen.

γ) **Nach GROTE und KREKELER.** Zur Chlorbestimmung von Polyvinylchlorid wird verschiedentlich die von W. GROTE und H. KREKELER[1] entwickelte Methode benützt, bei der die organische Substanz in einem Luftstrom verbrannt, das hierbei frei werdende Chlor in einer Absorptionsvorlage aufgefangen und in der Absorptionsflüssigkeit dann quantitativ ermittelt wird.

Die Durchführung dieser Chlorbestimmung macht die Benützung der aus der Abb. 12 ersichtlichen Apparatur erforderlich.

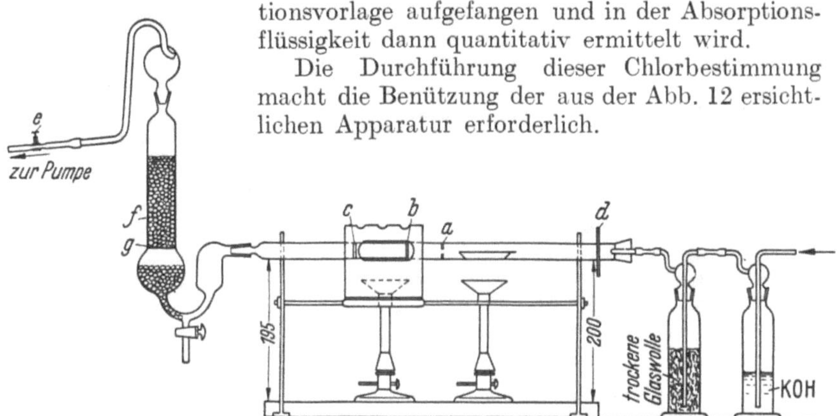

Abb. 12. Apparatur zur Chlorbestimmung nach GROTE und KREKELER.

Die Verbrennungsapparatur besteht aus einem 500 mm langen, 17 mm weiten Quarzrohr, das auf einer Strecke von etwa 80 mm mit Gas beheizbar und mit einer angeschliffenen Absorptionsvorlage verbunden ist. Etwa in der Mitte des Quarzrohres sind drei eingeschmolzene Einsätze vorhanden, und zwar eine durchlochte Klarquarzglasplatte (a) und zwei Quarzfilterplatten (b) und (c). Die Klarquarzplatte dient dazu, die brennbaren Dämpfe mit der Luft gut zu mischen; die Filterplatte (b) soll ein Zurückschlagen der sich hinter ihr entzündenden Flamme verhindern, während die Filterplatte (c) den eventuell vorübergehend gebildeten Ruß zurückhält.

Die Absorptionsvorlage enthält eine dicke, feinporige Glasfilterplatte und darunter eine kugelförmige Erweiterung, die zum Teil mit Glaskugeln gefüllt ist; ebenso ist der Raum über der Frittenplatte zu etwa zwei Dritteln mit Glasperlen gefüllt. An die Absorptionsvorlage wird mittels weichen Vakuumschlauches eine Vakuumpumpe angeschlossen, mit deren Hilfe Luft bzw. ein Gemisch von Luft und Sauerstoff bzw. das zu verbrennende Gas und Luft durch die ganze Apparatur gesaugt wird. Die Klemmschraube (e) dient zur Einstellung des Verbren-

---

[1] GROTE, W., u. H. KREKELER: Angew. Chem. **46**, 106 (1933).

nungsluftstromes. Bei Verwendung einer Wasserstrahlpumpe ist Zwischenschaltung einer WULFFschen Flasche und zwischen dieser und der Pumpe ein Rückschlagventil erforderlich.

Die einzuführende Verbrennungsluft passiert eine Waschflasche mit Kalilauge und eine trockene mit Glaswolle gefüllte Waschflasche.

In dieser Apparatur wird die Chlorbestimmung in folgender Weise durchgeführt.

Das mit einer abgewogenen Substanzmenge beschickte Schiffchen wird in das Quarzrohr bis auf 1 bis 3 cm Entfernung von der durchlochten Quarzplatte (a) eingeschoben und das Quarzrohr mittels des Korken geschlossen, der das Anschlußröhrchen zu den Luftwaschflaschen trägt. Der Korken ist durch eine auf das Quarzrohr geschobene Asbestplatte (d) gegen Hitzeeinwirkung geschützt. Dann wird der Brenner unter der Mitte des Quarzrohres entzündet, wobei darauf zu achten ist, daß nur der Raum, der hinter der ersten Quarzglasfilterplatte liegt, beheizt werden darf. Schließlich ist dann noch die Vakuumpumpe bei geschlossener Klemmschraube am Schlauch hinter der Absorptionsanlage anzustellen.

Sobald das Quarzrohr zwischen den Filterplatten (b) und (c) rotglühend geworden ist, wird die Klemmschraube (d) hinter der Absorptionsvorlage langsam etwas geöffnet, bis durch die Luftwaschflasche und durch die Absorptionsvorlage etwa 3 Luftblasen in der Sekunde durchperlen. Dann wird das die Substanz enthaltende Schiffchen mit ganz kleinem Brenner, am vorderen Ende beginnend, beheizt. Die Verbrennung dauert etwa 5 bis 10 Minuten. Dann wird der Verbrennungsluftstrom wieder bis auf wenige Luftblasen gedrosselt; gleichzeitig werden etwaige Kondensate zwischen Schiffchen und der ersten Filterplatte vorsichtig mit einem Brenner verdampft. Dann wird das Quarzrohr hinter der zweiten Filterplatte (c) bis zum Schliff hin durch Fächeln mit einer Flamme kräftig erwärmt.

Die Analyse wird beendet, indem man nach Abstellen der Pumpe die Absorptionsvorlage entleert, die mit 50 ccm einer Lösung von 8 Gewichtsteilen krist. Natriumsulfit in 100 Raumteilen etwa $^1/_{10}$ n-Natronlauge gefüllt ist. Von dieser Lösung kommen 25 ccm auf die Fritte und 25 ccm in die Kugel unter der Fritte. Der Inhalt der Vorlage wird quantitativ in ein Becherglas übergeführt, erwärmt und 6 ccm konz. Salpetersäure hinzugefügt. Das Chlor wird daraufhin in üblicher Weise als Silberchlorid bestimmt.

δ) **Nach WALTER.** Der Chlorgehalt von Polyvinylchlorid-Massen kann auch nach der von E. WALTER[1] modifizierten Methode von BAUBIGNY und CHAVANNE[2] in der Weise durchgeführt werden, daß man eine abgewogene Menge der Polyvinylchlorid-Masse in einem Gemisch von Schwefelsäure und Kaliumbichromat verbrennt, das Chlor in einer alkalischen Sulfitlösung auffängt und in letzterer bestimmt.

Die hierzu erforderliche Apparatur ist in Abb. 13 wiedergegeben.

Der Rundkolben AA von etwa 150 ccm Inhalt hat einen mit dreifach gebogenem Kugelrohr K und Schliffhohlstopfen C versehenen Hals von 20 cm Länge und 2 cm Durchmesser. In den Schliffhohlstopfen C ist ein bis fast auf den Boden des Rundkolbens reichendes Rohr eingeschmolzen, das sich nach oben in das Hahnrohr H fortsetzt. Das Hahnrohr ist oberhalb des Hahnes zu einem Glasgefäß B von etwa 20 ccm Inhalt ausgebildet.

Ungefähr 2 cm unterhalb des Schliffhohlstopfens C ist das Rohr K angesetzt; es endigt in dem Schliff D, der in den Absorptionsapparat EF eingeschliffen ist. K sowie EF sind mit je zwei entgegengesetzt gebogenen Glashaken G versehen; zwei gute Spiralfedern halten die beiden Schliffe fest zusammen.

Das Absorptionsgefäß EF ist mit einem kleinen Ausguß J versehen, um ihn nach beendeter Reaktion gut entleeren zu können. Die Kugel E hat 4 cm Durch-

---

[1] WALTER, E.: Die chem. Fabrik **11**, 140 (1938).
[2] BAUBIGNY u. CHAVANNE: C. R. Acad. Sci. Paris **136**, 1197 (1903).

messer, sie kann im Falle des Zurücksteigens die gesamte Absorptionsflüssigkeit aufnehmen.

Zur Durchführung der Chlorbestimmung wird das Absorptionsgefäß mit 30prozentiger halogenfreier alkalischer Kaliumsulfitlösung beschickt, wobei diese noch ungefähr 1 cm hoch in dem zylindrischen Mantel von F stehen soll. Die zu untersuchende Probe wird dann unter Zusatz von etwas Schwefelsäure in den Zersetzungskolben eingetragen; das Trichterrohr wird nach Befeuchten des Schliffs mit Schwefelsäure vom spez. Gew. 1,84 aufgesetzt und der beschickte Absorptionsapparat mit Hilfe der Spiralfedern angeschlossen. Zur Abdichtung bringt man etwas dest. Wasser in den Ausguß J.

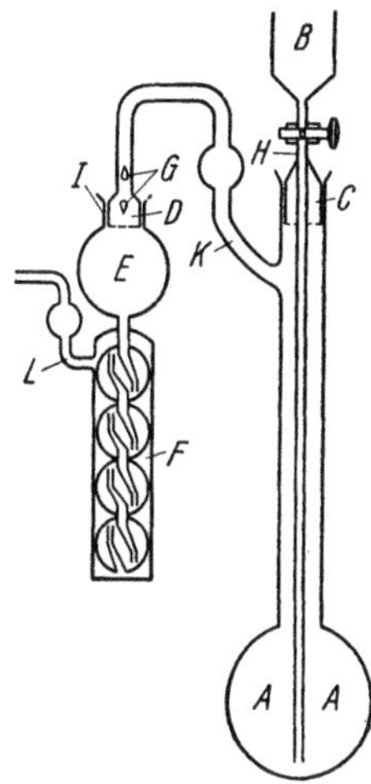

Abb. 13. Chlorbestimmungsapparat nach WALTER.

Die Oxydationsmischung, bestehend aus 40 ccm konz. Schwefelsäure und 4 g halogenfreiem Kaliumbichromat, wird nach guter Kühlung durch das Trichterrohr zur Einwaage gegeben. Man läßt sodann unter häufigem Umschütteln 15 bis 30 Minuten stehen. Hierauf bringt man den Kolben in ein Ölbad und steigert dann die Temperatur unter öfterem Schwenken des Kolbens allmählich auf 150°. Auf dieser Temperatur läßt man einige Zeit stehen und leitet gleichzeitig Luft durch die Apparatur, indem man diese entweder durch L ansaugt oder aber mit Hilfe eines Gummistopfens und Gaszuleitungsrohres durch B einpreßt. Hierdurch wird das Chlor quantitativ in die Absorptionsvorlage übergeführt. Nach etwa 30 Minuten unterbricht man das Durchleiten der Luft, nimmt das Absorptionsgefäß ab, schließt bei L einen Gummischlauch an und drückt die Absorptionsflüssigeit durch vorsichtiges Blasen in die Kugel E. Durch Zusammenpressen des Schlauches verhindert man ein Zurückfließen in die Absorptionskugeln und entleert durch den Ausguß J in einen Erlenmeyerkolben. Nach mehrmaligem Ausspülen mit dest. Wasser, zuletzt mit verdünnter, halogenfreier Salpetersäure, versetzt man die chlorhaltige Sulfitlösung mit etwas mehr als der hinreichenden Menge verdünnter Salpetersäure, erwärmt einige Zeit zur Vertreibung des Schwefeldioxyds auf etwa 80° und bestimmt das Chlor gravimetrisch oder titrimetrisch.

ε) **Nach STOECKHERT.** Von KL. STOECKHERT[1] ist die folgende Schnellmethode zur Bestimmung des Chlorgehaltes von Vinylchlorid-Polymerisaten ausgearbeitet worden:

Etwa 0,2 g Substanz werden mit der 20fachen Menge eines feinen Gemisches aus Natriumcarbonat und Natriumperoxyd (1 zu 3) in einem Eisentiegel verbrannt. Die Schmelze wird 2 Minuten auf Dunkelrotglut erhitzt, nach dem Erkalten mit warmem Wasser gelöst und die Lösung bis zum Aufhören der Sauerstoffentwicklung gekocht. Dann wird mit 3 ccm gesättigter Natriumbisulfitlösung versetzt, Schwefelsäure zur Lösung des Eisenhydroxyds zugegeben, bis zum Verschwinden des Schwefeldioxyd-Geruches gekocht, etwas Salpetersäure zugefügt und das Chlor gravimetrisch oder titrimetrisch bestimmt.

B. Bestimmung der Stabilität.

1. Bestimmung der chemischen Stabilität.

Zur Bestimmung der Chlorwasserabspaltung aus Polyvinylchlorid oder Vinylchlorid-Mischpolymerisaten hat H. BERGER[2] die nachstehende Vorschrift angegeben:

---

[1] STOECKHERT, KL.: Kunststoffe **37**, 53 (1947).
[2] BERGER, H.: Kunststoffe **30**, 35 (1940).

5 g pulverförmiges Polyvinylchlorid werden in einen 100 ccm-Kolben gebracht, mit 50 ccm kochendem, destilliertem Wasser übergossen, mit einem Uhrglas bedeckt und 5 Minuten lang auf dem siedenden Wasserbad erhitzt. Danach wird der Extrakt an der Luft abgekühlt und abfiltriert. Der p_H-Wert des Filtrates darf nicht unter 6,0 und nicht über 8,2 bei 20° liegen.

Zur Feststellung des Chlor-Ionengehaltes werden 10 ccm des Filtrates mit Salpetersäure und Silbernitratlösung versetzt; es darf hierbei nur eine schwache Opaleszenz wie bei der n/300-Salzsäure (unter 0,1 Prozent Chlor-Ionen) auftreten.

Nach dieser Methode geprüft, zeigt der wäßrige Extrakt bei *Igelit PCU* einen p_H-Wert von 7,0 bis 9,5, derjenige von Igelit MP einen p_H-Wert von 7,0 bis 9,5.

Die Opaleszenz des wäßrigen Auszuges ist nach Zusatz von Salpetersäure und Silbernitrat nicht stärker als der einer n/300-Salzsäure.

2. Bestimmung der thermischen Stabilität.

Während bei der Bestimmung der chemischen Stabilität die bereits eingetretene chemische Zersetzung bzw. der Grad der Verunreinigungen mit Chlor-Ionen bildenden Fremdstoffen festgestellt wird, wird bei der Bestimmung der thermischen Stabilität die Materialeigenschaft der Polyvinylchlorid-Massen bestimmt.

Definiert wird die thermische Stabilität als die Zeit, die vom Einbau der Probe in den Bestimmungsapparat bis zum Auftreten einer deutlichen Chlorwasserstoffabspaltung verstreicht.

Zur Bestimmung der thermischen Stabilität sind verschiedene Verfahren entwickelt worden, von welchen sich die Arbeitsweisen von MEIXNER[1] und die der Firma Siemens-Schuckert-Werke[2] bewährt haben.

Bei beiden Methoden wird die Zeit ermittelt, nach der eine Chlorwasserstoffabspaltung des unter definierten Verhältnissen erwärmten Polyvinylchlorids mit Silbernitratlösung nachweisbar ist.

a) Nach MEIXNER. Die Prüfung der Stabilität erfolgt in einem regelbaren Thermostaten, dessen Temperatur auf $\pm 0,5°$ konstant gehalten werden kann. An der Rückwand sind kleine Schliffe zum Einführen von Glasröhrchen angebracht. Die Luft streicht durch zwei Waschflaschen mit Glasfilter, die etwa 5 cm hoch mit 40prozentiger Kalilauge gefüllt sind, dann durch eine dritte Waschflasche mit 60prozentiger Kalilauge und eine vierte Flasche mit Watte. Die gereinigte Luft wird in den Trockenschrank geführt. Der Luftdruck ist mittels Differentialmanometer regelbar.

Im Thermostaten befinden sich ein oder mehrere 100 ccm-Kölbchen mit Normalschliffen und Ableitungsröhrchen nach oben. Dort ist ein Halter für die Vorlagen angebracht. Sämtliche Verbindungen innerhalb des Thermostaten müssen durch Glasschliffe hergestellt sein. Nur die Verbindung unmittelbar an der Vorlage, die keiner erhöhten Temperatur ausgesetzt ist, wird durch kurze Gummistückchen hergestellt.

Die Vorlagen sind mit 5 ccm n/10-Silbernitratlösung, angesäuert mit 3 Tropfen konz. Salpetersäure, gefüllt. Die Eintauchtiefe der Glasröhrchen in die Silbernitratlösung beträgt 1 cm.

---

[1] Kabelwerke Neumeyer.
[2] BERGER, H.: Kunststoffe **30**, 35 (1940).

Um das Auftreten der weißlich-bläulichen Trübung gut feststellen zu können, bringt man hinter der Vorlage ein mattes schwarzes Papier an. Sie hebt sich dann deutlich gegen den schwarzen Hintergrund ab.

Vom Schließen des Schrankes bis zum Auftreten der Trübung im Silbernitrat rechnet man die Stabilitätszeit.

3 Minuten nach dem Schließen muß die Prüftemperatur wieder erreicht sein. Diese Bedingung muß jedesmal erfüllt sein, damit die Reproduzierbarkeit der Stabilitätsprüfung in jedem Fall gewährleistet ist.

Um Fehler auszuschließen, wird jede Prüfung zweimal, d. h. in zwei voneinander unabhängigen Thermostaten vorgenommen.

Die Übereinstimmung von zwei Proben, gemessen in den zwei Thermostaten, beträgt bei Igelit MP bei Stabilitätszeiten bis etwa 30 bis 40 Minuten ±1 Prozent, bei Stabilitäten bis 80 Minuten kann der Wert bei Mischpolymerisation um ±3 Prozent schwanken.

Bei Polyvinylchlorid (Igelit) sind die Schwankungen etwas größer.

Die Prüftemperatur beträgt bei Polyvinylchlorid (Igelit PCU) 170° und bei Vinylchlorid-Mischpolymerisaten 155°.

Die gemessenen Werte sind gut reproduzierbar, die Apparatur aber für eine orientierende Prüfung zu kompliziert.

b) Methode der Siemens-Schuckert-Werke. Diese Methode ist apparativ einfacher, stellt jedoch an den Untersuchenden erhöhte Anforderungen.

Zur Durchführung dient die in Abb. 14 dargestellte Vorrichtung.

Ein Reagenzglas DIN 16 DENOG 30 mit 1 g über Phosphorpentoxyd während 24 Stunden getrocknetem Polyvinylchlorid wird 30 mm tief in ein elektrisch beheiztes Ölbad eingetaucht, das mittels Kontaktthermometer und Rührvorrichtung auf 160° für Vinylchlorid-Mischpolymerisat (Igelit MP) und 175° für Polyvinylchlorid (Igelit PCU) ±0,5° konstant gehalten wird. An einem kleinen Glasring, der eine lichte Weite von 5 mm, einen äußeren Durchmesser von etwa 8 mm und eine Hohe von etwa 10 mm hat, wird außen ein haarnadelförmig gebogener Glasstab von etwa 2 mm Durchmesser so angeschmolzen, daß man mit seiner Hilfe den Glasring in waagerechter Stellung 30 mm tief in die Mitte des Reagenzglases einhängen kann. Mit einem kleinen Stückchen Knetgummi zwischen Reagenzglasrand und dem Scheitel des haarnadelförmigen Glasstabes wird der Glasring zweckmäßig festgelegt. Eine 0,2 n-Silbernitratlösung wird mit Hilfe einer Pipette in den Glasring eingefüllt, bevor man ihn in das Reagenzglas einhängt. Der aus dem Thermostaten herausragende Teil des Reagenzglases wird zweckmäßig bis zur Unterkante des Glasringes mit schwarzem Papier umwickelt, weil der Beginn der Trübung am besten bei der Durchsicht durch den Ring von oben gegen einen dunklen Hintergrund zu erkennen ist.

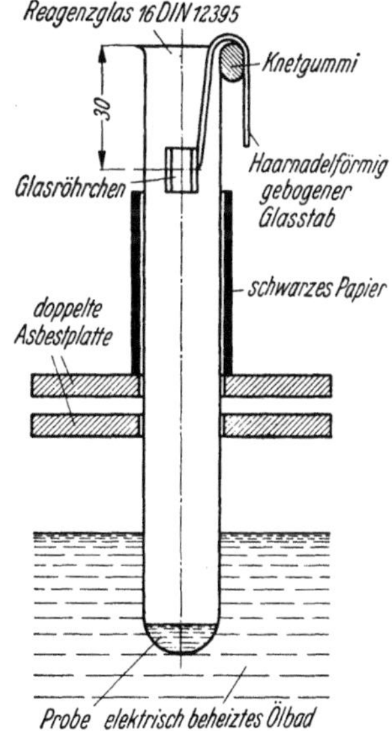

Abb. 14.
Apparat zur Bestimmung der thermischen Stabilität.

Durch eine doppelte Asbestplatte, die das Ölbad völlig bedeckt und nur die notwendigen Öffnungen für Thermometer, Reagenzglas usw. enthält, wird die Silbernitratlösung gegen die Wärme des Bades so gut wie möglich abgeschirmt.

Bei der Betrachtung von oben darf eine deutlich erkennbare Trübung nicht vor 30 Minuten eintreten.

Es wird stets ein Blindversuch nebenher angestellt.

Auf Grund von praktischen Erfahrungen entsprechen Polyvinylchloride, die nach den angegebenen Prüfmethoden über 30 Minuten
stabil sind, allen Anforderungen auf thermische Stabilität, so daß bei
der Verarbeitung bei ihnen Chlorwasserstoffabspaltung nicht zu er-
warten ist[1].

c) Methode nach Zöhrer. Die beiden vorbeschriebenen Methoden
zeigen verschiedene Mängel. Die Methode Meixner zeigt viel zu hohe

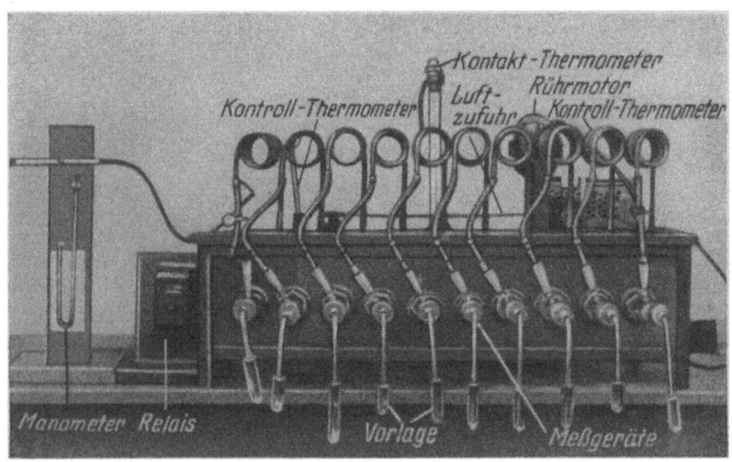

Abb. 15. Apparatur zur Ermittlung der thermischen Stabilität von Vinylchlorid-Polymerisaten.

Stabilitätszeiten für gering stabile Polyvinylchlorid-Partien, während die
Siemens-Schuckert-Methode einen Mangel bei sehr stabilem Material zeigt.

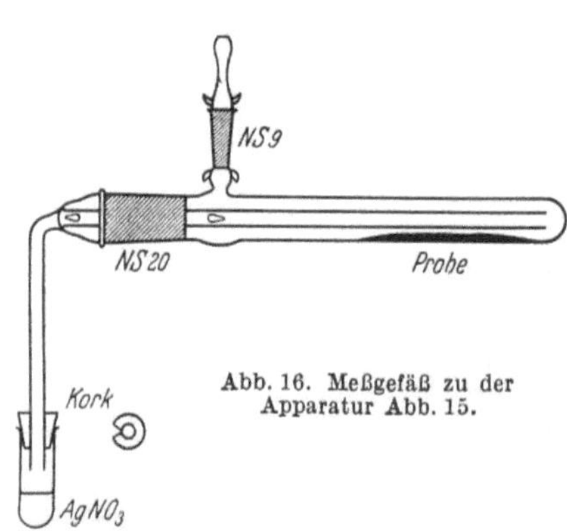

Abb. 16. Meßgefäß zu der
Apparatur Abb. 15.

Die Wärmeeinwirkung auf das
eingehängte Glasröhrchen mit sal-
petersaurem Silbernitrat wird so stark,
daß die Lösung verdunstet und daher
die Chlorwasserstoffabspaltung aus
dem Polyvinylchlorid nicht mehr an-
gezeigt werden kann.

Eine Meßmethode, die diese
Nachteile nicht zeigt, wurde von
K. A. Zöhrer[2] entwickelt, die
überdies den Vorteil besitzt, daß
zu gleicher Zeit 10 Messungen vorgenommen werden können.

Die zur Durchführung der
thermischen Stabilität nach die-
ser Methode erforderliche Apparatur ist in Abb. 15 schematisch dargestellt, während in Abb. 16 ein für diese Apparatur geeignetes Meßgefäß im Schnitt wiedergegeben ist.

---

[1] Berger, H.: Kunststoffe **30**, 35 (1940).
[2] Zöhrer, K. A.: Kunststoffe **36** (1946).

Die Apparatur besteht aus einem elektrisch beheizten, mit Thermoregler versehenen geschlossenen Ölbad, in welchem Aufnahmeröhren für die Meßgefäße dicht eingelassen sind.

Als Heizflüssigkeit dient ein hochsiedendes, nicht verharzendes Öl. Der Luftstrom, aus einer Stahlflasche entnommen, wird mit Hilfe des Manometers auf eine konstante Luftmenge, z. B. 7 Liter je Minute, eingestellt und durch ein Rohrsystem durch das Ölbad geführt.

Die Polyvinylchlorid-Probe, rund 1 g, wird in das Meßgefäß gegeben und letzteres mit dem Vorstoß verbunden. Auf den Vorstoß wird ein Glasröhrchen, das mit n/10 salpetersaurer Silbernitratlösung beschickt wird, mit Hilfe eines durchbohrten und mit Einschnitt versehenen Korken angesetzt. Das Meßgefäß wird in den Apparat geschoben und mittels Glasschliff mit der Luftzuführung verbunden. Der Luftstrom streicht über die Oberfläche der Silbernitratlösung.

Für die gleichmäßige Temperaturverteilung sorgt ein Rührmotor, der zwei gegeneinanderlaufende Rührer bewegt. Zur Temperaturkontrolle sind zwei an entgegengesetzten Enden des Ölbades eingesetzte Thermometer vorhanden. Das Kontaktthermometer wird auf die Prüftemperatur eingestellt und regelt mit Hilfe eines Relais den Heizstrom.

Die Stabilitätszeit ist jene Zeit in Minuten vom Einsatz, bis die Oberfläche der Vorlage die erste Trübung zeigt, was sehr gut erkennbar ist.

d) Methode der Distillers Co. Ltd. Diese einfache Methode[1] beruht auf der Messung der Farbe eines Polyvinylchlorid-Prüfkörpers.

Zur Bereitung desselben wird eine Lösung von 4 g des Polyvinylchlorids in 20 ccm Butylphthalat 15 Minuten auf 180° erhitzt und danach in eine Form gegossen. Beim Abkühlen geht die Lösung in ein Gel über; man erhält eine feste Platte mit 4,5 mm Dicke.

Die Farbe des Gels wird in einem Kolorimeter mit gefärbten Eichproben verglichen.

Erhöhte Farbzahlen zeigen einen erhöhten Verfärbungsgrad und damit eine geringere Hitzebeständigkeit an.

Nach dieser Methode geprüft, zeigt ein nach dem auf S. 35 beschriebenen Verfahren in Gegenwart von Essigsäure hergestelltes Polyvinylchlorid eine Hitzebeständigkeitszahl von 5, während ein in Abwesenheit von Essigsäure hergestelltes Polymerisat eine solche von 22 ergibt.

C. Bestimmung des Molekulargewichts.

1. Bestimmung der Viskosität.

Zur Bestimmung der Makromolekularität durch Viskositätsmessung wird eine Lösung von Polyvinylchlorid oder Vinylchlorid-Mischpolymerisat bereitet, die Viskosität dieser Lösung gemessen und in Centipoise angegeben.

Die erhaltenen Viskositätswerte hängen von den Versuchsbedingungen ab.

Gewöhnlich benützt man zur Viskositätsmessung eine 1prozentige Lösung der Polymerisate in Cyclohexanon.

Bei der von H. BERGER[2] angegebenen Methode benützt man zweckmäßig ein HÖPPLER-Viskosimeter und wählt die Kugel so aus, daß Fallzeiten von etwa 100 Sekunden bei einer Meßtemperatur von 20° erreicht werden.

---

[1] F.P. 947370, The Distillers Co. Ltd.
[2] BERGER, H.: Kunststoffe **30**, 35 (1940).

Nach dieser Methode soll die Viskosität bei *Igelit MP* über 5,0 Cp, bei *Igelit PCU* über 4,9 liegen.

Nach H. FIKENTSCHER[1] eignet sich zur Messung der Viskosität auch das UBBELOHDE-HOLDE-Viskosimeter. Als Meßtemperatur wird die im Sommer wie im Winter leicht einzustellende Temperatur von $25 \pm 0,1°$ gewählt. Man verwendet auch hier Lösungen von Cyclohexanon.

Mit 2prozentigen Cyclohexanon-Lösungen wird auch die Viskosität nach der British Standard Specification 1939 in einem U-Rohr-Viskosimeter Nr. 2 ermittelt[2].

Nach dieser Methode ermittelt, zeigt ein Polyvinylchlorid, das in Gegenwart von Essigsäure bei der katalytischen Polymerisation von Vinylchlorid erhalten wurde, eine Viskosität von 335 Sekunden und ein in Gegenwart von Methanol erhaltenes Polyvinylchlorid eine Viskosität von nur 197 Sekunden.

Aus der absoluten Viskosität η_c der Polyvinylchloridlösung und der absoluten Viskosität η_0 des Cyclohexanons kann man dann die relative Viskosität z berechnen nach der Formel

$$z = \frac{\eta_c}{\eta_0}.$$

An Stelle von Cyclohexanon kann man zur Viskositätsmessung auch eine 2prozentige Polyvinylchloridlösung in Mesityloxyd bei der vorbeschriebenen Methode verwenden[3].

Ein in Gegenwart von Essigsäure hergestelltes Polyvinylchlorid zeigt eine Viskosität von 330 Sekunden, während ein in Abwesenheit von Essigsäure unter sonst gleichen Bedingungen polymerisiertes Produkt eine Viskosität von nur 120 Sekunden ergibt.

2. Bestimmung des K-Wertes.

Der Polymerisationsgrad von Polymerisaten oder Mischpolymerisaten des Vinylchlorids steht mit der Viskosität in einem Zusammenhang. Für diese Beziehung hat H. FIKENTSCHER[1] die nachstehende Gleichung

$$\log z = \frac{75\,k^2}{1 + 1,5\,k \cdot c} + k \cdot c$$

angegeben.

In dieser Gleichung bedeuten:

c die Konzentration in Volumprozenten, also c g in 100 ccm Lösung,
z die relative Viskosität der Lösung bei der Konzentration c und
k eine von der Konzentration unabhängige, für das untersuchte Polymerisat eigentümliche Konstante, die „Eigenviskosität" oder der k-Wert des Polyvinylchlorids. Sie ist das Maß für den mittleren Polymerisationsgrad.

Die aus der Gleichung auf Grund der gemessenen Viskositäten errechneten k-Werte sind kleiner als 1, die der besseren Übersicht wegen alle mit 1000 vervielfacht den *K-Wert* ergeben.

Die Berechnung des *K-Wertes* erfolgt somit aus der Bestimmung der Eigenviskosität einer Polyvinylchlorid-Lösung und der absoluten

---

[1] FIKENTSCHER, H.: Cellulosechemie **13**, 60 (1932).
[2] F.P. 947370, The Distillers Co. Ltd.
[3] F.P. 947258, The Distillers Co. Ltd.

Viskosität des Lösungsmittels. Der Quotient aus der Eigenviskosität und der absoluten Viskosität ergibt dann die relative Viskosität z.

Durch Einsetzen der relativen Viskosität z und der Konzentration c in die oben angeführte Gleichung kann dann der k-Wert errechnet werden, der mit 1000 multipliziert den K-Wert des Polyvinylchlorids angibt.

Zur Erleichterung der Auffindung des K-Wertes hat die Firma Badische Anilin & Soda Fabrik[1] die für verschiedene z- und c-Werte errechenbaren K-Werte in Tabellenform zusammengestellt. Nachstehend sind für zwei c-Konzentrationen und verschiedene z-Werte die K-Werte mitgeteilt.

Tabelle 35. *Berechnete K-Werte aus Konzentration und relativer Viskosität.*

Relative Viskosität z	Konzentration c			Relative Viskosität z	Konzentration c		
	1	1,5	2		1	1,5	2
1,1	18,0	14,2	11,4	2,0	59,3	47,3	40,6
1,2	26,9	21,0	17,6	2,4	68,0	54,4	47,0
1,3	33,6	26,5	22,0	2,8	74,6	60,3	51,7
1,4	38,9	30,9	26,0	3,5	83,0	67,7	58,1
1,5	43,5	34,5	29,1	4,0	88,2	71,5	61,5
1,6	47,3	37,8	31,9	5,0	95,9	78,1	67,3
1,8	54,0	43,1	36,7				

Die Bestimmung der relativen Viskosität kann nach der auf S. 237 beschriebenen Methode erfolgen.

Der K-Wert von Polyvinylchlorid hängt von den Polymerisationsbedingungen ab. Er nimmt mit steigender Polymerisationstemperatur rasch ab, derart, daß bei einer Polymerisationstemperatur von 30° der K-Wert 83, bei 60° aber nur noch 61 beträgt[2].

Bis zu einem K-Wert von etwa 80 nimmt die Reißfestigkeit des Polyvinylchlorids mit dem K-Wert zu.

Von den im Handel befindlichen Igelit PCU-Sorten hat das hochmolekulare Produkt *Igelit PCU, Marke GH* einen K-Wert von 75 bis 80; man erhält dieses Polyvinylchlorid durch Polymerisation von Vinylchlorid bei einer Temperatur von 38 bis 40°.

Bei der Polymerisationstemperatur von 43 bis 45° wird ein Polyvinylchlorid mit mittlerem Molgewicht, nämlich die Marke *Igelit PCU, Sorte G* mit einem K-Wert von 65 bis 75 erhalten.

Das bei einer Temperatur von 48 bis 50° erhaltene niedermolekulare *Igelit PCU, Marke GN* besitzt einen K-Wert von 58 bis 64.

Das von der Firma Dr. A. Wacker Ges. f. elektrochem. Ind. G.m.b.H. hergestellte Polyvinylchlorid (*Vinnol HH*) besitzt einen K-Wert von 84.

Von den Vinylchlorid-Mischpolymerisaten besitzen die Marke *Igelit MP, Type A* einen K-Wert von 55 bis 60, die Marke *Igelit MP, Type K* einen K-Wert von 72 und das Preßpulver *Igelit MP, Type AK* einen K-Wert von 76.

---

[1] Die Messung der Viskosität solvatisierter Sole, S. 20. 1941.
[2] THINIUS, K.: Gummi und Asbest **2**, 269 (1949).

3. Bestimmung der M-Zahl.

Zur Kennzeichnung der Eigenviskosität von Polyvinylchloriden kann man neben dem *K-Wert* auch noch die sogenannte *M-Zahl* heranziehen.

Letztere wird definiert als die Anzahl Gramm Lösungsmittel-Gemisch (bestehend aus 75 g Chlorbenzol und 25 g Epichlorhydrin), die nötig sind, um 1 g Polyvinylchlorid zu lösen, so daß die bei 80° hergestellte Lösung nach dem Abkühlen auf 20° innerhalb 3 Minuten zu gelieren beginnt und innerhalb weiterer 3 Minuten vollständig geliert[1].

Für die Bewertung der M-Zahl als Kriterium des Polymerisationsgrades ist zu bemerken, daß die M-Zahl-Bestimmungsmethode für Eigenviskositäten über 80 nicht mehr zuverlässig ist.

In der folgenden Tabelle 36 sind die M-Zahlen für einige Igelit PCU-Sorten zusammen- und den K-Werten gegenübergestellt.

Tabelle 36.
M-Zahl und K-Wert von Igelit PCU und Vinnol HH.

Igelit PCU Sorte	M-Zahl	K-Wert
Marke S 3	3— 3,5	31,5 ± 1,5
Marken F und T .	18—23	62 ± 2
Marke R	18—24	63 ± 3
Marken K, G und P	23 (bis max.40)	66 ± 5
Marken H und L .	>45 (bis max.50)	>75
Vinnol HH	42	84

D. Physikalische Untersuchung.

Die physikalische Untersuchung von Polyvinylchlorid erstreckt sich auf die Ermittlung des Siebrückstandes, die ein Maß für die Korngröße ist; gleichzeitig werden hierbei Verunreinigungen erfaßt[2]. Das Rüttelvolumen ergänzt die Siebanalyse.

Ferner werden die Härte und Weichheit des Polyvinylchlorids, der Erweichungspunkt und die Kältebeständigkeit ermittelt.

1. Siebrückstand. Das Polyvinylchlorid wird 16 Stunden über Phosphorpentoxyd bei Raumtemperatur getrocknet. Darauf ist der Siebrückstand auf einem Maschensieb 0,30 DIN 1171 zu bestimmen und in Prozenten anzugeben[2].

2. Rüttelvolumen. 200 g Polyvinylchlorid werden in einen Meßzylinder 1000 DIN 12680 gefüllt, der danach 60mal aus 5 cm Höhe auf eine weiche Unterlage, z. B. Filz oder Weichgummi, fallengelassen wird[2].

Es wird der Quotient aus dem danach abgelesenen Volumen in ccm und der Einwaage in g angegeben.

3. Bestimmung der Härte. Zur Bestimmung der Härte von Polyvinylchlorid wird der Härteprüfer nach SHORE benützt, wobei die SHORE-Härteprüfung mit nadelförmigem Eindruckkörper unter Federdruckbelastung ohne Vorlast vorgenommen wird.

---

[1] THINIUS, K.: Gummi u. Asbest **2**, 269 (1949).
[2] NOWAK, P.: Kunststoffe **33**, 297 (1943).

Dabei kann die Eindrucktiefe im Augenblick des Aufsetzens des Prüfers abgelesen werden, oder die Eindrucktiefe wird gemäß DIN 53503 Blatt 2 10 Sekunden nach dem Aufsetzen abgelesen.

Der zur Messung benützte Härteprüfer nach SHORE hat eine Skaleneinteilung von 5 zu 5 Härtegraden von 0 bis 100.

Zur Ausführung der Prüfung nach DIN 53503 Blatt 2 wird der Härteprüfer nur so weit mit seiner Auflagefläche gegen das zu messende Probestück gedrückt, daß diese Fläche satt aufliegt. Der SHORE-Härtegrad wird 10 Sekunden nach Aufsetzen des Prüfgerätes abgelesen.

Für die Prüfung von Platten unter 6 mm Dicke ist eine Unterlage zu verwenden, die möglichst die gleiche Härte wie die zu messende Probe hat.

Es werden 3 Einzelprüfungen vorgenommen, aus denen der Mittelwert zu bilden ist.

4. Bestimmung des Erweichungspunktes. Polymerisate oder Mischpolymerisate des Vinylchlorids besitzen keinen scharfen Schmelzpunkt, dagegen läßt sich ein Erweichungsbereich feststellen[1].

Zur Bestimmung des Erweichungsbereiches kann entweder die Methode von MARTENS, wie sie in den VDE-Vorschriften 0322 § 11 und 0302 A 4 a niedergelegt ist, oder die Methode von H. FIKENTSCHER benützt werden.

a) Nach MARTENS. Bei dieser Methode wird ein 60 mm langes, 5 mm breites und 5 mm dickes Stäbchen aus Polyvinylchlorid-Pulver hergestellt oder aus einer Preßplatte ausgesägt und in der Apparatur geprüft.

Der Erweichungspunkt soll bei Polyvinylchlorid 71 bis 76°, bei Vinylchlorid-Mischpolymerisat (*Igelit MP*) 60 bis 62° betragen.

b) Nach FIKENTSCHER. Für die Ermittlung des Erweichungspunktes von Polyvinylchlorid hat H. FIKENTSCHER eine Apparatur vorgeschlagen, die im wesentlichen aus einer mit Heiz- und Kühlvorrichtung versehenen Glasschale besteht. Als Erhitzungsflüssigkeit dient Wasser, das mit einem Tauchsieder erhitzt wird.

Zur Prüfung dient ein 30 mm langes, 10 mm breites und 2 mm dickes Stäbchen, das aus Polyvinylchlorid-Pulver gepreßt oder aus einer Platte ausgesägt wird. Dieses Stäbchen wird in eine im Temperaturbad befindliche Haltevorrichtung eingespannt und an seinem freien Ende mit einem Stempel von 400 g Gewicht belastet. Das Bad wird pro Minute um 1° aufgeheizt. Die Temperatur, bei der der Stempel infolge des Erweichens abrutscht, wird als Erweichungstemperatur angegeben.

Nach dieser Methode geprüft, zeigt *Igelit PCU* einen Erweichungspunkt von etwa 81° und *Igelit MP* einen solchen von etwa 64°.

E. Technologische Untersuchung.

Die technologische Untersuchung erfolgt am gelierten Polyvinylchlorid, welches in folgender Weise hergestellt wird[2].

Die Testmischung richtet sich nach dem zu prüfenden Material und nach dem Verwendungszweck.

---

[1] FIKENTSCHER, H.: Kunststoffe **30**, 35 (1940).
[2] NOWAK, P.: Kunststoffe **33**, 297 (1943).

Die Mischungsbestandteile werden zunächst sorgfältig von Hand oder in einem geeigneten Mischer gemischt.

Das so vorbereitete Gemenge wird auf die Walze gegeben, bei der von Fall zu Fall festzulegenden Temperatur eine ebenfalls festgelegte Zeit gewalzt, und schließlich in Form von 22 dicken Fellen für die Deformationsprüfung und 0,8 mm dicken Fellen für die übrigen Prüfungen abgezogen.

Die Prüfungen dürfen frühestens 16 Stunden nach der letzten plastischen Verformung vorgenommen werden. Die Lagerung erfolgt hierbei bei Raumtemperatur (20° ± 5°).

Mit dem so hergestellten gelierten Material werden die folgenden Prüfungen vorgenommen:

1. Bestimmung der Verwalzbarkeit und Gelatiniergeschwindigkeit.

Die Prüfung auf diese Eigenschaften erfolgt zum Teil bereits während der Herstellung der Mischungen[1]. Als Maß für die Gelatiniergeschwindigkeit gilt die Zeit, die erforderlich ist, um das Material bei der vorgeschriebenen Walzentemperatur zu der Prüfmischung zu verarbeiten, die bei der Prüfung auf Zugfestigkeit und Bruchdehnung bestimmte Mindestwerte ergibt. Bei der vorgeschriebenen Walzentemperatur darf das Material auf der Walze nicht kleben.

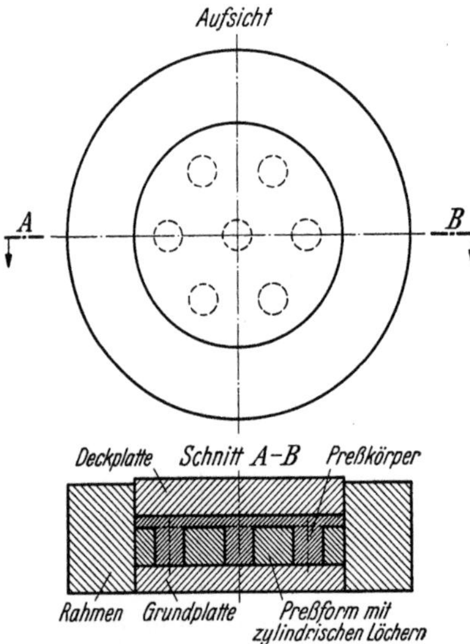

Abb. 17. Preßwerkzeuge zur Herstellung von Prüfkörpern für die Deformationsprüfung.

2. Bestimmung der Wärmedeformation.

Zur Bestimmung der Wärmedeformation werden Formlinge benötigt, die in der in Abb. 17 dargestellten Preßform hergestellt werden[1].

Die Preßform mit ausgebohrten Löchern von 10,3 mm Durchmesser und etwa 14 mm Höhe wird in einen passenden Rahmen auf eine Eisenplatte als Grundplatte gelegt. Die Preßmasse wird nach Vorwärmung auf 130° ± 5° in die ebenfalls vorgewärmte Form gebracht.

Dann werden die Deckplatte und der Stempel aufgesetzt und die Form 2 Minuten ohne Druck bei der Preßtemperatur gehalten und 1 Minute bei einem Preßdruck von 50 kg/qcm gepreßt. Anschließend wird unter Druck bis auf etwa 40° gekühlt.

Die aus der Form herausgenommenen Prüfkörper werden 3 Stunden bei 70° gelagert und darauf auf 10 mm Höhe gekürzt. Die genaue Höhe wird mit einer Meßuhr gemessen (Meßdruck kleiner als 1,5 g/qmm). Der Durchmesser der Preßkörper soll 10 ± 0,05 mm betragen.

Zur Bestimmung der Wärmedeformation werden die auf vorbeschriebene Weise hergestellten Prüfkörper 16 Stunden zwischen talkumierten Glasplatten in einem geeigneten Gerät mit 2 kg belastet bei einer von Fall zu Fall festzulegenden Temperatur.

---

[1] Nowak, P.: Kunststoffe **33**, 297 (1943).

Geeignet ist hierzu ein Wärmeschrank mit Umlaufventilator und geschlossener Entlüftung. Die Temperaturmessung ist in der Nähe des Prüfkörpers mit geeichtem Thermometer vorzunehmen. Die Prüftemperatur muß mit einer Genauigkeit von 0,5° eingehalten und sorgfältig kontrolliert werden.

Die Prüfkörper läßt man dann eine Stunde unter Last auf Zimmertemperatur abkühlen. Nach Herausnahme der Prüfkörper aus dem Gerät wird die Höhe nach einer halbstündigen Wartezeit gemessen.

Als Deformationswert ist die Höhenabnahme in Prozent der ursprünglichen Höhe anzugeben, wobei das Mittel aus wenigstens zwei Messungen angegeben werden muß.

3. Bestimmung der Zugfestigkeit und Bruchdehnung. Die Prüfung wird an Normstäben vorgenommen, die wie folgt hergestellt werden[1].

Aus den 0,8 mm dicken, abgelagerten Walzfellen werden je 10 Normstäbe St II DIN DVM 3504 längs und quer zur Walzrichtung ausgestanzt. Die Dickenschwankung der Prüfkörper soll im allgemeinen ±10 Prozent nicht übersteigen. Auf den Normstäben ist mit Hilfe eines Metall- oder Gummistempels eine Meßlänge von 10 mm zu kennzeichnen.

In einem geeigneten Zugfestigkeitsprüfer wird der Zugversuch gemäß DIN DVM 3504 durchgeführt. Die Prüftemperatur beträgt 20°. Für Vergleichsmessungen muß sie mit einer Genauigkeit von ±0,5° eingehalten werden.

Es empfiehlt sich, neben den Absolutwerten auch den Quotienten aus Zugfestigkeit und Bruchdehnung anzugeben.

Für eine eingehendere Beurteilung der Mischung muß die Bestimmung der Zugfestigkeit und Bruchdehnung bei mindestens zwei verschiedenen Temperaturen durchgeführt werden.

4. Bestimmung der Kältebeständigkeit. Zur Bestimmung der Kältebeständigkeit kann das im Kunststoff-Rohstoff-Laboratorium der Firma Badische Anilin & Soda Fabrik entwickelte und in Abb. 18 im Schnitt dargestellte Prüfgerät verwendet werden[2].

Das Kälteprüfgerät besteht im Prinzip aus einem allseitig geschlossenen, gut wärmeisolierten Kasten, der von einem gekühlten Luftstrom durchströmt wird. Die Temperatur des Luftstromes kann entsprechend eingestellt und konstant gehalten werden. Die Einstellung der Temperatur des Luftstromes erfolgt durch Einleiten des Luftstromes durch eine vorgeschaltete Kammer, die mit fester Kohlensäure gefüllt ist.

Über dem Kasten ist ein Gestänge zur Führung der auswechselbaren Fallhämmer (mit verschiedenen Gewichten) angeordnet. Die Führungen der Fallhämmer sind an dem Gestänge verschiebbar, so daß auch die Fallhöhen verändert werden können.

Zur Durchführung der Kälteprüfung werden aus der zu prüfenden Polyvinylchlorid-Masse Streifen von 15×60 mm Größe und 0,5 mm Dicke hergestellt.

Die Streifen werden zu einer Schleife zusammengebogen und die beiden aufeinanderliegenden Enden unter die Federn des Ambosses geklemmt.

Der Kasten wird dann geschlossen und die gewünschte Prüftemperatur eingestellt. Nachdem diese während einer halben Stunde konstant gehalten wurde, werden die Fallhämmer ausgelöst. Beim Auftreffen des Fallhammers wird die Schleife zusammengedrückt, wobei an der am höchsten beanspruchten Stelle eine Biegung um 360°, also eine Knickung bewirkt wird.

---

[1] Nowak, P.: Kunststoffe **33**, 297 (1943).
[2] Kunststoffe **28**, 171 (1938).

Die Prüfung der Probe gilt als bestanden, wenn an der Knickstelle kein Brechen eintritt, was nach dem Öffnen des Kastens festgestellt werden kann.

Die Untersuchung wird zweckmäßig an mindestens je 3 Proben gleichzeitig ausgeführt, um zuverlässige Mittelwerte zu erhalten.

Als Prüfstreifen werden nach H. BERGER[1], sofern nicht besondere Polyvinylchlorid-Massen untersucht werden sollen, die IFK-Stäbe verwendet, die aus den auf S. 248 erwähnten weichgemachten Prüfmischungen bestehen.

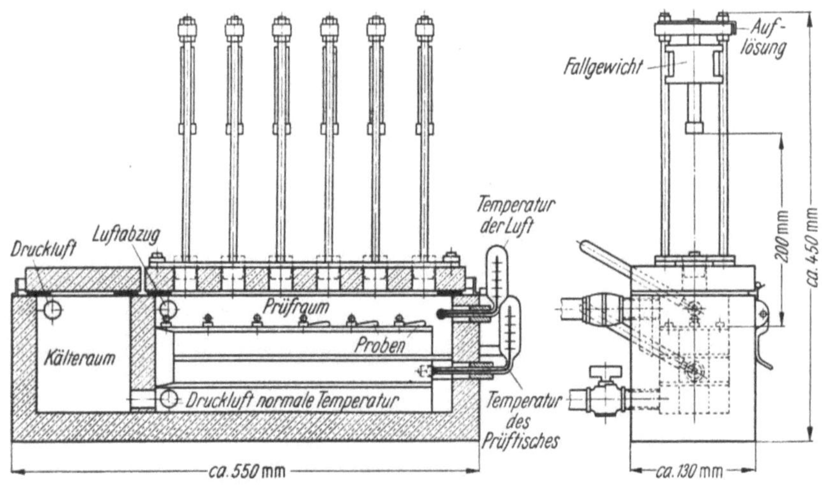

Abb. 18. Kälteprüfgerät.

Die 200 g schweren Fallhämmer werden aus 20 cm Höhe herabfallen gelassen und die Polyvinylchlorid-Streifen auf Bruch geprüft. Die Prüfung wird bei verminderter Temperatur so lange fortgesetzt, bis von gleichzeitig sechs untersuchten gleichen Prüfstreifen einer gebrochen wird. Die Temperatur, bei der mindestens ein Probestreifen gebrochen wird, wird als *Kälteschlagwert* bezeichnet.

5. Bestimmung des spezifischen Widerstandes. Eine etwa 0,8 mm dicke, quadratische Platte von 120 mm Kantenlänge wird 16 Stunden bei 65 Prozent relativer Luftfeuchtigkeit[2] gelagert und anschließend der spezifische Widerstand mit einer Gleichspannung unter Angabe der Spannung von 1000 oder 100 Volt gemessen[3]. Zu verwenden sind Schutzringelektroden aus kolloidem Graphit. Als Durchmesser der Meßbeläge wird 53,6 mm empfohlen.

---

[1] BERGER, H.: Kunststoffe **30**, 35 (1940).

[2] Die Einstellung der Luftfeuchtigkeit erfolgt zweckmäßig mit Hilfe einer gesättigten Ammoniumnitratlösung mit überschüssigem Ammoniumnitrat als Bodenkörper.

[3] NOWAK, P.: Kunststoffe **33**, 297 (1943).

II. Untersuchung von weichgestelltem Polyvinylchlorid.

A. Chemische Untersuchung.

Die zur Untersuchung gelangende weichgestellte Vinylchlorid-Polymerisate oder -Mischpolymerisate enthaltende Masse muß, falls dieselbe nicht in zerkleinertem Zustand vorliegt, zuvor zerkleinert werden. Man sieht dann durch ein Prüfsiebgewebe 1,5 DIN 1171 und mischt die durch dieses Sieb gehenden Anteile gut durch. Anschließend wird das Pulver 16 Stunden über Phosphorpentoxyd getrocknet und dient als Ausgangsmaterial zur weiteren Untersuchung[1].

Zunächst wird der p_H-Wert des wäßrigen Auszuges in gleicher Weise wie bei den nicht weichmacherhaltigen Proben ermittelt; in gleicher Weise erfolgt auch die Chlorionenbestimmung in diesem wäßrigen Auszug.

Die Chlorbestimmung von weichmacherhaltigen Polymerisaten oder Mischpolymerisaten des Vinylchlorids kann ebenfalls nach den gleichen Methoden erfolgen, wie diese bei nicht weichgestellten Massen üblich sind.

Bei Schiedsuntersuchungen erfolgt die Chlorbestimmung nach der von CARIUS angegebenen Methode.

1. Bestimmung des Weichmachergehaltes. 5 g des zerkleinerten Materials werden 16 Stunden in Diäthyläther gequollen. Die Extraktion erfolgt in einem Normalextraktionsgefäß nach DIN DVM 3555. Die Extraktion wird mindestens 8 Stunden durchgeführt und so lange fortgesetzt, bis im Verlauf von einer Stunde erneut nicht mehr als 0,1 Prozent extrahiert werden. Der Rückstand wird bei 105° bis zur Gewichtskonstanz getrocknet.

Die Gewichtsdifferenz gegenüber der Einwaage wird in Prozenten als Weichmachergehalt angegeben.

2. Bestimmung der Weichmacherzusammensetzung. Die Prüfung von weichgestellten Polyvinylchlorid-Massen hat sich nicht nur auf die Bestimmung des Weichmachergehaltes, sondern in vielen Fällen auch auf die Ermittlung der chemischen Zusammensetzung des Weichmachers zu erstrecken.

Zur Ermittlung der Art des Weichmachers dient der vom Extraktionsmittel erhaltene Rückstand, der gegebenenfalls durch Extraktion einer größeren Polyvinylchlorid-Menge in gleicher Weise in der erforderlichen Menge hergestellt wird.

Bei der Vielzahl der möglichen und verwendeten Weichmacher bzw. Weichmachergemische ist die Bestimmung der Zusammensetzung des Weichmachers keine leichte analytische Arbeit.

Die zur Erkennung der Zusammensetzung erforderlichen Untersuchungen haben sich auf die Bestimmung der Dichte, der Viskosität, der Siedegrenzen, des Brechungsindex, der Flüchtigkeit sowie auf verschiedene chemische Kennzahlen, wie Neutralisationszahl, Verseifungs-

---

[1] NOWAK, P.: Kunststoffe **33**, 297 (1943).

zahl, zu erstrecken. Aber selbst bei Ermittlung dieser wird es immer noch sehr schwer sein, die chemische Zusammensetzung des Weichmachers zu ermitteln. Dies ist nur bei einer genauen Kenntnis der Zusammensetzung der weichgestellten Polyvinylchlorid-Massen möglich.

Vom Fachnormenausschuß Kunststoffe im Deutsvhen Normenausschuß[1] sind Entwürfe ausgearbeitet worden, welche die Bestimmung der Dichte, des Brechungsindexes, Flammpunktes, Stockpunktes, der Viskosität, Säurezahl, Verseifungszahl, der Verseifungsgeschwindigkeit und der Lichtdurchlässigkeit einheitlich regeln sollen.

Nach M. A. ELLIOT, A. R. JONES und L. B. LOCKHART[2] lassen sich mit Hilfe einer neuartigen dielektrischen Zelle die bei weichgestellten Polyvinylchloriden verwendeten Weichmacher nachweisen und erkennen.

Weichmacher vom polaren Typ geben bei hohen Radiofrequenzen charakteristische und reproduzierbare Kurven von Verlustfaktor und Dielektrizitätskonstante gegen Temperatur.

In fortlaufenden Untersuchungen ist lediglich die Bestimmung der elektrischen Eigenschaften über einen Bereich von etwa $10°$ um die Spitze des Verlustfaktors erforderlich.

Zur Ausführung wird der Weichmacher vom Polyvinylchlorid getrennt, entweder durch Lösen der weichgestellten Masse in heißem Diisopropylketon und Fällen des Polyvinylchlorids mit Alkohol oder durch Extraktion des Weichmachers mit dem konstant siedenden Gemisch aus Benzol und Methanol.

Die elektrischen Eigenschaften werden bei einer Frequenz von $10\,\text{MHz}$ als Funktion der Temperatur bestimmt und bei bestimmten Weichmachern durch chemische Identitätsreaktionen sowie Bestimmung des Brechungsindex ergänzt.

3. Bestimmung der Gelierfähigkeit. Der Hersteller von weichgestellten Polymerisaten oder Mischpolymerisaten des Vinylchlorids muß noch das Verhalten des Weichmachers beim Einarbeiten in die Polymerisate kennen. Diese *Gelierfähigkeit* der Weichmacher kann nach P. SCHMIDT[3] mit dem in Abb. 19 schematisch dargestellten *Brabender-Plastographen* bestimmt werden.

Der Meßkörper besteht aus einem durch einen Synchronmotor angetriebenen rotierenden Trog mit senkrechten Stiften zur Aufnahme der Paste. Der ebenfalls mit Stiften versehene Fühler nimmt während der Vermessung den Verformungswiderstand auf und überträgt ihn über ein Waagensystem auf die Registriervorrichtung.

Das Gerät ist mit einer Heizeinrichtung versehen, die es erlaubt, die Änderung der Viskosität bei kontinuierlich steigender Temperatur ($1,5°/\text{min}$) im Bereich von etwa 25 bis $90°$ zu bestimmen. Die Temperatur wird über ein Kontaktthermometer geregelt, das in die zu prüfende Paste eintaucht und dessen Rapport bei der Aufheizung mit dem Antriebsmechanismus gekuppelt ist. Durch Ausschaltung des Rapports, aber bei eingeschalteter Heizung, gestattet das Kontaktthermometer die beliebige Einstellung einer konstanten Temperatur zwischen 20 bis $90°$. Durch Ausschaltung der Heizung erlaubt das Gerät fernerhin, Viskositätsmessungen auch während des Abkühlens durchzuführen.

Der kleine Kneter *1* wird von einem frei pendelnd gelagerten Motor *2* angetrieben. Der beim Mischen und Kneten auftretende Verformungswiderstand der zu untersuchenden Mischung äußert sich als Drehmoment im entgegengesetzten Sinne und wird durch den Hebel *4* auf ein Waagensystem *6* übertragen, das mit

---

[1] Kunststoffe **41**, 66 (1951).
[2] ELLIOT, M. A., A. R. JONES u. L. B. LOCKHART: Analytic. Chem. **19** 10 (1947).
[3] SCHMIDT, P.: Kunststoffe **41**, 23 (1951).

einer Schreibvorrichtung *7* verbunden ist. Die Drehzahl des Motors beträgt 56 U/min. Der Meßbereich reicht von 0 bis 100 cm/g und erlaubt somit die Messung der Arbeit, die zum Mischen und Kneten aufgewendet werden muß. Der Knettrog ist mit dem Thermostaten *8* verbunden, der Versuchstemperaturen zwischen 25 und 180° gestattet. Als Thermostatenfüllung dient Dibutylphthalat. Das Hebelsystem *4* erlaubt die Einstellung verschiedener Empfindlichkeiten. Der Dämpfer *5* dient zum Ausgleich der auftretenden Unregelmäßigkeiten, die durch momentane Schwankungen der Knetarbeit verursacht werden.

Zur Durchführung der Messung werden 200 g Polyvinylchlorid und 100 g Weichmacher getrennt unmittelbar hintereinander in den Knettrog eingetragen.

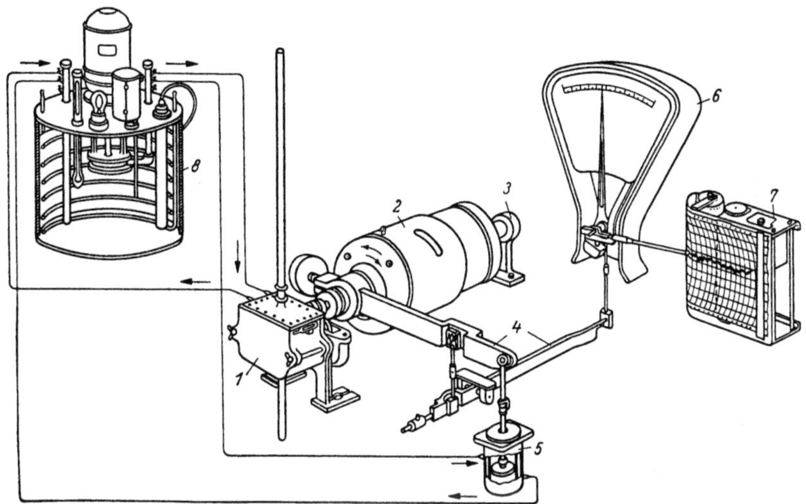

Abb. 19. Brabender-Plastograph.

Die Geliergeschwindigkeit eines Weichmachers gegenüber Polyvinylchlorid wird durch die Zeit ausgedrückt, die beispielsweise zur Erreichung eines Verformungswiderstandes von 100 cm/g unter gegebenen Bedingungen benötigt wird.

In der Tab. 36a sind einige Weichmacher in der Reihenfolge abnehmender Gelierfähigkeit in diesem Sinne geordnet, d. h. die für verschiedene Temperaturen ermittelten Zeiten eingetragen, die zur Erreichung des Verformungswiderstandes von 1000 cm/g benötigt werden.

Tabelle 36a. *Geliergeschwindigkeiten von Weichmachern.*

Weichmacher	Temperatur in °C			
	25	50	75	100
Dimethylphthalat	25,7	3,6	1,0	1,0
Diäthylphthalat	—	11,3	3,8	1,3
Dibutylphthalat	—	16,75	3,1	1,5
Benzylbutylphthalat	—	18,5	3,7	1,3
Palatinol O	—	24,9	2,5	1,9
Trikresylphosphat	—	49,0	4,7	2,2
Palatinol K	—	—	13,3	4,1
Mesamoll	—	—	15,7	2,9
Palatinol AH	—	—	19,3	5,9

4. Füllstoffbestimmung. 1 g des zerkleinerten Materials wird mit 25 cm³ Tetrahydrofuran im Abzug bei 50 bis 60° in Lösung gebracht.

Nach dem Abkühlen und Verdünnen mit Aceton wird eine bis zwei Stunden bei mindestens 3000 Umdrehungen je Minute zentrifugiert und dekantiert. Der letzte Acetonextrakt darf keine wägbaren Rückstände enthalten.

Die Füllstoffe werden bei 105° bis zur Gewichtskonstanz getrocknet.

Tetrahydrofuran wird auch von J. HASLAM und G. NEWLANDS[1] als Extraktionsmittel verwandt.

B. Bestimmung der physikalischen Eigenschaften.

Die physikalischen Eigenschaften von weichgestellten Polymerisaten oder Mischpolymerisaten hängen nicht nur von der spezifischen Art der Kunststoffe, sondern auch von den gleichzeitig mitverarbeiteten Weichmachern, deren Menge sowie von anderen Zusatzstoffen, wie Stabilisatoren usw., ab. Die bei diesen Massen erhaltenen Eigenschaftswerte können deshalb nicht zum Vergleich mit anders zusammengesetzten Polyvinylchlorid-Massen herangezogen werden.

Um unabhängige Zahlenwerte zu erhalten, hat die Tafacht[2] für Polyvinylchlorid eine Prüfmischung, bestehend aus 60 Teilen Polyvinylchlorid (*Igelit PCU*) und 40 Teilen Trikresylphosphat, und für Vinylchlorid-Mischpolymerisat eine solche aus 75 Teilen *Igelit MP* und 25 Teilen Trikresylphosphat vorgeschlagen.

Die Mischungen aus *Igelit PCU* bzw. *Igelit MP* und Weichmacher werden in dem angegebenen Mengenverhältnis sorgfältig von Hand gemischt und 15 Stunden bei 70° im Wärmeschrank gelagert.

Die Menge der Mischung ist so zu bemessen, daß das fertig ausgewalzte Fell 0,5 mm dick gleichmäßig auf der Walze verteilt ist. Die Walzzeit soll 20 Minuten betragen; hierbei soll für eine gute Durchmischung gesorgt werden. Die Temperatur der Walze muß bei Igelit MP 120° und bei Igelit PCU 160° betragen.

Das von der Walze heruntergenommene 0,5 mm dicke Fell soll 3 Stunden lang bei einer Temperatur von 70° gelagert werden. Frühestens 2 Stunden nach Abkühlung des Materials auf Zimmertemperatur sind aus dem Fell die Probestücke auszustanzen.

Für die mechanische Prüfung sind je 10 Proben längs und quer zur Walzrichtung auszustanzen.

Als Probekörper gilt der kleine IFK-Stab.

1. Bestimmung der Zerreißfestigkeit und Bruchdehnung. Unter Verwendung der auf vorbeschriebene Weise hergestellten IFK-Stäbe soll die Zerreißfestigkeit bei *Igelit PCU* und *MP* mindestens 150 kg/qcm und die Bruchdehnung mindestens 250 Prozent bei einer Meßlänge von 1 cm betragen.

Bei der von P. NOWAK[3] angegebenen Meßmethode werden aus 0,8 mm dicken abgelagerten Walzfellen je 10 Normstäbe verwendet und die Prüfung in sonst gleicher Weise wie bei nicht weichgestellten Prüfstäben vorgenommen.

[1] HASLAM, J., u. G. NEWLANDS: Journ. Soc. Chem. **69**, 103 (1950).
[2] BERGER, H.: Kunststoffe **30**, 35 (1940).
[3] NOWAK, P.: Kunststoffe **33**, 297 (1943).

2. Bestimmung der Wärmedeformation. Die Wärmedeformation wird an den bereits beschriebenen Prüfmischungen vorgenommen[1], sofern nicht Polyvinylchlorid-Massen besonderer Zusammensetzung untersucht werden sollen.

Das für die Durchführung der Zerreißfestigkeit und Dehnung sowie des Kälteschlagwertes hergestellte Fell wird auf der Walze zu einer 4 mm starken Platte umgearbeitet und dieses noch heiß oder nach Vorwärmen auf 130° in die Form gegeben. In dieser Form werden die Prüfkörper 1 Minute lang mit einem Druck von etwa 115 kg/qcm bei 145° für Igelit MP und 160° bei Igelit PCU gepreßt. Anschließend wird sofort gekühlt und nach hinreichender Kühlung der Druck weggenommen. Die Prüfkörper werden 3 Stunden bei 70° gelagert und dann auf etwa 10 mm gekürzt, planparallel geschliffen, ihre Höhe wird genau gemessen (Durchmesser 10 mm), und sie werden dann zwischen talkumierten Glasplatten in den Deformationsapparat eingebaut.

Dieser Defo-Apparat besteht im wesentlichen aus einem Thermostaten und einer Belastungsvorrichtung, in der die Prüfkörper für 24 Stunden bei 70° für Igelit MP oder 100° für Igelit PCU mit 2 kg belastet werden.

Die Prüflinge sollen 1 Stunde bei Zimmertemperatur ohne Last erkalten und werden dann gemessen.

Die in Prozenten angegebene Wärmedeformation soll bei *Igelit PCU* und *Igelit MP* nicht größer sein als 30 Prozent.

3. Wärmedruckprüfung. Zu dieser Prüfung verwendet man in gleicher Weise wie zur Prüfung der Zerreißfestigkeit vorbereitetes Walzfell mit einer Dicke von 0,5 mm.

Aus diesem Fell wird ein Probestreifen von 80 mal 20 mm geschnitten und über einen Metalldorn von 20 mm Durchmesser gelegt. Ein weicher Aluminiumdraht von 1,4 mm Durchmesser wird an beiden Enden mit 500 g belastet und über das Probestück gelegt. Die Probe wird 48 Stunden lang bei 70° im Wärmeschrank gehalten, nach dem Erkalten wird der Draht entfernt. Die Ablesung erfolgt 5 Minuten nach Entfernung des Drahtes mit dem Meßmikroskop.

4. Härte und Weichheit. a) Bestimmung der Härte. Die Bestimmung der Härte von weichgestellten Polymerisaten oder Mischpolymerisaten des Vinylchlorids kann in derselben Weise wie die Härtebestimmung von weichmacherfreiem Polyvinylchlorid durchgeführt werden[2].

b) Bestimmung der Weichheit. Die Bestimmung der Weichheit von weichgestellten Polymerisaten oder Mischpolymerisaten des Vinylchlorids erfolgt nach der gleichen zur Prüfung von Gummi entwickelten Prüfung nach DIN 53503.

Die Weichheit wird hierbei durch die *Weichheitszahl* ausgedrückt. Letztere ist eine unbenannte Zahl, die sich ergibt aus dem Unterschied zwischen dem Eindringen einer polierten, gehärteten Stahlkugel von 10 mm Durchmesser bei einer Belastung von 50 g (Vorlast) und einer solchen von 1000 g (Prüflast) bei einer Dauer der Gesamtbelastung (1050 g) von 10 Sekunden. Die Messung erfolgt bei Platten von 0,2 mm Plattendicke bei einer Temperatur von 20 ± 2°.

Das Prüfgerät besteht aus einer senkrecht geführten Stange, die unten eine Fassung mit der Kugel, oben entsprechende Gewichte trägt.

---

[1] BERGER, H.: Kunststoffe **30**, 35 (1940).   [2] Siehe Seite 240.

Stange, Kugel und Zusatzgewicht bilden die Vorlast von 50 g; die Prüflast beträgt 1000 g, so daß die Gesamtbelastung 1050 g ergibt.

Die Eindringtiefe der Kugel in die Platte wird durch eine Meßvorrichtung aus dem Weg der Stange ermittelt. Die Skala des Meßgerätes soll in 0,01 mm geteilt sein und 3 mm Meßbereich umfassen.

Zur Ausführung der Prüfung wird die Platte nach dem Einlegen in das Prüfgerät zunächst mit der Vorlast von 50 g belastet. Von der Anzeige des Meßgerätes hierbei muß als Nullpunkt für die folgende Messung der Eindringtiefe ausgegangen werden. Dann wird stoßfrei mit der Prüflast von 1000 g belastet und nach 10 Sekunden die Eindringtiefe bei der Gesamtbelastung abgelesen.

Ist die Zunahme der Eindringtiefe der Kugel zwischen 50 und 1050 g Belastung

$$\frac{x}{100}\,\text{mm,}$$

so ist x die Weichheitszahl.

Die Bestimmung der Weichheitszahl muß in mindestens 3 Versuchen ausgeführt werden. Das Mittel der 3 Messungen wird als Weichheitszahl angesehen.

c) Beziehung zwischen Härte und Weichheit. Ähnlich wie bei Gummi bestehen auch bei weichgestelltem Polyvinylchlorid Beziehungen zwischen der SHORE-Härte und der Weichheit.

Von HJ. SAECHTLING[1] sind diese Beziehungen bei verschiedenen Weich-Mipolam-Sorten untersucht worden, wobei die aus Abb. 18 ersichtliche Umrechnungskurve ermittelt wurde.

In dieser Abb. 20 sind die SHORE-Härten gemäß DIN 53503 Blatt 2 wiedergegeben. Für die Umrechnung dieser SHORE-Härte-Werte auf die im Augenblick des Aufsetzens des Gerätes ermittelten gilt die von HJ. SAECHTLING[1] angegebene Faustregel, nach der die SHORE-Härten nach der letzteren Methode ermittelt, bei mittlerer Weichmachung von Polyvinylchlorid um etwa 5° höher liegen als die 10 Sekunden nach dem Aufsetzen abgelesenen Werte.

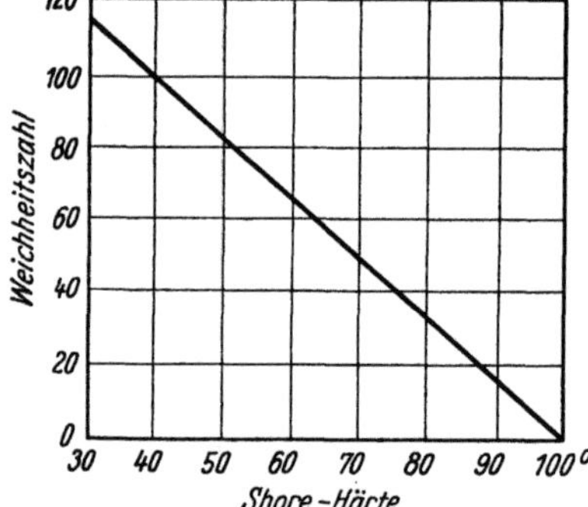

Abb. 20. Umrechnungskurve SHORE-Härte-Weichheitszahl für Weichmipolam.

III. Untersuchung von weichmacherhaltigen Kabelmassen.

Von H. DOEHRING[2] ist ein Analysengang zur Bestimmung von weichmacherhaltigen Polyvinylchlorid-Massen, die für die Kabelisolierungen Verwendung finden sollen, ausgearbeitet worden, der, von einer Einwaage ausgehend, die Ermittlung der Weichmacher-, Stabilisierungs- und Emulgiermittel, der Füllstoffe und des Polyvinylchlorids ermöglicht.

Aus diesem Grunde ist dieser Analysengang, der sich ganz allgemein auch für weichgestellte Polyvinylchlorid-Massen eignet, hier beschrieben.

[1] SAECHTLING, HJ.: Kunststoffe 34, 180 (1944).
[2] DOEHRING, H.: Kunststoffe 28, 230 (1938).

Zur Analyse muß das Material zuvor fein zerkleinert werden. Zu diesem Behufe wird das Material abgekühlt und dann in einer Bleistiftspitzmaschine zerkleinert.

5 bis 6 g des zerkleinerten Materials werden zur Entfernung der anhaftenden Feuchtigkeit im Exsiccator über Calciumchlorid getrocknet.

A. Bestimmung des Weichmachergehaltes.

5 g der so vorbehandelten Probe läßt man in durch Natriummetall wasserfrei gemachtem Äther unter Abschluß von Luftfeuchtigkeit im GRAEFE-Extraktionsapparat stehen. Die Extraktion erfolgt mit aufgesetztem Chlorcalcium-Rohr. Die Extraktionsdauer beträgt mindestens 6 Stunden; sie wird fortgesetzt, falls sich herausstellt, daß bei weiterer Extraktion von einer Stunde mehr als 0,1 Prozent neu extrahiert wird.

Nach Entfernung des als Extraktionsmittel benützten Äthers wird der Rückstand, der fast restlos aus *Weichmacher* besteht, gewogen und sein Gewichtsanteil auf die ursprüngliche Mischung bezogen in Prozent als Weichmacher angegeben.

B. Bestimmung der Stabilisier- und Emulgiermittel.

Die noch in der Probe vorhandenen wasserlöslichen Stoffe, wie Emulgiermittel, Stabilisatoren, werden durch die der Ätherextraktion folgende Extraktion mit 50prozentigem Methanol erfaßt.

Man läßt das vom Ätherlöslichen befreite Material über Nacht mit dem wäßrigen Methanol (1 : 1) stehen. Anschließend kocht man es rund 4 Stunden am Rückflußkühler. Alsdann filtriert man die erhaltene Methanollösung, verdampft das Methanol und bestimmt nach dem Erkalten den Rückstand. Letzterer enthält die von der Polymerisation zum Teil noch herrührenden Dispergiermittel sowie die zur Stabilisierung verwendeten wasserlöslichen Stabilisierungsmittel.

C. Bestimmung des Füllstoffgehaltes.

Zur Bestimmung der Füllstoffe wird das vom Ätherlöslichen und Methanollöslichen befreite Material mit rund 100 ccm Cyclohexanon bei 50 bis 60° in Lösung gebracht. Nach dem Abkühlen und Verdünnen mit 50 ccm Aceton wird 1 bis 2 Stunden bei 3000 Umdrehungen je Minute zentrifugiert und darauf dekantiert. Die Füllstoffe werden rund viermal mit Aceton aufgerührt, zentrifugiert, dekantiert und schließlich im Zentrifugenglas bei rund 70° getrocknet und gewogen. Der Prozentsatz der in der ursprünglichen Polyvinylchlorid-Masse vorhandenen Füllstoffe wird dann berechnet.

D. Bestimmung des Polyvinylchlorid-Gehaltes.

Ungefähr 0,5 g der vom Äther- und Methanollöslichen befreiten Probe werden zur Chlorbestimmung verwendet. Diese kann nach einer der bereits erwähnten Methoden erfolgen.

Aus der Differenz von 100 minus Prozent Ätherextrakt plus Methanolextrakt plus Füllstoffe ergibt sich der Gehalt an Polyvinylchlorid oder Vinylchlorid-Mischpolymerisat, wenn der Chlorgehalt kleiner gefunden wurde als der Chlorgehalt des reinen Polyvinylchlorids.

IV. Untersuchung von Polyvinylchlorid-Pasten.

Die technisch verwertbaren Polyvinylchlorid-Pasten enthalten neben Polyvinylchlorid noch Weichmacher und gegebenenfalls auch Füll- und Farbstoffe.

Die chemische Untersuchung dieser Polyvinylchlorid-Pasten kann demnach in gleicher Weise wie die von weichgestellten Polyvinylchloriden durchgeführt werden.

In physikalischer Hinsicht hat sich die Untersuchung der Polyvinylchlorid-Pasten auf die Bestimmung der *Viskosität* und des *Fließverhaltens* zu erstrecken.

A. Bestimmung der Viskosität.

Zur Bestimmung der Viskosität von Polyvinylchlorid-Pasten haben G. WICK und J. GRASSL[1] ein in Abb. 21 schematisch wiedergegebenes Viskosimeter entwickelt, bei welchem der Fuß aus Rotguß und die Skala aus Hydroallium besteht.

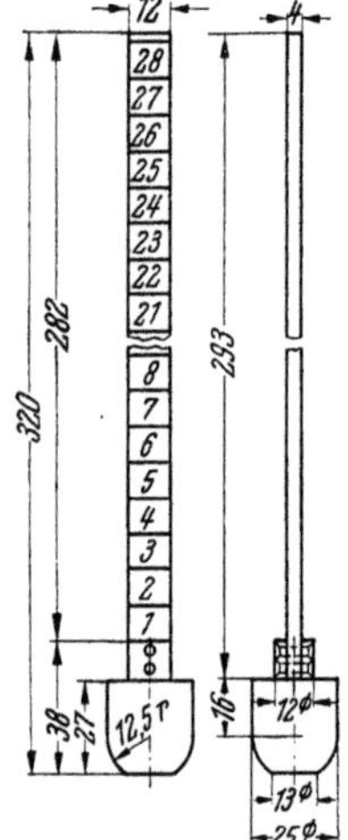

Zur Messung läßt man das Viskosimeter in die Paste bis zum Teilstrich 10 einsinken und stoppt dann die Zeit, die das Viskosimeter zum Einsinken bis zum Teilstrich 20 benötigt.

Die Viskosität wird dann als Anzahl der Sekunden angegeben, die für das Eintauchen des Gerätes vom Teilstrich 10 bis zum Teilstrich 20 benötigt werden.

Die Messung wird bei 20° durchgeführt.

B. Bestimmung des Fließverhaltens.

Zur Bestimmung des Fließverhaltens von Polyvinylchlorid-Pasten bedient man sich des von HJ. SAECHTLING[2] vorgeschlagenen Bandviskosimeters von F. WACHHOLTZ und W. K. ASBECK[3].

Abb. 21. Viskosimeter für Polyvinylchlorid-Pasten.

Das eine Hauptstück des Instrumentes ist ein senkrecht stehender temperierter Spalt bekannter Dimensionen, welcher von einem Vorratsbehälter aus mit Meßgut versorgt wird.

Das andere Hauptstück ist ein Band aus Cellulosetriacetat bekannter Dimensionen, welches man im Spalt unter der Einwirkung eines angehängten Gewichtes herabgleiten läßt.

Die Durchlaufzeit für eine bestimmte Länge wird abgestoppt.

Aus den Dimensionen der Instrumententeile und den Meßgrößen ergeben sich die *Schubspannung* τ und *Schergeschwindigkeit* D zu:

$$\tau = \frac{G}{2\,BH}\,\mathrm{g}\cdot\mathrm{cm}^{-2}, \qquad D = \frac{L}{tA}\,\mathrm{sec}^{-1},$$

[1] WICK, G., u. J. GRASSL: Kunststoffe **32**, 327 (1942).
[2] SAECHTLING, HJ.: Kunststoffe **33**, 127 (1943).
[3] WACHHOLTZ, F., u. W. K. ASBECK: Kolloid-Z. **93**, 280 (1940).

worin $H = 2{,}3$ cm Spalthöhe,

$w = 0{,}01$ bis $0{,}04$ cm Spaltweite,

$d = 0{,}0050$ cm Banddicke,

$B = 3{,}0$ Bandbreite,

$L = 40{,}0$ cm Fallstrecke des Bandes,

$A = \dfrac{w - d}{2}$ und

G das angehängte Gewicht in g,

t die Durchlaufszeit in Sekunden ist.

Das τ—D-Diagramm kann nach der BINGHAM-Gleichung

$$\eta^* = \frac{(\tau - F) \cdot 981}{D} \text{ Poisen}$$

($\eta^* =$ Viskosität, $F =$ Schubfestigkeit) ausgewertet werden.

In der Tab. 37 ist das Fließverhalten einer ausgereiften Polyvinyl-chlorid-Paste nach Versuchen von HJ. SAECHTLING[1] zusammengestellt.

Tabelle 37. *Fließverhalten ausgereifter Polyvinylchlorid-Paste.*

	Viskosität des Weichmachers in cP 92			
Ansatz-verhältnisse	τ-Bereich	D-Bereich	F $g \cdot cm^{-2}$	η Poisen
50:50	5—25	30—400	0,5—2,0	75—100
60:40	15—50	35—150	—	—
65:35	20—70	5—100	15—25	800—1200
70:30	50—200	4— 80	35	3000—4000

Vierter Teil

Verarbeitung von Polyvinylchlorid und Vinylchlorid-Mischpolymerisaten.

I. Chemische Umsetzung von Polyvinylchlorid oder Vinylchlorid-Mischpolymerisaten.

Kunststoffe auf Polyvinylchlorid-Basis können auch erhalten werden, wenn man Polymerisate oder Mischpolymerisate des Vinylchlorids mit geeigneten Verbindungen kondensiert oder umsetzt.

A. Mit Aldehyden.

Vinylchlorid-Mischpolymerisate, die neben Vinylchlorid im Molekül noch Vinylalkohol, also freie Hydroxylgruppen enthalten, können mit Aldehyden zu Acetalen kondensiert werden.

---

[1] SAECHTLING, HJ.: Kunststoffe **33**, 127 (1943).

Auf diese Weise führt z. B. R. W. Quarles[1] die auf S. 84 erwähnten Vinylchlorid-Vinylalkohol-Mischpolymerisate in acetalartige Kunststoffe über.

B. Mit Ketonen oder Ketonacetalen.

Polyvinylchloridhaltige Kondensationsprodukte erhält man nach H. Sönke[2], wenn man Gemische von *Ketonen*, deren Ketogruppe nicht Glied eines Ringes ist, wie z. B. Aceton, 4-Methoxybutanon-2, Acetophenon, und geringe Mengen an *Aldehyden*, wie z. B. Paraldehyd, Propionaldehyd, Benzaldehyd, mit Verseifungsprodukten von Mischpolymerisaten aus Vinylchlorid und Vinylestern in Gegenwart von Katalysatoren, wie Schwefelsäure, Salzsäure, Trichloressigsäure usw., kondensiert.

Nach dem gleichen Forscher[3] kann man auch Mischpolymerisate aus Vinylchlorid und Vinylestern unter gleichzeitig verseifenden Bedingungen mit *Ketonacetalen* umsetzen, z. B. *Acetondiäthylacetal*.

C. Mit Hydroxylamin.

Vinylchlorid-Mischpolymerisate, die als zweite Komponente Acrylsäureanhydrid, Dimethylfumarat oder Dimethylmaleat enthalten, lassen sich nach D. D. Coffman[4] mit *Hydroxylamin* umsetzen, wobei polymere Hydroxamsäuren entstehen. Diese Reaktion erfolgt unterhalb der Zersetzungstemperatur des Hydroxylamins in einem bestimmten Medium, wie Alkalihydroxyd, Alkoholate, Amine. Aus den erhaltenen Salzen wird mit nicht oxydierenden Säuren die gebildete Hydroxamsäure in Freiheit gesetzt.

D. Mit Eiweißstoffen.

Mischpolymerisate aus Vinylchlorid und Maleinsäure oder Maleinsäureanhydrid können auch durch Erhitzen auf höhere Temperaturen mit höhermolekularen Verbindungen, wie Gelatine, Albumin, Casein, Dextrin, Alkylcellulose usw., umgesetzt werden[5].

E. Mit Säuren.

Freie Hydroxylgruppen enthaltende Vinylchlorid-Mischpolymerisate, wie Vinylchlorid-Vinylalkohol-Mischpolymerisate, können nach R.W. Quarles[6] mit zweibasischen Säuren, wie Maleinsäure und Bernsteinsäure, umgesetzt werden.

---

[1] A.P. 2458639, Carbide and Carbon Chemicals Corp.
[2] DRP. 680346, I.G. Farbenindustrie A.G.
[3] DRP. 679792, I.G. Farbenindustrie A.G.
[4] A.P. 2402604, E. I. du Pont de Nemours & Co.
[5] F.P. 815311, I.G. Farbenindustrie A.G.
[6] A.P. 2458639, Carbide and Carbon Chemicals Corp.

F. Veresterung.

Mischpolymerisate, die neben Vinylchlorid eine Säure, z. B. Acrylsäure, Methacrylsäure u. dgl., enthalten und durch Mischpolymerisation
der entsprechenden Säuren oder durch Verseifung der Vinylchlorid-
Ester-Mischpolymerisate gewonnen werden, können durch Veresterung
mit ein- oder mehrwertigen Alkoholen in die entsprechenden Vinyl-
chlorid-Säureester-Mischpolymerisate übergeführt werden.

G. Umesterung.

Durch sechstägiges Behandeln einer Polyvinylchlorid-Lösung mit
Silbernitrat und Eisessig bei 63 bis 65° wird ein großer Teil der Chloratome durch den Essigsäurerest ersetzt[1].

Das erhaltene Reaktionsprodukt zeigt die Eigenschaften des *Polyvinylacetats*, z. B. Löslichkeit in Alkohol, leichte Verseifbarkeit usw.

H. Verseifung.

Bei der Behandlung mit verseifenden Mitteln verhalten sich Polyvinylchloride verschieden[2].

Verseift man die durch Polymerisation von Vinylchlorid im Licht
in Anwesenheit von 1 Prozent Uranylchlorid erhaltenen Polyvinylchloride mit Alkalien bei gewöhnlichem oder erhöhtem Druck, so erhält man nach W. HAEHNEL und W. O. HERRMANN[3] als Verseifungs-
produkt *Polyvinylalkohol.*

Man kocht z. B. 10 g Polyvinylchlorid, das durch Polymerisieren im Licht in
Gegenwart von 1 Prozent Uranylchlorid hergestellt wurde[4], mit 200 ccm normaler
wäßriger Natronlauge 2 Stunden am Rückflußkühler, filtriert die Lösung von der
Trübung ab und verdünnt sie mit dem 10fachen Volumen Alkohol, worauf der gebildete Polyvinylalkohol in Form heller Flocken oder eines hellen Pulvers, das
in Wasser löslich ist, ausfällt. Die Ausbeute beträgt 90 Prozent der Theorie.

Diese Substitution des Chlors durch Hydroxyl gelingt jedoch nicht
bei solchen Polyvinylchloriden, die durch Polymerisation des monomeren Vinylchlorids in Gegenwart von Peroxyden erhalten werden.

Nach Untersuchungen von H. E. FIERZ-DAVID und HCH. ZOLLINGER[1]
wurde nämlich bei sechsstündigem Kochen einer Lösung von Polyvinylchlorid in Tetrahydrofuran mit einem Gemisch von alkoholischer Natronlauge und Tetrahydrofuran am Rückflußkühler nicht Polyvinylalkohol,
sondern ein brauner Niederschlag erhalten, der, abgesehen davon, daß
er stets kleine Mengen Chlor enthält, dem Kohlenwasserstoff der Formel

$$-CH=CH-CH=CH-CH=CH-CH=CH-$$

entspricht.

Einen Kohlenwasserstoff der gleichen Zusammensetzung hat bereits I. OSTROMISSLENSKY[5] bei der Behandlung des Polyvinylchlorids

---

[1] FIERZ-DAVID, H. E., u. HCH. ZOLLINGER: Helvet. chim. Acta **28**, 455 (1945).
[2] KAINER, F.: Polyvinylalkohole, S. 16. Stuttgart 1949.
[3] DRP. 516996, Cons. f. elektrochem. Industrie G.m.b.H.
[4] DRP. 362666, Aktiengesellschaft für Anilinfabrikation.
[5] DRP. 264123, I. OSTROMISSLENSKY und Ges. f. Fabrikation & Vertrieb von
Gummiwaren Bogatir.

mit alkoholischem oder wäßrigem Ätzkali oder mit aromatischen Aminen erhalten. Dieser Kohlenwasserstoff wird beim Erhitzen auf 150 bis 200° schwarz; er ist elastisch und läßt sich leicht vulkanisieren.

Zu gleichen Ergebnissen kamen bereits früher C. S. MARVEL, J. H. SAMPLE und M. F. ROY[1] bei der Behandlung einer Cellosolvelösung von Polyvinylchlorid mit Kaliumhydroxyd. Sie erhielten ein rötlichbraunes Polymeres, das wahrscheinlich ein langkettiges Polyen der obigen Formel darstellt.

Diese Verseifung des Polyvinylchlorids läßt sich nur durch sehr langes Kochen mit äthylalkoholischer Kalilauge bis zu 98 Prozent durchführen.

Auch durch Kochen mit einer Aufschlämmung von aktiviertem Zinkstaub in Dioxan kann das Chlor entfernt werden, wobei sich Paraffine bilden[2].

Ist zur Verseifung von Polyvinylchlorid-Massen mehr Alkali verbraucht worden, als der in der Verseifungslösung befindlichen Chlormenge entspricht, dann sind noch andere verseifbare Gruppen im Polyvinylchlorid-Kunststoff vorhanden.

Dies trift in all jenen Fällen zu, wo neben Vinylchlorid noch andere polymerisier- und verseifbare Gruppen vorhanden sind, wie z. B. Mischpolymerisate mit Vinylestern, Acrylsäure-, Methacrylsäureestern, Estern von Olefindicarbonsäuren usw.

In diesen Vinylchlorid-Mischpolymerisaten sind die Chloratome wesentlich lockerer gebunden. So lassen sich z. B. nach H. HOPFF[3] die Chloratome eines Vinylchlorid-Maleinsäureanhydrid-Mischpolymerisates (Povimal C) durch andere Reste ersetzen.

Ein solcher Austausch des Chlors gegen die Hydroxylgruppe ist z. B. schon in kochendem Wasser möglich.

Bei der Verseifung von Vinylchlorid-Mischpolymerisaten, die noch andere verseifbare Gruppen im Makromolekül enthalten, kann man durch eine Verseifung neue Kunststoffmassen erhalten, beispielsweise aus Vinylchlorid-Vinylester-Mischpolymerisaten solche, die neben Vinylchlorid ganz oder teilweise verseifte Vinylester, also Vinylalkohol, enthalten.

Acrylsäureester enthaltende Vinylchlorid-Mischpolymerisate geben wieder Mischpolymerisate, die neben Vinylchlorid noch Acrylsäure enthalten.

---

[1] MARVEL, C. S., J. H. SAMPLE u. M. F. ROY: Amer. chem. Soc. **61**, 3241 (1939).
[2] MARVEL, C. S.: J. amer. chem. Soc. **61**, 3241 (1939); **62**, 803 (1940).
[3] HOPFF, H.: Kunststoffe **28**, 289 (1938).

II. Mechanische Verarbeitung von Polyvinylchlorid und Vinylchlorid-Mischpolymerisaten.

A. Verarbeitungsformen von Polyvinylchlorid oder Vinylchlorid-Mischpolymerisaten.

1. Lösungen von Vinylchlorid-Polymerisaten oder -Mischpolymerisaten.

a) Polyvinylchlorid-Lösungen.

Eine der bekanntesten Eigenschaften der Polymerisate des Vinylchlorids ist ihre relativ geringe Löslichkeit in den gebräuchlichsten Lösungsmitteln[1]. In den meisten dieser Lösungsmittel ist das Polyvinylchlorid bei normaler Temperatur praktisch unlöslich.

Als Lösungsmittel für Polyvinylchlorid kommen z. B. nur bestimmte *Ketone*, wie Cyclohexanon, und *Chlorkohlenwasserstoffe*, wie Methylenchlorid, und einige *Ester* in Betracht[1].

Die Löslichkeit in diesen Lösungsmitteln ist aber abhängig von dem Molekulargewicht, also vom Polymerisationsgrad; je höher der letztere ist, desto weniger löslich ist das Polyvinylchlorid.

Eine Erhöhung der Löslichkeit des Polyvinylchlorids durch Steigerung der Temperatur ist zwar möglich, jedoch neigen die so erhaltenen Lösungen in den meisten Fällen zum Gelieren.

Man kann zwar die Gelierungstendenz der Polyvinylchlorid-Lösungen, insbesondere wenn es sich um Auflösungen von Polymerisaten niederen Polymerisationsgrades handelt, durch Verwendung relativ großer Mengen hochsiedender Lösungsmittel weitgehend herabdrücken, jedoch geben die erhaltenen Lösungen das Lösungsmittel sehr langsam und unvollständig ab.

Durch Verwendung besonderer, meist hochsiedender Lösungsmittel kann man aber auch sonst unlösliche Polyvinylchloride in Lösung bringen.

Als Lösungsmittel für Polymerisate des Vinylchlorids, die durch Lichtpolymerisation erhalten wurden, kommen Chlorbenzol oder höher chlorierte Benzole und deren Homologen oder Epichlorhydrin[2] in Frage. Ungeeignet sind hingegen Chloroform, Tetrachlorkohlenstoff, Schwefelkohlenstoff, Alkohol, Äther usw.

Zur Herstellung von Polyvinylchlorid-Lösungen eignen sich z. B. die von L. ROSENTHAL und W. BECKER[3] vorgeschlagenen und auf S. 170 erwähnten hochsiedenden, *aromatischen* und *kohlenstoffreichen, ungesättigten Kohlenwasserstoffe.*

Nach W. REPPE, O. HECHT und F. OSCHATZ[4] sind *Tetrahydrofuran* und seine durch aliphatische Kohlenwasserstoffreste substituierten Abkömmlinge hervorragende Lösungsmittel für Polymerisate des Vinylchlorids.

---

[1] Siehe Seite 56.   [2] DRP. 281877, Chem. Fabrik Griesheim Elektron.
[3] A.P. 2210434, I.G. Farbenindustrie A.G.
[4] DRP. 737954, I.G. Farbenindustrie A.G.

Ein gleich gutes Lösevermögen für Polyvinylchlorid besitzen nach A. RIECHE und A. GNÜCHTEL[1] auch das *3-Chlor-* bzw. das *3-Bromtetrahydrofuran* sowie Tetrahydropyran[2].

20 Teile eines in Estern oder Benzolkohlenwasserstoffen nicht einwandfrei löslichen Polyvinylchlorids mit einem K-Wert von 28 werden durch kurzes Erwärmen bei 60° in 80 Teilen 3-Chlor-tetrahydrofuran gelöst.

Ein ausgezeichnetes Lösungsvermögen für Polyvinylchlorid stellt nach K. THINIUS[3] *Tetrahydrofurfurylchlorid* dar; es vermag Polyvinylchlorid jeden Polymerisationsgrades unter Normalbedingungen schnell aufzulösen. Die erhaltenen Lösungen sind mit anderen Lösungsmitteln, wie Ester, Ketone, aromatische Kohlenwasserstoffe, Chlorkohlenwasserstoffe, Glykoläther, sehr weitgehend verschneidbar. Etwas geringer ist die Verschnittfähigkeit gegen Alkohole und Benzinkohlenwasserstoffe; werden diese aber im Verschnitt mit den vorgenannten Lösungsmitteln verwendet, so ist ein größerer Zusatz möglich.

15 g mittelviskoses Polyvinylchlorid (M-Zahl 8) werden z. B. in 85 g eines Gemisches aus Toluol und Tetrahydrofurfurylchlorid im Verhältnis 1:2 gelöst. Man erhält eine klare viskose Lösung.

Ein größeres Lösungsvermögen für Polyvinylchlorid als *Cyclohexanon* besitzen *Cyclopentanon* und seine Derivate. Man kann mit diesen Lösungsmitteln Lösungen bereiten, die 150 g Polyvinylchlorid im Liter enthalten[4]. *Cyclopentanon* oder *Methylcyclopentanon* hat auch M. L. A. FLUCHAIRE[5] als Lösungsmittel für Polyvinylchlorid vorgeschlagen.

Als Lösungsmittel für Polyvinylchlorid eignen sich nach J. LINTER[6] die auf S. 168 angegebenen Äther des *2, 3-Dioxydioxans.*

Ein beträchtliches Lösevermögen für Polyvinylchlorid weisen auch die nach dem Verfahren von H. REINICKE und A. TREIBS[7] hergestellten α-*Cyanäthylalkyläther* auf.

Ein gewisses Lösungsvermögen besitzen auch die als Weichmacher für Polyvinylchlorid dienenden Ester, Kohlenwasserstoffe usw.[8].

Durch gleichzeitige Verwendung von zwei oder mehr Lösungsmitteln kann man in vielen Fällen größere Lösungseffekte erzielen.

Die Firma Dynamit A.G. vorm. A. Nobel & Co.[9] benützt zum Lösen von Polyvinylchlorid Gemische aus Ketonen, wie z. B. *Aceton*, und aromatischen oder hydroaromatischen Kohlenwasserstoffen, wie *Benzol*, oder chlorierten Kohlenwasserstoffen, wie z. B. *Trichloräthylen.*

Zur Herstellung einer Lösung werden z. B. 1 kg Polyvinylchlorid mit 5 kg Benzol in einem Wasserbad von 50° unter Rühren vermischt und dann 5 kg Aceton zugesetzt, worauf nach einigen Minuten das Polyvinylchlorid klar in Lösung geht.

Das Mischungsverhältnis Benzol zu Aceton ist in weiten Grenzen variierbar.

---

[1] DRP. 725802, Schwz.P. 217679, I.G. Farbenindustrie A.G.
[2] Holl.P. 53669, Deutsche Celluloid-Fabrik A.G.
[3] DRP. 743859, Deutsche Celluloid-Fabrik A.G.
[4] F.P. 865013, Soc. des Usines Chimiques Rhône-Poulenc.
[5] A.P. 2408769, Olien Property Custodien.
[6] DRP. 737353, I.G. Farbenindustrie A.G.
[7] DRP. 749054, ohne Patentinhaberangabe.   [8] Siehe Seite 170.
[9] Ital.P. 384434, Dynamit A.G. vorm. A. Nobel & Co.

Die Inlösungbringung von Polyvinylchlorid gelingt nach R. W. QUARLES und CL. I. SPESSARD[1] ebenfalls mit Mischungen aus bestimmtem *Glykoläther*, wie Methyl-, Äthyl-, Isopropyl-, Butyl- und 2-Äthylbutyläther des Äthylen- und Diäthylenglykols, mit flüssigen *aromatischen Kohlenwasserstoffen*, wie Benzol, Toluol, Xylol, Äthylbenzol usw. Das Mischungsverhältnis wird so eingestellt, daß die Mischung 10 bis 40 Prozent der genannten Glykole enthält. Diese Lösungsmittelgemische lösen die niedrigmolekularen Emulsionspolymerisate des Vinylchlorids gut.

Zum Lösen von Polyvinylchlorid eignet sich nach R. F. WOLF[2] eine Mischung von chlorierten Benzolkohlenwasserstoffen, wie *Chlorbenzol, Chlortoluol*, und einer Verbindung, wie *Furfurol, Furfurylalkohol, Tetrayhdrofurfurylalkohol, Tetrahydrofurfurol*.

Aus hochmolekularem, an sich normalerweise unlöslichem Polyvinylchlorid kann man nach P. C. E. J. CORBIERE und R. E. F. STUCHLIK[3] Lösungen erhalten, wenn man als Lösungsmittel Mischungen von zwei oder mehreren Flüssigkeiten verwendet, von denen eine *Schwefelkohlenstoff* ist. Obwohl Schwefelkohlenstoff selbst kein Lösungsmittel für Polyvinylchlorid ist, gibt er, auch mit anderen Nichtlösern vermischt, ein ausgezeichnetes Lösungsmittel und verbessert mit an sich bekannten Polyvinylchlorid-Lösungsmitteln die Homogenität und die Klarheit der Lösungen. Die gemeinsam mit Schwefelkohlenstoff zu verwendenden Flüssigkeiten können Kohlenwasserstoffe, Halogenkohlenwasserstoffe, Alkohole, Ketone, Ester, Formale, Acetale, Benzol sein. Als besonders brauchbar haben sich erwiesen z. B. *Methylenchlorid, Di-, Tri-* und *Tetrachloräthan, Monochlorbenzol, Tetrahydrofurfurylalkohol, Aceton, Methyläthylketon, Cyclopentanon, Äthyl-* oder *Benzylacetat, Methylsalicylat, Nitrobenzol, Dioxan, Isophoron, Triacetin, Tetrahydrofuran* usw.

Die Inlösungbringung von Polyvinylchlorid kann bei erhöhter Temperatur, gegebenenfalls unter Zuhilfenahme von Druck (im Autoklaven) erfolgen.

Man nimmt z. B. ein Polyvinylchlorid, dessen Löslichkeit in Aceton auch bei 50° nicht genügend ist, um eine homogene Lösung mit einer Konzentration von 1 Teil des Polymerisats in 10 Teilen Aceton zu erhalten.

100 g dieses Polyvinylchlorids werden zu 500 ccm Schwefelkohlenstoff und 500 ccm Aceton gegeben. Man erhält nach einigen Minuten beim Durchrühren bei gewöhnlicher Temperatur eine homogene Lösung, die durch Ausgießen auf eine Verdampfungsfläche ein transparentes Häutchen ergibt.

Die gleichen, Schwefelkohlenstoff enthaltenden Lösungsmittelgemische können auch zum Lösen von Gemischen aus Polyvinylchlorid und Mischpolymerisaten des Vinylchlorids verwendet werden[4].

Zur Herstellung von Polyvinylchlorid-Lösungen, die noch Weichmacher enthalten, bereitet B. DE SUPINSKI[5] zunächst eine Aufschläm-

---

[1] A.P. 2461613, Carbide and Carbon Chemicals Corp.
[2] A.P. 2234212, B. F. Goodrich Co.
[3] DRP. 749090, Schwz.P. 226024, F.P. 913164, Zusatz-P. 53851, Soc. Rhodiaceta.
[4] F.P. 53852, Zusatz zu F.P. 913164, Soc. Rhodiaceta.
[5] A.P. 2447398, Glenn L. Martin Co.

mung von Polyvinylchlorid, Weichmacher und Lösungsmittel, die dann erhitzt wird, wodurch das Lösungsmittel in die Polyvinylchlorid-Teilchen eindringt. Nach dem Abkühlen überläßt man die Aufschlämmung sich selbst, bis die Lösung in alle Teile des Polyvinylchlorids eingedrungen ist und seine Quellung bewirkt hat. Dann erhitzt man auf Temperaturen nicht über 120°, wobei eine klare Polyvinylchlorid-Lösung entsteht, die für Tauch- oder Gießzwecke verwendet werden kann.

b) Lösungen von nachchloriertem Polyvinylchlorid.

Durch Nachchlorierung von Polyvinylchlorid wird gleichzeitig mit der Steigerung des Chlorgehaltes eine Zunahme der Löslichkeit beobachtet. Es wird eine erhebliche Verbesserung der Löslichkeit in Estern, Ketonen, aromatischen Kohlenwasserstoffen und chlorierten Kohlenwasserstoffen erreicht, so daß die Bereitung von Lösungen aus nachchloriertem Polyvinylchlorid viel weniger Schwierigkeiten bereitet.

Gute Lösungsmittel für nachchloriertes Polyvinylchlorid sind nach W. REPPE, O. HECHT und F. OSCHATZ[1] *Tetrahydrofuran* oder seine durch aliphatische Kohlenwasserstoffe substituierten Abkömmlinge.

Als Lösungsmittel für hochchloriertes Polyvinylchlorid mit einem Erweichungspunkt über 100°, entsprechend einem Chlorgehalt von mehr als 60 Prozent kommen neben *Tetrahydrofuran* auch Gemische desselben mit einem anderen Lösungs- oder Quellungsmittel für Polyvinylchlorid, wie *Aceton*, in Frage[2].

c) Lösungen von Vinylchlorid-Mischpolymerisaten.

Die Löslichkeit von Vinylchlorid-Mischpolymerisaten wird durch drei Faktoren beeinflußt.

So ist zunächst die Löslichkeit der Mischpolymerisate zum Teil abhängig von der neben Vinylchlorid gleichzeitig mischpolymerisierten zweiten Komponente und von dem prozentualen Anteil des Vinylchlorids im Mischpolymerisat.

Ferner wird die Löslichkeit von Vinylchlorid-Mischpolymerisaten bestimmt durch den Polymerisationsgrad dieser Produkte.

Eingehende Untersuchungen, die eine Klärung der Beziehung dieser Größen in Abhängigkeit von der Löslichkeit bringen könnten, sind bis jetzt nicht bekannt geworden, so daß hier nur allgemeine Angaben gemacht werden können.

Ganz allgemein gilt auch bei Vinylchlorid Mischpolymerisaten, daß deren Löslichkeit mit zunehmendem Polymerisationsgrad abnimmt; dabei ist aber die Löslichkeit von Vinylchlorid-Mischpolymerisaten, z. B. Mischpolymerisaten mit überwiegenden Mengen Vinylchlorid einerseits und Vinylacetat oder Acrylsäuremethylester andererseits, in der Regel größer als die von reinem Polyvinylchlorid gleichen Polymerisationsgrades.

So sind z. B. aus Vinylchlorid und Vinylacetat bestehende Mischpolymerisate niederen Polymerisationsgrades löslich in *Ketonen, Dioxan*,

---

[1] DRP. 737954, I.G. Farbenindustrie A.G.

[2] Ital.P. 374744, I.G. Farbenindustrie A.G.

Chlorkohlenwasserstoffen und *aromatischen Kohlenwasserstoffen*[1], während die höhermolekularen Mischpolymerisate in diesen Lösungsmitteln nur quellen.

Mit zunehmendem Vinylchlorid-Gehalt verringert sich die Löslichkeit, während die Wasserbeständigkeit zunimmt[2].

Von Mischpolymerisaten aus Vinylchlorid und Vinylacetat ist das unter der Handelsbezeichnung *Vinoflex MP 400*[3] bekannte Mischpolymerisat löslich in Benzolkohlenwasserstoffen, Chlorkohlenwasserstoffen und Ketonen. Von Vinnol H 40[4] wird Löslichkeit in Estern und Ketonen angegeben.

Hingegen ist das als *Igelit MP* von der Firma I.G. Farbenindustrie A.G. hergestellte Vinylchlorid-Mischpolymerisat ebenso wie das aus reinem Polyvinylchlorid bestehende *Igelit PCU* in den gebräuchlichsten organischen Lösungsmitteln unlöslich.

Als Lösungsmittel für Mischpolymerisate aus Vinylchlorid und Vinylidenchlorid, die unlöslich in Chloroform, Schwefelkohlenstoff, Äthylenbromid oder Benzol und nur wenig löslich in Tetrachloräthan sind, haben sich nach R. C. REINHARDT und H. REILLY[5] flüssige hochchlorierte aromatische Kohlenwasserstoffe, wie *o-Dichlorbenzol* oder *Äthyldichlorbenzol*[6], flüssige aliphatische Äther mit gerader Kette oder Ringstruktur, wie *Dichloridäthyläther* sowie *Dioxane*[7] und ferner flüssige aliphatische, alicyclische und aliphatisch-aromatische Ketone, wie *Methylisobutylketon, Mesityloxyd, Cyclohexanon, 2-Heptanon* oder *Acetophenon*[8], als geeignet erwiesen.

Von R. GEWEHR[9] wurde ferner in Tetrahydrofuran ein hervorragendes Lösungsmittel für solche Vinylchlorid-Vinylidenchlorid-Mischpolymerisate gefunden, die 5 bis 25 Prozent Vinylidenchlorid im Mischpolymerisat enthalten.

Vinylchlorid-Mischpolymerisate, die 20 bis 80 Prozent Vinylidenchlorid enthalten, werden von einem Lösungsmittelgemisch gelöst, welches aus Butylacetat, Benzol und Aceton besteht.

Zur Herstellung von Lösungen aus Mischpolymerisaten von Vinylchlorid und Vinylestern einer aliphatischen Säure eignen sich *Isophoron* und *Dihydrophoron*[10].

Mischpolymerisate aus überwiegenden Mengen von Vinylchlorid und Estern von 1,2-Äthylendicarbonsäuren sind löslich in *Methylenchlorid, aromatischen Kohlenwasserstoffen, Estern, Ketonen, Glykoläthern* und *Glykolestern*[11].

---

[1] GIBELLO, M.: Peintures, Pigments, Vernis **17**, 574, 603 (1942).
[2] WAGNER, H., u. H. F. SARX: Kunstharze, S. 424. München 1943.
[3] Herstellerin I.G. Farbenindustrie A.G.
[4] Herstellerin Dr. A. Wacker Ges. f. elektrochem. Ind. G.m.b.H.
[5] A.P. 2249915, 2249916, 2249917, Dow Chemical Co.
[6] A.P. 2249916, Dow Chemical Co.
[7] A.P. 2249915, Dow Chemical Co.
[8] A.P. 2249917, Dow Chemical Co.
[9] DRP. 750503, Deutsche Acetat-Kunstseiden A.G. Rhodiaceta.
[10] F.P. 865270, Carbide and Carbon Chemicals Corp.
[11] DRP. 728664, I.G. Farbenindustrie A.G.

Als Lösungsmittel für Mischpolymerisate des Vinylchlorids eignen sich nach W. REPPE, O. HECHT und F. OSCHATZ[1] *Tetrahydrofuran* oder dessen Abkömmlinge.

Zum Lösen von Vinylchlorid in überwiegenden Mengen enthaltenden Mischpolymerisaten eignen sich ferner Gemische von zwei oder mehreren Lösungsmitteln, z. B. die von der Firma Dynamit A.G. vorm. A. Nobel & Co.[2] angegebenen Lösungsmittelgemische oder solche, von denen die eine Komponente aus Schwefelkohlenstoff besteht[3].

Ein Mischpolymerisat aus Vinylchlorid und Vinylacetat mit 87 Prozent Vinylchlorid, das bei 90° in Tetrachloräthan eine 25prozentige, durch Abkühlung gelierende Lösung gibt, wird während 30 Minuten mit der gleichen Gewichtsmenge Schwefelkohlenstoff gemahlen. Sodann setzt man das Zweifache seiner Gewichtsmenge an Tetrachloräthan hinzu und knetet sorgfältig. Man erhält eine in der Kälte haltbare Lösung.

Zur Bereitung von Lösungen von Vinylchlorid-Vinylacetat-Mischpolymerisaten verwendet schließlich R. F. BULLER[4] Mischungen von *Methylisobutylketon* und *Diisobutylketon* im Verhältnis 91 zu 9 bis 81 zu 18, gegebenenfalls unter Zusatz aliphatischer Alkohole, wie *Isopropylalkohol*, wobei letzterer Mischung noch weitere aromatische oder aliphatische Verdünnungsmittel, wie *Toluol*, zugesetzt werden können.

Vinylchlorid-Mischpolymerisate, die als zweite monomere Komponente Vinylacetat, Vinylester, Acrylsäureester, Acrylsäurenitril, Malein- oder Fumarsäureester enthalten und ein Molekulargewicht bis zu 20000 aufweisen, werden von den von R. W. QUARLES und CL. I. SPESSARD[5] vorgeschlagenen Mischungen aus Glykoläthern und aromatischen Kohlenwasserstoffen der auf S. 259 näher beschriebenen Zusammensetzung glatt gelöst.

2. Polyvinylchlorid-Emulsionen.

Beständige Emulsionen von Polyvinylchlorid oder Vinylchlorid-Mischpolymerisaten können bei der Emulsionspolymerisation von Vinylchlorid gegebenenfalls in Gegenwart einer anderen polymerisierbaren Verbindung erhalten werden.

Eine besonders stabile Emulsion, die sich zur Herstellung von Überzügen, für Imprägnierungen usw. eignet, kann man erhalten, wenn man ein Gemisch aus Vinylchlorid mit einem Acrylsäureester, z. B. Acrylsäuremethylester, in sauerstofffreier Atmosphäre in wäßriger Emulsion polymerisiert. Die Mischung kann außerdem noch einen Weichmacher enthalten. Als Emulgatoren eignen sich z. B. Natriumsalze von N-Octadecyl- oder N-Octadecyl-N-(1, 2-dicarboxyäthyl)-sulfosuccinamid[6].

80 Gewichtsteile Vinylchlorid, 20 Gewichtsteile Acrylsäuremethylester, 1 Teil Kaliumpersulfat, 250 Teile einer wäßrigen Lösung, die 1 Prozent des Natrium-

---

[1] DRP. 737954, I.G. Farbenindustrie A.G.
[2] Ital.P. 384434, Dynamit A.G. vorm. A. Nobel & Co.
[3] DRP. 749090, Schwz.P. 226024, Soc. Rhodiaceta.
[4] A.P. 2401904, Shell Development Co.
[5] A.P. 2461613, Carbide and Carbon Chemicals Corp.
[6] F.P. 950062, B. F. Goodrich Co.

salzes von N-Octadecyl-N-(1,2-dicarboxyäthyl)-sulfosuccinamid und 0,2 Prozent Natriumbicarbonat enthält, werden emulgiert und 62 Stunden bei 50° in Stickstoffatmosphäre polymerisiert. Man erhält eine stabile Emulsion in einer Ausbeute von 92 Prozent.

Bei Durchführung der Emulsionspolymerisation in Anwesenheit von Luft wird keine Emulsion, d. h. kein Latex, sondern ein feines Pulver in einer Ausbeute von nur 59 Prozent erhalten.

Beständige Emulsionen lassen sich aber auch herstellen, wenn man die Polymerisate oder Mischpolymerisate des Vinylchlorids einer nachträglichen Emulgierung unterwirft.

Eine Emulsion aus einem Mischpolymerisat aus Vinylchlorid und einem Vinylester einer aliphatischen Carbonsäure kann man z. B. nach dem von C. O. STROTHER[1] beschriebenen Verfahren erhalten.

Bei dieser Emulsion besteht die disperse Phase aus einer thixotropen Lösung des genannten Mischpolymerisats in einem Löser, z. B. Methylamin-, Methyläthyl-, Methylisobutylacetat, und einem Nichtlöser, wie Benzol, Toluol, Xylol, für das Mischpolymerisat und einer wäßrigen, Emulgiermittel enthaltenden Phase.

Eine Emulsion erhält man z. B., wenn man 25 Teile eines Mischpolymerisates aus Vinylchlorid (85 bis 88 Prozent) und Vinylacetat (15 bis 12 Prozent) mit einem Molgewicht von 10000, 45 Teile Methyl-n-amylketon, 30 Teile Toluol, 33 Teile Wasser und 1,2 Teile Natriumalkylnaphthalinsulfonat in einer Kolloidmühle emulgiert.

Aus Polyvinylchlorid oder Vinylchlorid-Mischpolymerisaten mit einer acyclischen Verbindung mit einer ungesättigten Bindung, z. B. Dialkylfumarsäureester, und mindestens 50 Prozent Vinylchlorid lassen sich nach TH. V. WILLIAMS[2] Emulsionen vom Wasser-in-Öl-Typ erhalten, wenn man eine wäßrige Dispersion dieser Polymerisate mit einem mit Wasser nicht mischbaren, flüchtigen organischen Lösungsmittel, wie Benzol, Toluol usw., die die Polymerisate nicht lösen, dieselben jedoch unter 50° zum Quellen bringen, mischt. Diese Mischung wird kräftig gerührt, bis die gewünschte Emulsion erhalten wird.

Die Dispersion enthält 15 bis 55 Gewichtsprozent Vinylchlorid-Polymerisate oder -Mischpolymerisate; an Quellmitteln werden mindestens 25 Prozent, bezogen auf das Gewicht der Dispersion, zugesetzt.

Eine Wasser-in-Öl-Emulsion wird z. B. erhalten, wenn man 200 Teile einer wäßrigen Emulsion, die durch Mischpolymerisation von 95 Teilen Vinylchlorid und 5 Teilen Diäthylfumarat hergestellt wurde und 18 Gewichtsprozent Mischpolymerisat enthält, zu einer Mischung, enthaltend 100 Teile Chlorbenzol, 50 Teile Dibutylphthalat, 2 Teile Chromoxyd und 50 Teile Titandioxyd, unter raschem Rühren zusetzt. Nach 5 Minuten Rühren wird die Wasser-in-Öl-Emulsion erhalten, die eine schwere cremeartige Konsistenz besitzt.

Diese Emulsion kann zur Herstellung von Überzügen, Filmen usw. Verwendung finden.

3. Polyvinylchlorid-Dispersionen.

Durch bestimmte Maßnahmen kann man Polyvinylchlorid oder Vinylchlorid-Mischpolymerisate in dispergierte Form überführen.

Mehr oder weniger konzentrierte Dispersionen von Polyvinylchlorid oder Mischpolymerisaten aus Vinylchlorid kann man nach H. FIKENT-

---

[1] A.P. 2238956, Carbide and Carbon Chemicals Corp.
[2] A.P. 2467352, E. I. du Pont de Nemours & Co.

SCHER und H. JACQUÉ[1] dadurch erhalten, daß man die genannten Polymerisate in feinpulveriger Form in einem flüchtigen organischen Lösungsmittel bei so niedrigen Temperaturen dispergiert, bei denen noch keine nennenswerte Quellung oder Lösung eintritt. Je nach der Menge des verwendeten Lösungsmittels sind die Dispersionen mehr oder weniger zäh oder flüssig.

Bei zahlreichen Lösungsmitteln ist zur Erzielung einer gleichmäßigen Mischung ein Kühlen erforderlich, durch welches ein Zusammenballen der Vinylchlorid-Polymerisatmassen in der Dispersion vermieden wird.

Als Lösungsmittel eignen sich alle für Vinylchlorid-Polymerisate oder -Mischpolymerisate geeigneten Lösungsmittel, wie Tetrachloräthan, andere halogenierte Kohlenwasserstoffe, z. B. Trichloräthan, sowie Mono- und Dichlorbenzol. Auch andere Lösungsmittel, wie Benzylacetat, Benzylbenzoat, Dioxan usw., können benützt werden.

Nach G. MATTHE, W. S. POWEL und TH. E. MULLEN[2] werden Dispersionen von Polyvinylchlorid oder Vinylchlorid-Mischpolymerisaten mit einem Mol-Gewicht über 16000 in nichtwäßrigem Medium erhalten, wenn man diese mit Hilfe von Gemischen aus aliphatischen und bzw. oder cycloaliphatischen Kohlenwasserstoffen mit aromatischen Kohlenwasserstoffen und Weichmachern dispergiert. Das Dispersionsmittel-Gemisch soll 50 bis 70 Prozent aromatische Kohlenwasserstoffe enthalten; der Gehalt an Weichmachern, wie Trikresylphosphat, Methoxyäthylester von Acetylricinolsäure, Di(butoxyäthyl)-phthalat usw., kann 35 bis 40 Prozent des Polyvinylchlorids betragen. Zur besseren Dispergierung setzt man ferner 5 bis 25 Prozent des Polyvinylchlorids Monoalkyläther von Äthylenglykol, besonders Äthyläther, zu, wodurch ein Ausflocken der dispergierten Teilchen zurückgedrängt wird. Pigmente, Farbstoffe u. dgl. können ebenfalls zugesetzt werden.

Zur Herstellung von Dispersionen von Mischpolymerisaten aus Vinylchlorid mit Vinylacetat mit einem Mol-Gewicht über 1600 und einem Gehalt an gebundenem Vinylchlorid von 90 bis 97 Prozent verfährt CL. J. SPESSARD[3] in folgender Weise:

Man zermahlt 10 bis 25 Teile des Polymeren in einer Mahlvorrichtung unter 50° mit 90 bis 75 Teilen des Dispergiermittels aus Mischungen von 10 bis 30 Prozent eines flüssigen Ketons und 70 bis 90 Prozent eines vorzugsweise aromatischen flüssigen Kohlenwasserstoffs und Mischungen von 25 bis 50 Prozent eines flüssigen Ketons und 75 bis 50 Prozent eines vorzugsweise aliphatischen flüssigen Kohlenwasserstoffs. Man erhält eine Dispersion, deren suspendierte Teilchen einen durchschnittlichen Durchmesser von weniger als etwa 10 μ haben.

Zur Dispergierung von höhermolekularem Polyvinylchlorid oder höhermolekularen Vinylchlord-Mischpolymerisaten der auf S. 84 genannten Zusammensetzung eignen sich nach R. W. QUARLES und CL. J. SPESSARD[4] Mischungen aus Glykoläthern und aromatischen Kohlenwasserstoffen[5].

---

[1] DRP. 730202, I.G. Farbenindustrie A.G.

[2] F.P. 926019, Carbide and Carbon Chemicals Corp.

[3] A.P. 2427513, Carbide and Carbon Chemicals Corp.

[4] A.P. 2461613, Carbide and Carbon Chemicals Corp.   [5] Siehe Seite 259.

In dispergierter Form kann man auch nachchloriertes Polyvinylchlorid nach einem von A. D. Jones[1] angegebenen kontinuierlich abreitenden Verfahren erhalten. Das in Chloroform, Tetrachloräthan, Äthylacetat oder einem anderen organischen Lösungsmittel gelöste nachchlorierte Polyvinylchlorid wird gleichzeitig mit einem Wasserdampfstrahl in ein heißes wäßriges Medium eingeführt, das 0,01 bis 0,1 Prozent eines wasserlöslichen hochmolekularen Kolloids, wie Kartoffelstärke, Tragant, Methylcellulose oder Natriumalginat, enthält. Das dabei erflüchtige organische Lösungsmittel wird für sich aufgefangen. Man entfernt das nachchlorierte Polyvinylchlorid aus dem heißen wäßrigen Fällmittel und kühlt es schnell durch Eintauchen in kaltes Wasser oder Einspritzen von solchem ab, um ein Zusammenballen zu verhindern. Von Zeit zu Zeit setzt man auf 100 Teile des gefällten Polymeren 0,15 bis 0,25 Teile des höhermolekularen Kolloids zu.

Bei der Herstellung wäßriger Dispersionen von Polyvinylchlorid wird gewöhnlich so vorgegangen, daß man zunächst eine vollständige Lösung des Polyvinylchlorids im Lösungsmittel herbeiführt. Hierauf wird die Lösung mittels besonderer Emulgiermaschinen, gegebenenfalls auch unter Verwendung von Emulgatoren, im Wasser dispergiert, oder es wird zunächst das Lösungsmittel mit Hilfe von Emulgatoren in einer geeigneten Vorrichtung in Wasser emulgiert und hierauf die Zerteilung des Polyvinylchlorids in der Wasser-Lösungsmittel-Emulsion ebenfalls wieder mit Hilfe einer Emulgiermaschine durchgeführt.

In erheblich einfacherer Weise kann man nach W. Laufenberg und E. Maslanka[2] Polyvinylchlorid-Dispersionen herstellen, wenn man auf das trockene, gepulverte Polyvinylchlorid Wasser einwirken läßt, ehe der Lösungsvorgang durch das Lösungsmittel begonnen hat.

15 Teile Polyvinylchlorid, 25 Teile Wasser werden miteinander verrührt, anschließend werden 30 Teile Toluol, 30 Teile Butylacetat zugegeben und dann wieder weitergerührt.

Die nach einem der vorbeschriebenen Verfahren erhaltenen Dispersionen können durch Streichen, Spritzen, Gießen, Tauchen usw. weiterverarbeitet werden.

4. Reversibel dispergierbares Polyvinylchlorid.

Die bei der Emulsionspolymerisation, gegebenenfalls nach einem anschließenden Konzentrierungsverfahren erhaltenen wäßrigen Dispersionen von Polyvinylchlorid oder Vinylchlorid enthaltenden Mischpolymerisate werden vielfach an Stelle von Lösungen in der Kunststoff-Technik verwendet.

Bei der Lagerung, besonders bei längerer Lagerung und auch beim Transport besteht die Gefahr, daß die dispergierten Polymerisat-Teilchen zur Koagulation gebracht werden, ganz abgesehen davon, daß sowohl zur Lagerung als auch zum Transport entsprechend große Behälter erforderlich sind und die Dispergierflüssigkeit überdies erhöhte Transportkosten bedingt.

---

[1] E.P. 547493, Imperial Chemical Industries Ltd. und A. D. Jones.
[2] DRP. Anm. G. 100292, Th. Goldschmidt A.G.

Die Lagerung und der Transport der Dispergierflüssigkeit kann aber in Fortfall kommen, da es H. FIKENTSCHER und R. GÄTH[1] gelungen ist, reversibel dispergierbare Polyvinylchloride herzustellen.

Man erhält Produkte dieser Art, wenn man die Emulsionspolymerisation von Vinylchlorid allein oder im Gemisch mit anderen polymerisierbaren Verbindungen in Gegenwart geringer Mengen wasserlöslicher polymerisierbarer Verbindungen, z. B. solcher vornimmt, die eine Carboxyl-, Carbonsäureamid-, Hydroxyl- oder Aminogruppe enthalten. Verbindungen dieser Art sind Säuren, wie *Acryl-*, *Methacryl-*, *Malein-* oder *Fumarsäure* bzw. deren *Amide* oder wasserlösliche Metallsalze, ferner *Methylolvinylmethylketon*, *Acrylsäureäthanolaminester*, *N-Vinyl-pyrrolidon* oder *N-Vinylpiperidin*.

Die Entfernung des Wassers aus diesen Dispersionen muß dabei unter solchen Bedingungen vor sich gehen, daß das Vinylchloridpolymerisat oder -mischpolymerisat nicht auch nur vorübergehend in einen wärme- oder lösungselastischen Zustand übergeführt wird, d. h. das Trocknen muß deshalb bei möglichst niedrigen Temperaturen und in Abwesenheit von Lösungsmitteln erfolgen.

800 Teile Vinylchlorid und 200 Teile Vinylbutyrat werden z. B. in einer Lösung von 30 Teilen octodecansulfonsaurem Natrium, 30 Teilen des Umsetzungsproduktes von 1 Mol Octodecylalkohol mit 20 Mol Äthylenoxyd, 60 Teilen Acrylsäure und 10 Teilen Kaliumpersulfat in 3000 Teilen Wasser emulgiert und bei 50° in einem Druckgefäß polymerisiert.

Die erhaltene Polymerisatdispersion wird unterhalb 60°, z. B. nach dem Nubilosa-Verfahren getrocknet.

Man erhält ein weißes, bei gewöhnlicher Temperatur hartes Polymerisat, das mit schwach alkalischem Wasser wieder eine stabile Emulsion ergibt.

Ein reversibel dispergierbares Polyvinylchlorid, welches zu Herstellung von lösungsmittelfreien weichmacherhaltigen Polyvinylchlorid-Dispersionen geeignet ist, wird auch von der Firma B. F. Goodrich Co.[2] unter der Bezeichnung *Geon Paste Resin* in den Handel gebracht.

Reversible Emulsionen bilden ferner bestimmte Vinylchlorid-Mischpolymerisate, und zwar solche, die aus überwiegenden Mengen Vinylacetat bestehen. Mischpolymerisate dieser Art enthalten z. B. 70 Prozent Vinylacetat und 30 Prozent Vinylchlorid[3].

Für die Herstellung derartiger Emulsionen werden wasserlösliche hochmolekulare Schutzkolloide, wie z. B. 3prozentige Lösungen von polyacrylsaurem Natrium verwendet.

5. Polyvinylchlorid-Pasten.

a) Lösungsmittelhaltige Pasten.

Verwendet man bei dem von H. FIKENTSCHER und H. JACQUÉ[4] entwickelten Verfahren[5] geringere Lösungsmittelmengen, so werden die pulverförmigen Polymerisate oder Mischpolymerisate des Vinylchlorids nicht in dispergierter Form erhalten, sondern in Pasten übergeführt.

---

[1] DRP. 743945, I.G. Farbenindustrie A.G.
[2] Kunststoffe **37**, 196 (1947).
[3] Ind. Engng. Chem., ind. Edit. **32**, 315 (1940).
[4] DRP. 730202, I.G. Farbenindustrie A.G.   [5] Siehe Seite 264.

Zur Herstellung einer Paste verrührt man z. B. 100 Teile eines in wäßriger Emulsion hergestellten und als feines Pulver erhaltenen Mischpolymerisates aus 80 Teilen Vinylchlorid und 20 Teilen Acrylsäuremethylester bei etwa $-30°$ mit 200 Teilen Butylacetat.

Nach K. THINIUS[1] eignet sich besonders Tetrahydrofurfurylchlorid allein oder in Mischung mit den auf S. 258 genannten Lösungsmitteln zur Herstellung von stärker konzentrierten Pasten, denen für bestimmte Zwecke noch Weichmacher, Farbstoffe, Pigmente oder andere Zusatzstoffe einverleibt werden können.

Zur Herstellung der Paste werden 35 g hochviskoses Polyvinylchlorid mit einer M-Zahl von 20 bis 25 mit 65 g Tetrahydrofurfurylchlorid in einer Knetmaschine zu einer Paste verarbeitet. Gegen Ende der Auflösung gibt man noch etwa 30 g eines Gemisches aus Essigester, Toluol und Xylol im Verhältnis 1 : 1 : 1 hinzu.

b) Lösungsmittelfreie Pasten.

Im Gegensatz zu anderen Polymerisat-Kunststoffen läßt sich Polyvinylchlorid zusammen mit Weichmachungsmitteln ohne Wasser und Lösungsmittel zu pastösen gießfähigen Massen verarbeiten, die einer vielseitigen Weiterverarbeitung und umfangreichen Anwendung fähig sind und die Einsatzgebiete des Polyvinylchlorids stark erweitert haben[2].

Chemisch gesehen stellen die Pasten bei Raumtemperatur eine Suspension des Polyvinylchlorids im Weichmacher dar, die beim Erhitzen bis zur Geliertemperatur allmählich in ein homogenes Gel übergeht.

Zur Herstellung von Pasten eignen sich allerdings nicht alle, sondern nur bestimmte Polyvinylchlorid-Sorten.

Aus dem B.I.O.S.-Bericht Nr. 1072[3] und dem Bericht PB 77673 des US-Handelsministeriums[4] sind nähere Einzelheiten über die in Deutschland zur Herstellung von Pasten geeigneten Polyvinylchlorid-Sorten bekanntgeworden.

Als Ausgangsmaterial zur Herstellung von Pasten diente bei der Firma I.G. Farbenindustrie A.G. *Igelit PCU, Type G*, welches durch Emulsionspolymerisation von Vinylchlorid in Gegenwart von *Kaliumpersulfat* als Polymerisationskatalysator gewonnen wurde. Der *K-Wert* dieser *Igelit-Sorte* beträgt 70 bis 75. Aus den bei der Emulsionspolymerisation anfallenden Polyvinylchlorid-Chargen wurden die zur Pastenbildung befähigten Sorten durch eine einfache Mischprobe von gleichen Teilen Polyvinylchlorid und Trikresylphosphat ausgesondert. Diese stellen den *Igelit PCU, Typ P* dar.

Außer diesen Polyvinylchlorid-Pasten wurden von der Firma I.G. Farbenindustrie A.G. auch noch andere Sorten entwickelt.

Die *Igelit-Paste EL* ist mit physiologisch einwandfreien Weichmachern hergestellt und kann im Lebensmittelgewerbe eingesetzt werden.

Die *Igelit-Paste AH* spezial enthält als Weichmacher *Palatinol AH* und die *Igelit-Paste F* neben Weichmacher noch Füllstoffe.

---

[1] DRP. 743859, Deutsche Celluloid-Fabrik A.G.
[2] WICK, G., u. J. GRASSL: Kunststoffe **32**, 327 (1942).
[3] Brit. Plastics **19**, 562 (1947).
[4] RUEBENSAAL, C. F.: Mod. Plastics **25**, 143, 202 (1948); — Kunststoffe **39**, 51 (1949).

Außer dem Molekulargewicht und der polymolekularen Verteilung spielen aber auch die *Teilchengröße* und die *Oberflächenbeschaffenheit* der Polyvinylchlorid-Teilchen eine Rolle.

Dies bedingt eine besondere Aufarbeitung der Polyvinylchlorid-Emulsion.

Wird die Polyvinylchlorid-Emulsion auf einem *Imperial-Trockner* aufgearbeitet, so fallen Teilchen an, die so weich sind, daß sie sofort den Weichmacher aufsaugen und gelieren.

Trocknung auf einer *Zentrifuge* führt andererseits zu Teilchen mit einer so dichten Oberflächenhaut, die bei der Gelatinierung schlecht in Lösung gehen und daher Massen mit geringerer Festigkeit ergeben.

Ein zur Herstellung von Pasten geeignetes Polyvinylchlorid erhält man aus der Polymerisat-Emulsion nach dem von G. WICK und J. GRASSL [1] entwickelten und vorbeschriebenen Zerstäubungs- und Trockenverfahren. Zur Überführung der emulgierten Polyvinyl-chlorid-Teilchen in feinpulveriger Form bedient man sich zweckmäßig des *Nubilosa-Verfahrens*. Bei diesem Trockenverfahren fällt das Poly-vinylchlorid in Form sphärischer Teilchen mit einer Teilchengröße von unter 50 μ an, die einen Mindestwert für das Verhältnis der Ober-fläche zum Volumen, d. h. ein hohes Schüttelvolumen aufweisen. Die einzelnen Teilchen sind von einer dünnen Haut gesinterten Polyvinyl-chlorids umgeben, welche die Teilchen in Suspension hält und ihre Lösung im Weichmacher vor dem Erhitzen auf Gelierungstemperatur verhindert.

Die von der Firma Dr. A. Wacker Ges. f. elektrochem. Ind. G.m.b.H. hergestellten *Vinnol-Sorten* eignen sich als solche nicht zur Herstellung von Polyvinylchlorid-Pasten. Sie können aber im Gemisch mit dem *Igelit PCU, Typ P*, und zwar in Mengen bis zu 50 Prozent, auf Pasten verarbeitet werden.

Zur Pastenherstellung sind ferner Vinylchlorid-Mischpolymerisate, z. B. *Igelit MP*, nicht geeignet, weil sie mit dem Weichmacher zu schnell anquellen und infolgedessen zu zähflüssige Pasten ergeben. Man kann aber durch geringen Zusatz dieser Mischpolymerisate die Streichfähig-keit von Igelit-PCU-Pasten verbessern [2].

Der zweite wesentliche Pastenbestandteil sind die Weichmacher [3]. Die Eigenschaften der Pasten werden durch die Art des mit dem Polyvinyl-chlorid zu verwendenden Weichmachers beeinflußt. Durch Einarbeitung hochviskoser Weichmacher kann man trotz großen Weichmacherzusatzes ziemlich harte Massen erhalten. Im allgemeinen werden Weichmacher mit flacher *Temperatur-Viskositäts-Kurve* wegen der besseren Wärme- und Kältebeständigkeit solcher Produkte vorgezogen.

Auch die Gelierungskraft der einzelnen Weichmacher spielt für die Auswahl eine Rolle, obwohl man für rasch zu verbrauchende Pasten in dieser Hinsicht großzügig sein kann.

---

[1] DRP. 725677, I.G. Farbenindustrie A.G.
[2] Igelit-Pasten, Prospekt der I.G. Farbenindustrie A.G., S. 10, 1942.
[3] Siehe Seite 145.

Für die Herstellung dauerhafter Polyvinylchlorid-Pasten kommen jedoch nur die als Nichtgelierer[1] erkannten Weichmacher in Betracht[2].

Zur Weichmachung kommt *Trikresylphosphat* in Frage. Es hat auszuscheiden in Fällen, bei denen in physiologischer Hinsicht einwandfreie Pasten oder Verarbeitungsprodukte herzustellen sind[3]. Besser als Trikresylphosphat ist *Palatinol HS*. Auch *Palatinol F, Elaol 1 K* und *Mesamoll I* sind geeignet. Der beste Weichmacher für die Pastenherstellung ist *Plastomoll TAH*.

Zur Erzielung bestimmter Effekte, z. B. besonderer *Kältebeständigkeit*, ist es von Vorteil, Gemische von verschiedenen Weichmachern zu verarbeiten; beispielsweise empfiehlt es sich, *Plastomoll KF* in Mischung mit einem zweiten Weichmacher zu verwenden.

Die Beständigkeit der Polyvinylchlorid-Pasten ist nicht nur von den gelierenden oder nichtgelierenden Eigenschaften der mitverwendeten Weichmacher, sondern in hohem Maße auch von der Temperatur abhängig[2].

Je nach dem Verwendungszweck der Pasten können Polyvinylchlorid-Pulver und Weichmacher in wechselnden Verhältnissen gemischt werden, die im allgemeinen zwischen 65 und 50 Teilen Polyvinylchlorid und 35 und 50 Teilen Weichmacher liegen. Im besonderen können die Weichmacheranteile noch etwas erniedrigt oder aber, falls notwendig, auch erhöht werden, ohne daß die Pasten ihre *Streich-*, *Gieß-* oder *Tauchfähigkeit* verlieren.

Dem Polyvinylchlorid- und Weichmacher-Gemisch können auch Füllstoffe zugesetzt werden[4]. Als solche haben sich auch hier die auf S. 279 erwähnten bewährt.

Auch Farbstoffe können bei der Verarbeitung von Polyvinylchlorid auf Pasten verwendet werden. Diese Farbstoffe, zweckmäßig *PV-Farbstoffe*, werden mit etwas Weichmacher angerieben den eigentlichen Pastenkomponenten im Mischer zugesetzt.

Mengenmäßig ist der Feststoffanteil, bei dem die Aufschlämmungen des Polyvinylchlorids und der gegebenenfalls zuzusetzenden Füll- oder Farbstoffe in den Weichmachern noch genügend fließbar sind, begrenzt, und zwar derart, daß die aus den Pasten ausgelatinierten Fertigteile SHORE-*Härten* von etwa höchstens 80 besitzen können[5].

Die Verarbeitung von Polyvinylchlorid, Weichmacher und gegebenenfalls Füll- und Farbstoffen kann im WERNER-PFLEIDERER-*Kneter* oder ähnlichen Mischern erfolgen.

In der Abb. 22 ist schematisch eine Anlage zur Herstellung von Polyvinylchlorid-Pasten wiedergegeben.

Polyvinylchlorid-Pulver, Weichmacher, Füll- und Farbstoffe werden im Mischer intensiv gerührt. Die beim Mischen auftretende Reibungswärme kann durch ge-

---

[1] Bestimmt mit dem Brabender-Plastographen.
[2] SCHMIDT, P.: Kunststoffe **41**, 23 (1951).
[3] Siehe Seite 182.
[4] Der Einfluß, den die Art und Menge von Weichmacher und Füllstoff auf die physikalischen Eigenschaften der Pasten besitzen, ist neuerdings nach Mod. Platics **27**, 11 (1949) untersucht worden.
[5] SAECHTLING, HJ.: Kunststoffe **33**, 291 (1943).

eignete Einstellung der Rührgeschwindigkeit so ausgenutzt werden, daß das Polyvinylchlorid im Weichmacher schwach anquillt.

Selbstverständlich muß beim Mischen mit der nötigen Sorgfalt gearbeitet werden, da ein zu hohes Erwärmen der Mischung (über 30°) die Paste so dick werden läßt, daß sie für die Verarbeitung nicht mehr zu gebrauchen ist.

Nach etwa einstündiger Mischzeit wird die Masse zur Egalisierung über einen Mehrwalzenstuhl gegeben und dadurch in die eigentliche gebrauchsfähige Paste übergeführt.

Auch die Verarbeitung zwischen den Walzen muß bei möglichst niedrigen Temperaturen vorgenommen werden.

Die erhaltenen Pasten können für Spezialzwecke noch zusätzlich einer Entlüftung im Hochvakuum unterzogen werden, wodurch eine Blasenbildung bei bestimmten Verarbeitungsverfahren verhindert wird.

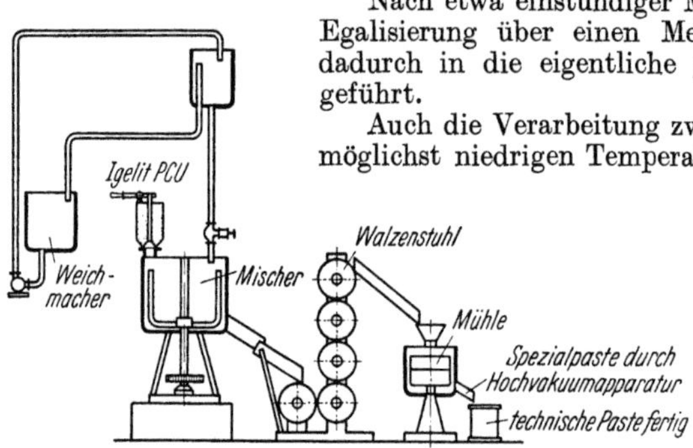

Abb. 22. Anlage zur Herstellung von Polyvinylchlorid-Pasten.

Die Herstellung von Polyvinylchlorid-Pasten setzt naturgemäß eine gewisse Erfahrung voraus; man soll demnach nur dann selbst Polyvinylchlorid-Pasten herstellen, wenn man große Mengen verarbeitet oder besondere Effekte erzielen will.

Die Pasten werden in verschiedenen Viskositäten, je nach ihrem Verwendungszweck, hergestellt. Je nach ihrer Zusammensetzung ist die Konsistenz der Paste dickflüssig bis salbenartig.

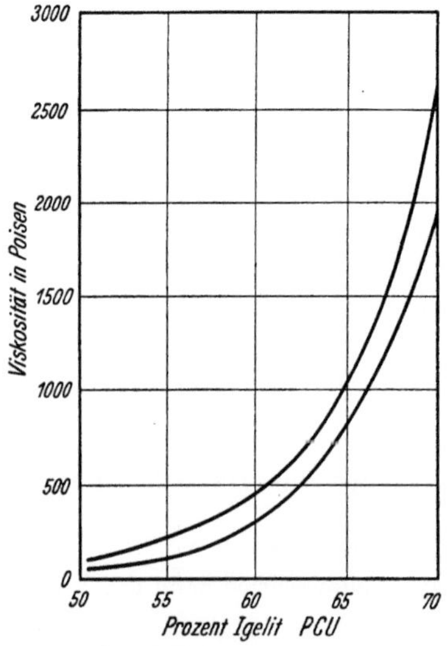

Die übliche Pastenviskosität liegt um etwa 5000 cP.

Zur Erzielung der für die Verarbeitung wünschenswerten Viskosität wird am besten in der Weise verfahren, daß man die Pasten zunächst möglichst ohne Erwärmung homogenisiert und anschließend in einer hierfür geeigneten Einrichtung unter Rühren auf 40 bis 50° erwärmt; dabei ist höchste Vorsicht geboten, da die Pasten, vor allem wenn sie nicht völlig ausgekühlt sind, bei längerem Stehen unter Umständen so stark nachdicken, daß sie nicht mehr verarbeitet werden können[1].

In der Abb. 23 ist die Viskosität von Polyvinylchlorid-Pasten in Abhängigkeit von der Zusammensetzung nach Versuchen von HJ. SAECHTLING[2] wiedergegeben.

Bei längerem Stehen steigt die Viskosität der erhaltenen Pasten durch einen Reifungsprozeß an; die Pasten

Abb. 23. Viskosität von Polyvinylchlorid-Pasten in Abhängigkeit vom Polyvinylchlorid-Gehalt.

---

[1] Igelit-Prospekt Polyvinylchlorid-Pasten, I.G. Farbenindustrie A.G. 1942, S. 10.

[2] SAECHTLING, HJ.: Kunststoffe **33**, 127 (1943).

werden konsistenter. Durch kräftiges Durchrühren erhält man jedoch wieder Pasten der ursprünglichen Viskosität.

Durch Abkühlen tritt gleichfalls eine Erhöhung der Viskosität der Polyvinylchlorid-Pasten ein, die aber nach Erwärmen auf Zimmertemperatur wieder zurückgeht. Die Polyvinylchlorid-Pasten sind also nicht frostempfindlich.

Durch längeres Erwärmen auf eine Temperatur von über 30° erfolgt eine allmähliche Verdickung. Die Konsistenz der Paste nimmt immer zu, bis die Pasten schließlich fest werden. Es tritt ein beginnendes Gelieren ein, das nicht mehr rückgängig gemacht werden kann.

Aus diesem Grunde ist beim Lagern der Pasten darauf zu achten, daß sie nicht über 30° warm werden können. Bei Beachtung dieser Vorschrift sind Pasten noch nach einjähriger Lagerung einwandfrei zu verarbeiten.

Beim Erhitzen auf Temperaturen über 100°, zweckmäßig über 150°, vereinigen sich Polyvinylchlorid und Weichmacher zu einem in der Hitze plastischen, nach dem Abkühlen weichgummi- oder lederartigen Gebilde. Auf diesem Verhalten beruht die große technische Verwendung der Polyvinylchlorid-Pasten.

Nach diesem in Deutschland erprobten Verfahren wurden gegen Ende des Krieges etwa 300 Monatstonnen Polyvinylchlorid-Pasten hergestellt.

Auf Grund der günstigen Ergebnisse wurde später die Herstellung von Polyvinylchlorid-Pasten in England und neuerdings auch in den Vereinigten Staaten von Nordamerika aufgenommen.

In den Vereinigten Staaten werden nach den in Deutschland entwickelten Verfahren neuerdings von der Firma B. F. Goodrich Chemical Co.[1] Polyvinylchlorid-Pasten, z. B. unter der Bezeichnung Geon 100-X-100, hergestellt.

Nach dem von der Firma Imperial Chemical Industries Ltd. entwickelten Verfahren[2] wird zur Bereitung homogener und flüssiger Pasten der Weichmacher zunächst bei Temperaturen zwischen 60 und 120° mit einer kleinen Menge, etwa 5 bis 10 Prozent, des Polyvinylchlorids vermischt und die dabei erhaltene sirupöse Masse bei 60° mit der Hauptmenge des Polyvinylchlorids vermengt.

Zur Herstellung von homogenen Pasten aus Polyvinylchlorid und Weichmachern wird nach einem anderen Verfahren der gleichen Firma[3] von einem Polyvinylchlorid-Gemisch ausgegangen, das zum Teil aus niedermolekularem und zum Teil aus hochmolekularem Polyvinylchlorid besteht. Das Vermischen mit den Weichmachern erfolgt zweckmäßig in zwei Stufen in der vorbeschriebenen Weise.

Die Polyvinylchlorid-Paste soll nicht mehr als 15 Gewichtsprozent Polyvinylchlorid enthalten.

Als Ausgangsmaterial dient zweckmäßigerweise eine Mischung, die teils aus mindestens zu 50 Gewichtsprozent bei Raumtemperatur in Aceton löslichem Polyvinylchlorid[4] und teils aus nicht mehr als zu

---

[1] BURLESON, M. N.: Mod. Plastics **24**, 108 (1947).
[2] F.P. 875797, Schwz.P. 222261, Imperial Chemical Industries Ltd.
[3] F.P. 875798, Imperial Chemical Industries Ltd.
[4] Herstellung siehe Seite 55.

15 Gewichtsprozent unlöslichem Polyvinylchlorid[1] besteht; die Paste soll dabei 35 bis 80 Gewichtsprozent Weichmacher enthalten[2].

Einen grundsätzlich anderen Weg zur Herstellung von Polyvinylchlorid hat die Firma Distillers Co. beschritten. Die Herstellung der Pasten erfolgt schon während der Polymerisation des Vinylchlorids, die in Gegenwart von Weichmachern und dispergierenden Stoffen vorgenommen wird.

Bei der weiteren Verarbeitung von aus Polyvinylchlorid und Weichmachern bestehenden Pasten muß auf die Eigenart der Pasten Rücksicht genommen werden[3].

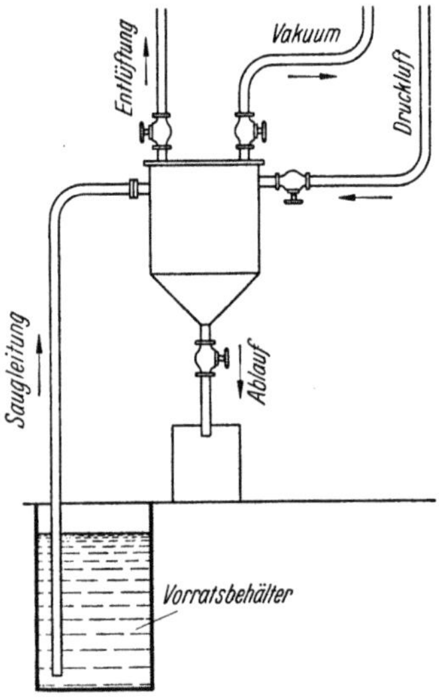

Die Polyvinylchlorid-Pasten, besonders die *Igelit-Pasten*, vertragen das Einarbeiten zusätzlicher Mengen Weichmacher, Verdünnungsmittel, Farb- und Füllstoffe. Die Größe dieser Zusätze richtet sich jeweils nach dem Verwendungszweck des Fertigproduktes bzw. beim Zusatz von Verdünnungsmitteln nach dem Grade der Viskosität der Paste und der gewünschten Einstellung der Zähflüssigkeit für die Verarbeitung.

Als Füllstoffe eignen sich die für Polyvinylchlorid-Massen geeigneten Stoffe[4]; im allgemeinen ist die Zugabe von mehr als 30 Teilen Füllstoff auf 100 Teile Polyvinylchlorid-Paste nicht zu empfehlen, da die Pasten sonst ihre Gießfähigkeit und Streichbarkeit einbüßen.

Abb. 24. Apparatur zum Entlüften und Umfüllen von Igelit-PCU-Pasten.

Farb- und Füllstoffe werden am einfachsten in der Weise beigemischt, daß man sie mit möglichst wenig Weichmacher zu einer Paste anrührt, dann abreibt und darauf die Polyvinylchlorid-Paste hinzufügt. Erlaubt der Verwendungszweck der Paste nicht die Beimischung von weiteren Weichmachern, so müssen die Füll- und Farbstoffe direkt beigemischt werden.

Die Homogenisierung der mit Füll- und Farbstoffzusätzen versehenen Polyvinylchlorid-Paste erfolgt auf einem kühlbaren Walzenstuhl mit drei oder mehr Walzen oder auf einer nicht zu eng gestellten Farbmühle. Dabei ist eine Erwärmung der Paste, allzu starke Reibung, unbedingt zu vermeiden.

Vor dem Verarbeiten muß vielfach die in der Paste eingeschlossene Luft entfernt werden.

Um Lufteinschlüsse beim Umfüllen der Polyvinylchlorid-Paste zu vermeiden, bedient man sich der in Abb. 24 dargestellten Apparatur.

---

[1] Herstellung siehe Seite 57.
[2] Schwz.P. 222262, Imperial Chemical Industries Ltd.
[3] Igelit-Pasten-Prospekt der I.G. Farbenindustrie A.G. 1942, S. 10.
[4] Siehe Seite 279.

6. Glasartiges Polyvinylchlorid.

Das unter dem Einfluß des Lichts aus Vinylchlorid erhaltene Polymerisat stellt eine undurchsichtige poröse Masse von kreideartiger Beschaffenheit dar, welche leicht zu einem weißen Pulver zerfällt.

Aus diesen Produkten kann man aber plastische Massen erhalten, wenn man sie in gelösten oder erweichten Zustand überführt und aus diesem in die feste Form zurückverwandelt[1].

Zur Umwandlung des Polyvinylchlorids wird das durch Lichtpolymerisation erhaltene Produkt mit einer zur Lösung unzureichenden Menge von Chlorbenzol oder einem anderen Lösungsmittel angerührt und einige Zeit durchgeknetet. Hierauf wird das Produkt unter Erwärmen und Pressen zu Platten gewalzt oder zu Blöcken geformt, aus denen sich nach dem Verdunsten des Lösungsmittels völlig durchsichtige Produkte schneiden lassen.

7. Pulverförmiges Polyvinylchlorid.

Polyvinylchlorid oder Vinylchlorid-Mischpolymerisate lassen sich auf übliche Weise zu feinem Pulver nicht vermahlen, da diese wegen ihrer thermoplastischen Eigenschaften auch durch schnellaufende Mühlen hindurchgehen, ohne wesentlich zerkleinert zu werden, selbst dann, wenn die Vermahlung in Gegenwart von Wasser vorgenommen wird.

Die Überführung von Polyvinylchlorid bzw. Vinylchlorid enthaltenden Mischpolymerisaten in Pulverform gelingt jedoch nach H. DIMROTH und E. KERN[2] dann, wenn man diese in zerkleinerter Form erst längere Zeit mit Wasser erhitzt und dann in Gegenwart von Wasser so lange mahlt, bis eine feine Verteilung erreicht ist. Die Dauer des Erhitzens ist abhängig von der Höhe der Temperatur: bei 80 bis 100° kann sie je nach dem Ausgangsstoff z. B. 4 bis 40 Stunden betragen.

Zur Vermahlung selbst eignen sich beispielsweise Vorrichtungen, wie Schwingmühlen oder auch Kollergang.

Auf wesentlich einfachere Weise kann man zu pulverförmigem Polyvinylchlorid oder pulverförmigen Mischpolymerisaten auf der Basis von Vinylchlorid gelangen, wenn man nach E. DORRER und K. WULFF[3] von Lösungen dieser Polymerisate ausgeht und die Lösungen in einem zweckmäßig erwärmten Gasstrom, wie Luft, Kohlendioxyd usw., zerstäubt und das Lösungsmittel dabei verdampft, bevor die Teilchen sich absetzen. Die Zerstäubung kann bei gewöhnlicher oder erhöhter Temperatur erfolgen; dabei muß aber die Temperatur bei der Verdampfung so niedrig sein, daß keine zu weitgehende Verklebung der Teilchen erfolgt.

10 Teile Polyvinylchlorid werden z. B. in 90 Teilen Trichloräthylen gelöst. Die Lösung wird dann bei einer Temperatur von 50° in angegebener Weise zerstäubt. Durch die Änderung der Größe und Temperatur des Verdampfungsraumes und der Gesamtumlaufgeschwindigkeit kann man die Größe der Teilchen bis zu einem bestimmten Grade beeinflussen.

---

[1] DRP. 281877, Chem. Fabrik Griesheim Elektron.
[2] DRP. 746082, I.G. Farbenindustrie A.G.
[3] DRP. 666415, I.G. Farbenindustrie A.G.

Ein im Prinzip gleiches Verfahren hat sich die Firma Imperial Chemical Industries Ltd.[1] schützen lassen. Lösungen von Polyvinylchlorid werden mittels Gasen fein versprüht und das Polyvinylchlorid verfestigt, während die Lösung noch im Zustand feiner Verteilung ist. Die Verfestigung kann z. B. in der Weise erfolgen, daß man die Lösung des Polyvinylchlorids in ein Verdünnungsmittel hineinversprüht, welches das Polyvinylchlorid nicht löst, aber mit dem Lösungsmittel selbst mischbar ist.

Lösungen von Polyvinylchlorid oder Mischpolymerisaten aus Vinylchlorid und Vinylacetat zerstäuben C. R. Ferris und E. T. Carte[2] in einem Trockner, durch den ein heißes, indifferentes Gas mit einer Temperatur von 180° streicht. Das feine Pulver wird mit dem Gas fortgeführt.

Zur Herstellung feinverteilter Polymerisate verfährt die Firma Carbide and Carbon Chemicals Corp.[3] in der Weise, daß sie Mischpolymerisate aus Vinylchlorid und einem Vinylester in einem organischen Lösungsmittel löst und die Lösung in einen ebenfalls durch Verdüsen hergestellten Nebel eines Fällungsmittels, wie Wasser, hineinverdüst. Das angewandte Fällungsmittel muß dabei völlig oder wenigstens teilweise mit dem organischen Lösungsmittel mischbar sein.

Bei den vorbeschriebenen Verfahren muß man zur Herstellung von feinpulverigem Polyvinylchlorid von einem zuvor zerkleinerten und in einem Lösungsmittel aufgelösten Produkt ausgehen. Das Auflösen des Polyvinylchlorids erfordert nicht nur eine zusätzliche Arbeitsstufe, sondern ist nur bei niedermolekularen Produkten möglich. Infolge der geringen Löslichkeit können hochmolekulare Polyvinylchloride nicht, nur unvollständig oder nur in bestimmten Lösungsmitteln aufgelöst werden. Diese Lösungsmittel lassen sich aus dem pulverförmigen Polymerisat auch nur unvollständig entfernen, so daß die Polyvinylchlorid-Teilchen zusammenbacken und kleben.

In sehr feiner Form fällt nach B. Bappert und G. Wick[4] jedoch Polyvinylchlorid an, wenn man aus den großfabrikatorisch anfallenden wäßrigen Emulsionen[5] den Feststoff in einem Verdampfungsapparat verdüst und anschließend mit Heißluft trocknet.

Die Verdüsung wird in der Praxis aus einer großen Mischung aus mehreren Chargen in einer sogenannten *Nubilosa-Anlage* vorgenommen[5]. Eine Anzahl ringförmig angeordneter Düsen saugt die Emulsion an und zerstäubt sie mit Luft von 150 bis 170°. Im Inneren des Trockenschachtes herrscht eine Temperatur von 85°. Gleichzeitig wird mittels einer Düse 10prozentige Sodalösung mit versprüht, so daß das Polyvinylchlorid-Pulver mit 0,4 bis 0,5 Prozent Alkaligehalt mit Ausnahme einer Marke handelsüblich ist. Die Mischung des pulverförmigen Poly-

---

[1] F.P. 840314, Imperial Chemical Industries Ltd.; — E.P. 498396, Imperial Chemical Industries Ltd. und A. Renfrew.

[2] F.P. 812854, Carbide and Carbon Chemicals Corp.

[3] F.P. 845612, Carbide and Carbon Chemicals Corp.

[4] DRP. 679897, I.G. Farbenindustrie A.G.

[5] Thinius, K.: Gummi u. Asbest **2**, 262 (1949).

merisats erfolgt mit Druckluft; über eine Sichtanlage kommt das Polyvinylchlorid zur Abfüllung[1].

Das auf vorbeschriebene Weise erhaltene Polyvinylchlorid-Pulver wird in den meisten Fällen nicht so, wie es anfällt, weiterverarbeitet. Meist müssen dem Polymerisatpulver Zusatzstoffe, wie Stabilisatoren, Gleitmittel, Farbstoffe, Pigmente usw., zugesetzt werden, welche dem Polyvinylchlorid bestimmte Eigenschaften, wie Plastizität, Haftfähigkeit usw., verleihen sollen.

Um diese Zusatzstoffe dem Polyvinylchlorid zuzusetzen, werden diese in wäßriger Lösung oder Suspension oder in Gegenwart eines organischen Lösungsmittels mit dem Polyvinylchlorid-Pulver pulverisiert[2].

Eine weit bessere Verteilung bzw. Vermischung des Polyvinylchlorids mit den Zusatzstoffen, unter Fortfall eines zusätzlichen Arbeitsganges, kann man nach G. WICK, A. ILOFF und H. SKARDA[3] erzielen, wenn man mit der wäßrigen Dispersion von Polyvinylchlorid den Veredlungszusatz in wäßriger Lösung oder Suspension oder in Gegenwart eines organischen Lösungsmittels mit verdüst und durch Heißlufttrocknung zur Abscheidung bringt.

Das den Zusatzstoff homogen verteilt enthaltende Polyvinylchlorid kann dann der Weiterverarbeitung zugeführt werden.

8. Poröses Polyvinylchlorid.

Durch bestimmte Maßnahmen kann man den Kunststoffen auf Polyvinylchlorid-Basis eine poröse oder mikroporöse Struktur erteilen.

Nach H. FIKENTSCHER und H. JACQUÉ[4] kann man hierbei von den auf S. 264 angeführten Dispersionen oder Pasten aus Polyvinylchlorid oder Vinylchlorid-Mischpolymerisaten und flüchtigen Lösungsmitteln ausgehen.

In diese Dispersionen oder Pasten wird Luft eingeblasen, die beim Gelatinieren und Trocknen den Polymerisaten oder Mischpolymerisaten des Vinylchlorids eine schwammartige Beschaffenheit erteilt.

Durch Einpressen von Stickstoff in die aus Polyvinylchlorid und Weichmacher bestehenden Polyvinylchlorid-Pasten und anschließendes Gelatinieren erhält man gleichfalls poröses Polyvinylchlorid.

Bessere Resultate erzielt man, wenn man der Polyvinylchlorid-Paste Treibmittel, wie *Porophor N* (Azo-Isobuttersäure-Dinitril) oder *Porophor 254* (Azo-Dihexahydrobenzoesäure-Dinitril) zumischt[5]. Diese in Deutschland verwendeten Treibmittel geben nach Gelieren der Pasten ein schaumartig aufgeblähtes Polyvinylchlorid.

Von A. ST. BRIGGS und G. E. SCHAFF[6] sind ferner als Blähmittel empfohlen worden: Di-N-nitrosopentamethylentetramin, Di-N-nitrosopiperazin, Trimethylentrinitrosoamin oder Bernsteinsäurebis-(N-nitrosomethylamid).

---

[1] DRP. 749509, I.G. Farbenindustrie A.G.

[2] Belg.P. 448974, I.G. Farbenindustrie A.G.

[3] DRP. 749509, F.P. 890360, I.G. Farbenindustrie A.G.

[4] DRP. 730202, I.G. Farbenindustrie A.G.

[5] RUEBENSAAL, C.F.: Mod. Plastics **25**, 143 (1948); — Bericht PB 77673 des US-Handelsministeriums; — Kunststoffe **39**, 51 (1949).

[6] A.P. 2491709, Imperial Chemical Industries Ltd.

Die Einarbeitung dieser oder ähnlich wirkender Blähmittel kann in bekannter Weise erfolgen.

Ein poröses Polyvinylchlorid kann man auch nach dem Verfahren von A. Cooper[1] in folgender Weise erhalten: Man erhitzt Polyvinylchlorid mit einem Weichmacher, der bei Raumtemperatur keine lösende oder quellende Wirkung auf das Polyvinylchlorid ausübt, z. B. Dibutyl-, Dihexylphthalat, Trikresylphosphat, bis zur Gelbildung, nachdem man vorher ein Blähmittel eingemischt hat. Nach erfolgter Gelbildung erhitzt man höher, bis Gasentwicklung erfolgt.

Man gibt z. B. zu einer Paste aus 28 Prozent Polyvinylchlorid und 72 Prozent Dibutylphthalat 6 Prozent Diazoaminobenzol und erhitzt, bis sich ein Produkt von kautschukartiger Konsistenz bildet. Man walzt das Produkt auf Mischwalzen unter Zusatz von etwas Wasser, um das Ankleben an der Walze zu verhindern, zieht zu Fellen, die in 20 Minuten mit 2,8 kg/qcm Dampfdruck härter gemacht werden, worauf sie 10 Minuten auf eine Temperatur entsprechend 7 kg/qcm Dampf unter Zersetzung des Diazoaminobenzols erhitzt werden.

Als gelbildendes Mittel benützt O. R. McIntire[2] flüchtige Mittel, wie z. B. Methylchlorid, und erhitzt dieses z. B. mit einem Vinylchlorid-Vinylacetat-Mischpolymerisat auf höhere Temperatur, jedoch unterhalb der kritischen Temperatur des Gelbildners in einem Druckraum, so daß sich ein Gel aus dem Mischpolymerisat bildet, worauf die Masse durch einen Auslaß von einem Querschnitt, der dem eines Kreises von 1,9 bis 25 cm entspricht, gepreßt wird und das Gelbildungsmittel unter Bildung von geschlossenen Zellen entweicht.

Zur Erzielung einer porösen Struktur kann man ferner die Polymerisate oder Mischpolymerisate des Vinylchlorids mit flüchtigen Lösungsmitteln und gasentwickelnden Stoffen vermischen und diese Masse dann erhitzen[3]. Man kann auch so verfahren, daß man in die Polymerisate unter hohem Druck Gase eindrückt und den Druck dann plötzlich aufhebt. Auf diese Weise kann man Polyvinylchlorid, nachchloriertes Polyvinylchlorid, Mischungen aus Polyvinylchlorid und Polystyrol oder Polyacrylsäureestern bzw. Mischpolymerisate aus Vinylchlorid und Acrylsäureestern verarbeiten.

Zur Überführung in eine poröse oder mikroporöse Form mischt M. Faidutti[4] Polyvinylchlorid mit einem Weichmacher und einem körnigen festen Stoff, wie Natriumchlorid oder Zucker, und zersetzt oder löst nach der Formgebung zuerst den festen Stoff und danach den Weichmacher wieder heraus. Die Herauslösung des festen Stoffes kann durch Elektrolyse ersetzt oder unterstützt werden.

Eine andere Möglichkeit der Herstellung von porösem Polyvinylchlorid ist von der Firma Dr. A. Wacker Ges. f. elektrochem. Ind. G.m.b.H.[5] angegeben worden.

Nach diesem Verfahren wird gekörntes oder pulverförmiges Polyvinylchlorid mit einem Weichmacher oder einer Mischung aus einem

---

[1] A.P. 2447056, Expanded Rubber Co., Ltd.
[2] A.P. 2450436, Dow Chemical Co.
[3] Österr.P. 140584, F.P. 774401, Dynamit A.G. vorm. A. Nobel & Co.
[4] F.P. 883171, Soc. Chimique de Gerland S.A.
[5] F.P. 886560, Dr. A. Wacker Ges. f. elektrochem. Ind. G.m.b.H.

Weichmacher und einem organischen Lösungsmittel, das Polyvinylchlorid bei niederer als Sintertemperatur wenig oder nicht löst, gemischt und die Masse bei höherer Temperatur unter oberflächlichem Schmelzen bei gewöhnlichem, erhöhtem oder Unterdruck gesintert, so daß das Polyvinylchlorid in mikroporöser bis großporiger Form anfällt.

Die Sintertemperatur hängt dabei von der Art des benützten Weichmachers ab. Für eine Mischung aus hochpolymerem Polyvinylchlorid und Methylglykolphthalat beträgt diese etwa 175°, für Dibutylphthalat etwa 150°, für Dihydroisophorolacetat etwa 130 bis 140°, während die Mischtemperatur bei 70 bis 100° liegt.

Stabilisierungsmittel, wie Bleistearat, Kaolin, Vinylcrotonat, und Treibmittel können zugegeben sein.

Nach erfolgter Sinterung können Weichmacher und Lösungsmittel wieder entfernt werden.

Eine gewisse Porosität kann man dem Polyvinylchlorid ferner auch in der Weise erteilen, daß man letzterem poröse Füllstoffe, z. B. Kieselgur, oder faserförmige Stoffe zusetzt.

Nach einem Verfahren der Firma I.G. Farbenindustrie A.G.[1] werden organische faserförmige Füllstoffe mit Lösungen von Polyvinylchlorid oder Mischpolymerisaten aus Vinylchlorid und anderen polymerisierbaren monomeren Stoffen, wie Vinylestern oder Acrylsäureestern, gemischt und die Mischung unter Bedingungen geformt, unter denen das Lösungsmittel entweicht. Man erhält leichte, Schall, Wärme und Elektrizität isolierende Massen, die als Bauelemente für Eisschränke usw. verwendet werden können.

Poröse Gebilde werden ferner aus Gemischen von Polymerisaten oder Mischpolymerisaten des Vinylchlorids und natürlichen oder künstlichen Fasern gemäß einem weiteren Verfahren der I.G. Farbenindustrie A.G.[2] erhalten.

9. Gefärbtes Polyvinylchlorid.

Bei der Polymerisation von Vinylchlorid fällt das polymere Produkt meist als weißes Pulver an.

Für bestimmte Anwendungsgebiete ist es jedoch erwünscht, dem Polyvinylchlorid eine bestimmte Farbe zu erteilen. Dies bereitet insofern gewisse Schwierigkeiten, da das Polyvinylchlorid an sich nicht leicht anfärbbar ist. Man kann indes die Anfärbbarkeit von Polyvinylchlorid dadurch verbessern, daß man dieses mit einem Aminierungsmittel, wie Ammoniak, Aminen, Pyridin, Picolin usw., behandelt[3]. Durch eine solche Behandlung wird nicht nur die Affinität zu sauren Wollfarbstoffen, sondern auch zu direktziehenden Baumwollfarbstoffen, zu Azokomponenten und zu Körperfarben erhöht.

Zum Färben von Polyvinylchlorid geeignete Farben werden erhalten, wenn man Azofarbstoffe oder Pigmente mit wachsartigen Kohlen-

---

[1] F.P. 816053, I.G. Farbenindustrie A.G.
[2] Holl.P. 48459, I.G. Farbenindustrie A.G.
[3] E.P. 484661, Aceta G.m.b.H.

wasserstoffen von 35 Kohlenstoffatomen und gegebenenfalls mit *Polyvinyläthyl-* oder *Polyvinyloctodecyläther* mischt[1].

Nach G. NIEMANN und L. KOLLEK[2] eignen sich zum Färben von Polyvinylchlorid Farbstoffe, die durch Erhitzen der Abkömmlinge von Phthalsäure oder Naphtholsäure, die durch Bindung von Stickstoff an die Kohlenstoffatome der beiden benachbarten CO-Gruppen gebildet sind, oder ihrer Substitutionsprodukte, zweckmäßig in Gegenwart von Metallen oder Metallverbindungen, erhalten werden.

Man färbt z. B. Polyvinylchlorid mit einem Farbstoff, den man aus Phthalodinitril mit Kupferpulver oder Kupferchlorür durch Erhitzen auf 200° erhält, blau.

Zur Anfärbung von Polyvinylchlorid sind von der Firma I.G. Farbenindustrie A.G.[3] sogenannte *PV-Farbstoffe* entwickelt worden, welche reine Farbtöne bei hoher Farbstärke und ansprechende Färbungen bei geringem Farbstoffverbrauch geben. Mit diesen Farbstoffen kann man gelbe, orange, rote, rubinrote, violette, blaue, grüne, braune und schwarze Färbungen erzielen; weitere Nuancen können leicht durch Mischungen dieser Farbstoffe erhalten werden. Ihre Licht- und Wetterechtheit genügt den praktischen Anforderungen. Sie sind in Polyvinylchlorid und den üblichen Weichmachern und Lösungsmitteln praktisch unlöslich; dabei halten sie der thermischen Beanspruchung, die bei der Verarbeitung von Polyvinylchlorid auftritt, ohne Veränderung stand.

Zum Färben kann man von den pulverförmigen Polymerisaten oder Mischpolymerisaten des Vinylchlorids ausgehen.

Polyvinylchlorid läßt sich jedoch auch in wäßriger Dispersion oder, wie noch später mehrfach gezeigt wird, auch in verformtem Zustand färben.

Zum Färben von in wäßriger Dispersion vorliegendem Polyvinylchlorid hat die Firma I.G. Farbenindustrie A.G.[4] hochdisperse Teigmarken, z. B. *Hansagelb 10 G Teig, Heliogenblau B Teig*, oder Aufbereitungen von hochwertigen Pigmenten in einem wasserlöslichen Dispergierungsmittel, sogenannte *Vulcanosol-Pulver-fein-Farbstoffe*, entwickelt.

Nach einem von H. DIMROTH und E. KERN[5] entwickelten Verfahren kann man das Färben von Polyvinylchlorid oder Mischpolymerisaten auf Basis von Vinylchlorid gleichzeitig mit der Überführung in eine fein verteilte Form vornehmen, indem man bei dem auf S. 273 beschriebenen Verfahren das Erhitzen der Polymerisationskunststoffe nicht mit Wasser, sondern mit wäßrigen Lösungen der wäßrigen Suspensionen von Farbstoffen, z. B. basischen Farbstoffen, oder Farbstoffen, wie sie zum Färben von Celluloseestern üblich sind, vornimmt.

Man kann auch solche Verbindungen verwenden, die zwar im Tageslicht nicht oder wenig gefärbt sind, aber im ultravioletten Licht mit einer sichtbaren Farbe fluoreszieren, wie z. B. p·10-Dichloranthracen, Dioxyterephthalsäureester u. dgl.

[1] F.P. 842003, I.G. Farbenindustrie A.G.
[2] DRP. 628633, I.G. Farbenindustrie A.G.
[3] I.G. Kunststoffe, Taschenbuch f. d. Industrie, S. 124. Frankfurt 1942.
[4] I.G. Kunststoffe, Taschenbuch f. d. Industrie, S. 124. Frankfurt 1942.
[5] DRP. 746082, I.G. Farbenindustrie A.G.

Eine Aufschlämmung von 100 Gewichtsteilen fein zerkleinertem Polyvinylchlorid in einer Lösung von 1 Gewichtsteil Diamantgrün in 100 Gewichtsteilen Wasser wird unter Rühren 6 Stunden lang zum Sieden erhitzt. Nach dem Absaugen und Waschen mit Wasser wird der Kunststoff in Form einer wäßrigen Paste in einer Schwingmühle 2 Stunden lang vermahlen. Dann wird abgesaugt, der Rückstand mit Wasser und Methylalkohol gewaschen und getrocknet. Man erhält ein grünes, wasserbeständiges Polyvinylchlorid-Pulver.

Nach einer anderen Ausführungsform wird eine Aufschlämmung von 100 Gewichtsteilen eines fein zerkleinerten Mischpolymerisates aus Vinylchlorid und Acrylsäuremethylester, im Verhältnis 80 : 20, in einer Lösung von 1 Teil Rhodamin B extra in 3000 Gewichtsteilen Wasser unter Rühren 20 Stunden lang auf 90° erhitzt. Nach dem Absaugen und Waschen mit Wasser wird der Kunststoff in Form einer wäßrigen Paste in einer Schwingmühle oder in einem Kollergang so lange gemahlen, bis der gewünschte Verteilungsgrad erreicht ist. Dann wird abgesaugt und bei 20 bis 40° an der Luft getrocknet. Man erhält so ein fein verteiltes, blaustichigrot gefärbtes, im ultravioletten Licht rot fluoreszierendes Pulver, das wie ein Pigment verwendet werden kann.

10. Füllstoffhaltiges Polyvinylchlorid.

Zur Versteifung gegenüber Druckbeanspruchung werden den Polymerisaten oder Mischpolymerisaten des Vinylchlorids Füllstoffe zugesetzt.

Besonders bewährt haben sich indifferente Füllstoffe, wie *Talkum, Kaolin, Kieselerde, Quarzmehl, Schiefermehl, Schwerspat, Titandioxyd* sowie *Ruße*.

Hingegen ist *Zinkoxyd* als Füllstoff für Polyvinylchlorid-Massen nicht geeignet, weil dieses die Abspaltung von Chlorwasserstoff aus Polyvinylchlorid katalysiert.

Als Füllstoffe für die aus Vinylchlorid und Acrylsäureestern, z. B. aus 80 Prozent Vinylchlorid und 20 Prozent Acrylsäureestern, bestehenden Mischpolymerisaten eignen sich nach K. SCHNELLER und F. SPOUN[1] die durch Verpuffen aus ungesättigten gasförmigen Kohlenwasserstoffen bei unvollständiger Verbrennung in Gegenwart von inerten Gasen erhaltenen Ruße. Dem Gemisch aus Mischpolymerisat und Ruß setzt man zur besseren Verteilung des letzteren dem Mischpolymerisat noch Weichmacher zu.

Um eine unerwünschte Chlorwasserstoffabspaltung aus Polyvinylchlorid zu vermeiden, befreit die Firma Carbide and Carbon Chemicals Corp.[2] die für Mischpolymerisate aus 60 bis 95 Prozent Vinylchlorid und zum Rest aus Vinylestern niederer aliphatischer Säuren benützten Füllstoffe von eventuell vorhandenen schädlichen Eisen- und Zinkverbindungen.

Die Entfernung dieser schädlichen Beimengungen erfolgt durch Behandlung der Füllstoffe mit einer löslichen anorganischen Base oder mit Lösungen von Salzen starker Basen mit schwachen Säuren.

Als Lösungsmittel kommen z. B. in Frage Natronlauge, Natriumperborat, Natriumsilicat, Natriumcarbonat, Natriumacetat, Natriumbichromat, Natriumthiosulfat, Di- und Trinatriumphosphat sowie die entsprechenden löslichen Verbindungen des Kaliums, Calciums, Bariums, Magnesiums oder Strontiums.

---

[1] DRP. 674581, I.G. Farbenindustrie A.G.
[2] F.P. 851587, E.P. 526195 Carbide and Carbon Chemicals Corp.

Die den Polymerisaten oder Mischpolymerisaten auf Basis Vinylchlorid zuzusetzenden Füllstoffmengen können in überaus weiten Grenzen schwanken. In Fällen, bei denen eine Festigkeitsminderung der Massen ohne Bedeutung ist, können bis zu 300 Prozent, bezogen auf Polymerisat, zugesetzt werden[1]. Gewöhnlich beträgt die zugesetzte Füllstoffmenge etwa 50 Prozent der Polyvinylchlorid-Menge.

Die Zugabe der Füllstoffe erfolgt bei weichmacherfreien Polymerisaten oder Mischpolymerisaten des Vinylchlorids in Mischern, wo die innige Verteilung der pulverförmigen Mischung erfolgt.

Bei weichmacherhaltigen Polymerisaten und Mischpolymerisaten des Vinylchlorids werden die Füllstoffe gewöhnlich nach der erfolgten Gelatinierung der Polymerisate durch den Weichmacher zugesetzt.

Man kann aber auch die Füllstoffe zu Beginn der Verarbeitung, vor Zugabe des Weichmachungsmittels, mit dem pulverförmigen Polyvinylchlorid oder pulverförmigen Mischpolymerisaten auf Basis Vinylchlorid mischen; dann ist jedoch eine besondere Sorgfalt auf die vollständige Gelatinierung zu verwenden[1].

III. Verformung von Polyvinylchlorid oder Vinylchlorid-Mischpolymerisaten.

A. Spanabhebende Formung.

Polyvinylchlorid und Vinylchlorid-Mischpolymerisate lassen sich nach den verschiedenen Methoden spanabhebend bearbeiten; diese Kunststoffe lassen sich *abdrehen, fräsen, bohren, stanzen, hobeln, sägen* und *schneiden*[2].

Diese spanabhebende Bearbeitung kann nach den gleichen Methoden erfolgen, wie sie z. B. bei Cellon, Celluloid, Preßstoffen, Holz und Leichtmetallen üblich sind. Man muß bei der spanabhebenden Bearbeitung von Polymerisaten oder Mischpolymerisaten des Vinylchlorids jedoch berücksichtigen, daß diese Kunststoffe schlechte Wärmeleiter sind und infolge ihrer thermoplastischen Eigenschaften bei erhöhten Temperaturen zum Schmieren neigen. Bei all diesen Bearbeitungsverfahren muß demnach für eine gute Abführung der Wärme gesorgt werden. Ferner müssen infolge der Kerbempfindlichkeit der Polyvinylchlorid-Kunststoffe bei der spanabhebenden Bearbeitung scharfe Einschnitte und Rillen vermieden werden.

Genaue Angaben über die Art der Durchführung der spanabhebenden Bearbeitung von Polymerisaten oder Mischpolymerisaten des Vinylchlorids hat W. KRANNICH[3] mitgeteilt.

---

[1] Igelit-Prospekt Nr. 14.

[2] BECK, H.: Maschinenbau Betrieb **19**, 437 (1940). — K. MIENES: Kunststoffe **30**, 224 (1940). — W. KRANNICH: Kunststoffe im techn. Korrosionsschutz, S. 152. München 1943. — F. KAINER: Kurzes Handbuch der Polymerisationstechnik, 3. Bd., S. 890. Leipzig 1944. — K. TEUSI u. W. ZEBROWSKI: Kunststoffe, Kunststoff-Technik u. Anwendung **34**, 213 (1944).

[3] KRANNICH, W.: Kunststoffe im techn. Korrosionsschutz, S. 154. München 1943.

Rohlinge aus Polyvinylchlorid oder Vinylchlorid-Mischpolymerisaten können ohne Schwierigkeiten auf der Drehbank spanabhebend bearbeitet werden, wobei Schnittgeschwindigkeiten und Werkzeuge denen für die Bearbeitung von Leichtmetallen entsprechen. Besonders geeignet sind Schnelldrehbänke. Die Schneidwerkzeuge brauchen nicht aus Spezialstählen zu bestehen.

Als günstigster Stahlwinkel gilt ein Schneidwinkel von 10 bis 20° und ein Freiwinkel von 10°. Der Keilwinkel soll 60 bis 65° betragen.

Beim Schruppen wird der Vorschub mit 0,3 bis 0,5 mm, beim Schlichten bis zu 0,15 mm je Umdrehung gewählt.

Beim Drehen von Vinylchlorid-Mischpolymerisaten, wie *Astralon* oder *Vinidur MP transparent*, muß infolge des niedrigeren Erweichungspunktes der Vorschub verkleinert werden.

Ebenso wie beim Drehen werden auch beim *Fräsen* hohe Schnittgeschwindigkeiten angewandt, die jedoch kleiner sein sollen als bei Celluloid.

Infolge der leichten Zerspanbarkeit von Polyvinylchlorid oder Vinylchlorid-Mischpolymerisaten ermöglicht das *Fräsen* ein sehr vorteilhaftes Arbeiten.

Neben den gebräuchlichen Fräsmaschinen für Metalle können auch die in der Holzbearbeitung üblichen Maschinen Verwendung finden.

Der Vorschub kann 0,3 mm pro Zahn betragen.

Zum Abfräsen von Schweißungen, Abarbeiten von Unebenheiten u. dgl. werden auch Handfräser verwandt.

Zum *Bohren* eignen sich die für Leichtmetalle und Preßstoffe üblichen Bohrmaschinen; als Bohrwerkzeuge können meist Spiralbohrer, aber auch Spitz-, Lappen- oder Formbohrer verwendet werden. Besonders wirtschaftlich sind Bohrmaschinen mit hohen Drehzahlen, z. B. bis zu 700 m/min und mehr Schnittgeschwindigkeit. Der Vorschub soll mit 0,3 bis 0,5 mm je Umdrehung eingestellt werden.

Das Sägen von Polyvinylchlorid oder Vinylchlorid-Mischpolymerisaten kann mit den üblichen Sägevorrichtungen, wie Fuchsschwanz, Metallbügelsäge, Bandsäge, Kreissäge, Vibrationssäge und Dekupiersäge, vorgenommen werden.

Die Zahnteilung bei der Bandsäge soll etwa 3 mm, die der Kreissäge 2 bis 3 mm betragen. Die Zähne sollen etwa 0,5 mm geschränkt sein.

Das *Schneiden* dünner Polyvinylchlorid-Tafeln oder -Platten kann mit der Tafelschere erfolgen. Bei größeren Zuschnitten werden die in der Papierindustrie üblichen Schneidemaschinen mit senkrechtem, schrägem oder ziehendem Schnitt erfolgen. In allen Fällen sind beim Schneiden scharfe Werkzeuge zu verwenden.

Das *Lochen* und *Stanzen* kann mit den in der Metallbearbeitung üblichen Stanz- und Schlagwerkzeugen durchgeführt werden, nur müssen zur Erzielung eines guten Schnittes die Werkzeuge sehr sorgfältig bearbeitet sein.

Zum *Abhobeln* und *Egalisieren* können Kunststoffe aus Polyvinylchlorid oder Vinylchlorid-Mischpolymerisaten mit dem Handhobel oder der Dickten-Hobelmaschine mit Rundmesser bearbeitet werden.

Mitunter ist es erforderlich, die Oberfläche von Polyvinylchlorid-Formkörpern zu *polieren*. Man benützt hierzu zweckmäßig sogenannte Schwabbelscheiben unter Anwendung von Bimsmehl, Tripel oder Wiener Kalk und zum *Polieren* Pasten, wie sie z. B. zum Aufpolieren von Lacken dienen.

B. Spanlose Verformung.

Die Thermoplastizität und die guten mechanischen Eigenschaften der auf Basis von Vinylchlorid aufgebauten Polymerisat-Kunststoffe sind die Voraussetzung dafür, daß sie sich auf einfache Weise nach verschiedenen Verfahren spanlos verformen lassen[1].

Diese Feststellung hat bereits F. KLATTE[2] für die im Sonnen-, Uviol- oder Bogenlicht polymerisierten Vinylchloride gemacht. Die nach dieser Lichtpolymerisation erhaltenen Produkte kommen jedoch heute infolge ihres niedrigen Polymerisationsgrades für die Herstellung von Formkörpern nicht in Frage.

Zur Herstellung von Formkörpern werden vielmehr Polymerisationsstufen des Vinylchlorids verwendet, die ein mittleres Molekulargewicht von 60000 bis 130000, meist ein solches von 100000, besitzen[3].

Solche Polymerisate des Vinylchlorids zeichnen sich durch eine sehr hohe Schlagbiegefestigkeit von 100 bis 400 kg/qcm aus, was wohl mit der hohen Bruchdehnung von 40 Prozent zusammenhängt[4]. Diesen günstigen mechanischen Eigenschaften steht allerdings eine mäßige Formbeständigkeit von 58 bis 67° nach MARTENS gegenüber.

Von ausschlaggebender Bedeutung für die Verwendungsmöglichkeit der aus Polyvinylchlorid erhältlichen Formkörper ist die Tatsache, daß sie sich nach den bei anderen, alteingeführten Werkstoffen üblichen Methoden verarbeiten lassen[5]; allerdings erfordert die Verarbeitung von Polyvinylchlorid zu Formkörpern höhere Temperaturen als die bei der Verformung von Celluloid gebräuchliche Temperatur von 120°[6].

Darüber hinaus sind für Polymerisate auf Vinylchlorid-Basis noch besondere Verformungsverfahren entwickelt worden, die den Eigenschaften dieser Kunststoffe entsprechend angepaßt sind.

So lassen sich z. B. unter Umständen Formkörper aus Polyvinylchlorid oder Vinylchlorid-Mischpolymerisaten während der Polymerisation der monomeren Verbindungen erhalten.

Polyvinylchlorid-Kunststoffe werden meist durch Verformung im plastischen Zustand, d. h. bei Erweichungstemperatur, erhalten, wobei bei den *Warmverformungsverfahren* die Formen oder Pressen auf Erweichungstemperatur oder bei der *Kaltverformung* auf unter der Erweichungstemperatur liegenden Temperaturen gehalten werden.

---

[1] KAINER, F.: Kurzes Handbuch der Polymerisationstechnik, 3. Bd., S. 912. Leipzig 1944.

[2] DRP. 281877, Chem. Fabrik Griesheim Elektron.

[3] STAUDINGER, H., u. J. SCHNEIDERS: Lieb. Ann. d. Chem. **541**, 151 (1939).

[4] HOUWINK, R.: Grundriß der Kunststoff-Technologie, 2. Aufl., S. 133. Leipzig 1944.

[5] KOLLEK, L.: Kunststoffe **29**, 41 (1939).

[6] WICK, G., u. A. ILOFF: Kunststoffe **32**, 137 (1942).

Nach der üblicheren Warm-Verformung kann man Formkörper aus Polyvinylchlorid oder Vinylchlorid-Mischpolymerisaten nach dem *Walz-, Preß-, Schlagpreß-* und *Spritzgußverfahren* verformen.

Die Eigenschaften der aus Polyvinylchlorid oder Vinylchlorid-Mischpolymerisaten nach einem der vorerwähnten Verfahren hergestellten Formkörper hängen u. a. auch davon ab, ob diesen Kunststoffen vor der Verformung Weichmacher zugesetzt werden.

1. Verformung während der Polymerisation.

Die Herstellung von Formkörpern aus Polymerisaten oder Mischpolymerisaten des Vinylchlorids kann in der Weise erfolgen, daß man die Polymerisation gleichzeitig mit der Formgebung der hierbei entstehenden Polymerisate verbindet. In diesem Falle muß man als Polymerisationsgefäße solche Behälter verwenden, die der anzunehmenden Form der Polymerisate entsprechen.

Bei dieser Art der Formgebung ist zu berücksichtigen, daß bei der Polymerisation ein Schrumpfen der Polymerisatmasse erfolgt, und ferner, daß die Bildung von Schrumpfblasen nach Tunlichkeit verhindert werden muß.

Um das Schwinden des Polyvinylchlorids zu verhindern, nimmt G. M. Kuettel[1] die Polymerisation des Vinylchlorids schichtweise derart vor, daß jeweils eine dünne Schicht von Vinylchlorid polymerisiert wird, und zwar so lange, bis der hierbei gebildete Formkörper die gewünschte Dicke besitzt.

Bei dieser schichtweisen Polymerisation des Vinylchlorids, gegebenenfalls zusammen mit anderen monomeren, polymerisierbaren Verbindungen, ist es zweckmäßig, die als Polymerisationsbehälter verwendete Form mit einem Vorratsbehälter derart zu verbinden, daß die monomere Substanz in dem Maße, wie das Polymerisat gebildet wird, in die Form nachfließt[2].

Um die Bildung von Schrumpfblasen in den Formkörpern auszuschließen, nehmen Ch. M. Fields und R. T. Fields[3] die Polymerisation z. B. eines Gemisches aus Vinylchlorid und Vinylacetat unter Druck stufenweise derart vor, daß sie die Polymerisation des Gemisches der monomeren Verbindungen von einem Ende der Form beginnend in engen Bezirken bis zum anderen Ende der Form fortschreiten lassen. Auf diese Weise kann, wenn ein bestimmter Teil der Form mit festem Mischpolymerisat ausgefüllt ist, noch das monomere oder teilweise polymerisierte Gemisch nachfließen und die gegebenenfalls gebildeten Schrumpfhöhlen des Mischpolymerisats ausfüllen.

Schwundfreie Formkörper lassen sich nach W. Bauer[4] erhalten, wenn man die als Polymerisationsbehälter für Vinylchlorid oder Gemischen von Vinylchlorid und Acrylsäureestern dienenden Formen während der Polymerisation einer starken Rotation aussetzt.

---

[1] E.P. 460239, A.P. 2063315, E. I. du Pont de Nemours & Co.
[2] E.P. 460240, E. I. du Pont de Nemours & Co.
[3] A.P. 2136422, 2136423, 2136424, E. I. du Pont de Nemours & Co.
[4] DRP. 673394, Ital.P. 348320, Röhm & Haas A.G.

Zur Erzielung bestimmter Eigenschaften kann man den monomeren Verbindungen vor der Polymerisation Weichmachungsmittel, Farb- und Füllstoffe usw. zusetzen.

Durch Einlegen von Papier-, Leinen-, Jute- oder Metallgeweben, Holzfurnieren in die Polymerisationsbehälter erhält man nach der Polymerisation Formkörper mit den genannten Stoffen als Einlagen.

Für die technische Herstellung von Formkörpern haben diese Verfahren jedoch keine Bedeutung erlangt. Man geht hier zweckmäßigerweise von den bereits fertig polymerisierten Verbindungen aus und erteilt den Polyvinylchlorid-Massen nach einem der nachstehend beschriebenen Verfahren die gewünschte Form.

2. Verformung nach der Polymerisation.

Von den Polymerisaten oder Mischpolymerisaten des Vinylchlorids ist das ·Polyvinylchlorid selbst das wichtigste Ausgangsmaterial zur Herstellung von Formkörpern. Zur Verarbeitung gelangen die bei der Polymerisation des Vinylchlorids erhaltenen hochmolekularen Produkte.

Zur Verarbeitung auf Formkörper schlägt neuerdings die Firma N. V. de Bataafsche Petroleum Mij.[1] die schon früher durch die Firma Dr. A. Wacker Ges. f. elektrochem. Ind. G.m.b.H. bekannten hochmolekularen Polyvinylchloride mit einem K-Wert von etwa 70 und mehr vor, die nach einem besonderen Verfahren hergestellt werden. Diese Produkte sind bei normaler Temperatur weniger hart und brüchig, erfordern aber Verformungstemperaturen bis zu 200 und 210°.

Nach P. I. PAWLOW[2] eignet sich auch das bei der Polymerisation von Vinylchlorid in Gegenwart von 0,5 Prozent einer Diazoaminoverbindung, z. B. Diazoaminobenzol, erhaltene Polymerisat zur Herstellung von Formkörpern.

Neben Polyvinylchlorid werden auch nachchloriertes Polyvinylchlorid[3] oder Mischungen aus diesem und Polyvinylchlorid[4] auf Formkörper verarbeitet.

Als Ausgangsmaterial für die Herstellung von Formkörpern kommen ferner Vinylchlorid-Mischpolymerisate in Betracht.

Von diesen Mischpolymerisaten haben H. HOPFF und W. RAPP[5] z. B. die auf S. 114 beschriebenen Mischpolymerisate vorgeschlagen. Bekannter und in der Kunststofftechnik zur Herstellung von Formkörpern vielfach angewandt sind die Mischpolymerisate aus Vinylchlorid und Vinylestern oder Acrylsäureestern, wie sie z. B. in Deutschland unter den Handelsbezeichnungen *Astralon, Igelit MP* oder *Vinidur MP transparent* bekannt sind.

Die aus den genannten Vinylchlorid-Mischpolymerisaten, z. B. *Igelit MP*, hergestellten Formkörper sind klar, durchsichtig und auch in allen Nuancen anfärbbar.

---

[1] F.P. 942259, N. V. de Bataafsche Petroleum Mij.
[2] Russ.P. 53851, P. I. PAWLOW.
[3] Norweg.P. 56976, I.G. Farbenindustrie A.G.
[4] F.P. 780469, I.G. Farbenindustrie A.G.
[5] DRP. 695756, I.G. Farbenindustrie A.G.

Von diesen Mischpolymerisaten unterscheidet sich das Polyvinylchlorid, z. B. der Sorte *Igelit PCU*, im verformten Zustand einerseits durch erhöhte Wärmebeständigkeit, bessere Chemikalien- und Lösungsmittelbeständigkeit sowie größere Härte und andererseits durch eine gelbbraune Eigenfarbe sowie geringere Elastizität und Lichtechtheit.

Zur Herstellung von Formkörpern eignen sich ferner Mischpolymerisate aus überwiegenden Mengen Vinylchlorid und Estern von Äthylen-1, 2-dicarbonsäuren. Von diesen Mischpolymerisaten lassen sich besonders die durch Emulsionspolymerisation erhaltenen hochmolekularen Körper verformen[1]. Gegenüber Formkörpern aus den gleichen, jedoch durch Block- oder Lösungspolymerisation erhaltenen Mischpolymerisaten zeichnen sich Formkörper, die aus den Emulsionspolymerisaten hergestellt werden, durch eine hellere Farbe sowie größere Festigkeit und Elastizität aus.

Gegenüber Formkörpern aus Mischpolymerisaten aus Vinylchlorid und Acrylsäureestern zeichnen sich die Formkörper aus den vorgenannten Emulsionspolymerisaten durch einen höheren Erweichungspunkt aus.

Formkörper, die eine besondere mechanische Festigkeit und chemische Beständigkeit aufweisen, werden nach Ch. Dörfelt und K. Billig[2] aus den aus Vinylchlorid und Alkylidenacetessigester, z. B. aus den auf S. 108 beschriebenen Mischpolymerisaten aus Vinylchlorid und Benzylidenacetessigester, erhalten.

Polymerisate oder Mischpolymerisate des Vinylchlorids können in weichmacherfreien oder weichmacherhaltigen Formen zur Verarbeitung gelangen.

Die Verformungsbedingungen sind in diesen Fällen verschieden, so daß es zweckmäßig erscheint, die Verformung dieser beiden Kunststoffgruppen getrennt zu behandeln.

a) Verformung von weichmacherfreien Polyvinylchlorid-Massen.

α) **Kaltverformung.** Obwohl Polymerisate oder Mischpolymerisate des Vinylchlorids bei Raumtemperatur die zur Verformung erforderliche Plastizität nicht besitzen, kann man diese unter bestimmten Voraussetzungen kalt verformen.

Bei diesem von R. M. Wiley[3] für Mischpolymerisate aus Vinyl- und Vinylidenchlorid entwickelten Verformungsverfahren werden die Mischpolymerisate zunächst auf Temperaturen oberhalb ihres Erweichungspunktes, aber unterhalb des Zersetzungspunktes, z. B. auf 150 bis 200°, so lange erhitzt, bis das Material völlig plastisch ist, worauf das Mischpolymerisat plötzlich, d. h. innerhalb von 2 bis 60 Sekunden, bis auf Zimmertemperatur abgekühlt wird. Hierdurch wird eine unterkühlte Form des Mischpolymerisats erhalten, die ihre hohe Plastizität für einige Zeit, z. B. 2 bis 60 Minuten und länger, beibehält und während dieser Zeit kalt verformt werden kann.

---

[1] DRP. 728 664, I.G. Farbenindustrie A.G.

[2] DRP. 679 944, I.G. Farbenindustrie A.G.

[3] A.P. 2 183 602, Dow Chemical Co.

β) **Warmverformung.** Für die Herstellung von Formkörpern aus Polymerisaten auf der Basis von Vinylchlorid hat das vorbeschriebene Kaltverformungsverfahren keine große praktische Bedeutung erlangt.

Man stellt in den weitaus meisten Fällen die Formkörper durch *Warmverformung* her[1].

Bei dieser Warmverformung macht man von der Eigenschaft der Polyvinylchlorid-Kunststoffe Gebrauch, beim Erwärmen auf Temperaturen oberhalb des Erweichungspunktes und unterhalb des Fließpunktes plastisch zu werden, sich in diesem Temperaturbereich leicht verformen zu lassen und die erteilte Form auch nach dem Erkalten beizubehalten.

Bei Polyvinylchlorid, z. B. der Marke *Igelit PCU* der Firma I.G. Farbenindustrie A.G., kann die Warmverformung innerhalb des durch die Erweichungstemperatur von etwa 75 bis 80° und der Fließtemperatur von etwa 175° bedingten Temperaturintervalles erfolgen.

Bei Vinylchlorid-Mischpolymerisaten hängt dieser Temperaturintervall von der Zusammensetzung der Mischpolymerisate ab. In der Regel liegt die Erweichungstemperatur und damit die Verformungstemperatur etwas niedriger als die von reinem Polyvinylchlorid. Dies gilt insbesondere für die Vinylchlorid-Mischpolymerisate vom Typ *Igelit MP*.

Im erweichten Zustand haben das Polyvinylchlorid und in gleicher Weise auch die Mischpolymerisate des Vinylchlorids eine äußerst geringe Druckstandfestigkeit. Außerdem sind die Dehnungen so groß, daß hohe Verformungsgrade ohne Rißbildung erzielt werden können.

Für die Warmverformung von Kunststoffen auf der Basis von Polyvinylchlorid hat W. BACHMANN[2] auf Grund praktischer Erfahrungen folgende Regeln aufgestellt:

Bei Polyvinylchlorid-Kunststoffen, wie *Igelit PCU*, *Vinidur*, liegt die günstigste Verformungstemperatur im allgemeinen bei 130°; nur wenn besonders starke Verformungen ausgeführt werden müssen, die bei 130° nicht mehr rißfrei gelingen, sind Temperaturen von 100 bis 110° anzuwenden.

Die günstigsten Verformungstemperaturen liegen für das unter der Handelsbezeichnung *Astralon* bekannte Vinylchlorid-Mischpolymerisat bei 80° und für das Vinylchlorid-Mischpolymerisat *Vinidur MP* bei etwa 55°.

Die zu verformenden Polymerisate oder Mischpolymerisate des Vinylchlorids sollen auf die richtige Verformungstemperatur gleichmäßig und ohne örtliche Überhitzungen gebracht werden; sie müssen also genügend lange in einem Heizmittel von nur geringer Übertemperatur lagern, aber andererseits nicht unnötig lange der Hitze ausgesetzt sein.

Die Verformung ist, einmal begonnen, möglichst schnell, d. h. mit großer Geschwindigkeit, zu Ende zu führen. Sobald die Verformung beendet ist, ist unverzüglich abzukühlen.

---

[1] Während der Drucklegung sind von P. VOIGT in Kunststoffe **40**, 323 (1950) Richtlinien für das spanlose Formen von Polyvinylchlorid zur Diskussion gestellt worden.

[2] BACHMANN, W.: Kunststoffe **33**, 132 (1943).

Mischpolymerisate, die aus überwiegenden Mengen Vinylchlorid und Vinylacetat oder Acrylsäuremethylester aufgebaut sind, lassen sich leichter verformen als reines Polyvinylchlorid.

Um die bei der Verformung von Polymerisaten oder Mischpolymerisaten mit überwiegenden Mengen Vinylchlorid infolge der Abspaltung von Chlorwasserstoff bedingte Verfärbung auszuschließen, setzt man den Kunststoffmassen Stabilisierungsmittel der auf S. 125 genannten Art oder nach K. QUARTHAL und M. HIRT[1] die auf S. 128 beschriebenen Kondensationsprodukte zu.

Das Erweichen der zu verformenden Polymerisate auf der Grundlage des Vinylchlorids, z. B. Polyvinylchlorid oder Vinylchlorid-Mischpolymerisate, kann nach verschiedenen Verfahren erfolgen.

Man kann diese Kunststoffe auf Verformungstemperatur schon dadurch bringen, daß man diese in warmes Wasser bei einer über dem Erweichungspunkt liegenden Temperatur eintaucht.

Dieses Erweichen hat jedoch den Nachteil, daß die nach der Verformung erhaltenen Formkörper weiß werden.

Völlig klare Formkörper werden aber erhalten, wenn man an Stelle von Wasser bei der Thermoplastifizierung stark Wasser anziehende bzw. Hydrate bildende anorganische Metallsalze, z. B. Calciumchlorid, Kupfersulfat usw., verwendet[2].

Das Weißwerden der Formkörper kann man auch verhindern, wenn man die zu verformenden Vinylchlorid-Mischpolymerisate in zwei- oder dreiwertigen aliphatischen Alkoholen, z. B. Glykol oder Glycerin, erwärmt[3]. Hierbei gehen die Polymerisate ohne Weißwerden in den plastischen Zustand über.

In der Regel erfolgt jedoch die Erhitzung der zu verformenden Polyvinylchlorid-Massen, sofern diese nicht unmittelbar zusammenhängend mit dem Preßvorgang vorgenommen wird, in einem Wärmeofen.

In allerletzter Zeit wird zur Erweichung von Polymerisaten oder Mischpolymerisaten des Vinylchlorids von der *Hochfrequenzerhitzung* Gebrauch gemacht. Bei dieser Aufheizung wird der Kunststoff von innen her in kürzester Zeit auf Verformungstemperatur gebracht.

Die Verformung der erweichten Polyvinylchlorid-Massen kann nach verschiedenen Verfahren erfolgen.

Zur Herstellung flächiger Formgebilde bedient man sich des *Walzverfahrens*. Anders geformte Körper können nach dem *Preß-, Schlagpreß-, Ziehpreß-* oder *Spritzgußverfahren* erhalten werden.

aa) W a l z v e r f a h r e n. Flächengebilde, wie Platten, Tafeln, Folien u. dgl., lassen sich nach dem *Walzverfahren* herstellen.

Bei diesem Verfahren werden die pulverförmigen Polyvinylchlorid-Massen, gegebenenfalls gemeinsam mit Füllstoffen, Pigmenten, Farbstoffen, Stabilisier- und Gleitmitteln, unter gleichzeitiger Anwendung von Wärme und Druck auf Walzwerken verformt.

---

[1] DRP. 735446, I.G. Farbenindustrie A.G.
[2] DRP. 690263, Deutsche Celluloid-Fabrik A.G.
[3] DRP. 699307, Deutsche Celluloid-Fabrik A.G.

Die Walzentemperaturen liegen bei Polyvinylchlorid um etwa 160°
herum; bei der Verarbeitung von Vinylchlorid-Mischpolymerisaten, z. B.
vom Typ „*Astralon*", können infolge des um etwa 10° tiefer liegenden
Erweichungspunktes nach F. LÖBLEIN[1] die Verarbeitungstemperaturen
um etwa 20° tiefer liegen.

Vinylchlorid-Mischpolymerisate, z. B. *Igelit MP*, besitzen aber im
plastischen Zustand eine größere Zähigkeit als Polyvinylchlorid; infolgedessen sind bei der Verwalzung höhere mechanische Drucke anzuwenden.

Die mechanischen Eigenschaften der nach dem *Walzverfahren* hergestellten Formkörper können durch bestimmte Nachbehandlungsverfahren noch verbessert werden. Man kann sich hier des von H. FIKENT-
SCHER und H. JACQUÉ[2] entwickelten thermischen Verfahrens[3] bedienen.

bb) **Preßverfahren.** Zur Herstellung von Preßkörpern aus Polymerisaten des Vinylchlorids wird in der Regel von pulverförmigem
Material ausgegangen.

Ein zur Verarbeitung auf Preßmassen hinsichtlich Polymerisationsgrad einheitliches Polyvinylchlorid kann man nach dem von R. BAPPERT
und G. WICK[4] entwickelten, kontinuierlichen Emulsionsverfahren[5] erhalten. Bei diesem Verfahren fällt das Polyvinylchlorid vermittels Zer-
stäubungstrocknung zugleich in einer für die weitere Verarbeitung geeigneten pulverförmigen Form an.

Außer Polyvinylchlorid können auch Mischpolymerisate des Vinylchlorids, z. B. Mischpolymerisate aus Vinylchlorid und Vinylacetat oder
Vinylchlorid und Acrylsäureestern, nach dem Preßverfahren verformt
werden.

Infolge ihrer guten plastischen Eigenschaften eignen sich ferner die
von A. ILOFF[6] beschriebenen Mischpolymerisate aus Vinylchlorid und
Vinylidenchlorid zur Herstellung von Preßmassen.

Bei dem Preßverfahren wird das vorgewärmte, gegebenenfalls mit
Füll- und Farbstoffen vermischte Polyvinylchlorid-Pulver in die auf
150° erhitzte Form eingefüllt, diese unter Druck gesetzt und nach erfolgter Pressung auf 50° abgekühlt. Bei dieser Temperatur wird der erhaltene Formkörper aus der Form entfernt.

Infolge des an sich niedrigeren Erweichungspunktes erfolgt die Verarbeitung von Vinylchlorid-Mischpolymerisaten bei etwas niedrigeren
Temperaturen als wie von Polyvinylchlorid.

Um ein Kleben der Formkörper an der Formwand auszuschließen,
wird die Form nach jedem Arbeitsgang mit Seifenlösung ausgepinselt[7].

Die Preßleistung ist wegen der zum Kühlen und Wiederaufheizen
notwendigen Zeit sehr niedrig; die Preßformen müssen ferner aus hochwertigem Material gefertigt sein, allein schon, um den dauernden schrof-
fen Temperaturwechsel ohne Schädigung auszuhalten.

---

[1] KRANNICH, W.: Kunststoffe im techn. Korrosionsschutz, S. 38. München 1943.
[2] DRP. 742364, I.G. Farbenindustrie A.G.   [3] Siehe Seite 303.
[4] DRP. 679897, I.G. Farbenindustrie A.G.   [5] Siehe Seite 48.
[6] DRP. 749586, I.G. Farbenindustrie A.G.
[7] TROMMSDORFF, E., in R. HOUWINK: Chemie und Techn. der Kunststoffe,
2. Aufl. 1942, 2. Bd., S. 166.

Die Verformung von Polyvinylchlorid kann nach einem von G. Wick[1] weiter ausgearbeiteten Verfahren unter gleichzeitiger Anwendung von Druck unter schnellem Erhitzen auf 150° erfolgen. Bei dieser Arbeitsweise werden Formkörper erhalten, die sehr biegsam, dehnbar und infolge der kurzen Wärmebehandlung auch durchscheinend und farblos sind.

Bei der Herstellung von Preßkörpern, welche eine große Masse besitzen, empfiehlt G. Wick[2] eine Vorbehandlung des zu verformenden Polyvinylchlorids vorzunehmen, die darin besteht, daß man dieses zunächst auf dem Kalander, der Knetmaschine usw. auf Temperaturen unterhalb der Umwandlungstemperatur, d. h. bis auf etwa 130°, erhitzt und das Material hierdurch plastisch macht, wobei gleichzeitig Lufteinschlüsse entfernt werden. Die noch heiße plastische Masse wird dann durch Verpressen unter schnellem Erhitzen auf etwa 150° in die gewünschte Form gebracht. Nach dem Erkalten erhält man spannungsfreie Formkörper von hoher mechanischer Festigkeit.

Bei der Verformung von Polyvinylchlorid kann man nach weiteren Feststellungen von G. Wick[3] auch in der Weise vorgehen, daß man d as pulverförmige oder stückige Polyvinylchlorid zunächst bei Temperaturen oberhalb 130°, z. B. bei 150 bis 160°, plastifiziert, durch Verkneten luftfrei macht und die Verformung dann bei tieferliegender Temperatur, z. B. bei 90 bis 100°, durch Verpressen vornimmt.

Diese Arbeitsweise hat den Vorteil, daß die aus der Form entfernten Gebilde während der Abkühlung ihre ursprüngliche Gestalt nicht verlieren.

Polyvinylchlorid-Formkörper mit verbesserten mechanischen Eigenschaften und besserer Wärmebeständigkeit werden erhalten, wenn man dem Polyvinylchlorid und in gleicher Weise auch den Vinylchlorid-Mischpolymerisaten mit Acrylsäuremethylester nach H. Rein und K. Rössler[4] vor dem Pressen etwa 5 Prozent Schwefel zusetzt.

cc) Ziehpreßverfahren. Flache und dünnwandige Formkörper können aus Polyvinylchlorid oder Mischpolymerisaten aus Vinylchlorid nach dem *Ziehpreßverfahren* verarbeitet werden.

Die in Form von Folien, Tafeln oder Platten vorliegenden Polymerisate oder Mischpolymerisate des Vinylchlorids werden bei einer mindestens 30° unterhalb der Erweichungstemperatur liegenden Temperatur verformt[5].

Durch Verwendung bestimmter Vorrichtungen, z. B. des in Abb. 52 dargestellten Ziehwerkzeuges, gelingt die Verformung von Folien aus Polyvinylchlorid oder Vinylchlorid-Mischpolymerisaten auch bei Raumtemperatur.

---

[1] DRP. 696147, I.G. Farbenindustrie A.G.

[2] DRP. 697919, DRP. (Zweigstelle Österreich) 154143, F.P. 813466, E.P. 485000, I.G. Farbenindustrie A.G.

[3] DRP. 699909, DRP. (Zweigstelle Österreich) 155812, F.P. 48793, Zusatz zu F.P. 813466, E.P. 501973, I.G. Farbenindustrie A.G.

[4] DRP. 721033, Ital.P. 367626, Belg.P. 431141, Holl.P. 49293, I.G. Farbenindustrie A.G.

[5] DRP. 726892, E.P. 504030, F.P. 842880, Deutsche Celluloid-Fabrik A.G.

Um das Ziehen von Formkörpern aus Polyvinylchlorid oder Vinylchlorid-Mischpolymerisaten zu erleichtern, setzt man den Polymerisaten zweckmäßig eine kleine Menge, nicht mehr als 5 Prozent, elementaren Schwefel zu[1].

dd) Schlagpreßverfahren. Das Preßverfahren, welches in erster Linie zur Herstellung größerer Formstücke geeignet ist, besitzt außer den bereits erwähnten Nachteilen noch den weiteren Nachteil, daß man nach diesem Verfahren in wirtschaftlich tragbarer Weise Massenanfertigungen von kleinen Formstücken nicht herstellen kann. Das große Gebiet der kleinen Fertigfabrikate, die aus Phenolharz-Preßstoff, Hartgummi, Celluloid usw. hergestellt werden, konnte bis vor

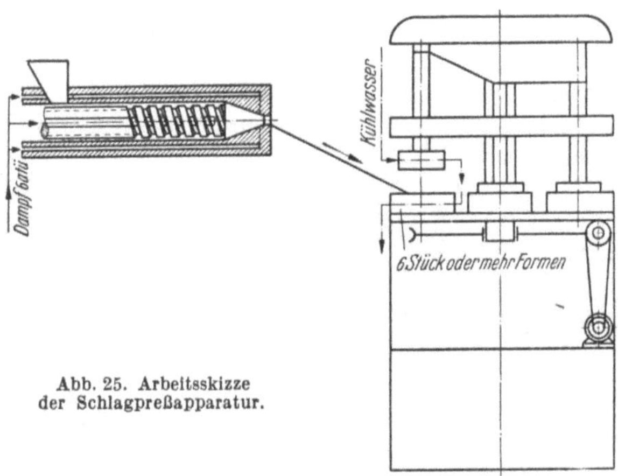

Abb. 25. Arbeitsskizze
der Schlagpreßapparatur.

wenigen Jahren von Polyvinylchlorid-Kunststoffen nicht erfaßt werden. Dies hatte seinen Grund darin, daß das Polyvinylchlorid einerseits kein so großes Fließvermögen besitzt, wie z. B. Polystyrol, und daß es andererseits nicht möglich war, aus dem Polyvinylchlorid-Pulver direkt in einem Arbeitsgang, dem Preßvorgang, eine wirtschaftliche Massenfabrikation aufzuziehen.

Dieser Mangel konnte durch das ursprünglich für Asphalt-Preßmassen entwickelte *Schlagpreßverfahren* beseitigt werden[2].

Die Apparatur für das Schlagpreßverfahren besteht, wie die Abb. 25 erkennen läßt, aus einer heizbaren Schnecke mit Mundstück und einer Presse mit mehreren gekühlten Preßwerkzeugen oder einer entsprechenden Anzahl Einzelpressen.

Die auf 160° beheizte Schneckenpresse wird mit Polyvinylchlorid-Pulver beschickt. Die Masse wird in plastifiziertem Zustand aus der Presse herausgepreßt und gelangt in die Schlagpresse, die geschlossen bleibt, bis der Formling eine Temperatur von 60 bis 70° erreicht hat.

Der Verarbeitungsvorgang wird somit in zwei Prozesse unterteilt, und zwar in die Plastifizierung in der Schnecke, wobei das Material bereits die günstigsten

---

[1] Holl.P. 49293, I.G. Farbenindustrie A.G.
[2] WICK, G., u. A. ILOFF: Kunststoffe **32**, 137 (1942).

mechanischen Eigenschaftswerte erhält, und in das schlagartige Umformen der so plastifizierten Masse in der kalten Form. Durch die Unterteilung des Verformungsverfahrens in zwei Arbeitsgänge soll es ermöglicht werden, Preßlinge in noch besserer Zeitausbeute herzustellen, als dies beispielsweise bisher beim Preßverfahren härtbarer Kunstharze der Fall war.

Das Arbeitsverfahren ist das folgende:

Die auf 160° beheizte Schneckenpresse wird mit Polyvinylchlorid-Pulver beschickt. Das Mundstück der Schneckenpresse, welches, wenn nötig, ebenfalls beheizt werden kann, ist zweckmäßig in seiner Form den herzustellenden Teilen anzupassen. Unmittelbar nach Verlassen des Mundstückes wird die jetzt etwa 160° Masse in entsprechend lange Vorformlinge abgeteilt und sofort der jeweils offenen, mit Wasser gekühlten Preßform zugeführt, welche nunmehr möglichst schlagartig geschlossen wird und so lange geschlossen bleibt, bis der Formling auf eine Temperatur von 60 bis 70° abgekühlt ist.

Die Kühlzeit beträgt je nach der Dicke des Formlings $^1/_2$—$1^1/_2$ Minute.

Bei einer Dicke von beispielsweise 8 mm sind als Kühlzeit $^3/_4$ Minuten erforderlich.

Betätigt nun die Presse 6 Werkzeuge fortlaufend dergestalt, daß jedes der Werkzeuge im Ablauf einer Minute $^3/_4$ Minuten geschlossen bleibt und das Entleeren und Wiederfüllen der Form $^1/_4$ Minute dauert, so stellt die Presse in der Minute 6 Formstücke her. Beim Füllen der Presse arbeitet man zweckmäßig mit Überschuß, um das völlige Ausfüllen der Form zu gewährleisten. Der aus der Form herausgequetschte Überschuß wird sofort wieder in die Schnecke getan, so daß keinerlei Verlust entsteht.

Dieses Schlagpreßverfahren ist geeignet zur Massenproduktion von Teilen im Gewicht von etwa 100 bis 200 g von mittlerem Oberflächen-Volumen-Verhältnis mit einfacher Profilierung.

Nicht anwendbar ist dieses Preßverfahren zur Herstellung verwickelter Formstücke und Stücke mit Unterschneidungen.

Gegenüber dem älteren Verfahren, bei welchem zur Vorplastifizierung von Polyvinylchlorid die Verwendung eines auf 150 bis 160° geheizten Mischwalzwerkes erforderlich war, bietet die neue Arbeitsweise den Vorteil, daß kontinuierlich vorplastifiziert und weiterverarbeitet werden kann und ein diskontinuierliches Wiedererwärmen der Walzfelle vor der Weiterverarbeitung fortfällt[1].

Bei der Verarbeitung von reinem Polyvinylchlorid nach dem für weichgestelltes Polyvinylchlorid[2] ursprünglich entwickelten Schlagpreßverfahren zeigte sich der Nachteil, daß die Rückführung des aus der Form herausgequetschten Überschusses nicht ohne weiteres möglich ist. Hierdurch wird auch die Abstimmung zwischen Plastifizier- und Verformungsanlage erschwert.

Von G. WICK und A. KITTLER[3] wurde später ein Verfahren entwickelt, bei welchem diese Nachteile nicht mehr auftreten.

Nach dem neueren Vorschlag wird das Polyvinylchlorid zunächst tablettiert und die Tabletten in stehender Luft von 205 bis 210° aufgeheizt. Bei dieser Temperatur sollen die Tabletten 24 bis 26 Minuten im Ofen verbleiben. Unmittelbar im Anschluß an die Aufheizung werden die Tabletten schlagartig in unbeheizten, gegebenenfalls gekühlten

---

[1] PASELLI, D.P.: Materie Plastiche **8**, 124 (1942).   [2] Siehe Seite 145.
[3] WICK, G., u. A. KITTLER: Kunststoffe **34**, 155 (1944); — Belg.P. 451879, I.G. Farbenindustrie A.G.

Pressen verformt. Nach Ablauf einer kurzen Kühlzeit, welche gleich der Fertigungszeit ist und von der Wandstärke der Formteile abhängt und im Mittel 1 bis 2 Minuten beträgt, kann das fertige Formstück entfernt werden.

Die Form und Größe der Tabletten hängen nur zu einem gewissen Teil von den herzustellenden Formkörpern ab; es besteht auch die Möglichkeit, einen Formkörper aus mehreren Tabletten zu schlagen.

ee) Spritzgußverfahren. Polymerisate oder Mischpolymerisate des Vinylchlorids können nach dem im Jahre 1920 in die Kunststofftechnik eingeführten *Spritzgußverfahren* verformt werden. Bei diesem Verformungsverfahren wird die in einem beheizten Zylinder erweichte oder verflüssigte Kunststoffmasse unter hohem Druck in die allseitig geschlossene, auf Raumtemperatur gehaltene Form eingespritzt, wo sie rasch erstarrt und entfernt werden kann[1].

Von den Vinylchlorid-Mischpolymerisaten lassen sich nach A. ILOFF[2] besonders die im Makromolekül neben Vinylchlorid noch Vinylidenchlorid enthaltende Mischpolymerisate nach dem Spritzgußverfahren infolge ihrer ausgezeichneten Eigenschaften verarbeiten.

Von Vinylchlorid-Vinylacetat-Mischpolymerisaten lassen sich nach dem Spritzgußverfahren am besten solche verarbeiten, die ein Molgewicht von 9500 bis 10500 aufweisen[3].

Nach H. FIKENTSCHER und F. SCHMIDT[4] eignen sich auch die aus Vinylchlorid und Acrylsäureestern bestehenden Mischpolymerisate zur Herstellung von Spritzgußmassen.

Die Spritzfähigkeit hängt dabei von der Zusammensetzung des Mischpolymerisates ab. So kann z. B. ein Mischpolymerisat aus 80 Teilen Vinylchlorid und 20 Teilen Acrylsäureoctylester im Gegensatz zu einem Mischpolymerisat aus 80 Teilen Vinylchlorid und 20 Teilen Acrylsäuremethylester schon ohne weitere Zusätze gut verspritzt werden. Die Spritzfähigkeit und Weichheit werden verbessert durch Erhöhung des Acrylsäureanteiles, während umgekehrt durch Erhöhung des Vinylchlorid-Anteiles eine größere Härte, höhere Wärmebeständigkeit und erhöhte Unbrennbarkeit erreicht wird.

Nach J. R. HILTNER und W. BERLINGHOF jr.[5] lassen sich auch aus Vinylchlorid-Methacrylsäuremethylester-Mischpolymerisaten nach dem Spritzverfahren Formkörper herstellen.

Das aus der Spritzdüse austretende Gut kommt hierbei in eine Druckkammer, in der sich z. B. Luft unter höherem Druck, z. B. 1,4 bis 3,5 kg/qcm, befindet, und wird zweckmäßig mit einem Kühlmittel, wie Wasser, unter die Temperatur, bei der Blasenbildung erfolgt, abgekühlt.

Infolge der Schwerfließbarkeit der Polymerisate oder Mischpolymerisate des Vinylchlorids ist es jedoch nicht möglich, die Verformung

---

[1] KAINER, F.: Kurzes Handbuch der Polymerisationstechnik, 3. Bd., S. 958. Leipzig 1944.
[2] DRP. 749586, wahrscheinlich I.G. Farbenindustrie A.G.
[3] Ind. Engng. Chem., ind. Edit. **32**, 315 (1940).
[4] DRP. 638014, I.G. Farbenindustrie A.G.
[5] A.P. 2401642, Röhm & Haas Co.

nach dem ursprünglich für Celluloid und Polystyrol entwickelten Spritzgußverfahren vorzunehmen; diese Polyvinylchlorid-Massen erfordern vielmehr aus den genannten Gründen eine etwas abgeänderte Arbeitsweise und apparative Zusatzeinrichtung. Das zu verformende Polyvinylchlorid muß nämlich vor der Einführung in die Spritzgußapparatur durch Erhitzen in den plastischen Zustand übergeführt werden.

Bei dem von der Firma I.G. Farbenindustrie A.G.[1] ausgearbeiteten Verfahren wird das Polyvinylchlorid in einer Knetvorrichtung auf 150 bis 180° erhitzt und im plastischen Zustand bei einer Temperatur von 90 bis 110° im Spritzguß in Formen gepreßt. Die nach dem Abkühlen erhaltenen Formkörper sind frei von Spannungen und gut haltbar.

Dieses im wesentlichen auf die Arbeiten von G. WICK[2] zurückgehende Verfahren kann auch in folgender Weise durchgeführt werden.

5 g Polyvinylchlorid werden in einem beheizten Kneter plastifiziert. Die Beheizung ist hierbei so zu wählen, daß die Masse eine Temperatur von 160° annimmt. Die heiße Masse wird darauf in einer Spritzgußmaschine, deren Form auf 105° geheizt ist, verformt. Bei dieser Temperatur sind die erhaltenen Formlinge standfest und können nach der Verformung sofort aus der Form entfernt werden.

Die Formlinge sind spannungsfrei und zeigen gute mechanische Eigenschaften, z. B. hinsichtlich Bruch- und Stoßfestigkeit.

Das Spritzen von Formkörpern aus Polymerisaten oder Mischpolymerisaten des Vinylchlorids bereitet ferner nicht unerhebliche Schwierigkeiten, weil diese Kunststoffe beim Erwärmen bis nahe an die Zersetzungstemperatur noch außerordentlich zäh und hochviskos bleiben, so daß die Verformung nur unter sehr hohen Drucken und mit entsprechend starken Maschinen ausgeführt werden kann.

Aus diesem Grunde ist es vielfach üblich, den Polyvinylchlorid-Massen Stoffe zuzusetzen, welche eine Verbesserung des Fließens der Massen bewirken. Hierzu eignen sich außer den noch später zu behandelnden Weichmachungsmitteln noch niedrig schmelzende Gleitmittel, wie *Wachsalkohole, Fette, Harze* u. dgl.

Durch den Zusatz dieser Stoffe werden aber fast immer die mechanischen Eigenschaften oder die Wärmebeständigkeit der Fertigprodukte gegenüber den aus reinen Polymerisaten herabgesetzt.

Nach H. REIN und K. ROESSLER[3] bewirkt aber ein Zusatz von bis zu 5 Prozent Schwefel zu den Polyvinylchlorid-Massen keine solche Verschlechterung. Man erhält vielmehr Spritzgußmassen mit wesentlich höheren Festigkeitseigenschaften als bei der Verarbeitung der Kunststoffe ohne Schwefelzusatz.

Um die bei der Verformung von Polymerisaten auf der Grundlage von Vinylchlorid, besonders Polyvinylchlorid, aber auch bei Mischpolymerisaten mit überwiegenden Mengen Vinylchlorid infolge der langen Erhitzungsdauer auftretende Abspaltung von Chlorwasserstoff und eine

---

[1] F.P. 813466, E.P. 485000, I.G. Farbenindustrie A.G.

[2] DRP. 699909, Österr.P. 155812, F.P. 48793, Zusatz zu F.P. 813466, E.P. 501973, I.G. Farbenindustrie A.G.

[3] DRP. 721033, Belg.P. 431141, Holl.P. 49293, Ital.P. 367626, I.G. Farbenindustrie A.G.

dadurch bedingte Braunfärbung auszuschließen, setzt man den zu verarbeitenden Spritzgußmassen eines der auf S. 125 genannten Stabilisierungsmittel zu oder man verwendet Mischungen, die ein Stabilisierungsmittel enthalten.

Außer diesen Stabilisierungsmitteln vermögen nach Feststellungen von K. Quarthal und M. Hirth[1] hochmolekulare Kondensationsprodukte aus Arylolefinen und aromatischen Oxyverbindungen, z. B. die durch Einwirkung von polymerisierend wirkenden Säuren oder sauren Kondensationsmitteln vom Friedel-Craftsschen Typ, aufs Gemischen von Arylolefinen, insbesondere Styrol oder Divinylbenzol, und aromatischen Oxyverbindungen, wie Phenol oder Resorcin oder Äthern, erhaltenen Produkte[2] die schädigende Einwirkung von Wärme auf Polyvinylchlorid oder Vinylchlorid-Mischpolymerisaten zu verhindern.

Es genügen schon verhältnismäßig kleine Mengen der Kondensationsprodukte, z. B. von 0,25 bis 3 oder 5 Prozent, um bei diesen Kunststoffen die genannten vorteilhaftesten Wirkungen zu erzielen.

100 Teile Polyvinylchlorid werden z. B. mit 1 Teil eines harzigen, hochmolekularen Kondensationsproduktes aus Styrol und Resorcin bei etwa 140° verwalzt.

Die erhaltene Masse läßt sich durch Spritzguß auf beliebige Formkörper verarbeiten.

Nach dem Spritzgußverfahren lassen sich auch Formkörper beliebiger Art mit einer dünnen Schicht aus Polyvinylchlorid überziehen[3].

b) Verformung
von weichgestellten Polyvinylchlorid-Massen.

Die aus Polyvinylchlorid oder Vinylchlorid-Mischpolymerisaten erhaltenen Formkörper sind für viele Anwendungszwecke zu spröde, so daß man in diesen Fällen Formkörper aus weichgestellten Polyvinylchlorid-Massen verwenden muß[4].

Die Anwesenheit der Weichmacher ermöglicht eine leichtere Verarbeitung des Polyvinylchlorids, welches selbst bei Erwärmen bis nahe an die Zersetzungstemperatur noch außerordentlich zäh und hochviskos bleibt, so daß die Verformung nur unter sehr hohen Drucken und mit entsprechend starken Maschinen durchgeführt werden kann. Durch Zusatz von Weichmachern erzielt man ein leichteres Fließen der Polyvinylchlorid-Masse in der Hitze.

Als Zusätze können die verschiedenen, auf S. 145 behandelten Weichmacher verwendet werden, wobei aber zu berücksichtigen ist, daß die Eigenschaften der Formkörper nicht nur von der Menge, sondern auch von der Art der zugesetzten Weichmacher abhängig sind. Man kann somit die Eigenschaften der Formkörper — natürlich nur innerhalb gewisser Grenzen — durch den Zusatz bestimmter Weichmacher sowie durch deren Menge beeinflussen. Dies gilt insbesondere hinsichtlich der *Wärmebeständigkeit* bzw. *Kältefestigkeit*.

---

[1] DRP. 735446, I.G. Farbenindustrie A.G.
[2] DRP. 674984, 695178, 695488, 699109, I.G. Farbenindustrie A.G.
[3] F.P. 846442, Patentverwertungs G.m.b.H., Hermes.
[4] Kainer, F.: Kurzes Handbuch der Polymerisationstechnik, 3. Bd., S. 918. Leipzig 1944.

Durch einen Zusatz von 1 bis 40 Prozent der auf S. 167 erwähnten Weichmacher werden nach R. M. Wiley und J. E. Liwak[1] Formmassen aus Polymerisaten oder Mischpolymerisaten des Vinylchlorids mit guter Wärmebeständigkeit erhalten.

Den zu verformenden Polyvinylchlorid-Massen, wie Polyvinylchlorid oder nachchloriertes Polyvinylchlorid, setzt die I.G. Farbenindustrie A.G.[2] als Lösungs- und Weichmachungsmittel *Lactame*, wie Butyrolactam, α-Pyrrolidon, Ketopiperidin, Caprolactam sowie kernsubstituierte Lactame zu. Für den gleichen Zweck eignen sich auch *Lactone* von γ-Oxycarbonsäuren, wie Butyrolacton, γ-Valerolacton, γ-Iso- und n-Caprolacton, γ-Diäthylbutyrolacton und δ-Valerolacton. Besondere Eignung besitzen aliphatische und aromatische bzw. hydroaromatische substituierte Lactone.

Zur Verarbeitung höchstmolekularer Polymerisate von Vinylchlorid von stark verminderter Löslichkeit und Plastizierbarkeit auf Formkörper wenden H. Berg und O. Leschhorn[3] Weichmachergemische an, die einerseits aus Estern von höheren, besonders ungesättigten Fettsäuren bzw. Oxyfettsäuren, deren Hydroxylgruppen gegebenenfalls verestert oder veräthert sind, und andererseits aus ergänzenden Weichmachern üblicher Art, wie z. B. Trikresylphosphat, bestehen.

60 g höchstmolekulares Polyvinylchlorid werden mit 20 g Trikresylphosphat und 20 g Butyloleat auf der Walze bei 120° 30 Minuten vermischt und dann 10 Minuten bei 120° und 15 kg/qcm Druck verpreßt oder man mischt bei 150° auf der Walze, verpreßt die Masse dann 5 Minuten bei 15 kg/qcm.

Es können auch Zusatzstoffe, wie Kieselgur, Titanweiß, Kaolin oder Pigmentfarbstoffe, z. B. in Mengen von 0,5 bis 30 Prozent, zugegeben werden.

Von der Firma I.G. Farbenindustrie A.G.[4] werden zum Weichstellen von Polyvinylchlorid Gemische von Phosphorsäureestern und Estern höhermolekularer Alkohole verwendet.

Zur Herstellung von Formkörpern geht die Firma I.G. Farbenindustrie A.G.[5] auch von verseiften Mischpolymerisaten aus Vinylchlorid und Maleinsäureanhydrid und Teilestern mehrwertiger Alkohole aus.

Geeignete Ester erhält man z. B. aus 2 Mol 1,3-Butylenglykol und 1 Mol Diglykolsäure, aus 1 Mol 1,3-Butylenglykol und 1 Mol Maleinsäureanhydrid sowie aus 1 Mol 1,2-Propylenglykol und 2 Mol Milchsäure.

Die nach dem Verpressen der Mischungen aus verseiftem Mischpolymerisat und Teilestern der beschriebenen Art erhaltenen Formkörper sind widerstandsfähig gegen Wasser und organische Lösungsmittel.

Die Gemische aus Polymerisaten oder Mischpolymerisaten des Vinylchlorids, Weichmachern, Füllstoffen und gegebenenfalls auch Farbstoffen müssen vor der Verformung nach den auf S. 183 angegebenen Verfahren homogenisiert werden.

---

[1] A.P. 2232933, Dow Chemical Co.
[2] F.P. 883763, I.G. Farbenindustrie A.G.
[3] Ital.P. 389632, Dr. A. Wacker Ges. f. elektrochem. Ind. G.m.b.H.
[4] F.P. 842339, I.G. Farbenindustrie A.G.
[5] F.P. 842491, E.P. 505651, I.G. Farbenindustrie A.G.

Diese Homogenisierung kann dann in Fortfall kommen, wenn man als Formmassen die aus Weichmacher und Vinylchlorid-Polymerisaten oder -Mischpolymerisaten nach dem von G. WICK[1] angegebenen Verfahren hergestellten Pasten verwendet.

Als Ausgangsmaterial für die Herstellung von Formmassen hat W. L. SEMON[2] ebenfalls Polyvinylchlorid-Pasten vorgeschlagen, die aus feinverteiltem, bei gewöhnlicher Temperatur unlöslichem Polyvinylchlorid und dem halben bis zweifachen Gewicht an Weichmacher erhalten werden.

Diese Paste wird zwecks Verformung erhitzt, wobei eine gummiartige, nicht plastische Masse entsteht, der gegebenenfalls Füllstoffe und Verdünnungsmittel zugegeben werden.

Die Herstellung von Formkörpern aus weichgestellten Polymerisaten oder Mischpolymerisaten des Vinylchlorids kann nach verschiedenen Verfahren erfolgen.

In einfachster Weise können elastische Formkörper erhalten werden, wenn man Polyvinylchlorid oder Vinylchlorid enthaltende Mischpolymerisate in Pulverform bei Temperaturen oberhalb 100° in dem meist flüssigen Weichmacher zu einer pastösen Masse verarbeitet. Nach dem Erkalten erhält man eine homogene Masse von weichgummiartiger Beschaffenheit.

Zu Formgebilden kann man auch gelangen, wenn man feinpulveriges Polyvinylchlorid ohne Anwendung von Druck und unter Verwendung einer Erhitzung mit Weichmachern, in denen die Polymerisate nicht oder nur schwer löslich sind, verrührt und die Dispersion durch Erhitzen in Formen auf 150 bis 160° gelatiniert[2].

In der Regel wendet man aber zur Herstellung von Formkörpern auch hier die gleichen Verfahren an, die bei der Verformung nicht weichgestellter Polyvinylchlorid-Massen üblich sind.

Man kann somit weichgestellte Polyvinylchlorid-Massen nach dem *Gieß-, Druckgefäß-, Walz-, Preß-, Ziehpreß-, Schlagpreß-, Spritz-* und *Spritzgußverfahren* zu Formkörpern beliebiger Form und Größe verarbeiten.

α) **Gießverfahren.** Bei dem Gießverfahren wird nach G. WICK und J. GRASSL[3] von einer aus Polyvinylchlorid und einer bis zur Fließfähigkeit ausreichenden Menge eines Weichmachers, gegebenenfalls nach Zusatz von Füll- und Farbmitteln hergestellten Paste ausgegangen. Diese Paste wird in eine dicht verschließbare Form eingegossen. Die Form wird fest verschlossen und darauf in einen Wärmeofen eingeführt, dessen Temperatur über 150°, etwa 180°, betragen soll. Bei dieser Temperatur geliert die Polyvinylchlorid-Paste und nimmt dabei die kleinsten Einzelheiten der Form an.

Nach diesem Verfahren bereitet man z. B. aus einem möglichst feinpulverigen hochmolekularen Polyvinylchlorid vom K-Wert 60 und einem flüssigen oder bei niederer Temperatur schmelzenden Weichmacher, wie z. B. Trikresylphosphat, Dialkylphthalat, Diäthylenglykoldibenzoat, Dibutyltartrat usw. unter Mit-

[1] WICK, G., u. J. GRASSL: Kunststoffe **32**, 327 (1942).
[2] E.P. 500298, I.G. Farbenindustrie A.G.
[3] DRP. 725677, I.G. Farbenindustrie A.G.

benutzung von Füllstoffen, wie Schiefermehl, sowie Farbstoffen eine Paste. Diese Paste wird in eine Form eingefüllt und ohne Druck auf eine Temperatur von etwa 150 bis 160° erhitzt. Nach kurzer Zeit erhärtet die Paste, ohne daß dabei eine flüssige Lösung durchlaufen wird.

Der erhaltene Formkörper kann der Form entnommen werden. Eine Nachbehandlung ist nicht notwendig, da der Formkörper sich den Einzelheiten der Form vollkommen angepaßt hat.

Auf diese Weise lassen sich Formkörper herstellen, die vollkommen dicht und blasenfrei sind, wenn man nachstehende Arbeitsbedingungen einhält[1].

Zunächst ist darauf zu achten, daß beim Eingießen in die Form keine Luft mitgerissen wird. Die Paste wird deshalb zweckmäßig in die Form gesaugt oder gedrückt, wobei das Füllrohr bis auf den Boden der Form reichen soll. Dabei soll die Form vorher hauchdünn mit Weichmacher ausgepinselt werden, damit die Paste in die Form fließt und nicht rollt. Dadurch wird das Einschließen der Luft in die Form vermieden.

In gleicher Weise lassen sich auch Pasten aus Vinylchlorid-Mischpolymerisaten, z. B. Vinylchlorid-Vinylester- oder Vinylchlorid-Acrylsäureester-Mischpolymerisaten, verarbeiten[2].

Nach diesem *Gießverfahren* können einfache Formstücke hergestellt werden, die jedoch nicht die gleiche Festigkeit aufweisen wie die nach dem *Preßverfahren* erhaltenen Formkörper[3].

Diesen Nachteil sucht das von E. ESCALES[4] entwickelte Verfahren zu beseitigen. Die zur Herstellung von Formkörpern aus Polyvinylchlorid oder Vinylchlorid-Mischpolymerisaten und Weichmachern erforderlichen Gemische können hierbei nach dem auf S. 188 beschriebenen Verfahren erfolgen.

Die Gelatinierung des mit Weichmacher vermischten Polyvinylchlorids wird dabei in einer Form vorgenommen, die dem aus der Masse herzustellenden Formkörper entspricht. Nach dem Erwärmen hat die Masse die Gestalt der Form angenommen und bildet einen zusammenhängenden Vorformling, der als Einlage in die endgültige Preßform eingebracht wird und in dieser seine beabsichtigte Gestalt erhält. Man erzielt so in bequemer Weise eine Dosierung und kann hierbei Formstücke unter Vermeidung großer Abfallmengen leicht herstellen.

40 Teile feinpulveriges Polyvinylchlorid werden bei höchstens 30°, zweckmäßig jedoch unterhalb 20° in einen luftdicht gekapselten Kreismischer gegeben und dieser bei langsamer Bewegung der Mischorgane evakuiert. Nach Erreichen des gewünschten Vakuums werden unter langsamer Durchmischung 60 Teile Diäthylenglykoldibenzoat so zugegeben, daß keine Luft in den Mischraum eintritt. Nach Beendigung der Eintragung des Weichmachungsmittels wird 5 bis 10 Minuten lang mit höchster Geschwindigkeit des Mischers unter gleichzeitigem Evakuieren gerührt. Man läßt dann die erhaltene schaumige Paste absitzen und hebt das Vakuum auf. Die Paste wird nun in Formen gegeben und die Formen dann verschlossen allmählich auf 160° erwärmt. Sobald die Masse durchgelatiniert ist,

---

[1] WICK, G., u. J. GRASSL: Kunststoffe **32**, 327 (1942).

[2] F.P. 841 724, F.P. 50 216, Zusatz zu F.P. 841 724, E.P. 500 298, I.G. Farbenindustrie A.G.

[3] SAECHTLING, HJ.: Kunststoffe **33**, 291 (1943).

[4] DRP. 742 329, I.G. Farbenindustrie A.G.

wird langsam auf mindestens 100° abgekühlt. Bei dieser Temperatur können dann die fertigen Druckkörper der Form entnommen werden. Zur Vermeidung des Anklebens an die Form kann diese vor dem Einfüllen der Paste mit Seife oder einem Formenwachs bestrichen werden.

Das ursprünglich von G. WICK und J. GRASSL[1] entwickelte Verformungsverfahren gestattet nur die Verarbeitung von fließfähigen Pasten, d. h. Polyvinylchlorid-Pasten mit hohem Gehalt an Weichmachern.

G. WICK, A. KITTLER und W. HOLZHAUSEN[2] haben später gefunden, daß man auch weichmacherarme Mischungen aus Polyvinylchlorid oder Vinylchlorid-Mischpolymerisaten, bei denen der Weichmacheranteil aber auch höher liegen kann, in Formen einfüllen kann, wenn man sie zunächst durch Erhitzen auf Temperaturen über 150° in ein festes Gel überführt und dieses in heißem Zustand in die Form einpreßt.

Als Weichmacher kann z. B. verwendet werden Trikresylphosphat, Hexylphosphat oder ein Paraffinsulfonsäurephenylester.

Feinstes Polyvinylchlorid vom K-Wert 60 wird mit 40 Prozent seines Gewichtes an Trikresylphosphat zunächst in einem Intensivmischer verknetet. Zur weiteren Homogenisierung der Mischung läßt man die anfallende klumpige Masse durch unbeheizte Walzenstühle laufen und erhält dann eine trockene krümelige Masse, die sich als solche nicht so weit in Formen einbringen läßt, daß eine lückenlose Füllung erreicht wird. Man erhitzt nun die erhaltene Masse ohne Anwendung von Druck auf etwa 160°, wobei sie in ein festes Gel übergeht, ohne daß dabei irgendwelche Lösung auftritt. Ist dieser Zustand erreicht, so preßt man das heiße Gel in eine kalte Form, aus der der fertige Formling entnommen werden kann.

β) **Druckgefäßverfahren.** Porenfreie elastische Formlinge können nach dem von W. WEHR[3] entwickelten sogenannten *Druckgefäßverfahren* erhalten werden, wenn man ein pastöses Gemisch von Polyvinylchlorid oder Vinylchlorid-Mischpolymerisat und Weichmachern bei Temperaturen oberhalb 100° unter Anwendung eines allseitig auf die Form wirkenden Druckes, z. B. in einem Autoklaven, vornimmt.

Man arbeitet hierbei zweckmäßig in folgender Weise:

In einer Knetmaschine oder ähnlich wirkenden Vorrichtung wird bei gewöhnlicher Temperatur eine Mischung von Polyvinylchlorid aus Trikresylphosphat 60:40 hergestellt und in eine aus Leichtmetall bestehende Form eingefüllt. Man stellt dann die gefüllte Form in einen Autoklaven und erhitzt unter einem Druck von ungefähr 6 atü auf 140 bis 145°. Hierbei erfolgt die Gelatinierung des Polyvinylchlorids, so daß nach dem Erkalten ein gasdichter Formling der Form entnommen werden kann.

Nach diesem Prinzip stellt auch HJ. SAECHTLING[4] Formkörper her. Die in den Formen im Druckgefäß befindliche weichgestellte Polyvinylchlorid-Masse wird nach Aufgabe von 8 atü Gasdruck durch Erhitzen auf 160 bis 180° ausgebacken, wobei der Druck entsprechend ansteigt. Der Gasdruck wird bis zum Erkalten auf 40° aufrechterhalten. Der zur Herstellung der Formlinge erforderliche Überdruck kann durch Aufdrücken eines Gases oder durch Verwendung von Wasser als Heizflüssigkeit erzeugt werden.

---

[1] DRP. 725677, I.G. Farbenindustrie A.G.
[2] DRP. 743783, Schwz.P. 225565, F.P. 877781, I.G. Farbenindustrie A.G.
[3] DRP. 735444, Deutsche Celluloid-Fabrik A.G.
[4] SAECHTLING, HJ.: Kunststoffe **33**, 291 (1943).

Dieses Druckgefäßverfahren ist nicht nur bei der Herstellung großer Formkörper anwendbar, sondern es können auch kleinere Formlinge serienweise in einem Druckgefäß hergestellt werden. Da die Form direkt in eine Heizflüssigkeit im Autoklaven gestellt werden kann, ist es nicht wie sonst erforderlich, die Form heizbar zu gestalten; außerdem ist es nicht notwendig, die Formen massiv und druckfest zu bauen, denn auf diese wirkt der Gasdruck allseitig ein.

γ) **Walzverfahren.** Das Walzverfahren ist, sofern nicht flächige Formkörper, wie Platten, Schuhsohlen, Folien u. dgl., hergestellt werden sollen, ein Hilfsverfahren zur Herstellung von homogenen Mischungen der Polymerisate oder Mischpolymerisate des Vinylchlorids mit Weichmachern und gegebenenfalls auch Füllstoffen, Pigmenten oder Farbstoffen vor der eigentlichen Verformung dieser Mischungen.

Die Herstellung dieser homogenen Mischungen ist bereits auf S. 183 eingehend behandelt. Die nach dem Walzen erhaltenen sogenannten Walzfelle dienen dann als Ausgangsmaterial für die weitere Verformung, z. B. nach dem *Preßverfahren*.

δ) **Preßverfahren.** Das *Preßverfahren* ist das älteste Verarbeitungsverfahren für weichgestelltes Polyvinylchlorid; es wurde entwickelt im Anschluß an die in der Gummiindustrie üblichen Verfahren.

Zur Herstellung von Preßkörpern dienen die aus weichgestellten Polyvinylchlorid-Massen hergestellten Folien oder Platten.

Man kann aber auch Preßkörper in der Weise herstellen, daß man von der homogenen Mischung von Polyvinylchlorid, Weichmacher, Füllstoff, Farbstoff ausgeht, das homogene Pulver in geeignete Formen einfüllt und die Masse dann verpreßt.

Das zu verpressende Gut sowie die Formen werden zunächst erwärmt, und zwar für Massen auf Polyvinylchlorid-Basis, z. B. weichgestelltes *Igelit PCU*, auf 160°, für Massen auf Vinylchlorid-Mischpolymerisat-Basis auf 120 bis 140°.

Die Erwärmung des Materials erfolgt meist in der geschlossenen, aber noch nicht belasteten Form; dann wird unter Druck gesetzt und unter Druck auf 60 bis 40° abgekühlt. Bei dieser Temperatur wird der Formkörper der Preßform entnommen.

Dieses Verformungsverfahren kommt vornehmlich für solche Preßstücke in Frage, die ein großes Volumen besitzen.

Neben oder an Stelle von Weichmachern kann man den Vinylchlorid-Mischpolymerisaten auch *Perbunan* zusetzen; der Zusatz von Perbunan hat eine größere Festigkeit der Polyvinylchlorid-Massen bei der Verformungstemperatur zur Folge und ermöglicht auch die Herausnahme der Formkörper ohne besondere Kühlung der Preßform[1].

ε) **Ziehpreßverfahren.** Weichgestellte Polymerisate auf der Basis von Vinylchlorid lassen sich ferner nach dem *Ziehpreßverfahren* verarbeiten[2].

Das auf 140 bis 170° vorgewärmte, weichgestellte Polyvinylchlorid wird bei diesem Preßverfahren in Form eines Plattenausschnittes oder

---

[1] Mod. Plastics **25**, 91 (1947).
[2] SAECHTLING, HJ.: Kunststoffe **33**, 291 (1943).

einer Folie in die kalte Form gegeben und diese dann mit einer Spindel-
presse od. dgl. zugefahren.

Der erhaltene Formkörper wird unter Druck erkalten gelassen.

ζ) **Schlagpreßverfahren.** Mit besonderem Vorteil lassen sich weichgestellte Polyvinylchlorid-Massen nach G. WICK und A. ILOFF[1] in der
auf S. 301 beschriebenen und in Abb. 26 schematisch dargestellten
Schlagpreßapparatur verarbeiten.

In diesem Falle wird das Polyvinylchlorid in Form einer Suspension
von pulverförmigem Polymerisat in Weichmacher oder in Form einer
Maische, einer Paste oder einer homogenen Mischung von pulverförmigem Polyvinylchlorid, z. B. der Marke *Igelit*, mit Weichmacher und gegebenenfalls auch mit Füllstoffen der Schnecke zugeführt, in welcher
bei 160° die Gelatinierung erfolgt und bereits die optimalen Festigkeitswerte in der Masse erreicht werden.

Die Beschickung der Schneckenpresse mit Paste oder Maische ist
in jedem Falle vorzuziehen, da man anderenfalls die Weichmassen
erst auf einem Mischwalzwerk herstellen muß und diese erst dann in
die Schneckenpresse geben könnte.

Die Zusammensetzung der zu verarbeitenden Polyvinylchlorid-Paste
richtet sich nach der Art der herzustellenden Formkörper und der Beanspruchung, der diese beim Gebrauch unterworfen sind[2]. Für Formlinge
hoher Festigkeit, z. B. Manschetten, verwendet man die *Igelit PCU-
Paste G*, während für Puffer, Fahrradgriffe, Pedale usw. *Igelit PCU-
Paste F 25* und für Erzeugnisse in weicherer Einstellung die *Igelit PCU-
Paste M 25* geeignet ist.

Je nach dem Verwendungszweck kann der gewünschte Weichheitsgrad
oder Farbton durch Beimischung von Weichmachern, Farb- und Füllstoffen erreicht werden. Die Beimischung dieser Stoffe hat dabei so zu erfolgen, daß keine Erwärmung der Pasten eintritt, da sonst die Homogenisierung der Mischungen bei Normaltemperatur nicht mehr möglich ist.

Bei Verwendung von Polyvinylchlorid-Pasten muß die Schneckenpresse für die gleiche Leistung im Hinblick auf die Verarbeitung nicht
weichgestellter Polyvinylchlorid-Massen größer dimensioniert sein, da
das Material nicht nur plastifiziert, sondern auch sicher durchgeliert
werden muß[3].

Der weitere Verarbeitungsvorgang ist dann der gleiche wie bei der
Verarbeitung von nicht weichgestelltem Polyvinylchlorid in der gleichen
Apparatur.

Die Leistung der Schlagpreßapparatur für die Verarbeitung von weichgestelltem Polyvinylchlorid liegt je nach den Abmessungen der Schneckenpresse
zwischen 30 und 125 kg je Stunde.

Dieses Verfahren ist besonders zur Anfertigung von einfachen Formkörpern geeignet. Man kann mit dieser Apparatur die Herstellung von
Formkörpern serienmäßig durchführen[4].

---

[1] WICK, G., u. A. ILOFF: Kunststoffe **32**, 137 (1942).
[2] Prospekt: Igelit im Schlagpreßverfahren. I.G. Farbenindustrie A.G. 1942, 6.
[3] SAECHTLING, HJ.: Kunststoffe **33**, 291 (1943).
[4] PASELLI, P.: Materie plastiche **8**, 124 (1942).

η) **Spritzgußverfahren.** Durch den Zusatz von Weichmachungsmitteln wird die Fließfähigkeit von Polyvinylchlorid oder Vinylchlorid-Mischpolymerisaten so weitgehend verbessert, daß die Massenerzeugung von Formstücken aus weichgestellten Polyvinylchlorid-Massen nach dem *Spritzgußverfahren* möglich ist[1].

Die Spritzfähigkeit von weichgestellten Polyvinylchlorid-Massen hängt vom Weichmachergehalt der Spritzmasse ab.

Bei weichmacherarmen Polyvinylchlorid-Massen kann man die Spritzfähigkeit nach Feststellungen der Firma I. G. Farbenindustrie A. G.[2] durch Zusatz von *Polyvinyloctadecyläther* verbessern.

Die zur Herstellung von Formkörpern vielfach benützten, aus Weichmachern und Polyvinylchlorid bestehenden Pasten[3] lassen sich jedoch auf normalen Spritzgußmaschinen nicht verarbeiten.

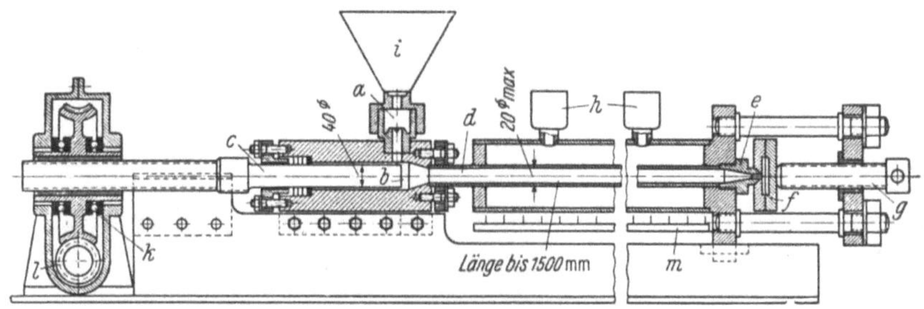

Abb. 26. Skizze der Spritzgußmaschine.

Zur Herstellung von Spritzgußformstücken aus Polyvinylcholrid-Pasten wurde jedoch eine Spezialmaschine entwickelt, welche die Verformung dieser Pasten einwandfrei und dabei mit geringerem Druck ermöglicht[4].

In der Abb. 26 ist eine Spritzgußmaschine dieser Art schematisch dargestellt.

Die Polyvinylchlorid-Paste wird mittels eines Trichters i über ein Kugelrückschlagventil a in den Vorratszylinder b gegeben. Mittels eines Kolbens c wird die Paste in ein 1,2 bis 1,5 m langes sog. Gelierrohr d gedrückt. Das Gelierrohr d hat einen optimalen Durchmesser von 20 mm und wird indirekt mittels Öl von 180° beheizt. Am anderen Ende des Gelierrohres d befindet sich das Mundstück e, gegen welches die Spritzgußform f durch eine Spindel g gedrückt wird. Beim Durchwandern der Polyvinylchlorid-Paste durch das Gelierrohr wird die Paste langsam erwärmt und ist am Ende des Rohres zur Weichmasse durchgeliert, die dann auf Betätigung des Druckkolbens durch das Mundstück in die Form gespritzt wird. Nach wenigen Sekunden der Aufrechterhaltung des Druckes bei geschlossener Form wird der Druck durch Zurückfahren des Preßkolbens aufgehoben, und die Form kann entnommen werden.

Durch das Zurückfahren des Preßkolbens nach Beendigung eines jeden Spritzvorganges wird gleichzeitig eine entsprechende Menge Paste in den Vorratsbehälter zum Nachfüllen eingesaugt und somit der Materialnachschub geregelt. Die Abkühlzeit des Spritzkörpers in der Form ist natürlich abhängig von den Abmessungen des zu verspritzenden Teiles. Bei Teilen mit kleiner Oberfläche im Verhältnis zu

---

[1] Saechtling, Hj.: Kunststoffe **33**, 291 (1943).
[2] Kline, G. M.: Mod. Plastics **24**, 159 (1947).   [3] Siehe Seite 266.
[4] Wick, G., u. A. Iloff: Kunststoffe **32**, 137 (1942).

ihrer Masse ist wegen besserer Ausnutzung der Kühlzeit die Verwendung von Mehrfachformen vorteilhaft. Bei Spritzgußteilen mit großer Oberfläche wird der absolute Druck, der auf der Spritzform lastet, sehr groß, und die Form ist dann nur noch schwer während des Spritzvorganges geschlossen zu halten.

Auf diese Weise kann man nach dem Spritzgußverfahren Formlinge mit Stückgewichten von 30 bis 150 g, auf Spezialmaschinen bis zu 1000 g herstellen.

Die Eigenschaften der nach dem Spritzgußverfahren aus Polymerisaten oder Mischpolymerisaten des Vinylchlorids hergestellten Formkörper können noch durch eine besondere Nachbehandlung in gewisser Hinsicht verbessert bzw. beeinflußt werden.

Um beim Verspritzen spannungsfreie Profile mit gleichmäßigem Querschnitt hoher Präzision zu erhalten, zieht C. E. SLAUGHTER[1] diese Profile in noch warmem plastischem Zustand durch einen Behälter, der ein Kühlmittel enthält.

Kältefestere und dabei weiche Formkörper werden erhalten, wenn man letztere nach L. EGGER und W. GRUBER[2] mit einem Gemisch aus geringen Mengen eines Lösungsmittels und eines Polyvinylchlorid nicht lösenden Stoffes und anschließend mit heißen Gasen, Dämpfen oder Flüssigkeiten, gegebenenfalls unter Streckung, behandelt.

Harte und mechanisch widerstandsfähige Formkörper werden aus weichgestellten, verformten Polyvinylchlorid-Massen wieder erhalten, wenn man diese mit Flüssigkeiten behandelt, die, wie Aceton, den verwendeten Weichmacher herauslösen, jedoch für das Polyvinylchlorid Nichtlöser sind[3].

c) Veredlung von Formkörpern.

Die Eigenschaften der in den vorhergehenden Abschnitten behandelten Formkörper werden einmal durch die Art der zur Verformung angewandten Polymerisate oder Mischpolymerisate des Vinylchlorids, der gleichzeitig mitverwendeten Zusätze, wie Weichmacher, Gleit- und Plastifizierungsmittel und sonstige Zusatzstoffe, sowie auch durch die Art der benützten Verformungsverfahren bestimmt.

So sind die mechanischen Eigenschaften der bei der Warmverformung von Polyvinylchlorid erhaltenen Formstücke sehr stark abhängig von der Verarbeitungstemperatur, und zwar sind diese um so besser, je höher die Verarbeitungstemperatur liegt.

Insbesondere ändern sich mit der Temperatur die elastische und plastische Dehnung. Die Werte für die plastische Dehnung steigen beim Erwärmen zunächst an, fallen aber dann von einer bestimmten Temperatur an erheblich ab. Die plastische Dehnung ist bei tieferen Temperaturen wesentlich geringer als die elastische Dehnung, während bei sehr hohen Temperaturen nur noch die plastische Dehnung vorhanden ist.

---

[1] A.P. 2451986, C. E. SLAUGHTER.

[2] F.P. 885097, Belg.P. 444224, Dr. A. Wacker Ges. f. elektrochem. Industrie G.m.b.H.

[3] Ital.P. 381794, Dr. A. Wacker Ges. f. elektrochem. Ind. G.m.b.H.

Die mechanischen Eigenschaften der bei der Warmverformung, z. B. nach dem Walz-, Preß- oder Spritzgußverfahren, von in Abwesenheit von Lösungsmitteln hergestellten Formkörpern aus Polyvinylchlorid oder Mischpolymerisaten aus Vinylchlorid und Styrol lassen sich nach H. FIKENTSCHER und H. JACQUÉ[1] verbessern, wenn man die Formkörper kurze Zeit auf Temperaturen erhitzt, bei denen sie nur noch eine geringe Festigkeit besitzen. Bei Formkörpern aus Polyvinylchlorid werden Temperaturen von 250 bis 280°, bei solchen aus Vinylchlorid-Mischpolymerisaten Temperaturen von 220 bis 230°, je nach der Polymerisationsstufe, angewandt.

Die mitunter unzureichende Temperaturbeständigkeit von Formkörpern aus Polyvinylchlorid kann man nach Angaben der Firma I.G. Farbenindustrie A.G.[2] verbessern, wenn man die Formkörper mit gasförmigen oder in indifferenten Lösungsmitteln, wie Wasser, gelöstem Halogen, z. B. Chlor oder Brom, nachbehandelt. Durch eine solche Chlorierung wird der Erweichungspunkt von Formkörpern nicht nur aus Polyvinylchlorid, sondern auch aus nachchloriertem Polyvinylchlorid, Vinylchlorid-Mischpolymerisaten oder Gemischen aus diesen Polymerisaten wesentlich erhöht[3].

Formkörpern aus Polyvinylchlorid oder Vinylchlorid-Mischpolymerisaten kann man nach L. EGGER und W. GRUBER[4] eine erhöhte Kältefestigkeit und eine besondere Weichheit durch eine Nachbehandlung mit einem Gemisch aus Lösern und Nichtlösern, in einem der Zusammensetzung des Formkörpers angepaßten Verhältnis, erteilen.

Außerdem kann noch eine Behandlung mit heißen Gasen, z. B. Wasserdampf oder Flüssigkeiten, z. B. warmem Wasser, gegebenenfalls unter Streckung, vorgenommen werden.

d) Lackieren von Formkörpern.

Polyvinylchlorid oder Vinylchlorid-Mischpolymerisate sind in der Regel nicht mit Celluloseäthern oder Celluloseestern verträglich; man kann somit Formkörper aus diesen Kunststoffen nicht ohne weiteres mit einem Lack aus diesen Cellulosederivaten versehen.

Ein Auftragen einer Deckschicht aus Celluloseäthern oder Celluloseestern gelingt jedoch, wenn man diesen Cellulosederivaten Mischpolymerisate aus Styrol und Acrylsäurederivaten, z. B. Estern, Nitril oder Amid, zusetzt[5]. Man kann auch auf die Oberfläche der Polyvinylchlorid-Formkörper zunächst eine Zwischenschicht aus den genannten Mischpolymerisaten auftragen und dann auf diese die Schicht aus Celluloseestern oder Celluloseäthern. Hierdurch wird eine festere Haftung der Cellulosederivatschicht auf der Polyvinylchlorid-Oberfläche bewirkt.

---

[1] DRP. 742364, Canad.P. 393600, E.P. 497689, F.P. 823149, I.G. Farbenindustrie A.G.

[2] Schwz.P. 215151, I.G. Farbenindustrie A.G.

[3] Ital.P. 374768, E.P. 517689, Holl.P. 51302, I.G. Farbenindustrie A.G.

[4] F.P. 885097, Belg.P. 444224, 446061, Dr. A. Wacker Ges. f. elektrochem. Ind. G.m.b.H.

[5] DRP. 713988, F.P. 838361, E.P. 497429, Deutsche Celluloid-Fabrik-A.G.

Um Formkörper aus Polyvinylchlorid oder Vinylchlorid-Mischpolymerisaten mit einem guthaftenden Lack aus Nitrocellulose zu versehen, tragen H. Berg und F. Leiss[1] auf die zu lackierenden Flächen eine Zwischenschicht in Form einer wäßrigen Dispersion von Polyvinylverbindungen auf, die Polyvinylalkohol oder seine noch wasserlöslichen Derivate als Dispergatoren enthalten.

Formkörper aus Polyvinylchlorid oder Mischpolymerisaten aus Vinylchlorid und Acrylsäuremethylester werden mit einer Polyvinylacetatdispersion lackiert, die durch Verrühren von 100 Gewichtsteilen Vinylacetat und 300 Teilen Wasser mit 0,28 Teilen eines bis zur Verseifungszahl von etwa 100 verseiften Polyvinylacetats und Erhitzen mit 1 Teil Benzoylperoxyd auf 70 bis 90° hergestellt wurde.
Diese Lackierung wird an der Luft getrocknet und mit einem Decklack aus Nitrocellulose überzogen.

Einen haltbaren, mit Wasser leicht benetzbaren Überzug auf Formkörper aus Vinylchlorid-Vinylacetat-Mischpolymerisaten stellen G. P. Waugh und W. O. Kenyon[2] in folgender Weise her:

Aus 1 Teil Äthylacetat, 1 Teil Methylcelluloseacetat und 1 bis 2 Teilen einer 10prozentigen Lösung von Celluloseacetat, welches einen Acetylgehalt von 22 bis 25 Prozent besitzt, wird eine 45prozentige wäßrige alkoholische Lösung hergestellt. Mit dieser Lösung werden dann die Formkörper lackiert.

Zur Herstellung einer Schutzschicht auf Formkörper aus Polyvinylchlorid, nachchloriertem Polyvinylchlorid oder Mischpolymerisaten aus Vinylchlorid mit Acrylsäure-, Methacrylsäure- oder Vinylestern kann man nach J. H. McGill[3] eine Dispersion von Polyvinylchlorid-Pulver in einer Lösung eines polymeren Körpers, der mit Polyvinylchlorid verträglich ist, verwenden. Geeignete Lösungen enthalten z. B. Polymethacrylsäureester aliphatischer Alkohole mit 1 bis 3 Kohlenstoffatomen, Polyacrylsäureester, Polyvinylacetat oder Polyvinylester niederer Fettsäuren, Polymethacrylsäurenitril oder Alkydharze.
Durch Aufbringung eines geeigneten Überzuges kann man die statische Aufladung von aus Polymerisaten oder Mischpolymerisaten des Vinylchlorids hergestellten Formkörpern verhindern. Zu diesem Zwecke werden die Oberflächen der aus diesen Kunststoffen hergestellten Formkörper nach W. N. Stops und A. L. Wilson[4] mit einer flüssigen Zubereitung behandelt, welche als antistatische Komponente eine Verbindung enthält mit einem Polyalkylpolyamin-Kern vom Molgewicht von wenigstens 300.

e) Gefärbte Formkörper.

Aus Gründen des Geschmackes usw. ist es oft erwünscht, Formkörper aus Polymerisaten oder Mischpolymerisaten des Vinylchlorids in einer bestimmten Farbe herzustellen.
Sofern man zur Bereitung von solchen Formkörpern nicht von gefärbten Polymerisaten[5] ausgeht, oder bei der Formgebung den Poly-

---

[1] DRP. 750426, ohne Patentinhaberangabe.
[2] A. P. 2412699, Eastman Kodak Co.
[3] A.P. 2439051, Imperial Chemical Industries Ltd.
[4] A.P. 2403960, Carbide and Carbon Chemicals Corp.
[5] Siehe Seite 277.

merisaten oder Mischpolymerisaten des Vinylchlorids Farbstoffe oder
Pigmente zusetzt, muß man die hergestellten Formkörper einer nachträglichen Färbung unterziehen.

Geformte Gebilde aus Polyvinylchlorid zeigen aber häufig eine mehr
oder minder starke Verfärbung, deren Farbton von der Verarbeitungstemperatur abhängig ist und der die geformten Gegenstände nicht nur
undurchsichtig macht, sondern auch beim Färben der Formkörper
stört.

In gewisser Hinsicht ergeben sich diese Schwierigkeiten auch bei
der Herstellung von Formkörpern aus bestimmten Vinylchlorid-Mischpolymerisaten, wie z. B. bei Mischpolymerisaten aus 80 Prozent Vinylchlorid und 20 Prozent Acrylsäuremethylester.

Aus diesem Grunde hat man die durch Spritzen oder Pressen hergestellten Formkörper, besonders aus Polyvinylchlorid, bisher nur für
technische Zwecke, nicht aber als Schmuck- und Ziergegenstände verwenden können.

Derartige, durch den Verformungsprozeß angefärbte Formkörper
können nach H. REIN und M. DUCH[1] entfärbt werden, wenn man die zu
bleichenden Gegenstände einer Behandlung mit Stickoxyden, die in
Salpeterschwefelsäure oder anderen geeigneten Lösungsmitteln gelöst
sind, so lange behandelt, bis der gewünschte Weißton erreicht ist. Anschließend wird das überschüssige Bleichmittel durch Spülen entfernt,
wobei zur Beschleunigung der Wäsche Reduktionsmittel oder Alkalien
zugesetzt werden können.

Der Formkörper wird beispielsweise etwa 1 Stunde lang mit konzentrierter
Salpetersäure, die Stickstoffdioxyd gelöst enthält, behandelt, danach von der
Säure weitgehend befreit und mit 5prozentiger Sodalösung neutralisiert. Der
jetzt rein weiße Formkörper wird mit Wasser gespült und bei 50° getrocknet.

Zur Beseitigung der durch die Warmverformung bedingten Eigenfarbe kann man die Formkörper aus Polyvinylchlorid ferner einer von
F. R. MEYER[2] ausgearbeiteten und auf S. 361 beschriebenen Behandlung mit Chlor oder Chloroxyden unterwerfen wobei die Formkörper
farblos und glasklar werden.

Die nach einem der beiden vorbeschriebenen Verfahren gebleichten
Formkörper können dann mit geeigneten Farbstoffen in jedem beliebigen
Farbton eingefärbt werden.

Das Anfärben von geformten Gegenständen aus Polyvinylchlorid
oder Vinylchlorid enthaltenden Mischpolymerisaten ist jedoch nur bei
Einhaltung bestimmter Arbeitsbedingungen möglich.

So führt z. B. das Anfärben von Formkörpern aus den genannten
Kunststoffen mit Hilfe von Farbstofflösungen in für die jeweiligen Lösungsverhältnisse der Vinylchloridpolymeren abgestimmten Lösungsmittel oder durch Auftragen von konzentrierten Lacken aus artgleichen
oder ähnlichen Vinylpolymeren auf die Oberfläche der Gegenstände, falls
überhaupt ein Haften des Lackfilms erzielt wird, zu fleckenartigen, ungleichmäßigen Verfärbungen.

---

[1] DRP. 737198, I.G. Farbenindustrie A.G.
[2] DRP. 748067, ohne Firmenangabe.

Kainer, Polyvinylchlorid. 20

Ein einwandfreies Anfärben oder Umfärben von Formkörpern aus Polymerisaten des Vinylchlorids, wie Polyvinylchlorid, nachchloriertem Polyvinylchlorid, Gemischen beider, Mischpolymerisaten aus Vinylchlorid einerseits und Styrol, Vinyläthern, Vinylestern, Acrylsäureestern, Methacrylsäureestern oder Maleinsäureestern andererseits oder den mehrfachen Mischpolymerisaten aus Vinylchlorid und den genannten monomeren Verbindungen, kann man aber nach K. THINIUS[1] erzielen, wenn man die Farbstoffe in einer Nitrocelluloselösung dispergiert, die eine geringe Menge Polyacrylsäureester oder Polymethacrylsäureester enthält.

Der Zusatz von Polyacrylsäuremethyl- oder Polyacrylsäureäthylester, an deren Stelle auch die entsprechenden Ester der Polymethacrylsäure treten können, zu Nitrocellulose bewegt sich in den Grenzen von 1 bis 15 Prozent. Als besonders günstig bezüglich Glanz und Elastizität des Lackfilms hat sich ein Zusatz von 4 bis 6 Prozent Polyacrylsäuremethylester zu Nitrocellulose, trocken gerechnet, erwiesen.

Nach W. LÜTZKENDORF, H. FIKENTSCHER und H. HOPFF[2] lassen sich ferner Formkörper aus Vinylchlorid-Polymerisaten, wie Polyvinylchlorid, nachchloriertem Polyvinylchlorid, oder Vinylchlorid-Mischpolymerisaten, wie z. B. Mischpolymerisate aus Vinylchlorid und Vinylestern, Acrylsäureestern oder Acrylsäurenitril, färben, wenn man die Formkörper mit wäßrigen Dispersionen von in Wasser schwer oder unlöslichen, zum Färben von Celluloseestern in wäßrigem Medium geeigneten Farbstoffen behandelt.

Geeignete Farbstoffe sind beispielsweise die Aminoanthrachinone, Nitrarylamine, Aminoazoverbindungen, Pyrazolonfarbstoffe u. a.

In einer Flotte, enthaltend 5 Teile einer 10prozentigen wäßrigen Suspension von 1-Amino-4-methylaminoanthrachinon, 100 Teile Wasser und geringe Mengen eines Dispergiermittels, werden Kämme, hergestellt aus einem Mischpolymerisat aus 80 Prozent Vinylchlorid und 20 Prozent Vinylacetat, eingelegt und darin $^1/_4$ bis $^1/_2$ Stunde lang bei 40 bis 50° belassen. Die Kämme sind danach schön blau gefärbt.

In gleicher Weise lassen sich Körper aus Mischpolymerisaten aus Vinylchlorid und Acrylsäureestern oder aus mit Chlor nachbehandeltem Polyvinylchlorid färben.

Mit Cellit- oder Cellitonechtfarbstoffen können auch die nach dem Verfahren von H. REIN und M. DUCH[3] gebleichten Formkörper gefärbt werden.

Die gebleichten Formkörper werden mit Cellit- oder Cellitonechtfarben unter Zusatz von Seife oder anderen Netz- oder Dispergiermitteln bei Temperaturen unterhalb 60° gefärbt. Die Farben zeichnen sich durch einen klaren Ton aus und sind licht- und chemikalienbeständig.

Um gute und dauerhafte Färbungen von Formkörpern aus Polymerisaten oder Mischpolymerisaten des Vinylchlorids zu erzielen, ist es zweckmäßig, die wäßrigen Farbstoffdispersionen gemeinsam mit solchen Lösungsmitteln zu verwenden, die die Oberfläche der Formkörper anzuquellen vermögen.

---

[1] DRP. 698775, F.P. 831469, E.P. 489725, Deutsche Celluloid-Fabrik A.G.
[2] DRP. 618006, F.P. 771991, Ital.P. 319474, I.G. Farbenindustrie A.G.
[3] DRP. 737198, I.G. Farbenindustrie A.G.

In diesem Falle können die gleichen von R. DONNER und B. GRUN-
WALDT[1] bzw. von W. KIRST und R. SCHÄFER[2] und R. SCHÄFER[3] entwickelten Verfahren angewandt werden, wie sie zum Färben von Fasern
aus diesen Polymerisaten des Vinylchlorids entwickelt und auf S. 388
beschrieben werden.

Nach einem Färbeverfahren der Firma Carbide and Carbon Chemicals Ltd.[4] werden Gegenstände aus Mischpolymerisaten von Vinylchlorid und Vinylestern niederer organischer Säuren, wie Vinylacetat,
kurzzeitig in eine auf eine Temperatur unterhalb des Erweichungspunktes des Mischpolymerisats gehaltene Farbstofflösung eingetaucht,
die einen Farbstoff und eine Mischung aus einem Lösungsmittel, wie
Aceton oder Äthylendichlorid, und einen damit mischbaren Nichtlöser
für das Mischpolymerisat, wie Methanol, Isopropyläther, enthält. Der
gefärbte Formkörper wird dann in einer Mischung aus dem Lösungsmittel und dem Nichtlöser, die aber weniger Lösungsmittel als die
Farbstofflösung enthält, abgespült.

3. Formkörper aus Polyvinylchlorid und anderen Kunststoffen.

Durch gleichzeitige Verarbeitung von Polyvinylchlorid mit Kunststoffen anderer Zusammensetzung kann man Formkörper mit abgewandelten Eigenschaften erhalten.

Als Zusatz zu Polyvinylchlorid oder Vinylchlorid-Mischpolymerisaten kann man z. B. durch Polymerisation anderer polymerisierbarer
Verbindungen erhaltene Kunststoffe verwenden.

Nach W. BAUER[5] wird z. B. Polyvinylchlorid gemeinsam mit dem
aus 60 bis 20 Gewichtsprozent Methacrylsäureestern niederer Alkohole
und 40 bis 80 Gewichtsprozent Acrylsäurenitril bestehenden Mischpolymerisat zu Formkörpern verarbeitet.

Hochwertige Preßmassen werden ferner erhalten beim Kondensieren
von Polyvinylchlorid mit Harnstoff. Bei dieser Kondensation wird nach
W. O. HERRMANN, W. HAEHNEL, B. v. ZYCHLINSKI und F. LINDNER[6]
zwecks Erzielung einer gleichmäßigen Gelbildung und Überführung der
Masse in ein stabiles und homogenes Endprodukt Polyvinylalkohol zugesetzt.

60 Gewichtsteile techn. Harnstoff werden mit 130 Gewichtsteilen Polyvinylchlorid vermahlen und in einer Matrize bei ungefähr 130° und etwa 100 Atm.
verpreßt. Es entstehen formgetreue Preßlinge von ausgezeichneter Bruchfestigkeit,
Elastizität und Widerstandskraft, die vorzüglich bearbeitbar sind.

Durch Zusatz von Polyvinylalkohol zu der Preßmasse kann insbesondere die
an sich große Biegsamkeit und Bruchfestigkeit noch erheblich gesteigert werden.

Formkörper von großer Elastizität können aus Polyvinylchlorid
oder Mischpolymerisaten aus Vinylchlorid und Maleinsäureestern und
Phenol-Aldehyd-Kondensationsprodukten hergestellt werden[7]. Zur Her-

---

[1] DRP. 739750, I.G. Farbenindustrie A.G.

[2] DRP. 742644, I.G. Farbenindustrie A.G.

[3] DRP. 747572, I.G. Farbenindustrie A.G.

[4] Canad.P. 394253, Carbide and Carbon Chemicals Corp.

[5] DRP. 700176, Röhm & Haas G.m.b.H.

[6] DRP. 675958, Chem. Forschungsges. m.b.H.

[7] F.P. 868522, Dynamit A.G. vorm. A. Nobel & Co.

stellung dieser Formmassen setzt man Polyvinylchlorid oder das vorgenannte Vinylchlorid-Mischpolymerisat in Mengen von 1 bis 50 Prozent, bezogen auf die Kondensationsprodukte, vor, während oder nach der Kondensation der Phenolharze zu. Die zugesetzten Polyvinylchlorid-Kunststoffe können gegebenenfalls Weichmacher enthalten.

Kunstmassen, welche sich durch Säure- und Alkalifestigkeit, Beständigkeit gegen Wasser und Schwerbrennbarkeit auszeichnen, durch Hitze gehärtet und je nach Wunsch mehr oder weniger plastisch und biegsam hergestellt werden können und als Preßmassen geeignet sind, werden erhalten, wenn man Polyvinylchlorid mit Kondensationsprodukten aus mehrwertigen Alkoholen und mehrbasischen Säuren mischt[1].

35 Gewichtsteile Polyvinylchlorid, 35 Gewichtsteile Glycerinphthalsäure-Harz, 25 Gewichtsteile Kieselgur, 5 Gewichtsteile Zinkoxyd werden auf einer Kautschukwalze $^1/_2$ Stunde lang bei etwa 95° zusammengeknetet. Die entstehende Masse wird dann in gewöhnlichen Pressen bei etwa 70 bis 95° unter Drucken von etwa 20 bis 200 kg/qcm gepreßt. Die Preßstücke zeigen scharfe Prägungen und haften nicht in der Form. Sie besitzen eine glasartige Oberfläche und werden außerhalb der Form gehärtet, wobei ihre Gestalt vollkommen erhalten bleibt.

Eine alkali-, säure- und wasserfeste Preßmasse kann man nach J. G. E. WRIGHT[2] aus einer Mischung von Polyvinylchlorid, α-Cellulose, Glyptalharz, Weichmacher und Füllmitteln erhalten.

Man stellt z. B. eine Mischung aus 40 Prozent Polyvinylchlorid, 10 Prozent Glyptalharz, 30 Prozent Dibutylphthalat, 7,5 Prozent α-Cellulose und 12,5 Prozent Titanox B her. Diese Mischung wird 30 Sekunden auf 200° und weitere 22 Stunden auf 150° erhitzt.

Hochwertige Preßmassen werden aus Polyvinylchlorid oder nachchloriertem Polyvinylchlorid und hydrierten Naturharzsäuren hergestellt[3].

Kunststoffe, die aus Cellulosederivaten und Kunststoffen auf Vinylchlorid-Basis bestehen, können nach J. E. BLUDWORTH[4] erhalten werden, wenn man zu den Lösungen der Cellulosederivate eine Mischung aus Vinylacetat und Vinylchlorid hinzufügt, die Mischung verformt und in dem Formkörper das monomere Gemisch polymerisiert, z. B. mit Licht, Wärme oder Katalysatoren, die man den Monomeren vorher zugesetzt hat.

Während Polyvinylchlorid nicht ohne weiteres mit Cellulosederivaten verträglich ist und sich somit Gemische dieser nicht zu Formkörpern verarbeiten lassen, sind Mischpolymerisate aus überwiegenden Mengen Vinylchlorid und Estern von Äthylen-1, 2-dicarbonsäuren mit Cellulosederivaten und anderen Polyvinylverbindungen verträglich und können mit diesen verformt werden.

In Lösungsmitteln unlösliche, gegen Säuren, Alkalien und oxydierende Mittel widerstandsfähige Massen bereitet J. E. WOLFE[5] aus Mischungen von Kautschuk und einem durch Lichtpolymerisation einer konzentrierten Methanollösung von Vinylchlorid erhaltenen Polymerisat.

[1] DRP. 601323, Allg. Elektrizitäts-Ges.
[2] E.P. 387928, British Thomson-Houston Co. Ltd.
[3] F.P. 809573, I.G. Farbenindustrie A.G.
[4] A.P. 2402942, Celanese Corp. of America.
[5] A.P. 2095113, B. F. Goodrich Co.

Beide Komponenten werden in einem gemeinsamen Lösungsmittel gelöst und nach Zusatz von Füllstoffen und Vulkanisiermitteln vulkanisiert.

Zur Herstellung von Formkörpern werden nach einem Verfahren der Firma I.G. Farbenindustrie A.G.[1] Fasern oder Gewebe aus Polyvinylchlorid, nachchloriertem Polyvinylchlorid oder Vinylchlorid-Mischpolymerisaten gemeinsam mit Kautschuk, Harzen oder Kunstharzen verformt und die geformten Massen, gegebenenfalls durch Vulkanisieren bei niedrigen Temperaturen, gehärtet.

Formmassen aus Polyvinylchlorid werden nach einem anderen Verfahren der gleichen Firma[2] durch Verarbeiten von Gemischen aus Polyvinylchlorid und Natur- oder Kunstfasern auf Krempeln zu Floren und durch Behandeln dieser notfalls mit Kalandern erhalten.

Zur Herstellung von Preßkörpern werden auch cellulosehaltige Abfälle, wie Holz, oder Faserstoffe, wie Woll- oder Hanfabfälle, mit einer Mischpolymerisat-Emulsion aus Vinylchlorid und Vinylacetat, gegebenenfalls mit Zusatz eines wasserabweisenden Mittels, vermischt und verpreßt[3].

Geformte Massen können nach O. RÖHM[4] auch erhalten werden, wenn man Papier oder Gewebe in teilweise polymerisiertem Vinylchlorid einträgt und die Polymerisation des Vinylchlorids zu Ende führt.

IV. Besondere Formkörper.

A. Herstellung von Hohlkörpern.

Die weichgummiartige Beschaffenheit von Kunststoffen auf Polyvinylchlorid-Basis erlaubt deren Verarbeitung auf Hohlkörper.

Zur Herstellung dieser Hohlkörper kann man sich verschiedener Verfahren bedienen[5].

Man kann zunächst die Hohlkörper nach den in der Gummiindustrie üblichen *Tauchverfahren*, *Gießverfahren* oder nach dem von der Verarbeitung von Celluloid her bekannten *Blasverfahren* herstellen.

Zur Bereitung von Hohlkörpern kann man ferner von Flächengebilden dieser Kunststoffe ausgehen und diese nach dem *Wickel-* oder *Klebeverfahren* verarbeiten.

Schließlich kann man Hohlkörper nach dem bereits behandelten *Preßverfahren* erhalten.

1. Nach dem Tauchverfahren.

Bei dem Tauchverfahren wird eine dem herzustellenden Hohlkörper entsprechende Form in eine Lösung, Emulsion oder Paste des Kunststoffes getaucht, nach dem Hochziehen der Form das Lösungs- oder

---

[1] F.P. 857634, Ital.P. 374788, I.G. Farbenindustrie A.G.

[2] Ital.P. 360408, I.G. Farbenindustrie A.G.

[3] F.P. 832606, Ital.P. 358860, 362675, Jugosl.P. 14717, Niederrheinische Maschinenfabrik Becker & van Hüllen und I.G. Farbenindustrie A.G.

[4] E.P. 436084, O. RÖHM.

[5] KAINER, F.: Kurzes Handbuch der Polymerisationstechnik, Bd. 3, S. 1006. Leipzig 1944.

Emulgiermittel verdunsten gelassen bzw. bei Verwendung von Pasten letztere gelatiniert und der Tauch- und Nachbehandlungsvorgang so lange wiederholt, bis der Hohlkörper die gewünschte oder erforderliche Wandstärke aufweist[1].

Auf diese Weise können sowohl Polyvinylchlorid als auch Vinylchlorid-Mischpolymerisate auf Hohlkörper verarbeitet werden.

Als Lösungsmittel für das mit Diisobutyladipat weichgestellte Polyvinylchlorid verwendet E. H. Sorg[2] Ketone, wie Cyclohexanon, Isophoron oder Acetonylaceton.

Von den Polyvinylchlorid-Kunststoffen lassen sich besonders die Vinylchlorid-Mischpolymerisate infolge ihrer besseren Löslichkeit aus Lösungen in Hohlkörper überführen.

Für Vinylchlorid-Mischpolymerisate, die 5 bis 25 Prozent Vinylidenchlorid enthalten, geht man nach R. Gewehr[3] zweckmäßig von Lösungen dieser Mischpolymerisate in Tetrahydrofuran aus.

Aus Lösungen können ferner die besonders gut löslichen, bei der Emulsionspolymerisation erhaltenen Mischpolymerisate aus überwiegenden Mengen Vinylchlorid und Estern von Äthylen-1, 2-carbonsäuren nach dem Tauchverfahren auf Hohlkörper, z. B. *Behälter*, *Tuben* oder *Medizinalflaschen*, verarbeitet werden[4].

100 Teile eines durch Emulsionspolymerisation erhaltenen Mischpolymerisats aus 80 Teilen Vinylchlorid und 20 Teilen neutralen Maleinsäureesters des Glykolmonoäthyläthers werden in 1000 Teilen Methylenchlorid und 20 Teilen Benzyltetrahydronaphthalin gelöst. Die erhaltene Lösung wird zur Herstellung der Tauchkörper verwendet.

Bei der Verarbeitung von Lösungen stört der meist umständliche und langwierige Trocknungsvorgang. Man kann aber die zeitliche Dauer desselben verkürzen, wenn man Lösungen weichgemachter Polyvinylchloride in mit Wasser mischbaren Lösungsmitteln verwendet. In diese Lösungen taucht man die Form der herzustellenden Hohlkörper, und nach dem Hochziehen der Form aus der Lösung wird erstere zur Ausfällung des Polyvinylchlorids in Wasser getaucht.

Bei langer Berührungsdauer mit dem Wasser werden jedoch die erhaltenen Hohlkörper klebrig und undurchsichtig und nicht hinreichend fest.

Diese Nachteile lassen sich nach J. G. E. Wright[5] dadurch beseitigen, daß man dem weichgestellten und gelösten Polyvinylchlorid vor dem Ausfällen mit Wasser schwer bzw. langsam hydrolysierbare organische Kieselsäureester zufügt. Man erhält darauf durchsichtige und nicht klebrige Erzeugnisse hoher Naßfestigkeit und Dehnbarkeit.

Solche schwer hydrolysierbare Kieselsäureester, z. B. Äthylsilicat, werden dem Polyvinylchlorid in Mengen von 12 bis 300 Prozent, bezogen auf das Gewicht des Polyvinylchlorids, zugegeben. Um jegliches

---

[1] Kainer, F.: Kurzes Handbuch der Polymerisationstechnik, Bd. 3, S. 1006, Leipzig 1944.

[2] A.P. 2414399, Gl. L. Martin Co.

[3] DRP. 750503, Deutsche Acetat-Kunstseiden A.G. Rhodiaceta.

[4] DRP. 728664, I.G. Farbenindustrie A.G.

[5] DRP. 734434, Allg. Elektrizitäts-Ges.

Kleben zu vermeiden, werden noch kleine Mengen eines Borsäureesters, z. B. n-Butylborat, zugefügt.

Eine Lösung von 8 Teilen Polyvinylchlorid und 4 Teilen Trikresylphosphat in 88 Teilen Acetonylaceton wird so hergestellt, daß das Polymerisat im Lösungsmittel bei 120° aufgelöst wird. Nach der Lösung läßt man auf 100° abkühlen und gießt etwas von der Lösung in eine rotierende Hohlform. Die überschüssige Lösung wird abgegossen und danach die Form mit kaltem Wasser von außen gekühlt. Nach dem Abkühlen wird die Form mit Wasser zur Ausfällung des Polyvinylchlorids gefüllt. Es wird ein opaker Körper erhalten, der sich aus der Form entfernen läßt. Der erhaltene Sack wird aufgehängt und mit Wasser gefüllt. Nun schrumpft der Körper um etwa 15 Prozent seiner ursprünglichen Größe.

Werden jedoch der beschriebenen Lösung 16 Teile Äthylsilikat zugefügt und ein Hohlkörper in gleicher Weise hergestellt, so dehnt er sich bei der Fällung mit Wasser auf das Doppelte seiner ursprünglichen Größe. Der von der Form entfernte Körper ist farblos und durchsichtig.

In besonderen Fällen kann man zur Herstellung von Hohlkörpern auf Basis von Polyvinylchlorid auch von wäßrigen oder nichtwäßrigen Dispersionen dieser Kunststoffe ausgehen.

Für die Herstellung von Hohlwaren im Tauchverfahren eignen sich nach R. C. R. Bacon, H. Taylor und L. Wood[1] Gemische wäßriger Dispersionen von Polyvinylchlorid, die zur Vermeidung von Lunkern mindestens 10 Prozent Polystyrol, bezogen auf Polyvinylchlorid, enthalten. Das Polyvinylchlorid und bzw. oder das Polystyrol können Weichmachungsmittel zugesetzt enthalten.

Zur Herstellung von Hohlkörpern aller Art eignen sich ferner die nach dem Verfahren von H. Fikentscher und H. Jacqué[2] aus flüchtigen organischen Lösungsmitteln und feinpulverigen Polymerisaten oder Mischpolymerisaten des Vinylchlorids hergestellten Dispersionen[3].

Nach dem gleichen Verfahren können auch Pasten dieser Kunststoffe in den genannten Lösungsmitteln bereitet und auf Hohlkörper verarbeitet werden.

Für die Herstellung von Hohlkörpern haben jedoch größere Bedeutung die von G. Wick und J. Grassl[4] aus Polyvinylchlorid und Weichmachern hergestellten lösungsmittelfreien Pasten erlangt[5].

Gegenüber den Lösungen besitzen die Pasten den Vorteil, daß man Gegenstände der erforderlichen Wandstärke oftmals schon durch ein- bis zweimaliges Tauchen herstellen kann.

Von den verschiedenen Pastenkombinationen eignen sich zur Herstellung von Tauchkörpern besonders die von der Firma I. G. Farbenindustrie AG.[6] in den Handel gebrachten *Igelit PCU-Paste M 5*, *Igelit PCU-Paste M 10 spezial* und *Igelit PCU-Paste M 25 spezial*. Durch Zusatz von 10 bis 20 Prozent hochsiedender Lösungsmittel lassen sich auch die Igelit PCU-Pasten G, K und F 25 nach dem Tauchverfahren auf Hohlkörper verarbeiten.

Das Tauchen kann dabei mit warmen oder kalten Formen bzw. kalten Hohlformen vorgenommen werden.

[1] A.P. 2449684, Imperial Chemical Industries Ltd.
[2] DRP. 730202, I.G. Farbenindustrie A.G.   [3] Siehe Seite 264.
[4] Wick, G., u. J. Grassl: Kunststoffe **32**, 327 (1942).   [5] Siehe Seite 267.
[6] Igelit-Pasten, Prospekt Nr. 85 der I.G. Farbenindustrie A.G. 1942, S. 27.

Das jeweils günstigste Verfahren richtet sich nach der Art der zu tauchenden Formen und der Art der verwendeten Paste.

Als Formen kommen neben Metall- auch Porzellan- und Glasformen in Betracht. Besonders bewährt haben sich Formen aus Aluminium[1].

Die Oberfläche der Formen soll möglichst glatt sein, da bei rauhen Formen die Gefahr besteht, daß durch Luft, die zwischen Form und Paste eingeschlossen ist, Blasen entstehen.

Die zum Tauchen benützten Pasten müssen luftfrei sein, um eine Blasenbildung während des Geliervorganges zu verhindern.

Bei der Herstellung von Tauchkörpern sind folgende Richtlinien zu beachten:

Das Eintauchen der Form muß langsam vor sich gehen, weil sonst Luftblasen an der Form entstehen, die sich nicht mehr entfernen lassen und zu Ausschußware führen.

Das Austauchen muß ebenfalls langsam vor sich gehen, da sonst zu große Mengen der Paste an der Form haften bleiben.

Bei einer Austauchgeschwindigkeit von höchstens 3 cm je Minute bleibt ein gleichmäßiger Film an der Form haften, der bei Verwendung der *Paste M 5* eine Stärke von etwa 0,2 mm, bei der *Paste M 10 spezial* eine Stärke von 0,2 bis 0,6 mm und bei der *Paste M 25 spezial* eine Stärke von 0,6 bis 1 mm bei Raumtemperatur aufweist.

Zur Erzielung noch größerer Filmstärken wird der Film entweder ausgelatiniert und ein zweites Mal getaucht, oder man arbeitet mit warmen Formen. Durch Einwirkung der Wärme wird die Paste in der Umgebung der Form derartig verdickt, daß beim Austauchen ein stärkerer Belag auf der Form zurückbleibt als beim Tauchen mit kalten Formen. An der auf etwa 140 bis 150° heißen Form zieht die Paste an, d. h. sie beginnt zu gelieren und fließt nicht mehr von der Form. Dadurch wird die Wandstärke des Tauchkörpers an allen Stellen praktisch gleichmäßig. Anschließend erfolgt das Ausgelieren im Ofen bei 180°. Auf diese Weise werden Gegenstände mit größeren Wandstärken hergestellt.

Beim Tauchen mit kalten Formen wird die Form langsam in die Polyvinylchlorid-Paste getaucht, das Austauchen wird ebenfalls langsam vorgenommen und die Form mit dem Pastenüberzug anschließend in heißem Öl vorgeliert. Als solches wird zweckmäßig Transformatoren- oder Maschinenöl bei einer Temperatur von 165 bis 195° benutzt, wobei sich im allgemeinen die Einhaltung einer Temperatur von 175° empfehlen dürfte. Bereits nach 20 bis 30 Sekunden ist die Paste so weit angeliert, daß diese nicht mehr von der Form abläuft. Nach diesem Vorgelieren läßt man das Öl ablaufen und wäscht die letzten Ölreste mit Tetrachlorkohlenstoff ab. Anschließend kommt die Form zum Ausgelieren in den Wärmeofen, der auf etwa 180° erhitzt ist. Durch das Angelieren im heißen Öl fallen allerdings die Hohlkörper etwas dunkler und nicht ganz einheitlich aus.

Bei der dritten Herstellungsmöglichkeit von Hohlkörpern aus Polyvinylchlorid-Pasten wird nach dem Tauchen mit Hohlformen in die

---

[1] RUEBENSAAL, C. F.: Mod. Plastics **25**, 143 (1948).

hohle Form heißes Öl gegossen, wodurch ein Vorgelieren des Polyvinylchlorids auf der Form eintritt. Vor dem Ausgelieren im Ofen bei 180° wird das Öl aus der Form gegossen.

Dieses Verfahren wird in der Hauptsache da angewandt, wo es sich um Erzeugnisse mit geringer Wandstärke handelt. Die beim Tauchen mit kalten Formen erhaltenen dünnen Überzüge werden durch Eingießen von heißem Öl sofort angeliert, so daß bei der späteren Wärmebehandlung im Heißofen ein Ablaufen der Paste nach dem unteren Teil der Form verhindert wird. Dadurch läßt sich die Wandstärke des Tauchkörpers ziemlich gleichmäßig stark halten.

Der nach dem einen der hier behandelten Verfahren erhaltene Hohlkörper wird nach dem Erkalten mit Talkum gepudert und kann dann leicht von der Form abgezogen werden.

Mitunter ist es erwünscht, den Hohlkörpern ein wulstartig ausgebildetes Ende zu erteilen. Man erhält diesen Wulst, wenn man den Polyvinylchlorid-Hohlkörper nach dem Gelieren bei einer Temperatur von mindestens 80° vorsichtig aufrollt. Eine wulstartige Randverstärkung kann auch in der Weise erreicht werden, daß man auf der Form einen ringförmigen Streifen aus weichgemachtem Polyvinylchlorid in der Höhe des Abschlusses des herzustellenden Hohlkörpers anbringt und später darüber hinwegtaucht. Bei der Gelierung verbindet sich dann dieser Streifen mit dem Pastenfilm vollkommen.

Tauchkörper aus den genannten *Igelit PCU-Pasten* haben bei einwandfreier Verarbeitung eine Zerreißfestigkeit von 100 kg/qcm und eine Zerreißdehnung von 400 bis 500 Prozent[1].

Nach diesem Tauchverfahren lassen sich die verschiedenartigsten Formkörper, Spielzeug, wie Puppen usw., herstellen. Sofern diese mit der menschlichen Haut in Berührung kommen könnten, muß von der Verwendung von Trikresylphosphat als Weichmacher aus den bereits genannten Gründen[2] abgesehen werden.

2. Nach dem Gießverfahren.

Hohlkörper aus Polyvinylchlorid können auch nach dem sogenannten *Gießverfahren* hergestellt werden.

Man löst Polyvinylchlorid und einen Weichmacher, z. B. Trikresylphosphat, bei erhöhter Temperatur in einem Keton, wie z. B. Acetonylaceton, überzieht mit dieser Lösung die Innenseite einer Hohlform, trocknet unter Zentrifugieren, füllt die Hohlform mit Wasser, wodurch das Lösungsmittel extrahiert wird[3]. Der Polyvinylchlorid-Körper wird dann aus der Hohlform entfernt und getrocknet.

Zur Herstellung von Hohlkörpern erhitzt A. DELFINO[4] die offenen Formen mit Polyvinylchlorid oder Vinylchlorid-Mischpolymerisaten und entfernt das überschüssige Material. Nach Zusatz eines gasentwickelnden,

---

[1] Igelit-Pasten, Prospekt Nr. 85 der I.G. Farbenindustrie A.G. 1942, S. 28.
[2] Siehe Seite 227.
[3] E.P. 505398, British Thomson-Houston Co. Ltd.
[4] F.P. 943337, A. DELFINO.

aufblähenden Stoffes, wie Natriumbicarbonat, Natrium- oder Kalium-nitrit bzw. -nitrat oder anderer Stoffe gleicher Wirkung wird die Form geschlossen, langsam auf die erforderliche Temperatur erhitzt und langsam wieder abgekühlt.

3. Nach dem Blasverfahren.

Von den Polymerisaten oder Mischpolymerisaten des Vinylchlorids lassen sich nach Angaben der Firma I.G. Farbenindustrie A.G.[1] die bei der Emulsionspolymerisation von überwiegenden Mengen Vinyl-chlorid und Estern von Äthylen-1, 2-carbonsäuren erhaltenen Misch-polymerisate in gleicher Weise wie Celluloid nach dem Blasverfahren zu Hohlkörpern, z. B. Puppen, verarbeiten.

Bei Polyvinylchlorid oder nachchloriertem Polyvinylchlorid läßt sich dieses Blasverfahren nicht ohne weiteres anwenden, weil bei diesen Kunststoffen die Verschweißungs- und Dehnungstemperatur nicht nahe beieinander liegen.

Wenn man diese Kunststoffe oder Mischpolymerisate aus Vinyl-chlorid und Acrylsäureestern nach diesem Verfahren verarbeitet, so tritt bei Anwendung der für die Dehnung geeigneten Temperatur kein Verschweißen der Ränder ein. Versucht man durch Steigerung der Tem-peratur zu einer Verschweißung zu gelangen, so zeigt sich, daß die Poly-merisate der hohen Temperatur beim Dehnen nicht standhalten.

Man kann aber nach J. JANDER und F. SCHMADEL[2] auch aus den genannten Kunststoffen auf Polyvinylchlorid-Basis Hohlkörper er-halten, wenn man zunächst bei hoher Temperatur die Polyvinylchlorid-Massen an den Abreißkanten verschweißt und darauf bei der niedrigeren Dehnungstemperatur unter Anwendung von Aufblasdruck den vor-geformten und an den Rändern verschweißten Hohlkörper in der gleichen Form aufbläst.

4. Nach dem Wickelverfahren.

Die Herstellung von Hohlkörpern aus Polyvinylchlorid oder nach-chloriertem Polyvinylchlorid bzw. Vinylchlorid-Mischpolymerisaten kann auch in der Weise erfolgen, daß man Folien oder Bänder aus den ge-nannten Kunststoffen in der Wärme, vornehmlich in der Temperatur-zone ihrer größten elastischen Dehnbarkeit, einer starken Dehnung in einer Richtung, zweckmäßig in Richtung der Verlängerung unterwirft und die Flächengebilde im gedehnten Zustande um eine entsprechende Form wickelt, worauf durch Einwirkung von Wärme, eines Quell- oder Lösungsmittels die Kontraktion aufgehoben wird. Hierdurch legt sich der gebildete Hohlkörper fest an die Form an, von welcher er dann ab-genommen werden kann[3].

5. Nach dem Preßverfahren.

Bei Anwendung besonderer Preßformen kann man auch nach dem Preßverfahren Hohlkörper herstellen.

[1] DRP. 738664, I.G. Farbenindustrie A.G.
[2] DRP. 728347, Rheinische Gummi- und Celluloid-Fabrik.
[3] F.P. 849988, I.G. Farbenindustrie A.G.

Man kann sich hierbei z. B. des nachstehenden Verfahrens[1] bedienen:
Polyvinylchlorid wird in Form von Pulver, einer Lösung oder Emulsion
mit Fasern gemischt oder letztere mit Polyvinylchlorid imprägniert
und die so erhaltenen Flächengebilde oberhalb des Erweichungspunktes
des Polyvinylchlorids durch Pressen zu Hohlkörpern verformt.

B. Herstellung von aufblasbaren Formkörpern.

Durch Verwendung geeigneter Weichmacher und Weichmacher-
zusätze kann man dem Polyvinylchlorid eine Dehnbarkeit erteilen, die
der des Weichgummis entspricht.

Gegenüber dem Gummi besitzen aber die weichgestellten Polyvinylchlorid-Massen eine Reihe von Vorteilen. Sie zeigen eine große Farb-
freudigkeit und leichte Anfärbbarkeit, sind lichtunempfindlich, leicht
abwaschbar und vor allem alterungsbeständig.

Diese günstigen Eigenschaften sind bestimmend dafür, daß weichgestellte Polyvinylchlorid-Massen auch zur Herstellung von aufblasbaren Formkörpern der verschiedensten Art im Austausch gegen Gummi
verwendet werden.

Aus diesem weichgummigleichen Material kann Kinderspielzeug in
den verschiedensten Formen, Farben und Größen hergestellt werden.
So können seifenblasenartige Gebilde, *Bälle*, *Puppen*, *Figuren* usw. usw.
hergestellt werden. Bei der Verarbeitung ist darauf zu achten, daß
physiologisch einwandfreie Weichmacher zur Bereitung der Weichmassen
Verwendung finden.

Aus Polyvinylchlorid-Weichmasse können ferner *Schwimmtiere*,
Schwimmringe, *Rettungsringe*, ferner *Zeltböden* und *Liegematten* bereitet
werden[2].

Von der Firma Barbara Plastics Original[3] werden neuerdings aus
weichgestelltem Polyvinylchlorid aufblasbare *Vorführfiguren* hergestellt,
die sowohl zur sachgemäßen Aufbewahrung von Kleidern im Haushalt
als auch für die Zurschaustellung von Kleidern und Kostümen dienen
können.

Die Herstellung der aufblasbaren Formkörper richtet sich nach der
Größe und dem Zweck derselben.

Seifenblasenartige Formkörper können z. B. aus Lösungen von Polyvinylchlorid in leicht verflüchtigbaren Lösungsmitteln in gleicher Weise
wie aus Seifenlösungen hergestellt werden. Durch Verwendung von gefärbten Lösungen kann man hier die verschiedenartigsten Effekte erzielen.

Kleinere aufblasbare Formkörper können ferner nach dem sogenannten Tauchverfahren[4] hergestellt werden.

Größere aufblasbare Formkörper, wie *Liegematten*, *Zeltböden*,
Schwimmtiere usw., werden aus weichmacherhaltigen Polyvinylchlorid-
Folien hergestellt, die ähnlich wie Bekleidungsstücke durch Zusammen-
schweißen der einzelnen Zuschnitteile erhalten werden.

---

[1] F.P. 877240, I.G. Farbenindustrie A.G.
[2] Kunststoffe **37**, 178 (1947).   [3] Kunststoffe **38**, 172 (1948).
[4] Siehe Seite 309.

C. Herstellung von Schwämmen.

Aus weichgestelltem Polyvinylchlorid können Schwämme dann erhalten werden, wenn man während der Verformung der Massen für
eine entsprechende Ausbildung der Poren Sorge trägt.

Zum Ausbilden der Poren setzt man dem Polyvinylchlorid solche
Stoffe zu, die bei der Verformungstemperatur infolge Zersetzung oder
dgl. aufblähende Gase entwickeln[1].

Als aufblähende Mittel verwenden G. A. RUGGERI und M. MANICI-
NELLI[2] Verbindungen, die sich bei 110 bis 170° zersetzen und hierbei
ein indifferentes Gas entwickeln. Stoffe dieser Art sind z. B. Diazonium-
verbindungen der Formel

$$R\!-\!N\!=\!N\!-\!N\!-\!R',$$
$$\overset{|}{X}$$

worin R und R' Arylreste und X Wasserstoff, ein Metall, Aralkyl, Aryl
oder Arylamin bedeuten.

Geeignet sind z. B. Diazoaminobenzol, Phenyldiazoaminobenzol,
Diazoamino-p-toluol, Benzyl-, Benzoyldiazoaminobenzol, Diazobenzol-
diphenylharnstoff.

Als Blähmittel kommen ferner noch in Betracht[3]:

Azoisobutyronitril (Porophor N), Azodihexahydrobenzonitril (Porophor 254).

Zur Herstellung von Schwämmen verfährt man dabei z. B. in folgender Weise:

Man mischt 50 Gewichtsteile Polyvinylchlorid, 40 Gewichtsteile Trikresylphosphat, 10 Gewichtsteile Butylphthalat, 0,9 Gewichtsteile Ocker, 0,1 Gewichtsteile Ruß und 2 Gewichtsteile Diazoaminobenzol in etwas Aceton gelöst und läßt
16 Stunden bis zu 30° lagern, gibt die Masse dann in eine Form, erhitzt 10 Minuten
auf 157° und hält 20 Minuten auf dieser Temperatur.

Nach dem Verfahren der Firma Soc. An. Marca Aeroplano[4] wird
pulverförmiges Polyvinylchlorid mit gasentwickelnden Stoffen, wie
Natrium- oder Ammoniumbicarbonat, sowie Plastifizierungsmitteln, z. B.
einem Gemisch aus Trikresylphosphat und Dibutylphthalat, und Schaum-
mitteln, z. B. Ammoniumoleat, in Formen, aus denen die Gase entweichen können, auf 180° erhitzt.

Die erhaltenen Schwämme sind wasser-, alkali- und säurebeständig.
Sie altern nicht und sind in den üblichen organischen Lösungsmitteln
unlöslich.

Zur Herstellung von Schwämmen eignen sich als Ausgangsmassen
auch die von G. WICK und J. GRASSL[5] entwickelten Polyvinylchlorid-
Pasten[6]. Diesen Pasten werden zweckmäßig bis zu 10 Prozent Treibmittel, besonders der auf S. 275 erwähnten Art, zugesetzt.

---

[1] DRGM. 1533880, Alkor-Werk L. Lissmann.
[2] Ital.P. 395372, Soc. Italiana Pirelli; Belg.P. 448061, Pirelli Soc. per Azioni.
[3] GAVER, G. VAN: Rev. Gén. Caoutchouc **26**, 279 (1949).
[4] Ital.P. 392496, Soc. An. Marca Aeroplano.
[5] WICK, G., u. J. GRASSL: Kunststoffe **32**, 327 (1942).
[6] Siehe Seite 266.

Von den verschiedenen Polyvinylchlorid-Pasten eignet sich zur Herstellung von schwammartigen Erzeugnissen besonders die *Igelit PCU-Paste P*[1].

Der Weichheitsgrad dieser Paste kann erforderlichenfalls durch weiteren Zusatz von 10 bis 20 Prozent Weichmacher erhöht werden.

Die Porengröße der Schwammgebilde läßt sich durch die Menge der in die Form eingefüllten Paste variieren.

Großporige Schwämme entstehen bei einer Füllung bis zu höchstens der Hälfte des Porenvolumens, während feinporige Schwämme durch Auffüllen der Form bis zu zwei Drittel oder drei Viertel des Forminhaltes hergestellt werden.

Als Formmaterial eignet sich besonders Leichtmetall, doch können auch Formen aus Eisen oder anderen Metallen benützt werden.

Die entsprechend den auszubildenden Poren gefüllte Form wird dicht geschlossen und im Heizschrank auf 170 bis 180° erhitzt. Die Dauer des Erhitzens richtet sich nach der Größe der Form. Größere und tiefere Formen werden am besten langsam auf 180° erhitzt.

Je nach der Größe der Form sind die Ausgelierzeiten für die Schwämme verschieden.

Eine Form von Außenabmessungen 330×300×70 mm Höhe und den Innenabmessungen 300×250×35 mm wird mit Paste gefüllt und verschlossen. Im Deckel dieser Form befinden sich 2 Schrauben, die zur Entlüftung nach dem Erhitzen dienen. Die gefüllte Form wird innerhalb 1 Stunde auf 160° im Heizschrank angewärmt und dann innerhalb von 3,5 Stunden von 160° auf 180° Ofentemperatur gebracht. Nach dieser Zeit wird die Form dem Heizschrank entnommen, durch die beiden im Deckel befindlichen Schrauben kurz entlüftet und die Schrauben wieder in den Deckel eingesetzt. Anschließend läßt man die Form bis zum vollständigen Erkalten stehen. Dabei muß die Abkühlung möglichst langsam erfolgen.

Den *Igelit PCU-Paste P* hergestellten Schwämmen haftet ein gewisser Geruch an, weshalb es notwendig ist, die Schwämme vor dem Gebrauch gründlich in Wasser auszukochen. Auf diese Weise verschwindet der bei der Herstellung enstehende Geruch von Ammoniak und Phenol vollkommen. Nach dem Auskochen sind die Schwämme praktisch geruchfrei und wie jeder andere Schwamm zu gebrauchen.

Die Schwämme können auf den verschiedensten Gebieten eingesetzt werden, z. B. als Haushaltschwamm, als Waschschwamm für die Industrie, als elastische Füllung für Malerwalzen usw. Wegen der elastischen Eigenschaften kann das Schwammaterial auch als Rückenpolster für Kraftwagensitze, Armlehnenpolsterung usw. verwendet werden.

Zur Herstellung von Kunstschwämmen können nach W. T. L. Ten Broeck jr.[2] außer Polyvinylchlorid Mischpolymerisate aus 75 bis 98 Prozent Vinylchlorid und 2 bis 25 Prozent Äthylen-1, 2-dialkylsäurealkylestern verwendet werden.

Man mischt das Mischpolymerisat mit Weichmacher und einem Treibmittel, z. B. Bicarbonate, Oxalate, Formiate, Diazoverbindungen, Ammoniumcarbonat, Ammoniumbicarbonat, Nitrite oder Metallcarbamate, und erhitzt in einer Form zur Zersetzung des Treibmittels.

Igelit PCU-Pasten, Prospekt der Firma I. G. Farbenindustrie A.G. 1942, 30.
A.P. 2461942, Wingfoot Corp.

100 Gewichtsteile des Mischpolymerisats aus 90 Prozent Vinylchlorid und 10 Prozent Diäthylfumarat, 100 Gewichtsteile Dibutylsebacat, 40 Gewichtsteile Stearinsäure, 12,5 Gewichtsteile Calciumcarbonat und 18,75 Gewichtsteile Natriumcarbonat werden auf der Walze kalt gemischt und in einer Form 26 Minuten auf 171° erhitzt.

D. Herstellung von Schläuchen.

Die guten elastischen Eigenschaften und die weitgehende chemische Beständigkeit von Polymerisaten oder Mischpolymerisaten des Vinylchlorids ermöglichen die Verwendung dieser Kunststoffe zur Herstellung von Schläuchen.

Außer Polyvinylchlorid, nachchloriertem Polyvinylchlorid, Gemischen dieser eignen sich zur Herstellung von Schläuchen auch Mischpolymerisate aus Vinylchlorid und Acrylsäureestern[1].

Nach Angaben der Firma I.G. Farbenindustrie A.G.[2] lassen sich auch die nach dem Emulsionsverfahren aus überwiegenden Mengen Vinylchlorid und Estern von Äthylen-1, 2-dicarbonsäuren erhaltenen Mischpolymerisate auf Schläuche verarbeiten.

Öl- und treibstoffeste Schläuche stellt die gleiche Firma[3] aus Mischpolymerisaten her, die aus Butadien, einem Ester einer 1, 2-Dicarbonsäure und Vinylchlorid bestehen.

Die guten Eigenschaften von Polyvinylchlorid oder Vinylchlorid-Mischpolymerisaten können noch durch Zusatz von Butadien-Acrylsäurenitril-Mischpolymerisaten verbessert werden[4]. Dieser *Perbunan-Zusatz*, der sich in den auf S. 193 angegebenen Grenzen bewegen kann, erhöht die Ölfestigkeit, verbessert die Dehnung und vergrößert die Elastizität der Schlauchmassen.

Die große Dehnbarkeit und Elastizität von Polyvinylchlorid, nachchloriertem Polyvinylchlorid, Gemischen dieser oder Mischpolymerisaten aus Vinylchlorid und Acrylsäureestern ermöglicht deren Verarbeitung zu Schläuchen in lösungsmittel- oder weichmachermittelfreier Form[5].

In den meisten Fällen geht man aber von Polyvinylchlorid oder Vinylchlorid-Mischpolymerisaten aus, die durch Zusatz von Weichmachern eine weichgummiähnliche Beschaffenheit zeigen[6].

Durch Zusatz geeigneter Weichmacher kann man auch höchstmolekulares Polyvinylchlorid[7] auf Schläuche verarbeiten[8].

Bei der Auswahl der Weichmacher[9] ist stets der spätere Verwendungszweck der Schläuche zu berücksichtigen.

---

[1] DRP. (Zweigstelle Österreich) 154404, Schwz.P. 194763, F.P. 810548, E.P. 469249, Deutsche Celluloid-Fabrik A.G.

[2] DRP. 728664, I.G. Farbenindustrie A.G.

[3] F.P. 849987, I.G. Farbenindustrie A.G.

[4] Modern Plastics **25**, 91 (1947).

[5] DRP. (Zweigstelle Österreich) 154404, Schw.P. 194763, F.P. 810548, E.P. 469249, Deutsche Celluloid-Fabrik A.G.

[6] KAINER, F.: Kurzes Handbuch der Polymerisationstechnik, Bd. 3, S. 997. Leipzig 1944.

[7] Siehe Seite 177.

[8] Schwz.P. 223079, Dr. A. Wacker Ges. f. elektrochem. Ind. G.m.b.H.; — F.P. 919224, Lonza Usines Electriques et Chimiques S.A.

[9] Siehe Seite 180.

Infolge der giftigen Wirkung von Ortho-Trikresylphosphat dürfen mit technischem Trikresylphosphat weichgestellte Massen aus Polyvinylchlorid oder Vinylchlorid-Mischpolymerisaten nicht zur Herstellung von Schläuchen verwendet werden, die zur Destillation, zum Transport oder zum Abziehen von Obstsäften, Branntwein, Alkohol oder Speiseöl dienen sollen[1].

Hingegen können andere physiologisch einwandfreie Weichmacher[2] ohne weiteres zum Weichstellen von Polyvinylchlorid oder Vinylchlorid-Mischpolymerisaten ver-

Besonders geeignet ist der *Mesamoll I-Weichmacher*[3]. Die aus 55 Teilen Polyvinylchlorid und 45 Teilen Mesamoll I bestehende Polyvinylchlorid-Masse kann zu Schläuchen verarbeitet werden, die nach W. Buchmann[4] die in Tab. 38 mitgeteilten Kurzzeit-Festigkeitswerte (bei 20°) zeigen.

Tabelle 38. *Kurzzeit-Festigkeitswerte von Weich-Igelit-Schläuchen.*

Eigenschaften	Eigenschafts-werte
Zugfestigkeit . . . . kg/qmm	$\approx 1,4$
Gesamtdehnung . . . . %	≈ 400
Elastizitätsmaß . . . kg/qmm	0,65

Durch eine besonders gute Chemikalienfestigkeit, insbesondere gegen Säuren, zeichnen sich nach G. Lampert und H. Hook[5] solche Schläuche aus, die aus nach einem besonderen Verfahren[6] weichgestellten Polymerisaten oder Mischpolymerisaten des Vinylchlorids hergestellt werden.

Die Verarbeitung von weichgestelltem Polyvinylchlorid oder weichgestellten Vinylchlorid-Mischpolymerisaten zu Schläuchen kann nach verschiedenen Verfahren erfolgen.

In den meisten Fällen geschieht die Herstellung von Schläuchen auf den aus der Gummiindustrie her bekannten *Schlauchpreß-* oder *Schlauchspritzmaschinen.*

In der Abb. 27 ist eine Schlauchmaschine[7] dargestellt, auf welcher weichgestelltes Polyvinylchlorid zu Schläuchen verarbeitet werden kann.

Als Ausgangsmaterial können die vom Walzenstuhl kommenden, heißen Weichmacher, Füllstoffe und gegebenenfalls auch Farbstoffe enthaltenden Polyvinylchlorid- oder Vinylchlorid-Mischpolymerisat-Massen, die sogenannten *Puppen*, dienen.

Nach einem Verfahren der I.G. Farbenindustrie A.G.[8] wird zur Herstellung von Schläuchen Polyvinylchlorid-Pulver auf dem Kalander schnell auf hohe Temperaturen, z. B. 500°, erhitzt, wobei dasselbe in eine transparente Masse übergeht.

Um eine Verfärbung der Polyvinylchlorid-Masse beim Verformen bei der relativ hohen Temperatur auszuschließen, setzten K. Quarthal und

---

[1] Parnitzke, K. H.: Ärztl. Wochenschr. **3**, 684 (1948). — Holstein: Arbeit u. Sozialfürsorge **1948**, 331.

[2] Siehe Seite 183.   [3] Seite 166.

[4] Krannich, W.: Kunststoffe im techn. Korrosionsschutz, S. 83. München 1943.

[5] DRP. 747644, H. Rost & Co.

[6] Siehe Seite 190.

[7] Herstellerin J. Kleinewefers Söhne, Krefeld.

[8] F.P. 813466, I.G. Farbenindustrie A.G.

M. Hirt[1] dem Polyvinylchlorid vor dem Verarbeiten geringe Mengen der auf S. 128 erwähnten Kondensationsprodukte zu.

Zur Verarbeitung auf der Schlauchspritzmaschine eignen sich außer den Polyvinylchlorid-Puppen oder -Pulvern auch *Polyvinylchlorid-Pasten.*

Die Herstellung von Schläuchen ist auch nach dem sogenannten *Wickelverfahren* möglich. Bei diesem Verfahren werden *Folien* oder *Bänder* aus Polyvinylchlorid oder Vinylchlorid-Mischpolymerisaten spiral- oder schraubenförmig auf einem erhitzten Dorn oder einem erwärmten Wickelorgan miteinander verschweißt[2].

Abb. 27. Schlauchspritzmaschine.

In ähnlicher Weise nimmt F. Schmidt[3] die Herstellung von Schläuchen vor. Gewalzte Felle oder Folien aus Polyvinylchlorid werden in lösungsmittelfreiem Zustande unter Dehnung über Heißwalzen auf einen Kern aufgewickelt und verschweißt.

Aus Polyvinylchlorid-Bändern, die aus nicht weichgestelltem Polyvinylchlorid hergestellt wurden, können nach dem Prinzip der Herstellung von Metallschläuchen biegsame Schläuche hergestellt werden[4].

Eine weitere Möglichkeit, Schläuche aus Polyvinylchlorid herzustellen, besteht darin, daß man *Fäden* aus Polyvinylchlorid zu Schläuchen verwebt[5].

Die Eigenschaften von aus Polyvinylchlorid oder Vinylchlorid-Mischpolymerisaten hergestellten Schläuchen können noch durch eine besondere Nachbehandlung verbessert werden.

So läßt sich die Temperaturbeständigkeit der Polyvinylchlorid-Schläuche verbessern, wenn man diese mit gasförmigem oder gelöstem Halogen nachbehandelt[6].

---

[1] DRP. 735446, I.G. Farbenindustrie A.G.
[2] F.P. 870306, Dynamit A.G. vorm. A. Nobel & Co.
[3] E.P. 440776, F. Schmidt.
[4] Mienes, K.: Kunststoffe **32**, 35 (1942).
[5] DRP. (Zweigstelle Österreich) 156285, Siemens-Schuckert-Werke A.G.
[6] Schwz.P. 215151, I.G. Farbenindustrie A.G.

Ferner kann man die Elastizität der aus weichmacherhaltigem Polyvinylchlorid hergestellten Schläuche nach J. VONBANK[1] noch ganz erheblich steigern, wenn man die Schläuche kurze Zeit in Kresol, Phenol oder Nitrobenzol einlegt.

50 Teile hochpolymeres Polyvinylchlorid und 50 Teile Trikresylphosphat werden z. B. in einer Schnecke durchgemischt und dann bei 120 bis 150° in einer Schlauchspritzmaschine zu Schläuchen verspritzt.

Die Schläuche werden dann 12 Stunden in Nitrobenzol eingelegt und hierauf in heißem Wasser abgewaschen. Sie sind durch diese Behandlung weitgehend gummiartig geworden.

In gleicher Weise können auch Schläuche aus nachchloriertem Polyvinylchlorid, Mischpolymerisaten aus Vinylchlorid und Vinylestern oder Acrylsäureestern, die nachchloriert sein können, ferner Mischungen aus Polyvinylchlorid und Polyvinylacetat oder Polyacrylsäureestern nachbehandelt werden.

Um die gefährlichen Entladungsvorgänge zu beseitigen, die z. B. beim Schnelltanken von Treibstoffen durch Reibungselektrizität entstehen, versieht man die Schläuche mit einer oder mehreren Halbleiterschichten, die aus Polyvinylchlorid mit Zusätzen von leitenden Stoffen, wie Ruß oder Graphit, bestehen[2]. Diese Schicht wird zweckmäßig gleich bei der Herstellung des Schlauches aufgebracht, z. B. durch Spritzen der Schlauchschichten in einer Maschine mit zwei übereinander oder hintereinander angebrachten Mundstücken.

Durch bestimmte Maßnahmen kann man auch die Druckfestigkeit von Schläuchen aus Polyvinylchlorid beträchtlich erhöhen.

Um einen Unglücksfall beim Zerreißen von aus weichgestelltem Polyvinylchlorid hergestellten *Luftschläuchen* zu verhindern, stellt die Firma Dr. A. Wacker Ges. f. elektrochem. Ind. G.m.b.H.[3] diese Luftschläuche aus zwei gleichen Teilen, und zwar einem inneren Schlauch und einer äußeren Hülle, beide aus weichgestelltem Polyvinylchlorid, her.

Zur mechanischen Verstärkung kann man die Schläuche aus Polyvinylchlorid entweder mit einer Gewebe- oder sonstigen Einlage oder mit einer Ummantelung aus Gewebe- oder Metalldrahtgewebe versehen.

Die von der Firma H. Rost & Co. hergestellten druckfesten Autogenschläuche aus dem Vinylchlorid-Polymerisat *Guttasyn* sind solche Schläuche mit Gewebeeinlagen, die einem Innendruck bis zu 84 Atm. standhalten.

Als Textileinlagen werden neuerdings gereckte und vorzugsweise in der Hitze fixierte Fäden aus hochpolymeren linearen Estern verwendet[4]. Man erhält diese durch Erhitzen von Glykolen der Formel $HO(CH_2)_n OH$ (n = 1 bis 10) mit Terephthalsäure oder deren funktionellen Derivaten.

Bei Polyvinylchlorid-Schläuchen, die mit einer Gewebeummantelung versehen sind, erhält man nach H. VOHRER[5] eine zufriedenstellende

---

[1] DRP. 727 590, Dr. A. Wacker Ges. f. elektrochem. Ind. G.m.b.H.
[2] DRGM. 1 510 352, Siemens-Schuckert-Werke A.G.
[3] Belg.P. 443 311, Dr. A. Wacker Ges. f. elektrochem. Ind. G.m.b.H.
[4] Österr.P. 165 074, Imperial Chemical Industries Ltd.
[5] DRP. 695 176, H. VOHRER.

Ummantelung auch bei Schläuchen mit größeren lichten Weiten dadurch, daß man den Polyvinylchlorid-Schlauch in gerecktem Zustand mit durch die Streckung vermindertem Durchmesser einträgt, entspannt und dann von außen der Einwirkung eines seine innige Verbindung mit dem Gewebeschlauch herbeiführenden Lösungsmittels in flüssigem oder dampfförmigem Zustand aussetzt.

Aus Polyvinylchlorid hergestellte Schläuche haben sich für die verschiedensten Gebrauchszwecke bewährt.

Sie dienen z. B. bei Getränkeschankanlagen für bewegliche *Kohlensäuredruckleitungen*[1].

Aus dem Vinylchlorid-Polymerisat *Guttasyn*[2] werden *Laboratoriumsschläuche* in den verschiedensten Abmessungen angefertigt; aus diesem Werkstoff können auch *Druckschläuche* ohne Textileinlagen hergestellt werden. Letztere sind bis zu 15 atü haltbar und bis zu —25° verwendbar und können für Schneid- und Schweißbrennerschläuche Verwendung finden.

Diese *Guttasyn-Schläuche* sind in allen vorkommenden Abmessungen und Wandstärken bis zu 80 mm äußerem Durchmesser lieferbar; sie sind druckfester als Gummischläuche bei gleicher Abmessung und weitgehend wasser-, benzin- und ölfest sowie chemikalienbeständig.

Schläuche auf Guttasyn-Basis werden in verschiedenen Qualitäten hergestellt.

Aus Guttasyn S 45 werden weichgummiartige und elastische Schläuche für Laboratoriums-, Krankenhausbedarf, Leuchtgas und aus Guttasyn S 63 Schläuche für erhöhte Druckbeanspruchung und höhere Temperaturen für die gleichen Anwendungszwecke hergestellt.

Polyvinylchlorid-Schläuche sind widerstandsfähig gegen Säuren und Laugen und außerdem alterungsbeständig[3].

Aus Gelen aus unlöslichem Polyvinylchlorid können nach W.L.Semon[4] zum Transport von Gasolin geeignete Schläuche hergestellt werden.

Aus Polyvinylchlorid stellt neuerdings die Firma Industrial Synthesis Corp.[5] Gartenschläuche her. Diese sind gegen Sonne, Wetter, Quellung, Öl und Abnutzung wesentlich unempfindlicher als ein Gummischlauch; sie können deshalb in einer lichten Weite von 13 mm gegen sonst 16 mm bei Gummischlauch hergestellt werden.

Polyvinylchlorid-Schläuche ohne Gewebeeinlage oder Gewebeumlage werden auch neben Gummischläuchen als Autogenschläuche verwendet[6]. Im Gegensatz zu Gummischläuchen ist der Temperaturbereich dieser Polyvinylchlorid-Schläuche enger, da sie in der Kälte verspröden und brechen, in der Wärme erweichen und an Festigkeit verlieren.

Durch Einbau einer Gewebeschicht oder durch Ummantelung mit einer solchen wird die Dauerstandfestigkeit erhöht, ihre Empfindlichkeit gegen anspritzende heiße Schlacke aber vermindert.

---

[1] Wiessner, P.: Chem.-Ztg. **63**, 437 (1939).
[2] Kunststoffe **32**, 231 (1942).
[3] Krannich, W.: Autogene Metallbearbeitung **33**, Nr. 10 (1940).
[4] F.P. 751504, E.P. 398091, W. L. Semon und B. F. Goodrich Co.
[5] Industrial Synthesis Corp.: Kunststoffe **39**, 68 (1949).
[6] Zorn, E.: Schweißen u. Schneiden **1**, 61 (1949).

E. Herstellung von Rohren.

Auf Grund seiner außerordentlichen Beständigkeit gegen Chemikalien und aggressive Gase, seiner physiologischen Unbedenklichkeit und guten mechanischen Eigenschaften ist Polyvinylchlorid ein vorzüglich geeigneter Werkstoff zur Herstellung von Rohren.

Von den übrigen polymeren Kunststoffen auf Vinylchlorid-Basis eignet sich auch nachchloriertes Polyvinylchlorid allein oder in Mischung mit Polyvinylchlorid für den gleichen Zweck[1].

Technisch brauchbare Rohre werden ferner aus einigen Mischpolymerisaten des Vinylchlorids hergestellt. So ergeben z. B. die aus Vinylchlorid und Acrylsäureestern bestehenden Mischpolymerisate und die bei der Emulsionspolymerisation von überwiegenden Mengen von Vinylchlorid und Estern von Äthylen-1, 2-dicarbonsäuren[2] erhaltenen Produkte geeignete Werkstoffe zur Herstellung von Rohren.

Die Polymerisate oder Mischpolymerisate des Vinylchlorids kommen gewöhnlich in lösungsmittel- und weichmacherfreiem Zustand zur Verarbeitung; doch sind auch Verfahren bekanntgeworden, bei denen von mit Lösungsmitteln oder Weichmachern versetzten Polymerisaten ausgegangen wird.

Um harte und mechanisch widerstandsfähige Rohre zu erhalten, müssen nach der erfolgten Verformung im letzteren Falle Lösungsmittel oder Weichmacher aus den Rohren entfernt werden, was allerdings nicht immer restlos gelingt.

H. Fikentscher und H. Jacqué[3] verwenden ferner die auf S. 264 beschriebenen Dispersionen oder Pasten aus flüchtigen Lösungsmitteln und pulverförmigen Polymerisaten oder Mischpolymerisaten des Vinylchlorids zur Herstellung von Rohren.

Die Firma Dr. A. Wacker Ges. f. elektrochem. Ind. G.m.b.H.[4] geht wieder von weichgestelltem Polyvinylchlorid aus. Nach der Verformung dieses weichgestellten Polymerisats werden die Rohre mit einem Lösungsmittel behandelt, welches den Weichmacher, aber nicht das Polyvinylchlorid löst.

Nach diesem Verfahren werden z. B. 50 Teile hochpolymeres Vinylchlorid, 25 Teile Trikresylphosphat und 25 Teile Acetylricinolsäurebutylester in einer Schnecke gemischt und bei etwa 150° auf einer Schlauchspritzmaschine verspritzt. Der Schlauch wird einige Zeit bei Zimmertemperatur mit Aceton extrahiert und hierauf bei höherer Temperatur, z. B. 120°, getrocknet.

Der Zusatz von Lösungs- oder Weichmachungsmitteln erleichtert zwar die Verformung von Polymerisaten oder Mischpolymerisaten aus Vinylchlorid, macht aber die Nachschaltung eines Extraktions- oder Trockenprozesses erforderlich, um den Weichmacher bzw. das Lösungsmittel aus den Rohren zu entfernen.

Aus diesem Grunde geht man in der Regel von den reinen Polymerisaten oder Mischpolymerisaten des Vinylchlorids aus.

---

[1] F.P. 828077, I.G. Farbenindustrie A.G.
[2] DRP. 728664, I.G. Farbenindustrie A.G.
[3] DRP. 730202, I.G. Farbenindustrie A.G.
[4] Ital.P. 381794, Dr. A. Wacker Ges. f. elektrochem. Ind. G.m.b.H.

Zur Herstellung von Rohren hat die Firma I.G. Farbenindustrie A.G.[1] die Marke *Igelit PCU, Type R* entwickelt.

Die Verformung von Polyvinylchlorid bzw. der Vinylchlorid-Mischpolymerisate wird in Kolben oder Spindelpressen nach erfolgter Erwärmung vorgenommen.

Man bedient sich hier überwiegend der in der Celluloidindustrie üblichen Arbeitsweise. Hiernach wird das meist pulverförmige Polyvinylchlorid ohne Benutzung von Lösungsmitteln oder Quellungsmitteln formbar gemacht und die formbare Masse anschließend in Röhrenpressen zum Rohr verpreßt.

Die bei diesen Verfahren benützten Temperaturen und Drucke hängen von der Art des zu verarbeitenden Polymeren ab und betragen z. B. beim Polyvinylchlorid 160 bis 210° und 50 bis 150 Atm. Kaltdruck.

Die Herstellung von Rohren aus Polyvinylchlorid kann ferner nach dem von G. WICK[2] entwickelten und auf S. 289 beschriebenen Verfahren in folgender Weise erfolgen:

5 kg Polyvinylchlorid werden auf einem Mischwalzwerk bei 130° zu dünnen Schichten ausgewalzt, von der Walze abgezogen und dann in plastischer Form zu einer sog. Puppe zusammengerollt. Diese Puppe wird dann in einer Röhrenpresse bei einem Druck von 80 kg/qcm zu Rohren verpreßt. Die Temperatur des Preßzylinders beträgt hierbei 130°, die der Matrize 180°. Das Material selbst nimmt dabei eine Temperatur von 150 bis 160° an.

Die erhaltenen Rohre besitzen eine hohe mechanische Festigkeit gegen Schlag und Stoß. Sie lassen sich unter schwachem Erwärmen wie Glas biegen und anderweitig verformen.

Die sonst übliche Strangpresse zur Verarbeitung anderer Rohstoffe mußte für das Verpressen von Polyvinylchlorid (*Igelit PCU*) wegen der hierbei erforderlichen höheren Verarbeitungstemperaturen und höheren Preßdrucke in ihrer Konstruktion umgeändert werden[3].

Bei der Verformung in diesen Strangpressen wird eine genaue Maßhaltigkeit der Rohre durch Auswahl der richtigen Mundstücke und durch Einführen von Luft in das Innere der Rohre beim Verlassen des Preßmundstückes erreicht. Auf diese Weise lassen sich Rohre bis zu etwa 160 mm Durchmesser herstellen.

Die Geschwindigkeit der Strangpressung hängt ab von dem Rohrdurchmesser. Bei der Verarbeitung des unter der Bezeichnung *Vipla* in Italien im Handel befindlichen Polyvinylchlorids geschieht das Strangpressen von Rohren mit 15 mm Außen- und 10 mm Innendurchmesser mit einer Geschwindigkeit von 3 bis 4 m/min, bei 135 mm Außen- und 120 mm Innendurchmesser mit einer Geschwindigkeit von 0,3 m/min.

Die Eigenschaften eines aus Polyvinylchlorid geformten Rohres hängen stark von der Verformungstemperatur ab. Man hat es allgemein für zweckmäßig gehalten, innerhalb der Röhrenpressen vom Füllende

---

[1] RUEBENSAAL, C. F.: Mod. Plastics **25**, 143 (1948).
[2] DRP. 697919, DRP. (Zweigstelle Österreich) 154143, F.P. 813466, I.G. Farbenindustrie A.G.
[3] WICK, G., u. A. ILOFF: Kunststoffe **32**, 137 (1942).

bis zum Mundstück das Polyvinylchlorid einer allmählich ansteigenden Temperatur zu unterwerfen. Trotz dieser Maßnahme ist die Oberfläche eines Rohres aus Polyvinylchlorid starken Schwankungen unterworfen; neben einer glatten Oberfläche erhält man auch Rohre mit einer runzligen Oberfläche. Parallel mit diesem äußerlich sichtbaren Wechsel der Oberflächenbeschaffenheit geht eine Beeinflussung der mechanischen Eigenschaften des Rohres in dem Sinne, daß sich gleichzeitig mit dem Auftreten der runzligen Oberfläche die Festigkeitseigenschaften erheblich verschlechtern.

Ein glattes Rohr läßt sich geschmeidig aufbiegen, während ein Rohr mit runzliger Oberfläche beim Aufbiegen zersplittert. Ein weiterer Unterschied besteht in der Kältebeständigkeit. Bringt man in den Rohren Wasser zum Gefrieren, so zerspringt das runzlige Rohr in kurzer Zeit, während das Rohr mit glatter Oberfläche diese Beanspruchung sicher aushält. Beim Auffallen aus einer Höhe von 2 m federt das Rohr mit glatter Oberfläche, während das mit einer runzligen Oberfläche zersplittert.

Nach F. LÖBLEIN[1] gelingt die Herstellung von Rohren aus Polyvinylchlorid oder Vinylchlorid-Mischpolymerisaten mit glatter Oberfläche und demgemäß auch guten mechanischen Eigenschaften stets dann, wenn man die als erste Stufe der Rohrherstellung vorzunehmende Plastizierung der Polymerisate oder Mischpolymerisate des Vinylchlorids durch Wärmezufuhr auf über den Erweichungspunkt angewärmten Walzen durchführt, deren Oberflächengeschwindigkeit 7,5 m je Minute nicht überschreitet. Die Oberflächengeschwindigkeiten der Walzen eines Walzenstuhles können hierbei untereinander gleich sein, sie können aber auch voneinander abweichen.

Die bei diesem Verwalzen einzuhaltende Temperatur richtet sich nach der Art des Polymerisats; für Polyvinylchlorid hat sich ein Temperaturbereich von 150 bis 180° als günstig erwiesen, während die Mischpolymerisate des Vinylchlorids mit Acrylsäureestern nur Temperaturen von 125 bis 160° erfordern.

Der Einfluß der Oberflächengeschwindigkeit der Walzen beim ersten Plastizieren der Vinylchlorid-Polymeren auf die Oberflächenbeschaffenheit und mechanischen Eigenschaften der Rohre bleibt auch dann bestehen, wenn als Gleitmittel Stoffe, wie Wachsalkohole, Polymerisate des Octadecylvinyläthers oder Oleylvinyläthers, zugesetzt werden.

Unter Berücksichtigung der mechanischen Eigenschaften von Polyvinylchlorid wurden die nach dem behandelten *Strangpreßverfahren* herstellbaren, in Anlehnung an die handelsüblichen Metallrohre, Polyvinylchlorid- (Vinidur-) Rohre nach DIN 8061 und 8062 für die Druckstufen bis 0,5, 2,5 und 6,0 kg/qcm genormt.

In der nachstehenden Tab. 38 sind diese Rohrabmessungen für die in Längen von 3 bis 4 m lieferbaren Rohre zu entnehmen.

---

[1] DRP. 686866, Schwz.P. 213970, F.P. 848005, Belg.P. 431794, Ital.P. 368917, Deutsche Celluloid-Fabrik A. G.

Die aus dem Polyvinylchlorid italienischer Herkunft (*Vipla*) hergestellten Rohre stimmen in den Abmessungen von Druckrohren gemäß der vorstehenden Tab. 39 überein[1].

Tabelle 39. *Abmessungen von Vinidur-Rohren.*

Nenn-weite NW	Rohraußen-durch-messer mm	Druck bis 0,5 kg/qcm		Druck bis 2,5 kg/qcm		Druck bis 6,0 kg/qcm	
		Wanddicke ± 10%	Gewicht kg/m	Wanddicke ± 10%	Gewicht kg/m	Wanddicke ± 10%	Gewicht kg/m
3	5	1	0,018	1	0,018	1	0,018
4	6	1	0,022	1	0,022	1	0,022
5	8	1	0,031	1,5	0,042	1,5	0,042
6	10	1	0,039	1,5	0,055	1,5	0,055
8	12	1	0,048	2	0,087	2	0,087
10	15	1	0,061	2	0,113	2	0,113
15	20	1,5	0,121	2,5	0,190	2,5	0,190
20	25	1,5	0,153	3	0,286	3	0,286
25	32	1,5	0,200	3	0,377	4	0,485
32	40	2	0,330	3,5	0,554	5	0,759
40	48	2	0,400	3,5	0,675	5,5	1,02
50	60	2	0,503	4	0,970	6,5	1,51
70	75	2,5	0,786	4,5	1,38		
80	90	3	1,13	5,5	2,02		
100	110	3,5	1,62	6,5	2,92		
125	135	4,5	2,54	7,5	4,15		
150	160	5	3,36	8,5	5,58		

Stranggepreßte Rohre aus *Vinidur* zeigen die in Tab. 40 wiedergegebenen physikalischen Eigenschaften[2].

Die nach dem Strangpreßverfahren hergestellten Polyvinylchlorid-Rohre erweisen sich bei guter Chemikalienbeständigkeit als sehr druckbeständig. So hielt z. B. ein aus Vipla hergestelltes Rohr mit 6 mm Innendurchmesser

Tabelle 40.
Physikalische Eigenschaften[3] von Vinidur-Rohren.

Zugfestigkeit . kg/qmm	5,1 ⋯ 5,6[4] ⋯ 6,1
Dehnung . . . . . %	8 ⋯ 16[4] ⋯ 55

und 1 mm Wandstärke einen Druck von 110 Atm., ein anderes von 20 mm Durchmesser und 3,5 mm Wandstärke sogar 120 Atm. aus[5].

Die Herstellung von Polyvinylchlorid nach dem Strangpreßverfahren ist in bezug auf den Durchmesser der Rohre beschränkt. Man kann auf diese Weise Rohre nur bis zu einem Durchmesser von 150 mm herstellen.

Zur Herstellung von Rohren mit größerem Durchmesser als 150 mm geht man nach H. WIPPENHOHN[6] von entsprechend zugeschnittenen

---

[1] PASELLI, D. P.: Materie Plastiche **7**, 173 (1940).

[2] BUCHMANN, W., in W. KRANNICH: Kunststoffe im techn. Korrosionsschutz, S. 82. München 1943.

[3] Drei-Minuten-Werte nach DIN 7701 bei 20°.

[4] Unterstrichene Werte sind die häufigsten Werte.

[5] PASELLI, D. P.: Materie plastiche **7**, 173 (1940).

[6] KRANNICH, W.: Kunststoffe im techn. Korrosionsschutz, S. 243, München 1943.

Platten aus Polyvinylchlorid aus, die durch Verschweißen zu Rohren geformt werden. Die zugeschnittenen Platten in einer Stärke von 2 bis 8 mm — je nach dem Durchmesser des herzustellenden Rohres — werden in einem Ofen oder mit einer nicht intensiv brennenden Flamme auf etwa 130° erwärmt und die so erhitzte Platte über eine Holzschablone oder ein zum Rohrdurchmesser passendes Metallrohr gezogen.

Bei Serienanfertigung kann eine Spezialrundmaschine benützt werden.

Die Längs- und Rundnähte werden in V-Form hergestellt und die Nähte verschweißt. Über die Stoßstellen der Rundnähte kann man Streifen aus Polyvinylchlorid von etwa 50 mm Breite legen und diese Streifen durch Schweißung mit den Rohrstößen verbinden.

Rohre beliebigen Durchmessers können auch nach dem sogenannten *Wickelverfahren* hergestellt werden.

Nach diesem von F. Schmidt[1] entwickelten Verfahren werden Rohre aus den auf heißen Walzen in trockenem Zustand aus Polymerisaten auf Vinylchlorid-Basis erhaltenen Folien dadurch erhalten, daß man die Folien unter Spannung über geheizte Walzen auf einen Wickeldorn aufwickelt und miteinander verschweißt. Es entstehen so völlig homogene massive Rohre, wie sie auf Röhrenpressen nur sehr schwer oder nur unter Verwendung ungewöhnlich großer Strangpressen hergestellt werden können.

Zur Verarbeitung können außer Polyvinylchlorid nachchloriertes Polyvinylchlorid, Gemische von Polyvinylchlorid mit Polyvinylacetat oder Polyacrylsäureestern oder Mischpolymerisate aus Vinylchlorid und Vinylacetat oder Acrylsäureestern verwendet werden. Die polymeren Stoffe können durch eine nachträgliche Halogenierung in ihren Festigkeitseigenschaften günstig beeinflußt werden. Weichmachungsmittel, anorganische oder organische Füllstoffe usw. können zugesetzt werden.

Ein Fell aus einem Mischpolymerisat, das in der Hauptsache aus Polyvinylchlorid und Polyacrylsäureester im Verhältnis 4:1 besteht und dessen Stärke z. B. 0,2 mm beträgt, wird über eine auf 90 bis 120° geheizte Walze geführt, die gegen einen Wickeldorn gedrückt wird, der das Innenprofil des herzustellenden Rohres bestimmt. Durch eine oder mehrere, auf die gleiche Temperatur geheizte Hilfswalzen, die gleichfalls gegen den Wickeldorn gedrückt werden, wird eine vollkommene Verschweißung der einzelnen Walzhautbahnen auf dem Wickeldorn herbeigeführt. Nach dem Wickeln läßt man den Wickelkörper auf dem Dorn erkalten und nimmt ihn danach ab. Nach dem Wickeln werden etwa vorhandene Lufteinschlüsse durch Nachbehandlung in einem Druckgefäß entfernt. Die Rohre werden zu diesem Zweck in einem mit Wasser gefüllten Druckgefäß auf etwa 70 bis 100° unter einem Druck von 50 bis 70 Atm. erhitzt und unter Druck erkalten gelassen. Bei dieser Behandlung treten auch die letzten Lufteinschlüsse aus der Masse aus.

Polyvinylchlorid-Rohre können auch nach dem Prinzip der Metallschlauchfabrikation durch Spiralwicklung profilierter Bänder aus reinem Polyvinylchlorid hergestellt werden.

Eine andere Möglichkeit der Herstellung biegsamer Rohre bietet das sogenannte *Kopex-Verfahren*[2]. Diese Fertigung geschieht in drei aufeinanderfolgenden Phasen: Zunächst werden Polyvinylchlorid-Bän-

---

[1] DRP. 629019, E.P. 490776, F. Schmidt.
[2] Mienes, K.: Kunststoffe **32**, 35 (1942).

der spiralig überlappt gewickelt, hierauf wird das entsprechende Rohr über einen Schraubendorn mit lose angezogener Mutter gezogen. Bei diesem Vorgang erhält das Rohr die gewünschte Rillung, und zwar in entgegengesetzter Richtung zur Wicklung; das so gestaltete Rohr wird schließlich in der dritten Arbeitsphase in axialer Richtung mit Hilfe einer Klemmutter gebaucht.

Den aus weichgestellten Polyvinylchloriden hergestellten Rohren kann man ferner eine gummiähnliche Elastizität und Weichheit dadurch erteilen, daß man die Rohre nach einer Behandlung mit einem Quellmittel einer weiteren Behandlung mit Phenolen, Kresolen oder Nitrobenzol unterwirft[1].

Infolge der bei der Formgebung anzuwendenden Temperaturen sind die aus Polyvinylchlorid hergestellten Rohre, sofern diese keine die Farbe verändernden oder beeinflussenden Farb- oder Füllstoffe enthalten, mehr oder weniger braun gefärbt und undurchsichtig.

Die beim Verarbeiten von Polyvinylchlorid zu Rohren bei hoher Temperatur auftretende mehr oder minder starke Braunfärbung läßt sich jedoch durch die von F.R.MAYER[2] angegebene und auf S.361 beschriebene Nachbehandlung restlos beseitigen, so daß die Rohre glasklar werden.

Eine gleich günstige Wirkung wird erzielt bei Röhren aus Mischpolymerisaten aus 80 Teilen Vinylchlorid und 20 Teilen Acrylsäuremethylester.

Neuerdings lassen sich nicht verfärbte Rohre aus Polyvinylchlorid auch direkt herstellen, und zwar dann, wenn man zur Verformung von mit Stabilisatoren der auf S.125 genannten Art versetztem Polyvinylchlorid ausgeht. So lassen sich z.B. nach K. QUARTHAL und M. HIRT[3] farblose Rohre nicht nur aus Vinylchlorid in überwiegenden Mengen enthaltenden Mischpolymerisaten, sondern auch aus Polyvinylchlorid herstellen, wenn man diesen Polymerisaten oder Mischpolymerisaten des Vinylchlorids die auf S.128 genannten Stabilisierungsmittel vor der Verformung zusetzt.

Will man Rohre aus Polymerisaten oder Mischpolymerisaten des Vinylchlorids nicht in der Eigenfarbe der Polymerisate verwenden, so muß man den Polymerisaten vor der Verformung Farbstoffe oder Farbpigmente zusetzen.

Nach dem von W. KIRST und R. SCHÄFER[4] entwickelten und später angeführten Verfahren[5] können Rohre aus Polyvinylchlorid, nachchloriertem Polyvinylchlorid oder aus Mischpolymerisaten aus Vinylchlorid und Vinylacetat gefärbt werden.

Infolge der an sich begrenzten Wärmebeständigkeit des Polyvinylchlorids können Rohre aus diesem Werkstoff nur in einem Temperaturbereich von -10 bis $+50°$ mit gutem Erfolg verwendet werden.

---

[1] F.P. 881917, Dr. A. Wacker Ges. f. elektrochem. Ind. G.m.b.H.
[2] DRP. 748067, ohne Patentinhaberangabe.
[3] DRP. 735446, I.G. Farbenindustrie A.G.
[4] DRP. 742644, I.G. Farbenindustrie A.G.   [5] Siehe Seite 388.

Die Wärmefestigkeit von Rohren aus Polyvinylchlorid läßt sich jedoch durch eine bereits auf S. 303 erwähnte Nachbehandlung mit Halogen verbessern[1].

Der mechanischen Festigkeit der aus Polymerisaten oder Mischpolymerisaten des Vinylchlorids hergestellten Rohre sind die durch die Eigenschaften des Ausgangsmaterials bedingten Grenzen gezogen.

Durch bestimmte Maßnahmen lassen sich aber die mechanischen Eigenschaften dieser Rohre beträchtlich erhöhen.

Zum Schutze gegen äußere mechanische Beschädigungen können die Polyvinylchlorid-Rohre eine Schicht aus Papiermasse, Jute, Faserstoffbändern und eine Bewehrung aus Metallen, welche z. B. aus Rund- oder Flachdraht bestehen kann, erhalten[2].

Rohre aus Polyvinylchlorid, die mit einer Gewebe- oder Metallummantelung versehen oder mit einem Textil- oder Drahtgewebe umsponnen sind, werden nicht nur gegen Stoß und Schlag zusätzlich geschützt, sondern können auch bei höheren Drucken verwendet werden[3].

Zur Verbesserung der mechanischen Eigenschaften, insbesondere zur Erhöhung der Festigkeit werden Polymerisate oder Mischpolymerisate des Vinylchlorids auch gemeinsam mit anderen Werkstoffen zu Rohren verarbeitet.

Eine solche Verbesserung der mechanischen Eigenschaften wird z. B. schon dadurch erreicht, daß man Textil- oder Drahtgewebe in die Polymerisatmasse einbettet. Man erhält Rohre dieser Art z. B. durch abwechselndes Aufeinanderwickeln einer Walzhaut aus den Polymerisaten oder Mischpolymerisaten des Vinylchlorids und einem Gewebe- oder Drahtgewebebelag.

Man kann auch so verfahren, daß man mit Lösungen der Vinylchlorid-Polymerisate imprägnierte Gewebebahnen aufeinanderwickelt.

Rohre aus Polymerisaten auf Vinylchlorid-Basis, wie Polyvinylchlorid, nachchloriertem Polyvinylchlorid, Gemische von Polyvinylchlorid mit Polyvinylacetat oder Polyacrylsäureestern oder Mischpolymerisate aus Vinylchlorid und Vinylacetat oder Acrylsäureestern, die gegenüber den vorbeschriebenen Rohren mit Textileinlagen eine wesentlich höhere Festigkeit aufweisen, werden nach F. SCHMIDT[4] erhalten, wenn man Fasern pflanzlicher oder tierischer Herkunft bzw. daraus hergestellte Fäden oder Garne mit Polymerisaten der genannten Art umspritzt oder umkleidet, sie dann zu einem Gewebe verarbeitet und dieses unter Spannung über geheizte Walzen auf einen Wickeldorn aufwickelt und homogen verschweißt.

90 Teile eines aus 82 Prozent Vinylchlorid und 18 Prozent Acrylsäuremethylester hergestellten Mischpolymerisats werden mit 10 Teilen Trikresylphosphat auf heißen Walzen homogen vermischt und die Masse in eine auf etwa 150 bis 160° geheizte Strangpresse eingefüllt. Durch das Mundstück der Presse wird festes Hanfgarn hindurchgeführt, welches in der engen Düse des Mundstückes mit der

---

[1] E.P. 517689, I.G. Farbenindustrie A.G.
[2] Ital.P. 364047, Siemens-Schuckert A.G.
[3] Kunststoffe **30**, 273 (1940).
[4] DRP. 675841, Dynamit A.G. vorm. A. Nobel & Co.

wärmeplastischen Masse umkleidet wird. Das umspritzte Garn wird nunmehr über geheizte Walzen auf einem Wickeldorn aufgewickelt und homogen zu Rohren verschweißt.

Mechanisch feste und dabei gegen Chemikalien beständige Rohre werden z. B. dadurch erhalten, daß man Rohre aus anderen Werkstoffen mit weichgestelltem Polyvinylchlorid überzieht[1].

Polyvinylchlorid oder Mischpolymerisate auf Vinylchlorid-Basis werden auch gemeinsam mit Vulkanfiber zur Herstellung von Rohren in der Weise verwendet, daß man mit den Polymerisaten aus Vinylchlorid-Basis Vulkanfiberrohre auskleidet, um letztere vor Feuchtigkeit und chemisch aggressiven Flüssigkeiten zu schützen.

Zur Herstellung einer solchen Auskleidung kann man Vulkanfiberrohre unter Verwendung von Druck und Hitze auf ein auf einem Dorn sitzendes inneres Rohr aus Polyvinylchlorid aufziehen. Dieses Herstellungsverfahren macht jedoch gewisse Schwierigkeiten.

In wesentlich einfacherer Weise kann man nach E. BECKER und K. NISING[2] die Verbindung zwischen Vulkanfiber- und Polyvinylchlorid-Rohr herstellen, wenn man das Vulkanfiberrohr auf dem Polyvinylchlorid-Rohr durch Aufwickeln von mit Chlorzinklösung getränktem Rohpapier, Auspressen des umwickelten Rohres zwischen Goutswalzen, Wässern und Trocknen erzeugt.

Zur Erhöhung der Festigkeit und Bruchsicherheit des Rohres können Drähte oder Metalldrahtgewebe, zweckmäßig in Schlauchform, zwischen dem Polyvinylchlorid- und Vulkanfiberrohr eingebettet werden.

Rohre aus Polyvinylchlorid werden auch in Kombination mit Metallrohren verwendet, wie auf S. 540 ausgeführt wird.

F. Herstellung von Stäben.

Aus Polyvinylchlorid oder Vinylchlorid-Mischpolymerisaten lassen sich auch stabförmige Gebilde herstellen.

Bei einem in der Praxis allerdings wenig bewährten Verfahren von R. T. FIELDS[3] geht man von den monomeren Verbindungen, z. B. von einem Gemisch von Vinylchlorid und Vinylacetat, aus. Dieses wird in ein Rohr gefüllt, bei dem ein Ende mit dem Mischpolymerisat verschlossen ist. Das Rohr wird nun unter Druck gehalten, an dem verschlossenen Ende mit heißem Wasser und in einer anschließenden Zone mit kaltem Wasser berieselt. Hierbei wird das in der erhitzten Zone befindliche Monomerengemisch, das noch Peroxydbeschleuniger enthalten kann, polymerisiert und der an dieser Stelle gebildete Stabteil aus dem Polymerisationsrohr durch das Monomerengemisch herausgepreßt.

Einfacher stellt man Stäbe aus den vorgebildeten Polymerisaten oder Mischpolymerisaten des Vinylchlorids her. Die Polyvinylchlorid-Masse wird durch Erhitzen erweicht und durch eine Ringdüse von entsprechendem Querschnitt gepreßt.

---

[1] KRANNICH, W.: Chem. Fabrik **13**, 233 (1940).
[2] DRP. 726821, Dynamit A.G. vorm. A. Nobel & Co.
[3] DRP. 672929, F.P. 808568, A.P. 2057673, 2057674, E. I. du Pont de Nemours & Co.

Man kann hier z. B. nach einem Verfahren der Firma National Carbon Co.[1] arbeiten, wobei man zweckmäßig ein Mischpolymerisat aus Vinylchlorid und Vinylester mit einem Mischungsverhältnis von etwa 70 bis 95 Prozent Vinylchlorid und 30 bis 5 Prozent Vinylacetat verwendet.

Ein durch gemeinsame Polymerisation von 80 Prozent Vinylchlorid und 20 Prozent Vinylacetat in Gegenwart von Aceton als Lösungsmittel und 1 Prozent Dibenzoylperoxyd als Katalysator hergestelltes Mischpolymerisat wird nach Entfernung der monomeren Anteile und des Katalysators mit etwa 3 Gewichtsprozent Carnaubawachs und 2 Gewichtsprozent Calciumstearat vermischt.

Diese Mischung wird dann in einen Rührautoklaven eingebracht, der durch einen Dampfmantel geheizt ist, und so lange gerührt, bis die ganze Masse eine Temperatur von 125° aufweist. Die Beschickung wird dann in eine Auspreßvorrichtung gefüllt, aus welcher sie unter einem Druck von etwa 175 kg/qcm durch eine Düse mit einer kreisförmigen Öffnung von etwa 7 cm Durchmesser ausgepreßt wird.

Der sich ergebende Stab wird nach dem Verlassen der Düse abgeschreckt.

V. Platten.

Platten aus Polyvinylchlorid oder Mischpolymerisaten des Vinylchlorids können nach verschiedenen Verfahren hergestellt werden.

Nach dem ersten Verfahren geht man von Lösungen der Polymerisate des Vinylchlorids aus und läßt nach Ausgießen der Lösungen in entsprechenden Formen das Lösungsmittel verdunsten. Man kann hierzu z. B. die auf S. 259 angegebenen Lösungen von hochmolekularen Polyvinylchloriden verwenden[2].

Aus mit Lösungsmitteln angepasteten Polymerisaten des Vinylchlorids, wie Polyvinylchlorid, nachchloriertes Polyvinylchlorid, Vinylchlorid enthaltende Mischpolymerisate oder Gemische dieser, können auch nach dem *Celluloid-Verfahren* verarbeitet werden, wobei nach der auf S. 339 beschriebenen Arbeitsweise der Firma Deutsche Celluloid Fabrik[3] Platten mit bedeutend höherem Erweichungspunkt erhalten werden.

Platten oder Tafeln können auch aus weichgestellten Polyvinylchloriden bzw. Vinylchlorid-Mischpolymerisaten, z. B. nach dem auf S. 323 angegebenen Verfahren, hergestellt werden[4].

Bei der von G. WICK und J. GRASSL[5] beschriebenen Arbeitsweise geht man dabei so vor, daß man aus gießfähigen Polyvinylchlorid-Pasten zunächst Folien[6] herstellt und auf diese jeweils eine weitere vorgelierte Pastenschicht aufgießt, die weiter ausgeliert wird, bis die Platte die gewünschte Stärke besitzt.

Platten aus Polyvinylchlorid oder Vinylchlorid-Mischpolymerisaten lassen sich auch dadurch gewinnen, daß man mehrere Folien oder Filme

---

[1] DRP. 655283, National Carbon Co., Inc.
[2] DRP. 749090, Soc. Rhodiaceta.
[3] DRP. 737661, Deutsche Celluloid-Fabrik A.G.
[4] Ital.P. 381794, Dr. A. Wacker Ges. f. elektrochem. Ind. G.m.b.H.
[5] WICK, G., u. J. GRASSL: Kunststoffe 32, 327 (1942).
[6] Siehe Seite 334.

aus den genannten Kunststoffen aufeinanderlegt und diese dann durch
Verpressen, z. B. in Etagenpressen, unter Erwärmen zu einem einheitlichen Körper vereinigt. Auf diese Weise kann man z. B. die aus Polyvinylchlorid-Pasten hergestellten verwalzten Folien lageweise zusammenpressen[1].

In gleicher Weise können auch die aus nicht weichgestellten, nach
dem Walzverfahren hergestellten Folien lagenweise in einer Etagenpresse
zu Polyvinylchlorid-Platten verpreßt werden.

Der anzuwendende Preßdruck beträgt bei dem Polyvinylchlorid
italienischer Herkunft „Vipla“ 70 bis 80 kg/qcm bei einer Verarbeitungstemperatur von 150 bis 180°[2].

Infolge der schlechten Wärmeleitfähigkeit des Polyvinylchlorids
bietet die Herstellung von mehreren Zentimeter starken Platten durch
die Durchkaschierung mehrerer dünnen Folien aber Schwierigkeiten
in der Richtung, daß nicht immer einwandfreie Verbindung erzielt wird.

Zur Herstellung von Platten aus Mischpolymerisaten aus 75 bis 90 Prozent Vinylchlorid und 25 bis 10 Prozent Vinylacetat, denen 1 Prozent
Bleistearat und 1 Prozent Carnaubawachs zugesetzt sind, walzen L. M.
Currie und L. K. Merrill[3] zunächst die Mischpolymerisate auf dem
Kalander zu dünnen Folien; mehrere dieser Folien werden dann überein-
andergelegt, in Wasser bei 105° und 23 Atm. zwischen Glasplatten verpreßt. Die Temperatur wird allmählich auf 140° erhöht, während gleichzeitig der Druck 20 Minuten auf 7 Atm. verringert und unter diesen Bedingungen das Ganze 20 Minuten belassen wird. Darauf kühlt man auf
etwa 40° ab und stellt den Druck auf 1 Atm.

Durch Aufeinanderlegen und Verpressen in der Wärme können auch
Folien aus Mischpolymerisaten mit überwiegenden Mengen Vinylchlorid
und Estern von Äthylen-1, 2-dicarbonsäuren zu durchsichtigen Platten
verschweißt werden[4].

Die Eigenschaften der nach dem *Preßverfahren* hergestellten Platten
aus Polyvinylchlorid, gegebenenfalls in Mischung mit nachchloriertem
Polyvinylchlorid oder Mischpolymerisaten aus Vinylchlorid und Acrylsäureestern, kann man verbessern, wenn man die zu verpressenden
Folienlagen nach der auf S. 531 beschriebenen Weise schichtet[5].

Platten können auch aus pulverförmigem Polyvinylchlorid hergestellt werden. Man führt das pulverförmige Polyvinylchlorid zwischen
entsprechend erhitzte Walzen; das hierbei plastisch gemachte Polyvinylchlorid wird hierbei in Platten übergeführt, deren Stärke dem
jeweiligen Walzenabstand entspricht.

Platten oder Tafeln werden aus Polyvinylchlorid oder Vinylchlorid-
Mischpolymerisaten von verschiedenen Firmen hergestellt. Bekannt sind
z. B. die sogenannten *Vinidur-Platten* aus Polyvinylchlorid oder die
Astralon-Platten aus Vinylchlorid-Mischpolymerisat. Diese *Vinidur-*

---

[1] Wick, G., u. A. Iloff: Kunststoffe **32**, 137 (1942).
[2] Paselli, D. P.: Materie plastiche **7**, 173 (1940).
[3] A.P. 2196577, Carbide and Carbon Chemicals Corp.
[4] DRP. 728664, I.G. Farbenindustrie A.G.
[5] F.P. 780489, I.G. Farbenindustrie A.G.

Platten werden in Stärken von 20 bis 50 mm von der Firma Badische Anilin & Soda Fabrik hergestellt. Die *Astralon-Platten* werden in Stärken von 0,15 bis 3 mm geliefert.

Andere bekannte Polyvinylchlorid-Platten sind die *Guttasyn-Platten*, die von der Firma H. Rost & Co. in verschiedenen Qualitäten und verschiedenen Stärken hergestellt werden.

Den aus weichgestelltem Polyvinylchlorid hergestellten Platten kann man durch eine auf S. 328 angegebene Nachbehandlung eine gummiähnliche Elastizität und Weichheit erteilen[1].

Platten aus Polyvinylchlorid oder Vinylchlorid-Mischpolymerisaten finden in der Technik usw., z. B. zur Auskleidung von Behältern, als Bodenbelagmasse usw., Verwendung.

Neben Platten aus einheitlichem Polymerisatmaterial können auch kombinierte Platten hergestellt werden, die neben den Polymerisaten noch andere Stoffe enthalten.

Platten dieser Art kann man z. B. durch Aufkaschieren oder Aufpressen von Polyvinylchlorid-Platten auf Flächengebilden anderer Zusammensetzung oder durch homogene Verarbeitung von Gemischen aus Polymerisaten des Vinylchlorids und anderen Werkstoffen herstellen.

Auf erstere Weise kann man z. B. Platten herstellen, die aus Polyvinylchlorid und Kautschuk[2] bestehen.

Zum Verbinden von Polyvinylchlorid oder Polyvinylchlorid-Massen mit Natur- oder Kunstkautschuk vermischt man zweckmäßig die Polyvinylchlorid-Masse vorher mit einem Nitrilgruppen enthaltenden Kunstkautschuk[3].

Man gibt z. B. in weichgestelltes Polyvinylchlorid bei möglichst niedriger Temperatur 2 bis 10 Prozent mastiziertes Perbunan, das Schwefel und Vulkanisationsbeschleuniger enthält.

Zu einer Füllstoff und Plastiziermittel enthaltenden Naturkautschukmischung gibt man 40 bis 100 Gewichtsprozent Perbunan, walzt die Kautschukmischung und Polyvinylchlorid-Mischung zu Platten aus, befeuchtet die Oberfläche mit Toluol, preßt zusammen und vulkanisiert im Autoklaven bei 2 bis 4 kg/qcm Dampfdruck.

Auf letztere Weise kann man z. B. kombinierte Platten durch Verpressen von Gemischen aus Kunst- oder Naturfasern mit Fasern aus Polymerisaten oder Mischpolymerisaten des Vinylchlorids erhalten[4]. Man kann auch in der Weise verfahren, daß man Natur- oder Kunstfasern mit Fasern aus Polyvinylchlorid oder Vinylchlorid-Mischpolymerisaten zu Faservließen verkrempelt und anschließend auf einem Kalander oder zwischen Druckplatten unter Zuführung von Wärme verpreßt[5].

---

[1] F.P. 881917, Dr. A. Wacker Ges. f. elektrochem. Ind. G.m.b.H.
[2] Mod. Plastics **24**, 123 (1947).
[3] F.P. 955186, Soc. Chimique de Gerland, Soc. An. und J. HIRTZ.
[4] Ital.P. 360408, I.G. Farbenindustrie A.G.
[5] DRP. (Zweigstelle Österreich) 157521, Ital.P. 348459, I.G. Farbenindustrie A.G.

VI. Filme, Folien und Bänder.

Infolge der großen Chemikalienbeständigkeit, Licht- und Alterungsbeständigkeit, Wasserdampffestigkeit bei gleichzeitig guten mechanischen Eigenschaften stellt das polymere Vinylchlorid ein gutes Ausgangsmaterial für die Herstellung von Folien, Filmen oder Bändern dar.

Zur Herstellung von glatten, durchscheinenden, bei gewöhnlicher Temperatur nicht brechenden Folien kann man die auf S. 197 angeführten flockigen Polyvinylchloride verwenden[1].

Diese werden kurze Zeit bei 90 bis 110° kalandriert, mit Weichmacher versetzt, z. B. 16 Teile Trikresylphosphat auf 100 Teile Polymerisat, und anschließend wieder bei 90 bis 100° kalandriert.

Ein geeignetes Ausgangsmaterial ist nach C. Schönburg[2] auch nachchloriertes Polyvinylchlorid, von welchem wieder nach Angaben der Firma Agfa Ansco Corp. und M. Hagedorn[3] das auf S. 378 näher beschriebene Produkt besonders brauchbar ist.

Die aus nachchloriertem Polyvinylchlorid hergestellten Folien zeichnen sich durch besonders gute mechanische Eigenschaften aus. Sie besitzen eine Reißfestigkeit von 650 bis 750 kg/qcm und eine Bruchdehnung von 4 bis 5 Prozent[4].

Zur Bereitung von Folien oder Filmen eignen sich ferner die verschiedensten Vinylchlorid enthaltenden Mischpolymerisate. Von diesen benützt die Firma I.G. Farbenindustrie A.G.[5] das in Gegenwart von 20 bis 80 Prozent Vinylidenchlorid polymerisierte Vinylchlorid.

Zur Verarbeitung auf Folien können auch die aus Vinylchlorid und Vinylacetat bestehenden Mischpolymerisate verwendet werden[6]. Diese Mischpolymerisate werden nach Ch. O. Young und St. D. Douglas[7] zweckmäßig vorher von den löslichen Anteilen befreit.

Besonders hochwertige Filme ergeben nach L. Orthner und R. Reuber[8] Mischpolymerisate aus Vinylchlorid und Vinylestern alkoxylierter Fettsäuren.

Auch die aus Vinylchlorid und Acrylsäurederivaten, besonders Acrylsäureestern bestehenden Mischpolymerisate geben brauchbare Ausgangsstoffe zur Herstellung von Folien.

Neuere Versuche haben ergeben, daß die nach bestimmten Verfahren[9] hergestellte Mischpolymerisate aus Vinylchlorid und Estern von Äthylen-1, 2-dicarbonsäuren sich besonders gut zur Verarbeitung auf Folien eignen[10].

Infolge ihrer hohen Wärmebeständigkeit eignen sich auch die aus

---

[1] F.P. 920074, Imperial Chemical Industries Ltd., L. B. Morgan und W. McGillivrey Morgan.

[2] DRP. 596911, I.G. Farbenindustrie A.G.

[3] Canad.P. 341456, American I.G.

[4] B.I.O.S.-Bericht 1001, British Plastic **19**, 176 (1947).

[5] E.P. 477532, I.G. Farbenindustrie A.G.

[6] Schwz.P. 145713, I.G. Farbenindustrie A.G.

[7] A.P. 1990685, Carbide and Carbon Chemicals Corp.

[8] DRP. 695755, I.G. Farbenindustrie A.G.   [9] Siehe Seite 110.

[10] DRP. 728664, I.G. Farbenindustrie A.G.

Vinylchlorid und inneren Imiden mehrbasischer Säuren, der auf S. 113 näher bezeichneten Art, erhaltenen Mischpolymerisate zur Verarbeitung auf Filmen oder Folien[1].

Diesen Polymerisaten oder Mischpolymerisaten des Vinylchlorids können vor der Verarbeitung auf Folien verschiedene Stoffe, wie Farb- und Füllstoffe, zugesetzt werden.

Die mit Füllstoffen versetzten Polymerisate oder Mischpolymerisate des Vinylchlorids ergeben *gefüllte Folien* oder *Filme*.

Als weitere Zusätze kommen *Weichmacher* in Frage. Je nachdem, ob die Folien oder Filme Weichmacher enthalten oder nicht, hat man zu unterscheiden zwischen *weichmacherfreien* und *weichmacherhaltigen Folien*.

Die den Polymerisaten oder Mischpolymerisaten zugesetzten Stoffe beeinflussen vielfach die Eigenschaften der Folien oder Filme in mitunter hohem Maße.

Durch den Zusatz von Weichmachern erhält man zwar geschmeidigere Produkte, die sich zu dünnen Folien verarbeiten lassen, die aber sonst in anderen Eigenschaften verändert werden.

Die Herstellung von Filmen aus Polymerisaten oder Mischpolymerisaten des Vinylchlorids kann nach verschiedenen Verfahren erfolgen.

Man kann zur Herstellung von Folien die Polymerisate oder Mischpolymerisate des Vinylchlorids in geeigneten Lösungsmitteln lösen und diese Lösungen nach dem bekannten Filmgießverfahren verarbeiten.

Unter Verwendung geringer Lösungsmittelmengen kann man Polyvinylchlorid-Kunststoffe entweder in Pasten überführen und diese auf geeigneten Unterlagen zum Gelieren bringen oder die lösungsmittelhaltigen Massen nach dem sogenannten Celluloidverfahren aufarbeiten.

In bestimmten Fällen lassen sich auch wäßrige Emulsionen oder Pasten von Polyvinylchlorid, nachchloriertem Polyvinylchlorid oder Vinylchlorid-Mischpolymerisaten in Folien u. dgl. überführen.

Die zur Herstellung von Flächengebilden erforderlichen plastischen Eigenschaften kann man den Polyvinylchlorid-Kunststoffen durch eine thermische Behandlung erteilen und in diesem Zustand entweder nach dem Walz- oder Preßverfahren verarbeiten.

Von diesen Verfahren haben das *Filmgieß-* und das *Walzverfahren* die größte Bedeutung erlangt.

Die nach den vorbeschriebenen Verfahren aus weichmacherfreien oder weichgestellten Polyvinylchlorid-Kunststoffen hergestellten Folien können durch besondere Nachbehandlungsverfahren in ihren Eigenschaften verbessert, gefärbt, bedruckt oder bemalt werden.

A. Herstellung von weichmacherfreien Folien.

1. Aus Lösungen.

Die Herstellung von Filmen oder Folien kann in der Weise erfolgen, daß man Lösungen aus Polyvinylchlorid, nachchloriertem Polyvinylchlorid bzw. Vinylchlorid-Mischpolymerisaten auf geeignete Unterlagen ausgießt und das Lösungsmittel verdunsten läßt.

---

[1] Ital.P. 367061, I.G. Farbenindustrie A.G.

Auf diese Weise hat bereits die Firma Chemische Fabrik Griesheim Elektron[1] das im Sonnen-, Uviol- oder Bogenlicht polymerisierte Vinylchlorid auf Filme dadurch verarbeitet, daß in heißem Chlorbenzol Polyvinylchlorid gelöst und die erhaltene Lösung in dünnen Schichten ausgegossen wurde. Bei genügender Konzentration erstarrten diese Schichten beim Erkalten zu einer Gallerte, die nach dem Verdunsten des Lösungsmittels das Polyvinylchlorid in Form einer durchsichtigen geschmeidigen, aber schwer brennbaren Folie hinterlassen.

Nach diesem Prinzip können allerdings nur die niedermolekularen Stufen des Polyvinylchlorids auf Folien verarbeitet werden, da Polyvinylchlorid mit zunehmendem Polymerisationsgrad in den in Betracht kommenden üblichen Lösungsmitteln unlöslich wird.

Die besonders wertvollen hochmolekularen Stufen des Polyvinylchlorids lassen sich jedoch durch Verwendung bestimmter Lösungsmittel soweit in Lösung bringen, daß auch diese nach dem Filmgießverfahren auf Folien verarbeitet werden können.

Als solche geeignete Lösungsmittel kommen nach Angaben der Firma I.G. Farbenindustrie A.G.[2] cyclische Formaldehydacetale zweiwertiger Alkohole oder Gemische solcher Verbindungen in Betracht. Diesen Lösungsmitteln können auch noch solche Stoffe zugesetzt werden, die für sich allein ein Quellungsvermögen für Polyvinylchlorid besitzen.

100 Teile hochmolekulares, in den üblichen Lösungsmitteln unlösliches Polyvinylchlorid werden z. B. mit 600 Teilen Ringacetal aus Äthylenglykol und Formaldehyd gemischt und die Masse 5 Stunden sich selbst überlassen. Dann erwärmt man unter Verwendung eines kräftigen Rührers auf 65 bis 70°, bis eine glatte, schlierenfreie Lösung entstanden ist. Diese wird noch heiß filtriert, wobei die Anwendung heizbarer Einzellenhochdruckfilter zu empfehlen ist.

Zur Entfernung der eingeschlossenen Luft wird die Lösung nunmehr bis zum Siedepunkt des Lösungsmittels, das ist 74°, erhitzt und unter Luftabschluß auf 50° abgekühlt. Bei dieser Temperatur gelangt die Lösung in die Filmgießmaschine der üblichen Konstruktion und wird hier bei einer Temperatur von 45 bis 50° vergossen. Man erhält einen blanken und glänzenden Film.

Zur Herstellung von gießfähigen Lösungen hochmolekularer Polyvinylchloride eignen sich ferner die auf S. 258 erwähnten Lösungsmittel sowie die von P. C. E. J. CORBIERE und R. E. F. STUCHLIK[3] vorgeschlagenen Gemische aus Schwefelkohlenstoff und anderen Lösungsmitteln[4].

Diese Lösungsmittelgemische eignen sich auch zur Herstellung von gießfähigen Lösungen aus Vinylchlorid-Mischpolymerisaten.

Gelöst in den auf S. 260 angeführten Lösungsmitteln kann nach C. SCHÖNBURG[5] nachchloriertes Polyvinylchlorid auf Filmgießmaschinen zu Folien usw. vergossen werden, die unter dem Namen *Vinifol-Folien* von der Firma I.G. Farbenindustrie A.G. herausgebracht wurden.

Durchsichtige klare Filme, Folien oder Bänder werden nach W. REPPE, O. HECHT und F. OSCHATZ[6] ferner aus Lösungen von Polymerisaten

---

[1] DRP. 281877, Chem. Fabrik Griesheim Elektron.

[2] DRP. 664232, F.P. 822298, Ital.P. 351434, I.G. Farbenindustrie A.G.

[3] DRP. 749090, Deutsche Acetat-Kunstseiden A.G. Rhodiaceta. — F.P. 53851, Zusatz zu F.P. 913164, Soc. Rhodiaceta.

[4] Siehe Seite 259.   [5] DRP. 596911, I.G. Farbenindustrie A.G.

[6] DRP. 737954, I.G. Farbenindustrie A.G.

oder Mischpolymerisaten des Vinylchlorids bzw. nachchloriertem Polyvinylchlorid in Tetrahydrofuran erhalten.

20 Teile eines in Estern oder Benzolkohlenwasserstoffen nicht völlig löslichen Mischpolymerisats aus 80 Teilen Vinylchlorid und 20 Teilen Acrylsäurebutylester werden in 80 Teilen Tetrahydrofuran gelöst. Man erhält eine Lösung, die, gegebenenfalls nach Filtrieren, sich hervorragend für die Herstellung von Folien oder Filmen, beispielsweise mit Hilfe einer Filmgießmaschine, eignet.

Tetrahydrofuran eignet sich nach R. GEWEHR[1] auch zur Herstellung von Gießlösungen aus Vinylchlorid-Vinylidenchlorid-Mischpolymerisaten mit einem Vinylidenchlorid-Gehalt von 5 bis 25 Prozent.

Infolge ihrer guten Lösungseigenschaften, besonders in Gemischen aus Butylacetat, Benzol und Aceton, lassen sich nach A. ILOFF[2] Mischpolymerisate aus Vinylchlorid und Vinylidenchlorid, z. B. im Mischungsverhältnis 75 Prozent Vinylchlorid und 25 Prozent Vinylidenchlorid, zur Herstellung von Filmen nach dem Lösungsverfahren verarbeiten.

Von Vinylchlorid-Mischpolymerisaten können gleichfalls die aus 70 bis 93 Prozent Vinylchlorid und 30 bis 7 Prozent Vinylacetat bestehenden Produkte aus Lösungen zu Filmen verarbeitet werden.

Nach H. FIKENTSCHER[3] geben von den aus Vinylchlorid und Acrylsäureestern bestehenden Mischpolymerisaten, und zwar vor allem solche aus etwa 80 Prozent Vinylchlorid und 20 Prozent Acrylsäureester bestehenden Kombinationen, nach dem Lösungsverfahren hochwertige Filme.

10 Teile eines durch gemeinsame Polymerisation von Acrylsäuremethylester und Vinylchlorid hergestellten Mischpolymerisats im Verhältnis 20 : 80 werden in einer Mischung aus 40 Teilen Chlorbenzol und 20 Teilen Methylenchlorid gelöst. Man filtriert die erhaltene Lösung und stellt daraus nach bekannten Methoden einen Film her.

Der vollkommen getrocknete Film besitzt eine Festigkeit von 6 bis 7 kg/qmm und eine etwa sechsmal so große Knitterfestigkeit wie ein gleich starker Nitrocellulosefilm und ist überdies unbrennbar.

Nach dem Lösungsverfahren können auch die noch später beschriebenen, nach dem Emulsionsverfahren hergestellten Mischpolymerisate aus Vinylchlorid und Estern von Äthylen-1, 2-dicarbonsäuren auf Filme verarbeitet werden[4].

2. Aus lösungsmittelhaltigen Pasten.

Die Herstellung von Folien oder Filmen aus Lösungen von Polyvinylchlorid oder Vinylchlorid-Mischpolymerisaten ist jedoch insofern umständlich, als zur Bereitung der Lösungen gerade beim Polyvinylchlorid wegen seiner beschränkten Löslichkeit große Lösungsmittelmengen erforderlich sind, die wieder bei der Filmbereitung zum Verdunsten gebracht und wiedergewonnen werden müssen.

Mit relativ geringeren Lösungsmittelmengen kann man jedoch auskommen, wenn man die von H. FIKENTSCHER und H. JACQUÉ[5] vor-

---

[1] DRP. 750503, Deutsche Acetat-Kunstseiden A.G. Rhodiaceta.
[2] DRP. 749586, I.G. Farbenindustrie A.G.
[3] DRP. 713589, I.G. Farbenindustrie A.G.
[4] DRP. 728664, I.G. Farbenindustrie A.G.
[5] DRP. 730202, Ital.P. 383474, I.G. Farbenindustrie A.G.

geschlagenen Dispersionen oder Pasten von Polyvinylchlorid oder Vinylchlorid-Mischpolymerisaten in flüchtigen Lösungsmitteln[1] zur Filmbereitung verwendet.

Während man z. B. zur Herstellung von gießfähigen Lösungen
häufig mehr als die zehnfache Lösungsmittelmenge benötigt, kommt
man hier mit der ein- bis zweifachen Lösungsmittelmenge aus.

Diese, zweckmäßig von gröberen Teilchen und von Lufteinschlüssen
befreiten, Dispersionen oder Pasten der genannten polymeren Verbindungen werden auf geeigneten Filmunterlagen zunächst unter weitgehender Vermeidung des Verdunstens des Lösungsmittels bei erhöhter Temperatur gelatiniert und erst dann das Lösungsmittel verdunsten gelassen.

Um ein Verdunsten des Lösungsmittels zu verhindern, nimmt man
das Gelatinieren in einer mit Dampf des Lösungsmittels gesättigten
Atmosphäre vor. Nach erfolgter Gelatinierung läßt man dann das Lösungsmittel verdunsten, wobei die Entfernung des Lösungsmittels
durch Anwendung von Vakuum und Wärme unterstützt werden kann.

100 Teile eines durch Emulsionspolymerisation als feines Pulver hergestellten,
sehr hochpolymeren Vinylchlorids werden bei etwa −10° mit 200 Teilen Tetrachloräthan gleichmäßig vermischt, zur Entfernung von groben Verunreinigungen durch
ein feines Sieb getrieben und zur Befreiung von blasenbildenden Gasen kurze Zeit
unter vermindertem Druck gehalten. Die so erhaltene pastenförmige Dispersion
wird mit einem Filmgießer auf einer glatten Unterlage aus Glas, Metall od. dgl.
ausgegossen. Durch kurzes Erwärmen auf 130° in einem mit Tetrachloräthan-
dampf gesättigten Raum wird die Masse gelatiniert und anschließend bei der
gleichen Temperatur getrocknet. Man erhält so eine klare Folie von etwas mat-
tiertem Glanz an der von der Unterlage abgewandten Oberfläche und einer ähnlich guten Homogenität und mechanischen Festigkeit wie bei aus Lösungen gegossenen Folien. Der geringe Glanz der Folie kann gegebenenfalls durch einfaches
Benetzen mit Tetrachloräthan vor oder während des Trocknens verbessert werden.
Um Folien zu erhalten, deren beide Seiten hochglänzend sind, kann man das
Gelatinieren der Folien zwischen zwei hochglänzenden Platten vornehmen.

Das Gießen der Folien kann auch kontinuierlich auf Gießtrommeln
oder Metallbändern mittels Filmgießmaschinen erfolgen. Hierbei wird
z. B. die Paste auf ein auf etwa 100° erhitztes Metallband aufgegossen,
auf dem die Gelatinierung fast augenblicklich eintritt, so daß die gebildete Folie kurz nach dem Aufgießen, vorzugsweise nach leichtem
Antrocknen und Kühlen, von dem Metallband losgelöst und freitragend
über Rollen laufend weiter getrocknet werden kann.

Die Trockentemperatur kann zur Erzielung einer möglichst farblosen
Folie unterhalb 100° und zur Erzielung einer möglichst kurzen Trockendauer und der besten mechanischen Eigenschaften über 130° gewählt
werden.

In ähnlicher Weise lassen sich auch Folien aus Vinylchlorid enthaltenden Mischpolymerisaten herstellen.

So geben Mischpolymerisate aus 80 Teilen Vinylchlorid und 20 Teilen Acrylsäuremethylester oder aus 90 Teilen Vinylchlorid und 10 Teilen Acrylsäurebutylester oder aus 80 Teilen Vinylchlorid, 10 Teilen Maleinsäuredimethylester und
10 Teilen Maleinsäurediäthylester Folien, die eine hochglänzende Oberfläche haben
und völlig klar und farblos sind.

---

[1] Siehe Seite 267.

In gleicher Weise können nach einem früheren Vorschlag der Firma Deutsche Celluloid Fabrik[1] aus Polyvinylchlorid oder Mischpolymerisaten aus Vinylchlorid und Acrylsäure ohne die Zwischenstufen der Lösung Folien in einer Stärke von 0,1 mm und weit darunter hergestellt werden.

Dies gelingt dadurch, daß man den pulverförmigen Hochpolymeren etwa 10 Prozent eines echten Lösungsmittels für diese Polymere hinzufügt und das Gemisch bei geeigneter Temperatur auswalzt. Durch Zusatz kleinster Mengen eines oder mehrerer Weichmacher, in einer Menge von beispielsweise 1 Prozent des Polymerisats und darunter, kann die Bildung dünnster Folien noch gefördert werden.

Die nach einem der behandelten Verfahren auf der Filmgießmaschine erhaltenen Folien oder Filme halten geringe Lösungsmittelreste zurück, welche eine Erniedrigung des Erweichungspunktes und anderer physikalischer Eigenschaften zur Folge haben.

Folien, welche diese Nachteile nicht zeigen, werden erhalten, wenn man die im nachstehenden Abschnitt behandelten Lösungsmittel zum Anquellen verwendet und die zurückgehaltenen Lösungsmittelreste zersetzt[2].

3. Nach dem Celluloidverfahren.

Zur Herstellung von Folien aus Polyvinylchlorid, nachchloriertem Polyvinylchlorid, Mischpolymerisaten aus Vinylchlorid mit anderen polymerisierbaren Verbindungen, wie Acrylsäuremethyletser, oder Gemische dieser Polymerisate hat man das sogenannte *Celluloidverfahren* angewandt. Bei diesem Verfahren werden die Polymerisate mit Lösungsmitteln in einer Knetmaschine plastifiziert. Zur vollständigen Homogenisierung arbeitet man die Masse auf Walzenstühlen durch. Die so entstehenden Tafeln werden aufeinandergelegt und heiß in sogenannten Kochpressen zu Blöcken zusammengepreßt, die auf Schneidmaschinen zu Folien von beliebiger Dicke geschnitten werden können.

Bei dieser Arbeitsweise halten die Folien Lösungsmittel so fest, daß es selbst bei Anwendung hoher Temperaturen, auch im Vakuum, sehr langer Zeit bedarf, um die Folien von dem Lösungsmittel zu befreien.

Die langandauernde Wärmebehandlung hat aber zur Folge, daß sich die Folien verfärben. Entfernt man die von der Folie zurückgehaltenen Lösungsmittelreste nicht, so setzen diese den Erweichungspunkt der Folie beträchtlich herab.

Diese Nachteile lassen sich dadurch beseitigen, daß man an Stelle der bisher beim Celluloidverfahren üblichen Lösungsmittel solche Lösungsmittelgemische verwendet, die einer leichten Spaltung zugänglich sind, wie z. B. Methylacetat[2]. Solche Lösungsmittel lassen sich vollständig aus den Polyvinylchlorid-Massen entfernen, und man erhält Folien von bedeutend höherem Erweichungspunkt.

---

[1] DRP. 660456, F.P. 795872, E.P. 464287, A.P. 2238730, Deutsche Celluloid-Fabrik A. G.

[2] DRP. 737661, Deutsche Celluloid-Fabrik A. G.

Auf diese Weise können Filme aus Polymerisaten oder Mischpolymerisaten des Vinylchlorids, z. B. Mischpolymerisaten aus 80 Teilen Vinylchlorid und 20 Teilen Acrylsäuremethylester, nachchloriertem Polyvinylchlorid oder Gemischen aus Polyvinylchlorid und nachchloriertem Polyvinylchlorid, hergestellt werden.

100 Teile eines Mischpolymerisats aus 80 Teilen Vinylchlorid und 20 Teilen Acrylsäuremethylester werden mit 25 bis 40 Teilen Methylacetat bei 40 bis 50° in einer Knetmaschine plastifiziert, anschließend auf normalen Celluloidwalzen bei etwas höherer Temperatur geplättet und in einer Blockpresse zusammengepreßt. Von diesen Preßblättern werden Folien von 0,1 bis 2 mm Stärke abgehobelt, die anschließend bei 35 bis 40° in warmem Luftschrank getrocknet werden. Hierdurch verlieren sie etwa 97 Prozent des eingesetzten Methylacetats. Für eine 0,5 mm starke Folie sind etwa 5 Tage erforderlich. Der Erweichungspunkt einer solchen Folie liegt bei 42°. Nunmehr werden die Folien 24 Stunden in wäßriger 5prozentiger Kalilauge bei etwa 40 bis 45° eingelegt. Das Methylacetat spaltet sich hierbei in Methanol und Essigsäure auf. Die Spaltprodukte lassen sich durch Einlegen der Folien in Wasser, zweckmäßig, aber nicht unbedingt nötig, von erhöhter Temperatur leicht auswaschen. Nach dem Trocknen hat die Folie einen Erweichungspunkt von 62°.

Die erhaltenen Folien lassen sich durch Pressen zwischen hochglanzpolierten Nickelblechen polieren.

4. Aus wäßrigen Emulsionen oder Pasten.

Bei der Verarbeitung von Lösungen oder lösungsmittelhaltigen Pasten aus Polymerisaten oder Mischpolymerisaten des Vinylchlorids werden auch bei sorgfältigstem Arbeiten Filme oder Folien erhalten, die geringe Lösungsmittelreste besonders fest zurückhalten. Die Lösungsmittelreste setzen nicht nur den Erweichungspunkt der Folien herab, sondern erweisen sich auch für manche Verwendungszwecke als störend.

Lösungsmittelfreie Filme oder Folien werden jedoch erhalten, wenn man von wäßrigen Polyvinylchlorid-Dispersionen ausgeht[1].

Aus einer solchen Polyvinylchlorid-Dispersion, dem *Geon-Latex*, stellt die Firma Reynolds Research Co. Filme nach dem *Gießverfahren* her. Die wäßrige Dispersion wird auf einem rostfreien Stahlband von über 90 m, das einen Ofen und anschließend eine Kühlvorrichtung durchläuft, hergestellt.

Durch direktes Verdunsten des Wassers aus der wäßrigen Polymerisat-Emulsion erhält man allerdings nur aus einem Mischpolymerisat von Vinylchlorid und Isohexylvinylester mit überwiegender Esterkomponente bei erhöhten Temperaturen einen gebrauchsfähigen Film.

Emulsionen aus Polyvinylchlorid oder Vinylchlorid-Mischpolymerisaten, wie Vinylchlorid-Acrylsäureestern mit überwiegender Menge Vinylchlorid, trocknen hingegen beim Verdunsten des Wassers bei gewöhnlicher oder mäßig erhöhter Temperatur lediglich zu einer zusammenhanglosen pulverigen Masse.

Zwecks Herstellung eines zusammenhängenden Filmes müssen diese Polymerisate einer Heißbehandlung bei Temperaturen über 100° unterworfen werden, wobei meist noch die Anwendung erheblicher Drucke erforderlich ist.

---

[1] KAINER, F.: Kurzes Handbuch der Polymerisationstechnik, Bd. 3, S. 57. Leipzig 1944.

In zusammenhängende Filmform kann man aber die Emulsionen aus Polyvinylchlorid oder Vinylchlorid-Acrylsäureester-Mischpolymerisaten der genannten Art überführen, wenn man der Emulsion emulgierbare gelatinierende Weichmacher zusetzt und das Wasser der auf entsprechenden Unterlagen ausgebreiteten Emulsionen verdampft. Allerdings wird bei dieser Arbeitsweise der Erweichungspunkt der Folie beträchtlich herabgesetzt.

Während beispielsweise eine aus einer Polyvinylchlorid-Emulsion durch Eindampfen und nachträgliche Heißpressung erhaltene Folie einen Erweichungspunkt von 77° hat, weist der direkt aus der gleichen Emulsion nach Zusatz von 12 Prozent Phthalsäuredibutylester — dies ist die geringste Menge Weichmacher, um überhaupt eine Filmbildung zu erreichen — erzielte Film einen Erweichungspunkt von etwa 53° auf.

Nach Feststellungen von K. Thinius[1] kann jedoch das latente Filmbildungsvermögen von Emulsionen von Polyvinylchlorid oder Mischpolymerisaten aus überwiegenden Mengen Vinylchlorid und Acrylsäureestern bereits bei Zimmertemperatur oder schwach erhöhter Temperatur, wie 50 bis 80°, ausgelöst werden, wenn man ihnen eine kleine Menge einer Emulsion mit ausgesprochenem Filmbildungsvermögen, wie z. B. *Polyacrylsäureester* oder *Acrylsäureester* enthaltende Mischpolymerisate oder Mischpolymerisate aus Vinylchlorid und überwiegenden Mengen Isohexylsäurevinylester, zusetzt.

Zur Herstellung eines durch Verdunstung des Wassers bei höchstens 60° zu gewinnenden Filmes aus Polyvinylchlorid-Emulsion mischt man 80 Teile einer etwa 25prozentigen Emulsion mit 20 Teilen einer gleichkonzentrierten Emulsion aus dem Mischpolymerisat des Acrylsäureäthylesters und Vinylisobutyläthers.

Man erhält eine homogene, transparente Folie mit einem Erweichungspunkt von etwa 72°.

Wesentlich geringere Wassermengen hat man bei der Filmbildung zu verarbeiten, wenn man bei der Herstellung von Folien von wäßrigen Pasten aus Polyvinylchlorid oder Vinylchlorid-Mischpolymerisaten ausgeht[2].

Diese Pasten werden in der Weise hergestellt, daß man die pulverförmigen Kunststoffe in Teller- oder Kolloidmühlen mit Wasser homogen vermahlt. Man kann die Polymerisate auch in Form ihrer Emulsionen, gegebenenfalls nach Verdickung, verwenden. Die erhaltenen Pasten werden auf Metallplatten aufgetragen und durch Erhöhung der Temperatur über den Erweichungspunkt unter gleichzeitiger Anwendung von Druck zum Zusammenfließen gebracht.

100 g eines Mischpolymerisats, erhalten durch gemeinsame Polymerisation von 80 Prozent Vinylchlorid und 20 Prozent Acrylsäuremethylester, werden mit 200 g Wasser in einer Kolloidmühle zu einer vollständig homogenen Paste verarbeitet. Die Masse wird auf eine hochglanzpolierte Metallplatte in gleichmäßiger Dicke aufgebracht. Diese Schicht wird anfangs bei 60°, später bei einer bis auf 100° steigenden Temperatur getrocknet, wodurch das Wasser restlos verdampft. Das auf der Platte verbleibende Gebilde wird nun unter hohem Druck, beispielsweise 100 kg/qcm, und bei Temperaturen von 80 bis 150° zu gleichmäßig dicken Folien verpreßt. Je nach der gewünschten Dicke der aufgebrachten pastösen Schicht lassen sich verschieden starke, aber in sich gleichmäßig dicke Folien erhalten.

---

[1] DRP. 720174, I.G. Farbenindustrie A.G.
[2] DRP. 655950, E.P. 437604, Deutsche Celluloid-Fabrik A.G.

Eine praktische Bedeutung hat dieses Verfahren jedoch nicht erlangt. Dies gilt in gleicher Weise auch für ein Verfahren der I.G. Farbenindustrie A.G.[1], bei dem zur Herstellung von Filmen von solchen pulverförmigen Polymerisaten oder Mischpolymerisaten des Vinylchlorids ausgegangen wird, die reversibel dispergierbar sind. Die aus diesen Dispersionen erhaltenen Filme werden mindestens vorübergehend in den plastischen Zustand übergeführt, indem man entweder die Filme durch Einwirkung der Wärme zum Sintern bringt oder den Dispersionen Lösungs- und Plastizierungsmittel zusetzt.

5. Nach dem Walzverfahren.

Die Herstellung von lösungsmittelfreien Folien oder Filmen aus Vinylchlorid-Kunststoffen nach dem vorbeschriebenen Verfahren hat sich in der Praxis nicht eingeführt. Man arbeitet hier nach dem sogenannten *Walzverfahren.*

Bei diesem Walzverfahren wird das durch Erhitzen in den plastischen Zustand übergeführte Polyvinylchlorid zu Folien verwalzt.

Zur betriebsmäßigen Herstellung von *Walzfolien* aus reinem Polyvinylchlorid dienen *Drei-* oder *Vierwalzenkalander,* wie solche in der Gummiindustrie zum Ausziehen von weichen Kautschukfolien üblich sind. Wegen der beim Verwalzen von Polyvinylchlorid notwendigen höheren Temperaturen von etwa 200° und höheren spezifischen Drucken müssen diese Walzenkalander entsprechend konstruktiv abgeändert werden[2].

Ein derartiger Kalander wird entweder mit pulverförmigem, gesintertem oder zuvor auf Mischwalzwerken in Form von sogenannten *Puppen* oder *Kauben* vorgewalztem Polyvinylchlorid beschickt.

Die Verarbeitung von pulverförmigem Polyvinylchlorid zu Folien erfolgt nach G. Wick[3] in der Weise, daß man das pulverförmige Gut unter gleichzeitiger Anwendung von Druck einer schnellen Erhitzung unterwirft.

Beim schnellen Erhitzen des in Pulverform auf dem Folienkalander bei einer Arbeitstemperatur von 150° aufgetragenen Polyvinylchlorids tritt fast plötzlich eine fortschreitend die Masse erfassende Umwandlung ein, die dazu führt, daß ein Film entsteht, der vom Kalander abgezogen werden kann und durchsichtig wie Glas ist, dabei eine sehr hohe *Biegsamkeit* und *Dehnbarkeit* aufweist.

Folien mit diesen Eigenschaften können in der Dicke von einigen Millimetern oder durch weiteres Auswalzen stärkerer Folien bei Temperaturen unterhalb wie auch oberhalb der Herstellungstemperatur gewonnen werden.

Während bei dem vorbeschriebenen Verfahren zur Herstellung dünner Folien zwei Walzvorgänge erforderlich sind, kann man Folien dieser Stärke in einem Arbeitsgang erhalten, wenn man von gesintertem Polyvinylchlorid ausgeht. Herstellung des gesinterten Materials er-

---

[1] Ital.P. 389511, I.G. Farbenindustrie A.G.
[2] Wick, G., u. A. Iloff: Kunststoffe **32**, 137 (1942).
[3] DRP. 696147, I.G. Farbenindustrie A.G.

folgt durch eine Warmbehandlung von pulverförmigem Polyvinylchlorid, das hierbei zum Sintern gebracht wird[1].

Man arbeitet hierbei auf Transportbändern oder Platten, die auch an der Zubringerseite des Walzwerkes angebracht sein können, so daß das gesinterte Material sofort auf das Walzwerk gelangt.

In wäßriger Dispersion hergestelltes pulverförmiges Polyvinylchlorid wird in 10 mm dicker Schicht 15 Minuten bei 155° erwärmt und die lose zusammengesinterte, leicht zerkleinerte Masse auf dem Walzenkalander bei 175° zu einer glatten Folie ausgewalzt.

Auch Mischpolymere des Vinylchlorids mit Acryl-, Methacryl-, Maleinsäureestern, Vinylestern und Vinyläthern können so verarbeitet werden.

Steht ein Mischwerk oder Mischwalzwerk zur Verfügung, so kann das pulverförmige Polyvinylchlorid, gegebenenfalls gemeinsam mit Füll- und Farbstoffen, vorgemischt bzw. verwalzt werden. Die hierbei erhaltenen Puppen oder Kauben werden dann auf dem Folienkalander bei etwa 200° zu Folien ausgewalzt, die kontinuierlich vom Kalander in Dicken von 0,2 bis 1,2 mm bei einer Geschwindigkeit von 5 bis 10 m je Minute abgezogen werden.

Die Kühlung der vom Kalander ablaufenden Folie findet durch Abnahme der Folie mittels einer kalten Walze statt.

Durch Anbau einer geeigneten Schneidevorrichtung lassen sich die anfallenden Folien sofort längs und, wenn erforderlich, auch quer schneiden.

Die so zugerichteten Folien werden dann mit Talkum bestäubt und können, ohne zusammenzukleben, aufgerollt werden.

Nach diesem Walzverfahren werden die aus Polyvinylchlorid bestehenden sogenannten *Vinidur-Folien* oder *Igelit-Hartfolien* hergestellt.

Als Ausgangsmaterial für die letzteren dient *Igelit PCU, Typ F*, das durch Emulsionspolymerisation von Vinylchlorid mit Persulfat erhalten wird und einen K-Wert von 60 bis 65 aufweist[2].

Aus diesem Igelit PCU, Typ F wird durch Zusatz von *I.G. Wachs E* das für die Herstellung von *Luvitherm-Folien* benutzte *Igelit PCU, Typ L* erhalten.

Nach dem Walzverfahren werden gleichfalls die aus Polyvinylchlorid italienischer Produktion bestehenden *Vipla-Folien* in Abmessungen bis zu 1400 mm Breite bei Walztemperaturen von 170 bis 200° hergestellt[3].

Gegen siedendes Wasser beständige Walzfolien lassen sich auch aus höchstmolekularem Polyvinylchlorid mit K-Werten von 70 und darüber herstellen[4].

Beispielsweise wird ein Polyvinylchlorid vom K-Wert 81 mit 4 Prozent einer Bleiseife von Wollfettsäuren bei 170 bis 180° und sehr kurze Zeit bei 210 bis 215° kalandriert und in eine Folie von etwa 0,9 mm Stärke übergeführt.

In gleicher Weise lassen sich auch Mischpolymerisate auf Vinylchlorid-Basis zu Filmen oder Folien verarbeiten.

---

[1] F.P. 880183, Ital.P. 396850, I.G. Farbenindustrie A.G.
[2] Ruebensaal, C. F.: Mod. Plastics **25**, 143 (1948); — Bericht PB 77673 des US-Handelsministeriums; — Kunststoffe **39**, 51 (1949).
[3] Paselli, D. P.: Materie Plastiche **7**, 173 (1940).
[4] F.P. 942259, N. V. de Bataafsche Petroleum Mij.

Besonders geeignet sind die bei der Mischpolymerisation von Vinylchlorid mit einem oder mehreren Estern der Acrylsäure mit aliphatischen gesättigten und ungesättigten Alkoholen mit mehr als drei Kohlenstoffatomen erhaltenen Produkte[1].

Diese Mischpolymerisate lassen sich auf der heißen Walze zu Folien unter 0,1 mm Stärke verarbeiten, da sie sich in ihren thermoplastischen Eigenschaften wesentlich besser und günstiger verhalten als die Mischpolymerisate aus Vinylchlorid mit Acrylsäuremethyl- oder Acrylsäureäthylester oder die Mischpolymerisate aus Vinylchlorid und Vinylacetat.

Aus den Mischpolymerisaten von Vinylchlorid und Acrylsäureestern höhermolekularer Alkohole können auf heißen Walzen in einem Arbeitsgang dünnste Folien, z. B. von 0,05 bis 0,03 mm Stärke hergestellt werden. Hierfür eignen sich besonders Mischpolymerisate aus Vinylchlorid und dem Butylester der Acrylsäure, z. B. im Verhältnis 80 zu 20, oder aus Vinylchlorid mit dem Octylester der Acrylsäure im Verhältnis 85 zu 15 oder Dreistoffpolymerisate aus 80 Teilen Vinylchlorid, 15 Teilen Acrylsäurebutylester und 5 Teilen Acrylsäureoctylester. Ebenso können Mischpolymerisate aus 82 Teilen Vinylchlorid und 18 Teilen des Esters der Acrylsäure mit dem Octenol und seinen Isomeren verwendet werden.

Folien aus diesen Mischpolymerisaten sind licht- und hitzebeständiger, wenn die Polymerisation in Gegenwart einiger Prozente Acrylsäuremethyl- oder Acrylsäureäthylester vorgenommen wird.

Durch einfaches Verwalzen auf geheizten Walzen können auch die nach dem Emulsionsverfahren aus überwiegenden Mengen Vinylchlorid und den auf S. 110 angeführten Estern der Äthylen-1, 2-dicarbonsäuren erhaltenen Mischpolymerisate zu Folien und Filmen von außerordentlich geringer Dicke, bis zu 10 μ, verarbeitet werden, was aus anderen Mischpolymerisaten nicht möglich ist[2].

Man erhält solche Folien, wenn man ein durch Emulsionspolymerisation erhaltenes Mischpolymerisat aus 80 Teilen Polyvinylchlorid und 20 Teilen Maleinsäurediisobutylester bei etwa 140° so lange walzt, bis ein zusammenhängendes Fell entstanden ist.

Das so vorbehandelte Produkt läßt sich auf dem Vierwalzenkalander zu etwa 20 μ dünnen Folien verwalzen.

Im Gegensatz zu diesen Mischpolymerisaten schrumpfen die in gleicher Weise verarbeiteten Mischpolymerisate aus Vinylchlorid und Acrylsäureestern beim Verwalzen und geben Folien mit unebenen Oberflächen.

Bei der Verarbeitung von Vinylchlorid-Acrylsäureester- oder Vinylchlorid-Maleinsäureester-Mischpolymerisaten kann infolge der weichmachenden Wirkung der gleichzeitig einpolymerisierten Ester die Temperatur auf dem Walzwerk auf 120° und auf dem Kalander auf 130° herabgesetzt werden.

Bei der Herstellung von Folien aus diesen Mischpolymerisaten ist das Ablösen von der Walze nur mit merklich größerem Kraftaufwand des Arbeitenden auch unter dem selbstverständlichen Gesichtspunkt einer gleichmäßigen Durchwärmung und damit Homogenisierung möglich.

---

[1] DRP. 669747, F.P. 46937, Zusatz zu F.P. 795872, E.P. 464302, Deutsche Celluloid-Fabrik A.G.

[2] DRP. 728664, I.G. Farbenindustrie A.G.

Auch im Kraftbedarf des Kalanders macht sich diese innere Spannung der Mischpolymerisate bemerkbar, so daß die herzustellende Folie stark auf eine enge Grenze von 0,25 bis 0,35 mm beschränkt bleiben muß.

Dünne Folien werden nur durch Verwendung eines Mischpolymerisates von Vinylchlorid und Acrylsäurebutylester erhalten.

Die aus Acrylsäure- oder Maleinsäureester-Vinylchlorid-Mischpolymerisaten hergestellten Folien sind unter dem Namen *Astralon, Decelith A* oder *Mipolam A* bekannt geworden.

Ihnen ist eine Reißfestigkeit von 6 bis 7 kg/qmm bei 20 bis 30 Prozent Dehnung eigen. Eine 0,5 mm dicke Folie verträgt etwa 100 Doppelknicke. Die Wärmebeständigkeit nach MARTENS beträgt 58, nach VICAT 75°.

6. Nach dem Schmelzverfahren.

Die auf Fließtemperatur erhitzten Polyvinylchlorid-Kunststoffe können in dem erweichten Zustand auch nach dem Spritz- oder Spritzgußverfahren zu flächenartigen Gebilden verformt werden, wenn man dem Düsenkopf einen entsprechenden Querschnitt erteilt.

Man kann hier auch die von der Firma Deutsche Celluloid-Fabrik[1] zur Herstellung von Fäden vorgeschlagene Arbeitsweise, entsprechend abgeändert, übernehmen.

Man wendet diese Arbeitsweise aber höchstens zur Herstellung von schmalen Bändern oder Folienstreifen an.

B. Herstellung von weichmacherhaltigen Folien.

Um einerseits eine leichtere Verarbeitbarkeit zu erzielen und andererseits den Folien oder Filmen eine erhöhte Geschmeidigkeit und Weichheit zu erteilen, setzt man den Polymerisaten oder Mischpolymerisaten des Vinylchlorids Weichmacher zu.

Durch Zusatz von Weichmachern, und zwar Dichlorbenzol, Chlor- oder Bromnaphthalin, hat bereits I. OSTROMISSLENSKY[2] aus im Aceton und Monochlorbenzol unlöslichem Polyvinylchlorid Filme hergestellt.

Durch diesen Weichmacherzusatz werden, worauf bereits hingewiesen wurde, die Eigenschaften der Folien oder Filme verändert oder beeinflußt. Der Grad der Abwandlung der Eigenschaften der Folien hängt sowohl von der Menge als auch von der Beschaffenheit des Weichmachers ab[2].

Beispielsweise zeigen die mit *Trikresylphosphat* weichgestellten Polyvinylchlorid-Folien oder -Filme den Nachteil, bei erhöhter Temperatur mißfarbig zu werden und ihre Biegsamkeit zu verlieren. Außerdem weisen diese Filme bei erhöhter Temperatur nur eine geringe Festigkeit auf.

Filme mit guten physikalischen Eigenschaften ergeben indessen die mit *Mesamoll* weichgestellten Polyvinylchlorid-Massen, deren *Kältebeständigkeit* bis —15° reicht.

---

[1] DRP. 721886, Deutsche Celluloid-Fabrik A.G.
[2] E.P. 255837, E.P. 260550, L. A. VAN DYK.

Wie groß der Einfluß der besonderen Art der Zusammensetzung der Weichmacher auf die Eigenschaften der Polyvinylchlorid-Folien sein kann, ersieht man aus dem verschiedenen Verhalten der *Phthalsäureester-Weichmacher*[1].

Mit *Palatinol K* als Weichmacher hergestellte Filme sind zwar gut licht-, aber nicht absolut wärmebeständig; vollkommen klebfreie und gut kältebeständige Filme werden mit *Palatinol F* erhalten. Mit verhältnismäßig geringen Palatinol F-Zusätzen werden Polyvinylchlorid-Filme erhalten, die einen ziemlich festen Griff aufweisen.

Palatinol AH gibt wieder mit Polyvinylchlorid Filme, die in ihren Eigenschaften zwischen *Palatinol K* und *Palatinol F* liegen.

Die *Palatinole C* und *O* geben zwar Filme mit guten mechanischen Festigkeiten, guter Klebefähigkeit und sehr guter Lichtbeständigkeit, jedoch nicht voll befriedigender Wärmebeständigkeit.

Das gleichfalls als Phthalsäureester (Dioctylphthalat) anzusprechende *Vestinol AH* gibt mechanisch hochwertige Polyvinylchlorid-Filme mit ausgezeichneter Kältebeständigkeit bei gleichzeitig guter Wärmebeständigkeit.

Durch gute mechanische Eigenschaften und eine sehr gute Kältefestigkeit zeichnen sich die mit *Elaol I* hergestellten Polyvinylchlorid-Folien aus.

Während die aus mit *Ricinusöl* weichgemachtem nachchloriertem Polyvinylchlorid hergestellten Filme trüb sind, geben nach M. C. Agnes die *acylierten Ester der Ricinolsäure*[2] bzw. *nicht acylierten Ricinolsäureester aliphatischer mehrwertiger Alkohole*[3] als Weichmacher enthaltende Polyvinylchloride Filme, die klar und farblos sind und bei erhöhter Temperatur beständig bleiben und ihre Biegsamkeit und Festigkeit dabei nicht verlieren.

Sehr kältefeste und alterungsbeständige Filme ergeben auch Polyvinylchloride, die mit den von F. Manchen und W. Schmidt[4] beschriebenen *Triäthylenglykolestern* weichgestellt sind.

Durch Zusatz von Weichmachern der auf S. 155 genannten Art kann man auch höchstmolekulares Polyvinylchlorid auf Folien oder Bändern verarbeiten[5].

Neben diesen hier nur beispielsweise angeführten Weichmachern können naturgemäß auch andere Weichmacher oder Weichmachermischungen zur Herstellung von Folienmassen benützt werden.

Diese Weichmacher können nicht nur den verschiedenen Formen des Polyvinylchlorids, sondern naturgemäß auch anderen Polyvinylchlorid-Kunststoffen, wie nachchloriertem Polyvinylchlorid[6] oder Vinylchlorid-Mischpolymerisaten zur Verarbeitung auf Folien od. dgl., zugesetzt werden.

Die Eigenschaften der aus weichgestelltem Polyvinylchlorid hergestellten Folien hängen jedoch nicht nur von der Art und Menge des verwendeten Weichmachers, sondern in hohem Maße auch von der Sorgfalt der Herstellung, das heißt von der Gelatinierungszeit und Gela-

---

[1] I.G.-Kunststoffe, Taschenbuch für die verarbeitende Industrie 1942, 39.

[2] DRP. 744851, Allg. Elektrizitäts Ges.; — Canad.P. 394660, Canadian General Electric Co. Ltd.

[3] DRP. 743318, Allg. Elektrizitäts Ges.

[4] DRP. 739000, I.G. Farbenindustrie A.G.

[5] Schwz.P. 223079, Dr. A. Wacker Ges. f. elektrochem. Ind. G.m.b.H.

[6] F.P. 758454, I.G. Farbenindustrie A.G.

tinierungstemperatur, ab. Dabei ist von entscheidender Bedeutung, daß der Gelatinierungsvorgang praktisch bis zu Ende geführt wird[1].

In diesem Zeitpunkt haben die Festigkeit und Dehnung ihre Maximalwerte erreicht.

In den Abb. 28 bis 31 sind Werte für die Zerreißfestigkeit und Bruchdehnung von weichgestellten Polyvinylchlorid-Folien (Weichigelit-Folien) in Abhängigkeit von der Art und dem Mischungsverhältnis Polyvinylchlorid und Weichmacher sowie von der Temperatur zu entnehmen.

Unvollkommene oder zu weitgehende Gelatinierung, d.h. Nichterreichung oder Überschreitung der besten optimalen Gelatinierzeit, bedeutet eine Verschlechterung der Zerreißfestigkeit und Dehnung der Polyvinylchlorid-Folien.

Die Herstellung von Folien, Filmen oder Bändern aus den weichgestellten Polyvinylchloriden kann grundsätzlich nach den gleichen, bei nicht weichgestellten Polyvinylchloriden üblichen und beschriebenen Verfahren erfolgen.

Polyvinylchlorid - Weichfolien mit ähnlichen Eigenschaftswerten werden von der Firma Anorgana mit der Bezeichnung *Guttagena* hergestellt.

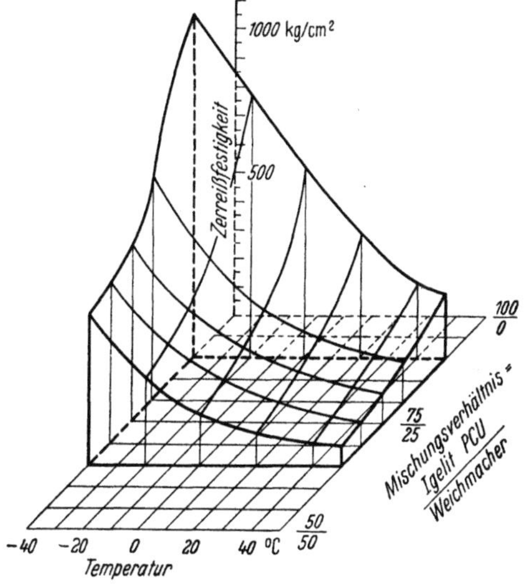

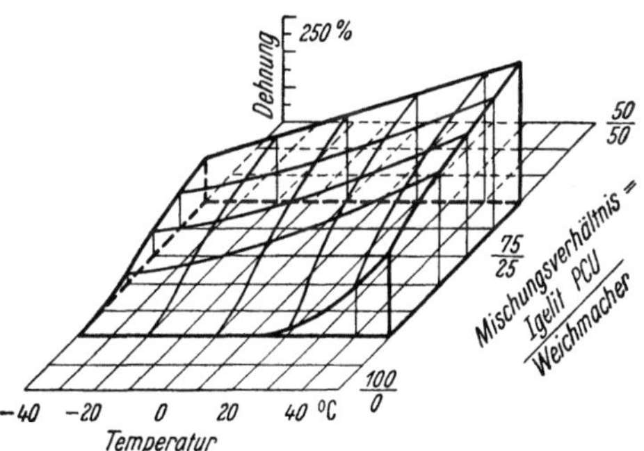

Abb. 28 u. 29. Zerreißfestigkeit und Bruchdehnung von Weichigelitfolien mit Plastomoll TV.

Man kann also zur Herstellung von weichgestellten Folien aus Polyvinylchlorid-Kunststoffen von Lösungen oder Pasten ausgehen, erstere zu Filmen ausgießen und letztere gelieren. Man kann aber auch die Mischung aus Weichmacher und Polyvinylchlorid nach dem Gelieren nach dem Walzverfahren auf Folien verarbeiten.

Bei der Herstellung von weichgestellten Folien setzt man gewöhnlich die Weichmacher den meist in Pulverform vorliegenden Kunststoffen vor der Filmgebung zu. Abweichend von dieser Regel geht W. E. F. GATES[2] von Polymerisaten aus, die den Weichmacher schon während der Polymerisation der monomeren Verbindungen zugesetzt erhielten.

[1] BECK, H.: Kunststoffe **39**, 205 (1949).
[2] E.P. 501810, Imperial Chemical Industrie Ltd.

1. Aus Lösungen. Als Lösungsmittel für weichgestelltes Polyvinylchlorid kommen praktisch die gleichen Lösungsmittel in Frage, die für weichmacherfreie Kunststoffe verwendet werden, da die benützten Weichmacher in diesen Lösungsmitteln ebenfalls löslich sind.

In Form von Lösungen kann man z. B. solche Polyvinylchloride zu Folien verarbeiten, die die von M. C. Agnes[1] vorgeschlagenen Weichmacher enthalten:

60 Gewichtsteile Polyvinylchlorid und 40 Gewichtsteile acyliertes Ricinusöl werden in einem geeigneten Lösungsmittel gelöst und diese Lösung zu Folien verarbeitet. Die erhaltenen Flächengebilde zeigen nach etwa 12stündiger Belassung in einem Ofen von 145° noch ihre ursprüngliche Biegsamkeit.

Nach einem anderen Beispiel werden 60 Gewichtsteile Polyvinylchlorid und 40 Gewichtsteile Ricinolsäuremethylester zusammen in Fenchon gelöst, die Lösung zu Filmen ausgegossen und das Lösungsmittel wieder entfernt. Bei Anwendung einer 10prozentigen Lösung erhält man Filme, die bei 140° in etwa 30 Minuten zu einer klaren und biegsamen Masse erhärten.

Die gleichen Filme können auch dadurch erhalten werden, daß man Glasplatten in die Polyvinylchlorid-Ricinolsäureester-Fenchon-Lösung taucht und die mit der Lösung überzogenen Glasplatten 30 Minuten auf 170° erhitzt. Die

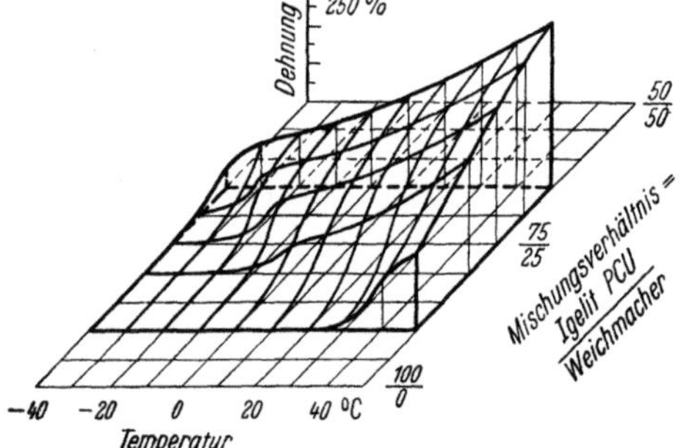

Abb. 30 u. 31. Zerreißfestigkeit und Bruchdehnung von Weichigelitfolien mit Palatinol F.

entstandenen Filme lassen sich dadurch leicht von der Glasplatte abheben, sind klar, farblos, hoch biegsam und von hoher Festigkeit.

Von den gebräuchlichen Lösungsmitteln für Polyvinylchlorid benützt R. M. Goepp jr.[2] Mesityloxyd.

Eine geeignete Lösung wird durch Vermischen von 5 Teilen Polyvinylchlorid mit 95 Teilen Mesityloxyd erhalten. Zu 50 Teilen dieser Lösung setzt man 0,85 Teile eines Hexitan-tetraesters zu.

Filme, die sich durch eine große Biegefestigkeit auszeichnen, erhält man nach J. Lintner[3] auch aus Lösungen von Polyvinyl-

---

[1] DRP. 744851, Allg. Elektrizitäts Ges.; — Canad. P. 394660, Canadian General Electric Co. Ltd.

[2] A.P. 2441241, Atlas Powder Co.   [3] DRP. 737353, I.G. Farbenindustrie A.G.

chlorid, das mit substituierten *Äthern des 2, 3-Dioxydioxans*[1] weichgestellt wird.

Zu einer Lösung von Polyvinylchlorid in etwa der gleichen Menge Aceton
gibt man je nach dem gewünschten Weichheitsgrad etwa 20 bis 50 Prozent, bezogen auf das angewandte Polyvinylchlorid, 2,3-Dioxydioxan-β-chloräthyläther.
Nach dem Abdunsten des Lösungsmittels erhält man einen farblosen Film von
hoher Biegefestigkeit.

Die Mischung aus Weichmacher und Polyvinylchlorid, z. B. das von
M. C. AGNES[2] mit acylierten Ricinolsäureestern weichgestellte Polyvinylchlorid, kann auch mit unzureichenden Mengen Lösungsmittel angequollen werden und die gequollene Masse zunächst auf Flächengebilde
verarbeitet werden. Aus letzteren stellt man dann Folien her.

2. Aus Pasten. Wesentlich einfacher und ohne die mit der Verwendung von Lösungsmitteln zusammenhängenden Komplikationen gelingt
die Herstellung von Folien oder Filmen, wenn man von den aus Polyvinylchlorid und Weichmachern bestehenden Pasten[3] ausgeht.

Nach diesem von der Firma I.G. Farbenindustrie A.G.[4] entwickelten
Verfahren werden zur Herstellung von Folien Polyvinylchlorid oder
Mischpolymerisate aus Vinylchlorid und anderen Vinylverbindungen in
feinpulveriger Form unter Anwendung stärkerer Erwärmung in einem
flüssigen Weichmacher gleichmäßig verteilt, in dem sie bei normaler
Temperatur schwer- oder unlöslich sind. Die erhaltene Paste wird in
dünner Schicht durch Erwärmen ohne Anwendung von Druck gelatiniert.

Mit Hilfe solcher gießfähiger Polyvinylchlorid-Pasten lassen sich
Folien in der Dicke von 0,1 bis 0,6 mm gießen[4].

Das Verfahren besteht darin, daß aus einem entsprechend kon-
struierten Gießtrichter die Paste auf ein endloses Metallband gegossen
wird. Dieses Band mit der aufgegossenen Paste wird durch einen Heiz-
schacht von etwa 180° geführt. Dabei geliert die Paste aus und kann
nach dem Verlassen des Schachtes in Form einer Folie vom Metallband
ohne Schwierigkeiten abgenommen werden.

Dickere Folien von etwa 0,4 mm aufwärts stellt man in der Weise
her, daß man auf eine bereits vorgelierte Schicht weitere Schichten
aufgießt, die jeweils ausgeliert werden.

Zur Herstellung von dünnsten Folien wird die Paste mit Walzen
auf Metallbleche aufgetragen und dann bei den üblichen Temperaturen
ausgeliert. Nach dem Erkalten werden die ausgelierten dünnen Folien
von den Blechen abgezogen.

Nach diesem Verfahren werden die *Weichigelit-Folien* von etwa 0,05
bis 0,08 mm Dicke hergestellt.

Bei der Herstellung von Folien geht auch die Firma Imperial Chemical Industries Ltd.[5] von Pasten aus Polyvinylchlorid und Weichmachern der auf S. 271 beschriebenen Art aus.

---

[1] Siehe Seite 168.
[2] DRP. 744851, Allg. Elektrizitäts Ges.; — Canad.P. 394660, Canadian General
Electric Co. Ltd.
[3] Siehe Seite 266.
[4] Schw.P. 210205, I.G. Farbenindustrie A.G.
[5] F.P. 875797, Imperial Chemical Industries Ltd.

10 g Polyvinylchlorid werden nach diesem Verfahren bei 120° in einem Mörser mit 100 g Trikresylphosphat vermischt. Der entstehende Sirup wird bei 60° mit weiteren 90 g Polyvinylchlorid vermischt, wobei eine viskose, leicht tropfbare Paste erhalten wird, die auf Unterlagen aufgestrichen, beim Gelieren durch 15 Minuten langes Erhitzen auf 160° zähe und biegsame Folien ergibt.

Zur Herstellung von Folien können auch die auf S. 267 bereits erwähnten wäßrigen Polyvinylchlorid-Pasten, die Weichmacher zugesetzt enthalten, verwendet werden [1].

3. Nach dem Walzverfahren. Die in einem Mischwerk oder Mischwalzwerk erhaltene homogene Mischung aus Polymerisaten oder Mischpolymerisaten des Vinylchlorids und Weichmachern, gegebenenfalls auch Füll- und Farbstoffen, wird auf dem Folienkalander zu Folien verwalzt.

Nach Angaben von G. WICK [2] werden z. B. 100 Teile Polyvinylchlorid mit 30 Teilen Trikresylphosphat auf dem Walzwerk bei 130° verarbeitet, bis eine homogene Folie entstanden ist.

Nach dem Walzverfahren können Folien auch aus weichgestelltem hochmolekularem Polyvinylchlorid hergestellt werden, das geringe Zusätze der auf S. 369 genannten Mischpolymerisate enthält [3].

Sehr gut kälte- und alterungsbeständige Folien oder Filme werden aus Massen auf Polyvinyl-Grundlage erhalten, die mit den Estern von aliphatischen Monocarbonsäuren der auf S. 161 näher bezeichneten Art weichgestellt sind [4].

Man vermengt z. B. in einer Walzvorrichtung bei 160° Triäthylenglykoldibutyloxyessigsäureester im Verhältnis 40 zu 60 mit Polyvinylchlorid und erhält beim Verarbeiten transparente, geruchlose Folien.

In gleicher Weise kann man 30 Teile 1,3-Butylenglykoldibutyloxyacetat und 70 Teile Polyvinylchlorid nach dem Walzverfahren auf Folien verarbeiten.

4. Nach dem Preßverfahren. Die Überführung der homogenen Mischung aus Polyvinylchlorid und Weichmachern in Flächengebilde kann auch nach dem Preßverfahren erfolgen.

Nach diesem Verfahren können durchsichtige Folien oder Filme von guter *Dehnbarkeit, Elastizität* und *Kältebeständigkeit* nach F. O. MERKLE, W. FRANKE und H. BEHNCKE [5] erhalten werden, wenn man Polyvinylchlorid, nachchloriertes Polyvinylchlorid oder Vinylchlorid enthaltende Mischpolymerisate mit Weichmachern versetzt, welche aus durch Aralkyl- oder Cycloalkylreste substituierten Tetrahydronaphthalinen oder deren Homologen bzw. Halogenverbindungen dieser Stoffe bestehen.

100 Teile eines Mischpolymerisats aus 80 Prozent Vinylchlorid und 20 Prozent Acrylsäuremethylester werden mit 1 Teil Benzyltetrahydronaphthalin verknetet. Das erhaltene Gemisch wird heiß verwalzt. Beim Nachpressen zwischen polierten Platten erhält man klare Folien von hervorragender Weichheit, Dehnbarkeit, Elastizität und guten elektrischen Eigenschaften. Die Kältebeständigkeit reicht bis − 50°.

Zur Herstellung von Folien oder Filmen eignen sich nach H. FIKENTSCHER und G. HAGEN [6] ferner Polymerisate oder Mischpolymerisate des

[1] DRP. 655950, E.P. 437604, Deutsche Celluloid-Fabrik A.G.

[2] DRP. 681026, I.G. Farbenindustrie A.G.

[3] F.P. 919224, Lonza, Usines Electriques et Chimiques, Soc. An.

[4] F.P. 892084, I.G. Farbenindustrie A.G.

[5] DRP. 674985, I.G. Farbenindustrie A.G.

[6] DRP. 735380, I.G. Farbenindustrie A.G.

Vinylchlorids bzw. nachchloriertem Polyvinylchlorid, die mit den auf S. 164 angeführten Carbonsäureestern von aromatischen mehrwertigen aliphatischen Alkoholen weichgestellt sind.

20 Teile eines aus 80 Prozent Vinylchlorid und 20 Prozent Acrylsäuremethylester bestehenden Mischpolymerisats werden unter Zusatz von 10 Teilen Alkohol mit 10 Teilen des Maleinsäureesters des Äthylenglykolmonoxylenyläthers verknetet und nach dem Trocknen verwalzt. Beim Pressen zwischen polierten Platten erhält man klare, farblose, sehr weiche Folien, die sich durch gute Dehnbarkeit, Elastizität und eine Kältebeständigkeit bis zu $-28°$ auszeichnen.

Verrührt man 60 Teile des gleichen Mischpolymerisats mit 15 Teilen Trikresylphosphat und 17 Teilen des Phenylessigsäureesters des Diäthylenglykolmonoxylenyläthers und homogenisiert diese Mischung auf heißen Walzen, so erhält man nach dem Pressen klare, farblose und elastische Folien, die eine Kältebeständigkeit bis $-45°$ aufweisen.

Folien mit ähnlichen Eigenschaften lassen sich auch aus 20 Teilen eines Mischpolymerisats aus 95 Prozent Vinylchlorid und 5 Teilen Styrol durch Zusatz von 20 Teilen Alkohol und 10 Teilen des Phenylessigsäureesters des Äthylenglykolmonoxylenyläthers herstellen. Nach dem Verrühren, Trocknen, Verwalzen und Pressen erhält man klare knitterfeste Folien von einer Kältebeständigkeit bis zu $-20°$.

5. Aus Schläuchen. Flächengebilde aus Polymerisaten des Vinylchlorids oder Mischpolymerisaten kann man auch erhalten, wenn man aus diesen Kunststoffen zunächst dünne Schläuche herstellt und letztere dann nach Aufschneiden in der Längsrichtung zwischen Walzen laufen läßt.

Nach diesem an sich wenig gebräuchlichen Prinzip stellt R. M. WILEY[1] aus einem Mischpolymerisat aus 15 Prozent Vinylchlorid und 85 Prozent Vinylidenchlorid Folien in folgender Weise her:

Man spritzt z. B. das obengenannte Mischpolymerisat, das 7 Prozent Diphenyldiäthyläther als Weichmacher enthält, bei 170 bis 173° durch eine Ringdüse mit 63,5 mm Außen- und 60,3 mm Innendurchmesser. Das dünnwandige heiße Rohr wird senkrecht, während es im Innern hochsiedendes Petroleumöl ($D^{20} = 0{,}870$) enthält, das 1,27 bis 2,54 cm über der Wasseroberfläche steht, in ein Wasserbad von 2 bis 7° geführt. Das kalte Rohr läuft durch eine Druckwalze (periphere Geschwindigkeit 2,7 bis 3,0 m/min), wird mittels einer Hohlnadel stark aufgeblasen, dann über ein zweites Druckwalzenpaar (periphere Geschwindigkeit 7,0 bis 7,92 m/min) geführt und schließlich unter starkem Zug über eine Reihe von Glättwalzen gezogen. Nach dem Aufschneiden erhält man eine Folie mit einer Breite von etwa 94 cm.

C. Veredlung von Folien.

Die Eigenschaften der aus Polyvinylchlorid-Kunststoffen hergestellten Flächengebilde, wie Filme, Folien, Bänder usw., können bis zu einem gewissen Grade dadurch beeinflußt werden, daß man den zu verarbeitenden Polymerisaten bestimmte Stoffe zusetzt oder die fertigen Filme, Folien od. dgl. einer bestimmten Nachbehandlung unterwirft[2].

Durch gewisse Zusätze zu den Vinylchlorid-Polymerisaten oder -Mischpolymerisaten kann man den aus ihnen bereiteten Flächengebilden die Klebrigkeit nehmen, eine erhöhte Licht- und Wärme-

---

[1] A.P. 2409521, Dow Chemical Co.

[2] KAINER, F.: Kurzes Handbuch der Polymerisationstechnik, Bd. 3, S. 41. Leipzig 1944.

beständigkeit und unter Umständen auch bessere mechanische Eigenschaften erteilen.

Mit Hilfe besonderer Streckverfahren oder durch eine thermische Nachbehandlung der Folien bzw. eine Kombination beider Verfahren kann man die mechanischen Eigenschaften der Folien bedeutend verbessern.

Durch Anlösen der Schneideränder bei erhöhter Temperatur kann man nicht einreißbare Folien erhalten.

Die leichte elektrische Erregbarkeit kann durch eine zweckentsprechende Behandlung der Folien beseitigt werden.

Die besonders bei Walzfolien störende Eigenfarbe kann durch eine Bleichbehandlung entfernt werden.

Durch Entwicklung besonderer Farbstoffe und Ausarbeitung bestimmter Färbeverfahren kann man Folien nicht nur in den verschiedensten Farben anfärben, sondern auch mustern, bedrucken und bemalen.

1. Feuchtigkeitsfeste Filme.

Die Wasserundurchlässigkeit eines Polyvinylchlorid-Filmes wird nach M. R. RADCLIFFE[1] erhöht durch Einverleiben von 0,5 bis 3 Prozent eines Dialkyläthers, der in jeder Alkylgruppe 10 bis 18 Kohlenstoffatome enthält.

2. Nichtklebende Filme.

Die aus Lösungen weichgemachter Polyvinylchloride hergestellten Folien werden bei zu langer Berührung mit dem Fällungswasser klebrig, undurchsichtig und nicht ausreichend fest.

Durch Zusatz von schwer hydrolysierbarem organischem Kieselsäureester der auf S. 310 genannten Art zu den Lösungen der weichgestellten Polyvinylchloride kann man nach J. G. E. WRIGHT[2] Folien erhalten, welche diese Nachteile nicht zeigen.

3. Licht- und wärmebeständige Folien.

Durch Zusatz von Stabilisierungsmitteln der auf S. 125 genannten Art zu Polymerisaten oder Mischpolymerisaten des Vinylchlorids kann man bei der Verarbeitung dieser Massen Folien erhalten, die eine verbesserte Licht- und Wärmebeständigkeit aufweisen.

Von den Stabilisierungsmitteln eignen sich für den vorliegenden Verarbeitungszweck z. B. Mischungen von einem *Zinksalz* und einem *Alkalisalz*, vorzugsweise einer *organischen Säure*, besonders einer niedermolekularen Carbon- oder Sulfonsäure[3].

100 Teile Polyvinylchlorid werden z. B. mit einer Lösung von 1,5 Teilen Zinkacetat und 0,75 Teilen Natriumtoluolsulfonat in 200 Teilen Wasser verknetet und dann getrocknet.

Aus der erhaltenen Masse werden selbst bei längerem Walzen bei 180° glänzende, klare und farblose Folien erhalten.

[1] Canad.P. 444065, Firestone Tire & Rubber Co.
[2] DRP. 733434, Allg. Elektrizitäts-Ges.
[3] Ital.P. 383148, I.G. Farbenindustrie A.G.

Eine Wärmestabilisierung von Filmen aus Polyvinylchlorid bewirken auch *Ester anorganischer Säuren* des *Siliciums* oder *Bors*, z. B. Kieselsäureditetraäthylester, Kieselsäureäthylester oder Borsäurebutylester[1].

Geeignete Lösungen zum Gießen von Filmen bestehen z. B. aus 8 Teilen Polyvinylchlorid, 4 Teilen Trikresylphosphat, 16 Teilen Kieselsäureäthylester und 88 Teilen Acetonylaceton bzw. aus 7 Teilen Polyvinylchlorid, 3 Teilen Trikresylphosphat, 7 Teilen Kieselsäureditetraäthylester, 2 Teilen Borsäurebutylester und 81 Teilen Acetonylaceton.

Als Zusatz für die auf Folien u. dgl. zu verarbeitenden Polyvinylchlorid-Massen kommen ferner die von J. R. Myles und W. J. Levy[2] vorgeschlagenen und auf S. 129 bereits erwähnten Stabilisatoren bzw. die von F. W. Cox und J. M. Wallace jr.[3] genannten Aminoguanidine oder deren Salze in Betracht.

Zur Herstellung licht- und wärmebeständigerer Folien aus Polyvinylchlorid-Kunststoffen kann man auch Dinitrodiphenyldisulfid[4] als Stabilisator verwenden.

Ein Mischpolymerisat aus 80 Teilen Vinylchlorid und 20 Teilen Acrylsäuremethylester wird auf dem Heißwalzwerk mit 2 Teilen des erwähnten Disulfids vermischt.

Die aus dieser Mischung gezogenen Walzfolien sind lichtbeständig.

Eine Verbesserung der Lichtbeständigkeit von Folien aus Polyvinylchlorid oder Vinylchlorid-Mischpolymerisaten wird ferner dadurch erreicht, daß man diesen polymeren Körpern vor der Verarbeitung auf Folien die auf S. 129 genannten Aminosäuren oder natürliche Leimstoffe zusetzt[5]. Die günstige Wirkung dieser Zusätze auf die Lichtbeständigkeit zeigen nachstehende Vergleichsversuche:

Ein zu einer transparenten Folie verwalztes Mischpolymerisat aus 80 Prozent Vinylchlorid und 20 Prozent Acrylsäuremethylester zeigt nach einer Wärmebehandlung von 20 Minuten bei 125° eine starke Verfärbung nach Rotbraun; durch die sich abspaltende Salzsäure wird ein in 15 cm Abstand darüber befindlicher blauer Lackmuspapierstreifen auf ein Viertel seiner Länge deutlich rot gefärbt.

Setzt man zu dem gleichen Mischpolymerisat eine geringe Menge Glykokoll, beispielsweise 0,36 bis 1,5 Prozent, hinzu, so erleidet die Folie bei 125° nach 20 Minuten keinerlei Verfärbung; ebensowenig rötet sich das unter gleichen Umständen angewandte Lackmuspapier.

Ein mit 2 mg Kristallviolett pro 100 g versetztes Mischpolymerisat aus 82 Prozent Vinylchlorid und 18 Prozent Acrylsäurebutylester, das 0,50 Prozent Soda enthält, erfährt schon während des Verwalzens bei 115 bis 125° während 20 Minuten zu einer transparent bunten Folie eine Verfärbung des ursprünglich violetten Farbtons nach Rot. Eine weitere Temperaturbehandlung bei 100° bis zu 2 Stunden zerstört den Farbstoff fast ganz.

Setzt man dem gleichen, von der Soda befreiten Mischpolymerisat nur 1 Prozent Leucin hinzu, so bleibt bei der gleichen Temperaturbehandlung die ursprüngliche Farbnuance des Kristallvioletts erhalten.

Nicht verfärbbare Folien aus einem hochmolekularen, durch Emulsionspolymerisation erhaltenen Polyvinylchlorid werden nach

---

[1] Ital.P. 385298, Comp. Generale di Elettricita.

[2] F.P. 917529, Imperial Chemical Industries Ltd., J. R. Myles und W. J. Levy.

[3] A.P. 2410775, Wingfoot Corp.

[4] Ital.P. 396886, I.G. Farbenindustrie A.G.

[5] DRP. 734524, Deutsche Celluloid-Fabrik A.G.

H. Fikentscher[1] weiter erhalten, wenn man dem Polyvinylchlorid geringe Mengen eines alkalisch wirkenden Stoffes und eines Amins oder Carbamids der auf S. 134 bezeichneten Art zusetzt.

100 Teile Polyvinylchlorid werden z. B. mit 1 Teil Natriumstearat und 1 Teil Diphenylthioharnstoff vermischt und bei 165° zu einer Folie verwalzt. Die Folie ist praktisch farblos und ergibt nach weiterem Erwärmen auf 125° eine geringere Braunfärbung als eine in gleicher Weise hergestellte Folie ohne Diphenylthioharnstoffzusatz schon nach $^1/_4$ Stunde.

4. Mechanisch widerstandsfähige Folien.

Die mechanischen Eigenschaften von Folien aus Kunststoffen auf Polyvinylchlorid-Basis können durch bestimmte Nachbehandlungsverfahren günstig beeinflußt werden.

Eine Erhöhung der Weichheit und Geschmeidigkeit von Folien aus Polyvinylchlorid kann man z. B. durch Zugabe von Polyvinylsulfidlösung verbessern[2].

Setzt man dem Polyvinylchlorid 20 Prozent Polyvinylsulfidlösung zu und behandelt den Film im Autoklaven mit gesättigtem Dampf 30 Minuten bei 5 Atm., so steigt die relative Dehnung von 135 auf 265 und die Zerreißfestigkeit von 42 auf 55 kg/qcm.

Nach F. Schmidt[3] kann man die Sprödigkeit von Folien u. dgl. aus Polyvinylchlorid, nachchloriertem Polyvinylchlorid oder Mischpolymerisaten aus Vinylchlorid und Vinylacetat oder Acrylsäureestern dadurch verbessern, daß man die Herstellung der Folien in bestimmter Weise vornimmt. Die Kunststoffe werden ohne Anwendung von Lösungsmitteln, zweckmäßig unter Zusatz einer geringen Menge eines Gleit- oder Verfestigungsmittels, aus erhitzten Walzen zu Fellen ausgezogen und dann, nachdem sie senkrecht zur Walzrichtung in der Wärme gereckt wurden, einzeln oder zu mehreren entweder parallel oder im Winkel zur Walzrichtung geschichtet heiß verpreßt.

Diese durch den Walzvorgang bewirkte Verminderung der Sprödigkeit in der Walzrichtung läßt sich auf die ganze Folie ausdehnen, wenn man zwei oder mehr der gestreckten Folien senkrecht zur Walzrichtung übereinanderschichtet und diese in der Hitze zusammenpreßt.

Die Stoßfestigkeit der so hergestellten Folie aus einem Mischpolymerisat aus Vinylchlorid und Acrylsäureestern übertrifft die Stoßfestigkeit einer nach dem Celluloidverfahren, unter Verwendung von Lösungsmitteln, vom Block geschnittenen Folie gleicher Stärke aus dem gleichen Mischpolymerisat um das Drei- bis Fünffache.

Als Gleitmittel kommen Kondensationsprodukte aus Äthylenoxyd mit gesättigten oder ungesättigten höheren Alkoholen in Frage.

Fügt man z. B. einem Mischpolymerisat aus Vinylchlorid und Acrylsäureestern auf der heißen Walze nur 1 Prozent des genannten Gleitmittels zu, so ist die Festigkeit eines nach dem beschriebenen Verfahren erzeugten Felles wesentlich besser als ohne einen solchen Zusatz.

---

[1] DRP. 746081, I.G. Farbenindustrie A.G.

[2] Pawlowitsch, P., u. L. Martynowa: Caoutchous and Rubber (russ.) **1937**, Nr. 12, 17.

[3] DRP. 630036, Dynamit A.G. vorm. A. Nobel & Co.

Die elastischen Eigenschaften von aus Polyvinylchlorid hergestellten Folien, Bändern od. dgl. kann man durch die auf S. 302 beschriebene Behandlung mit Mischungen aus Lösern und Nichtlösern und anschließender Behandlung von heißen Gasen u. dgl. verbessern[1].

Eine Mischung aus 50 Teilen hochmolekularem Polyvinylchlorid und 50 Teilen Trikresylphosphat wird bei 180° zu einem Band gespritzt, das 6 Stunden bei 40° in eine Mischung von Aceton und 20 Teilen Trikresylphosphat gelegt und 48 Stunden bei 50° getrocknet wird.
Man erhält ein kautschukartiges Band, dessen elastische Dehnung nach der Behandlung 120 Prozent beträgt, während das unbehandelte Band nur eine Dehnung von 40 Prozent aufweist.

Nach Feststellungen von C. WULFF und E. DORRER[2] lassen sich Filme oder Bänder mit vorzüglichen Eigenschaften aus Polyvinylchlorid oder Mischpolymerisaten aus Vinylchlorid und Acrylsäureestern herstellen, wenn man die genannten Polymerisate im plastischen Zustand bei erhöhter Temperatur dehnt und im gedehnten Zustand erkalten läßt. Dabei können die Filme nur in einer Richtung oder auch in mehreren Richtungen gedehnt werden.

Ein durch Walzen bei 105° erhaltener Film aus einem Mischpolymerisat, hergestellt aus 68 Prozent Vinylchlorid und 32 Prozent Acrylsäuremethylester, wird zwischen geheizten Platten in Luft einseitig verstreckt und unter Spannung abgekühlt. Der erhaltene Film weist folgende Festigkeitswerte auf.

Tabelle 41. *Festigkeitswerte von ungedehnten und gedehnten Filmen.*

Filmvorbehandlung	Film-dicke mm	Reißkraft kg/mm²		Dehnung %		Knitterzahl	
		längs	quer	längs	quer	längs	quer
Film ungedehnt	0,28	6,9	6,0	11	3	36	175
Film um etwa 50% gedehnt	0,20	11,1	5,6	50	7	221	1027

Folien oder Bänder von äußerster Feinheit können nach H. JACQUÉ[3] auch aus Polyvinylchlorid oder Vinylchlorid-Mischpolymerisaten hergestellt werden, wenn man die von flüchtigen Lösungsmitteln praktisch freien Filme ohne Anwendung von Druck so über eine oder mehrere geheizte Flächen zieht, daß die Folien oder Bänder auf der geheizten Fläche oder unmittelbar dahinter gereckt werden.

Eine Folie aus nachchloriertem Polyvinylchlorid von 0,04 mm Stärke wird mit einer Geschwindigkeit von 0,25 m je Minute durch Zubringerwalzen gegen einen auf etwa 135° geheizten Zylinder bewegt. Mit einer Umfangsgeschwindigkeit von 11,5 m je Minute wird die Folie unter Recken von der Trommel aufgewickelt.
Die erhaltene Folie hat eine Stärke von etwa 0,001 mm und zeigt eine glänzende Oberfläche, gute Gleichmäßigkeit und starke Längsorientierung. Ihre Reißfestigkeit in der Längsrichtung ist wesentlich höher als die Reißfestigkeit einer nicht orientierten Folie.

Auf die gleiche Weise können nach H. FIKENTSCHER und H. JACQUÉ[4] aus den auf S. 264 beschriebenen Dispersionen oder Pasten aus Poly-

---

[1] F.P. 885097, Dr. A. Wacker Ges. f. elektrochem. Ind. G.m.b.H.
[2] DRP. 700944, I.G. Farbenindustrie A.G.
[3] DRP. 689539, F.P. 823499, I.G. Farbenindustrie A.G.
[4] DRP. 730202, I.G. Farbenindustrie A.G.

vinylchlorid oder Vinylchlorid-Mischpolymerisaten hergestellte Folien während des Trocknens nach einer oder beiden Seiten bei 120° gereckt werden, wobei eine Verbesserung der Eigenschaften um ein Vielfaches erzielt wird.

Folien von ausgezeichneten Eigenschaften werden nach H. Jacqué[1] erhalten, wenn man die Folien bei der beschriebenen Arbeitsweise um weniger als das Doppelte ihrer ursprünglichen Länge und bzw. oder Breite reckt. Die hierbei erhaltenen Folien besitzen infolge der besonders gleichmäßigen Streckung und gleichmäßigen Stärke gute optische Eigenschaften.

Ein 20 mm breites, 0,04 mm starkes Band aus nachchloriertem Polyvinylchlorid wird nach leichtem Bestäuben mit Talkum über eine zylindrische, auf 150° geheizte Fläche aus Aluminium gezogen und dabei auf das 1,9fache der ursprünglichen Länge gestreckt. Nach dem Strecken zeigt das Band in der Streckrichtung eine etwa dreifach so hohe Dehnung wie ursprünglich.

Für Zwecke, bei denen eine erhöhte Reißkraft, aber nur eine geringe Dehnung benötigt wird, kann das Strecken um den gleichen Betrag bei 95° erfolgen. Dadurch wird die Reißkraft verdoppelt, während die Dehnung nicht geändert wird.

Nach einer anderen Ausführungsform wird eine Folienbahn, die durch Walzen eines Mischpolymerisates aus 80 Prozent Vinylchlorid und 20 Prozent Acrylsäuremethylester besteht, bei etwa 100° so über eine heiße Fläche gezogen, daß nur eine Streckung um weniger als 100 Prozent in die Breite erfolgt, während die Länge unverändert bleibt und eine nach beiden Seiten hin gleich große Orientierung erzielt wird.

Von H. Jacqué[2] wurde weiter gefunden, daß man sehr dünne Folien oder Bänder auch erhalten kann, wenn diese freitragend, also ohne Berührung mit einer Fläche, an kurzen hocherhitzten, wärmestrahlenden Flächen unter starker Streckung vorbeigezogen werden.

Eine zur Durchführung dieser Nachbehandlung geeignete Vorrichtung ist in Abb. 32 schematisch dargestellt.

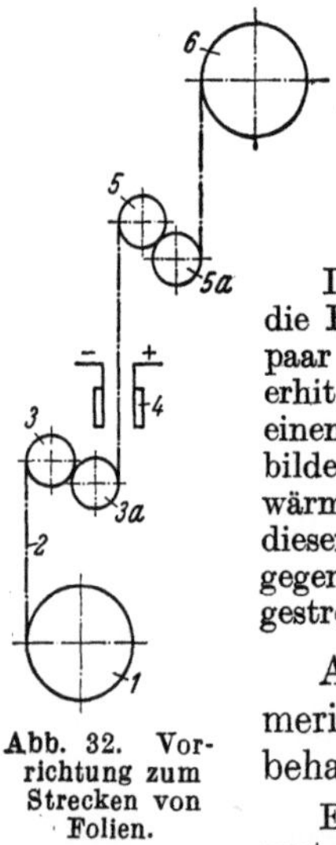

Die Vorrichtung besteht aus einer Vorratswelle 1, welche die Folie 2 trägt. Diese Folie wird durch das Zubringerwalzenpaar 3, 3a bei einer bestimmten Geschwindigkeit einer hocherhitzten wärmestrahlenden Fläche zugeführt. Diese wird von einem wenige Zentimeter hohen elektrischen Heizkörper 4 gebildet, der die Folie nahezu umschließt. Beim Durchlaufen dieser wärmestrahlenden Zone wird die Folie plastisch und kann in diesem Zustande durch das Abzugswalzenpaar 5, 5a, das eine gegen das Walzenpaar 3, 3a erhöhte Umlaufgeschwindigkeit hat, gestreckt und schließlich auf der Welle 6 aufgewickelt werden.

Auf dieser Vorrichtung lassen sich Folien aus Polymerisaten oder Mischpolymerisaten des Vinylchlorids behandeln.

Abb. 32. Vorrichtung zum Strecken von Folien.

Eine gewalzte Folie aus einem Mischpolymerisat aus 80 Prozent Vinylchlorid und 20 Prozent Acrylsäuremethylester von 0,17 mm Stärke wird durch ein Walzenpaar, das als Zubringervorrichtung dient, mit 40 m Geschwindigkeit in der Minute zwischen zwei rotglühende Flächen von etwa 4 cm Höhe gezogen, die zu beiden Seiten der Folie in einem Abstand von

---

[1] DRP. 715733, I.G. Farbenindustrie A.G.

[2] DRP. 703917, F.P. 50131, Zusatz zu F.P. 823499, I.G. Farbenindustrie A.G.

etwa 2,5 cm angeordnet sind. Die Folie geht innerhalb dieser heißen Zone in einen zähflüssigen Zustand über und wird in diesem Zustand durch eine Abzugswalze mit 12 m Geschwindigkeit in der Minute abgezogen. Die so erhaltenen Folien haben eine Stärke von 0,03 mm und eine glänzende Oberfläche.

Nach diesem Verfahren werden von der Firma Badische Anilin & Soda Fabrik die sogenannten *Luvitherm-Folien* hergestellt.

Eine Hartfolie mit gleichen Eigenschaftswerten wird neuerdings von der Firma Anorgana unter der Bezeichnung *Genotherm* hergestellt.

Die mechanischen Eigenschaften der durch Pressen, Walzen usw. aus Polymerisaten des Vinylchlorids in Abwesenheit von flüchtigen Lösungsmitteln hergestellten Folien lassen sich nach H. FIKENTSCHER und H. JACQUÉ[1] verbessern, wenn man diese kurze Zeit auf Temperaturen von 250 bis 280° erhitzt. Man erzielt diese Nachbehandlung, wenn man die Folien über heiße Flächen, beispielsweise über stehende oder sich drehende Zylinder oder durch heiße Zonen führt. Das Ankleben der Folien kann man hierbei dadurch verhindern, daß man die Oberfläche der heißen Fläche mit Talkum bestäubt oder bestreicht oder die Folien an heißen strahlenden Flächen in einem gewissen Abstand vorbeiführt. Auch durch Behandlung der Folien mit heißen Gasen kann man die gewünschte thermische Nachbehandlung erzielen.

Während die in Abwesenheit von flüchtigen Lösungsmitteln hergestellten Folien meist eine mehr oder weniger starke Schrumpfung beim Erwärmen zeigen, schrumpfen die nachbehandelten Folien praktisch nicht mehr bei nochmaligem Erhitzen.

Durch die thermische Nachbehandlung wird ferner eine Verbesserung des Gefüges der Folien hinsichtlich der Durchsichtigkeit sowie häufig eine Steigerung der Bruchdehnung bei gewöhnlicher Temperatur und in fast allen Fällen eine Steigerung ihrer elastischen Dehnung bei höherer Temperatur erreicht.

So zeigt z. B. eine Folie aus hochpolymerem Vinylchlorid, die durch Verwalzen bei 185° erhalten wurde, aber gerade noch ein Rauh- und Faltigwerden oder eine Zersetzung vermieden wird, bei gewöhnlicher Temperatur eine Dehnung von nur etwa 20 Prozent.

Selbst bei sehr langer Walzdauer bei 185° kann die Dehnung nur auf etwa 40 Prozent gesteigert werden; dabei beginnt die Folie aber schon infolge Zersetzung sich zu verfärben.

Durch kurzes Behandeln einer bei 185° erhaltenen Walzfolie aus Polyvinylchlorid bei etwa 280°, wobei noch keinerlei Verfärbung eintritt, wird die Dehnung der Folie bei gewöhnlicher Temperatur bis zu 200 Prozent und sogar noch darüber gesteigert. Die Folie zeigt dann auch eine glänzende Oberfläche und klare Durchsicht und schrumpft kaum mehr bei nochmaligem Erwärmen.

Aus der Tab. 42 sind die mechanischen Eigenschaften von ungefüllten und gefüllten Folien vor und nach der thermischen Behandlung einander gegenübergestellt.

Bei einem Mischpolymerisat aus 80 Teilen Vinylchlorid und 20 Teilen Styrol, das bei 153° zu einer Folie verwalzt wurde, kann die elastische Dehnung durch eine Behandlung auf einer heißen Fläche bei etwa 250° auf den dreifachen Betrag der ursprünglichen Dehnung gesteigert werden.

---

[1] DRP. 742364, Canad.P. 393600, I.G. Farbenindustrie A.G.

Tabelle 42.
Mechanische Eigenschaften von Folien vor und nach einer thermischen Behandlung.

Polyvinylchloridfolie gefüllt mit	Füllstoffmenge %	Mechanische Eigenschaften			
		vor der Behandlung in der Walzrichtung gemessen		nach der Behandlung in der Laufrichtung gemessen	
		Reißkraft g/100 den	Dehnung %	Reißkraft g/100 den	Dehnung %
Ohne Füllstoff	—	50—60	10—40	38—50	200—300
Ruß	1	41—44	14—20	39—50	125—170
Aluminiumpulver	3	42—43	7—18	38—46	150—185
Cadmiumrot	17	36—37	6— 7	34—38	100—115
Titanweiß	10	38—42	7—29	33—46	92—102

Die Folien können nach dieser Behandlung einer üblichen Streckung bei tieferen Temperaturen, bei welchen die elastische Dehnung noch groß ist, unterworfen werden. Dieses Strecken der Folien kann dabei gleichfalls durch Führen über geheizte Flächen oder durch heiße Zonen, jedoch unter starkem Zug, erfolgen.

Diese Streckung kann gleichzeitig oder nacheinander in der Längs- und Querrichtung erfolgen. Zweckmäßig wählt man für die nachträgliche Streckbehandlung den Temperaturbereich, in dem das Polyvinylchlorid seine höchste elastische Dehnung hat, nämlich bei einer zwischen 100 und 140° liegenden Temperatur.

Durch diese Streckbehandlung wird eine teilweise sehr große Erhöhung der Reißfestigkeit erzielt.

So erhält man durch Streckung einer bei 280° behandelten Polyvinylchlorid-Folie um das Neunfache der ursprünglichen Länge durch Ziehen über einen auf 120° geheizten Zylinder eine Folie, die im Röntgenbild ein deutliches Faserdiagramm zeigt.

Ohne die vorhergehende Wärmebehandlung bei 280° läßt sich die gewalzte Folie bei 120° nur um etwa 70 Prozent strecken. Sie hat dann nur eine um etwa 20 Prozent höhere Reißkraft.

In der folgenden Tab. 43 sind die Werte für Reißfestigkeit, Bruchdehnung und Spaltbarkeit von Polyvinylchlorid-Folien wiedergegeben, die bei verschiedenen Temperaturen verschieden stark gestreckt wurden, und verglichen mit den entsprechenden Werten von Folien, die einer Wärmebehandlung bei 290° unterworfen und dann zum Teil in gleicher Weise gestreckt wurden.

Zum Vergleich sind in der Tab. 43 ferner die Eigenschaften einer aus Dioxan gegossenen Folie aus Polyvinylchlorid angegeben.

Die Zahlen der Tab. 43 zeigen deutlich, daß die bei 290° behandelte und bei 119° gestreckte Folie in den mechanischen Werten zum Teil die gegossene Folie noch übertrifft, während die nicht bei hohen Temperaturen behandelten Folien verhältnismäßig geringe Werte in den mechanischen Eigenschaften zeigen. Es ist ferner zu sehen, daß man je nach dem Maße der nachträglichen Streckung und der Temperatur, bei der gestreckt wurde, die Reißfestigkeit und Dehnung der Folien weitgehend beeinflussen und jeweils Folien mit den gewünschten Eigenschaften herstellen kann.

Tabelle **43.** *Eigenschaften von nach verschiedenen Verfahren nachbehandelten Polyvinylchlorid-Folien.*

Behandlung der Folie, erhalten durch Verwalzen bei 185°	Temperatur der Streckung in °C	Streckung in % der ursprünglichen Länge		Reißfestigkeit in g je 100 den nach Streckung c gemessen	Bruchdehnung in %	Spaltbarkeit	Durchsicht
		größtmöglich erzielbar	durchgeführt				
	a	b	c	d	e	f	g
Bei 185° gewalzte Folie ohne Behandlung	20	20	0	45	10—20	keine	trüb
	120	70	70	55	4—20	—	—
	170	40	—	—	—	—	—
Mit Nachbehandlung bei 290°	20	200	0	40	200	keine	heller
	115	400	250	185	15	—	milchig
			400	220	8	—	—
	119	880	150	130	45	—	hell
			450	225	16	gering	—
			830	280—330	11—15	sehr gut	—
			880	170	8	—	milchig
	130	650	350	220	18	keine	hell
			480	270	16	gering	—
			650	212	10	sehr gut	—
	150	400	200	170	25	keine	—
			400	185	12	—	—
	170	300	130	105	60	—	—
			260	120	30	—	—
Gegossene Folie aus Dioxanlösung	118	820	700	150	12	gut	hell
			820	220	11	sehr gut	—

Auch bei einer Folie des bereits erwähnten Mischpolymerisats aus 80 Teilen Vinylchlorid und 20 Teilen Styrol, die bei 255° behandelt wurde, kann man durch eine nachträgliche Streckung bei 96° um 150 Prozent die Reißkraft von 40 g auf 145 g bei 1000 den steigern.

5. Farblose Folien.

Bei der Verarbeitung von reinem Polyvinylchlorid zu Folien tritt infolge der erforderlichen Erwärmung häufig eine unerwünschte Verfärbung, und zwar eine von der Verarbeitungstemperatur abhängige, mehr oder weniger starke Braunfärbung ein.

Diese Verfärbung ist unerwünscht, weil sie die Folien einerseits undurchsichtig macht und andererseits ein Färben der Folie auf einen gewünschten Farbton erschwert.

Zu farblosen Folien usw. kann man entweder dadurch gelangen, daß man den thermisch zu verformenden Polyvinylchlorid-Massen Stoffe zusetzt, die eine Verfärbung der Folie verhindern, oder daß man die verfärbten Folien nach ihrer Verformung einem Bleichprozeß unterwirft.

Eine Verfärbung des Polyvinylchlorids bei der Warmverformung zu Folien wird verhindert oder zumindest zurückgedrängt, wenn man dem Polyvinylchlorid die auf S. 125 behandelten Stabilisatoren zusetzt.

Für den vorliegenden Sonderfall der Verarbeitung von Polyvinylchlorid oder Vinylchlorid enthaltende Mischpolymerisate auf Folien sind besondere Stabilisatoren empfohlen worden.

So werden z. B. praktisch farblose Folien nach H. Fikentscher[1] aus solchen Polymerisaten oder Mischpolymerisaten des Vinylchlorids erhalten, die mit den auf S. 134 angeführten Gemischen aus alkalischen Stoffen stabilisiert sind.

Zur Herstellung einer farblosen Folie werden 100 Teile des durch Emulsionspolymerisation erhaltenen Polyvinylchlorids von hohem Polymerisationsgrad mit einer Lösung von 2,6 Teilen eines Gemisches von sekundärem und tertiärem Natriumphosphat in 300 Teilen Wasser zu einer Paste angeteigt, deren p_H-Wert 11 beträgt. Nach dem Absaugen wird das Polyvinylchlorid getrocknet, mit 1 Teil Wachs und 0,15 Teilen Thioharnstoff in der Kugelmühle gemischt und hierauf bei 165° zu einer Folie ausgewalzt. Die Folie ist nach mehr als 15 Minuten Walzen noch völlig farblos, während eine Folie ohne Thioharnstoff eine rotbraune Färbung zeigt.

Farblose Folien werden nach H. Fikentscher und H. Jacqué[2] auch erhalten, wenn man dem Polyvinylchlorid vor der Verarbeitung auf Folien neben geringen Mengen einer alkalisch reagierenden Verbindung der Alkali- oder Erdalkalimetalle noch geringe Mengen eines Amins zusetzt, das durch Chloratome oder Alkoxygruppen substituiert ist.

100 Teile Polyvinylchlorid von hohem Polymerisationsgrad, das durch Emulsionspolymerisation erhalten wurde, werden nach dem Ausfällen aus der Polymerisat-Dispersion mit einer 0,4prozentigen Sodalösung gewaschen, so daß das Polyvinylchlorid nach dem Trocknen 0,2 Prozent Soda enthält. Dem getrockneten Polymerisat werden hierauf 0,2 Teile 3-Chloranilin und 1 Teil eines Wachses als Gleitmittel beigemischt. Das Gemisch wird $^1/_2$ Stunde bei 165° gewalzt und zuletzt zu einer 0,1 mm starken Folie ausgezogen. Die so erhaltene farblose Folie zeigt nach 2 Stunden im Wärmeschrank bei 155° keine, nach etwa 4 Stunden nur eine geringe hellbraune Verfärbung.
Eine in gleicher Weise, jedoch mit Sodazusatz allein hergestellte Folie zeigt schon nach 2stündiger Lagerung bei 155° eine starke Verfärbung nach Dunkelbraun.
Eine ohne Zusatz von Soda mit Chloranilin allein versetzte Probe ergibt schon nach dem Walzen eine stark braungefärbte Folie.
Mit 6-Chloraminophenol erzielt man eine ähnlich günstige Stabilisierung wie mit 3-Chloranilin.

Nach K. Quarthal und M. Hirt[3] geben auch die mit den auf S. 128 beschriebenen Stabilisierungsmitteln versetzten Polymerisate des Vinylchlorids oder Mischpolymerisate mit überwiegenden Mengen Vinylchlorid farblose Filme.

Zur Herstellung dieser Walzfolien werden z. B. 100 Teile Polyvinylchlorid mit 1 Teil eines harzartigen hochmolekularen Produktes aus Styrol und Resorcin bei etwa 140° auf einer Walze oder in einem Kneter vermischt und dann zu Folien verwalzt.

Eine Verfärbung von Folien oder Filmen aus Polyvinylchlorid wird auch vermieden, wenn man den zu verarbeitenden Massen *Pyrophosphorsäure* oder ihre Salze zusetzt oder die fertig vorliegenden Filme oder Folien mit diesen Stoffen nachträglich behandelt[4].

---

[1] DRP. 746081, I.G. Farbenindustrie A.G.
[2] DRP. Anm. J 69403, I.G. Farbenindustrie A.G.
[3] DRP. 735446, I.G. Farbenindustrie A.G.
[4] F.P. 915011, Soc. Rhodiaceta.

Die zweite Möglichkeit, zu farblosen Filmen zu gelangen, besteht nach F. R. MEYER[1] darin, daß man die bei der Verformung von Polyvinylchlorid in Abwesenheit von Stabilisatoren erhaltenen braungefärbten Folien zunächst mit einem *Chlor* oder *Chloroxyde* lösenden Lösungsmittel unter solchen Bedingungen behandelt, daß die Folie lediglich angequollen wird, ohne daß sie ihre Struktur verändert. Anschließend wird die so vorbehandelte Folie der Einwirkung von Chlor oder Chloroxyden ausgesetzt. Das Lösungsmittel wird dann durch Anwendung hoher Temperatur oder durch Lagern der Folie im Vakuum wieder entfernt.

Eine dunkelbraun gefärbte Folie aus Polyvinylchlorid wird z. B. 2 Stunden in Methylenchloriddampf gelagert und anschließend 2 Minuten in eine Auflösung von Chlor in Wasser gebracht. Die Folie ist danach vollkommen farblos. Nach dem Trocknen im Vakuum und anschließendem Polieren ist die Folie glasklar.

Dieses Verfahren ist auch auf Folien aus Mischpolymerisaten von Vinylchlorid und Acrylsäuremethylester anwendbar. Diese Mischpolymerisate neigen zwar bei der Verarbeitung nicht in demselben Maße zum Verfärben wie reines Polyvinylchlorid, verlieren aber bei der Hitzebehandlung ebenfalls ihre glasklare Beschaffenheit, die sie nach Behandlung mit Chlor oder Chloroxyden wieder erteilt bekommen.

6. Elektrisch nicht erregbare Folien.

Folien aus Polyvinylchlorid sind sehr leicht elektrisch erregbar. Diese elektrische Erregbarkeit ist bei Folien, die zur Herstellung von Zigarettenmundstücken oder für textiltechnische Zwecke verwendet werden sollen, sehr unerwünscht.

Nach M. HAGEDORN und A. OSSENBRUNNER[2] läßt sich diese elektrische Erregbarkeit durch Aufbringen von filmbildenden Schichten aus polymeren *Carbonsäuren* oder ihren *Salzen* stark herabsetzen. Als Überzugsschichten kommen vor allem Polyacrylsäure und Polystyrolcarbonsäure und ihre Alkalisalze in Betracht. Brauchbar sind ferner Mischpolymerisate aus Vinylchlorid-Acrylsäure, Acrylsäurenitril-Acrylsäure, Styrol-Acrylsäure, Vinylmethyläther-Acrylsäurenitril-Styrolcarbonsäure und Salze dieser Säuren. Diese Polymerisate werden in Form ihrer Lösungen auf die Folien aufgetragen.

Eine 30 μ starke Folie aus Polyvinylchlorid wird mit einer 0,5prozentigen Lösung eines Mischpolymerisates aus 75 Prozent Vinylchlorid und 25 Prozent Acrylsäure in Methylenchlorid in bekannter Weise imprägniert.

Von den unbehandelten Folien unterscheidet sich ein derart behandelter Film dadurch, daß er beim Abwickeln von der Bobine keinerlei auf elektrische Erregungen zurückzuführende Klebeeigenschaften besitzt.

Eine ähnliche Wirkung erzielt man nach R. P. EASTON[3], wenn man Filme oder Folien aus Polyvinylchlorid mindestens auf einer Seite mit

---

[1] DRP. 748067, ohne Patentinhaberangabe.
[2] DRP. 604456, I.G. Farbenindustrie A.G.
[3] F.P. 938438, General Aniline & Film Corp.

einer Lösung eines *Kieselsäurealkylesters* der nachstehenden Formeln

$$\begin{array}{ccc} R_1O \quad OR_3 & & R_1O \\ \diagdown \diagup & & \diagdown \\ Si & \text{bzw.} & Si=O, \\ \diagup \diagdown & & \diagup \\ R_2O \quad OR_4 & & R_2O \end{array}$$

in der R_1 bis R_4 Alkylreste mit 1 bis 5 Kohlenstoffatomen darstellen, überzieht.

Ester dieser Art sind z. B. Tetraäthylester, Trimethyläthylester, Triäthylmethylester der Orthokieselsäure sowie Kieselsäurediäthylester. Als Lösungsmittel verwendet man gesättigte oder ungesättigte Kohlenwasserstoffe, ferner Äther, Ester, Halogenkohlenwasserstoffe, aliphatische Ketone usw.

Neben einer verminderten Aufladung mit statischer Elektrizität bewirkt der Überzug auch eine erhöhte Gleitfähigkeit.

Um elektrostatische Aufladungen zu verhindern, kann man die Folien oder Filme mit Lösungen oder Dispersionen von Polyalkylenpolyamiden der von W. N. Stoops und A. L. Wilson[1] angegebenen Art[2] imprägnieren.

7. Nichteinreißbare Filme oder Folien.

Flächengebilde aus Polyvinylchlorid, wie Filme, Folien, Bänder u. dgl., zeigen den Nachteil, daß sie an ihren Rändern, d. h. an ihren Schneidkanten oder Perforationskanten, leicht aufreißen.

Dieses Aufreißen der Schneidkanten von Filmen usw. aus Polyvinylchlorid kann nach G. Hinz und G. Kroger[3] dadurch vermieden werden, daß man diese Flächengebilde, insbesondere Filmstreifen oder Folienbändchen, an ihren Kanten anschmilzt oder diese mit Löse- oder Quellmitteln anlöst oder anquellt und dann verfestigt.

Man erreicht dieses Anschmelzen u. dgl., wenn man aufgewickelte Film- oder Bändchenrollen einige Zeit bei gewöhnlicher oder erhöhter Temperatur in einer Atmosphäre des Löse- oder Quellmittels beläßt und sodann trocknet; hierbei werden in der Hauptsache lediglich die äußeren Randteile des Bändchens angequollen. Das Anquellen dauert bei gewöhnlicher Temperatur bis zu 2 Stunden oder auch länger, kann jedoch durch Erhöhung der Temperatur weitgehend abgekürzt werden.

Beispielsweise werden geschnittene Filmstreifen aus Polyvinylchlorid mit Methylenchlorid in der vorbeschriebenen Weise angequollen. Nach dem Verdunsten des Lösungsmittels sind die Schnittkanten des Filmstreifens verfestigt.

Die Wirkung dieser Behandlung kann nach G. Hinz[4] noch erhöht werden, wenn man das Behandeln der Schnittkanten mit Lösungsmitteldämpfen im Vakuum oder nach einer Vakuumbehandlung, gegebenenfalls unter Temperaturerhöhung, vornimmt.

---

[1] A.P. 2403960, Carbide and Carbon Chemicals Corp.
[2] Siehe Seite 304.
[3] DRP. 741017, Schering A.G.
[4] DRP. 742820, Zusatz zu DRP. 741017, Schering A.G.

Man verfährt hierbei derart, daß man Folien, Filme, Bänder u. dgl. aus Polyvinylchlorid oder Vinylchlorid-Mischpolymerisaten bzw. deren Schnittkanten in Gegenwart von Quell- bzw. Lösungsmitteln unter ein Vakuum beispielsweise von 200 bis 300 mm Quecksilber setzt, ohne daß diese Mittel mit den Folien usw. unmittelbar in Berührung stehen. Hierbei findet eine Verdampfung des Lösungsmittels statt, das in dampfförmigem Zustand auf die zu behandelnden Gebilde einwirkt.

8. Gefärbte und bedruckte Folien.

Bei einer Reihe von Anwendungsgebieten werden ein- oder mehrfarbige Folien benötigt oder aus bestimmten, z. B. modischen Gründen bevorzugt.

Diese Farbeffekte können aus Polyvinylchlorid oder Vinylchlorid-Mischpolymerisaten z. B. in der Weise erhalten werden, daß man den zur Folienbereitung dienenden Lösungen, Dispersionen oder Pulvern dieser Kunststoffe Farbpigmente oder Farbstoffe der auf S. 277 erwähnten Art zusetzt.

Man kann auch von ungefärbten Folien ausgehen und diese nachträglich z. B. nach dem von W. KIRST und R. SCHÄFER[1] entwickelten und auf S. 388 beschriebenen Verfahren färben.

Diese Arbeitsweise ist für bestimmte Mischpolymerisate des Vinylchlorids, die an sich transparente, farblose Filme ergeben, gut geeignet. Infolge der Eigenfarbe des Polyvinylchlorids kann man Polyvinylchlorid-Folien direkt nur in beschränktem Umfange färben.

Um eine Beeinflussung der Farbe bei den braun gefärbten Polyvinylchlorid-Folien auszuschließen, geht man deshalb zweckmäßigerweise von den zuvor entfärbten Folien aus.

Folien oder Filme aus Polyvinylchlorid-Massen können auch dadurch gefärbt werden, daß man diese mit Druckfarben bedruckt. Allerdings kann man zum Bedrucken der Polyvinylchlorid-Folien gebräuchliche Druckfarben oder Emulsionsfarben sowie lösungsmittelhaltige Farblacke nicht verwenden, weil diese eine sehr geringe Haftfestigkeit besitzen.

Nach E. DÖRING und H. GRASMÄDER[2] kann man jedoch eine ausreichende Haftfestigkeit der Druckfarben auf Polyvinylchlorid-Folien erzielen, wenn man als Bindemittel für die Druckfarben das an sich schwer lösliche, nicht nachchlorierte Polyvinylchlorid unter Zusatz von Weichmachern verwendet. Solche Druckfarben geben die Möglichkeit eines ununterbrochenen Arbeitens, da die aufgedruckten Farben schon bei Zimmertemperatur in ganz kurzer Zeit so weit erhärten, daß die Ware ohne Befürchtung des Abflockens oder Klebens abgelegt werden kann. Außer der erzielten absoluten Haftfestigkeit und einem störungsfreien Arbeiten besteht die Möglichkeit, auch im Maschinendruck mehrfarbige Muster herzustellen.

100 Teile Polyvinylchlorid, 60 Teile Trikresylphosphat und 200 Teile Titandioxyd werden mit 640 Teilen Cyclohexan in der Wärme zu einer Druckfarbe gelöst. Man bedruckt mit dieser Farbe eine schwarze, undurchsichtige Weichfolie aus Polyvinylchlorid, legt nach dem Durchgang durch die Trockenkammer in üblicher Weise ab und verhängt zur Entfernung des Geruches 1 Stunde.

---

[1] DRP. 742644, I.G. Farbenindustrie A.G.
[2] DRP. 740112, Schlieper & Braun A.G.

Von den verschiedenen Polyvinylchlorid-Typen hat sich als günstigstes Bindemittel für Druckfarben *Igelit PCU, Type F* mit einem mengenmäßig gleichen Zusatz von Weichmacher, z. B. Dibutylphthalat, erwiesen, wobei Cyclohexanon als Lösungsmittel dient[1].

Billige Drucke können ferner nach einem Verfahren der Firma Royal Lace Paper Works[2] auf Folien aus Polyvinylchlorid aufgebracht werden.

Dieses Verfahren beruht auf Verwendung einer Übertragungsfolie, welche die aufgedruckten Ornamente u. dgl. auf die Polyvinylchlorid-Folie umdruckt.

Neuerdings sind auch Farben entwickelt worden, mit denen Polyvinylchlorid-Folien mit der Hand bemalt werden können[3]. Derartige Farben, die von amerikanischen Firmen hergestellt werden, bestehen aus einer Lösung von Polyvinylchlorid in Lösungsmitteln, die die Oberfläche der zu bemalenden Folie etwas anlösen und dadurch ein festes Haften des aufgetragenen Farbstoffes sichern.

Zum Bedrucken von Polyvinylchlorid-Folien bedient man sich in den Vereinigten Staaten neben dem vorerwähnten *Umdruckverfahren* meist des *Tiefdruckwalzen-Verfahrens*[4]. Für das zuletzt genannte Verfahren hat man die bekannten Gewebe-Druckmaschinen entsprechend umgebaut.

Zum mehrfarbigen Drucken eignet sich die *Rotogravüre-Maschine*, bei der jede Farbe in einer eigenen Druckeinheit gedruckt und getrocknet wird. Die Vorteile der Rotogravüre-Maschine beruhen u. a. auch auf der bis zu 150 m je Minute betragenden Druckgeschwindigkeit und der Ersparnis von Druckfarben.

Welche Bedeutung diese Verfahren zum Bedrucken von Folien von Polyvinylchlorid in den Vereinigten Staaten von Nordamerika bereits erlangt haben, geht daraus hervor, daß bereits Ende des Jahres 1949 täglich etwa 1,4 Millionen Meter Folien bedruckt werden.

D. Eigenschaften von Folien.

Von den auf Polyvinylchlorid-Basis hergestellten Folien verdienen die auf mechanischem Wege erzeugten Folien aus reinem Polyvinylchlorid der Marken *Igelit PCU, Vinidur, Genotherm* oder dgl. Beachtung, weil sie eine Reihe von wertvollen Eigenschaften besitzen und selbst das wetterfeste Cellophan übertreffen[5].

Sie sind nicht nur chemisch außerordentlich beständig, physiologisch unbedenklich, geruch- und geschmackfrei, weitgehend wasserdampfundurchlässig, licht- und alterungsbeständig, sondern auch mechanisch fest.

Man erhält diese Folien, wie bereits mitgeteilt, durch Auswalzen des Polyvinylchlorids im plastischen Zustand; sie werden gewöhnlich

---

[1] British Plastics **19**, 40 (1947).
[2] E.P. 598438, Royal Lace Paper Works.
[3] Mod. Plastics **25**, 86 (1948).
[4] Mod. Plastics **27**, 85, 152 (1949).
[5] BECK, H.: Kunststoffe **31**, 260 (1941).

in zwei Stärken hergestellt: als *Grobfolien* mit einer Dicke von 0,3 bis 1 mm und als *Feinfolien* mit einer Stärke von 0,02 bis 0,06 mm.

Die Grobfolien werden von der Firma I.G. Farbenindustrie A.G. bzw. deren Rechtsnachfolgern unter dem Namen *Vinidur-Folien* in den Handel gebracht.

Die physikalischen Eigenschaften dieser Vinidur-Folien sind nach W. Buchmann[1] in der Tab. 44 zusammengestellt.

Außer der Feinwalz-folie mit der Bezeichnung *Igelit PCU-Fein-folie* werden von der gleichen Firma auch die sogenannten gewalzt-gereckten *Luvitherm-Fo-*

Tabelle 44.
Physikalische Eigenschaften[2] von Vinidur-Folien.

Eigenschaften	Eigenschaftswerte[3]
Zugfestigkeit . . kg/qmm	4,7 ··· **5,1** ··· 5,3
Dehnung . . . . . . %	25 ··· **48** ···110

lien[4] hergestellt. Als Ausgangsmaterial dient hier das auf S. 343 angegebene Polyvinylchlorid. Die aus diesem Polymerisat hergestellte kalandrierte Folie wird einer Reckung derart unterworfen, daß der Abzug gegenüber der Arbeitsgeschwindigkeit des Kalanders ein beschleunigter ist.

Der Reckprozeß wird in zwei Stufen vorgenommen und liefert eine Folie von 25 bis 35 μ Dicke.

Von den beiden im Handel befindlichen Luvitherm-Folien ist die *Luvitherm-Folie G* nur in Längsrichtung, die *Luvitherm-Folie UG* sowohl in Längs- als auch in Querrichtung gereckt. Deshalb besitzt letztere Folie eine nach diesen beiden Richtungen hin gleich große Festigkeit.

Die nach dem Walzverfahren aus Polyvinylchlorid (Igelit PCU) hergestellten Folien, wie Vinidur, *Igelit PCU-Feinfolie oder Luvitherm*, besitzen eine Zugfestigkeit von 4,5 bis 12 kg/mm und eine Bruchdehnung von 5 bis 30 Prozent[5].

In der Abb. 33 ist das Zug-Dehnungs-Diagramm einer solchen Polyvinylchlorid-Folie wiedergegeben.

Die mechanischen Eigenschaften von solchen Feinwalzfolien sind nach H. Beck[6] in der Tab. 45 zusammengestellt.

Die Luvitherm-Folie besitzt eine gesteigerte Längsfestigkeit bei einer allerdings etwas verminderten Querfestigkeit.

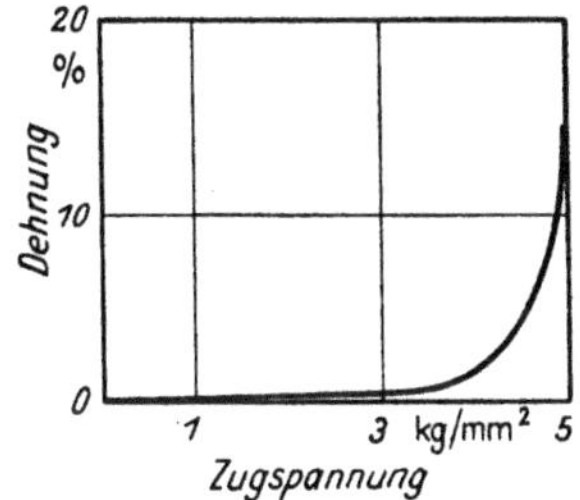

Abb. 33. Zug-Dehnung-Diagramm einer Folie aus Polyvinylchlorid.

Durch verschiedene Nachbehandlungen werden die mechanischen Eigenschaften dieser Folien abgewandelt, wie die Zahlen der Tab. 45 erkennen lassen.

[1] Krannich, W.: Kunststoffe im techn. Korrosionsschutz, S. 82. München 1943.
[2] Drei-Minuten-Werte DIN 7701 bei 20°.
[3] Häufigste Werte fett gedruckt.
[4] Herstellerin: Badische Anilin & Soda Fabrik.
[5] Nowak, P.: Kunststoffe **36**, 107 (1946).
[6] Beck, H.: Kunststoffe **31**, 260 (1941).

Tabelle 45. *Mechanische Eigenschaften von Polyvinylchlorid-Feinwalzfolien.*

Folientyp	Dicke mm	Zerreißfestigkeit kg/qcm		Dehnung %		Stoßfestigkeit cmkg/qcm		Falzzahl nach Schopper		Form-beständigkeit °C
		längs	quer	längs	quer	längs	quer	längs	quer	
Luvitherm G . .	0,03	1200	400—500	20	rd. 5	2000	100	>10000	rd. 1000	rd. 80
Luvitherm UG .	0,04	500—700	500—700	30—50	rd. 20	250	250	>10000	>10000	rd. 130
Feinwalzfolie . .	0,02—0,04	500—700	500—600	20—30	6—12	400	100	rd. 5000	rd. 2000	rd. 110

Der Tab. 46 ist zu entnehmen, daß unter den dort angeführten Bedingungen die *Luvitherm-Folie UG* sich nahezu gar nicht verändert; die *Luvitherm G-Folie* verliert bei höheren Temperaturen ihre stark einachsige Orientierung, während die normale *Feinwalzfolie* bei höheren Temperaturen eine nachträgliche mechanische Vergütung erfährt.

Bei thermischer Behandlung in Abwesenheit bzw. in Gegenwart von Wasser zeigen diese Folien die in Tab. 47 mitgeteilten Längenveränderungen.

Die *Igelit-Feinwalzfolien* nehmen bei Lagerung in Wasser eine an sich geringe Menge Wasser auf, die je nach der Dauer und Temperatur verschieden groß ist. *Luvitherm-Folien* zeigen eine geringere Wasseraufnahme, was auf die Verwendung eines Polyvinylchlorids höheren Polymerisationsgrades zurückzuführen ist. Als Folge der Wasseraufnahme werden die Folien mehr oder weniger milchig getrübt. Bei höheren Wasseraufnahmen, z. B. in kochendem Wasser, nimmt die Trübung einen gleichmäßig, nahezu reinweißen Farbton an, der zum Teil nicht unerwünscht ist. Die Wasseraufnahme von Igelit-Feinwalzfolien nach verschieden langer Lagerung in Wasser ist der Tabelle 48 zu entnehmen.

Die Wasserdampfdurchlässigkeit ist von der Wasseraufnahmefähigkeit unabhängig.

Auf Grund eingehender Untersuchungen ist es erlaubt, die Durchlässigkeit von Folien aus reinem Polyvinylchlorid in einem praktisch ausreichenden Temperaturbereich als Diffusionsvorgang aufzufassen.

Man ist somit in der Lage, mit Hilfe der Diffusionsgesetze praktische Anwendungsfälle wenigstens grundsätzlich vorauszuberechnen und umständliche zeitraubende Versuche zu vermeiden.

Grundlegend ist die Kenntnis der Diffusionskonstanten, d. i. die im stationären Zustand durch die Folie diffundierende Wasserdampfmenge, ausgedrückt in den Einheiten des Maßsystems. Diese ist

$$k = 7 \cdot 10^{-9}\ \text{g/cm h Torr.}$$

Diese Konstante hat nach Messungen Gültigkeit in einem Temperaturbereich von 0 bis 90°.

Die in der Zeiteinheit diffundierende Wasserdampfmenge ist daher bei weichmacherfreien Igelit-Folien direkt proportional dem Dampfdruckunterschied und umgekehrt proportional der Dicke der Folie.

Zeichnet man den Dampfdruck und die Dampfdichte über der Temperatur als Abszisse auf, so erhält man den aus der Abb. 34 ersichtlichen Kurvenverlauf.

Tabelle 46. *Abhängigkeit der mechanischen Eigenschaften von der Art der Nachbehandlung von Igelit-Feinwalzfolien.*

Folienart	Dicke	Zerreißfestigkeit kg/qcm		Dehnung %	
	mm	längs	quer	längs	quer
Nach 48stündiger Lagerung in trockener Luft von 80°					
Luvitherm G . . .	0,020	1300	300	15	rd. 5
Luvitherm UG . .	0,035	600—700	600—700	20	15
Feinwalzfolie . . .	0,030	550—600	550—600	10	5
Nach 48stündiger Lagerung in trockener Luft von 130°					
Luvitherm G . . .	0,020	750—850	650—850	30—40	5
Luvitherm UG . .	0,035	600—700	600—700	20	15
Feinwalzfolie . . .	0,020	800—900	700—800	20	5
Nach 48stündiger Lagerung in Wasser von 20°					
Luvitherm G . . .	0,020	1000	300	15	5
Luvitherm UG . .	0,035	500	500	30—50	10—20
Feinwalzfolie . . .	0,030	450	300—500	20	5

Tabelle 47. *Längenveränderung von Polyvinylchlorid-Walzfolien.*

Vorbehandlung	Luvitherm-Folie UG	G	Feinwalzfolie
24 Stunden in trockener Wärme bei 60° .	$<\pm0{,}1\%$	$-0{,}3\%$	$<\pm0{,}1\%$
24 Stunden in trockener Luft bei 100° . .	$<-1\%$	$-40\ \%$	-5%
24 Stunden in Wasser von 20°	$<+0{,}1\%$	—	$+0{,}1\%$
24 Stunden in Wasser von 60°	$+0{,}5\%$	$-0{,}5\%$	$+0{,}5—1\%$

Tabelle 48.
Wasseraufnahme von Igelit-Feinwalzfolien.

Folie	Wasseraufnahme in Prozent nach	
	24 stündiger Lagerung bei Raumtemperatur	2 stündiger Lagerung bei 100°
Luvitherm G und UG	0,5—2	10—20
Feinwalzfolie	1 —2	25—45

Die durch eine Igelit-Feinwalzfolie durchgelassene Wassermenge zeigt einen ähnlichen Verlauf.

Außer diesen Walzfolien wird noch eine nach dem *Gießverfahren* aus nachchloriertem Polyvinylchlorid erhaltene Folie „*Vinifol*" hergestellt.

Nach P. Nowak[1] besitzt diese Folie eine Zugfestigkeit von 5 bis 7 kg/mm und eine Bruchdehnung von 100 bis 150 Prozent.

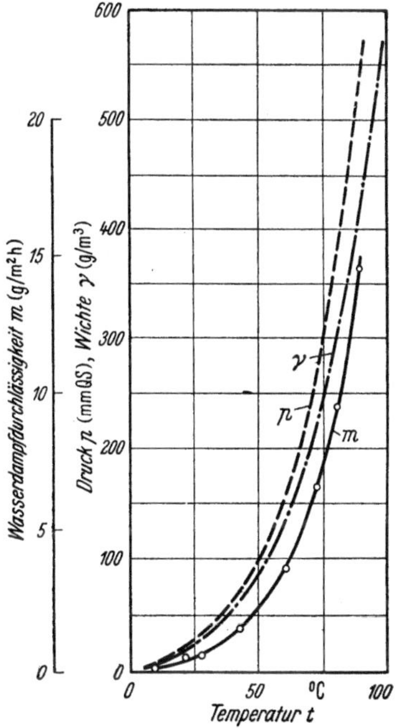

Abb. 34. Wasserdampfdurchlässigkeit einer Igelit-Feinwalzfolie.

---

[1] Nowak, P.: Kunststoffe **36**, 107 (1946).

Das Zug-Dehnungs-Diagramm dieser Folie zeigt Abb. 35.

Außer diesen erwähnten Folien sind in den letzten Jahren von verschiedenen Herstellern Folien aus Polyvinylchlorid in den Verkehr gebracht worden.

Eine durchsichtige Polyvinylchlorid-Folie von 0,1 bis 0,15 mm Dicke wird neuerdings in Belgien unter dem Namen *Sidaphan* hergestellt[1].

Die aus Vinylchlorid-Vinylidenchlorid-Mischpolymerisaten hergestellten Folien, z. B. *Saran-Folien*, sind nach R. M. HILEY[2] sehr wenig durchlässig für Wasser und gegen Oxydationsmittel, Säuren und Alkalien, mit Ausnahme von Ammoniak, beständig.

Von T. W. SARGE[3] ist die Gasdurchlässigkeit dieser *Saran-Folie* bei 25° für eine Reihe von Gasen, wie Helium, Wasserstoff, Sauerstoff, Luft, Stickstoff, Äthylen, Acetylen, Methan, Äthan, Propan und Kohlendioxyd geprüft worden. Dabei zeigte sich, daß die Gasdurchlässigkeit außerordentlich gering ist, und zwar niedriger als bisher an irgendeiner Kunststoff-Folie beobachtet wurde. Dabei konnte folgende Regelmäßigkeit beobachtet werden:

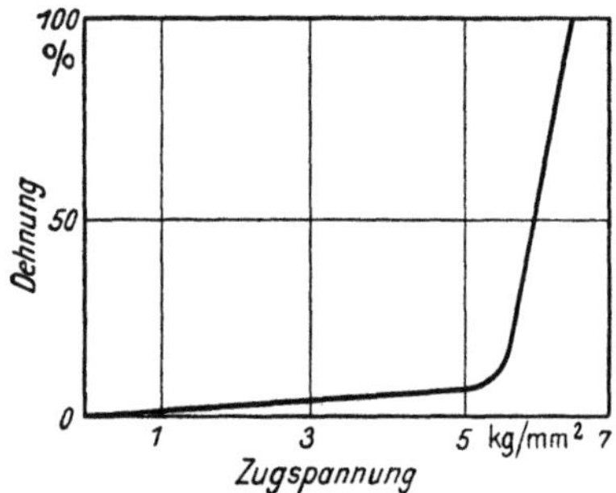

Abb. 35. Zug-Dehnungs-Diagramm einer Folie aus nachchloriertem Polyvinylchlorid.

Für inerte, verhältnismäßig unlösliche Gase nimmt die Durchlässigkeit mit steigendem Moleküldurchmesser ab, so daß die Reihenfolge Helium > Wasserstoff > Sauerstoff > Luft > Stickstoff > Kohlendioxyd besteht.

Für die Reihe homologer Kohlenwasserstoffe nimmt die Durchlässigkeit mit steigendem Molekulargewicht zu.

Bei gleicher Zahl von Kohlenstoffatomen steigt die Durchlässigkeit mit steigendem Grade der Ungesättigtheit bzw. kleinerem effektivem Moleküldurchmesser.

E. Mischfolien.

Die Verträglichkeit des Polyvinylchlorids mit einer Reihe anderer Kunststoffe ermöglicht die Verarbeitung dieser Gemische auf Folien u. dgl.

Diese Zusätze anderer Kunststoffe bewirken entweder eine bessere Verarbeitung der Polyvinylchlorid-Massen oder beeinflussen die Eigenschaften der Folien.

So kann man nach O. HAUFFE und W. WEHR[4] die beim Auswalzen von nachchloriertem Polyvinylchlorid bestehenden Schwierigkeiten

---

[1] Herstellerin: Soc. Industrielle de la Cellulose.
[2] A.P. 2325782, Dow Chemical Co.
[3] SARGE, T. W.: Analyt. Chemistry **19**, 396 (1947).
[4] DRP. 670165, DRP. (Zweigstelle Österreich) 158412, F.P. 804989, E.P. 459514, Schwz.P. 191574, A.P. 2230000, Deutsche Celluloid-Fabrik A.G.

durch Zusatz von Polyvinylchlorid oder Polystyrol beseitigen. Man setzt dem nachchlorierten Polyvinylchlorid 10 bis 95 Prozent der genannten Polymerisate zu. Durch diese Zusätze wird die Festigkeit der Folien aus nachchloriertem Polyvinylchlorid verbessert, ohne daß der Erweichungspunkt herabgesetzt wird.

Während z. B. eine Folie aus nachchloriertem Polyvinylchlorid von 0,12 mm Stärke überhaupt keine meßbare Festigkeit aufweist, erhält man bei einer Folie aus nachchloriertem Polyvinylchlorid und Polyvinylchlorid im Verhältnis 1 zu 1 eine Festigkeit von 6 bis 7 kg/qmm und eine Dehnung von 25 bis 30 Prozent in der Längsrichtung und 5 bis 6 Prozent in der Querrichtung.

Der Zusatz von Polyvinylchlorid, aber auch von Polyvinylacetalen, bewirkt nicht nur bei Folien aus nachchloriertem Polyvinylchlorid, sondern auch bei Mischpolymerisaten aus Vinylchlorid und Acrylsäurederivaten sowohl eine Verbesserung der mechanischen Eigenschaften als auch eine bedeutende Erhöhung des Isoliervermögens.

Durch Zusatz von *Palamoll I* zu weichgestelltem Polyvinylchlorid erhält man Folien, die sich durch eine stark erhöhte Kältefestigkeit auszeichnen; sie machen aber bei Zimmertemperatur einen härteren Eindruck als ein Polyvinylchlorid-Film ohne Palamoll I-Zusatz mit derselben Kälteempfindlichkeit[1].

Bei einem Film aus 70 Teilen Polyvinylchlorid (Igelit PCU) und 30 Teilen Trikresylphosphat G wird durch Zusatz von 20 bis 25 Teilen Palamoll I eine Verbesserung der Kältefestigkeit um etwa 20° erzielt.

Durch Zusatz von *Perbunan* kann neben anderen Eigenschaften auch die Wasserdampffestigkeit von Folien aus Vinylchlorid-Vinylacetat verbessert werden, wie die Zahlen der Tab. 49 erkennen lassen[2].

Tabelle 49.
Wasserdampfaufnahme von Vinylchlorid-Vinylacetat-Mischpolymerisat-Folien.

Zusammensetzung	Folie ohne	Folie mit
	Perbunanzusatz	
Mischpolymerisat Vinylite VYNS	100	100
Basisches Bleicarbonat	3	3
Stearinsäure	1,5	1,5
Weichmacher DOP	50	—
Perbunan	—	50
Wasserdampfaufnahme in g bezogen auf 100 Quadratzoll in 24 Stunden	18	7

Folien aus Polyvinylchlorid oder Vinylchlorid-Mischpolymerisaten mit Zusatz von Butadien-Acrylnitril-Kautschuk weisen bei ausgezeichneter Kälte- und Wärmebeständigkeit einen angenehm trockenen lederartigen Griff auf, so daß sie in der Täschner- und Polsterindustrie Interesse erwecken[3].

Polymerisate oder Mischpolymerisate des Vinylchlorids können auch mit anderen filmbildenden Stoffen auf Folien verarbeitet werden.

---

[1] I.G.-Kunststoffe, Taschenbuch für die verarbeitende Industrie 1942, 39.
[2] Mod. Plastics **25**, 91 (1948).
[3] STOECKHERT, K.: Gummi u. Asbest **3**, 57 (1950).

Nach L. KOLLEK[1] erhält man z. B. wasser- und lichtbeständige Filme aus Polyvinylchlorid und Kondensationsprodukten der auf S. 491 angegebenen Zusammensetzung.

Polyvinylchlorid-Kunststoffe, wie Polyvinylchlorid, nachchloriertes Polyvinylchlorid oder Mischpolymerisate des Vinylchlorids mit anderen ungesättigten Verbindungen können mit Hilfe der von K. THINIUS[2] vorgeschlagenen trocknenden Öle mit Nitrocellulose zu homogenen Massen verarbeitet werden, aus welchen man nach dem Celluloidverfahren Mischfolien herstellen kann.

Ein Mischpolymerisat aus Vinylchlorid und Acrylsäuremethylester im Verhältnis 80 zu 20 wird in einem trocknenden Öl bei 110° verkocht. Nach dem Abkühlen wird diese Lösung mit einer hochviskosen Nitrocellulose mit einem Stickstoffgehalt bis 11 Prozent, die durch Aceton und Toluol im Verhältnis 1 zu 1 und einem Weichmacher in eine plastische Masse übergeführt wurde, verknetet. Die homogene Mischung wird nach dem in der Celluloidindustrie üblichen Verfahren auf Folien verarbeitet.

Füllstoff, Pigmente oder lösliche Farbstoffe können in einem Stadium der Verarbeitung der Mischung zugesetzt werden.

Homogene, aus Vinylchlorid-Vinylacetat-Mischpolymerisaten und Cellulosederivaten bestehende Filme werden nach dem von J. E. BLUDWORTH[3] angegebenen und auf S. 308 näher besprochenen Verfahren erhalten.

VII. Fäden, Fasern und Garne.

Mit den im Jahre 1931 von E. HUBERT und Mitarbeitern[4] in Wolfen aufgenommenen Versuchen zur Herstellung von Fasern aus Polyvinylchlorid (Igelit PCU) wurde erstmals der Weg zur Herstellung vollsynthetischer Fasern beschritten[5].

Etwa 3 Jahre später hat C. SCHÖNBURG[6] festgestellt, daß man Fäden oder Fasern mit in vieler Hinsicht besseren Eigenschaften herstellen kann, wenn man an Stelle von Polyvinylchlorid dessen Nachchlorierungsprodukte als Ausgangsmaterial verwendet. Aus diesem nachchlorierten Polyvinylchlorid wird die noch später behandelte *PC*-Faser hergestellt.

Die durch Nachchlorierung des Polyvinylchlorids erzielbare Qualitätsverbesserung der Polyvinylchlorid-Faser kann man auch erreichen, wenn man den Chlorgehalt im Polyvinylchlorid durch Mischpolymerisation des Vinylchlorids mit Vinylidenchlorid erhöht. Von diesen Mischpolymerisaten eignen sich zur Faserherstellung solche, die ein Mischungsverhältnis von Vinylchlorid zu Vinylidenchlorid von 90 zu 10, 85 zu 15 und 80 zu 20 enthalten[7].

---

[1] DRP. 568767, I.G. Farbenindustrie A.G.
[2] DRP. 717702, Deutsche Celluloid-Fabrik A.G.
[3] A.P. 2402942, Celanese Corp. of America.
[4] DRP. 666264, I.G. Farbenindustrie A.G.
[5] KAINER, F.: Melliand Textilber. **31**, 255 (1950).
[6] DRP. 596911, F.P. 857142, I.G. Farbenindustrie A.G.
[7] ZART, A.: Chem.-Ing.-Technik **21**, 305 (1949).

Auch durch Einbau von anderen Fremdatomen oder Atomgruppen in die Polyvinylchlorid-Kette kann man Fäden erhalten, die den aus Polyvinylchlorid hergestellten in ihren Eigenschaften gleichen.

Durch eine besonders gute thermische Haltbarkeit zeichnen sich die nach dem Naß- oder Trockenspinnverfahren aus Vinylchlorid-Tetrafluoräthylen-Mischpolymerisaten hergestellten Fasern aus[1].

Von den in Frage kommenden Vinylchlorid-Mischpolymerisaten geben nach E. W. RUGELEY, TH. A. FIELD und J. F. COULON[2] die einen Vinylester aliphatischer Säure enthaltenden Mischpolymerisate mit einem gewichtsmäßigen Anteil von etwa 80 bis 90 Prozent Vinylchlorid und einem Molekulargewicht von mindestens 15000 brauchbare Kunstseiden. Dies gilt besonders für Mischpolymerisate, die neben Vinylchlorid als zweite Komponente Vinylacetat enthalten und dessen Anteil nach Angaben der Firma Carbide and Carbon Chemicals Corp.[3] 7 bis 30 Prozent betragen kann. Diese Mischpolymerisate stellen das Material dar, aus dem die normalen *Vinyon-Fasern* hergestellt werden.

Hochwertige Fäden lassen sich ferner aus Mischpolymerisaten von Vinylchlorid und in Wasser unlöslichen Acrylsäureverbindungen oder ihren Homologen herstellen[4]. Als in Wasser unlösliche Acrylsäureverbindungen kommen z. B. in Betracht: Acrylsäurenitril, Derivate des Acrylsäureamids, wie Acrylsäurediäthylamid und Acrylsäureanilid, ferner alle Acrylsäureester der aliphatischen und aromatischen ein- und mehrwertigen Alkohole oder ihrer Substitutionsprodukte. Als homologe Verbindungen kommen Derivate der α-Acrylsäure, z. B. der Methacrylsäure, in Betracht.

Von diesen Mischpolymerisaten geben nach H. FIKENTSCHER[5] die aus etwa 80 Prozent Vinylchlorid und etwa 20 Prozent Acrylsäureester bestehenden Mischpolymerisate besonders hochwertige Fäden.

Als besonders wertvoll hat sich der Einbau von Acrylsäurenitril in das Polyvinylchlorid-Molekül erwiesen.

Eine günstige Beeinflussung der Eigenschaften der Fäden wird z. B. schon erreicht, wenn man von einem Mischpolymerisat ausgeht, das aus 84 Prozent Vinylchlorid, 15 Prozent Vinylidenchlorid und 1 Prozent Acrylsäurenitril besteht. Aus diesem Mischpolymerisat wird z. B. die PC 120-Faser hergestellt[6].

Eine Erhöhung des Acrylnitrilgehaltes im Vinylchlorid-Mischpolymerisat hat gleichfalls eine Verbesserung der Eigenschaften der aus diesen Kunststoffen hergestellten Fäden zur Folge. Die Wirkung scheint dabei spezifisch zu sein, da von allen Acrylsäurenitril-Mischpolymerisaten das in Kombination mit Vinylchlorid polymerisierte Acrylsäurenitril sich am besten zur Herstellung von Fäden eignet.

Aus einem Mischpolymerisat, das aus 60 Prozent Vinylchlorid und 40 Prozent Acrylsäurenitril besteht, wird von der Firma Carbide and

---

[1] F.P. 928549, E. I. du Pont de Nemours & Co.
[2] A.P. 2161766, Carbide and Carbon Chemicals Corp.
[3] F.P. 767093, Carbide and Carbon Chemicals Corp.
[4] DRP. 685257, I.G. Farbenindustrie A.G.
[5] DRP. 713589, I.G. Farbenindustrie A.G..   [6] Angew. Chem. **60**, 159 (1948).

Carbon Chemicals Corp.[1] seit dem Jahre 1947 die unter den Bezeichnungen *Vinyon N-Faser* bzw. *Dynel*[2] hergestellt.

Die Eigenschaften der auf Polyvinylchlorid-Basis aufgebauten Fäden oder Fasern kann man nicht nur durch Art und Menge der im Polyvinylchlorid-Molekül eingebauten Atome oder Atomgruppen, sondern auch durch bestimmte Herstellungs- und Nachbehandlungsverfahren beeinflussen.

Eine zur Herstellung von Fäden aus Polyvinylchlorid oder Vinylchlorid-Vinylacetat-Mischpolymerisat geeignete Masse enthält nach E. F. BROOKMAN und ST. F. PEARCE[3] neben einem oder mehreren Weichmachern noch ein chloriertes Paraffin, mit 10 bis 55 Prozent Chlorgehalt, oder letzteres allein.

100 Teile der zu verarbeitenden Masse sollen 70 bis 99,5 Teile Polymerisat, höchstens 12,5 Teile Weichmacher, davon mindestens 0,5 Teile chloriertes Paraffin und, wenn kein anderer Weichmacher anwesend ist, höchstens 5 Teile chloriertes Paraffin enthalten. Das Gewichtsverhältnis zwischen Weichmacher und chloriertem Paraffin soll dabei keinesfalls größer sein als 10 und keinesfalls kleiner als der Ausdruck $(2,28 - 0,024\,N)$, wobei N die Anteile des Polymeren in 100 Teilen Masse bedeutet.

Eine geeignete Zusammensetzung besteht z. B. aus 100 Teilen Polyvinylchlorid, 5 Teilen Trikresylphosphat und 5 Teilen chloriertes Paraffin oder aus 100 Teilen Polyvinylchlorid und 5 Teilen chloriertes Paraffin.

Bei Verarbeitung eines Vinylchlorid-Vinylacetat-Mischpolymerisates aus 95 Teilen Vinylchlorid und 5 Teilen Vinylacetat setzt man 5 Teile Trikresylphosphat, 5 Teile chloriertes Paraffin und 7,5 Teile Stabilisator, Füllmittel und Pigment zu.

Die einzelnen Bestandteile werden bei gewöhnlicher Temperatur vorgemischt, dann in der Wärme homogenisiert und bei höherer Temperatur zu Fäden verpreßt.

A. Herstellung.

Die Herstellung von Fäden aus Polymerisaten oder Mischpolymerisaten des Vinylchlorids kann nach verschiedenen Verfahren erfolgen[4].

Zu Fäden oder Fasern kann man schon gelangen, wenn man Folien, Platten, Rohre oder Schläuche in Längsrichtung aufspaltet.

Die einfacheren Verfahren zur Herstellung von Fäden bestehen aber darin, daß man von ungeformten Massen aus den genannten Kunststoffen ausgeht und das Verspinnen dieser aus ihren Schmelzen oder Lösungen vornimmt.

1. Aus vorgeformten Massen.

Durch eine Aufspaltung in Längsrichtung werden nach H. JACQUÉ[5] wertvolle Fäden aus solchen Folien, Bändern oder Rohren aus Polyvinyl-

---

[1] Rayon Text. Monthly **28**, 49 (1947); — Text. World **95**, 117 (1945); **97**, 102 (1947).

[2] Herstellerin: Carbide and Carbon Chemicals Corp.

[3] F.P. 918342, Imperial Chemical Industries Ltd.

[4] KAINER, F.: Kurzes Handbuch der Polymerisationstechnik, Bd. 3, S. 89. Leipzig 1944.

[5] DRP. 667234, F.P. 811745, 823645, E.P. 479202, Ital.P. 352174, I.G. Farbenindustrie A.G.

chlorid, nachchloriertem Polyvinylchlorid oder Vinylchlorid-Mischpolymerisaten erhalten, bei denen durch Strecken ein besonders starres Richten der Moleküle herbeigeführt wurde.

Zur Herstellung von Fäden kann man nach H. FIKENTSCHER und H. JACQUÉ[1] auch von solchen Polyvinylchlorid-Folien ausgehen, die durch thermische Behandlung und anschließende Streckung stark orientiert wurden.

Auf die vorbeschriebene Weise erhält man jedoch Fäden, die sich infolge ihrer vielfach uneinheitlichen Dicke zur textilen Verarbeitung wenig eignen. Praktische Bedeutung besitzen diese Verfahren höchstens zur Herstellung von Stapelfasern[2].

2. Aus Schmelzen.

Infolge ihres thermoplastischen Verhaltens kann man Polyvinylchlorid oder Vinylchlorid-Mischpolymerisate durch Erhitzen bis auf Fließtemperatur in eine weiche Masse überführen, welche sich unter Druck durch Düsen zu Fäden verpressen läßt.

Nach diesem Prinzip nimmt die Firma I.G. Farbenindustrie A.G.[3] das Verspinnen in der Weise vor, daß man das Polyvinylchlorid im festen Zustand in Stab-, Rohr-, Band-, Draht- oder Plattenform zwangsläufig fördert und entsprechend der Förderung laufend an dem der Düse zugekehrten Ende abschmilzt und durch Spinndrüsen drückt.

H. FIKENTSCHER und H. JACQUÉ[4] verfahren in ähnlicher Weise: Polyvinylchlorid oder Vinylchlorid enthaltende Mischpolymerisate werden erhitzt und die erweichten Massen durch auf entsprechende Temperatur erhitzte Düsen gepreßt.

Von den Vinylchlorid-Mischpolymerisaten werden vor allem die in bekannten organischen Lösungsmitteln unlöslichen Vinylchlorid-Vinylidenchlorid-Mischpolymerisate, insbesondere ihre hochmolekularen Formen, im Schmelzfluß unter Druck versponnen.

Auf diese Weise wird z. B. von der Firma Dow Chemical Co. die aus Vinylchlorid-Vinylidenchlorid-Mischpolymerisat aufgebaute *Saran-Faser* hergestellt.

Bei diesem Schmelzverfahren kann man Fäden aus Polyvinylchlorid mit guten Eigenschaften erhalten, wenn man die Fadenmoleküle des durch Wärme und sehr hohen Druck plastifizierten Polyvinylchlorids schon während der eigentlichen Verformungsphase zueinander und zur Längsrichtung der Düse orientiert[5].

Man verfährt dabei in folgender Weise:

In einer heizbaren Presse mit konisch sich verjüngendem Mundstück, dessen Kleinstdurchmesser die Austrittsstelle des Fadens ist, wird das Polyvinylchlorid ohne Zusatz von Lösungs- oder Weichmachungsmitteln unter Anwendung eines sehr hohen spezifischen Druckes in der Größenordnung von 5000 bis 8000 kg/qcm über seinen Erweichungspunkt hinaus, zweckmäßig auf Temperaturen von 100 bis 150°, erwärmt und zum Fließen gebracht. Durch den Fließvorgang in dem

---

[1] DRP. 742364, I.G. Farbenindustrie A.G.   [2] Siehe Seite **397**.
[3] Ital.P. 372727, I.G. Farbenindustrie A.G.
[4] DRP. 742364, I.G. Farbenindustrie A.G.
[5] DRP. 721886, Deutsche Celluloid-Fabrik A.G.

sich konisch verjüngenden Durchtritt durch die z. B. 0,5 mm lichte Weite aufweisende Düse zwingt man die Fadenmoleküle zu einer Parallelorientierung zur Längsachse der Presse. Die Orientierung wird um so vollkommener, je größer der Fließvorgang und je geringer die Viskosität ist. Die beim Austritt aus der Düse fast augenblicklich stattfindende Abkühlung der Fäden unter ihren Erweichungspunkt hindert die Fadenmoleküle an .einer Desorientierung.

Die Herstellung von Fäden aus Polyvinylchlorid oder Mischpolymerisaten von Vinylchlorid und Vinylacetat durch Auspressen der unter Stickstoff stehenden Schmelze aus 5 bis 15 nebeneinanderliegenden Düsen von 0,2 bis 2 mm Durchmesser und anschließender Dehnung der Fäden auf das Fünf- bis Hundertfache kann nach H. DREYFUS[1] kontinuierlich gestaltet werden durch Anordnung einer Schleuse für das nachzufüllende oder zu schmelzende körnige Polymerisat über der Schmelzkammer.

Die Schleuse besteht aus einer wassergekühlten Kammer, die unten durch ein federgefesseltes Kegelventil und oben durch ein aus einer drehbaren Scheibe mit Loch gebildetes Ventil verschlossen ist. Außerdem ist an die Kammer eine Vakuumleitung und eine Stickstoff-Druckleitung absperrbar angeschlossen. In die Schmelze ragt normalerweise ein Thermoelement hinein. Sinkt aber die Schmelze beim Auspressen des Stoffes ab, so daß sie das Thermoelement nicht mehr berührt, ergibt der auftretende Temperaturunterschied einen Unterschied im Thermostrom. Dadurch wird ein Relais für einen die selbsttätigen Funktionen der Schleuse veranlassenden Strom geschaltet. Zunächst wird das Scheibenventil geöffnet und nach Eintritt einer bestimmten Menge frischen Stoffes in die Schleusenkammer wieder geschlossen. Darauf wird die Vakuumleitung geöffnet und nach Entfernung aller Luft aus der Schleusenkammer wieder geschlossen. Schließlich wird die Stickstoffleitung geöffnet, bis der Druck des Schutzgases gleich dem im Schmelzraum wird, das Kegelventil geöffnet, so daß die Schleusenkammer sich in den Schmelzraum entleert, und Stickstoffleitung und Kegelventil wieder geschlossen.
An die Stelle des selbsttätigen Betriebs kann Handbetrieb treten, jedoch muß immer wieder ein Schleusenventil zwangsläufig geschlossen sein, wenn das andere offen ist.

Zur Erhöhung des plastischen Zustandes kann man den zu verspinnenden Polymerisaten oder Mischpolymerisaten des Vinylchlorids Weichmacher[2] zusetzen.

Für den besonderen Zweck der Fadenbildung hat die Firma I.G. Farbenindustrie A.G.[3] Polyvinylchlorid-Massen vorgeschlagen, welche mit dem auf S. 161 angeführten Esterweichmacher plastifiziert sind.

Nach E. F. BROOKMAN und ST. F. PEARCE[4] eignen sich zum Weichstellen von Polyvinylchlorid- oder Vinylchlorid-Mischpolymerisaten Gemische von chlorierten Paraffinen und den auf S. 179 genannten Estern.

Zur Herstellung von Fäden eignen sich z. B. folgende Mischungen:

100 Teile Polyvinylchlorid, 25 Teile Dibutylphthalat, 25 Teile chloriertes Paraffin mit 47 Prozent Chlor, 8,5 Teile Stabilisator und Pigment.
Ein anderer Ansatz besteht aus 100 Teilen Mischpolymerisat aus Vinylchlorid und Vinylacetat, 30 Teilen Dibutylphthalat, 30 Teilen chloriertem Paraffin mit 42 Prozent Chlor, 8,5 Teilen Stabilisator und Pigment.

---

[1] A.P. 2437686, Celanese Corp. of America.   [2] Siehe Seite 145.
[3] F.P. 892084, I.G. Farbenindustrie A.G.
[4] F.P. 918341, Imperial Chemical Industries Ltd., E. F. BROOKMAN und ST. F. PEARCE.

Durch Zusatz von geeigneten Weichmachern, z. B. der auf S. 177 beschriebenen Art, läßt sich auch höchstmolekulares Polyvinylchlorid nach dem *Spritz-* oder *Spritzgußverfahren* auf Fäden verarbeiten[1].

Gewöhnlich preßt man aber die aus Polyvinylchlorid z. B. mit der doppelten Menge Weichmacher nach dem Erhitzen erhaltene plastische Masse durch Düsen zu Fäden[2].

Der in den Fäden vorhandene Weichmacher kann in diesen belassen oder mit Aceton ausgewaschen werden.

Man verfährt hierbei z. B. in folgender Weise:

100 Gewichtsteile pulverförmiges hochmolekulares Polyvinylchlorid werden mit 200 Gewichtsteilen Trikresylphosphat und 4 Teilen Stearinsäure innig vermischt. Das Gemisch wird auf 100° erhitzt, bis es den Weichmacher völlig aufgesaugt hat, und dann wird es in einer Spritzmaschine mit einer Schneckenpreßtemperatur von 120°, einer Kopftemperatur von etwa 150° und einer Düsentemperatur von etwa 220° durch eine Düse von 0,5 mm Weite ausgepreßt.

Der die Düse in fast flüssigem Zustande verlassende Faden wird mit einer Abzugsgeschwindigkeit von 700 m je Minute auf einer Trommel aufgehaspelt.

Aus dem erhaltenen Faden wird der Weichmacher mit Aceton ausgelaugt. Trotzdem behält der Faden eine völlig befriedigende Biegsamkeit, Reißfestigkeit und tadellose Oberflächenbeschaffenheit.

Der Spinnfaden kann nach H. BERG, M. DORIAT und W. GRUBER[3] im Acetonbade oder nach dem Verlassen desselben einer Streckung unterworfen werden; auch kann man ihn nach dem Verlassen des Bades einer thermischen Vergütung unterziehen.

3. Aus Lösungen.

Die Verarbeitung von Polymerisaten oder Mischpolymerisaten des Vinylchlorids auf Fäden wird wesentlich erleichtert, wenn man den Polymerisat-Kunststoffen während oder vor der Verformung Lösungsmittel zusetzt und diese Lösungen verspinnt.

Bei diesen Verfahren entfällt die Notwendigkeit der Verwendung von beheizten Düsen; man kann vielmehr hier die in der Kunstseide-Industrie üblichen Spinnvorrichtungen benützen.

Aus diesem Grunde wird bei der Herstellung von Fäden aus Polymerisaten oder Mischpolymerisaten des Vinylchlorids von Lösungen dieser Kunststoffe ausgegangen.

Einen Übergang zwischen den Schmelz- und Lösungsverfahren stellt die von H. DREYFUS[4] beschriebene Arbeitsweise dar, bei der Polyvinylchlorid oder Mischpolymerisate aus Vinylchlorid und Vinylacetat erweicht und die plastische Masse mittels eines durch erhitzte Flüssigkeiten oder erhitzten Dampf erzeugten Druckes zu Fäden gepreßt wird. Die zu Fäden geformte Lösung wird dann in einer gas- oder dampfförmigen Atmosphäre oder in einem flüssigen Medium koaguliert.

Gewöhnlich geht man aber hier so vor, daß man die Polymerisate oder Mischpolymerisate des Vinylchlorids zunächst in Lösung bringt

---

[1] Schwz.P. 223079, Dr. A. Wacker Ges. f. elektrochem. Ind. G.m.b.H.

[2] Ital.P. 381794, Dr. A. Wacker Ges. f. elektrochem. Ind. G.m.b.H.

[3] Ital.P. 387594, Zusatz zu Ital.P. 381794, Dr. A. Wacker Ges. f. elektrochem. Ind. G.m.b.H.

[4] E.P. 529510, H. DREYFUS.

und die erhaltenen Lösungen nach dem Trocken- oder Naßverfahren verspinnt.

Auf diese Weise hat bereits die Chemische Fabrik Griesheim Elektron[1] die bei der Polymerisation von Vinylchlorid im Sonnen-, Uviol- oder Bogenlicht erhaltenen Produkte auf Fäden verarbeitet.

Aus Lösungen lassen sich auch Vinylchlorid-Mischpolymerisate, z. B. die auf S. 371 erwähnten Mischpolymerisate aus Vinylchlorid und Acrylsäureverbindungen[2], zu Fäden verspinnen.

Den Spinnlösungen können nach Bedarf Weichmachungsmittel, Füllstoffe, Farbpigmente usw. zugesetzt werden.

Nach diesem Verfahren werden Fäden aus einem Mischpolymerisat hergestellt, das durch Polymerisieren von 60 Teilen Vinylchlorid, 30 Teilen Acrylsäurenitril und 10 Teilen Acrylsäuremethylester erhalten wurde.

Bei der Bereitung von Spinnlösungen, die neben Polyvinylchlorid noch Weichmacher enthalten, verfährt man meistens so, daß man das Polyvinylchlorid und das Weichmachungsmittel in einem beide Teile lösenden und mit Wasser mischbaren Lösungsmittel, z. B. Acetonylaceton, auflöst und dann das weichgemachte Polyvinylchlorid mit Wasser ausfällt.

Infolge der beschränkten Löslichkeit von Polyvinylchlorid kommen zum Verspinnen nur Lösungen von Polyvinylchlorid in bestimmten Lösungsmitteln zur Anwendung.

Die Firma I.G. Farbenindustrie A.G.[3] geht von Lösungen von hochpolymerem Vinylchlorid in cyclischen *Acetalen* aus zweiwertigen Alkoholen und Formaldehyd, gegebenenfalls unter Zusatz anderer Lösungsmittel, aus.

W. Reppe, O. Hecht und F. Oschatz[4] verwenden zur Herstellung von Fäden Lösungen von Polymerisaten oder Mischpolymerisaten des Vinylchlorids bzw. nachchloriertem Polyvinylchlorid in *Tetrahydrofuran* oder dessen auf S. 257 näher beschriebenen Abkömmlinge.

25 Teile eines nachchlorierten Polyvinylchlorids löst man in 75 Teilen Tetrahydrofuran und filtriert die Lösung in üblicher Weise. Aus der so erhaltenen Lösung kann nach dem Trockenspinnverfahren Kunstseide hergestellt werden.

Nach R. Gewehr[5] eignet sich *Tetrahydrofuran* auch zur Herstellung von Spinnlösungen von solchen Vinylchlorid-Vinylidenchlorid-Mischpolymerisaten, die 5 bis 25 Prozent Vinylidenchlorid enthalten.

Ein in bekannter Weise hergestelltes Mischpolymerisat aus 90 Prozent Vinylchlorid und 10 Prozent Vinylidenchlorid wird in Tetrahydrofuran gelöst, so daß eine 35prozentige Lösung des Mischpolymerisats von der spezifischen Viskosität 0,07, gemessen in 0,1prozentiger Lösung entsteht. Diese Lösung wird in einer Trockenspinnapparatur versponnen. Die Düsenkopftemperatur beträgt 67°, die Zellentemperatur 125°, der Abzug erfolgt mit einer Geschwindigkeit von 220 m je Minute. Zur Anwendung kommen Düsen mit 32 Löchern und einem Durchmesser von 0,06 mm.

Der so gesponnene Faden hat einen Titer von Nm etwa 55.

---

[1] DRP. 281877, Chem. Fabrik Griesheim Elektron.
[2] DRP. 685257, I.G. Farbenindustrie A.G.
[3] F.P. 822298, Ital.P. 351434, I.G. Farbenindustrie A.G.
[4] DRP. 737954, I.G. Farbenindustrie A.G.
[5] DRP. 750503, Deutsche Acetat-Kunstseidenfabrik A.G. Rhodiaceta.

Dieser Faden wird mit 190 Drehungen gezwirnt und nach dem Zwirnen um 150 Prozent verstreckt.

Der endgültig erhaltene Faden hat einen Titer von Nm 140, eine Reißlänge von 15,3 km und eine Dehnung von 14 Prozent.

Zur Herstellung von vollen oder hohlen Fäden, Fasern u. dgl. eignen sich nach P. C. E. J. CORBIERE und R. E. F. STUCHLIK[1] die aus Schwefelkohlenstoff und einem anderen, auf S. 259 näher genannten Lösungsmittel bestehenden Gemische, die sowohl Polyvinylchlorid, besonders die hochmolekularen Formen, und Vinylchlorid-Mischpolymerisate gut zu lösen vermögen. Das Verspinnen dieser Lösungen kann sowohl nach dem Trocken- als auch nach dem Naßspinnverfahren erfolgen.

Man setzt z. B. 130 g eines Polyvinylchlorids, von welchem 1 Teil in 10 Teilen Aceton auch bei 50° nicht vollkommen löslich ist, zu 1000 ccm einer Mischung gleicher Volumteile Schwefelkohlenstoff, Aceton und Methylenchlorid und rührt diese Mischung. Man erhält rasch bei gewöhnlicher Temperatur eine Spinnlösung, die zum Trockenspinnen geeignet ist; sie ermöglicht die Gewinnung von brauchbaren Fäden.

Nach einer anderen Ausführungsform werden zu 100 ccm einer Mischung aus 8 Volumteilen Tetrahydrofurfurylalkohol und 2 Volumteilen Schwefelkohlenstoff 100 g des gleichen Polyvinylchlorids zugesetzt. Man knetet unter Erhöhung der Temperatur auf 50 bis 60° in einem geschlossenen Behälter und erhält eine außerordentlich klare Lösung, die zum Naßspinnen geeignet ist.

Aus den vorbeschriebenen Polyvinylchlorid-Lösungen stellen die Firmen Soc. Rhodiaceta und Deutsche Kunstseidenfabrik Rhodiaceta[2] die unter den Bezeichnungen *Rhovyl*, *Fibrovyl*, *Thermovyl* und *Isovyl* bekannten Polyvinylchlorid-Fäden her. Sie werden von der Firma Soc. Rhovyl vertrieben.

Das *Rhovyl* besteht aus endlosen Fasern, während das Fibrovyl eine Spinnfaser darstellt. Das Thermovyl ist gleichfalls eine Spinnfaser, hat jedoch gegenüber dem Rhovyl und dem Fibrovyl eine erhöhte Wärmebeständigkeit, deren Grenze bei etwa 100° liegt; das Isovyl ist eine Faser mit verhältnismäßig großem Durchmesser und einem Titer von 18 den.

Bei Rhovyl handelt es sich um eine stark orientierte, nach dem Verspinnen um über 200 Prozent verstreckte, ungeschrumpfte Faser, die in einer Stärke von 3 bis 3,5 den in den Handel kommt. Die Faser schrumpft bei 75 bis 80°.

Isovyl ist eine Faser mit nur schwacher Orientierung; sie zeichnet sich jedoch durch große Scheuerfestigkeit aus.

Den zu verspinnenden Lösungen von Polyvinylchlorid in Schwefelkohlenstoff und Aceton kann man *Pyrophosphorsäure* oder ihre Salze zusetzen, wodurch die Lichtbeständigkeit der Fasern verbessert wird[3].

Eine Lösung, die 30 Teile Polyvinylchlorid, 0,15 Teile Pyrophosphorsäure, 35 Teile Aceton und 35 Teile Schwefelkohlenstoff enthält, wird versponnen.

Die erhaltenen Fäden sind nach 5 Monate dauernder Belichtung nur geringfügig verändert.

Ein aus Tetrahydrofuran und Butylacetat bestehendes Lösungsmittelgemisch verwendet wieder die Firma Dr. A. Wacker Ges. f. elektrochem. Ind. G.m.b.H.[4] zum Auflösen von Polyvinylchlorid.

---

[1] DRP. 749090, Deutsche Acetat-Kunstseidenfabrik A.G. Rhodiaceta; — F.P. 913164 und Zusatz F.P. 53851, Soc. Rhodiaceta.

[2] GRABE, F.: Melliand Textilber. **31**, 261 (1950).

[3] F.P. 915011, Soc. Rhodiaceta.

[4] DRP. Anm. w 106496, Dr. A. Wacker Ges. f. elektrochem. Ind. G.m.b.H.

Man geht z. B. von einer Lösung aus, die aus 5 Gewichtsteilen Polyvinylchlorid, 0,4 Gewichtsteilen Äthalsäuredibutylester, 94,6 Gewichtsteilen Lösungsmittelgemisch, bestehend aus 60 Teilen Tetrahydrofuran und 40 Teilen Butylacetat, besteht.

Diese 5prozentige Lösung wird bei niedriger Temperatur in dünnem Flüssigkeitsstrahl zu Fäden versponnen. Der getrocknete und abgezogene Faden wird gereckt und gegebenenfalls nach bekannten Methoden nachbehandelt.

Das Verhältnis von Polymerisat-Kunststoff und Lösungsmittel kann innerhalb weiter Grenzen schwanken; es wird vielfach vom Lösungsgrad des zu verspinnenden Polyvinylchlorids oder Vinylchlorid-Mischpolymerisates bestimmt.

Mitunter ist es gar nicht erforderlich, eine echte Lösung zu erzielen, vielmehr genügt unter Umständen eine Überführung des Polyvinylchlorid-Kunststoffs in einen pastenförmigen Zustand.

Solche verspinnbare Pasten stellt R. D. GLENN[1] aus durch Emulsionspolymerisation erhaltenen Vinylchlorid-Mischpolymerisaten her, die entweder aus 90 bis 92 Prozent Vinylchlorid und einem organischen aliphatischen Vinylester mit einem Molekulargewicht von 26000 bis 29000 oder aus 45 bis 48 Prozent Vinylchlorid und 55 bis 52 Prozent Acrylsäurenitril bestehen und Aceton als Lösungsmittel enthalten.

Die durch Verkneten erhaltene sehr viskose Paste wird bei 80 bis 100° 5 Minuten bis 1 Stunde unter Überdruck, um Acetonverdunstung zu verhindern, z. B. unter Stickstoff und Kohlendioxyd gehalten und kontinuierlich durch ein entsprechend heißes Filter gedrückt, worauf die Lösung versponnen wird.

Ein Emulsions-Mischpolymerisat aus 91,1 Prozent Vinylchlorid und Vinylacetat wird in einem Day-Typ-Mischer bei 40 bis 55° gemischt. Ein Teil dieser Mischung wird durch Kneten in Aceton zu einer 31prozentigen Lösung verarbeitet, die 1 Stunde unter Stickstoff auf 90° im Autoklaven unter einem Druck von 3,15 kg/qcm gehalten wird. Man verdünnt auf 27 Prozent Polymerisatgehalt, filtriert bei 85° durch ein Druckfilter, kühlt auf 50° und verspinnt.

Die Firma Agfa Ansco Corp. und M. HAGEDORN[2] vergießen Lösungen eines Polyvinylchlorids, von dem 1 g zur Lösung weniger als 15 ccm einer Mischung aus Chlorbenzol und Epichlorhydrin im Verhältnis 3 zu 1 bei 100° benötigt, und die bei Abkühlung auf 20° das Polyvinylchlorid wenigstens 5 Minuten lang in Lösung hält. Der Chlorgehalt des Polyvinylchlorids soll größer sein als der Formel entsprechen würde.

In Form von 25prozentigen Lösungen verarbeitet die Firma Carbide and Carbon Chemicals Corp.[3] die aus 90 Teilen Vinylchlorid und 10 Teilen Vinylacetat bestehenden Mischpolymerisate. Die Lösungen geben naß oder trocken versponnen die bekannte *Vinyon-Faser*.

In der gleichen Weise werden die aus Vinylchlorid und Acrylsäurenitril bestehenden Mischpolymerisate aus 17- bis 25prozentiger Acetonlösung zu *Vinyon N* versponnen[4].

---

[1] A.P. 2418507, Carbide and Carbon Chemicals Corp.

[2] Canad.P. 341456, I.G. Chemical Corp.

[3] BONNET, F.: Ind. Engng. Chem. **32**, 1564 (1940); Silk a. Rayon **18**, 261 (1944).

[4] STOWELL, E.: Rayon Text. Monthly **29**, 43 (1948).

Man geht hier zweckmäßig von einem Mischpolymerisat aus, das durch Emulsionspolymerisation von Vinylchlorid und Acrylsäurenitril erhalten wird und 45 bis 80 Prozent Vinylchlorid im Mischpolymerisat enthält. Dieses Mischpolymerisat besitzt nach ED. W. RUGELEY, TH. A. FIELD jr. und J. L. PETROKUBI[1] eine spezifische Viscosität von 0,1 bis 0,6 bei 20° und ist in Aceton bei 50° vollkommen löslich.

Die Spinnlösungen werden in Aceton bereitet und enthalten 12 bis 15 Prozent Mischpolymerisat zum Naßspinnen und 18 bis 25 Prozent Mischpolymerisat zum Trockenspinnen.

Aus verhältnismäßig verdünnten, nach den üblichen Verfahren nicht verspinnbaren Lösungen von Polyvinylchlorid in einem verhältnismäßig leicht flüchtigen Lösungsmittel stellt H. P. SCHMITZ[2] Fäden in der Weise her, daß er die Lösungen in einem dünnen Strahl auf ein sich bewegendes endloses Transportband, eine sich drehende Trommel od. dgl. aufspritzt. Die Geschwindigkeit dieser Vorrichtungen wird so eingestellt, daß der sich bildende Faden von der Unterlage mitgenommen wird und nicht reißt. Der Faden wird dann durch einen Luftstrom, durch Erwärmen, Abkühlen, Einwirkung eines Fällbades usw. von der Unterlage abgezogen und getrocknet.

Das Verspinnen der Lösungen von Polymerisaten oder Mischpolymerisaten des Vinylchlorids kann, wie bereits mehrfach angegeben, sowohl nach dem *Naß-* oder *Trockenspinnverfahren* erfolgen.

Bei den Naßspinnverfahren wird der aus der Düse austretende Faden in ein Fällbad eingeführt.

Nach einem Verfahren der Firma Carbide und Carbon Chemicals Corp.[3] werden Fäden aus Polyvinylchlorid oder Mischpolymerisate aus 70 bis 93 Teilen Vinylchlorid und 30 bis 7 Teilen Vinylacetat erhalten, wenn man die Lösungen dieser Kunststoffe durch eine Düse in ein Fällmittel preßt, das wenigstens teilweise mit dem Lösungsmittel mischbar ist. Der gebildete Faden wird aus dem Bad entfernt, bevor das Fällungsmittel das ganze Lösungsmittel aus dem Faden verdrängt hat, worauf der Faden getrocknet wird. Die Temperatur beträgt zweckmäßig 20 bis 35°. Die Ausfällung soll möglichst schnell erfolgen.

Zum Verspinnen nach den Naßspinnverfahren können auch Mischpolymerisate aus Vinylchlorid, Acrylsäureestern und Acrylsäurenitril verwendet werden[4].

Aus einem Mischpolymerisat, das z. B. durch Polymerisation von 60 Teilen Vinylchlorid, 10 Teilen Acrylsäuremethylester und 30 Teilen Acrylsäurenitril erhalten wurde, wird eine 22 prozentige Lösung in Aceton hergestellt und diese in ein alkoholisches Fällbad versponnen. Dabei kann man mit oder ohne Fadenstreckung arbeiten. Die erhaltenen Fäden besitzen eine gute Festigkeit.

Als Fällbad werden auch wäßrige Lösungen von Essigsäure verwendet[5].

---

[1] A.P. 2 420 565, E.P. 587 403, Carbide and Carbon Chemicals Corp.
[2] Ital.P. 386 617, Dr. A. Wacker Ges. f. elektrochem. Ind. G.m.b.H.
[3] F.P. 767 093, Carbide and Carbon Chemicals Corp.
[4] DRP. 685 257, I.G. Farbenindustrie A.G.
[5] F.P. 743 463, E.P. 387 976, I.G. Farbenindustrie A.G.

Eine 15prozentige Polyvinylchlorid-Lösung wird nach dem Entlüften in 30volumprozentiger Essigsäure bei einer Fällstrecke von 2,5 Metern versponnen und über 3 Streckrollen vom Durchmesser 8,6, 13,6 und 19,6 cm geleitet. Die Abzugsgeschwindigkeit beträgt 26,4 m je Minute.

Von C. Schönburg[1] ist als Fällbad Methanol vorgeschlagen worden. Zur Herstellung der Fäden verfährt man in der Weise, daß man zunächst eine 10prozentige Lösung von nachchloriertem Polyvinylchlorid in Tetrachloräthan herstellt, diese auf —30° abkühlt und durch eine Spinndüse in Form eines Fadenbündels in ein aus Methanol bestehendes, auf —20 bis —30° abgekühltes Fällbad verspinnt, den Faden darauf trocknet und aufwickelt.

Bei einem Verfahren der Firma Dr. A. Wacker Ges. f. elektrochem. Ind. G.m.b.H.[2] wird eine Lösung aus Polyvinylchlorid durch eine Düse in ein gegebenenfalls angewärmtes Fällbad gepreßt, das aus Nichtlösern und Lösern für das Polyvinylchlorid besteht, dann den sich dabei bildenden Faden aufwickelt und unter Spannung trocknet und schließlich den trockenen Faden in der Wärme bis auf das etwa 3- bis 10fache seiner ursprünglichen Länge streckt.

Hochwertiges Polyvinylchlorid wird z. B. in Cyclohexanon gelöst, filtriert, und die etwa 15prozentige Lösung bei etwa 80° durch eine Düse in ein auf 30° angewärmtes Fällbad gedrückt, das aus 5 bis 10 Prozent Cyclohexanon und 95 bis 90 Prozent 2-Äthylhexanon besteht. Unter diesen Bedingungen fällt der Faden bereits in einer Entfernung von 12 cm von der Düse aus. Die Fäden werden dann auf Spulen oder Haspeln aufgewickelt und unter Spannung getrocknet, worauf der getrocknete und gespannte Faden ohne vorausgehende Abkühlung in einer Umgebung von Wasserdampf zwischen zwei Walzen auf das Achtfache seiner ursprünglichen Länge verstreckt wird. Die erhaltenen Fäden können anschließend gezwirnt werden.

Die auf vorbeschriebene Weise hergestellten Fäden weisen einen Einzeltiter von 1 den auf und besitzen eine Trockenfestigkeit von 4,5 bis 8 g pro den und eine Dehnung von 8 bis 18 Prozent. Sie sind somit allen bekannten Fäden aus Polyvinylchlorid weit überlegen.

Auf diese Weise können auch dünne Fäden hergestellt werden, beispielsweise von 0,5, ja sogar von 0,2 den.

Zur Ausfällung des Fadens eignen sich auch wäßrige Salzlösungen, sogar reines Wasser.

Bei zu langer Berührung mit dem Fällungswasser werden die erhaltenen Fäden klebrig und undurchsichtig und sind überdies nicht ausreichend fest.

Nach J. G. E. Wright[3] kann man aber aus Lösungen weichgestellter Polyvinylchloride durchsichtige, nicht klebrige Fäden hoher Naßfestigkeit und Dehnbarkeit erhalten, wenn man den weichgemachten und aufgelösten Polyvinylchloriden vor der Ausfällung mit Wasser schwer bzw. langsam hydrolysierbare Kieselsäureester hinzufügt. Solche schwerhydrolysierbare Ester sind z. B. die von den einwertigen Alkoholen abgeleiteten Ester. Je nach Bedarf werden den weichgestellten Polyvinylchloriden 12 bis 350 Prozent solcher Ester, bezogen auf das Gewicht des Polyvinylchlorids, zugegeben.

---

[1] DRP. 596911, F.P. 49230, Zusatz zu F.P. 813828, I.G. Farbenindustrie A.G.
[2] DRP. Anm. w 111321, Dr. A. Wacker Ges. f. elektrochem. Ind. G.m.b.H.
[3] DRP. 733434, Allg. Elektrizitäts Ges.

Die beste Wirkung in bezug auf die Naßfestigkeit wird durch einen Zusatz von etwa 200 Prozent erreicht. Soll die Fällung langsamer vor sich gehen, so nimmt man kleinere Mengen. Je kleiner die Menge ist, desto geringer ist aber die Dehnungsfähigkeit und die Naßfestigkeit. Zur Herstellung durchscheinender Körper genügt schon ein Zusatz von 6 Prozent Tetraäthylsilicat.

Um jegliches Kleben sicher zu vermeiden, werden noch kleinere Mengen eines Borsäureesters, wie n-Butylborat, n-Amylborat und Octylborat, zugefügt. Infolge seiner Löslichkeit in Acetonylaceton ist das n-Butylborat besonders gut geeignet, wobei der Borsäureester 12 Prozent, berechnet auf das Gewicht Polyvinylchlorid nicht überschreiten soll.

Polyvinylchlorid 7 g, Trikresylphosphat 3 g, Tetraäthylsilicat 7 g, n-Butylborat 2 g und Acetonylaceton 81 g. Aus dieser Mischung hergestellte Fäden haben verschiedenen Glanz, je nachdem wie lange sie nach dem Austritt aus der Düse mit dem Wasser in Berührung waren. Lange Berührungsdauer ergibt geringeren Glanz, kürzere Berührungsdauer stärkeren Glanz. Der Glanz kann durch Zusatz von Salzen, wie Natriumchlorid und Aluminiumacetat noch verbessert werden.

Bei der Verwendung von wäßrigen Lösungen oder Wasser als Fällungsmittel tritt noch ein weiterer Nachteil auf. Die Wiedergewinnung der organischen Lösungsmittel ist bei diesen Verfahren entweder durch den Gehalt an Salzen und Säuren oder dadurch erschwert, daß das Lösungsmittel teils aus dem Fällbad und teils aus der Trockenluft gewonnen werden muß.

Diese Nachteile lassen sich nach E. Hubert, L. Weissbrod und H. Rein[1] dadurch beheben, daß man die Durchkoagulation von Lösungen aus Polyvinylchlorid in reinem Wasser auf so langen Fällstrecken von z. B. 160 bis 300 cm vornimmt, daß das Lösungsmittel schon während des Durchganges durch das Wasser vollständig herausgelöst wird. Der Fällbadumlauf wird dabei so eingestellt, daß im umlaufenden Fällbad höchstens etwa 6 bis 15 Prozent der organischen Lösungsmittel enthalten sind. Dadurch wird der Verlust an organischen Lösungsmitteln beim Spinnen auf ein Minimum reduziert.

Eine 20prozentige Lösung eines Mischpolymerisats aus Vinylchlorid und Vinylacetat im Verhältnis 85 : 15 in Aceton wird mit einer Fadengeschwindigkeit von 2,6 cm je Minute durch eine 40-Lochdüse mit 0,08 mm Bohrung in Wasser als Fällbad bei 25° versponnen. Nach 160 cm Fällstrecke wird der noch plastische Faden über drei versetzt angeordnete Streckstäbe geleitet und anschließend mit 60 m je Minute auf eine Spinnspule aufgewickelt. Man erhält einen Faden vom Titer 75 den mit einer Bruchbelastung von 235 g bei 14,6 Prozent Dehnung.

Nach einem anderen Beispiel wird eine 22,5prozentige Lösung von Polyvinylchlorid in Tetrahydrofuran aus der gleichen Düse mit einer Fadengeschwindigkeit von 3 cm je Minute und einer Fällstrecke von 180 cm versponnen. Nach Durchlaufen dieser Fällstrecke wird der Faden über drei versetzt angeordnete Stäbe verstreckt und mit 58 m je Minute auf einer Spinnspule aufgewickelt. Der Faden hat eine Bruchbelastung von 180 g bei 17 Prozent Dehnung.

Die durch das Fällbad bedingte Erschwerung der Wiedergewinnung der zur Inlösungbringung der Polymerisate oder Mischpolymerisate des Vinylchlorids benützten Lösungsmittel fällt bei dem *Trockenspinnverfahren* weg.

---

[1] DRP. 743597, I.G. Farbenindustrie A.G.

Nach diesem Verfahren wird z. B. Polyvinylchlorid in Acetonlösung im Warmluftstrom trocken versponnen[1].

Die Firma American Viscose Corp.[2] spinnt wieder eine Lösung eines Mischpolymerisats aus Vinylchlorid und Vinylacetat zusammen mit einem Weichmacher, wie Dibutylsebacat, o-Nitrodiphenyloxyd, in Mengen von 25 bis 45 Prozent des Gesamtgewichtes an Vinylharz und Weichmacher in eine das Lösungsmittel verdunstende Atmosphäre.

Auf diese Weise wird von der Firma Carbide and Carbon Chemicals Corp.[3] die *Vinyon-Faser* hergestellt.

Das aus Vinylchlorid und Vinylacetat mit einem Gehalt von 10 bis 12 Prozent Vinylacetat bestehende Mischpolymerisat wird in Form einer 25prozentigen Lösung in Aceton nach mehrfachem Filtrieren und Entlüften bei 50° mittels Spinnpumpen den üblichen Trockenspinnmaschinen zugeführt und durch eine Spinndüse gepreßt. Der entstandene Faden wird in einer 5 m langen Trockenzelle durch Luft von 80° vom Lösungsmittel befreit und zum Erstarren gebracht. Der Fadenabzug beträgt 250 m je Minute. Es wird ein Einzeltiter von 2,5 bis 3 den gesponnen.

Da der Faden in Wasser völlig unquellbar ist, können die Nachbehandlungsprozesse überwiegend als Naßprozesse durchgeführt werden. Die frisch versponnene Faser wird zunächst über 12 Stunden lang gealtert, dann schwach gedreht oder aber doubliert und verzwirnt. Hierauf folgt das Strecken um etwa 75 bis 180 Prozent, wodurch die Festigkeit wesentlich erhöht und die Dehnung stark verringert wird. Nach der Streckung zeigt das Garn anfänglich große Neigung zu schrumpfen, so daß die Streckung fixiert werden muß. Man läßt zu diesem Zweck das gestreckte Garn einige Zeit unter Spannung auf der Streckspule altern.

Zur weiteren Verbesserung der Gebrauchseigenschaften, insbesondere zur Erzielung einer gleichmäßigen Faser mit weichem Griff, muß das gestreckte Garn nach der Alterung bei hohen Abzugsgeschwindigkeiten noch plötzlichen und scharfen Biegungen unter Eintauchen in Wasser unterworfen werden. Man zwingt das Garn durch entsprechende Anordnung von Rollen, die sich in Wasser befinden und um die das Garn läuft, zu jähen Richtungsänderungen.

Nach dem Trockenspinnverfahren können die von H. FIKENTSCHER [4] vorgeschlagenen Mischpolymerisate aus 80 Prozent Vinylchlorid und 20 Prozent Acrylsäureester zu hochwertigen Fäden versponnen werden.

Aus einem Mischpolymerisat, das durch Polymerisation von 82 Teilen Vinylchlorid und 18 Teilen Acrylsäuremethylester erhalten wurde, wird eine 20prozentige Lösung von Methylenchlorid-Aceton im Verhältnis 4:1 hergestellt und unter Druck bei einer Temperatur von 80 bis 100° und einer Geschwindigkeit von 80 bis 100 m je Minute nach dem Trockenspinnverfahren versponnen.

Man erhält glänzende Fäden mit einer Bruchdehnung von 8 Prozent und einer Festigkeit von 150 bis 200 g je 100 den.

B. Veredlung.

Die nach den vorbeschriebenen Verfahren hergestellten Fäden entsprechen nicht immer den an sie gestellten Anforderungen.

Neben mangelnder Licht- und Temperaturbeständigkeit befriedigen manche Fäden auch nicht hinsichtlich ihrer mechanischen Eigenschaften.

---

[1] ZART, A.: Chem.-Ing.-Technik **21**, 305 (1949).

[2] E.P. 570590, American Viscose Corp.

[3] WINDECK-SCHULZE, K.: Zellwolle, Kunstseide, Seide **45**, 121 (1940). — F. BONNET: Ind. Engng. Chem. **32**, 1564 (1940).

[4] DRP. 713589, I.G. Farbenindustrie A.G.

Durch eine bestimmte, an die Verspinnung anschließende Nachbehandlung der Fäden kann man eine wesentliche Verbesserung ihrer Eigenschaften erreichen.

Durch eine nachträgliche Behandlung der auf Grundlage von Polyvinylchlorid hergestellten Fäden mit *Pyrophosphorsäure* oder ihren *Salzen* kann man eine wesentliche Verbesserung der Lichtbeständigkeit erzielen[1].

Für eine Reihe von Anwendungsgebieten stört die geringe Wärmebeständigkeit bestimmter Fäden aus Polyvinylchlorid-Kunststoffen. So besitzen z. B. die aus reinem Polyvinylchlorid hergestellte *PCU-Faser* und die aus Vinylchlorid-Vinylacetat-Mischpolymerisat hergestellten normalen *Vinyon-Fasern* nur einen Erweichungspunkt von 65°. Wesentlich höher liegt bereits der Erweichungspunkt der aus nachchloriertem Polyvinylchlorid hergestellten PC-Faser. Die verbesserte *PC 120-Faser* und die *Vinyon N-Faser* entsprechen hingegen hinsichtlich der Wärmebeständigkeit ungefähr der Acetat-Kunstseide.

Die bei manchen Fäden aus Polyvinylchlorid-Kunststoffen unzureichende Temperaturbeständigkeit kann man aber verbessern, wenn man die Fäden aus Polyvinylchlorid, nachchloriertem Polyvinylchlorid oder Vinylchlorid-Mischpolymerisaten mit gasförmigem oder gelöstem *Halogen* behandelt[2]. Als Lösungsmittel für das Halogen kommen Wasser oder solche organische Lösungsmittel in Frage, die die Fäden nicht zu lösen vermögen.

Fäden aus Polyvinylchlorid mit 56 Prozent Chlor, die schon bei 70° zu schrumpfen beginnen, werden 1 bis 2 Tage bei 40 bis 50° mit 1 prozentigem Bromwasser behandelt. Nach Entfernen des überschüssigen Broms und Trocknen erhält man einen Faden, der erst bei 85 bis 90° zu schrumpfen beginnt.

Ein aus nachchloriertem Polyvinylchlorid versponnener Faden mit etwa 62 Prozent Chlorgehalt und einem Erweichungspunkt von 82° wird 12 bis 24 Stunden bei 50 bis 60° mit feuchtem Chlorgas behandelt. Der Erweichungspunkt des Fadens steigt hierdurch bis auf 95 bis 100°.

Eine Reihe von Verfahren wurde weiter ausgearbeitet, um die mechanischen Eigenschaften der Fäden auf Polyvinylchlorid-Basis zu verbessern.

So kann man z. B. biegsame stärkere Fäden aus Polyvinylchlorid erhalten, wenn man die aus mehreren feinen Düsen ausgepreßten Fäden unter Rotieren der Presse oder der Aufwickelspule zu stärkeren Fäden vereinigt[3].

Durch die auf S. 384 näher beschriebene Nachbehandlung kann man die elastischen Eigenschaften von aus Polyvinylchlorid hergestellten Fäden verbessern[4].

Eine Reihe von Verfahren wurde ausgearbeitet, um die Festigkeitseigenschaften von Fäden aus Polymerisaten oder Mischpolymerisaten des Vinylchlorids zu verbessern.

---

[1] F.P. 915011, Soc. Rhodiaceta.

[2] Schwz.P. 215151, E.P. 517689, Ital.P. 374768, I.G. Farbenindustrie A.G.

[3] DRP. (Zweigstelle Österreich) 156285, Schwed.P. 89822, 93279, Siemens-Schuckert A.G.

[4] F.P. 885097, Dr. A. Wacker Ges. f. elektrochem. Ind. G.m.b.H.

Eine Erhöhung der mechanischen Festigkeit wird nach C. WULFF und E. DORRER[1] durch Dehnung der Fäden aus den genannten Kunststoffen im plastischen Zustand und Erkalten im gedehnten Zustand erreicht[2].

Zur Herstellung von Kunstseidenfäden mit verbesserten Eigenschaften reckt die Firma I.G. Farbenindustrie A.G.[3] die nach dem Naßspinnverfahren erhaltenen Fäden kurz nach Verlassen des Fällbades oder im Fällbad selbst, also während sie sich noch im plastischen Zustand befinden, um mindestens 100 Prozent ihrer ursprünglichen Länge.

Dieses Recken nehmen E. HUBERT, H. PABST und O. HECHT[4] in mehreren Stufen, z. B. zwischen Walzen und mit steigender Umfangsgeschwindigkeit, so vor, daß der Faden von der ersten bis zur letzten Stufe um mindestens das Dreifache an Länge erreicht. Durch diese Arbeitsweise wird eine wesentlich bessere Festigkeit der Fäden erreicht. Während Fäden, die ohne Streckung gesponnen sind, eine sehr geringe, textil völlig unzureichende Dehnung aufweisen, führt die Anwendung starker Streckung zu Fäden mit hohen Dehnungen, die sich auf den üblichen Textilmaschinen verarbeiten lassen.

Eine 15prozentige Lösung eines hochviskosen Polyvinylchlorids in Cyclohexanon wird nach üblicher Filtration und Entlüftung durch eine Düse mit 40 Löchern von je 0,09 mm Durchmesser in eine 30prozentige Essigsäure gepreßt. Die Viskosität der Spinnlösung beträgt nach längerem, intensivem Rühren bei Zimmertemperatur 2400 Sekunden[5]. Der geformte Faden wird durch ein 2,5 m langes Fällband geführt und nach Verlassen des Bades zwischen Streckwalzen in drei ansteigenden Stufen ausgestreckt. Die Umfangsgeschwindigkeiten der Walzen sind die folgenden:

Abzugswalze hinter dem Fällbad	8,6 m je Minute	
Streckwalze 1	13,8 m ,,	,,
Streckwalze 2	19,2 m ,,	,,
Aufwickelwalze	26,4 m ,,	,,

Die so gesponnene Kunstseide wird nach dem Zwirnen und Haspeln bei normaler Temperatur getrocknet.

Die Festigkeit der erhaltenen Seide beträgt bei einem Gesamttiter von 160 den und einem Einzeltiter von 4 den 170 g pro 100 den bei einer Dehnung von 30 Prozent. Die Naßfestigkeit liegt überraschenderweise höher als die Trockenfestigkeit und beträgt 190 g je 100 den bei einer Dehnung von 30 Prozent.

Die nach dem gewöhnlichen Naßspinnverfahren erhaltenen Fäden haben dagegen eine textil völlig unzureichende Dehnung und Festigkeit. Im besten Falle werden Reißfestigkeiten von 50 bis 90 g pro 100 den bei Dehnungen von höchstens 10 Prozent erreicht.

Dieser Streckung kann gegebenenfalls kurz vor dem Anlauf auf das Aufnahmeorgan eine Schrumpfung folgen[6].

Durch Streckung werden auch die physikalischen Eigenschaften der nach dem Verfahren der Firma Dr. A. Wacker Ges. f. elektrochem. Ind. G.m.b.H.[7] hergestellten Fäden[8] verbessert.

---

[1] DRP. 700944, I.G. Farbenindustrie A.G.　　　[2] Siehe Seite 355.

[3] Belg.P. 435253, I.G. Farbenindustrie A.G.

[4] DRP. 666264, I.G. Farbenindustrie A.G.

[5] Gemessen an der Fallzeit einer Stahlkugel von 3,17 mm Durchmesser und 0,133 g Gewicht auf einer Länge von 20 cm bei 20°.

[6] F.P. 743463, E.P. 387976, I.G. Farbenindustrie A.G.

[7] Ital.P. 381794, Dr. A. Wacker Ges. f. elektrochem. Ind. G.m.b.H.

[8] Siehe Seite 375.

Die in vorbeschriebener Weise unter Reckung aus Polyvinylchlorid oder Vinylchlorid-Mischpolymerisaten hergestellten Fäden besitzen die unangenehme Eigenschaft, beim Erwärmen auf Temperaturen in der Nähe des Erweichungspunktes wieder zu schrumpfen. Hand in Hand mit dieser Verkürzung geht die Festigkeit der Faser zurück, während die Dehnung ansteigt.

E. Hubert, H. Demus und H. Rein[1] haben gefunden, daß diese Fähigkeit zu schrumpfen wesentlich herabgemindert oder sogar zum Verschwinden gebracht werden kann, wenn man die gestreckten Fäden einer Wärmebehandlung in der Nähe des Erweichungspunktes oder darüber unterwirft und bei dieser Behandlung dafür Sorge trägt, daß sie gespannt gehalten werden, so daß während der Erwärmung weder eine Verlängerung noch eine Verkürzung der Fäden eintritt. Zur Erwärmung kann sowohl trockene als auch feuchte Ware verwendet werden.

Ein aus nachchloriertem Polyvinylchlorid versponnener Faden, der normalerweise bei ungefähr 70° zu schrumpfen beginnt und bei dem die Schrumpfung bei 95° bereits über 40 Prozent beträgt, wird im gespannten Zustande trockener Wärme von 100° ausgesetzt oder mit 100° warmem Wasser behandelt. Nach dieser Warmbehandlung beginnt der Faden bei einer erneuten Behandlung erst bei 90° zu schrumpfen. Die Schrumpfung des so vorbehandelten Fadens beträgt bei 95° nunmehr höchstens 6 bis 8 Prozent.

Diese Wärmebehandlung kann man nicht nur nach, sondern auch während des Streckens vornehmen[2].

Auf diese Weise nimmt die Firma Carbide and Carbon Chemicals Corp.[3] die Nachbehandlung von Fäden aus Mischpolymerisaten von Vinylchlorid und Vinylestern vor. Man läßt die Fäden kontinuierlich unter Spannung, damit der Verzug erhalten bleibt, eine heiße Zone passieren, in der sie auf eine Temperatur gebracht werden, die unterhalb des Erweichungspunktes des Mischpolymerisats liegt. Diese Behandlung dauert so lange, bis eine hinreichende Festigung des Fadens erzielt wird, so daß beim Aufhören der Spannung keine bemerkenswerte Kontraktion eintritt.

Gemäß einem weiteren Verfahren der gleichen Firma und T. A. Field[4] werden die aus Mischpolymerisaten aus Vinylchlorid und einem Vinylester einer aliphatischen Säure mit einem durchschnittlichen Molekulargewicht von über 15000 erhaltenen Fäden zwecks Erhöhung der Zugfestigkeit um 200 bis 600 Prozent gestreckt, während man sie kontinuierlich durch eine inerte, die Fäden nicht lösende Flüssigkeit oder einen ebensolchen Dampf, z. B. Diäthylenglykol als Naßdampf, bei 100 bis 130° hindurchzieht.

Eine Verbesserung der mechanischen Eigenschaften von Fäden aus Polyvinylchlorid, nachchloriertem Polyvinylchlorid oder Vinylchlorid-Mischpolymerisaten kann man auch mit der von K. L. Berry und

---

[1] DRP. 711321, I.G. Farbenindustrie A.G.
[2] F.P. 837215, I.G. Farbenindustrie A.G.
[3] F.P. 864882, Carbide and Carbon Chemicals Corp.
[4] E.P. 518710, 541261, Carbide and Carbon Chemicals Corp.

J. W. HILL[1] vorgeschlagenen Nachbehandlung erreichen. Bei diesem Verfahren wird gleichzeitig mit der Streckung auch eine Härtung der Fäden vorgenommen. Dabei können die zu verwendenden Härtemittel der auf S. 143 genannten Art den Kunststoffmassen vor dem Verspinnen zugesetzt oder auf die versponnenen Fäden im Streckbad zur Einwirkung gebracht werden.

Die aus der Schmelze trocken oder naß versponnenen Fäden werden unter Durchleiten durch eine heiße Flüssigkeit, z. B. Glycerin oder Mineralöl, die das Härtemittel enthalten kann, gereckt und unter ausreichender Spannung, um irgendein wesentliches Zusammenziehen zu verhindern, auf Temperaturen zunächst unter dem Erweichungspunkt erwärmt und die Temperatur in dem Maße, wie der Erweichungspunkt steigt, erhöht.

Nach diesem Verfahren werden z. B. 50 Gewichtsteile eines Mischpolymerisats aus 95 Gewichtsteilen Vinylchlorid und 5 Gewichtsteilen Diäthylfumarat, 1 Gewichtsteil Magnesiumoxyd und 1 Gewichtsteil Butylaldehyd-Anilin auf dem Walzwerk bei 80 bis 100° gemischt.

10 Gewichtsteile der Mischung werden in 50 Gewichtsteilen Cyclohexan bei 100° bis zur gleichmäßig viskosen Dispersion gerührt. Man verspinnt bei Raumtemperatur in ein Bad aus 5 Gewichtsteilen Wasser und 1 Gewichtsteil Methanol. Man wickelt auf Glasbobinen und weicht über Nacht in Wasser, streckt dann in siedendem Wasser und kühlt, während bei konstanter Lage gehalten wird. Dann erhitzt man bei konstanter Länge 3 Stunden bei 100°, 1,5 Stunden bei 125°, 0,8 Stunden bei 150°. Die nachbehandelte Faser schrumpft nur um 15 Prozent bei langem Tauchen in siedendem Wasser; die unbehandelte Faser schrumpft hingegen um 48 Prozent.

Die mechanischen Eigenschaften von Fäden aus Polyvinylchlorid oder Vinylchlorid-Mischpolymerisaten lassen sich auch nach dem von H. FIKENTSCHER und H. JACQUÉ[2] ausgearbeiteten und auf S. 357 beschriebenen thermischen Nachbehandlungsverfahren weitgehend verbessern. Für diese Nachbehandlung der Fäden verwendet man zweckmäßig heiße Flächen, die Rillen haben.

Erfolgt diese Nachbehandlung der Fäden unter gleichzeitiger Zwirnung, so können dicke roßhaarähnliche Fäden, Garne oder Schnüre hergestellt werden. Zur Erzielung eines gleichmäßigen Zwirnens führt man die Fäden über kurze heiße Flächen, insbesondere über glatte und gerillte Zylinder oder auch Trichter.

An diese thermische Nachbehandlung kann eine weitere Behandlung durch Strecken[3] angeschlossen werden, und zwar bei einer niedrigeren Temperatur, z. B. 100°, wobei eine weitere Verbesserung der mechanischen Eigenschaften erreicht wird[4].

Dieses Erhitzen der Fäden aus Polyvinylchlorid kann nach dem auf S. 355 näher angegebenen Verfahren[5] in der Weise erfolgen, daß man die Fäden über eine oder mehrere geheizte Flächen oder zwischen hocherhitzten kurzen Strecken in den plastischen Zustand überführt und

---

[1] A.P. 2405008, E. I. du Pont de Nemours & Co.
[2] DRP. 742364, I.G. Farbenindustrie A.G.   [3] Siehe Seite 357.
[4] F.P. 823149, E.P. 497689, I.G. Farbenindustrie A.G.
[5] F.P. 823499, I.G. Farbenindustrie A.G.

dann unmittelbar einer Reckung um das Mehrfache ihrer ursprünglichen Länge unterwirft.

Die mechanischen Eigenschaften der aus Vinylchlorid-Acrylsäurenitril-Mischpolymerisat hergestellten Vinyon-N-Fäden können ebenfalls durch eine Nachbehandlung verbessert werden.

Nach E. W. RUGELEY, TH. A. FIELD jr. und J. L. PETROKUBI[1] wird das nach dem Verspinnen erhaltene Garn bei 110 bis 140° um 200 bis 1100 Prozent gestreckt und durch Schrumpfen bei 100 bis 160° eine bis einundeinehalbe Stunde lang stabilisiert.

Durch eine entsprechende Nachbehandlung lassen sich aus Polyvinylchlorid wolleähnliche Fäden, und zwar dadurch erhalten, daß man die Fäden in einem Zustande, wo sie besonders streckbar sind, streckt, ihnen hierauf die hohe Elastizität und unmittelbar darauf die von außen angelegte Spannung nimmt[2].

Fäden auf Polyvinylchlorid-Basis zeigen oft den Nachteil einer elektrostatischen Aufladung. Diese elektrostatischen Aufladungen der Fäden aus Polyvinylchlorid, nachchloriertem Polyvinylchlorid oder Mischpolymerisaten aus Vinylchlorid und Vinylacetat kann man nach W. N. STOOPS und A. L. WILSON[3] durch Imprägnieren der Fäden mit wäßrigen Lösungen oder Dispersionen von bestimmten *Polyalkylenamiden* verhindern. Von den Polyalkylenamiden eignen sich hier solche mit einem Molekulargewicht von mindestens 300 und Derivate dieser Verbindungen, die an einem oder mehreren Stickstoffatomen Hydroxyl-, Alkyl-, Oxalkyl-, Aminoalkyl- oder höhere Fettacylgruppen mit 10 und mehr Kohlenstoffatomen enthalten.

C. Färben von Polyvinylchlorid-Fasern.

In vielen Fällen ist es erwünscht, die nach einem der in den vorhergehenden Abschnitten behandelten Verfahren erhaltenen Fäden, Fasern oder Garne aus Polyvinylchlorid, nachchloriertem Polyvinylchlorid oder Vinylchlorid-Mischpolymerisaten zu färben.

Mit gewöhnlichen Farbstoffen lassen sich jedoch diese Kunstfäden oder -fasern nicht und mit Acetatkunstseiden-Farbstoffen in der üblichen Weise nur ganz schwach anfärben.

Um Fasern aus Polyvinylchlorid mit Erfolg färben zu können, müssen diese in einen Quellungszustand versetzt werden, der einerseits die physikalische Beschaffenheit der Fasern oder Fäden nicht verändert und andererseits die Aufnahme der Acetat-Kunstseidefarbstoffe und Eisfarbenkomponenten, die sich als allein brauchbar erwiesen haben, ohne besondere Vorbehandlung in genügender Echtheit zuläßt[4].

R. DONNER und B. GRUNWALDT[5] haben festgestellt, daß auch durch eine Behandlung in Schwerbenzin, Mineralölen, wie Petroleum, oder in

---

[1] A.P. 2420565, E.P. 587403, Carbide and Carbon Chemicals Corp.
[2] F.P. 885500, Röhm & Haas G.m.b.H.
[3] A.P. 2403960, Carbide and Carbon Chemicals Corp.
[4] KÖSTER, E.: Melliand Textilber. **28**, 200 (1947).
[5] DRP. 739750, I.G. Farbenindustrie A.G.

Mischungen aus Aceton, Alkohol und Wasser eine Quellung der Faser eintritt, die das Färben mit wasserunlöslichen Acetatkunstseidefarbstoffen oder Eisfarben in üblicher Weise, also bei erhöhter Temperatur, gestattet. Besonders geeignet sind Farbstoffe, die sich in dem Quellungsmittel teilweise lösen.

Die Färbungen werden entweder in wäßrigem Mittel unter Zusatz eines Quellungsmittels zum Färbebad nach vorangegangener Quellung der Faser oder während des Quellens hergestellt. Im letzten Falle werden dem Fällbade Lösungsmittel, wie z. B. Alkohol, Butanol, Schwerbenzin, Aceton oder Phenole, zugesetzt.

Eine trotz der Anwendung der Quellungs- und Lösungsmittel etwa eintretende Schrumpfung kann verhindert werden, wenn man die zu färbenden Fasern in gestrecktem Zustande behandelt oder während des Färbens ab und zu ausreckt.

Fällt man aus lösungshaltigen Flotten, so nimmt die Faser nur so lange Farbstoff auf, als Lösungsmittelgemisch vorhanden ist, also eine Quellung stattfindet. Hört diese auf, so ist der Färbevorgang abgeschlossen.

Wird in bekannter Weise ohne Vorquellung unter Zusatz von Quellungsmitteln bei gewöhnlicher Temperatur gefärbt, so erhält man selbst bei langer Färbedauer nur helle Färbungen. Wird dabei die Temperatur erhöht, so schrumpft die Faser und wird unbrauchbar.

Man ist somit in der Lage, Polyvinylchloridfasern ohne besondere Vorbereitung, also einbadig, zu färben.

Nach W. KIRST und R. SCHÄFER[1] kann man Spinnfasern aus Polyvinylchlorid, nachchloriertem Polyvinylchlorid oder Mischpolymerisate aus Vinylchlorid und Vinylacetat auch färben, wenn man diese mit wäßrigen Dispersionen von in Wasser schwer oder unlöslichen, für das Färben von Celluloseestern in wäßrigem Mittel geeigneten Farbstoffen und mit wäßrigen Dispersionen von in Wasser schwer oder unlöslichen Äthern, Thio- oder Dithioäthern, die mindestens einen aromatischen Rest enthalten, oder Thiophenolen behandelt.

Als Acetatkunstseide-Farbstoffe, die hier in Frage kommen, eignen sich Farbstoffe der Azo- und Anthrachinonreihe, salzartige Verbindungen aus basischen Farbstoffen, Chromkomplexverbindungen von Azofarbstoffen, Methin- und Azomethinfarbstoffe mit quarternären Stickstoffatomen sowie sulfonsäuregruppenfreie Oxazinfarbstoffe.

Eine Anfärbung von Fasern aus nachchloriertem Polyvinylchlorid, z. B. der *PC-Faser*, gelingt auch bei Zusatz von Eulysin (Äthylphenylcarbaminsäureäthylester)[2]. Der Färbevorgang ist dann so, daß der unlösliche Farbstoff, z. B. Cellitonechtfarbstoff, sich in Eulysin löst und mit diesem auf der Faserstoffoberfläche niedergeschlagen wird.

In Gegenwart gewisser organischer Stoffe, wie z. B. *o-Hydroxydiphenyl*, läßt sich die aus einem Vinylchlorid-Mischpolymerisat mit

---

[1] DRP. 742644, I.G. Farbenindustrie A.G.
[2] KIRST, W.: Melliand Textilber. **28**, 23 (1947).

10 bis 12 Prozent Vinylacetat bestehende *Vinyon-Faser* mit wasserlöslichen Acetat-Farbstoffen färben[1].

F. E. Petke und A. F. Klein[2] färben Fasern aus Vinylchlorid-Vinylacetat-Mischpolymerisaten aus wäßrigen Bädern, welche Leukoverbindungen von Farbstoffen und eine starke, alkalimetallfreie Stickstoffbase enthalten. Die Färbung wird durch Oxydation des Farbstoffs auf der Faser auch auf chemischem Wege entwickelt.

Die aus einem Mischpolymerisat aus Vinylchlorid und Acrylsäurenitril bestehende Vinyon N-Faser läßt sich bei 93 bis 98° in Gegenwart von Färbehilfsmittel, z. B. *Igepon*, färben[3].

R. Schäfer[4] hat weiter gefunden, daß auf Fasern aus nachchloriertem Polyvinylchlorid besonders tiefe Färbungen erzielt werden können, wenn man Färbebäder verwendet, die neben in Wasser schwer oder unlöslichen Farbstoffen der vorbeschriebenen Art organische Lösungsmittel für nachchloriertes Polyvinylchlorid und solche synthetische Verteilungsmittel enthalten, die auch die Lösungsmittel fein zu verteilen vermögen. Als Lösungsmittel kommen z. B. in Frage Aceton oder Cyclohexanon und als Verteilungsmittel solche, die neben alkylierten Naphthalinsulfonsäuren oder Polyäthylenoxyden hochsiedende organische Lösungsmittel enthalten.

Das zum Färben erforderliche Farbbad wird hergestellt, indem man das Verteilungsmittel und das Lösungsmittel zusammen zum Kochen erhitzt, das Lösungsmittel unter Zugabe von heißem Wasser und nochmaligem Aufkochen in feine Verteilung bringt, dann in die heiße Lösung den Farbstoff einstreut und durch Umrühren in kolloide Lösung bringt.

In einem Färbebad, das im Liter 1 g des Azofarbstoffes aus diazotiertem 1-Amino-4-nitrobenzol und N-Äthyl-N-oxyäthylaminobenzol, 20 ccm Cyclohexanol und 27 ccm Verteilungsmittel, bestehend aus 70 Teilen Wasser, 20 Teilen isobutyl-naphthalinsulfonsaurem Natrium und 10 Teilen Kresylglykol, enthält, werden 3,3 g einer Faser aus nachchloriertem Polyvinylchlorid bei 60 bis 70° 1 Stunde gefärbt, kalt gespült und dann nicht über 70° getrocknet. Man erhält eine tiefrote Färbung.

Verwendet man an Stelle des genannten Farbstoffes als solchen 1-Amino-4-oxyanthrachinon, so wird eine kräftig rosa Färbung erzielt.

Mit 1-Amino-4-methylaminoanthrachinon wird die PC-Faser kräftig violett gefärbt.

Um eine besonders gute Haftfestigkeit der Acetatkunstseidefarbstoffe zu erzielen, behandelt man die Faserstoffe aus Polyvinylchlorid oder Mischpolymerisaten aus Vinylchlorid und Vinylacetat vor dem Färben oder während des Färbens mit sekundären oder tertiären Aminen, die mindestens einen an Stickstoff gebundenen aromatischen Rest enthalten, zweckmäßig in neutralem, saurem oder alkalischem Bade, in feiner Suspension oder Emulsion[5].

Geeignete Amine sind z. B. Diphenylamin, 2-Methyldiphenylamin, 4,4'-Dimethyldiphenylamin, 1,4-Dibutylaminobenzol, n-Butylaminonaphthalin, N,N'-Diphenyl-1,3-diaminobenzol, 1-sek. Butylamino-3-methylbenzol, Dimethylamino-

[1] Bonnet, F.: Ind. Engng. Chem. **32**, 1564 (1940).
[2] A.P. 2257076, American Cyanamid Co.
[3] Stowell, E.: Rayon Text. Monthly **29**, Nr. 6, 78 (1948).
[4] DRP. 747572, F.P. 881852, I.G. Farbenindustrie A.G.
[5] F.P. 883813, Belg.P. 446726, I.G. Farbenindustrie A.G.

benzol, Diäthylaminobenzol, N-Methyl-N-äthylaminobenzol, Di-n-butylamino-
benzol, N-Methyldiphenylamin, N-Methyl-N-cyclohexylaminobenzol, N-Methyl-
N-benzylaminobenzol, 1-Diäthylaminonaphthalin, 1-Dimethylaminonaphthalin,
2-Dimethylaminonaphthalin, N-Phenylpyrrolidon oder N-Äthylcarbazol.

Gefärbt wird bei 60°.

Die Firma I.G. Farbenindustrie A.G.[1] färbt Fasern aus gegebenenfalls nachchloriertem Polyvinylchlorid oder Mischpolymerisaten aus
Vinylchlorid und Vinylestern in wäßrigem Bad bei höherer Temperatur
mit Metallkomplexverbindungen von Azo- oder Azomethinfarbstoffen
bzw. deren Gemischen, die keine wasserlöslichmachenden Gruppen enthalten und nicht zum Färben von Celluloseäthern und Celluloseestern
geeignet sind, in Gegenwart von wäßrigen Dispersionen von in Wasser
löslichen und hiermit auch nicht mischbaren organischen Verbindungen,
die bei der Färbetemperatur flüssig sind, mindestens einen aromatischen
oder hydroaromatischen Rest enthalten und in denen die genannten
Farbstoffe bei der Färbetemperatur löslich sind, z. B. hochmolekulare
Alkohole, Ketone, Phenole, Ester, Amine usw.

So kann man z. B. 1 kg Fasern aus nachchloriertem Polyvinylchlorid 1 Stunde
in 20 Liter eines wäßrigen, 75° warmen Bades färben, das 30 g der Kobalt-Kom-
plexverbindung des Azofarbstoffs 1-Amino-2-oxy-5-nitrobenzol—Acetoacetylamino-
benzol und 30 g N-Äthylphenylcarbaminsäureäthylester und 60 g des Reaktionsproduktes aus 20 Mol Äthylenoxyd und 1 Mol Dodecylalkohol in dispergierter Form
enthält, danach spülen und trocknen, und erhält eine dunkelorange, sehr reib-
und lichtechte Färbung.

Zum Färben von Fasern, Fäden, Garnen und Strängen aus nicht
nachchloriertem Polyvinylchlorid eignen sich ferner Flotten, die neben
den üblichen Acetatkunstseidefarbstoffen mindestens einen Terpen-
kohlenwasserstoff, z. B. Pineöl, in wäßriger Emulsion enthalten[2]. Der
Zusatz dieser Terpenkohlenwasserstoffe soll eine intensivere Färbung
zur Folge haben.

Man färbt z. B. 10 g Fasern aus Polyvinylchlorid 1 Stunde bei 60° in einer
Flotte, die auf 30 ccm Wasser 0,5 g 1-Oxy-4-aminoanthrachinon und 3 ccm einer
Pineöl-Emulsion in Seifenlösung enthält, spült und trocknet. Man erhält eine
schöne, intensiv rote Färbung.

Nach J. NIEDERHAUSER[3] kann man auf Polyvinylchlorid-Fasern auch
Färbungen mit Azofarbstoffen aus Naphtholen und Echtbasen erzielen,
wenn man in folgender Weise verfährt:

Die Faser wird zunächst in einem Bade behandelt, das sowohl das
Naphthol als auch die Base gelöst enthält; sodann wird gut gespült und
in einem zweiten Bade mit Natriumnitrit und Salzsäure diazotiert und
gleichzeitig entwickelt.

Auf diese Weise lassen sich aber nicht aus allen Azofarbstoffen aus
Naphtholen und Echtbasen gute Färbungen erzielen. Besonders gute
Resultate werden mit β-Naphthol erzielt.

Die nach dem Färben erhaltenen gefärbten Fäden, Garne oder
Fasern aus Polyvinylchlorid oder nachchloriertem Polyvinylchlorid
nehmen zwar kein Wasser auf, werden aber durch Wasser rasch benetzt.

---

[1] F.P. 899189, I.G. Farbenindustrie A.G.
[2] Schwz.P. 259411, F.P. 918829, Soc. Rhodiaceta.
[3] NIEDERHAUSER, J.: De Tex **8**, 557 (1949).

Um diese Gebilde wasserabstoßend zu machen, werden die gefärbten Fasern u. dgl. nach dem Färben mit Paraffinemulsionen und Tonerdesalzen behandelt. Durch diese Nachbehandlung treten aber unliebsame Veränderungen der gefärbten Ware, z. B. Verringerungen der Reibechtheit oder Griffverschlechterung, auf.

Nach W. Kirst[1] kann man diese Nachteile dadurch beseitigen, daß man das Färben und Wasserabstoßendmachen der Gebilde aus den genannten Polymeren in einem Arbeitsgang vornimmt, und zwar in der Weise, daß man die Gebilde oberhalb 50° mit wäßrigen Dispersionen von wasserunlöslichen Ketonen, Ketonalkoholen, Carbonsäureestern, Carbaminsäureestern oder Phosphorsäureestern, die mindestens einen aromatischen Rest enthalten, und gleichzeitig mit wäßrigen Dispersionen von in Wasser schwer oder unlöslichen, für das Färben von Celluloseestern in wäßrigem Mittel geeigneten Farbstoffen behandelt.

Die vorgenannten Verbindungen gelangen in verhältnismäßig geringen Mengen, in der Regel bis zu 2,5 Prozent vom Gewicht des Färbegutes, zur Anwendung.

1 kg eines Garnes aus nachchloriertem Polyvinylchlorid wird 1 Stunde bei 75° mit dem Gemisch einer Dispersion von 20 g 1-Amino-4-cyclohexylaminoanthrachinon-2-carbonsäureamid in 20 Liter Wasser und einer wäßrigen Dispersion, bereitet aus 20 g N-Äthylphenylcarbaminsäureäthylester und 40 g der Kondensationsverbindung aus 20 Mol Äthylenoxyd und Dodecylalkohol, behandelt. Nach dem Spülen erhält man eine kräftige blaue Färbung.

5 g des trockenen Garnes benötigen, auf dem Wasser von 18° aufgelegt, 215 Minuten zu ihrem Absinken, während das unbehandelte Garn innerhalb von 5 Minuten untergeht.

Mit den vorbeschriebenen Farbstoffen kann man Fäden oder Fasern aus Polymerisaten auf Vinylchlorid-Basis nur mit hellen bis mittleren Tönen anfärben.

Für dunkle Töne ist man auf die Fixierung lichtechter Pigmente mit Hilfe von Bindemitteln angewiesen[2].

D. Eigenschaften.

Die neuerdings in technischem Umfange hergestellten Polyvinylchlorid-Fasern zeichnen sich ebenso wie die aus nachchloriertem Polyvinylchlorid hergestellten Fasern durch besonders gute Eigenschaften aus.

Die Festigkeit der aus nicht nachchloriertem Polyvinylchlorid ursprünglich hergestellten Fasern liegt bei 2,2 g/den bis 2,5 g/den bei 28 prozentiger Dehnung.

Die neuen aus Polyvinylchlorid-Lösungen hergestellten *Rhovyl-* und *Fibrovyl*-Fasern der Firma Soc. Rhodiaceta[3] besitzen Naß- und Trockenfestigkeiten von 2,8 bis 3,2 g/den bei einer Dehnung von 12 bis 15 Prozent.

Besonders wertvolle Eigenschaften besitzt auch die *PC-Faser*.

---

[1] DRP. 741457, I.G. Farbenindustrie A.G.
[2] Köster, E.: Melliand Textilber. **28**, 200 (1947).
[3] Grabe, F.: Melliand Textilber. **31**, 261 (1950).

Als Ausgangsmaterial für die Herstellung dieser Faser dient das bereits erwähnte nachchlorierte Polyvinylchlorid. Zur Bereitung dieser Faser wird das nachchlorierte Polyvinylchlorid zu einer zähflüssigen Paste gelöst, die durch die feinen Öffnungen der Spinndüse gepreßt und unter Wiederentzug des Lösungsmittels zu Fäden geformt wird. Im allgemeinen wird die Faser in einer Stärke von 3,75 g/den versponnen. Die nach dem Verspinnen erhaltenen Fäden werden durch eine Nachbehandlung verfestigt[1].

Die *PC-Faser* unterscheidet sich rein äußerlich nicht von irgendeiner anderen Kunstseide; sie kann in der Weberei und Seilerei wie jede andere Kunstseide verarbeitet werden.

Die wichtigsten Eigenschaften dieser PC-Faser werden in der Tab. 50 den Eigenschaften von Naturfasern gegenübergestellt[2].

Tabelle 50. *Eigenschaften von PC-Faser und Naturfasern.*

Eigenschaften	PC-Faser	Baumwolle	Wolle	Flachs	Hanf
Faserfeinheit . . . Nm	2403	5667	1900	3815	2990
Festigkeit, trocken . Rkm	17,1	28,3	12,0	45,1	43,3
„ naß . . . „	18,45	27,9	9,6	46,1	46,6
Dehnung, trocken . . %	35,4	13,6	43,7	3,4	4,4
„ naß . . . . %	30,6	16,8	53,0	3,4	6,7
Spez. Gewicht . . kg/cdm	1,32	1,53	1,3	1,48	1,48

Die PC-Faser besitzt eine Naßfestigkeit, die gleich der Trockenfestigkeit einer Baumwolle mittlerer Qualität ist; außerdem ist sie der Baumwolle hinsichtlich Elastizität überlegen. Sie erweist sich als fäulnis- und verrottungsfest.

Bei forcierter Prüfung durch Eingraben von Mustersträhnchen in stets feucht gehaltener und auf 20 bis 25° temperierter Komposterde konnte nach 4 Monaten bei der PC-Faser kein Festigkeitsverlust festgestellt werden.

Ebenso besitzt die PC-Faser eine ausgezeichnete Insektenfestigkeit; sie wird von allen Faserschädlingen abgelehnt. Die Faser besitzt ferner ein ausgezeichnetes Isoliervermögen für Wärme und Elektrizität und leitet beim Abbrennen die Flamme nicht weiter, sondern bringt sie zum Erlöschen. Die PC-Faser ist beständig gegen angreifende Chemikalien, Säuren, Laugen, Oxydations- und Reduktionsmittel.

Ein Nachteil der PC-Faser ist jedoch, daß die Thermoplastizität des Grundstoffes auch bei der Faser erhalten bleibt. Es hat sich jedoch gezeigt, daß dieser Umstand nicht die Verwendung dieser Faser wesentlich beeinträchtigt.

Durch Einbau von Fremdatomen bzw. Atomgruppen kann man aber den Erweichungspunkt der Faser auf etwa 125° erhöhen[3].

Eine solche verbesserte Faser ist die *PC 120-Faser*, die aus einem Mischpolymerisat aus 84 Prozent Vinylchlorid, 15 Prozent Vinyliden-

[1] REIN, H.: Umschau **44**, 469 (1940). — E. HUBERT: Vierjahresplan **4**, 222 (1940).

[2] JEHLE: Zellwolle, Kunstseide, Wolle **45**, 181 (1940).

[3] KLEINE, J.: Vierjahresplan **6**, 183 (1942).

chlorid und 1 Prozent Acrylsäurenitril aufgebaut ist[1]. Diese *PC 120-Faser* entspricht hinsichtlich der Wärmebeständigkeit ungefähr der Acetat-Kunstseide.

Ähnliche Eigenschaften weist die gleichfalls aus einem Vinylchlorid-Vinylidenchlorid-Mischpolymerisat aufgebaute Saran-Faser der Firma Dow Chemical Co. auf.

Die aus Vinylchlorid-Vinylacetat-Mischpolymerisaten mit überwiegenden Mengen Vinylchlorid bestehenden *Vinyon-Fasern* der Firma Carbide and Carbon Chemicals Corp. verhalten sich in chemischer Hinsicht wie die aus reinem Polyvinylchlorid aufgebauten Fasern, z. B. die frühere *PCU-Faser* ber Firma I.G. Farbenindustrie A.G. Diese Fasern werden bei Zimmertemperatur weder von hochprozentigen Säuren noch von Alkalien angegriffen und auch nicht von Kupferoxyd-Ammoniak gelöst. Sie sind widerstandsfähig gegen Wasser, pilz- und bakterienfrei, nicht entflammbar und unterhalten nicht die Verbrennung[2].

Die *Vinyon-Fäden* erhalten ihre Festigkeit durch eine Streckung um 100 Prozent. Die Festigkeit schwankt zwischen 1 und 4 g/den; die Dehnung zwischen 18 und 120 Prozent. Naßfestigkeit und Naßdehnung sind bei der wasserabstoßenden Natur des Kunststoffes gleich der Trockenfestigkeit und Trockendehnung[3].

Mit der *PCU-Faser* haben die *Vinyon-Fasern* eine für die technische Verwertung zu geringe Wärmebeständigkeit gemein; sie liegt bei beiden Fasern bei 65 bis 66°.

Eine wesentlich bessere Wärmebeständigkeit zeigt aber die aus 60 Prozent Vinylchlorid und 40 Prozent Acrylsäurenitril hergestellte *Vinyon N-Faser*. Diese Faser erreicht die Temperaturbeständigkeit der *PC 120-Faser*, aber nicht deren Chemikalienfestigkeit[4].

Die ungestreckte *Vinyon N-Faser* zeichnet sich durch sehr gute Knitter- und Reibfestigkeit aus und hat eine Festigkeit von etwas unter 1 g/den und eine schwankende Dehnung, die aber durch Erwärmung fixiert werden kann. Das gestreckte Garn hat eine sehr geringe Dehnung und eine Festigkeit von 4 g/den. In kochendem Wasser schrumpft die Faser bis zu 22 Prozent[5].

E. Mischfäden.

Polyvinylchlorid, nachchloriertes Polyvinylchlorid oder Mischpolymerisate auf Basis von Vinylchlorid lassen sich auch mit anderen Polymerisat-Kunststoffen, Kondensationsprodukten sowie mit anderen strukturell verschiedenen, verspinnbaren Stoffen, wie Celluloseester oder Celluloseäther, aber auch mit natürlichen Faserstoffen zu Mischfäden verarbeiten.

Hinsichtlich des Aufbaues dieser Mischfäden hat man zu unter

[1] REIN, H.: Melliand Textilber. **30**, 243, 299 (1949).
[2] BONNET, F.: Ind. Engng. Chem. **32**, 1564 (1940).
[3] Ind. Textile **60**, 159 (1943).
[4] REIN, R.: Melliand Textilber. **30**, 243, 299 (1949).
[5] STOWELL, E.: Rayon Text. Monthly **29**, 43 (1948).

scheiden zwischen solchen, bei denen die fadenbildende Masse aus einer homogenen Mischung beider Komponenten besteht, und ferner Mischfäden, bei denen der aus einem Bestandteil gebildete Kern von der zweiten Fadenkomponente umhüllt ist.

1. Homogene Mischfäden.

Ein homogen aufgebauter Mischfaden besteht z. B. aus Gemischen von Polyvinylchlorid und Polymerisaten oder Mischpolymerisaten von *Dienkohlenwasserstoffen*.

Diese Mischfasern können nach Angaben von H. I. WATERMANN und W. L. J. DE NIE[1] gehärtet werden, und zwar dadurch, daß man sie bei Temperaturen zwischen 80 und 150° in einer im wesentlichen sauerstofffreien Atmosphäre erhitzt, in die so viel Monochlorbenzol, Benzolchlorid oder andere chlorierte Verbindungen, wie 3-Chlorbenzolchlorid, 3-Chlorbenzoltrichlorid usw., eingeführt sind, daß eine katalytische Beschleunigung des Härtungsvorganges stattfindet.

Mischpolymerisate aus Vinylchlorid und Vinylestern können auch gemeinsam mit bestimmten Polyvinylestern zu Mischfäden verarbeitet werden. Man setzt den genannten Mischpolymerisaten Spinnlösungen solcher *Polyvinylester* zu, denen hochmolekulare, freies Halogen, Oxydo- oder Sulfonsäureestergruppen enthaltende Stoffe einverleibt wurden und die einer Nachbehandlung mit Amiden, deren Derivaten oder anderen basische Gruppen liefernden Verbindungen unterworfen wurden[2]. Nach dem Verspinnen erhält man eine Kunstseide von hoher Farbstoffaffinität.

Ein geeignetes Material für die Herstellung von Mischfäden sind ferner die aus Mischpolymerisaten von Vinylchlorid und Olefinen einerseits und die aus aliphatischen, cyclischen oder aliphatisch-cyclischen Äthern oder Polyäthern in Gegenwart von anorganischen Säuren oder deren Anhydriden gewonnenen Kondensationsprodukten andererseits erhaltenen Mischungen[3].

Polyvinylchlorid, nachchloriertes Polyvinylchlorid oder Vinylchlorid-Mischpolymerisate können auch gemeinsam mit Nitrocellulose auf Mischfäden verarbeitet werden.

Um eine Verarbeitung der beiden Komponenten zu ermöglichen, behandelt die Firma Deutsche Celluloid-Fabrik A.G.[4] die Polymerisate allein oder gemeinsam mit dem Celluloseester, vorzugsweise in Gegenwart von Lösungsmitteln bei Temperaturen von wenigstens 100° mit trocknenden Ölen.

Ohne Verwendung des als Lösungsvermittler dienenden trocknenden Öles lassen sich homogene Mischfäden nach J. E. BLUDWORTH[5] in der Weise herstellen, daß man eine Lösung eines Cellulosederivates mit einer Vinylchlorid-Vinylacetat-Mischung vermengt, die erhaltene Lösung verspinnt und die Fäden, gegebenenfalls nach einer Vereinigung zu Garn, polymerisiert.

---

[1] A.P. 2185656, Shell Development Co.   [2] F.P. 795699, Aceta G.m.b.H.
[3] F.P. 862423, N. V. de Bataafsche Petroleum Mij.
[4] F.P. 832663, E.P. 511154, Deutsche Celluloid-Fabrik A.G.
[5] A.P. 2402942, Celanese Corp. of America.

2. Heterogene Mischfäden.

Heterogen zusammengesetzte Mischfäden kann man nach einem Verfahren der Firma Carbide and Carbon Chemicals Corp.[1] erhalten, wenn man zunächst aus einem Mischpolymerisat aus 50 bis 95 Prozent Vinylchlorid und 50 bis 5 Prozent Vinylester einer aliphatischen Säure Fäden bereitet und diese wenigstens teilweise mit Fäden aus regenerierter Cellulose, Cellulosederivaten, Wolle, Baumwolle od. dgl. verschmilzt.

Einheitlich aufgebautere Mischfäden oder Fasern kann man erhalten, wenn man aus der einen Fadenkomponente zunächst einen Faden herstellt und diesen dann mit einem Mantel aus der anderen Fadenkomponente umgibt.

Nach diesem Prinzip kann man eine bereits vorgebildete Faser aus Polyvinylchlorid mit einer Lösung einer anderen fadenbildenden Substanz überziehen und letztere auf dem Polyvinylchlorid-Faden zur Abscheidung bringen.

Man kann auch umgekehrt einen Faden anderer Struktur z. B. mit einer Lösung von Polyvinylchlorid überziehen und das Lösungsmittel durch Verdunsten entfernen.

Dieses Verfahrensprinzip läßt sich z. B. anwenden, um Glasfäden mit gefärbtem Polyvinylchlorid zu überziehen[2].

Man stellt z. B. eine 10prozentige Lösung von hochpolymerisiertem Polyvinylchlorid in einem Lösungsmittelgemisch aus 2 Volumteilen Cyclohexanon und 1 Volumteil Monochlorbenzol, oder aus 2 Volumteilen und 1 Volumteil Monochlorbenzol her. Dieser Lösung setzt man einen organischen Farbstoff zu und taucht dann die Glasfäden in diese Lösung ein. Nach dem Trocknen verbleibt ein beständiger Polyvinylchlorid-Überzug auf den Glasfasern zurück.

Auf diese Weise überzieht die Firma Dynamit A.G. vorm. A. Nobel & Co.[3] Fäden oder Fasern aus Baumwolle, Hanf od. dgl. in der Wärme mit Polyvinylchlorid oder Mischpolymerisaten aus Vinylchlorid und Acrylsäureestern.

Man erhitzt z. B. eine Mischung aus 65 Teilen Polyvinylchlorid und 35 Teilen Trikresylphosphat in einer Schlauchpresse auf 150 bis 160°, führt durch die enge Düse einen Baumwollfaden und umspritzt ihn zugleich mit dem heißen Polymerisat.

Verwendet man außer dem Polyvinylchlorid-Kunststoff noch zwei oder mehr fadenbildende Massen, so erhält man Fäden, die einen um den Fadenkern schichtartigen Aufbau zeigen.

Ein solcher Mehrschichtfaden besteht z. B. nach R. St. Owens[4] aus einem Vinylharz, Bakelit oder gesponnenem Glas, einem synthetischen Bindemittel, z. B. einem Acrylsäureharz, oder einem Bindemittel auf der Grundlage von Kautschuk oder Nitrocellulose und einem Überzug aus Polyvinylchlorid.

---

[1] Ital.P. 379518, Carbide and Carbon Chemicals Corp.
[2] F.P. 870051, Soc. An. des Manufactures des Glaces et Produits Chimiques de St. Gobain & Cirey.
[3] Ital.P. 345351, Dynamit A.G. vorm. A. Nobel & Co.
[4] A.P. 2243917, R. St. Owens.

Mischfäden, die aus einem Kern und einem strukturell verschiedenen Mantel bestehen, kann man auch dadurch erhalten, daß man beide Fadenbildner auf dem Weg zur Düse oder in der Düse zusammentreten läßt und gemeinsam verspinnt.

Man kann auch so verfahren, daß man die zwei Spinnlösungen gleichzeitig getrennt einer Einlochdüse zuführt, die zwei konzentrische oder unmittelbar nebeneinanderliegende Öffnungen hat und das Polyvinylchlorid mit anderen Fadenbildnern gemeinsam ausfällt oder anderweitig zu Fasern verformt und verfestigt.

H. FINK und H. v. RECKLINGHAUSEN[1] haben nun festgestellt, daß man bei letzterer Arbeitsweise auch eine Mehrlochdüse verwenden kann, wenn letztere eine Vorrichtung enthält, mit deren Hilfe eine Zuleitung der beiden Spinnflüssigkeiten zu jedem einzelnen Düsenloch gewährleistet wird. Eine derartige Düse besteht z. B. aus zwei parallelen Lochplatten in relativ geringem Abstand voneinander, welche die gleiche Anzahl Bohrungen in koaxialer oder nahezu koaxialer Anordnung zueinander tragen. Der Achsenabstand der zusammengehörigen Lochpaare auf den beiden Platten darf nicht größer sein als etwa der halbe Achsenabstand der benachbarten Lösungen.

Mit Hilfe dieser Spinndüsen lassen sich Polyvinylchlorid enthaltende Mischfäden in folgender Weise herstellen:

Aus einer Mehrloch-Doppelplattendüse (Plattenabstand 0,1 mm, Lochweite außen 0,09 mm, innen 0,25 mm) wird außen eine 15prozentige Lösung von Triacetylcellulose in einem Gemisch von 9 Teilen Methylenchlorid und 1 Teil Methanol und innen gleichzeitig die Hälfte der Menge einer 28prozentigen Lösung von Polyvinylchlorid in Aceton mit Beimischung geringer Mengen anderer Lösungsmittel nach dem Trockenspinnverfahren versponnen. Es entsteht eine Faser, die sich beim Erwärmen stark kräuselt und deren Einzeltiter 3,5 den beträgt.

Diese Fäden enthalten einen Kern von Polyvinylchlorid, der von einer *Cellulosetriacetat-Schicht* umgeben ist.

Nach weiteren Feststellungen von H. FINK und R. STAHN[2] lassen sich Mischfäden aus Polyvinylchlorid und *Celluloseestern* oder *Celluloseäthern* auch erhalten, wenn man als Außenspinnlösung eine Lösung von Polyvinylchlorid und als Innenspinnlösung eine Lösung von Celluloseestern oder -äthern benutzt und als Spinnbad Wasser oder wäßrige Lösungen von Säuren oder Salzen verwendet. Als Celluloseester eignen sich Ester der Cellulose mit mehreren gleichen oder verschiedenen organischen Säuren, z. B. *Celluloseacetat, Celluloseacetopropionat* usw., sowohl als Triester wie auch als teilweise verseifte Ester. Von den Celluloseäthern eignet sich *Äthylcellulose* und besonders *Benzylcellulose*.

Die unter Streckung hergestellten Fäden der vorbeschriebenen Art schrumpfen beim Erwärmen über eine gewisse Temperatur, im Gegensatz zu aus reinem Polyvinylchlorid hergestellten Fäden, nicht zusammen, und der Titer wird nicht vergrößert. Setzt man die Fäden ohne Spannung der Einwirkung trockener Hitze aus, so ändert sich der Titer, insbesondere wenn die Fäden wenigstens 12 bis 15 Prozent

---

[1] DRP. 726321, I.G. Farbenindustrie A.G.
[2] DRP. 737123, I.G. Farbenindustrie A.G.

Celluloseester oder -äther enthalten, nicht oder nur unwesentlich. Dagegen tritt bei geeigneter Arbeitsweise eine mehr oder weniger starke Kräuselung auf. Zur Erzielung einer solchen feinen und dauerhaften Kräuselung wird zweckmäßig die Temperatur beim trockenen Erhitzen der Fäden allmählich gesteigert, z. B. die Fäden zuerst einige Stunden bei 50 bis 80° erhitzt und anschließend die Temperatur allmählich bis auf 110° gesteigert und 2 bis 5 Stunden auf dieser Temperatur gehalten. Die Tendenz der Fäden, sich zu kräuseln, ist um so größer, je stärker sie im Spinnprozeß gereckt wurden.

Zur Herstellung eines Mischfadens dieser Art kann man z. B. einerseits von einer 28prozentigen Polyvinylchlorid-Lösung in reinem Aceton und andererseits von einer 22prozentigen acetonischen Lösung eines hochviskosen technischen Celluloseacetats mit 54 bis 55 Prozent Essigsäure, die neben Aceton noch etwa 10 Prozent Alkohol und 3 Prozent Wasser enthält, als Spinnlösungen ausgehen. Als Spinnbad dient Wasser. Die Förderung an Polyvinylchlorid-Lösung beträgt 4,2 g, diejenige an Cellulose-Acetatlösung 1,7 g je Minute, so daß der fertige Faden bis zu 76 Prozent aus Polyvinylchlorid und zu 24 Prozent aus Celluloseacetat besteht. Als Außendüsenplatte dient eine solche von 80 Loch von 0,1 mm Weite und einem Lochkranzdurchmesser von 24 mm; als Innendüse eine solche mit 80 Loch von 0,12 mm Weite und einem Lochkranzdurchmesser von 22 mm. Der Abstand zwischen den Düsenplatten beträgt 0,8 mm. Der Faden durchläuft eine Badstrecke von 200 cm und wird zwischen zwei Abzugsorganen vorgestreckt, deren erstes 23 m und deren zweites 51 m Umfangsgeschwindigkeit je Minute hat.

Der fertige Faden wird nach dem Wässern von der Spinnspule abgewunden, gezwirnt und in Strangform innerhalb 2 Stunden bis auf 110° erhitzt und 3 Stunden auf dieser Temperatur gehalten. Er ist dann fein gekräuselt und besitzt einen Fadentiter von 4,2 bis 4,5 den und eine Trocken- und Naßfestigkeit von 1,2 bis 1,3 g je den bei 23 bis 27 Prozent Dehnung.

F. Stapelfaser.

Die aus Kunststoffen auf Polyvinylchlorid-Basis hergestellten Fäden werden entweder als solche oder in Form von Stapelfasern weiterverarbeitet.

Zur Verarbeitung auf Stapelfasern sind z. B. die nach dem Trockenspinnen von Acetonlösungen von Polyvinylchlorid erhaltenen Fäden geeignet[1]. Besonders wertvolle Stapelfasern werden aus solchen Polyvinylchlorid-Fäden erhalten, die nach dem Trocken- oder Naßspinnen von Lösungen von Polyvinylchlorid in Gemischen aus Schwefelkohlenstoff und einem anderen Lösungsmittel gewonnen werden[2].

Die Firma Soc. Rhodiaceta stellt aus solchen Lösungen die *Fibrovyl-Faser* her, die wie jede Spinnfaser gekräuselt und in verschiedenen Stapellängen lieferbar ist.

Auf die gleiche Weise kann auch die *Thermovyl-Faser* hergestellt werden, die bis zu 20 Prozent durch Wärmebehandlung geschrumpft ist und einen Titer von 9 bis 10 den aufweist.

Auf Stapelfaser lassen sich auch die aus Lösungen von nachchloriertem Polyvinylchlorid hergestellten Fäden verarbeiten.

Auch die aus Vinylchlorid-Vinylacetat-Mischpolymerisat bestehenden *Vinyon HH-Fäden* oder die aus Vinylchlorid-Acrylsäurenitril-Misch-

---

[1] ZART, A.: Chem.-Ing.-Technik **21**, 305 (1949).
[2] GRABE, F.: Melliand Textilber. **31**, 261 (1950).

polymerisat erhaltenen *Vinyon N-Fäden*[1] bzw. die aus Polyvinylchlorid und Cellulosederivaten nach H. FINK und R. STAHN[2] hergestellten Mischfäden eignen sich zur Verarbeitung auf Stapelfasern.

Abweichend von den gewöhnlichen Verfahren zur Gewinnung von Stapelfasern durch Zerschneiden von Fäden stellt J. M. ALBERT[3] aus Mischpolymerisaten von Vinylchlorid und Vinylacetat Stapelfasern in der Weise her, daß er einen oder mehrere zu Kabeln oder Bündeln vereinigte, aus vielen Einzelfäden bestehende Gesamtfäden in bestimmten Abständen längs des Fadens mit einem Stoff, wie Benzoylperoxyd, behandelt, der den Faden im wesentlichen zerstört, wenn er hierauf der Einwirkung der Hitze ausgesetzt wird, ohne daß dabei eine erhöhte Spannung angewandt zu werden braucht.

Stapelfasern können nicht nur aus Fäden, sondern auch aus Flächengebilden, wie Folien, Filmen, oder Rohren nach den von H. JACQUÉ[4] ausgearbeiteten Verfahren hergestellt werden[5].

Eine Folie aus nachchloriertem Polyvinylchlorid von 0,04 mm Stärke wird mit einer Geschwindigkeit von 0,25 m in der Minute von Zubringerwalzen gegen einen auf etwa 135° erhitzten Zylinder bewegt und von einer hinter dem Zylinder befindlichen Trommel aufgewickelt, die sich mit einer Umfangsgeschwindigkeit von 115 m in der Minute dreht. Dabei wird die Folie um das 45fache der ursprünglichen Länge gereckt, und die Moleküle werden besonders stark in der Streckrichtung gerichtet. Die gereckte Folie, die etwa 0,001 mm stark ist, wird in ungefähr 3 mm breite Streifen geschnitten.

Einer oder mehrere solcher Streifen werden zwischen zwei Gummiplatten durchgezogen, die bei leichtem Druck senkrecht zur Richtung der Streifen aufeinander hin und her gleiten. Durch die hierbei auftretende Reib- und Rollwirkung werden die Streifen in viele Einzelfäden aufgespalten, die durch eine sich drehende Zylinderbürste noch weiter gespalten und parallel geordnet werden können.

Die auf Stapel geschnittene Ware wird nach dem für Baumwolle oder Wolle üblichen Verfahren auf Krempeln, Karden usw. auf Garn versponnen und in dieser Form in der Textilindustrie weiterverarbeitet.

Stapelfasern aus nachchloriertem Polyvinylchlorid unterscheiden sich rein äußerlich nicht von Zellwolle.

G. Schnüre.

Die zur Herstellung elastischer Schnüre und anderer gezogener elastischer Gebilde erforderliche Polyvinylchlorid-Masse erhält man durch Mischen von 100 Gewichtsteilen Polyvinylchlorid mit einem zuvor bereiteten Gemisch von 60 bis 75 Gewichtsteilen Butylphthalat und 17 bis 25 Gewichtsteilen Methylphthalat[6]. Man läßt die Mischung 100 bis 150 Stunden bei Raumtemperatur stehen, überführt die Masse in einen Zylindermischer, wo sie die zur völligen Homogenisierung erforderliche Zeit auf 150° gehalten wird. Bei Austritt aus der Misch-

---

[1] STOWELL, E.: Rayon Text. Monthly **29**, 43 (1948).

[2] DRP. 737123, I.G. Farbenindustrie A.G.

[3] A.P. 2211920, E. I. du Pont de Nemours & Co.

[4] DRP. 667234, 742364, F.P. 811745, 823645, E.P. 479202, Ital.P. 352174, I.G. Farbenindustrie A.G.

[5] Siehe Seite 372.

[6] F.P. 916926, Soc. Paravinil.

vorrichtung wird der gebildete Film zu Bändern geschnitten, die einer Vorrichtung zugeführt werden, wo ihnen die gewünschte Form erteilt wird. Die schließlich entstehende Schnur ist völlig homogen und durchscheinend. Man unterwirft sie noch einem leichten Zug, bevor man sie auf Spulen bringt.

VIII. Gewebe.

A. Polyvinylchlorid-Gewebe.

Gewebe aus Polymerisaten oder Mischpolymerisaten des Vinylchlorids können in der Weise hergestellt werden, daß man Fäden, Fasern, Garne oder Zwirn aus den genannten Kunststoffen in an sich bekannter Weise verarbeitet.

Von den Polymerisaten des Vinylchlorids gibt das nachchlorierte Polyvinylchlorid bzw. die aus diesem hergestellte *PC-Faser* Gewebe mit der der Faser eigenen guten Chemikalienbeständigkeit.

Gewebe mit verbesserten Eigenschaften, insbesondere erhöhter *Wärmefestigkeit*, werden durch Verspinnen der *PC 120 Faser*[1] erhalten.

Gewebe oder Geflechte können ferner nach H. FIKENTSCHER und H. JACQUÉ[2] aus veredelten Fäden oder Fasern hergestellt werden.

Von technischer Bedeutung sind auch die aus Vinylchlorid und Vinylacetat-Mischpolymerisaten erhaltenen Vinyon-Garnen gewonnenen Gewebe.

Die Temperaturbeständigkeit von Geweben aus Vinylchlorid enthaltenden Mischpolymerisaten kann durch eine Behandlung mit Halogen[3] verbessert werden[4].

Die aus Polyvinylchlorid hergestellten Gewebe besitzen aber die unangenehme Eigenschaft, beim Erwärmen auf Temperaturen in der Nähe des Erweichungspunktes des Polyvinylchlorids zu schrumpfen.

Dieses Schrumpfen läßt sich nach E. HUBERT, H. DEMUS und H. REIN[5] durch eine bereits auf S. 385 besprochene Nachbehandlung wesentlich oder ganz zum Verschwinden bringen.

Ein aus Polyvinylchlorid-Fäden hergestelltes Körpergewebe läßt man z. B. unter starker Bremsung, so daß auch die Kettfäden straff gespannt sind, in einen gasbeheizten Spannrahmen einlaufen, dessen Temperatur auf 100 bis 110° eingestellt ist.

Beim Auslaufen aus dem Spannrahmen ist dafür Sorge zu tragen, daß das Gewebe vor dem Lösen der Halteklammern bereits unter den Erweichungspunkt abgekühlt ist. Da das Gewebe durch die Behandlung einen etwas härteren Griff bekommt, empfiehlt es sich deshalb, es anschließend über eine Gewebebrechmaschine zu nehmen und dann fertigzustellen.

Der Stoff, der vor der Behandlung bei 90° um 10 bis 12 Prozent in Kett- und Schußrichtung schrumpfte, schrumpft nach der Behandlung bei 90° nur noch ungefähr um 2 bis 3 Prozent.

---

[1] Siehe Seite 392.   [2] DRP. 742364, I.G. Farbenindustrie A.G.

[3] Ital.P. 374768, I.G. Farbenindustrie A.G.   [4] Siehe Seite 383.

[5] DRP. 711132, I.G. Farbenindustrie A.G.

Die aus Polyvinylchlorid oder nachchloriertem Polyvinylchlorid hergestellten Gewirke, Gewebe oder Textilien sind zwar wasserunlöslich, aber ebenso wie die als Ausgangsstoffe verwendeten Fäden, Fasern oder Garne aus diesen polymeren Körpern, nicht wasserabweisend.

Um diese Gewebe wasserabstoßend zu machen, muß man dieselben einer besonderen Nachbehandlung unterwerfen.

Infolge ihrer ausgezeichneten Eigenschaften können auch Fasern aus Vinylchlorid-Tetrafluoräthylen-Mischpolymerisaten auf Gewebe verarbeitet werden[1].

B. Färben von Polyvinylchlorid-Geweben.

Hinsichtlich des Färbens von Geweben oder anderen Fasergebilden aus Polyvinylchlorid ergeben sich die gleichen Schwierigkeiten bzw. sind zur Behebung dieser die gleichen Maßnahmen erforderlich wie bei den nicht versponnenen, verwebten oder sonstwie verarbeiteten Fäden oder Fasern aus Polyvinylchlorid. Es kann somit auf die beim Färben von Polyvinylchlorid-Fäden gemachten Ausführungen[2] verwiesen werden.

Nach den dort gemachten Angaben von R. DONNER und B. GRUNWALDT[3] kann man einwandfreie Färbungen von Geweben oder Faserstoffgebilden aus Polyvinylchlorid mit Acetatkunststeide-Farbstoffen oder Eisfarben erzielen, wenn man die Gewebe einer auf S. 387 näher beschriebenen Quellung unterwirft.

Man tränkt Fasergebilde aus Polyvinylchlorid mit Schwerbenzin (spez. Gew. 0,78), quetscht ab und färbt mit einer wäßrigen Suspension von 3 Prozent des gelben Farbstoffes, erhältlich durch Kondensation von 4-Aminobenzaldehyd und Cyanessigsäureäthylester, während 1 bis 2 Stunden. Das Färbebad enthält 10 ccm Aceton als Quellungsmittel, ferner 5 Prozent der Kondensationsverbindung aus 6 Mol Äthylenoxyd und 1 Mol 4-Isooctyl-1-oxybenzol als Verteilungsmittel für den Farbstoff sowie 5 Prozent Natriumsulfat im Liter Wasser. Die Färbetemperatur ¡st 35 bis 70°.

Ebenso läßt sich nach dem von W. KIRST und R. SCHÄFER[4] entwickelten Verfahren[5] Fasergut aus Polyvinylchlorid, nachchloriertem Polyvinylchlorid oder Mischpolymerisaten aus Vinylchlorid und Vinylacetat z. B. wie folgt färben:

1 kg Fasergut aus nachchloriertem Polyvinylchlorid wird 1 Stunde bei 70° in einer Dispersion aus 20 g 1-Amino-4-cyclohexylaminoanthrachinon-2-carbonsäureamid, 20 g 2-Methoxypropenylbenzol, 40 g der Kondensationsverbindung aus 20 Mol Äthylenoxyd und Isoheptylphenol in 20 Liter Wasser behandelt. Danach wird gespült und getrocknet. Man erhält eine kräftige Blaufärbung.

Zum Färben von Flächengebilden aus nachchloriertem Polyvinylchlorid kann auch das von R. SCHÄFER[6] später entwickelte und auf S. 389 behandelte Verfahren benützt werden.

Nach W. KIRST[7] kann man die Färbung von textilen Geweben aus Polyvinylchlorid oder nachchloriertem Polyvinylchlorid und die Wasserabweisendmachung der Gewebe in einem Arbeitsgang[8] durchführen.

---

[1] F.P. 928559, E. I. du Pont de Nemour & Co.   [2] Siehe Seite 387.
[3] DRP. 739750, I.G. Farbenindustrie A.G.
[4] DRP. 742644, I.G. Farbenindustrie A.G.
[5] Siehe Seite 388.   [6] DRP. 747572, I.G. Farbenindustrie A.G.
[7] DRP. 741457, I.G. Farbenindustrie A.G.   [8] Siehe Seite 391.

Neben der direkten Anfärbung von Geweben aus *PC-Fasern* kann man auf diese auch Farbpigmente fixieren, wobei *Mowilithe* als Fixiermittel Verwendung finden[1].

Die aus Polyvinylchlorid, nachchloriertem Polyvinylchlorid oder Vinylchlorid-Mischpolymerisaten, z. B. mit Vinylestern, hergestellten Gewebe können auch nach dem auf S. 390 beschriebenen Verfahren[2] gefärbt werden.

Die aus reinem Polyvinylchlorid *Rhovyl*[3] hergestellten Gewebe können nach J. NIEDERHAUSER[4] in folgender Weise gefärbt werden. Das zu färbende Gewebe wird mit einem fein dispergierten Farbstoff für Acetylcellulose am Foulard getränkt und dann in einer Atmosphäre eines geeigneten Lösungsmittels entwickelt.

In Äthylacetatdämpfen bei etwa 70° erfolgt die Fixierung, d. h. die Wanderung des Farbstoffes ins Innere der Faser, und zwar innerhalb weniger Minuten. Die Ware wird dann gelüftet, in Wasser gut gespült und zuletzt mit einer 0,5prozentigen Seifenlösung 10 Minuten bei 30° geseift, um etwa nicht fixierten Farbstoff von der Faser zu entfernen.

Nach einem anderen Verfahren wird der Farbstoff-Dispersion ein geeignetes Lösungsmittel zugesetzt. Das in dieser Emulsion foulardierte Gewebe wird nach dem Auspressen aufgerollt und in diesem Zustande etwa 2 Stunden liegen gelassen, hierauf an der Luft bei mäßiger Wärme getrocknet und schließlich geseift.

Die so erhaltenen Färbungen sind in Lichtechtheit denen auf Acetylcellulose erzielten vergleichbar; sie vertragen eine leichte Wäsche bei etwa 40°, entsprechen also mittleren Ansprüchen.

C. Mischgewebe.

Fäden oder Fasern aus Polyvinylchlorid können auch mit anderen natürlichen oder künstlichen Fäden oder Fasern versponnen werden[5]. Man erhält bei diesem Verspinnen der genannten Fasergemische Mischgewebe[6] mit abgewandelten Eigenschaften.

In gleicher Weise können auch Fäden oder Fasern aus Vinylchlorid-Mischpolymerisaten auf Mischgewebe verarbeitet werden.

Zur Herstellung eines Mischgewebes mischt C. SH. FRANCIS jr.[7] Fasern aus Mischpolymerisaten aus Vinylchlorid und Vinylacetat mit Fasern aus Natur- oder Kunststoffen und erhitzt hierauf auf Temperaturen von etwa 93°. Die Mischfaser wird dann in bekannter Weise zu Gewebe verarbeitet.

Durch Verspinnen der aus einem Vinylchlorid-Acrylsäurenitril-Mischpolymerisat bestehenden *Vinyon N-Faser* mit anderen Fasern kann man Mischgewebe erhalten, bei denen durch die Schrumpfung der *Vinyon N-Faser* Schrumpfeffekte erzielt werden[8].

---

[1] KIRST, W.: Melliand Textilber. **28**, 23 (1947).

[2] F.P. 899189, I.G. Farbenindustrie A.G.

[3] Herstellerin: Firma Deutsche Acetat-Kunstseidenfabrik Rhodiaceta.

[4] NIEDERHAUSER, J.: De Tex **8**, 557 (1949).

[5] KAINER, F.: Kurzes Handbuch der Polymerisationstechnik, Bd. 3, S. 179. Leipzig 1944.

[6] DRP. (Zweigstelle Österreich) 157521, F.P. 849509, I.G. Farbenindustrie A.G.

[7] Ital.P. 364516, C. SH. FRANCIS jr.

[8] STOWELL, E.: Rayon Text. Monthly **29**, 43 (1948).

IX. Verbinden von Formteilen aus Polyvinylchlorid.

A. Schweißen.

Polymerisate und Mischpolymerisate auf Vinylchlorid-Basis haben wie andere thermoplastische Kunststoffe die Eigenschaft, bei genügend hoher Temperatur ihre Eigenspannungen zu verlieren, unter Anwendung mäßigen Druckes ineinanderzufließen und nach Unterschreiten der Fließtemperatur ihre neue Form beizubehalten[1].

Auf Grund dieses Verhaltens kann man zwei oder mehrere Teile dieser Kunststoffe, z. B. Formstücke, miteinander verschweißen.

Diese Vereinigung von Einzelteilen aus Polyvinylchlorid oder Vinyl-chlorid-Mischpolymerisaten kann durch *autogene Schweißung*, durch *Kontaktschweißung* oder durch *Hochfrequenzschweißung* erfolgen.

1. Autogene Schweißung.

Die Eigenschaft des Polyvinylchlorids bei einer Temperatur von etwa 180° an zu fließen, kann man nach A. HENNING[2] ausnützen, um Formteile aus diesem Kunststoff nach dem System der autogenen Schwei-ßung unter Verwendung eines aus weichgestelltem Polyvinylchlorid be-stehenden Schweißdrahtes miteinander zu verbinden[3].

Im Prinzip beruht somit die Schweißung von Formteilen aus Poly-vinylchlorid darauf, daß man mit Hilfe eines Schweißbrenners an der Schweißstelle eine Temperatur von etwa 200° erzeugt und die beiden Teile mit einem auf gleiche Temperatur erhitzten Schweißdraht verbindet.

Zum Schweißen von Polyvinylchlorid wurden von der Firma Griesogen TP-Schweißgeräte entwik-kelt, bei denen die zum Erweichen des Polyvinyl-chlorids erforderliche Heiß-luft entweder mit Hilfe eines Brenngases oder auf elek-trischem Wege erhalten wird.

In der Abb. 36 ist ein mit Brenngas betriebener Heißluftbrenner dargestellt.

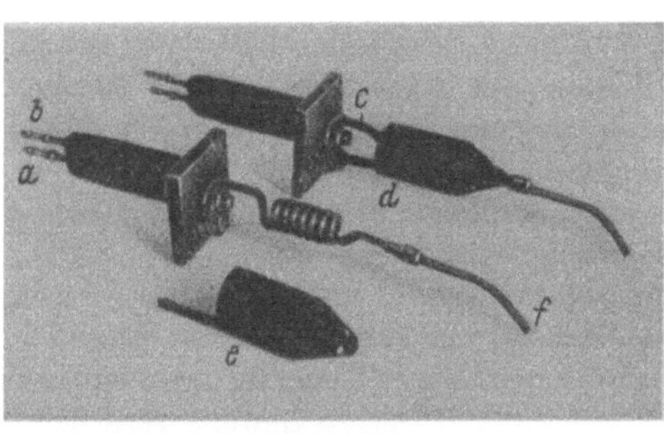

Abb. 36. Gasbeheizter Heißluftschweißbrenner. *a* Wasser-stoffanschluß, *b* Preßluftanschluß, *c* Düse für Heizflamme, *d* Heizspirale für die Erzeugung der Heißluft, *e* Schutz-mantel über der Heizspirale, *f* Brennermundstück.

Dem Schweißbrenner wird das Heizgas, z. B. Wasserstoff, durch den Schlauch-anschluß *a* und die Preßluft durch den Schlauchanschluß *b* zugeführt. Die Be-heizung der Heizspirale erfolgt durch die aus der Düse *c* ausströmende Heizflamme. Die Heizspirale *d* besteht aus einem Rohr aus hitzebeständigem Stahl und ist mit

[1] BECK, H.: Kunststoffe **39**, 205 (1949).

[2] DRP. 739340, I.G. Farbenindustrie A.G. — A. HENNING: Vierjahresplan **4**, 273 (1940); Z. Autog. Metallverarbeitung **35**, 173 (1942).

[3] VOIGT, P.: Kunststoffe **37**, 190 (1947).

einem Schutzmantel *e* versehen. Für die Schweißung verschiedener Plattendicken wird ein Brennermundstück *f* mit einem Durchmesser von 3 mm verwendet.

Die Düse *c* ist auswechselbar und wird in ihrem freien Querschnitt dem zu verwendenden Heizgas, wie Leuchtgas, Acetylen, Propan oder Wasserstoff angepaßt.

Das elektrisch betriebene TP-Schweißgerät arbeitet mit Spannungen von 24 oder 42 Volt und ist den Bestimmungen des VDE angepaßt.

Die für die Wärmeübertragung an das Schweißgut notwendige Schweißluft wird entweder einer Preßluftflasche, einer Preßluftanlage oder einem Spezialgebläse entnommen. Die erforderliche Luftmenge schwankt zwischen 1000 und 1400 Liter je Stunde.

Mit diesen Schweißgeräten wird eine Heißlufttemperatur von 230 bis 270° erzeugt, deren Regelung und Einstellung mittels Thermometer kontrolliert werden muß. Die Temperatur an der Schweißstelle selbst soll etwa 200° betragen.

An Stelle von Luft können nach W. KRANNICH und H. WIPPEN-HOHN[1] auch andere Gase als Wärmeüberträger verwendet werden, z. B. Stickstoff u. a. Letzteres Gas ist später auch von R. C. REINHARDT[2] an Stelle von Heißluft zum Schweißen von Teilen aus Polyvinylchlorid oder Vinylchlorid-Mischpolymerisaten vorgeschlagen worden.

Bei der autogenen Schweißung erfolgt die Verbindung der einzelnen Formteile mit Hilfe eines Schweißdrahtes, der aus Polyvinylchlorid mit 10 Prozent Weichmacher besteht. Die Polyvinylchlorid-Schweißdrähte werden in verschiedenen Stärken, und zwar mit 2, 3 und 4 mm Durchmesser, geliefert. Die Stärke der zu verwendenden Schweißdrähte richtet sich nach der Schweißnaht. Man stellt diese vorteilhafterweise mit möglichst wenig Lagen von Schweißdraht her, da die Verwendung von wenig starken Schweißnähten günstiger ist als die von vielen schwächeren Stäben[3].

Über die sachgemäße Durchführung der Schweißung hat zuletzt P. VOIGT[4] ausführlich berichtet.

Von diesem Autor[5] sind auch Richtlinien zum Schweißen von Erzeugnissen aus hartem Polyvinylchlorid entwickelt worden.

Vor der eigentlichen Schweißung müssen die zu verbindenden Polyvinylchlorid-Teile entsprechend vorbereitet werden. Von etwa 1 mm Wandstärke ab müssen die Schweißnahtkanten durch mechanische Behandlung abgeschrägt werden. Der Öffnungswinkel beträgt bei einer Wandstärke bis zu 5 mm 60° und über 5 mm 70°. Bereits von 6 mm Wandstärke ab sollen an Stelle der V-förmigen Schweißnaht X-förmig zubereitete Schweißnähte angewendet werden. Zur Erleichterung des Durchschweißens empfiehlt es sich, einen Wurzelabstand von etwa 0,5 bis 1 mm einzuhalten.

Die Verbindung von zwei oder mehreren Teilen aus Polyvinylchlorid kann durch Stumpf-, Eck-, Kehl- und Überlappnähte erfolgen.

---

[1] KRANNICH, W.: Kunststoffe und techn. Korrosionsschutz, S. 182. München 1943.

[2] A.P. 2220545, Dow Chemical Corp.

[3] HENNING, A.: Kunststoffe **32**, 105 (1942).

[4] VOIGT, P.: Kunststoffe **37**, 190 (1947).   [5] Kunststoffe **40**, 389 (1950).

Diese verschiedenen Verbindungsmöglichkeiten sind in der Abb. 37 zusammengestellt.

Das Schweißen mit Spaltlage erfordert vom Schweißer ein besonderes Geschick, um eine einwandfreie Schweißung zu erzielen.

Um ein gutes Durchschweißen der Wurzel zu erreichen, werden die angeschrägten Werkstoffkanten mit Zwischenraum von 1 mm aneinandergelegt, damit beim Einbinden der ersten Lage der Schweißstab so weit in den Zwischenraum gedrückt werden kann, daß etwa der halbe Stabquerschnitt auf der Unterseite durchtritt und eine gute Bindung in der Nahtwurzel erzielt wird.

In der Abb. 38a ist das Schweißen der Stumpfnaht mit Spaltlage schematisch angedeutet.

Bei beiderseits zugänglichen Schweißnähten kann man eine einwandfreie Schweißung durch ein wurzelseitiges Nachschweißen erreichen. Die einzelnen Arbeitsgänge sind der Abb. 38b zu entnehmen.

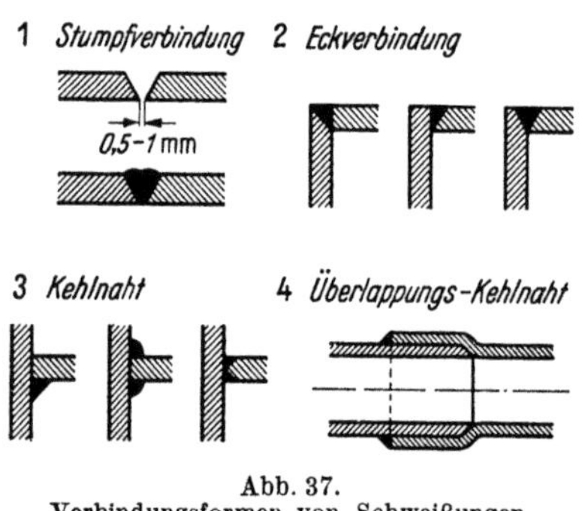

Abb. 37.
Verbindungsformen von Schweißungen.

Für die Vorbereitung und das Einschweißen der ersten Lage gelten die vorbeschriebenen Richtlinien auch für Schweißungen als Ecknähte.

Bei der Vorbereitung der Kehlnahtschweißungen ist darauf zu achten, daß die senkrecht aufstoßende Platte gut anliegt. Die Wurzel-

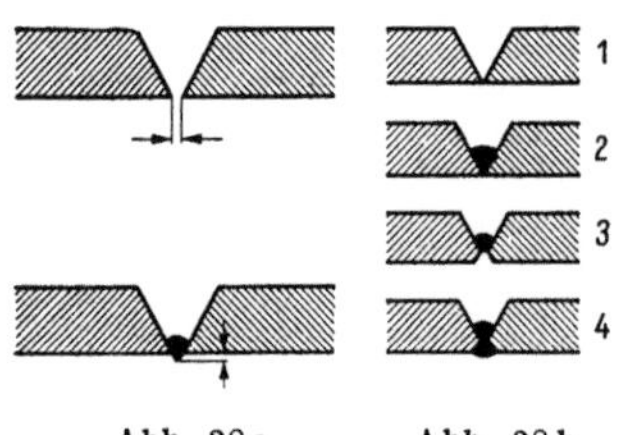

Abb. 38 a.   Abb. 38 b.

Abb. 38a. Schweißen der Stumpfnaht mit Spaltlage. Oben: Draht für Wurzellage 2 mm Dmr.; Zwischenraum 0,5 bis 1 mm Draht für Wurzellage 3 mm Dmr.; Zwischenraum 1,5 mm. Unten: Draht mit rund 1 mm hoher Wurzelnaht einbinden.

Abb. 38b. Anleitung für das wurzelseitige Nachschweißen von Stumpfnähten. 1) Vorbereitete Schweißnaht ohne Luftspalt zusammenpassen, 2) Einbinden der Grundlage, 3) Ausfräsen der Wurzel, 4) Wurzelseitiges Verschweißen.

lage wird mit 3 mm-Draht vorgelegt. Der einseitige Kehlnahtanschluß erzeugt zusätzliche Biegungsbeanspruchungen, deshalb sollte man nur die doppelseitige Kehlnaht ausführen.

Die Überlappnaht wird nur dort ausgeführt, wo keine mechanischen Beanspruchungen auftreten; man verwendet deshalb diese Nahtform meist als Dichtschweißung an Rohrmuffen.

Für die Erzielung einer richtigen Schweißverbindung ist wichtig, daß die zu verbindenden Polyvinylchlorid-Formteile an der Schweißstelle richtig erhitzt sind.

Die genügende Erhitzung wird beim Einsetzen des Zusatzdrahtes erkannt und auch daran, daß die Polyvinylchlorid-Oberfläche in einen glänzenden Zustand übergeht.

Die weitere Erwärmung läßt die erhitzte Stelle braun bis schwarz färben und zeigt damit ein Verbrennen bzw. ein Zersetzen dieser Stellen an.

Um gleichmäßige Schweißnähte zu erzielen, ist es vorteilhaft, die Heizflamme des Heißluftbrenners konstant einzustellen und die erforderliche Wärmemenge durch Regelung der Schweißluft zu bemessen.

Die Führung des Schweißbrenners und des Schweißdrahtes ist wie bei der Rechtsschweißung von Metallen durchzuführen. Jedoch ist hier zu beachten, daß der Schweißdraht nicht wie bei Metallen abschmilzt, sondern nur plastisch wird.

Die zu verbindenden Teile und der Schweißdraht werden unter leichter Bewegung des Schweißgerätes durch den Heißluftstrom bis auf etwa 200° erhitzt. Dabei ist eine richtige Brennerführung, aber auch Schweißdrahthaltung wesentlich.

In der Abb. 39 ist die richtige Brenner- und Schweißdrahtführung schematisch dargestellt.

Das Brenneraustrittsrohr soll in gleicher Richtung der Schweißnaht geführt werden, um eine einseitige Erwärmung der Schweißkanten auszuschließen.

Je nach der gegebenen Werkstoffdicke ist der Anstellwinkel des Brenner-mundstückes so zu wählen, daß er bei geringer Werkstoffdicke flach und bei großer Material-dicke steiler gehalten wird.

Um eine gleichmäßige Vorwärmung der Polyvinylchlorid-Teile und des Schweiß-drahtes zu erzielen, muß eine gleichmäßige Pendelbewegung mit dem Brenner ausgeführt werden.

Das Ansetzen des Schweißstabes zu Be-ginn der Schweißung geschieht durch Er-wärmung des Stabendes und Ansetzen des umgebogenen Schweißdrahtes mit rund 1 cm Überstand in die Fuge, um am Beginn der Schweißung sofort eine gute Bindung zu erzielen.

Das Überschweißen einer Schweißdraht-absatzstelle innerhalb einer Naht ist eben-falls mit Überstand auszuführen.

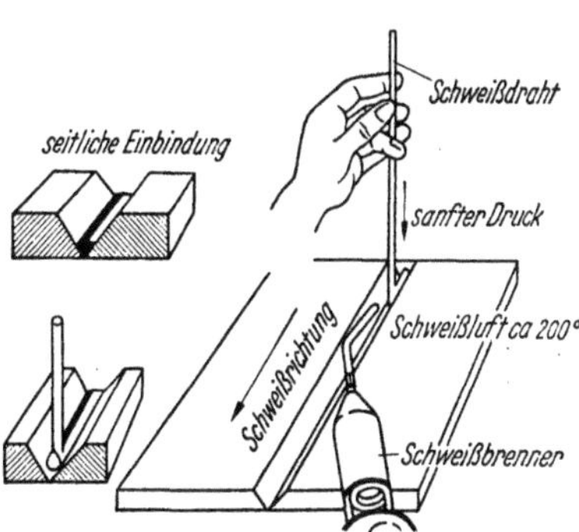

Abb. 39. Brennerführung und Schweißung.

Die Schweißgeschwindigkeit richtet sich nach der Höhe der Schweiß-lufttemperatur. Ein zu hohes Erwärmen der Schweißstellen und damit ein Verbrennen des Schweißstabes und des Polyvinylchlorids an der Oberfläche ist durch entsprechenden Brennerabstand zu vermeiden. Wird der Schweißdraht überhitzt, so bildet sich auf der Drahtunter-seite eine verkrackte Schicht, wodurch die Festigkeit der Schweißung herabgesetzt wird.

Die Festigkeitseigenschaften der Schweißungen sind weitgehend von der richtigen Einstellung der Heißlufttemperatur und der Schweiß-geschwindigkeit abhängig. Beide müssen so eingestellt werden, daß so-wohl eine genügende Schweißtemperatur, nicht aber eine Überhitzung, d. h. eine Zersetzung des Polyvinylchlorids erreicht wird.

Überhitzungen sind an einer Dunkelfärbung und Blasenbildung am Schweiß-draht und an den Schweißnahträndern zu erkennen.

Die gleichen Zersetzungserscheinungen können auch auftreten bei an und für sich normal gehaltener Schweißtemperatur, und zwar dann, wenn die zu ver-schweißenden Stellen über zu lange Zeit erwärmt werden.

Beim Schweißen überhitzte Stellen müssen sorgfältig entfernt und nach-geschweißt werden.

Bei ungenügender Erwärmung erfolgt ungenügende Haftung. Zu starker Druck, vor allem ein Schrägdruck, muß vermieden werden, weil sonst Spannungen in der Schweißnaht auftreten, die zu Rißbildungen führen können.

In der Tab. 51 sind die auf zu geringe und zu hohe Schweißlufttemperatur und die dadurch bedingte zu geringe Erwärmung oder Überhitzung zurückzuführenden Fehler zusammengestellt.

Tabelle 51. *Einfluß der Erwärmung auf die Festigkeit der Schweißnaht.*

Erwärmung	Bindung	Festigkeit in % der Polyvinylchlorid-Festigkeit
Stab zu gering erwärmt Werkstoff zu gering erwärmt	Keine Bindung innerhalb der Naht und an den Werkstoffkanten, nur Haftung	rd. 30
Stab ausreichend erwärmt Werkstoff zu gering erwärmt	Bindung innerhalb des Schweißgutes gut, keine genügende Bindung an den Werkstoffkanten, nur Haftung	bis 50
Stab zu hoch erwärmt Werkstoff richtig erwärmt	Verbrannte Zonen innerhalb der Naht, Bindungen an den Werkstoffkanten ungenügend	bis 50
Stab richtig erwärmt Werkstoff zu hoch erwärmt	Innerhalb der Naht und an den Werkstoffkanten verbrannteZonen	bis 50
Stab ausreichend erwärmt Werkstoff ausreichend erwärmt	Bindung innerhalb des Schweißgutes und an den Werkstoffkanten gut	rd. 100

Um ein gutes Einbinden des Schweißdrahtes zu erreichen, ist dieser senkrecht in die Naht aufzusetzen, wobei ein Druck auf den Draht in senkrechter Richtung auszuüben ist.

Die Erwärmung soll dabei in einer engbegrenzten Zone erfolgen, d. h. die Schweißluft darf den Schweißdraht nur in kurzer Entfernung von seiner Umbugstelle erwärmen bzw. plastisch machen. Um in der Schweißnaht eine Zugfestigkeit von über 70 Prozent der Polyvinylchlorid-Festigkeit zu erzielen, ist beim Einsetzen des Schweißstabes ein besonderes Augenmerk auf den auszuübenden Druck zu richten.

Auch bei bester Arbeitsweise läßt sich durch das scharfe Umbiegen des Schweißdrahtes im plastischen Zustand ein Recken desselben um etwa 20 Prozent nicht vermeiden. Diese Reckung des Drahtes hat aber einen Festigkeitsabfall der Schweißnaht zur Folge, weil die dadurch bedingte größere Längsschrumpfung eine erhöhte Längsspannung gibt, die sich in der Schweißnaht auswirkt.

Auf Grund praktischer Erfahrungen kann gesagt werden, daß etwa rund 60 Prozent aller Schweißungen Festigkeitswerte über 70 Prozent der Polyvinylchlorid-Festigkeit erreichen.

In der Tab. 52 ist die zulässige mechanische Beanspruchung von Schweißnähten wiedergegeben.

In gleicher Weise wie Polyvinylchlorid lassen sich auch Vinylchlorid-Mischpolymerisate, z. B. *Astralon*, verschweißen, wobei Schweißdrähte aus dem gleichen Mischpolymerisat oder aus Polyvinylchlorid verwendet werden können.

Tabelle 52. *Zulässige Beanspruchung von Schweißnähten.*

Naht	Beanspruchung
Stumpfnaht auf Zug	0,75 der zulässigen Polyvinylchlorid-Festigkeit[1]
„ „ Druck . . .	0,85 „ „ „ „
„ , abscheren . . .	0,65 „ „ „ „
Kehlnähte	0,65 „ „ „ „

Die Schweißung von Teilen aus Polyvinylchlorid oder Vinylchlorid-Mischpolymerisaten erfordert Übung und praktische Erfahrung, die in besonderen Lehrgängen, z. B. in der Mitteldeutschen Schweiß- und Versuchsanstalt, Halle, in Kursen vermittelt werden.

Mit Hilfe eines etwas modifizierten Verfahrens kann man auch Teile aus weichgestelltem Polyvinylchlorid miteinander verschweißen[2].

Das hier anzuwendende Schweißverfahren bzw. Schweißgerät richtet sich nach der Werkstoffdicke. Weichgestellte Polyvinylchloride mit Werkstoffstärken über 4 mm können mit dem zum Schweißen von nicht weichgestellten Polyvinylchloriden üblichen und vorbeschriebenen Heißluftbrennern verschweißt werden, während zum Verschweißen von geringeren Werkstoffdicken elektrisch beheizte Lötkolben mit flachem Kupfermundstück, entsprechend der Breite der auszuführenden Schweißnaht, benützt werden.

Dabei dient zum Verschweißen von dicken Folien ein elektrisch beheizter Lötkolben mit 250 Watt Heizleistung und für das Schweißen von dünnen Folien, z. B. von 0,2 mm Stärke, ein solcher von 100 bis 150 Watt Heizleistung.

2. Kontaktschweißung.

Neben der vorbeschriebenen autogenen Schweißung kann man eine Verbindung von Flächengebilden aus Kunststoffen auf Polyvinylchlorid-Basis auch durch Kontaktschweißung erzielen.

Dieses Verschweißen wird zweckmäßig nach J. CÜSTERS[3] in einer Vorrichtung vorgenommen, die im Prinzip aus zwei elektrisch gegeneinander gepreßten Druckwalzen und einem vorzugsweise keilförmigen Heizkörper besteht. Dieser Heizkörper ist an der Zuführungsseite der Druckwalzen in den zwischen diesen gebildeten keilförmigen Spalt angeordnet.

In der Abb. 40 ist eine Vorrichtung dieser Art schematisch dargestellt.

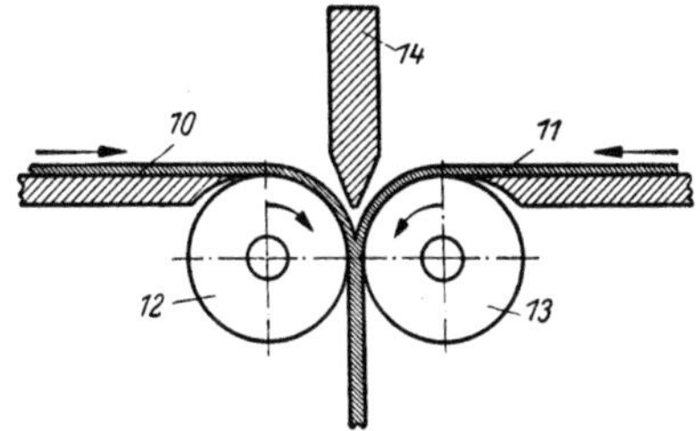

Abb. 40. Vorrichtung zum Verschweißen von Polyvinylchlorid-Bahnen (Bekleidungsindustrie).

Bei dieser Vorrichtung werden die zu verschweißenden Teile aus Polyvinylchlorid *10, 11* über gegeneinander laufende Druckwalzen *12, 13* mit den zu verbindenden Flächen ihrer Ränder beiderseits eines keilförmigen Heizkörpers *14*

---

[1] Polyvinylchlorid-Festigkeit = 1.

[2] Richtlinien für das Schweißen von Erzeugnissen aus weichgemachten Polyvinylchlorid hat P. VOIGT: Kunststoffe **40**, 389 (1950) ausgearbeitet.

[3] DRP. 741 755, J. CÜSTERS.

vorbeigeführt, der in den Spalt zwischen den Walzen vorsteht. Hierdurch werden die einander zugekehrten Randflächen der zu verbindenden Polyvinylchlorid-Teile in fortlaufender Bewegung vorgeschoben, hierbei erhitzt und erweicht und unmittelbar danach von den Druckwalzen zusammengedrückt.

Der Schweißvorgang vollzieht sich beim Vorbeigleiten in den Ausrundungen des Schweißkeiles. Dabei muß der Krümmungsradius der Ausrundungen dem Rollendurchmesser zuzüglich Dicke der zu verbindenden Polyvinylchlorid-Teile entsprechen[1]. Nur dann erfolgt der Wärmeübergang unter günstigen Bedingungen.

Durch Verwendung rein silberner Schweißkeile kann die Schweißgeschwindigkeit erheblich gesteigert werden, ohne daß dabei eine schädliche Überhitzung der Schweißstelle zu befürchten ist.

Bei richtig eingestellter Schweißung läßt sich das Material leicht vom Kolben abziehen[2].

Ist hingegen der Kolben zu kalt, so gleitet das Material nicht an der Zange; man erhält kalte Schweißungen, die nicht gut halten.

Ist jedoch der Kolben zu heiß, so verbrennt das Material am Kolben. Die zersetzten Polyvinylchlorid-Teile verhindern in der Schweißstelle eine gute Abbindung.

Nach jeder Schweißung muß der Kolben von den Resten des anhaftenden Polyvinylchlorids mit einer harten Messingbürste gesäubert werden.

Bei richtig eingestellter Kolbentemperatur verkochen die Polyvinylchloridreste am Kolben unter Rauchentwicklung. Dabei können sich Weichmacher und vor allen Dingen Chlorwasserstoff abspalten. Die Arbeiter werden hierdurch belästigt.

Das Absaugen der Dämpfe hat sich nicht bewährt.

Eine Beseitigung der Belästigung kann man aber erreichen, wenn man die gegebenenfalls entweichenden Salzsäuredämpfe mit Ammoniak bindet. Dies wird schon erreicht, wenn man beim Auftreten der Chlorwasserstoffdämpfe eine auf dem Arbeitstisch befindliche Standflasche mit wäßrigem Ammoniak öffnet.

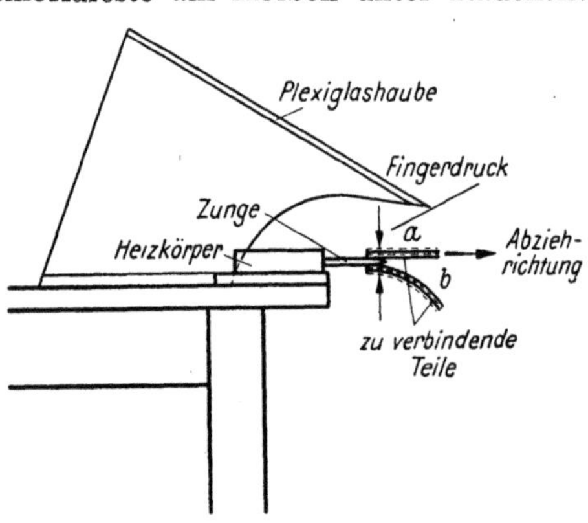

Abb. 41. Schweißvorrichtung mit Abdeckhaube.

Als weitere Schutzmaßnahmen haben sich Schweißhauben aus durchsichtigem Material, z. B. aus Plexiglas, bewährt.

Diese Hauben decken den Kolben so ab, daß die aufsteigenden Dämpfe vom Gesicht der Arbeiter abgeleitet werden.

3. Hochfrequenzschweißung.

Bei der autogenen Schweißung und bei der Kontakschweißung wird die zum Erreichen der Fließtemperatur der zu verbindenden Poly-

---

[1] BECK, H.: Kunststoffe **39**, 205 (1949).   [2] Kunststoffe **39**, 212 (1949).

vinylchlorid-Massen erforderliche Wärme von außen zugeführt. Die Dosierung der zum Schweißen erforderlichen Wärmemenge ist in diesen Fällen nicht immer leicht und hängt die Art und Güte der Schweißnaht, besonders bei der autogenen Schweißung, von der Handfertigkeit der die Schweißarbeiten ausführenden Arbeitskräfte ab.

Im Gegensatz hierzu wird bei der Hochfrequenzschweißung die Wärme nicht von außen, sondern im Inneren der Polyvinylchlorid-Masse erzeugt.

Die elektrische Festigkeit von Polyvinylchlorid erlaubt dabei eine beliebig rasche Erwärmung schon bei 30 MHz[1].

20 bis 200 MHz haben sich als Frequenz bewährt. Schon bei niedriger Spannung werden in wenigen Sekunden die Temperaturen von 150 bis 180° erreicht, die zum Verschweißen besonders geeignet sind und eine einfache Durchführung des Schweißverfahrens ermöglichen.

In der Tab. 53 sind die zum Schweißen von Polyvinylchlorid erforderliche Feldstärke und Leistung für die Frequenz von 30 MHz zusammengestellt.

Tabelle 53. *Leistungsaufnahme von Polyvinylchlorid im Hochfrequenzfeld bei 30 MHz.*

Feldstärke . . . . V/cm		5000
Leistungsaufnahme . . W/qcm		225
Zeit . . . . Sek.		1

Durch geeignete Formgebung der Elektroden lassen sich alle Arten von Schweißungen ausführen, wie Punkt-, Stumpf- und Nahtschweißung.

Zum Schweißen selbst können die auf S. 435 beschriebenen Hochfrequenz-Schweißgeräte Verwendung finden.

Abb. 42. Mikrophotographie des Schnittes einer Dreifachnaht.

Wie der Abb. 42 zu entnehmen ist, ist die mit dem Hochfrequenz-Verfahren erzielte Schweißung eine derart vollkommene, daß man selbst bei 500facher Vergrößerung die Schweißnähte usw. überhaupt nicht erkennen kann.

---

[1] PFEFFERL, A. W.: Kunststoffe **39**, 86 (1949).

Fünfter Teil

Anwendung von Polyvinylchlorid oder Vinylchlorid-Mischpolymerisaten.

I. Papierindustrie.

A. Veredlung von Papier.

Die Eigenschaften von Papier können durch Polymerisate oder Mischpolymerisate des Vinylchlorids günstig beeinflußt werden.

Nach E. R. LAUGHLIN, J. L. AYRES und P. J. MITCHELL jr.[1] kann man ein witterungsbeständiges und feuerfestes Papier erhalten, wenn man dem ungebleichten Zellstoff 5 bis 25 Prozent Polyvinylchlorid oder nachchloriertes Polyvinylchlorid und 5 bis 20 Prozent Antimon-(III)-oxyd zusetzt und die Masse nach Zugabe der üblichen Zusätze auf Papier verarbeitet.

Eine in vieler Hinsicht ausreichende Verbesserung der Eigenschaften des Papiers kann man aber schon erreichen, wenn man das Papier nach seiner Herstellung mit einer Imprägnierung oder mit einem Überzug der genannten Kunststoffe überzieht.

So wird das Papier durch Behandeln mit Polyvinylchlorid wasserfest und durchscheinend[2] und nach R. ENGELHARDT[3] unentflammbar.

Durch Auftragen einer Schicht von Polyvinylchlorid oder Mischpolymerisaten des Vinylchlorids mit Vinylidenchlorid oder Vinylacetat kann man bemaltes Papier abwaschbar machen[4].

Ähnliche günstige Ergebnisse werden erzielt, wenn man als Überzugsmittel Mischpolymerisate aus Vinylchlorid und Acrylsäureestern verwendet[5].

Die Polymerisate und Mischpolymerisate des Vinylchlorids werden auf das Papier zweckmäßig in Form ihrer Lösungen aufgebracht, wie dies u. a. CH. E. BURKE und W. E. LAWSON[6] vorgeschlagen haben.

Zum Überziehen von Papier eignen sich z. B. Lösungen von Mischpolymerisaten aus Vinylchlorid und Vinylacetat[7], die in nachfolgender Weise erhalten werden.

Man löst 15 Teile eines Mischpolymerisats aus Vinylchlorid und Vinylacetat in einem Gemisch aus 80 Teilen Äthylacetat, 60 Teilen Xylol und 45 Teilen Aceton; zu dieser Lösung fügt man unter Rühren 10 Teile Ditetrahydrofurfuryladipinat.

---

[1] A.P. 2416447, E. I. du Pont de Nemours & Co.
[2] F.P. 851225, I.G. Farbenindustrie A.G.
[3] F.P. 766369, A.P. 2073004, I.G. Farbenindustrie A.G.
[4] F.P. 950204, The B. F. Goodrich Co.
[5] DRP. 669747, F.P. 46937, Zusatz zu F.P. 795872, E.P. 464302, Deutsche Celluloid Fabrik.
[6] A.P. 1862565, F.P. 691915, E. I. du Pont de Nemours & Co.
[7] F.P. 881787, Deutsche Hydrierwerke A.G.

La Verne E. Cheyney[1] verwendet zum Imprägnieren zwei verschiedene Lösungen. Zunächst wird das poröse Papier in eine Lösung eines Polymerisationsproduktes getaucht, das mindestens 75 Prozent Vinylchlorid enthält. Nach dem Trocknen wird das so vorbehandelte Papier mit einer Lösung behandelt, die 20 bis 60 Prozent Vinylchlorid und 80 bis 40 Prozent Vinylidenchlorid enthält, wobei als Lösungsmittel ein aromatischer Kohlenwasserstoff dient.

F. R. Stoner und D. M. Gray[2] bringen auf Hartpapier oder transparentes Glassinpapier eine Lösung auf, die 50 bis 94 Prozent eines Mischpolymerisats aus Vinylchlorid und einem Vinylester einer niedrigmolekularen Monocarbonsäure und 50 bis 6 Prozent eines Mischpolymerisats von Vinylchlorid und Maleinsäure, ihrem Anhydrid oder Estern enthält.

Durch diese Behandlung wird die Elastizität, die mechanische und chemische Widerstandsfähigkeit gegen atmosphärische Oxydation, Öl, Fette, Gase und schwache Alkalien oder Säuren erhöht.

An Stelle von Lösungen kann man zum Überziehen von Papierbahnen auch Dispersionen oder Emulsionen von Polyvinylchlorid verwenden.

Einen glänzenden, zusammenhängenden Überzugsfilm erhält man z. B. nach V. Lefebure und G. C. Tyce[3], wenn man die Papierbahn kontinuierlich mit einer wäßrigen Dispersion von Polyvinylchlorid bestreicht, dann schnell bei Temperaturen über 110° ganz oder zum Teil trocknet und im letzteren Falle in einer zweiten Stufe bei niedrigeren Temperaturen zu Ende trocknet, sodann heiß, z. B. bei 120 bis 130°, kalandert.

G.-A. Kihm[4] überzieht das Papiergewebe beiderseits mit einer Dispersion von Polyvinylchlorid, die außerdem noch ein Weichmachungsmittel, wie Butylphthalat und Trikresylphosphat, und Ameisensäure enthält.

Zum Überziehen von Papier eignen sich auch solche Emulsionen, die bei der Emulsionspolymerisation von Vinylchlorid in Gegenwart von Polyvinylalkohol, teilweise verseiften Polyvinylestern oder oxäthylierten polymeren Carbonsäuren erhalten werden[5].

Einen wasserdichten und abwaschbaren Überzug kann man dem Papier ferner dadurch erteilen, daß man letzteres mit einer Folie aus Polyvinylchlorid, die ein Weichmachungsmittel enthält, in der Wärme, z. B. bei 140 bis 160°, auf einem Kalander oder dgl. aufpreßt[6].

Durch Aufpressen eines Filmes aus einem Mischpolymerisat, das durch Polymerisation von Vinylchlorid und Vinylacetat bei 30° in Gegenwart von Dibenzoylperoxyd hergestellt wurde und auf 85 Teile Mischpolymerisat 15 Teile Dibutylphthalat als Weichmacher enthält,

[1] Canad.P. 535042, Wingfoot Corp.
[2] E.P. 566566, F. R. Stoner und D. M. Gray.
[3] F.P. 820639, E.P. 473657, Imperial Chemical Industries Ltd.
[4] F.P. 888064, G.-A. Kihm.
[5] F.P. 798036, I.G. Farbenindustrie A.G.
[6] F.P. 837984, I.G. Farbenindustrie A.G.

kann man nach H. F. ROBERTSON[1] dem Papier eine öl- oder wasserdichte Ausrüstung erteilen.

Die durch einen Polyvinylchlorid-Überzug erzielbare Verbesserung der Oberflächeneigenschaften von Papier können unter Umständen noch dadurch verbessert werden, daß man diesen Kunststoff gemeinsam mit einem zweiten auf das Papier aufbringt.

So behandelt z. B. F. H. MANCHSESTER[2] das Papier mit einer Lösung von Mischpolymerisaten aus Vinylchlorid und Vinylidenchlorid und Kautschukhydrochlorid in Benzol.

Die Mischung soll 5 bis 95 Prozent an Mischpolymerisat, darunter 40 bis 75 Prozent Vinylidenchlorid, und 95 bis 5 Prozent Kautschukhydrochlorid enthalten.

Als Überzugsmittel hat ferner die Firma Silesia Verein Chem. Fabriken[3] ein Gemisch einer Polyvinylchlorid-Dispersion mit einer solchen von Thioplasten vorgeschlagen.

Als Überzugsmasse für Papier kann nach LA VERNE E. CHEYNEY[4] schließlich eine Kombination von natürlichem oder künstlichem Kautschuk und einem Vinylchlorid-Vinylidenchlorid-Mischpolymerisat benützt werden.

Eine geeignete Überzugsschicht besteht z. B. aus einem Mischpolymerisat aus 35 Prozent Vinylchlorid und 65 Prozent Vinylidenchlorid und einem Mischpolymerisat aus 70 Prozent Butadien und 30 Prozent Acrylsäurenitril.

Zum Imprägnieren von Papier eignen sich ferner Gemische von Mischpolymerisaten aus Vinylchlorid und Vinylidenchlorid mit Bitumenstoffen[5].

B. Veredlung von Pappe.

In gleicher Weise wie Papier lassen sich auch Pappen oder Kartons durch eine Lackierung oder durch einen Überzug aus Polymerisaten oder Mischpolymerisaten des Vinylchlorids veredeln. Von letzteren eignen sich z. B. Mischpolymerisate aus Vinylchlorid und Acrylsäureestern[6] der auf S. 99 angegebenen Art.

Wasserdichte und unentflammbare Pappen werden auch erhalten, wenn man diese mit einem Film aus Polyvinylchlorid überzieht[7].

II. Filmindustrie.

Homogene oder heterogene Polymerisate des Vinylchlorids stellen nicht nur wertvolle Rohstoffe zur Herstellung von Flächengebilden dar, sondern vermögen auch die Eigenschaften von aus anderen Kunststoffen

---

[1] A.P. 2185356, Union Carbide and Carbon Corp.
[2] A.P. 2386700, Wingfoot Corp.
[3] F.P. 886724, Silesia Verein chem. Fabriken.
[4] F.P. 918119, Wingfoot Corp.
[5] F.P. 902529, N. V. de Bataafsche Petroleum Mij.
[6] DRP. 669747, F.P. 46937, Zusatz zu F.P. 795872, E.P. 464302, Deutsche Celluloid Fabrik.
[7] F.P. 837984, I.G. Farbenindustrie A.G.

hergestellten Folien oder Filme zu verbessern. Dies gilt insbesondere für Filme oder Folien aus Cellulosederivaten, wie *Celluloseacetat* oder *Cellulosehydrat*, die durch Überzüge aus den genannten Vinylchlorid-Polymerisaten hydrophobiert werden können.

Man erzielt diese Wasserdampfundurchlässigkeit der Celluloseacetatfilme, indem man diese mit einem Lack aus Polyvinylchlorid überzieht.

Bei dem von LA VERNE E. CHEYNEY[1] angegebenen Verfahren werden Celluloseacetatfilme, die noch andere Bestandteile sowie Füllstoffe, Farbstoffe oder Stabilisierungsmittel enthalten können, mit einem Mischpolymerisat aus 40 bis 80 Prozent Vinylidenchlorid und 60 bis 20 Prozent Vinylchlorid so überzogen, daß man sie mit einer Lösung des Mischpolymerisats in einem Lösungsmittel behandelt, das auf Celluloseacetat quellend, aber nicht lösend wirkt. Ein solches Lösungsmittel ist z. B. Äthylendichlorid. Die Lösung wird durch Aufsprühen oder im kontinuierlichen Verfahren durch Eintauchen des Films auf letzteren aufgebracht. Der mit der Lösung versehene Celluloseacetat-Film wird dann durch Trocknen vom Lösungsmittel befreit.

Man behandelt z. B. einen 0,076 mm dicken Film aus Celluloseacetat bei 54° mit einer 20prozentigen Lösung eines Mischpolymerisats aus 40 Prozent Vinylchlorid und 60 Prozent Vinylidenchlorid in Äthylendichlorid und trocknet den Film dann bei 71°.

Um ein Ablösen dieser hydrophoben Schicht von Cellulosehydrat-Folien bei Berührung mit Wasser zu verhindern, bringt man zwischen der Cellulosehydrat-Folie und dem Lack auf Polyvinylchlorid-Basis eine Zwischenschicht auf, die aus einem Mischpolymerisat aus einer polymerisierbaren, eine olefinische Doppelbindung enthaltenden Verbindung und Äthylen-1, 2-dicarbonsäure oder deren Derivaten besteht.

Eine besonders feste Verbindung der Lackschicht mit dem Film kann man aber nach O. HERRMANN[2] erzielen, wenn man die Cellulosehydrat-Folie vor dem Aufbringen der hydrophoben Polyvinylchlorid-Lackschicht mit Isocyanat-Lösungen behandelt. Diese Isocyanat-Lösungen kommen in 1- bis 10prozentiger Lösung in aromatischen oder aliphatischen Kohlenwasserstoffen, Chlorkohlenwasserstoffen, Estern oder Äthern zur Anwendung.

Eine Cellulosehydrat-Folie wird z. B. in eine Lösung von 2 Teilen Hexylendiisocyanat in 100 Teilen Methylenchlorid getaucht. Nach dem Herausnehmen wird die anhaftende Lösung durch Abstreichen entfernt, worauf das Material sofort bei 70° getrocknet wird.
Anschließend wird die Folie mit einem Lack überzogen, der aus 10 Teilen nachchloriertem Polyvinylchlorid und 90 Teilen Äthylacetat besteht. Nach dem Trocknen bei 100° erhält man eine Lackierung, die selbst bei Einwirkung von kochendem Wasser außerordentlich fest an der Folie haftet.

Eine gleich gute Wirkung wird erzielt, wenn man die Cellulosehydrat-Folie mit einem Lack aus nachchloriertem Polyvinylchlorid überzieht, dem ein Isocyanat zugesetzt wurde.

Eine Cellulosehydrat-Folie wird z. B. mit einem Lack folgender Zusammensetzung überzogen:

---

[1] F.P. 917807, Wingfoot Corp.
[2] DRP. 747627, Kalle & Co. A.G.

10 Teile nachchloriertes Polyvinylchlorid, 2 Teile Trikresylphosphat, 2 Teile Stearylisocyanat, 0,5 Teile Paraffin, 55 Teile Toluol und 15 Teile Methylenchlorid.

Der Lacküberzug wird bei 90 bis 100° getrocknet. Die Lackschicht ist gegenüber einer längeren Behandlung mit kochendem Wasser beständig.

Bei Weglassung des Stearylisocyanats im Lack erhält man dagegen Folien, deren Lackschicht sich schon bei kurzdauernder Einwirkung von Wasser, beispielsweise $1/_2$stündigem Liegenlassen in Wasser, ablöst.

III. Textilindustrie.

A. Veredlung von Textilgeweben.

Durch Behandlung von Gewebe der verschiedensten Art mit Polymerisaten oder Mischpolymerisaten des Vinylchlorids kann man nicht nur diesen Geweben eine gegebenenfalls waschechte Appretur erteilen, sondern die Gewebe auch wasserabweisend, ölfest, schwer entflammbar sowie scheuerfest machen. Bei Kunstseiden kann man überdies durch eine Behandlung mit Polyvinylchlorid vorzügliche Mattierungseffekte erzielen[1].

Mit Polymerisaten oder Mischpolymerisaten des Vinylchlorids können ferner kaschierte Gewebe oder Gewebedoublierungen hergestellt werden, die in Form von Sonderanfertigungen als Steifgewebe oder für Dauerwäsche Verwendung finden.

Die mit Polyvinylchlorid-Überzug gasdicht gemachten Gewebe können als Ballon- oder Flugzeugbespannungsstoff dienen.

Das Auftragen von Polyvinylchlorid oder Vinylchlorid-Mischpolymerisaten auf die Gewebe kann je nach dem erstrebten Veredlungszweck in verschiedener Weise erfolgen.

Man kann die Gewebe mit Lösungen, Emulsionen oder Dispersionen, aber auch mit Pasten dieser Polymerisate behandeln oder die genannten Kunststoffe in Form von Pasten oder Folien auf die Gewebebahn aufkaschieren oder mit diesen Gewebebahnen verbinden.

1. Appretieren von Geweben.

Zum Appretieren von Gewebe verwendet M. W. MASON[2] ein Mischpolymerisat aus Vinylchlorid und Vinylacetat in Form einer Lösung in einem Weichmacher.

Zur Bereitung einer solchen Lösung werden 40 bis 60 Teile dieses Mischpolymerisats mit etwa 25 Prozent Diamylphthalat in 60 bis 40 Teilen eines Lösungsmittelgemisches aus 85 Gewichtsteilen Methyläthylketon und 15 Gewichtsteilen Benzol gelöst.

An Stelle dieser Lösungen werden auch die bei der Emulsionsmischpolymerisation von Vinylchlorid resultierenden Dispersionen als Appreturmittel verwendet.

Um den Transport der relativ hohen Wassermengen und ein Ausflocken des Mischpolymerisates zu vermeiden, kann man diese Misch-

[1] KAINER, F.: Melliand Textilber. **31**, 775 (1950).
[2] A.P. 2230358, Pittsburgh Plate Glass Co.

polymerisate aus der Emulsion in Form eines reversibel dispergierbaren Pulvers vorher abscheiden.

Aus diesen reversibel dispergierbaren Mischpolymerisat-Pulvern können die Appreturemulsionen nach H. FIKENTSCHER und R. GÄTH[1] durch Aufschlämmen in alkalischem Wasser jeweils wieder hergestellt werden.

Zur Herstellung einer Dispersion dieser Art wird z. B. von dem auf Seite 266 beschriebenen Vinylchlorid-Vinylbutyrat-Mischpolymerisat eine 5prozentige Dispersion hergestellt, in welche ein Vistragewebe getaucht und dann an der Luft getrocknet wird. Die erhaltene Appretur läßt sich leicht wieder mit Wasser entfernen.

Zur Erzielung einer waschechten Appretur kann das auf dem Gewebe aufgetragene Mischpolymerisat durch Erwärmen oder durch Behandeln mit Lösungsmitteln und Verdunstenlassen dieser in einen plastischen Zustand übergeführt werden.

In dem vorbeschriebenen Beispiel erreicht man dies dadurch, daß man das appretierte Gewebe bei Temperaturen oberhalb des Sinterpunktes des Polymerisats, z. B. bei 100°, trocknet.

Appreturen von einer besonders hohen Wasch- und Steiffestigkeit werden nach A. VOSS, K. JOACHIM, E. DICKHÄUSER und H. GEIER[2] erhalten, wenn man die zu behandelnden Gewebe mit wasserlöslichen Salzen von durch gemeinsame Polymerisation von Vinylchlorid und Äthylen-1, 2-dicarbonsäuren erhaltenen Produkten behandelt und anschließend erhitzt.

Baumwollsatin wird z. B. mit einer 14prozentigen Lösung der Ammoniumverbindung der durch gemeinsame Polymerisation äquivalenter Mengen von Vinylchlorid und Maleinsäureanhydrid erhaltenen Polycarbonsäure 10 Minuten bei 30° behandelt, abgequetscht, getrocknet und heiß kalandert.

2. Imprägnieren von Geweben.

Die bei der Imprägnierung erzielten Verbesserungen der Eigenschaften von Textilgeweben hängen nicht nur von der Art der zur Imprägnierung angewandten Vinylchlorid-Polymerisate, sondern auch von der Art ihrer Aufbringung auf die Gewebe ab.

Von W. L. SEMON[3] ist z. B. ein hochmolekulares, unlösliches Polyvinylchlorid zur Gewebeimprägnierung vorgeschlagen worden. Letzteres gelangt dabei in Mischung mit den im Erdöl enthaltenen hochsiedenden aromatischen und kohlenstoffreichen Kohlenwasserstoffgemischen zur Anwendung.

Man löst z. B. in 175 Gewichtsteilen eines Gemisches aus 2 Gewichtsteilen Essigester, 2 Gewichtsteilen Benzol und 1 Gewichtsteil Aceton 10 bis 12 Gewichtsteile eines Edelanuerdölextraktes mit den Siedegrenzen 180 bis 290° bei 10 mm Quecksilberdruck und 15 Gewichtsteile nachchloriertes Polyvinylchlorid mit 64 Prozent Chlorgehalt.

Mit dieser Lösung werden Textilien imprägniert.

Von der Firma Deutsche Celluloid-Fabrik[4] sind zum Überziehen von Textilien Kunststoffe auf Polyvinylchlorid-Basis ohne Weichmacher-

---

[1] DRP. 743945, Ital.P. 389511, I.G. Farbenindustrie A.G.
[2] DRP. 553174, E.P. 371041, I.G. Farbenindustrie A.G.
[3] F.P. 751054, E.P. 398091, B. F. Goodrich & Co.
[4] Österr.P. 154404, F.P. 810548, E.P. 469249, Schwz. P. 194763, A.P. 2154203, Deutsche Celluloid-Fabrik A.G.

zusatz, wie Polyvinylchlorid, nachchloriertes Polyvinylchlorid, Mischungen beider oder Mischpolymerisate aus Vinylchlorid und Acrylsäureestern, vorgeschlagen worden.

Von Vinylchlorid-Mischpolymerisaten werden vielfach solche als Imprägniermittel für Textilen verwendet, die neben Vinylchlorid als zweite polymerisierbare Komponente Vinylacetat enthalten. Mit diesen Mischpolymerisaten kann man Textilgewebe wasserdicht machen[1].

R. M. FREYDBERG[2] verwendet zur Gewebeimprägnierung solche Vinylchlorid-Vinylacetat-Mischpolymerisate, die in Alkohol, Benzol, Naphtha, Gasolin und Wasser unlöslich sind.

Eine zur Imprägnierung geeignete Mischung besteht z. B. aus 69 Gewichtsteilen des Mischpolymerisats aus Vinylchlorid und Vinylacetat, 31 Gewichtsteilen Polyvinylacetat, 0,01 Gewichtsteilen Küpenblau, 61 Gewichtsteilen Aceton und 123 Gewichtsteilen Toluol. Die Mischung kann noch geringe Mengen Calciumstearat und Chlorkautschuk enthalten.

Dieses Alkalimetallstearat wird nach Angaben des gleichen Forschers[3] als Stabilisierungsmittel bzw. Homogenisierungsmittel zweckmäßig gemeinsam mit Chlorkautschuk zugesetzt.

Zur Imprägnierung von Textilien benützt F. W. DUGGAN[4] ein Mischpolymerisat, das neben Vinylchlorid noch eine α, β-ungesättigte Säure enthält.

Ein geeignetes Mischpolymerisat besteht z. B. aus 86 Prozent Vinylchlorid, 0,78 Prozent Maleinsäure, Rest Vinylacetat und einem Molgewicht von etwa 10000.

Nach Aufbringung dieses Überzuges wird hierauf wieder eine zweite Schicht aufgetragen, die aus 95 Gewichtsprozent Vinylchlorid und 5 Gewichtsprozent Vinylacetat besteht.

Durch diese Imprägnierung wird das Textilgewebe wetterfest und gegen Flammen unempfindlich.

Zur Erhöhung der Elastizität und der Zähigkeit von Polyvinylchlorid- oder Vinylchlorid-Mischpolymerisat-Überzügen setzt M. LEATHERMAN[5] den genannten Polymerisaten etwas Polyacrylsäure- oder Polymethacrylsäureester und Zinkcarbonat, ein opakes Pigment und einen Weichmacher zu.

Eine geeignete Mischung zur Herabsetzung der Verbrennlichkeit von Gewebe besteht z. B. aus 6,8 kg Vinylchlorid-Vinylacetat-Mischpolymerisat, 2,2 kg Polymethacrylsäure-n-butylester, 4,5 kg Trikresylphosphat, 3,1 kg Triphenylphosphat, 2,6 kg Zinkcarbonat, 1,9 kg Pigment, 12,2 kg Aceton, 12,2 kg aromatischer Kohlenwasserstoff (Toluol), 3,9 kg Mineralspiritus und 0,2 kg Pentachlorphenol.

Das Aufbringen der Polymerisate oder Mischpolymerisate des Vinylchlorids auf die zu imprägnierenden Gewebe kann in verschiedener Weise erfolgen.

Man kann z. B. diese Imprägnierung erzielen, wenn man das Gewebe mit Lösungen von Polyvinylchlorid oder Vinylchlorid-Mischpolymerisaten behandelt und das Lösungsmittel anschließend verdunsten läßt.

[1] COTTET, M.: Teintex **8**, 178 (1943).
[2] A.P. 2053773, Acme Backing Corp.
[3] A.P. 2072631, Acme Backing Corp.
[4] Canad.P. 438746, Carbide and Carbon Chemicals Ltd.
[5] A.P. 2439395, 2439396, M. LEATHERMAN.

Als Imprägnierungslösung kann z. B. die auf S. 156 hinsichtlich ihrer Zusammensetzung näher ersichtliche Lösung von Vinylchlorid-Vinylacetat-Mischpolymerisat verwendet werden[1].

Nach einem besonderen Verfahren der Firma Dynamit A.G. vorm. A. Nobel & Co.[2] verwendet man zum Imprägnieren konzentrierte, 50° heiße Lösungen von Polyvinylchlorid, die auf das zweckmäßig ebenfalls heiße Gewebe aufgetragen werden. Nach der erfolgten Imprägnierung wird das Lösungsmittel in bekannter Weise entfernt.

Die Verwendung der Lösungsmittel hat jedoch den Nachteil, daß man gerade die letzten Lösungsmittelreste aus dem Gewebe praktisch nicht entfernen kann und diese eine dauernde Veränderung der Eigenschaften des Überzuges bewirken.

An Stelle der Polyvinylchlorid-Lösungen hat man deshalb wäßrige Emulsionen oder Dispersionen von Polyvinylchlorid oder Vinylchlorid-Mischpolymerisaten zur Gewebeimprägnierung vorgeschlagen. Von diesen wäßrigen Polyvinylchlorid-Emulsionen eignen sich besonders die von W. STARCK und H. FREUDENBERGER[3] bei der Emulsionspolymerisation von Vinylchlorid in Gegenwart von Polyvinylalkohol oder seinen noch wasserlöslichen Derivaten sowie die von V. LEFEBURE und G. C. TYCE[4] angegebenen und auf S. 411 beschriebenen Polyvinylchlorid-Dispersionen zur Imprägnierung von Geweben.

Auch die von G. MATTHE, W. S. POWEL und TH. E. MULLEN[5] hergestellten Dispersionen von Polyvinylchlorid oder Vinylchlorid-Mischpolymerisaten können zum Überziehen von Gewebe benützt werden. Nach dem Auftragen der Dispersion wird das Gewebe zur Abscheidung der Kunststoffe einer Wärmebehandlung bei Temperaturen von 110 bis 232° unterworfen.

Zum Imprägnieren von Geweben, z. B. von Baumwolltuch, eignen sich besonders die von TH. V. WILLIAMS[6] beschriebenen Wasser-in-Öl-Emulsionen von Polyvinylchlorid oder Vinylchlorid-Mischpolymerisaten, z. B. der auf S. 263 beschriebenen Art.

Diese Emulsion wird auf Baumwolltuch aufgebracht, und nach 2 Minuten langem Pressen und Glänzendmachen bei einer Temperatur von 160° wird ein glatter, festhaftender Überzug von guter Biegsamkeit und Klebrigkeit erhalten.

Um bei der Imprägnierung von Geweben bestimmte Effekte zu erzielen, kann man die Gewebe vor der eigentlichen Behandlung mit wäßrigen Dispersionen von Polymerisaten oder Mischpolymerisaten noch einer Imprägnierung mit anderen Mitteln unterwerfen.

Nach einem auf diesem Prinzip beruhenden Verfahren kann man nach CH. HEIDERSLEBEN[7] Gewebe aus Baumwolle, Natur- oder Kunstseide wie auch Mischgewebe wasserdicht und abwaschbar machen, wenn

---

[1] F.P. 881787, Deutsche Hydrierwerke A.G.
[2] F.P. 833335, Dynamit A.G. vorm. A. Nobel & Co.
[3] DRP. 727955, F.P. 798036, I.G. Farbenindustrie A.G.
[4] F.P. 820639, E.P. 437657, Imperial Chemical Industries Ltd.
[5] F.P. 926019, Carbide and Carbon Chemicals Corp.
[6] A.P. 2467352, E. I. du Pont de Nemours & Co.
[7] DRP. 728873, F.P. 865665, I.G. Farbenindustrie A.G.

man das Gewebe zunächst mit einer wäßrigen Dispersion eines weiche und klebende Filme ergebenden hochpolymeren Stoffes, wie z. B. Polyacrylsäureester, Polyvinyläther, Polyvinylisobutylen, sowie Mischpolymerisate aus Acrylsäureestern mit Vinyläthern und bzw. oder Vinylestern organischer Säuren und bzw. oder geringen Mengen anderer polymerisierbarer Stoffe, deren Polymerisate hart sind, wie z. B. Vinylchlorid, tränkt oder einseitig bestreicht bzw. überspritzt. Das Gewebe wird dann getrocknet und alsdann mit einer wäßrigen Dispersion von Polyvinylchlorid sowie Mischpolymerisaten aus Vinylchlorid und anderen monomeren polymerisierbaren Stoffen entsprechend behandelt. Dann wird getrocknet und zweckmäßig schließlich noch in der Wärme kalandert.

Die erhaltenen Stoffe besitzen einen weichen elastischen Griff, sind abwaschbar, wasserabstoßend, wasch- und in den meisten Fällen benzinfest.

Aus dünnen, feinfädigen Geweben werden ölseidenähnliche, transparente Stoffe erhalten.

Nach diesem Verfahren wird ein bedrucktes, dünnes Baumwollgewebe mit einer 50prozentigen wäßrigen Dispersion von Polyacrylsäureäthylester, die zur Verdickung mit etwas Ammoniak versetzt ist, einseitig bestrichen. Nach dem Trocknen wird das Gewebe auf der gleichen Seite mit einer wäßrigen Dispersion eines Mischpolymerisats aus gleichen Teilen Vinylchlorid und Hexylsäurevinylester überspritzt oder bestrichen, getrocknet und bei 70 bis 90° kalandert.

Die erhaltene Appretur hat einen hohen Glanz, ist wasserfest und waschecht. Das Gewebe ist weich und elastisch und hat einen angenehmen Griff.

An Stelle der wäßrigen Dispersion des Mischpolymerisats aus Vinylchlorid und Hexylsäurevinylester kann eine Dispersion eines Mischpolymerisats aus 60 Teilen Vinylchlorid und 40 Teilen Vinyl-n-butyläther oder Vinylisobutyläther verwendet werden.

Zur Verbesserung der Gebrauchstüchtigkeit von Textilgut wird dieses mit Polyvinylchlorid und gleichzeitig oder nachher mit einer geringen Menge eines Harnstoff-Formaldehyd-Kondensationsproduktes oder Glycerin beladen und einer Wärmebehandlung unterworfen[1].

Baumwollgewebe kann ferner zur Erhöhung der Scheuerfestigkeit gleichfalls mit Lösungen oder Dispersionen von Polyvinylchlorid getränkt und vorher oder nachher mit 0,5- bis 1prozentiger Natronlauge, die 0,5 bis 1 Prozent Seife enthält, in der Siedehitze behandelt[2] werden.

Um das Eindringen von weichgestellten, stearinsäurehaltigen Mischpolymerisaten aus Vinylchlorid-Vinylacetat-Überzügen in Textilgeweben zu vermindern sowie die Geschmeidigkeit des Gewebes zu erhalten und die Menge des Imprägniermittels herabzusetzen, imprägniert R. H. CZECZOWITZKA[3] das Textilgewebe vor dem Überziehen mit einer wäßrigen Lösung von Calciumalginat, einem Netzmittel und Ammoniak. Es entsteht so an der Oberfläche des Textilgewebes eine Emulsion, die das Eindringen des Polyvinylharzes beschränkt.

---

[1] E.P. 527761, Tootal Broadhurst Lee Co. Ltd., H. CORTEEN, R. R. FOULDS, H. POTTER und A. E. EOTTYE.

[2] E.P. 527762, Tootal Broadhurst Lee Co. Ltd., H. CORTEEN, R. R. FOULDS, H. POTTER und A. E. EOTTYE.

[3] A.P. 2424386, Texproof Ltd.

a) Mattgewebe. Durch die Behandlung von Kunstseide, z. B. Kunstseidegewebe oder Kunstseidenstränge, mit wäßrigen Dispersionen von Polyvinylchlorid, dem gegebenenfalls noch andere Textilhilfsmittel zugesetzt werden können, lassen sich diese Gewebe nach G. SCHWENN und H. FIKENTSCHER[1] waschecht mattieren.

Ein Trikotgewebe aus Viskosekunstseide wird in einer Flotte, der je Liter etwa 50 ccm einer 20prozentigen wäßrigen Dispersion von Polyvinylchlorid zugesetzt sind, $^1/_2$ Stunde lang bei gewöhnlicher Temperatur behandelt. Das Gewebe wird hierbei mattiert und behält auch nach mehrmaligem Waschen seinen Mattglanz.

Ein mit einem substantiven Farbstoff gefärbtes Mischgewebe mit Viskosekunstseide und Baumwolle wird nach einem anderen Ausführungsbeispiel bei einem Flottenverhältnis 1 : 50 in einem Bade behandelt, das auf 100 Teile Wasser 45 Teile einer 20prozentigen wäßrigen Dispersion von Polyvinylchlorid sowie 5 Teile einer 20prozentigen wäßrigen Dispersion von Polyacrylsäuremethylester enthält. Man erhält eine Ware von sehr gutem Mattglanz.

Ausgezeichnete Matteffekte auf Kunstseide beliebiger Art und Herstellungsweise erhält man nach O. RÖHM und E. GRÖNER[2], wenn man das Gut mit einer filmbildenden Dispersion von klebrigen Polymerisaten oder Mischpolymerisaten tränkt, dann mit einem wäßrigen Elektrolytbad behandelt und schließlich eine wäßrige Dispersion von Polyvinylchlorid aufbringt.

b) Unentflammbare Gewebe. Unentflammbare Faserstoffe werden nach R. ENGELHARDT[3] erhalten, wenn man Wolle, Baumwolle, Seide usw. zunächst mit einem nicht entflammbaren Wachs, wie chloriertem Naphthalin oder Diphenyl, und dann mit Polyvinylchlorid imprägniert.

Vor der Auftragung eines Schutzüberzuges aus einem Vinylchlorid enthaltenden Mischpolymerisat belädt CH. SNYDER[4] die Textilien mit einem Schwermetalloxyd, insbesondere Zinnoxyd.

Ein Baumwolltuch wird z. B. mit einer Natriumstannatlösung der Dichte 1,21 imprägniert und nach dem Abpressen und Trocknen mit einer Ammoniumsulfatlösung der Dichte 1,07 zur Bildung von Zinnoxyd auf der Faser behandelt. Danach wird gewaschen, abgepreßt und getrocknet. Sodann wird das Gut in eine Toluollösung getaucht, die aus 3 Prozent eines Mischpolymerisats aus 4 Teilen Vinylchlorid und 1 Teil Vinylacetat besteht, sowie 1 Prozent Trikresylphosphat und 1 Prozent Harzfettsäure enthält.

Von M. LEATHERMAN[5] sind neuerdings Imprägnierungsmittel für Faserstoffe auf Basis von Polyvinylchlorid bzw. Vinylchlorid-Vinylacetat-Mischpolymerisat vorgeschlagen worden, die die Faserstoffe gleichzeitig gegen Fäulnis schützen.

Imprägnierungsmittel dieser Art bestehen aus Mischungen von 15 Gewichtsteilen Vinylchlorid-Vinylacetat-Mischpolymerisat, 5 Gewichtsteilen n-Butylmethacrylat-Polymerisat, 10 Gewichtsteilen Trikresylphosphat, 5,8 Gewichtsteilen Zinkcarbonat, 27 Gewichtsteilen Aceton, 27 Gewichtsteilen einer als Lösungsmittel geeigneten aromatischen Verbindung mit einer Dichte von etwa 0,858 und einem Siedebereich von 129 bis 190°, z. B. ein vornehmlich aus Toluol bestehendes Kohlenwasserstoffgemisch, 8,7 Gewichtsteilen Alkohol, 4,2 Gewichtsteilen Pigment

---

[1] DRP. 602758, I.G. Farbenindustrie A.G.
[2] DRP. 710444, Röhm & Haas G.m.b.H.
[3] F.P. 766369, A.P. 2073004, I.G. Farbenindustrie A.G.
[4] A.P. 1885870, CH. SNYDER.
[5] A.P. 2439395, M. LEATHERMAN.

und 0,5 Gewichtsteilen Pentachlorphenol, die Zusätze an Kupfer-, Cadmium-, Zink-naphthenat, Zinkpentachlorphenolat, halogenierten Phenylphenolaten in Mengen bis zu 1 Prozent des Gewichts der Faserstoffe enthalten können.

Eine andere geeignete Imprägniermischung besteht nach dem gleichen Forscher[1] aus folgenden Einzelbestandteilen:

10 Gewichtsteile Polyvinylchlorid oder Vinylchlorid-Vinylacetat-Mischpolymerisat, 5 bis 8 Gewichtsteile Weichmacher, z. B. Trikresylphosphat oder Triphenylphosphat, 30 Gewichtsteile Aceton, 6 Gewichtsteile Zinkcarbonat, 2,1 Gewichtsteile Chromoxyd, 12 Gewichtsteile Venezianisch Rot, 1,3 Gewichtsteile Bleichromat, 9,3 Gewichtsteile Alkohol und 0,5 Gewichtsteile Zinknaphthenat.

Zur Herstellung der Imprägnierflotten löst man den Polyvinylchlorid-Kunststoff mit dem Weichmacher in den Lösungsmitteln auf und dispergiert die unlöslichen Stoffe, wie Zinkcarbonat und die Pigmente, in dieser Lösung.

Das Aufbringen auf die Faserstoffe erfolgt durch Eintauchen und leichtes Abquetschen, worauf an der Luft getrocknet wird. Man erhält hierbei wasserabweisende, poröse oder nichtporöse festhaftende Überzüge, deren Schwerentflammbarkeit auf dem Polyvinyl-Kunststoff beruht. Letzteres entwickelt beim Abbrennen Chlorwasserstoff, der seinerseits durch Einwirkung auf das Zinkcarbonat flammenerstickendes Kohlendioxyd frei macht.

Zur Erhöhung der Schwerverbrennlichkeit von Textilgeweben verwendet O. C. BACON[2] eine stabile homogene wäßrige Suspension von Antimonoxyd, Polyvinylchlorid oder nachchloriertem Polyvinylchlorid und ein wasserlösliches, säureunlösliches Reaktionsprodukt aus Formaldehyd und einem wäßrigen Gemisch von Harnstoff und Triäthanol-amin-Sojabohnenproteinat.

3. Kaschieren von Geweben.

Zum Kaschieren von Geweben kommen die Polymerisate oder Mischpolymerisate des Vinylchlorids entweder in Form von Pasten oder Folien zur Anwendung.

Nach der Form, in der diese Kunststoffe vorliegen, richtet sich auch das Verfahren der Auftragung dieser Körper auf die Gewebe[3].

Beim Pastenverfahren werden die Polyvinylchlorid-Pasten im Streichverfahren auf die Gewebe aufgetragen, während Filme oder Folien nach dem Kalanderverfahren auf die Gewebe aufgepreßt werden.

Zum Kaschieren eignen sich die nach verschiedenen Verfahren hergestellten Polyvinylchlorid-Pasten[4].

Die Firma Deutsche Celluloid-Fabrik[5] benützt z. B. zum Kaschieren mit Wasser zu einer homogenen Paste angeteigte Polymerisate oder Mischpolymerisate des Vinylchlorids. Von letzteren sind besonders geeignet Mischpolymerisate aus Vinylchlorid und Acrylsäureestern.

[1] A.P. 2439396, M. LEATHERMAN.
[2] A.P. 2413163, E. I. du Pont de Nemours & Co.
[3] TRIMBORN, F.: Melliand Textilber. **23**, 125 (1942).
[4] Siehe Seite 422.
[5] DRP. 639708, E.P. 439889, Deutsche Celluloid-Fabrik A.G.

100 g Mischpolymerisat aus 80 Prozent Vinylchlorid und 20 Prozent Acrylsäureester werden mit 200 g Wasser in einer Kolloidmühle zu einer vollständig
homogenen Masse verarbeitet. Diese Paste wird dann auf ein Textilgewebe in
gleichmäßiger Dicke aufgebracht. Die ausgegossene Schicht wird anfänglich bei
etwa 60°, später bei einer bis auf 100° steigenden Temperatur getrocknet, wodurch das Wasser restlos verdampft. Das auf dem Textilgewebe verbleibende Gebilde wird nun unter hohem Druck und Temperaturen von 80 bis 150° mit dem
Gewebe verpreßt.

Die Verwendung von wäßrigen Polyvinylchlorid- oder Vinylchlorid-
Mischpolymerisat-Pasten hat sich aber nicht bewährt, da bei Verwendung dieser Pasten die Einschaltung einer Trocknung zur Entfernung des Wassers aus der Paste notwendig ist.

Man kann diese Arbeitsstufe ausschalten, wenn man die ursprünglich von G. WICK und J. GRASSL[1] entwickelten Pasten aus Polyvinylchlorid und Weichmacher verwendet.

Von diesen Polyvinylchlorid-Pasten eignen sich zum Kaschieren
von Gewebe nach F. MANCHEN und W. SCHMIDT[2] die aus Polyvinylchlorid und den auf S. 157 genannten Triglykolester-Weichmachern
bestehenden Pasten sowie die von der Firma Imperial Chemical Industrie Ltd.[3] beschriebenen Polyvinylchlorid-Pasten.

Zur Bereitung der letzteren werden z. B. 40 Teile unlösliches hochmolekulares
Polyvinylchlorid bei 60° mit 50 Teilen Trikresylphosphat gemischt, 10 Minuten
gerührt, 10 Teile niedermolekulares lösliches Polyvinylchlorid hinzugesetzt und
5 Minuten gemischt. Die fließende Paste wird auf Textilgewebe aufgetragen und
bei 160° gelatiniert.

Zur Herstellung von kaschierten Geweben eignen sich ferner die
von der Firma Badische Anilin & Soda Fabrik hergestellten *Igelit PCU-
Pasten*, besonders die *Pasten F 25, Paste G* und *Paste K*. Soweit an die
kaschierten Gewebe keine besonderen Anforderungen in bezug auf Kältefestigkeit gestellt werden, kann die *Paste G* zur Verarbeitung gelangen,
während für kältebeständige kaschierte Gewebe die *Paste K* zu verwenden ist[4].

Das Auftragen der Polyvinylchlorid-Paste auf das Gewebe kann
nach verschiedenen Verfahren erfolgen.

Die zum Auftragen der Pasten zur Anwendung gelangenden Streich-
vorrichtungen gleichen vielfach den in der Gummiindustrie üblichen
Vorrichtungen.

Vielfach wird das *Rakelstreichverfahren* angewandt. Bei Rakel-
verfahren kann sowohl mit einer Luftrakel als auch mit Unterstützung
(Gummiband oder Gummiwalze) gestrichen werden.

In der Abb. 43 ist das Schema einer Luftrakel und in der Abb. 44
das Schema einer Luftrakel, kombiniert mit einer Stützrakel, dargestellt.

Die Dicke des Auftrages wird dabei durch die Art des Streichmessers
und den Druck, den dieses auf die Unterlage ausübt, bestimmt.

---

[1] WICK, G., u. J. GRASSL: Kunststoffe **32**, 327 (1942).
[2] DRP. 739000, I.G. Farbenindustrie A.G.
[3] F.P. 875798, Schwz.P. 222262, Imperial Chemical Industries Ltd.
[4] Igelit-Pasten, Prospekt Nr. 85 der I.G. Farbenindustrie A.G. 1942, 20.

Das Auftragen der Polyvinylchlorid-Paste kann auch nach dem *Walzengießverfahren* (Abb. 45) bzw. dem *Walzenlackierverfahren* (Abb. 46) erfolgen.

Bei all diesen Verfahren ist es von Vorteil, daß die einzelnen Aufstriche nicht zu dick, etwa 0,1 bis 0,2 mm, vorgenommen werden, da bei einem einmaligen, aber dicken Bestrich die Gefahr der Blasenbildung besteht.

Die gewünschte Auftragsstärke und ein gleichmäßiger Film werden gewöhnlich in 3 bis 4 Arbeitsgängen erzielt. Die Weiterbehandlung der vom Streichtisch kommenden Gewebe erfolgt in einem Heizkanal oder mittels geheizter Trommeln. Dabei verfährt man zweckmäßig in der Weise, daß man die ersten Aufträge vorgeliert und erst nach dem letzten Strich die Paste ausgeliert. Zum Vorgelieren braucht der Pastenauftrag nur auf 130 bis 140° erwärmt zu werden. Dabei findet bereits eine so weitgehende Verfestigung der Paste statt, daß die Gewebebahn aufgerollt werden kann, ohne daß die Vorderseite mit der Rückseite zusammenklebt und die Schicht verletzt wird.

Nach dem letzten Pastenauftrag wird nach dem Vorgelieren die Paste in einem Heizkanal, der auf eine Temperatur von 180 bis 220° erhitzt ist,

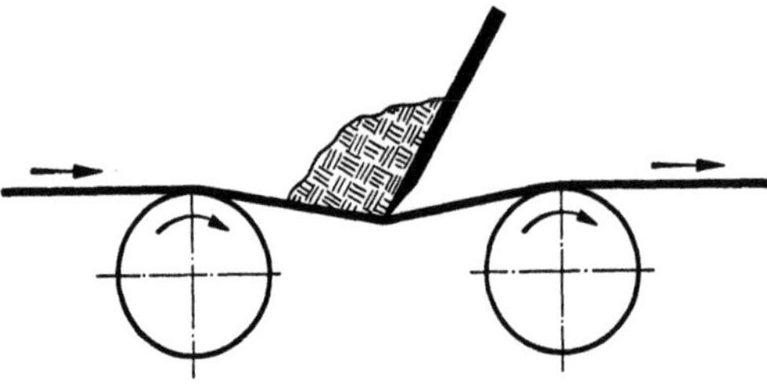

Abb. 43. Schema einer Luftrakel.

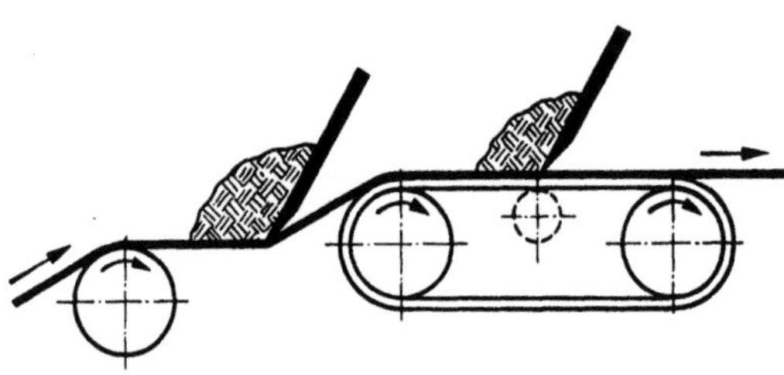

Abb. 44.
Schema einer Luftrakel, kombiniert mit der Stützrakel.

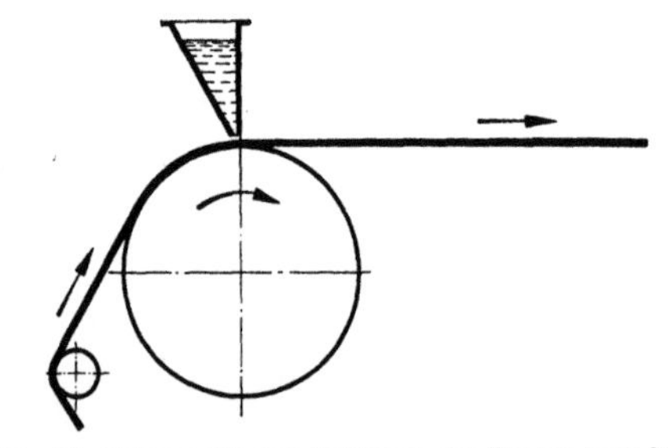

Abb. 45. Schema für das Auftragen der Pasten nach 'dem Walzengießverfahren.

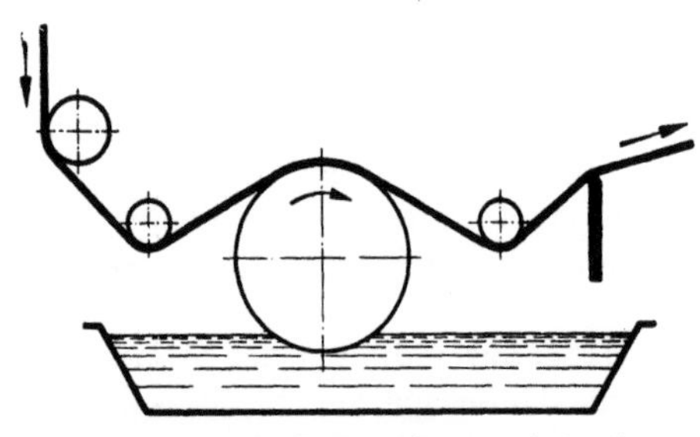

Abb. 46. Schema des Pastenauftrags nach Art des Walzenlackierverfahrens.

ausgeliert. Bei einer Auftragsstärke von 0,5 mm ist mit einer Gelierdauer von 4 bis 6 Minuten zu rechnen, entsprechend einer Arbeitsgeschwindigkeit von 2 bis 3 m je Minute und bei doppelter Durchführung eine solche von 4 bis 6 m je Minute.

Vor dem Aufrollen des kaschierten Gewebes ist immer eine Abkühlung bis auf 40° erforderlich.

Durch einen mehrfachen Aufstrich einer Polyvinylchlorid-Paste stellt auch N. H. BROWN[1] ein Polyvinylchlorid-Gewebe in folgender Weise her:

Man überzieht gebleichten Baumwollstoff nacheinander mit 3 Lagen einer Paste, die aus 3 Teilen Polyvinylchlorid-Pulver, 3 Teilen Tritolylphosphat, 6 Teilen Lithopone und je 2 Teilen Butylacetat und Benzol besteht, erhitzt, glättet nach Aufbringen der ersten Lage durch Kalandrieren und erhitzt nach Aufbringen der dritten Lage.

Nach G. WICK und J. GRASSL[2] ist auch folgende Arbeitsweise möglich.

Der Gewebeaufstrich wird vorteilhaft auf einem Heiztisch oder auf einer Trommel bei etwa 110 bis 120° vorgeliert. Dieses Verfahren wird bei jedem einzelnen Aufstrich, sofern mehrere gewünscht werden, wiederholt. Wenn die gewünschte Anzahl von Strichen auf dem Gewebe aufgebracht ist, wird die bestrichene Bahn zum Fertiggelieren über eine Trommel mit angeschlossenem kurzem, 3 bis 5 m langem Gelierschacht geführt. Trommel und Schacht sind auf etwa 180 bis 200° erhitzt. Dabei muß darauf geachtet werden, daß der Stoff gut gespannt durch die Gelieranlage läuft, wodurch Blasenbildung im Bestrich weitgehend vermieden wird.

Der auf diese Weise erhaltene Bestrich besitzt einen hohen Glanz. Will man eine matte Oberfläche erhalten, so wird der heiße Bestrich zwischen zwei Metallwalzen hindurchgeführt, von denen die eine, die auf dem Bestrich läuft, oberflächlich angerauht wurde.

Auf diese Weise können auch doppelseitig bestrichene Gewebe gefertigt werden.

Für den Bestrich ist jedes Gewebe verwendbar, doch soll wegen der Haftfestigkeit des Polyvinylchlorid-Bestriches nur entschlichtetes Material verwendet werden.

Nimmt man den Aufstrich auf der einen Seite der Faserbahn nach J. F. ANDERSON[3] mit weichgestelltem Polyvinylchlorid und auf der anderen Seite der Faserbahn mit Kautschuk vor, so erhält man ölfeste Belagstoffe.

An Stelle von Polyvinylchlorid-Pasten können zum Kaschieren von Gewebe auch Folien oder Filme aus Polyvinylchlorid oder Vinylchlorid-Mischpolymerisaten verwendet werden.

Zum Kaschieren können naturgemäß die nach den verschiedenen Verfahren hergestellten Folien benützt werden.

Nach H. FIKENTSCHER und H. JACQUÉ[4] sind die aus Dispersionen oder Pasten von Polyvinylchlorid, nachchloriertem Polyvinylchlorid oder Vinylchlorid-Mischpolymerisaten hergestellten Folien und nach

---

[1] Canad.P. 441542, Canadian Industries Ltd.
[2] WICK, G., u. J. GRASSL: Kunststoffe **32**, 327 (1942).
[3] A.P. 2201877, B. F. Goodrich Co.
[4] DRP. 730202, I.G. Farbenindustrie A.G.

Angaben der Firma Imperial Chemical Industries Ltd.[1] die aus Gemischen von Polyvinylchloriden verschiedenen Polymerisationsgrades und Weichmacher bestehenden Pasten bzw. die aus ihnen hergestellten Folien zum Kaschieren von Folien sehr geeignet.

Für den gleichen Zweck können auch die nach den Angaben der Firma Deutsche Celluloid-Fabrik[2] hergestellten Folien aus Polyvinylchlorid, nachchloriertem Polyvinylchlorid oder Vinylchlorid-Mischpolymerisaten verwendet werden.

Zum Überziehen von Gewebebahnen können ferner die auf S. 197 beschriebenen Folien aus flockigem Polyvinylchlorid benutzt werden[3].

Die nach einem der genannten Verfahren hergestellten kaschierten Gewebe haben im Gegensatz zu trägerlosen Folien aus Polyvinylchlorid hohe Festigkeitseigenschaften, jedoch eine geringere Dehnbarkeit.

4. Doublierte Gewebe.

Polyvinylchlorid kann in bestimmten Fällen als Bindemittel bei der Herstellung von doublierten Geweben Verwendung finden.

Um die erforderliche Geschmeidigkeit zu erhalten, kommen als Streichmassen nur weichgestellte Polyvinylchloride, z. B. die mit den von F. MANCHEN und W. SCHMIDT[4] angegebenen Weichmachern[5] versetzten Polyvinylchloride in Betracht.

Zur Bereitung eines geeigneten Bindemittels auf Polyvinylchlorid-Basis werden z. B. 50 Teile Polyvinylchlorid und 50 Teile eines durch Verestern von 375 Teilen Triäthylenglykol mit 705 Teilen eines Fettsäuregemisches mit der Säurezahl 398 und einem Kohlenstoffgehalt von 5 bis 11 Kohlenstoffatomen erhaltenen Weichmachers bei gewöhnlicher Temperatur durch Rühren gut gemischt. Die so erhaltene viskose Dispersion des Polyvinylchlorids in dem Weichmachungsmittel läßt sich durch Erhitzen auf 155 bis 165° homogenisieren. Die erhaltene Masse besitzt eine hervorragende Kältefestigkeit und ist durch einen geringen Alterungsverlust ausgezeichnet.

Nach G. WICK und J. GRASSL[6] eignen sich auch Polyvinylchlorid-Pasten zur Herstellung von Gewebezwischenschichten. Die aus Polyvinylchlorid und Weichmachern nach dem Gelieren bis 160° erhaltenen Massen besitzen eine ausgezeichnete Haftfestigkeit auf dem Gewebe.

Die Herstellung von doublierten Geweben erfolgt in der Weise, daß man eine Polyvinylchlorid-Paste auf eine Gewebebahn nach einem der auf S. 422 beschriebenen Verfahren aufträgt und mit der zweiten Gewebebahn nach dem Angelieren der Paste in der Hitze vereinigt. Nach der Gelierung wird das doublierte Gewebe durch ein Glättungswalzenpaar, das auf 80 bis 100° erwärmt ist, geführt. Das Gewebe selbst muß eine Temperatur von 160° besitzen[7].

Wegen der erforderlichen hohen Arbeitstemperaturen eignen sich Polyvinylchlorid-Pasten nicht zum Doublieren von Wollgeweben, sondern bleiben auf Baumwolle und Viskosekunstseide beschränkt.

---

[1] Schwz.P. 222261, Imperial Chemical Industries Ltd.

[2] DRP. 737661, Deutsche Celluloid-Fabrik A.G.

[3] F.P. 920074, Imperial Chemical Industries Ltd., L. B. MORGAN und W. Mc GILLIVREY MORGAN.

[4] DRP. 739000, I.G. Farbenindustrie A.G.   [5] Siehe Seite 157.

[6] WICK, G., u. J. GRASSL: Kunststoffe **32**, 327 (1942).   [7] Siehe Seite 423.

Gewebedoublierungen können auch mit Hilfe von Folien aus Polyvinylchlorid oder Mischpolymerisaten aus Vinylchlorid und anderen polymerisierbaren monomeren Verbindungen hergestellt werden. Diese Folien werden zwischen zwei Gewebebahnen eingelegt und durch Heißpressen nach Erweichen der Folie die Verbindung zwischen den beiden Gewebebahnen hergestellt.

Zum Vereinigen von zwei oder mehreren Gewebebahnen eignen sich auch die nach dem Verfahren von TH. H. ROGERS jr. und L. R. D. VICKERS[1] hergestellten gehärteten Mischpolymerisate aus Vinylchlorid und Vinylidenchlorid.

Als Klebmittel für Textilien eignen sich nach CL. J. SPESSARD[2] die auf S. 264 beschriebenen Dispersionen von Mischpolymerisaten aus Vinylchlorid und Vinylacetat.

5. Färben von Geweben.

Polyvinylchlorid ist gemeinsam mit Kondensationsprodukten aus Aldehyden, besonders Formaldehyd, und Sulfamid oder anderen aliphatischen oder aromatischen Sulfamiden als Bindemittel für Druckfarben empfohlen worden[3].

Die mit diesen Farben gefärbten Gewebe aus Natur- und Kunstseide, aber auch aus Wolle, Baumwolle besitzen einen weichen Griff.

6. Bedrucken von Geweben.

Gute waschechte Drucke werden auf Geweben aus Viskosekunstseide erhalten, wenn man zur Suspendierung der Pigmente wäßrige Lösungen eines Mischpolymerisates aus Vinylchlorid und Acrylsäure oder Methacrylsäure und solche Mengen wasserlöslicher, mit Wasserdampf nicht leicht flüchtigen Substitutionsprodukte des Äthylenharnstoffs, daß höchstens etwa eine Äthylenimingruppe auf eine Carboxylgruppe des Mischpolymerisats kommt, verwendet[4].

B. Dauerwäsche.

Zur Herstellung abwaschbarer Dauerwäsche können an Stelle der durchscheinenden Folien aus Celluloid für die Außenschicht der Wäsche Folien aus den Mischpolymerisaten oder Heteropolymerisaten aus Vinylchlorid und einer anderen Vinylverbindung oder einer aliphatischen ungesättigten Mono- oder Dicarbonsäure oder einem Derivat derselben verwendet werden[5].

Als geeignet für diese Außenschicht kommen in Betracht Folien aus einem Mischpolymerisat aus 80 Teilen Vinylchlorid und 20 Teilen Acrylsäuremethylester oder eine Folie, bestehend aus einem Mischpolymerisat aus 70 Teilen Vinylchlorid und 30 Teilen Methacrylsäureester, ferner die Folien aus Heteropolymerisaten aus Vinylchlorid und Maleinsäurebutylester.

---

[1] A.P. 2419166, Wingfoot Corp.
[2] A.P. 2427513, Carbide and Carbon Chemicals Corp.
[3] F.P. 878753, I.G. Farbenindustrie A.G.
[4] F.P. 879919, I.G. Farbenindustrie A.G.
[5] DRP. 720681, Deutsche Celluloid-Fabrik A.G.

Beispielsweise wird auf einer leicht mit Weiß beschwerten Celluloidfolie einseitig ein Gewebe aufkaschiert. Darauf schützt man das Gewebe durch Aufkaschieren einer transparenten Folie eines Mischpolymerisats aus Vinylchlorid und Acrylsäuremethylester oder irgend einem anderen Monomeren. In üblicher Weise stanzt man aus diesem Dreischichtensystem Kragen, bei denen also die Celluloidfolie die Innenseite und die eine normale Gewebestruktur aufweisende Polymerisatschicht die Außenseite bildet, während bei der Ausführungsform eines Umlegekragens die mit Celluloid kaschierte Seite die Gleitfläche der Krawatte ist und die dem Hals zugekehrte Seite das Mischpolymerisat aufkaschiert enthält.

Diese Dauerwäschekragen sind nicht nur völlig lichtecht, sondern auch alkalibeständig, so daß die üblichen Reinigungsmethoden ohne nachteiligen Einfluß sind.

Ein weiterer nicht zu unterschätzender Vorteil liegt in der verminderten Brennbarkeit.

C. Steifgewebe.

An Stelle der früher ausschließlich benützten Cellulosederivate werden heute vielfach Polyvinylchlorid oder Vinylchlorid-Mischpolymerisate zur Herstellung von Steifgeweben, insbesondere für Wäschestoffe, verwendet[1].

Solche Steifgewebe können nach verschiedenen Verfahren erhalten werden.

Eine gewisse Steifheit wird Leinen- oder sonst zur Herstellung von Wäsche geeigneten Geweben dadurch erteilt, daß man die Gewebe mit Polyvinylchlorid oder Vinylchlorid enthaltenden Mischpolymerisaten imprägniert oder überzieht.

Zur Imprägnierung von Textilgeweben, aus welchen abwaschbare Wäschestücke oder Kragen hergestellt werden sollen, verwendet die Firma Deutsche Celluloid-Fabrik[2] wäßrige Emulsionen von Polyvinylchlorid oder Mischpolymerisaten auf Vinylchlorid-Basis. Diese Emulsionen kann man mit oder ohne Zusatz von Weichmachern und Pigmenten, gegebenenfalls unter Zusatz von festen, pulverförmigen Polymerisaten zu einer homogenen Paste verarbeiten.

Durch Überziehen von Geweben mit Mischpolymerisaten aus Vinylchlorid und Vinylacetat oder Gemischen aus Polyvinylchlorid und Polyvinylacetat stellt die Firma I.G. Farbenindustrie A.G.[3] halbsteife Wäsche her.

Mischpolymerisate aus Vinylchlorid und Vinylacetat, meist in Verbindung mit anderen Polymerisat-Kunststoffen, hat man mehrfach als versteifende Bindemittel bei der Herstellung von mehrlagigen Geweben vorgeschlagen.

F. R. Rodman[4] benützt als Bindemittel für mehrlagige Wäschestücke eine Mischung aus einem Mischpolymerisat von Vinylchlorid, Vinylacetat und Polyvinylacetat.

Eine Polymerisatmischung, die in einem Temperaturbereich von etwa 114 bis 166° schmilzt, besteht nach J. D. McBurney und

---

[1] Kainer, F.: Kurzes Handbuch der Polymerisationstechnik, Bd. 3, S. 157. Leipzig 1944.
[2] DRP. 639708, E.P. 439884, Deutsche Celluloid-Fabrik A.G.
[3] Ital.P. 348369, I.G. Farbenindustrie A.G.
[4] E.P. 451998, F. R. Rodman.

E. H. Nollau[1] aus 8 Prozent Vinylchlorid-Vinylacetat-Mischpolymerisat, 20 Prozent Polymethacrylsäuremethylester und 72 Prozent Lösungsmittel.

Diese versteifende und verbindende Zwischenschicht kann bei mehrlagigen Steifgeweben auch aus Folien der Vinylchlorid-Mischpolymerisate bestehen.

Nach Angaben der Firma I.G. Farbenindustrie A.G.[2] eignen sich Einlagefolien aus Vinylchlorid-Vinylacetat-Mischpolymerisaten oder aus Gemischen aus Polyvinylchlorid und Polyvinylacetat als Zwischenschichten.

Die Firma Deutsche Celluloid-Fabrik[3] verwendet für den gleichen Zweck Folien aus Polyvinylchlorid oder Mischpolymerisaten aus Vinylchlorid einerseits und Acrylsäureestern, Methacrylsäureestern oder Maleinsäureestern andererseits. Diese Folien werden nicht über den Umweg der Lösungen, sondern durch Verpressen der pulverisierten, zweckmäßig mit weißen Pigmenten versetzten Polymerisate oder Mischpolymerisate des Vinylchlorids gewonnen.

Die zur Versteifung dienenden Kunststoffe auf Polyvinylchlorid-Basis können auch auf einem Zwischengewebe aufgebracht und mit letzterem dann die anderen Gewebelagen verbunden werden.

Zwischenlagen dieser Art stellt die Firma I.G. Farbenindustrie A.G.[4] aus Polyvinylchlorid oder Vinylchlorid-Vinylacetat-Mischpolymerisaten her. Zum Imprägnieren der Zwischenlagen werden diese Mischpolymerisate oder Gemische aus Polyvinylchlorid und Polyvinylacetat in Form von Lösungen in organischen Lösungsmitteln oder in Form wäßriger Dispersionen angewandt[5].

Ein Zwischengewebe wird mit einer Acetonlösung, die 30 Prozent Polyvinylacetat und 10 Prozent Polyvinylchlorid enthält, oder mit einer Lösung eines Mischpolymerisats aus 25 Prozent Vinylchlorid und 75 Prozent Vinylacetat behandelt.

Mischpolymerisate aus Vinylchlorid und Vinylacetat oder Mischungen aus Polyvinylchlorid und Polyacrylsäureester verwendet F. R. Rodman[6], während die Firma I.G. Farbenindustrie A.G.[7] zum Imprägnieren der Zwischenlagen Mischpolymerisate aus Vinylchlorid und Acrylsäureestern oder Vinylalkylketonen benützt.

Mit Dispersionen von Mischpolymerisaten aus Vinylchlorid und Acrylsäurenitril imprägniert die Firma Deutsche Celluloid-Fabrik[8] Gewebezwischenlagen.

Als die Gewebebahnen verbindende und versteifende Mittel verwendet F. R. Rodman[9] Mischungen aus 70 Prozent eines Mischpoly-

---

[1] Canad.P. 389145, E. I. du Pont de Nemours & Co.

[2] Ital.P. 348369, I.G. Farbenindustrie A.G.

[3] DRP. 699667, Deutsche Celluloid-Fabrik A.G.

[4] DRP. (Zweigstelle Österreich) 156630, F.P. 802685, 818775, I.G. Farbenindustrie A.G.

[5] F.P. 813413, E.P. 471866, I.G. Farbenindustrie A.G.

[6] E.P. 473159, F. R. Rodman.

[7] F.P. 821113, E.P. 476312, I.G. Farbenindustrie A.G.

[8] DRP. (Zweigstelle Österreich) 156683, Schwz.P. 197557, F.P. 816233, E.P. 470969, A.P. 2224994, Deutsche Celluloid-Fabrik A.G.

[9] A.P. 2045963, F. R. Rodman.

merisats aus Vinylchlorid und Vinylacetat und 30 Prozent Polyvinylacetat.

Zur Herstellung eines für Kragen und Manschetten geeigneten Mehrfachgewebes wird z. B. ein Gewebe mit der obengenannten Mischung beladen und danach als Zwischenlage zwischen zwei übereinanderliegende Gewebe angeordnet, worauf das Ganze heiß gepreßt wird; dabei erfolgt die Verbindung und Versteifung. Die Ausrüstung ist waschbeständig und erübrigt die Verwendung von Stärke.

Als Einlage für schweißbeständige Mehrschichtstoffe eignen sich nach R. SÄMIG und H. GÄRTNER[1] auch Mischgewebe aus Polyvinylchlorid und Roßhaar.

Beispielsweise werden Polyvinylchlorid-Fäden mit Roßhaarfäden zu einem Mischgewebe verflochten und bei 100° in einer Presse in der gewünschten Weise geformt.

Wegen ihrer Beständigkeit gegen Wasser und Chemikalien sind die so hergestellten Gewebe als versteifende Einlagen für schweißbeständige Mehrschichtstoffe geeignet.

In den Vereinigten Staaten von Nordamerika werden Mischpolymerisate von Vinylchlorid und Vinylacetat auch in Mischung mit Chlorkautschuk verwendet[2]; und zwar gelangt diese Mischung, in Aceton gelöst, zur Anwendung. Mit dieser Lösung imprägnierte Gewebe werden beim Waschen weich und nehmen ihre ursprüngliche Steifheit durch einfaches Heißbügeln wieder an.

In gleicher Weise wie Gewebe aus natürlichen Fasern können auch Gewebe aus Cellulosederivat-Fäden durch versteifende Zwischenschichten verbunden werden. Diese versteifende Verbindung von Cellulosederivat-Kunstseidegeweben kann nach H. DREYFUS[3] mit Polyvinylchlorid in gelöster oder Pulverform erfolgen.

Bei dem von H. PLATT[4] beschriebenen mehrlagigen gesteiften Gewebe werden ein bzw. zwei thermoplastische Cellulosederivate, wie Celluloseacetat-Fäden, enthaltende Außengewebe mit einem Innengewebe bzw. über ein Zwischengewebe, das ein Mischpolymerisat aus Vinylchlorid und Vinylacetat und einen Weichmacher, wie Trikresylphosphat, enthält, in der Weise vereinigt, daß das bzw. die Außengewebe an ihren Außenflächen unverändert bleiben.

D. Ballon- und Flugzeugbespannstoff.

Durch Imprägnieren von Geweben mit Polyvinylchlorid-Lösungen oder durch Auftragen von Polyvinylchlorid-Pasten auf Gewebe kann man letztere so veredeln, daß man Flugzeugbespannungsstoffe bzw. gasdichte Ballongewebe erhalten kann.

Zur Herstellung eines Flugzeugbespannungsstoffes behandelt man Gewebe mit einem organischen Lösungsmittel, lackiert mit einem Lack aus Polyvinylchlorid, der gegebenenfalls Licht-, besonders ultraviolette, Strahlen absorbierende Stoffe enthält, und trocknet das Gewebe zwei Minuten bei 135° in ausgespanntem Zustande[5].

---

[1] DRP. 688966, I.G. Farbenindustrie A.G.
[2] Ind. Chimiques **24**, 635 (1937).   [3] F.P. 811613, H. DREYFUS.
[4] Canad.P. 395911, C. DREYFUS.
[5] F.P. 842190, I.G. Farbenindustrie A.G.

Ein gasdichtes Ballongewebe stellt wieder die Firma Kötitzer Leder-
tuch- und Wachstuch-Werke A.G.[1] in der Weise her, daß eine aus Polyvinylchlorid und Weichmachern bestehende Paste in der Hitze ohne
Druckanwendung auf die Ballongewebeunterlage aufgetragen wird.

IV. Bekleidungsindustrie.

In der Bekleidungsindustrie finden Polymerisate oder Mischpolymerisate des Vinylchlorids Einsatz in Form von Lösungen, Pasten,
Folien oder Geweben.

Mit Lösungen dieser Polymerisat-Kunststoffe können die zur Verarbeitung auf Bekleidungsstücke benützten Gewebe imprägniert werden.

Eine mitunter bessere Veredlung der auf Kleidungsstücke zu verarbeitenden Gewebe erhält man aber dadurch, daß man Pasten oder
Folien auf die Gewebebahnen aufkaschiert.

Flächengebilde aus diesen Polymerisaten können an Stelle von
Gewebe treten und aus diesen Folien selbst Bekleidungsgegenstände,
zweckmäßig nach besonderen Verfahren, hergestellt werden.

Schließlich können die aus Vinylchlorid-Polymerisaten oder -Misch-
polymerisaten erhaltenen Fäden, Garne usw. zu Geweben verwebt und
aus diesen Bekleidungsstücke hergestellt werden.

A. Verarbeitung von imprägnierten Geweben.

Durch die Imprägnierung von Textilgeweben mit Polymerisaten
oder Mischpolymerisaten des Vinylchlorids wird ersteren eine wasserabweisende Eigenschaft und eine große Chemikalienbeständigkeit erteilt. Aus diesem Grunde werden aus den imprägnierten Geweben vornehmlich *Regenmäntel* und ähnliche wasserdichte Bekleidungsstücke und
gegebenenfalls auch Schutzkleidungen hergestellt.

Zur Verarbeitung auf wasserabweisende Bekleidungsstücke eignen
sich z. B. die nach den auf S. 415 angeführten Verfahren hergestellte
imprägnierte Gewebe.

Nach W. L. SEMON[2] werden zur Verarbeitung auf *Regenmäntel* geeignete Gewebestoffe dadurch erhalten, daß man die in Frage kommenden Gewebe mit aus unlöslichem Polyvinylchlorid und Lösungsmitteln,
wie aromatischen Kohlenwasserstoffen, chlorierten Kohlenwasserstoffen
oder aromatischen Äthern, hergestellten Gelen imprägniert.

Auch durch Behandlung mit Mischpolymerisaten aus Vinylchlorid
und Vinylacetat können Bekleidungsstücke wasserabstoßend gemacht
wurden[3].

Zur Imprägnierung von Geweben, die zur Herstellung von *Regen-
mänteln* Verwendung finden sollen, dienen nach E. A. RODMAN[4] Mischungen von Mischpolymerisaten aus Vinylchlorid und Vinylacetat, dem

---

[1] DRP. 685839, Kötitzer Ledertuch- und Wachstuch-Werke A.G.
[2] F.P. 751504, E.P. 398091, B. F. Goodrich Co.
[3] Textile Manufacturer **69**, 358 (1943).
[4] A.P. 2404313, E. I. du Pont de Nemours & Co.

Azelainsäurediester des Äthylenglykolmonobutyläthers, Pigmenten und
Stabilisierungsmitteln.

Eine geeignete Mischung besteht z. B. aus 39,9 Prozent eines Mischpolymerisates aus 90 Teilen Vinylchlorid und 10 Teilen Vinylacetat, 22,18 Prozent des
Azelainsäurediesters des Äthylenglykolmonobutyläthers, 39,13 Prozent Pigment
und 0,39 Prozent eines Stabilisierungsmittels, z. B. Phenoxypropylenoxyd, Calciumstearat, Bleicarbonat oder Bleiglätte.

Zur Herstellung der Imprägnierlösung wird die Mischung in Methyläthylketon
gelöst.

Leicht abwaschbare und wasserdichte *Regenmäntel, Schürzen,* aber
auch *Schirme* können ferner aus den nach dem Verfahren von CH. HEI-
DERSLEBEN[1] imprägnierten Geweben[2] angefertigt werden.

B. Verarbeitung von kaschierten Geweben.

Regenmäntel und andere mechanisch stark beanspruchte wasserdichte Bekleidungsstücke können aus Textilgeweben hergestellt werden,
auf welchen Polyvinylchlorid oder Vinylchlorid-Mischpolymerisate aufkaschiert wurden.

Zur Verarbeitung auf Regenkleidung können die auf S. 420 beschriebenen kaschierten Gewebe oder nach G. LAMPERT und H. HOOK[3]
die durch Auftragen von weichgummiartigen Massen[4] aus Polymerisaten
oder Mischpolymerisaten des Vinylchlorids auf Textilien erhaltenen
kaschierten Gewebe benützt werden.

Bei Kleidungsstücken, die aus kaschierten Geweben der vorgenannten
Art hergestellt werden, kommen die Vorzüge des Polyvinylchlorids,
nämlich *Alterungsbeständigkeit, Lichtbeständigkeit* und *Wasserfestigkeit,*
besonders gut zur Geltung[5].

C. Verarbeitung von Polyvinylchlorid-Folien.

Die mechanische Festigkeit von Polymerisaten oder Mischpolymerisaten des Vinylchlorids gestattet die Verwendung dieser Kunststoffe
auch ohne Textilunterlage zur Anfertigung von Bekleidungsstücken
aller Art.

Zur Verarbeitung auf Bekleidungsstücke kommen nur Folien in
Betracht, die aus weichgestelltem Polyvinylchlorid oder Mischpolymerisaten des Vinylchlorids hergestellt wurden.

Die zum Weichstellen dieser Polymerisat-Kunststoffe benützten
Weichmacher müssen jedoch bestimmten Voraussetzungen entsprochen.
Aus den auf S. 182 angeführten Gründen ist hier Trikresylphosphat als
Weichmacher auszuschließen. Auf keinen Fall darf aber dieser Weich-
macher zur Weichstellung solcher Polymerisate dienen, die zur An-
fertigung von Kinderkleidung, wie *Windelhöschen* oder *Windelzwischen-*

---

[1] DRP. 728873, I.G. Farbenindustrie A.G.
[2] Siehe Seite 415.
[3] DRP. 747644, H. Rost & Co.
[4] Siehe Seite 145.
[5] TRIMBORN, F.: Melliand Textilber. **23**, 125 (1942).

lagen verwendet werden sollen[1]. Wunde oder gesalbte Haut darf mit trikresylphosphathaltiger Polyvinylchlorid-Kleidung nicht in Berührung kommen.

Hingegen können zum Weichstellen physiologisch einwandfreie Weichmacher, z. B. der auf S. 183 genannten Art, sowie die Weichmacher *ED 140, 236, 242, 356, 3095* der Firma Deutsche Hydrierwerke verwendet werden.

Von der Firma Badische Anilin und Soda Fabrik[2] werden zum Weichstellen von Polyvinylchlorid, das zur Herstellung von Bekleidungsfolien dienen soll, *Dibutylphthalat* und *Dioctylphthalat* empfohlen.

Gute Ergebnisse werden auch durch Verwendung von *Palatinol HS* als Weichmacher erzielt[3].

Zur Herstellung von Bekleidungsfolien, die insbesondere auf Regenmäntel verarbeitet werden sollen, verwendet die Firma Dr. A. Wacker Ges. f. elektrochem. Ind. G.m.b.H.[4] die auf S. 177 beschriebenen Weichmacher zum Plastifizieren von höchstmolekularem Polyvinylchlorid.

Das Verhältnis von Polyvinylchlorid und Weichmacher hängt von der Art des letzteren und dem besonderen Verwendungszweck der Bekleidungsfolien ab.

Die Firma Badische Anilin und Soda Fabrik[2] empfiehlt ein Verhältnis von 63 Prozent Polyvinylchlorid und 37 Prozent Weichmachergemisch aus gleichen Teilen Dibutylphthalat, Dioctylphthalat und Mesamoll.

Bei dünnen Folien soll jedoch der Gehalt an *Dibutylphthalat* geringer sein; am besten ist, in diesem Falle auf einen Zusatz dieses Weichmachers ganz zu verzichten.

In ähnlichen Grenzen bewegen sich auch die von F. TRIMBORN[5] angegebenen Mischungsverhältnisse von Polyvinylchlorid und Weichmacher.

Zur Herstellung von Bekleidungsfolien werden z. B. 60 bis 65 Teile Polyvinylchlorid (*Igelit*) mit 40 bis 35 Teilen Weichmacher unter Zusatz der erforderlichen Mengen Farb- und Füllstoffe nach den auf Seite 183 mitgeteilten Angaben verarbeitet.

Für die Bekleidungsindustrie werden die Folien aus weichgestelltem Polyvinylchlorid in Stärken von 0,1 bis 0,5 mm verwendet[6]. Die Folienstärke wird dem jeweiligen Verwendungszweck entsprechend so gewählt, daß die daraus hergestellten Bekleidungsstücke den ertragbaren, mechanischen Beanspruchungen standhalten.

Zur Herstellung von Bekleidungsgegenständen geeignete Folien sind unter verschiedenen Bezeichnungen im Handel. In Deutschland sind Polyvinylchlorid-Bekleidungsfolien z. B. unter den Bezeichnungen *Mipolam, Igelit, Guttasyn* und andere mehr seit Jahren bekannt.

---

[1] HOLSTEIN: Arbeit und Sozialfürsorge, S. 331, 1948; Verordnung der Landesregierung Sachsen, Präs. 3 A I 4101/48 vom 19. 6. 48.

[2] Privatmitteilung.

[3] I.G. Kunststoff-Taschenbuch für die verarbeitende Industrie, S. 42. 1942.

[4] Schwz.P. 223079, Dr. A. Wacker Ges. f. elektrochem. Ind. G.m.b.H.

[5] TRIMBORN, F.: Melliand Textilber. **23**, 125 (1942).

[6] BECK, H.: Kunststoffe **39**, 205 (1949).

Polyvinylchlorid-Bekleidungsfolien werden ferner von der Firma Anorgana in den Handel gebracht. Die Folie *Guttagena BR* eignet sich z. B. für Regenbekleidung, die Folie *Guttagena BS* für stark beanspruchte Berufskleidung.

Neuerdings werden auch in anderen Ländern Bekleidungsfolien auf Polyvinylchlorid-Basis hergestellt, z. B. in Belgien von der Firma J. Delys unter der Bezeichnung *Delysflex*.

Zur Anfertigung von Bekleidungsstücken, wie Arbeitskleidung, wasserdichten Stoffen usw., sind auch verschiedentlich Folien aus Vinylchlorid-Mischpolymerisaten bestimmter Zusammensetzung oder bestimmter Herstellungsart vorgeschlagen worden.

Von G. LAMPERT und H. HOOK[1] sind die auf S. 190 beschriebenen weichgummiartigen Massen aus Polymerisaten oder Mischpolymerisaten des Vinylchlorids und von F. MANCHEN und W. SCHMIDT[2] Mischpolymerisate aus Vinylchlorid und Acrylsäuremethylester, die mit den auf S. 157 angegebenen Estern weichgestellt sind, zur Herstellung von Bekleidungsfolien vorgeschlagen worden.

Für *Regenmäntel* u. dgl. eignen sich die von H. FIKENTSCHER und H. JACQUÉ[3] aus Dispersionen oder Pasten der auf S. 266 genannten Art hergestellten Folien.

Die zur Herstellung von Bekleidungsstücken verwendeten Folien auf Basis von Polymerisaten oder Mischpolymerisaten des Vinylchlorids müssen hinsichtlich ihren Eigenschaften bestimmten Voraussetzungen genügen[4]. Dies gilt insbesondere hinsichtlich *Zugfestigkeit*, *Bruchdehnung* und *Kältebeständigkeit*[5]. Auch der Gewichtsverlust bei Warmlagerung darf einen bestimmten Wert nicht übersteigen.

Dieser darf bei einer Temperatur von 90° in 4 Tagen nicht mehr als 8 Prozent betragen.

Dieser Wert ist in einem regulierten Trockenschrank, der mit einer Vorrichtung zur Luftumwälzung versehen ist, festzustellen.

Infolge ihrer ausgezeichneten Wasserfestigkeit finden Folien aus Polyvinylchlorid und Vinylchlorid-Mischpolymerisaten vor allem Verwendung zur Herstellung von *Regenschutzkleidung*. Diese Polymerisat-Kunststoffe stellen heute das Hauptkontingent an Material für diese Bekleidungsstücke dar.

Darüber hinaus dienen sie zur Herstellung von *Modeartikeln*, *Bade-* und *Strandbekleidungsstücken*.

Aus modischen Gründen gelangen die für Regenbekleidung, wie *Regenmäntel, Regencapes, Ponchos, Kapuzen,* bzw. für Modeartikel, wie *Bade-* und *Strandbekleidungsstücke*, dienenden Folien aus Polymerisaten oder Mischpolymerisaten des Vinylchlorids in gefärbtem, gemustertem, bedrucktem, bemaltem oder pigmentiertem Zustand usw. zur Verarbeitung.

---

[1] DRP. 747644, H. Rost & Co.
[2] DRP. 739000, I.G. Farbenindustrie A.G.
[3] DRP. 730202, I.G. Farbenindustrie A.G.
[4] Frühere Anordnung der Reichsstelle für Chemie I/43 vom 26. 7. 1943.
[5] Kunststoffe **30**, 279 (1940).

Die völlige *Säure-* und *Laugenbeständigkeit, Unempfindlichkeit* gegen *Öl, Geschmeidigkeit* und *Verschleißfestigkeit* machen die bevorzugte Verwendung dieser Folien für Arbeitsschutzkleidung, wie *Säureanzüge, Mäntel, Schürzen, Schutzhauben,* in Säurebetrieben, galvanotechnischen und metallurgischen Anstalten, ferner in Zellstoff- und Farbenbetrieben, Gerbereien, Brauereien, Beizbetrieben und chemischen Fabriken[1] verständlich.

Aus den gleichen Werkstoffen lassen sich weiter *Ärztekittel, Operations-* und *Schwesterschürzen, Laboratoriumsmäntel* usw. herstellen.

In letzter Zeit wird im Austausch gegen das aus Gewebe mit Leinölaufstrich bestehende *Ölzeug* der Seeleute und Hochseefischer eine wasserfeste Arbeitskleidung aus Polyvinylchlorid, das sogenannte *Mipolam-Fischerhemd*[2] hergestellt[3].

Für diesen Verarbeitungszweck genügen allerdings die für die übrige Bekleidung verwendbaren Polyvinylchlorid-Folien nicht; es mußte vielmehr eine Sonderfolie entwickelt werden, die neben besseren mechanischen Eigenschaften vor allem eine außerordentlich gute *Kältefestigkeit* aufweist.

Die Eigenschaftswerte dieser *Weichmipolam-Fischerfolie* sind in Tab. 54 den Eigenschaftswerten von gewöhnlichen Bekleidungsfolien gegenübergestellt.

Tabelle 54. *Physikalische Eigenschaften von Bekleidungsfolien.*

Eigenschaften	Regenbekleidungsfolie		Weichmipolam-Fischer-Folie
	Mindest- Werte	übliche Werte	
Zerreißfestigkeit in kg/qcm	120	175	180—200
Zerreißdehnung in Prozent	200	300	300—350
Einreißfestigkeit in kg/mm	1,5	1,9	2—3
Kälteschlagwert[4] in °C gut	—15	—15	—45 bis —50
„ in °C schlecht . .	—20	—20	derzeit nicht meßbar

Gegenüber dem früher ausschließlich benützten Ölzeug ist und bleibt das *Mipolam-Fischerhemd* dauernd wasserfest; es ist ferner leichter und schmiegsamer, verschmutzt nicht und scheuert nicht an Hals und Armen, wodurch die Furunkuloseerkrankungen zurückgehen. Es ist auch wesentlich dauerhafter als Ölzeug; das *Mipolam-Fischerhemd* hält 10 bis 12 Hochseefangreisen aus, gegenüber 2 bis 3 Fangreisen von Ölzeug. Kleine Beschädigungen können durch Schweißung, größere durch Einsetzen neuer Teile behoben werden.

Die Verarbeitung von Folien aus Polymerisaten oder Mischpolymerisaten des Vinylchlorids kann unabhängig von dem Verwendungszweck der Bekleidungsstücke z. B. in folgender Weise erfolgen.

---

[1] MIENES, K.: Kunststoffe **30**, 227 (1940).
[2] Hersteller: Krafft & Weichardt, Bremen.
[3] Kunststoffe **38**, 254 (1948).
[4] Die Kälteversteifung von Kleidungsstücken aus Folien beginnt bei etwa 20° über den Bruchwerten liegenden Temperaturen sich bemerkbar zu machen.

Kainer, Polyvinylchlorid. 28

Aus den vom Folienkalander kommenden gefärbten oder pigmentierten Folien bzw. aus den anschließend bedruckten oder bemalten Folien werden die zur Herstellung von Bekleidungsgegenständen erforderlichen Einzelteile mit elektrisch betriebenen Schneidemaschinen, wie solche in der Bekleidungsindustrie üblich sind, zugeschnitten.

Bei dieser Arbeitsweise entstehen aber zahlreiche Abfälle, die in der Bekleidungsindustrie selbst nicht weiter verarbeitet werden können.

Nach N. Bockl[1] kann man formgetreue Stücke ohne die unerwünschten Abfälle dadurch erhalten, daß man auf eine Unterlagsplatte aus z. B. Blech, Holz oder Pappe usw. in der gewünschten Form, z. B. eines Rückenteiles, Kragens usw., mit einer Lackierwalze einen Überzug aus Polyvinylchlorid-Pasten, welche gegebenenfalls auch flüchtige organische Verdünnungsmittel enthalten können, aufbringt. Nach erfolgter Gelierung, die durch Erhitzen auf etwa 160° vorgenommen wird, zieht man den fertigen Zuschnitt-Teil ab.

Nach dieser Arbeitsweise ist es auch möglich, gemusterte Formteile zu erzeugen, indem man entweder die Unterlage entsprechend graviert oder Weiteraufstriche auf einen Überzug in verschiedener Farbe mustergerecht aufbringt.

Die durch Ausschneiden aus Folienbahnen oder nach dem vorbeschriebenen Verfahren erhaltenen Zuschnitt-Teile müssen dann zu den gewünschten Bekleidungsstücken vereinigt werden.

Der Verband der einzelnen Folienteile kann durch *Vernähen*, *Verkleben* oder *Verschweißen* erfolgen.

Das Vernähen von Zuschnitt-Teilen aus Polyvinylchlorid-Folien bereitet gewisse Schwierigkeiten. Durch die Nähnadel entstehen Einrisse in der Folie, die bei eng aneinanderliegenden Nadeleinstichen zu einem Ausreißen der Naht führen.

Bei Beachtung der besonderen Werkstoffart kann man zwar diesen Fehler vermeiden, doch entbehrt auch eine sachgemäß durchgeführte Näharbeit für die Dauer eben der notwendigen Haltbarkeit.

Das gilt in gewisser Hinsicht auch für das Verkleben der einzelnen Zuschnitt-Teile.

Hingegen sind geschweißte Verbindungen erheblich besser und fester. Bei sachgemäß durchgeführter Schweißverbindung erhält man Nahtverbindungen, die Festigkeiten zeigen, die nahezu gleich der Ausreißfestigkeit der Folien sind.

Dieses Verschweißen kann entweder von Hand aus mit den auf S. 402 beschriebenen Schweißgeräten, mit der auf S. 407 schematisch dargestellten Kontakt-Schweißvorrichtung oder mit Hilfe von besonders zum Verbinden von Folien entwickelten Vorrichtungen maschinell erfolgen.

Eine auf dem Prinzip der Kontaktschweißung entwickelte Folien-Schweißmaschine wurde von der Nähmaschinenfabrik G. M. Pfaff A.G. entwickelt.

---

[1] DRP. 728761, I.G. Farbenindustrie A.G.

Mit Hilfe dieser Schweißmaschine können sowohl zwei Folienbahnen überlappt miteinander verschweißt oder stumpf aneinandergeschweißt werden, und zwar unter Verwendung eines darübergelegten Verstärkerbandes[1]. Die Höchstgeschwindigkeit der Schweißmaschine beträgt 1,5 m je Minute; arbeitet also mit einer etwa 5mal so kleinen Geschwindigkeit als eine normale Nähmaschine[2].

Eine beträchtliche Steigerung der Schweißgeschwindigkeit kann man aber mit Geräten erzielen, die nach dem Prinzip der Hochfrequenz-Schweißung arbeiten.

In der Abb. 47 ist ein nach dem Prinzip der Hochfrequenz-Schweißung entwickeltes Presto-Schweißgerät der Firma Scillo, Hamburg, wiedergegeben.

Eine Hochfrequenz-Nahtschweißmaschine, welche die Form einer gewöhnlichen Nähmaschine aufweist und Folien in den Stärken von 0,01 bis 0,15 mm mit Geschwindigkeiten von etwa 2 bis 3 m je Minute zu verschweißen gestattet, wurde von der Firma Kochs-Adlernähmaschinen-Werke A.G. vor kurzem herausgebracht.

Mit diesen Schweißmaschinen können nicht nur lange Nähte durch Aneinanderreihen der Zuschnitt-Teile, sondern auch Taschen, Kragen und Passen sowie Borten

Abb. 47. Presto-Schweißgerät der Firma Scillo.

und Knopflöcher verschweißt bzw. angesetzt werden.

Mit der fabrikationsmäßigen Herstellung von Bekleidungsgegenständen aus Polyvinylchlorid befassen sich zahlreiche Firmen; die älteste Firma, die die Konfektionierung durchführt, dürfte die Firma Rost & Co. sein; letztere stellt bereits seit dem Jahre 1936 Kleidungsstücke aus Polyvinylchlorid her[3].

Nach dem Kriege haben zahlreiche Firmen in Deutschland, z.B. die Firma Kusto, Kunststoffverarbeitung G.m.b.H. sowie im Ausland die Verarbeitung von Polyvinylchlorid zu Kleidungsstücken aufgenommen.

Den großen Vorteilen der aus Polyvinylchlorid-Folien hergestellten Bekleidungsgegenständen steht ein Nachteil gegenüber, und zwar der, daß die Polyvinylchlorid-Folie nicht „atmet". Die zur Wasserdampfdurchlässigkeit erforderliche Porosität kann man den Polyvinylchlorid-Folien aber durch eine *Elektronen-Perforierung* erteilen[4].

---

[1] ZEIDLER, G., u. G. SCHLITZER: Kunststoff-Technik 12, 177 (1942).
[2] BECK, H.: Kunststoffe 39, 205 (1949).
[3] TRIMBORN, F.: Melliand Textilber. 23, 125 (1942); Kunststoffe 39, 90 (1949).
[4] MEAKER, J. W.: Kunststoffe 39, 176 (1949).

D. Verarbeitung von Polyvinylchlorid-Geweben.

Weniger bekannt dürfte sein, daß man auch die aus Polyvinylchlorid oder Vinylchlorid-Mischpolymerisaten hergestellten Fasergewebe[1] auf Bekleidungsstücke aller Art, insbesondere auf *Schutzkleidungen*, verarbeiten kann.

Zur Verarbeitung auf Schutzkleidung aller Art eignen sich z. B. die aus der *Rhovyl-Faser* hergestellten Gewebe[2].

Die aus der *PC-Faser*[3] hergestellten Gewebe besitzen die gleiche Chemikalienfestigkeit wie das nachchlorierte Polyvinylchlorid. Aus diesen Gewebe lassen sich besonders säurefeste *Arbeiterschutzanzüge*, *Schutzschürzen* usw. herstellen.

Während man vielfach die Ansicht vertrat, daß die *PC-Faser* infolge ihrer Wärmeempfindlichkeit nur für die vorerwähnten Arbeitskleidungen geeignet ist, wurden während des letzten Krieges in Deutschland eine ganze Anzahl von Strickereierzeugnissen auf der *PC-Faser* hergestellt, die hinsichtlich ihrer Eigenschaften solchen aus Wolle bereiteten erheblich überlegen sind[4].

So hat man *Winterunterwäsche*, *Sportsweater*, *Skianzüge* und schweißfeste, nicht verfilzende *Wintersocken* hergestellt.

Im Gebrauch dieser Wäsche ergeben sich keine Schwierigkeiten, wenn bei dem Waschen die gleiche Vorsicht geübt wird, wie sie jedermann von der Wolle her geläufig ist.

Ein noch günstigeres Verhalten zeigt die *PC 120-Faser*[5], die hinsichtlich Wärmebeständigkeit ungefähr der Acetatseide entspricht.

Chemikalien- und säurefeste *Anzüge*, ferner *Zeltbahnen*, *Segel*, *Strumpfwaren* usw. können aus dem *Vinyon-Garn* gefertigt werden[6]. Dieses aus Vinylchlorid-Vinylacetat-Mischpolymerisat bestehende Garn kann ferner durch Verweben zu wasserdichten, doppeltgewebten *Regenbekleidungen*, *Ponchos*, *Stoffbändern* für *Tropenhelme* usw. verarbeitet werden.

Aus Fäden aus Vinylchlorid-Vinylester-Mischpolymerisaten mit einem mittleren Molekulargewicht von etwa 15000 und einem Gehalt von 70 bis 95 Prozent Vinylchlorid, besonders Mischpolymerisaten aus Vinylchlorid und Vinylacetat der angegebenen Zusammensetzung, stellt die Firma Carbide and Carbon Chemicals Corp.[7] Strickwaren, besonders Strümpfe, her.

Wertvoller sind die aus *Vinyon-N-Faser*[8] gefertigten Kleidungsstücke[9].

Für Bekleidungszwecke eignen sich auch Geflechte oder Gewebe aus besonders nachbehandelten Polyvinylchlorid-Fasern, die z. B. nach

---

[1] Siehe Seite 399.
[2] NIEDERHAUSER, J.: De Tex **8**, 557 (1949).
[3] Siehe Seite 392.
[4] REIN, H.: Melliand Textilber. **30**, 243, 299 (1949).
[5] Siehe Seite 393.
[6] BONNET, F.: Ind. Engng. Chem. **32**, 1564 (1940).
[7] F.P. 885252, Carbide and Carbon Chemicals Corp.
[8] Siehe Seite 393.
[9] STOWELL, E.: Rayon Text. Monthly **29**, 43 (1948).

dem von H. Fikentscher und H. Jacqué[1] ausgearbeiteten Veredlungsverfahren erhalten werden[2].

Zur Herstellung von Kleidungsstücken, wie *Regenhüllen*, *Arbeitskleidung* usw., dienen nach K. L. Berry und J. W. Hill[3] solche Gewebe, die aus gehärteten Fasern[4] aus Polyvinylchlorid, nachchloriertem
Polyvinylchlorid oder Mischpolymerisaten aus Vinylchlorid mit Äthylen,
Olefinen, Vinylestern oder Fumarsäurediäthylester hergestellt werden.

Um den Geweben aus Polyvinylchlorid, nachchloriertem Polyvinylchlorid, Vinylchlorid-Mischpolymerisaten die elektrostatische Aufladbar-
keit zu nehmen, behandeln W. N. Stoops und A. L. Wilson[5] diese Gewebe mit den auf S. 387 erwähnten Polyalkylenpolyaminen.

Gefärbte Strumpfwaren aus Vinylchlorid-Vinylacetat-Mischpolymerisat werden
45 Minuten in einer wäßrigen Lösung von 0,2 Mol Polyäthylenimin (Molgewicht 900)
und 0,5 Prozent 3,9-Diäthyltridecanol-6-Natrium-sulfatester als Netzmittel bei 60
bis 65° bewegt, in warmem Wasser gewaschen und getrocknet.

Auch nach zehnmaligem Waschen in Seifen war der antistatische Effekt noch
vorhanden.

V. Filz- und Wachstuchindustrie.

A. Filze.

Fäden oder Garne aus Polyvinylchlorid lassen sich nach R. Sämig
und H. Gärtner[6] auf Filze verarbeiten.

Diese Polyvinylchlorid-Fäden können gegebenenfalls auch gemeinsam mit anderen Fäden oder Garnen vermischt werden.

Besonders geeignet sind Mischungen aus tierischen Fasern, wie
Haare oder Wolle, mit Fasern aus nachchloriertem Polyvinylchlorid in
Mengen von 20 bis 30 Prozent der gesamten Fasermenge. Die Ver-
arbeitung erfolgt in der üblichen Weise zu Filzen.

3200 g einer zu gleichen Teilen aus Wollabfällen und südafrikanischer Wolle
bestehenden Wollmischung und 800 g Fasern aus nachchloriertem Polyvinylchlorid
werden in der üblichen Weise auf Filz verarbeitet und gefärbt.

B. Wachstuch.

Polyvinylchlorid oder Vinylchlorid-Mischpolymerisate, wie z. B.
Mischpolymerisate aus Vinylchlorid und Vinyläthern[7], können in Form
ihrer Lösungen, Dispersionen, Pasten oder Folien zur Herstellung von
Wachstuch Verwendung finden.

Zweckmäßigerweise setzt man diesen Kunststoffen zur Erhöhung
der Geschmeidigkeit Weichmacher zu. Als Weichmacher für Polymerisate oder Mischpolymerisate des Vinylchlorids eignen sich hier nach
H. Fikentscher und G. Hagen[8] die auf S. 164 beschriebenen Ester.

---

[1] DRP. 742364, I.G. Farbenindustrie A.G.
[2] Siehe Seite 357.
[3] A.P. 2405008, E. I. du Pont de Nemours & Co.
[4] Siehe Seite 385.
[5] A.P. 2403960, Carbide and Carbon Chemicals Corp.
[6] DRP. 661374, 688966, F.P. 831720, I.G. Farbenindustrie A.G.
[7] DRP. 634408, I.G. Farbenindustrie A.G.
[8] DRP. 735380, I.G. Farbenindustrie A.G.

Die Verarbeitung von Polyvinylchlorid kann nach dem von G. WICK[1] entwickelten Verfahren erfolgen.

Zur Bereitung von Wachstuch werden Lösungen oder Dispersionen bzw. Pasten von Polyvinylchlorid auf eine entsprechende Gewebebahn aufgetragen, wobei die beim Imprägnieren oder Kaschieren von Gewebe angegebenen Verfahren und Vorrichtungen[2] benützt werden können.

Von Polyvinylchlorid-Pasten empfiehlt die Firma Badische Anilin & Soda Fabrik[3] die *Igelit PCU-Paste F 25, Igelit PCU-Paste G, Igelit PCU-Paste K* und *Igelit PCU-Paste M 25*.

Das Auftragen von Polyvinylchlorid oder von Vinylchlorid-Mischpolymerisaten auf die in Wachstuch zu überführende Gewebebahn bzw. Textilunterlage kann auch in Form ihrer Folien nach dem auf S. 423 beschriebenen Verfahren erfolgen.

Die nach einem der hier behandelten Verfahren erhaltenen Wachstuche zeichnen sich durch eine hohe Knitterfestigkeit und Abriebfestigkeit bei guter Wasser- und Chemikalienbeständigkeit aus.

VI. Bürstenindustrie.

A. Borsten.

Bei ausreichender Stärke besitzen die aus Polyvinylchlorid, nachchloriertem Polyvinylchlorid und bestimmten Vinylchlorid-Mischpolymerisaten hergestellten Fasern Eigenschaften, die denen zur Herstellung von Bürsten, Besen usw. verwendeten Naturborsten nicht nur nicht nachstehen, sondern diese in vieler Hinsicht noch übertreffen.

Aus diesem Grunde werden Fasern aus den genannten Kunststoffen im Austausch gegen animalische Borsten oder vegetabilische Fasern, z. B. *Piassava-Faser*, bei der Herstellung von Bürsten, Besen usw. verwendet[4].

Die Herstellung von Borsten aus Polyvinylchlorid, nachchloriertem Polyvinylchlorid oder Vinylchlorid-Mischpolymerisaten kann nach den gleichen Verfahren erfolgen, nach welchen Fäden aus den genannten Polymerisat-Kunststoffen gewonnen werden.

Künstliches Roßhaar od. dgl. kann z. B. aus Lösungen von hochmolekularem Polyvinylchlorid[5] oder solches enthaltenden Mischpolymerisaten hergestellt werden[6].

Nach einem Verfahren der Firma E. I. du Pont de Nemours & Co.[7] kann man Borsten erhalten, wenn man die Polyvinylchlorid-Massen durch eine Spinndüse mit entsprechenden Lochweiten in ein flüssiges Spinnbad drückt.

---

[1] DRP. 681026, I.G. Farbenindustrie A.G.

[2] Siehe Seite 420.

[3] Igelit-Pasten, Prospekt Nr. 85 der I.G. Farbenindustrie A.G., S. 7. 1942.

[4] MIENES, K.: Kunststoffe **30**, 224 (1940).

[5] Siehe Seite 57.

[6] DRP. 749090, Soc. Rhodiaceta.

[7] Belg.P. 436767, E. I. du Pont de Nemours & Co.

Von E. HUBERT und H. REIN[1] ist ein besonderes Verfahren zur Herstellung von Borsten entwickelt worden, nach welchem Polyvinylchlorid, nachchloriertes Polyvinylchlorid oder Vinylchlorid-Mischpolymerisate im plastischen Zustand aus Düsen mittels erhitzter Pressen ausgespritzt und auf mehr als das Doppelte ihrer ursprünglichen Länge gestreckt werden.

Die Verstreckung der Borsten geschieht entweder unmittelbar, nachdem die Fäden die Düsen verlassen haben, oder sie kann auch in einem gesonderten Arbeitsgang durchgeführt werden. Die Erwärmung der Borsten für den Verstreckungsprozeß kann mittels erhitzter Luft oder anderer erhitzter Gase oder auch innerhalb von heißen, nicht lösend wirkenden Flüssigkeiten geschehen.

Diese Nachbehandlung der Fäden ist erforderlich, weil nicht gestreckte Borsten wegen ihrer Sprödigkeit und Brüchigkeit für die Verwendung in Bürsten und Besen ungeeignet sind.

Die auf vorgenannte Weise hergestellten Borsten besitzen in Stärken von 300 bis 6000 den die erforderliche Steifheit und elastische Biegsamkeit.

Die aus stranggepreßtem und gerecktem Polyvinylchlorid (*Igelit PCU*) hergestellten Borsten zeigen nach W. BUCHMANN[2] eine Zugfestigkeit von 9 bis 20 kg/qmm und eine Dehnung von annähernd 20 Prozent[3].

Diese Polymerisat-Borsten können Naturborsten für alle Verwendungszwecke nicht nur ersetzen, sondern sie übertreffen diese vielfach, besonders wegen ihrer völligen Unquellbarkeit in Wasser und wegen ihrer Unangreifbarkeit durch Laugen, Säuren und Fäulnisbakterien.

Durch Zusatz von Stabilisierungsmitteln kann man die Licht- und Wärmebeständigkeit der Borsten auf Polyvinylchlorid-Basis noch verbessern[4].

Borsten aus Polyvinylchlorid sind unter verschiedenen Handelsnamen bekanntgeworden. Die *PCU-* oder *Perulan-Fasern* sind von der Firma I.G. Farbenindustrie A.G. herausgebrachte Fasern von rein weißem Aussehen, die besonders gegen Chemikalien sehr widerstandsfähig sind und auch bei Verwendung in Wasser nicht leiden.

Elaston ist ebenfalls eine Polyvinylchlorid-Faser in roter bis rötlichgelber Farbe, die sich besonders für schwere Ware, wie z. B. Straßenbesen, Schrubber usw., eignet.

Aus nachchloriertem Polyvinylchlorid werden die sogenannten *PC-Borsten* hergestellt.

Die Borsten aus nachchloriertem Polyvinylchlorid wurden früher durch Spritzen der erweichten Masse erhalten; neuerdings werden sie aus 0,6 bis 0,8 mm dicken Folien oder Tafeln geschnitten[5].

Die physikalischen Eigenschaften dieser *PC-Borsten*, verglichen mit denjenigen von Naturborsten, sind der Tab. 55 zu entnehmen[6].

---

[1] DRP. 731522, Schwz.P. 212436, I.G. Farbenindustrie A.G.
[2] KRANNICH, W.: Kunststoffe im techn. Korrosionsschutz, S. 82. München 1943.
[3] Drei-Minuten-Werte nach DIN 7701 bei 20°.
[4] Ital.P. 396886, I.G. Farbenindustrie A.G.
[5] MIENES, K.: Kunststoffe **30**, 224 (1940).
[6] JEHLE: Zellwolle, Kunstseide, Seide **45**, 181 (1940).

Tabelle 55. *Physikalische Eigenschaften von PC- und animalischen Borsten.*

Eigenschaften	PC-Faser	Roßhaar	Schweineborsten
Fadenfeinheit . . . . Nm	23,6	78,0	7,9
Festigkeit, trocken . . . . . Rkm	10,2	12,0	12,6
„ , naß . . . . „	10,1	9,0	9,6
Dehnung, trocken . . . . %	20,0	55,0	49,0
„ , naß . . . . %	19,0	63,0	63,0
Spez. Gew. . . . . kg/cdm	1,32	1,30	1,30

Ein Vorteil der Verwendung dieser PC-Fasern als Borstenmaterial liegt darin, daß ihre Stärke und Länge den jeweiligen Erfordernissen angepaßt werden können und sie keinerlei Reinigung und Sterilisierung bedürfen. Die *PC-Borsten* zeichnen sich entsprechend den Eigenschaften des ihnen zugrunde liegenden Kunststoffes durch völlige Wasserunempfindlichkeit, Fäulnisfestigkeit und hohe Chemikalienbeständigkeit aus[1].

Sie sind aber infolge der Thermoplastizität des nachchlorierten Polyvinylchlorids nur für Temperaturen bis höchstens 60° verwendbar; bei höheren Temperaturen schrumpfen sie und verlieren ihre Elastizität.

Die mechanischen Eigenschaften der *PC-Borsten* sind beachtlich; sie können noch durch eine entsprechende Nachbehandlung der zur Herstellung der Borsten verwendeten Fäden oder Folien beträchtlich gesteigert werden.

Infolge der guten mechanischen Eigenschaften läßt sich beim praktischen Gebrauch der *PC-Borsten* gegenüber anderem Borstenmaterial eine 12- bis 15fache Haltbarkeit nachweisen.

Zur Herstellung von Borsten, die an Stelle von Roßhaar Verwendung finden können, eignen sich auch die nach H. FIKENTSCHER und H. JACQUÉ[2] thermisch nachbehandelten und gegebenenfalls anschließend gereckten Fäden aus Polyvinylchlorid.

Mechanisch widerstandsfähige Borsten können ferner aus plastifiziertem Polyvinylchlorid hergestellt werden, welches Ausgangsmaterial einem auf S. 302 angegebenen Nachbehandlungsverfahren unterworfen wurde[3].

Nach einem von R.-F. GUICHARD[4] beschriebenen Verfahren können Haare aus Polyvinylchlorid auf nachstehende Weise erhalten werden:

Das Polyvinylchlorid wird durch einen geheizten Kalander, einen Strecker, und, nach Abkühlen, durch einen kalten, mit hohem Druck arbeitenden Kalander geführt. Es entstehen Bänder bzw. Folien, die in der Länge und Breite eine geäderte Struktur aufweisen, die ein Zerschneiden in Haare erlaubt.

Zur Herstellung zusammenhängender Haare wird die Längsaderung des Materials dadurch betont, daß die relativen Geschwindigkeiten der beiden Kalander so geregelt werden, daß im Strecker eine Dehnung von 60 bis 80 Prozent stattfindet.

Zur Herstellung gleichlanger Haare durch Zerschneiden in der Querrichtung wird ein rotierendes Messer mit schraubenförmiger Klinge und eine waagerechte Gegenklinge so verwandt, daß die Haare einen rautenförmigen Querschnitt aufweisen.

---

[1] Kunststoffe **30**, 184 (1940).
[2] DRP. 742364, I.G. Farbenindustrie A.G.
[3] Ital.P. 381794, Dr. A. Wacker Ges. f. elektrochem. Ind. G.m.b.H.
[4] F.P. 945223, R.-F. GUICHARD.

Borsten aus Kunststoffen auf Polyvinylchlorid-Basis eignen sich zur Herstellung von Kleider- und Haarbürsten sowie Haushaltsbürsten, bei deren Verwendung hohe Temperaturen nicht vorkommen.

Die Verarbeitung der Borsten aus Polyvinylchlorid oder nachchloriertem Polyvinylchlorid zu Bürsten u. dgl. kann in derselben Weise wie die der Naturborsten erfolgen und bietet keinerlei Schwierigkeiten.

Borsten dieser Art verarbeitet z. B. die Firma Rhodius, Schmeding & Co.[1] zu Bürsten aller Art.

Als Ausgangsmaterial zur Herstellung von Borsten eignen sich auch bestimmte Vinylchlorid-Mischpolymerisate, z. B. die aus Vinylchlorid und Tetrafluoräthylen[2] bestehenden polymeren Körper bzw. die unter der Bezeichnung Vinyon N bekannten Mischpolymerisate aus Vinylchlorid und Acrylsäurenitril[3].

Beim Gebrauch von Handfegern aus PC-Borsten treten ebenso wie bei anderem Borstenmaterial elektrostatische Aufladungen auf, die von Fr. Broihan[4] bzw. E. Kleider[5] gemessen wurden.

Die elektrostatische Aufladung zeigt bei Einzelmessungen starke Schwankungen; sie steigt mit zunehmender Temperatur an und tritt je nach der Witterung verschieden stark auf; bei kalter, feuchter Witterung ist praktisch keine Aufladung vorhanden, bei warmem, trockenem Wetter können beträchtliche Aufladungen auftreten. Die geringe Energie der Borstenfunken dürfte aber nicht ausreichen, um z. B. gelatiniertes Nitroglycerin zu entzünden.

VII. Fischereigewerbe.

Die vorzügliche Fäulnis-, Bakterien- und Chemikalienbeständigkeit von Polyvinylchlorid ermöglicht auch den Einsatz dieses Kunststoffes im Fischereigewerbe.

Eine wesentliche Verbesserung der Eigenschaften von Garnen, Netzen, Seilen usw. aus natürlichen Fasern kann man nach A. Rieche[6] erzielen, wenn man diese Fischereiartikel mit einer fäulnisverhindernden Imprägnierung mit wasserunlöslichen Polyvinylverbindungen mit einem Chlorgehalt von mindestens 30 Prozent versieht.

Beispielsweise tränkt man trockene Garne für Fischnetze oder fertiggeknüpfte Fischnetze mit einer 10prozentigen Lösung von nachchloriertem Polyvinylchlorid in einem Gemisch aus gleichen Teilen Benzol, Aceton und Butylacetat, verdampft die Lösungsmittel und unterwirft dann das Gut einem gelinden Erhitzen.

Die guten mechanischen Eigenschaften von Fadengebilden aus Polyvinylchlorid ermöglichen auch deren Verwendung an Stelle von nativen Fasern zur Herstellung von Fischereigeräten, wie Netze, Taue, Segeltücher usw.

---

[1] Kautschuk u. Gummi **1**, 224 (1948).
[2] F.P. 928549, E. I. du Pont de Nemours & Co.
[3] Stowell, E.: Rayon Text. Monthly **29**, 43 (1948).
[4] Broihan, Fr.: Die Wärme **65**, 266 (1942).
[5] Kleider, E.: Kunststoffe, Kunststoff-Technik u. Anwendung **33**, 111 (1943).
[6] DRP. 709226, I.G. Farbenindustrie A.G.

Von diesen Polyvinylchlorid-Fasern haben sich die aus reinem Polyvinylchlorid bestehenden *Rhovyl-Fasern*[1] bzw. die aus nachchloriertem Polyvinylchlorid bestehende *PC-Faser*[2] bewährt. Zur Verbesserung der an sich vorzüglichen Eigenschaften können diese Fasern gegebenenfalls z. B. nach dem von H. FIKENTSCHER und H. JACQUÉ[3] entwickelten Veredlungsverfahren[4] nachbehandelt werden.

Die mechanische Festigkeit dieses Fasermaterials kann noch dadurch gesteigert werden, daß man diese Fasern nicht zu Netzgarnen verzwirnt, sondern verklöppelt.

Eine weitere mechanische Festigkeit von aus Polyvinylchlorid, nachchloriertem Polyvinylchlorid oder Vinylchlorid-Mischpolymerisaten hergestellten Fischnetzen, Tauen u. dgl. läßt sich erzielen, wenn man diese Gegenstände einer gegebenenfalls partiellen thermischen Schrumpf- und bzw. oder Quellbehandlung unter Vermeidung einer Veränderung der äußeren Dimensionen der Materialien unterzieht[5]. Hierbei kann durch Einhaltung der Längenmaße der Schrumpfeffekt nur an den Knotenstellen zur Auswirkung kommen, die dadurch fest geschürzt und fixiert werden.

Die thermische Behandlung kann trocken an der Luft, in einem Dampf oder Gas oder auch unter einer Flüssigkeit erfolgen, und hieran kann sich eine Behandlung mit Weichmachern, Überzugsmitteln usw. anschließen.

Zwirne aus gleichen Polyvinylchlorid-Fasern haben sich auch als geeignetes Material zum Bau von Reusen, besonders für den Fischfang in kleinen, warmen und daher stark faulenden Seen erwiesen.

Polyvinylchlorid oder nachchloriertes Polyvinylchlorid eignen sich ferner als Baustoff zur Anfertigung von Netzstricknadeln oder Reusenbügel.

VIII. Tapezierergewerbe.

A. Polstermaterial.

Die Wasser- und Fäulnisbeständigkeit von Polyvinylchlorid und Vinylchlorid-Mischpolymerisaten lassen diese Kunststoffe als hervorragendes Polstermaterial erscheinen.

Außer Polyvinylchlorid und nachchloriertem Polyvinylchlorid kommen hier in Frage Mischpolymerisate aus Vinylchlorid einerseits und Vinylestern, Acrylsäureestern, Methacrylsäureestern, Maleinsäureestern oder Acrylsäurenitril andererseits.

Aus diesen Kunststoffen durch Pressen erhaltene Blöcke werden nach E. RITTER[6] mittels spanabhebender Werkzeuge, z. B. durch Drehen, Fräsen, Spänen usw. gewonnen, die als Polstermaterial Verwendung finden.

---

[1] GRABE, F.: Melliand Textilber. **31**, 261 (1950).
[2] BRANDT, A. v.: Kunststoffe **38**, 36 (1948).
[3] DRP. 742364, I.G. Farbenindustrie A.G.
[4] Siehe Seite 357.   [5] F.P. 908092, Soc. Rhodiaceta.
[6] DRP. 684842, I.G. Farbenindustrie A.G.

Von einem durch Pressen von Polyvinylchlorid bei 160° unter 100 kg/qcm Druck erhaltenen Block werden auf einer Drehbank dünne Späne von etwa 10 bis 15 cm Länge abgedreht und miteinander vermengt, so daß die wirr durcheinander zu liegen kommen.

Diese Späne eignen sich in dieser Form schon ohne weitere Behandlung als Polstermaterial, z. B. für Sitzkissen.

Ein Polstermaterial aus Polyvinylchlorid oder Vinylchlorid-Mischpolymerisaten fällt aber bei jeder spanabhebenden Bearbeitung dieser Kunststoffmassen an, so daß man dieses Polstermaterial als Abfall bei jeder spanabhebenden Bearbeitung dieses Kunststoffes erhält. Als solches eignen sich z. B. die beim Abdrehen von Polyvinylchlorid-Massen anfallenden Drehspäne.

Die Elastizität und Federkraft dieser Späne ist um so höher, je länger sie sind.

Späne aus Polyvinylchlorid-Massen finden nicht nur als Polstermaterial in Sitzkissen, für Polstermöbel, sondern auch als Polstermaterial für Kraftwagen, als Matratzenmaterial usw. Verwendung.

Beispielsweise enthalten die Polsterungen der Volkswagen der Firma Chemische Werke Hüls Polsterungen mit diesen Kunststoff-Füllungen.

Späne aus Polyvinylchlorid oder Vinylchlorid-Mischpolymerisaten, z. B. aus der in den Vereinigten Staaten von Nordamerika hergestellten *Vinyon N*, können auch in Mischung mit anderen tierischen oder pflanzlichen Polstermaterialien verwendet werden.

B. Dekorationsmaterial.

Folien aus Polyvinylchlorid bzw. Vinylchlorid-Mischpolymerisaten stellen ein vielseitig verwendbares Dekorationsmaterial dar. Dies gilt insbesondere für die gefärbten, bedruckten oder bemalten Folien.

Geschmackvoll bedruckte oder gemusterte Polyvinylchlorid-Folien finden z. B. als Küchengardinen oder Badezimmervorhänge Verwendung[1]. Für diesen Verwendungszweck wirkt sich die Wasserbeständigkeit und leichte Abwaschbarkeit günstig aus. Als brauchbar hat sich z. B. die Spezialfolie *Guttagena AD* der Firma Anorgana erwiesen.

Für die gleichen Zwecke, wie Tischdecken, Vorhangstoffe, aber auch für Bettüberdecken usw., können auch bemalte Folien aus Polyvinylchlorid verwendet werden[2].

Kunstvoll bedruckte Folien werden vom Kunstgewerbe für die verschiedensten Zwecke verarbeitet.

So werden z. B. aus bedruckten Polyvinylchlorid-Folien Lampenschirme hergestellt, zu deren Verzierung oder Verbund Polyvinylchlorid-Schnüre benützt werden[1].

Eine besonders große Verwendung finden bedruckte Folien aus Polyvinylchlorid[3] als Vorhangmaterial. In den Vereinigten Staaten von Nordamerika[4] haben diese Polyvinylchlorid-Vorhänge die wesentlich teueren Papier- und Gewebevorhänge verdrängt.

---

[1] Kunststoffe **37**, 237 (1947).
[2] Mod. Plastics **25**, 86 (1948).   [3] Siehe Seite 363.
[4] Mod. Plastics **27**, Nr. 5, 125 (1949).

Zur Herstellung von *Vorhängen, Möbelstoffen, Tischdecken, Schmuck-geweben, Matratzenbezügen* usw. können nach K. L. BERRY und J. W. HILL[1] Polyvinylchlorid, nachchloriertes Polyvinylchlorid oder Vinyl-chlorid-Mischpolymerisate der auf S. 143 genannten Art verwendet werden, die vorher einer Härtung[2] unterworfen wurden.

Abb. 48. Polyvinylchlorid-Erzeugnisse der Firma Anorgana.

Die Vielseitigkeit des aus Polyvinychlorid-Kunststoff herstellbaren Dekorationsmaterial und Gebrauchsgegenstände veranschaulicht zum Teil Abb. 48, welche die Erzeugnisse der Firma Anorgana wiedergibt.

Neben Folien können ferner Polyvinylchlorid-Gewebe z. B. *Genotex-Gewebe* der Firma Anorgana zu Dekorationsmaterial verarbeitet werden.

IX. Kunstlederindustrie.

A. Herstellung.

Die aussichtsreichsten und vielversprechendsten Kunstlederfilm-bildner sind Polymerisat-Kunststoffe und von diesen wieder das Poly-vinylchlorid bzw. die Vinylchlorid enthaltenden Mischpolymerisate[3].

---

[1] A.P. 2405008, E. I. du Pont de Nemours & Co.
[2] Siehe Seite 140.
[3] MÜNZINGER, W. M.: Kunstleder-Handbuch, S. 83. 1940.

Die Polymerisate oder Mischpolymerisate des Vinylchlorids zeichnen sich durch vorzügliche *Lichtbeständigkeit* auch gegen ultraviolette Strahlen und beste Alterungseigenschaften aus, so daß Polyvinylchlorid im Laufe der Zeit die bisher bewährte Nitrocellulose zum größten Teil verdrängen wird[1].

Kunstleder aus Polyvinylchlorid weisen eine erstaunliche, bisher nur bei Kautschukfilmen beobachtete Knickfestigkeit auf, ohne daß sie wie Kautschuk durch Licht- und Witterungseinflüsse zerstört werden.

Ein dem Polyvinylchlorid gleiches, mitunter hinsichtlich Weichheit überlegenes Verhalten zeigen bestimmte Mischpolymerisate des Vinylchlorids. Von diesen eignen sich nach H. FIKENTSCHER[2] die aus Vinylchlorid und Vinyläthern, nach C. NOTTEBOHM[3] die aus Vinylchlorid und Vinylestern oder anderen polymerisierbaren Verbindungen, die eine olefinische Doppelbindung aufweisen, erhaltenen Kunststoffe.

Von den aus Vinylchlorid und Vinylestern bestehenden Mischpolymerisaten verwendet die Firma Carbide and Carbon Chemicals Corp.[4] die durch Polymerisation der genannten monomeren Verbindungen bei niedrigen Temperaturen in Gegenwart von Peroxyd-Katalysatoren und gegebenenfalls eines Lösungsmittels erhaltenen Mischpolymerisate mit einem Molekulargewicht zwischen 15000 und 30000 und einem Vinylchlorid-Gehalt von 80 bis 90 Prozent.

Diese Mischpolymerisate werden in einer Misch- oder Knetvorrichtung bei 100 bis 150° mit 15 bis 55 Prozent Weichmacher plastiziert. Als Weichmacher kommen Methoxyäthylacetylricinoleat, Triäthylenglykol-α-(2-äthylbutyrat), Dibutylphthalat, Di-(butoxyäthyl)-phthalat, Di-(methoxyäthoxyäthyl)-phthalat, Dioctylmaleat, Trikresylphosphat, Trichloräthylphosphat, Dibutylsebacat.

Zur Erhöhung der Licht- und Wärmebeständigkeit werden diesen Massen die auf Seite 125 genannten Stabilisierungsmittel zugesetzt.

Nach Angaben der Firma I.G. Farbenindustrie A.G.[5] lassen sich die bei der Emulsionspolymerisation aus überwiegenden Mengen von Vinylchlorid und Äthylen-1, 2-dicarbonsäureestern erhaltenen Mischpolymerisate ebenfalls auf Kunstleder verarbeiten.

Von den im Handel befindlichen Vinylchlorid-Mischpolymerisaten kommt in erster Linie *Igelit MP* als Grundstoff für Kunstleder in Frage. Dieses Mischpolymerisat gibt weichere Filme als Polyvinylchlorid (*Igelit PCU*) und vermag auch größere Füllstoffmengen aufzunehmen[6].

Für sich allein sind die Polymerisate oder Mischpolymerisate des Vinylchlorids als Grundstoff für Kunstleder nicht ausreichend schmiegsam und müssen durch Zusatz von Weichmachern geschmeidig gemacht werden[7].

Als Weichmacher[8] hat man für den vorliegenden Verwendungszweck der Polymerisate und Mischpolymerisate des Vinylchlorids zunächst

[1] MÜNZINGER, W.M.: Kunstleder-Handbuch, S.83. 1940.
[2] DRP. 634408, I.G. Farbenindustrie A.G.
[3] DRP. 742219, Carl Freudenberg K.G.
[4] F.P. 924693, Carbide and Carbon Chemicals Corp.
[5] DRP. 728664, I.G. Farbenindustrie A.G.
[6] MÜNZINGER, W.M.: Kunstleder-Handbuch, S.93. 1940.
[7] F.P. 808867, I.G. Farbenindustrie A.G.   [8] Siehe Seite 145.

Trikresylphosphat vorgeschlagen. Von der Verwendung dieses Weich-machers ist man aber abgegangen, weil, abgesehen von seinem physio-logischen Verhalten[1], die mit Trikresylphosphat weichgestellten Poly-vinylchlorid-Massen Kunstleder mit einigen Mängeln ergeben[2]. Ins-besondere läßt die Kältebeständigkeit zu wünschen übrig, aber auch bezüglich des Verhaltens dieser weichgestellten Massen bei hoher Tem-peratur, z. B. 80 bis 100°, wurden Klagen wegen Klebrigkeit an der Kunst-stoffoberfläche laut.

Von handelsüblichen Weichmachern eignen sich hier *Palatinol DP*, für besondere Kältebeständigkeit *Palatinol O, K* und *W*, ferner *Weich-macher H* und *BXX*. Als universelles Weichmachungsmittel kann *Plastomoll K* gelten[3].

Als Kunstleder brauchbare Polyvinylchlorid-Folien enthalten als Weichmacher Einwirkungsprodukte von Halogenmethyläthern auf Oxyverbindungen der auf S. 168 genannten Art[4].

Man verarbeitet 30 Teile eines hochmolekularen Polyvinylchlorids mit 15 Teilen des Einwirkungsproduktes von Chlormethylbutyläther auf α-Naphthol bei 140 bis 150° zu einer homogenen Folie. Die erhaltene Folie eignet sich als Kunstleder.

Zum Weichstellen von Polyvinylchlorid, nachchloriertem Polyvinyl-chlorid oder Vinylchlorid-Mischpolymerisaten, die zur Herstellung von Kunstleder Verwendung finden sollen, können nach H. FIKENTSCHER und G. HAGEN[5] die auf S. 164 erwähnten Ester und nach F. O. MERKLE, W. FRANKE und H. BEHNCKE[6] die auf S. 350 beschriebenen Verbin-dungen verwendet werden.

Ein äußerst alterungsbeständiges Kunstleder gibt Polyvinylchlorid, das mit den von F. MANCHEN und W. SCHMIDT[7] angegebenen Estern weichgestellt ist.

Alterungs- und kältebeständige Kunstledermassen ergeben ferner Polyvinylchloride, die mit solchen Estern weichgestellt sind, die aus aliphatischen Monocarbonsäuren, welche durch eine Äthergruppe sub-stituiert sind, und mehrwertigen Alkoholen bestehen[8].

Ein ganz neuer Abschnitt auf dem Gebiete der Kunstlederherstellung wurde erschlossen, als man gefunden hatte, daß Polyvinylchlorid mit *Estern* auf Basis *Vorlauf-Fettsäuren*[9] Kunstmassen ergibt, die eine be-sondere Kältebeständigkeit besitzen[10].

Hier zeigte sich, daß die *Ester* der *Vorlauf-Fettsäuren* mit *Glycerin*, *Glycerogen* und vor allem auch *Pentaerythrit*, teilweise in Mischung mit den höheren *Phthalsäureestern*, Polyvinylchlorid-Massen liefern, die dem Kunstleder nicht nur eine ungewöhnliche *Biege-* und *Knickfestigkeit* bei Normaltemperatur verleihen, sondern die auch eine Verwendung unter —40° erlauben. Bei diesen tiefen Temperaturen tritt zwar eine

---

[1] Siehe Seite 227.   [2] WERNER, K.: Kunststoffe **39**, 121 (1949).
[3] MÜNZINGER, W. M.: Kunstleder-Handbuch, S. 93. 1940.
[4] F.P. 926667, Ciba A.G.
[5] DRP. 735380, I.G. Farbenindustrie A.G.
[6] DRP. 674985, I.G. Farbenindustrie A.G.
[7] DRP. 739000, I.G. Farbenindustrie A.G.
[8] F.P. 892084, I.G. Farbenindustrie A.G.
[9] Siehe Seite 159.   [10] WERNER, K.: Kunststoffe **39**, 121 (1949).

gewisse Versteifung der Polyvinylchlorid-Schicht ein, ohne daß jedoch ein Bruch oder eine sonstige Zerstörung des Kunstleders beobachtet wird.

Diese außerordentlich erwünschten Eigenschaften geben dem Polyvinylchlorid-Kunstleder eine Bedeutung, die z. B. niemals durch Verwendung von *Ricinusöl* hätte erzielt werden können.

Die Verarbeitung von weichgestellten Polymerisaten oder Mischpolymerisaten des Vinylchlorids auf Kunstleder kann nach verschiedenen Verfahren erfolgen.

Man hat hier zu unterscheiden zwischen Verfahren, bei denen zur Herstellung von Kunstleder keine Trägerbahnen, und solchen, bei denen Trägerbahnen benützt werden.

1. Von trägerfreiem Kunstleder.

Zur Herstellung von Kunstleder, das keine Träger, wie Papier- oder Gewebebahnen usw., enthält, wird gewöhnlich das Gemisch von Polyvinylchlorid oder Vinylchlorid-Mischpolymerisat, Weichmachern, Füllstoffen und Farbstoffen durch Verwalzen od. dgl.[1] homogenisiert und die erhaltenen Massen in Flächengebilde bestimmter Stärke übergeführt.

Die Verarbeitung der Gemische aus Weichmacher und Polyvinylchlorid kann weiter nach dem von G. WICK[2] ausgearbeiteten Verfahren erfolgen.

Geeignete Ansätze zur Herstellung von Kunstleder haben z. B. F. MANCHEN und W. SCHMIDT[3] mitgeteilt:

Zur Bereitung von Kunstleder vermischt man z. B. 70 Teile Polyvinylchlorid mit 30 Teilen eines durch Verestern von 375 Teilen Triäthylenglykol mit 705 Teilen eines Fettsäuregemisches mit der Säurezahl 398 und einem Gehalt von 5 bis 11 Kohlenstoffatomen im Molekül erhaltenen Esters und verwalzt die Mischung auf der Friktionswalze bei 155 bis 165°.

Nach einer anderen Ausführungsform werden 25 Teile eines durch Verestern von 120 Teilen Triäthylenglykol mit 240 Teilen eines Fettsäuregemisches mit 7 bis 9 Kohlenstoffatomen im Molekül und der Säurezahl 387 hergestellten Esters mit 75 Teilen eines Mischpolymerisates aus 80 Teilen Vinylchlorid und 20 Teilen Acrylsäuremethylester bei 140 bis 165° auf der Friktionswalze verarbeitet. Die so erhaltene Masse ist sehr kältefest und alterungsbeständig und eignet sich zur Herstellung von Kunstleder.

Eine zur Verarbeitung auf Kunstleder brauchbare Vinylchlorid-Mischpolymerisat-Masse kann man auch in nachstehender Weise[4] erhalten:

10 Teile eines durch Emulsionspolymerisation erhaltenen Mischpolymerisates aus 80 Teilen Vinylchlorid und 20 Teilen eines neutralen Maleinsäureesters des Glykolmonobutyläthers werden mit 4 Teilen Phosphorsäuredibutylester und 2 Teilen Gasruß bei 140° verwalzt.

Zur Herstellung von Kunstleder knetet man nach einem anderen Verfahren[5] ein Gemisch aus 100 Teilen Polyvinylchlorid, 25 Teilen techn. Anthracen mit 40 bis 50 Prozent Anthracengehalt und 50 Teilen Kaolin

---

[1] Siehe Seite 183.   [2] DRP. 681026, I.G. Farbenindustrie A.G.
[3] DRP. 739000, I.G. Farbenindustrie A.G.
[4] DRP. 728664, I.G. Farbenindustrie A.G.
[5] Schwz.P. 246479, Soc. Salpa Française.

zwischen heißen Walzen zur völligen Homogenität und walzt es zu Schichten von 2 bis 3 mm Stärke aus.

Die Firma C. F. Rosner G.m.b.H.[1] verarbeitet Polyvinylchlorid mit den üblichen Zusätzen, wie Gasruß, Kreide u. dgl., auf einem Streckwerk derart, daß vor dem Walzen eine Häufung des zugesetzten Gutes eintritt, wobei eine Mischung und ein Verbund der Masse erfolgt. Die Häufung und der Abstand der Häufungswelle vor dem Streckwerk darf allerdings nicht so groß sein, daß eine Entmischung der Massen eintritt.

Ein geeigneter Ansatz enthält 33 Teile Polyvinylchlorid, 25 Teile Weichmacher und 18 Teile Füllmittel.

Nach einer weiteren Arbeitsweise wird Polyvinylchlorid oder ein aus Vinylchlorid und Vinylacetat bestehendes Mischpolymerisat oder dgl. mit einem oder mehreren Weichmachern gemischt und das Gemisch auf heiße Walzen geführt, ohne daß Gelatinierung eintritt[2]. Die Masse wird dann in der Wärme mit Korkpulver oder Korkkörnchen in einer Menge bis zum vierfachen Polymerisatvolumen verrührt und zu Folien oder Platten von 0,1 bis 5 mm Dicke ausgewalzt.

Ein geeigneter Ansatz enthält z.B. 42 Prozent Polyvinylchlorid, 35 Prozent Weichmachungsmittel, 20 Prozent Holzmehl und 3 Prozent Pigmentfarbstoff, z.B. Ruß.

Die zur Herstellung von Kunstleder nach dem vorbeschriebenen Verfahren anzuwendenden Mengenverhältnisse der Einzelbestandteile kann man auch in der Weise abändern, daß man den Polyvinylchlorid-Anteil auf etwa 30 Prozent herabsetzt und die Füllstoffmengen auf etwa 30 Prozent erhöht[3].

Ein brauchbarer Ansatz besteht z. B. aus 31 Prozent Polyvinylchlorid, 25 Prozent Weichmacher, 41 Prozent Kork- und Lederspäne und 3 Prozent verschiedene Zuschläge und Farbstoffe.

Durch bestimmte Maßnahmen kann man Kunstleder bestimmter Eigenschaften erhalten.

Neben Farbstoffen, anorganischen oder organischen Füllstoffen kann man dem Polyvinylchlorid vor der Verarbeitung auch Faserstoffe und Wachs zusetzen.

Eine solche Kombination, die aus Polyvinylchlorid, einem natürlichen oder künstlichen Wachs und losen Fasern, wie Asbestfasern, besteht, verwendet die Firma S. A. Marco Aeroplano[4] zur Herstellung von Kunstleder.

Eine geeignete Mischung besteht z.B. aus 500 Teilen Polyvinylchlorid, 200 Teilen Trikresylphosphat, 40 Teilen Butylphthalat, 40 Teilen Äthylglykol, 44 Teilen Montanwachs, 200 Teilen Asbestfasern, 44 Teilen Titanoxyd, 5 Teilen Eisenoxyd und 1 Teil Chromgelb.

Als Füllstoff für Kunstleder werden auch vielfach zerkleinerte Haut- oder Lederabfälle verwendet. Bei einem von A. Ciuoli[5] angegebenen Verfahren wird z. B. Kunstleder wie folgt hergestellt:

---

[1] F.P. 875697, Schwz.P. 232173, Belg.P. 442957, Holl.P. 39569, Schwed.P. 112616, C. F. Rosner G.m.b.H.

[2] F.P. 874636, Soc. Industrielle Rémoise du Linoleum Sarlino.

[3] F.P. 52274, Zusatz zu F.P. 874636, Soc. Industrielle Rémoise du Linoleum Sarlino.

[4] Ital.P. 389602, S. A. Marca Aeroplano.   [5] F.P. 906433, A. Ciuoli.

40 Teile zerkleinerte und getrocknete Haut- oder Lederabfälle werden mit 55 Teilen Polyvinylchlorid und 5 Teilen Harnstoff- oder Phenolharz vermischt. Die Mischung wird getrocknet und vermahlen und dann auf erhitzten Walzen verwalzt und gegebenenfalls genarbt. Anorganische Farbstoffe können der Mischung vor dem Walzen zugesetzt werden.

Mikro- bis makroporöses Kunstleder kann man aus weichgestelltem Polyvinylchlorid dadurch erhalten, daß man hochmolekulares Polyvinylchlorid in Körnerform mit Weichmachungsmitteln und bzw. oder flüchtigen Lösungsmitteln behandelt und die erhaltene Masse bei erhöhter Temperatur sintert[1].

Einen Austauschstoff für Leder, der neben der weichen Oberfläche auch die Standfestigkeit des Naturleders aufweist, kann man nach O. HAUFFE[2] erhalten, wenn man mindestens zwei Folien aus Polyvinylchlorid, nachchloriertem Polyvinylchlorid oder Vinylchlorid-Mischpolymerisaten, z. B. Vinylchlorid-Maleinsäurederivat-Mischpolymerisaten, mit mindestens einer perforierten, weichmacherfreien oder wenig Weichmacher enthaltenden Folie aus den gleichen Polymerisaten durch Druck und Wärme vereinigt.

Aus Polyvinylchlorid wird durch Thermoplastifizierung bei Temperaturen oberhalb 140° eine 0,05 bis 0,5 mm dicke Folie hergestellt, die perforiert wird. Aus dem gleichen Polyvinylchlorid gewinnt man durch Verwalzen von 55 Teilen Polymeren und 35 Teilen Pigmenten bei 110 bis 120° eine 0,2 bis 2 mm dicke Folie mit lederähnlicher Oberfläche. Man vereinigt nunmehr wiederum bei Temperaturen von 110 bis 120° zwei etwa 1 mm starke weichmacherhaltige Folien in fortlaufendem Arbeitsgang im Kalander und erhält so ein 2,05 bis 2 5 mm starkes Kunstleder, das in keiner Weise wieder aufspaltbar ist und sich vor einem eine Textilunterlage oder Textilzwischenlage aufweisenden Kunstleder durch seine absolute Standfestigkeit auszeichnet.

An Stelle der perforierten Polyvinylchlorid-Folie kann man auch eine andere Polymerisat-Folie verwenden.

Bei der Herstellung von aus mehreren Schichten aufgebautem Kunstleder kann man auch von Polyvinylchlorid-Lösungen ausgehen[3].

Eine z. B. 15prozentige Polyvinylchlorid-Lösung wird mit einem Weichmachungsmittel, wie Glycerin (25 Prozent, bezogen auf die Polyvinylchlorid-Menge) und Füllmitteln (z. B. 30 bis 60 Prozent Seidenabfälle, Lederabfälle oder Holzmehl) zu einer homogenen Masse verknetet, zu Platten unter 1 mm Stärke ausgewalzt und bei 60° getrocknet.

Mehrere der so erhaltenen Folien werden dann bei 105 bis 130° und 100 Atm. zu einer Platte verpreßt. Das so erhaltene Gut wird gefärbt, mit Narben bepreßt und wie üblich zugerichtet.

2. Von faservlieshaltigem Kunstleder.

Als ein Übergang von dem trägerfreien Kunstleder zu trägerhaltigem können diejenigen kunstlederartigen Erzeugnisse angesehen werden, die lockere Faservliese enthalten.

Man erhält diese Kunstleder dadurch, daß man mit Polymerisaten oder Mischpolymerisaten des Vinylchlorids, z. B. mit Vinylestern oder anderen polymerisierbaren Verbindungen, mit einer olefinischen Bindung

---

[1] Belg.P. 446061, Dr. A. Wacker Ges. f. elektrochem. Ind. G.m.b.H.

[2] DRP. 700175, F.P. 839889, Belg.P. 428841, E.P. 498742, Deutsche Celluloid-Fabrik A.G.

[3] F.P. 884689, Soc. An. des Etablissements Ricalens.

lockere Faservliese imprägniert. Zur Imprägnierung verwendet man Lösungen der wäßrigen Dispersionen der genannten Polymerisate, die Weichmacher, Füll- und Farbstoffe enthalten können.

Man kann auch in der Weise verfahren, daß man die Faservliese mit den Polymerisaten in Pulverform einstreut und dann zwischen den Walzen verformt.

Die so erhaltenen Kunstleder unterscheiden sich aber beträchtlich sowohl im Griff als auch z. B. in der Dehnbarkeit vom natürlichen Leder; auch läßt die Reißfestigkeit derartiger Erzeugnisse noch zu wünschen übrig.

Durch eine von C. Nottebohm[1] vorgeschlagene Behandlung kann man aber auch hier Kunstledererzeugnisse erhalten, die allen Anforderungen entsprechen.

Nach diesem Vorschlag werden die mit den vorbeschriebenen Mischpolymerisaten imprägnierten Faservliese mit Lösungen alkalischer Stoffe, wie z. B. Natronlauge, Kalilauge, Ammoniak, oder Natriumcarbonat von solcher Konzentration behandelt, daß Quellung der Fasern erfolgt. Nach dieser Behandlung, z. B. mit 18prozentiger Natronlaugelösung, die auf den in der Textilindustrie üblichen Maschinen erfolgen kann, wird das Quellungsmittel entfernt, wobei die Fasern mehr oder weniger schrumpfen. Die Flächengebilde werden dann getrocknet, gepreßt und gegebenenfalls zugerichtet.

Durch diese Behandlung findet eine erhebliche Verdichtung und somit eine Verstärkung der Gebilde statt, die sich in der Zunahme ihrer Stärke sowie in der Erhöhung der *Festigkeit*, insbesondere der *Reißfestigkeit*, äußert.

Außerdem wird die Oberfläche der Flächengebilde derart günstig beeinflußt, daß diese einerseits eine Musterung erhalten, die den natürlichen, gewachsenen Lederarten entspricht, und andererseits einen ledergleichen, dehnbaren Griff erlangen.

Durch Verwendung von Mischfaservliesen aus Gemischen verschiedener Fasern, die sich hinsichtlich ihrer Quellfähigkeit unterscheiden, gelingt es, Erzeugnisse herzustellen, die Narbungen aufweisen, welche denen des Chevreaux-, Boxcalf- oder Schafleders ähnlich sind.

Ein anderer Weg, um derartige Narbungen zu erzielen, besteht darin, daß man die Oberfläche der mit den Quellungsmitteln zu behandelnden Flächengebilde musterartig mit Verbindungen behandelt oder bedeckt, die der Einwirkung der Quellungsmittel widerstehen, so daß nur die von diesen Verbindungen nicht bedeckten Teile von den Quellungsmitteln angegriffen werden. Als Abdeckungsmittel kommen z. B. Kunstharze, Eiweißstoffe oder Metallsalze in Betracht.

3. Von trägerhaltigem Kunstleder.

Mechanisch widerstandsfähigere, aber weniger dehnbare Kunstledersorten werden erhalten, wenn man zweckmäßig aufgerauhte Gewebebahnen aus Wolle, Baumwolle, Leinen, Zellwolle, Viskose, Misch-

---

[1] DRP. 742219, Carl Freudenberg K.G.

fasern oder Papiergewebe mit Polymerisaten oder Mischpolymerisaten des Vinylchlorids überzieht.

Bei diesen Kunstledersorten stellt die Gewebebahn den Träger der Festigkeitseigenschaften dar, während das Polyvinylchlorid oder die Vinylchlorid-Mischpolymerisate dem Kunstleder das lederartige Aussehen, die *Wasser-, Abrieb-* und *Knickfestigkeit* verleihen.

Nach Angaben von B. M. SCHMERLING[1] eignen sich von den Polyvinylchlorid-Sorten zum Kaschieren von Gewebe besonders die nach dem Emulsionsverfahren erhaltenen Polyvinylchloride. Diese geben nach dem Vermischen mit Weichmachern, Stabilisatoren und Füllstoffen nach dem Auftragen auf die Gewebeunterlage Kunstleder, die sich durch eine besonders hohe Widerstandsfähigkeit auszeichnen.

Das Auftragen von Polyvinylchlorid oder Vinylchlorid-Mischpolymerisaten auf die Gewebe- oder Papierbahnen kann in Form ihrer *Lösungen, Dispersionen, Pasten* oder *Folien* erfolgen.

Mit Hilfe von Polyvinylchloridlösungen tränkt z. B. W. E. LAWSON[2] aus gekräuseltem und oberflächlich gelatiniertem Papierstoff hergestelltes Papier.

Meist geht man aber von Gewebebahnen aus. Diese werden auf einer mit Luft-, Kissen-, Gummituch- und Gummiwalzenrakel ausgestatteten Streichmaschine mit Polyvinylchlorid-Lösungen, die Weichmacher und Farbstoffe enthalten, behandelt. Wegen der hohen Viskosität der Lösungen sind eine größere Anzahl Streichvorgänge mit Zwischentrocknung erforderlich, so daß dieses Herstellungsverfahren, welches von der Kunstlederherstellung auf Nitrocellulose-Basis übernommen wurde, umständlich und zeitraubend ist.

An Stelle von Lösungen verwendet A. BERNARD[3] zum Überziehen von Geweben eine wäßrige Emulsion von weichgestelltem Polyvinylchlorid, die eine wäßrige Anthracenöl-Emulsion als Zusatz enthält. Diese Emulsion kann Füllstoffe u. dgl. suspendiert enthalten. Die mit dieser Polyvinylchlorid-Emulsion überzogene Gewebebahn wird zur Erzeugung eines lederähnlichen Aussehens durch ein Walzwerk hindurchgeführt, welches eine Walze mit einer rauhen Oberfläche besitzt.

In wesentlich einfacherer Weise kann man Kunstleder herstellen, wenn man zum Auftragen das Polyvinylchlorid in Form von Pasten[4] verwendet.

Von K. THINIUS[5] sind die mit Tetrahydrofurfurylchlorid angepasteten Polyvinylchloride zur Herstellung von Kunstleder vorgeschlagen worden.

Eine aus 25 Teilen hochviskosem Polyvinylchlorid und 75 Teilen Aceton und Tetrahydrofuran und Tetrahydrofurfurylchlorid (Verhältnis 1 : 1 : 1) hergestellte Paste wird auf einem Walzwerk mit 25 Teilen Pigmentfarbstoff, angerieben mit 6 Teilen Trikresylphosphat, gut vermischt und dann auf eine geeignete Unterlage, z. B. einem Faserstoffgewebe, aufgebracht.

---

[1] SCHMERLING, B. M.: Kautschuk u. Gummi (russ.) **1941**, Nr. 2, 23.
[2] A.P. 1953083, E. I. du Pont de Nemours & Co.
[3] A.P. 2446806, A. BERNARD.
[4] Siehe Seite 266.
[5] DRP. 743859, Deutsche Celluloid-Fabrik A.G.

Besser als diese lösungsmittelhaltigen Polyvinylchlorid-Pasten eignen sich die von G. WICK und J. GRASSL[1] vorgeschlagenen, lösungsmittelfreien, lediglich aus Polyvinylchlorid und Weichmacher, gegebenfalls unter Zusatz von Füll- und Farbstoffen hergestellten Polyvinylchlorid-Pasten[1] zur Herstellung von Kunstleder.

Die Verwendung dieser Polyvinylchlorid-Pasten zur Herstellung von Kunstleder durch Bestreichen von Gewebebahnen hat sich die Firma Kötitzer Ledertuch- und Wachstuch-Werke A.G.[2] schützen lassen.

Die Eigenschaften des mit Hilfe von Polyvinylchlorid-Pasten erhaltenen Kunstleders hängen naturgemäß von der Art und Menge des in der Paste vorhandenen Weichmachers ab. Von der Firma Badische Anilin & Soda Fabrik[3] sind besonders zur Herstellung von Kunstleder geeignete Pasten entwickelt worden. Es kommen hier die auf *Igelit PCU-Basis* hergestellten Pasten *F 25*, *G*, *K* und *M 25* in Frage. Mit den *Igelit PCU-Pasten K* und *S* werden Kunstledersorten erhalten, an welche bezüglich Kältefestigkeit erhöhte Anforderungen gestellt werden.

Um eine Verfärbung des Polyvinylchlorids durch Wärme- und Lichteinflüsse zu verhindern, setzen K. QUARTHAL und M. HIRT[4] den zum Auftragen auf Gewebebahnen benützten Pasten aus Polyvinylchlorid oder Vinylchlorid-Mischpolymerisaten die auf S. 128 angeführten Wärmestabilisierungsmittel zu.

50 Teile feinpulveriges Polyvinylchlorid werden z. B. mit einer Lösung von 0,5 Teilen eines Kondensationsproduktes aus Styrol und Resorcin in 30 Teilen Trikresylphosphat vermischt und auf einem Dreiwalzenstuhl homogen verteilt.

Man erhält dabei eine Paste, die auf poröse Unterlagen aufgebracht und dann bei Temperaturen von 160° oder darüber gelatiniert wird.

Nach der üblichen Aufarbeitung erhält man kunstlederartige Stoffe.

Infolge des Fehlens der Lösungsmittel fallen nicht nur die sonst notwendige Wiedergewinnung der verdampften Lösungsmittel, sondern auch jede Explosions- und Feuersgefahr weg.

Auch sonst ist die Herstellung von Kunstleder mit Hilfe von Polyvinylchlorid-Pasten vereinfacht. Sie kann nach den bei der Herstellung von kaschierten Geweben beschriebenen Verfahren[5] erfolgen.

Die zur Herstellung von Kunstleder verwendeten Gewebebahnen werden entschlichtet und wie üblich gefärbt, wobei aber Farbstoffe verwendet werden müssen, die eine Temperaturbeständigkeit von 160° haben.

Bei Verwendung der *Rakel-Streichmaschine* zum Auftragen der Paste genügt vielfach infolge der höheren Konzentration der Paste ein einmaliges Bestreichen der Gewebebahn, um die gewünschte Schichtdicke zu erzielen. Die mit Polyvinylchlorid-Paste überzogene Gewebebahn wird gewöhnlich zunächst bei 70° kurze Zeit angelatiniert; die Ausgelierung erfolgt dann in einer Kammer, die durch Heißluft oder dgl. auf etwa 160° beheizt ist.

---

[1] WICK, G., u. J. GRASSL: Kunststoffe **32**, 327 (1942).
[2] DRP. 685839, Kötitzer Ledertuch- und Wachstuch-Werke A.G.
[3] Igelit-Pasten-Prospekt Nr. 85, der I.G. Farbenindustrie A.G., S. 23. 1942.
[4] DRP. 735446, I.G. Farbenindustrie A.G.
[5] Siehe Seite 420.

Durch eine entsprechende Oberflächenbehandlung kann dem Kunstleder die gewünschte Form erteilt werden.

Durch Prägen der noch heißen und weichen Polyvinylchlorid-Schicht mit einer gekühlten Narbenwalze kann man Ledernarbungen in einem Arbeitsgang erhalten.

Matte Oberflächen werden durch Verwendung von Mattierungswalzen erzeugt. Dabei wird die 160° heiße Ware unter leichter Spannung um eine 80 bis 100° heiße Mattierungswalze geführt. Man erhält solche Mattierungswalzen auf einfache Weise dadurch, daß man Metallwalzen durch Sandstrahlen oder durch Beizung oberflächlich leicht anrauht.

Soll auch die Kunstlederrückseite eine geraushte Oberfläche besitzen, so wird das Gewebe nach dem Färben und Trocknen durch eine Karden-Rauhmaschine geschickt.

Je nach dem Polyvinylchlorid-Gehalt der Paste, der Dicke des Überzuges und der Zahl der Pastenaufstriche erhält man Überzüge, die 65 bis 370 g Feststoff je Quadratmeter Gewebebahn enthalten[1].

Eine weitere Möglichkeit, Gewebebahnen mit einer Polyvinylchlorid- oder Vinylchlorid-Mischpolymerisat-Schicht zu bedecken und kunstlederartige Erzeugnisse herzustellen, besteht darin, daß man Folien aus diesen polymeren Stoffen auf die Gewebebahnen aufbringt und beide miteinander durch Erhitzen auf 160° unter gleichzeitiger Druckanwendung verbindet.

Gewöhnlich verfährt man dabei in der Weise, daß man Mischungen von Polyvinylchlorid oder Vinylchlorid-Mischpolymerisaten, Weichmachern, Füll- und Farbstoffen auf dem Mischwalzwerk od. dgl. zu Fellen oder Puppen verarbeitet und aus diesen auf dem Folienziehkalander in einem Arbeitsgang dünne Folien auszieht und auf die Gewebebahn aufkaschiert[2].

Wird bei der Folienherstellung eine hochglanzpolierte Walze verwendet, so zeigt das Kunstleder Hochglanz und imitiert wie kein anderes Material *Lackleder*.

Das Narben dieses Kunstleders erfolgt am Prägekalander oder in der Narbenpresse, zweckmäßig anschließend an die Aufkaschierung der Folien auf die Gewebebahnen.

Nach einem von F. LÖBLEIN[3] entwickelten Verfahren kann man Kunstleder aus Polyvinylchlorid oder Vinylchlorid-Mischpolymerisaten mit standfestem mehrfarbigem Narbungsdruck herstellen.

Nach diesem Verfahren werden auf einer Unterlage aus Gewebe, Papier od. dgl. mindestens zwei verschiedenfarbige und gleichen oder verschiedenen Gehalt an Weichmachern aufweisende Schichten aus Polymerisaten oder Mischpolymerisaten des Vinylchlorids, insbesondere Mischpolymerisaten aus Vinylchlorid und Maleinsäurederivaten, nachchloriertem Polyvinylchlorid oder Gemischen dieser Polymerisate unter-

---

[1] RÜBENSAAL, C. F.: Mod. Plastics **25**, 143 (1948); Bericht PB 77 673 US-Handelsministerium; Kunststoffe **39**, 51 (1949).
[2] I.G. Kunststoffe, Taschenbuch für die verarbeitende Industrie, S. 90. 1942.
[3] DRP. 679 173, F.P. 838 456, E.P. 498 840, Belg.P. 428 262, Deutsche Celluloid-Fabrik A.G.

einander oder auch mit anderen Polyvinylverbindungen nach- und übereinander durch Druck und Wärme vereinigt, worauf die entweder gleich harte oder härter oder weicher als die Oberschicht eingestellte Unterschicht durch tiefe Narbung freigelegt wird.

Aus Polyvinylchlorid oder einem Mischpolymerisat des Vinylchlorids mit Estern der Acrylsäure wird durch Verwalzen von 55 Teilen Polymerisat mit 32 Teilen Weichmachern, beispielsweise Estern der Phthalsäure, eine Folie hergestellt, die in bekannter Weise unter Druck und Wärme mit einer geeigneten Gewebe- oder Papierunterlage vereinigt wird.

Auf dieses so erhaltene Erzeugnis wird sodann eine zweite Folie, bestehend aus 55 Teilen des gleichen oder eines ähnlichen Polymerisats mit 32 Teilen Weichmacher und 13 Teilen Cadmiumrot, aufkaschiert.

Zur Erzeugung der Narbung führt man die doppelschichtige Bahn langsam durch einen Narbenkalander und prägt unter Erwärmung die Narbung tief ein. Hierdurch wird die obere rote Schicht entsprechend der Erhöhung der Reliefwalze so zerteilt, daß die darunterliegende Schicht freigelegt und als andersfarbige Vertiefung sichtbar wird.

Mit einer von der Firma Spraytex Ltd.[1] hergestellten Spritzpistole kann man auf Polyvinylchlorid-Bahnen Wildledereffekte erzielen.

4. Von polyvinylchloridhaltigem Kunstleder.

Durch Kombination von Polymerisaten oder Mischpolymerisaten des Vinylchlorids mit anderen Kunststoffen kann man Kunstlederarten mit abgewandelten bzw. verbesserten Eigenschaften erhalten.

Das Polyvinylchlorid wirkt bei gleichzeitiger Verwendung mit anderen Stoffen infolge seiner Wasserunlöslichkeit, Abriebfestigkeit und Alterungsbeständigkeit veredelnd auf den zweiten Kunstlederbestandteil.

So kann man z. B. die Ölfestigkeit von als Lederersatz vorgeschlagenen *Natrium-Butadienpolymerisaten* erhöhen, wenn man letzteren Polyvinylchlorid zusetzt[2].

Zur Herstellung von Kunstleder hat die Firma Soc. An. Resine syntetiche Adamoli[3] vorgeschlagen, kautschukähnlichen Polymerisaten aus *Butadien, Isobutylen* od. dgl. Polyvinylchlorid einzuverleiben.

Eine lederartige Masse stellt die Firma I.G. Farbenindustrie A.G.[4] durch Mischen einer wäßrigen Dispersion von Polyvinylchlorid und Kautschukmilch her. Diese Mischung kann durch Polymerisation von Vinylchlorid in Kautschukmilch nach dem auf S. 200 beschriebenen Verfahren erfolgen. Das hierbei erhaltene weiße Pulver wird zu einem durchscheinenden Fell ausgewalzt und mit Schwefel und Zinkoxyd zu einer lederartigen Masse vulkanisiert.

Eine Masse, die sich zur Herstellung von Kunstleder eignet, besteht nach L. R. STEPHENS und W. O. STELL[5] aus der auf S. 197 näher angeführten Mischung aus Polyvinylchlorid und Polymethacrylsäureestern sowie mit beiden Kunststoffen verträglichen Weichmachern.

---

[1] Kunststoffe **38**, 267 (1948).

[2] Russ.P. 60191, S. L. LEWIN und L. A. ORESCHKOW.

[3] Ital.P. 389403, Soc. An. Resine syntetiche Adamoli.

[4] F.P. 763460, I.G. Farbenindustrie A.G.

[5] F. P. 918488, Imperial Chemical Industries Ltd., L. R. STEPHENS und W. O. STELL.

Polyvinylchlorid, nachchloriertes Polyvinylchlorid oder Vinylchlorid-Mischpolymerisate können auch mit Nitrocellulose zu Kunstleder verarbeitet werden.

Im Falle der gemeinsamen Verarbeitung beider Kunststoffe kann die Verarbeitung zu Kunstleder nach dem auf S. 394 beschriebenen Verfahren erfolgen[1].

Aus Polyvinylchlorid und Nitrocellulose bestehendes Kunstleder kann man auch dadurch erhalten, daß man bei dem von O. HAUFFE[2] ausgearbeiteten Verfahren[3] an Stelle der perforierten Folie aus Polyvinylchlorid eine solche aus einem Cellulosederivat verwendet und diese in der bereits beschriebenen Weise mit mindestens zwei Folien aus Polyvinylchlorid, nachchloriertem Polyvinylchlorid oder Vinylchlorid-Mischpolymerisaten durch Druck und Wärme vereinigt.

Nach einem anderen von K. THINIUS[4] entwickelten Verfahren kann man ein Kunstleder aus Polyvinylchlorid und Nitrocellulose dadurch erhalten, daß man auf Schichten von Polyvinylchlorid-Lösungen oder -Pasten Schichten von solchen Cellulosederivaten aufträgt, die geringe Mengen von Mischpolymerisaten des Styrols mit Derivaten der Acrylsäure, Methacrylsäure oder Maleinsäure, vornehmlich Estern, enthalten. Als Zusätze haben sich besonders die Mischpolymerisate des Styrols mit mehr als 50 Prozent Styrolanteil erwiesen.

Aus einem Textilgewebe als Unterlage und einer mit Kastanienbraun eingefärbten weichgestellten Masse aus Polyvinylchlorid, 30 Teilen Trikresylphosphat und 15 Teilen Triphenylphosphat wird durch Druck und Wärme ein kunstlederähnliches Erzeugnis hergestellt.

Um diesem Gebilde das Aussehen von beispielsweise Antikleder zu geben, wird es unter Benutzung entsprechender Auftragseinrichtungen mit einer Paste aus 20 Prozent hochviskoser Nitrocellulose, 2 Prozent eines Mischpolymerisates aus Styrol und Acrylsäurebutylester, im Verhältnis 70 : 30, und 20 Teilen Pigment in einem Lösergemisch aus Butylacetat, Toluol, Xylol, Essigester und Methoxybutylenglykolacetat überzogen. Man erhält ein lederartiges Erzeugnis, das die wertvollen Oberflächeneigenschaften des Leders mit einer ausgezeichneten Wasser- und Kältefestigkeit vereinigt.

Bei dem von der Firma Soc. An. Marca Aeroplano[5] hergestellten Lederersatz wird Polyvinylchlorid mit natürlichen oder künstlichen Wachsen und losen Fasern, besonders Asbestfasern, vermischt. Den Mischungen können Weichmachungsmittel, Farb- und Füllstoffe zugesetzt werden.

Zur Herstellung von Kunstleder kann man auch pulverisierte Lederabfälle mit Polyvinylchlorid und Klebemitteln auf der Basis von Phenol-Harnstoff-Harzen vermischen und zu Platten verpressen.

B. Kunstleder-Erzeugnisse.

Die nach einem der vorbeschriebenen Verfahren aus Polymerisaten oder Mischpolymerisaten des Vinylchlorids hergestellten Kunstleder-

---

[1] F.P. 832663, E.P. 511154, Deutsche Celluloid-Fabrik A.G.

[2] DRP. 700175, F.P. 839889, Belg.P. 428841, E.P. 498742, Deutsche Celluloid-Fabrik A.G.

[3] Seite 449.   [4] DRP. 713988, Deutsche Celluloid-Fabrik A.G.

[5] Ital.P. 389602, Soc. An. Marca Aeroplano.

sorten haben sich innerhalb weniger Jahre ein vielseitiges Anwendungsgebiet erobert.

Diese zunehmende Verbreitung von Polyvinylchlorid-Kunstleder hat
ihre Ursache vor allem in den hervorragenden Qualitäten dieses Werkstoffes. Das Kunstleder auf Basis von Polyvinylchlorid ist alterungsbeständig, außerordentlich abriebfest und gegen Feuchtigkeit und Ver-
schmutzung unempfindlich.

Hierzu kommt noch, daß man Polyvinylchlorid-Kunstleder in den
verschiedensten Geschmacksrichtungen in bezug auf Farbe und Musterung herstellen kann.

Polyvinylchlorid-Kunstleder ist ein wertvoller Werkstoff zur Herstellung der verschiedensten Täschnerwaren: Handtaschen können in

Abb. 49. Nach dem Streichverfahren aus Igelit PCU-Paste hergestelltes Lederaustauschmaterial.

den verschiedensten modischen Farben hergestellt werden. Bei diesen
Hand-, aber auch Aktentaschen können neuerdings auch Reißverschlüsse
angebracht werden, ohne daß durch deren Anbringung die Widerstandskraft des Kunstleders geschwächt wird. Man erreicht dies dadurch, daß
man einen an einem Baumwollband angebrachten Reißverschluß so
behandelt, daß das Baumwollband mit Polyvinylchlorid imprägniert
oder mit einer Folie kaschiert und das so vorbehandelte Baumwollband
mit dem Polyvinylchlorid-Kunstleder verschweißt wird[1].

In der Abb. 49 sind einige aus Polyvinylchlorid-Kunstleder, das
durch Auftragen einer Polyvinylchlorid-Paste auf eine Gewebebahn nach
dem Streichverfahren bereitet wurde, hergestellten Kunstlederartikel
wiedergegeben.

Polyvinylchlorid-Kunstleder ist auch ein wertvolles Dekorationsmaterial. Aus diesem Werkstoff werden Polsterüberzüge und Sitzmöbel
hergestellt[2].

Aus diesem Werkstoff erzeugt man dauerhafte Bucheinbände, Kinder-
wagenbezüge usw.

Im Auto- und Karosseriebau ist Polyvinylchlorid-Kunstleder sehr
begehrt. Autopolsterungen, Omnibusauskleidungen usw. werden neuer-

---

[1] Waldes Kohinoor Inc.   [2] Kunststoffe **37**, 237 (1947).

dings infolge der hohen Abrieb- und Wasserbeständigkeit aus diesem Werkstoff hergestellt und haben sich im jahrelangen Gebrauch gut bewährt. Für diesen Zweck kommt z. B. die Spezialfolie *Guttagena AP* der Firma Anorgana in Betracht.

Die Firma Chemische Werke Hüls versehen z. B. ihre sämtlichen Autos mit Polsterungen aus Polyvinylchlorid-Kunstleder.

Lastwagensitze aus Kunstleder, das durch Auftragen von Polyvinylchlorid-Pasten auf Gewebebahnen hergestellt wurde, haben sich nach 6 Jahren noch in gutem Zustand befunden[1].

Das Verarbeiten von trägerhaltigen oder trägerfreien Folien aus Polymerisaten oder Mischpolymerisaten des Vinylchlorids zu Kunstleder-Erzeugnissen, insbesondere Täschnerwaren, kann nach den gleichen Verfahren erfolgen, wie diese bei der Verarbeitung dieser Folien zu Bekleidungsgegenständen üblich sind.

Darüber hinaus kann das Verbinden von geschichteten Stoffbahnen aus Polyvinylchlorid auch durch ein angewärmtes Trennwerkzeug erfolgen, welches nicht nur die aufeinandergelegten Schichten schneidet, sondern gleichzeitig die entstehenden, benachbarten, übereinanderliegenden Kanten des geschichteten Materials miteinander durch das Schneidwerkzeug verschmilzt.

Bei der von K. Rachow[2] entwickelten Arbeitsweise wird ein Trennwerkzeug benützt, welches lediglich durch Abbrennen wirkt. Durch die kurze Berührung des erhitzten Trennwerkzeuges wird ein Saum abgesprengt und die übereinanderliegenden Stoffbahnen unter dem Einfluß der Hitze zu einer einheitlichen Kante verbunden.

Aus lederartigem Plattenmaterial werden neuerdings auch Pferdekummets hergestellt, die sich ausgezeichnet bewährt haben.

X. Lederindustrie.

Die Eigenschaften von natürlichem Leder können durch Polymerisate oder Mischpolymerisate des Vinylchlorids in vieler Hinsicht verbessert werden.

So kann man z. B. nach D. J. Guest, J. Burchill, E. Isaaes und L. B. Morgan[3] ein besonders dichtes und fülliges Leder erhalten, wenn man die Chrom- oder andersartige Gerbung von Fellen und Häuten mit einer Walkbehandlung mit wäßrigen Dispersionen von feinverteiltem festem Polyvinylchlorid oder Mischpolymerisaten von Vinylchlorid und geringen Mengen anderer Verbindungen mit äthylenartigen Doppelbindungen verbindet.

Bereits fertig bearbeitetes Leder kann durch Imprägnieren mit Polyvinylchlorid oder durch Auftragen einer Schicht aus diesem Polymerisat in seiner Wasserbeständigkeit und im Aussehen verbessert werden.

---

[1] Ruebensaal, C. F.: Mod. Plastics **25**, 143, 202 (1948); Bericht Pb 77673 des US-Handelsministeriums; Kunststoffe **39**, 51 (1949).

[2] DRP. 748075, J. Beyer.

[3] Schwed.P. 124377, Imperial Chemical Industries Ltd.

Zum Überziehen von Leder können Lösungen von Polyvinylchlorid oder nach einem anderen Verfahren[1] Dispersionen von Polyvinylchlorid benützt werden.

Das Auftragen der letzteren kann z. B. nach dem auf S. 411 genannten Verfahren erfolgen.

Nach G. W. FLANAGAN[2] eignen sich zur Herstellung von Überzügen auf Lederoberflächen die bei der Emulsionspolymerisation von Vinylchlorid allein oder mit anderen monomeren polymerisierbaren Verbindungen, z. B. Methacrylsäureester, erhaltenen wäßrigen Polymerisat-Dispersionen.

Beispielsweise bereitet man eine 50 Prozent Feststoff enthaltende Dispersion durch Emulsionspolymerisation von 80 Teilen Vinylchlorid und 20 Teilen Methacrylsäureester, mischt bei 85° 25 Teile Dioctylphthalat ein, überzieht mit dem erkalteten Latex Spaltleder, trocknet bei normaler Temperatur und kalandert bei 150°.

Man erhält einen glänzenden, sehr widerstandsfähigen Überzug, der im allgemeinen eine Dicke von 0,025 bis 0,152 mm besitzt.

Von der Firma Deutsche Hydrierwerke A.G.[3] sind bereits früher zum Imprägnieren von Leder Mischpolymerisate aus Vinylchlorid und Vinylacetat, zweckmäßig in Form von Lösungen, z. B. der auf S. 410 angegebenen Zusammensetzung vorgeschlagen worden.

XI. Schuhindustrie.

Polyvinylchlorid besitzt eine recht umfangreiche Einsatzmöglichkeit in der Schuhindustrie.

Es dient hier z. B. zum Versteifen von *Schnürriemenenden*, zur Herstellung von *Schnürsenkel*, *Besatzbändern* und *Schuhbesatz*.

Mit Polyvinylchlorid imprägnierte Gewebe dienen zur Herstellung von *Schuhkappen* und *Schuhfutter*.

Lösungen oder Pasten von Polyvinylchlorid finden Verwendung als Klebmittel zum Aufkleben von Schuhsohlen aus den verschiedensten Werkstoffen.

Mit diesen Lösungen, Pasten, aber auch Folien aus Polyvinylchlorid werden Ledersohlen in ihrer Qualität verbessert oder Textil- oder Strohgewebe zu Sohlenmaterial verarbeitet.

Aus weichgestelltem Polyvinylchlorid werden nicht nur haltbare Sohlen, sondern auch Schuhoberteile und Schuhe hergestellt.

Mit Folien aus Polyvinylchlorid können Absätze für Damenschuhe ausgerüstet und aus weichgestelltem Polyvinylchlorid dauerhafte Schuhabsätze dargestellt werden.

A. Schnürriemen.

Polyvinylchlorid dient zum Versteifen der Schnürriemenenden im Austausch gegen die bisher üblichen Blechrollen[4].

---

[1] E.P. 473657, Imperial Chemical Industries Ltd., V. LEFEBURE und G. C. TYCE.

[2] F.P. 950978, B. F. Goodrich Co.

[3] F.P. 881787, Deutsche Hydrierwerke A.G.

[4] DRP. 693978, A. SCHOELLER.

Beispielsweise wird Polyvinylchlorid, das mit einem Pigmentfarbstoff, wie z. B. Ocker, vermischt ist, an den Riemenenden angebracht und die Enden in einem erhitzten Gesenke in die Form einer Nadel gepreßt.

In Form einer Rundschnur kann Polyvinylchlorid auch als Schnürsenkel dienen. Solche werden z. B. unter dem Namen *Genofil* von der Firma Anorgana hergestellt.

B. Schuhkappen und Schuhfutter.

Mit Polyvinylchlorid oder Vinylchlorid enthaltenden Mischpolymerisaten imprägnierte Textilgewebe können nach dem auf S. 426 angegebenen Verfahren zu Schuhkappen verarbeitet werden[1].

Nach einem Verfahren der Firma I.G. Farbenindustrie A.G.[2] können Schuhsteifkappen aus Fäden, Garnen oder Geweben aus Polyvinylchlorid hergestellt werden.

Ein Verbundstoff, der als Futter für Schuhe verwendet werden kann, wird erhalten, wenn man eine Schicht aus einem Vinylchlorid-Vinylacetat-Mischpolymerisat, die sich um 10 Prozent dehnen läßt, mit einer zweiten Schicht eines kautschukelastischen Gewebes verbindet[3].

Von A. B. M. GASTON[4] ist eine Vorrichtung entwickelt worden, die ein gefahrloses Imprägnieren von Geweben mit steifmachenden Polymerisaten oder Mischpolymerisaten des Vinylchlorids ermöglicht.

Polyvinylchlorid hat sich neuerdings auch als wertvoller Werkstoff für Schutzkappen bei Bergarbeiterschuhen erwiesen[5]. Schuhe, die mit 3 mm starken Polyvinylkappen versehen sind und im Inneren Kappen aus Flußstahl enthalten, haben eine merklich längere Lebensdauer und eine sehr viel größere Schlagfestigkeit als die bisher üblichen Schuhe mit äußeren Schuhkappen aus Stahl. Während z. B. Lederkappen schon in 3 bis 4 Monaten verschlissen waren, wurde die Polyvinylkappe noch nach 12 Monaten als gebrauchsfähig befunden.

Eine weitere Festigkeit wurde bei Bergarbeiterschuhen durch eine Fersenkappe aus Polyvinylchlorid erzielt.

Die mit den vorbeschriebenen Polyvinylchlorid-Kappen ausgerüsteten *Totector-Schuhe* werden in England von den Firmen Industrial Footwear Ltd. und Wilkins & Denton Ltd. vertrieben.

C. Randleder.

An Stelle des bisher zur Randverstärkung zwischen Oberschuh und Sohle eingenähten Randlederstreifens werden neuerdings von der Firma Compo Shoe Machinery Corp.[6] nach dem Strangpressenverfahren hergestellte Polyvinylchlorid-Streifen unter der Handelsbezeichnung *Dryseal* verwendet. Diese Polyvinylchlorid-Streifen sind im Preise billiger als das Randleder, und die Festigkeit der Streifen gestattet mehrfaches Nach-

---

[1] DRP. 639708, E.P. 439884, Deutsche Celluloid-Fabrik A.G.
[2] DRP. 688966, I.G. Farbenindustrie A.G.
[3] E.P. 547089, United States Rubber Co.
[4] F.P. 878066, A. B. M. GASTON.
[5] British Plastics **21**, 270 (1949).
[6] Mod. Plastic. **27**, Nr. 1, 81 (1941).

nähen. Eine Schrumpfung oder ein Reißen treten auch bei längerem Gebrauch nicht ein; das Material behält seine Geschmeidigkeit auch bei Temperaturen bis zu 30° Kälte.

Ein weiterer Vorteil gegenüber Leder besteht darin, daß man die Streifen in jeder gewünschten Farbe herstellen kann, so daß beim Abkanten der angenähten Sohle keine hellen Streifen entstehen.

D. Besatzbänder und Schuhbesatz.

Die in der Schuhindustrie verwendeten Besatzbänder wurden früher durch wiederholtes Lackieren von Textilbändern mit Nitrolacken hergestellt. Durch Verwendung von Polyvinylchlorid kann eine wesentliche Vereinfachung der Herstellung erfolgen, denn die Textilbänder brauchen nur einmal durch eine eingefärbte Polyvinylchlorid-Paste gezogen zu werden[1]. Anschließend wird das Polyvinylchlorid geliert.

In Form von Folien findet Polyvinylchlorid auch Verwendung für Schuhbesatz[2].

E. Kleben von Schuhsohlen.

An Stelle der früher in der Schuhindustrie gebräuchlichen Cellulosekitte hat A. MENGER nachchloriertes Polyvinylchlorid[3] bzw. Gemische von halogenierten Polyvinylchloriden und Polyvinyläthern[4] oder die durch Depolymerisation während oder nach der Halogenierung entstehenden Produkte zum Aufkleben von Ledersohlen vorgeschlagen.

Zum Verkleben von Leder verwendet man z. B. eine Lösung von 22 Teilen nachchloriertem Polyvinylchlorid und 4 Teilen Äthylacetanilid in 47 Teilen Äthylacetat.

Mischpolymerisate aus Vinylchlorid einerseits und Vinylacetat, Acrylsäureester oder Vinyläther andererseits finden nach H. ROSNER[5] Verwendung als Zwischenschicht beim Verkleben von Sohlen aus Gummi, synthetischem Gummi oder Mischungen dieser mit Hilfe von Nitrocellulose-Klebstoffen auf Schuhböden.

Während man früher zur Erzielung einer haltbaren Verbindung der Sohlen mit dem Schuhboden erstere durch Aufrauhen oder eine sonstige mechanische Schwächung des Sohlenmaterials für das Verkleben mit Nitrocellulose-Klebstoffen vorbereiten mußte, kann man die Gummisohle, deren von der Vulkanisation herstammende Glätte durch Abreiben mit Schmirgelpapier beseitigt worden ist, durch Auftragen einer Zwischenschicht aus den genannten Mischpolymerisaten in eine für eine dauerhafte Verbindung mit dem Schuhboden vermittels Nitrocellulose-Kleber geeignete Form überführen.

Das Auftragen der Zwischenschicht erfolgt mittels einer dünnen, z. B. 2prozentigen Lösung des Mischpolymerisates in den üblichen Lösungsmitteln.

---

[1] BERGER, H.: Kunststoffe **38**, 135 (1948).   [2] Kunststoffe **36**, 106 (1946).
[3] DRP. 636469, I.G. Farbenindustrie A.G.
[4] DRP. 698655, I.G. Farbenindustrie A.G.
[5] DRP. 746730, Belg.P. 446926, Dän.P. 62238, Schwed.P. 107554, C.F. Rosner G.m.b.H.

Eine mit dieser Zwischenschicht versehene Gummisohle läßt sich ohne weiteres lagern oder verschicken und kann im Bedarfsfalle vermittels eines Nitrocellulose-Klebmittels fest und dauernd mit dem Schuhboden verbunden werden.

Der Lösung des Mischpolymerisates aus Vinylchlorid und den genannten monomeren Vinylverbindungen, die weniger gut durch Mischungen von Polyvinylchlorid mit den polymeren Formen der genannten Vinylverbindungen ersetzt werden kann, können Quellungsmittel für Kautschuk zugesetzt werden. Man kann auch die Gummisohle vor dem Auftragen der Zwischenschicht mit Quellungsmitteln für Kautschuk behandeln.

Die vorerwähnten Vinylchlorid-Mischpolymerisate bzw. Polymerisatgemische können auch als Bindemittel zum Befestigen von Polyvinylchlorid-Sohlen auf Leder verwendet werden[1].

Als Spezialkleber zum Befestigen von Sohlen aus Polyvinylchlorid hat sich der auf Basis von Polyvinylchlorid aufgebaute PC-Kleber[2], und zwar die Type T der Firma Chlober A.G. bewährt.

Um einen dauerhaften Verband zwischen der zu beklebenden Schuhfläche und der anzuklebenden Polyvinylchlorid-Sohle zu erzielen, ist eine besondere Verarbeitungsvorschrift zu beachten[3].

Die zu beklebende Schuhfläche muß trocken und vom Schmutz sauber sein und mit einer Aufrauhbürste aufgerauht werden. Es ist dafür zu sorgen, daß der Unterbau glatt und eben ist und gegebenenfalls vorhandene Löcher sehr sorgfältig ausgeballt sind. Die P-Sohle selbst wird nicht aufgerauht.

Beide Flächen (Schuh- und P-Sohle) werden sodann mit PC-Kleber einmal eingestrichen. Die eingestrichenen Flächen läßt man etwa 10 bis 15 Minuten trocknen und streicht dann nochmals gut ein, klebt sofort beide Flächen naß auf naß zusammen und bringt die Schuhe anschließend in eine Klebepresse, in der dieselben mindestens 6 Stunden gepreßt werden.

F. Veredlung von Sohlenmaterial.

Polyvinylchlorid kann in Form von Lösungen oder Pasten zur Imprägnierung von Faser- und sonstigen zur Herstellung von Sohlen geeigneten Werkstoffen benützt werden[4].

Durch Imprägnierung mit Polyvinylchlorid-Lösungen oder durch Auftragen von Polyvinylchlorid-Pasten auf Sohlen aus *Stroh* oder einem ähnlichen Material und anschließendes Gelieren erhält man abriebfeste Sohlen, die auch für Straßenschuhe Verwendung finden können[5].

Mit Hilfe von Polyvinylchlorid kann auch die Haltbarkeit von *Ledersohlen* erheblich verbessert werden. Aus minderwertigem Leder kann man durch diese Polyvinylchlorid-Imprägnierung erstklassiges Sohlenmaterial erhalten[6].

---

[1] F.P. 884843, Belg.P. 446730, C. F. Rosner G.m.b.H. und Dr.A.Wacker Ges. f. elektrochem. Ind. G.m.b.H.
[2] Siehe Seite 497.   [3] Privatmitteilung der Badischen Anilin & Soda Fabrik.
[4] BERGER, H.: Kunststoffe **38**, 135 (1948).
[5] Kunststoffe **37**, 237 (1947).
[6] Brit. Plast. mould. Prod. Trader **16**, 541 (1944).

Eine Veredlung von *Sohlen-* oder *Kernleder* kann man nach K. THINIUS und F. LÖBLEIN[1] auch erzielen, wenn man auf Leder Folien aus Polyvinylchlorid nach dem auf S. 536 angegebenen Verfahren aufklebt.

G. Herstellung von Sohlen.

Polyvinylchlorid dient nicht nur zur Veredlung von Sohlenmaterial anderer Herkunft, sondern stellt selbst einen wertvollen Sohlenwerkstoff dar.

Polyvinylchlorid läßt sich sowohl gemeinsam mit anderen Werkstoffen als auch allein auf Sohlen verarbeiten.

Bei Verarbeitung mit anderen Werkstoffen erhält man entweder geschichtete, im Querschnitt uneinheitliche oder bei gemeinsamer Verarbeitung von Polyvinylchlorid mit anderen Werkstoffen einheitlich aufgebaute Sohlen.

Nach einem besonderen Verfahren[2] erhält man eine Mehrschichtsohle, wenn man eine Sohle aus Kork, Harz od. dgl. mit einer äußeren Sohle aus Polyvinylchlorid versieht und beide Sohlenteile durch elastische Bänder miteinander verbindet.

Geschichtete Sohlen können auch erhalten werden, wenn man Folien aus Polyvinylchlorid oder Vinylchlorid-Vinylacetat-Mischpolymerisaten mit Textilgeweben verpreßt[3]. Diese Sohlen erreichten bei Prüfungen durch das US-Bureau of Standards eine bis zu zehnfache Haltbarkeit der Ledersohle.

Zur Herstellung einer einheitlich aufgebauten Sohle verwendet die Firma Wingfoot Corp. und G. H. Gates[4] Mischungen aus Kautschuk, einem Mischpolymerisat aus einem Dien-Kohlenwasserstoff und Vinylchlorid, Weichmachern, Füllstoffen und Schwefel sowie Cellulosematerial.

Als Sohlenmaterial wurde ferner von der Firma Soc. An. Resine syntetiche Adamoli[5] eine Mischung von Polyvinylchlorid und *Polyisobutylen* vorgeschlagen.

Geeignet ist z. B. ein aus 100 Teilen Polyvinylchlorid und 20 Teilen Polyisobutylen erhaltenes Erzeugnis.

Von größerer Bedeutung dürften aber die aus *Perbunan*, Polyvinylchlorid und Weichmachern bestehenden Mischungen sein, die sich als Material zur Sohlenherstellung sehr gut eignen[6].

Die hervorragende *Alterungsbeständigkeit* und hohe *Abriebfestigkeit* des Polyvinylchlorids ermöglichte auch dessen alleinigen Einsatz als Werkstoff zur Herstellung von Sohlen.

Polyvinylchlorid, aber auch Polymerisate aus Vinylchlorid und Acrylsäureestern werden seit 1941 mit Erfolg zur Herstellung von Schuhsohlen verwendet[7].

---

[1] DRP. 686633, F.P. 853483, Ital.P. 371382, Deutsche Celluloid-Fabrik A.G.

[2] Ital.P. 393173, Fabriche Riunite Industria Gomma Torino Walter Martiny Industria Gomma Spiga Sabit Life.

[3] Brit. Plast. mould. Prod. Trader **16**, 541 (1944).

[4] F.P. 924612, Wingfoot Corp. und G. H. Gates.

[5] Ital.P. 389403, Soc. An. Resine syntetiche Adamoli.

[6] Mod. Plastics **25**, 91 (1947).   [7] Chem. Ind. **64**, 199 (1941).

Die Eigenschaften von Sohlen aus Polyvinylchlorid sind weitgehend abhängig von der Art des zum Weichstellen benützten Weichmachers.

Mischungen mit *Trikresylphosphat* geben Sohlen, die schon bei Temperaturen über 0° bemerkenswert steif werden[1].

Als geeignet haben sich aber *Palatinole* mit Trikresylphosphat sowie *Mesamoll* erwiesen.

Die Abhängigkeit der Eigenschaften von Polyvinylchlorid-Sohlen von der Art und Menge des zugesetzten Weichmachers ist nach deutschen Feststellungen[2] der nachstehenden Tab. 56 zu entnehmen.

Tabelle 56.
Eigenschaften von Polyvinylchlorid-Sohlen in Abhängigkeit vom Weichmacher.

Ansatz			Weichmacher				Eigenschaften		
Poly-vinyl-chlorid	Kiesel-säure	Füll-stoff Kaolin	Mesa-moll I	Pala-tinol HS	Pala-tinol F	Mesa-moll HB	Kältewert	Shore Härte	Ab-nutzung[1]
50	15	—	11	12	12	—	−30 bis −35	75	—
50	15	—	11	12	9	3	−25	77	40
50	—	15	11	12	9	3	−32	76	46
38	20	—	12	—	—	30	−28	70	36
38	---	20	12	—	—	30	−31	69	72
38	—	20	42	—	—	—	−33	63	32

Auf Grund der günstigen Ergebnisse der mit Mesamoll HB weichgestellten Polyvinylchlorid-Massen hat man diesen Weichmacher vornehmlich zur Herstellung von Sohlenmaterial aus Polyvinylchlorid herangezogen[3]. Die Bindekraft von *Mesamoll HB* übertrifft weit diejenige des *Mesamoll I*. Dazu kommt, daß die Abnutzung der mit *Mesamoll HB* weichgestellten Polyvinylchlorid-Massen eine weit geringere ist.

Weichgemachte Polyvinylchlorid-Massen können aber als solche nicht zur Herstellung von Sohlenmaterial verwendet werden, da diese Mischungen keine genügende Standfestigkeit aufweisen; erst durch Zusatz von Füllstoffen wird die erforderliche Standfestigkeit erreicht.

Die zur Herstellung von Sohlen geeigneten Mischungen enthalten gewöhnlich etwa 50 Prozent Polyvinylchlorid, 35 bis 40 Prozent Weichmacher und den Rest Füllstoffe[4].

Sohlen dieser Zusammensetzung besitzen die in Tab. 57 mitgeteilten mechanischen Eigenschaften.

Tabelle 57. *Mechanische Eigenschaften von Polyvinylchlorid-Sohlen.*

Eigenschaft	Eigenschaftswerte
Zerreißfestigkeit	etwa 150 kg/qcm
Dehnung	„ 200%
Kältebeständigkeit	−15 bis −20°

[1] BERGER, H.: Kunststoffe **38**, 135 (1948).

[2] Bestimmung der Abnutzung: 15 mm breite Streifen der Sohle werden zu einer Schlaufe gebogen und auf einem Weg von 20 mm mit gleicher Geschwindigkeit und Belastung gerieben. Es wird die Anzahl der Doppelhübe angegeben, bis die Sohle zuerst sichtbar vom Schmirgelpapier Nr. 100/1 durchgescheuert ist.

[3] HORST, Frh. H. v. D.: Mod. Plastics **24**, 154, 192 (1947).

[4] BERGER, H.: Kunststoffe **38**, 135 (1948).

Die Herstellung der unter dem Namen *P-Sohle* in Deutschland bekanntgewordenen Polyvinylchlorid-Sohle erfolgt vielfach nach dem bei der Gummiverarbeitung üblichen Verfahren.

Die zur Herstellung von P-Sohlen geeignete Mischung von Polyvinylchlorid, Weichmacher und Füllstoff wird auf dem Kalander bei Temperaturen von etwa 150 bis 160° zu Platten verwalzt, aus welchen Sohlen gewünschter Größe geschnitten werden.

Gegenüber der Gummiverarbeitung kommt jedoch hier die zusätzliche Vulkanisation in Fortfall.

Ein weiterer Vorteil besteht darin, daß Abfälle und schadhafte Stücke ohne Regenerierung wieder verwendet werden können.

Die aus Polyvinylchlorid-Platten geschnittenen *P-Sohlen* besitzen aber nicht in allen Richtungen gleich gute mechanische Eigenschaften. So ist die *Zerreißfestigkeit* und die Dehnung von nach dem Kalandrierverfahren hergestellten Schuhsohlen aus Polyvinylchlorid in Längs- und Querrichtung, in bezug auf die Kalandrierrichtung, nicht gleich. Die Haltbarkeit der Polyvinylchlorid-Sohle ist bei Orientierung der Kalanderrichtung in Zehe-Ferse-Richtung am größten[1], so daß in Deutschland bei Laufsohlen ein Richtungspfeil die Richtung der größeren Beständigkeit anzeigt.

Zur Herstellung von *P-Sohlen* kann man auch von Polyvinylchlorid-Pasten ausgehen. Die Paste wird auf Nickelbänder oder auf feine Bronzedrahtgewebe gestrichen und bei 160° geliert[2]. Die hierbei erhaltenen Schuhsohlen weisen gegenüber kalandrierten Platten den Vorteil auf, frei von inneren Spannungen zu sein.

Auch nach dem Schlagpreßverfahren[3] können Schuhsohlen auf Polyvinylchlorid-Basis hergestellt werden[4].

Von K. THINIUS und H. KECH[5] ist ferner ein Verfahren entwickelt worden, nach welchem zwei gleiche Mischungen von Polyvinylchlorid und Weichmacher bei verschiedenen Temperaturen geliert und zu einer Sohle vereinigt werden.

Zur Herstellung eines Gemisches von mindestens zwei gelatinierten Polyvinylchlorid-Massen ähnlicher Zusammensetzung, aber verschiedener Gelatinierungszeit, verwalzt man 60 kg Polyvinylchlorid mit 20 Teilen Trikresylphosphat und 20 Teilen Phthalsäureester höherer aliphatischer Alkohole 10 bis 20 Minuten lang. Die zerkleinerte weichgummiähnliche Masse wird sodann vermischt mit einer ebenfalls zerkleinerten Masse, die durch Gelatinieren von 60 Teilen Polyvinylchlorid mit 40 Teilen Phthalsäureester aliphatischer Alkohole mit 7 bis 12 Kohlenstoffatomen bei 160 bis 170° während 90 Minuten erhalten wurde; anschließend wird in einer geschlossenen Form unter kurzer Druck- und Wärmeanwendung zur Sohle verformt.

Zur Herstellung von Schuhsohlen wird nach einem anderen Verfahren[6] hochmolekulares Polyvinylchlorid mit Weichmachern unter Zugabe kleiner Mengen von Mischpolymerisaten des Vinylchlorids, die

---

[1] DE SIMONE, G.: Materie Plastiche **9**, 41 (1943); India Rubber J. **107**, 669 (1944).

[2] RUEBENSAAL, C. F.: Mod. Plastics **25**, 143, 202 (1948).

[3] Siehe Seite 287.

[4] SAECHTLING, HJ.: Kunststoffe **33**, 291 (1943).

[5] DRP. 726573, Belg.P. 444397, Deutsche Celluloid Fabrik A.G.

[6] F.P. 919224, Lonza, Usines Eléctriques et Chimiques Soc. An.

im Weichmacher gut löslich sind, zu einer plastischen Masse verarbeitet. Als Weichmacher werden Trikresylphosphat, Dibutylphthalat, Dimethylglykolphthalat, Butylglykolstearat in Mengen von 40 bis 60 Prozent verwendet.

Die zuzusetzenden Vinylchlorid-Mischpolymerisate enthalten als zweite Komponente Vinylacetat, Acrylsäure- oder Methacrylsäureester bei einem Vinylchlorid-Gehalt von 40 bis 60 Prozent; sie werden dem Polyvinylchlorid in Mengen von 5 bis 15 Prozent zugesetzt.

Zur Herstellung einer Schuhsohle werden 45 Gewichtsteile Polyvinylchlorid, 12 Gewichtsteile Mischpolymerisat, bestehend aus 80 Prozent Vinylchlorid und 20 Prozent Vinylacetat mit 15 Gewichtsteilen Trikresylphosphat und 28 Gewichtsteilen Dibutylphthalat homogenisiert und unter Druck und Hitze auf Schuhsohlen verarbeitet.

Die aus Polyvinylchlorid aufgebauten, heute im Gebrauch befindlichen Schuhsohlen entsprechen allen Anforderungen, auch denen strenger Winter.

Prüfungen beim Staatlichen Materialprüfungsamt in Berlin-Dahlem und Erprobungen durch Fußgänger auf der Schuhprüfungsstrecke haben bei richtiger Verarbeitung die große Beständigkeit der P-Sohle ergeben[1], eine Tatsache, die seither der jahrelange Einsatz der P-Sohle bestätigte. Schuhsohlen aus Polyvinylchlorid halten 2000 bis 2400 km, reine Gummisohlen 1000 bis 1800 km und Kernledersohlen aber nur 700 bis 800 km aus.

P-Sohlen werden in Deutschland seit Jahren von einer Reihe von Firmen hergestellt, z. B. von den Firmen Deutsche Linoleumwerke, Vital-Schuh-Gesellschaft, C. F. Rosner G.m.b.H., Geb. Bader K.G. usw.

Mit Gummi besitzt die P-Sohle jedoch den Nachteil der mangelnden Wasserdampfdurchlässigkeit, der allerdings auch bei der Kernledersohle nach einigem Gebrauch eintritt. Zu Beanstandungen hat aber diese Wasserdampfundurchlässigkeit nicht geführt.

Trotzdem sind Versuche unternommen worden, der Polyvinylchloridsohle eine größere Porosität zu erteilen.

Eine größere Wasserdampfdurchlässigkeit kann man z. B. erreichen, wenn man die Polyvinylchlorid-Sohle in der Form einer Wärmebehandlung bei Temperaturen bis zu 150° unterwirft.

Nach J. GÖHRING[2] kann man den gewünschten Effekt auch erzielen, wenn man das mit reichlichen Mengen von Füllstoffen versetzte Polyvinylchlorid während einer kurzen Zeit von z. B. 3 Minuten Temperaturen von etwa 700° aussetzt. Die Höhe der Temperatur begünstigt die Abbindefähigkeit der Mischungsbestandteile: Polymerisate, Füllstoff und Weichmacher außerordentlich. Der hohe Füllstoffgehalt von 60 bis 70 Prozent verhütet, daß die hohe Temperatur dem Vinylchlorid-Polymerisat während der kurzen Dauer der Anwendung dieser Temperatur schädlich wird.

Man arbeitet zweckmäßig in folgender Weise:

Formen, die der Gestalt der Schuhsohle entsprechen oder der Gestalt einer Platte, aus der hernach die Schuhsohlen geschnitten werden sollen, werden mit

---

[1] MIENES, K.: Kunststoffe **32**, 35 (1942).
[2] DRP. 733942, F.P. 877771, J. GÖHRING.

einer Mischung aus Polyvinylchlorid oder einem Mischpolymerisat von diesem oder einer Mischung beider und feinstem Holzfaserstoff gefüllt, und es wird je nach Bedarf ein für diese Polymerisate geeigneter Weichmacher zugesetzt.

Man kann z. B. 67 Prozent Holzfaserstoff, 20 Prozent Vinylchlorid-Polymerisat und 13 Prozent Weichmacher verwenden.

In der Form wird die Mischung einer Temperatur von 700° 3 Minuten lang ausgesetzt. Hierbei bildet sich im mittleren Querschnitt der Sohle oder Platte eine poröse Schicht, die aber nicht wasserdurchlässig ist.

Alsdann wird die Sohle oder Platte auf halbe Dicke geschnitten. Dabei werden die beiden durch den Schnitt gebildeten Oberflächen porös, während die ursprünglich außenliegenden Seiten dicht sind.

Die Sohlen werden dann auf den Schuhen so befestigt, daß die poröse Seite der Brandsohle zugekehrt ist.

Eine in der ganzen Dicke poröse Polyvinylchlorid-Sohle erhält man nach C. A. RUGGERI und M. MANCINELLI[1], wenn man der zu verformenden Masse die auf S. 316 erwähnten flüchtigen Treibmittel zusetzt.

Als Ausgangsmaterial für die Herstellung von Sohlen eignen sich auch die auf S. 276 beschriebenen porösen Massen aus Polyvinylchlorid[2]. Durch Zusammenschweißen von Schichten verschiedener Porosität oder auch durch Sintern übereinandergeschichteter Lagen von Polyvinylchlorid-Pulver verschiedener Zusammensetzung kann man Schuhsohlen mit abgestufter Porosität erhalten.

Einen grundsätzlich anderen Weg zur Herstellung poröser Schuhsohlen haben H. ULLRICHT und C. TACKE[3] beschritten. Sie gehen nicht von durch Walzen oder Pressen hergestellten Polyvinylchlorid-Platten, sondern von Polyvinylchlorid-Fasern aus. Letztere werden bei 60 bis 70° unter Wasser durch Walken verfilzt. Der erhaltene Filz wird getrocknet und auf etwa 100 bis 110° unter Druck vorsichtig erhitzt. Die erhaltene Sohle besitzt infolge der wasserabstoßenden Eigenschaft des Polyvinylchlorids eine geringe Neigung, sich mit Wasser vollzusaugen oder zu quellen, ist aber luftdurchlässig.

Brauchbare Schuhsohlen kann man auch erhalten, wenn man Polyvinylchlorid allein oder gemeinsam mit anderen elastischen filmbildenden Kunststoffen auf geeignete Unterlagen, w. z. B. Filz, Pappe, Stroh usw., aufbringt[4].

Beispielsweise wird ein Gemisch aus einer 5- bis 8 prozentigen Lösung von plastiziertem Polystyrol in Dichloräthan und aus mit Trikresylphosphat weichgestelltem Polyvinylchlorid auf die Unterlage aufgetragen und die Oberfläche mit einer Lösung von Polyvinylchlorid in Monochlorbenzol versehen, bis die Schicht von gewünschter Dicke erreicht ist. Dann bestreut man mit pulverförmigem Polyvinylchlorid und erhitzt unter Druck.

Als Rohmaterial zur Herstellung von brauchbaren Schuhsohlen eignet sich nach L. R. STEPHANS und W. O. STELL[5] die aus Polyvinylchlorid, Polymethacrylsäureestern und mit beiden verträglichen Weichmachern bestehende und auf S. 197 beschriebene Kunststoffmasse. Eine für Sohlen besonders günstige Mischung besteht aus 1,5 bis 5 Prozent Polymeth-

---

[1] Ital. P. 395372, Soc. Italiana Pirelli.

[2] F.P. 886560, Dr. A. Wacker Ges. f. elektrochem. Ind. G.m.b.H.

[3] DRGM. 1520767, H. ULLRICHT und C. TACKE.

[4] F.P. 921158, Etudes Recherches et Inventitions Soc. An.

[5] F.P. 918488, Imperial Chemical Industries Ltd., L. R. STEPHANS und W. O. STELL.

acrylsäureester, 45 bis 66 Prozent Weichmacher und Rest Polyvinylchlorid.

Ein vorzüglicher Werkstoff zur Herstellung von Sohlen ist *Geon
Polyblend*[1], eine Kombination aus Polyvinylchlorid und *Perbunan*.

Nach G. W. STANTON und CH. E. LOWRY[2] können zur Herstellung
von Schuhsohlen auch Kunststoffmischungen dienen, die aus 10 bis
67 Gewichtsprozent eines bestimmten Styrol-Butadien-Mischpolymeri-
sates und aus 90 bis 33 Gewichtsprozent eines aus Vinylchlorid, Vinylidenchlorid und Butadien bestehenden Mischpolymerisates bestehen.

Das Butadien-Styrol-Mischpolymerisat wird erhalten, wenn man Styrol in
wäßriger Emulsion bei über 50° und dann Butadien in wäßriger Emulsion in
Gegenwart des Polystyrols oberhalb 50° polymerisiert, so daß das Mischpolymerisat 20 bis 80, vorteilhaft 35 bis 45 Prozent Styrol enthält.

Die zweite Mischpolymerisatkomponente besteht aus 25 bis 85 Gewichtsprozent Vinylidenchlorid, 15 bis 60 Gewichtsprozent Butadien und 0 bis 60 Gewichtsprozent Vinylchlorid.

Zur Befestigung von Schuhsohlen aus Polyvinylchlorid oder Vinylchlorid-Vinylacetat-Mischpolymerisaten auf den Leder- oder Holz-
rahmen eignet sich nach R. L. STEPHANS und W. O. STEEL[3] eine 20 prozentige Lösung von Polymethacrylsäuremethylester in Chloroform oder
einem Lösungsmittelgemisch aus 70 Teilen Toluol und 30 Teilen de-
naturiertem Alkohol.

Man walzt z. B. 50 Teile Polyvinylchlorid, 50 Teile Trioctylphosphat und 3 Teile
Polymethylmethacrylat zu einem Fell, überzieht mit einem Film aus einer 20 prozentigen Lösung von Polymethacrylsäuremethylester in dem obengenannten Lösungsmittelgemisch und preßt gegen den Lederrahmen eines Schuhes; man erhält
in 15 Minuten eine feste Bindung.

Eine nach dem Spritzguß aus einer Mischung von 2 Teilen Polymethacrylsäuremethylester, 29 Teilen Dibutylphthalat, 29 Teilen Cerechlor und 60 Teilen
Vinylchlorid-Vinylacetat-Mischpolymerisat mit 10 Prozent Acetatgehalt hergestellte Schuhsohle kann mit der obengenannten Chloroformlösung an Holz-
schuhe festgeklebt werden.

H. Schuhoberteil.

Außer für Sohlen wird Polyvinylchlorid auch für den Austausch
von *Oberleder* bei Schuhwerk verwendet[4].

An Stelle von Oberleder können mit Polyvinylchlorid *imprägnierte*
oder mit Polyvinylchlorid-Folien *kaschierte Gewebe* verwendet werden.
Diese Oberleder-Austauschstoffe zeichnen sich durch eine augezeichnete
Abriebfestigkeit, Alterungsbeständigkeit und *Knickfestigkeit* aus.

Als Austauschstoff für Oberleder wurden auch trägerlose Polyvinylchlorid-Folien vorgeschlagen. Bei der Weichmachung des Polyvinylchlorids soll *Trikresylphosphat* nicht verwendet werden[5].

Den bisher als störend empfundenen Mangel der unzureichenden
Wasserdampfdurchlässigkeit dieser Folien, die ein „*Atmen*" des Schuh-
oberteiles verhindert, kann man durch bestimmte Maßnahmen beseitigen.

---

[1] Siehe Seite 194.   [2] A.P. 2454486, Dow Chemical Co.
[3] E.P. 584015, Imperial Chemical Industries Ltd.
[4] BERGER, H.: Kunststoffe **38**, 135 (1948).   [5] Siehe Seite 227.

Poröse Schuhoberteile werden z. B. erhalten, wenn man in das weichgestellte Polyvinylchlorid Salze einmischt und diese nach der Herstellung der Folien wieder herauslöst[1].

Hierdurch entsteht ein feinporöses Material, das bezüglich der Porosität dem des natürlichen Leders angeglichen ist[2].

Die erwünschte Wasserdampfdurchlässigkeit von Schuhoberteilen aus Polyvinylchlorid kann auch durch Verwendung von Folien erreicht werden, die nach dem auf S. 435 beschriebenen Verfahren perforiert wurden[3].

Der Verwendung von Polyvinylchlorid-Folien für Schuhoberteile steht aber noch der Umstand hindernd im Wege, daß die Befestigung der Folien an den Schuhunterbau noch nicht befriedigend gelöst ist.

Neben Folien werden auch *Bänder* aus weichgestelltem Polyvinylchlorid zur Herstellung von Schuhoberteilen, und zwar für Sommerschuhe, verwendet. Diese beliebig gefärbten Polyvinylchlorid-Bänder gestatten die Herstellung von modischen Damensommerschuhen.

Auch weichmacherfreie Polyvinylchlorid-Bänder, z. B. *Luvitherm-Bänder*, dienen zur Herstellung von Schuhoberteilen. Diese Polyvinylchlorid-Bänder werden gedrillt, gezwirnt und verwebt und aus den erhaltenen Geweben entsprechende Schuhoberteile angefertigt.

Durch diese Behandlung kann man den Polyvinylchlord-Folien eine Porosität erteilen, die zwei- bis zehnmal so groß wie die von Leder ist.

Neben den aus reinem Polyvinylchlorid bestehenden Oberledersorten hat man auch solche entwickelt, welche aus einer Polyvinylchlorid-Deckschicht und einer Gewebeunterlage bestehen[4]. Bei einer Auflage von 0,4 mm Polyvinylchlorid beträgt die Stärke des ganzen Werkstoffes etwa 0,8 bis 1 mm. Die Haftfestigkeit der Auflage auf dem Gewebe entspricht der Forderung von 1,2 kg/qcm, um beim Aufspannen des Oberteils auf die Leisten nicht abgelöst zu werden. Auch die Festigkeit der Nähte genügt den Anforderungen. Bei der Dauerbiegeprüfung werden aber ungenügende Werte erhalten.

I. Schuhabsätze.

Polyvinylchlorid dient sowohl zur Veredlung als auch zur Herstellung von Schuhabsätzen.

Eine aus Polyvinylchlorid und Polyvinylacetat bestehende Folie benützt z. B. die Firma United Shoe Machinery Co. d'Italia[5] zum Überziehen von Schuhabsätzen.

Eine zum Überziehen von Absätzen geeignete Folie erhält man z. B., wenn man ein Gemisch aus 95 Teilen Polyvinylchlorid und 5 Teilen Polyvinylacetat in einem Gemisch von 37 Teilen Benzol und 6 Teilen Chloroform zu einer elastischen Masse verarbeitet, die dann zur Herstellung der Folien verwendet wird.

---

[1] SSAPILEWSKI, P. F., L. W. SILPERT u. A. F. KLIMKOWA: Leicht-Ind. (russ.) **7**, Nr. 10, 15 (1947).

[2] SILPERT, L. W., u. A. T. KLIMKOWA: Leicht-Ind. (russ.) **7**, Nr. 10, 15 (1947).

[3] MEAKER, J. W.: Kunststoffe **39**, 176 (1949).

[4] PLATUNOW, K. N., u. L. A. SSARAJEWA: Leicht-Ind. (russ.) **7**, Nr. 1, 33 (1947).

[5] Ital.P. 380822, United Shoe Machinery Co. d'Italia.

Die Abriebfestigkeit und Alterungsbeständigkeit läßt Polyvinylchlorid auch als einen geeigneten Werkstoff für Absätze im Austausch
gegen Gummiabsätze erscheinen.

Polyvinylchlorid-Absätze werden z. B. von der Firma Vital-Schuh-
Ges. unter dem Handelsnamen *Nora-Absätze* in den Verkehr gebracht.

Zur Herstellung von Absätzen können auch Kombinationen von
Polyvinylchlorid mit *Perbunan* Verwendung finden[1].

K. Schuhwerk.

Weichgestelltes Polyvinylchlorid ist infolge seiner weichgummiartigen
Eigenschaften ein hervorragender Austauschstoff für Gummi bei der
Herstellung von Schuhwerk[2].

Gegenüber Gummi besitzt das Polyvinylchlorid den Vorteil der
absoluten *Alterungsbeständigkeit* und der leichteren *Verarbeitbarkeit*, da
der bei Gummi erforderliche Vulkanisationsprozeß in Fortfall kommt.

Hinsichtlich der Eignung der zum Weichstellen des für Schuhwerk
bestimmten Polyvinylchlorids benützten Weichmacher ist darauf hin-
zuweisen, daß gegen die Verwendung von Trikresylphosphat als Weichmacher bei Schuhen, die nicht unmittelbar mit der Fußhaut in Berührung kommen, keine Bedenken bestehen[3]; bei wunden Hautstellen
müssen diese bei trikresylphosphathaltigem Polyvinylchlorid aber zweckmäßigerweise unter Verbandschutz gestellt werden[4]. Um Schädigungen
durch die giftige Orthoverbindung des Trikresylphosphats aber grundsätzlich auszuschließen, wäre von der Verwendung von Trikresylphosphat als Weichmacher für Polyvinylchlorid-Schuhwerk grundsätzlich
abzusehen, um so mehr, als Weichmacher auf dem Markte sind, die auch
hinsichtlich weichstellender Wirkung für den vorliegenden Zweck geeigneter sind[5].

Die Herstellung von Schuhwerk aus Polyvinylchlorid kann nach dem
einen Verfahren in der Weise erfolgen, daß man Schuhoberteil und
Schuhsohle aus Polyvinylchlorid getrennt herstellt und beide Teile
mit Hilfe eines geeigneten Klebstoffes, z. B. *PC-Kleber*, unter Druck
verklebt.

Nach diesem Prinzip stellt z. B. die Firma Interrub S.A.[6] Schuhe aus
Polyvinylchlorid her. Schuhoberteil und Schuhsohle, beide aus Poly-
vinylchlorid, werden durch Erhitzen bis zum Erweichen und durch
Aneinanderpressen miteinander vereinigt.

Leichte Schuhwaren, z. B. Tennisschuhe, stellt die Firma Soc. Paravinil[7] in folgender Weise her: Man setzt auf einen Leisten das Oberleder
und die Brandsohle sowie eine überhöhte Borde, trägt, während der
Leisten heiß ist, eine Sohle aus Kunstharz auf, taucht das Ganze in eine
Paste aus weichgestelltem Polyvinylchlorid ein, läßt fest werden und
zieht den Schuh nach dem Erkalten vom Leisten.

---

[1] Mod. Plastics **25**, 91 (1948).   [2] BERGER, H.: Kunststoffe **38**, 135 (1948).
[3] BERGER, H.: Kunststoffe **39**, 65 (1949).
[4] HOLSTEIN: Arbeit- u. Sozialfürsorge **1948**, 331.
[5] Siehe Seite **227**.   [6] F.P. 888403, Interrub S.A.
[7] F.P. 941148, Soc. Paravinil.

In einfacherer Weise kann man Schuhe aus weichgestelltem Polyvinylchlorid nach dem von G. Wick und J. Grassl[1] angegebenen Verfahren in einem Arbeitsgang herstellen.

Man geht hier von gießfähigen, Weichmacher, Füllstoffe und Farbstoffe enthaltenden *Polyvinylchlorid-Pasten*[2] aus. Aus diesen werden nach dem auf S. 309 näher beschriebenen *Tauchverfahren* mit kalten Hohlformen Schuhe oder Stiefel sowohl für normale Bedarfszwecke als auch für Berufsarbeiten, z. B. Gruben- und Kanalarbeiten, hergestellt (Abb. 50).

Einfacheres Schuhwerk, z. B. *Sandalen* oder *Sandaletten* können nach dem Spritzgußverfahren[3] hergestellt werden.

Polyvinylchlorid-Schuhe haben sich im Einsatz bestens bewährt.

Abb. 50. Schuhwerk aus Polyvinylchlorid.

Von der Firma Vital-Schuh-Gesellschaft sind unter der Bezeichnung *Nora-Schuhe* Damensommerschuhe in verschiedenen Farben in großen Mengen abgesetzt worden.

Die Firma Anorgana, Gendorf, stellt neuerdings aus Polyvinylchlorid Halbschuhe her, die unter der Bezeichnung *Pinguin-Schuhe* bekannt wurden und sich besonders als Arbeitsschuhe für Männer in Säurebetrieben usw., aber auch als Straßenschuhe bestens bewähren.

Von dem ehemaligen I.G.-Werk Bitterfeld werden jährlich bis zu 2 Millionen Paar Schuhe für Kinder und Erwachsene hergestellt[4].

Nach einer Mitteilung der Westdeutschen Wirtschaftskorrespondenz[5] beabsichtigt man auch in der Sowjetunion die Herstellung von Polyvinylchlorid-Schuhen aufzunehmen. Nicht weniger als 250 Millionen Paar Schuhe sollen aus Polyvinylchlorid erzeugt werden.

XII. Lack- und Farbenindustrie.

In der Lack- und Farbenindustrie dienen die vom Vinylchlorid abgeleiteten polymeren Kunststoffe vor allem als Lackrohstoffe, die besonders widerstandsfähige und chemisch beständige Lacke ergeben.

Diese polymeren Körper sind auch mit anderen Lackbildnern verträglich und liefern in Kombination mit diesen Lacke mit zum Teil neuartigen Eigenschaften.

---

[1] Wick, G., u. J. Grassl: Kunststoffe **32**, 327 (1942).
[2] Siehe Seite 266.
[3] Siehe Seite 292.
[4] Rhein-Neckar-Ztg. vom 10. 1. 1947; — Kautschuk u. Gummi **1**, 132 (1948).
[5] Westdeutsche Wirtschaftsvereinigung Nr. 70 (1948).

Neben diesem hauptsächlichsten Verwendungszweck dienen die Polymerisate oder Mischpolymerisate des Vinylchlorids in der Farbenindustrie als Bindemittel für Anstrich-, Deck- und Leuchtfarben sowie für Spachtelmassen und in angefärbter Form in besonderen Fällen auch als Farbpigment.

A. Herstellung von Lacken.

Die polymeren Formen des Vinylchlorids stellen hochwertige Rohstoffe für die Lackindustrie dar. Für diesen Anwendungszweck ist die große Widerstandsfähigkeit des Polyvinylchlorids gegenüber anorganischen Säuren, Laugen und Salzen wertvoll. Hierzu kommt noch, daß man mit diesem Kunststoff Lackfilme von großer Oberflächenhärte und guter Wasserfestigkeit erhält.

Dem Polyvinylchlorid ähnlich verhalten sich die durch Nachchlorierung aus ersterem erhaltenen Produkte und ferner solche Vinylchlorid-Mischpolymerisate, die aus überwiegenden Mengen Vinylchlorid aufgebaut sind.

Von diesen Vinylchlorid-Mischpolymerisaten eignen sich besonders die Vinylacetat enthaltenden Kunststoffe. Durch eine besonders gute Löslichkeit zeichnen sich solche Mischpolymerisate aus, die 85 bis 87 Prozent Vinylacetat im Mischpolymerisat enthalten und dabei ein Molgewicht von 9000 aufweisen[1].

Die für Lackzwecke erforderliche erhöhte Löslichkeit von Vinylchlorid-Mischpolymerisaten, z. B. von Mischpolymerisaten aus Vinylchlorid und Trichloräthylen[2], kann man durch Nachchlorieren dieser Kunststoffe erreichen.

Für Lackzwecke können die Polymerisate oder Mischpolymerisate des Vinylchlorids in Form ihrer Lösungen oder Emulsionen, mitunter auch in Pastenform Verwendung finden.

Dementsprechend hat man zu unterscheiden zwischen Lacklösungen, Lackemulsionen, Lackdispersionen und Lackpasten.

Diesen Lacklösungen, Emulsionen oder Pasten kann man Farbstoffe, Pigmente usw. zusetzen. Neben diesen setzt H. F. ETHER[3] den Überzugsmassen auf Basis von Polyvinylchlorid noch 1 bis 7 Prozent Lecithin oder Cephalin zu.

1. Lacklösungen.

Bei der Herstellung von Lacken auf Grundlage von Polyvinylchlorid ist zu berücksichtigen, daß die Löslichkeit des Polymerisats von einer Reihe von Faktoren abhängt. Die Löslichkeit nimmt zunächst ganz allgemein mit zunehmendem Polymerisationsgrad ab.

Aus diesem Grunde kommen nach G. WICK[4] als Rohstoffe für die Herstellung von Lacken zunächst die niederpolymeren Formen des Vinylchlorids in Betracht. Das mittlere Molekulargewicht dieser für

[1] Ind. Engng. Chem., ind. Edit. **32**, 315 (1940).
[2] E.P. 592348, Imperial Chemical Industries Ltd.
[3] A.P. 2339775, E. I. du Pont de Nemours & Co.
[4] F.P. 840315, I.G. Farbenindustrie A.G.

Lackzwecke brauchbaren Polyvinylchloride beträgt 20000 bis 30000[1].
Man kann diese für Lacke geeigneten niedermolekularen Polyvinylchloride z. B. nach dem auf S. 54 beschriebenen Verfahren erhalten[2].

Handelsprodukte von niederpolymeren Vinylchloriden, die in der
Lackindustrie Verwendung finden, sind z. B. die Sorten *Vinoflex PCU 3*,
Vinoflex PCU 8 und *Vinoflex PCU 20*[3,4].

Als Lösungsmittel für diese niedermolekularen Polyvinylchloride
kommen hier in Betracht: *Chlorkohlenwasserstoffe, Toluol, Xylol, Ester*
und *Ketone.*

In letzter Zeit ist es mit Hilfe besonderer Lösungsmittel auch gelungen, höher- und höchstmolekulares Polyvinylchlorid in Lösung zu
bringen, so daß nunmehr auch diese hochmolekularen Formen des Vinylchlorids in der Lackindustrie verwendet werden können.

Als Lösungsmittel kommen z. B. nach W. REPPE, O. HECHT und
F. OSCHATZ[5] *Tetrahydrofuran* bzw. dessen auf S. 260 angegebenen Abkömmlinge in Frage.

15 Teile eines in Benzolkohlenwasserstoffen oder Estern nicht genügend löslichen Polyvinylchlorids werden in 85 Teilen Tetrahydrofuran gelöst. Die klare
Lacklösung ergibt gegen Benzin und Benzolkohlenwasserstoffe sowie Alkohol beständige Lackfilme.

Wertvolle Lacke geben nach K. THINIUS[6] Lösungen von Polymerisaten des Polyvinylchlorids in *Tetrahydrofurfurylchlorid*, gegebenenfalls
unter Zusatz der auf S. 258 genannten Verschnittmittel.

5 g hochviskoses Polyvinylchlorid mit der Micellzahl 20 bis 25 werden in 95 g
Tetrahydrofurfurylchlorid durch Schütteln auf einer Rollschüttel gelöst. Man erhält eine klare viskose Lösung. Sie kann mit Toluol, Essigester oder Aceton verdünnt und mit Pigmenten, Farbstoffen, Weichmachern versetzt werden und dient
zum Lackieren beliebiger Oberflächen.

Zur Herstellung von Lacken aus Polyvinylchlorid, nachchloriertem
Polyvinylchlorid oder Mischpolymerisaten von Vinylchlorid mit Vinyl-
estern haben J. G. M. BREUMER, D. G. JONES, ST. F. PEARCE und
L. M. SMITH[7] als Lösungsmittel Verbindungen der Formel

$$
\begin{array}{c}
\overset{\text{H}_2}{\text{C}} \\
\diagup \ \ \ \diagdown \\
\text{R}_2\text{HC} \qquad \text{CH}_2 \\
|\qquad\qquad | \\
\text{O}\text{---}\text{R}_1
\end{array}
$$

vorgeschlagen, in welchen R_1 eine $-C(R_3)=CH-$ oder $-C-CH_2-$
Gruppe und R_2 und R_3 Methyl, Äthyl, Propyl, Isopropyl und Wasserstoff sein können. Lösungsmittel dieser Art sind z. B. *Dihydropyran*
und *Tetrahydropyran.*

---

[1] STAUDINGER, H., u. J. SCHNEIDERS: Liebigs Ann. d. Chem. **541**, 151 (1939).
[2] Belg.P. 451680, I.G. Farbenindustrie A.G.
[3] Die Zahl bedeutet die relative Größe des Polymerisationsgrades.
[4] WICK, G., u. K. KAINZ: Kunststoffe **33**, 65 (1943).
[5] DRP. 737954, F.P. 850453, E.P. 510902, I.G. Farbenindustrie A.G.
[6] DRP. 743859, Deutsche Celluloid-Fabrik A.G.
[7] A.P. 2443374, Imperial Chemical Industries Ltd.

Als Lacklösungsmittel für Polyvinylchlorid kommen ferner die von
P. C. E. J. CORBIERE und R. E. F. STUCHLIK[1] vorgeschlagenen Kombinationen von Schwefelkohlenstoff mit einem Lösungsmittel der auf
S. 259 angegebenen Art.

Ein Vinylchlorid-Polymerisat, dessen Molekulargewicht (ermittelt aus der
spezifischen Viskosität einer 2prozentigen Dioxanlösung) 32000 beträgt, gibt beim
Erhitzen in Cyclohexanon eine milchige Lösung, die sofort nach Zugabe einer
Schwefelkohlenstoffmenge, entsprechend 10 oder mehr Prozent des Volumens des
Cyclohexanons klar wird.

Diese klare Lösung eignet sich zur Herstellung von Lacken und Überzügen,
die eine langsame Trocknung erfordern.

Als Lacklösungsmittel kommen nicht nur für Polyvinylchlorid, sondern auch für Vinylchlorid-Mischpolymerisate die auf S. 259 genannten
Mischungen von Glykoläthern mit aromatischen Kohlenwasserstoffen
in Betracht[2].

Neben Polyvinylchlorid eignen sich nach C. SCHÖNBURG[3] als Rohstoffe für die Lackindustrie die aus ersterem durch Nachchlorierung
erhaltenen Produkte. Aus nachchloriertem Polyvinylchlorid werden
z. B. die hochwertigen *Vinoflex N-Lacke* hergestellt, die sich als säure-
und laugenbeständig erwiesen haben[4].

Als Lösungsmittel für die Herstellung von Lacken aus nachchloriertem Polyvinylchlorid eignen sich z. B. die auf S. 260 angeführten Verbindungen sowie auch das von W. REPPE, O. HECHT und F. OSCHATZ[5]
vorgeschlagene *Tetrahydrofuran*.

Neben Lösungsmitteln verwendet die Firma Herbig-Haarhaus A.G.[6]
einen Nichtlöser in einer Menge von etwa 40 bis 90 Prozent des Lösungsmittelanteiles.

30 Gewichtsteile nachchloriertes Polyvinylchlorid, 85 Gewichtsteile Essigäther,
15 Gewichtsteile Butylacetat, 65 Gewichtsteile Leichtbenzin, 4 Gewichtsteile Eisenoxydrot werden gelöst bzw. vermischt.

Infolge ihrer guten Löslichkeit werden auch Mischpolymerisate auf
Basis von Vinylchlorid als Lackgrundstoffe verwendet.

Von diesen Mischpolymerisaten hat man verschiedentlich solche für
Lackzwecke verwendet, die neben Vinylchlorid als zweite Komponente
Vinylidenchlorid enthalten. Mischpolymerisate dieser Art benützt
A. ILOFF[7] und R. M. WILEY[8] zur Bereitung von Lacken. Von letzterem
Forscher werden Mischpolymerisate empfohlen, die aus 45 bis 85 Prozent
Vinylchlorid und 55 bis 15 Prozent Vinylidenchlorid bestehen.

50 Teile Vinylchlorid, 50 Teile Vinylidenchlorid und 1 Teil Benzoylperoxyd
werden bei 45° zwei Wochen lang polymerisiert, wobei ein weiches kautschukartiges Mischpolymerisat erhalten wird, das in Benzol, Toluol und Xylol löslich ist.

---

[1] DRP. 749090, Deutsche Acetat-Kunstseiden A.G. Rhodiaceta; — Schwz.P.
226024, F.P. 53851, Zusatz zu F.P. 913164, Soc. Rhodiaceta.

[2] A.P. 2461613, Carbide and Carbon Chemicals Corp.

[3] DRP. 596911, I.G. Farbenindustrie A.G.

[4] SIROT, A.: Kunststoff-Technik **11**, 109 (1941).

[5] DRP. 737954, F.P. 850453, E.P. 510902, I.G. Farbenindustrie A.G.

[6] F.P. 854912, Herbig-Haarhaus A.G.

[7] DRP. 749586, I.G. Farbenindustrie A.G.

[8] A.P. 2235782, Dow Chemical Co.

Die Lösungen des Mischpolymerisats, denen Nichtlöser, Teillöser oder Verdünnungsmittel zugesetzt werden können, dienen als Lacke.

Zur Herstellung von Lacken aus überwiegenden Mengen Vinylchlorid aufgebauten Vinylchlorid-Vinylidenchlorid-Mischpolymerisaten hat R. GEWEHR[1] *Tetrahydrofuran* empfohlen, dessen Verwendung als Lacklösungsmittel auch für Vinylchlorid-Mischpolymerisate ganz allgemein schon früher von W. REPPE und Mitarbeitern[2] vorgeschlagen wurde.

Brauchbare Lackrohstoffe stellen ferner die aus Vinylchlorid und Vinylestern einer niederen Säure erhaltenen Mischpolymerisate dar. Als Lösungsmittel für diese Mischpolymerisate kommen hier *Isophoron* oder *Dihydroisophoron*[3] in Betracht; diese Lösungsmittel zeichnen sich durch eine große Verdunstungsgeschwindigkeit aus[4].

Eine geeignete Lacklösung besteht aus 14,5 Gewichtsprozent Mischpolymerisat, 6,4 Gewichtsprozent Trikresylphosphat, 11,2 Gewichtsprozent Isophoron, 22,4 Gewichtsprozent Xylol, 7,4 Gewichtsprozent Bleiweiß, 1,6 Gewichtsprozent Antimonweiß, 14,1 Gewichtsprozent Titanweiß, 5,6 Gewichtsprozent Methylamylketon, 16,8 Gewichtsprozent Tetrahydronaphthalin.

An Stelle von Isophoron verwendet CH. BOGIN[5] *Alkyläther* des *Diacetonalkohols*.

Von den Vinylchlorid-Vinylester-Mischpolymerisaten geben besonders die aus Vinylchlorid und Vinylacetat bestehenden Polymerisat-Kunststoffe hochwertige Lacke[6], die vor allem für säurefeste Anstriche in chemischen Fabriken, für wasser- und ölbeständigen Kühlhausanstrich usw. dienen.

In Deutschland werden Lacke aus diesen Mischpolymerisaten unter den Bezeichnungen *Vinoflex MP 400* von der Firma I.G. Farbenindustrie A.G. und *Vinnol H 40* von der Firma Dr. A. Wacker Ges. f. elektrochem. Ind. G.m.b.H. und in den Vereinigten Staaten von Nordamerika von der Firma Carbide and Carbon Chemicals Corp. unter dem Handelsnamen *Vinylite-Lacke* hergestellt.

Für Lackzwecke werden meist Mischpolymerisate mit einem Molekulargewicht von 8500 bis 9000 und einem Gehalt von 85 bis 87 Prozent Vinylchlorid verwendet[7].

Von Vinylchlorid-Vinylacetat-Mischpolymerisaten bestimmter Zusammensetzung haben die Firma Carbide and Carbon Chemicals Corp.[8] die auf S. 624 näher bezeichneten und CH. O. YOUNG und ST. D. DOUGLAS[9] die in organischen Lösungsmitteln löslichen und unlöslichen Anteile getrennt als Lacke verwendet.

---

[1] DRP. 750503, Deutsche Acetat-Kunstseiden A.G. Rhodiaceta.

[2] DRP. 737954, F.P. 850453, E.P. 510902, I.G. Farbenindustrie A.G.

[3] Siehe Seite 261.

[4] F.P. 865270, Carbide and Carbon Chemicals Corp.

[5] A.P. 2174495, Commercial Solvents Corp.

[6] STAUDINGER, H., u. J. SCHNEIDERS: Liebigs Ann. d. Chem. **541**, 152 (1939). — F. KAINER: Kurzes Handbuch der Polymerisationstechnik, Bd. **3**, S. 316. Leipzig 1944.

[7] WAGNER, H., u. H. F. SARX: Kunstharze, S. 124. München 1943.

[8] F.P. 740962, Carbide and Carbon Chemicals Corp.

[9] A.P. 1990685, Carbide and Carbon Chemicals Corp.

Zur Inlösungbringung von Mischpolymerisaten aus 60 bis 95 Prozent Vinylchlorid und 40 bis 5 Prozent Vinylacetat hat A. K. DOOLITTLE[1] *Ketone*, besonders Dipropylketon und Methylisobutylketon, vorgeschlagen.

Die Lacklösung besteht z. B. aus 15 Prozent Mischpolymerisat aus 87 Prozent Vinylchlorid und 13 Prozent Vinylacetat, 1,5 Prozent Bleiphenolat und 83,5 Prozent eines Lösungsmittels von folgender Zusammensetzung: 40 Volumprozent Methylisobutylketon, 10 Volumprozent Dipropylketon, 40 Volumprozent Toluol und 10 Volumprozent Xylol.

Durch Zusatz von Nitroparaffinen kann man die Viskosität der aus Vinylchlorid-Vinylacetat bestehenden Mischpolymerisat-Lacklösungen nach CH. BOGIN[2] herabsetzen, so daß man für Anstrichzwecke geeignete hochkonzentrierte Lösungen dieser Mischpolymerisate erhalten kann.

Eine geeignete Lösung besteht z. B. aus 13 g des Mischpolymerisats, 3 g Dibutylphthalat, 30 ccm Nitro-1-propan und 70 ccm Toluol.

Von G. H. MOREY[3] ist als Lacküberzugsmittel ein in Toluol lösliches Vinylchlorid-Vinylacetat vorgeschlagen worden. Letzteres soll etwa 85 Prozent Vinylchlorid und etwa 15 Prozent Vinylacetat enthalten und ein Molekulargewicht von über 4000 aufweisen. Als Verdünnungsmittel dienen Lävulinsäurealkylester oder ein anderes Lösungsmittel, welches einen geringen Verdampfungsgrad hat und die gelbildende Tendenz des Mischpolymerisates herabsetzt. Weitere Zusatzmittel sind Toluol, Äthyl- oder Butylacetat, Nitroäthan, 2-Nitropropan und 1-Nitropropan oder Äthylisobutylketon und gegebenenfalls Butylphthalat.

Wetterfeste Überzüge werden erhalten, wenn man nach H. R. FIFE[4] dem Mischpolymerisat aus Vinylchlorid und Vinylacetat ein Wachs zusetzt, welches in dem Lösungsmittel für das Mischpolymerisat löslich ist.

Besonders gut haftende Lacke werden ferner aus Mischpolymerisaten von Vinylchlorid und Vinylestern einer niedermolekularen Fettsäure, wie Vinylacetat, erhalten, welche geringe Mengen, etwa 0,1 bis 0,3 Prozent, einer sauer reagierenden Verbindung, wie *Maleinsäure, Maleinsäureanhydrid, Monoester* der *Maleinsäure* und *Fumarsäure* oder in α-Stellung durch Alkyl, Alkenyl, Aryl oder Aralkyl *substituierte Maleinsäure* oder *Crotonsäure*, einpolymerisiert enthalten[5].

Man kann diese Zusätze dem Vinylchlorid-Vinylacetat-Mischpolymerisat auch nachträglich zusetzen.

Das Molekulargewicht der Vinylchlorid-Vinylacetat-Mischpolymerisate soll bei einem Gehalt von 60 bis 95 Prozent Vinylchlorid zwischen 6000 bis 10000 liegen.

Lacke aus Vinylchlorid-Vinylacetat-Mischpolymerisaten können entweder direkt auf Unterlagen aller Art oder auf eine zuvor aufgebrachte Zwischenschicht aufgetragen werden.

---

[1] A.P. 2136378, Union Carbide and Carbon Corp.
[2] A.P. 2192583, Commercial Solvents Corp.
[3] A.P. 2408174, Commercial Solvents Corp.
[4] Canad.P. 348830, Carbide and Carbon Chemicals Corp.
[5] F.P. 885251, Carbide and Carbon Chemicals Corp.

Als Zwischenschichten verwendet hier J. FLETSCHER[1] solche aus Phenol-Aldehyd-Harz, das ein oder mehrere Harze enthält, die die Haftfähigkeit auf der Unterlage verbessern. Nach dem Aufbringen dieser Zwischenschicht wird das Phenol-Aldehyd-Harz gehärtet und dann der Vinylchlorid-Vinylacetat-Mischpolymerisat-Lack aufgebracht.

Von Vinylchlorid-Mischpolymerisaten hat man auch solche als Lackgrundstoffe vorgeschlagen, die neben Vinylchlorid eine polymerisierbare aliphatische Mono- oder Dicarbonsäure, wie Acrylsäure, Maleinsäure, oder deren Ester, Nitrile oder Amide enthalten. Der Verwendung dieser Mischpolymerisate als Lackgrundstoff steht gleichfalls die beschränkte Löslichkeit hindernd im Wege. Als Lösungsmittel kommen hier die zwischen 90 und 135° siedenden Gemische aliphatischer Ketone mit einer Gesamtkohlenstoffzahl von 5 bis 7 in Betracht[2]. Ketongemische der genannten Art sind Methylpropylketon, Diäthylketon und Diisopropylketon. Die Mischpolymerisate sollen in hoher Reinheit mit einem p_H-Wert unter 7 vorliegen.

Geeignete Mischpolymerisate sind solche, die aus 80 Prozent Vinylchlorid und 20 Prozent Acrylsäuremethylester bestehen. Infolge ihrer Alkali- und Säurefreiheit kommen diese Mischpolymerisate besonders für die Herstellung von Rostschutzlacken in Betracht.

Einen Streichlack erhält man z. B. aus 20 Teilen eines Mischpolymerisats geringer Viskosität aus Vinylchlorid und Acrylsäuremethylester im Verhältnis 80:20, 4 Teilen Butylphthalat, 16 Teilen Aceton, 44 Teilen Toluol und 12 Teilen Ketongemisch.

Aus 80 Prozent Vinylchlorid und 20 Prozent Acrylsäureester bestehende Mischpolymerisate hat auch H. FIKENTSCHER[3] zur Herstellung von Lacken vorgeschlagen.

Ein geeigneter Lack wird z. B. erhalten, wenn man 12 Teile eines Mischpolymerisats der genannten Zusammensetzung vom K-Wert 50 in einer Mischung von 35,6 Teilen Methylenchlorid, 13,2 Teilen Butylacetat und 43,4 Teilen Äthylacetat löst.
Der so hergestellte Lack kann in gewohnter Weise durch Tauchen, Streichen oder, gegebenenfalls nach weiterem Verdünnen, durch Spritzen verarbeitet werden.

Durch eine gute Löslichkeit in aliphatischen Kohlenwasserstoffen, insbesondere in Benzol, zeichnen sich Vinylchlorid-Mischpolymerisate aus, die aus Vinylestern höherer aliphatischer Säuren bzw. Acrylsäure-, Methacrylsäureestern oder Maleinsäureestern mit höheren Alkoholen der auf S. 100 genannten Art bestehen[4].

Zur Herstellung eines Lackes aus einem Vinylchlorid und Maleinsäureheptylester bestehenden Mischpolymerisat[5] wird dieses zu einer 40prozentigen Lösung in einem Gemisch aus gleichen Teilen Benzin, Chlorbenzol und Leinöl gelöst. Nach dem Einrühren des Pigments erhält man eine gebrauchsfertige Lackfarbe, die wetterbeständige Aufstriche ergibt.

Wetterfeste Überzüge geben nach L. LIGHT[6] auch Emulsionspoly-

---

[1] A.P. 2047957, Plastergon Wall Boards Co.
[2] DRP. 691257, E.P. 480732, F.P. 818924, Deutsche Celluloid-Fabrik A.G.
[3] DRP. 713589, I.G. Farbenindustrie A.G.
[4] DRP. 747738, ohne Firmenangabe.
[5] DRP. 730649, I.G. Farbenindustrie A.G.
[6] LIGHT, L.: Paint Manufacture 10, 243 (1940).

merisate aus Vinylchlorid und Dimethyl-, Diäthyl- oder Dicyclohexyl-ester der Maleinsäure.

Als Lackrohstoffe eignen sich nach G. Kränzlein und H. Stärk[1] noch die aus Vinylchlorid und Äthylentri- bzw. Äthylentetracarbon-säuren oder deren Derivaten hergestellten Mischpolymerisate.

Zur Bereitung des Lackharzes wird z. B. ein Gemisch von 50 Gewichtsteilen Vinylchlorid und 10 Gewichtsteilen 1,2-Propan-1,1,2-tricarbonsäure-triäthylester in eine Lösung von 180 Gewichtsteilen Wasser, 3,6 Gewichtsteilen α-oxyoctadecan-sulfonsaurem Natrium und 1 Gewichtsteil Wasserstoffsuperoxyd eingetragen und in einem Autoklaven unter Rühren emulgiert. Dann wird das Ganze 12 Stunden unter fortgesetztem Rühren auf 60 bis 70° erhitzt, wobei der anfängliche Druck von etwa 4 Atm. im Innern des Autoklaven fast völlig zurückgeht. Es resultiert ein feindisperses Gemisch, aus welchem das Mischpolymerisat durch Zusatz eines Aluminiumsalzes bequem gefällt werden kann. Nach dem Auswaschen und Trocknen fällt das Mischpolymerisat pulverförmig an und stellt einen farblosen Körper dar. Das Mischpolymerisat ist in Chlorkohlenwasserstoff klar löslich. Aus den vis-kosen Lösungen werden filmartig auftrocknende Lacke erhalten.

Zur Herstellung von Lacken eignen sich nach H. Vollmann und K. Billig[2] ferner die bei der Mischpolymerisation von α-Acrylvinyl-carbonsäuren oder ihren Derivaten mit der gleichen oder einer größeren Molmenge Vinylchlorid erhaltenen Produkte.

Um einwandfreie, besonders weiche und elastische Lackfilme zu erhalten, setzt man den Polymerisaten oder Mischpolymerisaten bzw. deren Lösungen Weichmachungsmittel zu. Diese Weichmachungsmittel bewirken eine Vergrößerung der elastischen Dehnung, d. h. eine Erhöhung der Zügigkeit und Geschmeidigkeit, in vielen Fällen aber auch eine Erhöhung der Haftfestigkeit der Lackfilme[3].

Die Verwendung von Weichmachungsmitteln als Zusatz von Kunst-stoffen auf Polyvinylchlorid-Basis ist mehrfach geschützt worden.

So setzt z. B. die Firma E. I. du Pont de Nemours & Co.[4] dem als Lackgrundstoff benützten, in Toluol löslichen Polyvinylchlorid ein Weichmachungsmittel und ein Pigment, z. B. Titanoxyd, sowie ein Lösungsmittel zu.

Aus der Vielzahl der verwendbaren Weichmachungsmittel[5] sind als Zusatz zu Polyvinylchlorid-Lacken bestimmte Weichmacher besonders geeignet.

Beispielsweise können hier die von A. Weihe[6] vorgeschlagenen wasser-stoffreichen zähflüssigen *Kohleextrakte* zum Weichstellen von Lösungen aus Polyvinylchlorid oder nachchloriertem Polyvinylchlorid benützt werden. Zur Erhöhung der Elastizität setzen W. Reppe, O. Hecht und F. Oschatz[7] den auf Lacke zu verarbeitenden Polyvinylchloriden *chlorier-tes Diphenyl*, *Phthalsäureester* oder *Phosphorsäureester* zu.

Besonders geschmeidige Polyvinylchlorid-Lackfilme werden erhalten, wenn man dem Polyvinylchlorid die auf S. 172 erwähnten

---

[1] DRP. 730 649, I.G. Farbenindustrie A.G.

[2] DRP. 697 434, I.G. Farbenindustrie A.G.

[3] Münzinger, W. M.: Kunststoffe **31**, 389 (1941).

[4] F.P. 717 886, E. I. du Pont de Nemours & Co.

[5] Siehe Seite 145.　　　[6] DRP. 705 146, I.G. Farbenindustrie A.G.

[7] DRP. 737 954, I.G. Farbenindustrie A.G.

Halogenierungsprodukte von Kohlenwasserstoffen, gegebenenfalls gemeinsam mit den Chlorierungsprodukten von Estern der auf S. 178 genannten Art zusetzt[1].

Von Cl. H. Alexander[2] sind wieder Weichmacher empfohlen worden, welche die *Tetrahydrofurfurylgruppe* enthalten.

Besonders wertvolle Eigenschaften verleihen die aus Hexantriol und Vorlauffettsäuren bestehenden Esterweichmacher den Polyvinylchlorid-Lacken. *Elaol 2* gibt Polyvinylchlorid-Lacke mit guter Kältebeständigkeit. *Elaol 1 2* wird z. B. als Weichmacher für *Vinoflex-Lacke* verwendet.

Einen Lack, der sehr wetterbeständige, zähe Überzüge ergibt, erhält man nach W. Hentrich, E. Schirm, W. Kaiser und R. Enders[3] aus Polyvinylchlorid, das mit den auf S. 173 angegebenen Weichmachern versetzt ist.

Man verrührt z. B. in eine Lösung von 10 Gewichtsteilen Polyvinylchlorid in 30 Gewichtsteilen Äthylacetat, 30 Gewichtsteilen Xylol und 30 Gewichtsteilen Aceton, 5 Gewichtsteile Tribenzylmercaptotriazin.

Lacke, die eine Kältebeständigkeit bis zu —39° aufweisen, werden aus den von W. Gruber und H. Machemer[4] beschriebenen weichgestellten Polyvinylchlorid-Massen[5] z. B. in folgender Weise erhalten:

100 Teile Polyvinylchlorid und 100 Teile Acetoxychlorstearinsäuremethylester werden in 800 Teilen eines niedrigsiedenden Lösungsmittels gelöst.

Die Lösung eignet sich zum Überziehen von Metall, Glas, Papier oder Gewebe.

Mit Estern tertiärer Aminocarbonsäuren weichgestelltes Polyvinylchlorid, nachchloriertes Polyvinylchlorid oder Vinylchlorid-Mischpolymerisate geben wertvolle Kunststofflacke. Nach Feststellungen von M. Bögemann und J. Nelles[6] geben diese Weichmacher mit Gemischen aus Polyvinylchlorid und nachchloriertem Polyvinylchlorid Lacke, die sich durch eine ungewöhnlich hohe Dehnbarkeit, Wasserfestigkeit und hervorragende Beständigkeit auszeichnen.

Als besonders wertvoll haben sich Mischungen von niederpolymerem Vinylchlorid, z. B. *Vinoflex PCU 3* oder *Vinoflex PCU 8*, mit nachchloriertem Polyvinylchlorid der Type *Vinoflex N* erwiesen. Je nach dem gegenseitigen Mengenverhältnis dieser beiden Polyvinylchlorid-Sorten, den Weichmachungs- und Lösungsmitteln kann man eine weitgehende Abwandlung der Filmeigenschaften, wie Oberflächenhärte, Dehnung und Reißfestigkeit, erzielen[7].

Zur Herstellung von Lacken können ferner Polyvinylchlorid-Massen verwendet werden, die die von R. Staeger[8] angegebenen Weichmacher[9] enthalten.

Die aus Polyvinylchlorid bestehenden Lacke und die aus Vinylchlorid in überwiegenden Mengen bestehenden Mischpolymerisat-Lacke besitzen den Nachteil, sich bei dauernder Einwirkung von Licht zu verfärben.

---

[1] F.P. 905687, I.G. Farbenindustrie A.G.
[2] A.P. 2234615, B. F. Goodrich Co.
[3] DRP. 725753, Deutsche Hydrierwerke A.G.
[4] Ital.P. 391972, Dr. A. Wacker Ges. f. elektrochem. Ind. G.m.b.H.
[5] Siehe Seite 163.   [6] DRP. 707279, I.G. Farbenindustrie A.G.
[7] Wick, G., u. K. Kainz: Kunststoffe **33**, 65 (1943).
[8] F.P. 906818, R. Staeger.   [9] Siehe Seite 157.

Die Lichtbeständigkeit dieser Polyvinylchlorid-Lacke läßt sich jedoch bedeutend verbessern, wenn man den Polyvinylchlorid-Kunststoffen Stabilisiermittel z. B. der auf S. 125 beschriebenen Art zusetzt.

Von diesen Stabilisierungsmitteln kommen hier z. B. die auf S. 353 genannten Verbindungen[1] oder die von G. MEYER[2] vorgeschlagenen Verbindungen, die eine Äthylenoxydgruppe enthalten, in Frage.

Zur Herstellung eines Lackes wird z. B. eine Lösung von 20 Gewichtsteilen Polyvinylchlorid und 80 Gewichtsteilen einer Mischung von gleichen Teilen Xylol und Butylacetat mit 0,5 Gewichtsteilen p-Chlorphenoxypropenoxyd verrührt.

Ein mit dieser Lösung ausgeführter Anstrich hat bessere Alterungseigenschaften als ein solcher aus einer Vergleichslösung, die keinen stabilisierenden Zusatz hat.

Nach dem B.I.O.S.-Bericht 1001[3] enthält das für Lacke benützte nachchlorierte Polyvinylchlorid einen Zusatz von 2 Prozent Phenoxypropylenoxyd als Stabilisierungsmittel.

Lichtbeständige Decklacke werden nach A. K. DOOLITTLE[4] ferner erhalten, wenn man den Mischpolymerisaten aus Vinylchlorid und Vinylacetat etwa 7 Prozent Antimonoxyd als Stabilisator zusetzt.

2. Lackemulsionen.

Neben Lösungen können auch Emulsionen oder Dispersionen von Polyvinylchlorid-Kunststoffen als Lacke bzw. für Überzüge verwendet werden.

Der Vorteil dieser Emulsionslacke liegt vor allem darin, daß sie im Vergleich zu Lösungen in organischen Lösungsmitteln in den sonst für Lackzwecke üblichen Konzentrationen eine wesentlich geringere Viskosität besitzen und mit steigender Konzentration einen viel geringeren Viskositätsanstieg zeigen. Infolgedessen lassen sich weit höhere Konzentrationen erzielen, ohne daß die Streichfähigkeit und Spritzfähigkeit der Polyvinylchlorid-Lacke hierdurch beeinträchtigt wird[5].

Bei der Bildung von Filmen aus Emulsionen des Polyvinylchlorids bleiben die Art der Herstellung der Emulsion, die Art des Emulgators, der p_H-Wert der Emulsion, die Trockendauer und andere Faktoren ohne Einfluß auf die Filmbildung; nur die Temperatur und die Menge des Plastikators beeinflussen diese.

Gegenüber den echten Polyvinylchlorid-Lacklösungen besitzen die für Lackanstriche benützten Polyvinylchlorid-Emulsionen aber den Nachteil, daß sich mit ihnen ein homogener Lackanstrich nicht immer erzielen läßt. Auch werden aus Lösungen von Polyvinylchlorid festere Lackfilme erhalten als aus Emulsionen[6].

Wäßrige Dispersionen von Polyvinylchlorid oder Mischpolymerisaten des Vinylchlorids bzw. Mischungen von Polyvinylchlorid mit anderen Polyvinylverbindungen hat die Firma I.G. Farbenindustrie A.G.[7] zur Herstellung von Lacküberzügen vorgeschlagen.

---

[1] Ital.P. 396886, I.G. Farbenindustrie A.G.

[2] DRP. 656133, I.G. Farbenindustrie A.G.

[3] B.I.O.S.-Bericht 1001, British Plastics **19**, 163 (1947).

[4] A.P. 2161026, Carbide and Carbon Chemicals Corp.

[5] KAINER, F.: Kurzes Handbuch der Polymerisationstechnik, Bd. 3, S. 324. Leipzig 1944.

[6] WAJUTZKI, S. S., u. JE. M. DAJADEL: Colloid J. (russ.) **6**, 717 (1940).

[7] F.P. 845954, I.G. Farbenindustrie A.G.

Die für Lackzwecke geeigneten Emulsionen von Polyvinylchlorid oder Vinylchlorid-Mischpolymerisaten fallen schon z. B. bei der Emulsionspolymerisation von Vinylchlorid oder Gemischen dieses mit anderen polymerisierbaren monomeren Verbindungen an.

So eignen sich z. B. die bei der Emulsionspolymerisation von Vinylchlorid und Vinylacetat in Gegenwart von noch Hydroxylgruppen enthaltenden, wasserlöslichen Derivaten des Polyvinylalkohols als Emulgiermittel erhaltenen Emulsionen nach Zusatz von Weichmachungsmitteln als Lackemulsionen[1].

Von E. Scharf und H. Fikentscher[2] sind schon früher die bei der Emulsionspolymerisation von Vinylchlorid, gegebenenfalls in Verbindung mit anderen polymerisierbaren Körpern erhaltenen Emulsionen zur Herstellung von Lacken oder Überzügen vorgeschlagen worden. Der Emulsion können, gegebenenfalls schon vor der Polymerisation, Farbstoffe, Pigmente oder sonstige Füllstoffe zugesetzt werden. Zur Erhöhung der Viskosität können diesen Emulsionen wasserlösliche Verdickungsmittel, wie Polyvinylalkohol oder polyacrylsaures Natrium, zugesetzt werden.

Nach A. Voss und W. Starck[3] kann ferner die bei der Emulsionspolymerisation in nichtwäßrigem Medium erhaltene Polyvinylchlorid-Emulsion als solche den verschiedensten lacktechnischen Zwecken zugeführt werden.

Die zur Herstellung von Lacken oder Überzügen erforderlichen Emulsionen können auch durch nachträgliche Emulgierung der Kunststoffe auf Polyvinylchlorid-Basis erfolgen. Man kann hierbei entweder von Lösungen oder den in Pulverform vorliegenden Polymerisaten ausgehen.

Im ersteren Falle geht man nach A. Rieche und A. Gnüchtel[4] zweckmäßig von Lösungen von Polyvinylchlorid in halogenierten Tetrahydrofuranen aus. Diese Lösungen sind mit Wasser emulgierbar, und es können die erhaltenen Emulsionen als Lacke Verwendung finden.

Beispielsweise werden zu der auf Seite 258 beschriebenen Polyvinylchlorid-Lösung (20 Teile Polyvinylchlorid, 80 Teile 3-Chlor-tetrahydrofuran) 12 Teile Phthalsäuredi-n-butylester und geringe Mengen eines Emulgators zugesetzt. Dann wird der Lackansatz in 100 Teile Wasser einemulgiert. Man erhält eine beliebig mit Wasser verdünnbare Lackemulsion, die sehr haltbar ist.

Eine für lacktechnische Zwecke geeignete wäßrige Emulsion von nachchloriertem Polyvinylchlorid oder Vinylchlorid-Mischpolymerisaten stellt K. Thinius[5] in der Weise her, daß er die zur Disporgierung des Polymerisats erforderlichen organischen, praktisch wasserunlöslichen Lösungsmittel mit Wasser unter Zuhilfenahme von Emulgatoren emulgiert und in dieser Emulsion das Polymerisat dispergiert.

---

[1] Schwz.P. 220494, Dr. A. Wacker Ges. f. elektrochem. Ind. G.m.b.H.

[2] DRP. 615219, I.G. Farbenindustrie A.G.

[3] DRP. 675146, F.P. 765363, E.P. 434783, I.G. Farbenindustrie A.G.

[4] DRP. 725802, I.G. Farbenindustrie A.G.

[5] DRP. 705103, Schwz.P. 205541, F.P. 838963, Belg.P. 428486, Ital.P. 362980, Deutsche Celluloid-Fabrik A.G.

100 g Essigsäureester aliphatischer Alkohole von 8 bis 12 Kohlenstoffatomen im Molekül, 50 g Butylacetat, 20 g Toluol, 20 g Tetrachlorkohlenstoff und 10 g gechlorte Diphenyle werden mit 225 g Wasser nach Zusatz von 5 Prozent öllöslichen Emulgatoren zu der Ölphase und 0,5 Prozent Türkischrotöl zur Wasserphase 15 Minuten emulgiert. Die erhaltene Lösungsmittel-Wasseremulsion wird zum Dispergieren von 45 g nachchloriertem Polyvinylchlorid benutzt. Nach mehrstündigem Schütteln auf einer Rollschüttelmaschine erhält man eine Lack-Wasseremulsion, in die sich mühelos 25 bis 45 g Kastanienbraun oder andere Pigmente einrühren lassen.

Als Lacke oder Überzugsmittel kann ferner die von C. O. STROTHER[1] beschriebene Emulsion eines Mischpolymerisates aus Vinylchlorid und einem Vinylester einer aliphatischen Carbonsäure verwendet werden[2].

Wasserfeste und weitgehend chemikalienbeständige Lacke und Überzüge aller Art werden nach H. FIKENTSCHER und R. GÄTH[3] auch erhalten, wenn man aus den auf S. 266 beschriebenen reversibel dispergierbaren Polymerisaten oder Mischpolymerisaten des Vinylchlorids vor dem Gebrauch durch Versetzen mit schwach alkalischem Wasser eine Dispersion herstellt und diese gegebenenfalls nach Zusatz von Weichmachungsmitteln oder Pigmenten auf die zu schützende Fläche aufträgt. Nach dem Trocknen erhält man einen gut haftenden Überzug.

Zur Herstellung von Überzügen dispergiert die Firma I.G. Farbenindustrie A.G.[4] hochmolekulares Polyvinylchlorid in Form eines feinen Pulvers in einem flüchtigen Lösungsmittel, wobei so tiefe Temperaturen angewandt werden, daß keine wesentliche Quellung oder Lösung des Polyvinylchlorids eintritt, worauf die Dispersion auf Unterlagen aufgebracht und unter Vermeidung einer Verdampfung des Lösungsmittels bei erhöhten Temperaturen gelatiniert wird, z. B. durch Arbeiten in einer an dem Lösungsmittel gesättigten Atmosphäre, worauf nach beendeter Gelatinierung das Lösungsmittel zum Verdampfen gebracht wird.

Für den gleichen Zweck können auch die von H. FIKENTSCHER und H. JACQUÉ[5] vorgeschlagenen Dispersionen von Polyvinylchlorid oder Vinylchlorid-Mischpolymerisaten verwendet werden.

3. Lackpasten.

In besonderen Fällen kann man zum Lackieren oder Überziehen von Flächen oder Gegenständen die Polymerisate oder Mischpolymerisate des Vinylchlorids in Form von Pasten verwenden.

Eine für Lack- und Anstrichzwecke geeignete Paste kann man nach dem von H. FIKENTSCHER und H. JACQUÉ[5] angegebenen Verfahren[6] herstellen.

Zur Herstellung von Überzügen aller Art können ferner die von E. ESCALES[7] entwickelten Polyvinylchlorid-Pasten[8] benützt werden.

---

[1] A.P. 2238956, Carbide and Carbon Chemicals Corp.
[2] Siehe Seite 263.
[3] DRP. 743945, I.G. Farbenindustrie A.G.
[4] Ital.P. 383474, I.G. Farbenindustrie A.G.
[5] DRP. 730202, I.G. Farbenindustrie A.G.
[6] Siehe Seite 266.
[7] DRP. 742329, I.G. Farbenindustrie A.G.   [8] Siehe Seite 188.

50 Teile feinpulveriges Polyvinylchlorid und 50 Teile Trikresylphosphat werden in einem Intensivmischer bei gewöhnlicher Temperatur zu einer Paste verrührt. Diese wird durch eine Trichtermühle oder über Anreibwalzen gegeben, die zweckmäßig unterhalb 20° gekühlt sind. Man erhält so eine dünne, lackartige Paste, die sich mit der Farbspritzpistole oder mit dem Streichmesser auf Unterlagen aller Art auftragen läßt und die auf diesen einen glatten Verlauf zeigt. Durch Erwärmen auf mindestens 150° wird die Gelatinierung und Filmbildung erreicht. Man erhält hierbei einen glatten, einwandfreien Überzug.

Diese Dispersionen aus Polyvinylchlorid oder Mischpolymerisaten aus Vinylchlorid und Vinylestern bzw. Acrylsäureestern und Weichmacher können auf die Unterlagen aufgetragen[1] oder die zu lackierenden oder zu überziehenden Flächen usw. in die Dispersionen eingetaucht[2] werden. Die Dispersionen werden dann durch Erhitzen auf 150 bis 160° gelatiniert.

B. Anwendung von Lacken.

Die aus Polyvinylchlorid oder Vinylchlorid-Mischpolymerisat nach einem der vorbeschriebenen Verfahren hergestellten Lacke können je nach ihrem Gehalt an Feststoffen nach dem *Streich-* und *Spritzverfahren,* aber auch nach dem *Tauchverfahren* verarbeitet werden.

Beim Arbeiten nach dem Streichverfahren arbeitet man mit weichem Pinsel und verteilt rasch, da der Lack bereits nach einigen Minuten anzieht.

Polyvinylchlorid-Lacke haben sich infolge ihrer großen Chemikalienbeständigkeit besonders zum Oberflächenschutz der verschiedensten Werkstoffe bewährt.

Lacke dieser Art finden Verwendung zum Lackieren von Papier, Pappe, Karton, Kautschuk, Vulkanfiber, Schilder, ferner zum Oberflächenschutz von Holz, Mauerwerk, Beton usw.

Als Überzugsmittel für Holzflächen eignen sich z. B. Lösungen von nachchloriertem Polyvinylchlorid[3] der auf S. 473 erwähnten Art.

Infolge ihrer wasserabweichenden Eigenschaften können Lacke auf der Basis von Polymerisaten oder Mischpolymerisaten des Vinylchlorids als Rostschutzanstrich für Behälter, Rohrleitungen, Brückenkonstruktionen usw. dienen.

1. Lackierung von Kautschukoberflächen.

Lösungen von Mischpolymerisaten aus Vinylchlorid und Vinylacetat geben Lacke, die nach A. K. DOOLITTLE[4] auf Kautschukoberflächen gut haften.

Mit Lösungen dieser Mischpolymerisate, die mit einem Oxyd oder einem Salz eines Metalls versetzt sind, überzieht man Formkörper aus Hartgummi und härtet durch Erhitzen auf 135 bis 180°, ohne daß dabei eine Zersetzung des Mischpolymerisats stattfindet.

---

[1] F.P. 841724, E.P. 500298, I.G. Farbenindustrie A.G.
[2] F.P. 50216, Zusatz zu F.P. 841724, I.G. Farbenindustrie A.G.
[3] F.P. 854912, Herbig-Haarhaus A.G.
[4] A.P. 2161024, Carbide and Carbon Chemicals Corp.

Um ein besseres Haften des Polyvinylchlorid-Überzuges auf der Kautschukoberfläche sicherzustellen, halogeniert H. L. Trumbull[1] die Oberfläche des Kautschuks, z. B. mit Chlorgas oder Chlorwasserstoff, in Gegenwart von Benzol, so daß eine dünne Schicht Halogenkautschuk entsteht. Auf diese Chlorkautschukschicht wird dann ein plastifiziertes Polyvinylchlorid aufgetragen.

Einen dauerhaften Überzug auf Kautschukoberflächen kann man nach W. M. Münzinger[2] auch erhalten, wenn man auf diese Flächen eine Lösung oder eine wäßrige Dispersion von Polyvinylchlorid und nach dem Trocknen dieses Überzuges eine weitere Deckschicht aufträgt.

Gut haftende Überzüge aus Polyvinylchlorid oder Vinylchlorid-Mischpolymerisaten auf Kautschukoberflächen können nach G. H. Taft[3] in folgender Weise erhalten werden: Man sättigt das Kautschukvulkanisat mit einem die Kautschukmischung nicht quellenden oder lösenden Plastiziermittel für Polyvinylchlorid, z. B. Methyl-, Äthylphthalyläthylglykolat, Amylphthalylamylglykolat usw., halogeniert und bringt die Polyvinylchloridschicht auf.

Man vulkanisiert eine Mischung aus 100 Gewichtsteilen Kautschuk, 50 Gewichtsteilen Ruß, 3,5 Gewichtsteilen Zinkoxyd, 3 Gewichtsteilen Stearinsäure, 3 Gewichtsteilen Schwefel, 1,5 Gewichtsteilen Pine tar und 1 Gewichtsteil Mercapto-2-benzothiazol 45 Minuten bei 138°, taucht das Vulkanisat 48 Stunden in Butylphthalylbutylglykolat, trocknet, behandelt die Kautschukoberfläche mit Chlorwasser und streicht folgende Lösung aus 5,24 Gewichtsteilen Polyvinylchlorid, 5,8 Gewichtsteilen Titanoxyd, 5,46 Gewichtsteilen Bleititanat, 3,5 Gewichtsteilen Butylphthalylbutylglykolat, 80 Gewichtsteilen Methyläthylketon auf und wiederholt nach 24 stündigem Trocknen den Aufstrich.
Ein so bereiteter Polyvinylchlorid-Überzug bricht nicht und wird nicht faltig.

2. Überzüge auf Vulkanfiber.

Um der Vulkanfiber die zur Herstellung von Formgegenständen usw. erforderliche mechanische Beständigkeit sowie Wasser- und Säurefestigkeit zu erteilen, haben E. Becker und K. Nising[4] an Stelle der bisher wenig befriedigenden Überzüge aus Phenolharzen bzw. anderen Kondensationsprodukten oder Cellulosederivaten solche aus Polyvinylchlorid oder Vinylchlorid-Mischpolymerisaten vorgeschlagen.

Einen sowohl hinsichtlich Abnutzung, mechanische und chemische Beanspruchung zufriedenstellenden festhaftenden Überzug von Polymerisaten oder Mischpolymerisaten des Vinylchlorids erhält man dadurch, daß man auf die Oberfläche der Vulkanfiber zunächst eine Gewebebahn aufleimt und in diese eine Folie aus den Polymerisat-Kunststoffen einpreßt. Zur Verbesserung der Biegefestigkeit verwendet man zweckmäßig weichmacherhaltige Folien.

An Stelle der Folien kann man die Polyvinylchlorid-Kunststoffe in Form ihrer Lösungen auf die Gewebebahn auftragen. Nach dem Verdunsten des Lösungsmittels bei Temperaturen, die zweckmäßig im

---

[1] A.P. 2234611, B. F. Goodrich Co.
[2] DRP. 672291, F.P. 770410, E.P. 422670, W. M. Münzinger.
[3] A.P. 2451182, B. F. Goodrich Co.
[4] DRP. 708793, Dynamit A.G. vorm. A. Nobel & Co.

Bereich des Erweichungspunktes der Polymerisate liegen, werden diese auf die Vulkanfiberunterlage zusammen mit der Gewebeschicht aufgepreßt oder aufgewalzt.

Man erhält in beiden Fällen eine außerordentlich feste Haftung der Polyvinylchlorid-Schicht auf der Vulkanfiber-Oberfläche.

Als Überzugsmasse für Vulkanfiber kann man auch Polyvinylchlorid gemeinsam mit Thioplasten, und zwar in Form einer Suspension, verwenden[1].

3. Flugzeuglacke.

Zum Schutz gegen Korrosion und zum Spannen von aus Geweben bestehenden Flugzeugtragflächen hat man Lacke aus Polyvinylchlorid vorgeschlagen.

Die unter Verwendung von Lösungsmitteln und gegebenenfalls Weichmachungsmitteln aus Polyvinylchlorid hergestellten Lacke ergeben Überzüge, die selbst bei dauernder Bewitterung ihre hohe Elastizität behalten, unempfindlich gegen Wasser und nicht brennbar sind, aber eine ungenügende Spannung im Vergleich zu Nitro- oder Acetylcelluloselacken besitzen.

Diese spannende Wirkung kann aber mit solchen Lacken auf Basis von nachchloriertem Polyvinylchlorid oder seinen Gemischen mit Polyvinylacetat erreicht werden, die neben Lösungsmitteln, wie chlorierten Kohlenwasserstoffen oder Estern, noch ausreichende Mengen an Nichtlösern enthalten[2]. Das Verhältnis von Lösungsmittel und Nichtlöser wird dabei so abgestimmt, daß während des Verdunstens der flüchtigen Bestandteile des Lackes ein Teil des Polyvinylchlorids gefällt, aus dem anderen Teil jedoch ein Film gebildet wird. Diese Wirkung tritt ein, wenn der Lack je nach der Art des Lösungsmittels einen oder mehrere Nichtlöser in einer Menge enthält, die etwa 40 bis 90 Prozent des Lösungsmittelanteiles im Lack beträgt.

Zum Spannen von Flugzeugflächen eignet sich z. B. folgender Lack: 30 Gewichtsteile nachchloriertes Polyvinylchlorid, 85 Gewichtsteile Essigsäureäthylester, 15 Gewichtsteile Butylacetat, 65 Gewichtsteile Leichtbenzin und 4 Gewichtsteile Eisenoxydrot.

Zum Decken der bespannten Flugzeugtragflächen dient ein Lack der gleichen Zusammensetzung von Polyvinylchlorid, Lösungsmittel und Nichtlöser, der noch 4 Gewichtsteile Trikresylphosphat und 15 Gewichtsteile Pigment enthält.

4. Lackieren von Metalloberflächen.

Infolge ihrer Eignung zum Oberflächenschutz von Metallen finden Lacke aus Polyvinylchlorid oder Vinylchlorid-Mischpolymerisaten vielfach Verwendung zum Lackieren von Metallflächen, Blechen usw.

Durch das Auftragen von Polyvinylchlorid auf Metalloberflächen werden diese gegen korrodierende Einflüsse geschützt[3].

---

[1] F.P. 886724, Silesia Verein chem. Fabriken.
[2] DRP. 747420, ohne Firmenangabe; — F.P. 854912, Herbig-Haarhaus A.G.
[3] E.P. 566377, J. Woodhead & Sons Ltd. uud A. G. KYLE.

Zur Lackierung von Metallen haben G. WICK und K. KAINZ[1] das durch Emulsionspolymerisation gewonnene niederpolymere Polyvinylchlorid mit einem Molekulargewicht von 1500 bis 3000 vorgeschlagen.

Polyvinylchloridlacke benützt neuerdings K. EGGERS[2] zur Oberflächenveredlung von geschmiedeten Formstücken an Stelle des früher üblichen Schwarzbrennens. Der zu verwendende Polyvinylchlorid-Lack muß für den vorliegenden Zweck so stark verdünnt werden und so viel Ruß enthalten, daß der Lack nach dem Trocknen einen das Gefüge des Schmiedestückes nicht verdeckenden matten Film ergibt. Dieser Film läßt ohne weiteres ein Abscheuern der erhabenen Teile des Schmiedestückes mit Sandpapier zu.

Es wird z. B. ein Lack folgender Zusammensetzung verwendet:
4 Teile Ruß werden mit 2 Teilen Dibutylphthalat und 2 Teilen Phosphorsäureester benetzt und alsdann mit 10 Teilen modifiziertem, ölfreiem Phthalsäureharz, das in der gleichen Menge Butylacetat oder Amylacetat gelöst ist, verrieben. Das so gewonnene Produkt wird mit 96 Teilen Polyvinylchlorid-Lack, der etwa 10 Prozent Festkörper aufweist, innig gemischt. Hiermit werden die geschmiedeten und danach gereinigten Formlinge im Streich-, Tauch- oder Spritzverfahren überzogen. Nach der Trockenzeit von etwa 12 Stunden erfolgt ein Abschleifen mit Sand- und Schleifpapier.

Um die blanken Stellen gegen Korrosion zu schützen, wird das gesamte Formstück mit einem Nitrolack überzogen.

Polyvinylchlorid, welches einen Zusatz eines unverseifbaren Weichmachers, z. B. *Clophen A 60*, enthält, kann auch zur Herstellung von Überzügen auf Oberflächen von Zink- oder Zinklegierungen benützt werden[3].

Zum Lackieren von grundierten Metallen, besonders Leichtmetallen, können die auf S. 473 beschriebenen Lösungen von nachchloriertem Polyvinylchlorid verwendet werden[4].

Dieser Lacküberzug auf Basis von Polyvinylchlorid oder nachchloriertem Polyvinylchlorid kann nach G. WICK[5] auf die unter Preßdruck zu nahtlosen Formlingen verarbeitbaren Bleche aufgetragen werden. Setzt man den hierzu verwendeten Lacken Aluminiumpulver zu, so erhalten die Bleche bzw. die daraus gefertigten Formkörper das Aussehen von reinem Aluminium. Dabei kommt man mit einer verhältnismäßig dünnen Lackschicht aus, z. B. etwa 20 g Polyvinylchlorid-Lack je Quadratmeter.

Ein zum Überziehen von Schwarzblech geeigneter Lack hat z. B. die nachstehende Zusammensetzung:
8,7 Teile nachchloriertes Polyvinylchlorid, 28,8 Teile Butylacetat, 34,4 Teile Aceton, 6,8 Teile 75prozentige Lösung von Glycerinphthalsäureharz in Toluol, 1,2 Teile Trikresylphosphat, 1,7 Teile Weichmacher nach DRP. 365169, Beispiel 1, 3,4 Teile Cyclohexanon und 15 Teile Aluminiumbronze.

Gut haftende elastische Überzüge auf Metallen ergeben nach K. DESSOMARI und R. HEBERMEHL[6] mit Acetalen von Aryloxyalkylalkoholen

[1] WICK, G., u. K. KAINZ: Kunststoffe **33**, 65 (1943).
[2] DRP. 733592, Dr. Münch & Röhrs G.m.b.H.
[3] KLOPERS, H.: Feinmech. u. Präzis. **50**, 279 (1942).
[4] F.P. 854912, Herbig-Haarhaus AG.
[5] DRP. 730219, I.G. Farbenindustrie A.G.
[6] DRP. 681708, I.G. Farbenindustrie A.G.

weichgestellte Polymerisate des Vinylchlorids, wie Polyvinylchlorid oder nachchloriertes Polyvinylchlorid.

Man trägt z. B. durch Streichen oder Spritzen auf gut entrostete Eisengegenstände, wie Profilstücke, Rohre usw., zwei- bis dreimal einen Überzug auf nachstehender Zusammensetzung:

16 Gewichtsteile nachchloriertes Polyvinylchlorid mit 64 Prozent Chlorgehalt, 2 Gewichtsteile Formaldehydacetal des Phenoxyäthanols, 1 Gewichtsteil Acetaldehydacetal des Phenoxyäthanols, 10 Gewichtsteile Eisenoxydrot, 18 Gewichtsteile Äthylacetat, 17 Gewichtsteile Butylacetat und 34 Gewichtsteile Xylol.

Der aus diesen Bestandteilen zusammengesetzte Lack gibt gut haftende und gegen chemische Einflüsse beständige Schutzschichten.

Besonders widerstandsfähige Schutzschichten werden erhalten, wenn man zunächst auf die Metalloberfläche einen Polyvinylchlorid-Lack, z. B. in Form einer Lösung von Polyvinylchlorid in Methylenchlorid aufbringt und dann erwärmt und eine Polyvinylchloridfolie aufpreßt, die auf der Unterseite mit der gleichen Polyvinylchloridlösung angefeuchtet ist[1].

Vor dem Überziehen mit Polyvinylchlorid werden die Metalle, z. B. Eisen oder Zink, nach M. W. MASON[2] entweder verzinnt oder mit Phosphaten oder mit Bichromaten behandelt.

Infolge ihrer Löslichkeit in den gebräuchlichsten Lösungsmitteln und wegen ihrer größeren Geschmeidigkeit und Festigkeit eignen sich die Mischpolymerisate aus Vinylchlorid und Vinylacetat besonders gut zur Herstellung solcher Lacke, die zur Lackierung von Metallfolien und Konservendosen[3] Verwendung finden[4].

Vor dem Auftragen dieser Lacke können die zu lackierenden Metallflächen der von M. W. MASON[2] vorgeschlagenen Vorbehandlung unterworfen werden.

Die Verwendung von Lacklösungen setzt voraus, daß die Polymerisate oder Mischpolymerisate des Vinylchlorids ein relativ niedriges Molekulargewicht enthalten, da höhermolekulare Polymerisate nur in wenigen Lösungsmitteln löslich sind[5].

Nach R. W. QUARLES und CL. I. SPESSARD[6] können jedoch auch hochmolekulare Polymerisate oder Mischpolymerisate des Vinylchlorids als Überzugsmassen für Metalloberflächen Verwendung finden, wenn man diese in den auf S. 259 genannten Gemischen aus Glykoläthern und aromatischen Kohlenwasserstoffen dispergiert.

Zur Bereitung einer solchen Dispersion werden 35 Gewichtsteile eines Vinylchlorid-Vinylacetat-Mischpolymerisates der Zusammensetzung 96 Prozent Vinylchlorid und 4 Prozent Vinylacetat, das durch Emulsionspolymerisation erhalten wurde und ein Molekulargewicht von 24000 hat, mit 7 Gewichtsteilen Di(2-äthylhexyl)-phthalat, 6 Gewichtsteilen Äthylenglykolmonäthyläther, 52 Gewichtsteilen Xylol 40 Stunden in der Kugelmühle gemischt.

100 Gewichtsteile dieser Dispersion werden mit 23,3 Gewichtsteilen einer Mischung von 15 Gewichtsteilen eines Vinylchlorid-Vinylacetat-Maleinsäure

---

[1] F.P. 834891, I.G. Farbenindustrie A.G.

[2] A.P. 2125387, Pittsburgh Plate Glass Co.   [3] Siehe Seite 504.

[4] GIBELLO, M.: Peintures, Pigments, Vernis **17**, 574, 603 (1942).

[5] Siehe Seite 257.

[6] A.P. 2461613, Carbide and Carbon Chemicals Corp.

(86 : 13 : 1)-Mischpolymerisates (Molgewicht 10000), 22 Gewichtsteilen Äthylenglykolmonomethyläther und 63 Gewichtsteilen Toluol zu einer Überzugsmasse gemischt, die auf eine Aluminiumfolie aufgebracht und 5 Minuten bei 162° gehärtet wird. Man erhält einen zähen, biegsamen, gut am Metall haftenden Film.

Lacke auf Polyvinylchlorid-Basis eignen sich besonders an Stelle der früher benützten *Einbrennlacke*[1].

Den als Rohstoff für Einbrennlacke gleichfalls verwendbaren Mischpolymerisaten aus Vinylchlorid und Vinylacetat setzt C. J. ROLLE[2] chlorierte Diphenyle als Weichmacher zu. Nach dem Auftragen des Lackes auf die Metalloberfläche und nach dem Trocknen wird der Lack eingebrannt, z. B. durch zweistündiges Erhitzen auf 120° oder 20 Minuten langes Erhitzen auf 163°.

Bei der zum Einbrennen der Lacke erforderlichen Temperatur erfolgt jedoch eine teilweise Abspaltung von Chlorwasserstoff unter Verfärbung des Mischpolymerisats. Um diese Abspaltung und Verfärbung zu verhindern, werden den Vinylchlorid-Mischpolymerisaten Stabilisierungsmittel[3] zugesetzt. Der Zusatz dieser Stabilisierungsmittel erscheint gerade bei den als Grundlage für Einbrennlacke verwendeten Mischpolymerisaten aus Vinylchlorid und Vinylacetat notwendig, weil manche der Metalloberflächen, auf welche die Lacke eingebrannt werden sollen, die Abspaltung von Chlorwasserstoff begünstigen.

Die Firma Carbide and Carbon Chemicals Corp.[4] verwendet deshalb zum Überziehen von Metalloberflächen Mischpolymerisate aus Vinylchlorid und Vinylestern niederer aliphatischer Säuren, wie Vinylformiat, Vinylacetat, Vinylpropionat oder Vinylbutyrat, die chemische Stabilisierungsmittel enthalten. Als Stabilisierungsmittel eignen sich nach A. K. DOOLITTLE[5] solche Metalle oder Metallverbindungen, welche unlösliche Halogen-, insbesondere Chlorderivate zu bilden vermögen und bzw. oder schwach reduzierend wirken.

Das Einbrennen der mit diesen Stabilisierungsmitteln versetzten Lacke aus Vinylchlorid-Vinylacetat-Mischpolymerisaten nimmt man bei Temperaturen oberhalb der Anfangszersetzungstemperatur des Mischpolymerisats, d. h. oberhalb etwa 140°, während 15 Minuten bis 2 Stunden vor.

Als Mischpolymerisate kommen die durch gemeinsame Polymerisation von Vinylchlorid und Vinylestern niedermolekularer Fettsäuren erhaltenen Produkte in Betracht. Vorzügliche Überzüge können aus Mischpolymerisaten von Vinylchlorid und Vinylacetat erhalten werden, die aus 60 bis 95 Teilen Vinylchlorid und 40 bis 5 Teilen Vinylacetat bestehen. Mischpolymerisate, die etwa 80 bis 90 Teile Vinylchlorid enthalten, sind besonders geeignet.

Ein durch Mischpolymerisation von 87 Teilen Vinylchlorid und 13 Teilen Vinylacetat erhaltenes Produkt wird durch Extraktion und teilweise Ausfällung von den Monomeren, niederen Polymeren und Katalysatorrückständen gereinigt.

---

[1] F.P. 840315, Schwz.P. 205615, I.G. Farbenindustrie A.G.
[2] A.P. 2115124, Ault & Wiborg Corp.
[3] Siehe Seite 125.
[4] F.P. 784681, Carbide and Carbon Chemicals Corp.
[5] DRP. 700946, A.P. 2141126, 2160061, Carbide and Carbon Chemicals Corp.

Die Zusammensetzung der aus diesem Mischpolymerisat bestehenden Einbrennlacke ist z. B. die folgende: 11,5 Prozent Vinylchlorid-Vinylacetat-Mischpolymerisat, 2,2 Prozent Di-(β-butoxyäthyl)-phthalat, 57,3 Prozent eines Lösungsmittelgemisches bestehend aus 40 Volumprozent Methylisobutylketon, 10 Volumprozent Dipropylketon, 40 Volumprozent Toluol und 10 Volumprozent Xylol und 29,0 Prozent Blaublei, enthaltend mindestens 45 Prozent Bleisulfat, 30 Prozent Bleioxyd, 12 Prozent Bleisulfid, 5 Prozent Bleisulfit, 5 Prozent Kohlenstoff und 6 Prozent andere Verbindungen.

Dieses Gemisch ergibt eine Überzugsmasse von Spritzviskosität, in welcher der Stabilisator, nämlich das Blaublei, gleichzeitig als Farbstoff dient.

Stahlblechtafeln werden mit einem Spritzüberzug aus dieser Masse versehen und nach dem Trocknen an der Luft 1 Stunde lang bei einer Temperatur von 180 bis 210° eingebrannt.

Der Zusatz der genannten Stabilisatoren ist nicht erforderlich bei der Herstellung von Überzügen durch Einbrennen der Mischpolymerisate auf Aluminium.

Um den zersetzenden Einfluß des Metalles beim Einbrennen des Lackes auszuschließen, setzt A. K. DOOLITTLE[1] den Mischpolymerisaten aus 60 bis 95 Prozent Vinylchlorid und 40 bis 5 Prozent Vinylacetat 5 bis 15 Prozent eines sauren Phosphats oder Sulfids, z. B. Monocalciumphosphat, hinzu. Beim Auftragen auf Eisen, Zinn, Zink u. dgl. in dünner Schicht, kleiner als 0,25 mm, bildet sich eine Schutzschicht, die beim Einbrennen nicht verfärbt.

Von dem gleichen Forscher[2] sind als Stabilisatoren bei Lacken, die als wesentlichen filmbildenden Bestandteil ein Mischpolymerisat aus Vinylchlorid und einem Vinylester einer aliphatischen Säure enthalten, feinverteiltes *Natrium* oder *Calcium* vorgeschlagen worden.

Neben diesen Metallen bzw. Metallverbindungen werden als Stabilisatoren für Mischpolymerisate aus Vinylchlorid und Vinylacetat, die als Einbrennlacke in Frage kommen, auch *stickstoffhaltige Verbindungen* verwendet. Von letzteren setzt D. M. GRAY[3] den aus Vinylchlorid-Vinylacetat-Mischpolymerisaten bestehenden Einbrennlacken *organische Basen* zu.

Von A. W. JOHNSON und G. H. YOUNG[4] sind für Mischpolymerisate aus Vinylchlorid und Vinylpropionat bzw. für Polyvinylchlorid, die als Lacke für Metalle, wie Eisen, Kupfer, Zinn oder Zink, verwendet werden sollen, *Teerbasen* als Stabilisierungsmittel empfohlen worden. Als solche kommen z. B. *Chinolin-* oder *Pyridinbasen*, die bei normalem Druck oberhalb 200° sieden, in Betracht. An Stelle der Teerbasen kann auch das rohe *Pech* bzw. *Naturasphalt* genommen werden. Die Zusatzmenge beträgt bis zu 2 Prozent, berechnet auf die Mischpolymerisat-Menge.

Nach G. H. YOUNG[5] können zur Wärmestabilisierung der Einbrennlacke auf Polyvinylchlorid- oder Vinylchlorid-Mischpolymerisat-Basis auch cyclische Stickstoffbasen, wie z. B. *Chinin, Isochinin, Hydrochinin, Cinchonin, Cinchoidin* usw., oder heterocyclische Stickstoffbasen, z. B. *α-Pyridyl-o-chlorphenyläthylen, Isopyrophthalon, Stilbazol, Chinzin, Chinchonozin* und andere verwendet werden[6].

---

[1] A.P. 2160061, Carbide and Carbon Chemicals Corp.
[2] A.P. 2258243, Carbide and Carbon Chemicals Corp.
[3] A.P. 2103581, Hazel-Atlas Glass Co.   [4] A.P. 2130924, Stoner-Mudge Inc.
[5] A.P. 2169717, Stoner-Mudge Inc.   [6] A.P. 2208216, Stoner-Mudge Inc.

Zum Stabilisieren von Polyvinylchlorid oder Mischpolymerisaten aus Vinylchlorid und Vinylestern, die für Metallüberzüge Verwendung finden sollen, hat C. L. Shapiro[1] Carbonsäuren vorgeschlagen, die noch eine zusätzliche Carboxyl- oder Hydroxylgruppe enthalten, wie Oxybutter-, Oxal-, Citronen-, Milch-, Wein-, Bernstein-, Salicyl-, Maleinsäure. Diese Säuren werden in Mengen von 0,5 bis 0,1 und weniger zugesetzt. Lacke dieser Art werden auch bei längerem Erhitzen nicht dunkel.

Man mischt z.B. in eine Lösung von 18 g Polyvinylchlorid in 50 ccm Aceton und 15 ccm Toluol 4 g Milchsäure und mahlt bis die Säure gleichmäßig verteilt ist. Man streicht die Masse auf eine verzinnte Eisenplatte, entfernt das Lösungsmittel und heizt 8 Minuten auf 174°. Man erhält einen klaren farblosen Überzug.

Als Einbrennlacke können nach W. W. Castor und F. R. Stoner jr.[2] die Vinylchlorid-Vinylacetat-Mischpolymerisate in Kombination mit Alkydharzen verwendet wurden.

Beispielsweise fügt man zu 70 g einer Lösung von 53 Prozent Xylol, 27 Prozent Methyl-n-amylketon und 20 Prozent Mischpolymerisat aus 87 Prozent Vinylchlorid und 13 Prozent Vinylacetat unter Rühren bei Zimmertemperatur 30 g einer Lösung von 55 Prozent Xylol, 27 Prozent Methyl-n-amylketon und 20 Prozent leinölfettsäuremodifiziertes Alkydharz, verdünnt auf Spritzkonsistenz und spritzt auf Weißblech auf. Nach Einbrennen bei 190° während 10 Minuten erhält man wasser- und wetterfeste Filme.

Die zum Einbrennen von Lacken aus Vinylchlorid und Vinylacetat bestehenden Mischpolymerisaten erforderliche Temperatur läßt sich herabsetzen, wenn man als Lackgrundlage solche Mischpolymerisate aus Vinylchlorid und Vinylestern verwendet, welche die auf S. 475 genannten sauer reagierenden Verbindungen einpolymerisiert enthalten oder mit diesen nachbehandelt wurden[3].

Um die Chlorwasserstoffabspaltung beim Einbrennen der Lacke aus Vinylchlorid-Vinylacetat-Mischpolymerisat auf Metallflächen aus Eisen, verzinntem Eisen, Zink- oder Zinklegierungen möglichst zu vermeiden, kann man auf die Metallflächen zunächst einen Grundierlack, z. B. aus Polyvinylacetalen, wie Polyvinylalkoholbutyraldehydacetal oder partiell acetalisierten Polyvinylestern, auftragen und durch Erhitzen auf Temperaturen über 135° auf die Metallflächen befestigen. Auf diese getrocknete Schicht wird eine zweite aufgetragen, die aus einem Mischpolymerisat von 80 bis 90 Prozent Vinylchlorid und 20 bis 10 Prozent Vinylacetat besteht[4].

Zum Grundieren von Weiß- oder Schwarzblech kann man auch *Alkydharz* benutzen. Das aufgetragene Alkydharz wird zunächst eine Stunde lang bei 160 bis 180° eingebrannt. Auf das so vorbehandelte Blech bringt man eine Lösung von 20 Teilen eines aus 80 Teilen Vinylchlorid und 20 Teilen Methacrylsäurebutylester erhaltenen Mischpolymerisates in 80 Teilen Toluol auf und trocknet bei Zimmertemperatur oder in der Wärme. Die so erhaltenen Bleche lassen sich gut börteln, ohne daß der Lack abspringt. Die Lackierung ist beständig gegen alkoholhaltige Flüssigkeiten und zeigt auch in kochendem Wasser keine Erweichung[5].

[1] A.P. 2439677, Lynnwood Laboratories Inc.   [2] A.P. 2231407, Stoner-
[3] F.P. 885251, Carbide and Carbon Chemicals Corp.   [Mudge Inc.
[4] A.P. 2158111, Carbide and Carbon Chemicals Corp.
[5] DRP. 657952, F.P. 817854, I.G. Farbenindustrie A.G.

C. Mischlacke.

Polymerisate oder Mischpolymerisate des Vinylchlorids sind mit einer Reihe von Lackbildnern anderer Zusammensetzung verträglich und können mit diesen zur Herstellung von Mischlacken verwendet werden[1]. Diese Kombinationen ergeben vielfach Lackfilme, die gegenüber denen der einzelnen Komponenten verbesserte Eigenschaften besitzen.

Polymerisate oder Mischpolymerisate des Vinylchlorids sind mit natürlichem oder synthetischem Kautschuk, mit Phenol-Aldehyd-Kondensationsprodukten, mit Kondensationsprodukten aus cyclischen Ketonen, Alkydharzen und unter bestimmten Voraussetzungen auch mit Cellulosederivaten, wie Nitrocellulose, sowie mit Mineralölprodukten verträglich und können mit diesen zu Mischlacken verarbeitet werden.

Einen aus Polyvinylchlorid einerseits und aus natürlichem oder synthetischem Kautschuk andererseits bestehenden Lackrohstoff stellt H. PLAUSON[2] in folgender Weise her:

Natur- oder Kunstkautschuk wird in geeigneten hochsiedenden Kohlenwasserstoffen in Gegenwart von Vinylchlorid mittels Schwefel unter Zusatz von Chlorkalk bei mäßigem Überdruck vulkanisiert.

Während dieser Vulkanisation erfolgt gleichzeitig eine Polymerisation des Vinylchlorids.

Eine zur Herstellung von Überzügen geeignete Kombination aus einem Vinylchlorid-Mischpolymerisat und synthetischem Kautschuk wird z. B. erhalten, wenn man eine durch Emulsionspolymerisation von Vinylchlorid mit kleineren Anteilen Acrylsäurealkylestern erhaltene Polymerisatemulsion mit einer durch Polymerisation von Butadien mit Acrylsäurenitril oder Sytrol erhaltenen Emulsion mit gleicher elektrischer Ladung mischt[3]. Auf einen Teil des Butadien-Mischpolymerisats können 0,1 bis 2 Teile des Vinylchlorid-Mischpolymerisats verwendet werden. Nach dem Vermischen der beiden Emulsionen erhält man bei gleicher elektrischer Ladung eine stabile Emulsion.

Ein plastischer und wasserfester Lackfilm ergibt eine Mischung aus Polyvinylchlorid in gelöster Form mit Lösungen von Phenol-Aldehyd-Kondensationsprodukten. Zur Bereitung dieser Mischlacke kann man auch die beiden Komponenten durch Schmelzen oder Kneten vereinigen[4].

Man löst z. B. 60 Gewichtsteile Polyvinylchlorid in 160 Gewichtsteilen Aceton und 240 Gewichtsteilen Benzol, ferner 150 Gewichtsteile des Anisol-Formaldehyd-Harzes in 350 Gewichtsteilen Benzol, mischt und erhält einen Firnis, der nach dem Verdunsten des Lösungsmittels einen plastischen und wasserfesten Film ergibt.

Während das vorbeschriebene Gemisch von Polyvinylchlorid und Phenol-Aldehyd-Harzen spröde und wenig lichtbeständige Lacke liefert,

---

[1] KAINER, F.: Kurzes Handbuch der Polymerisationstechnik, Bd. 3, Anwendung techn. Polymerisationsstoffe, S. 329. Leipzig 1944.

[2] DRP. 566170, F.P. 717087, A.P. 1900663, Radiochem. Forschungsinstitut G.m.b.H.

[3] F.P. 950206, The B.F. Goodrich Co.

[4] F.P. 680877, I.G. Farbenindustrie A.G.

zeigen die von L. KOLLEK[1] vorgeschlagenen Kombinationen von Polyvinylchlorid und Kondensationsprodukten aus Arylsulfamiden und
Aldehyde diese Nachteile nicht.

Vinylchlorid-Mischpolymerisate sind ebenfalls mit Harnstoff-Form-
aldehyd- bzw. Melamin-Formaldehyd-Harzen verträglich.

Nach G. M. POWELL[2] stellt man einen geeigneten Mischlack unter
Verwendung eines sauer reagierenden Mischpolymerisates von Vinylchlorid, eines Vinylesters aus einer niedermolekularen Fettsäure und
einer aliphatischen 1, 2-ungesättigten Carbonsäure, in welchem 3,2 bis
40 Prozent des Esters und 0,5 bis 20 Prozent der Säure, berechnet auf
die Menge des Mischpolymerisates, enthalten sind, her. Außerdem wird
ein Mischpolymerisat von Vinylchlorid und einer aliphatischen 1, 2-un-
gesättigten Carbonsäure verwendet, in welchem 0,5 bis 20 Prozent der
Säure und 5 bis 30 Prozent, berechnet vom Gewicht des sauer reagierenden Vinylharzes, von einem alkohollöslichen Harz aus Harnstoff und
Formaldehyd und Melamin-Formaldehyd enthalten sind. Das Gemisch
wird in einem organischen Lösungsmittel dispergiert.

Ein Lack wird z. B. hergestellt aus 10 Teilen eines Mischpolymerisats. enthaltend 85 Prozent Vinylchlorid, 13,3 Prozent Vinylacetat und 1,7 Prozent Maleinsäure, ferner aus 6 Teilen eines wärmereaktionsfähigen Harnstoff-Formaldehyd-
Harzes in einer 25prozentigen Lösung eines Lösungsmittelgemisches aus 5 Teilen
Äthylenglykolmonoäthyläther, 5 Teilen Butanol und 1,4 Teilen Caprylalkohol,
ferner aus 5 Teilen Äthylenglykolmonomethyläther, 30 Teilen Methylisobutylketon
und 30 Teilen Toluol.

Eine andere Lackkombination wird hergestellt aus 20 Teilen eines Mischpolymerisates mit einem Molekulargewicht von 12000, enthaltend 95 Prozent Vinylchlorid, 3,2 Prozent Vinylacetat und 1,8 Prozent Maleinsäure, ferner aus 6 Teilen
eines wärmereaktionsfähigen Melamin-Formaldehyd-Harzes in Form einer 50pro-
zentigen Lösung in einem Lösungsmittelgemisch aus 30 Prozent Butylalkohol,
20 Prozent Caprylalkohol und 50 Prozent Benzin, ferner aus 1 Teil einer 10pro-
zentigen Lösung von Phosphorsäure in Äthylenglykolmonomethyläther, ferner aus
13 Teilen Äthylenglykolmonomethyläther und 50 Teilen Methylisobutylketon und
Toluol.

Sehr wertvolle Lacke werden nach F. OSCHATZ[3] ferner erhalten,
wenn man nachchlorierte Polyvinylchloride und Kondensationsprodukte
von mehrbasischen Säuren, mehrwertigen Alkoholen und höhermolekularen einbasischen Säuren mit mehr als sechs Kohlenwasserstoff-
atomen oder deren Estern in geeigneten organischen Lösungsmitteln löst.
Die erhaltenen Lacke zeichnen sich durch eine hervorragende Haftfestigkeit auf den verschiedenen Unterlagen sowie durch eine hohe Wetter-
und Lichtechtheit und gute Elastizität aus.

Man löst z. B. 10 Teile nachchloriertes Polyvinylchlorid mit einem Chlorgehalt
von 63,5 Prozent, 5 Teile eines Kondensationsproduktes aus 1 Mol Ricinusöl
2,5 Mol Phthalsäureanhydrid und 2 Mol Glycerin sowie 3 Teile Dibutylphthalat
in einem Gemisch aus Butylacetat und Toluol im Verhältnis 1 : 1 und erhält einen
auf Metallen, Holz usw. gut haftenden Lack von hoher Elastizität und guter
Wetter- und Lichtbeständigkeit. Der Lack läßt sich durch Spritzen, Streichen oder
Tauchen aufbringen und kann mit Pigmenten oder löslichen Farbstoffen gefärbt
werden.

---

[1] DRP. 568767, F.P. 727717, I.G. Farbenindustrie A.G.
[2] A.P. 2411590, Carbide and Carbon Chemicals Corp.
[3] DRP. 607555, F.P. 772852, E.P. 425181, I.G. Farbenindustrie A.G.

Die Härte und Haftfähigkeit von Lackfilmen aus Polymerisaten oder Mischpolymerisaten des Vinylchlorids oder nachchloriertem Polyvinylchlorid können nach W. REPPE, O. HECHT und F. OSCHATZ[1] durch Zusatz von Kondensationsprodukten aus cyclischen Ketonen oder Alkydharzen zu den Vinylchlorid-Polymerisaten erhöht werden.

Kombinationslacke aus Polyvinylchlorid und Alkydharzen werden z. B. bei der Reichsbahn verwendet[2].

Das zur Lackherstellung angewandte Vinylchlorid-Vinylacetat-Mischpolymerisat Vinnoflex MP 400 läßt sich gleichfalls mit Alkydharzen verarbeiten.

Wertvolle Mischlacke werden nach A. K. DOOLITTLE[3] aus einem Mischpolymerisat aus Vinylchlorid und einem Vinylester einer niederen aliphatischen Säure mit einem Vinylchloridgehalt von 60 und mehr Prozent und einem Cellulosederivat, z. B. Nitrocellulose, erhalten. Aus den genannten Komponenten wird der Lack unter Zuhilfenahme von einem Dialkyläther eines Alkylen- oder Polyalkylenglykols, z. B. von Diäthylenglykoldialkyläther, hergestellt.

6,7 Prozent Nitrocellulose, 13,3 Prozent Mischpolymerisat von Vinylchlorid und Vinylacetat mit einem Vinylchloridgehalt von 60 Prozent, 32 Prozent Diäthylenglykolalkyläther, 8 Prozent Glykolmonoalkyläther und 40 Prozent hydrierte Petroleumnaphtha werden zu einem Lack vermischt.

Von den aus Vinylchlorid und Vinylacetat bestehenden Mischpolymerisaten sind die von der Firma Carbide and Carbon Chemicals Corp. hergestellten *Vinylite* bis zu einem Vinylchloridgehalt von 65 Prozent mit Nitrocellulose verträglich.

Polyvinylchlorid, nachchloriertes Polyvinylchlorid oder Mischpolymerisate aus Vinylchlorid und Vinylacetat mit über 65 Prozent Vinylchloridgehalt oder Mischpolymerisate aus Vinylchlorid und anderen polymerisierbaren monomeren Verbindungen der Vinylgruppe können jedoch nicht ohne weiteres mit Nitrocellulose zu Kombinationslacken verarbeitet werden. Obwohl eine Reihe gemeinsamer Lösungsmittel für die genannten Polymerisate oder Mischpolymerisate des Vinylchlorids und Nitrocellulose bekannt sind, lassen sich infolge der stark verschiedenen polaren Natur dieser Filmbildner gemeinsame Lösungen nicht herstellen.

So werden z. B. Lösungen von nachchloriertem Polyvinylchlorid und Nitrocellulose in Butylacetat-Toluol beim Vermischen gegenseitig ausgefällt.

Nach K. THINIUS[4] lassen sich beide Gruppen Filmbildner gemeinsam zu einwandfreien Filmschichten verarbeiten, wenn man Polymerisate auf der Basis von Vinylchlorid, wie Polyvinylchlorid, nachchloriertes Polyvinylchlorid oder Mischpolymerisate auf der Basis von Vinylchlorid und anderen monomeren Vinylverbindungen, in einem trocknenden Öl bei Temperaturen von mindestens 100°, zweckmäßig von 110

---

[1] DRP. 737954, I.G. Farbenindustrie A.G.

[2] PRILLWITZ, H.: Kunststoffe **27**, 295 (1937).

[3] F.P. 825849, A.P. 2161025, Carbide and Carbon Chemicals Corp.; — Ital.P. 352417, Soc. An. Italiana „Duco".

[4] DRP. 717702, Deutsche Celluloid-Fabrik A.G.

bis 150°, mehrere Stunden verkocht. Dieses Verkochen erfolgt zweckmäßig in Gegenwart von Lösungsmitteln für die Vinylchlorid-Polymerisate, wie aromatische Kohlenwasserstoffe. Beim Zumischen der Nitrocelluloselösung, die ein gemeinsames Lösungsmittel bzw. Lösungsmittelgemisch für die beiden Klassen der Filmbildner enthält, zu dem Verkochungsprodukt tritt keine gegenseitige Ausfällung ein; der Kombinationslack bleibt vielmehr klar und trocknet beim Verdunsten zu einem homogenen Film.

12,5 Teile Polyvinylchlorid werden mit 50 Teilen Leinöl und 75 Teilen Xylol bei 136°, dem Siedepunkt des Xylols, 4 Stunden verkocht. Man erhält eine rotgelb gefärbte homogene Flüssigkeit, die mit 100 Teilen 25prozentiger Lösung einer niedrigviskosen Nitrocellulose in Butylacetat und Toluol im Verhältnis 1:1 zu einem homogenen Kombinationslack verarbeitet wird. Die hieraus erzielten Lackschichten zeichnen sich, abgesehen von der verringerten Verbrennungsgeschwindigkeit, durch eine gesteigerte Chemikalienfestigkeit vor den aus reiner Nitrocellulose erhaltenen Lackschichten aus.

Gegenüber den reinen Polyvinylchlorid-Lackschichten haben sie den Vorteil, daß sie schneller ihren endgültigen Trocknungszustand erreichen.

Lacke auf Grundlage von Polyvinylchlorid und Cellulosederivaten, insbesondere Nitrocellulose, die als weitere Komponente mit den angewandten Cellulosederivaten verträgliche Öllacke oder fettsäuremodifizierte Alkydharze enthalten, liefern nach G. SCHULTZE[1] matte Anstriche von guten Eigenschaften.

Die Herstellung der Lacke geschieht zweckmäßig durch getrenntes Auflösen der einzelnen Bestandteile in für diese Stoffe gebräuchlichen Lösungsmitteln und Vermischen der Lösungen miteinander. Die Lacke können Weichmacher, Füllstoffe, Pigmente oder lösliche Farbstoffe enthalten.

Zur Bereitung eines Mischlackes der vorbeschriebenen Art wird z. B. eine Lösung von 4 Teilen Nitrocellulose in 16 Teilen Amylacetat mit einer Lösung von 2 Teilen nachchloriertem Polyvinylchlorid und 6 Teilen eines Öllackes vermischt, der aus 4 Teilen Leinölstandöl, 1 Teil Holzölstandöl und 1 Teil Cyclohexanonharz in 10 Teilen Toluol besteht. Man verdünnt mit 5 bis 10 Teilen Propylacetat, 10 Teilen Äthylenglykolmonoäthylätheracetat und fügt gegebenenfalls 2 Teile Phthalsäuredibutylester zu.

Als Lacke oder Überzüge verwendet E. W. REID[2] Mischpolymerisate aus Vinylchlorid und Vinylacetat, zweckmäßig nach Zusatz von Nitrocellulose oder Celluloseacetat sowie oxydierten Ölen und Weichmachern.

Polyvinylchlorid ist ölverträglich und deshalb vielfach zur Herstellung von Polyvinylchlorid-Öl-Lacken vorgeschlagen worden.

Einen Kombinationslack dieser Art stellt z. B. W. E. LAWSON[3] aus einem acetonlöslichen Polyvinylchlorid und einem trocknenden Öl her.

Diese aus Polyvinylchlorid und Ölen bestehende Lackgrundlage kann man nach W. E. LAWSON und LL. T. SANDBORN[4] dadurch erhalten, daß man die Polymerisation des Vinylchlorids in Gegenwart von Ölen vornimmt.

---

[1] DRP. 734019, Holl.P. 50136, I.G. Farbenindustrie A.G.
[2] A.P. 2052658, E. W. REID.
[3] Canad.P. 315870, Canadian Industries Ltd.
[4] A.P. 1975959, E. I. du Pont de Nemours & Co.

Gut trocknende Lacke können auch hergestellt werden, wenn man polymerisierte und von nicht polymerisierten Anteilen befreite Fettsäuren trocknender Öle mit Vinylchlorid umsetzt[1].

Mit Ölen verträglich ist auch das unter der Handelsbezeichnung *Vinoflex MP 400* bekannte Vinylchlorid-Vinylacetat-Mischpolymerisat.

Polyvinylchlorid kann auch mit bestimmten, aus Mineralölen gewonnenen Lackbildnern zu Mischlacken verarbeitet werden.

Für Lackzwecke geeignete Kombinationen werden aus Lösungen von Polyvinylchlorid oder Vinylchlorid-Mischpolymerisaten einerseits und den aus Raffinationsabfällen der Mineralölindustrie, z. B. aus Säureteeren oder Extraktionsrückständen, gewinnbaren, schwach ungesättigten, hochmolekularen, in konzentrierter Schwefelsäure löslichen, öl- bis weichharzähnlichen Kohlenwasserstoffen andererseits erhalten. Die aus diesen Gemischen hergestellten Lacke zeigen allerdings den Nachteil, daß sie matt auftrocknen und eine lange Trocknungszeit erfordern.

Schnell trocknende Lacke werden jedoch nach E. BERINGER und E. WÖRMAG[2] aus Gemischen dieser Kohlenwasserstoffharze mit bis zu 10 Prozent Polyvinylchlorid erhalten, wenn man diese Gemische bis zur völligen Lösung verkocht. Die erhaltenen Produkte sind völlig benzinlöslich und verträglich mit fetten Ölen, Natur- und Kunstharzen, Cumaronharzen und Chlorkautschuk.

200 Gewichtsteile der in konzentrierter Schwefelsäure löslichen Kohlenwasserstoffe werden mit 15 Gewichtsteilen eines Vinylchlorid-Vinylacetat-Mischpolymerisates (Vinoflex MP 400) bei 200 bis 220° unter starkem Umrühren so lange verkocht, bis Lösung eingetreten ist, worauf sikkativiert und verdünnt wird.

Ein Kombinationslack mit Chlorkautschuk wird erhalten, wenn man 200 Gewichtsteile der Kohlenwasserstoffe mit 50 Gewichtsteilen Vinylchlorid-Vinylacetat Mischpolymerisat (Vinoflex MP 400) bis 260° bis zur klaren Lösung verkocht und die nach dem Verdünnen erhaltene Lösung mit einer 30prozentigen niedrigviskosen Chlorkautschuklösung im Verhältnis 1 : 1 vermischt.

D. Anstrichfarben.

Bei der Herstellung von Anstrichfarben finden Polymerisate oder Mischpolymerisate des Vinylchlorids Anwendung sowohl als Bindemittel als auch als Pigment.

Naß wischbare und gegen äußere Witterungseinflüsse beständige Anstrichmassen werden erhalten, wenn man als Bindemittel Emulsionen von Polyvinylchlorid mit einem erheblich unter 7 liegenden p_H-Wert verwendet[3]. Die dem genannten p_H-Wert entsprechende Wasserstoffionenkonzentration wird durch Zusatz von Säuren zu den Emulsionen erhalten. Diese Emulsionen sind lagerbeständig.

Diese Anstrichemulsionen haften besser auf Holz, Pappe, Linoleum, Textilien, Mauerwerk, Asphalt, Metallen, Glas usw. Sie sind mit Pigmenten verträglich, und zwar mit solchen, die den p_H-Wert nicht erhöhen.

---

[1] F.P. 788584, N. V. Industrieelle Mij. v. h. Noury & van der Lande.
[2] DRP. 749000, ohne Firmenbezeichnung.
[3] F.P. 859022, Dr. A. Wacker Ges. f. elektrochem. Ind. G.m.b.H.

200 Gewichtsteile einer wäßrigen Anstrichemulsion von niedrigviskosem Poly-vinylchlorid werden mit einem Emulgator aus teilweise verseiftem Polyvinylacetat mit 50 Gewichtsteilen 2prozentiger Schwefelsäure versetzt.

Die Firma I.G. Farbenindustrie A.G.[1] verwendet Polymerisate auf der Grundlage des Vinylchlorids gemeinsam mit trocknenden Ölen als Anstrichmittel. Diese Kombination kommt in Form von Lösungen zur Anwendung, und zwar sowohl als Grundierungs- wie auch als Deck-anstrichmittel. Sie können auf Alkyd- oder Vinylharz sowie auf Leinöl-Mennige-Grundierungen aufgetragen bzw. mit Alkyd- oder Vinylharz- oder Leinöllacken überstrichen werden.

Als Lösungsmittel kommen Kohlenwasserstoffe, chlorierte Kohlen-wasserstoffe, Ester, Ketone usw. in Frage.

Den als Anstrichmitteln dienenden Gemischen aus Vinylestern der Tallölsäuren und in organischen Lösungsmitteln löslichen Harnstoff-Formaldehyd-Kondensationsprodukten setzt A. BENISCHEK[2] Polyvinyl-chlorid zu.

Zur Herstellung von Deckfarben und Spachtelmassen können nach W. REPPE, O. HECHT und F. OSCHATZ[3] die auf S. 257 genannten Lösun-gen von Polymerisaten oder Mischpolymerisaten des Vinylchlorids in Tetrahydrofuran verwendet werden.

Die nach dem Verfahren von H. DIMROTH und E. KERN[4] hergestellten gefärbten feinpulverigen Polyvinylchloride oder Vinylchlorid-Misch-polymerisate[5] können, wie ein Pigmentfarbstoff, mit Leim oder anderen Bindemitteln vermischt für Anstrichfarben verwendet werden.

Poröses Polyvinylchlorid[6] eignet sich nach Imprägnierung mit toxi-schen Stoffen als Anstrich- und Belagmasse für Schiffe gegen Bewuchs[7].

Als fäulnishemmende Zusätze eignet sich Kupfer-I-oxyd, das ge-meinsam mit Kolophonium in Methyläthylketon gelöst, dem Mischpoly-merisat aus Vinylchlorid und Vinylacetat zugesetzt wird[8]. Der Gehalt an toxischen Mitteln im Anstrich muß 30 Volumprozent übersteigen. Fäulnishemmende Überzüge dieser Art haben den Vorteil, bei gutem Widerstand gegen Erosion auch in dünner Schicht wirksam zu sein.

E. Leuchtfarben.

Von J. NUSSBAUM[9] sind Mischpolymerisate aus Vinylchlorid und Vinylacetat als Bindemittel für Leuchtfarben vorgeschlagen worden. Beim Erhitzen dieser Mischpolymerisate mit den sulfidischen Leucht-farben findet Vulkanisation statt. Stabilisatoren, Celluloseester, Füll-stoffe, wie Holzmehl, Korkmehl usw., können zugesetzt werden.

---

[1] F.P. 881357, I.G. Farbenindustrie A.G.
[2] DRP. 737437, I.G. Farbenindustrie A.G.
[3] DRP. 737954, I.G. Farbenindustrie A.G.
[4] DRP. 746082, I.G. Farbenindustrie A.G.
[5] Siehe Seite 277.
[6] Siehe Seite 275.
[7] F.P. 886560, Dr. A. Wacker Ges. f. elektrochem. Ind. G.m.b.H.
[8] F.P. 809182, J. NUSSBAUM.
[9] FERRY, J. D., u. B. H. KETCHUM: Ind. Engng. Chem., ind. Edit. **38**, 806 (1946).

XIII. Klebstoff- und Kittindustrie.

A. Klebstoffe.

Von den Polymerisaten oder Mischpolymerisaten des Vinylchlorids besitzt bereits das Polyvinylchlorid technisch verwertbare Klebeeigenschaften[1].

Für Klebezwecke kommt Polyvinylchlorid entweder in Form von Lösungen oder nach H. FIKENTSCHER und E. SCHARF[2] in Form wäßriger Dispersionen zur Anwendung. Nach K. THINIUS[3] dienen als Klebstoffe auch die auf S. 267 angeführten Pasten aus Polyvinylchlorid und Tetrahydrofurfurylchlorid und nach M. BÖGEMANN und J. NELLES[4] weichgestellte Polyvinylchloride.

Mit Rücksicht auf das beschränkte Lösungsvermögen des Polyvinylchlorids[5] eignen sich zur Herstellung von Klebmitteln nur bestimmte Lösungsmittel. Als solche verwenden die Firma I.G. Farbenindustrie A.G.[6] 3-Chlor-(bzw. Brom)-tetrahydrofuran und W. REPPE, O. HECHT und F. OSCHATZ[7] Tetrahydrofuran.

Zur Erzielung hinreichend fester Verklebungen ist die Verwendung weitgehend polymerisierter Vinylchloride erforderlich. Mit steigendem Polymerisationsgrad nimmt jedoch die Löslichkeit des Polyvinylchlorids ab, so daß Klebstoffe auf der Grundlage von hochmolekularem Polyvinylchlorid zwar gute Klebkraft besitzen, jedoch nur in entsprechend geringer Konzentration aus Polyvinylchlorid herstellbar sind.

Demgegenüber sind nach A. MENGER[8] die z. B. nach dem Verfahren[9] von C. SCHÖNBURG[10] herstellbaren halogenierten Polyvinylchloride Klebstoffe von guter Löslichkeit und hoher Klebkraft. Diese Klebstoffe besitzen eine besonders gute Beständigkeit gegen Wasser und Witterungseinflüsse. Ein mit Hilfe dieser Klebstoffe erzeugter Klebfilm zeigt eine bemerkenswerte Widerstandsfähigkeit gegen Körperschweiß und eine sehr gute Geschmeidigkeit, die noch durch Zusatz von Weichmachungsmitteln, ferner Ricinusöl usw. erheblich gesteigert werden kann.

Diese Klebstoffe können für die Verklebung von Leder sowie von Textilien, Pappe, Steingut, Glas usw. und nach Feststellung der Firma Metallgesellschaft A.G.[11] für die Verklebung von natürlichem oder synthetischem Kautschuk mit festen Oberflächen benutzt werden.

---

[1] KAINER, F.: Kurzes Handbuch der Polymerisationstechnik, Bd. 3, S. 368. Leipzig 1944.

[2] DRP. 642574, F.P. 738841, E.P. 426265, I.G. Farbenindustrie A.G.

[3] DRP. 743859, Deutsche Celluloid-Fabrik A.G.

[4] DRP. 707279, I.G. Farbenindustrie A.G.

[5] Siehe Seite 257.

[6] Ital.P. 373911, I.G. Farbenindustrie A.G.

[7] DRP. 737954, I.G. Farbenindustrie A.G.

[8] DRP. 636469, F.P. 774983, Schwz.P. 175361, I.G. Farbenindustrie A.G.

[9] Siehe Seite 120.

[10] DRP. 596911, F.P. 755048, Ital.P. 324432, E.P. 401200, I.G. Farbenindustrie A.G.

[11] Belg.P. 439716, Metallgesellschaft A.G.

Sie eignen sich ferner hervorragend zum Verkleben von Polyvinyl-chlorid-Massen[1]. Für den letzteren Anwendungszweck sind vier verschiedene Klebstofflösungen

Klebelösung PC 10,
Klebelösung PC 20,
Klebelösung PC A 20 und
Klebelösung PC 13 A M.

entwickelt worden.

Während die ersten beiden Lösungen von nachchloriertem Polyvinylchlorid in Methylenchlorid darstellen, enthalten die zwei zuletzt angeführten Klebelösungen außer Methylenchlorid noch andere leicht flüchtige Lösungsmittel.

Zum Kleben von Polyvinylchlorid-(Vinidur-)Teilen miteinander dient die Klebelösung PC 20; zum Verbinden von weichgestelltem Polyvinylchlorid eignet sich die Klebelösung PC 10.

Die Klebelösung PC 20 kann zur Klebung von Polyvinylchlorid (Vinidur) mit Vinylchlorid-Mischpolymerisat (Astralon) verwendet werden.

Mit Hilfe der Klebelösung PC A 20 und PC E 20 können Teile aus Vinylchlorid-Mischpolymerisat (Astralon) untereinander verklebt werden.

Die vorgenannten Klebelösungen dienen auch zum Verkleben von Polyvinylchlorid mit anderen Stoffen.

Ähnlich wirkende Klebelösungen für die verschiedensten Zwecke werden unter der Bezeichnung *Genothermkleber* von der Firma Anorgana hergestellt.

Für Klebezwecke können nach W. REPPE und Mitarbeitern[2] ferner Lösungen von nachchloriertem Polyvinylchlorid in Tetrahydrofuran Verwendung finden.

Wasserdichte, säure- und laugenbeständige Klebelösungen erhält man nach W. BECKER und L. ROSENTHAL[3] auch aus nachchloriertem Polyvinylchlorid und den auf S. 170 angeführten Lösungsmitteln.

Zur Erhöhung der Geschmeidigkeit der Klebefilme kann man dem nachchlorierten Polyvinylchlorid Weichmacher zusetzen. Eine außerordentlich gute Dehnbarkeit besitzen Klebfilme, die aus mit Estern tertiärer Aminocarbonsäuren weichgestelltem Polyvinylchlorid bestehen[4].

Wegen ihrer guten Löslichkeit finden nach C. SCHÖNBURG[5] auch die durch Depolymerisation während oder nach der Halogenierung von Polyvinylchlorid entstehenden Produkte Verwendung als Klebstoffe.

Aus den gleichen Gründen eignen sich ferner verschiedene Vinylchlorid-Mischpolymerisate für Klebmittel. So geben z. B. nach CH. O. YOUNG und ST. D. DOUGLAS[6] die in organischen Lösungsmitteln löslichen Anteile von Mischpolymerisaten aus Vinylchlorid und Vinylacetat wertvolle Klebstoffe.

---

[1] KRANNICH, W.: Kunststoffe im techn. Korrosionsschutz, S. 174. München 1943; B.I.O.S.-Bericht 1001, British Plastics **19**, 176 (1947).

[2] DRP. 737954, I.G. Farbenindustrie A.G.

[3] DRP. 710008, I.G. Farbenindustrie A.G.

[4] DRP. 707279, I.G. Farbenindustrie A.G.

[5] DRP. 596911 I.G. Farbenindustrie A.G.

[6] A.P. 1991685, Carbide and Carbon Chemicals Corp.

Eine zum Verkleben von Vinylchlorid-Mischpolymerisaten (*Astralon*) untereinander geeignete Kleblösung besteht nach W. KRANNICH[1] aus Methylenchlorid unter Zusatz von 0,2 Prozent konzentrierter Ameisensäure und etwa 10 Prozent *Astralon*.

Als Lösungsmittel für Vinylchlorid-Mischpolymerisate, die als Klebstoffe Verwendung finden sollen, kann man auch das von W. REPPE und Mitarbeitern[2] vorgeschlagene Tetrahydrofuran verwenden.

An Stelle von Lösungen können nach H. FIKENTSCHER und E. SCHARF[3] auch Dispersionen von Vinylchlorid-Mischpolymerisaten als Klebemittel dienen.

Brauchbare Klebmittel dieser Art sind z. B. die von CL. J. SPESSARD[4] hergestellten Dispersionen von Mischpolymerisaten aus Vinylchlorid und Vinylacetat[5], die zum Verkleben von Papier, Leder, Metall usw. geeignet sind.

Wasserfeste und guthaftende Verklebungen werden nach H. FIKENTSCHER und R. GÄTH[6] aus reversibel dispergierbaren Polymerisaten oder Mischpolymerisaten des Vinylchlorids erhalten, wenn man die Polyvinylchlorid-Massen nach dem Auftragen der Dispersion durch Trocknen in einen plastischen Zustand überführt.

Zur Herstellung eines Klebemittels werden z. B. 500 Teile Vinylchlorid, 250 Teile Vinylacetat und 250 Teile Vinylbenzoat in 3000 Teilen Wasser, die 90 Teile octodecansulfosaures Natrium, 20 Teile polyacrylsaures Natrium, 10 Teile Kaliumpersulfat und 40 Teile monomeres acrylsaures Natrium gelöst enthalten, emulgiert und bei 45 bis 50° polymerisiert. Die entstandene 25prozentige Polymerisatdispersion wird nach dem Nubilosa-Verfahren bei 50 bis 55° entwässert. Von dem hierbei erhaltenen Trockenpulver stellt man wieder eine wäßrige Dispersion in der Weise her daß man 10 bis 20 Teile einer etwa 30prozentigen Dispersion mit 30 Teilen Dibutylphosphat versetzt und mit dieser Dispersion Holz auf Holz, Papier auf Holz, Baumwolle auf Baumwolle, Baumwolle auf Holz oder Baumwolle auf Papier verklebt. Nach dem Trocknen werden wasserfeste, gut haftende Verklebungen erhalten.

Den als Klebstoffe zu verwendenden Vinylchlorid-Mischpolymerisaten werden zweckmäßigerweise Weichmachungsmittel zugesetzt, z. B. die von M. BÖGEMANN und J. NELLES[7] oder von der Firma Comp. Française pour l'Exploitation des Procédés Thomson-Houston[8] oder andere Weichmachungsmittel.

Polymerisate oder Mischpolymerisate des Vinylchlorids können auch gemeinsam mit anderen klebefähigen Körpern als Klebstoffe verwendet werden.

So geben z. B. nach M. MÜLLER-CUNRADI, W. DANIEL und M. OTTO[9] Gemische aus Polyvinylchlorid und Polyisobutylen, die in Form von

---

[1] KRANNICH, W.: Kunststoffe im techn. Korrosionsschutz S. 174. München 1943.

[2] DRP. 737954, I.G. Farbenindustrie A.G.

[3] DRP. 642574, F.P. 773841. E.P. 426265, I.G. Farbenindustrie A.G.

[4] A.P. 2427513, Carbide and Carbon Chemicals Corp.

[5] Siehe Seite 264.   [6] DRP. 743945, I.G. Farbenindustrie A.G.

[7] DRP. 707279, I.G. Farbenindustrie A.G.

[8] F.P. 877124, Comp. Française pour l'Exploitat. des Procédés Thomson-Houston.

[9] DRP. 601253, I.G. Farbenindustrie A.G.

Lösungen oder Emulsionen zur Anwendung kommen, nicht harte und nicht spröde werdende Klebefilme.

Klebstoffe mit hoher Festigkeit, die gleichzeitig Filme mit einer bedeutend erhöhten Geschmeidigkeit ergeben, werden nach A. MENGER[1] ferner erhalten, wenn man nachhalogenierten Polyvinylchloriden oder den durch Depolymerisation, während oder nach der Halogenierung, entstehenden Produkten Polyvinyläther, besonders Polyvinylmethyläther, zusetzt.

Eine geeignete Klebstoffkombination besteht z. B. aus 20 Gewichtsteilen nachchloriertem Polyvinylchlorid, 8 Gewichtsteilen Polyvinylmethyläther, 68 Gewichtsteilen Äthylacetat und 4 Gewichtsteilen Trikresylphosphat.

Diese Klebstoff-Mischungen kommen für die Verklebung von Werkstoffen aller Art, wie z. B. für die Verklebung von Pappe, Steingut, Glas usw., in Betracht.

Nach E. E. HALLS[2] können für Klebezwecke Vinylchlorid-Mischpolymerisate auch mit Polyvinylacetat kombiniert werden.

In der Wärme klebefähige Mischungen stellt E. L. KALLANDER[3] aus Polyvinylchlorid, einem Härtemittel, wie Schellack oder Kolophonium, und einem Flußmittel, z. B. Cumaronharz, her.

Den aus Polyvinylchlorid oder Vinylchlorid-Mischpolymerisaten bestehenden Klebelösungen können für bestimmte Zwecke Nitrocellulose oder andere Cellulosederivate zugesetzt werden.

Diese Kombination von Polymerisaten oder Mischpolymerisaten und Cellulosederivaten kann man nach dem von J. E. BLUDWORTH[4] beschriebenen Verfahren bereits während der Polymerisation der entsprechenden Monomeren herstellen; meist geht man aber von den fertig vorliegenden Polymerisaten aus, die mit den Cellulose-Derivaten vermischt werden.

Zum Verkleben von Schichten aus Polyvinylchlorid untereinander dient z. B. eine Lösung von Polyvinylchlorid allein oder in Mischung mit Nitrocellulose bzw. einem anderen acetonlöslichen Bindemittel in Tetrahydrofuran und bzw. oder Aceton[5].

Zum Verbinden von Polyvinylchlorid-Plastifikaten mit Metallflächen verwendet die Firma Deutsche Celluloid-Fabrik A.G.[6] als Klebstoff eine gemeinsame Auflösung oder Dispersion von Nitrocellulose und Mischpolymerisaten des Vinylchlorids mit Estern der Vinylgruppe, wie Vinylestern, Acrylsäureestern oder Methacrylsäureestern, in denen die Esterkomponente mehr als 40 Prozent im Mischpolymerisat beträgt.

Gute Klebstoffe gewinnt man ferner durch Vereinigen von Polyvinylchlorid mit Kondensationsprodukten aus Acetylen und Phenolen, zweckmäßig Alkylphenolen, wie p-Kresol, Xylenol, Isopropyl-, Butyl-,

---

[1] DRP. 698655, F.P. 849442, Dän.P. 56889, Norweg.P. 61510, Schwed.P. 97697, I.G. Farbenindustrie A.G.

[2] HALLS, E. E.: Plastics 7, 189 (1943).

[3] A.P. 2174885, Dennison Mfg. Co.

[4] A.P. 2402942, Celanese Corp. of America.

[5] F.P. 882411, Dr. A. Wacker Ges. f. elektrochem. Ind. G.m.b.H.

[6] Ital.P. 380046, Deutsche Celluloid-Fabrik A.G.

Octyl- oder Cyclopentylphenol[1]. Diesen Gemischen kann man Cellulose-derivate, wie Cellulosenitrat, -acetat, -propionat, Äthyl- oder Benzyl-cellulose zusetzen.

Die Herstellung des Klebemittels erfolgt durch Vermischen der einzelnen Komponenten oder ihrer Lösungen.

Die Klebstoffe eignen sich zum Verkleben von Kautschuk mit Kautschuk, Pappe mit Holz, Leder, Glas oder Eisen. Ferner auch zur Herstellung von Pflastern, Isolierband oder Leimringen.

Zum Verkleben von Metall mit Metall oder Kunststoff bzw. Kautschuk mit Metall geeignete Klebstoffe bestehen aus weichgestelltem Polyvinylchlorid, einem heiß härtbaren Kunstharz, wie Phenol-Form-aldehyd- oder Harnstoff-Formaldehyd-Harz, und einem Vulkanisier-mittel, die in einem Lösungsmittel, z. B. Aceton, gelöst zur Anwendung kommen[2].

B. Klebestreifen und Klebefolien.

Folien oder Bänder aus Polyvinylchlorid-Kunststoffen eignen sich als Träger für Klebeschichten.

Die Firma I.G. Farbenindustrie A.G.[3] stellt z. B. Klebefolien aus Polyvinylchlorid oder nachchloriertem Polyvinylchlorid her, die mit den auf S. 529 genannten Weichmachungsmitteln plastisch gemacht wurden.

Klebende, druckempfindliche Bänder oder Folien aus weichgestelltem Polyvinylchlorid überzieht die Firma B. F. Goodrich Co.[4] auf der einen Seite mit einer Klebeschicht aus Kautschuk, einem Polyisobutylen mit gelöstem Kautschuk, Kolophonium und bzw. oder einem Gummiharz.

Eine geeignete Klebschicht besteht z. B. aus 20 Teilen Kautschuk, 7 Teilen Polyisobutylen und 5 Teilen Harz.

In ähnlicher Weise stellt H. N. HOMEYER jr.[5] ein druckempfind-liches Klebband her.

Auf die eine Seite der Grundschicht aus Papier oder Gewebe kommt die Kleb-schicht z. B. aus 30 Teilen Kautschuk, 30 Teilen Harz, 28 Teilen Zinkoxyd und 8 Teilen Mineralöl.

Auf die andere Seite kommt eine dünne Schicht aus Buna N oder Polychloro-pren, 1 Teil Zinkoxyd und etwas Antioxydans und darüber eine dünne Schicht aus z. B. 100 Gewichtsteilen Vinylchlorid-Vinylacetat-Mischpolymerisat, 100 Ge-wichtsteilen Äthylphthalatäthylglykolat, 25 Gewichtsteilen Pigment und 500 Ge-wichtsteilen Äthylacetat. Das so überzogene Band kann gerollt werden, ohne daß die Schichten verkleben.

Polyvinylchlorid kann nicht nur als Klebemasse, sondern auch als Träger der Klebestreifen bzw. als Klebefolie dienen.

Zum Verkleben wulstiger, unebener Flächen benützt W. BIER-BRAUER[6] eine luft- und wasserdichte verziehbare elastische Folie aus Polyvinylchlorid, die mit einer selbstklebenden Latexmischung be-strichen ist.

---

[1] F.P. 878133, I.G. Farbenindustrie A.G.
[2] F.P. 947204, Bendix Aviation Corp.
[3] F.P. 824950, E.P. 478822, I.G. Farbenindustrie A.G.
[4] F.P. 948548, B. F. Goodrich Co.   [5] A.P. 2458166, Kendall Co.
[6] Schwz.P. 206871, W. BIERBRAUER.

Mischpolymerisate auf der Basis von Vinylchlorid können zur Herstellung von Trockenklebestreifen verwendet werden. Diese Trockenklebestreifen dienen vornehmlich zum Ankleben der Filmstreifen auf das Schutzpapier des Rollfilms.

Klebestreifen dieser Art wurden früher ausschließlich beiderseitig mit aus Naturkautschuk bestrichenen Trockenklebstoffschichten versehen, wobei die eine Seite sehr stark klebrig und die andere Seite schwächer klebrig ausgebildet wurde. Um ein Zusammenkleben beider Schichten beim Aufrollen zu verhindern, mußte ein Schutzstreifen verwendet werden.

Nach H. MAJERT und E. SCHNITZLER[1] kann man jedoch ein Zusammenkleben der beiden hinsichtlich Klebkraft verschieden starken Seiten des Klebestreifens dadurch verhindern, daß man einerseits als schwachklebende Schicht ein Mischpolymerisat aus Vinylchlorid und Vinylacetat mit einem bestimmten Gehalt an Weichmachern und für die stark klebende Bandseite bestimmte Mischungen von Polyisobutylen verschiedenen Polymerisationsgrades untereinander oder gemischt mit synthetischen Harzen, wie beispielsweise Cyclohexanon-Polymerisat vom K-Wert 8 und Füllmittel oder auch Mischungen von Butadien-Natrium-Polymerisat vom K-Wert 85 mit synthetischen Harzen oder auch Asphaltbitumen verwendet.

Mit diesen Klebstoffen bestrichene Trockenklebstreifen lassen sich aufrollen, ohne daß diese untereinander zusammenkleben.

Ein solches Trockenklebband besteht aus einer Unterlage aus 100 bis 150 μ dickem, festem, unter Umständen genarbtem Papier, das zunächst auf einer Seite mit einer Mischung, bestehend aus einem Mischpolymerisat aus etwa 30 Prozent Vinylchlorid und 70 Prozent Vinylacetat vom K-Wert 40 bis 45 und einem Weichmacherzusatz von etwa. 45 Prozent eines Gemisches aus Phthalsäurebutylester und Trikresylphosphat versehen wird. Das Auftragen dieser Mischung kann in Form einer wäßrigen Emulsion in einem einfachen Tauchwalzenverfahren erfolgen.

Nach der Trocknung des Klebstoffes auf der einen Bandseite wird das Klebeband auf der anderen Seite nach einem üblichen Streichverfahren mit einer Masse bestrichen, die man wie folgt erhält: 40 Teile Butadien-Natrium-Polymerisat vom K-Wert 85, 10 Teile Cyclohexanon-Methylcyclohexanon-Polymerisat vom K-Wert 8, 12 Teile Zinkoxyd und 1 Teil Kondensat aus Monobutylurethan-Formaldehyd vom Molekulargewicht 2000 bis 3000. Diese Bestandteile werden in so viel Teilen üblicher Lösungsmittel gelöst, wie es nach den erstrebten Verhältnissen erwünscht wird. Nach dem Auftragen und Trocknen kann dieses doppelseitig mit verschieden stark klebenden Mitteln versehene Band ohne besondere Zwischenlage aufgewickelt und in normalen Schneidemaschinen verarbeitet werden, da die Klebeschichten nur so schwach aufeinander haften, daß sie sich beim leichten Zug wieder voneinander lösen.

Ein thermoplastisches Klebband besteht nach DE FOREST LOTT, H. GRINSFELDER und ED. G. HAMWAY[2] aus einer Fasergrundschicht mit einem in der Wärme schmelzbaren Film aus einem Mischpolymerisat aus etwa 87 Prozent Vinylchlorid und etwa 13 Prozent Vinylacetat, das Calciumstearat als Stabilisator und eine Mischung von Dibutoxyäthylphthalat und Butoxyäthylstearat als Weichmacher enthält.

---

[1] DRP. 741252, I.G. Farbenindustrie A.G.
[2] A.P. 2325963, Textileather Corp.

Folien aus weichmacherfreiem Polyvinylchlorid lassen sich zur Verbindung von Formkörpern aus weichmacherhaltigem Polyvinylchlorid und Metallen verwenden[1]. Zur Erzielung eines festen Verbundes wird die Polyvinylchlorid-Folie mit dem Polyvinylchlorid-Körper verschweißt, worauf der letztere leicht gegen eine Lackschicht aus einer lösungsmittelfreien Polyvinylverbindung, die auf die Metalloberfläche aufgebracht und durch Erwärmen plastisch gemacht ist, gedrückt wird.

C. Kitte.

Neben anderen polymeren Körpern haben M. Müller-Cunradi, W. Daniel und M. Otto[2] auch Polyvinylchlorid als Kittmasse vorgeschlagen.

In Form von Emulsionen kann man Polyvinylchlorid gemeinsam mit hydraulischem Zement verwenden[3].

XIV. Verpackungsindustrie.

Die überaus wertvollen Eigenschaften von Polymerisaten oder Mischpolymerisaten des Vinylchlorids, wie chemische Beständigkeit, Geruchund Geschmacklosigkeit, Alterungsbeständigkeit und geringe Wasserdampfdurchlässigkeit haben diesen Kunststoffen einen dauernden Platz als Hilfsstoff in der Verpackungsindustrie gesichert.

Infolge der physiologischen Unbedenklichkeit des Polyvinylchlorids können aus reinem Polyvinylchlorid hergestellte Verpackungsmaterialien nicht nur zur Aufbewahrung und zum Transport von Verkaufsgütern, sondern in gleicher Weise auch für feste und flüssige Nahrungs- und Genußmittel herangezogen werden.

Dies gilt auch für aus weichgestelltem Polyvinylchlorid erhaltene Verpackungsmaterialien, wenn zum Weichstellen des Polyvinylchlorids physiologisch unbedenkliche und die aufzubewahrenden Nahrungs- und Genußmittel geschmacklich nicht beeinflussende Weichmacher benützt werden[4].

Auf keinen Fall darf aber zum Weichstellen von Polyvinylchlorid, das mit Nahrungs- und Genußmitteln in unmittelbare Berührung kommt, technisches, die giftige Ortho-Verbindung enthaltendes Trikresylphosphat verwendet werden[4]. Dieses wird von fetthaltigen Nahrungsmitteln, z. B. Butter, oder lösend wirkenden Genußmitteln oder Flüssigkeiten, wie Wein, Branntwein usw., aus dem Polyvinylchlorid herausgelöst und gelangt mit diesen Stoffen in den Verdauungsapparat, wo dasselbe als Kapillargift wirkt[5]. Aus diesem Grunde ist die Verwendung von trikresylphosphathaltigem Polyvinylchlorid zur Herstellung von Verpackungsmaterial für Lebensmittel verboten[6].

---

[1] Belg.P. 451833, I.G. Farbenindustrie A.G.
[2] DRP. 601253, I.G. Farbenindustrie A.G.
[3] F.P. 842861, I.G. Farbenindustrie A.G.
[4] Berger, H.: Kunststoffe **39**, 65 (1949).
[5] Hild, W.: Kautschuk u. Gummi **1**, 239 (1948).
[6] Verordnung der Landesregierung Sachsen Präs. 3 A I 4101/48 vom 16. 9. 50.

Polymerisate oder Mischpolymerisate des Vinylchlorids oder aus diesen erhaltene weichgestellte Massen dienen nicht nur zur Verbesserung oder Veredlung von Verpackungsmaterialien anderer Herkunft, sondern können an Stelle dieser treten[1].

Die Veredlung von bekannten Verpackungsmaterialien kann entweder durch Anbringung eines *Lacküberzuges* oder durch *Aufkaschieren* von *Folien* aus Polymerisaten oder Mischpolymerisaten des Vinylchlorids auf erstere oder nach dem Vorschlag von J. E. BLUDWORTH[2] erfolgen.

Aus den für die Herstellung von Verpackungsmaterialien erforderlichen faserförmigen Rohstoffen können ferner unter Verwendung von Kunststoffen auf Vinylchlorid-Basis als Bindemittel Verpackungsbehälter u. dgl. mit neuartigen Eigenschaften hergestellt werden.

Verpackungshüllen oder Verpackungsbehälter sowie Behälterverschlüsse können aber auch aus den Polyvinylchlorid-Kunststoffen selbst hergestellt werden.

A. Lackieren von Verpackungsmaterialien.

Mit Hilfe von Lacken aus Polymerisaten oder Mischpolymerisaten des Vinylchlorids können Behälter aus *Papier, Pappe, Karton*, aber auch aus Schwarzblech mit einem Schutzüberzug versehen werden.

Vor dem Auftragen des Lackes auf Vinylchlorid-Mischpolymerisat-Basis überzieht L. E. MAIER[3] das zum Verschließen und Auskleiden von Nahrungsmittelbehältern aller Art dienende Papier mit einem ein- oder beidseitigen Überzug eines Firnisses auf Öl-Harzbasis. Dieser Firnis-Überzug wird dann mit einem Lacküberzug versehen, der durch Auftragen eines Lackes aus einer Lösung von Vinylchlorid-Vinylacetat-Mischpolymerisat in 37,35 Teilen Methyläthylketon, 37,35 Teilen Toluol und 8,83 Teilen Methylisobutylketon besteht.

Als Anstrichmittel für Papier oder andere poröse Stoffe, die zur Herstellung von Behältern und Kannen dienen, verwendet D. M. GRAY[4] eine Lösung eines Mischpolymerisates auf Vinylchlorid-Basis, die man z. B. erhält, wenn man 14 bis 17 Gewichtsteile eines 70 bis 85 Prozent Vinylchlorid enthaltenden Mischpolymerisates und 4 bis 6 Gewichtsteile Trikresylphosphat in 0,35 bis 0,6 Gewichtsteilen Petrolatum und 50 bis 60 Gewichtsteilen Dichloräthylen löst.

Die mit Vinylchlorid-Mischpolymerisat-Lacken veredelten Behälter, Dosen usw. eignen sich zur Aufbewahrung und zum Transport z. B. von wäßrigen Farben.

Durch Auftragen von Mischungen aus Polyvinylchlorid und Polyvinylacetat lassen sich ferner Cellulosehydrat-Folien in einer für Verpackungszwecke besonders geeignete Form überführen[5].

---

[1] KAINER, F.: Kunststoffe **39**, 165 (1949).
[2] A.P. 2402942, Celanese Corp. of America — siehe Seite 499.
[3] A.P. 2412592, Continental Can Co. Inc.
[4] A.P. 2181481, Hazel-Atlas Glass Co.
[5] P.F. 755175, Carbide and Carbon Chemicals Corp.

Eine gleich günstige Verbesserung der Eigenschaften von Folien aus Cellulosederivaten bewirkt Polyvinylchlorid allein. So werden z. B. Wursthüllen, die sich durch eine besondere Festigkeit auszeichnen, nach O. SCHNECKO[1] dadurch erhalten, daß man einen auf trockenem Wege hergestellten Flor aus Kunstfasern, besonders regenerierter Cellulose, mit einem Überzug aus Polyvinylchlorid versieht.

Mit solchen beständigen Überzügen aus Polyvinylchlorid oder Vinylchlorid-Mischpolymerisaten können auch Metall-Folien oder Metall-Bleche versehen werden.

Als Überzugsmasse für Metall-Folien sind sowohl Mischpolymerisate aus Vinylchlorid und Vinylacetat[2] als auch aus Vinylchlorid und Acrylsäureestern[3] geeignet. Von diesen Mischpolymerisaten geben besonders die Vinylacetat enthaltenden Vinylchlorid-Mischpolymerisate infolge ihrer Löslichkeit in den gebräuchlichsten Lösungsmitteln, aber auch wegen ihrer großen Geschmeidigkeit und Festigkeit gute Überzüge auf Metall-Folien bzw. Konservendosen[4].

Eine gute Korrosionsbeständigkeit wird auch mit Überzügen aus Polyvinylchlorid erzielt. Mit diesem Kunststoff überzogene Bleche können durch Verformung in Verpackungsbehälter der verschiedensten Gestalt und Form übergeführt werden[5].

Zur Lackierung von *Konservendosen* läßt sich das in Lösungsmitteln leichter lösliche nachchlorierte Polyvinylchlorid verwenden[6]. Dieser Kunststoff gibt gute, aber etwa temperaturempfindlichere Filme.

Zum Lackieren von *Bierkannen* hat A. K. DOOLITTLE[7] Lösungen von Mischpolymerisaten aus Vinylchlorid und Vinylacetat vorgeschlagen. Zur Innenauskleidung von *Kannen* usw. eignet sich besonders ein Mischpolymerisat aus 87 Prozent Vinylchlorid und 13 Prozent Vinylacetat, das in Ketonen und Estern löslich ist[8]. Die Überzüge werden zweckmäßig bei erhöhter Temperatur, etwa 200°, getrocknet, um die Haftfestigkeit auf dem Metall zu verbessern und Lösungsmittelreste sicher aus dem Film zu entfernen.

Beim Auftrag auf Weißblech, Zink und Eisen müssen die Lacke durch Zusatz von Bleiverbindungen usw. stabilisiert oder durch eine neutrale Grundierung vom Metall getrennt werden. Die Überzüge sind ungiftig, geruch- und geschmacklos sowie beständig gegen Fette, Alkohol und Wasser.

Behälter, die mit einem Lack aus den genannten Mischpolymerisaten überzogen sind, kann man nach C. J. ROLLE[9] auch erhalten, wenn man Bleche mit diesem Mischpolymerisat aus Vinylchlorid und Vinylacetat überzieht und diese dann verformt.

---

[1] Schwed.P. 107 422, Kalle & Co.

[2] DOOLITTLE, A. K.: Drug, Oils, Paints **54**, 382 (1939).

[3] DRP. 669 747, E.P. 464 302, F.P. 46 937, Zusatz zu F.P. 795 872, Deutsche Celluloid-Fabrik A.G.

[4] GIBELO, M.: Peintures, Pigments, Vernis **17**, 574, 603 (1942).

[5] Schwz.P. 205 615, I.G. Farbenindustrie A.G.

[6] THIEL, K.: Nitrocellulose **13**, 6, 31 (1942).

[7] DOOLITTLE, A. K.: Drugs, Oils, Paints **54**, 382 (1934).

[8] DOOLITTLE, A. K.: Ind. Engng. Chem., New Edit. **18**, 303 (1940).

[9] A.P. 2 115 214, Ault & Wiborg Corp.

Einen neutralen und dauerhaften Überzug für *Kannen*, die zum Aufbewahren von Früchten dienen, erzielt man nach O. I. HARTWICK[1] mit einem Lack, der aus einem Harzgemisch von Chlordiphenyl, Vinylchlorid und Vinylacetat sowie Weichmachern und Verdünnungsmitteln besteht.

Zum Auskleiden von Blechbehältern, besonders *Konservendosen*, hat die Firma I.G.Farbenindustrie A.G.[2] u. a. auch Mischpolymerisate aus Vinylchlorid und Acrylsäureestern oder Methacrylsäureestern vorgeschlagen.

Polyvinylchlorid eignet sich nach E. C. CROCKER[3] schließlich als Schutzüberzug für mit Metallbeschlägen versehene Behälter aus Cedernholz. Dieser Polyvinylchlorid-Überzug verhindert hier die Bildung harziger Beschläge auf den Metallteilen.

B. Kaschierte Verpackungshüllen.

Eine Verbesserung der Eigenschaften von Einwickelhüllen aus *Papier, Pappe, Karton, Metallfolien* od. dgl. kann man auch dadurch erzielen, daß man auf diese Materialien Folien aus Polyvinylchlorid-Kunststoffen aufkaschiert. Neben Folien aus Polyvinylchlorid kommen nach C. SCHÖNBURG[4] solche aus nachchloriertem Polyvinylchlorid sowie Folien aus Vinylchlorid-Mischpolymerisaten[5] in Betracht. Von letzteren werden in den Vereinigten Staaten von Nordamerika vielfach die 15 Prozent Vinylacetat im Vinylchlorid-Mischpolymerisat enthaltenden *Vinylite-Folien*[6] verwendet.

Das Auftragen der Polyvinylchlorid-Folien auf die Unterlage kann durch Verkleben oder durch Aufpressen erfolgen.

Das Verkleben der Folien auf *Papier* oder *Karton* erfolgt mit Hilfe eines Klebmittels, z. B. in Form einer wäßrigen Dispersion von *Acronal 500 D*.

Nach einem Verfahren der Firma I.G. Farbenindustrie A.G.[7] kann man ein solches wasserdichtes und abwaschbares Papier auch dadurch erhalten, daß man das Papier mit einer Folie von Polyvinylchlorid, die ein Weichmachungsmittel enthält, in der Wärme, z. B. bei 140 bis 160° auf einem Kalander od. dgl. überzieht.

Die von der Firma B. F. Goodrich Co.[8] in den Vereinigten Staaten von Nordamerika herausgebrachte Einwickelhülle wird in der Weise erhalten, daß man eine *Koroseal-Folie* in einer Stärke von 0,15 bis 0,165 mm bei 200° unter hohem Druck auf Papier aufpreßt.

Einwickelhüllen dieser Art stellen einen homogenen Oberflächenschutz dar, der praktisch gegen alle Verbrauchsgüter beständig ist. Sie eignen sich besonders zum Verpacken von *Tabak, Tabakwaren, Seife, Putzmitteln, Tee, Butter, Obst* usw., aber auch für *Gefrierpackungen*.

---

[1] A.P. 2111395, Pittsburgh Plate Glass Co.
[2] F.P. 817854, I.G. Farbenindustrie A.G.
[3] A.P. 2188707, Lane Co.
[4] DRP. 596911, I.G. Farbenindustrie A.G.
[5] BECK, H.: Kunststoffe **31**, 118 (1941).   [6] Kunststoffe **37**, 173 (1947).
[7] Ital.P. 361213, I.G. Farbenindustrie A.G.   [8] Kunststoffe **28**, 22 (1938).

Eine mit 45 Prozent Pergament tupfenkaschierte Polyvinylchlorid-Folie (*Igelit-Folie*) kann an Stelle von Aluminiumfolien zum Verpacken von Romadur-Käse dienen[1]. Diese Verpackungshülle ermöglicht einen Gasaustausch, ohne daß große Verdunstungsverluste eintreten. Ebenso werden die bei der Aluminiumfolie auftretenden Korrosionen vermieden.

Die mit Polyvinylchlorid-Folien kaschierten *Papiere, Pappen* u. dgl. zeigen eine besonders geringe Wasserdampfdurchlässigkeit, wie die von H. BECK[2] angegebenen und in Tab. 58 wiedergegebenen Zahlenwerte erkennen lassen.

Tabelle 58. *Wasserdampfdurchlässigkeit von Verbund-Verpackungsmaterialien.*

Verbund-Verpackungsmaterial	Dicke in μ	Diffusionsmenge in g/qm/h bei Raumtemperatur
Igelit-Folie auf Pergament	30 + 80	0,24*
Igelit-Folie auf Natronkraftpapier	30 + 80	0,27*
Doppelwachspapier mit Luvitherm-Folie	105	0,06
Doppelwachspapier mit Zellglas UG 40	105	0,15—0,35
Papier in Paraffinöl getaucht	75	5,4
Handelsübliches Wachspapier	—	40—10
Pergaminpapier	—	600

Verwendet man nach einem Vorschlag der Firma Papierfabrik Günzach G.m.b.H.[3] zum Doublieren von Papiersorten aller Art eine Folie aus hochpolymerisiertem Polyvinylchlorid, welches mit farblosen, chemischen, die ultravioletten Strahlen absorbierenden Stoffen imprägniert oder mit solchen Farbstoffen eingefärbt ist, so erhält man ein für schädliche Strahlen undurchlässiges Einwickelpapier für Nahrungsmittel aller Art.

Durch Mehrschichtenaufbau mit abwechselnden Papier- und Igelit-Folien lassen sich Dichtigkeitswerte für Feuchtigkeit erzielen, die nur einen Bruchteil, etwa ein Halb bis ein Viertel, derjenigen Durchlässigkeit betragen, die bei gleichem Aufwand an Kunststoff in nur einer homogenen Schicht erreicht werden.

Ein Feuchtigkeit nicht durchlässiges Verpackungsmaterial aus Verbundschichten besteht nach PH. MÜLLER und O. HERRMANN[4] aus einer glycerinhaltigen, wasserempfindlichen, nicht faserigen Zellstoffschicht, einer wasserfesten Schicht aus einem filmbildenden Cellulosederivat und einem Wachs sowie einer Zwischenschicht aus einem Mischpolymerisat aus Vinylchlorid einerseits und Malon-, Fumar-, Itacon- Citracon-, Phenylmalein-, Benzylmalein-, Dibenzylmalein-, Äthylmaleinsäure oder deren Anhydriden andererseits.

Einen für Verpackungszwecke verwendbaren Belagstoff erhält man auch in der Weise, daß man auf einer Gewebebahn aus *Jute, Leinen*

---

[1] ERBACHER, E., u. W. SCHOPPENMEYER: Dtsch. Molkerei-Ztg. **64**, 4 (1943).
[2] BECK, H.: Kunststoffe **31**, 260 (1941).
[3] F.P. 883757, Papierfabrik Günzach G.m.b.H.
[4] A.P. 2252091, E. I. du Pont de Nemours & Co.
* Folienseite gegen Wasserdampfphase gekehrt.

oder anderen Faserstoffen ein- oder beidseitig eine dünne Folie aus Polyvinylchlorid aufkaschiert[1].

Zur Herstellung einer wasserundurchlässigen, aber luftdurchlässigen Verpackungsfolie wird ein elastischer Träger, z. B. Textilgewebe, Papier, Sperrholz, einerseits mindestens mit einer wasserdampfadsorbierenden Schicht, die in einem flüchtigen Lösungsmittel dispergiert ist, das anschließend verdampft wird, und andererseits mit einer wasserundurchlässigen Schicht überzogen[2].

Als wasserdampfundurchlässige Schicht verwendet man 38 Gewichtsteile Polyvinylchlorid (Molgewicht 16000 bis 24000), 22 Gewichtsteile einer Paste aus 62,5 Prozent eines Pigments und 37,5 Prozent Triäthylenglykoldicaprylat mit wenig Triäthylenglykoldiester anderer Fettsäuren als Weichmacher, 3 Gewichtsteile Butylricinoleat, 6,5 Gewichtsteile Trikresylphosphat, 30,5 Gewichtsteile Kaolin und 5 Gewichtsteile Dibutoxyäthylphthalat. Diese Mischung wird unter Druck auf das Gewebe aufgetragen.

Als wasserdampfadsorbierende Schicht verwendet man 13 Gewichtsteile Polyvinylchlorid, 17 Gewichtsteile einer Paste aus 62,5 Prozent eines Pigments und 37 Gewichtsteile Weichmacher, 1,25 Gewichtsteile einer Mischung aus 74,5 Prozent Methyläthylketon, 15 Prozent Polyvinylchlorid, 1,5 Prozent aktive Kohle, 7,5 Prozent Kieselsäuregel und 1,5 Prozent Weichmacher und 51,75 Prozent Methyläthylketon. Die Folien werden auf den elastischen Träger aufgetragen.

In gleicher Weise wie Papier, Pappe oder Jute lassen sich Polyvinylchlorid-Folien auch auf Metall-Folien oder auf Blech aufkaschieren.

Aus mit Polyvinylchlorid-Folien kaschierten Flächengebilden aus Papier, Pappe, Karton oder Blech lassen sich die verschiedensten Kleinpackungen, z. B. *Arzneidosen*, *Tuben* für aggressive Füllgüter, z. B. *Senf* oder *Zahnpasten*, anfertigen.

Zur Herstellung dieser kaschierten Flächengebilde eignet sich besonders die *Genotherm V-Folie* der Firma Anorgana. Mit dieser Folie kaschiertes Pergament oder kaschierte Aluminiumfolien ergeben eine luft-, geruchs-, fett- und feuchtigkeitsfeste Verpackung.

Zur Auskleidung von Verpackungsbehältern, wie *Konservendosen*, können auch die aus höchstmolekularem Polyvinylchlorid[3] hergestellten Folien[4] verwendet werden[5].

Mit Polyvinylchlorid-Folien ausgekleidete *Schwarzblechdosen* können unbedenklich an Stelle von Aluminium- oder Weißblechdosen in der Konservenindustrie, der kosmetischen und pharmazeutischen Industrie als Verpackungsmaterial dienen.

Folien aus Polyvinylchlorid oder Vinylchlorid-Mischpolymerisaten werden auch zur Auskleidung von größeren Verpackungsbehältern, besonders aus Holz, z. B. *Sperrholzfässern*, verwendet und erteilen diesen Fässern dann die durch die Eigenschaften der Folien bedingte chemische Widerstandsfähigkeit. Auf diese Weise ist es möglich, diese ausgekleideten Sperrholzbehälter auch für solche Güter zu verwenden, für welche Holz allein nicht geeignet ist.

---

[1] F.P. 840905, I.G. Farbenindustrie A.G.
[2] Schwz.P. 261342, H. A. DE PHILLIPS.
[3] Siehe Seite 47.
[4] Siehe Seite 336.
[5] Schwz.P. 223079, Dr. A. Wacker Ges. f. elektrochem. Ind. G.m.b.H.

Mit *Vinidur-Folien* können auch aus anderen Werkstoffen, wie *Papier* oder *Graupappe*, hergestellte Verpackungsbehälter ausgekleidet werden. Mit diesen Folien ausgekleidete Graupappebehälter können z. B. als *Marmeladeeimer* verwendet werden.

Polyvinylchlorid-Folien finden auch Anwendung als Ersatz für *Zinkblecheinsätze* bei Überseekisten. Man erhält letztere in der Weise, daß man die einzelnen Holzwände mit Polyvinylchlorid-Folien kaschiert. Zur Dichtung des Deckels wird eine nachgiebige Kunststoffdichtung verwendet.

C. Verpackungsbehälter aus Faserstoffen.

Mechanisch besonders widerstandsfähige Verpackungsbehälter werden durch Verpressen von Polymerisaten oder Mischpolymerisaten des Vinylchlorids und faserigem Material erhalten.

Zur Herstellung dieser Verpackungsmaterialien verwendet man zur Imprägnierung der Faserstoffe zweckmäßig Emulsionen oder Dispersionen dieser polymeren Verbindungen.

Beispielsweise werden Gewebe aus *Hanf, Jute, Leinen* oder anderen Faserstoffen mit wäßrigen Suspensionen von Polyvinylchlorid getränkt[1]. Aus diesen imprägnierten oder kaschierten Jutegeweben lassen sich z. B. *Säcke* herstellen, die zur Verpackung von *Zellwolle* und *Buna* geeignet sind und mehr als die zwanzigfache Anzahl von Transporten aushalten als reine Jutesäcke[2].

Aus mit Polyvinylchlorid getränktem *Leinen* können ferner staub-, wasser- und fettdichte Nahrungsmittelbehälter gefertigt werden[3].

Nach einem weiteren Verfahren der Firma I.G. Farbenindustrie A.G.[4] werden Aufschwemmungen von Faserstoffen mit wäßrigen Emulsionen oder Dispersionen von Mischpolymerisaten aus Vinylchlorid und Vinylacetat vermischt, und nach erfolgter Koagulation wird die Masse verformt.

Beispielsweise werden 10 kg gekollertes Altpapier mit 200 Liter Wasser auf einen Mahlgrad 30 nach Schopper vermahlen. 6 kg einer 25prozentigen wäßrigen Emulsion eines Mischpolymerisates aus 40 Teilen Vinylchlorid und 60 Teilen Vinylacetat werden mit 300 g Phthalsäurebutylester in 300 Teilen Toluol gemischt und mit 2 Liter Wasser verdünnt, zu dem Altpapier zugegeben und mit 1,5 Liter einer 3prozentigen Aluminiumsulfatlösung auf die Papierfasern gefällt. Der Faserbrei wird bei 85° unter Druck verarbeitet.

Verpackungsbehälter aus faserigem Material lassen sich nach A. Weihe[5] ferner in der Weise herstellen, daß man faseriges Material, wie *Holzschliff, Cellulose, Baumwollinters* usw. oder Gemische dieser, in Wasser aufschwemmt, mit wäßrigen Dispersionen oder Emulsionen von Polyvinylchlorid oder von Mischpolymerisaten aus Vinylchlorid und Vinylacetat, Acrylsäuremethylester oder Butoxyessigsäurevinylester sowie von Gemischen dieser vermischt und die Koagulation dieser Disper-

---

[1] Ital.P. 361213, I.G. Farbenindustrie A.G.
[2] Sirot, A.: Kunststoff-Techn. **11**, 109 (1941).
[3] Textile Manufacturer **69**, 35 (1943).
[4] Ital.P. 366857, I.G. Farbenindustrie A.G.
[5] DRP. 745026, I.G. Farbenindustrie A.G.

sionen so durchführt, daß die einzelne Faser mit einer möglichst gleichmäßigen Schicht des Polymeren überzogen wird. Die Ausfällung der
Polymerisate erfolgt durch Zugabe von Koagulationsmitteln zu der
Pülpe, deren Konzentration an Hochpolymeren zweckmäßig 6 Prozent
nicht übersteigen soll. Die erhaltene Pülpe wird dann mit Wasser zu
einer Konzentration von 0,4 Prozent verdünnt und diese dann verformt.

D. Verpackungsfolien.

Folien aus Polymerisaten oder Mischpolymerisaten des Vinylchlorids
finden in der Verpackungsindustrie nicht nur Verwendung zum Kaschieren von Papier, Pappe, Metallfolien usw., sondern sie können diese Verpackungsmaterialien vielfach ganz ersetzen.

Die als Umhüllung dienenden Folien können unter Umständen auf
dem zu verpackenden Gut direkt hergestellt werden.

Beispielsweise kann eine Verpackungsfolie für feuchte Abdruckmasse
in der Weise erhalten werden, indem man die in Stangenform übergeführte Masse in eine Lösung von Polyvinylchlorid mit Zusatz eines
wasserfesten Materials, wie Kautschuk, Harz, Wachs oder dgl., in einem
flüchtigen Lösungsmittel taucht[1]. Nach dem Trocknen erhält man einen
elastischen, wasserdichten und widerstandsfähigen Schutzüberzug.

In den weitaus meisten Fällen verwendet man jedoch zum Ein-
hüllen von Bedarfsgütern aller Art fertig vorliegende Folien oder Filme
aus Vinylchlorid-Polymerisaten oder -Mischpolymerisaten.

Für Verpackungszwecke eignen sich besonders die unter Ausschluß
von Lösungsmitteln und Weichmachern nach dem Walzverfahren aus
Polyvinylchlorid oder Mischpolymerisaten des Vinylchlorids her-
gestellten Folien[2]. Von diesen Folien haben sich wieder die aus reinem
Polyvinylchlorid hergestellten *Vinidur-Verpackungsfolien* und *Igelit-
Feinwalzfolien* in der Verpackungsindustrie bestens bewährt[3]. Diese
Folien zeichnen sich durch geringe Wasserdampfdurchlässigkeiten aus,
wie die nachstehende Tab. 59 erkennen läßt.

Infolge ihrer hochwertigen chemischen und physikalischen Eigenschaften eignet sich auch die von der Firma Anorgana hergestellte
Genotherm V-Folie für Verpackungszwecke.

Polyvinylchlorid-Folien, die auch bei Temperaturen über 80° verwendbar sind, stellt die N.V. des Bataafsche Petroleum Mij.[4] neuerdings
aus hochmolekularem Polyvinylchlorid, mit K-Werten über 70°, her.

Folien aus Polyvinylchlorid werden neuerdings auch in den Vereinigten Staaten von Nordamerika in der Verpackungsindustrie verwendet[5]; sie dienen sowohl zur Verpackung von *Lebensmitteln* als auch
von anderen *Bedarfsgütern*, vielfach kombiniert mit anderen Materialien.

---

[1] E.P. 500000, Surgident Ltd.
[2] Österr.P. 154404, Schwz.P. 194763, E.P. 469249, A.P. 2154203, Deutsche
Celluloid-Fabrik A.G.
[3] BECK, H.: Kunststoffe **31**, 260 (1941).
[4] F.P. 942259, N. V. de Bataafsche Petroleum Mij.
[5] EVANS, R. C.: Modern Plastics **25**, 87 (1948).

So werden z. B. zum Verpacken von Hüten, Hauben aus Polyvinylchlorid-Folien verwendet, die mit einem Pappenunterteil verbunden sind.

Tabelle 59. *Wasserdampfdurchlässigkeit von Verpackungsfolien.*

Folienart	Dicke der Folie in μ	Diffusions-konstante[1] $k \cdot 10^{-9}$ g/cm/h Torr	Diffusions-menge in g/qm/h bei Raum-temperatur
Vinidur-Verpackungsfolie	400—600	6—8	0,03—0,05
Igelit-Feinwalzfolie	30	6,5—8	0,52
Igelit-Feinwalzfolie	50	—	0,40
Vinifol-Folie	18	6,5—7,5	1,00
Vinifol-Folie	35	—	0,58
Polystyrol-Gießfolie	25	33	3,00
Styroflex-Folie	13	—	6,00
Styroflex-Folie	40	33	1,90
Oppanol B 200	1000	2—3	0,006
Oppanol O	500	2—3	0,012

Neben Polyvinylchlorid-Folien verwendet man als Umhüllungs-material auch vielfach Folien, die aus Mischpolymerisaten auf der Basis von Vinylchlorid hergestellt werden.

In Deutschland hat man zu Verpackungszwecken die aus *Igelit MP*, einem Vinylchlorid-Mischpolymerisat, hergestellten *Astralon-Folien* in einer Spezialqualität verwendet[2]. Diese transparenten oder beliebig ge-färbten Folien dienen in einer Stärke von 0,025 bis 0,05 mm an Stelle von *Zinn-* oder *Aluminium-Folien* als Verpackungsmaterial[3].

In den Vereinigten Staaten von Nordamerika hat die Firma Reynolds Research Co. nach dem Gießverfahren einen Verpackungsfilm aus *Geon-Latex* hergestellt.

An Stelle von *Cellophan-* oder sonstigen *Kunststoff-Folien* haben die aus Vinylchlorid und Vinylacetat bestehenden Mischpolymerisate[4], die aus überwiegenden Mengen Vinylchlorid und Estern von Äthylen-1, 2-dicarbonsäuren[5] sowie die aus Vinylchlorid und Vinylidenchlorid be-stehenden Mischpolymerisaten hergestellten Folien in der Verpackungs-industrie große Verwendung gefunden.

Nach LA VERNE E. CHEYNEY[6] zeichnen sich solche Verpackungs-filme durch eine große Wasserdampfundurchlässigkeit aus, die aus einem

---

[1] Wenn gleich die Diffusionskonstante wertvolle Angaben zur Kennzeichnung eines Folienmaterials vermittelt, so darf bei praktischen Verpackungsfragen der mögliche Schutz des Füllgutes gegen Feuchtigkeit nicht nach der Durchlässigkeit der Folie allein beurteilt werden. Zunächst tritt praktisch wohl nur in Ausnahme-fällen der stationäre Zustand ein; meistens werden vielmehr Temperatur und relativer Feuchtigkeitsgehalt der Luft sich dauernd ändern als Folge täglicher Schwankungen oder sonstiger Einflüsse, die die Durchlässigkeitsvorgänge im stabilen Zustand weitgehend überdecken können, und zwar im Sinne einer scheinbaren Durchlässigkeitserhöhung oder -verminderung, je nach den äußeren Bedingungen.

[2] MIENES, K.: Kunststoffe **30**, 224 (1940)

[3] BECK, H.: Maschinenbau Betrieb **19**, 437 (1940); Kunststoffe **31**, 118, 260 (1941).

[4] F.P. 740962, Carbide and Carbon Chemicals Corp.

[5] DRP. 728664, I.G. Farbenindustrie A.G.   [6] F.P. 916173, Wingfoot Corp.

Gemisch von 10 bis 90 Prozent, vorzugsweise 30 bis 70 Prozent, eines Mischpolymerisates aus Vinylchlorid und Vinylidenchlorid und einem anderen Mischpolymerisat auf Vinylchlorid-Basis bestehen.

Einen geeigneten Film erhält man z. B. aus einer Lösung, die 7 Gewichtsteile eines Mischpolymerisats aus 95 Prozent Vinylchlorid und 5 Prozent Vinylacetat und 7 Gewichtsteilen eines Mischpolymerisats aus 35 Prozent Vinylchlorid und 65 Prozent Vinylidenchlorid, 136 Gewichtsteilen Äthylendichlorid und gegebenenfalls Weichmacher, Alterungsschutzmittel, Farbstoffe usw. enthält.

Auch die aus lösungsmittelhaltigen Dispersionen oder Pasten aus Polymerisaten oder Mischpolymerisaten des Vinylchlorids, z. B. nach dem Verfahren von H. FIKENTSCHER und H. JACQUÉ[1] oder dem der Firma Deutsche Celluloid-Fabrik[2] hergestellten Folien können für die hier in Rede stehenden Zwecke verwendet werden.

Nach G. WICK und J. GRASSL[3] geben ferner die aus weichmacherhaltigen Polyvinylchlorid-Pasten[4] erhaltenen dünnen Folien mit einer Stärke von 0,05 bis 0,08 mm geeignete Verpackungsfolien.

Obwohl die nach einem der vorbeschriebenen Verfahren aus Polymerisaten oder Mischpolymerisaten des Vinylchlorids hergestellten Verpackungsfolien gute mechanische Eigenschaften und Festigkeitswerte besitzen, die den normalen Anforderungen an eine Verpackungsfolie durchaus entsprechen, müssen die Folien für mechanisch besonders stark beanspruchte Verpackungszwecke mitunter noch einer bestimmten Nachbehandlung, z. B. nach den den von H. JACQUÉ[5] bzw. H. FIKENTSCHER und H. JACQUÉ[6] entwickelten Verfahren, unterworfen werden. Durch diese Nachbehandlung und gegebenenfalls anschließende Reckung werden die mechanischen Eigenschaften von Folien aus Polymerisaten oder Mischpolymerisaten des Vinylchlorids bedeutend verbessert.

Solche gereckte Folien aus hochmolekularem Polyvinylchlorid sind die transparenten *Luvitherm-Folien*, die von der Firma Badische Anilin & Soda Fabrik hergestellt werden. Von diesen Luvitherm-Folien ist die Folie *UG* besonders als Verpackungsfolie geeignet, weil sie eine in Längs- und Querrichtung praktisch gleich große Festigkeit besitzt.

Folien auf Vinylchlorid-Polymerisat- oder -Mischpolymerisat-Basis werden an Stelle von *Papier* oder *Folien* aus *Celluloseestern* oder *Metallen* als Abdeck- oder Einschlagfolien für die Kleinverpackung der verschiedensten Verbrauchsgüter, z. B. *Seife, Reinigungsmittel, Genußmittel, Tabak, Tabakwaren*, sowie *Lebensmittel*, z. B. *Suppenwürzen, Kaffee, Gebäck, Früchte* und dgl., verwendet.

Besonders für die Verpackung von *Seife* sind diese Polyvinylchlorid-Folien nach J. H. JORLING[7] geeignet, da die in diesen Folien verpackten

---

[1] DRP. 730202, I.G. Farbenindustrie A.G.

[2] DRP. 660456, F.P. 795872, E.P. 464287, A.P. 2238730, DRP. 737661, Deutsche Celluloid-Fabrik A.G.

[3] WICK, G., u. J. GRASSL: Kunststoffe **32**, 227 (1942).

[4] Siehe Seite 267.　　　[5] DRP. 689539, 715733, I.G. Farbenindustrie A.G.

[6] DRP. 742364, I.G. Farbenindustrie A.G.

[7] A.P. 2163228, McDonald Printing Co.

Seifenstücke sowohl ihren Feuchtigkeitsgehalt als auch ihren Alkali-gehalt beibehalten.

Durch Verwendung von Polyvinylchlorid-Folien, die mit für ultra-violette Strahlen undurchlässigen Farbstoffen gefärbt sind, kann man die in diesen verpackten Lebensmittel, z. B. *Butter*, vor dem Einfluß dieser Strahlen schützen[1].

Zur Erzielung einer größeren Geschmeidigkeit kann man neben weichmacherfreien Folien auch aus weichgestellten Polyvinylchlorid-Massen hergestellte Folien für Verpackungszwecke verwenden. Eine geeignete weichgestellte Polyvinylchlorid-Folie ist z. B. die *Guttegana-V-Folie* der Firma Anorgana.

Neben diesen aus Polyvinylchlorid- oder Vinylchlorid-Mischpoly-merisaten aufgebauten Verpackungsfolien sind in letzter Zeit, beson-ders in den Vereinigten Staaten von Nordamerika, Verpackungsfolien entwickelt worden, die aus einer Kombination dieser Polymerisate oder Mischpolymerisate mit *Perbunan* bestehen[2].

Eine Verpackungsfolie dieser Art stellt z. B. die Firma B. F. Goodrich Co. aus der aus Polyvinylchlorid und Perbunan bestehenden *Geon-Polyblend-Mischung* her.

Die geringe *Wasserdampfdurchlässigkeit* und die geringe *Extrahierbar-keit* verbunden mit dem physiologisch einwandfreien Charakter des *Perbunans* der aus Polyvinylchlorid-Perbunan-Mischungen hergestellten Filme ermöglichen ihren Einsatz besonders für Lebensmittelverpackun-gen[3].

Diesen Mischungen von Polyvinylchlorid oder Mischpolymerisaten aus Vinylchlorid und Vinylacetat und Diolefin-Acrylsäurenitril-Misch-polymerisaten setzt S. M. KINZINGER[4] vor der Verarbeitung auf Ver-packungsfolien 0,2 bis 2 Prozent, vorzugsweise 0,4 Prozent, Wachs zu. Als Wachs kommen hierbei in Betracht Paraffinwachse, Halogen-paraffinwachse, Carnauba-, Candillawachse, Ozokerit, Montan- oder Bienenwachs. Die Mischung aus den genannten Polymeren und Wachs wird in einem Lösungsmittelgemisch, bestehend aus einem größeren An-teil eines relativ schnell verdunstenden Lösungsmittels, z. B. Methyl-äthylketon, und einem langsamer verdunstenden Lösungsmittel, wie Xylol oder Toluol, gelöst und die Lösung auf eine Filmunterlage aus-gegossen. Die erhaltenen Filme zeichnen sich durch eine große Wasser-beständigkeit aus.

Man mischt z. B. 56 Gewichtsteile Vinylchlorid-Vinylidenchlorid-Mischpoly-merisat und 333 Gewichtsteile Methyläthylketon 2 Stunden bei 70°; ferner werden 181 Gewichtsteile eines Latex aus einem Butadien-Acrylsäurenitril-Mischpolymeri-sat mit etwas Alaun koaguliert, das gewaschene Koagulat bis auf 10 Prozent Wassergehalt ausgepreßt und mit 139 Gewichtsteilen Xylol und 195 Gewichtsteilen Methyläthylketon gelöst. Beide Lösungen werden gemischt, 2 Gewichtsteile Tetra-methylthiuramdisulfid und z. B. 0,4 Gewichtsteile Paraffinwachs zugesetzt, filtriert und zu einem Film ausgegossen.

---

[1] Belg.P. 446497, Papierfabrik Günzach G.m.b.H.
[2] Siehe Seite 193.
[3] Modern Plastics **25**, 91 (1948).
[4] A.P. 2445727, Firestone Tire & Rubber Co.

E. Verpackungsbehälter aus Polyvinylchlorid-Folien.

Polyvinylchlorid-Folien können nicht nur als Ersatz von Verpakkungspapier, also zum Einwickeln von Bedarfsgütern, sondern auch zur Herstellung von Verpackungsbehältern verwendet werden.

Aus Polyvinylchlorid-Folien werden z. B. neuerdings sack- oder tütenartige Behälter hergestellt, die in Metall-, Holz- od. dgl. -behälter eingeführt werden. Während die Folie den Schutz des Verpackungsgutes gegen Feuchtigkeit oder aggressive Angriffe übernimmt, dient der Eisen- oder Holzbehälter zur Erhaltung der mechanischen Festigkeit oder Formbeständigkeit.

Beispielsweise werden in den Vereinigten Staaten von Nordamerika Säcke aus Polyvinylchlorid-Folien zum Verpacken von Chemikalien benützt, welche Säcke in Stahltrommeln eingesetzt werden[1].

Die guten mechanischen Eigenschaften von Folien aus Polyvinylchlorid oder Vinylchlorid-Mischpolymerisaten erlauben auch ihre Verwendung als selbständiges geformtes Verpackungsmaterial.

Dies gilt schon für die *Feinfolien* aus Polyvinylchlorid, wie *Igelit-Feinfolie*, oder Vinylchlorid-Mischpolymerisat-Folien, z. B. *Astralon-Folie*. Aus diesen Folien lassen sich die verschiedenartigsten Kleinpackungen herstellen, die jedoch infolge ihres relativ höheren Preises im Vergleich zu Weichblechdosen vorerst nur für wertvollere Verpackungsgüter Verwendung finden.

Neben diesen *Feinfolien* finden auf dem Verpackungsgebiet auch die auf mechanischem Wege durch Auswalzen von Polyvinylchlorid im plastischen Zustand hergestellten *Vinidur-Grobfolien* in einer Stärke von 0,4 bis 1,2 mm Verwendung. Aus diesen *Vinidur-Folien*, aber auch aus *Astralon-Folien*, lassen sich z. B. als Austausch gegen Weißblechdosen gezogene Behälter, z. B. *Dosen*, und zwar grundsätzlich nach den gleichen Methoden wie bei der Weißblech- oder Aluminiumblech-Verarbeitung, nämlich nach dem üblichen *Ziehverfahren*, herstellen[2].

Zur Bereitung der Dosen wird die Folie zweckmäßig in angewärmtem Zustande oder in beheizten Werkzeugen gezogen.

Bei der Verarbeitung von Folien aus Polyvinylchlorid oder Mischpolymerisaten aus Vinylchlorid sind die Präge- oder Ziehtemperaturen mindestsn 30° unterhalb des Erweichungspunktes der Polymerisate zu halten.

Die Verformung einer Folie aus Polyvinylchlorid zu einer Runddose darf somit nur bei einer Temperatur von 45 bis 47° erfolgen.

Für einen Rohzuschnitt aus einem Mischpolymerisat aus Vinylchlorid und Acrylsäuremethylester im Mischungsverhältnis von 80:20, dessen Erweichungspunkt bei 65° liegt, hat die optische Ziehtemperatur das Intervall von 32 bis 35°.

Die gleichen Zieh- oder Prägetemperaturen sind einzuhalten bei Vinylchlorid-Vinylacetat-Folien (Verhältnis der Einzelkomponenten 85 Vinylchlorid aus 15 Vinylacetat), während für ein Mischpolymerisat aus Vinylchlorid und Styrol im Verhältnis von 80:20 eine Verarbeitungstemperatur von 40 bis 45° die besten Resultate hinsichtlich Standfestigkeit und Prägefestigkeit von Verzierungen, z. B. auf Deckeln von Schachteln, ergab.

---

[1] Manufact. Chemist Pharmac. Fine Chem. Trade J. **20**, 54 (1949).
[2] DRP. 726892, F.P. 842880, E.P. 504030, Deutsche Celluloid-Fabrik A.G.

Es hat sich aber später herausgestellt, daß man ohne die erschwerende Erwärmung *Vinidur-Folien* auch bei gewöhnlicher Temperatur ziehen kann, da die Ziehfähigkeit der *Vinidur-Folien* erstaunlich ist. Von ausschlaggebender Bedeutung ist jedoch hierbei die Konstruktion des Ziehwerkzeuges.

Eine erprobte Konstruktion zum Ziehen von Dosenunterteil und Dosendeckel aus *Vinidur-Folien* ist in den Abb. 51 und 52 im Schnitt wiedergegeben.

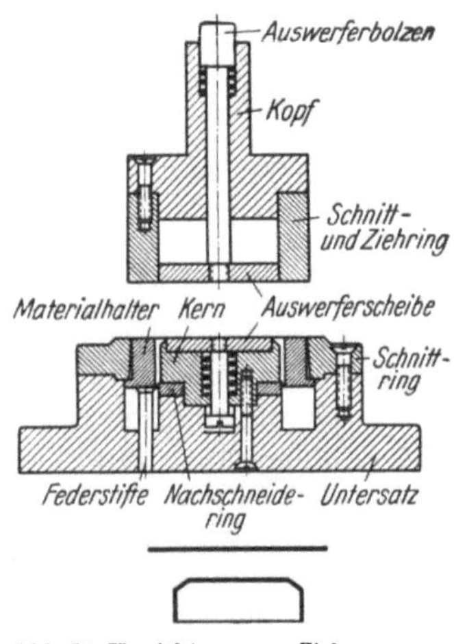

Abb. 51. Vorrichtung zum Ziehen von Dosenunterteilen aus Vinidur-Folien.

Die zur Verarbeitung gelangende Vinidur-Folie wird in Tafel- oder Streifenform oder auch von der Rolle zugeführt.

Der Ausschnitt vollzieht sich als erster Arbeitsvorgang beim Niedergehen des am Werkzeugoberteil befindlichen Ziehringes zwischen äußerer Schnittkante und Schnittring, wobei die Folie durch den Ziehring und Materialhalter, der unter Federdruck steht, festgehalten wird. Sofort anschließend läuft der eigentliche Ziehvorgang ab, indem die innere Ziehkante das Material über einen feststehenden Kern zieht. Eine Nachschneideplatte sorgt für Egalisieren des Randes. Die zur Versteifung vorgesehene Dicke wird sogleich mitgezogen. Der fertige Dosenteil wird vom Oberteil abgehoben und in der oberen Endstellung durch die Auswerferplatte ruckartig ausgeworfen. Der ganze Fertigungsvorgang benötigt einen einzigen Auf- und Niedergang des Werkzeuges.

Von ausschlaggebender Bedeutung ist die Bemessung des Ziehspaltes, der sich aus der Differenz des inneren Ziehringdurchmessers und des Kerndurchmessers ergibt. Für eine Filmdicke von 0,4 mm ($\pm$10 Prozent) hat sich ein Ziehspalt von 0,27 mm Breite bewährt.

Bei Benutzung der üblichen Kurbel- und Exzenterpressen hat sich eine Drehzahl von rund 20 je Minute als zweckmäßig erwiesen.

Infolge der geringeren Festigkeit des Polyvinylchlorids muß man die Wandstärke der Dose etwa zwei- bis dreimal dicker erwählen als Weißblech, dabei bleibt die Kunststoffdose infolge des geringeren spezifischen Gewichtes immer noch leichter als die Weißblechdose.

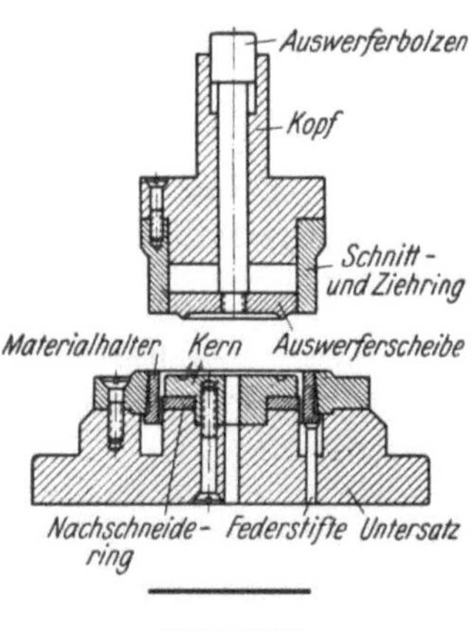

Abb. 52. Vorrichtung zum Ziehen von Dosendeckeln aus Vinidur-Folien.

Die Ausstattung derartig gezogener Dosen erfolgt am besten durch eine Grundlackierung, auf die jede beliebige Schicht aufgedruckt werden kann.

Zum Ziehen von Dosen und dgl. eignen sich auch die aus Mischpolymerisaten mit überwiegenden Mengen Vinylchlorid und Estern von Äthylen-1, 2-dicarbonsäuren der auf S. 110 beschriebenen Art hergestellten Filme.

Aus Polyvinylchlorid-Folien können Behälter auch durch Heften der Folien hergestellt werden[1]. Nach diesem Verfahren hergestellte Behälter finden hauptsächlich Verwendung für die Verpackung von *Chemikalien* und *pharmazeutischen Artikeln*[2].

Vom Standpunkt der Verarbeitung ist es auch möglich, Austauschbehälter für gefalzte Weichblechdosen aus *Vinidur-Folien* herzustellen, doch muß an Stelle des Falzens oder Bördelns das Schweißen treten.

Durch ein solches Verschweißen von verstärkten Polyvinylchlorid-Folien oder -Platten kann man Behälter, z. B. Flaschen zum Versand und zur Lagerung von *Säuren, Laugen* usw., herstellen, die bruchsicher und dabei leichter als Glas sind.

Auch Eimer, Kannen und dgl. Behälter bis zu 40 Liter Inhalt können in allen Formen angefertigt werden.

Eine weitere Möglichkeit zur Herstellung von Verpackungsbehältern aus Polymerisaten oder Mischpolymerisaten des Vinylchlorids ist durch das *Tauchverfahren* gegeben. Man erhält z. B. Verpackungsbehälter für *Flüssigkeiten* oder *halbfeste Nahrungsmittel*, wie *Milch, Marmelade, Konserven* usw., in Form von *Flaschen, Tuben* usw. durch mehrfaches Tauchen eines entsprechenden Formkernes in eine Polyvinylchlorid-Lösung und Verdunstenlassen des Lösungsmittels[3].

Um dem Behälterfilm aus Polyvinylchlorid die erforderliche mechanische Festigkeit zu erteilen, wird der mit dem Polyvinylchlorid-Film versehene Formkern in Lösungen von Acetyl-, Benzyl- oder Nitrocellulose getaucht.

Für die Herstellung der chemisch widerstandsfähigen Innenschicht eignet sich z. B. eine Lösung, die aus 250 g Polyvinylchlorid, 62 g Hydrophthalsäuredibutylester und 1860 g Methylenchlorid bereitet wird.

Für die äußere Schicht kann z. B. eine Lösung von 120 g Nitrocellulose, 16 g Phthalsäuredimethylester und 750 g Aceton verwendet werden.

Aus den erhaltenen Formlingen werden durch Zuschneiden, Anlegen eines Randes oder Aufsetzen eines Spritzkopfes Behälter hergestellt, die völlig geruch- und geschmacklos, fettabstoßend und dabei mechanisch widerstandsfähig sind.

F. Verpackungsbehälter aus Polyvinylchlorid-Geweben.

Feuchtigkeits- und flammfeste Verpackungsbehälter oder Verpackungsmaterialien können auch aus polyvinylchloridhaltigen Fasergeweben erhalten werden.

Besonders geeignet sind Fasern, die aus Polyvinylchlorid, nachchloriertem Polyvinylchlorid oder Vinylchlorid-Mischpolymerisaten der auf S. 386 genannten Art bestehen und mit den von K. L. BERRY und J. W. HILL[4] beschriebenen Verbindungen[5] gehärtet wurden.

---

[1] SIROT, A.: Kunststoff-Techn. **11**, 109 (1941).
[2] BECK, H.: Kunststoffe **31**, 260 (1941). — E. FÖLL: Seifensieder-Ztg. **64**, 770 (1937).
[3] DRP. 721147, K. BRATRING.
[4] A.P. 2405008, E. I. du Pont de Nemours & Co.
[5] Siehe Seite 143.

Von den Vinylchlorid-Mischpolymerisaten eignen sich besonders die aus 60 Prozent Vinylchlorid und 40 Prozent Acrylsäurenitril bestehenden Produkte, aus denen die *Vinyon N-Faser* hergestellt wird[1]. Aus dieser Faser gewebte Verpackungsbehälter zeichnen sich durch die gleiche Chemikalienfestigkeit aus, die für Polyvinylchlorid charakteristisch ist.

G. Behälterverschlüsse.

Polyvinylchlorid läßt sich zu den verschiedensten Behälterverschlüssen verarbeiten.

Von C. E. MAIER[2] kann man z. B. für Verschlüsse von Bierbehältern eine Papierschicht verwenden, die mit einem 15 bis 25 Prozent Weichmacher und 1 bis 20 Prozent Aluminium-Flockenpulver enthaltenen Polyvinylchlorid überzogen ist. Durch das Aluminium wird die Gas- und Feuchtigkeitsdurchlässigkeit herabgemindert und auf das Bier gleichzeitig eine Bleichwirkung ausgeübt.

An Stelle von Cellulosehydrat-Folien werden neuerdings zum Verschließen von Gefäßen *Folien* aus Polyvinylchlorid verwendet. Diese Folien werden vor dem Auftragen mit einer flüchtigen, nicht lösenden organischen Flüssigkeit, z. B. Äthylalkohol, befeuchtet und dann nach dem Aufbringen trocknen gelassen. Man erzielt einen festen, dichten, aber durchsichtigen Verschluß.

Als Verschlußmaterial oder als Einlagen in Senf-, Fisch-, Mayonnaise-, Marmeladegläser usw. eignen sich z. B. *Genotherm V-Folienzuschnitte* der Firma Anorgana.

Eine Zwischenlage für Verschlußbehälter erhält man nach Angaben von D. M. GRAY[3] durch Überziehen von Papier mit einer Hülle, deren Basis ein Mischpolymerisat aus Vinylchlorid und Vinylacetat ist, das mit einem Weichmacher, z. B. Äthylabietat, behandelt wurde.

Im Austausch gegen Cellulosederivate wird Polyvinylchlorid auch zur Herstellung von Flaschenkapseln verwendet[4].

Nach Angaben der Firma Kalle & Co.[5] eignen sich Polymerisate oder Mischpolymerisate des Vinylchlorids, ferner nachchloriertes Polyvinylchlorid oder Mischungen aus Polyvinylchlorid und Polyacrylsäuremethylester zur Herstellung von Schrumpfkapseln. Letztere zeichnen sich dadurch aus, daß sie lediglich durch Erwärmen zum Schrumpfen und damit zum Anlegen an die zu verschließenden Gefäße gebracht werden können.

Nach W. KÜHNE und A. WUNDERER[6] kann man Schrumpfkapseln aus den genannten Polymerisaten mit sehr geringer Wandstärke und großer Schrumpfkraft vorteilhaft dadurch herstellen, daß man von solchen vorgeformten Folien oder Bahnen ausgeht, die bei ihrer Herstellung einem Streckverfahren unterworfen waren.

---

[1] STOWELL, E.: Rayon Text. Monthly **29**, 43 (1948).
[2] Canad.P. 438748, Continental Can Co.
[3] A.P. 1903319, Hazel Glass Co.
[4] F.P. 50908, Zusatz zu F.P. 843823, Soc. de la Viscose Française.
[5] DRP. 655737, Kalle & Co. A.G.
[6] DRP. 722225, Kalle & Co. A.G.

Derartige vorgestreckte oder gereckte Folien befinden sich in einem metastabilen Zustand, der beim Erwärmen aufgehoben wird, und zwar unter starkem Zusammenziehen oder Schrumpfen der Schrumpfkörper. Aus diesen Folien werden Kapselteile ausgeschnitten, die durch Kleben mit einem Klebemittel oder durch Verschweißen der zu vereinigenden Bänder durch Wärmezufuhr auf Schrumpfkapseln verarbeitet werden.

Falls die verwendeten Folien aus Polyvinylchlorid oder Vinylchlorid-Mischpolymerisaten in verschiedener Richtung verschieden stark gereckt sind, klebt man die Kapseln vorteilhaft in der Weise, daß die Richtung der größten Dehnung oder Streckung senkrecht zur Achse der Kapsel liegt. Auf diese Weise wird die Schrumpfkraft am besten ausgenützt.

Diese Schrumpfkapseln zeichnen sich durch eine sehr einfache Anwendungsweise aus. Sie können auf jede zu verschließende Öffnung aufgebracht werden und legen sich beim Erwärmen fest an alle Einzelheiten dieser Öffnung an. Sie können in einfacher Weise ein- oder mehrseitig bedruckt bzw. gemustert werden, da man das Bedrucken an den plastischen Folien vornehmen kann.

Zum Aufbringen taucht F. G. DODD[1] die Polyvinylchlorid-Schrumpfkörper in geeignete Quellmittel, wie Ketone, Ester, Chlorkohlenwasserstoffe oder dgl., und zieht diese dann über die Behälter. Nach dem Verdunsten des Quellmittels zieht sich der Schrumpfkörper zu einem dicht sitzenden Verschluß.

Zum Verschließen von Flaschen u. dgl. eignen sich nach G. WICK und J. GRASSL[2] Stopfen, die aus Polyvinylchlorid-Pasten unter Zusatz von Treibmitteln, wie Ammoniumcarbonat, hergestellt werden. Zur Bereitung solcher Stopfen wird z. B. eine Paste aus 50 Teilen Polyvinylchlorid vom Polymerisationsgrad $K = 60$, 50 Teilen Trikresylphosphat und 20 Teilen Schiefermehl in eine schwach konische Hohlform gegossen und dann kurze Zeit auf über 150° erhitzt. Nach dem Abkühlen erhält man einen als Stopfen verwendbaren Formkörper.

Die mit trikresylphosphathaltigem Polyvinylchlorid hergestellten Stopfen dürfen nicht zum Verschluß von zum menschlichen Genuß bestimmten Flüssigkeiten verwendet werden. Es kommen für diesen Verwendungszweck nur solche weichgestellte Polyvinylchlorid-Massen in Frage, die auch in geschmacklicher Hinsicht physiologisch einwandfreie Weichmacher enthalten[3].

Neben porösen Stopfen können auch gasdichte Stopfen aus Polyvinylchlorid, und zwar nach dem von W. WEHR[4] entwickelten Verfahren, hergestellt werden.

Die weichgummiartige Beschaffenheit ermöglicht den Einsatz von weichgestellten Polyvinylchlorid-Massen zu anderen Behälterverschlüssen. Diese Flaschen- und Dosenverschlüsse können auch aus weichgestelltem höchstpolymerem Polyvinylchlorid[5] hergestellt werden.

---

[1] E.P. 583730, J. A. Crabtree & Co. Ltd.
[2] DRP. 725677, I.G. Farbenindustrie A.G.
[3] Siehe Seite 183.
[4] DRP. 735444, Deutsche Celluloid-Fabrik A.G.
[5] Schwz.P. 223079, Dr. A. Wacker Ges. f. elektrochem. Ind. G.m.b.H.

Aus weichgemachtem Polyvinylchlorid können Dichtungsringe für Konservendosen gefertigt werden[1]. Eine geeignete Masse besteht z. B. aus 75 Teilen eines Mischpolymerisates aus 80 Teilen Vinylchlorid und 20 Teilen Acrylsäureester, 25 Teilen Cymolsulfosäurediäthylamid und 1 Teil Eisenrot.

Mischpolymerisate aus Vinylchlorid und einem Vinylester einer organischen Säure stellen nach L. M. CURRIE[2] eine brauchbare Siegelmasse dar, welche als Behälterverschlußmasse dient.

XV. Bürobedarf.

Polymerisate oder Mischpolymerisate des Vinylchlorids finden Verwendung als Bindemittel bei der Herstellung von Minen und Bleistifthüllen sowie zur Herstellung von Radiermassen und Schreibmaschinen-Farbbändern.

A. Bleistifthüllen.

Als Bindemittel für feuchtigkeitsunempfindliche Farbminen verwendet die Firma I. G. Farbenindustrie A. G.[3] Mischpolymerisate aus Vinylchlorid und Vinylestern, wie Vinylacetat, oder Mischpolymerisate aus Vinylchlorid und Acrylsäureestern, wie Acrylsäurebutylester, bzw. Mischpolymerisate aus Vinylchlorid und Maleinsäureestern, z. B. Maleinsäureäthylester.

Man vermischt z. B. 50 Teile Talkum, 15 Teile Calciumstearat, 15 Teile Eosin' 20 Teile eines Mischpolymerisats aus Vinylchlorid und Vinylacetat, 1 Teil Cyclohexanon und 15 Teile Wasser, erhitzt die Mischung auf 140° und stellt die Minen bei dieser Temperatur auf übliche Weise her.

Zur Herstellung von Holzfassungen für Bleistifte behandelt die Firma I. G. Farbenindustrie A. G.[4] Sägemehl mit wäßrigen Dispersionen von Polyvinylchlorid, die z. B. durch Emulsionspolymerisation von Vinylchlorid erhalten werden, in Gegenwart von Mitteln, die die Poren schließen. Als porenschließende Mittel eignen sich kolloide Kieselsäure und kolloides Aluminiumhydroxyd. Das Polyvinylchlorid wird aus der Dispersion gefällt, z. B. mit Aluminiumsulfat, die Masse anschließend getrocknet und verformt.

An Stelle von Holz hat H. WIENAND[5] zum Umhüllen von Farbstift- oder Graphitminen eine Kunstmasse vorgeschlagen, die aus einer Mischung von einem Teil Polyvinylchlorid, z. B. *Mipolam*, und zwei Teilen Baumrindenmehl besteht. Gegebenenfalls kann man dieser Masse noch anorganische Füllstoffe zusetzen.

---

[1] Norweg.P. 65623, Deutsche Celluloid-Fabrik A.G.
[2] Canad.P. 372448, Canadian National Carbon Co.
[3] F.P. 857913, I.G. Farbenindustrie A.G.
[4] F.P. 884597, I.G. Farbenindustrie A.G.
[5] DRP. Anm. W. 106839, H. WIENAND.

B. Farbbänder.

Als Farbbänder für Schreibmaschinen eignen sich Mischgewebe, die aus durchgehenden Fäden aus PC-Fasern und Querfäden aus Zellwolle oder anderen Kunstfasern bestehen[1].

C. Schreibmaschinenwalzen und -hüllen.

In weichgestellter Form ist Polyvinylchlorid ein wertvoller Werkstoff für Schreibmaschinenwalzen[2].

Eine geeignete Mischung besteht z. B. aus 200 g pulverförmigem Polyvinylchlorid, 20 g Polychloridphenyl, 30 g Butylphthalat, 50 g Trikresylphosphat, 40 g Methylphthalat und gegebenenfalls Füllmitteln, wie 60 g Graphit, 30 g Aluminiumpulver, 13 g Glimmerpulver und 5 g Talkum.

Die festen pulverförmigen Bestandteile werden mit den zuvor gemischten flüssigen Bestandteilen vermengt, dann läßt man die Masse 4 bis 5 Tage reifen, gelatiniert sie in einer mit Walzen versehenen Mischvorrichtung bei 140 bis 160°, fügt die Füllmittel zu und verarbeitet die aus der Mischvorrichtung austretenden Folien in üblicher Weise.

Weichgestellte Folien aus Polyvinylchlorid, z. B. der Marke *Guttagena TH* der Firma Anorgana, eignen sich auch zur Herstellung von Schutzhüllen für Büromaschinen, wie z. B. Schreib- oder Rechenmaschinen.

D. Radiermassen.

Aus Mischungen von Polyvinylchlorid, gelatinierenden, anilinfarbstofflösenden Weichmachern und Füllstoffen im Verhältnis 1 : 1 : 1 stellen F. MEIXNER und W. NÜSSLER[3] durch Erhitzen auf Temperaturen über 150° Radiermassen her.

Nimmt man dieses Erhitzen der beschriebenen Mischung länger als bis zur Gelatinierung des Polyvinylchlorids unter Druck vor, so werden Massen mit besonderen Radiereigenschaften erhalten.

E. Stempelkissen.

Die Firma Dr. A. Wacker Ges. f. elektrochem. Ind. G.m.b.H.[4] stellt ein Stempelkissen aus porösen, insbesondere feinporösen Massen aus vorzugsweise hochmolekularem und weichmacherhaltigem Polyvinylchlorid her.

F. Schilder.

Seit einer Reihe von Jahren haben sich Schilder aus Polyvinylchlorid, z. B. der Marke *Vinidur*, oder aus Vinylchlorid-Mischpolymerisaten, wie *Astralon*, wegen ihrer vorzüglichen Wetter- und Chemikalienfestigkeit, guten Biegefestigkeit und geringen Stoß- und Schlagempfindlichkeit besonders in der chemischen Industrie bestens bewährt.[5]

Schilder aus diesen Kunststoffen können ohne Unterlage verlegt und infolge ihrer Biegsamkeit auch um Rohrleitungen oder gewölbte Apparate u. dgl. gelegt werden.

---

[1] Norweg.P. 67059, N. V. Kunstzijdenweverij Geldermann jr.

[2] F.P. 917405, Soc. Paravinil.

[3] DRP. Anm. K. 146919, Kabel- und Metallwerk A.G.

[4] DRGM. 1496039, Dr. A. Wacker Ges. f. elektrochem. Ind. G.m.b.H.

[5] KRANNICH, W.: Kunststoffe **33**, 69 (1943); Kunststoffe im techn. Korrosionsschutz, S. 346. München 1943.

Die Schilder aus Polyvinylchlorid können nur in der Eigenfarbe, also braun hergestellt werden; sie können jedoch mit Hilfe von Prägefolien, so wie dies bei Pappen der Fall ist, geprägt werden, so daß auf diese Weise jedwede Farbgebung der Beschriftungsseite möglich ist.

Schilder aus dem Vinylchlorid-Mischpolymerisat *Astralon* können hingegen in allen, auch in lebhaften Farben hergestellt werden, wobei bestimmte Effekte durch Verwendung von zwei oder mehreren Schichten verschiedener Färbung noch erzielt werden können.

Bestimmte Farbeffekte können schließlich noch dadurch erreicht werden, daß man die aus Polyvinylchlorid oder Vinylchlorid-Mischpolymerisaten bestehenden Schilder lackiert.

Je nach dem Verwendungszweck werden die Schilder aus dünnen Folien oder aus Platten hergestellt. Die Formgebung kann auch durch Stanzen erfolgen.

Die auf die Schilder anzubringende Beschriftung kann durch Bedrucken, Prägen mit Hilfe von Prägefolien oder auf photochemischem Wege, letzteres unter Verwendung von zwei- oder mehrschichtigem, verschieden gefärbtem *Astralon*, sowie durch Pressen, Gravieren oder Aufdrucken einzelner Buchstaben erfolgen.

Durch das Bedrucken der Schilder, welches bei Massenherstellung am zweckmäßigsten ist, lassen sich beim Vinylchlorid-Mischpolymerisat *Astralon* beliebige farbige Wirkungen erzielen, während bei Polyvinylchlorid nur Druckfarben zur Anwendung kommen, die sich von der Naturfarbe des Schildes gut abheben.

Das Prägen der Schilder aus Polymerisaten oder Mischpolymerisaten des Vinylchlorids erfolgt mit Vorrichtungen, die bei Papp- und Papierschildern üblich sind.

Wesentlich wichtiger ist aber die Verwendung von Prägefolien. Ursprünglich wurden die für Papier üblichen Prägefolien verwendet, die in ihrer Wasserbeständigkeit durch mehrfaches Lackieren mit Polyvinylchlorid- (*Vinnoflex-*) Lacken verbessert wurden. Neuerdings werden jedoch für Schilder aus Polymerisaten oder Mischpolymerisaten des Vinylchlorids Prägefolien aus den gleichen Kunststoffen hergestellt, die Prägedrucke geben, die sich durch hohe Beständigkeit gegen Wasser, Chemikalien und mechanische Beanspruchung auszeichnen[1].

Eine Beschriftung kann auch durch Pressen der Schilder nach dem *Tiefzieh-Verfahren* erfolgen, wobei entweder die Schrift vertieft oder erhaben angeordnet sein kann.

Bei größeren Schildern können die Buchstaben aus Polymerisaten oder Mischpolymerisaten des Vinylchlorids gepreßt oder aus Platten gestanzt oder ausgeschnitten werden, die dann auf eine Unterlagsplatte aus dem gleichen Kunststoff aufgeklebt werden.

Diese Buchstaben können auch als Leuchtbuchstaben angeordnet sein. Für die Herstellung dieser Leuchtbuchstaben, wie sie z. B. für Werbezwecke Verwendung finden, eignen sich die mit α-Aminocarbonsäuren stabilisierten Polymerisate oder Mischpolymerisate des Vinylchlorids[2].

---

[1] Ital.P. 393342, I.G. Farbenindustrie A.G.
[2] DRP. 734524, Deutsche Celluloid-Fabrik A.G.

XVI. Graphisches Gewerbe und Photographie.

Im graphischen Gewerbe können Polymerisate oder Mischpolymerisate des Vinylchlorids zur Herstellung von Farb- und Druckwalzen, Druckformen oder Klischees dienen.

Farbwalzen für Druckmaschinen können nach dem von E. ESCALES[1] entwickelten Verfahren aus weichgestellten Polyvinylchlorid-Massen hergestellt werden[2].

Durch Verwendung von Formen, in deren Achse sich eine Welle z. B. aus Metall befindet, können Walzen hergestellt werden, die um einen festen Kern einen nahtlosen Überzug aus weichgestelltem Polyvinylchlorid enthalten.

Druckwalzen dieser Art werden auch in den Vereinigten Staaten von Nordamerika hergestellt. Als Ausgangsmaterial dient dort z. B. das unter der Handelsbezeichnung *Koroseal* bekannte Polyvinylchlorid.

Eine plastische Masse, die sich zur Herstellung von Druck-, aber auch Schreibmaschinenwalzen eignet, besteht aus 200 g pulverförmigem Polyvinylchlorid, 20 g Polychlordiphenyl, 30 g Butylphthalat, 50 g Trikresylphosphat, 40 g Methylphthalat und gegebenenfalls Füllmitteln, wie Graphit, Aluminiumpulver, Talkum usw.

Die festen pulverförmigen Bestandteile werden mit den zuvor gemischten flüssigen Bestandteilen vermengt; dann läßt man die Masse 4 bid 5 Tage reifen, gelatiniert sie in einer mit Walzen versehenen Mischvorrichtung bei 140 bis 160°, fügt die Füllstoffe zu und verarbeitet die aus der Mischvorrichtung austretenden Folien in bekannter Weise.

Eine Füllstoffmischung, die besonders die Abreibfestigkeit der Walzen verbessert, besteht aus 60 g Graphit, 30 g Aluminiumpulver, 13 g Glimmerpulver und 5 g Talkum.

Das aus Vinylchlorid-Mischpolymerisaten aufgebaute *Astralon* der Firma Celluloid-Verkaufs G.m.b.H. kann sowohl zur unmittelbaren als auch zur mittelbaren Herstellung von Klischees dienen. Der Vorteil dieser Klischees gegenüber den früher verwendeten aus Zink und Kupfer beruht vor allem auf dem geringen spezifischen Gewicht der Klischees und der verhältnismäßig einfachen Herstellungsweise. Die mit *Astralon-Klischees* erhaltenen Druckbilder zeigen eine außerordentlich gute Wiedergabe und weisen keine Unterschiede gegenüber den nach älteren Verfahren hergestellten Druckbildern auf[3].

Als Ausgangsmaterial für Klischees eignet sich auch Polyvinylchlorid. Zum Befestigen von aus mit Diäthylphthalat weichgestelltem Polyvinylchlorid erhaltenen Klischees dienen entweder Knochen- oder Lederleim mit 10 Prozent Glycerin oder eine 10- bis 15prozentige Polyvinylchloridlösung vom Typ Pb-III in Dichloräthan. Es kann auch eine 10- bis 15prozentige Kautschuklösung in Benzin oder ein Klebband verwendet werden.

Zur Herstellung von Druckformen eignen sich auch Mischpolymerisate aus überwiegenden Mengen Vinylchlorid und Estern von Äthylen-1, 2-dicarbonsäuren, die nach dem Emulsionsverfahren erhalten wurden[4].

---

[1] DRP. 742329, I.G. Farbenindustrie A.G.   [2] Siehe Seite 145.
[3] BERESIN, B. I.: Polygraph. Betrieb **1948**, Nr. 2, 19.
[4] DRP. 729664, I.G. Farbenindustrie A.G.

A. Diazotypie.

Als Träger für die lichtempfindlichen Stoffe bei durchsichtigen Diazolichtpausmaterialien eignen sich nach W. Krieger und R. Mittag[1] Folien aus Polyvinylchlorid, nachchloriertem Polyvinylchlorid oder Vinylchlorid-Mischpolymerisaten.

Das Auftragen der lichtempfindlichen Verbindungen auf Folien der genannten Kunststoffe erfolgt z. B. in der Weise, daß man in einer wäßrigen Lösung eines hydrophilen Kolloids die Diazoverbindung und gegebenenfalls die Azokomponenten bzw. die sonstigen in der Diazotypie üblichen Zusätze löst. Diese Kolloidlösung wird auf die Folie aufgestrichen, worauf das Material getrocknet wird.

An Stelle der Kolloidlösung kann man bei der Sensibilisierung der Folien auch Polyvinylacetatlacke zu Hilfe nehmen.

Eine dimersionsbeständige Polyvinylchlorid-Folie wird mit Hilfe einer wäßrigen Lösung der in der Diazotypie üblichen Art sensibilisiert, wobei auf 100 ccm der Lösung 2,5 g Polyvinylalkohol zugesetzt werden.

B. Photolithographie.

An Stelle von Albumin hat W. H. Wood[2] Polyvinylchlorid zusammen mit einem Bichromat oder Chromat als lichtempfindliche Schicht für Photolithographie vorgeschlagen. Es eignen sich dafür besonders Bichromate organischer Basen, wie Äthyldiamin. Eine solche Schicht ist viel lichtempfindlicher als die üblichen Bichromat-Albuminschichten. Wie bei dieser werden die belichteten Stellen wasserunlöslich. Das Herauslösen der unbelichteten Teile erfolgt jedoch zur Beschleunigung des Vorganges vorzugsweise mit einer schwachen organischen Säure, wie z. B. Glucuronsäure. Die dann noch auf der Druckplatte verbleibenden Teile werden zweckmäßig durch Erhitzen auf 100 bis 130° etwas gehärtet.

C. Photomechanische Druckverfahren.

An Stelle der früher zum Abformen von Hochreliefs aus Gelatine benützten Wachse oder Asphalte hat die Firma I.G. Farbenindustrie A.G.[3] Polyvinylchlorid vorgeschlagen.

Zur Abformung dient eine Paste aus pulverförmigem Polyvinylchlorid oder nachchloriertem Polyvinylchlorid in solchen organischen Flüssigkeiten, die das Polyvinylchlorid bei normaler Temperatur nicht lösen. Mit dieser trockenen Paste wird das Relief bestrichen. Nach dem Erwärmen unter leichtem Druck geliert das Polyvinylchlorid und füllt alle Feinheiten des Reliefs aus. Nach dem Abkühlen tritt Verfestigung ein, ohne daß eine Veränderung der Abformung eintritt.

20 g gepulvertes nachchloriertes Polyvinylchlorid mit einem Chlorgehalt von 60 Prozent werden mit 24 ccm Alkohol zusammengeknetet und dann mit einer halben Atmosphäre Überdruck bei 60° 10 bis 15 Minuten in ein tief geätztes Gelatinerelief eingepreßt, wobei die krümelige Masse mit einer Folie aus dem

---

[1] DRP. 700252, Kalle & Co., A.G.
[2] A.P. 2199865, Harris-Seybold-Potter Co.
[3] DRP. 605995, I.G. Farbenindustrie A.G.

gleichen Material bedeckt ist. Nach dem Erkalten auf 15° läßt sich die mit der Folie verbundene Preßmasse als eine für Druckzwecke geeignete Matrize von dem Gelatinerelief ablösen.

An Stelle der Nichtlöser kann man nach einem anderen Verfahren der Firma I.G. Farbenindustrie A.G.[1] niedrig viskose Anteile eines Polymerisats verwenden.

D. Photographie.

In der Photographie finden Polymerisate oder Mischpolymerisate des Vinylchlorids eine mannigfache Anwendung[2].

In Form von Folien dienen diese Kunststoffe als Träger für die photographische Emulsion, als Lichthofschutzschicht sowie als Schutzschicht für die photographische Emulsion, besonders bei Rollfilmen.

Bestimmte Mischpolymerisate des Vinylchlorids dienen als Zwischenschichten zwischen Trägerfilm und Emulsion und in der Farbenphotographie als Farbbildner.

Als Träger für photographische Emulsionen hat die Firma I.G. Farbenindustrie A.G.[3] Polyvinylchlorid-Folien vorgeschlagen, die durch anorganische Pigmente oder durch mechanische Mittel mattiert sind.

Folien aus Polyvinylchlorid sind als Trägerschicht für die photographischen Emulsionen besonders geeignet, weil dieselben optisch klar und chemisch stabil sind. Dies gilt insbesondere für die nach dem *Celluloidverfahren* hergestellten Folien aus Polyvinylchlorid, nachchloriertem Polyvinylchlorid, Vinylchlorid enthaltenden Mischpolymerisaten bzw. Gemischen dieser Kunststoffe, deren Erweichungspunkt durch die auf S. 352 beschriebene Behandlung erhöht wurde[4].

Um ein besseres Haften der Emulsionsschicht auf der Polymerisat-Folie zu erzielen, verwendet K. Thinius[5] eine Zwischenschicht aus einem Mischpolymerisat aus Vinylchlorid und Estern der Vinylgruppe, in denen die Esterkomponente stets mehr als 40 Prozent des Mischpolymerisats beträgt und aus Vinylestern oder Acrylsäureestern bestehen kann.

Dieses Mischpolymerisat wird z. B. in Form einer Dispersion auf den Polyvinylchlorid-Film aufgetragen. Nach dem Trocknen wird eine Deckschicht aus Cellulosederivaten und auf diese die Gelatineschicht aufgebracht.

Eine 0,2 mm starke Folie aus Polyvinylchlorid oder aus einem Gemisch von Polyvinylchlorid und nachchloriertem Polyvinylchlorid wird mit einem 5prozentigen Lack aus hochviskoser Nitrocellulose und dem Mischpolymerisat aus 54 Prozent Vinylchlorid und 46 Prozent Vinylacetat zu gleichen Teilen in einem Gemisch aus 45 Prozent Aceton, 25 Prozent Essigester, 25 Prozent Toluol und 5 Prozent Essigsäureester aliphatischer Alkohole mit mehr als 5 Kohlenstoffatomen

---

[1] DRP. 614358, I.G. Farbenindustrie A.G.

[2] Kainer, F.: Kurzes Handbuch der Polymerisationstechnik, Bd. 3, S. 252. Leipzig 1944.

[3] F.P. 853508, I.G. Farbenindustrie A.G.

[4] DRP. 737661, Deutsche Celluloid-Fabrik A.G.

[5] DRP. 717677, Deutsche Celluloid-Fabrik A.G.; — Canad.P. 398038, K. Thinius.

im Molekül als Lösungsmittel einmal dünn lackiert. Nach dem Trocknen wird die lichtempfindliche Schicht aufgetragen, wobei man sich der aus der Emulsionierung von Nitrofilmen her bekannten Arbeitsweise bedient.

Als Zwischenschicht kann man auch ein Mischpolymerisat aus Vinylchlorid und Acrylsäuremethylester (80 zu 20) oder das dreifache Mischpolymerisat aus Vinylchlorid, Vinylacetat und Acrylsäurebutylester verwenden.

Mischpolymerisate aus Vinylchlorid und Maleinsäureanhydrid eignen sich nach Feststellungen der Firma I. G. Farbenindustrie A.G.[1] als Bindemittel für die lichtempfindliche Schicht.

Von der gleichen Firma[2] sind zur Herstellung farbiger Bilder auf photographischem Wege diffusionsechte polyvinylchloridhaltige Farbbildner vorgeschlagen worden. Als solche eignen sich Umsatzungsprodukte bekannter Farbstoffkomponenten, z. B. 1, 2, 3, 4-Xylenolcarbonsäurechlorid usw. mit aminogruppenhaltigen Polymerisaten, z. B. ein mit Ammoniak aminiertes Mischpolymerisat aus Vinylchlorid und Maleinsäure oder Itaconsäure.

Mischpolymerisate aus Vinylchlorid und Acrylsäure dienen nach M. HAGEDORN, A. JUNG und G. WILLMANNS[3] zum Lackieren von auf der Rückseite photographischer Platten oder Filme angeordneten Lichthofschutzschichten.

In Form von Folien verwendet schließlich die Firma I. G. Farbenindustrie A.G.[4] Polyvinylchlorid als Schutzschicht für die lichtempfindliche Emulsion. Mit dieser Folie wird das Rollfilmschutzpapier bedeckt. Hierdurch wird ein besserer Schutz der Emulsionsschicht als mit dem früher üblichen lackierten Papier erzielt.

E. Konservieren von Zeichnungen und Dokumenten.

Dokumente, Zeichnungen, Bilder usw. auf Papier, Gewebe oder ähnlichen Flächengebilden werden häufig durch eine transparente Schicht aus Polyvinylchlorid oder Mischpolymerisaten des Vinylchlorids geschützt.

Dieser Schutzüberzug kann entweder durch Aufstreichen einer Lösung oder Dispersion bzw. Aufbringung einer Folie aus den genannten Kunststoffen erhalten werden.

Mit Rücksicht auf die Empfindlichkeit der zu schützenden Flächengebilde gegen Feuchtigkeit und vielfach auch gegenüber Lösungsmitteln ist die Aufbringung von Folien auf die zu schützenden Flächen vorzuziehen.

Man kann diese Folien aus Polymerisaten oder Mischpolymerisaten des Vinylchlorids auf verschiedene Weise auf die Flächengebilde aufbringen. In Fällen, wo Lösungsmittel oder Wasser wenig schadet, kann man die Folien auf der Rückseite mit einer wäßrigen Dispersion, Emulsion oder Lösung von Polyvinylchlorid in einem organischen Lösungsmittel[5] auftragen, mit deren Hilfe die Folien dann mit dem zu schützenden Gegenstand vereinigt werden.

---

[1] Ital.P. 365850, I.G. Farbenindustrie A.G.
[2] Ital.P. 385570, I.G. Farbenindustrie A.G.
[3] DRP. 621171, I.G. Farbenindustrie A.G.
[4] F.P. 875736, Ital.P. 378504, I.G. Farbenindustrie A.G.
[5] F.P. 878223, Dynamit A.G. vorm. A. Nobel & Co.

Man kann nach A. BARTHEL[1] auch in der Weise verfahren, daß man die zu schützenden Flächengebilde, wie Ausweiskarten, Tabellen, Landkarten usw., zwischen Folien aus Polyvinylchlorid einbettet und letztere durch einen Schmelzprozeß vereinigt. Man arbeitet hierbei nach der in der Kaschiertechnik üblichen Weise. Man legt das zu schützende Blatt und dgl. und die Schutzfolie zwischen zwei polierte Metallbleche und vereinigt durch Druck und Wärme.

Dieses Kaschierverfahren ergibt in den Fällen, wo die zu schützenden Bilder, Zeichnungen oder Schriftzeichen nicht auf Papier, sondern gleichfalls auf Kunststoff-Folien aufgetragen sind, den Nachteil, daß diese Folien beim Pressen in der Wärme mehr oder weniger stark zum Fließen gelangen, wodurch das auf der Folie dargestellte Bild oder die Zeichnung verzerrt wird.

Dieses Fließen der als Druck- oder Zeichenunterlage dienenden Folien läßt sich nach O. HAUFFE[2] jedoch vermeiden, wenn man beim Kaschierprozeß an Stelle der bisher üblichen polierten Metallbleche ganz oder nur am Rande mattierte Metallbleche verwendet. Die rauhe Oberfläche des mattierten Metallbleches hält die an ihr liegende Folie so fest, daß praktisch kein störendes Fließen des Polymerisats eintritt.

Eine etwa 0,2 mm starke, einseitig mattierte Folie aus den Mischpolymerisaten aus Vinylchlorid und Acrylsäureestern und bzw. oder Maleinsäureestern wird auf der mattierten Seite von Hand mit Zeichnungen versehen. Eine solche Folie wird sodann in der Kaschierpresse mit ihrer glatten Oberfläche auf ein mattiertes Metallband aufgelegt und mit einer gleichstarken Folie aus dem gleichen Mischpolymerisat auf der Zeichenfläche bedeckt. Die Deckfolie wiederum ist mit einem mattierten Metallblech abgedeckt. Das ganze System wird dann unter in der Kaschiertechnik üblichen und auf das betreffende Folienmaterial abgestimmten Bedingungen zu einem einzigen Flächengebilde vereinigt. Man erhält ein etwa 0,8 mm starkes Gebilde, in dem die Zeichnungen maßrichtig geschützt sind.

XVII. Chemische Industrie.

A. Veredlung von Mineralölprodukten.

1. Schmieröl. Um Anthracenölen bessere Schmieröleigenschaften zu verleihen, kann man ihnen etwa 3 Prozent Polyvinylchlorid mit einem Molgewicht von etwa 25 000 zusetzen[3]. Hierdurch wird z. B. die Viskosität des Anthracenöles von 1,63° Engler (50°) und der Viskositätsindex des Ausgangsöles auf eine Viskosität von 10,3° Engler (50°) und einen Viskositätsindex von 100 erhöht.

Zum Einmischen wird das Polyvinylchlorid zunächst dem Öl bei Raumtemperatur zugesetzt und die Mischung dann auf 150° unter Rühren erhitzt.

2. Schmiermittel. Im Gemisch mit Phosphorsäureester, die selbst keine Schmierfähigkeit besitzen, wie Diäthylbutylglykolphosphat, Tri-

[1] BARTHEL, A.: Kunststoffe **27**, 85 (1937).

[2] DRP. 743 549, Deutsche Celluloid-Fabrik A.G.

[3] F.P. 925 967, Soc. An. des Manufactures des Glaces et Produits Chimiques de St. Gobain, Chauny & Cirey.

butylphosphat, zeigt Polyvinylchlorid nach Feststellungen von M. HAGE-DORN und A. JUNG[1] gute Schmiermitteleigenschaften und kann deshalb als Schmiermittel verwendet werden.

Ein für hohe Temperaturen und hohe Drucke geeignetes Schmiermittel erhält man nach H. E. BAILLARD[2], wenn man 50 Prozent eines weichgestellten Vinylchlorids, das in einem plastischen Trägermedium suspendiert ist, mit 12,5 Prozent Aluminiumstearat und 37,5 Prozent Petrolatum mischt. Das Polyvinylchlorid wird hierbei dem zunächst auf 149° erhitzten Gemisch aus Stearat und Petrolatum zugesetzt.

3. Teere. Zur Verbesserung der physikalischen Eigenschaften werden Teere, z. B. aus Steinkohle oder Erdöl, mit Polyvinylchlorid versetzt[3].

Beispielsweise wird Steinkohlenteer mit Vinylchlorid auf 150° erhitzt.

4. Bitumen. Zur Erhöhung der Verwendbarkeit bei hoher Temperatur, der Antikorrosionseigenschaften und der Kleb- und Hafteigenschaften und zur Herabsetzung der Brennbarkeit setzt W. L. J. DE NIE[4] dem Bitumen eine Mischpolymerisat von Vinylchlorid und Vinylidenchlorid zu.

Ein Gemisch von Vinylchlorid und Vinylidenchlorid wird polymerisiert. Von dem Mischpolymerisat werden 100 g in 500 ccm Solventnaphtha (Siedegrenzen 130 bis 160°) und 500 ccm Methylcyclohexanon bei 40° gelöst. Die Lösung wird auf 140° erhitzt und unter Rühren werden 500 g geschmolzener Asphalt eingetragen. Man erhält eine homogene Lösung, welche auf Glas einen festhaftenden Film zurückläßt.

B. Pflanzenschutzmittel.

Um die Haft- und Regenfestigkeit von Schädlingsbekämpfungsmitteln zu erhöhen, setzt man solchen Stoffen, wie Bleiarseniat, Kupferoxychlorid, Kupferphosphat, Hexachlorcyclohexan, DDT usw., Mischpolymerisate aus Vinylchlorid und einer ungesättigten Carbonsäure, wie Acryl-, Malein-, Fumar-, Zimt- und besonders Crotonsäure, in Form ihrer Ammonium- oder Aminsalze zu[5]. Der Zusatz der genannten Mischpolymerisate beträgt 5 bis 10 Prozent, berechnete auf das Trockengewicht der festen Präparate.

Beim Eintrocknen der Lösung werden die Ammonium- oder Aminsalze wieder in die freie Säure übergeführt, welche eine hervorragende Haftfestigkeit und Netzfähigkeit bewirken, so daß sich ein besonderer Zusatz von Netzmitteln erübrigt.

Man stellt aus den Insekticiden oder Fungiciden und den genannten Mischpolymerisaten nicht nur Spritzbrühen, sondern nach Zusatz von inerten Füllmitteln, wie Kieselgur, Bentonit, Silicagel usw., auch feste, pulverförmige Stäubemittel her.

---

[1] DRP. 703237, I.G. Farbenindustrie A.G.
[2] A.P. 2403167, H. E. BAILLARD.
[3] F.P. 921741, Etudes, Recherches, Inventions, Soc. An.
[4] Holl.P. 59180, N. V. de Bataafsche Petroleum Mij.
[5] Schwz.P. 262189, Ciba A.G.

C. Kunststoffindustrie.

Formenmaterial und Formenabdruckmasse.

In der Kunststoffindustrie werden neuerdings an Stelle des bisher üblichen Formenmaterials aus Gummi- oder Leim-Gelatine-Mischungen solche von stark weichgemachtem Polyvinylchlorid als Material zur Herstellung von Formen für das Gießen plastischer Massen verwendet[1].

Derartige Produkte sind in der Kälte sehr dehnbar und lassen sich ihrerseits bei höheren Temperaturen vergrößern, so daß aus ihnen mit Hilfe eines Modellkörpers auch sehr komplizierte Formen ohne Schwierigkeiten in einem Stück hergestellt werden können. Aus diesen elastischen Formen lassen sich nicht nur die Modellkörper, sondern auch die Gießlinge ohne Anwendung irgendwelcher Hilfsmittel mühelos entfernen.

Eine geeignete Mischung des Formenmaterials wird durch Zusammenschmelzen von 25 Teilen Polyvinylchlorid mit 100 Teilen monomerem Diallylphthalat bei etwa 120 bis 160° erhalten. Zur Erhöhung der Stabilität werden der Mischung 5 bis 20 Teile basisches Bleicarbonat, Calciumsilicat oder Bleititanat und zur Steigerung der Fließfähigkeit im geschmolzenen Zustand 5 Teile eines Pflanzenöls zugesetzt.

Die Formen aus diesem Material eignen sich zum Vergießen der meisten hitze- und säurehärtbaren Kunstharze, einiger thermoplastischer Gießharze, von niedrigschmelzenden Legierungen, Wachs und solchen Massen, die sich bei 120° gießen lassen.

Gegenüber den älteren, für den gleichen Zweck verwendeten Mischungen zeichnen sich die Polyvinylchlorid-Gießmassen durch eine überaus lange Lebensdauer aus. So lassen sich mit einer Form über 1500 Formungen durchführen, während die früher üblichen Formen schon nach 12 Formungen unbrauchbar werden.

In der kunststoffverarbeitenden Industrie dienen nach K. MIENES und H. ROALF[2] Mischpolymerisate aus Vinylchlorid und Vinylacetat an Stelle der früher benützten erhärtbaren Preßmassen oder Blei bzw. Schwefel als Kunststoffmasse für die Maßkontrolle von Preß- und Spritzformen, die für die Herstellung von Kunststoffpreßerzeugnissen und Spritzteilen bestimmt sind.

Die genannten Mischpolymerisate werden in Form von Schnitzeln in die gesäuberte Form eingelegt und hieraus durch Dampf oder mittels Lötkolbens oder auf elektrischem Wege bis auf die Erweichungstemperatur angewärmt. Schwer zugängliche Ecken und Kanten können mittels eines Spachtels ausgestopft werden. Nach dem Aufsetzen des Stempels kann dann die Form in an sich bekannter Weise, z. B. mit dem Schraubstock oder in der Handpresse, angezogen werden.

Die Vinylchlorid-Vinylester-Mischpolymerisate besitzen ein ausgezeichnetes Fließvermögen, so daß alle Einzelheiten der Form wiedergegeben werden. Dabei besitzen diese Massen den wesentlichen Vorteil, nur so wenig zu schwinden, daß die Teile sich nach dem Erkalten bequem aus der Form herausnehmen lassen.

---

[1] STANTON, R. B.: Modern Plastics **24**, 126 (1947).
[2] DRP. 733032, Dynamit A.G. vorm. A. Nobel & Co.

Die Eigenschaften der Masse können durch Zusätze, Gleitmittel und Antiklebemittel verbessert werden.

Eine Abdruckmasse aus 90 Teilen eines Mischpolymerisats aus gleichen Teilen Vinylchlorid und Vinylacetat und 10 Teilen Wachsalkohol wird in die zu prüfende Form eingefüllt und diese auf einer Heizplatte auf 115° angewärmt. Sobald diese Temperatur erreicht ist, wird die Form in eine Handpresse eingeschoben und diese zugefahren. Nach dem Erkalten läßt sich der Fremdkörper leicht aus der Form herausnehmen.

D. Sprengtechnik.

H. ZEUFTMANN[1] verwendet als Grundmaterial für die Zündschnur unter anderem Polyvinylchlorid. Das Polyvinylchlorid gibt mit Zündmitteln aus gepulvertem Silicium, oxydierenden Bleiverbindungen und gegebenenfalls Kaliumnitrat wesentlich langsamer brennende Zündschnüre als bei Verwendung von Celluloseacetatschnüren.

Zur Herstellung werden die Zündmittel dem Polyvinylchlorid bei etwa 90 bis 125° einverleibt und diese dann bei etwa gleicher Temperatur versponnen.

Die Brenngeschwindigkeit kann man durch Einbau einer Metallseele, z. B. aus Kupfer (Durchmesser etwa 0,122 bis 0,914 mm), etwas erhöhen.

Nach W. FRIEDRICH[2] finden ferner Polyvinylchlorid oder Mischpolymerisate des Vinylchlorids bei der Herstellung von Polkörpern für Zündpillen elektrischer Zünder als Isolierkörper für Metallfolien Verwendung.

Die aus Vinylchlorid bestehenden oder dieses enthaltende polymeren Körper werden mit den Metallfolien durch Warmpressen fest verbunden. Zweckmäßig wird der Polyvinylchlorid-Kunststoff auf die Metallfolien durch Aufspritzen oder Tauchen aufgebracht, worauf dann die Vereinigung von zwei derart mit Polyvinylchlorid bedeckten Metallfolien durch Warmpressen erfolgt.

Polyvinylchlorid in Form seines nachchlorierten Produktes wird auch als Zusatz zu Leuchtsätzen für Leuchtsterne verwendet.

Eine geeignete trockene Mischung besteht z. B. aus 55 Prozent Bariumnitrat und 27 Prozent nachchloriertem Polyvinylchlorid und 18 Prozent Magnesium. Diese Bestandteile werden trocken gemischt und dann in Aluminiumhülsen bei etwa 10 Atm. gepreßt.

XVIII. Glasindustrie.

Polymerisate und Mischpolymerisate des Vinylchlorids dienen in der Glasindustrie als Hilfsstoff, und zwar als Zwischenschichten für Sicherheitsgläser, in bestimmten Fällen aber auch als Ersatz für Silicatglas.

A. Sicherheitsglas.

Die nach dem Aufkommen der ersten mit polymeren Verbindungen als Zwischenschichten aufgebauten Sicherheitsgläser einsetzende stürmische Entwicklung[3] brachte es mit sich, daß man als Material für die

---

[1] F.P. 923715, Imperial Chemical Industries Ltd.
[2] DRP. 698843, Dynamit A.G. vorm. A. Nobel & Co.
[3] KRCZIL, F.: Kolloid-Z. **98**, 117, 376 (1942). — F. KAINER: Kurzes Handbuch der Polymerisationstechnik, Bd. 3, S. 604. Leipzig 1944.

Zwischenschichten auch Polyvinylchlorid oder Mischpolymerisate des Vinylchlorids vorschlug.

Polyvinylchlorid hat z. B. die Firma Deutsche Celluloid-Fabrik A.G.[1] als Zwischenschichtmaterial vorgeschlagen. Allerdings stört bei der Verwendung von Polyvinylchlorid als Zwischenschichtmaterial die gelbbraune Eigenfarbe sowie die relativ hohe Sprödigkeit. Zur Erhöhung der Elastizität und damit zusammenhängend der splitterbindenden Eigenschaften muß man dem Polyvinylchlorid Weichmacher zusetzen, welche gleichzeitig eine Aufhellung des Plastifikats zur Folge haben.

Zur Weichstellung verwenden F. O. MERKLE, W. FRANKE und H. BEHNCKE[2] durch Aralkyl- oder Cycloaralkylreste substituierte Tetrahydronaphthaline oder deren Halogenderivate und die Firma I.G. Farbenindustrie A.G.[3] Ester von Monoacryläthern mehrwertiger Alkohole oder Mischungen solcher bzw. Ester von aliphatischen Monocarbonsäuren, die durch eine Äthergruppe substituiert sind, und mehrwertigen Alkoholen[4].

Als Zwischenschicht für splittersicheres Glas eignen sich ferner solche Polyvinylchloride, die mit dem von F. MANCHEN und W. SCHMIDT[5] beschriebenen Triglykolester[6] weichgestellt sind.

Eine ausgezeichnete Klebkraft besitzen nach A. MENGER[7] die nach dem von C. SCHÖNBURG[8] angegebenen Verfahren[9] hergestellten nachchlorierten Polyvinylchloride und ihre durch Depolymerisation während oder nach der Chlorierung erhaltenen Produkte.

Diesem als Zwischenschicht vorgeschlagenen nachchlorierten Polyvinylchlorid[10] setzt man zur Erhöhung der Elastizität ebenfalls Weichmacher zu, z.B. die von F. O. MERKLE, W. FRANKE und O. BEHNCKE[11] oder der Firma I. G. Farbenindustrie A. G. vorgeschlagenen Weichmacher[12].

Verschiedentlich ist Polyvinylchlorid oder nachchloriertes Polyvinylchlorid gemeinsam mit anderen Körpern zur Herstellung von Zwischenschichten für Sicherheitsglas vorgeschlagen worden.

M. MÜLLER-CUNRADI, W. DANIEL und M. OTTO[13] verwenden z. B. Polyvinylchlorid zusammen mit *Polyisobutylen*, die Firma Deutsche Celluloid-Fabrik[14] Polyvinylchlorid oder nachchloriertes Polyvinylchlorid gemeinsam mit *Polystyrol*.

---

[1] DRP. 655950, Österr.P. 154404, F.P. 810548, E.P. 437604, Schwz. P. 194763, A.P. 2154203, Deutsche Celluloid-Fabrik A.G.

[2] DRP. 674985, F.P. 824950, E.P. 480592, I.G. Farbenindustrie A.G.

[3] F.P. 824950, E.P. 478822, I.G. Farbenindustrie A.G.

[4] F.P. 892084, I.G. Farbenindustrie A.G.

[5] DRP. 739000, I.G. Farbenindustrie A.G.   [6] Siehe Seite 157.

[7] DRP. 636469, F.P. 758454, I.G. Farbenindustrie A.G.

[8] DRP. 596911, I.G. Farbenindustrie A.G.   [9] Siehe Seite 120.

[10] DRP. 655950, Österr.P. 154404, F.P. 810548, E.P. 437604, Schwz.P. 194763, A.P. 2154203, Deutsche Celluloid-Fabrik A.G.

[11] DRP. 674985, F.P. 824950, E.P. 480592, I.G. Farbenindustrie A.G.

[12] F.P. 824950, E.P. 478822, I.G. Farbenindustrie A.G.

[13] DRP. 601253, I.G. Farbenindustrie A.G.

[14] DRP. 655950, Österr.P. 154404, F.P. 810548, E.P. 437604, 469249, Schwz.P. 194763, A.P. 2154203, Deutsche Celluloid-Fabrik A.G.

Nachchloriertes Polyvinylchlorid wird nach A. MENGER[1] zusammen mit *Polyvinyläthern* oder nach einem Verfahren der Firma I.G. Farbenindustrie A.G.[2] mit *Polyacrylsäureestern* verwendet. Von diesen Kombinationen zeichnen sich die aus nachchloriertem Polyvinylchlorid und Polyvinyläthern bestehenden Massen durch ein besonders ausgeprägtes Klebevermögen aus.

Gegenüber reinen Polyvinylchlorid-Massen besitzen die gleichfalls als Zwischenschichtmaterial vorgeschlagenen Vinylchlorid-Mischpolymerisate oft eine größere Durchsichtigkeit und Farblosigkeit.

Von den Vinylchlorid-Mischpolymerisaten eignen sich die aus Vinylchlorid und Vinyläthern[3] oder die aus Vinylchlorid und Alkylvinylketonen bzw. Acrylsäureestern bestehenden Hochpolymeren[4], zweckmäßig in weichgestellter Form, zur Herstellung von Zwischenschichten für Sicherheitsglas. Von der Firma I.G. Farbenindustrie A.G.[5] werden ferner weichgestellte Mischpolymerisate aus Vinylchlorid und Vinylmethylvaleriat als Bindemittel bei der Sicherheitsglasherstellung benützt.

Die Herstellung von Sicherheitsglas kann nach den üblichen Verfahren erfolgen. Man kann das Zwischenschichtmaterial z. B. in Form von Lösungen oder wäßrigen Emulsionen auf die zu verbindenden Glasplatten aufbringen. Wäßrige Emulsionen von Mischpolymerisaten aus Vinylchlorid und Acrylsäureestern bringt z. B. die Firma Deutsche Celluloid-Fabrik A.G.[6] auf die Glasscheiben in folgender Weise auf:

Auf die gegebenenfalls mit Gelatine überzogenen Glasscheiben spritzt man eine Emulsion von 1 Teil Mischpolymerisat aus 80 Prozent Vinylchlorid und 20 Prozent Acrylsäureester in 2,5 Teilen Wasser mittels einer Spritzpistole auf, trocknet die Schichten und verpreßt die Scheiben bei etwa 130 bis 150°.

In einfacherer Weise kann man die Verbindung zwischen zwei oder mehreren Glasplatten herstellen, wenn man von Folien der Polymerisate oder Mischpolymerisate des Vinylchlorids ausgeht, diese gegebenenfalls nach einer vorhergehenden Auftragung einer Klebeschicht zwischen die Glasplatten legt und die Verbindung durch Erhitzen unter Druck vornimmt.

Als Zwischenschichten können z. B. die auf S. 339 beschriebenen Folien aus Polyvinylchlorid, nachchloriertem Polyvinylchlorid bzw. Vinylchlorid-Mischpolymerisaten oder Gemische dieser verwendet werden[7]; von letzteren u. a. auch Folien aus Mischpolymerisaten aus überwiegenden Mengen Vinylchlorid und Estern von Äthylen-1, 2-dicarbonsäuren[8].

B. Organisches Glas.

Obwohl Polyvinylchlorid schon in dünnen Schichten mehr oder weniger undurchsichtig ist und Mischpolymerisate auf der Basis von

---

[1] DRP. 698655, Norweg.P. 61510, Schwed.P. 97697, I.G. Farbenindustrie A.G.
[2] F.P. 758454, I.G. Farbenindustrie A.G.
[3] E.P. 373643, F.P. 725844, I.G. Farbenindustrie A.G.
[4] F.P. 728861, I.G. Farbenindustrie A.G.
[5] F.P. 823816, E.P. 480592, I.G. Farbenindustrie A.G.
[6] Siehe Fußnote 14, S. 529.
[7] DRP. 737661, Deutsche Celluloid-Fabrik A.G.
[8] DRP. 728664, I.G. Farbenindustrie A.G.

Vinylchlorid nur bis zu bestimmten Schichtdicken farblos sind, hat die Firma Deutsche Celluloid-Fabrik[1] diese polymeren Körper zur Herstellung von organischem Glas empfohlen.

Nach Angaben dieser Firma kann man einen Glasersatz erhalten, wenn man wäßrige Dispersionen der genannten Polymerisate oder Mischpolymerisate des Vinylchlorids und Acrylsäuremethylsäureesters auf Unterlagen aufstreicht, das Wasser entfernt und die Polymerisatpulverschicht unter hohem Druck, z. B. zwischen polierten Metallplatten, oberhalb des Erweichungspunktes erhitzt.

Die Brüchigkeit von aus Polyvinylchlorid oder Mischungen aus nachchloriertem Polyvinylchlorid und Polyacrylsäureestern hergestelltem organischem Glas kann man herabsetzen, wenn man die genannten Polymerisate oder Polymerisatgemische auf der Heißwalze zu dünnen Platten auszieht, diese senkrecht oder unter einem bestimmten Winkel zueinander übereinanderlegt und z. B. zwischen Nickelplatten heiß verpreßt[2].

Zur Herstellung von bruchfestem organischem Glas mit widerstandsfähiger Oberfläche geht die Firma P. Haburgh Plate Glass Co.[3] u. a. auch von Polyvinylchlorid aus, welches einseitig oder beidseitig mit einer härtbaren Schicht eines Polymerisats, z. B. aus Methallyl- oder Chlorallylester der Acrylsäure oder Crotonsäure überzogen wird. Durch Verformung des Polyvinylchlorids wird gleichzeitig die Deckschicht aus den genannten polymeren Estern mitverformt, ohne daß diese hierbei zerbricht.

Infolge ihrer Durchsichtigkeit und Farblosigkeit werden besonders die nach dem Emulsionsverfahren aus überwiegenden Mengen von Vinylchlorid und Estern von Äthylen-1, 2-dicarbonsäuren erhaltenen Emulsionsmischpolymerisate zur Herstellung von organischem Glas verwendet[4].

Das aus Polyvinylchlorid oder Vinylchlorid-Mischpolymerisaten hergestellte organische Glas reicht jedoch nicht an die aus Polyacrylsäure- oder Polymethacrylsäureverbindungen herstellbaren organischen Gläsern heran[5].

Bei diesen organischen Gläsern aus Polymethacrylsäureestern finden nach H. T. NEHER und LA VERNE N. BAUER[6] Polyvinylchlorid oder Mischpolymerisate oder Polymerisatmischungen mit wenigstens 50 Prozent Vinylchloridgehalt als Zwischenschichten Verwendung. Diese Polymerisatkunststoffe können Weichmacher bzw. Weichmachergemische, z. B. Di-(äthoxyäthyl)-phthalat und Dibutylphthalat, und Licht-Stabilisiermittel, wie Methallylalkohol, Salicylsäureester, und Wärmestabilisiermittel, z. B. Pinen oder Alkylcarbonat, enthalten. Mit Hilfe dieser Zwischenschichten verbundene Sicherheitsgläser aus Polymerisaten der Methacrylsäureester werden besonders splittersichere Gläser für in großer Höhe fliegende Fluzeugkabinen erhalten.

---

[1] E.P. 437604, Deutsche Celluloid-Fabrik A.G.
[2] F.P. 780469, I.G. Farbenindustrie A.G.
[3] Ital.P. 388432, P. Haburgh Plate Glass Co.
[4] DRP. 728664, I.G. Farbenindustrie A.G.
[5] RÖHM, O.: Chem. Fabrik 9, 529 (1936).   [6] A.P. 2444059, Röhm & Haas Co.

C. Optisches Glas.

Die Firma Dynamit A.G. vorm. A. Nobel & Co.[1] stellt Augengläser für Gesichtsmasken aus Polyvinylchlorid oder Mischpolymerisaten aus Vinylchlorid und Vinylacetat oder Acrylsäureestern her. Diesen Polymerisaten oder Mischpolymerisaten des Vinylchlorids können Weichmachungsmittel, Wachse oder wachsähnliche Stoffe oder schwer flüchtige Lösungsmittel zugesetzt werden.

Mischpolymerisate aus Vinylchlorid und Acrylsäureestern verwendet auch die Firma Deutsche Celluloid-Fabrik[2] und Mischpolymerisate aus überwiegenden Mengen Vinylchlorid und Estern von Äthylen-1, 2-dicarbonsäuren die Firma I. G. Farbenindustrie A.G.[3] zur Herstellung von Schutzmaskengläsern.

Die Firma Comp. des Meules Norton S.A.[4] stellt aus Mischpolymerisaten, die neben Vinylketonen, wie Vinylmethylketon, Vinyläthylketon, Vinylpropylketon, Vinylbutylketon oder Isopropenylketon, noch Vinylchlorid in Mengen von 5 bis 30 Prozent enthalten, optische Gläser her. Diese Mischpolymerisate besitzen gegenüber den Polyvinylketonen einen erhöhten Brechungsindex.

Für optische Zwecke geeignete Mischpolymerisate sind ferner die Vinylchlorid und Trichloräthylester der Acrylsäure und ihrer Homologen ′ sowie Mono-, Di- und Polyoxybiphenylacrylate enthaltenden hochpolymeren Körper[6] bzw. Dreistoffpolymerisate aus Methacrylsäuremethylester, Vinylchlorid und einer anderen monomeren Verbindung, wie z. B. einem niederen Ester der Methacrylsäure, Acrylsäureester, Styrol oder Vinylacetat[7].

XIX. Korrosionsschutz.

Die guten mechanischen Eigenschaften und die vorzügliche Chemikalienbeständigkeit lassen Polyvinylchlorid als einen vorzüglichen Werkstoff für Korrosionsschutzzwecke erscheinen. Gegenüber der früher verwendeten Gummierung mit Naturkautschuk besitzt Polyvinylchlorid den Vorteil, bedeutend vielseitiger verwendbar zu sein.

Polyvinylchlorid hält den meisten Chemikalien in einem Temperaturbereich von —10 bis +60°, wie der auf S. 212 mitgeteilten Tabelle zu entnehmen ist, stand. Dabei ergibt sich die interessante Tatsache, daß Polyvinylchlorid infolge seines Verhaltens gegenüber Wasser, gegen verdünnte Agenzien nur bis zu 40° als beständig angegeben wird, während es konzentrierten Lösungen der gleichen Stoffe bis zu 60° standhält[8].

---

[1] E.P. 419586, Dynamit A.G. vorm. A. Nobel & Co.

[2] DRP. 655950, E.P. 437604, Deutsche Celluloid-Fabrik A.G.

[3] DRP. 728664, I.G. Farbenindustrie A.G.

[4] F.P. 861527, Comp. des Meules Norton S.A.

[5] F.P. 919225, Lonza, Usines Electriques et Chimiques, Soc. An.

[6] F.P. 854447, Comp. des Meules Norton S.A.

[7] F.P. 854414, Comp. des Meules Norton S.A.

[8] KAINER, F.: Kurzes Handbuch der Polymerisationstechnik, Bd. 3, S. 525. Leipzig 1944.

In der chemischen, aber auch in anderen verwandten Industrien dient deshalb Polyvinylchlorid vielfach als Korrosionsschutzmittel zum Auskleiden von Apparaten, Behältern, Rohren u. dgl. Solche Auskleidungen mit Polyvinylchlorid wurden bisher für Drucke oberhalb 3 atü nicht eingesetzt[1].

Man kann Polymerisate oder Mischpolymerisate des Vinylchlorids aus den angeführten Gründen nicht nur allein, sondern auch im Gemisch mit anderen Korrosionsschutzmitteln, z. B. Bitumenstoffen, besonders Asphaltbitumen, verwenden.

Durch den Zusatz von Vinylchlorid-Vinylidenchlorid-Mischpolymerisaten wird z. B. die Wasserdurchlässigkeit und die Brennbarkeit der Bitumenstoffe stark herabgesetzt, was besonders wertvoll bei ihrer Anwendung ist[2].

Ein Mischpolymerisat von Vinylchlorid und Vinylidenchlorid mit einem Chlorgehalt von 57,4 Prozent wird bei 40° in einem Gemisch aus Solventnaphtha und 500 ccm Methylcyclohexanon gelöst. Die Lösung wird auf 140° erhitzt, und unter Rühren werden 500 g flüssiges Asphaltbitumen eingerührt. Die erhaltene Lösung bildet auf metallischem Eisen einen fest haftenden Schutzüberzug.

A. Behälterauskleidung.

Zur Auskleidung von Apparaten und Behältern eignet sich von den Polymerisaten auf Vinylchlorid-Basis vor allem das Polyvinylchlorid.

In Deutschland kommt für Auskleidungszwecke das *Igelit PCU* und in den Vereinigten Staaten von Nordamerika das von der Firma B. F. Goodrich Co. hergestellte *Koroseal* als Auskleidungsmaterial in Frage. Nach Angaben der Firma I.G. Farbenindustrie A.G.[3] eignen sich für den gleichen Zweck die nach den auf S. 349 genannten Verfahren hergestellten gelatinierten Polyvinylchlorid-Massen, wie gelatiniertes Polyvinylchlorid oder Mischpolymerisate aus Vinylchlorid und Vinyl-Verbindungen oder nach W. Becker und L. Rosenthal[4] die mit den auf S. 170 beschriebenen Kohlenwasserstoffen weichgestellten nachchlorierten Polyvinylchloride.

Nach W. Becker und L. Rosenthal erhält man eine zur Auskleidung geeignete Masse, wenn man 100 Gewichtsteile nachchloriertes Polyvinylchlorid mit 40 bis 60 Gewichtsteilen eines Erdölauszuges nach dem Edelanu-Verfahren (Siedegrenzen 170 bis 230° 12 mm Quecksilberdruck) mischt.

Zur Auskleidung von Behältern verwenden F. Manchen und W. Schmidt[5] Massen aus Polyvinylchlorid oder Mischpolymerisaten aus Vinylchlorid und Acrylsäureestern, die mit den auf S. 157 genannten Weichmachern plastisch gemacht worden sind.

Das Polyvinylchlorid kann auch in Form von Lösungen zur Anwendung kommen.

Von H. Stärk[6] sind für diesen Zweck Lösungen von Polyvinyl-

[1] Krannich, W.: Chem. Techn. **16**, 49 (1943).
[2] F.P. 902529, N. V. de Bataafsche Petroleum Mij.
[3] Schwz.P. 210205, I.G. Farbenindustrie A.G.
[4] DRP. 710008, I.G. Farbenindustrie A.G.
[5] DRP. 739000, I.G. Farbenindustrie A.G.
[6] A.P. 2160372, I.G. Farbenindustrie A.G.

chlorid in Aceton oder Methylenchlorid oder Gemischen beider vorgeschlagen worden. Das Polyvinylchlorid kann bis zu 50 Prozent mit anderen ungesättigten polymerisierbaren Verbindungen gemischt werden.

W. L. Semon[1] verwendet weiter als Auskleidungsmittel eine Lösung von gelförmigem Polyvinylchlorid.

Zu dessen Bereitung löst man z. B. 1 Gewichtsteil hochmolekulares Polyvinylchlorid in 1 bis 4 Teilen einer Mischung aus 2 Teilen o-Nitrodiphenyläther, 1 Teil m-Dinitrobenzol und 1 Teil Dinitrotoluol.

Eine korrosionssichere Auskleidung kann man auch erzielen, wenn man die Behälter zunächst mit Kautschukmischungen überzieht und auf diese dann einen wasserfesten Überzug aus Polyvinylchlorid aufträgt[2].

An Stelle dieser Kautschukzwischenschichten verwendet S. L. Brous[3] solche aus Halogenkautschuk. Auf diese Grundschicht werden dann weitere halogenkautschukhaltige Schichten aus Polyvinylchlorid oder Vinylchlorid-Mischpolymerisaten aufgetragen. Dabei nimmt der Halogenkautschukgehalt von Zwischenschicht zu Zwischenschicht ab.

Man kann z. B. zunächst eine Chlorkautschukschicht und dann Schichten aus Chlorkautschuk und Polyvinylchlorid und schließlich reine Polyvinylchlorid-Schichten aufbringen.

Zur Herstellung von Auskleidungen haben sich jedoch Lackierungen auf Polyvinylchlorid-Basis nicht bewährt, und zwar einmal wegen der an sich geringen Löslichkeit des Polyvinylchlorids in organischen Lösungsmitteln und der sich daraus ergebenden Notwendigkeit, eine große Anzahl von Anstrichen verwenden zu müssen, um Filme ausreichender Stärke zu erhalten, und zum anderen, weil Anstrichfilme auf der Grundlage von Lösungen nicht absolut flüssigkeits- und dampfdicht sind[4].

Ein ausreichender Oberflächenschutz kann jedoch mit Hilfe von Folien aus Polyvinylchlorid erzielt werden. In Deutschland werden zur Auskleidung von Behältern und Apparaten die nach dem Walzverfahren aus Igelit PCU hergestellten *Vinidur-Auskleidungsfolien* verwendet, die schon vom Hersteller auf Dichtigkeit besonders geprüft werden. Für den Oberflächenschutz kommen Vinidur-Folien in Stärken von 0,8 bis 1,0 mm zur Anwendung, die in Rollen von 0,7 m Breite und 4 bis 20 m Länge geliefert werden.

Auskleidungen mit diesen Vinidur-Folien haben sich bei Temperaturen bis zu $+50°$ auch bei stärkster chemischer Beanspruchung bewährt. Eine kurzfristige Überschreitung dieser Temperatur bis zu $60°$ beeinträchtigt die Güte der Auskleidung nicht; eine Dauerbeanspruchung über $+50°$ muß jedoch vermieden werden.

Besonders thermisch beständige Auskleidungsfolien werden aus hochmolekularem Polyvinylchlorid erhalten, die bei Temperaturen bis

---

[1] F.P. 751504, E.P. 398091, B. F. Goodrich Co.
[2] F.P. 771825, I.G. Farbenindustrie A.G.
[3] E.P. 482122, B. F. Goodrich Co.
[4] Sirot, A.: Kunststoffe **23**, 33 (1943).

zu 80° beständig sind und nach dem auf S. 348 angegebenen Verfahren hergestellt werden können[1].

Bei Temperaturen unterhalb 0° erweisen sich Auskleidungen mit Polyvinylchlorid-Folien bis zu —10° als sicher beständig, können jedoch auch noch tiefere Temperaturen, bis zu —30°, ohne Beschädigung aushalten.

Soll eine Auskleidung mit Folien aus Polyvinylchlorid ihren Zweck erfüllen, so muß diese sachgemäß, am besten von geschulten Arbeitskräften, durchgeführt werden.

Mit Polyvinylchlorid-Folien können sowohl Behälter und Apparate aus Metall, Holz, Beton u. dgl. ausgekleidet werden[2].

Die gewöhnlichen Verfahren zum Auskleiden von Behältern durch Aufbringen der Folie auf die Flächen und Erhitzen bis zum Erweichungspunkt unter Druck sind bei Polyvinylchlorid nicht anwendbar, da dieses ein sehr geringes Haftvermögen besitzt[3].

Um eine gute und dauernde Haftung der Folie auf der Behälter- oder Apparatewand zu erzielen, werden besondere Verfahren angewandt. Zweckmäßig wird das anzuwendende Verfahren dem Behälter- und Apparatewerkstoff angepaßt[4], d. h. man hat hier zu unterscheiden zwischen Metallbehältern und solchen aus nichtmetallischen Werkstoffen.

Außer Blei und einigen Leichtmetallen können Behälter aus allen übrigen Metallen mit Polyvinylchlorid- (Vinidur-) Folien ausgekleidet werden. Als ungeeignet erweisen sich jedoch genietete Behälter, weil die Nietköpfe Spannungen der Folie verursachen. Man kann jedoch auch diese Behälter mit Polyvinylchlorid-Folien auskleiden, wenn man die Behälter zunächst mit einem Zementverputz versieht und dann auf diesen die Folie wie bei Betonbehältern aufbringt.

Zur direkten Auskleidung kommen somit nur geschweißte Behälter bzw. solche mit glatter Oberfläche in Frage.

Um ein gutes Haften der Folie an der Behälterwand zu erzielen, muß nach G. Wick und A. Iloff[5] die Metallfläche entfettet bzw. entölt, abgestrahlt und von Staub und Metallteilchen befreit werden. Auf die so vorbehandelte Oberfläche wird dann ein Lack aufgebracht, der ein Polymerisat der Vinylreihe enthält.

Als Klebmittel eignen sich nach A. Iloff und G. Wick[6] Lösungen von nachchloriertem Polyvinylchlorid. Mit dieser Klebelösung, z. B. PC 10[3], wird die Metallfläche mehrfach bestrichen und nach dem Verdunsten des Lösungsmittels die bestrichene Metallfläche von außen bis zum Fließpunkt, d. h. auf 130 bis 140°, erhitzt, wodurch das Lösungsmittel restlos entfernt und das Polyvinylchlorid der Klebelösung plastisch gemacht wird.

---

[1] F.P. 942259, N. V. de Bataafsche Petroleum Mij.

[2] Krannich, W.: Chem. Fabrik **13**, 233 (1940); Kunststoffe **31**, 192 (1942). — W. Bachmann: Z. VDI **84**, 425 (1940). — J. Hansen: Bautenschutz **11**, 165 (1940).

[3] Kainer, F.: Kurzes Handbuch der Polymerisationstechnik, Bd. 3, S. 525. Leipzig 1944.

[4] Sirot, A., u. W. Krannich: Kunststoffe im technischen Korrosionsschutz, S. 307, München 1943.

[5] DRP. 696035, Ital.P. 368272, I.G. Farbenindustrie A.G.

[6] DRP. 683067, F.P. 834891, Ital.P. 368272, I.G. Farbenindustrie A.G.

Die zum Auftragen benützte Polyvinylchlorid-Folie wird auf der Auftragseite mit einer Klebelösung aus nachchloriertem Polyvinylchlorid PCA 20 bestrichen, das Lösungsmittel verdunsten gelassen und die so vorbereitete Folie auf die von außen auf 130° erhitzte Metallfläche aufgestrichen oder aufgepreßt.

Man verfährt dabei im einzelnen wie folgt:

Die auszukleidende Fläche eines Metallgefäßes wird mit einem Sandstrahlgebläse abgestrahlt und dann mit einem dreifachen Überzug einer 10prozentigen Lösung von nachchloriertem Polyvinylchlorid in Methylenchlorid versehen, wobei jeder Lacküberzug vor dem Aufbringen des nächsten an der Luft getrocknet sein soll. Hierauf werden durch Erwärmen des Gefäßes von außen die Lösungsmittelreste aus dem Lacküberzug restlos entfernt. Das geschieht entweder durch Erwärmen der Gefäßwände mit einer Brennerflamme oder auch durch Strahlenheizung bzw. Wirbelstromheizung. Die Lackschicht wird dabei durch das Auftreten von feinen Gasbläschen des dampfförmigen Lösungsmittels getrübt, und erst wenn keine Gasbläschen mehr entweichen, ist die Trocknung beendet.

Auf den noch warmen und durch die Wärme plastisch gewordenen Lacküberzug drückt man eine Folie aus Polyvinylchlorid, die vorher mit einer 20prozentigen Lösung von nachchloriertem Polyvinylchlorid in Aceton bestrichen wurde und aus der nach dem Trocknen die restlichen Lösungsmittelmengen durch Auflegen auf eine heiße Platte entfernt werden. Die Folie liegt mit ihrer lackierten Seite auf der lackierten Gefäßwand und wird fest angedrückt, wobei etwa noch vorhandene Luftbläschen mit einer Gummiwalze oder dgl. sorgfältig entfernt werden. Der Überzug zeigt eine hervorragende Haftfestigkeit auf der Metallfläche.

Dieses vorbeschriebene Verfahren ist nur auf die Auskleidung von Metallbehältern beschränkt; nicht anwendbar ist es bei Behältern aus Holz oder Beton, da man die zur Plastizierung des Polyvinylchlorids der Klebschicht erforderliche Aufwärmung nicht vornehmen kann.

Hier muß das von K. THINIUS und F. LÖBLEIN[1] entwickelte Verfahren angewandt werden. Nach Feststellungen dieser Forscher kann man eine innige Verbindung der auszukleidenden Holzbehälter mit Polyvinylchlorid-Folien ohne Benutzung hoher Temperaturen mit oder ohne gleichzeitige Druckanwendung erzielen, wenn man auf der Klebseite der Folie zunächst eine äußerst dünne, weichmacherhaltige Schicht von Polyvinylchlorid aufbringt und sodann die Verklebung der Polyvinylchlorid-Folie mittels einer wäßrigen Emulsion eines Mischpolymerisats aus Vinyl-Verbindungen vornimmt.

Das Aufbringen dieser dünnen, nur Bruchteile eines Millimeters messenden weichmacherhaltigen Schicht auf der Klebfläche erfolgt durch einseitiges Bestreichen der Folie mit einer Weichmacherlösung in organischen Lösungsmitteln.

Als besonders geeignete Klebstoffe haben sich erwiesen Mischpolymerisate aus Vinylchlorid, Vinylacetat und Acrylsäurebutylester, Mischpolymerisate aus Acrylsäurenitril und Acrylsäuremethylester, aus Vinylisobutylester und Acrylsäureester, Gemische beider Mischpolymerisate oder die einfachen Mischpolymerisate aus Vinyläther, Acrylsäure, Acrylsäureester und Styrol.

Nach A. SIROT[2] dient bei der Auskleidung von Holz- und Betonbehältern als Klebelösung für den Untergrund die Polyvinylchlorid-

---

[1] DRP. 686633, F.P. 853483, Ital.P. 371382, Deutsche Celluloid-Fabrik A.G.

[2] KRANNICH, W.: Kunststoffe im techn. Korrosionsschutz, S. 306. München 1943.

Lösung PC 13 AM. Der Untergrund wird mit dieser Lösung dreimal vorgestrichen, wobei die ersten beiden Anstriche am Tage vor der Auskleidung mit ungefähr einstündigem Abstand und der dritte Anstrich unmittelbar vor der Verlegung der Folie erfolgt. Wenn dieser dritte Anstrich beim Berühren mit der Hand nicht mehr klebt, wird die mit der Klebelösung PCA 20 vorgestrichene Folie auf den Untergrund aufgelegt, mit weicher, offener Flamme auf der ungestrichenen Seite direkt erwärmt und festgedrückt.

Um einen dauernd guten Verband zu erzielen, können nur Behälter auf diese Weise ausgekleidet werden, die aus ausgetrocknetem, abgelagertem Holz hergestellt wurden.

Von Betonbehältern eignen sich besonders solche aus Eisenbeton. Auf den Unterbeton muß dann noch eine Zementputzschicht aufgetragen werden, in der Kalk zur Magerung nicht zugesetzt werden darf, weil die Klebelösung auf einem Kalkzementputz nicht haftet.

Um eine dauernde und sichere Verbindung der Polyvinylchlorid-Folien mit der Beton- oder Mauerwandung zu erzielen, verwenden F. HEINRICH, J. LÖFFLER und H. J. WERNECKE[1] als Zwischenlage ein zweckmäßig engmaschiges Drahtgewebe, welches gegebenenfalls mit entsprechenden Halterungen in dem Untergrund eingebettet werden kann.

Diese Art der Auskleidung ist an Hand der in Abb. 53 gezeigten Darstellung näher erläutert.

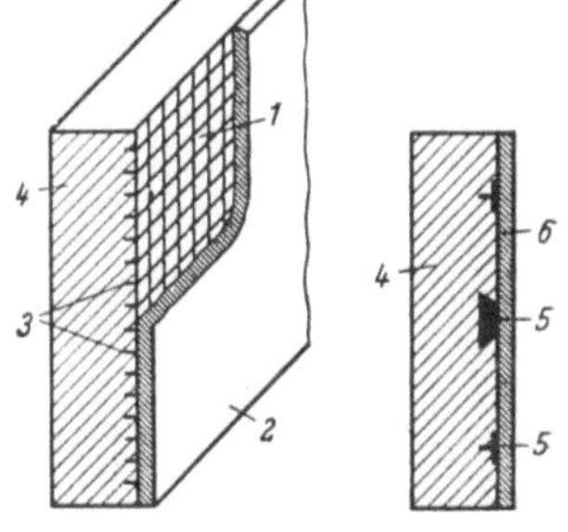

Abb. 53. Auskleidung von Beton- oder Mauerwerk mit Polyvinylchlorid-Folien.

Das engmaschige Drahtgewebe 1 wird zunächst z. B. durch Tauchen, Streichen oder Spritzen mit einer Polyvinylchlorid-Lösung überzogen. Nachdem dieser Überzug getrocknet ist, wird das Drahtgewebe 1 auf die Polyvinylchlorid-Folie 2, die in gleicher Weise auf der Rückseite mit Polyvinylchlorid-Lösung vorgestrichen sein kann, aufgelegt und unter gleichzeitigem Erwärmen aufgepreßt. Hierzu verwendet man zweckmäßig geheizte Walzen.

Um nun die Drahtgewebeseite der Folie mit dem Untergrund 4 fest verbinden zu können, ist das Drahtgewebe mit Halterorganen, z. B. Widerhaken 3 od. dgl., versehen, die an dem Drahtgewebe befestigt sind. Diese Widerhaken 3 dienen zur Verankerung der armierten Folie am Untergrund, indem sie in diesem mit einem geeigneten Mörtel oder Kitt eingekittet werden.

Mit diesen armierten Polyvinylchlorid-Folien kann man nicht nur bereits vorliegende Betonbehälter nachträglich auskleiden, sondern diese Auskleidung gleichzeitig mit der Herstellung des Betonbehälters vornehmen. Dies kann z. B. auf folgende Weise erfolgen.

Die mit dem Drahtgewebe und mit Widerhaken versehene Folie wird mit der glatten Seite auf den Schalungskern aufgelegt und dann bis zur äußeren Verschalung mit der Betonmischung hintergefüllt.

Bei der Auskleidung von ziemlich ausgedehnten Behältern mit Polyvinylchlorid-Folien macht sich aber die Tatsache unangenehm be-

---

[1] DRP. 747767, ohne Patentinhaberangabe.

merkbar, daß Polyvinylchlorid einen viel höheren Wärmeausdehnungs-koeffizienten hat als andere Werkstoffe[1]. Ferner muß besonders bei Beton, aber auch bei Holz damit gerechnet werden, daß der auszuklei-dende Behälter im Laufe der Zeit feinere oder gröbere oberflächliche oder durchgehende Risse erhält. Die gut aufgeklebte Verkleidungsfolie wird bei solchen Rißbildungen ebenso wie bei großem Wärmegefälle mit auf-reißen. Das Aufreißen muß aber unter allen Umständen vermieden werden, wenn der Schutz erhalten bleiben soll.

Dieser Nachteil wird nach A. Schmid und J. Buss[2] beseitigt, wenn man zum Auskleiden der Behälter usw. eine doppelschichtige Folie be-nutzt, deren eine Schicht aus Polyvinylchlorid besteht. Auf diese Poly-vinylchlorid-Folie wird unter Druck und bzw. oder Hitze, gegebenenfalls unter Hinzufügung eines geeigneten Klebemittels, auf ihrer einen Ober-fläche in an sich bekannter Weise eine Folie aus Polyisobutylen, das mit Füllstoff versehen sein kann, aufgebracht. Dadurch entsteht eine Ver-bundfolie, deren eine Oberfläche nur aus Polyvinylchlorid besteht, also gegen Chemikalien beständig ist, während die andere Folienseite aus Polyisobutylen besteht, das sich gut auf Unterlagen, wie Metall, Beton oder Holz, aufkleben läßt, ohne allerdings die gleiche Beständigkeit gegen Chemikalien zu besitzen wie Polyvinylchlorid. Diese Verbundfolie wird auf den zu schützenden Gegenstand mit der Polyisobutylenseite auf-geklebt, so daß nur die Polyvinylchloridseite im Betrieb dem chemischen Angriff ausgesetzt ist. Dadurch wird die gleiche Beständigkeit gegen Chemikalien erzielt wie bei der Verkleidung mit reiner Polyvinylchlorid-Folie. Die Gefahr des Reißens der Verbundfolie ist aber vermieden, da die zwischengeschaltete Schicht aus Polyisobutylen infolge ihrer hohen Elastizität etwaige örtliche Spannungen überbrückt und aus-gleicht.

Man kann auch so vorgehen, daß man auf den zu verklebenden Gegenstand zuerst eine Folie aus Polyisobutylen aufklebt und auf diese nachträglich die Polyvinylchlorid-Folie aufbringt. Doch ist das Auf-tragen einer Verbundfolie auf den auszukleidenden Behälter oder dgl. einfacher. Obendrein hat die Verbundfolie den Vorteil, daß sie sich auf Beton besser verarbeiten läßt als eine reine Polyvinylchlorid-Folie, da Polyisobutylen, das fast immer mit Füllstoffen versetzt ist, auch auf nicht besonders vorbereitetem Beton besser haftet als Poly-vinylchlorid.

Die Dichtung zwischen den Polyvinylchlorid-Folien oder Polyvinyl-chlorid-Verbundfolien kann entweder durch Überlappung oder durch Verschweißung der stumpfgestoßenen Folien erfolgen.

Neben Folien werden auch Platten aus Polyvinylchlorid zum Aus-kleiden besonders dann verwendet, wenn eine starke mechanische und thermische Beanspruchung vorliegt.

Aus diesen Platten können entsprechende Einlagen hergestellt werden, die dann in die zu schützenden Behälter eingebaut werden.

---

[1] Kainer, F.: Kurzes Handbuch der Polymerisationstechnik, Bd. 3, S. 527. Leipzig 1944.

[2] DRP. 723 201, Dynamit A.G. vorm. A. Nobel & Co.

Nach A. SIROT[1] werden in diesen Fällen Vinidur-Platten in einer Stärke von 3 bis 5 mm angewandt.

Mit Polyvinylchlorid, insbesondere mit Polyvinylchlorid-Folien, hergestellte Auskleidungen haben sich in allen Zweigen der chemischen Industrie bewährt, und zwar nicht nur als Lagerbehälter, sondern auch vielfach als Reaktions- und Rührwerksbehälter, da Polyvinylchlorid (*Vinidur*) in seiner Abriebfestigkeit etwa der des Kupfers entspricht[2].

In der Metallindustrie haben sich Auskleidungen mit Polyvinylchlorid-Folien bei Beiz- und galvanischen Bädern als geeignet erwiesen.

Die Lederindustrie macht von dieser Möglichkeit des Korrosionsschutzes bei Gerbgruben und Vorratsbehältern für Gerbflüssigkeiten Gebrauch, da Polyvinylchlorid auch gegenüber natürlichen und künstlichen Gerbstoffen beständig ist. Diese Korrosionsbeständigkeit ist auch bei höheren Temperaturen größer als die von Kupfer und Messing[3].

Ein großes Verwendungsgebiet ist der Polyvinylchlorid-Auskleidung auf dem Nahrungs- und Genußmittelgebiet erschlossen. Hier seien vor allem Molkereibetriebe und das Braugewerbe zu nennen, ferner die Fruchtsaftherstellung. Allerdings kommen hier nur solche Polyvinylchlorid-Folien od. dgl. zur Anwendung, die keine schädlichen Zusätze, vor allem also kein Trikresylphosphat als Weichmacher enthalten.

Polyvinylchlorid kann auch gemeinsam mit anderen Massen zum Überziehen von Behältern aus Beton, Mauerwerk, Holz oder Metall verwendet werden. In diesem Fall erhält man festhaftende Überzüge, wenn man auf die zu schützenden Flächen zunächst eine füllstoffhaltige wäßrige Emulsion oder Suspension von Polyvinylchlorid aufbringt[4].

F. HEINRICH und K. STREHLE[5] bringen wieder vor dem Auftragen der Polyvinylchlorid-Schicht auf die zu isolierenden Flächen eine Zwischenschicht aus Moos-, Zell- oder Schwammgummi auf.

Nach einem anderen Verfahren der gleichen Firma[6] trägt man auf die zu schützende Fläche zunächst einen aus einem Thioplast bestehenden Überzug auf und versieht diesen mit einer Schicht aus Polyvinylchlorid.

Die neben Polyvinylchlorid als Korrosionsschutz gleichzeitig zu verwendenden Thioplaste kann man gemeinsam verwenden, indem man der Polyvinylchlorid-Suspension eine solche von Thioplasten zusetzt[7].

B. Metallrohrisolierung.

Mit Hilfe von Polyvinylchlorid kann man Metallrohren einen ausreichenden Korrosionsschutz erteilen[8].

---

[1] SIROT, A.: Kunststoffe **11**, 109 (1941).
[2] KRANNICH, W.: Kunststoffe im techn. Korrosionsschutz, S. 306. München 1943.
[3] STATHER, F., u. H. HERFELD: Collegium **1939**, Nr. 285, 11.
[4] Ital.P. 395 639, Gewerkschaft Keramchemie Berggarten.
[5] DRP. 742 629, Gewerkschaft Keramchemie Berggarten.
[6] Belg.P. 440 412, Gewerkschaft Keramchemie Berggarten.
[7] F.P. 886 724, Silesia Verein chem. Fabriken.
[8] KAINER, F.: Kurzes Handbuch der Polymerisationstechnik, Bd. 3, S. 529. Leipzig 1944.

Je nach dem erforderlichen Zweck kann man die gegen Korrosion zu schützenden Metallrohre mit einer Polyvinylchlorid-Umkleidung, Polyvinylchlorid-Auskleidung oder sowohl einer Umkleidung als auch Auskleidung aus Polyvinylchlorid versehen.

1. Rohrumkleidung.

Das Überziehen der Metallrohre mit Polyvinylchlorid kann in verschiedener Weise erfolgen.

Nach dem einen Verfahren werden Metallrohre mit *Rohren* aus Polyvinylchlorid in der Wärme überzogen, wobei eine Verfestigung durch Aufschrumpfen erfolgt. Diese Arbeitsweise erfordert aber eine Reihe hintereinander geschalteter Einzelarbeitsgänge, von denen jeder einzelne sorgfältig durchgeführt werden muß, um einen gut sitzenden Überzug zu erhalten. Der Durchmesser der Polyvinylchlorid-Rohre ist ferner beschränkt[1] und die zu schützenden Rohre oft geformt, so daß ein Überziehen nicht immer möglich ist.

An Stelle der Rohre hat man deshalb *Platten* aus Polyvinylchlorid zum Umkleiden von Metallrohren vorgeschlagen. Diese Platten werden der äußeren Rohrform angepaßt und durch Verschweißen der Stoßnähte untereinander verbunden. Es hat sich jedoch gezeigt, daß die Schweißnähte, die parallel zu der Längsachse liegen, den Druckbeanspruchungen nicht gewachsen sind und oft einreißen.

Nach einem weiteren Verfahren hat man Metallrohre spiralförmig mit *Folien* aus Polyvinylchlorid umwickelt. Um einen fest auf dem Untergrund aufliegenden Überzug zu erhalten, muß jedoch die Folie vor dem Aufwickeln angewärmt werden. Damit ist aber meist eine Desorientierung der Makromoleküle verbunden, die ihrerseits wieder zu einer nicht erwünschten Festigkeitsminderung der Überzugsfolie führt.

Nach Feststellungen von O. HAUFFE[2] erzielt man aber einen besseren Korrosionsschutz, wenn man die Umkleidung mit dem Polyvinylchlorid unmittelbar nach seiner Verformung zu Folien, deren Breite jeweils kleiner als die halbe Länge des zu umwickelnden Rohres ist, vornimmt, also bevor noch eine Abkühlung unter dem Erweichungspunkt des Polymerisats eingetreten ist.

Das Überziehen eines Rohres nach diesem Verfahren hat den Vorteil, daß die Folie aus dem Polyvinylchlorid in einem solchen Zustand zum Überziehen benutzt wird, in dem die Moleküle infolge der Richtwirkung der Presse und des Abziehens sich in einem weitgehend orientierten Zustand befinden und in diesem Zustand auf dem Rohr erkalten.

Die Vereinigung der einzelnen Windungen der Folie zu einer geschlossenen Überzugsfläche erfolgt durch an sich bekanntes Verkleben oder Verschweißen.

Zu dem schraubenlinienförmigen Umwickeln der Folie bedient man sich z. B. der in Abb. 54 dargestellten Vorrichtung.

Aus der auf 180 bis 200° angewärmten Presse *1* tritt eine etwa 10 cm breite und 2 bis 5 mm dicke Folie aus Polyvinylchlorid aus. In einer Entfernung von etwa 20 bis 30 cm befindet sich vor dem Mundstück ein Eisenrohr *3* von etwa.

---

[1] Siehe Seite 316.   [2] DRP. 723 200, Deutsche Celluloid-Fabrik A.G.

50 cm Durchmesser, das unter einem Winkel von 20° gegen die Horizontale geneigt ist und sich mit einer Geschwindigkeit von 1,6 m je Minute dreht und gleichzeitig im Sinne des mit *4* bezeichneten Pfeiles um 10,7 cm fortbewegt. Ein Stempel *5* dient zum Andrücken des jeweils frisch angelegten Teiles der noch etwa 160 bis 180° heißen Polyvinylchlorid-Folie. Die Stoßkanten der Folie werden mit einem aus Polyvinylchlorid bestehenden Schweißdraht von gleicher Dicke wie die Folie nach dem völligen Erkalten verschweißt. Man kann das Verschweißen auch unmittelbar nach dem Auflegen einer bestimmten Strecke der Bahn unter geringer weiterer Wärmezufuhr, gegebenenfalls unter Anwendung gelinden Druckes vornehmen. Mit *6* ist die Antriebsvorrichtung für das Werkstück angedeutet.

Vor dem Auftragen der Polyvinylchlorid-Folie können die Metallrohre, z. B. Gas- oder Wasserrohre, nach F. WINTER[1] zunächst mit einer plastisch bleibenden, nicht versprödenden und anstreichbaren Masse aus bei der Erdöldestillation anfallenden Rückständen überzogen werden. Auf diese Isoliermasse werden dann die Polyvinylchlorid-Folien aufgebracht.

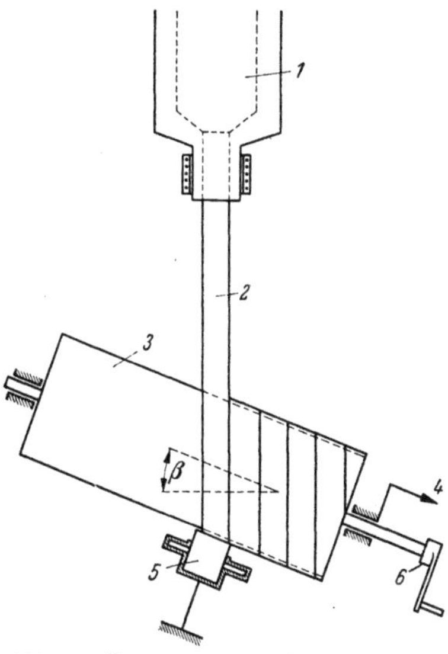

Abb. 54. Vorrichtung zum Umkleiden von Metallrohren.

Beispielsweise wird ein Eisenrohr mit einer plastischen Schutzbinde umwickelt, die aus einem Baumwollband besteht, auf das eine Mischung aus Rückständen oder Destillaten der Erdölindustrie mit einem Tropfpunkt von etwa 45° beidseitig aufgetragen ist. Die Umwicklung läßt sich mit der Hand glattstreichen, so daß eine lückenlose plastische Umhüllung gebildet wird. Um diese Hülle wird dann eine Folie aus Polyvinylchlorid spiralig herumgewickelt.

Die so isolierten Rohre werden auch im verlegten Erdreich gegen Korrosion geschützt.

Um eine feste Verbindung zwischen Überzugsmasse und Rohrwand zu erzielen, bringt man zunächst eine füllstoffhaltige wäßrige Emulsion oder Suspension aus Polyvinylchlorid auf[2].

Metallrohren kann man eine korrosionsfeste Umhüllung schließlich auch noch dadurch erteilen, daß man diese mit einer durch Erhitzen plastisch gemachten Polyvinylchlorid-Masse umspritzt.

In diesem Falle kann man das Polyvinylchlorid gegebenenfalls gemeinsam mit anderen Isoliermassen, z. B. Bitumen, verwenden.

Eine gegen Korrosion schützende Verkleidungsmasse wird z. B. erhalten durch Erhitzen einer Mischung von 5 kg durch Tiefkühlung gereinigtem Anthracenöl, 2 kg Steinkohlenhartpech und 0,4 kg Polyvinylchlorid[3]. Zu dieser Mischung fügt man noch 30 bis 60 Prozent Füllstoffe, besonders feingemahlenen Kalkstein.

---

[1] DRP. 748033, ohne Angabe des Patentinhabers.
[2] Ital.P. 395639, Gewerkschaft Keramchemie Berggarten.
[3] F.P. 869415, Schwz.P. 222259, Kohle- und Eisenforschungs-G.m.b.H.

2. Rohrauskleidung.

Polyvinylchlorid oder Vinylchlorid-Mischpolymerisate werden neuerdings auch dazu benützt, um Rohre oder Rohrleitungen aus Metall gegen korrodierende Flüssigkeiten zu schützen [1].

Einen solchen korrosionsbeständigen Innenschutz kann man erzielen, wenn man in das Metallrohr ein dünnes Futterrohr aus Polyvinylchlorid einzieht [2]. Dieses Futterrohr wird mit einer Klebstofflösung überzogen, die man zunächst trocknen läßt, um sie nach dem Einziehen des Futterrohres durch Erwärmen wieder zu verflüssigen. Während des Erwärmens wird Druckluft durch das Futterrohr gedrückt, wodurch beide Rohre miteinander verbunden werden. So hergestellte Metallrohrisolierungen werden weder von anorganischen noch von organischen Säuren, Alkalilösungen, Petroleum und Pflanzenöl angegriffen.

In ähnlicher Weise nimmt die Firma National Carbon Co., Inc. [3] die Innenauskleidung von Metallrohren, und zwar unter Verwendung eines aus Vinylchlorid und Vinylacetat bestehenden Mischpolymerisates gespritzten Schlauches, vor. Dieser Schlauch wird in das auszukleidende Metallrohr von größerem Durchmesser eingezogen. Dann preßt man den Schlauch mit Druckluft unter Erhitzen z. B. auf 110° während 15 Minuten gegen das Metallrohr.

C. Apparate- und Maschinenschutz.

Folien aus Polyvinylchlorid oder Vinylchlorid-Mischpolymerisaten werden neuerdings auch zum vorübergehenden oder dauernden Schutz von Instrumenten, Apparaten oder Maschinen verwendet [4].

Um einen allseitigen Abschluß bei dauerndem Schutz zu erzielen, werden entsprechende Folienzuschnitte entweder verschweißt oder verklebt.

In den letzten Jahren wurde in den Vereinigten Staaten von Nordamerika, und zwar von den Firmen R. A. BRAND & Co. und BUTLER & Co. [5], dieses Verfahren zum Schutz von Maschinen und dgl. vor Korrosion während langer Lagerperioden oder auf Seereisen entwickelt.

Nach dieser sogenannten Kokontechnik werden die zu schützenden Gegenstände zunächst an den Ecken und Vorsprüngen mit einer Polsterung versehen, dann wird ein Netz von schmiegsamen Bändern senkrecht und waagerecht derart herumgezogen, daß Maschen von 40 bis 50 qcm entstehen. Mit einer Spritzpistole wird auf das Netz eine faserbildende Lösung aufgetragen, welche die Maschine mit einer spinnwebenartigen Schicht bedeckt. Die Lösungen enthalten Polyvinylchlorid, Vinylchlorid-Vinylacetat-Mischpolymerisat und Polyvinylidenchlorid.

Nach dem Eintrocknen werden mehrere — im allgemeinen zwei — Schichten einer ähnlich aufgebauten, aber verdünnteren Lösung aufgespritzt.

Der so erhaltene staub- und feuchtigkeitsdichte Überzug soll mindestens 3 bis 4 Jahre vollen Schutz gewähren.

---

[1] Ind. Engng. Chem., id. Edit. **39**, 16 (1947).
[2] American Pipe and Construction Comp.
[3] F.P. 773953, 773954, National Carbon Co., Inc.
[4] HALLS, E. E.: Plastics **6**, 141 (1942).   [5] Kunststoffe **37**, 238 (1947).

Für eine bis zu 10 Jahren oder mehr dauernde Lagerung wird noch eine Bitumenlackdeckschicht aufgespritzt und gegen Sonnenbestrahlung eine solche aus Aluminiumbronze mit Bitumen.

In das Innere werden Kieselsäuregel-Depot und ein Feuchtigkeitsindikator eingebracht, welche durch ein Fenster beobachtet werden können.

XX. Apparatebau.

Polyvinylchlorid ist ein vorzüglicher Austauschstoff für Buntmetalle und Edelstähle, aber auch für Gummi, Glas, Ton und Emaille. Man verwendet deshalb diesen Kunststoff im Austausch gegen die genannten Stoffe im Apparatebau in der chemischen und pharmazeutischen Industrie, Kunstseide- und Papierindustrie, in Bleichereien, in der Galvanotechnik, im Nahrungsmittel- und Genußmittelgewerbe usw.[1]. Die aus Polyvinylchlorid bestehenden Handelsprodukte *Mipolam*, *Vinidur* und *Igelit PCU* können Kupfer und seine Legierungen im Apparatebau für die Ledererzeugung und die Extraktindustrie ersetzen[2].

Für den Einsatz von Polyvinylchlorid oder seinen Mischpolymerisaten als Werkstoff im Apparatebau ist es von Vorteil, daß sich diese Kunststoffe ähnlich wie Metalle nicht nur spanabhebend bearbeiten[3], sondern auch schweißen[4] lassen.

Kleinere Apparateteile können durch einen Formgebungsprozeß nach den auf S. 286 beschriebenen Verfahren hergestellt werden.

In großem Umfange werden in den eingangs genannten Industrien *Rohrleitungen*[5] und *Rohrarmaturen*[6] verwendet. Darüber hinaus werden aus Kunststoffen auf Polyvinylchlorid-Basis *Luft-* und *Wasserstrahlpumpen*, *Säuremesser*, *Schwimmer*, *Vorlagen*, *Ventilatoren*, *Kühler*, *Abzugsanlagen*, *Pumpen*, *Kreiselgebläse*, *Drehfilter* und dgl. mehr hergestellt[7].

In der Papier- und Zellstoffindustrie dient Polyvinylchlorid zur Anfertigung von *Ablaufrinnen*, *Abdeckhauben*, *Stoffeindickern*, *Schaufelrädern*, *Umkleidungen* von *Leitwalzen*, für *Langsiebmaschinen* und dgl. In der Kunstseide- und Zellwollindustrie dient Polyvinylchlorid nach H. WIPPENHOHN[8] als Werkstoff für die Herstellung von *Verteiler-*, *Dosier-* und *Wascheinrichtungen*, *Abzugsanlagen*, *Spinntopfbatterien*, *Spinnbögen* usw. *Spinnbäder* bis zu 20 m Länge können aus Vinidurplatten geschweißt werden und haben sich gut bewährt. Man muß nur dafür sorgen, daß die langen Stücke sich ungehindert ausdehnen können[9].

In Kammgarn- und Baumwollspinnereien werden Mipolamschläuche bestimmter Zusammensetzung als Ersatz für Schafleder bei der Anfertigung von Spinnzylindern benützt[10]. Während Gummi und Fiber

---

[1] BECK, H.: Maschinenbau, Betrieb **19**, 437 (1942).
[2] STATHER, F., u. H. HERFELD: Collegium **1938**, Nr. 825, 1, 11.
[3] Siehe Seite 280.   [4] Siehe Seite 402.
[5] Siehe Seite 547.   [6] Siehe Seite 547.
[7] MIENES, K.: Kunststoffe **30**, 224 (1940).
[8] KRANNICH, W.: Kunststoffe im techn. Korrosionsschutz, S. 298. München 1943.
[9] KRANNICH, W.: Chem. Techn. **16**, 49 (1943).
[10] MIENES, K.: Kunststoffe **30**, 224 (1940).

als Ersatz für Schafleder nicht geeignet sind, ist die Lebensdauer von *Mipolam* mit 2 bis 4 Jahren mindestens viermal so lang wie beim Schafleder, weil die Walzen sich nach Oberflächenabnutzung ohne weiteres abdrehen lassen, während Schafleder nach einem halben Jahr durchläuft.

Gerbereibetriebe verwenden ebenfalls als Werkstoff für die verschiedensten Apparate Polyvinylchlorid. So werden z. B. *Walzfässer*, *Ausrecktafeln* und *Schabebäume* aus diesem Kunststoff gefertigt.

In Galvanisieranstalten werden *Galvanisierbäder* und die dazugehörigen Abzugskanäle aus Polyvinylchlorid sowie *Galvanisiertrommeln*, letztere aus perforierten *Vinidur-Platten*, angefertigt. Weichgestelltes Polyvinylchlorid, wie *Weichmipolam 1014*, dient in Form von Bändern, Schläuchen und Platten in der Galvanotechnik zur Abdeckung der Einhängevorrichtung und Abschirmung der nicht für die Stromleitung benötigten Flächen bei galvanischen Bädern, insbesondere Hartchrombädern[1]. Dieses Weichmipolam ist beständig gegen die meisten technischen Badflüssigkeiten, besonders gegen Chrombäder bis zu 60 und 70°, besitzt hohes Dehnungsvermögen, Alterungsbeständigkeit und läßt sich nach Gebrauch wieder abwickeln und abziehen.

Mit der vorbeschriebenen, mehr stichwortartigen Aufzählung einzelner Anwendungsmöglichkeiten ist jedoch die Anwendung von Polyvinylchlorid im Apparatebau keineswegs erschöpft.

Man kann diesen Werkstoff innerhalb der durch die Thermoplastizität bedingten Grenzen überall dort verwenden, wo korrosionsbeständige Apparaturen erforderlich sind.

Eine weitere Anwendung findet Polyvinylchlorid im Apparatebau als Auskleidungsmaterial zum Schutze von Apparaturen gegen Korrosion, wie in den nachstehenden Abschnitten gezeigt wird.

A. Rohrverarbeitung.

Die aus Polyvinylchlorid oder Vinylchlorid-Mischpolymerisaten hergestellten Rohre, die in bestimmten Längen[2] hergestellt werden, müssen beim Einbau oder Verlegen den örtlichen Verhältnissen entsprechend gebogen und die einzelnen Rohrstücke zu Leitungen miteinander verbunden werden.

1. Rohrbiegen.

Die beim Verlegen von Polyvinylchlorid-Rohren erforderlichen Rohrbogen müssen, sofern nicht genormte Rohrbogen zur Anwendung gelangen können, durch Biegen der plastisch gemachten Rohre hergestellt werden.

Das Biegen der Rohre kann nach den gleichen Verfahren vorgenommen werden, die beim Biegen von Glas- oder Metallrohren üblich sind[3].

---

[1] Sagel, H. A.: Metallwaren-Ind. Galvanotechn. **41**, 60 (1943).

[2] Siehe Seite 325.

[3] Krannich, W., u. H. Wippenhohn in W. Krannich: Kunststoffe im techn. Korrosionsschutz, S. 167. München 1943.

Polyvinylchlorid- (Vinidur-) Rohre werden in Wärmeöfen auf eine Temperatur von 130° erhitzt und, um eine Faltenbildung und Querschnittsverengung an der Biegestelle zu verhindern, mit Sand von einer Temperatur von 120 bis 130° gefüllt und die Rohrenden mit Stopfen verschlossen.

Dann wird die Biegestelle unter gleichzeitigem Anwärmen mit einer Gasflamme gebogen.

An Stelle des Sandes kann man in das erwärmte und zu biegende Rohr einen Buna-Schlauch einführen, der, mit Dampf oder Luft aufgeweitet, das Biegen des Rohres nach einer Schablone gestattet.

In gleicher Weise kann man auch Rohre aus Vinylchlorid-Mischpolymerisaten, z. B. *Astralon* oder *Vinidur MP-transparent*, biegen, nur mit dem Unterschied, daß beim *Astralon* Biegetemperaturen von 80° und bei *Vinidur MP-transparent* solche von 55° einzuhalten sind.

Auf diese Weise kann man Rohre bis zu einem Durchmesser von 15 mm bei Übung zufriedenstellend biegen.

Rohre mit lichten Weiten über 150 mm werden nicht mehr gebogen, sondern die Bogenstücke wie die Rohre selbst aus Platten zusammengeschweißt.

2. Rohrverbindungen.

Rohre aus *Vinidur* oder aus *Vinidur MP-transparent* können miteinander nach verschiedenen Verfahren verbunden werden.

Eine Verbindung von zwei Rohrenden wird z. B. in folgender Weise erreicht: Das eine Rohrende wird nach erfolgter Erwärmung vermittels eines Dornes zu einer Muffe aufgeweitet und das aufgeweitete Ende auf das andere kalte Rohrende aufgesetzt. Eine dichte Verbindung beider Rohre wird erreicht, wenn man das aufgeweitete Ende wieder erwärmt. Nach dem Abkühlen erfolgt durch Zusammenziehen des aufgeweiteten Teiles, durch das sogenannte Aufschrumpfen, eine dichte Verbindung[1].

Eine andere Möglichkeit, eine dichte Rohrverbindung herzustellen, besteht darin, daß man das aufgeweitete Rohrende mit dem nicht aufgeweiteten Rohrende mit Hilfe eines Klebemittels auf Polyvinylchlorid-Basis, nämlich Klebelösung PC 20, verklebt. Das Verkleben selbst wird wie folgt vorgenommen:

Beide zu verklebenden Enden werden beim Polyvinylchlorid-Rohr (*Vinidur-Rohr*), nicht aber beim Vinidur-MP-transparent-Rohr, leicht angerauht.

Das Vinidur-Rohr wird dann mit Methylenchlorid, das Rohr aus Vinidur MP-transparent mit Tetrachlorkohlenstoff abgewaschen.

Die Klebelösung wird auf das auch aufgeweitete, angeschrägte Rohrende dünn aufgetragen. Das mit Klebelösung versehene Rohrende wird dann in das aufgeweitete Rohrende eingeschoben, ohne daß das Rohr gedreht wird. Die Klebstelle läßt sich dann je nach der Außentemperatur 12 bis 24 Stunden stehen.

Neuerdings werden in zunehmendem Maße auch bei druckbeanspruchten Rohren unlösbare Rohrverbindungen als Schweißung ausgebildet.

---

[1] KRANNICH, W., u. H. WIPPENHOHN in W. KRANNICH: Kunststoffe im techn. Korrosionsschutz, S. 169, 248, 271. München 1943.

Diese Art der Verbindung besitzt gegenüber den Verfahren der Aufschrumpfung und Klebung den Vorteil, einfacher und auch rascher durchführbar zu sein.

Neben der unlösbaren Verbindung lassen sich sowohl Polyvinylchlorid- als auch Vinylchlorid-Mischpolymerisat-Rohre lösbar miteinander verbinden.

Eine solche lösbare Rohrverbindung kann durch Rohrverschraubung erfolgen. Die für die Rohrverschraubungen erforderlichen Elemente: Einschraubteil, Bundbüchse und Überwurfmutter, werden durch spanabhabende Bearbeitung hergestellt oder gemäß DIN 8066 in gepreßter Form geliefert.

3. Rohrverbindungselemente.

In gleicher Weise wie Rohre können auch die im Rohrleitungsbau erforderlichen Rohrbogen, Winkel, T-Stücke, Abzweigstücke, Kranzstücke und Reduzierstücke aus Polymerisaten oder Mischpolymerisaten des Vinylchlorids hergestellt werden und ermöglichen auf diese Weise die Erstellung von Leitungen aus einheitlichem Werkstoff.

Die zur Verbindung der Polyvinylchlorid-Rohre erforderlichen Rohrbogen, Winkel oder T-Stücke sind genormt im Handel erhältlich.

In der Tab. 60 sind die Abmessungen von Vinidur-Rohrbogen nach DIN 8063 zusammengestellt.

Tabelle 60. *Vinidur-Rohrbogen nach DIN 8063.*

Nenn-weite	Rohr-durch-messer	Rundung	Länge	Für Drucke bis 2,5 kg/qcm		Für Drucke bis 6 kg/qcm	
				Wanddicke mm	Gewicht kg	Wanddicke mm	Gewicht kg
6	10	30	50	1,5	0,005	1,5	0,005
8	12	35	60	2	0,010	2	0,010
10	15	45	75	2	0,015	2	0,015
15	20	60	100	2,5	0,033	2,5	0,033
20	25	80	130	3	0,065	3	0,065
25	32	110	170	3	0,110	4	0,142
32	40	150	230	3,5	0,270	5	0,300
40	48	180	270	3,5	0,313	5,5	0,493
50	60	250	370	4	0,615	6,5	0,950
70	75	330	470	4,5	1,10		
80	90	400	570	5,5	2,00		
100	110	500	730	6,5	3,64		
125	135	650	900	7,5	6,31		
150	160	800	1100	8,5	10,4		

Neben diesen Rohrbogen sind die Abmessungen für Polyvinylchlorid-Winkel nach DIN 8064, ferner für Polyvinylchlorid-T-Stücke nach DIN 8065 genormt. Desgleichen sind die für die Verbindung von Polyvinylchlorid-Rohren erforderlichen Flanschverbindungen nach DIN 8067 genormt.

Soweit diese Rohrverbindungselemente in nicht genormten Abmessungen benötigt werden, müssen diese ebenso wie Kreuz-, Abzweig- oder Reduzierstücke jeweils angefertigt werden.

Diese Verbindungselemente werden mit den Polyvinylchlorid-Rohren in gleicher Weise verbunden, wie dies bei der Verbindung einzelner Rohrstücke bereits beschrieben wurde: Man verbindet diese Verbindungselemente mit den Rohrenden durch Klebung oder Schweißung.

4. Armaturen.

Als Folge des zunehmenden Einsatzes von Rohren aus Polyvinylchlorid ergab sich frühzeitig das Bedürfnis nach Absperrorganen aus dem gleichen Werkstoff[1].

Diese Absperrorgane können entweder durch spanabhebende Bearbeitung, durch Schweißung oder nach dem Spritzverfahren hergestellt werden[2].

Aus der Polyvinylchlorid-Sorte *Vinidur* werden die verschiedensten Ventiltypen hergestellt. So werden z. B. *Geradsitz-Ventile* mit innen laufender Spindel, bei denen der Ventilkörper aus aufeinander aufgeschrumpften Vinidur-Rohren besteht[3], oder mit außen laufender Spindel hergestellt. Bei letzterer Ausführungsform besteht der Ventilkörper aus zwei Schalen.

Neben diesen Geradsitz-Ventilen werden auch Schrägsitz-Ventile, und zwar gleichfalls mit innen oder außen laufender Spindel, hergestellt[4].

Absperrventile und Absperrhähne können auch in anderer Ausführung, und zwar mit oder ohne Metallarmierung, hergestellt werden[5].

Bei einer bestimmten Konstruktion bestehen Gehäuse und Küken aus *Vinidur*, wobei letzteres zur besseren Abdichtung mit geschmeidigem *Polyisobutylen* überzogen wird.

Aus Polyvinylchlorid (Vinidur) können auch größer dimensionierte Absperrorgane für Rohrleitungen gefertigt werden. So hat z. B. die Mulden-Wassergenossenschaft für den Verschluß des Abflußrohres (Rohrdurchmesser 600 mm) ihres Sulfitablaugen-Speicherteiches in Weißenborn an Stelle eines Holzschiebers einen Verschluß mit einer *Vinidur-Platte* mit Erfolg verwendet[6]. Die Verschlußplatte besteht aus einer 200 mm starken Hart-Vinidur-Platte, die auf eine 10 mm-Weich-Vinidur-Platte aufgeklebt ist.

5. Rohrleitungen.

Von den auf Polyvinylchlorid-Basis hergestellten Rohren haben sich nur die aus reinem Polyvinylchlorid hergestellten *Mipolam-* oder *Vinidur-Rohre* und bis zu einem gewissen Grade auch die aus bestimmten Vinylchlorid-Mischpolymerisaten hergestellten *Astralon-Rohre* bzw. *Vinidur-MP-transparent-Rohre* im Leitungsbau bewährt[7].

---

[1] RÖMER, E.: Kunststoffe **30**, 69 (1940).
[2] KLANT, H.: Kunststoffe **32**, 41 (1942).
[3] DRGM. 1477395.
[4] WICK, G.: Kunststoffe **27**, 84 (1937).
[5] MIENES, K.: Kunststoffe **30**, 224 (1940).
[6] KUNZE, W.: Gesundheits-Ing. **63**, 373 (1940).
[7] KAINER, F.: Kurzes Lehrbuch der Polymerisationstechnik, Bd. 3, S. 982. Leipzig 1944.

Voraussetzung für die Haltbarkeit von Leitungen aus Polyvinylchlorid ist nicht nur die sachgemäße Verbindung der einzelnen Rohrstücke untereinander oder mit anderen Rohrverbindungselementen, sondern auch eine sachgemäße Verlegung der Rohrleitung. In den VDI-Richtlinien 2010 sind die bei der Verlegung von Rohren aus Polyvinylchlorid gemachten Erfahrungen zusammengefaßt[1]. Beim Verlegen und beim Einbau der Rohrleitungen aus Polyvinylchlorid müssen die besonderen Eigenschaften dieses Kunststoffes berücksichtigt werden.

Die hohe Zähflüssigkeit der Rohre aus Polyvinylchlorid erlaubt die freie Verlegung ohne besondere Sicherung.

Bei sachgemäßer Halterung oder Unterstützung biegen sich Polyvinylchlorid- (Vinidur-) Rohre unter dem Einfluß des Sonnenlichtes nicht durch[2].

Die bei der Verlegung der Rohre erforderlichen Rohrschellen sollen nur an den Fixpunkten angezogen werden und müssen gegen Beschädigung durch die Haltervorrichtung mit z. B. *Weich-Igelit* unterlegt werden.

Bei Raumtemperatur genügt ein Rohrschellenabstand von 1 bis 1,5 m; für Temperaturen oberhalb 40° sollen Vinidur-Rohre immer auf einer Unterlage verlegt werden.

Bei gerade verlaufenden Rohrstrecken müssen Ausgleichbogen in Abständen von 20 bis 25 m eingebaut werden.

Durch stärkere Einkerbungen beschädigte Rohre scheiden für die Verwendung bei Druckbeanspruchung aus.

Die unter der Berücksichtigung der Eigenschaften des Vinylchlorids sachgemäß verlegten Rohrleitungen sind in einem Temperaturgebiet von —10° bis +50° mit gutem Erfolg verwendbar. Während eine Überschreitung der oberen Temperaturgrenze mit Rücksicht auf den relativ niedrigen Erweichungspunkt nicht statthaft ist, hat die Erfahrung gezeigt, daß im Freien verlegte Rohrleitungen auch Temperaturen bis zu —28° ohne Schaden überstanden haben.

Um die Strömungsgeschwindigkeit usw. der in diesen Rohren transportierten Gase oder Flüssigkeiten überwachen zu können, werden die im Rohrleitungsbau üblichen *Schaugläser* auch in *Vinidur-Rohre* eingebaut. Diese Schaugläser bestehen in diesem Falle nicht aus Glas, sondern aus durchsichtigen Platten aus einem Vinylchlorid-Mischpolymerisat, die durch Anschweißen in entsprechende Ausschnitte in der Rohrleitung eingebaut werden.

Die aus Polyvinylchlorid hergestellten *Vinidur-Rohre* werden vor allem in solchen Industrien und Gewerbezweigen verwendet, die eine nichtmetallische, korrosionsbeständige, hygienische Rohrleitung zur Förderung von Flüssigkeiten und Gasen brauchen[3].

Hierzu gehören im weitesten Sinne die chemische Industrie, die Textil- und Kunstseideindustrie, die Cellulose- und Papier- sowie Leder-

---

[1] HENNING, A.: Kunststoffe **34**, 161 (1944).

[2] KRANNICH, W.: Chem. Technik **16**, 49 (1943).

[3] KAINER, F.: Kurzes Handbuch der Polymerisationstechnik, Bd. 3, S. 982. Leipzig 1944.

industrie, die Seifenindustrie, Zucker- und Nahrungsmittelindustrie, Getränkeindustrie, das Brauerei- und Schankgewerbe usw.

Im Austausch gegen hochlegierte Stähle, Blei, Kupfer, Emaille und verzinnte Eisenrohre haben sich die harten Polyvinylchlorid-Rohre für Säureleitungen, Be- und Entlüftungsrohre bestens bewährt.

Für Säureleitungen können auch die nach dem Prinzip der Metallschlauchherstellung oder nach dem *Kopex-Verfahren*[1] hergestellten biegsamen Rohre verwendet werden[2].

Polyvinylchlorid-Rohre vermögen auch vielfach Rohre aus Glas, Porzellan oder Ton zu ersetzen und besitzen diesen gegenüber den Vorteil der leichteren Verlegung und des geringeren Gewichtes.

Rohre aus Polyvinylchlorid eignen sich zur Förderung von Chlorzink-, Alkali- oder Hypochloritlaugen, für Salzsäure und Natriumbisulfitlaugen und in Salpetersäurebetrieben für Kondenssäure sowie als Entlüftungsleitungen für Mischsäuredämpfe[3].

Sehr vorteilhaft haben sich diese Rohre aus Polyvinylchlorid auch für Berieselungsanlagen zum Kühlen von Mischsäurekesseln bewährt. Das bei Eisenrohren so lästige Verstopfen der Spritzdüsen durch Rostteilchen ist hier ausgeschlossen.

Rohre aus Polyvinylchlorid können an Stelle von Blei- oder Kautschukrohren zur Förderung verdünnter und konzentrierter Schwefelsäure, Phosphorsäure, Flußsäure, Kieselfluorwasserstoffsäure verwendet werden[4].

Sie dienen ferner in der chemischen Industrie zur Leitung gasförmigen Chlors, Ozons, Schwefeldioxyds usw.[5].

Polyvinylchlorid-Rohre können auch zum Transport von Kühlsoleleitungen dann verwendet werden, wenn die Gefahr starker Erschütterungen ausgeschaltet wird.

An Stelle von Eisenrohren werden diese Kunststoffrohre neuerdings für Druckleitungen für hydraulische Steuerungen mit Erfolg benützt.

Polyvinylchlorid-Rohre sind ferner überall dort von Vorteil, wo eine bestimmte Wasserstoffionenkonzentration des Wassers verlangt wird, z. B. für Speisewasseraufbereitung, Rückleitung von Kondenswasser u. dgl.[6].

Wegen ihrer völligen Geschmacklosigkeit und physiologischen Unbedenklichkeit eignen sich Polyvinylchloridrohre für den Transport geschmackempfindlicher Flüssigkeiten, wie Bier, Milch, Fruchtsäfte und dgl.

Rohre aus Polyvinylchlorid können auch für Hausinnenleitungen verwendet werden[7]. Bei einer Wandstärke von 3 mm und 75 mm lichter Weite halten diese Rohre einem Innendruck von 12 Atmosphären stand. Sie können mit kleinerem Durchmesser als die üblichen Rohre verlegt werden, weil ihre glattbleibende Innenhaut geringeren Reibungswider-

---

[1] Siehe Seite 327.　　　[2] MIENES, K.: Kunststoffe **32**, 35 (1942).
[3] MIENES, K.: Kunststoffe **28**, 196 (1938); **30**, 224 (1940).
[4] KOLLEK. L.: Kunststoffe **29**, 41 (1939).
[5] Kunststoffe **25**, 226 (1935).
[6] LUTZ, H.: Wärme **60**, 428 (1937).
[7] WECKWERTH, F.: Gas- u. Wasserfach **80**, 795 (1937).

stand bietet. Sie sind allerdings frostempfindlicher als Metallrohre. Für Wasserleitungen sind Polyvinylchlorid-Rohre nur für Kaltwasserleitungen, nicht aber für Warmwasserleitungen geeignet.

Für Gasleitungen kommen Rohre aus polymerem Vinylchlorid wegen der Löslichkeit des letzteren in Benzol nicht in Betracht.

Die wärme- und schallisolierenden Eigenschaften des Polyvinylchlorids, ebenso wie dessen elektrische Isoliereigenschaften haben den Polyvinylchlorid-Rohren eine weitere Verwendung bei der Eisenbahn und im Schiffsbau gesichert.

Für den Rohrleitungsbau kommen neben den Polyvinylchlorid- (Vinidur-) Rohren noch die unter den Bezeichnungen *Astralon-* oder *Vinidur MP-transparent* bekannten Vinylchlorid-Mischpolymerisat-Rohre in Betracht. Rohre aus diesen Mischpolymerisaten sind transparent durchsichtig und werden in Weiten von 5 bis 32 mm und Längen von 2 bis 3 m hergestellt. Die Verbindung dieser *Astralon-Rohre* kann vermittels von Schiebe- oder Stockmuffen mit Hilfe der Polyvinylchlorid-Klebelösung PCA 20 erfolgen.

Infolge des niedrigen Erweichungspunktes des diesem Rohrmaterial zugrundeliegenden Mischpolymerisats wird die Verformung dieser Rohre bei Tempertauren von 55° vorgenommen.

Die relativ niedrige Erweichungstemperatur ermöglicht nur den Einsatz dieser *Astralon-* oder *Vinidur-MP-transparent-Rohre* bis zu Temperaturen von 25°. Aus diesem Grunde beschränkt sich der Einsatz der Rohre nur für Getränke-Schankleitungen. Hier werden sie im Austausch und Ersatz für Zinn- oder verzinnte Kupferrohre, Aluminium- und Stahlrohre, insbesondere bei Bierleitungen eingesetzt. Für diesen Sonderzweck kommen sie in der Abmessung von 10×13 mm zur Anwendung, wobei überdies die Durchsichtigkeit dieser Rohre von Vorteil ist[1].

B. Isoliermaterial.

Massen aus Polyvinylchlorid oder Vinylchlorid-Mischpolymerisaten, denen z. B. nach den auf S. 275 erwähnten Verfahren eine poröse oder mikroporöse Struktur erteilt wurde, eignen sich zur Herstellung von akustischen oder thermischen Isolierstoffen.

Mit besonderem Vorteil kann zur Herstellung von Isoliermaterial das von der Firma Dr. A. Wacker Ges. f. elektrochem. Ind. G.m.b.H.[2] bzw. das von der Firma Dynamit A.G. vorm. A. Nobel & Co.[3] hergestellte poröse Polyvinylchlorid benützt werden.

Als Isoliermaterial eignet sich ferner das von E. Dorrer und K. Wulff[4] hergestellte watteartige Polyvinylchlorid.

C. Filter und Siebe.

In der Filtertechnik haben die Polymerisate des Vinylchlorids sowie bestimmte Mischpolymerisate des letzteren mit anderen polymerisier-

---

[1] Lutz, H.: Kunststoffe **31**, 427 (1940).
[2] F.P. 886560, Dr. A. Wacker Ges. f. elektrochem. Ind. G.m.b.H.
[3] Österr.P. 140584, F.P. 774401, Dynamit A.G. vorm. A. Nobel & Co.
[4] DRP. 666415, I.G. Farbenindustrie A.G.

baren monomeren Verbindungen infolge ihrer außerordentlich großen
Chemikalienbeständigkeit rasch Eingang gefunden[1].

Ein weiterer Vorteil dieser Kunststoffe ist der, daß man aus ihnen
alle in der Filtertechnik erforderlichen Filterelemente, wie Filtrierpapier, Filtertücher, Filtersiebe, Filterplatten, Filterkerzen u. dgl. herstellen kann.

Eine zur Filtration von sauer oder alkalisch reagierenden oder oxy-
dierend wirkenden und sonst auf die üblichen Filterschichten zerstörend
wirkenden Flüssigkeiten geeignete Filterschicht kann man nach W. HARZ,
H. REIN, E. HUBERT und C. KAYSER[2] schon erhalten, wenn man Polyvinylchlorid, nachchloriertes Polyvinylchlorid oder Mischpolymerisate
aus Vinylchlorid mit anderen polymerisationsfähigen Verbindungen, wie
Styrol, Polyisobutylen, Vinyläthern oder Vinylestern, in Form von losen
Fäden, Vliese, Filze in der erforderlichen Dicke auf eine geeignete Unterlage aufschichtet.

Diese losen oder in Stapel gerissenen oder geschnittenen Fäden oder
Vliese aus Polyvinylchlorid können nach E. HUBERT und H. REIN[3] nach
der für die Gewinnung von Cellulosefiltrierpapier bekannten Weise nach
dem Naß- oder Trockenverfahren zu Filtrierpapier verarbeitet werden.

Die Filterblätter werden durch Verpressen von Faservliesen oder
von losen Lagen, z. B. Krempelvliese, bei gelinder Wärme erhalten, wobei der Preßdruck so bemessen werden muß, daß die Schichten aus den
Fasern zwar gut miteinander verbunden werden, aber noch genügend
durchlässig bleiben. Bei Verwendung von Preßmatrizen der Preßwalzen,
welche die Maserung der üblichen Filtrierpapiere aufweisen, entstehen
Blätter, die sich im Äußeren nicht von den üblichen Cellulose-Filtrier-
papieren unterscheiden, gegen Säuren und Alkalien aber vollkommen
beständig sind.

Ein genügend dickes Krempelvlies aus Polyvinylchlorid-Fäden wird zu einem
durchlässigen und doch dicht geschlossenen Blatt bei gelinder Wärme verpreßt,
so daß die Fasern unter Druck eben erweichen und eine zusammenhängende
durchlässige Lage ergeben. Die so hergestellten Filterblätter aus Polyvinylchlorid
sind weitgehendst chemikalienbeständig.

Auf die vorbeschriebene Weise lassen sich nicht nur Filtrierpapiere
aus Polyvinylchlorid, sondern auch aus Vinylchlorid-Mischpolymerisaten
oder Mischungen aus Polyvinylchlorid und anderen Polyvinyl-Verbin-
dungen herstellen, sofern diese in Form von Fäden oder Vliesen vorliegen[4].

Beispielsweise können Fasern aus einem Mischpolymerisat aus 80 Teilen Vinylchlorid und 20 Teilen Acrylsäuremethylester bei mäßiger Wärme zu einem durchlässigen Filtrierpapier verpreßt werden.

Von großer technischer Bedeutung sind für die Filtertechnik die
aus der *PC-Faser* bzw. aus *PC-Garn* hergestellten Filtergewebe[5]. Zur

---

[1] KAINER, F.: Kurzes Handbuch der Polymerisationstechnik, Bd. 3, S. 532.
Leipzig 1944.
[2] DRP. 745525, I.G. Farbenindustrie A.G.
[3] DRP. 724022, I.G. Farbenindustrie A.G.
[4] Schwz.P. 206423, F.P. 831720, I.G. Farbenindustrie A.G.
[5] JEHLE: Zellwolle, Kunstseide, Seide **45**, 181 (1940). — O. HERFURTH: Zellwolle, Kunstseide, Seide **45**, 91 (1940).

Herstellung dieser Filtergewebe werden gewöhnlich die *PC-Fäden* zu Fasern von 3,75 den versponnen, deren weitere textile Verarbeitung zu Filtergeweben in an sich bekannter Weise erfolgen kann[1].

Die *PC-Faser* hat in der Filtertechnik zur Herstellung von Filtertüchern, Filterbeuteln usw. schnell besondere Bedeutung erlangt, weil sie den aggressivsten Chemikalien Widerstand zu leisten vermag[2]. Sie ist beständig gegen *Wasser, Salzsäure* in jeder Konzentration, *Salpetersäure* bis zu 50 Prozent, *Permanganatlösung, Ammoniak, Kieselfluorwasserstoffsäure, Schwefelsäure, Chromschwefelsäure, Chromsäure, Königswasser, Nitriersäure, Flußsäure, Phosphorsäure, Natronlauge, Kalilauge* usw.

Selbst eine 24stündige Behandlung von Filtergeweben aus PC-Fasern mit konzentriertem Königswasser, konzentrierter Schwefelsäure und 50prozentiger Kalilauge kann ohne Bedenken und ohne Schaden vertragen werden.

Nichtbeständig sind die PC-Faser bzw. die daraus hergestellten Filterelemente gegen freies *Chlor, Schwefelchloride, Phosphorchloride* und *Chlorsulfonsäure.*

Das Verhalten der aus *PC-Faser* hergestellten Filtertücher gegenüber organischen Verbindungen ist verschieden. *Äther, Ester* und *Ketone, aromatische* und *gechlorte Kohlenwasserstoffe* greifen sie an.

Gegen *Alkohol, Benzin, Ameisensäure, Oxalsäure, Mineral-* und *Pflanzenöle* ist sie aber beständig. *Methylenchlorid, Cyclohexanon* und *Tetrahydrofuran* lösen es auf.

Infolge der hohen chemischen Beständigkeit gerade gegenüber den aggressivsten Chemikalien ist die Lebensdauer und Gebrauchsfähigkeit von *PC-Filtertüchern* durchschnittlich sechs- bis zehnmal so groß wie die von Baumwoll- oder Wolltüchern und etwa drei- bis fünfmal so groß wie die von Nitrocellulose-Filtertüchern[3]. In einigen Fällen beträgt sogar die durchschnittliche Lebensdauer etwa das Zehn- bis Zwanzigfache von der der bisher verwendeten Naturfasergewebe[4].

Weitere Vorzüge dieser Polyvinylchlorid-Filtertücher sind ihre Feuersicherheit, die leichte Reinigungsfähigkeit gegenüber den bisher vielfach verwendeten Filtersteinen sowie die leichte Ablösbarkeit der Niederschläge vom Filtertuch durch einfaches Abspritzen.

Infolge der Unquellbarkeit der *PC-Faser* ist eine innere Verunreinigung der Faser unmöglich, und das Gewebe ist leicht zu reinigen; auch wird das Filtergewebe weder von Bakterien noch von Pilzen angegriffen und unterliegt auch nicht der Fäulnis.

Diese hervorragenden Eigenschaften haben den aus *PC-Fasern* hergestellten Filtergeweben eine weitgehende Anwendung in der chemischen Industrie, Mineralölindustrie sowie überall besonders dort gesichert, wo stark alkalische oder stark saure Flüssigkeiten, Schlämme usw. zu filtrieren sind.

---

[1] Chem. Apparatur **29**, 116 (1942).

[2] HERFURTH, O.: Zellwolle, Kunstseide, Seide **45**, 219 (1940).

[3] FOULON, A.: Seifensieder-Ztg. **70**, Nr. 5; Chem.-techn. Fabrikant **40**, 80 (1943).

[4] KAINER, F.: Kurzes Handbuch der Polymerisationstechnik, Bd. 3, S. 532. Leipzig 1944.

Filtertücher aus nachchloriertem Polyvinylchlorid können auch für elektrochemische Zwecke verwendet werden. Hier empfiehlt es sich, die Filtertücher mit einer Imprägnierung aus Kieselsäure und einem oder mehreren unlöslichen anorganischen Salzen zu versehen[1].

Bei der Verwendung von Filtertüchern aus *PC-Fasern* ist zu beachten, daß im Gegensatz zu solchen aus Woll- oder Baumwollgewebe bei der Benetzung mit Wasser keine Quellung des Gewebes eintritt; hierauf wird bei der Herstellung von PC-Filtertüchern von vornherein Rücksicht genommen, da das PC-Filtergewebe entsprechend engmaschiger hergestellt wird.

Ferner muß, um eine gute Dichtung gegen die Filterrahmen zu gewährleisten, das Filtergewebe sehr sorgfältig eingelegt werden.

Ein Nachteil dieser sonst so hervorragenden Filtergewebe liegt in ihrer durch die Eigenart des Polyvinylchlorids bedingten Grenze der Temperaturbeständigkeit; diese liegt bei etwa 60°. Oberhalb dieser Temperatur sinkt schon bei 10 Minuten langer Einwirkung der Wärme die Luftdurchlässigkeit des Filtergewebes infolge Schrumpfung stark ab. Die Luftdurchlässigkeit beträgt bei 70° nur noch die Hälfte, bei 80° nur noch ein Drittel, bei 90° ist sie praktisch gleich Null.

Die Temperaturbeständigkeit von aus Polyvinylchlorid hergestellten Filtergeweben kann man erhöhen, wenn man letztere mit gasförmigem oder gelöstem Polyvinylchlorid nachbehandelt[2].

Durch eine Art Krumpffestmachen ist es ebenfalls gelungen, bis 95° verwendbare Gewebe herzustellen, und bei PC-Filtertüchern kann durch vorheriges Dekantieren der Tücher mit Dampf sogar erreicht werden, daß sie unter bestimmten Voraussetzungen bei kochendheißen Lösungen verwendbar sind[3].

Aus *PC-Fasern* werden nicht nur Filtertücher für Rahmenfilterpressen, sondern auch Filterbeutel, z. B. für Scheibler-Filter, hergestellt. Bei letzteren kann das Filtergehäuse aus nicht weichgestelltem Polyvinylchlorid, z. B. aus *Vinidur*, hergestellt werden[4].

Gewebe aus PC-Fasern werden ferner an Stelle der früher als Einlagesiebe in Zentrifugen benützten Drahtgewebe vor allem in der chemischen und pharmazeutischen sowie Farbstoffindustrie verwendet[5]. Sie dienen in diesen Industrien zum Entwässern von Chemikalien, zum Absieben pharmazeutischer Stoffe, verdünnter 15prozentiger Schwefelsäure mit Salzzusatz, von Eisensulfat mit etwa 25prozentiger Schwefelsäure, zum Abschleudern von Farben usw. usw.

Je nach den erforderlichen Zwecken werden Siebgewebe mit den verschiedensten Maschenweiten und Fadendicken hergestellt. Die PC-Fäden werden wie Drähte sorgfältig und genau verwoben, so daß die Maschenweite gleichmäßig wird. Die kleinste quadratische Maschenweite in glatter Bindung ist eine solche von 0,8 mm Maschenweite bei 0,35 mm

---

[1] Ital.P. 384894, F.P. 877468, I.G. Farbenindustrie A.G.

[2] Schwz.P. 215151, I.G. Farbenindustrie A.G.

[3] Rein, H.: Umschau **44**, 469 (1940).

[4] Kunststoffe **30**, 273 (1940).

[5] Brendler, A.: Kunststoffe **31**, 353 (1941).

Fadenstärke; die größte eine solche von 15 mm Maschenweite bei etwa 3,5 mm Fadenstärke.

Die bei Drahtgeweben übliche Herstellung von Langmaschen ist auch bei PC-Geweben möglich, und zwar können sowohl solche mit zweifacher als auch solche mit vierfacher Maschenlänge hergestellt werden.

Aus stärkeren *PC-Fasern* können Siebgewebe mit Körperbindung, auch in Form von Langmaschen-Geweben, hergestellt werden.

Schließlich lassen sich noch Tressengewebe herstellen, die eine besonders dichte Gewebeausführung darstellen.

In der Zellstoff- und Papierindustrie werden diese sogenannten *Hermanut-Gewebe* hauptsächlich als Unterlagssiebe für Eindick- und Waschtrommeln verwendet.

In Wasserwerken arbeiten sie als Insektenschutzgitter in Kiesfilteranlagen sowie als Zwischengewebe für Filterplatten.

In Auswaschapparaten der Stärkefabriken kommen sie bei Temperaturen von 40 bis 50° in Berührung mit 25prozentiger Salzsäure, ohne daß sie irgendwelche Schäden zeigen.

Ebenso geeignet sind sie zum Entwässern von Lederfasern in Lederfabriken.

Mechanisch besonders widerstandsfähige Gewebe kann man auch erhalten, wenn man mineralische Fäden, insbesondere Glasfäden, mit Polyvinylchlorid überzieht[1] oder umspinnt[2]. Die aus diesen Fäden hergestellten Filtergewebe oder Filtersiebe besitzen bei gleicher chemischer Widerstandsfähigkeit eine höhere mechanische Festigkeit als Gewebe aus Glasfäden.

Eine dem Polyvinylchlorid ähnliche chemische Widerstandsfähigkeit zeigen auch Filtergewebe, die aus Vinylchlorid-Vinylacetat-Mischpolymerisaten mit überwiegenden Anteilen Vinylchlorid aufgebaut sind. Die aus diesen Mischpolymerisaten z. B. in den Vereinigten Staaten von Nordamerika hergestellten Fäden, wie *Vinyon-Garn*, werden auf Filtertücher oder Filtergewebe verarbeitet[3].

Als Ausgangsmaterial dient ein Mischpolymerisat, dessen mittleres Molekulargewicht mindestens 10000, vorzugsweise 15000 beträgt und das 80 bis 95 Prozent, besonders 85 bis 90 Prozent, Vinylchlorid enthält[4]. Die aus diesem Mischpolymerisat hergestellten Gewebe besitzen bei einer hohen mechanischen Widerstandsfähigkeit eine gute Chemikalienbeständigkeit und sind wie die PC-Fasergewebe gegen Bakterien, Pilze und Schimmel unempfindlich, zeigen aber die gleiche, wenn nicht eine niedrigere Temperaturbeständigkeit.

In dieser Hinsicht überlegen sind Filtergewebe, die aus Mischpolymerisat-Fäden bestehen, die neben Vinylchlorid Acrylsäurenitril im Makromolekül enthalten und in Deutschland unter der Bezeichnung

---

[1] F.P. 847037, I.G. Farbenindustrie A.G.

[2] F.P. 870926, I.G. Farbenindustrie A.G.

[3] Bonnet, F.: Ind. Engng. Chem. **32**, 1564 (1940). — F. J. van Antwerpen: Ind. Engng. Chem., analyt. Edit. **23**, 1580 (1940).

[4] F.P. 861062, Carbide and Carbon Chemicals Corp.

PC 120-Faser[1], in den Vereinigten Staaten von Nordamerika unter dem Namen *Vinyon N-Garn*[2] bekannt sind.

Polymerisate des Vinylchlorids, die gegebenenfalls auch nachchloriert sein können, besitzen auch in Form eines wirren oder versponnenen oder vernetzten Faserhaufwerks eine erhebliche Durchlässigkeit für Gase und Flüssigkeiten. Den aus diesen Kunststoffen hergestellten Filterelementen kann man nach C. KAYSER, E. HUBERT, H. REIN und W. HARZ[3] die für technische Filterzwecke erforderliche mechanische Festigkeit dadurch geben, daß man aus dem Material selbst durch Erhitzen unter Druck ein tragendes Gerüst herstellt.

Das in Faser-, Watte- oder Filzform oder in Form von gewebtem oder gesponnenem Gebilde vorliegende Polyvinylchlorid wird zunächst kalt zu Platten und dgl. gepreßt, die dann mittels einer erhitzten Matrize mit einer Prägung versehen werden, deren Muster dem gewünschten Versteifungsgerüst entspricht. Durch diese Nachprägung wird der mit der Matrize in Berührung kommende Teil des Fasergewebes zu einer einheitlichen Masse vereinigt.

Diese Nachprägung wird bei einer Temperatur von etwa 130° und einem Druck von etwa 100 kg/qcm vorgenommen. Unter diesen Arbeitsbedingungen verfließt das Polyvinylchlorid an den betreffenden Stellen zu einer dichten Schicht von sehr hoher Festigkeit und Elastizität für den von dem Matrizenmuster freigelassenen, porös gebliebenen Teil der Platte.

Als Matrize eignen sich gitter- oder wabenförmige Matrizen, z. B. in Form von gelochten Blechen.

Dem Polyvinylchlorid können Füllstoffe, z. B. Schwerspat, Graphit, und auch Salze zugesetzt werden, die nach der Versteifung zur Vergrößerung der Porosität wieder aus dem Filterelement herausgelöst werden können. Ebenso kann die Porosität des durchlässigen Teiles durch Nachbehandeln des Gebildes mit warmem Wasser oder mit heißem Wasserdampf oder heißer Luft verändert werden.

Aus Kunststoffen des Polyvinylchlorids kann man ferner nach verschiedenen Verfahren Filterelemente in Form von Filterplatten u. dgl. herstellen.

Ein als Filterplatte geeignetes Filterelement erhält man z. B. in der Weise, daß man Polyvinylchlorid in Form von Fäden, Garn oder Geweben mit geringen Mengen einer monomeren oder teilweise polymerisierten Vinylverbindung, z. B. Styrol, mischt, die Mischung in die erforderliche Form preßt und in dieser die monomere Verbindung auspolymerisiert oder die anpolymerisierte Verbindung fertigpolymerisiert[4].

Neben diesen aus *PC-Fasern* durch eine nachträgliche Verformung hergestellten Filterplatten werden in der Filtertechnik ferner perforierte Folien oder gelochte Platten aus Polyvinylchlorid als Filterelemente verwendet. Solche Filterfolien werden nach A. SIROT[5] von der Firma I.G. Farbenindustrie A.G. sowie nach F. LÖBLEIN[6] von der Firma Deutsche Celluloid-Fabrik hergestellt.

Zur Abtrennung grober Verunreinigungen bzw. Beimengungen aggressiver Flüssigkeiten eignet sich z. B. eine perforierte oder gelochte *Dece-*

---

[1] Siehe Seite 371.   [2] Siehe Seite 383.
[3] DRP. 745498, I.G. Farbenindustrie A.G.
[4] DRP. Anm. I 63670, I.G. Farbenindustrie A.G.
[5] Kunststoff-Techn. **11**, 109 (1941).
[6] LÖBLEIN, F.: Kunststoffe **27**, 87 (1937).

lith-Folie von etwa 0,3 bis 0,4 mm Stärke, deren Lochung je nach der Größe der zu entfernenden Beimengungen verschieden dimensioniert sein kann. Eine Folie dieser Art läßt sich vorzüglich zum Auslegen von Zentrifugentrommeln an Stelle der üblichen Drahtsiebe oder Drahtgewebe verwenden. Durch Spannringe aus dem gleichen Material wird ein besonders festes Anliegen an die Trommelwand bewirkt.

Zur Filterung feiner Verunreinigungen verwendet man Filter, die aus zwei perforierten *Decelith-Folien* bestehen, zwischen denen Pulver oder Wolle aus Polyvinylchlorid oder aus Glas, z. B. Glaswolle, eingebettet sind.

Um die gegenüber Metallsiebböden geringere Tragfähigkeit von Siebgeweben aus Polyvinylchlorid-Folien auszugleichen, kann man Tragstäbe unter die dünne gelochte Folie kleben; auch Kombinationen mit einer weit gelochten, dickeren Tragtafel, einem Zwischengewebe und einer Feinlochplatte haben sich bewährt[1].

Für stärkere mechanische Beanspruchung kommen gelochte Filterplatten aus Polyvinylchlorid zur Verwendung, deren Stärke den jeweiligen Erfordernissen angepaßt werden kann. Die Lochung kann rund, quadratisch, geschlitzt oder versenkt sein[2]. Durch Warmverformung kann man diesen Siebelementen die erforderliche Gestalt erteilen.

Diese Polyvinylchlorid-Filterplatten können ebenfalls vielseitig verwendet werden. Sie eignen sich als Einlagesiebe in Zentrifugen, als Tragplatten für Filtergewebe, zum Entwässern von Chemikalien in der chemischen Industrie, als Einsätze in Beizbottichen usw. In der Zellstoff- und Papierindustrie finden sie Verwendung als Eindickermäntel zur Zellstoff-Fasergewinnung, als Filterböden in der Wasserreinigung sowie als Tragbeläge für Bleicherei-Waschtrommeln.

In Wasserwerken bewähren sie sich als Düsenscheiben für Kiesfilter.

In Essigfabriken können sie als Filterplatte zur Reinigung von Filtrierpapier im Austausch gegen die früher verwendeten Gewebe aus verzinnter Bronze Verwendung finden.

Auch als Öl- und Schmutzfilter werden Lochplatten aus Polyvinylchlorid wiederholt benützt.

In Schwefelsäurefabriken ersetzen Lochplatten aus Polyvinylchlorid solche aus Blei[3]. Die gleichzeitig früher benützten homogen verbleiten eisernen Siebgestelle werden durch entsprechende Konstruktionen aus Polyvinylchlorid-Rohren ersetzt.

In der Filtertechnik werden schließlich aus Polyvinylchlorid auch Filterkerzen oder Filterrohre hergestellt und verwendet.

D. Diaphragmen und Dialysenmembranen.

Zur Herstellung von Diaphragmen hat H. VOHRER[4] neben anderen Polyvinylverbindungen Polyvinylchlorid und die Firma Carbide and

---

[1] IVERS, E. J.: Chem. Apparatur **26**, 337 (1939).
[2] BRENDLER, A.: Kunststoffe **31**, 353 (1941).
[3] MIENES, K.: Kunststoffe **30**, 224 (1940).   [4] E.P. 511739, H. VOHRER

Carbon Chemicals Corp.[1] die im vorhergehenden Abschnitt behandelten Vinylchlorid-Mischpolymerisate vorgeschlagen.

Die Polymerisate kommen entweder in Form von porösen Platten oder Geweben zur Anwendung. So werden z. B. zur Herstellung von Diaphragmen poröse Platten aus Polyvinylchlorid wie solche nach dem auf S. 555 beschriebenen Verfahren[2] oder nach dem bereits angeführten Verfahren nach C. KAYSER, E. HUBERT, H. REIN und W. HARZ[3] verwendet.

Zur Erhöhung der mechanischen oder chemischen Beständigkeit von Diaphragmen kann man Polyvinylchlorid mit bestimmten Stoffen imprägnieren oder gemeinsam mit anderen Bauelementen verwenden.

Die Firma I.G. Farbenindustrie A.G.[4] stellt z. B. Diaphragmen aus einem Polyvinylchlorid her, das mit Kieselsäure und einem oder mehreren unlöslichen anorganischen Salzen imprägniert ist.

Zur Bereitung eines solchen Filtermaterials wird z. B. Filz aus nachchloriertem Polyvinylchlorid 2 Minuten in 90° heißes Wasser gelegt. Nach dem Trocknen wird das gereinigte Tuch mit einem Gemisch von 2 Teilen Bariumsulfat und 1 Teil Wasserglas bestrichen und an der Luft getrocknet. Nach dem Behandeln mit etwa 10prozentiger Schwefelsäure und abermaligem Trocknen an der Luft ist das Diaphragma gebrauchsfertig.

Die Firma Phrix Arbeitsgemeinschaft[5] benützt als Diaphragmen für die Elektrolyse von Sulfitlösungen asbesthaltige Preßplatten oder Asbest mit einem Stützgewebe aus Polyvinylchlorid- (PC-) Fasern.

Von der Firma I.G. Farbenindustrie A.G.[6] ist Polyvinylchlorid als Werkstoff zur Herstellung von semipermeablen Membranen vorgeschlagen worden.

Diese aus Polyvinylchlorid und anorganischen Salzen bestehenden Membranen können dadurch verbessert werden, daß man die letzteren auf der Unterlage durch Alkyläther fixiert, z. B. durch Methylcellulose[7].

Man verwendet z. B. als Unterlage ein Gewebe aus Polyvinylchlorid, das 12 bzw. 16 Fäden auf den Quadratzentimeter besetzt, tränkt es mit einer 2,5prozentigen Lösung von Tylose und wäscht dann mit 10prozentiger Salzsäure aus. Nach eventueller Trocknung wird das Gewebe zuerst 1 Stunde mit einer Magnesiumchloridlösung von der Dichte 1,162 bei 20° und nach schwachem Abpressen mit einer 9prozentigen Natronlauge behandelt.

E. Dichtungen und Manschetten.

Als Austauschstoff für Gummi oder Leder ist weichgestelltes Polyvinylchlorid hervorragend geeignet zur Herstellung von Dichtungen und Manschetten aller Art[8].

---

[1] F.P. 861062, Carbide and Carbon Chemicals Corp.

[2] DRP. Anm. I 63670, I.G. Farbenindustrie A.G.

[3] DRP. 745498, I.G. Farbenindustrie A.G.

[4] F.P. 877468, Schwz.P. 217474, I.G. Farbenindustrie A.G.

[5] F.P. 879967, Belg.P. 444928, Phrix Arbeitsgemeinschaft.

[6] F.P. 871899, I.G. Farbenindustrie A.G.

[7] F.P. 53693, Zusatz zu F.P. 871899, I.G. Farbenindustrie A.G.

[8] KAINER, F.: Kurzes Handbuch der Polymerisationstechnik, Bd. 3, S. 554. Leipzig 1944.

Die Eigenschaften der aus diesem Kunststoff hergestellten Dichtungselemente hängen dabei nicht nur von dem Polymerisationsgrad des Polyvinylchlorids, sondern in noch weit höherem Maße von der Art und Menge des zugesetzten Weichmachers ab.

Von den Weichmachern hat sich besonders *Mesamoll I* sehr gut bewährt; dieser Weichmacher wird vielfach dem für Dichtungskörper benützten *Igelit* zugesetzt.

Zur Herstellung von insbesondere gegen Säure widerstandsfähigen Dichtungen und Manschetten eignet sich nach G. Lampert und H. Hook[1] weichgestelltes Polyvinylchlorid der auf S. 190 näher bezeichneten Art.

Von den verschiedenen in Deutschland im Handel befindlichen weichgestellten Polyvinylchlorid-Sorten eignen sich das *Weich-Igelit*[2], *Weich-Mipolam*[3] und *Guttasyn*[4] ganz besonders zur Herstellung von Dichtungselementen bzw. die von der Firma Soc. Paravinil[5] beschriebene weichgestellte Polyvinylchlorid-Masse[6].

Durch bestimmte Zusammensetzung bzw. durch Variation des Verhältnisses von Polyvinylchlorid zu Weichmacher- und Füllstoffgehalt kann man den weichgestellten Polyvinylchlorid-Massen eine gummi- bis lederähnliche Beschaffenheit erteilen.

Von den verschiedenen *Guttasyn-Sorten* geben z. B. das weiche, mittelelastische *Guttasyn M*, die gut elastischen Sorten *Guttasyn 45/R* und *Guttasyn S 45* sowie das zäh lederartige *Guttasyn D 63* bei der Verarbeitung Dichtungselemente mit den diesen Sorten eigenen Eigenschaften[7].

Aus den weichgestellten Polyvinylchlorid-Massen können Dichtungselemente in Form von Platten, Scheiben, Ringen usw. hergestellt werden. Die Verarbeitung der weichgestellten Polyvinylchlorid-Massen zu den genannten Dichtungselementen kann nach bekannten Verfahren vorgenommen werden.

Dichtungen und Manschetten in kleineren Abmessungen werden gepreßt, während die größeren Abmessungen auf der Drehbank in genauen Maßen gearbeitet werden. Platten oder ringförmige Dichtungen können auch aus Platten gefräst oder ähnlich den Ledermanschetten gepreßt werden.

Die Wandstärke flächenartiger Dichtungselemente richtet sich nach dem Verwendungszweck der letzteren. Flansch-Dichtungen aus *Mipolam* besitzen z. B. eine Wandstärke von 2 bis 3 mm.

Aus weichgestelltem Polyvinylchlorid können U-Ring-Manschetten im Preßverfahren hergestellt werden.

Aus weichgestelltem Polyvinylchlorid, z. B. *Weich-Igelit* oder *Guttasyn*, können auch Dichtungen in Form von *Dichtungsschnüren* oder *Profilschnüren* hergestellt werden.

---

[1] DRP. 747 644, H. Rost & Co.
[2] Herstellerin: Badische Anilin- und Soda-Fabrik.
[3] Herstellerin: Venditor Kunststoffverkaufs-Ges.
[4] Herstellerin: H. Rost & Co.
[5] F.P. 917 405, Soc. Paravinil.
[6] Siehe Seite 519.
[7] Merkblatt 1129 Fa. H. Rost & Co.

Diese Dichtungsschnüre oder Dichtungsstreifen können entweder in ihrer ganzen Stärke oder lediglich aus einer oder mehreren äußeren Schichten aus zweckmäßig weichgestelltem Polyvinylchlorid bestehen[1]. Im letzteren Falle sind diese Polyvinylchlorid-Schichten auf geeigneten Trägern, aus Textilien oder Papier, aufgebracht.

Obwohl die aus weichgemachtem Polyvinylchlorid hergestellten Dichtungselemente infolge ihres Weichmachergehaltes nicht ganz die Chemikalienbeständigkeit von Polyvinylchlorid aufweisen, genügen dieselben, wie praktische Versuche nach H. WIPPENHOHN[2] ergeben haben, den praktischen Anforderungen in dieser Beziehung vollauf und ermöglichen bis zu einem Einsatzbereich von etwa 70° einen vollwertigen Austausch für Weichgummidichtungen.

Infolge ihrer Beständigkeit gegen Salpetersäure und andere oxydierende Säuren sowie Phenole sind Dichtungen aus weichgestelltem Polyvinylchlorid den früher benützten Dichtungsmassen, z. B. *Klingerit*, überlegen[3].

Dichtungen aus weichgestelltem Polyvinylchlorid, z. B. aus *Guttasyn*, sind sowohl wasser- als auch ölfest und können, da sie keiner Alterung unterliegen, nicht nur Leder, sondern auch Gummi für Dichtungszwecke ersetzen.

Auch in bezug auf die mechanischen Eigenschaften entsprechen die Polyvinylchlorid-Dichtungen den Anforderungen der Praxis.

Beispielsweise zeigen die aus *Mesamoll I* und mit Füllstoff versetztem *Igelit* hergestellten Dichtungen nach W. BUCHMANN[4] die in Tab. 61 mitgeteilten physikalischen Eigenschaften.

Tabelle 61. *Kurzzeit-Festigkeitswerte von Weich-Igelit-Dichtungen.*

Festigkeitswerte	Dichtungsplatten bzw. -ringe[5]	Dichtungsschnüre[6]
Zugfestigkeit . . . . kg/qmm	$\approx 0{,}8$	$\approx 0{,}5$
Gesamtdehnung . . . . %	≈ 300	≈ 300
Elastizitätsmaß . . . . kg/qmm	0,45	0,25

Die auf Basis von weichgestelltem Polyvinylchlorid hergestellten Dichtungen, z. B. *Mipolam-Dichtungen*, können nicht nur in Leitungen aus Polyvinylchlorid, sondern mit gleichem Erfolg auch in Säureleitungen aus anderen Werkstoffen eingebaut werden und sind den bisher bekannten Werkstoffen gleichwertig oder überlegen[7].

Aus dem gleichen Werkstoff hergestellte Ringmanschetten sind dehnbarer als Ledermanschetten und dichten daher bei öl- und wasserbetriebenen Pumpen besser ab als Ledermanschetten.

---

[1] Ital.P. 363 790, G. DIETZEL.
[2] KRANNICH, W.: Kunststoffe im techn. Korrosionsschutz, S. 255. München 1943.
[3] SCHWARZ, A.: Kunststoffe **29**, 9 (1939).
[4] KRANNICH, W.: Kunststoffe im techn. Korrosionsschutz, S. 83. München 1943.
[5] Zusammensetzung: 33 Teile Igelit, 33 Teile Mesamoll I, 34 Teile Füllstoff.
[6] Zusammensetzung: 29 Teile Igelit, 42 Teile Mesamoll I, 29 Teile Füllstoff.
[7] LUTZ, H.: Wärme **60**, 428 (1937).

Dichtungselemente aus weichgestelltem Polyvinylchlorid haben sich nicht nur zur Abdichtung von Pumpen, besonders Hauswasserpumpen, sondern auch zur Abdichtung von Pressen bewährt.

In Form von Dichtungsstreifen dienen weichgestellte Polyvinylchlorid-Massen für Abdichtungen und Unterlagen an Maschinen, Kraftwagen, Fensterrahmen usw.[1].

Die in Profilschnüren vorliegenden Polyvinylchlorid-Weichmassen werden zur Abdichtung von chemischen Apparaten, Behältern, Fenstern, im Karosseriebau usw. verwendet[2].

Dichtungsschnüre aus *Weich-Igelit* stehen in Wettbewerb mit der aus nachchloriertem Polyvinylchlorid bestehenden *PC-Faser-Dichtung*, die entweder als graphitiertes oder getalgtes Packungsmaterial für Stopfbüchsen dient.

Aus Polyvinylchlorid-Fäden hergestellte Schnüre finden nach H. REIN[3] auch als Dichtungs- und Packungsschnüre Verwendung.

Dichtungseinlagen, insbesondere Dichtungsschnüre, die gegebenenfalls einen Papierstreifen mit Metallfäden enthalten können, stellt die Firma Felten & Guilleaume Carlswerk A.G.[4] aus Polyvinylchlorid, nachchloriertem Polyvinylchlorid oder Mischpolymerisaten aus Vinylchlorid und Acrylsäureestern her.

Elastische, aber gasdichte Dichtungsmassen aus Polyvinylchlorid können nach dem von W. WEHR[5] entwickelten und auf S. 298 beschriebenen Verfahren gewonnen werden.

Aus Mischpolymerisaten von Vinylchlorid und Vinylacetat der auf S. 624 angegebenen Zusammensetzung stellt die Firma Carbide and Carbon Chemicals Corp.[6] Dichtungsmassen her.

Hochwertige Dichtungen können auch aus den nach dem Emulsionsverfahren aus überwiegenden Mengen von Vinylchlorid und Estern von Äthylen-1, 2-dicarbonsäuren erhaltenen Mischpolymerisaten gewonnen werden[7].

10 Teile eines durch Emulsionspolymerisation erhaltenen Mischpolymerisats aus 80 Teilen Vinylchlorid und 20 Teilen eines neutralen Maleinsäurediisobutylesters des Glykolmonobutyläthers werden mit 4 Teilen Phthalsäuredibutylester bei 140° zu dünnen Folien verwalzt.

Mehrere dieser Folien werden mit abwechselnden Lagen aus Baumwollgewebe aufeinandergeschichtet und diese in der Hitze verpreßt. Man erhält eine feste öl- und benzinbeständige Platte, die für die Herstellung von Dichtungsringen geeignet ist.

Wertvolle Dichtungen ergeben nach A. WEIHE[8] ferner die mit geschwefelten Glykolen weichgestellten Verseifungsprodukte von Mischpolymerisaten aus Vinylchlorid und Maleinsäurestern oder Maleinsäureanhydrid.

---

[1] KAINER, F.: Kurzes Handbuch der Polymerisationstechnik, Bd. 3, S. 555. Leipzig 1944.
[2] Kunststoffe **32**, 23 (1942).   [3] Umschau **44**, 469 (1940).
[4] Österr.P. 151834, F.P. 813793, Felten & Guilleaume Carlswerk A.G.
[5] DRP. 735444, Deutsche Celluloid-Fabrik A.G.
[6] F.P. 740962, Carbide and Carbon Chemicals Corp.
[7] DRP. 728664, I.G. Farbenindustrie A.G.
[8] DRP. 703126, E.P. 488997, I.G. Farbenindustrie A.G.

Zur Verbesserung der Chemikalienbeständigkeit oder der mechanischen Festigkeit wird Polyvinylchlorid gemeinsam mit anderen Werkstoffen für Dichtungszwecke verarbeitet.

Eine kombinierte Dichtung wird z. B. aus nicht weichgestelltem Polyvinylchlorid, wie *Vinidur*, mit eingepreßtem weichgestelltem Polyvinylchlorid, z. B. *Weich-Igelit*, erhalten. Dichtungen dieser Art geben den Weichmacher des *Igelits* an das *Vinidur* ab, und zwar nimmt diese Abgabe des Weichmachers exponentiell mit der Temperatur zu[1]. Um diese schädlichen Wirkungen zu vermeiden, soll der Polyvinylchlorid-(*Igelit PCU*-) Gehalt von diesen Dichtungsmassen 55 Prozent nicht unterschreiten.

Mit Lederabfällen gefüllte Dichtungsmassen stellen H. KRZIKALLA und H. FIKENTSCHER[2] aus Mischpolymerisaten aus Vinylchlorid und Acrylsäureestern her.

40 Teile eines Mischpolymerisats, das durch gemeinsame Polymerisation von 82 Teilen Vinylchlorid und 18 Teilen Acrylsäuremethylester in wäßriger Dispersion erhalten wurde, werden mit 2 Teilen Lederabfall, der durch Behandeln mit organischen Lösungsmitteln gereinigt wurde, unter Zusatz von 1 Teil Phthalsäurebutylester und 2 Teilen Eisenoxydrot verwalzt.

Zur Herstellung von Dichtungsmassen verarbeitet schließlich die Firma I.G. Farbenindustrie A.G.[3] Fasern aus Polyvinylchlorid oder Vinylchlorid-Mischpolymerisaten mit Natur- oder Kunstfasern, wie Wolle, Haare, Baumwolle, Zellwolle, auf Krempeln zu Floren und behandelt diese dann in der Wärme auf Kalandern oder Plattenpressen.

F. Treibriemen und Transportbänder.

Durch Gewebeeinlagen verstärkte Flächengebilde aus Polyvinylchlorid finden als Treibriemen und Transportbänder vielfach Verwendung.

Technisch verwendbare Treibriemen werden z. B. von der Firma H. Rost & Co.[4] dadurch erhalten, daß man Zellwollgewebe mit dem auf Polyvinylchlorid-Basis aufgebauten *Guttasyn* tränkt. Die ursprünglich auf diese Weise bereiteten *Guttasyn-Riemen* waren allerdings etwas kälteempfindlich, was wohl auf die Mitverwendung weniger kälteempfindlicher Weichmacher zurückzuführen war. Bei Verwendung entsprechender Weichmacher kann man aber auch kältebeständige Treibriemen erhalten.

Nach einem ähnlichen Verfahren stellt auch B. BIAMINO[5] Treibriemen her. Eine oder mehrere Gewebeschichten werden mit einer Polyvinylchlorid-Lösung getränkt und mit Schichten aus Polyvinylchlorid vereinigt.

Polyvinylchlorid oder Vinylchlorid-Mischpolymerisate können ferner allein oder im Gemisch mit anderen Polymerisat-Kunststoffen in Form von Folien zur Herstellung von Treibriemen benützt werden.

---

[1] SAECHTLING, H.-J.: Kunststoffe **36**, 31 (1946).
[2] DRP. 703303, I.G. Farbenindustrie A.G.
[3] Ital.P. 360408, I.G. Farbenindustrie A.G.
[4] Kunststoffe **32**, 231 (1942).   [5] Teer u. Bitumen **42**, 144 (1944).

Nach Angaben der Firma Dynamit A.G. vorm. A. Nobel & Co.[1] werden 15 bis 30 passend zugeschnittene Polyvinylchlorid-Folien in einer Stärke von 0,1 bis 0,3 mm als Zwischenlagen mit Gewebebahnen unter Hitze und Druck verpreßt.

Geeignete Folien erhält man z. B. aus einem Gemisch von 65 Teilen eines Polymerisatmischung aus 80 Teilen Polyvinylchlorid und 20 Teilen Polymethacrylsäureester sowie 35 Teilen Dibutylphthalat.

Die aus Polyvinylchlorid aufgebauten, Gewebeeinlagen enthaltenden Treibriemen sind praktisch säure- und alkalibeständig sowie ölfest.

Dies gilt in gleicher Weise für die nach den beschriebenen Verfahren, z. B. dem Verfahren von B. BIAMINO[2], herstellbaren Polyvinylchlorid-Transportbänder.

Gegenüber Gummi-Transportbändern zeichnen sich die auf Polyvinylchlorid-Basis aufgebauten Förderbänder durch eine große Abriebfestigkeit und Alterungsbeständigkeit aus.

Die zu große Dehnung von Treibriemen oder Transportbändern kann man verringern und zugleich die Reiß- und Bruchfestigkeit steigern, wenn man diese mechanisch derart bearbeitet, daß dabei die Dicke merklich, z. B. um mindestens 20 Prozent, verringert wird[3].

Mechanisch besonders widerstandsfähige Transportbänder werden ferner erhalten, wenn man Stahldrähte oder Stahldrahtgewebe mit einem Polyvinylchlorid-Überzug versieht[4]. Förderbänder dieser Art eignen sich besonders für Transportanlagen unter der Erde.

Mechanisch widerstandsfähige Treibriemen u. dgl. können nach einem Verfahren von J. CORBIERE[5] aus Fäden aus Polymerisaten oder Mischpolymerisaten des Vinylchlorids, die um mehr als 100 Prozent gestreckt und zu Geweben verwebt wurden, erhalten werden. Nach erfolgtem Verweben werden die Fäden durch trockene oder feuchte Wärme wieder auf ihre normale Länge zusammengezogen, so daß ein so dichtes Gewebe erhalten wird, wie es auf mechanischem Wege nicht herstellbar ist.

Ein 4 cm breites Gewebe aus 448 Polyvinylchlorid-Fäden in der Kette und 384 Polyvinylchlorid-Fäden im Schuß, die auf 250 Prozent ihrer ursprünglichen Länge gereckt worden sind, wird 30 Minuten mit kochendem Wasser behandelt, wobei es sich um 32 Prozent in Richtung der Kette und um 28 Prozent in Richtung des Schusses zusammenzieht, ohne etwas von seiner Elastizität zu verlieren.

XXI. Maschinenindustrie.

A. Gießerei.

Beim Erstarren von Gußstücken bilden sich Poren in dem kristallinen Gefüge, deren Größe von makroskopisch sichtbaren Lunkerstellen bis zu nur mikroskopisch erkennbaren Hohlräumen, sogenannten Mikro-

---

[1] F.P. 796157, Dynamit A.G. vorm. A. Nobel & Co.
[2] Teer u. Bitumen. **42** 144 (1944).
[3] Schwz.P. 226403, Dr. A. Wacker Ges. f. elektrochem. Ind. G.m.b.H.
[4] Belg.P. 444495, Steinhaus G.m.b.H.
[5] F.P. 896549, Soc. Rhodiaceta.

lunkern, schwankt. Letztere sind nicht nur wegen der dadurch hervorgerufenen Undichtigkeit des Metalls gefährlich, sondern bedingen auch die gefürchtete Tiefenkorrosion.

Zur Beseitigung dieser Fehlerquellen wurden schon verschiedene Verfahren vorgeschlagen, von welchen jedoch nur die von G. Wick[1] empfohlene Abdichtung mit Polyvinylchlorid zufriedenstellend ist. Diese Abdichtung erfolgt durch Imprägnierung der Gußstücke mit einer Lösung von niederpolymerem Vinylchlorid.

Zweckmäßigerweise gelangt als Imprägnierlösung eine solche von niederpolymerem *Igelit* (Imprägnierlösung PCU 3), welche als Lösungsmittel ein Gemisch von mindestens zwei Lösungsmitteln verschiedener Flüchtigkeit enthält, zur Anwendung[2].

Aus den Gußstücken wird unter hohem Vakuum die in den Poren befindliche Luft entfernt. Unter Aufrechterhaltung des Unterdruckes wird dann die Imprägnierlösung eingesaugt, bis der Gegenstand völlig bedeckt ist, und dann wird die Apparatur wieder auf den normalen Druck gebracht. Der Trocknungsvorgang wird in der Weise durchgeführt, daß die Entfernung der Hauptmenge des leichter flüssigen Lösungsmittels durch Lagerung des Gußstückes bei gewöhnlicher Temperatur an der Luft bewirkt wird, während die letzten kleinen Reste und das schwer flüchtige Lösungsmittel bei erhöhter Temperatur, z. B. 80 bis 90°, entfernt werden.

Nach S. Kiesskalt und K. Mehnert[3] kann man für den gleichen Zweck der Porenausfüllung u. a. auch von anpolymerisiertem Vinylchlorid ausgehen, dieses in die Poren einlagern und dann im Inneren der Poren die Polymerisation zu Ende führen.

Im Gießereigewerbe findet Polyvinylchlorid ferner Verwendung als Bindemittel bei der Herstellung von hitzebeständigen Massen für Gußformen und Gußkerne[4].

Man erhält eine geeignete Masse in folgender Weise: Feinkörnige Kieselsäure oder feinkörniges Siliciumcarbid werden mit 2 bis 4 Gewichtsprozent einer Lösung angefeuchtet, die man durch Lösen des bei der Destillation von Erdöl anfallenden Harzes in einem aromatischen Kohlenwasserstoff erhält. Unter Rühren verdampft man das Lösungsmittel und setzt dann der Masse 0,75 bis 1,5 Gewichtsprozent Polyvinylchlorid zu.

B. Elektrolytische Verchromung.

Nach H. Flasch[5] werden an Stelle der früher üblichen Lacküberzüge zum abdecken von nicht zu verchromenden Metallteilen bei der elektrolytischen Verchromung, dehnbare, aufwickelbare Folien aus mit Trikresylphosphat weichgestelltem Polyvinylchlorid, zweckmäßig in einer Stärke von 0,5 mm, verwendet.

Als Abdeckstoff für diese galvanischen Bäder eignet sich nach H. A. Sagel[6] *Weich-Mipolam* 1014; es ist beständig gegen die meisten galvanotechnischen Badflüssigkeiten, besonders gegen Chrombäder, bis zu 60 bis 70°, besitzt ein hohes Dehnungsvermögen, ist alterungsbeständig und läßt sich nach Gebrauch wieder abwickeln oder abziehen.

[1] DRP. 687 782, I. G. Farbenindustrie A. G.

[2] Wick, G., u. K. Kainz: Kunststoffe **33**, 65 (1943).

[3] DRP. 724 752, I. G. Farbenindustrie A. G.

[4] A. P. 2 444 413, B. M. Weston.   [5] DRP. 745 149, I. G. Farbenindustrie A. G.

[6] Sagel, H. A.: Metallwaren-Ind. Galvano-Techn. **41**, 60 (1943).

C. Elektroden.

Die zum Schneiden unter Wasser bestimmte rohrförmige Eisen-elektrode wird nach C. D. JENSEN[1] mit einem Überzug aus Polyvinyl-chlorid versehen. Dem Polyvinylchlorid wird zur Erhöhung der Licht-bogenfestigkeit Calciumcarbonat, Talkum, Bariumcarbonat oder Eisen-oxyd zugesetzt.

XXII. Elektroindustrie.

Die guten elektrischen Eigenschaften, die vorzügliche chemische Beständigkeit und nicht zuletzt die *Alterungs-* und *Ozon-* sowie *Ölfestig-keit* haben den Polymerisaten und vielfach auch den Mischpolymerisaten des Vinylchlorids einen dauernden Platz als Isolier- und Baustoff in der Elektroindustrie gesichert.

Polymerisate des Vinylchlorids sind vor allem vorzügliche Isolier-stoffe für elektrische Leiter und Kabel.

Sie dienen darüber hinaus als Abstandhalter bei luftraumisolierten Kabeln und im Austausch gegen Gummi oder Blei als Kabelmantel-massen.

Die guten mechanischen Eigenschaften ermöglichen die Verwendung des Polyvinylchlorids als Baustoff für Kabelzubehörteile, als Baustoff für Elektrogeräte der verschiedensten Art, als Werkstoff im Akkumu-latoren- und Dynamobau.

Sie finden auch Verwendung als Isolierstoff bei Kondensatoren und Elektroden.

A. Elektrische Isolierstoffe.

Polyvinylchlorid ist, wie die elektrischen Eigenschaften[2] erkennen lassen, ein ausgezeichneter elektrischer Isolierstoff, dessen isolierende Eigenschaften gegen Gleich- und Wechselstromspannungen recht gut dem von hochwertigem Hartgummi entsprechen[3].

Für die Elektrotechnik ist von Bedeutung, daß Polyvinylchlorid nicht nur gute elektrische Eigenschaften besitzt, sondern auch die Vor-teile der schweren Brennbarkeit, Ozon- und Ölfestigkeit aufweist.

Allerdings sind die Grenzen des Einsatzes von Polyvinylchlorid auf dem elektrotechnischen Gebiet in erster Linie durch die maximal zu-lässige Erwärmung gezogen.

Um den Polymerisaten des Vinylchlorids die für die Verarbeitung erforderliche Plastizität zu erteilen, setzt man diesen Kunststoffen Weichmacher zu. Durch den Zusatz dieser Weichmacher können die an sich befriedigenden elektrischen Eigenschaften des Polyvinylchlorids

---

[1] A.P. 2395550, C. D. JENSON.
[2] Siehe Seite 224.
[3] BECK, H., u. W. KRANNICH: Kunststoffe im techn. Korrosionsschutz, S. 331. München 1943.

weitgehend beeinflußt, unter Umständen herabgesetzt werden. Die Größe dieser Beeinflussung hängt dabei stark von der spezifischen Art des Weichmachers ab.

Bei der Herstellung von Isolierstoffen auf der Basis von Polyvinylchlorid kommt es somit nicht nur auf die Art der zu verwendenden Polymerisate des Vinylchlorids, sondern auch auf die im besonderen verwendeten Weichmacher an[1].

Von P. NOWAK und W. ESCH[2] wurden für 11 Weichmacher, die am häufigsten als Zusatz für Polyvinylchlorid-Isoliermassen verwendet werden, charakteristische Werte festgelegt. Man kann diese Weichmachungsmittel in drei Gruppen einteilen:

I. Gruppe: Palatinol AH, Palatinol HS, Palatinol K und Mesamoll I.

II. Gruppe: Trikresylphosphat, Palatinol DP, Palatinol F, Dikosal, Teolan P und Vulkanol B.

III. Gruppe: Weichmacher ED 140, Weichmacher ED 242, Weichmacher J 1204 und Weichmacher J 1212.

Die erste Gruppe ergibt gut kältebeständige, aber elektrisch weniger geeignete Mischungen, die zweite Gruppe führt zu weniger kältebeständigen, dafür aber elektrisch brauchbaren Mischungen. Die dritte Gruppe enthält aber Weichmacher, mit denen gute kälte- und wärmebeständige und gleichzeitig elektrisch wertvolle Polyvinylchlorid-Massen hergestellt werden können.

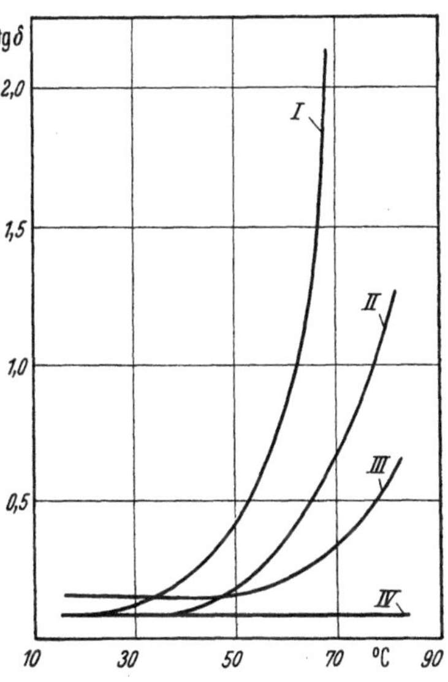

Abb. 55. Verlustwinkel verschiedener Polyvinylchlorid-Mischungen bei 50 Hz in Abhängigkeit von der Temperatur. Die Kurve IV gehört zu einer Geavinmasse, die in einem Temperaturbereich von 390 und −40° anwendbar ist.

In der unten wiedergegebenen Abb. 55 sind von vier Polyvinylchlorid-Mischungen die Verlustwinkel bei 50 Hz in Abhängigkeit von der Temperatur aufgetragen; der Fortschritt in der Reihenfolge der Mischungen I bis IV ist deutlich erkennbar. Er wurde erreicht durch den Übergang von Polyvinylchlorid-Vinylchlorid-Mischpolymerisat-Mischungen (*Igelit MP/Igelit PCU*) zu reinem Polyvinylchlorid (*Igelit PCU*) und durch Verlagerung der verwendeten Weichmacher nach Gruppe III.

Wie weit der Einfluß der Weichmacher auf die Eignung von Polyvinylchlorid als elektrische Isoliermasse gehen kann, zeigen die Untersuchungen von K. LEILICH und K. DITGENS[3].

---

[1] NOWAK, P.: Kunststoffe **31**, 281 (1941).
[2] NOWAK, P., u. W. ESCH: Kunststoffe **31**, 401 (1941).
[3] LEILICH, K., u. K. DITGENS, VDE.

Während an der Luft alle Arten von weichgestellten Polyvinylchlorid-Massen gleichspannungsfest sind, können bestimmte Massen in Gegenwart von Wasser versagen. In Anwesenheit von Wasser können sogar chemische Zerstörungen auftreten.

Auf Grund eingehender Versuche wurde festgestellt, daß diese Störungen auf die Anwesenheit von polaren *Ester-Weichmachern* zurückzuführen sind. Diese können in Gegenwart von Feuchtigkeit in Säure und Alkohol zerfallen, so daß das bei dieser Verseifung frei werdende Wasserstoffion unter Gleichstromeinwirkung beweglich werden kann.

Die schwachpolaren *Nicht-Ester-Weichmacher*, die durch Wassereinwirkung nicht zerlegbar sind, führen hingegen zu elektrisch hochwertigen gleichspannungsfesten Mischungen, die aber bisher nicht die praktisch erforderliche Kältefestigkeit besitzen.

Besonders hohe dielektrische Eigenschaften besitzt Polyvinylchlorid, das mit *Arylalkylketonen*, deren Alkylgruppe aus wenigstens 9 Kohlenstoffatomen besteht, während als Arylgruppen die Phenyl-, Naphthyl-, Anthracyl-, Diphenyl-, Xylyl- oder Phenoxyphenylgruppe in Frage kommen [1].

Die Weichmacher können dem Polyvinylchlorid vor, während oder nach der Polymerisation zugesetzt werden. Den weichgemachten Massen können in üblicher Weise Füllstoffe sowie Farbstoffe bzw. Pigmente einverleibt werden.

Je nach der gewünschten Elastizität werden z. B. bei Verwendung von *Igelit PCU* auf 100 Teile Polymerisat 20 bis 120 Teile Weichmacher und bei Verwendung von *Igelit MP* 20 bis 90 Teile Weichmacher zugesetzt [2].

Als elektrische Isoliermasse, z. B. für Drähte oder Kabel, verwendet W. B. McKenzie [3] eine Mischung von 45 Prozent Polyvinylchlorid und 55 Prozent Plastiziermittel, das seinerseits zu 55 bis 75 Gewichtsprozent aus einem Kohlenwasserstoff-Kondensationsprodukt und zu 45 bis 25 Gewichtsprozent aus einem Phthalsäureester besteht.

Das Kondensationsprodukt wird durch Kondensation von Formaldehyd und einer aromatischen Erdölfraktion, enthaltend etwa 30 bis 65 Prozent aromatische Kohlenwasserstoffe in Gegenwart von Fluorwasserstoff oder aktiviertem Ton erhalten.

Im Phthalsäureester, z. B. Di-2-äthylhexyl-phthalat, soll die Summe der Kohlenstoffatome in beiden Estergruppen 12 bis 18 betragen.

Die so weichgestellte Polyvinylchlorid-Masse ist im Temperaturbereich von −40 bis +80° befriedigend biegsam, die bei 80° einen Gleichstrom-Isolationswert in Megohm K/100 nicht unter 2 aufweist und für Gleich- und Wechselstromkabel höherer Spannungen geeignet ist und auch in Verbindung mit anderen Isolierstoffen verwendet werden kann.

Durch bestimmte Zusätze kann man auch solche weichgestellte Polyvinylchlorid-Massen als elektrische Isolierstoffe verwenden, die elektrisch weniger geeignete Weichmacher, z. B. die auf S. 565 angeführten Weichmacher der Gruppe I, enthalten.

---

[1] E.P. 518027, Armourand Co.
[2] Igelit-Prospekt für die Elektrotechnik Nr. 15, 7.
[3] A.P. 2464455, Phelps Dodge Copper Products Corp.

Die mit Trikresylphosphat weichgestellten Polyvinylchlorid-Massen besitzen zwar den Nachteil, daß die dielektrischen Verluste mit der Temperatur erheblich ansteigen. Diese Verluste lassen sich jedoch herabsetzen, wenn man den Massen *Bleioxyd* oder ein Bleisalz und außerdem Gasruß zusetzt[1].

CL. H. ALEXANDER[2] setzt dem Polyvinylchlorid zur Verbesserung der dielektrischen Eigenschaften schwefelfreie Bleiverbindungen und organische Bleiverbindungen zusammen mit Schwefel und bzw. oder Verbindungen mit zwei- oder einwertigem Schwefel zu. Die Massen können ferner Weichmacher, Ruß, Zinkoxyd, Ton, Baryt, Pigmente usw. enthalten.

Von dem gleichen Forscher[3] sind später zur Verbesserung der dielektrischen Eigenschaften dem Polyvinylchlorid schwefelfreie Bleiverbindungen, wie Bleioxyd, Bleisalze von organischen Bleiverbindungen, wie Tetraäthylblei, zusammen mit freiem Schwefel und bzw. oder Verbindungen mit zwei- oder vierwertigem Schwefel, wie Bleisulfid, Thioalkohole, Thioäther, Thioester, Thioaldehyde, Thiosäuren, Thiocarbamate, Mercaptothiazole und Thiuramsulfide bzw. Metallsulfide, zugesetzt worden.

Von organischen Bleiverbindungen bewirkt *Bleiacetat* nach WM. C. SEARS[4] eine beträchtliche Erhöhung des elektrischen Widerstandes von Polyvinylchlorid; die Hitze- und Lichtbeständigkeit wird hingegen nur mäßig verbessert. Das Bleiacetat wird in Mengen von 3 bis 6 Prozent dem Polyvinylchlorid zugesetzt.

Man verwendet z. B. ein Gemisch aus 100 Teilen Polyvinylchlorid, 62,4 Teilen Trikresylphosphat und 5 Teilen Bleiacetat. Füll- und Weichmachungsmittel können in üblicher Weise zugesetzt werden.

Zur Verbesserung der dielektrischen Eigenschaften haben M. M. SAFFORD, R. C. FEAGIN und B. W. NORDLANDER[5] Bleisalze substituierter Phenole vorgeschlagen.

Man setzt z. B. 3 Prozent des Bleisalzes von p-Amylphenol einer Mischung aus 60 Teilen Polyvinylchlorid und 40 Teilen Trikresylphosphat zu.

Bleisalze, wie Bleiacetat, Bleistearat, Bleipalmitat, Bleicarbonat, Bleisilicat, Bleiphosphat, ferner Bleioxyd oder basisches Bleicarbonat bzw. Bleisalze der Leinölsäure eignen sich ferner zum Stabilisieren von solchen Polyvinylchlorid-Massen, die mit chlorierten Estern höherer Fettsäuren, wie Chlormethylstearaten, die zweckmäßig je Molekül drei bis sechs Chloratome enthalten, weichgestellt sind[6]. Man kann diesen Weichmachern gegebenenfalls noch weitere, z. B. Trikresylphosphat oder Ricinusöl, sowie Füllstoffe zusetzen.

---

[1] E.P. 470380, British Thomson-Houston Co. Ltd.; — Belg.P. 420387, Soc. d'Electricité et de Mécanique Procédés Thomson-Houston van den Kerchove & Carels.

[2] A.P. 2175049, B. F. Goodrich Co.

[3] A.P. 2222928, B. F. Goodrich Co.   [4] A.P. 2413673, B. F. Goodrich Co.

[5] A.P. 2231595, F.P. 50987, Zusatz zu F.P. 835056, Comp. Française pour l'Exploitation des Procédés Thomson-Houston; General Electric Co.

[6] F.P. 872845, Comp. Française pour l'Exploitation des Procédés Thomson-Houston.

Spätere Versuche haben aber ergeben, daß man mit den vorbeschriebenen Bleiverbindungen, auch in Verbindung mit Gasruß, keine befriedigenden Ergebnisse erzielt, weil die Wirkung der Bleiverbindungen mit der Dauer der Erhitzung wieder abnimmt.

Eine befriedigende Lösung erhält man nach R. M. Fuoss[1], wenn man dem weichmacherhaltigen Polyvinylchlorid *Bleiresinat* und in besonderen Fällen neben diesem noch Bleioxyd und außerdem noch *Gasruß* oder *Fullererde* als adsorbierendes Mittel hinzufügt.

Für die Zugabe des Bleiresinats erwies es sich als vorteilhaft, dieses zuerst in dem Weichmacher, beispielsweise Trikresylphosphat, aufzulösen und beide dann dem Polyvinylchlorid zuzusetzen. Danach wird die Masse zwischen beheizten Walzen bei erhöhter Temperatur, z. B. bei 100 bis 110°, homogenisiert.

Diese Isoliermasse ist insbesondere für solche elektrische Leiter oder Geräte geeignet, die hohen Spannungen bei längerer Temperaturerhöhung ausgesetzt werden.

Die günstige Wirkung dieses Zusatzes geht aus der nachfolgenden Tab. 62 hervor.

Für die elektrischen Messungen wurde eine Grundmasse verwendet, die aus 60 Teilen Polyvinylchlorid und 40 Teilen Trikresylphosphat bestand.

Aus der Masse wurden dann unter einem Druck von 180 kg/qcm bei 150° Scheiben mit einem Durchmesser von 100 mm und einer Stärke von 5 mm gepreßt. Die einzelnen Scheiben wurden zwischen Prüfelektroden gelegt und auf 120° erwärmt. Es wurde dann bei dieser Temperatur der Verlustfaktor bei 60 Hz im Anfang der Erwärmung und nach 6 Stunden gemessen.

Tabelle 62. *Dielektrische Verluste von Isoliermassen auf Polyvinylchlorid-Basis.*

Scheibe aus Polyvinylchlorid und Trikresylphosphat	Verlustfaktor	
	bei Beginn der Erhitzung	nach 6 Stunden
Ohne Bleiresinat	3870	5310
mit 0,5% Bleiresinat	137	159
mit 1,0% Bleiresinat	129	140
mit 2,0% Bleiresinat	92	89
mit 4,0% Bleiresinat	55	49
mit 3,7% Bleiresinat + 4,6% Fullererde	41	28
mit 3,7% Bleiresinat + 4,6% Gasruß	65	60
mit 2,4% Bleioxyd	33	69
mit 2,4% Bleioxyd + 2,4% Bleiresinat	35	36
mit 2,4% Bleioxyd + 2,4% Gasruß	36	92
mit 2,3% Bleioxyd + 2,3% Bleiresinat + 2,3% Gasruß	28	30
mit 5,0% Bleioxyd + 5% Gasruß	29	118
mit 2,5% Bleioxyd + 5% Gasruß + 2,5% Bleiresinat	38	41
mit 2,5% Bleioxyd + 5% Fullererde + 2% Bleiresinat	15	14

Durch diesen Zusatz von Bleiresinat allein oder in Mischung mit Fullererde, Gasruß und Bleioxyd zu Polyvinylchlorid werden die dielektrischen Verluste bei 120°, wie die Tab. 62 erkennen läßt, auf weniger als ein Hundertstel derjenigen von Polyvinylchlorid ohne diese Zusätze[2] verringert.

[1] DRP. 745724, Allg. Elektrizitäts-Ges.
[2] F.P. 835056, British Thomson-Houston Co. Ltd.

Neben Polyvinylchlorid besitzt auch nachchloriertes Polyvinylchlorid gute dielektrische Eigenschaften. Diese lassen sich noch bedeutend verbessern, wenn man das nachchlorierte Polyvinylchlorid mit
Silikaten, zweckmäßig in Mengen von 5 bis 30 Prozent, mischt[1]. Um
ein inniges Gemisch des Polyvinylchlorids mit den Silikaten zu erreichen,
wird zweckmäßig das durch Erwärmen oder durch Lösungsmittel flüssig
gemachte nachchlorierte Polyvinylchlorid mit den Füllstoffen innig
durchgeknetet und die nach Entfernung des Lösungsmittels durch Erwärmen oder Absaugen entstehende Masse zu einem feinen Pulver vermahlen. Für viele Zwecke ist es aber ausreichend, wenn das pulverförmige Polymerisat mit den pulverförmigen Silikaten vermischt wird.

Werden z. B. dem nachchlorierten Polyvinylchlorid 5 Prozent Quarz zugesetzt,
so ist der mit wenig Methylenchlorid versetzte Isolierstoff bei 100° gießfähig.
Mit mehr Quarzpulver, z. B. mit 30 Prozent, entsteht eine plastische Masse, die
für die Spritzisolierung und für die Herstellung von Formstücken durch Pressen
geeignet ist.

Zur Erzielung eines hohen Isolierwertes wird möglichst das reine
nachchlorierte Polyvinylchlorid verwendet, das 60 bis 65 Prozent Chlor
enthält. Bei geringerem Chlorgehalt ist der Isolierwert entsprechend
niedriger.

Als elektrische Isoliermassen eignen sich auch verschiedene Mischpolymerisate des Vinylchlorids.

Nach H. FIKENTSCHER und F. SCHMIDT[2] sind Mischpolymerisate aus
Vinylchlorid und Acrylsäureester der höheren aliphatischen Alkohole
mit mindestens vier Kohlenstoffatomen im Molekül oder der hydroaromatischen oder gemischt aliphatisch-aromatischen Alkohole als elektrische Isoliermassen geeignet. Die besondere Eignung dieser Mischpolymerisate beruht auf ihrer überlegenen Isolierfähigkeit und Wasserbeständigkeit, einer besonderen Weichheit und Geschmeidigkeit auch
bei tiefen Temperaturen sowie einer besseren Verarbeitbarkeit.

Die Zusammensetzung der Mischpolymerisate kann je nach dem
Verwendungszweck in weiten Grenzen schwanken. Sie zeigen bei gleichem Vinylchloridgehalt mit steigender Länge der Kohlenstoffkette des
Alkohols verbesserte Wasserbeständigkeit, Schmelzbarkeit und Verarbeitbarkeit.

Die härter eingestellten Mischpolymerisate werden zweckmäßig
in Verbindung mit Weichmachern verwendet, vor allem dann, wenn den
Isolierstoffen noch organische oder anorganische Pigmente als Füllstoffe zugesetzt werden.

Infolge ihres guten elektrischen Isoliervermögens eignen sich auch
die bei der Mischpolymerisation von überwiegenden Mengen Vinylchlorid und Estern von Äthylen-1, 2-dicarbonsäuren erhaltenen plastischen Massen vorzüglich als Isolierstoff[3], die im Gegensatz zu Kautschuk alterungsbeständige und ozonfeste Isolierungen mit sehr hoher
Durchschlagsfestigkeit liefern.

---

[1] DRP. 704361, I.G. Farbenindustrie A.G.
[2] DRP. 638014, I.G. Farbenindustrie A.G.
[3] DRP. 728664, I.G. Farbenindustrie A.G.

100 Teile eines durch Emulsionspolymerisation erhaltenen Mischpolymerisats aus 75 Prozent Vinylchlorid und 25 Prozent Maleinsäurediisobutylester werden mit 30 Teilen chloriertem Diphenyl von etwa 50 Prozent so lange verwalzt, bis eine einheitliche Masse entsteht.

Zu Isolierungszwecken eignen sich weiter die bei der Mischpolymerisation von Vinylchlorid mit Vinylidenhalogeniden, besonders Vinylidenchlorid, erhaltenen Massen, die aus monomeren Bestandteilen aufgebaut sind, deren Halogengehalt höchstens um 2 Prozent von dem mittleren Halogengehalt abweicht[1].

Der Erweichungspunkt von elektrischen Isolierstoffen auf der Basis von Polyvinylchlorid, wie Polyvinylchlorid selbst, nachchloriertes Polyvinylchlorid, Mischungen beider oder Mischpolymerisate aus Vinylchlorid und Acrylsäureestern, kann man dadurch erhöhen, daß man aus den genannten Polymerisaten die noch zurückgehaltenen Lösungsmittelreste entfernt und die Polymerisate ohne Weichmachungsmittel verwendet[2].

Durch geeignete Kombinationen von Polyvinylchlorid und Vinylchlorid-Mischpolymerisaten kann man elektrische Isolierstoffe erhalten, die mitunter bessere Isoliereigenschaften aufweisen als die Einzelkomponenten.

Eine geeignete Mischung besteht aus Polyvinylchlorid und einem Vinylchlorid-Vinylacetat-Mischpolymerisat, dessen Molekulargewicht 8000 bis 18000 und dessen Acetatgehalt 7 bis 20 Prozent beträgt[3]. Das Mengenverhältnis wird so bemessen, daß der Acetatgehalt der Mischung 0,5 bis 6 Prozent ausmacht.

Polymerisate auf der Basis von Vinylchlorid werden in der Elektrotechnik entweder in Form plastischer Massen oder als Formkörper, z. B. Platten, Rohre, Bänder, Folien, aber auch in Form von Lösungen verwendet.

Die Verwendung von Folien oder Bändern erlaubt, wie noch später gezeigt wird, eine besonders einfache und rasche Isolierung sowohl von Leitungen als auch von Kabeln.

Von den aus Polymerisaten oder Mischpolymerisaten des Vinylchlorids herstellbaren Flächengebilden kommen in der Elektrotechnik in erster Linie die aus teinem Polyvinylchlorid hergestellten Folien in Betracht.

Folien oder Bänder aus Polyvinylchlorid sind wasserabstoßend, so daß sie gegen die Einwirkung von Feuchtigkeit nicht empfindlich sind. Bei ihrer Anwendung ist jedoch zu berücksichtigen, daß sie bei Temperaturen von mehr als 70° erweichen und dann bleibenden Formveränderungen leicht zugänglich sind[4].

Die aus hochmolekularem Polyvinylchlorid mit K-Werten über 70, z. B. 81, hergestellten Polyvinylchlorid-Folien können noch bei Arbeitstemperaturen bis zu 80° verwendet werden[5].

---

[1] F.P. 926260, Phillips Gloeilampenfabrieken.

[2] Österr.P. 154404, Schwz.P. 194763, F.P. 810548, E.P. 469249, Deutsche Celluloid-Fabrik A.G.

[3] E.P. 576245, W. T. Henley's Telegraph Works Co. Ltd. und W. F. O. POLLET.

[4] Siehe Seite 352.   [5] F.P. 942259, N. V. de Bataafsche Petroleum Mij.

Hinsichtlich ihrer isolierenden Eigenschaften verhalten sich aber nicht alle Polyvinylchlorid-Folien gleich. Ihre Eigenschaften hängen nämlich vom Reinheitsgrad des zur Folienherstellung benutzten Polyvinylchlorids ab. Hier wirken die im Polymerisat vorhandenen geringen Säuremengen störend, da diese die Elektrizität leiten.

Man muß deshalb das zur Herstellung von Isolierfolien dienende Polyvinylchlorid vor seiner Verarbeitung auf Folien von diesen Säureresten befreien. Dies kann in der Weise geschehen, daß man das Polyvinylchlorid entweder in feinverteiltem Zustande oder als Pulver oder Späne oder in Form von Spinnfäden oder Fellen wässert und das gewässerte Polyvinylchlorid anschließend in besonderer Weise trocknet.

Die elektrischen Eigenschaften von Polyvinylchlorid-Folien lassen sich auch durch besondere Herstellungs- oder Nachbehandlungsverfahren verbessern.

Folien aus Polyvinylchlorid oder hauptsächlich Vinylchlorid enthaltenden Mischpolymerisaten mit wesentlich höherem spezifischem Widerstand werden z. B. erhalten, wenn man Vinylchlorid, gegebenenfalls in Mischung mit einer geringen Menge einer anderen polymerisierbaren Verbindung, in wäßriger Emulsion in Gegenwart fein verteilter Calcium-, Strontium-, Barium-, Blei- oder Silbersilikate polymerisiert[1]. Man verwendet etwa 0,1 bis 5 Prozent Silikat, bezogen auf das Monomere.

100 Teile Vinylchlorid, 187,5 Teile Wasser, 0,44 Teile Emulgiermittel (Gelatine oder bentonitischer Ton), 0,15 Teile Caprylperoxyd, 0,94 Teile Bleiacetat als Puffer und 2,0 Teile Bleisilikat in Form einer frisch gefällten 10prozentigen Suspension, werden homogenisiert und unter Rühren 8 Stunden auf 50° erhitzt. Nach dem Waschen und Trocknen werden dem Polyvinylchlorid auf je 100 Teile 52 Teile Dioctylphthalat als Weichmacher zugesetzt und die Mischung heiß verwalzt. Der spezifische Widerstand der bei 148° hergestellten Folie beträgt etwa 10000 Ohm/cm · 10^9 (bei 70°).

Nimmt man die Polymerisation in Abwesenheit von Bleisilikat vor und setzt dem fertigen Polymerisat vor der Folienbildung 2 Prozent Bleisilikat zum weichgestellten Produkt zu, so besitzt die Folie einen spezifischen Widerstand von etwa 2000 bis 3000 Ohm/cm · 10^9.

Eine Nachbehandlung ist besonders bei Isolierfolien erforderlich, die durch Gießen oder Ausziehen von Fellen aus Polyvinylchlorid hergestellt und zur Erhöhung ihrer Maßhaltigkeit mit Kaliberwalzen nachgeformt werden.

Bei der Verwendung von kalandrierten Folien, beispielsweise in einer Stärke von 0,5 mm, für die Zwecke der elektrischen Isolierung hat sich die merkwürdige Tatsache ergeben, daß der Isolierwiderstand an verschiedenen Stellen der Folie verschiedene Werte aufweist, welche nicht nur untereinander um mehr als das Zehnfache abweichen, sondern auch in den Mindestbeträgen, verglichen mit den Ausgangsstoffen, als auffällig niedrig zu bezeichnen sind.

Eine Verbesserung der elektrischen Eigenschaften aus von in Pulverform oder in gröberen ungeformten Massen hergestellten Folien wird aber erreicht, wenn man die Folien nach ihrer Verformung auf Kalandrierwalzen oder dgl. für etwa 24 Stunden einer Wässerung unterwirft[2].

---

[1] F.P. 950423, B. F. Goodrich Co.
[2] DRP. 714199, Siemens-Schuckertwerke A.G.

Neben Folien aus Polyvinylchlorid werden in der Elektrotechnik auch solche aus nachchloriertem Polyvinylchlorid verwendet. Eine nach dem Gieß-Verfahren aus nachchloriertem Polyvinylchlorid erhaltene Folie ist die in Deutschland unter der Bezeichnung *Vinifol* bekannte Isolierfolie[1].

Vinifol ist chemisch außerordentlich beständig. Besonders wertvoll ist seine Ozonbeständigkeit. Im Temperaturbereich von —20 bis +90° ist es auch ölfest. Da *Vinifol* unentflammbar ist, tritt ebenso wie bei reinen Polyvinylchlorid-Folien beim Erhitzen auf hohe Temperaturen ein Abschmelzen und Verkohlen der Isolierung ein.

Die *Vinifol-Folie* besitzt ferner eine große mechanische Festigkeit. Bei einem spezifischen Gewicht von 1,47 weist sie, bei einer Stärke von 0,02 bis 0,03 mm, eine Zerreißfestigkeit von 750 kg/qcm und eine Dehnung von 4 bis 5 Prozent auf.

Besonders wertvoll sind hier natürlich die dielektrischen Eigenschaften, wie der nachstehenden Tabelle zu entnehmen ist.

Tabelle 63. *Elektrische Werte von Vinifol.*

Oberflächenwiderstand direkt bei 1000 Volt Gleichstrom . . .	1 Million MΩ
Dielektrizitätskonstante bei 50 Hz, 200 Volt	3,1
Verlustwinkel tg δ bei 50 Hz, 200 Volt, 22°	$8{,}5 \cdot 10^{-3}$

Die dielektrischen Eigenschaften von Folien auf Polyvinylchlorid-Basis sind von der Temperatur abhängig, wie die graphischen Darstellungen in den Abb. 56 und 57 erkennen lassen.

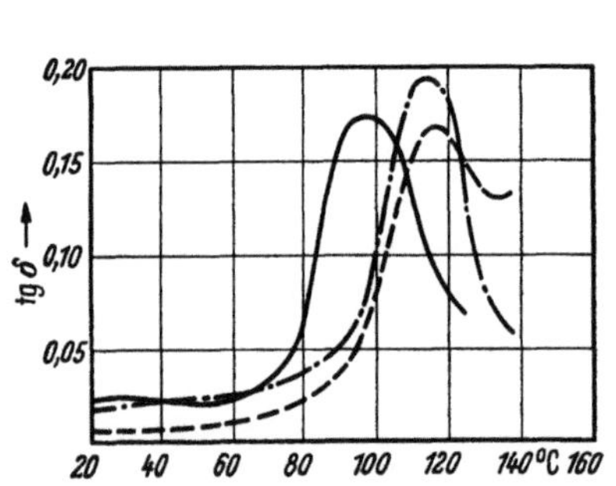

Abb. 56. Dielektrischer Vorlustfaktor tg δ in Abhängigkeit von der Temperatur.
Vinidurfolie ——, Luvithermfolie —·—, Vinifol — — —.

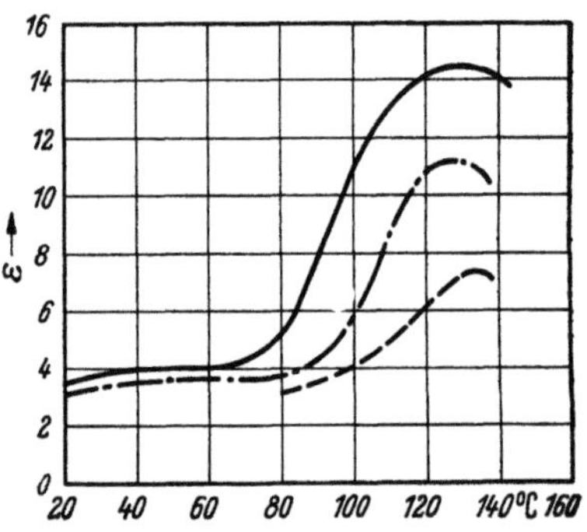

Abb. 57. Dielektrizitätskonstante ε in Abhängigkeit von der Temperatur.
Vinidurfolie ——, Luvithermfolie —·—, Vinifol — — —.

In Abb. 56 ist die Abhängigkeit des dielektrischen Verlustfaktors und in Abb. 57 die Abhängigkeit der Dielektrizitätskonstante von der Temperatur dargestellt.

Für Elektrozwecke geeignete Filme werden nach H. FIKENTSCHER und H. JACQUÉ[2] erhalten, wenn man Polyvinylchlorid oder Mischpoly-

---

[1] Kunststoffe **26**, 205 (1936).
[2] DRP. 730202, I.G. Farbenindustrie A.G.

merisate des Vinylchlorids in feinpulveriger Form in einem flüchtigen Lösungsmittel bei so niedrigen Temperaturen, bei denen noch keine nennenswerte Quellung oder Lösung eintritt, dispergiert und die Dispersion auf Unterlagen aufbringt. Man läßt dann unter weitgehender Vermeidung des Verdunstens des Lösungsmittels die Dispersion gelieren und verdunstet hierauf das Lösungsmittel.

Ein weiteres Verwendungsgebiet in der Elektroindustrie haben auch die nach dem auf S. 339 beschriebenen Verfahren hergestellten Folien aus Polyvinylchlorid, nachchloriertem Polyvinylchlorid, Vinylchlorid-Mischpolymerisaten oder Mischungen dieser gefunden[1].

Zur Isolierung werden ferner Folien verwendet, die aus wäßrigen Pasten von Polyvinylchlorid oder Mischpolymerisaten des Vinylchlorids mit anderen polymerisierbaren Monomeren, die eine olefinische Doppelbindung enthalten, nach dem Verfahren der Firma Deutsche Celluloid Fabrik A.G.[2] hergestellt werden.

Polyvinylchlorid wird mitunter auch in Kombination mit anderen Polymerisat-Kunststoffen als elektrisches Isoliermaterial verwendet. Von diesen Kombinationen ist besonders die Mischung mit dem als elektrischem Isolierstoff selbst geeigneten Polystyrol besonders wertvoll. Man erhält diesen Isolierstoff, wenn man das Polystyrol in einem Plastiziermittel löst, welches auch gleichzeitig das Polyvinylchlorid zu lösen vermag[3].

Von T. R. Scott[4] eignet sich als elektrisches Isoliermaterial ferner eine Mischung aus einem weichgestellten Polyvinylchlorid und einem weichgestellten organischen Polysulfid.

B. Isolierung von Drähten und Leitern.

Als Isoliermaterial für Drähte und elektrische Leiter ist Polyvinylchlorid vorzüglich geeignet[5].

Die mit diesem Polymerisat isolierten Drähte werden als *Zünderdrähte, Schußleitungen, Klingelleitungen, Antennenableitungen, Radiodrähte* usw. mit bestem Erfolg angewandt[6].

In großen Mengen werden mit Polyvinylchlorid überzogene Kupferleitungen für elektrische Christbaumlichter verwendet[7].

Beispielsweise wurden in den Vereinigten Staaten von Nordamerika zu Weihnachten 1948 etwa 225 Tonnen Polyvinylchlorid für diesen Zweck verarbeitet und 30 Millionen Meter derartiger Leitungen hergestellt.

Mit der auf Igelit-Basis aufgebauten *Protodur-H-Masse* isolierte Fernmeldeschaltdrähte, die unter der Bezeichnung „*Protodur-Draht*" bekannt sind, eignen sich zur Beschaltung üblicher Anlagen und Geräte, für die bisher Gummidraht verwendet wurde. Diese Drähte können auch

[1] DRP. 737661, Deutsche Celluloid-Fabrik A.G.

[2] D.R.P. 655950, E.P. 437604, Deutsche Celluloid-Fabrik A.G.

[3] F.P. 885125, Comp. Générale d'Electricité und H. Nicolas.

[4] Canad.P. 445787, Standard Telephone and Cables Ltd.

[5] Kainer, F.: Kurzes Handbuch der Polymerisationstechnik, Bd. 3, S. 718. Leipzig 1944.

[6] Beck, H.: Kunststoffe **27**, 48 (1937).   [7] Mod. Plastics **27**, 79 (1949).

unter Putz verlegt werden[1]. Sie können in verschiedenen Farben hergestellt werden, so daß sich die Schaltwege leicht unterscheiden lassen.

Besonders vorteilhaft ist ihre Verwendung in Anlagen und Apparaten, die mit Öl in Berührung kommen, weil das Polyvinylchlorid ölbeständig ist.

Da die obere Temperaturgrenze von Polyvinylchlorid bei $+70°$ liegt, hat der VDE einen Temperaturbereich von $-5°$ bis $+50°$ für die Verwendung dieser Schaltdrähte festgelegt.

Folgende Ausführungen sind vom VDE zugelassen:

Für Fernmeldeanlagen (entsprechend VDE 0880).

Tabelle 64. *Isolierte Drähte für Schalt- und Installationszwecke YG (PR).*

Verwendungsbereich	Kupfer-leiter mm ⌀	Kunststoff-hülle mm	Aluminium-leiter mm ⌀	Kunststoff-hülle mm
Zur Beschaltung innerhalb der Apparate usw.	0,5 0,6	0,6 0,6		
Zur Installation im Rohr über oder unter Putz	0,6 0,8 1,0 1,2 1,5	0,6 0,6 0,6 0,8 0,8	0,8 1,0 1,3 1,6 2,0	0,6 0,6 0,8 1,0 1,0

Die Drähte können auch mehrfach verseilt sein.

Die Prüfspannung beträgt bei $20°$ 1000 Volt Wechselspannung bei 50 Per./s. 10 Minuten lang Ader/Ader.

Bei der Reichsbahn haben sich ebenfalls Schaltleitungen mit Isolationen aus plastizierter Äthylcellulose mit darüberliegender Hülle aus Polyvinylchlorid bewährt[2].

Die guten Ergebnisse, die mit diesen kunststoffisolierten Drähten in Deutschland erzielt wurden, waren die Veranlassung dafür, daß man auch in anderen Ländern Polyvinylchlorid als Isoliermaterial eingesetzt hat. So wird z. B. plastiziertes Polyvinylchlorid nach W. L. SEMON[3] als Isoliermaterial in den Vereinigten Staaten von Nordamerika und nach J. VEITH[4] auch in England zur Isolierung elektrischer Leiter in zunehmendem Maße verwendet.

Als Weichmacher eignen sich hier Ester der Itaconsäure oder deren Homologen in Mengen von 5 bis 12 Prozent[5]. Es ist zweckmäßig, mehrere der genannten Ester anzuwenden. Als veresterte Alkohole kommen aliphatische Alkohole mit 3 bis 9 Kohlenstoffatomen sowie carbocyclische Alkohole mit 6 bis 15 Kohlenstoffatomen in Frage. Die so weichgestellten Polyvinylchloride eignen sich besonders zur Isolierung elektrischer Leiter.

---

[1] MEEDER, K.: Rdsch. dtsch. Techn. **1941**, Nr. 3, 3.
[2] NOWAK, P., u. H. HOFMEIER: Kunststoffe **28**, 54 (1938).
[3] Canad.P. 370521, B. F. Goodrich Co.
[4] VEITH, J.: British Plastics **15**, 353 (1943).
[5] F.P. 867863, Comp. Française pour l'Exploitation des Procédés Thomson-Houston.

Eine geeignete Mischung wird bereitet z. B. aus 150 Teilen Polyvinylchlorid und 54 Teilen Itaconsäuredibenzylester, die bei etwa 130° homogenisiert und bei einer Temperatur von etwa 145° unter Druck verpreßt wird.

Zum Umspritzen von Leitern oder Drähten verwendet A. WEIHE [1] ferner Massen aus Polyvinylchlorid oder nachchloriertem Polyvinylchlorid, die mit den auf S. 170 beschriebenen Kohleextraktionsprodukten weichgestellt sind.

Zu Isolierzwecken hat die Firma I.G. Farbenindustrie A.G.[2] weiter die beim Erhitzen von Polyvinylchlorid und Weichmachern auf hohe Temperaturen, z. B. 110 bis 150°, erhaltenen homogenen Massen vorgeschlagen.

An Stelle von Polyvinylchlorid kommt auch nachchloriertes Polyvinylchlorid, und zwar in inniger Mischung mit Silikaten, wie z. B. Glas, Glimmer und Quarz, zur Drahtisolierung in Betracht[3].

Nach A. O. BLADES[4] eignen sich für die Isolierung von Drähten auch Mischpolymerisate aus Vinylchlorid und Vinylacetat.

Man verwendet z. B. eine Kombination aus 100 Teilen eines Mischpolymerisats, 3 Teilen Bleiweiß, 2 Teilen Calciumstearat, 2 Teilen Gasruß, 20 Teilen Kreide und 60 Teilen Trikresylphosphat.

Ein besonders zur Isolierung von elektrischen Leitungen geeigneter Kunststoff besteht nach H. FOSTER[5] aus einem Mischpolymerisat aus 75 bis 99 Prozent Vinylchlorid und 25 bis 1 Prozent Fumarsäureester, z. B. Fumarsäuredimethyl- und Fumarsäurediäthylester, das einen Weichmacher und 1 bis 25 Prozent einer anorganischen basischen Verbindung, z. B. Oxyde, Hydroxyde und Carbonate von Erdalkalien sowie von Alkalicarbonaten, enthält.

17,75 Teile eines Mischpolymerisates aus 5 Teilen Fumarsäurediäthylester und 95 Teilen Vinylchlorid werden im Werner-Pfleiderer mit 3,5 Teilen acetyliertem Ricinusöl, 1,75 Teilen Sebacinsäuredi-(butoxyäthyl)-ester, 1,6 Teilen Calciumhydroxydpulver, 0,25 Teilen Knochenkohle, 0,25 Teilen Phenoxypropylenoxyd und 9 Teilen Aceton bei 40 bis 60° gemischt und danach 20 Minuten lang bei 135° zwischen beheizten Walzen gewalzt.

Zur Isolierung elektrischer Leiter können nach H. HEERING und H. MÜLLER[6] solche Mischpolymerisate des Vinylchlorids benützt werden, die die auf S. 139 genannten Stabilisatoren enthalten. Zur Erzielung einer stabilisierenden Wirkung genügt es schon, wenn diese Polymerisate mit den Stabilisatoren in Kontakt sind; dies kann z. B. dadurch erfolgen, daß man die Metalle oder Metallverbindungen in fein verteilter Form den Isoliermassen einverleibt, die Stabilisatoren auf die Isoliermassen aufspritzt oder mit Bändern aus Metallen umwickelt.

Gemäß diesem Verfahren werden zur Stabilisierung Metalle, wie Blei oder Silber, und als basisch wirkende Verbindungen Oxyde oder Carbonate verwendet[7].

---

[1] DRP. 705146, I.G. Farbenindustrie A.G.
[2] F.P. 808867, I.G. Farbenindustrie A.G.
[3] DRP. 704361, I.G. Farbenindustrie A.G.
[4] BLADES, A. O.: Mod. Plastics **18**, Nr. 6, 34 (1941).
[5] A.P. 2403215, E. I. du Pont de Nemours & Co.
[6] DRP. 729419, Siemens-Schuckert A.G.
[7] F.P. 812596, Siemens-Schuckert A.G.

Die aus Polyvinylchlorid oder Vinylchlorid-Mischpolymerisaten unter Zusatz der üblichen hochsiedenden Weichmachungsmittel hergestellten Isoliermassen für elektrische Leiter behalten ihre plastischen Eigenschaften auch nach erfolgter Isolierung der Leiter bei.

Für bestimmte Verhältnisse, nämlich für die feste Verlegung elektrischer Leitungen, besteht jedoch das Bedürfnis, den platischen Zustand der Isoliermasse auch bis zur Verlegung der Leiter aufrechtzuerhalten und nach der Verlegung in einen formbeständigen Zustand überzuführen.

Nach H. HEERING [1] kann man Isoliermassen dieser Art erhalten, wenn man dem Polyvinylchlorid bzw. den Mischpolymerisaten auf Basis von Vinylchlorid solche leicht flüchtige Weichmacher zusetzt, deren Siedepunkt zwar über der Verarbeitungstemperatur liegt, jedoch noch so niedrig ist, daß die Stoffe bei normaler Lufttemperatur sich allmählich verflüchtigen. Als Weichmachungsmittel der genannten Art kommen z. B. Glykol, Benzylalkohol, Äthylglykolacetat, Dimethylnaphthalin und Dimethylphthalat in Frage.

Mit diesen Stoffen weichgemachte Polyvinylchloride oder Vinylchlorid-Mischpolymerisate werden die elektrischen Leiter isoliert. Um ein vorzeitiges Verdunsten der Stoffe zu verhindern, müssen die isolierten Leiter luftdicht, z. B. in Blechbüchsen, aufbewahrt werden. Nach erfolgter Verlegung verdunstet dann der flüchtige Weichmacher und man erhält eine mechanisch äußerst widerstandsfähige elektrische Leitung.

In ähnlicher Weise arbeitet auch J. L. BISHOP [2]. Dieser überzieht die Leiter mit einem weichgemachten Polyvinylchlorid und unterwirft dann den Leiter einer Wärmebehandlung, um den Weichmacher ganz oder zum Teil aus der Isolation zu entfernen.

Die Isolierung von elektrischen Leitern mit Massen aus Polymerisaten oder Mischpolymerisaten des Vinylchlorids kann in verschiedener Weise erfolgen.

Man kann die Isoliermassen in Form von Lösungen auf die Leiter aufbringen, ähnlich wie dies bei Verwendung von Öllacken erfolgt; ein Verfahren, welches mit Rücksicht auf die Schwerlöslichkeit des Polyvinylchlorids für die Herstellung von isolierten Drähten nur untergeordnete Bedeutung erlangt hat.

Wesentlich wichtiger ist die Isolierung von elektrischen Leitern durch Umspritzen mit den thermisch erweichten und gegebenenfalls weichgestellten Massen auf der Basis von Vinylchlorid-Kunststoffen.

Den zur Isolierung erforderlichen plastischen Zustand der Polymerisate oder Mischpolymerisate des Vinylchlorids kann man durch direkte oder indirekte Wärmezufuhr und nach G. W. HUMPHREYS und N. L. A. POLLARD [3] mit Hilfe von infraroten Strahlen erzielen.

Das zur Zeit in Deutschland am häufigsten angewandte Verfahren ist die Isolierung von elektrischen Leitern durch Bewickeln mit Folien aus Polymerisaten oder Mischpolymerisaten des Vinylchlorids.

---

[1] DRP. 739422, Siemens-Schuckert A.G.
[2] E.P. 571543, Pirelli-General Cable Works Ltd.
[3] General Electric Co. Ltd.

In bestimmten Fällen kann auch eine Isolierung durch Umweben der Drähte mit Fäden aus Polyvinylchlorid und schließlich auch durch Umhüllung der Drähte mit nahtlosen Schläuchen aus Polyvinylchlorid erzielt werden.

Diese einzelnen Isolierverfahren sind nun nachstehend besprochen.

1. Lackdrähte.

In Anlehnung an die früher übliche Isolierung von elektrischen Drähten durch Überziehen mit Öllacken hat man auch Lösungen von Polymerisaten oder Mischpolymerisaten des Vinylchlorids zur Isolierung von elektrischen Leitern vorgeschlagen.

Man verwendet Lösungen von Polyvinylchlorid in Ketonen, die acetylierte Ricinolsäureester als Weichmacher enthalten. Das Polyvinylchlorid wird durch anschließendes Eintauchen des Drahtes in Wasser ausgefällt und der Überzug im Dampf getrocknet[1].

Zur Isolierung von elektrischen Leitern kann man diese zunächst mit einem Glasgewebe und darüber mit einem Polyvinylchlorid-Lack überziehen[2].

R. H. THIELKIND[3] überzieht Drähte mit einem Mischpolymerisat aus Vinylchlorid und Vinylacetat, dessen Molekulargewicht größer als 10000 ist. Als Lösungs- und Verdünnungsmittel dient eine hochsiedende Mischung von Methylisobutylketon und Kohlenteernaphtha.

Zum Lackieren von Drähten verwenden H. FIKENTSCHER und F. SCHMIDT[4] Lösungen von Mischpolymerisaten aus Vinylchlorid und Acrylsäureestern der auf S. 292 angeführten Art.

Bei den im Handel befindlichen Schaltlitzen oder Schaltdrähten mit Isolierungen aus weichgestelltem Polyvinylchlorid oder Vinylchlorid-Mischpolymerisaten laugt das Imprägnierungsmittel die Weichmacher heraus, so daß hierdurch vor allem die Biegeelastizität verschlechtert wird.

Nach G. BÜTTNER[5] lassen sich solche weichmacherhaltige Lackierungen dadurch imprägniermittelfest und ölfest machen, daß man sie mit einer dünnen Deckschicht aus weichmacherfreien Polyacrylsäurederivaten oder Polyvinylacetalen überzieht.

2. Umspritzte Drähte.

Die Herstellung von Isolierungen durch Überziehen der elektrischen Leiter mit Lösungen von Polymerisaten oder Mischpolymerisaten des Vinylchlorids hat in der Elektrotechnik nur untergeordnete Bedeutung erlangt, vor allem deshalb, weil Polyvinylchlorid die zur Herstellung von Isolierlacklösungen erforderlichen guten Lösungseigenschaften nicht besitzt.

---

[1] Belg.P. 427817, Soc. d'Electricité et de Mécanique Procédés Thomson-Houston, van den Kerchove & Carels.

[2] Dän.P. 58888, Fides Ges. f. d. Verwaltung und Verwertung von gewerbl. Schutzrechten m.b.H.

[3] A.P. 2174912, Shenectady Varnish Co.

[4] DRP. 638014, I.G. Farbenindustrie A.G.

[5] DRP. 713736, Mairowsky & Co. A.G.

Eine Isolierung von elektrischen Leitern mit Polyvinylchlorid kann jedoch dadurch erfolgen, daß man Polyvinylchlorid bei Temperaturen unterhalb 130° unter gründlicher Durcharbeitung plastisch und luftfrei macht und dann bei 150° unter Druck auf den zu isolierenden Draht aufspritzt[1]. Dieses Umspritzen der Drähte erfolgt zweckmäßig in *Schneckenspritz-Maschinen*.

Als Isoliermaterial eignen sich neben Polyvinylchlorid auch Mischpolymerisate aus Vinylchlorid und Vinylacetat. Zweckmäßig setzt man diesen Kunststoffen die bereits auf S. 145 genannten Stabilisiermittel in trockenem Zustande zu und erst dieser Mischung den Weichmacher[2]. Nach etwa 24 stündigem Stehen wird die Mischung im Kneter oder auf der Walze verarbeitet und aus der Spezialspritzmaschnine verspritzt. Nach Austritt aus der Düse durchläuft der isolierte Draht ein auf 300 bis 500° erhitztes Rohr, in dem die inneren Spannungen der Isolierhülle beseitigt und zugleich ein erhöhter Glanz erreicht wird.

Beim Auftragen auf den kalten Metalldraht treten jedoch Spannungen in dem Polyvinylchlorid auf, durch welche die *Festigkeit*, insbesondere die *Biegefestigkeit*, leidet.

Eine gewisse Spannungs- und Zugfreiheit kann man erzielen, wenn man dem Polyvinylchlorid Weichmachungs- und Plastifizierungsmittel zusetzt.

In dieser Hinsicht verhalten sich jedoch nicht alle Weichmacher gleich. Eine Polyvinylchlorid-Masse, die besonders elastische isolierte Drähte ergibt, besteht aus solchen Polyvinylchloriden, die mit den auf S. 154 näher beschriebenen Estern langkettiger, aliphatischer, zweibasischer Säuren, wie z. B. *sebacinsaures Dibenzyl*, und gegebenenfalls Trikresylphosphat weichgestellt sind[3]. Eine geeignete Isoliermasse besteht z. B. aus 60 Teilen Polyvinylchlorid und 40 Teilen sebacinsaurem Dibenzyl.

Werden z. B. zum Vergleich an zwei blanken metallischen Leitungsdrähten von je etwa 1,5 m Länge der eine Draht mit der vorbeschriebenen Isoliermasse und der zweite Draht mit einer Masse aus 60 Teilen Polyvinylchlorid und 40 Teilen Trikresylphosphat überzogen und beide Drähte zu einer Schleife gebogen, an den Enden gefaßt und unter kräftiger Schlagbewegung, ähnlich wie man mit einer Peitsche knallt, verschiedenen von 5 zu 5° sprungweise nach unten abfallenden Temperaturen ausgesetzt, so zeigt der mit Trikresylphosphat vermischte Polyvinylchlorid-Überzug bereits bei +10° deutliche Rißbildung, während der erste Draht erst bei —23° anfängt, brüchig zu werden.

Durch die Verwendung von Weichmachern werden, wie bereits auf S. 225 ausgeführt wurde, in vielen Fällen die *Kälte-* und *Wärmebeständigkeit*, aber auch die *dielektrischen Eigenschaften* der Polymerisate des Vinylchlorids herabgesetzt.

Eine Verbesserung der elektrischen Eigenschaften kann man dadurch erzielen, daß man zum Umspritzen von elektrischen Leitern die nach R. M. Fuoss[4] mit Bleiresinat und gegebenenfalls Bleioxyden, Fullererde und Gasruß versetzten Polyvinylchlorid-Massen[5] verwendet.

---

[1] Kainer, F.: Kurzes Handbuch der Polymerisationstechnik, Bd. 3, S. 730. Leipzig 1944.

[2] Blades, A. O.: Mod. Plastics **18**, 34, 84 (1941).

[3] DRP. 749564, ohne Patentinhaberangabe.

[4] DRP. 745724, Allg. Elektrizitäts-Ges.   [5] Siehe Seite 568.

Nach G. WICK[1] kann man spannungsfreie und zugfreie Überzüge aus Polyvinylchlorid auf elektrischen Leitern erhalten, wenn man den Metalldraht auf eine Temperatur von etwa 130° erhitzt und dann das heiße Polyvinylchlorid auf den heißen Leiter aufspritzt.

Eine durch Kneten oder Walzen bei 130° plastisch und luftfrei gemachte Polyvinylchlorid-Masse[2] wird auf 150° erhitzt und auf einen Kupferdraht aufgespritzt, der auf etwa 130° erwärmt ist. Nach dem Abkühlen erhält man einen Leitungsdraht, dessen Isolationsschicht fest auf der Kupferseele liegt und der nach allen Richtungen gebogen werden kann, ohne daß ein Zerbrechen oder Abbröckeln der Isolationsschicht eintritt.

Nach einem anderen, von W. I. PATNODE[3] angegebenen Verfahren erfolgt die Drahtisolierung mit Polyvinylchlorid in der Weise, daß man auf etwa 90° vorerhitzten Metalldraht auf 160 bis 175° erhitztes plastiziertes Polyvinylchlorid aufspritzt und den überzogenen Draht unmittelbar, z. B. in einem Emaillierofen, für einige Sekunden einer Temperatur von 370 bis 480° aussetzt und darauf sofort auskühlt. Die so behandelten Drähte können z. B. bei Verwendung in elektrischen Spulen ohne Schaden höheren Temperaturen ausgesetzt werden.

Auch nach diesem der Firma Comp. Generale di Elettricita[4] geschützten Verfahren wird die Rißbildung des Polyvinylchlorid-Überzuges verhindert.

Von den verschiedenen im Handel befindlichen Polyvinylchlorid-Sorten haben sich die unter der Bezeichnung *Igelit MP* und *Igelit PCU* bekannten Sorten bewährt[5]. Diese Kunststoffe werden im allgemeinen mit Weichmachern verarbeitet; allerdings ist dabei zu berücksichtigen, daß manche Weichmacher die an sich befriedigenden dielektrischen Eigenschaften herabdrücken.

Die mitunter durch den Zusatz von Weichmachern bedingte Verschlechterung der Wasserfestigkeit läßt sich nach A. QUARTHAL und M. HIRT[6] vermeiden, wenn man den Massen die auf S. 128 genannten Kondensationsprodukte zusetzt.

70 Teile Polyvinylchlorid werden z. B. mit einer Lösung von 0,5 Teilen eines Kondensationsproduktes aus Styrol und Resorcin in 30 Teilen Trikresylphosphat auf einer Walze oder im Kneter bei etwa 160° homogen verwalzt. Die erhaltene Masse dient dann zum Umspritzen der Drähte.

Mit Polyvinylchlorid aufgespritzte oder umpreßte Drähte können für Licht- und Kraftleitungen bis 500 Volt in Stahlrohren oder als Schaltdrähte bei Geräten verlegt werden und sind ohne Beanstandungen in Betrieb[7]. Durch ihre glatte Oberfläche, ihren geringen Durchmesser mit Platzersparnis, ihre bequeme Abmantelung beim Verlegen und einfache Klemmarbeit bieten sie bei der Installation beträchtliche Vorteile. Durch Garnbeflechtungen läßt sich das Durchschlagen von *Igelit*-Umpressungen wirksam verhindern.

---

[1] DRP. 718863, I. G. Farbenindustrie A. G.
[2] DRP. 697919, I. G. Farbenindustrie A. G.   [3] A. P. 2217451, General Electric Co.
[4] Ital. P. 371851, Comp. Generale di Elettricita.
[5] NOWAK, P.: Kunststoffe **31**, 381 (1941).
[6] DRP. 735446, I. G. Farbenindustrie A. G.
[7] NOWAK, P., u. H. HOFMEIER: Kunststoffe **28**, 54 (1938). — H. BERGER: Elektrotechn. Z. **61**, 97 (1940).

Gegenüber gummiisolierten Schalt- und Steuerleitungen besitzen die igelitumpreßten Schalt- und Steuerleitungen die Vorteile höherer Ölfestigkeit, Unentflammbarkeit und praktisch unbegrenzter Lebensdauer, wobei ein etwa erforderlicher höherer Isolationswiderstand durch unmittelbare Bebänderung der Leiter mit Folien und Darüberpressen der Igelitmasse erreicht werden kann.

Mit Igelit isolierte Schaltdrähte im Fernsprechbetrieb ergeben ähnliche günstige Ergebnisse.

3. Folienisolierte Drähte.

Während man in den Vereinigten Staaten von Nordamerika dem Umspritzen der Drähte gemäß den im vorhergehenden Abschnitt behandelten Verfahren den Vorzug gibt, erfolgt in Deutschland vorwiegend die Isolierung von elektrischen Leitern mit Folien auf Polyvinylchlorid-Basis[1].

Ein großer Vorteil der Folienisolation ist die geringe Auftragsstärke, mit der bereits gute dielektrische Werte erreicht werden können. Es ist so die Herstellung von leistungsfähigen Leitungen mit kleineren Gesamtabmessungen in den Querschnitten möglich.

Von den aus Polymerisaten oder Mischpolymerisaten des Vinylchlorids herstellbaren Folien[2] kommen für die Isolierung von Leitern in erster Linie die aus reinem Polyvinylchlorid oder nachchloriertem Polyvinylchlorid hergestellten Folien in Betracht.

In Deutschland werden vor allem die nach dem *Walzverfahren* hergestellten Folien aus Polyvinylchlorid, wie sie unter dem Namen *Vinidur, Luvitherm, Genotherm* oder *Igelit PCU-Feinfolie* bekannt sind, oder die nach dem *Gießverfahren* hergstellten Folien aus nachchloriertem Polyvinylchlorid (*Vinifol*) zur Folienisolation von elektrischen Leitern verwendet[3].

In der folgenden Tab. 65 sind die elektrischen Eigenschaften dieser Folien nach den von P. NOWAK[4] gemachten Angaben einander gegenübergestellt.

Tabelle 65. *Elektrische Eigenschaften von Folien aus Polyvinylchlorid und nachchloriertem Polyvinylchlorid.*

Eigenschaften	Folien aus	
	Polyvinylchlorid	nachchloriertem Polyvinylchlorid
Spezifischer Isolationswiderstand in $\Omega\cdot$cm	$3 \cdot 10^{15}$	$5 \cdot 10^{15}$
Dielektrischer Verlustfaktor tg Δ bei 800 Hz	3,2—3,6	2,8—3,3
Durchschlagsfestigkeit in kV/mm bei 50 Hz	~ 90	~ 120

Die neuerdings vielfach zur Isolierung von Drähten, Leitern usw. benützte *Genotherm El-Folie* der Firma Anorgana zeigt die nachstehenden elektrischen Eigenschaftswerte.

---

[1] KAINER, F.: Kurzes Handbuch der Polymerisationstechnik, Bd. 3, S. 734. Leipzig 1944.

[2] Siehe Seite 334.   [3] BECK, H.: Kunststoffe **31**, 260 (1941).

[4] NOWAK, P.: Kunststoffe **36**, 107 (1946).

Tabelle 66. *Elektrische Eigenschaften der Genotherm-Folie.*

Eigenschaften	Werte
Innerer Widerstand, direkt, M°	3 Millionen
Innerer Widerstand nach 4 Tagen in 80% rel. Feuchtigkeit .	3 Millionen
Oberflächen-Widerstand, direkt M°	3 Millionen
Dieelektrizitätskonstante 800 Hz	3,4
Dieelektrizitätskonstante 1 Million Hz	3,4
Verlustwinkel $\mathrm{tg}\,\vartheta \cdot 10^4$ 800 Hz	200
Verlustwinkel $\mathrm{tg}\,\vartheta \cdot 10^4$ 1 Million Hz	145
Durchschlagfestigkeit, KV/mm	50

Bei den dielektrischen Werten ist zum Teil starke Temperatur-abhängigkeit zu beobachten.

Die Wasserdampfdurchlässigkeit dieser Folien, besonders der *Vinifol-Folie*, ist noch geringer als beim Polystyrol. Diese Eigenschaft ermöglicht eine wasserfeste Isolierung von Schwachstromleitungen[1].

Zur Folienisolierung von Drähten können neuerdings auch die aus hochmolekularem Polyvinylchlorid mit K-Werten über 70 hergestellten Folien benützt werden[2].

In vielen Fällen kann man zur Isolierung von Leitern und Drähten auch weichgemachte Polyvinylchlorid-Folien, z. B. die Folie *Guttagena El* der Firma Anorgana, verwenden.

Für die Aufbringung der Folien auf Basis von Polyvinylchlorid auf Drähten stehen zwei Verfahren zur Verfügung.

Nach dem älteren Verfahren, dem sogenannten „*Umwicklungsver-fahren*", werden die Folien aus Polyvinylchlorid, vorzugsweise aber aus nachchloriertem Polyvinylchlorid, wendelförmig auf dem Leiter in bekannten Spinnmaschinen angebracht. Wegen der Sprödigkeit des Polyvinylchlorids darf die Folie dabei nur eine ganz geringe Stärke haben, etwa 20 μ. Die überlappenden Windungen werden dann durch längere Wärmebehandlung miteinander verschmolzen.

Die hierzu erforderlichen Folien sind nur nach dem *Gießverfahren* herstellbar, bei welchem durch Trocknen eine möglichst weitgehende Befreiung von flüchtigen Lösungsmitteln durchgeführt werden muß.

Zur Folienisolation elektrischer Leiter nach diesem *Umwicklungs-Verfahren* eignen sich Folien aus Polyvinylchlorid oder nachchloriertem Polyvinylchlorid mit einem Chlorgehalt von 62 bis 65 Prozent[3]. Die isolierten Leiter können beispielsweise in folgender Weise hergestellt werden:

Eine aus Lösungen gewonnene Bandfolie von 20 μ Stärke aus Polyvinylchlorid mit einem Chlorgehalt von 62 bis 65 Prozent wird durch Trocknen soweit als möglich von flüchtigen Lösungsmitteln befreit und zum Bewickeln von Kupferdraht verwendet.

Die Umwicklung mit der Folie geschieht in der, in der Elektroindustrie üblichen Weise. Der zu bewickelnde Draht wird über Rollen durch einen auf 90° erwärmten

---

[1] HAGEDORN, M.: Kunststoffe **27**, 89 (1937).
[2] F.P. 942259, N. V. de Bataafsche Petroleum Mij.
[3] DRP. 678858, F.P. 784370, Ital.P. 328740, E.P. 435557, Belg.P. 407377, Canad.P. 370786, Dän.P. 50821, Norweg.P. 56719, Tsch.P. 59215, I.G. Farbenindustrie A.G.

Trockenraum geführt, in dem er 10 Minuten verbleibt. In einer ununterbrochenen Anlage läßt sich die Arbeitsgeschwindigkeit durch Änderung der Länge der Trockenstrecke und gegebenenfalls der Temperatur in geringem Ausmaß nach unten oder oben ändern.

Eine Polyvinylchlorid-Folie mit einer Dehnung von 30 bis 50 Prozent ermöglicht ein sehr straffes Wickeln, wodurch die Gefahr der „Tüten"-Bildung umgangen wird.

Nach dem vorbeschriebenen Verfahren können nach H. FIKENTSCHER und F. SCHMIDT[1] die aus Vinylchlorid-Acrylsäureester-Mischpolymerisaten bestehenden Folien[2] zum Isolieren der Drähte benützt werden.

Nach dem neueren *„Dekafol"-Verfahren* werden einseitig mit einer dünnen Klebstoffschicht versehene Folienbänder in Längsrichtung an den elektrischen Leiter angelegt, auf der Oberfläche des Leiter getrocknet und schließlich in einer Führungsvorrichtung um den Leiter nach Art der Rohrdrahtherstellung herumgeschmiegt[3]. Mehrlagig angeordnete Schichten gewährleisten eine fehlerfreie Isolierung.

Nach diesem Prinzip werden von der Firma Deutsche Kabelwerke A.G.[4] Folien aus Polyvinylchlorid so auf den Leiter aufgebracht, daß die Ränder der Folie parallel zum Leiter verlaufen. Dabei umschließt jede Folie den Leiter mindestens einmal.

Ein wesentlicher Vorteil dieser auch als *„Längsbedeckungs"-Verfahren* bezeichneten Arbeitsweise ist die hohe Fabrikationsgeschwindigkeit, mit der dünnste Isolierschichten auf den Leiter aufgebracht werden können. In einem ununterbrochenen Arbeitsverfahren werden bei Fahrgeschwindigkeiten von 30 m je Minute solche folienisolierte Drähte in Deutschland hergestellt.

Auch der kleine Radius, um den derartige folienisolierte Leitungen gebogen werden können, ohne daß die Isolation reißt, bedeutet gegenüber der alten Verspinnung mit Überlappungen einen beachtlichen Fortschritt.

Nach diesem Verfahren gelingt es, Folien aus Polyvinylchlorid in einer Dicke von 10 bis 30 μ unter Zwischenfügung einer dünnen Klebschicht von ungefähr 5 μ in der Längsrichtung in Form einer archimedischen Spirale ein oder mehrere Male herumzuwickeln und durch die Klebschicht auf dem Draht zu verankern[5].

Die Drähte mit dieser dünnen Folienisolation sind von einem gewöhnlichen Lackdraht nicht zu unterscheiden und können als Dynamodrähte für Wicklungen aller Art, Schaltdrähte und isolierte Leitungen verwendet werden. Mit dünnen Polyvinylchloridfolien können auch Adern bei Starkstrom- und Fernmeldeanlagen isoliert werden.

Die zu dieser Isolation benötigten dünnen Folien müssen nach dem Gießverfahren hergestellt werden.

Nach Feststellungen von G. WICK, A. ILOFF und P. NOWAK[6] lassen sich für die Isolierung von Leitungen nach dem Längsbedeckungsverfahren auch nach dem Kalandrierverfahren hergestellte, wesentlich

---

[1] DRP. 638014, I.G. Farbenindustrie A.G.   [2] Siehe Seite 292.
[3] FISCHER, W.: Elektrotechn. Z. **61**, 163 (1940).
[4] Schwz.P. 206291, Deutsche Kabelwerke A.G.
[5] FISCHER, W.: Elektrotechn. Z. **61**, 163 (1940).
[6] DRP. 736034, F.P. 838862, E.P. 514851, I.G. Farbenindustrie A.G.

stärkere Folien oder Bänder aus nicht nachchloriertem Polyvinylchlorid verwenden. Diese Folien werden unter Benützung einer Lösung von nachchloriertem Polyvinylchlorid auf den Leiter aufgebracht. Bei dieser Arbeitsweise wird eine sehr fest haftende Isolierung erzielt, bei der, da weichmacherfreie Folien zur Anwendung kommen, die günstigsten Isoliereigenschaften des Polyvinylchlorids, die auch nicht durch Alterung, Ozonwirkung verschlechtert werden, ganz ausgenützt werden.

Eine Folie aus Polyvinylchlorid in einer Stärke von 0,5 bis 1,5 mm, die frei von Weichmachungsmittel ist, wird in Streifen geschnitten. Auf einer Seite der Bänder wird eine Klebelösung von nachchloriertem Polyvinylchlorid in Aceton oder Methylenchlorid aufgebracht. Die Bänder laufen dann so in eine Schermaschine, daß die bestrichenen Seiten der Folien aufeinandertreffen. Beim Durchlaufen der Bänder durch das profilierte Walzenpaar der Schermaschine werden sie ebenso wie der Leiter auf etwa 100 bis 140° erhitzt. Die aus der Maschine auslaufenden Leitungen besitzen bereits eine sehr gut haftende Isolierung, deren Haftfestigkeit an den Nahtstellen aber noch wesentlich erhöht werden kann, wenn die auslaufende Leitung nachträglich wie folgt behandelt wird:

Entweder wird sie durch die leuchtende Flamme eines Bunsenbrenners gezogen oder durch Öfen oder Kammern, die eine Temperatur von 150 bis 180° haben, oder sie wird mit einer aus einem thermoplastischen Kunststoff, z. B. nachchloriertem Polyvinylchlorid, hergestellten Klebelösung oder einem Lösungsmittel für Polyvinylchlorid, z. B. Cyclohexanon, bestrichen.

Eine derartig isolierte Leitung läßt sich mehrmals um den eigenen Durchmesser drehen, ohne daß ein Lösen der Naht eintritt.

Einwandfreie feste Nähte bei der Isolierung elektrischer Leiter mit Polyvinylchlorid-Folien mittels Längsbedeckung lassen sich auch mit Hilfe der von W. Dörfel[1] entwickelten Vorrichtung erzielen. Diese Vorrichtung besteht aus zwei Sätzen von Kaliberwalzen, bei welchen der erste, gegebenenfalls beheizte, Satz die Isolierbänder nur zusammenpreßt und der zweite die Zerteilung besorgt. Die Bänder werden dabei durch Zubringerwalzen mit einem leicht flüchtigen Lösungsmittel bestrichen. Unter dem Druck der Kaliberwalzen verkleben dann die durch das Lösungsmittel angequollenen Bänder miteinander. Um ein rasches Verdunsten des Lösungsmittels und dadurch eine gute Nahtbildung zu erzielen, empfiehlt es sich, die Kaliberwalzen etwas anzuwärmen.

Eine zur Längsbedeckung geeignete, auf diesem Prinzip beruhende Vorrichtung ist in Abb. 58 dargestellt.

Durch diese Vorrichtung wird eine Anzahl von nebeneinanderliegenden, mit einem Isoliermantel zu versehenden

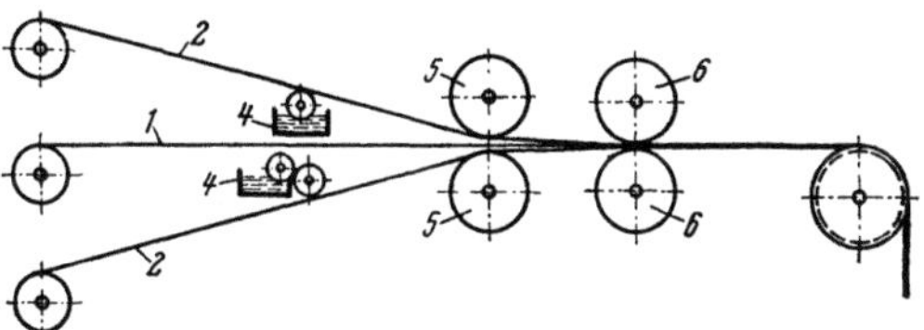

Abb. 58. Vorrichtung zur Folienisolation elektrischer Leiter.

Leitungsdrähten 1 zwischen die beiden Polymerisatbänder 2 eingeführt, die durch Kaliberwalzen zusammengepreßt und zwischen den Leitern zerteilt werden. Hierfür sind zwei hintereinanderliegende Walzensätze 5 und 6 vorgesehen, von denen die Kaliberwalzen 5 nur dazu dienen, die Polyvinylchloridbänder zwischen den Leitern 1 zusammenzupressen, ohne ein Auftrennen vorzunehmen, während das Zerschneiden erst durch die Walzen 6 erfolgt. Die Walzen 5 können dabei elektrisch, durch Dampf, Gas u. dgl. beheizt sein.

____

[1] DRP. 735 226, Siemens-Schuckertwerke A.G.

Vor dem Einlaufen in das Walzenpaar *5* werden die Bänder *2* durch Zubringerwalzen *4* mit einem Lösungsmittel bestrichen. Diese Walzen übertragen das Lösungsmittel aus einem Gefäß, in das sie teilweise eintauchen, auf die Bänder. Falls das Lösungsmittel nur auf die Streifen der Bänder aufgetragen werden soll, die mit dem Band in Berührung kommen, können die Zubringerwalzen z. B. entsprechend genutet sein.

Die Herstellung der zur Isolation erforderlichen Folien aus Polyvinylchlorid kann nach F. Klute und H. Heering[1] zusammen mit der Isolierung der Leiter nach dem *Längsbedeckungsverfahren* in einer einzigen Apparatur vorgenommen werden.

Nach diesem Verfahren wird das pulverförmige Polyvinylchlorid ohne Weichmachungsmittel oder nur mit geringen Zusätzen von diesen auf Kalanderwalzen in Bänder ausgewalzt und diese Bänder unmittelbar anschließend zusammen mit den zu umhüllenden Leitern, den mit den Kalanderwalzen zusammengebauten oder in deren unmittelbarer Nähe angeordneten Kaliberwalzen zugeführt. Bei der dort stattfindenden Umwicklung der Leiter wird eine vollkommene Nahtbildung erreicht.

In der Abb. 59 ist eine zur Durchführung der Längsbedeckung elektrischer Leiter nach diesem Verfahren geeignete Vorrichtung schematisch wiedergegeben.

Diese Einrichtung besteht z. B. aus einem 4 Stufen aufweisenden Walzwerk, in dem zwei Kunststoffbänder hergestellt und von oben und unten auf die zu umhüllenden Leiter *1* aufgefahren werden. Die oberhalb der Leiter *1* angeordneten Walzen *2* und *3* bilden die erste Stufe des Walzwerkes, auf dem aus dem zugeführten pulverförmigen Polyvinylchlorid *4* ein Band *5* entsteht. Dieses Band wird in der aus den Walzen *6* und *7* bestehenden dritten Stufe für den Auflauf auf die Leiter *1* vorbereitet. Die Walzen *2*, *3* und *6* sind glatt, die Walze *7* ist dagegen wie bei den üblichen Längsbedeckungsmaschinen gerillt.

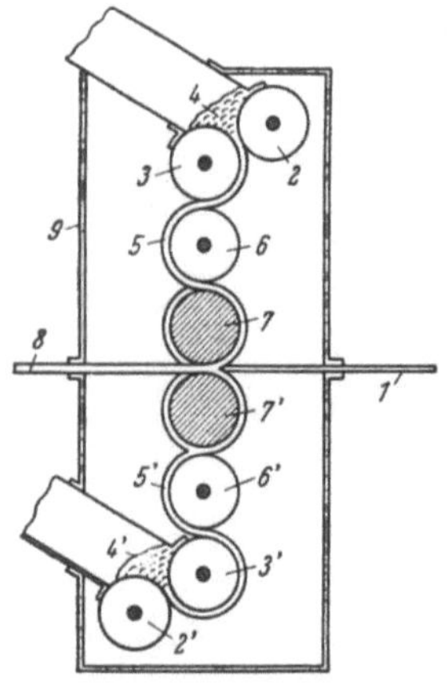

Abb. 59. Vorrichtung zur Längsbedeckung elektrischer Leiter.

In entsprechender Weise sind unterhalb der Leiter *1* die Walzen *2′*, *3′*, *6′* und *7′* angeordnet, die aus dem pulverförmigen Polyvinylchlorid *4′* das Band *5′* erzeugen. Unter dem Druck der Walzenpaare *7* und *7′*, die die vierte Stufe des Walzwerkes bilden, werden die Bänder *5* und *5′* zu der geschlossenen Umhüllung *8* auf den Leiter vereinigt.

Die Breite des Walzenpaares richtet sich nach der Zahl der nebeneinander in einer Ebene angeordneten und gleichzeitig zu umhüllenden Leiter *1*.

Die Polymerisate auf Polyvinylchlorid-Basis haben die Eigenart, daß ihre hohen Festigkeits- und Dehnungswerte nur erreicht werden, wenn die letzte Formgebung des Werkstoffes bei hoher Temperatur, beispielsweise 160° und mehr, erfolgt. Hierbei kann aber leicht eine Überhitzung, auch nur lokaler Art, eintreten und eine thermische Zersetzung hervorgerufen werden. Dieser Gefahr wird dadurch vorgebeugt, daß das Walzwerk mit Einrichtungen zur Einhaltung einer gleichmäßigen Temperatur des Polymerisats auf den Walzen versehen wird. Diese Regelung kann sowohl bei elektrischer als auch bei Dampfbeheizung erfolgen.

---

[1] DRP. 722711, Siemens-Schuckertwerke A.G.

Bei Dampfbeheizung ist besonders die Kapselung des ganzen Walzwerkes vorteilhaft, so daß in seinem Innern eine völlig gleichmäßige Temperatur herrscht. Diese Kapselung ist in der Abb. 59 schematisch dargestellt. Sie läßt nach außen nur Zuführungsbahnen für die Werkstoffmengen *4* und *4'* offen und gestattet die Überwachung der Walzen durch Schaugläser oder leicht verschließbare Öffnungen. Die Kapselung *9* kann z. B. aus einem Blechgehäuse bestehen. Sie kann aber auch Wände aus besonders wärmeundurchlässigen Stoffen besitzen. Ferner können in den Wänden selbst oder an ihrer Innenseite Heizvorrichtungen angeordnet sein. Die Lager der Walzen können, falls notwendig, besonders gekühlt werden, um das Walzwerk mit hoher Walzentemperatur und großem Walzendruck laufen zu lassen.

Um eine Verlagerung des Leiters innerhalb der Hülle aus Polyvinylchlorid sicher zu verhindern, bettet W. Fischer[1] in die zur Isolation verwendeten Bänder oder Folien abstandhaltende Fäden mit hohem Erweichungspunkt, wie z. B. aus Celluloseacetat, ein.

Die Anordnung der Fäden läßt die Abb. 60 erkennen.

In das Band 1 aus Polyvinylchlorid sind Kettenfäden 2 aus Cellulosetriacetat eingelassen, die durch Schußfäden *2a* aus dem gleichen Material zusammengehalten sind.

Dieses Band, welches eine Dicke von 0,03 bis 0,05 mm hat, wird um den Leiter längs gefaltet; dabei wird das Band so breit gewählt, daß es den Leiter mehrmals voll umschlingt und die einzelnen Windungen mit Klebstoffschichten miteinander verbunden werden. Werden mehrere solcher Bänder, von denen jedes den Leiter achsparallel umschlingt, übereinander aufgebracht, so wird die Lage der Fäden im Band spiegelbildlich zu derjenigen im vorangegangenen Band gewählt, so daß sich die Fäden übereinanderliegender Bänder kreuzen müssen.

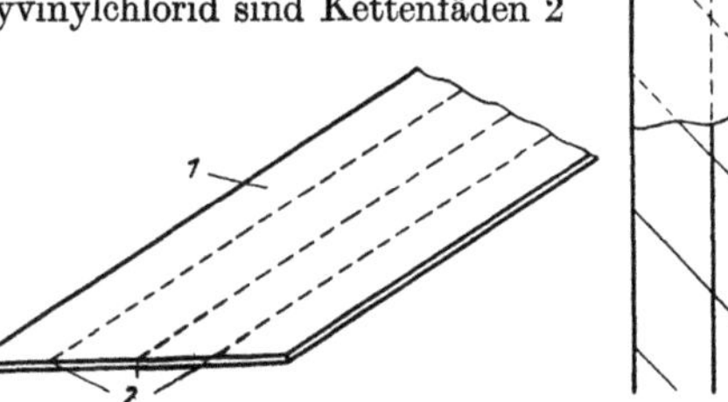
Abb. 60. Mit abstandhaltenden Fäden ausgestattete Polyvinylchlorid-Bänder.

Die Folienisolierung von elektrischen Leitern wird nach einem weiteren Verfahren der Firma Felten & Guilleaume Carlswerk A.G.[2] in folgender Weise durchgeführt:

Das Polyvinylchloridband, das mit einer Schlaglänge, die mindestens das Zehnfache des Durchmessers der Lage beträgt, wird derart aufgebracht, daß seine in einer Normalebene zur Leiterachse liegende Querschnittsfläche nach einer Spirale mit zwei oder mehr Windungen verläuft. Unter dieser Isolierschicht ist über dem Leiter ein Band aus Cellulosetriacetat mit einer bis zum Fünffachen des Durchmessers der Lage betragenden Schlaglänge nach einer Schraubenlinie verlaufend aufgewickelt und auf den Leiter aufgeklebt und aufgeschrumpft.

Um einen sicheren Abschluß des elektrischen Leiters auf jeden Fall zu erzielen, werden nach einem Verfahren der Firma Felten & Guilleaume Carlswerk A.G.[3] die elektrischen Leiter nach dem Umwickeln mit

---

[1] DRP. 741324, Deutsche Kabelwerke A.G.
[2] Schwz.P. 230138, Felten & Guilleaume Carlswerk A.G.
[3] F.P. 835236, Felten & Guilleaume Carlswerk A.G.

Bändern aus Polyvinylchlorid, nachchloriertem Polyvinylchlorid oder Mischpolymerisaten aus Vinylchlorid und Acrylsäureestern durch eine gesättigte Lösung der genannten Vinylchlorid-Polymerisate gezogen.

Die nach einem der vorbeschriebenen Verfahren hergestellten folienisolierten Drähte können in ihren mechanischen Eigenschaften durch eine thermische Nachbehandlung nach dem von H. FIKENTSCHER und H. JACQUÉ[1] angegebenen Verfahren[2] bedeutend verbessert werden.

Durch diese Nachbehandlung wird auch erreicht, daß sich infolge Schrumpfung der Folie die Umhüllung dicht an den Draht anlegt.

Die nach dem Umspinnungs- oder Längsbedeckungsverfahren hergestellten isolierten Drähte werden in der Elektrotechnik vielfach verwendet. Sie können als *Dynamodrähte* für Wicklungen aller Art, als Schaltdrähte und isolierte Adern in Kabeln verwendet werden.

Sie dienen ferner für kleine Spulen, für Relais in Fernmeldegeräten und in der Funktechnik[3].

4. Umflechten der Drähte.

Eine gewisse Isolierung von Drähten wird gemäß einem Verfahren der Siemens-Schuckertwerke A.G.[4] auch erzielt, wenn man die zu isolierenden Drähte mit eienm aus mehreren Einzelfäden bestehenden Fädenbündel umwebt.

Zur Herstellung von Webelitzen verwendet gleichfalls die Firma Felten & Guilleaume Carlswerk A. G.[5] Polyvinylchlorid gemeinsam mit Polyacrylsäureestern.

5. Schlauchisolierte Drähte.

Die für die Isolierung von elektrischen Leitern erforderliche Schicht aus Polyvinylchlorid kann man auch in Form eines Schlauches auf die Leiter aufbringen.

Auf diese Weise isoliert die Firma Dynamit A.G. vorm. A. Nobel & Co.[6] elektrische Leiter, und zwar mit Polyvinylchlorid, nachchloriertem Polyvinylchlorid oder Mischpolymerisaten aus Vinylchlorid und anderen monomeren Vinylverbindungen, wie Vinylacetat oder Acrylsäureester, die gegebenenfalls nachchloriert oder mit Weichmacher versetzt sein können.

Diese Polymerisate oder Mischpolymerisate des Vinylchlorids werden in Schlauchpressen auf die elektrischen Leiter nahtlos aufgebracht.

Auf diese Weise erhält man z. B. Zünddrähte für die im Bergbau benutzten elektrischen Minenzünder, welche die Nachteile der bisher üblichen Zünderdrähte, insbesondere mangelhafte Widerstandsfähigkeit und Entflammbarkeit nicht zeigen.

Zur Schlauchisolation von Drähten eignen sich ferner die aus überwiegenden Mengen Vinylchlorid und Estern von Äthylen-1, 2-dicarbonsäuren nach dem Emulsionsverfahren erhaltenen Mischpolymerisate[7].

---

[1] DRP. 742364, I.G. Farbenindustrie A.G.　　[2] Siehe Seite 357.
[3] HALLS, E. E.: Plastics **4**, Nr. 33, 44 (1940).
[4] Schwed.P. 89822, Siemens-Schuckertwerke A.G.
[5] F.P. 874307, Felten & Guilleaume Carlswerk A.G.
[6] DRP. 665091, Dynamit A.G. vorm. Nobel & Co.
[7] DRP. 728665, I.G. Farbenindustrie A.G.

Bei der von P. HELLERMANN[1] vorgeschlagenen Arbeitsweise werden die zu überziehenden Kunstharze, besonders Polyvinylchlorid, vor dem Einführen der elektrischen Leiter auf etwa 30 bis 60° erwärmt. In diesem Zustande sind die Polyvinylchlorid-Schläuche ohne Gefährdung ihrer elastischen Eigenschaften dehnbar.

6. Ausbessern von Fehlerstellen von isolierten Drähten.

Bei den nach einem der vorbeschriebenen Verfahren hergestellten isolierten elektrischen Leitern können mitunter Fehlerstellen in der Polyvinylchlorid-Isolation auftreten, die sich auf verschiedene Weise beseitigen lassen.

Man kann z. B. die fehlerhafte Isolierung bis auf den blanken Draht entfernen und dann den Leiter mit einer Folie aus Polyvinylchlorid in der Stärke der Isolierung bewickeln. Um die Folienwicklungen unter-

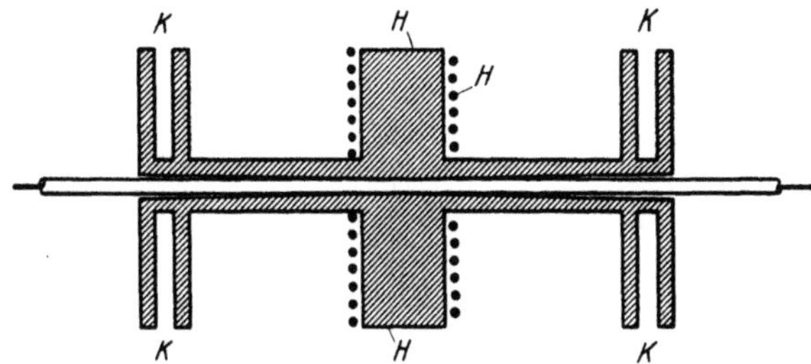

Abb. 61. Elektrische Schweißpresse zum Ausbessern fehlerhafter elektrischer Leiter.

einander und mit den angrenzenden Isolierungen zu verschweißen, taucht man die auszubessernde Fehlerstelle in ein heißes Bitumenbad, wobei die auszubessernden Stellen durch eine Glashautschicht von der unmittelbaren Einwirkung des Bitumens geschützt werden.

Die so ausgebesserten Stellen sind aber nicht einwandfrei, denn sie genügen weder der Isolations- noch der Kälteprüfung.

Man kann zur Ausbesserung der fehlerhaften Stelle der Länge nach aufgeschnittene Polyvinylchlorid-Manschetten der Isolierung der Leitung entnehmen, diese um die blank gemachte Fehlerstelle legen und mit Hilfe von Schweißpressen verschweißen. Hierbei wird aber keine ordentliche Verschweißung der Stoßstellen bewirkt; denn entweder wird das Material beiderseits der Preßbacken herausgedrückt und muß dann besonders entfernt werden, oder es ergibt sich eine nicht konzentrische Verschweißung.

Eine einwandfreie Verschweißung der Polyvinylchlorid-Folie mit der Polyvinylchlorid-Isolierung der Leitung wird durch die von W. HERR-MANN[2] entwickelte Schweißpresse gewährleistet.

Diese Schweißpresse ist, wie Abb. 61 erkennen läßt, so eingerichtet, daß das Polyvinylchlorid der Isolierung neben der Schweißstelle nicht plastisch wird. Infolgedessen können sich die Preßbacken der Presse,

---

[1] Schwed.P. 110277, P. HELLERMANN.
[2] DRP. 743494, Osnabrücker Kupfer- und Drahtwerk.

nicht in die Isolierung eindrücken. Sie liegen vielmehr konzentrisch auf der Leitung und sichern so eine konzentrisch bleibende Ausbesserung.

Wie der Abb. 61 zu entnehmen ist, werden die Enden der in der Mitte zu erhitzenden Preßbacken durch Kühlrippen K kalt gehalten, so daß die Form der Isolierung der Leitung während des Schweißvorganges nicht geändert wird.

Zweckmäßig ist die Bohrung beiderseitig der eigentlichen Schweißstelle etwas konisch erweitert. Das hat den Vorteil, daß dadurch Ungleichmäßigkeiten der Leitungsdurchmesser von verschiedenen Leitern, die innerhalb der Toleranzgrenzen liegen, ausgeglichen werden, ohne daß es notwendig ist, für jede Leitung eine genau passende Schweißpresse zu benutzen. Die Schweißstelle wird durch eine elektrische Heizeinrichtung H erhitzt, um die Temperatur möglichst genau einzustellen.

In dieser Presse werden wie bisher die für die Schweißung vorbereiteten Ausbesserungsstellen mit einer Glashautfolie umlegt und kurzfristig in der Presse verschweißt. Die vollkommen spiegelglatten Ausbesserungsstellen unterscheiden sich nicht in ihrem Aussehen von der übrigen Isolierung.

C. Kabelisolierung.

Polyvinylchlorid wird in großem Umfange als Kabelisolierstoff benützt[1]. Mit diesem Isolierstoff lassen sich Starkstrom-Niederspannungskabel bis zu 1 kV isolieren[2].

Die z. B. aus Polyvinylchlorid bestehende *Protodur H-Isoliermasse* besitzt eine Zugfestigkeit von 270 kg/qcm, eine Dehnung von 220 Prozent, ein spezifisches Gewicht von 1,3 und einen Isolationswiderstand von $5 \cdot 10^{14} \, \Omega/\text{cm}$ bei $20°$[3].

Zur Kabelisolierung wird das Polyvinylchlorid meist in Mischung mit Weichmachern verwendet. Als Weichmacher wird neuerdings auch *Palamoll I* allein oder gemeinsam mit anderen Weichmachern benützt[4].

Durch Zusatz von Palamoll I kann man Polyvinylchlorid-Kabelisoliermassen herstellen, die bei Raumtemperatur bereits ziemlich hart sind und einen hohen spezifischen Widerstand besitzen, die aber infolge der geringeren Beeinflussung ihrer Härte von Temperaturänderungen trotzdem eine gute Kältebeständigkeit aufweisen.

Eine Mischung, die sich in der Kabelindustrie gut bewährt hat, besteht aus 72 bis 74 Teilen Polyvinylchlorid (Igelit PCU), 14 bis 13 Teilen Palatinol F und 14 bis 13 Teilen Palamoll I.

Den zur Herstellung von Kabelisoliermassen dienenden Polymerisaten oder Mischpolymerisaten des Vinylchlorids werden nach F. FIKENTSCHER und G. HAGEN[5] zweckmäßig die auf S. 164 erwähnten Carbonsäureester von Monoaryläthern mehrwertiger Alkohole als Weichmacher zugesetzt.

Neben Weichmachern setzt man den Polyvinylchlorid-Isoliermassen auch Schwermetallsalze, wie Bleioxyd, zu[6].

---

[1] KAINER, F.: Kurzes Handbuch der Polymerisationstechnik, Bd. 3, S. 751. Leipzig 1944.

[2] NOWAK, P.: Kunststoffe 28, 54 (1938). — K. MEEDER: Rdsch. dtsch. Techn. 1941, Nr. 3, 3.

[3] WAGNER, H.: VDE-Fachberichte 11, 2 (1939).

[4] I.G. Kunststoff-Taschenbuch für die verarbeitende Industrie, S. 48. 1942.

[5] DRP. 735380, I.G. Farbenindustrie A.G.

[6] Norweg.P. 67161, Patentverwertungs-G.m.b.H. Hermes.

Eine geeignete Mischung besteht aus 100 Teilen Mischpolymerisat aus Butadien und Acrylsäurenitril, 60 Teilen Polyvinylchlorid, 50 Teilen Weichmacher für Polyvinylchlorid, 1,5 Teilen Schwefel, 2 Teilen Vulkanisationsbeschleuniger und 2 Teilen Antioxydationsmittel und 1 Teil Stearinsäure.

Polyvinylchlorid wird nicht nur in Deutschland, sondern auch neuerdings in den Vereinigten Staaten von Nordamerika als Isoliermaterial verwendet; für diesen Zweck dient z. B. ein unter der Bezeichnung *Koroseal* in den Verkehr gebrachtes weichgestelltes Polyvinylchlorid[1].

Nach J. Veith[2] wird Polyvinylchlorid auch in England als Kabelisoliermasse verwendet. Je nach der Art und Menge des zugesetzten Weichmachers liegt das Anwendungsgebiet des unter der Bezeichnung *P.V.C.* in England im Handel befindlichen Polyvinylchlorids zwischen $-50°$ und $+70°$. Für die Kabelisolierung wurden in England zwei Polyvinylchlorid-Isoliermassen, und zwar *Isoliermasse 1002* und *Spezialisoliermasse 1003*, entwickelt[3].

Die Isolierung der Kabelleiter kann in der gleichen Weise erfolgen wie die Isolierung von Drähten; man kann die einzelnen Adern des Kabels lackieren oder mit plastisch gemachtem Polyvinylchlorid umspritzen oder mit Polyvinylchlorid-Folien umwickeln bzw. mit Fasern, Fäden oder Faserbündeln umflechten.

Nach dem zweitangeführten Verfahren werden die einzelnen Adern des Kabels zur Isolierung mit Polyvinylchlorid nahtlos umspritzt[4]. Darüber folgt eine starke Schicht aus mit Bitumen getränkten Papierlagen. Gegebenenfalls wird über diese Schicht eine Bandeisen- oder Drahtbewehrung vorgesehen.

Zur Herstellung von Kabelisolierungen eignen sich besonders die nach dem Verfahren von E. Escales[5] hergestellten plastischen Polyvinylchlorid-Massen[6] bzw. Vinylchlorid enthaltende Mischpolymerisat-Massen.

65 Teile eines Mischpolymerisats aus 70 Prozent Vinylchlorid und 30 Prozent Acrylsäureäthylester werden in einem Teigkneter unter starkem Durchrühren mit 15 Teilen Trikresylphosphat, 10 Teilen Dodecylphthalat und 10 Teilen Dodecylbenzoat versetzt. Nach 5 Minuten langem Vermischen erhält man ein einheitliches, sich feucht anfühlendes, zum Zusammenbacken neigendes pulveriges Produkt. In dieses werden 30 Teile Kaolin unter gutem Durchmischen eingearbeitet. Gegebenenfalls können mit dem Kaolin auch Pigmente oder Farbstoffe zugesetzt werden. Das Pulver wird einige Stunden lang auf 60 bis 80° erwärmt, wobei es gelatiniert. Es behält dabei seine pulverige Beschaffenheit bei und kann in dieser Form unmittelbar in der Kabelspritzmaschine verarbeitet werden.

Zum Umspritzen von Kabeln eignen sich nach K. Quarthal und M. Hirt[6] die mit den bereits erwähnten Stabilisierungsmitteln[7] versetzten Polymerisate oder Mischpolymerisate mit überwiegenden Mengen Vinylchlorid und anderen Vinylverbindungen.

Nach einem Verfahren der Firma Fides Ges. f. d. Verwertung von gewerblichen Schutzrechten[8] werden die durch eine leitende Hülle aus

---

[1] Schatzel, R. A., u. G. W. Cassel: Ind. Engng. Chem. **31**, 945 (1939).
[2] Veith, J.: British Plastics **15**, 353 (1943).
[3] Governement Electrical Specifikation Nr. 18.
[4] Dörfel, E.: Elektrizitätswirtschaft **30**, 161 (1939).
[5] DRP. 742329, I.G. Farbenindustrie A.G.
[6] DRP. 735446, I.G. Farbenindustrie A.G.   [7] Siehe Seite 128.
[8] F.P. 869196, Fides Ges. f. d. Verwertung von gewerbl. Schutzrechten m.b.H.

Aluminiumfolien od. dgl. abgeschirmten Einzelleiter mit Folien aus Polyvinylchlorid isoliert. Diese Einzelleiter befinden sich in einer Umhüllung aus natürlichem oder künstlichem Kautschuk.

Infolge ihrer guten mechanischen Eigenschaften dienen ferner die nach dem Verfahren von H. FIKENTSCHER und H. JACQUÉ[1] veredelten Folien aus Polyvinylchlorid zu Kabelumwicklungen. Desgleichen eignen sich die anschließend an die vorbeschriebene thermische Behandlung bei niedriger Temperatur gestreckten Folien als Isoliermaterial.

Neben Folien werden auch Bänder aus Polyvinylchlorid, z. B. *Genotherm EL-Bänder* für Kabelisolierung benutzt.

Mit schmalen dünnen Bändern aus plastischem Polyvinylchlorid, mit oder ohne organischen oder anorganischen Füllstoffen, isoliert die Firma Comp. Générale d'Electricité[2] biegsame Fernmeldekabel. Die Zwischenräume zwischen den Bändern werden mit einer viskosen Isoliermasse ausgefüllt.

Um luft- und gasraumfreie Umhüllungen zu erhalten, werden die Bänder mit weichgestelltem Polyvinylchlorid, ehe und während sie auf den Leiter aufgebracht werden, einem Vakuum ausgesetzt[3]. Ebenso vorteilhaft ist es, die Drähte selbst durch erhitzte, unter Vakuum stehende Räume zu ziehen.

Polyvinylchlorid kann auch in Form von Fäden oder Fadenbündeln zu Isolierungen von Kabeln verwendet werden[4].

In besonderen Fällen kann man gesteigerte Isoliereffekte durch Verwendung von mehrlagigen Überzügen von Polyvinylchloriden verschiedener Zusammensetzung erzielen[5].

Beispielsweise bestehen die inneren Lagen, die mit Gewebe- und Geflechteinlagen verstärkt sind, aus 40 bis 60 Prozent Polyvinylchlorid und 40 bis 60 Prozent Weichmacher, während die äußeren Lagen aus 50 bis 60 Prozent Polyvinylchlorid, 45 bis 20 Prozent Weichmacher und 5 bis 20 Prozent mineralischen Füllstoffen zusammengesetzt sind.

Diese Kabel sind feuer- und wasserbeständig und widerstandsfähig gegen organische Lösungsmittel, Ozon und Öl.

Nach F. O. MERCKLE, W. FRANKE und F. BEHNCKE[6] besitzen nicht nur Polyvinylchlorid, sondern auch nachchloriertes Polyvinylchlorid oder Vinylchlorid-Mischpolymerisate die zur Kabelisolierung erforderlichen Eigenschaften in ausreichendem Maße. Als Kabelisoliermasse ist besonders ein nachchloriertes Polyvinylchlorid mit einem Chlorgehalt von wenigstens 64 Prozent Chlor geeignet[7].

Als Isoliermasse hat man vielfach Mischpolymerisate aus Vinylchlorid und Vinylacetat verwendet[8], darunter auch der auf S. 87

---

[1] DRP. 742364, I.G. Farbenindustrie A.G.

[2] F.P. 49263, Zusatz zu F.P. 797213, Comp. Générale d'Electricité.

[3] E.P. 538827, Telegraph Construction & Maintenance Co. Ltd., J. N. DEAN und J. WEBSTER.

[4] Österr.P. 156285, Siemens-Schuckertwerke A.G.

[5] F.P. 835170, Comp. Générale d'Electricité.

[6] DRP. 674985, I.G. Farbenindustrie A.G.

[7] DRP. 705146, F.P. 828077, I.G. Farbenindustrie A.G.

[8] Österr.P. 149840, Siemens-Schuckertwerke A.G.

beschriebenen Zusammensetzung[1]. Die Isolierung von Kabeln mit diesen Mischpolymerisaten kann nach den auf S. 577 angegebenen Verfahren erfolgen[2].

Die mit Vinylchlorid-Vinylacetat-Mischpolymerisaten isolierten Adern werden nach einem anderen Verfahren[3] außen mit einer oder mehreren Schichten aus einem Polyacrylsäureester, z. B. dem Methyl- oder Äthylester, umgeben. Wenn die Außenhülle als Feuerschutz dienen soll, wird sie aus Polyvinylchlorid hergestellt.

Als Isoliermaterial eignen sich nach H. FIKENTSCHER und F. SCHMIDT[4] ferner die auf S. 292 genannten Mischpolymerisate aus Vinylchlorid und Acrylsäureestern. Mit diesen Mischpolymerisaten tränkt z. B. die Firma British Thomson-Houston Co. Ltd.[5] die aus Faserstoff bestehende Isolierung, wodurch deren Beständigkeit gegen Mineralöle, Fette und Harze vergrößert wird.

Von den Acrylsäureester enthaltenden Vinylchlorid-Mischpolymerisaten geben die Acrylsäuremethylester enthaltenden polymeren Körper, die die von F. MANCHEN und W. SCHMIDT[6] vorgeschlagenen Weichmacher[7] enthalten, brauchbare Kabelisoliermassen.

Zur Bereitung dieses Weichmachers verestert man 137 Teile eines aus 32 Teilen Diäthylenglykol und 105 Teilen Triäthylenglykol bestehenden Gemisches mit 300 Teilen eines 5 bis 12 Kohlenstoffatome enthaltenden Fettsäuregemisches mit der Säurezahl 376.

60 Teile dieses Esters werden mit 100 Teilen eines Mischpolymerisats aus 84 Teilen Vinylchlorid und 16 Teilen Acrylsäuremethylester gut vermischt und auf der Friktionswalze bei 140 bis 150° verarbeitet. Man erhält eine elastische, plastische Masse.

Als Kabelisolierlacke dienen ferner Mischpolymerisate aus 60 Prozent Vinylchlorid und 40 Prozent Maleinsäuremethylester, die in Ketongemischen der auf S. 476 beschriebenen Art gelöst zur Anwendung kommen[8].

Polyvinylchlorid kann auch gemeinsam mit anderen elektrischen Isolierstoffen zur Kabelisolierung verwendet werden. Die Firma Siemens & Halske A.G.[9] hat die Kombination Polyvinylchlorid und hydrierten Kautschuk vorgeschlagen.

E. BADUM und A. K. LEILICH[10] bringen zur Kabelisolierung abwechselnde Schichten aus Polyvinylchlorid- und Cellulosetriacetat-Folien so auf, daß die Folien nicht untereinander verklebt sind. Man erhält Kabel, die sich durch eine besondere Dauerhaftigkeit auszeichnen. In gleicher Weise isoliert J. DEPPE[11] Kabel, und zwar unter Verwendung von Folien

---

[1] SCHATZEL, R. A., u. G. W. CASSEL: Ind. Engng. Chem. **31**, 945 (1939).
[2] F.P. 740962, Carbide and Carbon Chemicals Corp.
[3] Österr.P. 149840, Siemens-Schuckertwerke A.G.
[4] DRP. 638014, I.G. Farbenindustrie A.G.
[5] E.P. 482262, British Thomson-Houston Co. Ltd.
[6] DRP. 739000, I.G. Farbenindustrie A.G.
[7] Siehe Seite 157.
[8] DRP. 691257, F.P. 817924, E.P. 480732, Deutsche Celluloid-Fabrik A.G.
[9] DRP. 698500, F.P. 44424, Zusatz zu F.P. 744248, E.P. 430019, Siemens & Halske A.G.
[10] Schwed.P. 100749, Felten & Guilleaume Carlswerk A.G.
[11] DRP. 748744, ohne Patentinhaber.

aus nachchloriertem Polyvinylchlorid und Folien aus Cellulosetriacetat. Bei dieser Kombination werden die guten Eigenschaften beider Kunststoffe für die Isolierung der Kabel nutzbar gemacht, während ihre ungünstigen Eigenschaften nicht wirksam werden.

Zum Aufbau der Isolierung werden genügend dünne Folien beider Kunststoffe abwechselnd übereinander gewickelt, bis die erforderliche Schichtstärke erreicht ist. Mit diesen Folien werden nicht nur die einzelnen Adern von Starkstromkabeln isoliert, sondern es werden auch die verseilten Adern ebenfalls abwechselnd mit Folien aus Polyvinylchlorid und Cellulosetriacetat bewickelt. Über den Kunststoffmantel kommt eine Papier-Bitumenschicht, eine beliebige Bewehrung aus Flach- oder Runddraht bzw. Bandeisen und eine weitere Schutzschicht aus Comoundmasse und Jute.

Zur Herstellung von isolierten, besonders gezwirnten Leitern versieht E. KEUTNER[1] den Kern aus mehreren Einzelleitern zunächst mit einer Isolierschicht aus Cellulosetriacetat mit geringer Steigung der Wicklung und darüber mit einer zweiten Isolierschicht aus Polyvinylchlorid mit großer Steigung der Wicklung. Die äußere Isolierschicht kann auch verklebt oder sonstwie mechanisch verfestigt werden.

Durch gleichzeitige Verwendung von mineralischen Isolierstoffen kann man die Temperaturbeständigkeit von Kabelisoliermassen auf Basis von Polyvinylchlorid beträchtlich verbessern. Eine solche temperaturbeständige und dabei wasserfeste Isoliermasse erhält man nach E. C. HORMAN[2] dadurch, daß man Asbestgewebe mit einer Lösung von 25 Prozent Mischpolymerisat aus Vinylchlorid und Vinylacetat, 25 Prozent Trikresylphosphat, 2 Prozent Bleistearat, 30 Prozent Aceton und 18 Prozent Toluol tränkt und bei etwa 150° trocknet. Darüber bringt man durch Aufwalzen oder Aufstreichen einen Überzug aus 40 Prozent Vinylacetat, 26 Prozent Trikresylphosphat, 1,3 Prozent chloriertem Diphenyl, 2 Prozent Bleistearat und 19 Prozent Bariumsulfat auf.

Um eine Kenntlichmachung der Einzelleiter vornehmen zu können, verwendet man gefärbte Polyvinylchlorid-Massen, wobei für jeden Leiter eine besondere Farbe verwendet wird.

Von der Firma Suprenant Electrical Insulating Co. ist neuerdings ein „Spiralon"-Draht in den Handel gebracht worden, bei dem die Polyvinylchlorid-Hülle des Drahtes mit bis zu drei kontrastierenden Farben in Spiralform bedruckt ist. Durch Änderung der Grundfarbe und der Farben der Spiralen kann praktisch jede Farbenkombination erzielt werden.

1. Abstandhalter.

In der Kabelindustrie wird Polyvinylchlorid vielfach auch als Werkstoff zur Herstellung von Abstandhaltern für luftraumisolierte Kabel verwendet[3].

---

[1] Schwed.P. 108516, Dän.P. 61993, Felten & Guilleaume Carlswerk A.G.

[2] A.P. 2183811, Irvington Varnish and Insulation Co.

[3] E.P. 478097, Siemens & Halske A.G.

Für den Aufbau dieser Abstandhalter, wie Fäden oder Bänder, wird
ein Polyvinylchlorid verwendet, das einen so geringen Gehalt an Weichmachern, z. B. 15 Prozent chloriertes Diphenyl, aufweist, daß die Verluste bei Raumtemperatur bei einer Wellenlänge von 50 bis 200 m
unterhalb $100 \cdot 10^{-4}$ liegen[1].

Zur Ausbildung von Abstandhaltern werden in den meisten Fällen
Bänder aus Polyvinylchlorid schraubenlinienförmig um den Innenleiter
angeordnet[2].

Nach einem Verfahren der Firma Siemens & Halske A.G.[3] wird
der verhältnismäßig dünne Leiter von einfachen oder Doppelwendeln
aus Polyvinylchlorid in dem aus gut leitenden Metallbändern gebildeten
rohrförmigen Rückleiter gehalten. Dieser erhält eine ähnliche Umwicklung aus Polyvinylchlorid, auf der eine Lage von Bändern aus Kautschuk oder aus Mischpolymerisaten aus Vinylchlorid und Acrylsäureester angebracht wird, die zweckmäßig durch Aluminiumpulver außen
metallisiert wird. Den äußeren Abschluß bildet eine wasserdichte
Schutzhülle.

Der von C. WENCK[4] entwickelte Hohlleiter besteht gleichfalls aus
einem einzigen rohrförmig gebogenen Metallband oder aus mehreren
Metallbändern mit ringförmigem Querschnitt, die zur Erzielung der
erforderlichen Biegsamkeit mit in Abständen angeordneten oder mit
in weit offenen Schraubenwindungen verlaufenden Rillen bzw. Einkerbungen versehen und auf der Innenseite mit bandförmigen Isolierschichten aus Polyvinylchlorid ausgestattet sind.

Bei einem von der Firma Siemens & Halske A.G.[5] entwickelten Kabel
sind wenigstens zwei konzentrisch isolierte Lufträume vorgesehen, die
durch Zwischenschichten aus bandförmigem Polyvinylchlorid getrennt
sind. Die Abstandhalter bestehen aus in offenen Schraubenlinien gegen-
läufig aufgewickelten Folien aus Polyvinylchlorid.

Zur Herstellung der den Hochfrequenzleiter hohlraumbildend umgebenden Hüllen verwendet E. FISCHER[6] Hüllen aus mehreren Bändern
aus Polyvinylchlorid, nachchloriertem Polyvinylchlorid, die mit als Abstandhalter für den Leiter dienenden Querrillen versehen sind.

Die von der Firma Allg. Elektrizitäts Ges.[7] entwickelten Fernseh-
kabel mit Luftraumleitung enthalten als Abstandhalter für den den
Leiter umgebenden Stützkörper eine Doppelwendel aus bandförmigem
Polyvinylchlorid.

Bei Hochfrequenzkabeln mit Luftraumisolation kann man den schraubenförmig um den Leiter gewickelten bandförmigen Abstandhalter aus
Polyvinylchlorid so ausbilden, daß er mit bolzenförmigen, in entsprechende Ausnehmungen des Trägers eingesteckten Isolierkörpern ausgerüstet ist.

---

[1] F.P. 890294, N.V. Pope's Metaaldraadlampenfabrik.

[2] KAINER, F.: Kurzes Handbuch der Polymerisationstechnik, Bd. 3, S. 792.
Leipzig 1944.

[3] F.P. 834184, Ital.P. 359876, Siemens & Halske A.G.

[4] DRP. 707160, Siemens & Halske A.G.

[5] E.P. 478097, Siemens & Halske A.G.

[6] DRP. 718518, Siemens & Halske A.G.　　　[7] F.P. 841675, Allg. Elektrizitäts Ges.

Eine Verbesserung eines solchen Hochfrequenzkabels wird nun dadurch erzielt, daß mit einigen oder allen Außenleiterbändern je eines der Isolierbänder, deren Bolzen nach innen stehen und den Innenleiter abstützen, verbunden ist, so daß sie gemeinsam auf den Innenleiter aufgebracht werden[1]. Dadurch wird erreicht, daß zum Aufbringen der Außenleiterbänder und der Innenleiterbänder mit den Abstandbolzen nur eine Vorrichtung erforderlich ist, wodurch die Herstellung wesentlich vereinfacht wird.

In luftraumisolierten Kabeln wird Polyvinylchlorid nicht nur in Form von Bändern, sondern auch in Form von anders ausgebildeten Körpern verwendet.

Die Firma Comp. Générale d'Electricité[2] benützt als Abstandhalter auf einen Faden aufgereihte Perlen aus Polyvinylchlorid.

P. THOMAS[3] hat für den gleichen Zweck rohrförmige Abstandhalter mit querlaufenden Rillen vorgeschlagen.

Von M. MALTZAHN[4] sind als Abstandhalter dünnwandige Hohlkörper aus Polyvinylchlorid entwickelt worden, die man aus Bändern von Mischpolymerisaten des Vinylchlorids durch Ausstanzen erhält, derart, daß die einander zugekehrten Seiten der Form mit nach außen gerichteten Ausprägungen versehen sind, die nach der Vereinigung geschlossene Hohlkörper in dem Stützkörper bilden.

Durch diese Ausbildung der Abstandhalter ist es möglich, das die die Menge des die Stützen bildenden Dielektrikums auf das denkbar geringste Maß zu bringen.

Mischpolymerisate des Vinylchlorids können auch gemeinsam mit Abstandhaltern aus anderen Werkstoffen verwendet werden.

So sind z. B. von E. FISCHER[5] Abstandhalter entwickelt worden, die aus Hartgummi und Mischpolymerisaten auf der Basis von Vinylchlorid bestehen. Die Anordnung erfolgt dabei in der Weise, daß die in der äußeren Zone des Dielektrikums befindlichen Teile der Abstandhalter aus Hartgummi und die Teile in der inneren Zone aus den dielektrisch hochwertigen Vinylchlorid-Mischpolymerisaten bestehen.

Bei luftraumisolierten Kabeln, die mit Abstandfäden aus biegsamem Polystyrol versehen sind, kann man weitere Isolierschichten aus Polystyrol- und Polyvinylchlorid-Folien verwenden, die durch fadenförmige Abstandhalter aus den gleichen Stoffen voneinander getrennt sind[6].

2. Kabelhüllen.

Polyvinylchlorid stellt einen hochwertigen Ausgangsstoff für Kabelumhüllungen dar[7]. Gegenüber Gummi hat z. B. die aus Polyvinylchlorid bestehende *Igelit-Masse* den Vorteil einer bedeutend höheren

---

[1] DRP. 732089, Siemens & Halske A.G.
[2] F.P. 853956, Comp. Générale d'Electricité.
[3] DRP. 713081, Siemens & Halske A.G.
[4] DRP. 737380, Siemens & Halske A.G.
[5] DRP. 701851, Siemens & Halske A.G.
[6] F.P. 837725, Siemens & Halske A.G.
[7] SIROT, A.: Kunststoff-Techn. **11**, 109 (1941). — H. BECK: Kunststoffe **31**, 118 (1941).

Verarbeitungsgeschwindigkeit und die vollkommene Alterungs- und Ozonbeständigkeit. Wesentlich ist auch, daß wegen des Fehlens des Vulkanisationsprozesses die Verzinnung oder Verzinkung der Leiter eingespart wird.

Der Einsatz von Polyvinylchlorid erlaubt unmittelbar die Ersparnis von Blei oder Aluminium, soweit diese Metalle die Aufgabe haben, lediglich als Feuchtigkeitsschutz zu dienen[1]. Gegenüber Blei haben die aus Polyvinylchlorid bestehenden Kabelmantelmassen noch den sehr großen Vorteil des geringeren spezifischen Gewichtes von 1,5 bis 1,8[2]. Die hohe Durchschlagsfestigkeit des Polyvinylchlorids gestattet die Herstellung von Kabeln mit viel geringerem Durchmesser als bei Gummiisolierung[3].

Auch bei der Verlegung ist das *Igelit-Kabel* leichter zu handhaben, da es nach Entfernung der Isolierschicht sofort schaltfertig ist und nicht geputzt zu werden braucht.

In der Kabeltechnik hat sich somit Polyvinylchlorid, auch in Form der mit *Protodur H* bezeichneten Masse, an Stelle von Blei als gut brauchbar erwiesen[4]. Als Austauschstoff für Blei in der Kabelummantelung hat Polyvinylchlorid den Vorzug des geringeren spezifischen Gewichts, der vereinfachten Aufbringung und der hohen Widerstandsfähigkeit gegen chemische und Witterungseinflüsse[5].

Die als Kabelmantelmasse in Deutschland vielfach benützte *Protodur H-Mantelmischung* hat eine Zugfestigkeit von 239 kg/qcm, eine Dehnung von 270 Prozent und eine Wasserdampfdurchlässigkeit von $3,4 \cdot 10^{-8}$ g · cm/Torr · h · qcm[6].

Die weichgestellten *Igelitmassen* nehmen Spuren Wasser auf. Hierdurch sinkt die Isolationsfähigkeit, deshalb ist die Verwendung von mit Polyvinylchlorid isolierten Starkstromkabeln vorläufig nur für Spannungen bis zu 1000 Volt und für trockene oder nur vorübergehend feuchte Räume zugelassen.

Für Schwachstromkabel bestehen dagegen keine einengenden Vorschriften[7].

Isoliermassen auf der Grundlage des Polyvinylchlorids besitzen eine etwas größere Wasserdurchlässigkeit als Polyisobutylen, können aber dennoch bei weniger feuchtigkeitsempfindlicher Aderisolation als Feuchtigkeitsschutz verwendet werden[8].

Kabel mit nahtlosem Polyvinylchlorid-Mantel haben sich nach P. MENTZ[9] auch in feuchten Räumen bewährt. Mehrere Luftkabel mit

---

[1] BECK, H.: Kunststoffe **31**, 118 (1941).

[2] TROMMSDORFF, E., in R. HOUWINK: Chemie und Technik der Kunststoffe, 2. Aufl., S. 171.

[3] BECK, H.: Kunststoffe **27**, 48 (1937).

[4] MEEDER, K.: Rdsch. dtsch. Techn. **1941**, Nr. 3, 3.

[5] KRANNICH, W.: Autogen. Metallbearbeitung **33**, Nr. 10 (1940).

[6] WAGNER, H.: VDE-Fachberichte **11**, 2 (1939).

[7] Elektrizitätswirtsch. **37**, 59 (1938).

[8] BERGER, H.: Elektrotechn. Z. **61**, 97 (1940). — P. MENTZ: Elektrotechn. Z. **61**, 1131 (1940).

[9] MENTZ, P.: Elektrotechn. Z. **61**, 1131 (1940).

getränkter Papierisolation und *Protodur H-Mantel* gaben nach 3 Jahren zwar einige Schwankungen der elektrischen Werte, die aber ohne merklichen Einfluß auf die Übertragungseigenschaften blieben.

Kabel mit Polyvinylchlorid-Umhüllungen sind infolge der Thermoplastizität des Mantelmaterials nur beschränkt temperaturbeständig.

Zwar zeigte ein Kabel mit einem Innenmantel mit getränkter Lack-, Papier- oder Faserstoffisolation und einem Polyvinylchlorid(Protodur H)-Außenmantel nach zweijähriger Lagerung im Tropenraum keine Verschlechterung der Übertragungseigenschaften. Doch dürften diese Temperaturbedingungen die obere Grenze der Verwendbarkeit von mit Polyvinylchlorid ummantelten Kabeln darstellen.

Als Schiffskabel kommen jedoch mit Polyvinylchlorid ummantelte Kabel nicht in Betracht, da sie bei den an Bord herrschenden Temperaturen so weich werden können, daß ein Durchschlagen der Adern stattfinden kann [1].

Hingegen haben sich solche Polyvinylchlorid-Mantelkabel als gut kältebeständig erwiesen. Sie überstehen auch die kalten Jahreszeiten ohne Schaden.

Die Kältebeständigkeit dieser Kabel läßt sich noch dadurch verbessern, daß man dem Polyvinylchlorid Weichmacher zusetzt, die kältebeständige Polyvinylchlorid-Massen ergeben.

Der Polyvinylchlorid-Mantel ist glatt und kann in verschiedenen Farben ausgeführt werden. Infolge der Alkalibeständigkeit können mit Polyvinylchlorid ummantelte Kabel ohne besondere Schutzmaßnahmen im Putz verlegt werden. In gleicher Weise können sie als Erdkabel verwendet werden.

Mit Polyvinylchlorid-Mänteln ausgestattete Kabel haben sich bei der Reichspost gut bewährt; ebenso Starkstromkabel mit 2, 5, 16 und 25 qmm Drahtquerschnitt.

Bei sauren Böden, wie sie in chemischen Fabriken anzutreffen sind, haben sich Polyvinylchlorid-Kabel den Bleimantelkabeln überlegen erwiesen [2].

Auch für die Ummantelung von Dichtungs- und Zündschnüren aus tierischer oder pflanzlicher Faser eignen sich weichgestellte Polyvinylchlorid-Massen.

Polyvinylchlorid, nachchloriertes Polyvinylchlorid oder Mischungen von Polyvinylchlorid mit Polyvinylacetat oder Polyacrylsäureester sind von der Firma Felten & Guilleaume Carlswerk A.G.[3] auch zur Ummantelung von luftraumisolierten Kabeln vorgeschlagen worden.

Die guten Erfahrungen, die in Deutschland mit Polyvinylchlorid als Kabelmantelmasse gemacht wurden, haben in den Vereinigten Staaten von Nordamerika die Firma General Electric Co. ebenfalls zur Entwicklung eines gummiähnlichen Isolierstoffes *Flamenol* auf Polyvinylchlorid-Basis veranlaßt.

Die Vorteile des Einsatzes von Polyvinylchlorid als Mantelmasse

---

[1] Nowak, P., u. H. Hofmeier: Kunststoffe **27**, 184 (1937).
[2] Berger, H.: Elektrotechn. Z. **61**, 97 (1940).
[3] F.P. 813793, Felten & Guilleaume Carlswerk A.G.

im Kabelbau sind auch in England erkannt worden[1]. Auf Grundlage eines unter der Handelsbezeichnung P.V.C. bestehenden weichgestellten Polyvinylchlorids ist eine Polyvinylchlorid-Mischung 1001 als Kabelmantelmasse entwickelt worden[2].

Die Verwendung von Polyvinylchlorid als Kabelmantelmasse ist mehrfach geschützt worden.

Die zur Isolierung von Polyvinylchlorid erforderliche Kabelschutzhülle aus Polyvinylchlorid kann man nach einem besonderen Verfahren der Firma Patentverwertungsges. m.b.H. Hermes und H. HEERING[3] in der Weise herstellen, daß man das Kabel zunächst mit einem imprägnierbaren Isoliermaterial und einem Kabelschutzmittel umgibt, dann mit Vinylchlorid imprägniert und letzteres durch Wärme, die durch elektrisches Aufheizen des Kabels erzeugt wird, polymerisiert.

Bei der Herstellung von Kabelhüllen geht man jedoch in den meisten Fällen von bereits polymerisiertem Vinylchlorid aus, welches in Form von weichgestellten Massen oder von Folien verwendet wird.

Von der Firma Felten & Guilleaume Carlswerk A.G.[4] ist z. B. ein Kabel entwickelt worden, bei dem die Schutzhülle aus in mehreren Lagen aufgewickelter Aluminiumfolie besteht, die eine Polyvinylchlorid-Schicht trägt. Außen ist noch eine Hülle angeordnet.

Eine öl- und wasserbeständige Kabelummantelung wird nach J. G. WRIGHT[5] auch erzielt, wenn man den mit einer Gummischicht isolierten Leiter mit einer Hülle aus Polyvinylchlorid überzieht, das mit Trikresylphosphat weichgestellt ist.

Zum Weichmachen von Polyvinylchlorid, das als Kabelmantelmasse dient, kommen auch Ester von aliphatischen Monocarbonsäureestern. besonders solche mit 6 bis 12 Kohlenstoffatomen, wie Hexan-, Octan-, Nonansäure, ferner Fettsäuren mit 7 bis 9 Kohlenstoffatomen, wie sie bei der Oxydation von hochmolekularen Kohlenwasserstoffen entstehen, Kokosfettsäure, Undecylensäure, Butoxyessigsäure, mit aliphatischen drei- oder mehrwertigen Alkoholen, wie Glycerin, Methylglycerin, in Betracht[6].

Man mischt z. B. 65 Gewichtsteile Polyvinylchlorid mit 35 Gewichtsteilen des Glycerinesters von durch Paraffinoxydation gewonnenen Fettsäuren mit 7 bis 9 Kohlenstoffatomen und verwendet diese Masse als Kabelummantelung. Diese Hüllen zeichnen sich durch hervorragende Isolierwirkung, Elastizität und große Kältefestigkeit aus.

Für den gleichen Zweck kann auch Polyvinylchlorid verwendet werden, das mit Estern von Carbonsäuren weichgestellt ist, die im Molekül eine oder mehrere Thioäthergruppen enthalten[7]. Solche Säuren sind z. B. Thiodiglykolsäure, Methylenbisthioglykolsäure, Thiodihydracrylsäure, Phenylenbisthioglykolsäure usw.

---

[1] VEITH, J.: British Plastics 15, 353 (1943).
[2] Government Department Electrical Specifikation Nr. 18.
[3] Schwed.P. 107039, Patentverwertungsges. m.b.H. Hermes und H. HEERING.
[4] F.P. 833290, Felten & Guilleaume Carlswerk A.G.
[5] Canad.P. 370979, Canadian General Electric Co. Ltd.
[6] F.P. 874890, Deutsche Hydrierwerke A.G.
[7] F.P. 875260, Deutsche Hydrierwerke A.G.

Man mischt z. B. 75 Gewichtsteile Polyvinylchlorid mit 20 Gewichtsteilen n-Octylthiodiglykolat und verwalzt die Mischung in der Wärme zu Folien, die zum Bewickeln von elektrischen Kabeln dienen.

Eine zur Kabelumhüllung geeignete Masse besteht ferner aus Polyvinylchloriden, die mit den auf S. 154 genannten Estern langkettiger aliphatischer Säuren und gegebenenfalls Trikresylphosphat weichgestellt sind [1].

Mit den vorbeschriebenen Polyvinylchlorid-Kabelmassen kann man die Isolierung von Kabeln in verschiedener Weise vornehmen.

Bei dem von W. F. LAMELA [2] entwickelten Kabel wird der Leiter zunächst mit einer Asbestschnur, die mit einem Gemisch von Zinkoxyd und Calciumcarbonat gefüllt ist, umwickelt. Über diese Schicht wird eine Glaswollschnur und über diese wieder eine Asbestschnurwicklung aufgetragen. Darüber befindet sich eine Umhüllung aus Baumwollband, das mit einem weichgestellten Polyvinylchlorid belegt ist. Den äußeren Abschluß bilden eine Hülle aus einem Polyvinylchlorid, das mit Aluminiumfarbe bestrichen ist, und schließlich eine Umflechtung aus Aluminiumdraht.

Nach M. M. SAFFORD [3] besteht die Isolierung der einzelnen Adern aus Asbest, darüber einer Ölleinenumwicklung und über diese einer weiteren Lage aus Asbest. Die Zwischenräume zwischen den einzelnen isolierten Adern werden ebenfalls mit Asbest ausgefüllt. Die gemeinsame äußere Isolierung besteht aus einer Wicklung aus bandförmigem Polyvinylchlorid, über der eine Lage aus mit plastifiziertem Polyvinylchlorid getränktem Asbest vorgesehen wird, die wieder mit einer Wicklung aus bandförmigem Polyvinylchlorid bedeckt ist. Die äußere Bewehrung wird aus einer Lage Aluminiumfolie und einer Aluminiumdrahtumflechtung gebildet.

Die Firma Siemens-Schuckertwerke A.G. [4] verwendet Polyvinylchlorid, gegebenenfalls in Mischung mit anderen hochpolymeren Verbindungen, zur Herstellung einer nicht entflammbaren Kabelumhüllung.

Für Kabelumhüllungen haben H. FIKENTSCHER und H. JACQUÉ [5] die thermisch nachbehandelten und gegebenenfalls gereckten Folien aus Polyvinylchlorid [6] vorgeschlagen.

Bei dem von der Firma Kabelwerk Duisburg [7] entwickelten schwerbrennbaren Kabel besteht die Polyvinylchlorid-Isolierung aus mehreren Schichten. Über die mit Polyvinylchlorid, das mit geringen Mengen von synthetischem Gummi vulkanisierbar gemacht wurde, isolierten und dann bandierten und verseilten Adern wird ein erster Mantel aus mit geblasenem Hartbitumen versetztem Polyvinylchlorid aufgebracht. Darüber folgt ein zweiter Mantel aus mit Gummi so weit verschnittenem Polyvinylchlorid, daß durch Vulkanisation eine Verfestigung eintritt.

---

[1] DRP. 749564, ohne Patentinhaberangabe.
[2] A.P. 2230888, Okonite Co.
[3] Canad.P. 393025, Canadian General Electric Co. Ltd.
[4] Ung.P. 115777, Siemens-Schuckertwerke A.G.
[5] DRP. 742364, I.G. Farbenindustrie A.G.
[6] Siehe Seite 357.
[7] DRGM. 1521549, Kabelwerk Duisburg.

Neben Polyvinylchlorid verwendet F. Schmidt[1] als Ersatz für Bleimantel nachchloriertes Polyvinylchlorid, gegebenenfalls unter Zusatz von Weichmachern und Füllstoffen.

Von E. W. Rugeley, T. A. Field jr. und J. F. Coulon[2] sind Kabelhüllen vorgeschlagen worden, die aus Fasern eines Mischpolymerisates aus Vinylchlorid und Vinylacetat mit einem durchschnittlichen Molekulargewicht von mindestens 7500 bestehen.

Für bestimmte Sonderzwecke sind ferner Kabel entwickelt worden, die außer einer Polyvinylchlorid-Hülle noch eine weitere Ummantelung aus einem anderen Stoff enthalten.

Bei diesen Sonderausführungen dient das Polyvinylchlorid infolge seiner guten Beständigkeit gegen chemische Einflüsse und wegen seiner guten mechanischen Eigenschaften als äußere Umhüllung.

Vielfach werden Kombinationen von Blei- und Polyvinylchlorid-Hüllen zur Kabelummantelung verwendet. Hier wirkt das Polyvinylchlorid als Korrosionsschutz und zur mechanischen Verstärkung des in diesem Falle dünnen Bleimantels.

Ein Kabel dieser Art stellt die Firma Felten & Guilleaume Carlswerk A.G.[3] in der Weise her, daß sie ein mit einem dünnen Bleimantel ausgerüstetes Kabel mit einer Hülle aus Polyvinylchlorid oder nachchloriertem Polyvinylchlorid überzieht.

Von der Reichsbahn sind mit Polyvinylchlorid überzogene Bleimantelkabel innerhalb der Gleisanlagen mit Erfolg verlegt worden[4].

Mit Polyvinylchlorid umhüllte Bleimantelkabel können auch in chemischen Fabriken oder sonst in sauren Böden verlegt werden. In diesem Falle bewirkt der Bleimantel einen absoluten Feuchtigkeitsschutz, während die Polyvinylchloridhülle neben der mechanischen Festigkeit den Korrosionsschutz übernimmt[5].

In etwas abgeänderter Form stellt die Firma Soc. Italiana Pirelli An.[6] mit Polyvinylchlorid überzogene Bleimantelkabel her. Um den Bleimantel wird Polyvinylchlorid in Form von Fasern oder Bändern gewickelt.

Polyvinylchlorid findet auch Verwendung als Kabelumhüllung bei solchen Kabeln, die mit einem aus Polyisobutylen bestehenden Kabelmantel ausgestattet sind. In diesem Falle übernimmt das Polyvinylchlorid infolge der gegenüber Polyisobutylen größeren Härte die mechanischen Beanspruchungen des Kabels.

Kabel, die mit einem inneren Polyisobutylen- und äußeren Polyvinylchlorid-Mantel ausgestattet sind, finden als Fernmeldekabel Verwendung.

Die Herstellung dieser Kabel kann entweder dadurch erfolgen, daß man die oppanisierten, d. h. mit Polyisobutylenhülle versehenen Kabel

[1] F.P. 780470, Ital.P. 332573, F. Schmidt.
[2] A.P. 2262861, Carbide and Carbon Chemicals Corp.
[3] DRP. 485149, Felten & Guilleaume Carlswerk A.G.
[4] Blatz, H.: Elektr. Bahnen 15, 168 (1939).
[5] Berger, H.: Elektrotechn. Z. 61, 97 (1940).
[6] Ital.P. 374578, Soc. Italiana Pirelli An.

mit Polyvinylchlorid, z. B. der Marke *Guttasyn*, umspritzt oder die oppanisierten Kabel mit Polyvinylchlorid-Folien umwickelt[1]. Auf letztere Weise werden Niederspannungskabel hergestellt.

Ein solches von der Firma Siemens & Halske A.G. unter Verwendung von Polyisobutylen und weichgestelltem Polyvinylchlorid (*Protodur H*) ummanteltes Kabel mit einer durch trockenes Papier isolierten Seele von 18 mm Durchmesser hat sich nach W. Riehl und H. Heering[2] sehr gut bewährt.

Es ergab sich, daß der Isolationswiderstand der fertigen Anlage auf der Höhe eines entsprechenden Bleimantelkabels liegt. Kabel dieser Art zeigten nach 3 Jahren keine verschlechterten elektrischen Eigenschaften und gleiche Werte, wie ein vergleichsweise verlegtes Bleimantelkabel.

Öl- und treibstoffeste Kabel werden auch erhalten, wenn man als Mantelmassen Mischpolymerisate auf Vinylchlorid-Basis verwendet. Von der Firma I. G.Farbenindustrie A. G.[3] ist beispielsweise als Kabelmantelmasse ein Mischpolymerisat aus Butadien, einem Ester einer 1, 2-Dicarbonsäure und Vinylchlorid empfohlen worden.

3. Kabelzubehörteile.

Polyvinylchlorid ist nicht nur ein ausgezeichneter elektrischer Isolierstoff für die Isolierung von elektrischen Leitern und Kabeln, sondern auch ein wertvoller Baustoff in der Kabelindustrie.

Dieser Kunststoff eignet sich vor allem zur Herstellung von Trennwänden, Endverschlüssen, Muffen u. dgl.

Bei mit Öl isolierten elektrischen Kabeln dienen Polyvinylhalogenide, insbesondere Polyvinylchlorid, zur Herstellung von Trennwänden, und zwar bei solchen festen Kabelhüllen, bei denen der Raum innerhalb der festen Kabelhülle in zwei Abteilungen unterteilt ist[4]. In der einen Abteilung befindet sich der mit einem getränkten Isolierstoff isolierte Leiter, in der anderen ein unter erhöhtem Druck stehendes flüssiges oder gasförmiges Isoliermittel.

Eine Masse zur Herstellung einer solchen Trennwand besteht z. B. aus 60 Teilen Polyvinylchlorid, 20 Teilen Trikresylphosphat, 20 Teilen Dodecylphthalat und 65 Teilen Talk.

Bei der von P. Jordan[5] entwickelten Schnurringstopfbüchse für die Einführung elektrischer Feuchtraumleitungen bestehen sowohl der Schnurring als auch die Schutzhülle aus Polyvinylchlorid.

Von P. Hellermann[6] sind Muffen oder Hüllen aus Polyvinylchlorid für elektrische Leiter, insbesondere Kabel, vorgeschlagen worden. Die Polyvinylchlorid-Hülle wird bei einer Temperatur von 30 bis 60° gedehnt und auf den Leiter aufgebracht. Beim Erkalten schrumpft die Hülle und umschließt den Leiter.

---

[1] Kunststoffe **32**, 231 (1942).

[2] Riehl, W., u. H. Heering: Elektrotechn. Z. **62**, 197 (1940).

[3] F.P. 849987, I.G. Farbenindustrie A.G.

[4] E.P. 486970, Callenders Cable & Construction Co. Ltd., L. G. Brazier und G. M. Hamilton.

[5] DRP. 740523, P. Jordan.

[6] Schwz.P. 224488, F.P. 881223, P. Hellermann.

Als Umhüllung für Kabelmuffen für elektrische Druckkabel mit Kunststoffmantel kann man auch Bänder aus Polyvinylchlorid verwenden[1]. Nach dem Umhüllen werden die Bänder durch Aufschmelzen miteinander verschweißt. Unter der Bandwicklung kann unmittelbar auf der Isolierung ein Metallband oder ein Band aus metallisiertem Papier, über der Bandwicklung eine Bewehrung aus Metalldrähten oder Metallbändern vorgesehen werden.

Schlauch- oder ringförmige Hüllen aus Polyvinylchlorid werden nach E. Gerstmann[2] neuerdings auch zur Kenntlichmachung von elektrischen Leitungen oder Kabeln verwendet. Diese Hüllen, die eine geringere lichte Weite als der Durchmesser der zu kennzeichnenden Leitung besitzen, werden mit einem geeigneten Werkzeug aufgeweitet und mit der Hand über die zu kennzeichnende Leitung geschoben.

D. Isolatoren.

Zur Herstellung von Isolierkörper eignen sich Stützkörper aus einem aufgespulten oder aufgewickelten Vinylchlorid-Vinylacetat-Mischpolymerisat, dessen Hohlräume mit einem polymerisierbaren Stoff ausgefüllt werden, der dann polymerisiert wird[3].

In Form von Emulsionen setzt die Firma I.G. Farbenindustrie A.G.[4] Polyvinylchlorid zu hydraulischem Zement zu und verarbeitet diese Mischung auf einen Kitt für Isolatoren.

E. Spulenisolation.

Zur Spulenisolation können die Drähte entweder nach dem bereits beschriebenen Verfahren von W. J. Patnode[5] mit weichgestelltem Polyvinylchlorid umspritzt werden[6] oder nach E. E. Halls[7] mittels Folien aus Polyvinylchlorid isoliert werden. Die zur Isolierung benützten Folien müssen nach E. E. Halls[8] chemisch indifferent, nicht korrodierend wirken, mechanisch fest, undurchsichtig und leicht verarbeitbar sein.

F. Elektroden.

Zur Herstellung von bipolaren Elektroden für Plattentrockenelemente verwendet G. H. Young[9] Polyvinylchlorid.

Auf der einen Seite der als Lösungselektrode dienenden Zinkplatte ist eine elektrische, nichtleidende, für Ionen durchlässige Polymerisatschicht aufgebracht, während die andere Seite der Zinkplatte mit einer elektrolytisch unlöslichen, Kohlenpulver enthaltenden und als Anode dienenden Polymerisatschicht bedeckt ist. Zwischen den Elektroden wird ein pastenförmiger, Zink- und Ammoniumchlorid enthaltender Elektrolyt angeordnet.

---

[1] F.P. 887602, Felten & Guilleaume Carlswerk A.G.
[2] DRP. 732061, Siemens-Apparate und Maschinenbau G.m.b.H.
[3] F.P. 880859, A. Reyolle & Co., Ltd.
[4] F.P. 842861, I.G. Farbenindustrie A.G.
[5] A.P. 2217451, General Electric Co.
[6] Siehe Seite 577.   [7] Halls, E. E.: Plastics 7, 109 (1943).
[8] Halls, E. E.: Plastics 4, 44 (1940).   [9] A.P. 2222943, Stoner-Mudge Inc.

G. Widerstände.

Als Widerstandsmaterial verwenden J. A. Becker und H. Christensen[1] fein verteiltes Metalloxyd, z. B. Aluminiumoxyd, das mit einer Lösung von Polyvinylchlorid in einem flüchtigen Lösungsmittel angemaischt ist. Die Mischung wird in gleichförmiger Filmdicke von mehreren Mikrons auf eine Platte gespritzt. Das Lösungsmittel wird verdampft, der Film entfernt, in Schichten geschnitten und zuerst gelinde erhitzt, um das Bindemittel zu entfernen, und dann bei genügend hoher Temperatur erhitzt, um das Widerstandsmaterial zu einem haltbaren Körper zu sintern.

H. Magnetische Massenkerne.

In Verbindung mit Polystyrol werden Mischpolymerisate aus Vinylchlorid und Acrylsäuremethylester als Bindemittel für magnetisierbare Pulver bei der Herstellung von magnetischen Massenkernen verwendet.

Nach einem Verfahren der Firma I. G. Farbenindustrie A. G.[2] werden 1000 Teile eines durch thermische Zersetzung von Eisencarbonyl erhaltenen Eisenpulvers mit 30 Teilen Polystyrol und 30 Teilen des genannten Vinylchlorid-Mischpolymerisates unter Zusatz eines Lösungsmittels durchgeknetet. Das Lösungsmittel wird durch Erhitzen auf 80 bis 100° wieder abgetrieben und das Pulver mit 10000 Atm. in die gewünschte Kornform gepreßt. Anschließend erfolgt ein Glühprozeß von $2^1/_2$ Stunden bei 110°. Die Kerne sind mechanisch sehr widerstandsfähig, von hohem dielektrischem Widerstand und verlustarm.

I. Kondensatoren.

Infolge der guten dielektrischen Eigenschaften werden Polyvinylchlorid oder Mischpolymerisate auf der Basis von Vinylchlorid als Zwischenschichten für Kondensatoren verwendet.

Man kann diese Zwischenschichten entweder dadurch erhalten, daß man auf die Metallflächen Polyvinylchlorid aufspritzt oder Folien aus Polyvinylchlorid als Zwischenlagen für Metallfolien bzw. metallisierte Polyvinylchlorid-Folien benützt.

Das Auftragen von nicht weichgestelltem Polyvinylchlorid auf die metallischen Oberflächen kann nach dem von G. Wick[3] beschriebenen Verfahren[4] und das Aufspritzen von weichgestelltem Polyvinylchlorid nach der von W. C. Patnode[5] angegebenen Arbeitsweise[6] erfolgen.

Durch den Zusatz von Weichmachern wird zwar die Geschmeidigkeit der Polyvinylchlorid-Schichten erhöht, jedoch werden deren dielektrischen Eigenschaften in vielen Fällen verschlechtert.

Durch den Zusatz von besonders gereinigten, von allen Spuren von Verunreinigungen befreiten Kohlenwasserstoffen werden aber weich-

---

[1] A.P. 2414793, Bell Telephone Laboratories Inc.
[2] F.P. 787557, I.G. Farbenindustrie A.G.
[3] DRP. 718863, I.G. Farbenindustrie A.G.   [4] Siehe Seite 579.
[5] A.P. 2217451, General Electric Co.   [6] Siehe Seite 579.

gestellte Polyvinylchlorid-Massen erhalten, die diese Verschlechterung der dielektrischen Eigenschaften nicht zeigen[1].

Um die letzten Spuren von Chlor bei chlorierten Kohlenwasserstoffen zu entfernen, müssen die Chlorkohlenwasserstoffe einer Behandlung mit Silberoxalat und anschließender Vakuumdestillation unterworfen werden.

Die als dielektrische Zwischenschichten benützten Folien aus Polyvinylchlorid gelangen meist in gereckter Form zur Anwendung. Hier eignen sich z. B. die nach dem von H. JACQUÉ ausgearbeiteten Verfahren[2] gereckten Folien.

Gereckte Folien aus Polyvinylchlorid verwendet ferner die Firma Siemens & Halske A.G.[3] als Kondensatorenzwischenschichten. Die Filme werden nach dem Wickeln durch stufenweises Erwärmen auf 80 bis 120° wieder in den ursprünglichen Zustand gebracht. Bei der eintretenden Zusammenziehung werden alle Luftblasen ausgetrieben.

Infolge ihrer guten mechanischen Eigenschaften dienen wieder die nach dem Verfahren von H. FIKENTSCHER und H. JACQUE[4] veredelten Folien aus Polyvinylchlorid als dielektrische Zwischenschichten für Kondensatoren.

Die als Zwischenschichten für Kondensatoren vorgeschlagenen metallisierten Polyvinylchlorid-Filme können nach S. RUBEN[5] in der Weise hergestellt werden, daß man die Filme durch Aufspritzen mit einem Bronzebelag versieht, der Kupfer und Zink, Cadmium, Aluminium u. dgl. enthalten kann.

Für die Herstellung von Kondensatorzwischenschichten hat ferner die Firma Carbide and Carbon Chemicals Corp.[6] die auf S. 624 erwähnten Mischpolymerisate aus Vinylchlorid und Vinylacetat vorgeschlagen.

K. Dynamomaschinen.

Bei Dynamomaschinen dienen Polymerisate des Vinylchlorids sowohl als Isolierstoff für Dynamodrahtwicklungen als auch als Bindemittel bei Dynamobürsten.

Zur Isolierung der Wicklungen bei Dynamomaschinen versieht M. M. SAFFORD[7] die Dynamodrähte zunächst mit einer direkt auf den Draht aufgebrachten Schicht eines in der Hitze gehärteten Lackes und überzieht dann die Windungen der Wicklung mit weichgestelltem Polyvinylchlorid. Hierdurch wird die Wicklung zu einem feuchtigkeits- und öldichten Ganzen verbunden.

Von C. N. SMITH[8] wurden Mischpolymerisate aus Vinylchlorid und Vinylacetat als Bindemittel bei der Herstellung von Dynamobürsten

---

[1] E.P. 511580, 514156, 517649, British Insulated Cables Ltd., F. J. BRISLEE, H. R. WELBOURN, H. HIGHAM, J. C. QARYLE und H. B. CHAPMAN.

[2] DRP. 689539, I.G. Farbenindustrie A.G.

[3] Schwz.P. 196456, Siemens & Halske A.G.

[4] DRP. 742364, I.G. Farbenindustrie A.G.

[5] A.P. 2211583, S. RUBEN.

[6] F.P. 740962, Carbide and Carbon Chemicals Corp.

[7] A.P. 2252440, General Electric Co.

[8] A.P. 2020085, National Carbon Co., Inc.

vorgeschlagen. Zur Bereitung dieser Dynamobürsten werden Acetonlösungen dieses Mischpolymerisates mit Graphit vermischt und dann mit Wasser ausgefällt.

Eine geeignete Mischung besteht aus 2,5 g des Vinylchlorid-Vinylacetat-Mischpolymerisats und 200 g Graphit. Nach dem Ausfällen mit Wasser wird das Gemisch geknetet und dann gepreßt.

Nach dem gleichen Forscher[1] wird zur Herstellung von Dynamobürsten ein Mischpolymerisat aus 4 Teilen Vinylchlorid und 1 Teil Vinylacetat in Aceton gelöst und diese Lösung in Wasser, welches Amine, wie Triäthanol- oder Diäthylamin, enthält, einlaufen gelassen. Der flockige Niederschlag wird mit Graphit oder Kohle zu Dynamobürsten gepreßt.

Als Bindemittel für Dynamobürsten dienen nach N. K. CHANEY und W. B. DEXTER[2] Polyvinylchlorid oder Mischpolymerisate aus Vinylchlorid und Vinylacetat, die auf 200 bis 250° in Gegenwart von Katalysatoren erhitzt wurden.

L. Akkumulatoren.

Polyvinylchlorid ist ein vorzüglicher Baustoff für Akkumulatoren.

Aus dem unter der Handelsbezeichnung *Vinidur* bekannten Polyvinylchlorid werden solche Akkumulatorenkasten nach dem *Preßverfahren* hergestellt.

Infolge der bei der Verarbeitung auftretenden Eigenfarbe des Polyvinylchlorids sind die daraus hergestellten Akkumulatorenkasten im Gegensatz zu dem aus dem Vinylchlorid-Mischpolymerisat „*Astralon*" bestehenden Akkumulatorenkasten undurchsichtig.

Das für Akkumulatorenkasten ebenfalls vielfach benützte *Astralon* bietet so viele Vorteile, daß hier mit Sicherheit ein Rückgang der Hartgummianwendung erwartet werden kann[3], und zwar deshalb, weil die Herstellung des Gehäuses im Vergleich zu dem Arbeitsprozeß bei Hartgummi äußerst kurz und einfach ist. Die erreichbaren Festigkeitseigenschaften bei Astralon sind wesentlich höher als bei Hartgummi und erlauben derartig hohe mechanische Beanspruchungen, wie sie früher nicht zur Diskussion gestellt werden konnten. Außerdem gestattet die Transparenz der aus diesem Vinylchlorid-Mischpolymerisat hergestellten Gehäuse eine laufende Kontrolle des Akkumulators von außen.

Von Mischpolymerisaten des Vinylchlorids werden auch die Ester von Äthylen-1, 2-dicarbonsäuren als zweite Komponente enthaltenden Polymerisat-Kunststoffe[4] als Baustoffe für Akkumulatorenkasten verwendet. Neben einer hohen mechanischen Festigkeit und Wasserfestigkeit zeichnen sich diese Mischpolymerisate durch eine große Säurebeständigkeit aus. Eine 50prozentige Schwefelsäure übt bei 60° keinerlei Angriff aus.

---

[1] A.P. 1962638, National Carbon Co., Inc.
[2] A.P. 2060035, Union Carbide and Carbon Corp.
[3] SCHWARZ, A.: Kunststoffe **30**, 97 (1940).
[4] DRP. 728664, I.G. Farbenindustrie A.G.

Zur Herstellung eines Akkumulatorgehäuses wird ein durch Emulsionspolymerisation von 75 Teilen Vinylchlorid und 25 Teilen Maleinsäurediisobutylester erhaltener Kunststoff 5 Minuten lang bei 130° verpreßt. Das erhaltene Gehäuse ist durchsichtig und säurebeständig.

Polyvinylchlorid ist jedoch nicht nur ein Baustoff für Akkumulatorenkasten, sondern auch verwendbar als Werkstoff zur Herstellung von Akkumulatorenscheidern. Zur Anwendung gelangen durchlochte oder perforierte Polyvinylchlorid-Platten[1].

Akkumulatorenscheider, die sich durch eine gute Standfestigkeit auszeichnen, werden nach einem Verfahren der Firma Deutsche Celluloid-Fabrik A.G.[2] in folgender Weise hergestellt:

Folien aus Polyvinylchlorid werden passend zugeschnitten und bei einer erheblich über dem Erweichungspunkt liegenden Temperatur unter Druck und mittels eines kalten Luftstromes schnell unter die Erweichungstemperatur abgekühlt.

Die gleiche Firma[3] verwendet Polyvinylchlorid gemeinsam mit Holz zur Herstellung von Scheidern, welche die Vorteile des Holzes mit der Isolierfähigkeit des Ebonits vereinigen. Man erhält solche Scheider, wenn man eine perforierte Holzplatte auf beiden Seiten mit Folien aus Polyvinylchlorid überzieht.

Auch das an der Ladung und Entladung nicht teilnehmende Gitter kann im Akkumulatorenbau aus Polyvinylchlorid hergestellt werden[4]. Ein aus Polyvinylchlorid gepreßter Rahmen, dessen Deckflächen perforiert sind, trägt in einzelnen Zellen die aktive Masse.

Die leitende Verbindung bei dieser Polyvinylchlorid-Platte wird durch ein zwischen die zwei Rahmenhälften gelegtes Bleiblech oder einen Bleidraht hergestellt. Diese Platten sind 35 Prozent leichter als die normalen Kastenplatten mit Blei als Masseträger.

M. Trockenelemente.

S. Ruben[5] verwendet Polyvinylchlorid als Bindemittel bei der Herstellung der aus Kupferoxyd bestehenden Depolarisationskathode für Trockenprimärelemente.

Zur Bereitung dieser wird eine Mischung aus feinstpulverigem Kupferoxyd und 0,1 bis 10 Prozent feinstpulverigem Graphit in der Lösung von Polyvinylchlorid in Äther suspendiert.

Der mit dieser Suspension überzogene Eisenblechstreifen wird unterhalb der Zersetzungstemperatur des Polyvinylchlorids, z. B. einige Stunden auf 130° erhitzt, bis das Lösungsmittel verdunstet und der Überzug fest haftet.

N. Elektrogeräte.

Polyvinylchlorid ist neuerdings ein viel gebrauchter Hilfs- oder Baustoff für elektrotechnische Geräte[6].

---

[1] Österr.P. 148322, F.P. 805233, E.P. 473194, Schwz.P. 189950, Deutsche Celluloid-Fabrik A.G.

[2] Schwz.P. 225643, Deutsche Celluloid-Fabrik A.G.

[3] Österr.P. 148323, F.P. 805011, Holl.P. 44432, Schwz. P.192222, Ital.P. 360381, Tsch.P. 62316, Deutsche Celluloid-Fabrik A.G.

[4] Hauffe, O.: Kunststoffe 27, 86 (1937).   [5] A.P. 2463565, S. Ruben.

[6] Kainer, F.: Kurzes Handbuch der Polymerisationstechnik, Bd. 3, S. 828. Leipzig 1944.

Die günstigen isolierenden Eigenschaften kann man elektrischen Geräten oder elektrischen Teilen aus anderen Werkstoffen dadurch erteilen, daß man diese Geräte oder Teile in eine Polyvinylchlorid-Paste taucht und nach dem Herausziehen den Überzug durch Erhitzen auf Temperaturen unter 150° verfestigt [1].

Durch Verarbeiten von Folien, Platten oder durch Verformen von Polyvinylchlorid können auch aus diesem reinen Kunststoff die verschiedensten elektrischen Geräte hergestellt werden.

Rundfunkgeräte u. dgl. werden z. B. nach O. Röhm [2] aus teilweise polymerisiertem Vinylchlorid nach dem auf S. 309 angegebenen Verfahren hergestellt.

Das allgemeinere Verfahren besteht jedoch darin, daß man Polyvinylchlorid nach einem der auf S. 286 beschriebenen Verfahren unter Verwendung entsprechender Matrizen verformt.

Man kann z. B. aus Polyvinylchlorid nach H. Panzerbieter und K. Überschuss [3] Kohlegrießkammern für Mikrophone für Tauchelektroden herstellen.

Als Baustoffe für elektrische Artikel sind auch Mischpolymerisate aus Vinylchlorid und Vinyläthern, Vinylalkylketonen oder Acrylsäureestern vorgeschlagen worden [4].

Polyvinylchlorid-Folien in einer Stärke von $25\,\mu$ dienen auch bei Rundfunkmikrophonen zum Schutz der im Innern des Mikrophons befindlichen Membran aus dünnstem Aluminiumblech gegen Feuchtigkeit [5]. Diese Folien besitzen gegenüber der früher für den gleichen Zweck benützten lackierten Seide den Vorteil, daß die akustische Leistung des Mikrophons nicht beeinträchtigt wird.

O. Schirme für Transparentprojektion.

Die Firma Kodak-Pathé [6] versieht die als Transparentschirme dienenden Glasplatten mit einem dünnen Filmüberzug aus Polyvinylchlorid.

P. Kapselmikrophone und Lautsprechermembranen.

Mischpolymerisate aus Vinylchlorid und Vinylacetat haben E. Schäfer und G. Eberling [7] als Werkstoff zur Herstellung von Membranen, Spulengliedern und Zentralteilen von Lautsprechern vorgeschlagen. Die aus diesem Kunststoff hergestellten Teile sind sehr wetterbeständig und nehmen sehr wenig Wasser auf.

Polyvinylchlorid findet auch Verwendung als Feuchtigkeitsschutz für Kapselmikrophone [8]. Aus diesem Kunststoff wird eine dünne Vormembran hergestellt, die glockenförmig die eigentliche Mikrophonkapsel umgibt.

---

[1] E.P. 570108, Igranic Electric Co., Ltd., und J. V. Wredden.
[2] E.P. 436084, O. Röhm.
[3] DRP. 722508, Siemens & Halske A.G.
[4] F.P. 728861, I.G. Farbenindustrie A.G.
[5] Halls, E. E.: Plastics **6**, 101 (1942).   [6] F.P. 864139, Kodak-Pathé.
[7] Norw.P. 67606, Dän.P. 62644, Schwed.P. 111678, Fides Ges. f. d. Verwertung von gewerbl. Schutzrechten G.m.b.H.
[8] Schwed.P. 106497, Fides Ges. f. d. Verwertung von gewerbl. Schutzrechten G.m.b.H.

XXIII. Baugewerbe.

A. Preßholz.

Neben Kunstharzen auf Cellulosederivat-Basis haben H. DREYFUS, W. WALKER und J. H. ROONEY[1] Mischpolymerisate aus Vinylchlorid und Vinylacetat als Imprägnierungs- und Bindemittel für Holzmehl, Sägespäne oder Hobelspäne empfohlen. Mit Hilfe von Lösungen dieser Mischpolymerisate werden Holzmehl oder dgl. verkittet und nach dem Entfernen des Lösungsmittels bei einer Temperatur von 150° und Drucken von 10,5 bis 105 kg/qcm zu Leisten, Gehäusen, Täfelungen usw. verpreßt.

B. Wandbelag.

Die ausgezeichneten Eigenschaften des unter der Handelsbezeichnung *Astralon* bekannten Vinylchlorid-Mischpolymerisats, insbesondere seine Beständigkeit gegen atmosphärische Einflüsse, die nahezu unbeschränkte Möglichkeit der Formgebung und Oberflächengestaltung sowie die Möglichkeit der Färbung in verschiedensten Farbtönen, legten den Gedanken nahe, diesen Polyvinylchlorid-Kunststoff als hochwertiges, dekoratives Bauelement dem Innenarchitekten zur Verfügung zu stellen, und zwar sowohl als Wandbelag als auch zum Bekleiden von Ausstattungsgegenständen[2].

Astralon in Form von Platten hat nicht nur zur Verkleidung vor allem repräsentativer Räume, sondern auch im Schiffsbau zur Ausstattung von Kajüten u. dgl. Verwendung gefunden. Im Schiffsbau bedingt die Verkleidung mit *Astralon* noch den weiteren Vorteil der Schwerverbrennbarkeit.

Zur Herstellung derartiger Wandverkleidungen werden Platten dieser Vinylchlorid-Mischpolymerisate nicht unter einer Stärke von 0,5 mm mit Kaltleim auf Sperrholz aufgezogen.

Gegenüber dieser äußerst einfachen und dekorativ wirkenden Auskleidung mit Platten oder Tafeln aus *Astralon* hat der von H. STRAUCH[3] gemachte Vorschlag der Verwendung einer aus trocknenden Ölen und nachchloriertem Polyvinylchlorid, gegebenenfalls unter Zusatz von Füll- und Netzmitteln, hergestellten Wandbelagmasse nur eine untergeordnete Bedeutung erlangt.

C. Fußbodenbelag.

Seit einer Reihe von Jahren wird als Werkstoff zur Herstellung von Fußbodenbelag neben Gummi und Linoleum auch Polyvinylchlorid verwendet. Gegenüber diesen bekannten Fußbodenbelagmassen zeichnet sich das Polyvinylchlorid durch eine Reihe von Vorteilen aus. Hochmolekulares Polyvinylchlorid übertrifft Öllinoleum in vieler Hinsicht[4].

---

[1] A.P. 2400078, British Celanese Ltd.

[2] RÖHM, R.: Kunststoffe **29**, 82 (1939). — F. KAINER: Kurzes Handbuch der Polymerisationstechnik, Bd. 3, S. 575. Leipzig 1944.

[3] DRP. 699790, I.G. Farbenindustrie A.G.

[4] BAUMANN, JE. A.: Ind. organ. Chem. (russ.) **6**, 671 (1939).

Es zeigt bei einer großen Alterungsbeständigkeit ein schönes Aussehen, besitzt eine bessere Biegsamkeit und ist schwerbrennbar.

Gummi gegenüber zeigt Polyvinylchlorid den Vorteil der Alterungsbeständigkeit und großen Abriebfestigkeit.

Zur Herstellung eines Fußbodenbelages eignen sich z. B. das von der Firma I.G. Farbenindustrie A.G. unter der Bezeichnung *Mipolam* bekannte Polyvinylchlorid oder nach W. L. SEMON[1] mit Pigmenten und Füllstoffen versetzte Polyvinylchloridgele.

Um dem Polyvinylchlorid die für Fußbodenbelagmassen erforderliche Weichheit zu geben, setzt man diesem Weichmacher zu. Als solche kann man z. B. *Trikresylphosphat* verwenden und erhält dabei Fußbodenbelagsmassen, die völlig unbrennbar sind.

Linoleumartige Kunstmassen werden nach K. BILLIG[2] aus Polyvinylchlorid oder Vinylchlorid-Vinylacetat-Mischpolymerisaten erhalten, die die durch Einwirkung von Carboxyl-Verbindungen auf Thiodiglykol erhaltenen *Acetale* als Weichmacher enthalten.

Zum Weichstellen der für Bodenbelagmassen angewandten Polymerisate oder Mischpolymerisate des Vinylchlorids verwenden H. FIKENTSCHER und G. HAGEN[3] die auf S. 164 genannten Ester bzw. die von P. MANCHEN und W. SCHMIDT[4] auf S. 157 angegebenen Weichmacher. Nach den zuletzt genannten Forschern geben nicht nur mit diesen Weichmachern plastisch gemachte Polyvinylchloride, sondern auch Mischpolymerisate aus Vinylchlorid und Acrylsäuremethylester brauchbare Fußbodenbelagmassen.

Eine Mischung aus 40 Teilen Polyvinylchlorid und 20 Teilen eines Mischpolymerisats aus 84 Teilen Vinylchlorid und 16 Teilen Acrylsäuremethylester versetzt man mit 40 Teilen eines Weichmachers, der durch Verestern von 89 Teilen eines technischen Äthylenglykol-Gemisches, das ein mittleres Molekulargewicht von 177 besitzt, mit 144 Teilen eines 5 bis 11 Kohlenstoffatome enthaltenden Fettsäuregemisches mit der Säurezahl 398, erhalten wird. Zu der Mischung gibt man 20 bis 40 Teile eines Füllstoffes, z. B. Kreide, Kaolin, Schiefermehl, Ruß oder Titanweiß. Das Ganze wird auf der Friktionswalze bei 140 bis 160° homogenisiert. Die erhaltene plastische Masse zeichnet sich durch hohe Kältefestigkeit und gute Alterungsbeständigkeit aus.

Zur Herstellung von Bodenbelagmassen lassen sich nach H. FIKENTSCHER[5] Mischpolymerisate aus Vinylchlorid und Vinyläthern und nach Angaben der Firma I.G. Farbenindustrie A.G.[6] die nach dem Emulsionsverfahren aus überwiegenden Mengen Vinylchlorid und Estern von Äthylen-1, 2-dicarbonsäuren erhaltenen Mischpolymerisate verwenden.

Von diesen Polymerisaten oder Mischpolymerisaten des Vinylchlorids haben sich für die Herstellung von Fußbodenbelagmassen vor allem die verschiedenen Formen des polymeren Vinylchlorids in der Praxis bewährt.

---

[1] F.P. 751054, E.P. 398091, B. F. Goodrich Co.
[2] DRP. 676136, I.G. Farbenindustrie A.G.
[3] DRP. 735380, I.G. Farbenindustrie A.G.
[4] DRP. 739000, I.G. Farbenindustrie A.G.
[5] DRP. 634408, I.G. Farbenindustrie A.G.
[6] DRP. 728664, I.G. Farbenindustrie A.G.

In Deutschland wird zur Herstellung von Fußbodenbelagmassen vornehmlich *Mipolam* verwendet.

Aus diesen Polyvinylchlorid-Sorten werden in den meisten Fällen Platten oder Bahnen hergestellt und diese zu einem Fußbodenbelag verlegt.

Diese *Mipolam-Platten* oder *-Bahnen* werden wie Linoleum aufgebracht. Die Stöße werden etwas abgeschrägt und auf etwa 1 mm aneinandergestoßen. Die Stoßstellen lassen sich dann mit Hilfe von Heißluft homogen verschweißen.

Für die gute Haltbarkeit des *Mipolam-Fußbodenbelages* ist allerdings eine wichtige Voraussetzung eine sachgemäße und einwandfreie Verlegung, über welche sowie über die Art der zu verwendenden Klebstoffe H. A. SAGEL[1] nähere Angaben gemacht hat.

Bahnen aus Polyvinylchlorid oder Mischpolymerisaten aus Vinylchlorid und Acrylsäureestern, Maleinsäureestern oder Fumarsäureestern können nach einem Verfahren der Firma I.G. Farbenindustrie A.G.[2] auf Betonunterlagen mit Hilfe von Klebemitteln aufgebracht werden, die aus einem mit niedrigmolekularem Polyisobutylen versetzten Bitumen bestehen. Vor dem Aufbringen des Anstriches muß zunächst der Untergrund sorgfältig von Staub gereinigt und getrocknet werden.

Ein sorgfältig gereinigter Betonfußboden wird mit einem in der Kälte flüssigen Bitumen abgezogen. Hierauf bringt man geschmolzenen Asphalt, der Polyisobutylen enthalten kann, auf. Auf den noch warmen Asphalt werden nun Schichten eines Mischpolymerisats aus 80 Prozent Vinylchlorid und 20 Prozent Acrylsäuremethylester aufgewalzt.

Ein z. B. nach einem der vorbeschriebenen Verfahren hergestellter *Mipolam-Fußbodenbelag* wirkt in höchstem Maße dekorativ, da die einzelnen Bahnen oder Platten sich in den verschiedensten und zartesten Farben herstellen und zu entsprechenden Mustern verlegen lassen.

Ein solcher *Mipolam-Fußbodenbelag* ist vollkommen alterungsbeständig; er erleidet unter dem Einfluß von Licht, Wärme und Sauerstoff keine dauernde Veränderung, wird mit der Zeit nicht mürbe und brüchig und zeigt auf die Dauer weder Risse noch Sprünge[3]. Er verliert somit im Gegensatz zum Gummibelag auch seine elastischen und schalldämpfenden Eigenschaften im Laufe der Zeit nicht. Zudem ist er un- bzw. schwerbrennbar, völlig geruchlos, unempfindlich gegen Feuchtigkeit und gegen Schimmel. Diese Eigenschaften begünstigen seinen Einsatz im Schiffsbau.

Der *Mipolam-Fußbodenbelag* besitzt außerdem eine bisher bei keinem anderen Material erreichte Abriebfestigkeit, hohe Zerreißfestigkeit und Biegsamkeit; diese Eigenschaften erleiden auch in der Kälte keine nennenswerte Einbuße.

In der Tab. 67 sind einige Eigenschaften von *Mipolam-Fußbodenbelag* zusammengestellt.

---

[1] Kunststoffe **31**, 19 (1941).

[2] F.P. 844684, I.G. Farbenindustrie A.G.

[3] KOLLEK, L.: Kunststoffe **29**, Nr. 2 (1939). — J. HAUSEN: Bautenschutz **11**, 165 (1940). — H. A. SAGEL: Kunststoffe **31**, 19 (1941). — Chem. Fabrik **14**, 289 (1941). — W. KRANNICH: Chem.-Ztg. **64**, 369 (1940). — H.-J. SAECHTLING: Kunststoffe **36**, 97 (1946).

Tabelle 67. *Eigenschaften des Mipolam-Fußbodenbelages.*

Dichte	kg/qdm	1,6
Zerreißfestigkeit	kg/qcm	≈ 120
Dehnung	%	≈ 100
Eindrückbarkeit[1]	mm bei 20°	0,6
„	mm bei 50°	1,2
Rückfederung[1]	% bei 20°	13
„	% bei 50°	90,8
Abriebfestigkeit[2]	g/qcm	0,39
Trittschalldämpfung[3]	phon	84
Wärmebeständigkeit . .	kcal/mhc bei 30°	0,252

Diese hervorragenden Eigenschaften ermöglichen die Verlegung von *Mipolam-Platten* oder *-Bahnen* in Räumen mit stärkster Beanspruchung, wie Hotels, Theater, Kinos, Bürohäuser, Krankenhäuser, Banken, Laboratorien, chemische Fabriken usw.

Zu diesen Vorteilen kommt noch hinzu der Vorteil der leichten Reinigung. Im Gegensatz zu Linoleum ist die Pflege des *Mipolam-Fußbodenbelages* sehr einfach. Ein Wachsen des Belages ist nicht erforderlich und wegen der hierdurch bedingten unangenehmen Glätte auch nicht erwünscht. Zur Reinigung benötigt man lediglich kaltes oder lauwarmes Wasser unter Zusatz von Seife, Vim oder ähnlichen Reinigungsmitteln.

Gute Ergebnisse sind auch mit dem von der Firma Anorgana hergestellten *Guttagena-Bodenbelag* erzielt worden.

Die günstigen Ergebnisse, die man in Deutschland mit dem *Mipolam-Fußbodenbelag* erzielte, gaben Veranlassung, Polyvinylchlorid-Fußbodenbeläge auch in den Vereinigten Staaten von Nordamerika zu verwenden.

Polyvinylchlorid-Fußbodenbelagplatten oder *-bahnen* werden von den Firmen Sloane-Blabon Corp.[4] und Goodyear Tire & Rubber Co.[5] hergestellt. Von erstgenannter Firma werden Fließen aus Polyvinylchlorid-Platten in den verschiedensten Farben und von letzterer Firma aus Polyvinylchlorid, Weichmacher, Füll- und Farbstoffen Fußbodenbeläge in Form von Bahnen von 92 cm Breite in Dicken von 0,8, 1,6 und 2,4 mm hergestellt.

Neben den bereits erwähnten, dem Polyvinylchlorid zuzuschreibenden günstigen Eigenschaften sind diese Bodenbeläge bei hoher Flexibilität härter als Linoleum und Gummi, so daß sich Schmutz nicht ansammeln kann.

---

[1] Gemessen mit dem SCHOPPERschen Kugeldruckhärteprüfer, bei dem an Stelle der Stahlkugel ein Zylinder von 10 mm Durchmesser mit 10 kg Belastung zur Anwendung gelangt.

[2] Eindrucktiefe gemessen nach 1 Minute Belastung.

Rückfederung gemessen nach 2 Minuten Entlastung.

Gemessen mittels eines bleifeilenartig aufgerauhten Reibklotzes aus gehärtetem Material nach 6000 Hüben, beanspruchte Fläche 45×135 qmm, Reibklotzfläche 45×65 qmm, Belastung 4,6 kg.

[3] Trittschalldämpfung nach DIN 4110 Abschnitt 11b.

[4] Kunststoffe **39**, 67 (1949).

[5] Plastics **2**, 28 (1948). — Kunststoffe **39**, 22 (1949).

Die Verlegungstemperatur soll bei diesen Bahnen mindestens 20° betragen. Der Unterboden muß völlig eben geschliffen sein.

Zum Schneiden wird das Material zweckmäßig auf 50 bis 60° erwärmt, wozu geheizte Lineale verwandt werden können.

Zum dichten Schluß der Ränder muß beim Verlegen zunächst überlappt und dann nachgeschnitten werden. Zum Nachschneiden werden die Überlappungen mit einem Spezialgerät, bestehend aus zwei übereinanderliegenden geheizten Linealen, angewärmt.

Auf Grund der in Deutschland mit Mipolam gemachten Erfahrungen sind die angegebenen Materialstärken aber zu gering, nicht nur, weil sich bei Stärken von unter 3 mm jede kleine Unebenheit des Unterbodens abformt, sondern insbesondere auch, weil dünnes Material durch bleibende Verformung im Gebrauch wellig werden kann.

Zur Herstellung von Fußbodenbelag kann man auch Polyvinylchlorid oder Vinylchlorid-Mischpolymerisate verwenden, die zuvor auf entsprechende Trägerstoffe aufgetragen werden.

Einen widerstandsfähigen linoleumartigen Fußbodenbelag kann man nach W. E. Lawson[1] schon erhalten, wenn man ein besonders hergestelltes Papier[2] mit Polyvinylchlorid überzieht.

Mechanisch widerstandsfähigere Bahnen werden aber erhalten, wenn man als Trägerstoff Gewebebahnen verwendet. Auf diese Unterlagen aufgetragene Mischpolymerisate aus Vinylchlorid und Vinylacetat hat die Firma Carbide and Carbon Chemicals Corp.[3] als Bodenbelag vorgeschlagen.

Von der Firma U.S. Stoneware Co. wird ferner eine schichtförmig aufgebaute Bodenbelagplatte unter der Bezeichnung „*Plastile*" in den Vereinigten Staaten von Nordamerika in den Handel gebracht. Sie besitzt eine 1,6 mm starke Auflage aus weichgestelltem Polyvinylchlorid, die auf eine 3,2 mm starke Unterlage aus mit synthetischem Kautschuk gebundenem Kork aufgebracht ist.

Die Herstellung des Verbundes erfolgt in Etagenpressen während 12 Minuten bei 175 bis 190°, wobei infolge des Eindringens der Polyvinylchlorid-Schicht in die Unterlage ein besonderes Klebmittel nicht erforderlich ist.

Die Abriebfestigkeit entspricht der einer dreimal stärkeren Gummiplatte.

Die Oberfläche ist wasser- und ölfest, unbrennbar und besitzt ein glattes, sauberes Aussehen, ohne schlüpfrig zu sein. Das Material bedarf keiner besonderen Pflage und bleibt dauernd elastisch und widerstandsfähig.

Die Reinigung erfolgt mit Wasser und Schmierseife.

Der Materialbedarf beträgt bei diesen Unterlagsplatten etwa die Hälfte von nicht geschichtetem Polyvinylchlorid-Bodenbelag. Die Abriebfestigkeit entspricht der einer dreimal stärkeren Gummiplatte.

Diese Polyvinylchlorid-Schichtplatten können mit den gebräuchlichen Linoleumzementen auf beliebigen Unterlagen befestigt werden. Dabei kann der zur Verlegung von reinen Polyvinylchlorid-Platten erforderliche lösungsmittelhaltige Kleber in Fortfall kommen.

---

[1] A.P. 1953083, E. I. du Pont de Nemours & Co. [2] Siehe Seite 451.
[3] F.P. 740962, Carbide and Carbon Chemicals Corp.

Polymerisate oder Mischpolymerisate des Vinylchlorids können auch in Form streichfähiger Massen zusammen mit anderen Stoffen als Bodenbelag Verwendung finden.

In teilweise polymerisierter Form benutzt F. Meyer[1] Vinylchlorid, das als Zusatz Paraffinöl, Talkum, Sand usw. enthält. Je nach der Art und Menge der angewandten Füllmittel erhält man nach dem Trocknen linoleumartige, aufrollbare Belagstoffe oder streichartige Beläge.

Zur Herstellung einer streichfähigen Bodenbelagmasse werden nach H. Strauch[2] trocknende Öle, vornehmlich in Form von Standölen, ferner Wasser, Netzmittel, anorganische Füllstoffe mit nachchloriertem Polyvinylchlorid vermischt. Diese Masse kann direkt auf den Boden aufgetragen werden.

Nach K. Hamann und H. Strauch[3] kann man zur Bereitung einer auf den Boden aufzutragenden Bodenbelagmasse Polyvinylchlorid gemeinsam mit den polymeren Derivaten der Säuren vom Typ der Crotylidencyanessigsäure, insbesondere deren Ester, verwenden.

Die Darstellung dieser streichfähigen Bodenbelagmassen erfolgt nach Angaben dieser Forscher[4] zweckmäßig in der Weise, daß man die monomeren Derivate der Säuren vom Typ der Crotylidencyanessigsäure, zweckmäßig in Form einer wäßrigen Emulsion, mit Füllmitteln, Katalysator und Polyvinylchlorid vermischt. Diese Masse wird dann auf den Fußboden aufgetragen.

Polyvinylchlorid findet ferner Verwendung als Bindemittel bei Fußbodenbelagmassen anderer Herkunft. Als Bindemittel dient hier eine füllstoffhaltige wäßrige Emulsion oder Suspension von Polyvinylchlorid[5].

D. Straßenbelag.

Polyvinylchlorid-Kunststoffe scheiden infolge ihres Herstellungspreises als Straßenbelag an sich aus. In geringen Mengen üblichen Belagmassen zugesetzt, vermögen sie aber die Eigenschaften solcher Straßenbelagstoffe wesentlich zu verbessern.

So lassen sich die für die Brauchbarkeit der Straßenteere in straßenbautechnischer Hinsicht maßgebenden Eigenschaften günstig beeinflussen, wenn man dem Teer einen geringen Anteil an nachchloriertem Polyvinylchlorid zusetzt[6]. Es genügen schon wenige Zehntelprozente, beispielsweise 0,2 Prozent, um das für Straßenbauzwecke verwendete Bindemittel, wie Steinkohlenteer, zu verbessern[7].

Die mit Hilfe dieser Bindemittel hergestellten Straßendecken zeichnen sich durch höhere Festigkeit aus und sind gegen Witterungseinflüsse, insbesondere bei tiefen Temperaturen, weitgehend unempfind-

<hr>

[1] E.P. 513453, F. Meyer.

[2] DRP. 699790, I.G. Farbenindustrie A.G.

[3] DRP. 702661, DRP. (Zweigstelle Österreich) 157732, E.P. 494550, I.G. Farbenindustrie A.G.

[4] DRP. 672928, E.P. 494550, I.G. Farbenindustrie A.G.

[5] Ital.P. 395639, Gewerkschaft Keramchemie Berggarten.

[6] DRP. 623400, Norweg.P. 56100, I.G. Farbenindustrie A.G.

[7] Kainer, F.: Kurzes Handbuch der Polymerisationstechnik, Bd. 3, S. 587. Leipzig 1944.

lich. Auch die Wasserfestigkeit der mit den Bindemitteln hergestellten Straßendecken erweist sich als wesentlich verbessert. Infolge der hohen Knetbarkeit der aus mit nachchloriertem Polyvinylchlorid behandelten Teeren und Füllstoffen hergestellten Massen ist es weiterhin möglich, den Anteil der Straßendecken an Füllmasse gegenüber den bisher als brauchbar befundenen Mischungen heraufzusetzen.

So erreicht man z. B. mit einem Gemisch von 85 Teilen eines Basaltmehlfüllers mit 15 Teilen eines mit 0,2 Prozent nachchloriertem Polyvinylchlorid versetzten Straßenteers die gleiche Plastizität wie bei einem Gemisch von 65 Teilen des gleichen Füllers mit 35 Teilen desselben Teers, der ohne Zusatz von Polyvinylchlorid verarbeitet wurde.

A. SIROT und G. WICK[1] haben später gefunden, daß auch durch Zufügen von geringen Mengen von nicht nachchloriertem Polyvinylchlorid bei präparierten oder destillierten Teeren eine erhebliche Verbesserung ihrer Bindemitteleigenschaften erzielt wird; allerdings kommt es hierbei wesentlich auf die Bedingungen an, unter denen die Einführung des Polyvinylchlorids in den Teer vorgenommen wird.

Diese Verbesserung der Bindemitteleigenschaften gelingt, wenn man den auf höhere Temperaturen, beispielsweise auf 100 bis 120°, erhitzten Teeren Polyvinylchlorid in der Größenordnung von wenigen Zehntelprozent, z. B. 0,3 Prozent, in einem für Polyvinylchlorid geeigneten Lösungsmittel völlig gelöst zumischt, oder wenn man das pulverförmige Polyvinylchlorid mit dem Teer verrührt und die Mischung längere Zeit auf Temperaturen von mindestens 130° oder, unter Druck, auf etwas niedrigere Temperatur erhitzt. Die besten Ergebnisse werden hierbei mit Polyvinylchlorid von einem höheren Polymerisationsgrad erhalten.

100 Teile Steinkohlenteer aus 75 Teilen Steinkohlenteerpech vom Erweichungspunkt von 67° nach KRÄMER-SARNOW und 25 Teilen Anthracenöl werden auf ungefähr 120° erhitzt. Zu diesem Teer fügt man 5 Teile einer 10prozentigen klaren Lösung von Polyvinylchlorid vom Polymerisationsgrad 35 in Anthracenöl hinzu, die durch Erhitzen auf 120° hergestellt ist. Die beiden Komponenten werden durch Rühren innig gemischt.

Den aus Teer, Asphaltbitumen, Asphalt, Pech, Makadam, Teer-Asphalt-Mischungen mit Thioplasten und Füllstoffen bestehenden Massen setzen J. BAER und G. BAER[2] zur Verbesserung der Eigenschaften Polyvinylchlorid oder Mischpolymerisate aus Vinylchlorid und Chlor-2-butadien-1,3 zu.

Polyvinylchlorid wird auch als Zusatzstoff für die von H. LÜER und W. LORENZ[3] vorgeschlagenen farbigen Belagmassen für Straßenbauzwecke verwendet. Dieses Bindemittel besteht aus Sulfatpech, gegebenenfalls in Verbindung mit Extraktionsstoffen aus Teer, Pech usw., und Polyvinylchlorid.

E. Dichtungsmassen.

Im Baugewerbe findet Polyvinylchlorid in Form von Folien, Bändern oder Platten an Stelle der früher benutzten Pappen, Bitumen usw.

[1] DRP. 638920, Holl.P. 43427, I.G. Farbenindustrie A.G.
[2] Ital.P. 395861, J. BAER und G. BAER.
[3] DRP. 695138, Ges. f. Teerstraßenbau G.m.b.H., H. LÜER und W. LORENZ.

Verwendung zur Grundwasserabdichtung von Gebäuden. Für diesen Zweck hat die Firma Deutsche Celluloid-Fabrik A.G.[1] die unter der Handelsbezeichnung *Decelith* bekannten Flächengebilde aus Polyvinylchlorid vorgeschlagen. Infolge ihrer weitgehenden Beständigkeit gegen Wasser, Bodensäure usw. erweist sich *Decelith* als ein besonders brauchbarer Dichtungsstoff, insbesondere für Industriebauten, wie chemische Fabriken usw.

In Form von Folien oder Bahnen kann Polyvinylchlorid auch zur Abdichtung von Tunnelgewölben Verwendung finden[2]. Für diesen Anwendungszweck kommt jedoch neben Polyvinylchlorid auch *Polyisobutylen*, z. B. *Oppanol*, in Betracht.

Polyvinylchlorid, nachchloriertes Polyvinylchlorid oder Mischpolymerisate aus Vinylchlorid und Acrylsäuremethylester oder Maleinsäureestern eignen sich nach K. DEIMLER und H. THRON[3] in Form von Fasern an Stelle von tierischen oder pflanzlichen Fasern als Fugenausfüllmasse. Diese Fasern werden dabei zweckmäßig mit Bitumen und gegebenenfalls mit anderen Zusätzen verwendet.

Für die Herstellung einer Vergußmasse für Betonfugen rührt man bei 70 bis 80° in 300 Gewichtsteilen Bitumen 400 Gewichtsteile getrockneten und pulverisierten Kalkschlamm sowie 9 Gewichtsteile Polyvinylchlorid-Faser ein.

Eine Fugenvergußmasse kann man auch erhalten, wenn man Polyvinylchlorid gemeinsam mit Steinkohlenteer, gegebenenfalls unter Zusatz von Teerpech, verarbeitet[4].

Man erhitzt z. B. 5 kg Anthracenöl, 2 kg Hartpech und 0,4 kg Polyvinylchlorid unter Luftabschluß und Rühren auf 170°. Nach 25 Stunden erhält man eine Masse, die dem Erdölbitumen ähnelt.

XXIV. Medizin.

A. Humanmedizin.

Polymerisate oder Mischpolymerisate des Vinylchlorids finden in der Humanmedizin für verschiedene Zwecke Verwendung.

In poröser Form kann Polyvinylchlorid als Träger für antiseptische und Heilmittel[5] und in weichgestellter Form auf Binden[6] verarbeitet werden.

Für letzteren Zweck eignen sich die aus Polyvinylchlorid, nachchloriertem Polyvinylchlorid oder Vinylchlorid-Mischpolymerisaten hergestellten Fäden, die zu Geweben verarbeitet werden[7].

Bandagen, die eine wesentlich bessere Elastizität besitzen, lassen sich nach E. HUBERT und H. REIN[8] aus solchen Geweben Bänder

---

[1] SCHÄFER, H.: Kunststoffe **28**, 65 (1938).
[2] SCHÄFER, H.: Kunststoffe **31**, 289 (1941).
[3] DRP. 700902, I.G. Farbenindustrie A.G.
[4] Schwz.P. 222259, Kohle- und Eisenforschung G.m.b.H.
[5] F.P. 886560, Dr. A. Wacker Ges. f. elektrochem. Ind. G.m.b.H.
[6] Belg.P. 443311, Dr. A. Wacker Ges. f. elektrochem. Ind. G.m.b.H.
[7] F.P. 857102, I.G. Farbenindustrie A.G.
[8] DRP. 706337, F.P. 857102, I.G. Farbenindustrie A.G.

oder Schläuche herstellen, zu deren Bereitung gestreckte Fäden aus den genannten Polymerisaten verwendet wurden.

Verbandstoffe dieser Art legen sich schon bei der Wicklung enger an den zu verbindenden Körper an. Da diese Fasern außerdem die Eigenschaft besitzen, sich beim Erwärmen zusammenzuziehen, ist es möglich, nach Anlegen der Bandagen durch stufenweises Erwärmen der äußeren Lagen des Verbandes diesem jeden beliebigen Pressungsdruck zu erteilen. Außerdem ist durch die Wärmeschrumpfung der Fasern jederzeit die Möglichkeit gegeben, gelockerte Bandagen, ohne sie entfernen zu müssen, wieder ihren ursprünglichen festeren Sitz zu geben.

Die Gewebe, Bänder, Schläuche aus den genannten Polyvinylchlorid-Fasern können auch noch andere Faserstoffe enthalten. So kann man z. B. Binden herstellen, in deren Kette unter Streckung hergestellte Polyvinylchlorid-Fasern eingewebt sind. Auch diese Verbandstoffe schmiegen sich beim Erwärmen gut an.

Polyvinylchlorid bewirkt auch bei Mischpolymerisaten aus Methacrylsäuremethyl- und -äthylester oder einer anderen Methacrylsäureverbindung eine Verbesserung der aus letzteren hergestellten Bandagen[1].

In Form von Folien eignet sich ferner Polyvinylchlorid als tragender Unterstoff für Pflaster[2].

Polyvinylchlorid-Filme haben sich in der allgemeinen Chirurgie als auch in der Lungenchirurgie bewährt. Sie werden z. B. zum Umwickeln von vernähten Sehnen oder zum Flicken des Brustfelles benutzt.

Sehr geeignet hat sich Polyvinylchlorid zur Herstellung von Blasenkathedern, Drains und Bougies erwiesen, weil diese im Gegensatz zu den aus Kautschuk angefertigten weder verkleben noch blockieren, auch wenn sie tage- oder wochenlang in der gleichen Lage verbleiben müssen[3].

Weichgestelltes Polyvinylchlorid ist ein begehrter Werkstoff für die Herstellung von Prothesen. Für diesen Verwendungszweck darf aber Trikresylphosphat nicht als Weichmacher benützt werden, da die Orthoverbindung auf die Haut schädigend einwirkt[4].

In der Gesichtschirurgie hat Polyvinylchlorid sowohl in Deutschland als auch in den Vereinigten Staaten von Nordamerika die früher benützte Glyceringelatine zur Herstellung künstlicher Nasen und Ohren verdrängt[5].

Das unter der Handelsbezeichnung *Plastogen* bekannte weichgestellte Polyvinylchlorid wird als Füllstoff für Prothesentrichter benützt, da es sich in allen Lagen dem Stumpf gut anpaßt[6].

Seit dem zweiten Weltkrieg werden in den Vereinigten Staaten von Nordamerika Paßteile für Kunstglieder, z. B. für Unterschenkel- oder Oberschenkelprothesen, aus Polyvinylchlorid hergestellt.

---

[1] E.P. 401653, Röhm & Haas A.G.

[2] Budig, K. H.: Kautschuk u. Gummi **1**, 41 (1948).

[3] Blaine, G.: Brit. Plastics **22**, 54 (1950).

[4] Berger, H.: Kunststoffe **39**, 65 (1949).

[5] Hume, L. R.: Austral. Jour. Dent. **47**, 170 (1949). — S. D. Tylman: Dent. Digest. **50**, 260 (1944).

[6] Huber, E.: Med. Technik, **1949**, Nr. 2.

Von amerikanischer Seite[1] werden neuerdings aus weichgestelltem Polyvinylchlorid Handprothesen hergestellt; diese werden aus Polyvinylchlorid-Pasten in Gipsformen gegossen. Durch eingepflanzte Haare, Fingernägel aus Polyvinylchlorid-Fäden bzw. harten Polyvinylchlorid-Folien, Nachahmung der Adern und der Papillarlinien kann man den Handprothesen ein vollkommen lebensechtes Aussehen erteilen.

Die Firma Pe-Ho-Gesellschaft m.b.H.[2] verwendet Polyvinylchlorid als Werkstoff für orthopädische Fußstützen. Besonders geeignet ist ein Polyvinylchlorid, welches bei normaler Temperatur eine Biegefestigkeit von über 800 kg/qcm und einen Elastizitätsmodul von über 50000 kg/qcm besitzt[3].

B. Dentaltechnik.

Von thermoplastischen Kunststoffen sind auch die von Vinylchlorid abgeleiteten Polymerisate oder Mischpolymerisate in der Dentaltechnik als Prothesenmaterial mehrfach empfohlen worden.

Auf die Verwendbarkeit dieser Kunststoffe als Prothesenmaterial dürfte wohl zuerst F. SCHMIDT[4] hingewiesen haben. Nach dessen Feststellungen eignen sich als Werkstoff zur Herstellung künstlicher Gebisse nachchloriertes Polyvinylchlorid sowie Mischungen von nachchloriertem Polyvinylchlorid mit anderen polymeren Verbindungen, wie Polyvinylacetat oder Polyacrylsäureestern, und Mischpolymerisate aus Vinylchlorid und Vinylacetat oder Acrylsäureestern, die gegebenenfalls einer nachträglichen Halogenierung unterworfen werden können. Diesen Polymerisaten oder Mischpolymerisaten des Vinylchlorids können noch Gelatinierungsmittel, Lösungsmittel und indifferente organische Stoffe, wie Cumaronharz, bzw. anorganische Füllstoffe zugesetzt werden.

Die Plastizität dieser Polyvinylchlorid-Massen ist so hervorragend, daß man aus ihnen mit Leichtigkeit durch Pressen Basisplatten anfertigen kann, die dann zur weiteren Verarbeitung an die Zahnärzte gelangen.

Man kann das Material nach dem Spritzgußverfahren verformen oder das plastisch gemachte Material in Gipsformen verpressen.

Zur Verarbeitung können die Polymerisate oder Mischpolymerisate des Vinylchlorids auch in Form von wäßrigen Pasten gelangen[5]. Man verwendet besonders das in Emulsion polymerisierte Polyvinylchlorid, das gegebenenfalls nachchloriert sein kann, oder Mischpolymerisate aus Vinylchlorid und Vinyl- oder Acrylsäureestern, wie z. B. Vinylacetat oder Acrylsäuremethylester, denen gegebenenfalls Pigmente, z. B. Titandioxyd, rotes Eisenoxyd usw., zugesetzt sein können, in wäßrigen Pasten solcher Konsistenz, daß sie mit dem Spatel bearbeitbar sind. Es wird ein Abdruck der Form gemacht und dann in Wasserdampfatmosphäre, zweckmäßig in einem Autoklaven, bis zum Erweichen erhitzt.

<hr>

[1] NELSON, A. A.: Kunststoffe **39**, 68 (1949). — A. THOMAS u. C. C. HARDAN: Amputation Prothesis, S. 75. Lippincott Comp. 1945.

[2] DRGM. 1530948, Pe-Ho-Ges.m.b.H.

[3] DRGM. 1530947, Pe-Ho-Ges.m.b.H.

[4] DRP. 619141, E.P. 412442, F. SCHMIDT.

[5] F.P. 848008, I.G. Farbenindustrie A.G.

Solches Prothesenmaterial auf der Basis von Polyvinylchlorid bzw. Vinylchlorid-Mischpolymerisaten, besonders Vinylchlorid-Acrylsäureester-Mischpolymerisaten, ist unter den Bezeichnungen *Hekodent* und *Rokodenta-Kolloid* im Handel[1]. Neuerdings wird auch Polyvinylchlorid (Igelit) unter der Bezeichnung *Prothelit* vom Elektrotechn. Kombinat Bitterfeld, dem ehemaligen I.G. Farbenindustrie-Werk, als Werkstoff zur Herstellung von künstlichen Gebissen mit Zahnersatz empfohlen[2].

Unter der Bezeichnung *Resolvin* und *Vydon* sind in den Vereinigten Staaten von Nordamerika Polyvinylchlorid-Massen benützt, später aber durch Acrylharze verdrängt worden.

Aus entsprechend eingefärbtem Vinylchlorid-Mischpolymerisat der Handelsmarke *Igelit MP* werden ferner die unter der Bezeichnung *Neohekolith* bekannten Basisplatten und Zahnfleischverkleidungen durch Pressen in Gipsformen hergestellt.

Das aus Polymerisaten oder Mischpolymerisaten des Vinylchlorids hergestellte Prothesenmaterial ist dem aus Polystyrol gewonnenen Prothesenmaterial hinsichtlich seiner chemischen Indifferenz gegenüber dem Mundspeichel und bezüglich des Fehlens jeder Reizwirkung auf die Mundschleimhäute ebenbürtig, diesem aber überlegen durch die leichtere Bearbeitbarkeit und größere Festigkeit. Prothesen aus Polyvinylchlorid-Kunststoffen stehen aber im Wettbewerb mit den für den gleichen Zweck geeigneten Acrylharzen.

Auf der Basis von Vinylchlorid-Mischpolymerisaten wurden auch in den Vereinigten Staaten von Nordamerika brauchbare Prothesenmassen entwickelt.

Zur Herstellung von Zahnersatz, insbesondere von Gebißplatten, hat F. GROFF[3] als Werkstoff von Verunreinigungen freie Mischpolymerisate auf Vinylchlorid-Basis bestimmter Zusammensetzung vorgeschlagen. Für diesen Zweck kommen insbesondere Mischpolymerisate aus Vinylchlorid und Vinylestern einer aliphatischen Säure, wie Vinylacetat, in Betracht, bei denen das Vinylchlorid etwa 75 bis 95 Prozent des Mischpolymerisats ausmacht.

Zweckmäßig wird das Prothesenmaterial in der Weise hergestellt, daß man 75 bis 95 Teile Vinylchlorid und 25 bis 5 Teile eines Vinylesters gemeinsam polymerisiert, das erhaltene Mischpolymerisat aus seiner Lösung teilweise ausfällt, zur Entfernung der löslichen Verunreinigungen mit einem Lösungsmittel extrahiert, trocknet und zu dem Zahnersatz formt, wobei der Masse stabilisierende, undurchsichtigmachende oder färbende Stoffe zugesetzt werden können. Als Zusatzstoffe kommen Aldehydharze, polymere Glykolester, ferner Kieselgur, Pigmente oder Farbstoffe in Betracht.

Die Herstellung von Zahnprothesen erfolgt in der Weise, daß man Vinylchlorid und Vinylacetat in Anwesenheit von Aceton mit Dibenzoylperoxyd als

---

[1] KAINER, F.: Kurzes Handbuch der Polymerisationstechnik, Bd. 3, S. 476. Leipzig 1944.

[2] HAUMANN, A. H.: Zahnärztl. Rdsch. **1948**, 107. — A. HENNICKE: Med. Technik **1947**, Nr. 3; **1949**, Nr. 2; **1950**, Nr. 4.

[3] DRP. 664 683, F.P. 765 661, Canad.P. 363 984, Austral.P. 15 666/1933, Carbide and Carbon Chemicals Corp.

Katalysator polymerisiert. Die Acetonmenge wird so gewählt, daß man eine Mischpolymerisatlösung erhält, die auf 100 Gewichtsteile Mischpolymerisat 300 Gewichtsteile Aceton enthält. Aus dieser Lösung wird mit Isopropylalkohol das Mischpolymerisat feinkörnig ausgefällt. Der Niederschlag wird dann in 100 Gewichtsteilen Aceton gelöst. Das Ausfällen und Lösen wird fünfmal wiederholt. Nach dem letzten Ausfällen des Mischpolymerisats und Abgießen der Flüssigkeit werden 300 Gewichtsteile Aceton zugesetzt, wodurch eine glatte Lösung erhalten wird. Diese Lösung wird über Kieselgur filtriert, das Mischpolymerisat ausgefällt, mit Wasser gewaschen und im Vakuum bei 45 bis 50° bis auf einen Trockengehalt von 99 Prozent getrocknet. Das erhaltene Mischpolymerisat ist zäh, klar und im wesentlichen wasserhell. Es ist zur Herstellung von Zahnersatz geeignet, wenn seine Farbe und Lichtdurchlässigkeit entsprechend geändert und das Mischpolymerisat in Platten geformt wird.

Polyvinylchlorid oder Mischpolymerisate aus Vinylchlorid und Vinylacetat können nach Angaben von A. W. Merrick[1] in weniger druckfesten Formen zu Zahnprothesen verpreßt werden, wenn man diese Polymerisate durch Zugabe flüchtiger Flüssigkeiten, denen gegebenenfalls Füll- und Farbstoffe zugesetzt sein können, in Formmassen von höherer Plastizität überführt. Aus diesen werden zunächst bei Zimmertemperatur unter Anwendung niedriger Drucke Vorformlinge hergestellt, die dann bei der üblichen Verformungstemperatur zu den endgültigen Prothesen verformt werden.

Eine für Dentalzwecke geeignete Formmasse erhält man nach W. S. Crowell und G. W. Birch[2] aus einem pulverförmigen Polyvinylchlorid, das durch ein 10-Maschen-Sieb, aber nicht durch ein 40-Maschen-Sieb hindurchgeht. Dieses Polyvinylchlorid wird mit etwa 10 bis 40 Prozent monomerem Methacrylsäuremethylester gemischt und die knetbare Masse in der Gipsform durch Polymerisation des monomeren Esters gehärtet.

Eine Mischung mit 10 Prozent Methacrylsäuremethylester wird mit 0,05 Prozent Benzoylperoxyd in 10 Minuten bei 145° und eine Mischung mit 35 Prozent Methacrylsäuremethylester in 30 Minuten bei 121° gehärtet.

An Stelle von Polyvinylchlorid kann man nach Angaben der gleichen Forscher[3] ein Vinylchlorid-Vinylacetat-Mischpolymerisat mit hohem Chlorgehalt verwenden. Dieses Mischpolymerisat wird mit dem monomeren Methacrylsäuremethylester versetzt und die Mischung so lange verknetet, bis das Mischpolymerisat gleichmäßig angequollen, aber noch nicht gelöst ist.

Ein Prothesenmaterial mit verbesserter Härte, Zähigkeit und Schlagfestigkeit besteht nach weiteren Angaben von W. S. Crowell und G. W. Birch[4] aus einem nichtklebrigen handplastischen Gemisch aus 10 bis 60 Teilen Vinylchlorid-Vinylacetat-Mischpolymerisat mit hohem Chlorgehalt, 30 bis 80 Teilen Polymethacrylsäuremethylester und 10 bis 50 Teilen (des Polymeren) an Methacrylsäuremethylester. Dieses Gemisch wird bei Raumtemperatur verformt und durch Erhitzen auf unterhalb 148° gehärtet.

[1] A.P. 2205488, Austenal Laboratories Inc.
[2] A.P. 2403123, White Dental Mfg. Co.
[3] A.P. 2403172, White Dental Mfg. Co.
[4] A.P. 2315503, White Dental Mfg. Co.

XXV. Verschiedene Anwendungen.

A. Geformte Reinigungsmittel.

Verseifte Sulfochloride von Paraffinen, Fettsäureseifen, anion- oder kationaktive Reinigungsmittel werden mit Polyvinylchlorid verformt[1]. Man erhält gut schäumende Reinigungsmittel.

B. Schleifmittel.

Polyvinylchlorid und Vinylchlorid-Mischpolymerisate stellen wertvolle Bindemittel bei der Herstellung von Schleifkörpern dar.

Für Schmirgelblocks verwenden F. Meixner und W. Nüssler[2] Mischungen von Polyvinylchlorid mit geringen Mengen Weichmacher und Füllstoffen, letztere im Verhältnis 1 zu 1 bis 1 zu 2. Diese Mischungen werden etwa 45 bis 120 Minuten, also länger als zur Gelatinierung des Polyvinylchlorids erforderlich ist, auf Temperaturen über $150°$, gegebenenfalls unter Druck, erhitzt.

15 Teile Polyvinylchlorid, 5 Teile Trikresylphosphat, 10 Teile grober und 10 Teile feiner Schmirgel werden unter Druck 2 Stunden auf $190°$ erhitzt.

Plastisch gemachtes Polyvinylchlorid haben auch B. I. Oakes[3] und H. G. Bartling[4] als Bindemittel bei der Herstellung blattförmiger Schleifmittel vorgeschlagen. Letztere werden erhalten, wenn man auf einer biegsamen Unterlage eine Schicht aus weichgestelltem Polyvinylchlorid aufträgt und in diese Schicht die Schleifkörner einbettet.

Ein dem Polyvinylchlorid ähnliches Bindevermögen besitzen auch Vinylchlorid enthaltende Mischpolymerisate.

Ch. E. Woodell, G. van Nimwegen und E. T. Hager[5] benützen als Bindemittel für Schleifkörner ein Mischpolymerisat aus einem Butadienkohlenwasserstoff und Vinylchlorid, dem gegebenenfalls eine Mischung aus Buna N mit 10 bis 70 Prozent Polyvinylchlorid zugesetzt werden kann.

Bei einem anderen Verfahren erfolgt die Verkittung der Schleifkörner mit einem Mischpolymerisat aus Vinylchlorid und Vinylketon[6].

Für geschichtete Träger z. B. aus einer Gewebe- und Papierlage verwendet F. J. Tone[7] als Bindemittel ein Mischpolymerisat aus Vinylchlorid und Vinylacetat.

An Stelle von Polyvinylchlorid können zur Herstellung von Schmirgelblocks nach F. Meixner und W. Nüssler[8] als Bindemittel auch Mischpolymerisate aus Vinylchlorid und Acrylsäurederivaten benutzt werden.

---

[1] F.P. 884561, I.G. Farbenindustrie A.G.
[2] DRP. 712276, Kabel- & Metallwerke Neumeyer A.G.
[3] Canad.P. 391264, Minnesota Mining & Mfg. Co.
[4] Canad.P. 391265, A.P. 2186001, Minnesota Mining & Mfg. Co.
[5] A.P. 2400036, Carborundum Co.
[6] F.P. 861527, Comp. des Meules Norton.
[7] A.P. 2219853, Carborundum Co.
[8] DRP. 712276, Kabel- & Metallwerke Neumeyer A.G.

G. F. D'ALELIO[1] verwendet zur Verkittung der Schleifkörner Mischpolymerisate, die aus einer Vinylverbindung, einer Verbindung mit mindestens zwei polymerisierbaren Gruppen, gegebenenfalls unter weiterem Zusatz von Vinylchlorid, hergestellt werden.

Zum Verkitten von Schleifkörnern kann man Polyvinylchlorid bzw. Vinylchlorid-Mischpolymerisate gemeinsam mit anderen Bindemitteln, z. B. härtbaren Kunstharzen, verwenden.

Ein geeignetes Bindemittel erhält man z. B. in folgender Weise[2]:

Eine Mischung aus 100 Teilen eines hochviskosen Phenol-Formaldehydharzes, 8 Teilen Hexamethylentetramin, 1 Teil Paraformaldehyd und 5 Teilen des Mischpolymerisates aus etwa 80 Teilen Vinylchlorid und 20 Teilen Acrylsäureester wird in der Kugelmühle intensiv vermahlen. Darauf wird eine genügende Menge eines Schleifmittels, z. B. Siliciumcarbid, Aluminiumoxyd, Glaspulver usw., in der Wärme verknetet und die erhaltene Mischung durch Pressen in der Wärme in die gewünschte Form gebracht.

Eine Kombination von Kunstharz und Polyvinylchlorid verwendet auch die Firma Norton Grinding Wheel Co. Ltd.[3] als Bindemittel für die Schleifkörner.

Das neben dem Polyvinylchlorid zu verwendende Kondensationsprodukt kann während der Verfestigung der Schleifkörner erzeugt werden.

O. SCHNEIDER[4] geht von einem Gemisch von Polyvinylchlorid und Polyacrylsäuremethylester in Furfurol und Kresol aus. An Stelle des Gemisches von Furfurol und Kresol kann auch eine Mischung von hochsiedenden Aldehyden und Phenolen benützt werden.

In diese Mischung aus den Kunstharzkomponenten und dem Polyvinylchlorid und Acrylsäureester werden die Schleifkörner eingetragen und das Ganze ohne Anwendung von Druck und Wärme gehärtet.

C. Reibflächen für Zündhölzer.

Wetterfeste, auf der Unterlage gut haftende Reibflächen für Zündhölzer werden erhalten, wenn man als Bindemittel ein aus Vinylchlorid und Vinylacetat bestehendes Mischpolymerisat in dispergierter Form, gegebenenfalls in Mischung mit Kunstharzen auf Phenol- oder Harnstoff-Basis, Cellulosederivaten oder wäßrigen Kolloiden, wie Casein, Leim, Gummi arabicum, und Weichmachern, wie Trikresylphosphat oder Dibutylphthalat, verwendet[5]. Die Dispersion wird mit den üblichen Reibflächenbestandteilen auf den Trägern ausgebreitet und bei 20° getrocknet.

D. Zündkerzen.

Die unter den Handelsbezeichnungen *Mipolam* oder *Igelit* bekannten Polyvinylchloride können nach Feststellungen von E. KLINGER, G. WEIT-

---

[1] Pro-phy-lac-tic Brush Co.
[2] DRP. 662636, I.G. Farbenindustrie A.G.
[3] E.P. 538406, Norton Grinding Wheel Co. Ltd.
[4] DRP. 660633, O. SCHNEIDER.
[5] F.P. 883461, I.G. Farbenindustrie A.G.

BRECHT und E. DREHER[1] als Bindemittel für hochfeuerfeste Stoffe, wie Korund, bei der Herstellung von Zündkerzen dienen.

Zündkerzen dieser Art erhält man, wenn man dem keramischen Material Polyvinylchlorid-Pulver in solchen Mengen zusetzt, daß die Mischung spritzfähig wird. Die Formgebung dieser Mischung kann nach dem *Spritzverfahren*[2] erfolgen.

E. Fahrzeugschläuche und Fahrzeugreifen.

Die kautschukähnliche Beschaffenheit von weichgestelltem Polyvinylchlorid erlaubt den Einsatz dieses Kunststoffes zur Herstellung von Fahrzeugschläuchen. Eine geeignete weichgestellte Polyvinylchlorid-Mischung besteht z. B. aus gleichen Teilen Polyvinylchlorid und Trikresylphosphat[3].

Die Verarbeitung weichgestellter Polyvinylchlorid-Massen erfolgt meist auf Schlauchspritzmaschinen. Die hierbei anfallenden Schläuche werden auf entsprechende Längen zugeschnitten und die Enden miteinander thermisch verschweißt.

Auf diese Weise stellt z. B. die Firma Dr. A. Wacker Ges. f. elektrochem. Ind. G.m.b.H.[4] Fahrzeugschläuche her.

Eine Mischung eines sehr hochpolymeren Polyvinylchlorids mit Weichmachungsmitteln und gegebenenfalls Füllstoffen wird auf einer Spritzmaschine durch eine Düse gespritzt, die das Profil eines Luftreifens besitzt. Nach Abschneiden auf die gewünschte Länge und Einsetzen eines normalen Schlauchventils werden die beiden Enden nach vorherigem Erwärmen an einer auf etwa 300° erhitzten Metallplatte miteinander durch Zusammendrücken unlösbar verbunden.

Von der Firma Soc. Paravinil[3] ist ferner ein besonderes Preßverfahren zur Herstellung von Fahrzeugschläuchen entwickelt worden.

Die aus Polyvinylchlorid bestehenden Schläuche versieht die Firma Dr. A. Wacker Ges. f. elektrochem. Ind. G.m.b.H.[5] mit einer undurchlässigen Schutzschicht.

10 Teile Polyvinylchlorid, 8 Teile Hexylphosphat, 0,05 Teile Ruß und 0,1 Teile Bleistearat werden auf einer Spritzmaschine in Schlauchform gespritzt und in entsprechend lange Stücke zerschnitten, die zu runden Schläuchen verpreßt werden. Nach Einsatz des üblichen Ventils wird der Schlauch in einen normalen Bunareifen eingelegt, der innen mehrmals mit einer 10prozentigen Polyvinylalkohol-Lösung bestrichen wurde.

Die große Abriebfestigkeit von Polyvinylchlorid erlaubt auch die Verwendung dieses Kunststoffes zur Herstellung von profilierten Fahrzeugreifen.

Weichgestelltes Polyvinylchlorid kann in diesem Falle den bisher ausschließlich benützten Werkstoff, Kautschuk, teilweise[6] oder vollständig[7] ersetzen.

---

[1] DRP. 680250, Robert Bosch G.m.b.H.
[2] Siehe Seite 292.
[3] F.P. 917406, Soc. Paravinil.
[4] DRP. Anm. W 106482, Dr. A. Wacker Ges. f. elektrochem. Ind. G.m.b.H.
[5] DRP. Anm. W 111279, Dr. A. Wacker Ges. f. elektrochem. Ind. G.m.b.H.
[6] Schwz.P. 222101, R. JETZER.
[7] F.P. 871150, Soc. An. des Pneumatiques Dunlop.

Den auf Fahrzeugreifen zu verarbeitenden weichgestellten Polyvinylchlorid-Massen setzt die Firma Lonza Usines Electriques et Chimiques Soc. An.[1] kleine Mengen der auf S. 465 erwähnten Mischpolymerisate zu.

Zur Herstellung von Fahrzeugreifen spritzen H. Berg, M. Doriat und W. Gruber[2] die weichmacherhaltige Polyvinylchlorid-Mischung, die gegebenenfalls noch Füllstoffe, wie z. B. Schiefermehl, Asbest, enthalten kann, auf der Spritzmaschine in Reifenform. Der profilierte Schlauch wird zu passenden Längen geschnitten und die vorher auf etwa 300° erhitzten Enden durch Gegeneinanderpressen verschweißt. Der erhaltene Reifen wird darauf zweckmäßig nochmals auf 170° erhitzt.

Den aus weichgestelltem Polyvinylchlorid hergestellten Fahrzeugreifen versieht die Firma Dr. A. Wacker Ges. f. elektrochem. Ind. G.m.b.H.[3] mit einer aus weichgestelltem Polyvinylchlorid bestehenden porösen Masse, wodurch die Verwendung von Fahrzeugschläuchen in Fortfall kommen kann.

Diese poröse Polyvinylchlorid-Masse kann auf verschiedene Weise in den Fahrzeugreifen eingeführt werden.

Man kann z. B. in den profilierten Schlauch eine poröse weichmacherhaltige Polyvinylchlorid-Masse einziehen und dann die Schlauchenden in bereits beschriebener Weise verschweißen.

Nach einer anderen Ausführungsform kann man in den Reifen eine pulverförmige weichgestellte Polyvinylchlorid-Masse, die Treib- oder Blähmittel enthält, einfüllen und die poröse Struktur der Füllmasse durch Erhitzen des Reifens erzeugen:

Eine Mischung eines hochpolymeren Polyvinylchlorids mit Weichmachungsmitteln wird auf einer Spritzmaschine durch eine Düse gespritzt, die z. B. das Profil eines Autoreifens besitzt. Nach Abschneiden auf die gewünschte Länge wird eine weichmacherhaltige pulverförmige bzw. körnige Polyvinylchlorid-Mischung von einer oder von beiden Seiten mit leichtem Druck eingefüllt. Nach Verschließen der Enden wird der gefüllte Schlauch etwa 4 Stunden auf 160 bis 180° erhitzt. Nach dem Abkühlen wird der Schlauch auf die abgepaßte Länge zugeschnitten, von beiden Enden an einer auf etwa 300° erhitzten Metallplatte zum Schmelzen gebracht und durch Zusammendrücken unlösbar verbunden.

F. Tonwiedergabe.
1. Schallplatten.

a) Aus Polyvinylchlorid. Die erstmals von der Firma Deutsche Celluloid Fabrik[4] zur Herstellung von Schallplatten vorgeschlagenen Kunststoffe auf Polyvinylchlorid-Basis vermögen das bisher beste Schallplatten-Material, den Schellack, nicht nur zu ersetzen, sondern übertreffen diesen in vieler Hinsicht.

Schallplatten aus Polyvinylchlorid-Kunststoffen zeichnen sich nicht nur durch Unzerbrechlichkeit, ausgezeichnete Tonwiedergabe, längere

---

[1] F.P. 919224, Lonza Usines Electriques et Chimiques Soc. An.

[2] Ital.P. 393324, Dr. A. Wacker Ges. f. elektrochem. Ind. G.m.b.H.

[3] Schwz.P. 226376, Belg.P. 443313, Schwed.P. 107979, Dr. A. Wacker Ges. f. elektrochem. Ind. G.m.b.H.

[4] DRP. (Zweigstelle Österreich) 154404, Schwz.P. 194763, F.P. 810548, E.P. 469249, A.P. 2154203, Deutsche Celluloid-Fabrik A.G.

Spieldauer, sondern auch durch Unempfindlichkeit gegen Wärme[1] und Feuchtigkeit aus.

Die für Schallplatten aus Polyvinylchlorid erforderliche Biegsamkeit kann man z. B. durch Kombination von Polyvinylchloriden verschiedenen Polymerisationsgrades oder dadurch erreichen, daß man dem hochpolymeren Polyvinylchlorid geeignete Weichmacher zusetzt[2].

Außer Polyvinylchlorid oder nachchloriertem Polyvinylchlorid eignen sich zur Herstellung von Schallplatten auch Vinylchlorid-Mischpolymerisate.

Von letzteren hat die Firma I.G. Farbenindustrie A.G.[3] solche Mischpolymerisate vorgeschlagen, die neben Vinylchlorid im Molekül Vinylalkylketone, Vinyläther oder Acrylsäureester enthalten. Mischpolymerisate dieser Art werden gemeinsam mit Weichmachern, Füll- und Farbstoffen verarbeitet.

Schallplatten mit einem erhöhten Erweichungspunkt werden aber erhalten, wenn man aus den Polymerisaten des Vinylchlorids, wie Polyvinylchlorid, nachchloriertem Polyvinylchlorid oder Mischpolymerisaten aus Vinylchlorid und Acrylsäureestern, die Weichmacher und Lösungsmittelreste entfernt[4].

Von diesen Mischpolymerisaten geben wieder nach W. WEHR[5] die aus Vinylchlorid und Acrylsäureestern bestehenden Massen Schallplatten mit einer weichen Tonwiedergabe ohne hartes Nadelgeräusch.

Diese Mischpolymerisate aus Vinylchlorid und Acrylsäureestern lassen sich nach Zusatz von bituminösen kohlenstoffhaltigen Stoffen und gegebenenfalls anorganischen oder organischen Füllstoffen zu Schallplatten verarbeiten, die den aus Schellack hergestellten hinsichtlich Tonwiedergabe und Verformbarkeit ebenbürtig sind[6].

15 Teile eines Mischpolymerisats aus 75 Prozent Vinylchlorid und 25 Prozent Acrylsäuremethylester werden mit 35 Teilen eines Braunkohlenextraktes und 50 Teilen Kieselweiß durch Kneten oder Walzen vermischt.

Aus dieser bei 120° hergestellten Mischung werden durch Auswalzen oder Ziehen Streifen hergestellt, die auf einer Heizplatte durchgewärmt und dann zusammengerollt werden. Die so hergestellten Rohlinge werden auf die auf 140° erwärmte Schallplattenmatrize gelegt, zusammengepreßt, wenige Sekunden erhitzt und in kurzer Zeit abgekühlt.

Die Firma Röhm & Haas A.G.[7] benützt u. a. auch Mischpolymerisate aus Vinylchlorid und Methacrylsäureamid zur Schallplattenherstellung.

Als besonders wertvoll haben sich aber die von J. G. DAVIDSON[8] vorgeschlagenen Mischpolymerisate aus Vinylchlorid und Vinylestern zur Herstellung von Schallplatten erwiesen. Von diesen sind nach

---

[1] Gemeint ist Raumtemperatur auch in den Tropen.
[2] DRP. 743098, Dynamit A.G. vorm. A. Nobel & Co.
[3] F.P. 728861, I.G. Farbenindustrie A.G.
[4] DRP. (Zweigstelle Österr.) 154404, Schw.P. 194763, F.P. 810548, E.P. 469249, A.P. 2154203, Deutsche Celluloid-Fabrik A.G.
[5] DRP. 691382, Deutsche Celluloid-Fabrik A.G.
[6] F.P. 838038, Dynamit A.G. vorm. A. Nobel & Co.
[7] E.P. 395291, Röhm & Haas A.G.
[8] Holl.P. 36991, Canad.P. 360636, Carbide and Carbon Chemicals Corp.

F. Groff[1] wieder die aus mindestens 70 Prozent Vinylchlorid und nicht mehr als 30 Prozent Vinylacetat bestehenden Mischpolymerisate als Schallplattenmaterial sehr geeignet. Diese Mischpolymerisate sind bei einer Temperatur von 20 bis 30° zu weniger als 30 Prozent in Toluol löslich.

Den zur Herstellung von Schallplatten dienenden Mischpolymerisaten aus Vinylchlorid und Vinylacetat setzt die Firma Carbide and Carbon Chemicals Corp.[2] feingepulverte Holzkohle und einen anorganischen Füllstoff zu.

Zusätze von Füllstoffen, hochschmelzenden Harzen und Fetten verwendet auch die Firma Les Industries Musicales et Electriques Pathé-Marconi[3], und zwar bei Mischpolymerisaten aus 75 Prozent Vinylchlorid und 25 Prozent Vinylacetat.

Aus diesen, in bestimmter Weise extrahierten Vinylchlorid-Vinylacetat-Mischpolymerisaten, besonders der Sorte *Vinylite VYHH* der Carbide and Carbon Chemicals Corp., werden neuerdings in den Vereinigten Staaten von Nordamerika Schallplatten hergestellt, die den alten Schellackplatten gegenüber den Vorteil eines geringeren Nadelgeräusches, also besserer Klanggüte, besitzen[4].

Gegenüber den Schellackplatten besitzen aber die aus Polyvinylchlorid-Kunststoffen aufgebauten Schallplatten den Nachteil, daß sie sich nicht nach dem bei Schellack üblichen Verfahren verarbeiten lassen. Die Massen auf Basis von Polyvinylchlorid sind viel weniger elastisch, also schwerer verformbar und erfordern infolgedessen beim Pressen höhere Temperaturen als die Schellackmassen. Man kann deshalb nicht in einem einzigen Arbeitsgang durch Aufbringen der Rohlinge in Form von Klumpen oder dicken Platten oder zu Spiralen aufgewickelten Streifen aus Polyvinylchlorid-Kunststoffen auf die Mitte der Matrize und Verpressen Schallplatten erhalten.

Es müssen vielmehr zunächst durch Ausstanzen aus Walzsäulen der Polymerisate oder Mischpolymerisate des Vinylchlorids Vorformlinge hergestellt und diese in einem zweiten Arbeitsgang geprägt werden.

Bei der Verarbeitung von Polymerisaten oder Mischpolymerisaten des Vinylchlorids zu Schallplatten geht man gewöhnlich von Folien oder Platten dieser Kunststoffe aus.

Die zur Herstellung von Schallplatten erforderlichen Folien oder Platten stellen W. Wehr[5] bzw. die Firma I.G. Farbenindustrie A.G.[6] aus Emulsionen von Polymerisaten oder Mischpolymerisaten des Vinylchlorids her, die durch gleichzeitigen Zusatz von Weichmachern und aliphatischen Alkoholen koaguliert werden. Die Koagulate werden dann durch Druck und bzw. oder Wärme verpreßt.

Man erhält Schallplatten, insbesondere Aufnahmeschallplatten, die eine gleichbleibende Elastizität aufweisen.

---

[1] F.P. 740962, Holl.P. 34269, Canad.P. 340030, Carbide and Carbon Chemicals Corp.

[2] N. f. A. Nr. 45. 1944.

[3] F.P. 873514, Les Industries Musicales et Electriques Pathé-Marconi.

[4] Mod. Plastics **24**, 107 (1947). — Kunststoffe **37**, 236 (1947).

[5] DRP. 691382, Deutsche Celluloid-Fabrik A.G.

[6] F.P. 869702, I.G. Farbenindustrie A.G.

100 g einer 25 prozentigen Polyvinylchlorid-Emulsion werden mit 100 g 94 prozentigem Äthylalkohol versetzt. Nach etwa 24 Stunden ist die Emulsion stark eingedickt, ohne daß aber eine Ausfällung eingetreten ist. Werden in 100 g Polyvinylchlorid-Emulsion, die zur Entfernung grober Verunreinigungen vorher filtriert wurde, 10 g Trikresylphosphat unter Benutzung eines schnellaufenden Rührwerkes hineinemulgiert, so erhält man eine tagelang beständige, weichmacherhaltige Emulsion. Vermischt man jedoch 100 g Polyvinylchlorid-Emulsion mit 10 g Trikresylphosphat in 50 g 94 prozentigem Äthylalkohol, so tritt nach 2 Minuten eine vollständige Koagulation ein. Es genügt, die anhaftende Mutterlauge durch einmalige Wäsche zu entfernen. Nach dem Trocknen wird das Koagulat in bekannter Weise auf 120 bis 150° mit heißen Walzen zur Folie verformt, um, auf eine weichmacherfreie Trägerschicht aus Polyvinylchlorid aufgepreßt, als Aufnahmeschallplatte Verwendung zu finden.

Eine Verzerrung der Spur und der Töne bei der Wiedergabe wird vermieden.

Ein brauchbares Ausgangsmaterial für Folien, die zu Schallplatten verarbeitet werden, stellen auch wäßrige Pasten[1] von Polyvinylchlorid oder Vinylchlorid-Mischpolymerisaten dar[2].

Die aus den Folien hergestellten Schallplatten vermitteln eine getreue, klangreine Wiedergabe auch hoher und niedriger Frequenzen bei geringem Störspiegel. Die Schallplatten sind unempfindlich gegen Feuchtigkeit, unterliegen keinen Alterungserscheinungen und haben sich auch in den Tropen bewährt.

In der Schallplatten-Industrie finden diese *Decelith-Folien* für die Herstellung von Selbstaufnahmeplatten an Stelle bisher benutzter, mit Nitrocellulose-Kunstharz-Kombinationen lackierter Zinkträger Verwendung[3].

Auf Grund weiterer Feststellungen der Firma Deutsche Celluloid-Fabrik[4] eignen sich zur Herstellung von Schallplatten, und zwar sowohl für Aufnahme- als auch für Wiedergabe-Schallplatten, solche Folien, die aus mit Lösungsmitteln angepasteten Polymerisaten des Vinylchlorids hergestellt werden. Es kommen hier außer Polyvinylchlorid und nachchloriertem Polyvinylchlorid auch Vinylchlorid-Mischpolymerisate in Betracht.

Zur Herstellung von Schallplatten kann man auch von solchen Filmen oder Folien ausgehen, die aus Mischpolymerisaten aus überwiegenden Mengen von Vinylchlorid und Estern von Äthylen-1, 2-dicarbonsäuren nach dem Emulsionsverfahren gewonnen werden[5].

In großem Umfange werden in den Vereinigten Staaten von Nordamerika Vinylchlorid-Vinylacetat-Mischpolymerisate bestimmter Zusammensetzung zu Schallplatten verarbeitet.

Man geht meist von einem Mischpolymerisat der Sorte *Vinylite VYHH* aus, welches aus 87 Prozent Vinylchlorid und 13 Prozent Vinylacetat besteht und in ungefülltem oder gefülltem Zustande nach Zugabe von einem Metallstearat als Stabilisator und einem Wachs als Gleitmittel verarbeitet wird.

---

[1] Siehe Seite 267.
[2] DRP. 655950, E.P. 437604, Deutsche Celluloid-Fabrik A.G.
[3] MIENES, K.: Kunststoffe **28**, 196 (1938).
[4] DRP. 737661, Deutsche Celluloid-Fabrik A.G.
[5] DRP. 728664, I.G. Farbenindustrie A.G.

Ein Füllstoffzusatz ist bis zu einem Gehalt von 20 Prozent zulässig, setzt aber die Klangqualität herab, so daß bei Schallplatten mit höchsten Klangqualitäten keine Füllstoffe zugesetzt werden.

Von der Firma Victor Divison der Radio Corp. of America[1] sind eingehende Einzelheiten über die Herstellung von Schallplatten aus *Vinylite VYHH* bekannt geworden.

Die aus Vinylite, Metallstearat und Wachs bestehende Mischung erhält einen Zusatz eines roten Farbstoffes, der der Schallplatte eine gewisse Transparenz erteilt, ohne daß die Tonspur auf der Rückseite durchscheint.

Diese Bestandteile werden in einem Banbury-Kneter gemischt; die Mischung verläßt den Kneter nach 8 Minuten Mischdauer mit einer Temperatur von etwa 135°. Es folgen dann 4 Passagen über ein Mischwalzwerk, wonach das Material in Form eines 6 mm dicken Bandes auf ein 105 cm breites Kühlband ausgelegt wird. Es verweilt etwa 2 Minuten auf dem 16,5 m langen Kühlband und wird während dieser Zeit mit Luft von 12 bis 15° abgekühlt. Gleichzeitig wird es durch Walzen eingekerbt, und anschließend, noch etwa 40° warm, von Hand in kleine Stücke gebrochen. Diese Stücke werden sorgfältig auf Verunreinigungen geprüft, letztere aussortiert und dann in einer Kugelmühle auf eine Korngröße von 6 mal 10 mm zerkleinert. Nach dem Passieren zweier Magnetscheidersysteme wird das Material durch einen Schütteltrichter in Vorratsbehälter abgefüllt.

Von diesen gelangt das Material nach Bedarf in Infrarot-Trocken- und Vorwärmschränke, wird dann in Meßbecher abgefüllt und dann der Presse zugeführt.

Das Pressen erfolgt auf hydraulischen Pressen mit angelenktem Oberteil, deren Arbeitszyklus durch ein Druckluftsystem automatisch gesteuert wird. Die Formen bestehen aus 0,5 mm starkem Elektrolytkupfer, das 0,0025 mm stark vernickelt und 0,005 mm stark verchromt ist. Durch Halteringe sind die Formen am Außenumfang und der Innenbohrung an den Preßplatten befestigt, wodurch ein rascher Formwechsel möglich ist. In die Formen werden die gleichfalls getrockneten Papieretiketten eingelegt; in die auf 150° vorgewärmten Pressen wird dann soviel des Schallplattenmaterials eingefüllt, daß beim Pressen 15 bis 20 Prozent des eingegebenen Materials als Grat seitlich ausgepreßt werden. Der Preßzyklus dauert nicht ganz 1 Minute.

Die auf Spindel gesteckten Platten erhalten Zwischenlagen aus weichem Löschpapier. Die Spindel wird in Drehung versetzt und der Rand der Platten mit einer groben Feile geglättet und schließlich mit einem gewachsten Tuch nachpoliert.

Zur Herstellung von 25 cm-Schallplatten benötigt man etwa 130 g Preßmasse, für 30 cm-Schallplatten etwa 170 g Preßmasse.

Zum Abspielen dieser füllstofffreien Schallplatten sind hochwertige Tonabnehmerspitzen aus Stahl, Saphir, Osmium, Diamant usw. zu empfehlen.

Bei sachgemäßer Ausführung der Formen kann man bis zu 8 Tonrillen je Millimeter unterbringen.

Bei Verwendung dieser hochwertigen Spitzen kann man mit einer doppelten bis vierfachen Lebensdauer gegenüber einer Schellackplatte rechnen.

Bei der von der Firma Bakelite Corp.[2] entwickelten Arbeitsweise werden aus den gleichen Mischungen Platten gezogen oder auf der Strangpresse flache runde Stränge gespritzt. Aus Platten oder Strang werden dann Stücke in der Größe der Platten gestanzt und diese Vorformlinge dann in Pressen mit entsprechenden Formen zu Schallplatten verpreßt.

b) Aus Polyvinylchlorid und anderen Kunstmassen. Polymerisate oder Mischpolymerisate des Vinylchlorids werden häufig gemeinsam mit anderen Kunstmassen zu Schallplatten verarbeitet.

---

[1] Mod. Plastics **25**, 125 (1948). — Kunststoffe **39**, 103 (1949).
[2] Kunststoffe **39**, 250 (1949).

Zur mechanischen Tonwiedergabe hat z. B. die Firma I.G. Farbenindustrie A.G.[1] Schallplatten oder Schallbänder entwickelt, die aus Polyvinylchlorid allein oder aus Gemischen von Polyvinylchlorid und anderen polymeren Vinyl-Verbindungen bestehen und mit einem ein- oder beiderseitigen Überzug von Cellulosederivaten, wie Nitro- und Acetylcellulose, versehen sind.

Durch Überziehen von Aufnahmeschallplatten aus polymeren halogenhaltigen Vinyl-Verbindungen, wie Polyvinylchlorid oder Vinylchlorid enthaltenden Mischpolymerisaten, mit Cellulosederivaten, die geringe Mengen eines aus Styrol und Acrylsäure- oder Methacrylsäure-Verbindungen bestehenden Mischpolymerisats enthalten, kann man nach K. Thinius[2] eine Verminderung des Nadelgeräusches und eine Erhöhung der Klangreinheit der Schallplatten erreichen.

Für die Herstellung von Aufnahmeschallplatten, deren Unterlage aus Polyvinylchlorid oder einem Mischpolymerisat aus Vinylchlorid und Acrylsäuremethylester im Verhältnis 80 : 20 mit etwa 10 Prozent Benzoesäureester höherer Fettalkohole als Weichmacher und deren Oberflächenschicht aus Benzylcellulose besteht, verfährt man zum Aufbringen dieser Schicht folgendermaßen:

Die Unterlage wird mit einer 3prozentigen Lösung des Mischpolymerisats aus Styrol und Acrylsäureester im Verhältnis 85 : 15 in Essigester und Toluol leicht überstrichen oder überspritzt; nach oberflächlichem Anrecken bringt man darauf eine Schicht aus Benzylcellulose, indem man eine Lösung aus 15 Teilen Benzylcellulose, 3 Teilen Phthalsäuredibutylester und 0,5 Teilen Mischpolymerisat in einem Lösergemisch aus Xylol, Toluol, Alkohol und Äthylalkohol in geeigneter Arbeitsweise aufträgt.

Schallplatten, die aus Polymerisaten des Vinylchlorids, wie Polyvinylchlorid, nachchloriertem Polyvinylchlorid, Mischpolymerisaten aus Vinylchlorid einerseits und Nitrocellulose andererseits bestehen, können aus den von K. Thinius[3] hergestellten und auf S. 492 beschriebenen Folien hergestellt werden.

Die Eigenschaften von Schallaufnahmeplatten aus Polyvinylchlorid, nachchloriertem Polyvinylchlorid, Mischpolymerisaten aus Vinylchlorid einerseits und Vinylacetat, Acrylsäureestern, Methacrylsäureestern oder Maleinsäureestern andererseits lassen sich nach Angaben des gleichen Forschers[4] durch Zusätze von Benzylhalogeniden oder deren Substitutionsprodukten bzw. von Homologen dieser Stoffe verbessern.

Die Menge dieser Zusätze richtet sich nach den zu verarbeitenden Polymerisaten und kann 2,5 bis 100 Prozent, berechnet auf das Polymerisat, betragen.

Man erhält Schallplattenrohlinge hoher Festigkeit, guter Elastizität, guter Klangfülle und, verglichen mit den Wachs- und Gelatineplatten, erhöhter Widerstandsfähigkeit gegen mechanische und Temperatureinflüsse sowie geringer Abnutzung beim Spielen.

100 Teile Polyvinylchlorid werden mit 12 Teilen Benzylhalogenidharz, 25 Teilen Phthalsäurebutylester, 0,02 g Kristallviolett in einem Gemisch aus Tetrahydrofuran und Methylenchlorid 1 : 1 gelöst und diese Lösung zu einer 0,2 mm starken Folie vergossen.

---

[1] F.P. 827 624, I.G. Farbenindustrie A.G.
[2] DRP. 713 988, Deutsche Celluloid-Fabrik A.G.
[3] DRP. 717 702, Deutsche Celluloid-Fabrik A.G.
[4] DRP. 731 516, Deutsche Celluloid-Fabrik A.G.

Die Folie wird in üblicher Weise mit Stahl- oder Saphirstichel geschnitten. Es empfiehlt sich, die Folien erst nach etwa 14tägiger Trocknung bei 40 bis 50° in Benutzung zu nehmen.

Man kann die Schneidfolien auch ohne Anwendung von Lösungsmitteln herstellen, indem man, zweckmäßig nach vorhergegangenem Vermischen in einer Knetmaschine, das Gemisch aus Polyvinylchlorid, Weichmachern und Benzylhalogenidharz auf Walzwerken bei Temperaturen über 120° zu Folien auszieht.

Durch bestimmte Zusätze kann man den Polymerisaten oder Mischpolymerisaten des Vinylchlorids eine der Schellackmasse ähnliche Plastizität erteilen, so daß man die erhaltenen Massen bei normalen, bei Schellackmassen üblichen Drucken und Temperaturen in gleicher Weise wie Schellack in einem Arbeitsgang einwandfrei zu Schallplatten verpressen kann, und zwar unter Anwendung der gleichen Erwärmungs- und Abkühlungszeit wie bei Schellackmassen.

Eine solche geeignete Masse wird nach F. SCHMIDT und H. D. FREIHERR V. D. HORST[1] erhalten, wenn man dem Polyvinylchlorid oder den Mischpolymerisaten aus Vinylchlorid und Vinylacetat, Acrylsäureestern oder Maleinsäureestern hochmolekulare Stoffe zusetzt, die bei der Druckextraktion von Kohle bei Temperaturen von etwa 370° oder mehr unter einem Druck von etwa 100 Atm. oder mehr oder bei der Druckhydrierung von Kohle oder Kohleextrakten erhalten werden.

Aus diesen Massen lassen sich Schallplatten herstellen, die hinsichtlich der Tonwiedergabe, der Verformbarkeit und Billigkeit den aus Schellack hergestellten ebenbürtig sind. Darüber hinaus sind sie völlig unempfindlich gegen Luftfeuchtigkeit und übertreffen hinsichtlich ihrer Festigkeit und Zähigkeit vielfach die Schellackplatte.

15 Teile eines Mischpolymerisats aus 75 Prozent Vinylchlorid und 25 Prozent Acrylsäuremethylester werden mit 35 Teilen eines Braunkohlenextraktes und 50 Teilen Kieselweiß durch Kneten oder Walzen vermischt. Der Braunkohlenextrakt wird beispielsweise durch Behandeln von getrockneter Braunkohle mit einem Gemisch aus einer hydrierten, mehrkernigen Verbindung und einem Phenol bei 370 bis 410° unter einem Druck von etwa 100 bis 200 Atm. durch Abfiltrieren des ungelösten Anteils sowie der Asche und Abdestillieren des Lösungsmittels gewonnen. Aus der durch Kneten oder Walzen bei etwa 120° hergestellten Mischung werden durch Auswalzen oder Ziehen Streifen hergestellt, die auf der Heizplatte gut durchgewärmt und anschließend zusammengeballt werden. Die so hergestellten Rohlinge werden auf die auf 140° erwärmte Schallplattenmatrize gelegt, zusammengepreßt, worauf die fertige Schallplatte der Form entnommen werden kann.

Schallplatten, die den aus Schellack hergestellten hinsichtlich Tonwiedergabe, Verformbarkeit und Preis ebenbürtig sind, werden auch erhalten, wenn man dem Polyvinylchlorid oder Mischpolymerisaten aus Vinylchlorid, Acrylsäureestern usw. bituminöse Stoffe von der Art des natürlichen Asphalts, Erdölasphalts und Ozokerits oder solche hochmolekulare Stoffe zusetzt, die aus bituminösen Stoffen gewonnen werden[2]. Den Mischungen werden anorganische und gegebenenfalls auch organische, z. B. wachsartige, Füllmittel zugesetzt.

---

[1] DRP. 705210, I.G. Farbenindustrie A.G. — F.P. 838038, Dynamit A.G. vorm. A. Nobel & Co.

[2] Österr.P. 151416, Chem. Forschungsges. m.b.H. — F.P. 769707, Consortium f. elektrochem. Ind. G.m.b.H.

Als Grundmasse zur Herstellung von Schallplatten eignen sich die durch Polymerisation von Vinylchlorid, gegebenenfalls in Gegenwart anderer polymerisierbarer monomerer Vinyl-Verbindungen in Gegenwart von Wachsen oder wachsähnlichen Stoffen erhaltenen Produkte, deren Wachsgehalt 1 bis 50 Prozent betragen kann[1].

Einen völligen Ersatz für Schellack erhält man aus Gemischen von Polyvinylchlorid mit einem Schmelzpunkt von 120 bis 130° und einem Novolack mit einem Schmelzpunkt von 92 bis 96°[2].

Eine Masse dieser Art besteht z. B. aus 21 Teilen Polyvinylchlorid, 21 Teilen Novolack, 49 Teilen Schiefer, 49 Teilen Ruß, 5,5 Teilen Pech und je 2 Teilen Stearat und Montanwachs.

Die aus dieser Masse hergestellten Schallplatten besitzen eine Härte nach MARTENS von 19,2, nach SHORE von 42 und nach BRINELL von 9,07.

Durch Zusätze von Polyvinylchlorid oder Vinylchlorid-Mischpolymerisaten lassen sich auch die Eigenschaften anderer Schallplattenmassen verbessern.

So kann man z. B. nach E. SEVERIN[3] der aus Cumaronharz bestehenden Schallplattenmasse eine größere Zähigkeit durch Zusatz von 10 bis 25 Prozent Polyvinylchlorid oder Vinylchlorid-Mischpolymerisat erteilen.

Eine geeignete Masse besteht z. B. aus 60 Teilen Schiefermehl, gepulvertem Calciumcarbonat und Farbstoff und 40 Teilen Bindemittel, das sich aus 80 bis 85 Prozent Cumaronharz vom Erweichungspunkt 90° und 15 bis 20 Prozent eines Mischpolymerisats aus Vinylchlorid und Vinylacetat zusammensetzt.

Eine ähnliche Verbesserung der Eigenschaften bewirken nach H. SCHUHMANN[4] Zusätze von Polyvinylchlorid oder Mischpolymerisaten aus Vinylchlorid und Acrylsäureestern zu dem zur Herstellung von Schallplatten benützten Naphtholpech.

Eine brauchbare Schallplattenmischung besteht z. B. aus 20 Gewichtsteilen Naphtholpech, 8 Gewichtsteilen eines Mischpolymerisats aus Vinylchlorid und Acrylsäureester, 1 Gewichtsteil Montanwachs, 4 Gewichtsteilen Ruß, 12 Gewichtsteilen Beinschwarz und 55 Gewichtsteilen Schiefermehl.

Eine Verbesserung von Schallplattenmassen kann man oft bereits erzielen, wenn man diese mit einem Überzug aus Polyvinylchlorid oder einem Vinylchlorid-Mischpolymerisat versieht. Nach diesem Prinzip hat R. F. WARREN[5] eine Schallplatte aufgebaut. Diese besteht aus einem Faserkern, der mindestens an der Oberfläche mit einem gehärteten Überzug aus einem Kunstharz versehen ist und als Oberflächenschicht Polyvinylchlorid oder ein Vinylchlorid-Mischpolymerisat enthält.

Die Firma Sav-Way Ind.[6] verwendet wieder als Schallplattenkern eine Aluminiumscheibe, die nach entsprechender Vorbereitung auf beiden Seiten mit einer im Vierfarbendruck bemusterten Papierscheibe beklebt wird. Auf die so vorbereiteten Rondelle werden Folien aus einem Vinyl-

---

[1] E.P. 314399, Cons. f. elektrochem. Ind. G.m.b.H.

[2] LOSSEW, I. P., W. I. KOTRELOW, M. W. KAMENSKI, N. A. SUBKO u. S. M. KOTSCHERGIN: Ind. organ. Chem. (russ.) **61**, 164 (1939).

[3] DRP. 683761, Telefunkenplatte G.m.b.H.

[4] DRP. 748326, ohne Patentinhaberangabe.

[5] Canad.P. 371462, Carbide and Carbon Chemicals Corp.

[6] Mod. Plastics **24**, 107 (1947). — Kunststoffe **37**, 236 (1947).

chlorid-Vinylacetat-Mischpolymerisat (Vinylite VYHH der Firma Carbide and Carbon Chemicals Corp.) aufgepreßt. Die Folien aus den genannten Mischpolymerisaten müssen auch von den geringsten Verunreinigungen frei sein.

Auf diese Weise hergestellte Schallplatten besitzen die gleiche Klanggüte wie die aus Vinylchlorid-Vinylacetat-Mischpolymerisaten allein hergestellten Schallplatten.

Mit Hilfe von Überzügen aus Polyvinylchlorid kann man auch durch Bespielen mit zu scharfer Nadel oder auf andere Weise unbrauchbar gewordene Schallplatten wieder brauchbar machen[1]. Zu diesem Zweck überzieht man unbrauchbar gewordene Schallplatten in der Wärme mit Polyvinylchlorid, worauf in die Schicht die Tonrillen in üblicher Weise eingepreßt werden.

Platten aus Nitrocellulose werden durch einen solchen Polyvinylchlorid-Überzug gleichzeitig schwerentflammbar gemacht.

Schallplatten, die infolge eines zu hohen Polyvinylchlorid-Gehaltes zur Brüchigkeit neigen, werden mit einer Masse überzogen, die Polyvinylacetat enthält.

2. Magnetophonträger.

Polyvinylchlorid findet neuerdings Verwendung als Werkstoff zur Herstellung von Tonkörpern sowie als Hilfsmaterial für magnetische Schallaufzeichnung.

Zur Herstellung dieser Magnetophonträger verwendet man Lösungen von Polyvinylchlorid, die nachchloriertes Polyvinylchlorid enthalten, oder Lösungen von Mischpolymerisaten von Vinylchlorid und Vinylisobutyläther als Bindemittel für die magnetisierbaren Teilchen[2]. Die Lösungen werden auf Tragbänder aus Polyvinylchlorid aufgegossen oder aufgesprüht und geben festhaftende Schichten.

Man gibt z. B. 30 Teile einer Mischung aus 140 Teilen einer Lösung von 35 Teilen Polyvinylchlorid in Cyclohexan, Butylacetat und Xylol, 70 Teile magnetisierbares Eisenoxyd mit 70 Teilen einer 10prozentigen Lösung von chloriertem Polyvinylchlorid in Methylenchlorid zusammen und sprüht auf ein Polyvinylchlorid-Band.

Nach einem anderen Verfahren mischt man zur Herstellung von Magnetophonbändern sehr fein verteiltes magnetisierbares Material mit Polyvinylchlorid und heizt, bis sich das Bindemittel leicht deformieren läßt, worauf man es zu dünnen Bändern auszieht[3].

Man mischt z. B. gleiche Teile hochpolymeres Polyvinylchlorid und magnetisierbares Eisenpulver, walzt 10 Minuten bei 170° in Gegenwart eines Gleitmittels zu einer 0,08 mm starken Folie, die über eine 60° heiße und dann über eine 120° heiße Walze läuft, wo sie auf das 2,7fache ihrer Länge ausgezogen wird. Man erhält ein 0,05 mm starkes, biegsames, glattes Band.

Solche Tonträger und Hilfsmaterialien für magnetische Schallaufzeichnung werden z. B. von der Firma Anorgana unter der Bezeichnung *Genoton* in verschiedenen Qualitäten hergestellt. So eignet sich z. B. das *Genoton-Band E* als Standardband, das *Genoton-Band EN* für größere Lautstärke und das *Genoton-Band ENA* für langsamlaufende Geräte.

---

[1] Canad.P. 355691, A. van Raab.

[2] F. P. 954241, Badische Anilin & Sodafabrik.

[3] F. P. 954244, Badische Anilin & Sodafabrik.

G. Kinderspielzeug und Reklamefiguren.

Polyvinylchlorid ist ein vielseitig verwertbarer Kunststoff zur Herstellung von Kinderspielzeug, Spielgeräten u. dgl.

In weichgestellter, weichgummiartiger Form kann Polyvinylchlorid als Knetmasse verwendet werden. In diesem, aber auch für die Herstellung von anderem Spielzeug darf Trikresylphosphat nicht zum Weichstellen des Polyvinylchlorids benützt werden[1].

Aus weichgestelltem Polyvinylchlorid können ferner Puppen, Bälle, Beißringe usw. hergestellt werden.

Mit gefärbten Folien können Spielbretter, z. B. für Dame-, Schachspiele u. dgl. versehen werden, wodurch dieselben leicht zu reinigen sind[2].

Aus weichmacherfreiem Polyvinylchlorid können Spielfiguren, z. B. Schachfiguren, Würfel usw., hergestellt werden.

Neuerdings werden auch Puppen, nicht nur als Kinderspielzeug, sondern auch für Reklamezwecke, z. B. Reklamefiguren, aus Polyvinylchlorid-Pasten hergestellt[3]. Die Verformung dieser Pasten erfolgt in Gießformen, die den in der Schokoladenindustrie üblichen entsprechen. Für eine Puppe werden im allgemeinen sechs verschiedene Formen für den Kopf, den Rumpf, die beiden Arme und Beine benötigt.

Die Formen werden zunächst durch Einstellen in einen auf 170 bis 180° geheizten Ofen auf diese Temperatur gebracht, worauf eine abgemessene Menge der dünnflüssigen Polyvinylchlorid-Paste unter stetigem Drehen und Schwenken der Form eingefüllt wird. Die Paste beginnt an der heißen Formenwand sofort zu erstarren, es ist aber notwendig, durch entsprechende Bewegung der Form für eine gleichmäßige Ausbildung der Wandstärke zu sorgen.

Die ausgegossene und durch die an der Wand erstarrte Paste mit einem Innenüberzug versehene Form wird zur völligen Durchgelatinierung der Polyvinylchlorid-Schicht für weitere 20 Minuten in den auf 170 bis 180° gehaltenen Ofen eingestellt, nach dieser Zeit durch Einlegen in kaltes Wasser abgeschreckt und der Form entnommen.

Durch einen entsprechenden Zusatz von Farbstoffen oder Pigmenten oder durch nachträgliches Bemalen mit Polyvinylchlorid-Farbpasten können die Puppen beliebig bemalt werden.

---

[1] BERGER, H.: Kunststoffe **39**, 65 (1949).
[2] Kunststoffe **39**, 53 (1949).
[3] Kunststoffe **40**, 294 (1950).

Patentverzeichnis.

Deutsche Patente.

241123 I. Ostromysslenski u. Ges. f. Fabrikation u. Vertrieb von Gummiwaren, Bogatir 38.

255837 L. A. van Dyk 28, 39.

264123 I. Ostromysslensky u. Ges. f. Fabrikation u. Vertrieb von Gummiwaren, Bogatir 30, 255.

278249 Chemische Fabrik Griesheim Elektron 7, 8, 10, 14.

281877 Chemische Fabrik Griesheim Elektron 56, 257, 273, 282, 336, 376.

288584 Chemische Fabrik Griesheim Elektron 14.

362666 A.G. f. Anilinfabrikation 28, 255.

362750 Plausons Forschungsinstitut G.m b.H. 7, 29.

371691 Farbwerke Höchst vorm. Meister, Lucius & Brüning 4.

408926 Farbwerke Höchst vorm. Meister, Lucius & Brüning 4.

485149 Felten & Guilleaume Carlswerk A.G. 599.

516996 Cons. f. elektrochem. Industrie G.m.b.H. 255.

525309 I.G. Farbenindustrie A.G. 6.

540101 I.G. Farbenindustrie A.G. 109.

544326 I.G. Farbenindustrie A.G. 109.

547384 I.G. Farbenindustrie A.G. 109.

553174 I.G. Farbenindustrie A.G. 415.

566170 Radiochem. Forschungsinstitut G.m.b.H. 490.

568767 I.G. Farbenindustrie A.G. 370, 491.

579048 I.G. Farbenindustrie A.G. 29, 38, 71, 89, 91.

579254 I.G. Farbenindustrie A.G. 109.

580234 I.G. Farbenindustrie A.G. 107.

585793 I.G. Farbenindustrie A.G. 4.

588283 E. I. du Pont de Nemours & Co. 16.

593399 I.G. Farbenindustrie A.G. 90, 91, 95.

596911 I.G. Farbenindustrie A.G. 120, 334, 336, 370, 380, 473, 496, 497, 505, 529.

597048 I.G. Farbenindustrie A.G. 29.

598732 I.G. Farbenindustrie A.G. 109.

601253 I.G. Farbenindustrie A.G. 498, 502, 529.

601323 Allg. Elektrizitäts-Ges. 198, 308.

602758 I G. Farbenindustrie A.G. 419.

604456 I.G. Farbenindustrie A.G. 361.

605995 I.G. Farbenindustrie A.G. 522.

607555 I.G. Farbenindustrie A.G. 491.

614358 I.G. Farbenindustrie A.G. 523.

615219 I.G. Farbenindustrie A.G. 480.

618006 I.G. Farbenindustrie A.G. 306.

619141 F. Schmidt 616.

621171 I.G. Farbenindustrie A.G. 524.

623351 I.G. Farbenindustrie A.G. 65.

623400 I.G. Farbenindustrie A.G. 612.

628633 I.G. Farbenindustrie A.G. 278.

629019 F. Schmidt 327.

629220 I.G. Farbenindustrie A.G. 102.

630036 Dynamit A.G. vorm. A. Nobel & Co. 354.

634408 I.G. Farbenindustrie A.G. 437, 445, 608.

636315 Carbide and Carbon Chemicals Corp. 31, 71, 89, 91.

636469 I.G. Farbenindustrie A.G. 460, 496, 529.

638014 I.G. Farbenindustrie A.G. 292, 569, 582, 591.

638920 I.G. Farbenindustrie A.G. 577, 613.

639708 Deutsche Celluloid-Fabrik 420, 426, 459.

642574 I.G. Farbenindustrie A.G. 496, 498.

643408 I.G. Farbenindustrie A.G. 85.

647116 I.G. Farbenindustrie A.G. 57.

651878 I.G. Farbenindustrie A.G. 122.

654989 I.G. Farbenindustrie A.G. 101.

655283 National Carbon Co., Inc. 331.

655737 Kalle & Co. A.G. 516.

655950 Deutsche Celluloid-Fabrik A.G. 341, 350, 529, 532, 573, 625.

656133 I.G. Farbenindustrie A.G. 134, 479.

657952 I.G. Farbenindustrie A.G. 489.

659042 I.G. Farbenindustrie A.G. 129.
660456 Deutsche Celluloid-Fabrik A.G. 339, 511.
660633 O. Schneider 620.
661374 I.G. Farbenindustrie A.G. 437.
662121 I.G. Farbenindustrie A.G. 34, 44, 64, 72, 73, 94, 101.
662636 I.G. Farbenindustrie A.G. 620.
663220 I.G. Farbenindustrie A.G. 31, 103, 125.
664231 I.G. Farbenindustrie A.G. 73.
664232 I.G. Farbenindustrie A.G. 336.
664351 I.G. Farbenindustrie A.G. 91.
664683 Carbide and Carbon Chemicals Corp. 617.
665091 Dynamit A.G. vorm. Nobel & Co. 586.
666264 I.G. Farbenindustrie A.G. 370, 384.
666415 I.G. Farbenindustrie A.G. 273, 550.
667234 I.G. Farbenindustrie A.G. 372, 398.
669747 Deutsche Celluloid-Fabrik 99, 344, 410, 412, 504.
669793 I.G. Farbenindustrie A.G. 99.
670165 Deutsche Celluloid-Fabrik A.G. 368.
671749 Carbide and Carbon Chemicals Ltd. 39, 92.
671889 I.G. Farbenindustrie A.G. 36, 57.
672291 W. M. Münzinger 483.
672928 I.G. Farbenindustrie A.G. 612.
672929 E. I. du Pont de Nemours & Co. 330.
673394 Röhm & Haas A.G. 283.
674581 I.G. Farbenindustrie A.G. 278.
674984 I.G. Farbenindustrie A.G. 294.
674985 I.G. Farbenindustrie A.G. 350, 446, 529, 590.
675146 I.G. Farbenindustrie A.G. 51, 93, 480.
675147 I.G. Farbenindustrie A.G. 122.
675841 Dynamit A.G. vorm. A. Nobel & Co. 329.
675958 Chem. Forschungsges. m.b.H. 307.
676136 I.G. Farbenindustrie A.G. 169, 608.
676627 I.G. Farbenindustrie A.G. 40.
678858 I.G. Farbenindustrie A.G. 581.
679128 I.G. Farbenindustrie A.G. 171.
679173 Deutsche Celluloid-Fabrik A.G. 453.
679792 I.G. Farbenindustrie A.G. 254.
679896 Deutsche Celluloid-Fabrik A.G. 124, 126.
679897 I.G. Farbenindustrie A.G. 48, 53, 94, 95, 274, 288.

679943 I.G. Farbenindustrie A.G. 90.
679944 I.G. Farbenindustrie A.G. 108, 285.
680250 Robert Bosch G.m.b.H. 621.
680346 I.G. Farbenindustrie A.G. 254.
681026 I.G. Farbenindustrie A.G. 185, 350, 438, 447.
681706 I.G. Farbenindustrie A.G. 169.
681708 I.G. Farbenindustrie A.G. 485.
683067 I.G. Farbenindustrie A.G. 535.
683761 Telefunkenplatte G.m.b.H. 629.
684842 I.G. Farbenindustrie A.G. 442.
685257 I.G. Farbenindustrie A.G. 371, 376, 379.
685839 Kötitzer Ledertuch u. Wachstuch-Werke A.G. 429, 452.
686633 Deutsche Celluloid-Fabrik A.G. 462, 536.
686866 Deutsche Celluloid-Fabrik A.G. 325.
687782 I.G. Farbenindustrie A.G. 563.
688966 I.G. Farbenindustrie A.G. 428, 437, 459.
689539 I.G. Farbenindustrie A.G. 355, 511.
690263 Deutsche Celluloid-Fabrik A.G. 287.
691257 Deutsche Celluloid-Fabrik A.G. 476, 591.
691382 Deutsche Celluloid-Fabrik A.G. 623, 624.
693978 A. Schoeller 458.
695138 Ges.f.Teerstraßenbau G.m.b.H., H. Luer u. W. Lorenz 613.
695176 H. Vohrer 321.
695178 I.G. Farbenindustrie A.G. 294.
695488 I.G. Farbenindustrie A.G. 294.
695755 I.G. Farbenindustrie A.G. 95, 334.
695756 I.G. Farbenindustrie A.G. 114, 284.
696035 I.G. Farbenindustrie A.G. 535.
696067 I.G. Farbenindustrie A.G. 535.
696147 I.G. Farbenindustrie A.G. 289, 342.
697434 I.G. Farbenindustrie A.G. 477.
697919 I.G. Farbenindustrie A.G. 289, 224, 579.
698500 Siemens & Halske A.G. 591.
698655 I.G. Farbenindustrie A.G. 460, 499, 530.
698775 Deutsche Celluloid-Fabrik A.G. 306.
698843 Dynamit A.G. vorm. A. Nobel & Co. 528.
699109 I.G. Farbenindustrie A.G. 294.
699307 Deutsche Celluloid-Fabrik A.G. 287.
699445 I.G. Farbenindustrie A.G. 112.

699 667 Deutsche Celluloid-Fabrik A.G. 427.

699 790 I.G. Farbenindustrie A.G. 607, 612.

699 909 I.G. Farbenindustrie A.G. 289, 293.

700 175 Deutsche Celluloid-Fabrik A.G. 449, 455.

700 176 Röhm & Haas G.m.b.H. 307.

700 252 Kalle & Co. A.G. 522.

700 902 I.G. Farbenindustrie A.G. 614.

700 944 I.G. Farbenindustrie A.G. 355, 384.

700 946 Carbide and Carbon Chemicals Corp. 487.

701 622 E. I. du Pont de Nemours & Co. 53.

701 837 Carbide and Carbon Chemicals Corp. 128, 130.

701 851 Siemens & Halske A.G. 594.

702 661 I.G. Farbenindustrie A.G. 612.

702 749 I.G. Farbenindustrie A.G. 64.

703 126 I.G. Farbenindustrie A.G. 560.

703 237 I.G. Farbenindustrie A.G. 526.

703 303 I.G. Farbenindustrie A.G. 561.

703 917 I.G. Farbenindustrie A.G. 356.

704 361 I.G. Farbenindustrie A.G. 569, 575.

704 432 I.G. Farbenindustrie A.G. 45, 65, 66, 94.

705 103 Deutsche Celluloid-Fabrik A.G. 480.

705 146 I.G. Farbenindustrie A.G. 170, 477, 575, 590.

705 210 I.G. Farbenindustrie A.G. 628.

706 337 I.G. Farbenindustrie A.G. 614.

707 160 Siemens & Halske A.G. 593.

707 279 I.G. Farbenindustrie A.G. 160, 478, 496, 497, 498.

707 280 I.G. Farbenindustrie A.G. 86.

708 131 I.G. Farbenindustrie A.G. 113.

708 793 Dynamit A.G. vorm. A. Nobel & Co. 483.

709 226 I.G. Farbenindustrie A.G. 441.

710 008 I.G. Farbenindustrie A.G. 170, 533.

710 444 Röhm & Haas G.m.b.H. 419.

711 132 I.G. Farbenindustrie A.G. 399.

711 321 I.G. Farbenindustrie A.G. 385.

712 276 Kabel- & Metallwerke Neumeyer A.G. 619.

712 277 I.G. Farbenindustrie A.G. 87.

713 081 Siemens & Halske A.G. 594.

713 161 Deutsche Hydrierwerke A.G. 173.

713 589 I.G. Farbenindustrie A.G. 337, 371, 382, 476.

713 677 Deutsche Celluloid-Fabrik A.G. 523.

713 736 Mairowsky & Co. A.G. 577.

713 988 Deutsche Celluloid-Fabrik A.G. 303, 455, 627.

714 199 Siemens-Schuckertwerke A.G. 571.

715 733 I.G. Farbenindustrie A.G. 356, 511.

715 846 I.G. Farbenindustrie A.G. 165, 166.

717 677 Deutsche Celluloid-Fabrik A.G. 523.

717 702 Deutsche Celluloid-Fabrik A.G. 492, 627.

718 518 Siemens & Halske A.G. 593.

718 863 I.G. Farbenindustrie A.G. 579, 602.

719 059 I.G. Farbenindustrie A.G. 166.

720 174 I.G. Farbenindustrie A.G. 341.

720 681 Deutsche Celluloid-Fabrik 425.

720 686 Chemische Forschungsges. m.b. H. 7, 10.

721 033 I.G. Farbenindustrie A.G. 190, 289, 293.

721 147 K. Bratring 515.

721 886 Deutsche Celluloid-Fabrik 345, 373.

721 892 I.G. Farbenindustrie A.G. 166.

722 225 Kalle & Co. A.G. 516.

722 508 Siemens & Halske A.G. 606.

722 711 Siemens-Schuckertwerke A.G. 584.

723 200 Deutsche Celluloid-Fabrik A.G. 540.

723 201 Dynamit A.G. vorm. A. Nobel & Co. 538.

724 022 I.G. Farbenindustrie A.G. 551.

724 752 I.G. Farbenindustrie A.G. 563.

725 677 I.G. Farbenindustrie A.G. 268, 296, 298, 517.

725 753 Deutsche Hydrierwerke A.G. 173, 478.

725 802 I.G. Farbenindustrie A.G. 258, 480.

726 321 I.G. Farbenindustrie A.G. 396.

726 573 Deutsche Celluloid-Fabrik A.G. 464.

726 821 Dynamit A.G. vorm. A. Nobel & Co. 330.

726 892 Deutsche Celluloid-Fabrik A.G. 289, 513.

727 590 Dr. A. Wacker Ges. f. elektrochem. Ind. G.m.b.H. 321.

727 955 I.G. Farbenindustrie A.G. 42, 417.

728 347 Rheinische Gummi- & Celluloid-Fabrik 314.

728 664 I.G. Farbenindustrie A.G. 110, 148, 152, 171, 261, 285, 310, 318, 323, 332, 334, 337, 344, 445, 447, 510, 530, 531, 532, 560, 569, 604, 608, 625.

728665 I.G. Farbenindustrie A.G. 586.
728761 I.G. Farbenindustrie A.G. 434.
728786 I.G. Farbenindustrie A.G. 169.
728873 I.G. Farbenindustrie A.G. 417, 430.
729419 Siemens-Schuckertwerke A.G. 139, 575.
729664 I.G. Farbenindustrie A.G. 521.
730202 I.G. Farbenindustrie A.G. 264, 266, 275, 311, 323, 337, 355, 423, 432, 481, 511, 572.
730219 I.G. Farbenindustrie A.G. 485.
730649 I.G. Farbenindustrie A.G. 114, 476, 477.
731516 Deutsche Celluloid-Fabrik A.G. 627.
731522 I.G. Farbenindustrie A.G. 439.
732061 Siemens-Apparate u. Maschinenbau G.m.b.H. 601.
732087 I.G. Farbenindustrie A.G. 131.
732089 Siemens & Halske A.G. 594.
733032 Dynamit A.G. vorm. A. Nobel & Co. 527.
733434 Allg. Elektrizitäts-Ges. 352, 380, 381.
733592 Dr. Münch & Röhrs G.m.b.H. 485.
733710 Röhm & Haas G.m.b.H. 200.
733942 J. Göhring 465.
734019 I.G. Farbenindustrie A.G. 493.
734434 Allg. Elektrizitäts-Ges. 310.
734524 Deutsche Celluloid-Fabrik A.G. 129, 353, 520.
735226 Siemens-Schuckertwerke A.G. 583.
735380 I.G. Farbenindustrie A.G. 164, 350, 437, 446, 588, 608.
735444 Deutsche Celluloid-Fabrik A.G. 298, 517, 560.
735446 I.G. Farbenindustrie A.G. 128, 287, 294, 320, 328, 360, 452, 579, 589.
736034 I.G. Farbenindustrie A.G. 582.
737123 I.G. Farbenindustrie A.G. 396, 398.
737198 I.G. Farbenindustrie A.G. 305, 306.
737353 I.G. Farbenindustrie A.G. 168, 258, 348.
737380 Siemens & Halske A.G. 594.
737437 I.G. Farbenindustrie A.G. 495.
737661 Deutsche Celluloid-Fabrik A.G. 331, 339, 424, 511, 523, 530, 573, 625.
737954 I.G. Farbenindustrie A.G. 257, 260, 262, 336, 376, 472, 474, 477, 492, 495, 496, 497.
737960 I.G. Farbenindustrie A.G. 68.
738664 I.G. Farbenindustrie A.G. 314.

739000 I.G. Farbenindustrie A.G. 157, 346, 421, 424, 432, 446, 447, 529, 533, 591, 608.
739340 I.G. Farbenindustrie A.G. 402.
739422 Siemens-Schuckertwerke A.G. 576.
739750 I.G. Farbenindustrie A.G. 307, 387, 400.
740112 Schlieper & Braun A.G. 367.
740523 P. Jordan 600.
740962 Carbide and Carbon Chemicals Corp. 474, 560.
741017 Schering A.G. 362.
741252 I.G. Farbenindustrie A.G. 501.
741324 Deutsche Kabelwerke A.G. 585.
741457 I.G. Farbenindustrie A.G. 391, 400.
741755 J. Cüsters 407.
742219 Carl Freudenberg K.G. 445, 450.
742329 I.G. Farbenindustrie A.G. 188, 297, 481, 521, 589.
742364 I.G. Farbenindustrie A.G. 288, 303, 357, 373, 386, 398, 399, 437, 440, 442, 511, 586, 590, 598, 603.
742629 Gewerkschaft Keramchemie Berggarten 539.
742644 I.G. Farbenindustrie A.G. 307, 328, 363, 388, 400.
742820 Schering A.G. 362.
743098 Dynamit A.G. vorm. A. Nobel & Co. 623.
743318 Allg. Elektrizitäts-Ges. 163, 346.
743494 Osnabrücker Kupfer- u. Drahtwerk 587.
743549 Deutsche Celluloid-Fabrik A.G. 525.
743597 I.G. Farbenindustrie A.G. 384.
743783 I.G. Farbenindustrie A.G. 298.
743859 Deutsche Celluloid-Fabrik A.G. 258, 267, 451, 472, 496.
743945 I.G. Farbenindustrie A.G. 266, 415, 481, 498.
744401 I.G. Farbenindustrie A.G. 54, 348, 349.
744851 Allg. Elektrizitäts-Ges. 162, 346.
745025 I.G. Farbenindustrie A.G. 149.
745026 I.G. Farbenindustrie A.G. 508.
745149 I.G. Farbenindustrie A.G. 563.
745498 I.G. Farbenindustrie A.G. 555, 557.
745525 I.G. Farbenindustrie A.G. 551.
745724 Allg. Elektrizitäts-Ges. 568, 578.
746080 I.G. Farbenindustrie A.G. 52.
746081 I.G. Farbenindustrie A.G. 134, 354, 360.
746082 I.G. Farbenindustrie A.G. 273, 278, 495.
746730 C. F. Rosner G.m.b.H. 460.

747420 ohne Firmenangabe 484.
747572 I.G. Farbenindustrie A.G. 307, 389, 400.
747627 Kalle & Co. A.G. 413.
747644 H. Rost & Co. 190, 319, 430, 432, 558.
747738 ohne Firmeninhaber 95, 100, 110, 476.
747767 ohne Patentinhaberangabe 537.
748016 I.G. Farbenindustrie A.G. 159.
748033 ohne Patentinhaberangabe 541.
748067 ohneFirmenangabe 305,328,361.
748075 J. Beyer 457.
748326 ohne Patentinhaberangabe 629.
748744 ohne Patentinhaberangabe 591.
749000 ohne Patentinhaberangabe 494.
749054 ohne Patentinhaberangabe 258.
749090 Soc. Rhodiaceta 259, 262, 331, 336, 377, 438, 473.
749509 I.G. Farbenindustrie A.G. 140, 190, 195, 275.
749564 ohne Patentinhaberangabe 154, 288, 578, 598.
749586 I.G. Farbenindustrie A. G. 77, 78, 124, 292, 337, 473.
750173 ohne Patentinhaberangabe 135, 139.
750426 ohne Patentinhaberangabe 304.
750503 Deutsche Acetat-Kunstseiden A.G. Rhodiaceta 261, 310, 337, 376, 474.
750608 Dr. A. Wacker Ges. f. elektrochem. Ind. G.m.b.H. 36, 92.

763141 I.G. Farbenindustrie A.G. 13.
765193 Dr. A. Wacker Ges. f. elektrochem. Ind. G.m.b.H. 15.
801304 Badische Anilin & Soda Fabrik 123.
G 100292 J. Goldschmidt A.G. 265.
I 63670 I.G. Farbenindustrie A.G. 555, 557.
I 69403 I.G. Farbenindustrie A.G. 360.
K 146919 Kabel- & Metallwerk A.G. 519.
W 106482 Dr. A. Wacker Ges. f. elektrochem. Ind. G.m.b.H. 621.
W 106494 Dr. A. Wacker Ges. f. elektrochem. Ind. G.m.b.H. 377.
W 106839 H. Wienand 518.
W 111200 Dr. A. Wacker Ges. f. elektrochem. Ind. G.m.b.H. 13.
W 111279 Dr. A. Wacker Ges. f. elektrochem. Ind. G.m.b.H. 621.
W 111321 Dr. A. Wacker Ges. f. elektrochem. Ind. G.m.b.H. 380.

Gebrauchsmuster:

1496039 Dr. A. Wacker Ges. f. elektrochem. Ind. G.m.b.H. 519.
1510352 Siemens-Schuckertwerke A.G. 321.
1520767 H. Ullricht u. C. Tacke 466.
1521549 Kabelwerk Duisburg 598.
1530947 Pe-Ho-Ges. m.b.H. 616.
1530948 Pe-Ho-Ges. m.b.H. 616.
1533880 Alkor-Werk L. Lissmann 316.

Amerikanische Patente.

1425130 Plauson's Forschungsinstitut G.m.b.H. 7.
1445168 H. Plauson u. J. A. Vielle 14.
1541174 Naugatuck Chemical Corp. 14.
1752049 Carbide and Carbon Chemicals Corp. 3.
1775882 Carbide and Carbon Chemicals Corp. 30, 90.
1811959 E. I. du Pont de Nemours & Co. 16.
1812542 E. I. du Pont de Nemours & Co. 17.
1862565 E. I. du Pont de Nemours & Co. 410.
1885870 Ch. Snyder 419.
1900663 Radiochem. Forschungsinstitut G.m.b.H. 490.
1903319 Hazel Glass Co. 516.
1903894 I.G. Farbenindustrie A.G. 13.
1934324 Carbide and Carbon Chemicals Corp. 17.
1935577 Carbide and Carbon Chemicals Corp. 88.

1942531 E. I. du Pont de Nemours & Co. 71, 97.
1953083 E. I. du Pont de Nemours & Co. 451, 611.
1965369 E. I. du Pont de Nemours & Co. 74.
1975959 E. I. du Pont de Nemours & Co. 493.
1990685 Carbide and Carbon Chemicals Corp. 474.
1991685 Carbide and Carbon Chemicals Corp. 334, 497.
1992638 National Carbon Co. Inc. 604.
2011132 Carbide and Carbon Chemicals Corp. 30, 31, 33, 90.
2020085 National Carbon Co. Inc. 603.
2041502 I.G. Farbenindustrie A.G. 98.
2041814 B. F. Goodrich Co. 3.
2045963 F. R. Rodman 427.
2047957 Plastergon Wall Boards Co. 476.
2052658 E. W. Reid 493.
2053773 Acme Baking Corp. 416.

2055597 E. I. du Pont de Nemours &
Co. 63.
2057673 E. I. du Pont de Nemours &
Co. 330.
2057674 E. I. du Pont de Nemours &
Co. 330.
2060035 Union Carbide and Carbon Co.
604.
2063315 E. I. du Pont de Nemours &
Co. 283.
2066330 E. I. du Pont de Nemours &
Co. 74.
2067234 E. I. du Pont de Nemours &
Co. 53.
2068424 I.G. Farbenindustrie A.G. 54.
2072631 Acme Backing Corp. 416.
2073004 I.G. Farbenindustrie A.G.410,
419.
2075575 Carbide and Carbon Chemicals
Corp. 35, 71, 90.
2080589 I.G. Farbenindustrie A.G.122.
2095113 B. F. Goodrich Co. 308.
2103581 Hazel-Atlas Glass Co. 133,
488.
2111395 Pittsburgh Plate Class Co. 505.
2115124 Ault & Wiborg Corp. 487.
2115214 Ault & Wiborg Corp. 504.
2118863 I.G. Farbenindustrie A.G. 91,
95, 97.
2118864 I.G. Farbenindustrie A.G. 91,
95, 97.
2118946 I.G. Farbenindustrie A.G. 91,
95, 97.
2122707 E. I. du Pont de Nemours &
Co. 86.
2125387 Pittsburgh Plate Glass Co. 486.
2130924 Stoner-Mudge Inc. 488.
2136378 Union Carbide and Carbon
Corp. 475.
2136422 E. I. du Pont de Nemours &
Co. 283.
2136423 E. I. du Pont de Nemours &
Co. 283.
2136424 E. I. du Pont de Nemours &
Co. 283.
2140547 Dow Chemical Co. 19.
2141126 Carbide and Carbon Chemicals
Corp. 487.
2154203 DeutscheCelluloid-FabrikA.G.
415, 509, 529, 622, 623.
2157997 B. F. Goodrich Co. 58, 190.
2158111 Carbide and Carbon Chemicals
Corp. 489.
2160061 Carbide and Carbon Chemicals
Corp. 487, 488.
2160372 I.G. Farbenindustrie A.G.533.
2160931 Dow Chemical Co. 76, 81.
2160939 Dow Chemical Co. 76.
2161024 Carbide and Carbon Chemicals
Corp. 482.

2161025 Carbide and Carbon Chemicals
Corp. 492.
2161026 Carbide and Carbon Chemicals
Corp. 136, 479.
2161766 Carbide and Carbon Chemicals
Corp. 371.
2163228 McDonald Printing Co. 511.
2167927 Shell Development Co. 19.
2168808 B. F. Goodrich Co. 45, 50.
2169717 Stoner-Mudge Inc. 488.
2174495 Commercial Solvents Corp.
474.
2174545 B. F. Goodrich Co. 129.
2174885 Dennison Mfg. Co. 499.
2174912 Shenectady Varnish Co. 577.
2175048 B. F. Goodrich Co. 174.
2175049 B. F. Goodrich Co. 567.
2179973 B. F. Goodrich Co. 129, 138.
2181478 Carbide and Carbon Chemicals
Corp. 130, 138.
2181481 Hazel-Atlas Glass Co. 503.
2183602 Dow Chemical Co. 285.
2183811 Irvington Varnish and Insulation Co. 592.
2185356 Union Carbide and Carbon
Corp. 412.
2185656 Shell Development Co. 394.
2186001 Minnesota Mining & Mfg. Co.
619.
2188707 Lane Co. 505.
2188903 Dow Chemical Co. 168, 177,
178.
2190776 E. I. du Pont de Nemours &
Co. 133.
2192583 Commercial Solvents Corp.
475.
2193613 B. F. Goodrich Co. 172.
2193614 B. F. Goodrich Co. 167.
2193662 B. F. Goodrich Co. 163.
2196577 Carbide and Carbon Chemicals
Corp. 332.
2198970 Siemens-Schuckertwerke A.G.
172.
2199865 Harris-Seybold-Potter Co.
522.
2201877 B. F. Goodrich Co. 423.
2202363 Standard Oil Development Co.
196.
2205488 Austenal Laboratories Inc.
618.
2208216 Stoner-Mudge Inc. 488.
2210434 I.G. Farbenindustrie A.G. 170,
257.
2211583 S. Ruben 603.
2211920 E. I. du Pont de Nemours &
Co. 398.
2217451 General Electric Co. 579, 601,
602.
2218645 B. F. Goodrich Co. 129.
2219434 I.G. Farbenindustrie A.G. 173.

2219463 Carbide and Carbon Chemicals Corp. 136, 138.
2219853 Carborundum Co. 619.
2220545 Dow Chemical Corp. 403.
2222928 B. F. Goodrich Co. 567.
2222943 Stoner-Mudge Inc. 601.
2224994 DeutscheCelluloid-FabrikA.G. 427.
2225635 B. F. Goodrich Co. 11.
2227154 General Electric Co. 153, 177.
2230000 DeutscheCelluloid-FabrikA.G. 368.
2230358 Pittsburgh Plate Glass Co. 414.
2230888 Okonite Co. 598.
2231407 Stoner-Mudge Inc. 489.
2231595 Comp. Française pour l'Exploitation des Procédés Thomson-Houston 567.
2232933 Dow Chemical Co. 167, 295.
2234212 B. F. Goodrich Co. 259.
2234611 B. F. Goodrich Co. 483.
2234615 B. F. Goodrich Co. 154, 158, 167 170, 478.
2235782 Dow Chemical Co. 77, 473.
2238730 DeutscheCelluloid-FabrikA.G. 339, 511.
2238780 DeutscheCelluloid-FabrikA.G. 511.
2238956 Carbide and Carbon Chemicals Corp. 263, 481.
2243917 R. St. Owens 395.
2249915 Dow Chemical Co. 261.
2249916 Dow Chemical Co. 261.
2249917 Dow Chemical Co. 261.
2252091 E. I. du Pont de Nemours & Co. 506.
2252440 General Electric Co. 603.
2255487 B. F. Goodrich Co. 174.
2256625 Carbide and Carbon Chemicals Corp. 131.
2257076 American Cyanamid Corp. 389.
2258243 Carbide and Carbon Chemicals Corp. 488.
2259141 General Electric Co. 154.
2260295 Carbide and Carbon Chemicals Corp. 156.
2262861 Carbide and Carbon Chemicals Corp. 599.
2265286 B. F. Goodrich Co. 11.
2265509 I.G. Farbenindustrie A.G. 13.
2266177 Dow Chemical Co. 20.
2267777 Carbide and Carbon Chemicals Corp. 136, 138.
2267778 Carbide and Carbon Chemicals Corp. 138.
2267779 Carbide and Carbon Chemicals Corp. 136.
2274555 E. I. du Pont de Nemours & Co. 176.
2278833 B. F. Goodrich Co. 192.
2281611 Carbide and Carbon Chemicals Corp. 139.
2315503 White Dental Mfg. Co. 618.
2322309 Imperial Chemical Industries Ltd. 54.
2325782 Dow Chemical Co. 368.
2325951 B. F. Goodrich Co. 151.
2325963 Textileather Corp. 501.
2339775 E. I. du Pont de Nemours & Co. 471.
2340108 General Electric Co. 196.
2340151 General Electric Co. 139.
2348480 Dow Chemical Co. 127.
2356871 Pittsburgh Plate Glass Co. 83.
2356925 B. F. Goodrich Co. 45, 94.
2366306 B. F. Goodrich Co. 32.
2386700 Wingfoot Corp. 412.
2394417 Bakelite Corp. 190.
2394862 E. I. du Pont de Nemours & Co. 86.
2395550 C. D. Jenson 564.
2398321 Monsanto Chemical Co. 65.
2399626 E. I. du Pont de Nemours & Co. 96.
2400036 Carborundum Co. 619.
2400078 British Celanese Ltd. 607.
2400333 Shell Development Co. 167, 178.
2401642 Röhm & Haas Co. 292.
2401904 Shell Development Co. 262.
2402136 E. I. du Pont de Nemours & Co. 70.
2402604 E. I. du Pont de Nemours & Co. 254.
2402819 E. I. du Pont de Nemours & Co. 65.
2402942 Celanese Corp. of America 308, 370, 394, 499, 503.
2403123 White Dental Mfg. Co. 618.
2403167 H. E. Ballard 526.
2403172 White Dental Mfg. Co. 618.
2403215 E. I. du Pont de Nemours & Co. 575.
2403960 Carbide and Carbon Chemicals Corp. 304, 362, 387, 437.
2404220 General Electric Co. 66.
2404313 E. I. du Pont de Nemours & Co. 429.
2404780 E. I. du Pont de Nemours & Co. 112.
2404781 E. I. du Pont de Nemours & Co. 45, 94.
2404791 E. I. du Pont de Nemours & Co. 42, 60, 101, 102.
2405008 E. I. du Pont de Nemours & Co. 143, 386, 437, 444, 515.
2405488 Austenal Laboratories Inc. 618.
2405817 General Electric Co. 195.

2405962 E. I. du Pont de Nemours & Co. 67.
2407039 Distillers Co. Ltd. 14, 184.
2407413 Pittsburgh Plate Glass Co. 109.
2407701 Imperial Chemical Industries Ltd. 10.
2407861 Phillips Petroleum Co. 20, 133.
2407946 Dow Chemical Co. 90, 102, 105.
2408174 Commercial Solvents Corp. 475.
2408608 E. I. du Pont de Nemours & Co. 124.
2408609 E. I. du Pont de Nemours & Co. 124.
2408769 Olien Property Custodien 258.
2409521 Dow Chemical Co. 351.
2409548 Monsanto Chemical Co. 97.
2409679 E. I. du Pont de Nemours & Co. 69.
2409948 E. I. du Pont de Nemours & Co. 75.
2410103 National Dairy Products Corp. 143.
2410623 Shell Development Co. 200.
2410775 Wingfoot Corp. 131, 353.
2411590 Carbide and Carbon Chemicals Corp. 491.
2412216 Harvel Research Corp. 194.
2412308 Mathieson Alkali Works Inc. 18.
2412592 Continental Can Co. Inc. 503.
2412699 Eastman Kodak Co. 304.
2413163 E. I. du Pont de Nemours & Co. 420.
2413673 B. F. Goodrich Co. 567.
2413856 F. C. Bersworth 161, 177.
2414022 Wingfoot Corp. 167.
2414399 Gl. L. Martin Co. 153, 310.
2414793 Bell Telephone Laboratories Inc. 602.
2414934 Imperial Chemical Industries Ltd. 45, 56.
2415096 Harvel Research Corp. 200.
2416447 E. I. du Pont de Nemours & Co. 410.
2416874 E. I. du Pont de Nemours & Co. 143, 145.
2416878 E. I. du Pont de Nemours & Co. 146.
2417404 Eastman Kodak Co. 86.
2418507 Carbide and Carbon Chemicals Corp. 378.
2419122 Wingfoot Corp. 113.
2419166 Wingfoot Corp. 142, 425.
2419347 B. F. Goodrich Co. 32, 45.
2420565 Carbide and Carbon Chemicals Corp. 379, 387.

2421408 Imperial Chemical Industries Ltd. 201.
2421409 Imperial Chemical Industries Ltd. 201.
2421852 Wingfoot Corp. 140.
2421876 Pittsburgh Plate Glass Co. 175.
2422392 E. I. du Pont de Nemours & Co. 67.
2423042 Marco Chemicals Inc. 115, 198.
2424386 Texproof Ltd. 418.
2426080 Imperial Chemical Industries Ltd. 123.
2427070 B. F. Goodrich Co. 143.
2427071 B. F. Goodrich Co. 143.
2427513 Carbide and Carbon Chemicals Corp. 264, 425, 498.
2434496
2435796 Wingfoot Corp. 131.
2436711 B. F. Goodrich Co. 12.
2436926 E. I. du Pont de Nemours & Co. 101.
2437289 B. W. Watson 199.
2437686 Celanese Corp. of America 374.
2438021 E. I. du Pont de Nemours & Co. 70.
2438097 Wingfoot Corp. 142.
2438102 Wingfoot Corp. 130.
2439051 Imperial Chemical Industries Ltd. 304.
2439395 M. Leatherman 416, 419.
2439396 M. Leatherman 416, 420.
2439528 E. I. du Pont de Nemours & Co. 69.
2439677 Lynnwood Laboratories Inc. 127, 489.
2440090 E. I. du Pont de Nemours & Co. 83.
2440808 Röhm & Haas Co. 54.
2440985 Allied Chemical & Dye Corp. 153.
2441241 Allas Powder Co. 158, 348.
2441360 E. I. du Pont de Nemours & Co. 132.
2443374 Imperial Chemical Industries Ltd. 472.
2443915 Libbey-Owens-Ford Glass Co. 112.
2444059 Röhm & Haas Co. 531.
2444413 B. M. Weston 563.
2445181 General Electric Co. 73.
2445727 Firestone Tire & Rubber Co. 512.
2445970 Dow Chemical Co. 53.
2446123 Monsanto Chemical Co. 12.
2446806 A. Bernard 451.
2446976 Wingfoot Corp. 137.
2446984 Wingfoot Corp. 141.
2447056 Expanded Rubber Co., Ltd. 276.
2447289 The Distillers Co., Ltd. 35, 76.

2447367 Montclair Research Corp. und Ellis-Foster Co. 200.
2447398 Glenn L. Martin Co. 259.
2448978 E. I. du Pont de Nemours & Co. 197.
2449299 United States Rubber Co. 199.
2449684 Imperial Chemical Industries, Ltd. 311.
2450415 Hercules Powder Co. 43.
2450435 A. J. McGillicuddi 179.
2450436 Dow Chemical Co. 276.
2451174 Wingfoot Corp. 141.
2451182 B. F. Goodrich Co. 483.
2451986 C. E. Slaughter 302.
2454486 Dow Chemical Co. 467.
2458166 Kendall Co. 500.
2458639 Carbide and Carbon Chemicals Corp. 84, 199, 254.
2460574 B. F. Goodrich Co. 151.
2461531 Wingfoot Corp. 138.
2461613 Carbide and Carbon Chemicals Corp. 259, 262, 264, 473, 486.
2461942 Wingfoot Corp. 317.
2463565 S. Ruben 605.
2464062 Pittsburgh Plate Glass Co. 32.

2464120 Eastman Kodak Co. 104.
2464177 Monsanto Chemical Co. 131.
2464219 Standard Oil Development Co. 201.
2464263 Standard Oil Development Co. 131, 201.
2464455 Phelps Dodge Copper Products Corp. 566.
2466800 United States Rubber Co. 199.
2466998 Wingfoot Corp. 143.
2467013 Soc. An. des Manufactures des Glaces et Produits Chimiques de St. Gobain, Chauny & Cirey 12.
2467033 United States Rubber Co. 115.
2467352 E. I. du Pont de Nemours & Co. 263, 417.
2468975 B. F. Goodrich Co. 198.
2476829 The Firestone Tire & Rubber Co. 128.
2478862 Wingfoot Corp. 130.
2483959 Monsanto Chemical Co. 136.
2491709 Imperial Chemical Industries Ltd. 275.
2493390 Stabelau Chemical Co. 136.
2496852 General Electric Co. 151.

Australische Patente.

15666/1933 Carbide and Carbon Chemicals Corp. 617.

Belgische Patente.

366727 I.G. Farbenindustrie A.G. 29.
407377 I.G. Farbenindustrie A.G. 581.
417026 Pharmakon, Ges. f. Pharmazeutik u. Chemie G.m.b.H. 63.
420387 Soc. d'Electricité et de Mécanique Procédés Thomson-Houston; General Electric Co. 567.
427817 Soc. d'Electricité et de Mécanique Procédés Thomson-Houston, van den Kerchove & Carels 577.
428262 Deutsche Celluloid-Fabrik A.G. 453.
428486 Deutsche Celluloid-Fabrik A.G. 480.
428841 Deutsche Celluloid-Fabrik A.G. 449, 455.
431141 I.G. Farbenindustrie A.G. 190, 289, 293.
431794 Deutsche Celluloid-Fabrik A.G. 325.
435253 I.G. Farbenindustrie A.G. 384.
436767 E. I. du Pont de Nemours & Co. 438.
439716 Metallgesellschaft A.G. 496.
440412 Gewerkschaft Keramchemie Berggarten 539.

442957 C. F. Rosner G.m.b.H. 448.
443311 Dr. A. Wacker Ges. f. elektrochem. Ind. G.m.b.H. 614.
443313 Dr. A. Wacker Ges. f. elektrochem. Ind. G.m.b.H. 321, 622.
444224 Dr. A. Wacker Ges. f. elektrochem. Ind. G.m.b.H. 302, 303.
444397 Deutsche Celluloid-Fabrik A.G. 464.
444495 Steinhaus G.m.b.H. 562.
444928 Phrix Arbeitsgemeinschaft 557.
445648 Dr. A. Wacker Ges. f. elektrochem. Ind. G.m.b.H. 38.
446036 Soc. d'Electricité et de Méchanique-Procédés Thomson-Houston 158.
446061 Dr. A. Wacker Ges. f. elektrochem. Ind. G.m.b.H. 303, 449. Pirelli Soc. per Azioni 316.
446497 Papierfabrik Günzach G.m.b.H. 512.
446726 I.G. Farbenindustrie A.G. 389.
446730 C. F. Rosner G.m.b.H. und Dr. A. Wacker Ges. f. elektrochem. Ind. G.m.b.H. 461.
446926 C. F. Rosner G.m.b.H. 460.
448831 Solvay et Cie. 8.

448974 I.G. Farbenindustrie A.G. 275.
451275 I.G. Farbenindustrie A.G. 122.
451680 I.G. Farbenindustrie A.G. 54, 472.
451833 I.G. Farbenindustrie A.G. 502.
451879 I.G. Farbenindustrie A.G. 291.

452083 Cons. f. elektrochem. Ind. G.m.b.H. 57.
452992 Dr. A. Wacker Ges. f. elektrochem. Ind. G.m.b.H. 188.
453282 N. V. de Bataafsche Petroleum Mij. 79.

Canadische Patente.

227883 H. Plauson u. J. A. Vielle 14.
315870 Canadian Industries Ltd. 493.
340030 Carbid and Carbon Chemicals Corp. 624.
341456 American I.G. 334, 378.
348471 Carbide and Carbon Chemicals Corp. 35.
348830 Carbide and Carbon Chemicals Corp. 475.
355691 A. van Raab 630.
360636 Carbide and Carbon Chemicals Corp. 623.
363984 Carbide and Carbon Chemicals Corp. 617.
370521 B. F. Goodrich Co. 574.
370768 I.G. Farbenindustrie A.G. 581.
370979 Canadian General Electric Co., Ltd. 597.
371462 Carbide and Carbon Chemicals Corp. 629.
372448 Canadian National Carbon Co. 518.
374550 Carbide and Carbon Chemicals Corp. 133.
382033 I.G. Farbenindustrie A.G. 110.
389145 E. I. du Pont de Nemours & Co. 427.
391264 Minnesota Mining & Mfg. Co. 619.
391265 MinnesotaMining & Mfg.Co. 619.

393025 Canadian General Electric Co., Ltd. 598.
393600 I.G. Farbenindustrie A.G. 303, 357.
393923 Carbide and Carbon Chemicals Corp. 136.
394253 Carbide and Carbon Chemicals Corp. 307.
394660 Canadian General Electric Co., Ltd. 346, 348, 349.
395911 C. Dreyfus 428.
398038 K. Thinius 523.
433186 Wingfoot Corp. 141.
437748 Continental Can. Co. 516.
438746 Carbide and Carbon Chemicals Ltd. 416.
439858 Canadian Industries Ltd. 121.
441542 Canadian Industries Ltd. 423.
444065 Firestone Tire & Rubber Co. 352.
445613 B. F. Goodrich Co. 12.
445787 Standard Telephone and Cables Ltd. 573.
447482 Wingfoot Corp. 14.
463904 Soc. An. des Manufactures des Glaces et Prod. Chimiques de St. Gobain, Chauny & Cirey 12.
467158 Canadian General Electric Co. Ltd. 135.
535042 Wingfoot Corp. 411.

Dänische Patente.

50821 I.G. Farbenindustrie A.G. 581.
56889 I.G. Farbenindustrie A.G. 499.
58888 Fides Ges. f. d. Verwaltung u. Verwertung von gewerbl. Schutzrechten m.b.H. 577.
60971 I.G. Farbenindustrie A.G. 159.

61993 Felten & Guilleaume Carlswerk A.G. 592.
62238 C. F. Rosner G.m.b.H. 460.
62644 Fides Ges. f. d. Verwertung von gewerblichen Schutzrechten G.m.b.H. 606.

Englische Patente.

151117 H. Plauson & J. A. Vielle 14.
156117 H. Plauson 29.
156120 H. Plauson & J. A. Vielle 14.
255837 L. A. van Dyck 28, 39, 345.
260550 L. A. van Dyck 28, 345.
314399 Cons. f. elektrochem. Ind. G.m.b.H. 629.

319587 E. I. du Pont de Nemours & Co. 31, 39.
319588 E. I. du Pont de Nemours & Co. 31, 41, 93.
319591 E. I. du Pont de Nemours & Co. 31, 39.
331265 I.G. Farbenindustrie A.G. 29.

339 093 Cons. f. elektrochem. Ind. G.m.b.H. 10.
339 727 I.G. Farbenindustrie A.G. 13.
349 017 Imperial Chemical Industries Ltd. & J. Th. Baxter 13.
358 531 I.G. Farbenindustrie A.G. 101.
363 009 Imperial Chemical Industries Ltd. 3, 6.
366 727 I.G. Farbenindustrie A.G. 29.
366 897 Carbide and Carbon Chemicals Corp. 39, 71, 92.
371 041 I.G. Farbenindustrie A.G. 415.
373 643 I.G. Farbenindustrie A.G. 530.
377 653 E. I. du Pont de Nemours & Co. 31, 56.
381 693 I.G. Farbenindustrie A.G. 31, 84, 89, 98.
387 323 Canadian Electro Products Co. 36, 90.
387 928 British Thomson-Houston Co. Ltd. 308.
387 976 I.G. Farbenindustrie A.G. 379, 384.
392 924 E. I. du Pont de Nemours & Co. 107.
395 291 Röhm & Haas A.G. 623.
395 478 I.G. Farbenindustrie A.G. 95.
397 364 Carbide and Carbon Chemicals Corp. 31, 71, 89, 91.
398 091 B. F. Goodrich Co. 322, 429, 608.
401 200 I.G. Farbenindustrie A.G. 120, 496.
401 653 Röhm & Haas A.G. 615.
412 442 F. Schmidt 616.
419 586 Dynamit A.G. vorm. A. Nobel & Co. 532.
422 670 W. M. Münzinger 483.
425 181 I.G. Farbenindustrie A.G. 491.
426 265 I.G. Farbenindustrie A.G. 496, 498.
430 019 Siemens & Halske A.G. 591.
434 783 I.G. Farbenindustrie A.G. 51, 63, 93, 480.
435 557 I.G. Farbenindustrie A.G. 581.
436 084 O. Röhm 65, 108, 309, 606.
437 194 Deutsche Celluloid Fabrik A.G. 605.
437 604 Deutsche Celluloid-Fabrik A.G. 341, 350, 529, 531, 532, 573, 625.
437 657 Imperial Chemical Industries Ltd. 417.
439 884 Deutsche Celluloid-Fabrik 426, 459.
439 889 Deutsche Celluloid-Fabrik A.G. 420.
440 776 F. Schmidt 320.
451 998 F. R. Rodman 426.

459 514 Deutsche Celluloid-Fabrik 368.
460 239 E. I. du Pont de Nemours & Co. 283.
460 240 E. I. du Pont de Nemours & Co. 283.
464 287 Deutsche Celluloid-Fabrik 339, 511.
464 302 Deutsche Celluloid-Fabrik 344, 410, 412, 504.
466 808 I.G. Farbenindustrie A.G. 112.
466 898 I.G. Farbenindustrie A.G. 65, 85, 104, 110, 111.
469 249 Deutsche Celluloid-Fabrik A.G. 318, 415, 509, 570, 622, 623.
470 380 British Thomson-Houston Co. Ltd. 567.
470 969 Deutsche Celluloid-Fabrik A.G. 427.
471 866 I.G. Farbenindustrie A.G. 427.
473 159 F. R. Rodman 427.
473 194 Deutsche Celluloid-Fabrik A.G. 605.
473 657 Imperial Chemical Industries Ltd. 411, 458.
476 312 I.G. Farbenindustrie A.G. 427.
477 532 I.G. Farbenindustrie A.G. 78.
478 097 Siemens & Halske A.G. 592, 593.
478 822 I.G. Farbenindustrie A.G. 500, 529.
479 202 I.G. Farbenindustrie A.G. 372, 398.
479 478 Standard Oil Development Co. 174, 196.
480 592 I.G. Farbenindustrie A.G. 529, 530.
480 732 Deutsche Celluloid-Fabrik A.G. 476, 591.
482 122 B. F. Goodrich Co. 534.
482 262 British Thomson-Houston Co. Ltd. 591.
484 661 Aceta G.m.b.H. 277.
485 000 I.G. Farbenindustrie A.G. 289, 293.
486 970 Callenders Cable & Construction Co. Ltd. 600.
487 592 I.G. Farbenindustrie A.G. 111.
487 593 I.G. Farbenindustrie A.G. 95, 106, 110.
488 997 I.G. Farbenindustrie A.G. 560.
489 725 Deutsche Celluloid-Fabrik A.G. 306.
490 776 F. Schmidt 327.
492 980 I.G. Farbenindustrie A.G. 13.
494 550 I.G. Farbenindustrie A.G. 612.
494 772 I.G. Farbenindustrie A.G. 31, 34, 52.
495 337 I.G. Farbenindustrie A.G. 98.
496 276 I.G. Farbenindustrie A.G. 85, 97.

496443 I.G. Farbenindustrie A.G. 64.
497001 Siemens-Schuckertwerke A.G. 172.
497429 Deutsche Celluloid-Fabrik A.G. 303.
497643 Imperial Chemical Industries Co. Ltd. 66.
497689 I.G. Farbenindustrie A.G. 303, 386.
498329 I.G. Farbenindustrie A.G. 72.
498396 Imperial Chemicals Industrie Ltd. 274.
498464 I.G. Farbenindustrie A.G. 72.
498742 Deutsche Celluloid-Fabrik 449, 455.
498840 Deutsche Celluloid-Fabrik 453.
499025 I.G. Farbenindustrie A.G. 98.
499931 British Thomson-Houston Co. Ltd. 162.
500000 Surgident Ltd. 509.
500298 I.G. Farbenindustrie A.G. 296, 297, 482.
501810 Imperial Chemical Industries Ltd. 184, 347.
501973 I.G. Farbenindustrie A.G. 289, 293.
504030 Deutsche Celluloid-Fabrik A.G. 289, 513.
505120 I.G. Farbenindustrie A.G. 113.
505398 British Thomson-Houston Co. Ltd. 313.
505651 I.G. Farbenindustrie A.G. 295.
510902 I.G. Farbenindustrie A.G. 472, 473, 474.
511154 Deutsche Celluloid-Fabrik 394, 455.
511580 British Insulated Cables Ltd. 603.
511739 H. Vohrer 556.
512703 I.G. Farbenindustrie A.G. 65.
513296 Siemens-Schuckert-Werke A.G. 158.
513453 F. Meyer 612.
514156 British Insulated Cables Co. 603.
514851 I.G. Farbenindustrie A.G. 582.
517649 British Insulated Cables Co. 603.
517689 I.G. Farbenindustrie A.G. 303, 329, 383.
518027 Armourand Co. 566.
518710 Carbide and Carbon Chemicals Corp. 385.
526195 Carbide and Carbon Chemicals Corp. 279.
527408 British Thomson-Houston Co. 154.
527761 Tootal Broadhurst Lee Co. Ltd. 418.
527762 Tootal Broadhurst Lee Co. Ltd. 418.

529510 H. Dreyfus 375.
531956 Norton Grinding Wheel Co. Ltd. 107.
532022 Norton Grinding Wheel Co. Ltd. 107.
538406 Norton Grinding Wheel Co. Ltd. 620.
538827 Telegraph Construction & Maintenance Co. Ltd. 590.
541261 Carbide and Carbon Chemicals Corp. 385.
547089 United States Rubber Co. 459.
547493 Imperial Chemical Industries Ltd. 265.
566377 J. Woodhead & Sons Ltd. 484.
566566 F.R. Stoner und D.M. Gray 411.
570108 Igranic Electric Co. Ltd. und J. V. Wredden 606.
570198 The Distillers Co. Ltd. 32.
570348 E. I. du Pont de Nemours & Co. 128.
570590 American Viscose Corp. 382.
570702 E. I. du Pont de Nemours & Co. 155, 163.
571367 Wingfoot Corp. 112.
571543 Pirelli-General Cable Works Ltd. 576.
571597 Wingfoot Corp. 131.
573841 Imperial Chemical Industries Ltd. 201.
575381 Distillers Co. Ltd. 14.
575901 Imperial Chemical Industries Ltd. 184.
576245 W. T. Henley's Telegraph Works Co. Ltd. 570.
581995 The Distillers Co. 111.
582348 Imperial Chemical Industries Ltd. 125.
583730 J. A. Crabtree & Co. Ltd. 517.
584015 Imperial Chemical Industries Ltd. 467.
584434 Wingfoot Corp. 137.
584674 Wingfoot Corp. 137.
584691 E. I. du Pont de Nemours & Co. 145.
585033 Wingfoot Corp. 137.
585215 Wingfoot Corp. 129.
587403 Carbide and Carbon Chemicals Corp. 379, 387.
589360 E. I. du Pont de Nemours & Co. 191.
592348 Imperial Chemical Industries Ltd. 124, 125, 471.
598438 Royal Lace Paper Works 364.
598890 The Distillers Co. Ltd. 50.
599429 Distillers Co. 138.
599523 E. I. du Pont de Nemours & Co. 198.
603099 Shell Development Co. 17.
618902 British Celanese Ltd. 144.

621681 Comp. Française de Raffinage 172.
630610 B. F. Goodrich Co. 163.

630611 B. F. Goodrich Co. 50, 105.
630340 Imperial Chemical Industries Ltd. 46, 77.

Französische Patente.

44424 Siemens & Halske A.G. 591.
46937 Deutsche Celluloid-Fabrik 99, 344, 410, 412, 504.
48793 I.G. Farbenindustrie A.G. 289, 293.
49230 I.G. Farbenindustrie A.G. 122, 380.
49263 Comp. Générale d'Electricité 590.
50131 I.G. Farbenindustrie A.G. 356.
50216 I.G. Farbenindustrie A.G. 297, 482.
50897 I.G. Farbenindustrie A.G. 45.
50908 Soc. de la Viscose française 516.
50987 Comp. Française pour l'Exploitation des Procédés Thomson-Houston; General Electric Co. 567.
52072 Dr. A. Wacker Ges. f. elektrochem. Ind. G.m.b.H. 176, 183.
52274 Soc. Industrielle Rémoise du Linoleum Sarlino 448.
52763 I.G. Farbenindustrie A.G. 68.
53693 I.G. Farbenindustrie A.G. 557.
53851 Soc. Rhodiaceta 259, 336, 377, 473.
53852 Soc. Rhodiaceta 259.
521801 P. Breteau 6.
533578 Plauson's Forschungsinstitut G.m.b.H. 7.
676424 I.G. Farbenindustrie A.G. 29, 38, 63, 71, 89, 91, 98.
680877 I.G. Farbenindustrie A.G. 490.
684836 Cons. f. elektrochem. Ind. G.m.b.H. 10.
685409 I.G. Farbenindustrie A.G. 13.
687721 I.G. Farbenindustrie A.G. 29.
691915 E. I. du Pont de Nemours & Co. 410.
697693 I.G. Farbenindustrie A.G. 63.
699555 E. I. du Pont de Nemours & Co. 89.
703767 I.G. Farbenindustrie A.G. 6.
706593 I.G. Farbenindustrie A.G. 35.
709562 E. I. du Pont de Nemours & Co. 31, 41.
710901 I.G. Farbenindustrie A.G. 101.
712303 E. I. du Pont de Nemours & Co. 34, 90, 127.
713999 I.G. Farbenindustrie A.G. 72.
717087 Radiochem. Forschungsinstitut G.m.b.H. 490.

717886 E. I. du Pont de Nemours & Co. 477.
719032 I.G. Farbenindustrie A.G. 35.
719914 Carbide and Carbon Chemicals Corp. 130.
725844 I.G. Farbenindustrie A.G. 530.
727717 I.G. Farbenindustrie A.G. 491.
728861 I.G. Farbenindustrie A.G. 530, 606, 623.
738841 I.G. Farbenindustrie A.G. 496.
740962 Carbide and Carbon Chemicals Corp. 474, 510, 560, 591, 603, 611, 624.
741657 Carbide and Carbon Chemicals Corp. 40, 92.
743463 I.G. Farbenindustrie A.G. 379, 384.
744248 Siemens & Halske A.G. 591.
746713 Imperial Chemical Industrie Ltd. 104.
746969 I.G. Farbenindustrie A.G. 34, 47, 72, 95, 102, 183.
748972 Carbide and Carbon Chemicals Corp. 31, 71, 89, 91.
750873 Röhm & Haas A.G. 123, 124, 125.
751054 B. F. Goodrich Co. 415, 608.
751504 W. L. Semon und B. F. Goodrich Co. 322, 429, 534.
755048 I.G. Farbenindustrie A.G. 120, 496.
755174 Carbide and Carbon Chemicals Corp. 503.
758454 I.G. Farbenindustrie A.G. 125, 346, 529.
763460 I.G. Farbenindustrie A.G. 200, 454.
765363 I.G. Farbenindustrie A.G. 51, 63, 93, 480.
765661 Carbide and Carbon Chemicals Corp. 617.
766369 I.G. Farbenindustrie A.G. 410, 419.
767093 Carbide and Carbon Chemicals Corp. 371, 379.
769707 Cons. f. elektrochem. Ind. G.m.b.H. 628.
770410 W. M. Münzinger 483.
771825 I.G. Farbenindustrie A.G. 534.
771991 I.G. Farbenindustrie A.G. 306.
772852 I.G. Farbenindustrie A.G. 491.
773841 I.G. Farbenindustrie A.G. 498.
773953 National Carbon Co., Inc. 542.

773954 National Carbon Co., Inc. 542.
774401 Dynamit A.G. vorm. A. Nobel & Co. 276, 550.
774983 I.G. Farbenindustrie A.G. 496.
780469 I.G. Farbenindustrie A.G. 284, 531.
780470 F. Schmidt 599.
780489 I.G. Farbenindustrie A.G. 332.
784370 I.G. Farbenindustrie A.G. 581.
784681 Carbide and Carbon Chemicals Corp. 487.
787557 I.G. Farbenindustrie A.G. 602.
788584 N. V. Industrieelle Mij. v. h. Noury & van der Lande 494.
789857 Carbide and Carbon Chemicals Corp. 39, 71, 92.
791914 Carbide and Carbon Chemicals Corp. 139.
792820 I.G. Farbenindustrie A.G. 73.
795699 Aceta G.m.b.H. 394.
795872 Deutsche Celluloid-Fabrik 99, 339, 344, 410, 412, 504, 511.
796157 Dynamit A.G. vorm. A. Nobel & Co. 562.
797213 Comp. Générale d'Electricité 590.
798036 I.G. Farbenindustrie A.G. 42, 411.
798056 I.G. Farbenindustrie A.G. 102, 417.
801034 Chem. Forschungsges. m.b.H. 42.
801462 Carbide and Carbon Chemicals Corp. 96.
802685 I.G. Farbenindustrie A.G. 427.
803563 I.G. Farbenindustrie A.G. 74.
804989 Deutsche Celluloid-Fabrik A.G. 196, 368.
805011 Deutsche Celluloid-Fabrik A.G. 605.
805233 Deutsche Celluloid-Fabrik A.G. 605.
805563 I.G. Farbenindustrie A.G. 3.
806325 Chem.Forschungsges.m.b.H.73.
808568 E. I. du Pont de Nemours & Co. 330.
808867 I.G. Farbenindustrie A.G. 445, 575.
809182 J. Nussbaum 495.
809573 I.G. Farbenindustrie A.G. 308.
810548 Deutsche Celluloid-Fabrik A.G. 318, 415, 529, 570, 622, 623.
811613 H. Dreyfus 428.
811745 I.G. Farbenindustrie A.G. 372, 398.
812490 Standard Oil Development Co. 174, 196.
812596 Siemens-Schuckert A.G. 575.
812854 Carbide and Carbon Chemicals Corp. 274.

813413 I.G. Farbenindustrie A.G. 427.
813466 I.G. Farbenindustrie A.G. 289, 293, 319, 324.
813793 Felten & Guilleaume Carlswerk A.G. 560, 596.
813828 I.G. Farbenindustrie A.G. 122, 380.
814093 I.G. Farbenindustrie A.G. 112.
815311 I.G. Farbenindustrie A.G. 254.
816053 I.G. Farbenindustrie A.G. 277.
816233 Deutsche Celluloid-Fabrik 427.
817854 I.G. Farbenindustrie A.G. 489, 505.
818775 I.G. Farbenindustrie A.G. 427.
818924 Deutsche Celluloid-Fabrik A.G. 476, 591.
820639 Imperial Chemical Industries Ltd. 411, 417.
820749 I.G. Farbenindustrie A.G. 41, 63, 84, 91, 93.
821113 I.G. Farbenindustrie A.G. 427.
822298 I.G. Farbenindustrie A.G. 336, 376.
823149 I.G. Farbenindustrie A.G. 303, 386.
823499 I.G. Farbenindustrie A.G. 355, 356, 386.
823645 I.G. Farbenindustrie A.G. 372, 398.
823816 I.G. Farbenindustrie A.G. 530.
824950 I.G. Farbenindustrie A.G. 500, 529.
825849 Carbide and Carbon Chemicals Corp. 492.
827401 I.G. Farbenindustrie A.G. 48, 53.
827624 I.G. Farbenindustrie A.G. 627.
828077 I.G. Farbenindustrie A.G. 323, 590.
829713 Carbide and Carbon Chemicals Corp. 136.
831469 Deutsche Celluloid-Fabrik A.G. 306.
831720 I.G. Farbenindustrie A.G. 437, 551.
832606 Niederrheinische Maschinenfabrik Becker & van Hüllen und I.G. Farbenindustrie A.G. 309.
832663 Deutsche Celluloid-Fabrik A.G. 394, 455.
833290 Felten & Guilleaume Carlswerk A.G. 597.
833335 Dynamit A.G. vorm. A. Nobel & Co. 417.
834018 Standard Oil Development Co. 70.
834184 Siemens & Halske A.G. 593.
834419 I.G. Farbenindustrie A.G. 64.
834891 I.G. Farbenindustrie A.G. 486, 535.

835056 Comp. Française pour l'Exploitation des Procédés Thomson-Houston; British Thomson-Houston Co. Ltd. 567, 568.
835170 Comp. Générale d'Electricité 590.
835236 Felten & Guilleaume Carlswerk A.G. 585.
835357 I.G. Farbenindustrie A.G. 72.
836967 I.G. Farbenindustrie A.G. 31, 34, 52, 93, 100.
836988 Imperial Chemical Co. Ltd. 66.
837215 I.G. Farbenindustrie A.G. 385.
837233 Dr. A. Wacker Ges. f. elektrochem. Ind. G.m.b.H. 20, 31, 99, 125.
837725 Siemens & Halske A.G. 594.
837984 I.G. Farbenindustrie A.G. 411, 412.
838038 Dynamit A.G. vorm. A. Nobel & Co. 623, 628.
838361 Deutsche Celluloid-Fabrik A.G. 303.
838456 Deutsche Celluloid-Fabrik A.G. 453.
838862 I.G. Farbenindustrie A.G. 582.
838963 Deutsche Celluloid-Fabrik A.G. 480.
839889 Deutsche Celluloid-Fabrik A.G. 449, 455.
840314 Imperial Chemical Industries Ltd. 274.
840315 I.G. Farbenindustrie A.G. 471, 487.
840905 I.G. Farbenindustrie A.G. 507.
841675 Allg. Elektrizitäts-Ges. 593.
841724 I.G. Farbenindustrie A.G. 297, 482.
842003 I.G. Farbenindustrie A.G. 278.
842190 I.G. Farbenindustrie A.G. 428.
842339 I.G. Farbenindustrie A.G. 176, 295.
842491 I.G. Farbenindustrie A.G. 295.
842861 I.G. Farbenindustrie A.G. 502, 601.
842880 Deutsche Celluloid Fabrik A.G. 289, 513.
843503 Dynamit A.G. vorm. A. Nobel & Co. 136, 190.
843797 I.G. Farbenindustrie A.G. 42.
843823 Soc. de la Viscose française 516.
844023 I.G. Farbenindustrie A.G. 102.
844684 I.G. Farbenindustrie A.G. 609.
845612 Carbide and Carbon Chemicals Corp. 274.
845661 I.G. Farbenindustrie A.G. 45.
845954 I.G. Farbenindustrie A.G. 479.
846442 Patentverwertungs G.m.b.H. Hermes 294.
847037 I.G. Farbenindustrie A.G. 554.
847151 I.G. Farbenindustrie A.G. 49,
848005 Deutsche Celluloid-Fabrik-A.G. 325.
848008 I.G. Farbenindustrie A.G. 616.
849442 I.G. Farbenindustrie A.G. 499.
849509 I.G. Farbenindustrie A.G. 401.
849806 I.G. Farbenindustrie A.G. 156.
849987 I.G. Farbenindustrie A.G. 65, 318, 600.
849988 I.G. Farbenindustrie A.G. 314.
850453 I.G. Farbenindustrie A.G. 472, 473, 474.
851225 I.G. Farbenindustrie A.G. 410.
851587 Carbide and Carbon Chemicals Corp. 279.
852706 I.G. Farbenindustrie A.G. 160.
853483 Deutsche Celluloid-Fabrik A.G. 462, 536.
853508 I.G. Farbenindustrie A.G. 523.
853956 Comp. Générale d'Electricité 594.
854115 Manufactures des Glaces et Produits Chimiques de St. Gobain, Chauny & Cirey 33.
854414 Comp. des Meules Norton S.A. 532.
854447 Comp. des Meules Norton S.A. 532.
854912 Herbig-Haarhaus A.G. 473, 482, 484, 485.
857102 I.G. Farbenindustrie A.G. 614.
857142 I.G. Farbenindustrie A.G. 370.
857634 I.G. Farbenindustrie A.G. 309.
857913 I.G. Farbenindustrie A.G. 518.
858778 Dynamit A.G. vorm. A. Nobel & Co. 168.
859022 Dr. A. Wacker Ges. f. elektrochem. Ind. G.m.b.H. 494.
859257 Pittsburgh Plate Glass Co. 106.
859548 Comp. des Meules Norton 106.
859549 Comp. des Meules Norton 107.
860506 I.G. Farbenindustrie A.G. 114.
861062 Carbide and Carbon Chemicals Corp. 554, 557.
861527 Comp. des Meules Norton 86, 532, 619.
861766 B. F. Goodrich Co. 77, 80.
861916 Carbide and Carbon Chemicals Corp. 130.
862093 Carbide and Carbon Chemicals Corp. 189.
862423 N. V. de Bataafsche Petroleum Mij. 394.
864139 Kodak-Pathé 606.
864564 Comp. des Meules Norton S.A. 115.
864882 Carbide and Carbon Chemicals Corp. 885.
865013 Soc. des Usines Chimiques Rhône-Poulenc 258.

865270 Carbide and Carbon Chemicals Corp. 261, 474.
865665 I.G. Farbenindustrie A.G. 417.
865762 I.G. Farbenindustrie A.G. 68.
867615 Comp. Française pour l'Exploit. des Procédés Thomson-Houston 113.
867863 Comp. Française pour l'Exploit. des Procédés Thomson-Houston 155, 574.
868362 Dr. A. Wacker Ges. f. elektrochem. Ind. G.m.b.H. 10.
868522 Dynamit A.G. vorm. A. Nobel & Co. 199, 307.
869196 Fides Ges. f. d. Verwertung von gewerbl. Schutzrechten 589.
869381 I.G. Farbenindustrie A.G. 121.
869415 Kohle- und Eisenforschungs-G.m.b.H. 541.
869702 I.G. Farbenindustrie A.G. 624.
870051 Soc. An. des Manufactures des Glaces et Produits Chimiques de St. Gobain & Cirey 395.
870306 Dynamit A.G. vorm. A. Nobel & Co. 320.
870926 I.G. Farbenindustrie A.G. 554.
871150 Soc. An. des Pnéumatiques Dunlop 621.
871899 I.G. Farbenindustrie A.G. 557.
872845 Comp. Française pour l'Exploit. des Procédés Thomson-Houston 139, 158, 176, 567.
873514 Les Industries Musicales et Electriques Pathé-Marconi 624.
874307 Felten & Guilleaume Carlswerk A.G. 586.
874636 Soc. Industrielle Rémoise du Linoleum Sarlino 448.
874890 Deutsche Hydrierwerke A.G. 159, 161, 597.
875150 Deutsche Hydrierwerke A.G. 160, 164.
875260 Deutsche Hydrierwerke A.G. 165, 597.
875697 C. F. Rosner G.m.b.H. 448.
875736 I.G. Farbenindustrie A.G. 524.
875797 Imperial Chemical Industries Ltd. 271, 349.
875798 Imperial Chemical Industries Ltd. 271, 421.
877124 Comp. Française pour l'Exploit. des Procédés-Thomson-Houston 100, 155, 192, 196, 197, 198, 498.
877240 I.G. Farbenindustrie A.G. 315.
877468 I.G. Farbenindustrie A.G. 553, 557.
877771 J. Göhring 465.
877781 I.G. Farbenindustrie A.G. 298.
878066 A. B. M. Gaston 459.
878133 I.G. Farbenindustrie A.G. 500.

878223 Dynamit A.G. vorm. A. Nobel & Co. 524.
878568 I.G. Farbenindustrie A.G. 87.
878753 I.G. Farbenindustrie A.G. 425.
879919 I.G. Farbenindustrie A.G. 425.
879967 Prix Arbeitsgemeinschaft 557.
880028 Dr. A. Wacker Ges. f. elektrochem. Ind. G.m.b.H. 38.
880183 I.G. Farbenindustrie A.G. 343.
880237 I.G. Farbenindustrie A.G. 155.
880859 A. Reyolle & Co. Ltd. 601.
881223 P. Hellermann 600.
881357 I.G. Farbenindustrie A.G. 495.
881716 Dr. A. Wacker Ges. f. elektrochem. Ind. G.m.b.H. 176, 183.
881787 Deutsche Hydrierwerke A.G. 156, 410, 417, 458.
881852 I.G. Farbenindustrie A.G. 389.
881917 Dr. A. Wacker Ges. f. elektrochem. Ind. G.m.b.H. 328, 333.
881970 I.G. Farbenindustrie A.G. 43, 151.
881997 I.G. Farbenindustrie A.G. 64, 71, 78, 93, 101, 105.
882411 Dr. A. Wacker Ges. f. elektrochem. Ind. G. m.b.H. 499.
882450 I.G. Farbenindustrie A.G. 172, 179.
882650 Dr. A. Wacker Ges. f. elektrochem. Ind. G.m.b.H. 124.
883171 Soc. Chimique de Gerland S.A. 276.
883461 I.G. Farbenindustrie A.G. 620.
883625 Patentverwertungs-G. m.b.H. Hermes 192.
883679 Deutsche Gold & Silber Scheideanstalt vorm. Roessler 33.
883757 Papierfabrik Günzach G.m.b.H. 506.
883763 I.G. Farbenindustrie A.G. 295.
883813 I.G. Farbenindustrie A.G. 389.
883949 Soc. Chimiques des Gerland S.A 171.
884561 I.G. Farbenindustrie A.G. 619.
884597 I.G. Farbenindustrie A.G 518.
884689 Soc. An. des Etablissements Ricalens 449.
884843 C. F. Rosner G.m.b.H. und Dr. A. Wacker Ges. f. elektrochem. Ind. G.m.b.H. 461.
885097 Dr. A. Wacker Ges. f. elektrochem. Ind. G.m.b.H. 302, 303, 355, 383.
885120 Imperial Chemical Industries Ltd. 128.
885125 Comp. Générale d'Electricité 573
885251 Carbide and Carbon Chemicals Corp. 97, 475, 489.
885252 Carbide and Carbon Chemicals Corp. 436.

885500 Röhm & Haas G.m.b.H. 387.
885877 Union des Fabriques des Textiles Artificiels Fabelta Soc. An. 3.
886560 Dr. A. Wacker Ges. f. elektrochem. Ind. G.m.b.H. 276, 466, 495, 550.
886724 Silesia Verein chem. Fabriken 412, 484, 539.
886735 I.G. Farbenindustrie A.G. 165.
886819 Bata A.G. 15.
887602 Felten & Guilleaume Carlswerk A.G. 601.
888064 G.-A. Kihm 411.
888403 Interrub S.A. 469.
888775 Röhm & Haas G.m.b.H. 33.
889079 I.G. Farbenindustrie A.G. 157, 159.
889362 I.G. Farbenindustrie A.G. 169.
890294 N. V. Pope's Metaaldraadlampenfabrik 593.
890360 I.G. Farbenindustrie A.G. 275.
890679 Solvay & Cie. 6.
892084 I.G. Farbenindustrie A.G. 161, 177, 178, 350, 374, 446, 529.
893096 Dr. A. Wacker Ges. f. elektrochem. Ind. G.m.b.H. 9.
894546 I.G. Farbenindustrie A.G. 18.
896342 I.G. Farbenindustrie A.G. 54.
896549 Soc. Rhodiaceta 562.
899189 I.G. Farbenindustrie A.G. 390, 401.
899809 N. V. de Bataafsche Petroleum Mij. 79.
899810 N. V. de Bataafsche Petroleum Mij. 79.
899901 I.G. Farbenindustrie A.G. 15.
899958 Dr. A. Wacker Ges. f. elektrochem. Ind. G.m.b.H. 188.
902321 Manufactures de Caoutchouc P. Lacollonge 165.
902529 N. V. de Bataafsche Petroleum Mij. 412, 533.
904473 Cons. f. elektrochem. Ind. G.m.b.H. 58, 91.
905687 I.G. Farbenindustrie A.G. 172, 178, 478.
906433 A. Ciuoli 448.
906818 R. Staeger 157, 478.
906869 N. V. de Bataffsche Petroleum Mij. 18.
908092 Soc. Rhodiaceta 442.
913164 Soc. Rhodiaceta 259, 336, 377, 473.
914054 Wingfoot Corp. 137.
914745 Wingfoot Corp. 137.
915011 Soc. Rhodiaceta 360, 377, 383.
915080 American Cyanamid Co. 199.
915146 Imperial Chemical Industries Ltd. 77.

915795 Wingfoot Corp. und A. M. Clifford 100.
916173 Wingfoot Corp. 510.
916926 Soc. Paravinil 398.
917405 Soc. Paravinil 519, 558.
917406 Soc. Paravinil 621.
917529 Imperial Chemical Industries Ltd. 129, 353.
917807 Wingfoot Corp. 413.
917830 Wingfoot Corp. 137.
918101 Standard Oil Development Co. 196.
918119 Wingfoot Corp. 192, 195, 412.
918341 Imperial Chemical Industries Ltd. 179, 201, 374.
918342 Imperial Chemical Industries Ltd. 372.
918488 Imperial Chemical Industries Ltd. 197, 455, 466.
918506 E. I. du Pont de Nemours & Co. 81.
918829 Soc. Rhodiaceta 390.
918985 Shell Development Co. 5.
919134 E. I. du Pont de Nemours & Co. 66, 69.
919224 Lonza, Usines Electriques et Chimiques Soc. An. 318, 350, 464, 622.
919225 Lonza, Usines Electriques et Chimiques Soc. An. 532.
920074 Imperial Chemical Industries Ltd. 197, 334, 424.
920626 Bakelite Co., H. L. Bender und A. G. Farnham 168.
920687 Soc. Belge de l'Azote et des Produits Chimiques du Marly Soc. An. 48, 94, 106.
920993 E. I. du Pont de Nemours & Co. 74.
921158 Etudes Recherches et Inventions Soc. An. 466.
921569 Soc. Belge de l'Azote et des Produits Chimique du Marly Soc. An. 9.
921741 Etudes, Recherches, Inventions Soc. An. 526.
921933 E. I. du Pont de Nemours & Co. 84.
922331 E. I. du Pont de Nemours & Co. 74.
922429 E. I. du Pont de Nemours & Co. 81.
922735 Imperial Chemical Industries Ltd. 102.
922940 E. I. du Pont de Nemours & Co. 67.
923008 E. I. du Pont de Nemours & Co. 101.
923314 E. I. du Pont de Nemours & Co. 67.

923711 E. I. du Pont de Nemours & Co. 40.
923712 E. I. du Pont de Nemours & Co. 33.
923715 Imperial Chemical Industries Ltd. 528.
924035 Comp. Française de Raffinage 172.
924296 E. I. du Pont de Nemours & Co. 66.
924461 E. I. du Pont de Nemours & Co. 67, 70.
924612 Wingfoot Corp. und G. H. Gates 462.
924693 Carbide and Carbon Chemicals Corp. 136, 138, 445.
924982 E. I. du Pont de Nemours & Co. 82.
925153 E. I. du Pont de Nemours & Co. 75.
925715 Carbide and Carbon Chemicals Corp. 148.
925967 Soc. An. des Manufactures des Glaces et Produits Chimiques de St. Gobain, Chauny & Cirey 525.
926019 Carbide and Carbon Chemicals Corp. 264, 417.
926260 Phillips Gloeilampenfabrieken 570.
926637 E. I. du Pont de Nemours & Co. 112.
926667 Ciba A.G. 168, 446.
928549 E. I. du Pont de Nemours & Co. 82, 371, 441.
928559 E. I. du Pont de Nemours & Co. 400.
930340 Imperial Chemical Industries Ltd. 46, 94, 102, 105.
938438 General Aniline & Film Corp. 361.
941127 Geigy Co. Ltd. 154.
941148 Soc. Paravinil 469.
941948 N. V. de Bataafsche Petroleum Mij. 50, 79.
941949 N. V. de Bataafsche Petroleum Mij. 80.
942259 N. V. de Bataafsche Petroleum Mij. 284, 343, 509, 535, 570, 581.
942990 N. V. de Bataafsche Petroleum Mij. 139.
942991 N. V. de Bataafsche Petroleum Mij. 68.
943337 A. Delfino 313.
943407 Standard Oil Development Co. 175.

944063 N. V. de Bataafsche Petroleum Mij. 106.
945172 E. I. du Pont de Nemours & Co. 36.
945223 R.-F. Guichard 440.
945525 Carbide and Carbon Chemicals Corp. 161.
946039 N. V. de Bataafsche Petroleum Mij. 130.
946332 Comp. Française Thomson-Houston 135.
946454 Wolsey Ltd. 51.
946750 Comp. des Produits Chimiques et Electrometallurgiques Alais, Froges & Camargue 56.
947204 Bendix Aviation Corp. 500.
947255 The Distillers Co. Ltd. 32, 34, 60.
947258 The Distillers Co. Ltd. 238.
947370 The Distillers Co. Ltd. 35, 76, 237, 238.
948548 B. F. Goodrich Co. 500.
949431 B. F. Goodrich Co. 12.
949581 Distillers Co. Ltd., C. A. Brigton M. D. Cooke, J. J. P. Staudinger, D. Faulkner und D. Cleverdon 96.
949603 B. F. Goodrich Co. 151.
949678 The General Tire & Rubber Comp. 83.
949903 B. F. Goodrich Co. 149.
949919 N. V. de Bataafsche Petroleum Mij. 49.
950047 B. F. Goodrich Co. 46, 78.
950062 B. F. Goodrich Co. 262.
950203 B. F. Goodrich Co. 153.
950204 B. F. Goodrich Co. 410.
950206 B. F. Goodrich Co. 127, 490.
950207 B. F. Goodrich Co. 9.
950210 B. F. Goodrich Co. 151.
950422 B. F. Goodrich Co. 32, 45.
950423 B. F. Goodrich Co. 571.
950978 B. F. Goodrich Co. 458.
951308 B. F. Goodrich Co. 184.
952879 N. V. de Bataafsche Petroleum Mij. 127.
954199 B. F. Goodrich Co. 184.
954241 Badische Anilin & Sodafabrik 630.
954244 Badische Anilin & Sodafabrik 630.
955186 Soc. Chimique de Gerland Soc. An. 333.
958893 Soc. des Usines Chimiques Rhône-Poulenc 143.
962089 Comp. Française Thomson-Houston 113.
963553 Soc. des Usines Chimiques Rhône-Poulenc 184.

Holländische Patente.

34269 Carbide and Carbon Chemicals
Corp. 624.
36991 Carbide and Carbon Chemicals
Corp. 623.
39569 C. F. Rosner G.m.b.H. 448.
43427 I.G. Farbenindustrie A.G. 613.
44432 Deutsche Celluloid-Fabrik A.G.
605.
46851 I.G. Farbenindustrie A.G. 41,
91, 93, 100, 109.
46908 Ges. f. elektrotechn. Erzeugnisse m.b.H. 158, 171, 172,
179.

48459 I.G. Farbenindustrie A.G. 277.
49293 I.G. Farbenindustrie A.G. 289,
290, 293.
50136 I.G. Farbenindustrie A.G. 493.
51302 I.G. Farbenindustrie A.G. 303.
52854 Ges. f. elektrochem. Ind. G.m.
b.H. 158.
53669 Deutsche Celluloid-Fabrik A.G.
258.
59180 N. V. de Bataafsche Petroleum
Mij. 526.
59461 N.V. de Bataafsche Petroleum
Mij. 4, 20, 44.

Italienische Patente.

286760 I.G. Farbenindustrie A.G. 134.
309144 I.G. Farbenindustrie A.G. 134.
319474 I.G. Farbenindustrie A.G. 306.
324432 I.G. Farbenindustrie A.G. 120,
496.
328740 I.G. Farbenindustrie A.G. 581.
332573 F. Schmidt 599.
345351 Dynamit A.G. vorm. A. Nobel
& Co. 395.
347946 I.G. Farbenindustrie A.G. 104,
110, 111.
348320 Röhm & Haas A.G. 283.
348369 I.G. Farbenindustrie A.G. 426,
427.
348459 I.G. Farbenindustrie A.G. 333.
351434 I.G. Farbenindustrie A.G. 336.
352168 Siemens-Schuckertwerke A.G.
172, 173.
352174 I.G. Farbenindustrie A.G. 372,
398.
352417 Soc. Italiana Duco 492.
358860 Niederrheinische Maschinenfabrik Becker & van Hüllen und
I.G. Farbenindustrie A.G. 309.
359876 Siemens & Halske A.G. 593.
360381 Deutsche Celluloid-Fabrik A.G.
605.
360408 I.G. Farbenindustrie A.G. 309,
333, 561.
361213 I.G. Farbenindustrie A.G. 505,
508.
362675 Niederrheinische Maschinenfabrik Becker & van Hüllen und
I.G. Farbenindustrie A.G. 309.
362980 Deutsche Celluloid-Fabrik A.G.
480.
363790 G. Dietzel 559.
364047 Siemens-Schuckert A.G. 329.
364516 C. Sh. Francis jr. 401.
365850 I.G. Farbenindustrie A.G. 524.
366485 I.G. Farbenindustrie A.G. 36.
366660 I.G. Farbenindustrie A.G. 48,
53.

366669 I.G. Farbenindustrie A.G. 102.
366857 I.G. Farbenindustrie A.G. 508.
367061 I.G. Farbenindustrie A.G. 113,
335.
367626 I.G. Farbenindustrie A.G. 289,
293.
368272 I.G. Farbenindustrie A.G. 535.
368917 Deutsche Celluloid-Fabrik A.G.
325.
371382 Deutsche Celluloid-Fabrik A.G.
462, 536.
371851 Comp. Generale di Elettricita
579.
372727 I.G. Farbenindustrie A.G. 373.
373911 I.G. Farbenindustrie A.G. 496.
374228 I.G. Farbenindustrie A.G. 165,
166.
374578 Soc. Italiana Pirelli An. 599.
374744 I.G. Farbenindustrie A.G. 260.
374768 I.G. Farbenindustrie A.G. 303,
383, 399.
374788 I.G. Farbenindustrie A.G. 309.
378504 I.G. Farbenindustrie A.G. 524.
379518 Carbide and Carbon Chemicals
Corp. 395.
380046 Deutsche Celluloid-Fabrik A.G.
499.
380822 United Shoe Machinery Co.
d'Italia 468.
381794 Dr. A. Wacker Ges. f. elektrochem. Ind. G.m.b.H. 302, 323,
331, 375, 384, 440.
382393 Siemens-Schuckertwerke A.G.
173.
382394 Siemens-Schuckertwerke A.G.
173.
383148 I.G. Farbenindustrie A.G. 137,
352.
383474 I.G. Farbenindustrie A.G. 337,
481.
384434 Dynamit A.G. vorm. A. Nobel
& Co. 258, 262.
384894 I.G. Farbenindustrie A.G. 553.

385298 Comp. Generale di Elettricità 135, 353.
385361 Dr. A. Wacker Ges. f. elektrochem. Ind. G.m.b.H. 10.
385519 I.G. Farbenindustrie A.G. 87.
385570 I.G. Farbenindustrie A.G. 524.
386617 Dr. A. Wacker Ges. f. elektrochem. Ind. G.m.b.H. 379.
387594 Dr. A. Wacker Ges. f. elektrochem. Ind. G.m.b.H. 375.
388208 Metallgesellschaft A.G. 170,184.
388432 Pittsburgh Plate Glass Co. 531.
388927 Aziende Colori Nazionali Affini 191.
388928 Aziende Colori Nazionali Affini 191.
388949 I.G. Farbenindustrie A.G. 157.
389403 Soc. An. Resine syntetiche Adamoli 454, 462.
389511 I.G. Farbenindustrie A.G. 342, 415.
389602 S. A. Marca Aeroplano 448, 455.
389632 Dr. A. Wacker Ges. f. elektrochem. Ind. G.m.b.H. 176, 183, 295.

391972 Dr. A. Wacker Ges. f. elektrochem. Ind. G.m.b.H. 163, 478.
392496 Soc. An. Marca Aeroplano 316.
393114 Comp. Gen. di Elettricità 100, 154, 192, 196, 197.
393129 Comp. Gen. di Elettricità 154, 183.
393173 Fabriche Riunite Industria Gomma Torino Walter Martiny, Industria Gomma Spiga Sabit Life 462.
393311 I.G. Farbenindustrie A.G. 76.
393324 Dr. A. Wacker Ges. f. elektrochem. Ind. G.m.b.H. 622.
393342 I.G. Farbenindustrie A.G. 520.
395147 Comp. Generale di Elettricità 158, 176.
395372 Soc. Italiana Pirelli 316, 466.
395639 Gewerkschaft Keramchemie Berggarten 539, 541, 612.
395861 J. Baer u. G. Baer 613.
396850 I.G. Farbenindustrie A.G. 343.
396886 I.G. Farbenindustrie A.G. 353, 439, 479.

Japanische Patente.

147779 Furukawa Denki Kogyo K. K. 126.

Jugoslawische Patente.

14717 Niederrheinische Maschinenfabrik Becker & van Hüllen und I.G. Farbenindustrie A.G. 309.

Norwegische Patente.

26486 H. Plauson & J. A. Vielle 14.
52401 E.I. du Pont de Nemours & Co. 16.
56100 I.G. Farbenindustrie A.G.
56719 I.G. Farbenindustrie A.G. 581.
56976 I.G. Farbenindustrie A.G. 284.
61510 I.G. Farbenindustrie A.G. 499, 530.
63363 I.G. Farbenindustrie A.G. 159.
65623 Deutsche Celluloid-Fabrik A.G. 518.

67059 N. V. Kunstzijdenweverij Geldermann jr. 519.
67161 Patentverwertungs-G.m.b.H. Hermes 588.
67606 Fides Ges. f. d. Verwertung von gewerblichen Schutzrechten G.m.b.H. 606.
68019 I.G. Farbenindustrie A.G. 18.
68099 I.G. Farbenindustrie A.G. 122.

Österreichische Patente.

140589 Dynamit A.G. vorm. A. Nobel & Co. 276, 550.
148322 Deutsche Celluloid-Fabrik A.G. 605.
148323 Deutsche Celluloid-Fabrik A.G. 605.
149840 Siemens-Schuckertwerke A.G. 590, 591.
151416 Chem. Forschungsges. m.b.H. 628.

151834 Felten & Guilleaume Carlswerk A.G. 560.
154143 I.G. Farbenindustrie A.G. 289, 324.
154404 Deutsche Celluloid-Fabrik A.G. 318, 415, 509, 529, 622, 623.
155812 I.G. Farbenindustrie A.G. 293, 318.
156285 Siemens-Schuckertwerke A.G. 320, 383, 590.

156 630 I.G. Farbenindustrie A.G. 427.
156 683 Deutsche Celluloid-Fabrik 427.
157 521 I.G. Farbenindustrie A.G. 333, 401.
157 732 I.G. Farbenindustrie A.G. 612.
158 412 Deutsche Celluloid-Fabrik A.G. 368.
163 818 Donau Chemie A.G. 17.
165 074 Imperial Chemical Industries Ltd. 321.

Russische Patente.

47 810 A. D. Abkin, W. S. Klimenkow, F. F. Koschelew u. S. S. Medwedew 74.
51 962 W. P. Komarow, P. I. Pawlowitsch u. S. B. Korotkewitsch 2.
53 851 P. I. Pawlow 284.
56 545 G. S. Petrow u. J. A. Schmidt 192.
59 945 P. I. Pawlowitsch, O. G. Benefsson u. W. G. Nikulina 45.
60 191 S. L. Lewin u. L. A. Oreschkow 454.

Schwedische Patente.

89 822 Siemens-Schuckertwerke A.G. 383, 586.
93 279 Siemens-Schuckertwerke A.G. 383.
97 697 I.G. Farbenindustrie A.G. 499, 531.
100 749 Felten & Guilleaume Carlswerk A.G. 591.
105 424 Dr. A. Wacker Ges. f. elektrochem. Ind. G.m.b.H. 15.
106 497 Fides Ges. f. Verwertung von gewerblichen Schutzrechten G.m.b.H. 606.
107 039 Patentverwertungsges. m.b.H. Hermes u. H. Heerling 597.
107 422 Kolle & Co. A.G. 504.
107 554 C. F. Rosner G.m.b.H. 460.
107 979 Dr. A. Wacker Ges. f. elektrochem. Ind. G.m.b.H. 622.
108 516 Felten & Guilleaume Carlswerk A.G. 592.
110 277 P. Hellermann 587.
111 410 I.G. Farbenindustrie A.G. 122.
111 678 Fides Ges. f. Verwertung von gewerblichen Schutzrechten G.m.b.H. 606.
112 616 C. F. Rosner G.m.b.H. 448.
124 377 Imperial Chemical Industries Ltd. 457.
125 639 Dr. A. Wacker Ges. f. elektrochem. Ind. G.m.b.H. 81.
126 006 Deutsche Gold & Silber Scheideanstalt vorm. Roessler 33.
126 946 Anglo Iranian Oil Co. Ltd. 170.
126 947 Svenska Olejeslageriaktiebolaget 152.
127 069 Soc. An. des Manufactures des Glaces et Prod. Chimiques de St. Gobain, Chauny & Cirey 36.

Schweizer Patente.

145 713 I.G. Farbenindustrie A.G. 89, 91, 334.
175 361 I.G. Farbenindustrie A.G. 496.
189 950 Deutsche Celluloid-Fabrik A.G. 605.
191 574 Deutsche Celluloid-Fabrik A.G. 368.
192 222 Deutsche Celluloid-Fabrik A.G. 605.
194 763 Deutsche Celluloid-Fabrik A.G. 318, 415, 509, 529, 622, 623.
196 456 Siemens & Halske A.G. 603.
197 557 Deutsche Celluloid-Fabrik A.G. 427.
205 541 Deutsche Celluloid-Fabrik A.G. 480.
205 615 I.G. Farbenindustrie A.G. 487, 504.
206 291 Deutsche Kabelwerke A.G. 582.
206 423 I.G. Farbenindustrie A.G. 551.
206 871 W. Bierbrauer 500.
210 205 I.G. Farbenindustrie A.G. 349, 533.
212 436 I.G. Farbenindustrie A.G. 439.
213 970 Deutsche Celluloid-Fabrik A.G. 325.
214 188 Dynamit A.G. vorm. A. Nobel & Co. 168.
215 151 I.G. Farbenindustrie A.G. 303, 320, 383, 553.
216 170 I.G. Farbenindustrie A.G. 121.
217 474 I.G. Farbenindustrie A.G. 557.
217 679 I.G. Farbenindustrie A.G. 258.
220 494 Dr. A. Wacker Ges. f. elektrochem. Ind. G.m.b.H. 94, 480.
221 933 I.G. Farbenindustrie A.G. 87.
222 101 R. Jetzer 621.
222 259 Kohle- u. Eisenforschungs-G.m.b.H. 541, 614.

222261 Imperial Chemical Industries Ltd. 271.
222262 Imperial Chemical Industries Ltd. 56, 58, 272, 424.
223079 Dr. A. Wacker Ges. f. elektrochem. Ind. G.m.b.H. 152, 155, 162, 163, 177, 183, 318, 346, 375, 431, 507, 517.
223963 I.G. Farbenindustrie A.G. 159.
224488 P. Hellermann 600.
225565 I.G. Farbenindustrie A.G. 298.
225643 Deutsche Celluloid-Fabrik A.G. 605.
26024 Soc. Rhodiaceta 259, 262, 473.

226376 Dr. A. Wacker Ges. f. elektrochem. Ind. G.m.b.H. 622.
226403 Dr. A. Wacker Ges. f. elektrochem. Ind. G.m.b.H. 562.
227591 Dr. A. Wacker Ges. f. elektrochem. Ind. G.m.b.H. 81.
230138 Felten & Guilleaume Carlswerk A.G. 585.
230270 Soc. Usines Rhône-Poulenc 158.
232173 C. F. Rosner G.m.b.H. 448.
246479 Soc. Salpa Française 171, 178, 447.
259411 Soc. Rhodiaceta 390.
261342 H. A. de Phillips 507.
262189 Ciba A.G. 526.

Tschechische Patente.

59215 I.G. Farbenindustrie A.G. 581.   62316 Deutsche Celluloid-Fabrik 605.

Ungarische Patente.

115777 Siemens-Schuckertwerke A.G. 598.

Namenverzeichnis.

A.G. für Anilinfabrikation 28, 255.
Abkin, A. D. 74.
Aceta G.m.b.H. 277, 394.
Acme Backing Corp. 416.
Agfa Ansco Corp. 334, 378.
Agnes, M. C. 162, 163, 346, 348, 349.
Aiken, W. 146, 148.
Albert, J. M. 398.
Alexander, Cl. H. 32, 129, 138, 154, 158, 163, 167, 170, 172, 174, 478, 567.
Alfrey, I. jr., T. 146.
Alkor-Werk, L. Lissmann 316.
Allg. Elektrizitäts-Ges. 162, 163, 198, 308, 310, 346, 348, 349, 352, 380, 568, 578, 593.
Allied Chemical & Dye Corp. 153.
American Cyanamid Co. 199, 389.
American I.G. 334.
American Pipe and Construction Corp. 542.
American Viscose Corp. 382.
Anderson, J. F. 423.
Anglo Iranian Oil Co. Ltd. 170.
Anorgana 118, 347, 432, 443, 444, 457, 459, 470, 507, 509, 512, 516, 519, 630.
Antwerpen, F. J. van 554.
Armourand Co. 566.
Arnold, H. W. 45, 60, 94, 102, 112.
Arnold, J. B. 20.
Arutjan, S. 16.
Asbeck, W. K. 252.
Asinger, P. 165, 166.
Atlas Powder Co. 348.
Ault & Wiborg Corp. 487, 504.
Austenal Laboratories Inc. 618.
Ayres, J. L. 410.
Aziende Colori Nazional Affini 191.

Bachmann, W. 286, 535.
Bacon, K. D. 77.
Bacon, O. C. 168, 177, 178, 311, 420.
Bacon, R. G. R. 102, 184.
Badische Anilin & Soda Fabrik 49, 85, 116, 118, 119, 123, 206, 333, 365, 421, 431, 438, 452, 461, 558, 630.
Badum, E. 591.
Baer, G. 613.

Baer, J. 613.
Baer, M. 136.
Bakelite Corp. 116, 138, 168, 190, 626.
Ballard, 200
Ballard, H. E. 526.
Baldwin, M. M. 151.
Balthis, J. H. 86.
Bandel, G. 228.
Bappert, R. 48, 53, 94, 95, 274, 288.
Barbara Plastics Original 315.
Barett, H. I. 71, 97.
Barthel, A. 525.
Bartling, H. G. 619.
Bata A.G. 15.
Baubigny 232.
Bauer, W. 283, 307.
Baumann, E. 27.
Baumann, Je. A. 607.
Baxter, D. Ph. 3, 6, 13.
Bayer, O. 131.
Beck, H. 224, 225, 280, 347, 364, 402, 408, 431, 435, 505, 506, 509, 510, 515, 543, 564, 573, 580, 594, 595.
Becker, E. 330, 483.
Becker, J. A. 602.
Becker, W. 170, 257, 497, 532.
Beer, L. 15.
Behnischek, A. 495.
Behnke, H. 171, 350, 446, 529, 590.
Bell Telephone Laboratories Inc. 602.
Bender, H. L. 168.
Bendix Aviation Corp. 500.
Benett, D. A. 138.
Benfnsson, O. G. 45.
Bent, F. A. 167, 178.
Beresin, B. I. 521.
Berg, H. 7, 15, 36, 92 176, 295, 304, 375, 622.
Berger, H. 148, 182, 202, 203, 225, 227, 229, 233, 234, 236, 237, 244, 248, 249, 460, 461, 463, 467, 469, 579, 595, 596, 599, 631.
Beringer, E. 494.
Berlin, L. 109.
Berlinghof jr., W. 292.
Bernard, A. 451.
Berndtson, B. S. 152.
Berry, K. L. 143, 385, 437, 444, 515.

Bersworth, F. C. 161, 177.
Beyer, J. 457.
Biamino, B. 561, 562.
Bierbrauer, W. 500.
Billig, K. 86, 108, 169, 285, 477, 608.
Biltz, H. 4.
Birch, G. W. 618.
Birnthaler, W. 145.
Bishop, J. L. 576.
Blades, A. O. 575, 578.
Blaikie, K. G. 36, 90.
Blaine, G. 615.
Blaine, R. P. 198.
Blair, C. M. 156.
Blatz, H. 599.
Bludworth, J. E. 308, 370, 394, 499.
Bockl, N. 434.
Boesler, J. 13.
Bögemann, M. 160, 478, 496.
Bogin, Ch. 474, 475.
Bonnet, F. 378, 382, 389, 393, 436, 554.
Borer, G. J. 151.
Borglin, J. N. 43.
Bottye, A. E. 418.
Boyd, Th. 12.
Boyer, R. F. 146.
Brajnikow, B. I. 38, 42, 55.
Bralley, J. A. 12.
Brandt & Co., R. A. 542.
Brandt, A. v. 442.
Bratring, K. 515.
Brazier, L. G. 600.
Brechet, G. I. 74.
Brendler, A. 553, 556.
Breteau, P. 6.
Breumer, J. G. M. 472.
Briggs, A. St. 275.
Brighton, C. A. 96, 111, 138.
Brill, R. 25.
Brislee, F. J. 603.
British Celanese Ltd. 144, 607.
British Insulated Cables Ltd. 603.
British Thomson-Houston Co. 154, 162, 308, 313, 567, 568, 591.
Britton, E. C. 90, 102, 105, 131.
Brodersen, K. 171.
Broihan, Fr. 441.
Brookman, E. F. 179, 201, 372, 374.
Brous, S. L. 3, 58, 190, 534.
Brown, N. H. 423.
Brubaker, M. M. 45, 60, 67, 94, 102.
Brundrit, D. 46, 77, 94, 102, 105.
Buchmann, W. 26, 206, 225, 226, 319, 326, 365, 439, 559.
Buckley, D. J. 193.
Budig, K. H. 615.
Buller, R. F. 261.
Burehill, J. 457.
Burell, H. 175.
Burgin, J. 19.

Burk, R. E. 36.
Burke, Ch. E. 410.
Burleson, M. N. 271.
Buss, J. 538.
Busse, W. F. 225, 227.
Butler & Co. 542.
Büttner, G. 577.

Callenders Cable & Construction Co. Ltd, 600.
Campo Shoe Machinery Corp. 459.
Canadian Electro Products Co. Ltd. 36, 90.
Canadian General Electric Co. Ltd. 135, 346, 348, 349, 597.
Canadian Industries Ltd. 121, 423, 493.
Canadian National Carbon Co. 518.
Canfield, W. B. 200.
Carbide and Carbon Chemicals Corp. 3, 17, 30, 31, 33, 35, 39, 40, 71, 84, 88, 89, 90, 91, 92, 96, 97, 116, 118, 119, 128, 130, 131, 133, 136, 138, 139, 148, 156, 161, 189, 199, 254, 259, 261, 262, 263, 264, 274, 279, 304, 307, 332, 334, 362, 371, 372, 378, 379, 382, 385, 387, 395, 416, 417, 425, 436, 437, 445, 473, 474, 475, 479, 481, 482, 486, 487, 488, 489, 491, 492, 497, 498, 503, 510, 554, 557, 560, 591, 603, 611, 617, 624, 629.
Carborundum Co. 619.
Carothers, W. H. 74.
Carruthers, Th. F. 148, 156.
Carte, E. T. 274.
Cass, O. W. 124.
Cassel, G. W. 589, 591.
Castor, W. W. 489.
Celanese Corp. of America 308, 370, 374, 394, 499, 503.
Celluloid-Verkaufs G.m.b.H. 119, 521.
Chabeau, Ch. J. 136.
Chaney, N. K. 604.
Chapman, H. B. 123.
Chapman, J. 603.
Chavanne 232.
Chemische Fabrik Griesheim Elektron 7, 8, 10, 14, 56, 257, 273, 282, 336, 376.
Chemische Forschungsges. m.b.H. 10, 42, 73, 307, 628.
Chemische Werke Hüls G.m.b.H. 7, 118, 443.
Cherniavsky, A. I. 17.
Chlober A.G. 461.
Christ, R. E. 112.
Christensen, H. 602.
Ciba A.G. 168, 526.
Ciuoli, A. 448.
Clark, F. W. 149.

Cleverdon, D. 96.
Clifford, A. M. 100, 167.
Coffman, D. D. 42, 96, 101, 254.
Cohan, G. F. 174, 194.
Collins, A. M. 74.
Commercial Solvents Corp. 474, 475.
Comp. des Meules Norton S. A. 86, 106, 107, 115, 532, 619.
Comp. des Produits Chimiques et Electrometallurgique Alais, Froges & Camargue 56.
Comp. Française de Raffinage 172.
Comp. Française pour l'Exploitation des Procédés Thomson-Houston 100, 113, 139, 155, 158, 176, 192, 196, 197, 198, 498, 567, 574.
Comp. Française Thomson-Houston 113, 135.
Comp. General di Elettricità 100, 135, 154, 158, 176, 183, 192, 196, 197, 579.
Comp. Générale d'Electricité 353, 573, 590, 594.
Compo Shoe Machinery Corp. 459.
Cons. f. elektrochem. Ind. G.m.b.H. 10, 57, 58, 91, 158, 255, 628, 629.
Continental Can Co. Inc. 503, 516.
Cooke, M. D. 35, 50, 96.
Cooper, A. 276.
Corbiere, P. C. E. J. 259, 336, 377, 473, 562.
Corteen, H. 419.
Cottet, M. 416.
Coulon, J. F. 371, 599.
Courme, G. O. 59.
Cousins, E. 137.
Couzens, E. G. 88, 137.
Cox, F. W. 113, 130, 131, 137, 353.
Crabtree & Co. Ltd., J. A. 517.
Crawford, J. W. 123.
Crocker, E. C. 505.
Crowell, W. S. 618.
Currie, L. M. 332, 518.
Cüsters, J. 407.
Czapp, E. 33.
Czeczowitzka, R. H. 418.

Dajadel, Je. M. 479.
D'Alelio, G. F. 66, 113, 195, 196, 620.
Dalesch-Paetsch, H. 20, 47, 91, 101, 222.
Dalfsen, J. van 8.
Daniel, W. 498, 502, 529.
Davidson, J. G. 623.
Davies, J. M. 225, 227.
De Forest Lott 501.
Dean, J. N. 590.
Deimler, K. 614.
Delfino, A. 313.
Delys, J. 432.

Demus, H. 385, 399.
Denninson Mfg. Co. 499.
Denny, P. W. 45, 56.
Deppe, J. 591.
Desomari, K. 169, 485.
Deutsche Acetat-Kunstseide A.G. Rhodiaceta 261, 310, 336, 337, 376, 377, 401, 473, 474.
Deutsche Celluloid-Fabrik 99, 118, 124, 126, 129, 196, 211, 212, 258, 267, 287, 289, 298, 303, 306, 318, 325, 331, 339, 341, 344, 345, 350, 353, 368, 370, 373, 394, 410, 412, 415, 420, 424, 425, 426, 427, 449, 451, 453, 455, 459, 462, 464, 472, 476, 492, 496, 499, 504, 509, 511, 513, 517, 518, 520, 523, 525, 529, 530, 531, 532, 536, 540, 570, 571, 591, 605, 614, 622, 623, 625, 627.
Deutsche Gold & Silber Scheideanstalt vorm. Roessler 33.
Deutsche Hydrierwerke A.G. 153, 156, 159, 160, 161, 164, 165, 173, 410, 417, 458, 478, 597.
Deutsche Kabelwerke A.G. 582, 585.
Deutsche Linoleumwerke A.G. 465.
Dexter, W. B. 604.
Dickes, J. B. 104.
Dickhäuser, E. 29, 38, 71, 89, 91, 98, 109, 415.
Dietzel, G. 559.
Dimroth, H. 273, 278, 495.
Distillers Co. Ltd. 14, 96, 138.
Ditgens, K. 564.
Dodd, F. G. 517.
Doehring, H. 250.
Dolgopolski, I. M. 3.
Donau-Chemie A.G. 17.
Donner, R. 307, 387, 400.
Doolittle, A. K. 136, 146, 475, 479, 482, 487, 488, 492, 504.
Dörfel, W. 583.
Dörfelt, Ch. 108, 285.
Döring, E. 363.
Doriat, M. 375, 622.
Dorough, G. L. 45, 60, 94, 102.
Dorrer, E. 73, 273, 355, 550.
Douglas St. D. 30, 35, 59, 71, 90, 204, 221, 334, 474, 497.
Dow Chemical Co. 19, 20, 53, 76, 77, 81, 90, 102, 105, 116, 119, 127, 167, 168, 177, 178, 183, 261, 276, 285, 295, 351, 368, 403, 467, 473.
Dowding, J. 144.
Dr. Münch & Röhrs G.m.b.H. 485.
Dreher, E. 22, 59, 621.
Dreyfus, H. 374, 375, 428, 607.
Duch, M. 305, 306.
Duggan, F. W. 416.
Dyck, L. A. van 28, 39, 345.

Dynamit A.G. vorm. A. Nobel & Co. 136, 168, 190, 199, 258, 261, 276, 307, 320, 329, 330, 354, 395, 417, 483, 524, 527, 528, 532, 538, 550, 562, 586, 623, 628.

E. I. du Pont de Nemours & Co. 16, 17, 31, 33, 34, 36, 39, 40, 41, 42, 45, 53, 56, 60, 63, 66, 67, 69, 70, 71, 74, 75, 81, 82, 83, 84, 86, 89, 90, 93, 96, 97, 101, 102, 107, 112, 116, 124, 127, 128, 132, 133, 143, 144, 145, 155, 163, 176, 191, 197, 198, 254, 263, 283, 330, 371, 386, 398, 410, 420, 427, 429, 437, 438, 441, 444, 451, 471, 477, 493, 506, 515, 575, 611.

Eastman Kodak Co. 86, 104, 304.

Easton, R. P. 361.

Eberhardt, E. 13.

Eberling, G. 606.

Eckmans, H. 30.

Edwards, W. A. M. 3, 6.

Egger, L. 302, 303.

Eggers, K. 485.

Eisfeld, K. 91.

Elektro-Glimmer- & Preßwerke Scherb & Schwer K.G. 118.

Elektrochemisches Kombinat Bitterfeld 116.

Ellan, D. M. 153, 164.

Elliot, M. A. 246.

Ellis-Foster Co. 200.

Ellsworth, E. K. 133.

Enders, R. 173, 478.

Engelhardt, R. 410, 419.

Erbacher, E. 506.

Escales, E. 148, 150, 153, 188, 297, 481, 521, 589.

Esch, W. 564.

Ether, H. F. 471.

Etudes Recherches et Inventions Soc. An. 466, 526.

Evans, R. C. 509.

Expanded Rubber Co. Ltd. 276.

Fabriche Riunite Industria Gomma Tornio Walter Martiny Industria Gomma Spiga Sabit Life 462.

Faidutti, M. 171, 276.

Farbwerke Hoechst vorm. Meister, Lucius & Brüning 4.

Farnham, A.G. 168.

Faulkner, D. 96, 138, 155.

Fawcett, E. W. 66, 170.

Feagin, R. C. 174, 567.

Felten · & Guilleaume Carlswerk A.G. 560, 585, 586, 591, 596, 597, 599, 601.

Ferris, C. R. 274.

Ferry, J. D. 495.

Fertsch, F. K. 13.

Fides Ges. f. d. Verwaltung von gewerblichen Schutzrechten 577, 589, 606.

Fields, Ch. M. 283.

Fields, R. T. 283, 330.

Fields, Th. A. 371, 379, 385, 387, 599.

Fierz-David, H. E. 8, 17, 26, 30, 123, 202, 203, 255.

Fife, H. R. 475.

Fikentscher, H. 23, 85, 99, 102, 103, 125, 129, 134, 164, 238, 241, 264, 266, 275, 288, 292, 303, 306, 311, 323, 337, 350, 354, 355, 356, 357, 360, 371, 373, 382, 386, 399, 415, 419, 423, 432, 437, 440, 442, 445, 446, 476, 481, 496, 498, 511, 561, 569, 572, 582, 586, 588, 590, 591, 598, 603, 608.

Fink, H. 396, 398.

Firestone Tire and Rubber Co. 116, 118, 128, 352, 512.

Fischer, E. 593, 594.

Fischer, W. 582, 585.

Fisk, Ch. F. 199.

Flangan, G. W. 458.

Flasch, H. 563.

Fletscher, J. 476.

Fligor, K. K. 130, 138.

Flowers, R. S. 73.

Fluchaire, M. L. A. 258.

Föll, E. 515.

Folt, V. L. 32, 45.

Foster, H. 575.

Foulds, R. R. 418.

Foulon, A. 552.

Fouts, O. R. 225.

Fragin, R. C. 567.

Francis jr., C. Th. 401.

Franke, W. 102, 125, 350, 446, 529, 590.

Frapolli 2.

Freudenberg K.G. Carl 445, 450.

Freudenberger, H. 42, 86, 91, 110, 417.

Frey, K. 24.

Freydberg, R. M. 416.

Friedrich, W. 528.

Fritz, W. 36, 92.

Fruhwirth, O. 17.

Fryling, Ch. F. 45, 94.

Fuller, G. T. 25.

Fuoss, R. M. 146, 180, 568, 578.

Furukawa Denki Kogyo K.K. 126.

Gärtner, H. 428, 437.

Gaston, A. B. M. 459.

Gäth, R. 266, 415, 481, 498.

Gates, G. H. 184, 347.

Gates, W. E. F. 462.

Gaver, G. van 316.

Gebrüder Bader K.G. 465.

Geier, H. 415.

Geigy Co. Ltd. 154.
General Aniline & Film Corp. 361.
General Electric Co. 66, 73, 118, 139, 151, 153, 154, 174, 177, 195, 196, 567, 576, 577, 579, 601, 602, 603.
Gerhart, H. 184.
Gerhart, H. L. 109, 175.
Gerstmann, E. 601.
Gerstner, F. 36, 92.
Ges. f. elektrotechn. Erzeugnisse m.b.H. 158, 171, 172, 179.
Ges. für Fabrikation u. Vertrieb von Gummiwaren Bogatir 30, 38, 255.
Ges. für Teerstraßenbau G.m.b.H. 613.
Gewehr, R. 261, 310, 337, 376, 474.
Gewerkschaft Keramchemie Berggarten 539, 541, 612.
Gibellio, M. 261, 486, 504.
Glavis, F. J. 54.
Gleim, C. E. 14.
Glenn L. Martin & Co. 118, 153, 259, 310.
Glenn, R. D. 378.
Gnüchtel, A. 258, 480.
Goebel, S. 68.
Goepp jr., R. M. 158, 348.
Göhring, J. 465.
Goldschmidt A.G., Th. 265.
Goodrich Co. B. F. 3, 9, 11, 12, 32, 45, 46, 50, 58, 77, 78, 80, 94, 105, 116, 118, 127, 129, 138, 141, 143, 149, 151, 153, 158, 163, 167, 170, 172, 174, 184, 190, 192, 194, 198, 259, 262, 266, 271, 308, 322, 415, 423, 429, 458, 478, 482, 483, 490, 500, 505, 533, 534, 567, 571, 608.
Goodyear Tire and Rubber Co. 610.
Gordon, W. E. 53.
Grabe, F. 391, 397, 442.
Graham, B. 121.
Grasmäder, H. 363.
Grassl, J. 252, 267, 268, 296, 297, 298, 311, 316, 324, 331, 421, 423, 424, 452, 470, 511, 517.
Gray, D. M. 133, 411, 488, 503, 516.
Gresham, W. F. 86.
Greshan, Th. A. 86, 151.
Grinsfelder, H. 501.
Groff, E. 617, 624.
Groll, H. P. A. 19.
Gröner, E. 419.
Grote, W. 231.
Gruber, W. 163, 302, 303, 375, 478, 622.
Grunwaldt, B. 307, 387, 400.
Guest, D. J. 457.
Guichard, R.-F. 440.

Hackert, W. W. 53.
Haehnel, W. 38, 81, 124, 255, 307.

Hagedorn, M. 57, 334, 361, 378, 524, 526, 581.
Hagen, G. 164, 350, 437, 446, 588, 608.
Hager, E. T. 619.
Halls, E. E. 499, 542, 586, 601, 606.
Hamann, K. 612.
Hamilton, G. M. 600.
Hamway, Ed. G. 501.
Hanford, W. E. 69, 70.
Hanschke, E. 40, 121, 149, 169, 171.
Hansen, J. 535.
Hardan, C. C. 616.
Harris-Seybold-Potter Co. 522.
Hartwich, O. I. 505.
Harvel Research Corp. 194, 200.
Harvey, M. T. 194, 200.
Harz, W. 551, 555, 557.
Haslam, J. 248.
Hauffe, O. 368, 449, 455, 525, 540, 605.
Haumann, A. H. 617.
Hausen, J. 609.
Hazel-Atlas Glass Co. 133, 488, 503, 516.
Hearne, G. 19.
Hebermehl, R. 169, 485.
Hecht, O. 257, 260, 262, 336, 376, 384, 472, 473, 477, 492, 495, 496.
Heering, H. 139, 575, 576, 584, 597, 600.
Heidersleben, Ch. 417, 430.
Heinrich, F. 537, 539.
Heitz, J. P. 184.
Heko-Werk 119.
Held, F. J. 198.
Hellermann, P. 587, 600.
Hengstenberg, J. 102.
Henley's Telegraph Works Co. Ltd., W. T. 570.
Hennicke, A. 617.
Henning, A. 402, 403, 548.
Hentrich, W. 478.
Herbig-Haarhaus A.G. 473, 482, 484, 485.
Hercules Powder Co. 43.
Herfeld 214, 539, 542.
Herfurth, O. 551, 552.
Hermes, H. 597.
Herold, P. 165, 166.
Herrmann, O. 413, 506.
Herrmann, W. 587.
Herrmann, W. O. 38, 81, 124, 255, 307.
Hetherington, J. A. 88.
Heuer, W. 90.
Hickson, J. A. D. 46, 77, 94, 102, 105.
Higham, H. 603.
Hild, W. 183, 502.
Hiley, R. M. 368.
Hill, J. W. 143, 386, 437, 444, 515.
Hiltner, J. R. 292.

Hinz, G. 362.
Hirt, M. 128, 287, 294, 320, 328, 360, 452, 579, 589.
Hirtz, J. 333.
Hofmeier, H. 230, 574, 579, 596.
Holstein 319, 431, 469.
Holzhausen, W. 298.
Homeyer jr., H. N. 500.
Hook, H. 190, 319, 430, 432, 558.
Hoover, F. W. 197.
Hopff, H. 34, 44, 45, 64, 65, 66, 68, 71, 72, 73, 94, 101, 107, 110, 112, 114, 256, 284, 306.
Horman, E. C. 592.
Horst, Frh. H. v. d. 165, 166, 463, 628.
Houwink, R. 223, 226, 282, 288, 595.
Howk, B. W. 83, 112, 143, 145.
Howlett, R. M. 174, 179, 180, 195, 197.
Huber, H. 615.
Hubert, E. 370, 381, 384, 385, 392, 399, 439, 551, 555, 557, 614.
Hultzsch, K. 148, 150, 153.
Hume, L. R. 615.
Humpfreys, G. W. 576.
Hunt, M. 36.
Hurdis, E. C. 115, 199.
Husemann, E. 21.
Hydro Plastics Ltd. of Putney 118.

I.G. Chemical Corp. 378.
I.G. Farbenindustrie A.G. 3, 4, 6, 13, 15, 18, 24, 29, 31, 34, 35, 36, 38, 40, 41, 42, 43, 44, 45, 47, 48, 49, 51, 52, 53, 54, 57, 63, 64, 65, 66, 68, 71, 72, 73, 74, 76, 77, 78, 84, 85, 87, 89, 90, 91, 93, 94, 95, 97, 98, 99, 100, 101, 102, 103, 104, 105, 106, 107, 108, 109, 110, 111, 112, 113, 114, 116, 117, 119, 120, 121, 122, 124, 125, 128, 129, 131, 134, 137, 148, 149, 151, 152, 155, 156, 157, 159, 160, 161, 164, 165, 166, 168, 169, 170, 171, 172, 173, 175, 176, 177, 178, 179, 182, 183, 185, 188, 190, 195, 200, 254, 257, 258, 260, 261, 262, 264, 266, 267, 268, 270, 272, 273, 274, 275, 277, 278, 279, 284, 285, 287, 288, 289, 290, 291, 292, 293, 294, 295, 296, 297, 298, 303, 305, 306, 307, 308, 309, 310, 311, 314, 315, 318, 319, 320, 323, 324, 328, 329, 332, 333, 334, 335, 336, 337, 341, 342, 343, 344, 346, 348, 349, 350, 352, 353, 354, 355, 356, 357, 360, 361, 363, 370, 371, 372, 373, 374, 376, 379, 380, 381, 382, 383, 384, 385, 386, 387, 388, 389, 390, 391, 396, 398, 399, 400, 401, 402, 410, 411, 412, 415,
417, 419, 421, 423, 424, 425, 426, 427, 428, 430, 432, 434, 437, 438, 439, 440, 441, 442, 445, 446, 447, 452, 454, 459, 460, 471, 472, 473, 474, 476, 477, 478, 479, 480, 481, 482, 485, 486, 487, 489, 490, 491, 492, 493, 495, 496, 497, 498, 499, 500, 501, 502, 504, 505, 507, 508, 510, 511, 517, 518, 520, 521, 522, 523, 524, 526, 529, 530, 531, 532, 533, 534, 535, 550, 551, 553, 554, 555, 557, 560, 561, 563, 569, 570, 575, 577, 579, 581, 582, 586, 588, 589, 590, 591, 598, 600, 601, 602, 603, 604, 606, 607, 608, 609, 612, 613, 614, 616, 619, 620, 623, 624, 625, 627, 628.
Igranic Electric Co. Ltd. 606.
Iloff, A. 77, 78, 124, 140, 190, 195, 275, 282, 288, 290, 292, 300, 301, 332, 337, 342, 473, 535, 582.
Imperial Chemical Industries Ltd. 3, 10, 13, 39, 45, 46, 54, 56, 58, 71, 77, 92, 94, 102, 104, 105, 116, 118, 123, 124, 125, 128, 129, 179, 184, 197, 201, 265, 271, 272, 274, 275, 304, 311, 321, 334, 347, 349, 353, 372, 374, 411, 417, 421, 424, 454, 457, 458, 466, 467, 471, 472, 528, 575.
Imperial Chemical Industries Ltd. of Australia and New Zeeland 117.
Industrial Footwear Ltd. 459.
Industrial Synthesis Corp. 322.
Interub S.A. 469.
Irvington Varnish and Insulation Co. 592.
Isaaes, E. 457.
Ivers, E. J. 556.

Jacobi, B. 30, 52.
Jacobson, R. A. 101, 112.
Jacqué, H. 122, 264, 266, 275, 288, 302, 311, 323, 337, 355, 356, 357, 360, 372, 373, 386, 398, 399, 423, 432, 437, 440, 442, 481, 511, 572, 586, 590, 598, 603.
Jander, J. 314.
Janssen, A. 146, 148.
Japs, A. B. 11, 129.
Jehle 392, 439, 551.
Jenckels, E. 30.
Jensan, C. D. 564.
Jetzer, R. 621.
Joachim, K. 415.
Johnson, A. I. 17.
Johnson, A. W. 488.
Johnson, F. W. 65.
Jones, A. D. 265.
Jones, A. R. 246.
Jones, D. G., 10, 59, 472.

Jones, H. 154.
Jones, J. L. 112.
Jordan, O. 107.
Jordan, P. 600.
Jorling, J. H. 511.
Joyce, R. M. 81.
Jung, A. 524, 526.

Kabel- & Metallwerk A.G. 519.
Kabel- & Metallwerke Neumeyer A.G. 234, 619.
Kabelwerk Duisburg 598.
Kainer, F. 83.
Kainer, H. 1, 83, 138, 145, 150, 152, 159, 165, 171, 207, 210, 255, 280, 282, 292, 294, 309, 310, 318, 340, 351, 372, 401, 414, 426, 474, 479, 490, 496, 503, 523, 528, 532, 535, 538, 539, 547, 548, 551, 552, 557, 560, 573, 578, 580, 588, 593, 605, 607, 612, 617, siehe auch F. Krczil.
Kainz, K. 24, 472, 478, 485, 563.
Kaiser, W. 173, 478.
Kalb, E. 7.
Kallander, E. L. 499.
Kalle & Co. A.G. 413, 516, 522.
Kamenski, M. W. 629.
Kamin, Ch. G. 132.
Kämmerer, H. 30.
Kauppi, T. A. 168, 177, 178.
Kayser, C. 551, 555, 557.
Kech, H. 464.
Kendall Co. 500.
Kenyon, W. O. 304.
Kern, E. 273, 278, 495.
Kern, W. 30.
Kester, E. B. 163.
Ketchum, B. H. 495.
Keutner, E. 592.
Keyssner, E. 73.
Kiesskalt, S. 563.
Kihm, G.-A. 411.
Kinzinger, S. M. 512.
Kirby, J. E. 74.
Kirst, W. 307, 328, 363, 388, 391, 400, 401.
Kittler, A. 291, 298.
Klant, H. 547.
Klatte, F. 1, 7, 8, 10, 14, 36, 57, 282.
Klebanski, A. L. 3.
Kleider, E. 441.
Klein, A. F. 389.
Kleine, J. 392.
Kleinewefers Söhne, J. 319.
Klimenkow, W. S. 74.
Klimkowa, A. F. 468.
Kline, G. M. 301.
Klinger, E. 620.
Klopers, H. 485.

Klute, F. 584.
Kochs-Adlernähmaschinen-Werke A.G. 435.
Kodak-Pathé 606.
Kohle- und Eisenforschungs-G. m.b.H. 541, 614.
Kollek, L. 196, 278, 282, 370, 491, 549, 609.
Komarow, W. P. 2.
Korotkewitsch, S. B. 2.
Koschelev, F. F. 74.
Köster, E. 391.
Kötitzer Ledertuch- & Wachstuch-Werke A.G. 429, 452.
Koslew, N. 16, 629.
Kotschergin, S. M. 629.
Kraft & Weichardt 433.
Krannich, W. 206, 209, 210, 212, 224, 225, 226, 280, 288, 319, 322, 326, 330, 365, 403, 439, 497, 498, 519, 533, 535, 536, 539, 543, 544, 545, 548, 559, 564, 595, 609.
Kränzlein, G. 86, 87, 109, 114, 477.
Krczil, F. (siehe auch F. Kainer) 3, 11, 30, 37, 42, 55, 57, 63, 70, 84, 87, 99, 107, 108, 120, 528.
Krekeler, H. 231.
Krieger, W. 522.
Kroger, G. 362.
Kropa, E. L. 199.
Krzikalla, H. 561.
Kuettel, G. M. 283.
Kühn, E. 34, 44, 64, 65, 72, 73, 94, 101, 107.
Kühne, R. 516.
Kühne, W. 166.
Kunze, W. 547.
Kusto, Kunststoffverarbeitung G.m.b.H. 435.
Kyle, A. G. 484.

La France, D. S. 19.
La Verne E. Chayney 131, 151, 192, 195, 411, 412, 413, 510.
La Verne N. Bauer 531.
Lamela, W. F. 598.
Lampert, G. 113, 190, 319, 430, 432, 558.
Lampert, U. 113.
Lane Co. 505.
Lang, J. R. 14.
Larson, A. T. 67.
Laughlin, E. R. 410.
Lawrence, R. R. 180.
Lawson, W. E. 31, 32, 39, 41, 107, 410, 451, 493, 611.
Le Claire, C. D. 128.
Le Fevre, W. J. 90, 102, 105.
Le Roy Scott, S. 144.
Leatherman, M. 416, 419, 420.

Leder, D. J. 86.
Lee, J. A. 138.
Lefebure, V. 411, 417, 458.
Leilich, K. 182, 565, 591.
Leiss, F. 304.
Lepsius, R. 25.
Les Industries Musicales et Electriques Pathé-Marconi 624.
Leschhorn, O. 176, 295.
Levy, W. J. 129, 353.
Lewin, S. L. 454.
Lewis, J. 77.
Libbey-Owens-Ford Glass Co. 112.
Lichtey, J. G. 167.
Light, L. 72, 476.
Lindner, F. 307.
Lindsay jr., R. W. 144.
Lintner, J. 168, 258, 348.
List, H. 187.
Liwak, J. E. 166, 295.
Löblein, F. 211, 212, 288, 325, 453, 536, 555.
Lockhart, L. B. 246.
Löffler, J. 537.
Lonza Elektrizitätswerke & chemische Fabriken 202.
Lonza Usines Electriques et Chimiques S.A. 318, 350, 464, 532, 622.
Lorenz, W. 613.
Losew, I. P. 85, 104.
Lowry, Ch. E. 467.
Ludwig, O. R. 200.
Lüer, H. 613.
Lutz, H. 549, 550, 559.
Lützkendorf, W. 306.
Lynnwood Laboratories Inc. 489.

Machemer, H. 163, 478.
Maier, C. E. 516.
Maier, L. E. 503.
Mairowsky & Co., A.G. 577.
Majert, H. 501.
Maltzahn, M. 594.
Manchen, F. 157, 346, 421, 432, 446, 447, 529, 533, 591, 608.
Manchester, B. F. H. 412.
Manicinelli, M. 316, 466.
Manufactures de Caoutchouc P. Lacollengl 165.
Manufacture des Glaces et Produits Chimiques de St. Gobain, Chauny & Cirey 33.
Marco Chemicals Inc. 115, 198.
Mark, H. 146, 148.
Marple, K. E. 167, 178.
Martens 241.
Martin, E. L. 75.
Martin, T. W. 59.
Martin Co., Gl. L. 153.
Martynowa, L. 354.

Marutjan, S. 16.
Marvel, C. S. 24, 59, 256.
Maslanka, E. 265.
Mason, M. W. 414, 486.
Matthe, G. 264, 417.
Mathieson Alkali Works Inc. 18.
Mayer, F. R. 328.
McBurney, J. D. 426.
McDonald Printing Co. 511.
McGill, J. H. 304.
McGillicuddy, A. J. 179.
McGillivrey, W. 54.
McGillivrey Morgan, W. 54, 197, 334, 424.
McGrew, P. C. 42, 101.
McIntrye, E. B. 180, 276.
McKenzie, W. B. 566.
Mead, D. J. 146.
Meaker, J. W. 435, 468.
Medwedew, S. S. 74.
Meeder, K. 574, 588, 595.
Mehnert, K. 563.
Meixner 234.
Meixner, F. 519, 619.
Menger, A. 460, 496, 499, 529. 530.
Mentz, P. 595.
Merkle, F. O. 350, 446, 529, 591.
Merrick, A. W. 618.
Merrill, L. K. 332.
Metallgesellschaft A.G. 170, 184.
Mettivier, R. H. 44, 496.
Mettivier Meyer, R. H. 4, 20.
Meyer, F. 612.
Meyer, F. R. 305, 361.
Meyer, G. 134, 479.
Mienes, K. 280, 320, 327, 433, 438, 439, 465, 510, 527, 543, 547, 549, 556, 625.
Miller, H. F. 73.
Miller, R. F. 225, 227.
Mincher, E. L. 135.
Minnesota Minig & Mfg. Co. 619.
Minsk, L. M. 86.
Mitchell jr., P. J. 410.
Mittag, R. 522.
Moffet, E. W. 83.
Moll, H. W. 131.
Monsanto Chemical Co. 12, 65, 97, 116, 131, 136.
Montecatini 118.
Monteclair Research Corp. 200.
Morey, G. H. 475.
Morgan, I. B. 102.
Morgan, L. B. 54, 77, 197, 334, 424, 457.
Morwy, D. T. 65.
Mullen, Th. E. 264, 417.
Müller, H. 36, 57, 139, 172, 575.
Müller, Ph. 506.
Müller-Cunradi, M. 498, 502, 529.

Münzinger, W. M. 146, 148, 152, 181, 444, 445, 446, 477, 483.
Muskat, I. E. 115, 198.
Myles, J. R. 129, 353.

N. V. de Bataafsche Petroleum Mij. 4, 18, 20, 44, 49, 50, 69, 79, 80, 106, 127, 130, 139, 284, 393, 394, 412, 508, 526, 533, 570, 581.
N. V. Industrielle Mij. v. h. Noury van der Lande 494.
N. V. Kunstzijdenweverij Geldermann jr. 519.
N. V. Pope Metaaldraadlampenfabriek 593.
Narracott, E. S. 170.
National Carbon Co. 331, 542, 603, 604.
National Dairy Products Corp. 143.
Naugatuck Chemical Corp. 14.
Neher, H. T. 54, 531.
Neidig, C. P. 175.
Nelles, J. 131, 160, 478, 496, 498.
Nelson, A. A. 616.
Newberg, R. S. 174, 175, 179, 180, 193, 195.
New York-Hamburger Gummiwaren-Fabrik 118, 119.
Newlands, G. 248.
Nicolas, H. 573.
Nie, W. L. J. de 4, 20, 44, 394, 526.
Niederhauser, J. 390, 401, 436.
Niederrheinische Maschinenfabrik Becker & van Hüllen 309.
Niemann, G. 278.
Nieuwland, J. W. 16, 17.
Nikulina, W. G. 45.
Nimwegen, G. van 619.
Nissin Chemical Co. 117.
Nissing, K. 330, 483.
Nitsche, R. 221.
Nollau, E. H. 427.
Nordlander, B. W. 567.
Norton Grinding Wheel Co. Ltd. 107, 620.
Nottebohm, C. 445, 450.
Nowak, P. 225, 228, 240, 241, 242, 243, 244, 245, 248, 365, 367, 564, 574, 579, 581, 582, 588, 596.
Nussbaum, J. 495.
Nüssler, W. 519, 619.

Oakes, B. I. 619.
Oconite Co. 598.
Olien Property Custodien 258.
Oreschkow, L. A. 454.
Orthner, L. 95, 113, 334.
Oschatz, F. 257, 260, 262, 336, 376, 472, 473, 477, 491, 492, 495, 496.

Osnabrücker Kupfer- & Drahtwerk 587.
Ossenbrunner, A. 361.
Ostermayer, H. 54.
Ostromisslensky, I. 2, 14, 28, 30, 38, 39, 255, 345, 529.
Otto, M. 498, 502.
Owens, R. St. 395.

Pabst, H. 206, 211, 212, 218, 222, 223, 224, 225, 226, 384.
Paetsch, H. 171.
Page, R. L. 153, 164.
Pannwitz, W. 64.
Panzerbieter, G. 606.
Papierfabrik Günzach G.m.b.H. 506, 512.
Parks, C. R. 131.
Parnitzke, K. H. 319.
Paselli, P. 148, 152, 291, 300, 326, 332, 343.
Patentverwertung G.m.b.H. Hermes 192, 294, 588, 597.
Patnode, W. I. 579, 601, 602.
Paton, O. G. 66.
Patterson, J. R. 192.
Pawlow, P. I. 284.
Pawlowitsch, P. I. 2, 31, 38, 45, 354.
Pe-Ho-Ges. m.b.H. 616.
Pearce, St. F. 179, 201, 372, 374, 472.
Perkins, G. 17.
Perona, J. A. 200.
Perrin, M. W. 66.
Peterson, M. D. 67.
Petke, F. E. 389.
Petrokubi, O. L. 379, 387.
Petrow, G. S. 192.
Pfaff A.G., G. M. 434.
Pfefferl, A. W. 409.
Pharmakon Ges. f. Pharmazeutik & Chemie G.m.b.H. 63.
Phalps Dodge Copper Products Corp. 566.
Philips Gloeilampenfabrieken 570.
Phillips, H. A. de 507.
Phillips Petroleum Co. 20, 133.
Phillipson, M. 10.
Phrix Arbeitsgemeinschaft 557.
Pierce Plastic Inc. 118.
Pirelli-General Cable Works Ltd. 576.
Pirelli Soc. per Azioni 316.
Pittenger, J. E. 174, 194.
Pittsburgh Plate Glass Co. 32, 83, 106, 109, 175, 184, 414, 486, 505.
Plastergon Wall Boards Co. 476.
Platt, H. 428.
Platunon, K. N. 468.
Plauson, H. 7, 14, 29, 490.
Plauson's Forschungsinstitut G.m.b.H. 7, 29.
Plotnikow, J. 27.

Pollard, N. L. A. 576.
Pollet, W. F. O. 570.
Potter, H. 418.
Powel, G. M. 491.
Powel, W. S. 264, 417, 491.
Preusser, H. M. 153, 164.
Prillwitz, H. 492.
Prober, M. 81.
Pro-phy-lac-tic Brush Co. 620.

Quarles, R. W. 84, 199, 254, 259, 262, 264, 486.
Quarthel, K. 128, 287, 294, 319, 360, 452, 579, 589.
Quaryle, J. C. 603.
Quattlebaum, W. M. 139.

Raab, A. van 630.
Rachow, K. 457.
Radcliffe, M. R. 352.
Radio Corp. of America 626.
Radiochem.ForschungsinstitutG.m.b.H. 490.
Rainard, L. W. 143.
Rapp, W. 114, 284.
Rautenstrauch, C. W. 45, 66, 68, 71, 94, 112.
Recklinghausen, H. v. 396.
Redlhammer, H. 119.
Reid, E. W. 88, 498.
Reid, M. C. 147.
Reilly, H. 261.
Reilly, J. H. 19.
Rein, H. 190, 289, 293, 305, 306, 381, 385, 392, 393, 399, 436, 439, 551, 553, 557, 560, 614.
Reinhardt, R. C. 53, 76, 261.
Reinicke, H. 258.
Renault, 1, 2, 27.
Renfren, A. 274.
Reppe, W. 73, 95, 97, 164, 257, 260, 262, 336, 376, 472, 473, 474, 477, 492, 495, 496, 497, 498.
Reuber, R. 95, 334.
Reuter, L. F. 141, 143.
Resinous Products & Chemical Co. 150, 175.
Reynolds Research Co. 340.
Reyolle & Co. Ltd., A. 601.
Rheinische Gummi & Celluloid Fabrik 314.
Rhodius, Schmeding & Co. 441.
Richter, H. J. 143, 145.
Richter, S. u. K. A. 152.
Rieche, A. 149, 169, 258, 441, 480.
Riehl, W. 600.
Ritzenthaler, B. 64.
Roalf, H. 527.

Robert Bosch G.m.b.H. 621.
Robertson, H. F. 412.
Rodman, F. R. 426, 427, 429.
Rodo, K. 126.
Roedel, M. J. 69.
Rogers jr., Th. H. 140, 141, 142, 143, 425.
Röhm, O. 108, 309, 419, 531, 606.
Röhm, R. 224, 226, 607.
Röhm & Haas A.G. 123, 124, 125, 283, 615, 623.
Röhm & Haas Co. 54, 292, 531.
Röhm & Haas G.m.b.H. 33, 307, 387, 419.
Roland, J. R. 67, 69, 70, 84.
Rolle, C. J. 487, 504.
Römer, E. 148, 150, 153, 547.
Rooney, J. H. 607.
Rosenthal, L. 497, 533.
Rosner G.m.b.H., C. F. 448, 460, 461, 465.
Rössler, K. 190, 289, 293.
Rost & Co., H. 118, 190, 319, 321, 430, 432, 558, 561.
Roy, M. F. 24, 256.
Royal Lace Paper Works 364.
Rubber Improvement Co. 116, 118.
Ruben, S. 603, 605.
Ruebensaal, C. R. 121, 164, 267, 275, 312, 324, 343, 453, 457, 464.
Rugeley, E. W. 371, 379 387 599.
Rüger & Mallon K.G. 118 119.
Ruggeri G. A. 316 466.
Rumbach, B. 30.
Russell, J. J. 153, 154, 177.
Rust, J. B. 200.

S. A. Marco Aeroplano 448, 455.
Saechtling, Hj. 204, 207, 214, 215, 217, 218, 219, 250, 252, 253, 269, 270, 297, 298, 299, 300, 301, 464, 561, 609.
Safford, M. M. 135, 567, 598, 603.
Sagel, H. A. 544, 563, 609.
Sakuma, N. 126.
Salewski, E. 221.
Salzberg, P. L. 133.
Sämig, R. 428, 437.
Sample, J. H. 24, 256.
Sandborn, L. Th. 107, 493.
Sandhaas, W. 13.
Sandler, J. 187.
Sans, M. 36.
Sarge, T. W. 368.
Sarx, H. F. 130, 136, 261, 474.
Sauer, J. M. 81.
Sav-Way Ind. 629.
Schäfer, R. 307, 328, 363, 388, 389, 400, 614.
Schaff, G. E. 275.

Scharf, E. 275, 480, 498.
Schatzel, R. A. 589, 591.
Schering A.G. 362.
Schertz, G. L. 59.
Schirm, E. 478.
Schlieper & Braun A.G. 363.
Schlitzer, G. 435.
Schmadel, F. 314.
Schmerling, B. M. 451.
Schmid, A. 538.
Schmidt, F. 292, 320, 327, 329, 354, 569, 577, 582, 591, 599, 616, 628.
Schmidt, J. A. 192.
Schmidt, P. 147, 246, 269.
Schmidt, W. 157, 346, 421, 432, 446, 447, 529, 533, 591, 608.
Schmitz, H. P. 379.
Schnecko, O. 504.
Schneider, O. 620.
Schneiders, J. 23, 24, 26, 31, 59, 202, 282, 472, 474.
Schneller, K. 279.
Schnitzler, E. 501.
Schoeller, A. 458.
Schoenfeld, F. K. 45, 50, 184.
Schönburg, C. 120, 122, 334, 336, 370, 380, 497, 505, 529.
Scholz, H. 34, 44, 64, 65, 72, 73, 94, 101.
Schoppenmeyer, W. 506.
Schröder, W. 230.
Schultze, G. 493.
Schulz, G. 21.
Schumann, H. 629.
Schwarz, A. 559, 604.
Schwenn, G. 419.
Scillo 435.
Scott, T. R. 573.
Scott, W. 137.
Sears, W. C. 25, 567.
Semon, W. L. 322, 429, 534, 574, 608.
Senderens, J. B. 4.
Severin, E. 629.
Shapiro, C. L. 127, 489.
Shaver, E. W. 32, 45.
Shell Development Co. 5, 17, 19, 167, 178, 200, 262, 394.
Shenectady Varnish Co. 577.
Shiomi, T. 126.
Shriver, L. Cl. 31, 89.
Siemens & Halske A.G. 591, 593, 594, 600, 603, 606.
Siemens-Apparate & Maschinenbau G.m.b.H. 601.
Siemens-Schuckertwerke A.G. 118, 139, 158, 172, 173, 2 5, 320, 321, 329, 383, 571, 575, 576, 583, 584, 586, 590, 591, 592, 598.
Silesia Verein chem. Fabriken 412, 484, 539.

Silpert, L. N. 468.
Simone, G. de 222, 464.
Sirot, A. 508, 515, 533, 536, 539, 555, 594, 613.
Skarda, H. 140, 190, 195, 275.
Slaughter, C. E. 302.
Sloane-Blabon Corp. 610.
Slotterbeck, O. C. 175.
Smeykal, K. 165, 166.
Smith, C. N. 603.
Smith, F. B. 168, 177, 178.
Smith, L. M. 472.
Smith, R. E. 83.
Snyder, Ch. 419.
Soc. An. des Etablissements Ricalens 449.
Soc. An. des Manufactures des Glaces et Produits Chimiques de St. Gobain, Chauny & Cirey 12, 36, 395, 525.
Soc. An. des Pneumatiques Dunlop 621.
Soc. An. des Usines de Melle 32.
Soc. An. Italiana Duco 492.
Soc. An. Marca Aeroplano 316.
Soc. An. Resine syntetiche Adamoli 454, 462.
Soc. Belge de l'Azote et des Produits Chimiques du Marley Soc. An. 9, 48, 94, 106, 118, 119.
Soc. Chimique de Gerland S. A. 171, 276, 333.
Soc. d'Electricité et des Méchanique-Procédés Thomson-Houston 158.
Soc. d'Electricite et des Méchanique-Procédés Thomson-Houston van den Verehove & Carels 567, 577.
Soc. de la Viscose Française 516.
Soc. des Usines Chimiques Rhône-Poulenc 143, 158, 184, 258.
Soc. Industrielle de la Cellulose 368.
Soc. Industrielle Rémoise du Linoleum Sarlino 448.
Soc. Italiana Pirelli An. 316, 466, 599.
Soc. Paravinil 398, 469, 519, 558, 621.
Soc. Rhodiaceta 259, 262, 331, 336, 377, 383, 390, 391, 397, 438, 442, 473, 562.
Soc. Rhovyl 377.
Soc. Salpa Française 171, 178, 447.
Solvay & Cie. 6, 8, 117, 118.
Sönke, H. 113, 254.
Sorg, E. H. 153.
Sosser, R. C. 20.
Sparks, W. J. 149, 150, 196.
Spencer, R. S. 146.
Spessard, Cl. J. 259, 262, 264, 425, 486, 498.
Spoun, F. 279.
Spraytex Ltd. 454.

Ssapilewski, P. F. 468.
Ssarajewa, L. A. 468.
Stabelau Chemical Co. 136.
Stadler, R. 13.
Staeger, R. 157, 478.
Stahn, R. 396, 398.
Staley, R. W. 139.
Standard Oil Co. 193.
Standard Oil Development Co. 70, 131, 174, 175, 195, 196, 201.
Standard Telephone and Cables Ltd. 573.
Stanley, H. M. 14.
Stannin, Th. E. 104.
Stanton, G. W. 527.
Stanton, R. B. 127, 467.
Starck, W. 24, 42, 51, 93, 95, 97, 417, 480.
Stärk, H. 87, 114, 477, 533.
Stather, F. 214, 539, 543.
Staudinger, H. 21, 23, 24, 26, 31, 59, 202, 282, 472, 474.
Staudinger, H. P. 35.
Staudinger, J. J. H. 50, 96, 111.
Stein, R. 146.
Steinbrunn, G. 110.
Steinhaus G.m.b.H. 562.
Stell, W. O. 197, 454, 466, 467.
Stephans, L. R. 197, 454, 466, 467.
Stevenson, J. K. 151.
Stöcklin, P. 146.
Stoeckhert, Kl. 147, 233, 369.
Stoner, F. R. 411, 489.
Stoner-Mudge Inc. 488, 489, 601.
Stoops, W. N. 204, 221, 304, 362, 387, 437.
Stoutjesdijk, L. C. 148.
Stowell, E. 378, 389, 393, 398, 401, 436, 441, 516.
Strain, F. 32.
Strauch, H. 607, 612.
Strehle, K. 539.
Strother, C. O. 263, 481.
Stuchlik, R. E. F. 259, 336, 377.
Subko, N. A. 629.
Supinski, B. de 259.
Suprenant Electrial Insulating Co. 592.
Surgident Ltd. 509.
Susich, G. v. 129.
Sutherland, L. T. 153.
Svenska Olejeslageriaktiebolaget 152.

Tacke, C. 466.
Taft, G. H. 483.
Taylor, H. 311.
Telefunkenplatte G.m.b.H. 629.
Telegraph Construction & Maintenance Co. Ltd. 590.
Ten Broek jr., W. T. L. 317.

Teusi, K. 280.
Texproof Ltd. 418.
Textileather Corp. 501.
Textilgesellschaft Weißbach 118.
The Distillers Co. 32, 34, 35, 50, 60, 111, 237, 238.
The General Tire & Rubber Comp. 83.
Thiel, K. 504.
Thielkind, R. H. 577.
Thinius, K. 20, 23, 38, 43, 44, 46, 47, 49, 148, 159, 220, 239, 240, 258, 267, 274, 306, 341, 370, 451, 455, 464, 472, 480, 492, 523, 536, 627.
Thomas, P. 594, 616.
Thron, H. 614.
Tishennor, R. L. 146.
Tobolsky, A. V. 146.
Tone, F. J. 619.
Tootal Broadhurst Lee & Co. 418.
Treibs, A. 258.
Trimborn, F. 420, 430, 431, 435
Trommsdorff, E. 288, 595.
Trumbull, H. L. 483.
Tucker, H. 32.
Turner, H. T. 121.
Turner, L. W. 87.
Turner jr., A. 146, 148.
Tuttle, F. J. 163.
Tyce, G. C. 411, 458.
Tylman, S. D. 615.

U. S. Stoneware Co. 611.
Überschuß, K. 606.
Ullricht, H. 466.
Union Carbide and Carbon Chemicals Corp. 90, 372, 412, 475, 604.
Union des Fabriques des Textiles Artificials Fabelta Soc. An. 3.
United Shoe Machinery Co. d'Italia 468.
United States Rubber Co. 115, 199.
Unruh, C. C. 86.

Vanderbilt, B. M. 175.
Veith, O. 150, 574, 589, 597.
Venditor Kunststoffverkaufs-Ges. 118, 119, 206, 211, 212, 218, 222, 223, 224.
Vickers, R. D. 140, 141, 142, 143, 425.
Victor Division 626.
Vielle, J. A. 14.
Vital Schuh-Ges. 118, 465.
Vlugter, I. C. 4, 20, 44.
Vohrer, H. 321, 556.
Voigt, P. 223, 402, 403, 407.
Vollmann, H. 477.
Vonbank, J. 321.
Voss, A. 29, 38, 51, 89, 90, 91, 93, 95, 97, 98, 109, 415, 480.

Wachholtz, F. 252.
Wacker, Ges. f. elektrochem. Ind., Dr. A. 9, 10, 11, 13, 15, 20, 24, 31, 36, 38, 49, 81, 92, 94, 99, 116, 118, 119, 124, 125, 152, 155, 156, 162, 163, 176, 177, 180, 183, 188, 261, 276, 284, 295, 302, 303, 318, 321, 323, 328, 331, 346, 355, 375, 377, 380, 383, 384, 431, 440, 449, 461, 466, 474, 478, 480, 494, 495, 499, 507, 517, 519, 550, 562, 614, 621.
Wagner, H. 130, 136, 261, 474, 588, 595
Wajutzki, S. S. 479.
Waldes Kohinoor Inc. 456.
Walker, W. 607.
Wallace jr., J. M. 130, 131, 137, 353.
Walter, E. 232.
Warren, R. F. 629.
Watermann, H. I. 394.
Watson, B. W. 199.
Waugh, G. P. 304.
Weber & Schulz 119.
Webster, J. 590.
Weckwerth, F. 549.
Wehr, W. 298, 517, 623, 624.
Weihe, A. 170, 368, 508, 560, 575.
Weiler, J. F. 18.
Weissbrod, L. 381.
Weissenborn, A. 169.
Weitbrecht, G. 621.
Welbourn, H. R. 603.
Wenck, C. 593.
Wernecke, H. J. 537.
Werner, K. 147, 150, 446.
Werntz, I. H. 31, 39, 63.
Weston, B. M. 563.
Wheelock, G. L. 184.
White Dental Mfg. Co. 618.
Wibaut, J. P. 8.
Wick, G. 24, 53, 54, 94, 95, 122, 140, 185, 190, 252, 267, 268, 274, 275, 282, 288, 289, 290, 291, 293, 296, 297, 298, 300, 301, 311, 316, 324, 331, 332, 342, 350, 379, 421, 423, 424, 438, 447, 452, 470, 471, 472, 478, 485, 511, 517, 535, 547, 563, 579, 582, 602, 613.
Wiedertom, N. 146.
Wienand, H. 518.
Wiessner, P. 322.
Wiley, R. M. 76, 77, 81, 167, 285, 295, 351, 473.

Wilkins & Denton Ltd. 459.
Williams, E. G. 66.
Williams, Th. V. 263, 417.
Willmanns, G. 524.
Wilmanns, G. M. 57.
Wilson, A. L. 304, 362, 387, 437.
Windeck-Schulze, K. 382.
Wingfoot Corp. 14, 100, 112, 113, 129, 130, 131, 137, 138, 140, 141, 142, 143, 167, 192, 195, 317, 353, 411, 412, 413, 425, 462, 510.
Winter, F. 541.
Winter, R. M. 3, 6.
Wippenhohn, H. 326, 543, 544, 545, 559.
Wolf, R. E. 259.
Wolfe, J. E. 308.
Wolff, W. 99.
Wolk, I. L. 20, 133.
Wolsey Ltd. 51.
Wood, L. 184, 311.
Wood, W. H. 522.
Woodhead & Sons Ltd., J. 484.
Woodwell, Ch. E. 619.
Wörmag, E. 494.
Wredden, J. V. 606.
Wright, J. G. E. 174, 308, 310, 352, 381, 597.
Wulff, K. 273, 355, 384, 550.
Wunderer, A. 516.
Würstlin, F. 182.
Würtz, A. 2.

Yngwe, V. 136, 138.
Young, Ch. O. 3, 30, 31, 33, 90, 133, 334, 474, 497.
Young, D. M. 139, 149, 150, 174, 193, 195, 196.
Young, D. W. 179, 180.
Young, G. H. 488, 601.

Zart, A. 370, 382, 397.
Zbivukhin, S. M. 85, 104.
Zebrowski, W. 280.
Zeidler, G. 435.
Zeuftmann, H. 528.
Zöhrer, K. A. 236.
Zollinger, Hch. 8, 17, 26, 30, 123, 202, 203, 255.
Zorn, E. 322.
Zychlinski, B. v. 307.

Sachverzeichnis.

Abdeckhauben für Schweißgeräte 408.
Abdeckstoff, Weich-Mipolam 563.
— für galvanische Bäder 563.
Abdichten von Lunkern 562, 563.
Abdichtung von Tunnelgewölben 614.
Abdruckmasse 528.
Abformen von Hochreliefs 522.
Abgase, Verhalten
  gegenüber Astralon 218; Guttasyn
  219; Igelit MP 218; Igelit PCU 218;
  Polyvinylchlorid 218; Vinidur 218,
  219; Vinylchlorid-Mischpolymerisa-
  ten 218; Weichmipolam 218, 219.
Ablaufrinnen 543.
Abmessungen von Vinidur-Rohren 326.
Abnutzung von Polyvinylchlorid-Sohlen
  465.
Abriebfestigkeit
  von Kunstleder 451, 454, 456; Mipolam-Fußbodenbelag 609, 610; Po-
  lyvinylchlorid 469, 621; Schuhober-
  teilen 467.
Abspaltung von Chlorwasserstoff aus
  Dichloräthan 1, 2; Polyvinylchlorid
  126, 131, 144, 223, 229, 230, 287, 293.
Absperrhähne 547.
Absperrorgane 547.
Absperrventile 547.
Abstandhalter 592, 593, 594.
—, rohrförmige 594.
— aus nachchloriertem Polyvinylchlo-
  rid 593; Polyvinylchlorid-Bändern
  593; -Fäden 593, 594; -Folien 593,
  594; Vinylchlorid-Mischpolymerisa-
  ten 594.
Abtrennung von Polyvinylchlorid aus
  Reaktionsmischungen 52.
Abwaschbares Papier 410.
Abzugsanlagen 543.
Acenaphthylen, Mischpolymerisation
  mit Vinylchlorid 73.
Acetal-Weichmacher 169.
Acetalisierung
  von Vinylchlorid-Vinylacetat-Misch-
  polymerisaten 254; Vinylchlorid-
  Vinylalkohol-Mischpolymerisaten
  254.
Acetobenzoylperoxyd 67.
Acetonlösliches Polyvinylchlorid 56.

Acetopersäure 87, 101.
Acetylbenzoylperoxyd 69, 92.
Acetylen
  Kondensation mit Chlorwasserstoff
  1, 7, 8, 9, 10, 11, 12, 13, 14, 15, 16;
  Mischpolymerisation mit Vinylchlo-
  rid 63; Umsetzung mit Dichloräthan
  18.
Acetylenalkohole 45, 71, 75.
Acetylencarbonsäuren, Mischpolymeri-
  sation mit Vinylchlorid 87.
Acetylenkohlenwasserstoffe 63.
Acetylperoxyd 31, 32, 67, 69, 71, 89, 92,
  114.
Acetylpersäure 91.
Aconitsäureester, Mischpolymerisation
  mit Vinylchlorid 113.
Acroleindiacetat, Mischpolymerisation
  mit Vinylchlorid 86.
Acronal D 500 505.
Acrylsäure 61, 126.
—, Mischpolymerisation mit Vinylchlo-
  rid 98, 100.
—-Vinylchlorid-Mischpolymerisate 98.
— zum Lackieren von photographi-
  schen Schichten 524.
Acrylsäureäthylester 62.
—, Mischpolymerisation mit Vinylchlo-
  rid 99; mit Vinylchlorid und Vinyl-
  estern 97.
Acrylsäurebutylester 62.
—, Mischpolymerisation mit Vinylchlo-
  rid 98, 99.
Acrylsäurederivate, Mischpolymerisa-
  tion mit Vinylchlorid 60, 98, 99, 100,
  101, 102, 104.
Acrylsäurederivat-Vinylchlorid-Misch-
  polymerisate 98.
—, Folien 334.
Acrylsäuredodecylester, Mischpolymerisation mit Vinylchlorid 100.
Acrylsäureester, Mischpolymerisation
  mit Vinylchlorid 98, 99, 100, 101,
  102, 103, 104.
—-Vinylchlorid-Mischpolymerisate 98,
  99, 100, 101, 102, 103, 104.
—, Eigenschaften 98, 99, 104, 355;
  Elastizität 221; Härte 221; Kältebeständigkeit 169, 221; Nachchlorie-

rung 125; Stabilität 131; Stoßfestigkeit 354; Verseifung 256;
Weichstellen 171.
Acrylsäureester für elektrische Isoliermassen 100; Fäden 371, 382; Filme
334, 340, 341, 344, 345, 351; Folien
334, 337, 338, 340, 341, 344, 345,
351; Fußbodenbelag 609; Impräg-
nierstoffe 100; Isolierlacke 100;
Klebstoffe 100; Lacke 476; Preßmassen 100, 288; Rohre 327, 328,
329; Schallplatten 623; Schläuche
318, 321, 586; Zwischenschichten
bei photographischen Filmen 523.
— in der Dentaltechnik 616, 617.
— mit Formaldehyd-Harnstoff-Harz
196; Polymerisaten 196, 197.
— zum Lackieren von Drähten 577.
— zur Behälterauskleidung 523; Kabel-
isolation 100, 591.
Acrylsäureketoester 100.
Acrylsäuremethylester 101, 102, 103.
Acrylsäurenitril 62.
—, Mischpolymerisation mit Vinylchlo-
rid 98, 100, 101, 102.
—-Vinylchlorid-Mischpolymerisate 98,
100, 101, 102.
—, Weichmachung 170.
Acrylsäureoctylester 99, 100, 103.
Acrylsäureoleinalkoholester 100.
Acylierte Ricinolsäureester 162, 163, 349.
Acyliertes Ricinusöl 348.
Acyloine 112.
Aderisolation 588, 590, 591.
Aggressive Gase
Verhalten gegenüber Astralon 218;
Guttasyn 219; Polyvinylchlorid 218;
Vinylchlorid-Mischpolymerisaten
218; Weichmipolam 219.
Akkumulatoren 604, 605.
Akkumulatorenkasten 604, 605.
Akkumulatorenscheider 605.
Aktentaschen 456.
Aktivatoren 33.
Aktive Kohle 4, 10, 11, 12, 13, 14, 18,
73, 95, 97.
Aktives Tonerdegel 3.
Akustisches Isoliermaterial 550.
Aldehyde, Umsetzung mit Vinylchlorid-
Mischpolymerisaten 253.
Aliphatische Kohlenwasserstoffe, Weich-
macher 170, 171.
Alkalische Verseifung von Dichloräthan
2, 3.
Alkenylbernsteinsäureester 153.
Alkoxybenzoylperoxyde 32, 45.
Alkoxybuttersäurevinylester 96.
Alkoxyfettsäurevinylester 96.
Alkydharze, Mischpolymerisation mit
Vinylchlorid 115.

Alkydharze, Zusatz zu Polyvinylchlorid
191, 198, 199; Vinylchlorid-Misch-
polymerisaten 191, 198, 199.
Alkylamine 20.
Alkylhydrazin 20.
Alkylidenacetessigester 108.
Alkylmercaptane 20.
Alkylperoxyde 74.
Alkylperoxyddicarbonate 32.
Alkylsulfonsäureester, Weichmacher
177.
Alkyltetrachlorphthalate 151.
Allycrotonat 97.
Allylacrylat 104.
Allylchlorid 83.
Allylester 97.
Allylitaconat 113.
Allylmethacrylat 104.
Alluminiumamalgam 30.
Aluminiumhydroxyd 818.
Aluminiumoxyd 3, 4.
Alterungsbeständige Filme 346, 350;
Folien 350; kaschierte Gewebe 430,
467; Kunstleder 446 454, 456.
Alterungsbeständigkeit
von imprägnierten Geweben 467;
Mipolam-Fußbodenbelag 609; Poly-
vinylchlorid 469, 502; weichgestell-
tem Polyvinylchlorid 148.
Amide, Mischpolymerisation mit Vinyl-
chlorid 87.
Aminocarbonsäureester 160.
Ammoniumpersulfat 34, 45, 46, 75, 82,
102.
Anfärbbarkeit von Polyvinylchlorid 315.
Anfärben von Polyvinylchlorid-Fäden
388.
Anlage zur Herstellung von Polyvinyl-
chlorid-Pasten 270.
Anorganische Peroxyde 31, 73, 87, 107.
Anstrichfarben 494, 495.
—, fäulnishemmende 495.
Anstrichmittel 170, 495.
Antennenableitungen 573.
Anthracen
Weichmacher 171; -Phthalate 178;
-Trikresylphosphat 178.
Anthracenöl, Veredlung 525.
Apparate, Auskleiden 533.
Apparatebau 543, 544.
Apparateschutz 542, 543.
Apparatur zum Entlüften von Poly-
vinylchlorid-Pasten 272.
— zur Bestimmung der thermischen
Stabilität 235, 236; Chlorbestim-
mung nach GROTE und KREKELER
231; nach WALTER 233.
Appretieren von Gewebe 414, 415.
Appretur 414, 415; waschechte 415.
Appreturemulsion 414, 415.

Appreturmittel 414; Dispersionen von Vinylchlorid-Mischpolymerisaten 414, 415; Lösungen von Vinylchlorid-Mischpolymerisaten 414.
Aralkylierte Naphthaline 171.
Arbeitskleidung 436.
Arbeitsschuhe 470.
Armaturen 547.
Aromatische Kohlenwasserstoffe, Mischpolymerisation mit Vinylchlorid 73; Weichmacher 170, 171, 172.
Arzneidosen 507.
Ärztekittel 433.
Aschebestimmung 229.
Aschegehalt von Polyvinylchlorid 203.
Asphalt, Polyvinylchlorid-Zusatz 526.
Asphaltbitumen, Polyvinylchlorid-Zusatz 613.
Astralon 99, 119; Biegefestigkeit 223; Dehnung 223; dielektrischer Verlustfaktor 226; Dielektrizitätskonstante 226; Druckfestigkeit 223; Elastizitätsmodul 223; Erweichungspunkt 223; Farbe 220; Glutsicherheit 224; Härte 223; Kerbschlagzähigkeit 223; Kleben 497, 498; Oberflächenwiderstand 226; Säurebeständigkeit 211; Schlagbiegefestigkeit 223; spanabhebende Formung 281; Verarbeitungstemperatur 545; Verformungstemperatur 256; Verhalten gegenüber Abgasen und aggressiven Gasen 218; Verkleben 497; Walztemperatur 288; Wandbelag 607; Wärmeausdehnung 224; Wärmefestigkeit 224; Wichte 223.
Astralon U
Säurebeständigkeit 211; für Akkumulatorenkasten 604; Klischees 321; Schilder 519, 520; Wandbelag 607.
Astralon-Folien 345; als Verpackungsmaterial 510, 513; für Dosen 513, 514.
—-Platten 332, 333, 607.
—-Rohre 547, 550; Biegen 545; für Getränkeschankleitungen 550.
Äthan, Chlorieren 1.
Äther, Mischpolymerisation 82.
—-Weichmacher 167, 168, 169, 172, 183.
Ätherester-Weichmacher 161.
Äthylen 61.
—, Chlorieren 1, 4; Mischpolymerisation mit Vinylchlorid 66, 67, 68, 69, 70; zur Vinylchlorid-Herstellung 1, 4.
Äthylendicarbonsäuren, Mischpolymerisation mit Vinylchlorid 108, 109, 111.
Äthylendicarbonsäureamide 111.
Äthylendicarbonsäureester 109, 110.
Äthylendicarbonatsäureester-Vinylchlorid-Mischpolymerisate 109, 110; Weichmachung 171.
— für Akkumulatorenkasten 604; Appreturmittel 414; Dichtungsmassen 560; Dosen 514; Druckformen 521; elektrische Isoliermassen 569; Folien 334, 337, 344; Fußbodenbelag 608; Hohlkörper 310, 314; organisches Glas 531; Rohre 323; Schallplatten 627; Schläuche 318, 586.
Äthylenhaltige Gase zur Vinylchlorid Herstellung 4, 5.
Äthylentetracarbonsäuren 114.
Äthylentricarbonsäuren 114.
Atmen von Polyvinylchlorid-Folien 467.
Aufarbeitung von Polyvinylchlorid-Emulsionen 52, 53; Vinylchlorid-Mischpolymerisat-Emulsionen 52.
Aufblasbare Formkörper 624, 625.
Aufnahmeschallplatten 624, 625.
Aufkaschieren von Folien 503.
Augengläser für Gasmasken 532.
Ausbessern von isolierten Drähten 587.
Auskleiden
von Apparaten 533; Behältern 507, 533, 534, 535, 536, 537, 538, 539; Beizbädern 539; Betonbehältern 535, 536, 537, 539; galvanischen Bädern 539; Gerbgruben 539; Holzbehältern 518, 535, 539; Konservendosen 505, 507; Mauerwerk 536, 537, 539; Metallbehältern 535, 539; Rohren 533; Rührwerksbehältern 539; Sperrholzfässern 507.
Auskleidungsfolien 534.
Ausrecktafeln 544.
Auswahl der Weichmacher 180, 318, 319.
Ausweiskarten 524, 525.
Autogene Schweißung 402, 403, 404, 405, 406, 407.
—, Brennerführung 405.
Autogenschläuche 322.

Badeartikel 432.
Badezimmervorhänge 443.
Bakterienbeständigkeit von Polyvinylchlorid 441; Polyvinylchlorid-Filtertücher 552.
Bälle 334, 631.
Ballonbespannungsstoff 428, 429.
Banbury-Mischer 188, 193.
Bandagen 614.
Bänder 334, 345, 570.
—, durchsichtige 336; elastische Eigenschaften 354; zur Herstellung von Fäden 372, 373.
Bariumchlorid-Quecksilber-Kontakt 11.
Bariumsuperoxyd 31, 39, 75, 109.
Baugewerbe 607, 613.

Baumwollfäden, Überzug 395.
Baumwollgewebe Veredlung 417.
Baumwollinters, Verpackungsbehälter 508.
Baumwollspinnerei 543.
Baustoffe für Akkumulatorenkasten 604, 605; elektrische Artikel 605, 606.
Bedrucken von Geweben 425.
Bedruckte Polyvinylchloridfolien 363, 364, 443, 444.
Behälter, Herstellung 310.
— für Laugen 515; Säuren 515.
Behälterauskleidung 333, 533, 534, 535, 536, 537, 538, 539.
Behälterverschlüsse 516, 517, 518.
Beißringe 631.
Beizbäder, Auskleidung 539.
Bekleidungsfolien 139, 430, 431, 432, 433.
—, Bruchdehnung 432; Eigenschaftswerte 433; Gewichtsverlust bei Warmlagerung 432; Kältebeständigkeit 432; Laugenbeständigkeit 433; Ölbeständigkeit 433; Säurebeständigkeit 433; Stärke 431; Verkleben 434; Vernähen 434; Verschließfestigkeit 433; Verschweißen 434; Zugfestigkeit 432.
Bekleidungsindustrie 429, 434.
Bemalte Polyvinylchlorid-Folien 443.
Benzoylacetylperoxyd 75.
Benzoylperoxyd 25, 31, 33, 34, 40, 44, 45, 51, 54, 60, 63, 66, 69, 70, 71, 75, 76, 78, 81, 83, 85, 86, 87, 91, 92, 104, 113, 114.
Benzylacrylat 100.
Benzylbutylphthalat 247.
—, Geliergeschwindigkeit 247.
Benzylmercaptostearat 158.
Benzylnaphthalin 180.
—, Verträglichkeit mit Polyvinylchlorid 180.
Benzylstearat 158.
Berufskleidung 432.
Besatzbänder 458, 460.
Beständigkeit von Polyvinylchlorid-Pasten 270; Weichmipolam 215.
Bestimmung
  der Bruchdehnung 248; chemischen Stabilität 233; Gelierfähigkeit 246; Härte 249; Kältefestigkeit 243; M-Zahl 240; Stabilität 233; thermische Stabilität 234, 235, 236, 237; Verwalzbarkeit 242; Viskosität 237, 252; Wärmedeformation 242, 243, 249; Weichheit 249; Zerreißfestigkeit 248.
— des Chlorgehaltes 229, 230, 231, 232, 233; Erweichungspunktes 241; Fließ-

verhaltens 252; Füllstoffgehaltes 251; K-Wertes 238, 239; Molekulargewichtes 237; Polyvinylchlorid-Gehaltes 251; Weichmachergehaltes 251.
Betonbehälter, Auskleidung 535, 536, 537, 539.
Bettüberdecken 443.
Biegefestigkeit
  von Astralon 223; Igelit MP 223; Kunstleder 446; Mipolam MP 223; umspritzten Drähten 578; Vinidur 223; Vinylchlorid-Mischpolymerisaten 223.
Biegen von Rohren 544, 545.
Biegsamkeit von weichgestelltem Polyvinylchlorid 154, 175.
Bierbehälter, Verschlüsse 516.
Bierkannen, Lackieren 504.
Bierleitungen 549.
Bilder, Konservieren 524.
Bimsstein 3, 4, 5.
Bindemittel
  für Druckfarben 364; Farbminen 518; Fußbodenbelagmassen 612; Gußformen 563; magnetisierbare Pulver 602, 630; photographische Schichten 523; Preßholz 607; Schleifkörner 619, 620; Steifgewebe 426, 427.
Binden aus Folien 615; Geweben 615.
Bitumen, Veredlung 526.
Blasenkatheter 615.
Blasverfahren 314.
Bleiacetat 567.
Bleibende Dehnung von Polyvinylchlorid 38.
Bleicherde 73, 95.
Bleimantelkabel, Umhüllung 599.
Bleiresinat 567, 568, 578.
Bleisalze 566.
Bleistifthüllen 518.
Bleitetraäthyl 30, 567.
Blockpolymerisation 60, 84.
— von Vinylchlorid 29, 30, 31, 32, 33, 34, 35, 36; -Acrylsäureester 100; -Acrylsäurenitril 100; -Fumarsäurediäthylester 112.
Bodenbelag 608, 610, 611, 612.
Bodenbelagmassen 333, 612.
Bohren 280.
Borsten 438, 439, 440, 441.
—, chemische Beständigkeit 439; elektrostatische Aufladung 441; Wärmebeständigkeit 439.
— aus nachchloriertem Polyvinylchlorid 438, 439; Dehnung 440; Zugfestigkeit 439.
— aus Vinylchlorid-Tetrafluoräthylen-Mischpolymerisaten 441; Vinyon N 441.

Borsäureanhydrid 107.
Bortrifluorid 36, 70, 107, 114.
Bougiles 614.
Brabender-Plastograph 247.
Brandprobe 228.
Branntwein, Verpacken 502.
Brechungsindex von Vinylchlorid-Vinylacetat-Mischpolymerisaten 88.
Brennerführung und Schweißung 405.
Brinnelhärte von Vinylchlorid-Vinylacetat-Mischpolymerisaten 88.
Brombutadien 74.
Bruchdehnung, Bestimmung 243, 248.
— von Bekleidungsfolien 432; Folien 358, 359; Luvithermfolien 365; Vinifol-Folie 367; Weichigelit-Folien 347, 348.
Bruchfestigkeit von Treibriemen 562.
Bucheinbände 456.
Bürobedarf 518.
Bürsten 438.
Bürstenindustrie 438, 439, 440, 441.
Butadien 61, 63, 64.
—-Acrylsäurenitril-Mischpolymerisat 193, 194, 195.
—, Weichmacher 174, 175.
—-Mischpolymerisate 193, 194, 195.
—-Polymerisate, Zusatz zu Polyvinylchlorid 192.
—-Styrol-Mischpolymerisate 195.
—-kohlenwasserstoffe 63, 64, 65.
Butadienol 97.
Butindiol 45.
Butoxyessigsäure 161.
Butter, Verpacken 502, 505, 512.
Butylenglykolmonostearat 465.
Butylhydrperoxyd 75.
Butyllinoleat 156.
Butyllithium 75.
Butyloleat 156, 177.
Butylstearat 156, 177.
Butyrylperoxyd 66, 69.

Caprylperoxyd 78.
Carbazol 73.
Cellitonechtfarbstoffe 306.
Cellitfarbstoffe 306.
Celluloid-Verfahren 339, 340.
Celluloseacetat-Folien
   Hydrophobieren 413, 414; Überzug mit Polyvinylchlorid 413, 414; Wasserdampfdurchlässigkeit 413.
Cetamol Qu 181.
Chemaco-Vinyl 119.
Chemikalien, Behälter 515; Verpackung 515.
Chemikalienbeständigkeit
   von Igelit PCU 214; Mipolam PCU 212; PC-Faser 441; Polyvinylchlorid 208, 502; Vinidur 214; Vinyon-

Faser 554, 555; weichgestelltem Polyvinylchlorid 214; weichgestellten Vinylchlorid-Mischpolymerisaten 214.
Chemikalienfeste Schläuche 321, 322.
Chemische Beständigkeit
   von PC-Faser 441, 552; PC-Filtertüchern 552; Polyvinylchlorid 125, 204; Vinylchlorid-Mischpolymerisaten 204; weichgestelltem Polyvinylchlorid 214, 215; weichgestellten Vinylchlorid-Mischpolymerisaten 214.
Chemische Industrie 525; Stabilität, Bestimmung 229; Umsetzung von Polyvinylchlorid 253, 254; Vinylchlorid-Mischpolymerisaten 253, 254; Untersuchung von Polyvinylchlorid 228; Vinylchlorid-Mischpolymerisaten 229; weichgestelltem Polyvinylchlorid 245; Zusammensetzung von Polyvinylchlorid 202; Vinylchlorid-Mischpolymerisaten 202; Weichmachern 245.
Chlor, Transportleitungen 549.
Chloracetylchlorid 76, 81.
Chloracrylsäureester 102.
Chlorallylacrylat 104.
Chloräthan 1.
Chloräthylen 1.
Chlorbenzylacrylat 100.
Chlorbestimmung 229, 230, 231.
— nach Carius 229; Grote und Krekeler 231; Hofmeiner-Schröder 230; Walter 232.
— von weichgestelltem Polyvinylchlorid 245.
Chlorbromäthylen 81.
Chlorbutadien 61.
Chlorbutanolester 97.
Chlorfluoräthylen 82.
Chlorgehalt
   von Igelit 203; nachchloriertem Polyvinylchlorid 120, 123, 202, 581; Polyvinylchlorid 202; Vinylchlorid-Vinylidenchlorid-Mischpolymerisaten 203.
Chlorieren
   von Äthan 1, 19; Äthylen 1, 4, 5, 19; äthylenhaltigen Gasen 4, 5; Polyvinylchlorid 120, 121, 122, 123, 124, 125; Polyvinylchlorid-Schläuchen 320; Vinylchlorid-Acrylsäureester-Mischpolymerisaten 125; siehe auch Nachchlorierung.
Chlorierte Synthese-Kohlenwasserstoffe 171.
Chlorierter Stearinsäuremethylester 158.
Chloriertes Diphenyl 477.
— Naphthalin 172.

Chlorionengehalt, Bestimmung 228.
Chlorkohlenwasserstoffe 38, 41, 54.
—, Weichmacher 171, 172, 178, 179.
Chlormethylstearat 567.
Chlorphthalsäureester 150, 151.
Chlorvinyl-Quecksilberchlorid-Kontakt 12.
Chlorwasserstoffabspaltung
    aus Dichloräthan 1, 2, 3, 4, 5, 6; Dichloräthylen 6; Polyvinylchlorid 126, 131, 144, 223, 229, 230, 287; Trichloräthan 6; Vinylchlorid-Mischpolymerisaten 131, 229.
Chlorwasserstoffanlagerung an Acetylen 1, 7.
Citraconsäure 109.
Clophen A 60 485.
Corvic 118.
Cristoplasto E 148.
Crotonsäure 98.
Crotonsäurevinylester 97.
Crotonylacrylat 97.
Crotonylalkoholester 97.
Crotonylcrotonat 97.
Crotonylperoxyd 35, 76.
Cumaron 73.
Cyclohexendicarbonsäureester 153.
Cyclohexylierte Naphthaline 171.

Dauerwäsche 425, 426.
Decelith 118, 211, 212, 614.
Decelith H 118.
—, elektrische Eigenschaften 224; Laugenbeständigkeit 212, 614; Säurebeständigkeit 211, 614.
Decelith SL 211, 212.
Decelith W 116.
—, elektrische Eigenschaften 224; Säurebeständigkeit 212; spezifischer Widerstand 224.
Decelith-Folien 345, 556; gelochte 556; perforierte 556; für Schallplatten 625.
Deckfarben 471.
Dehnbarkeit von Folien 350; Lacken 478.
Dehnung
    und Weichmachergehalt von Polyvinylchlorid 180.
    — von Astralon 223; Feinwalzfolien 366; Fibrovyl-Fasern 391; Filmen 355; Folien 358; Fußbodenbelag 609, 610; Igelit PC 223; Luvitherm-Folie 366; Marvinol 222; PC-Borsten 439, 440; PC-Fasern 392, 440; Polyvinylchlorid 113, 222; Polyvinylchlorid-Sohlen 463, 464; Protodur-Isoliermasse 595; Rhovyl-Fasern 391; Treibriemen 562; Vinidur-Folien 365; Vinidur-Rohren 326; Vinyon-Fasern 393.

Dekafol-Verfahren 582.
Dekorationsmaterial 443, 444, 456.
Delysflex 432.
Dentaltechnik 616, 617, 618.
Diacetylperoxyd 32, 74.
Dialkyldioxyde 66, 69.
Dialkylquecksilber 70.
Dialysenmembran 556.
Diaphragmen 556.
Diäthylenglykoldibenzoat 149.
Diäthylhexylphosphat 152.
Diäthylhexylphthalat 150, 566.
Diäthylperoxyd 67, 75.
Diäthylphthalat 150, 189, 521.
—, Geliergeschwindigkeit 247.
Diazotypie 522.
Dibenzoyldiglykol 149.
Dibenzoylperoxyd 331.
Dibenzylsebacinat 154.
Dibutylbenzoat 177.
Dibutylchlorphthalat 151.
Dibutylglykolphthalat 152.
Dibutylphthalat 149, 150, 179, 189, 197, 316, 364, 374, 431, 465, 620.
—, Geliergeschwindigkeit 247.
Dibutylsuccinat 153.
Dibutyltetrachlorphthalat 151.
Dicaproylperoxyd 32.
Dicaprylylperoxyd 32.
Dichloräthan 1, 2, 3, 4, 5, 6.
—, alkalische Verseifung 2, 3; Chlorwasserstoffabspaltung 1, 2, 3, 4; katalytische Spaltung 3, 4, 5; thermische Spaltung 6; Umsetzung mit Acetylen 1, 18.
Dichloräthylen 6, 38.
Dichlorbutadien 74.
Dichlormethylstyrol 83.
Dichte von Fußbodenbelag 610.
Dichtungen 557, 558, 559, 560, 561.
— aus Geon Polyblend 194; Polyvinylchlorid 557, 558; Vinidur-Weich-Igelit 561; Vinylchlorid-Mischpolymerisaten 560, 561.
Dichtungselemente 558, 559, 560.
— aus Guttasyn 558, 559; Mipolam 558; Weich-Igelit 558.
Dichtungskörper 558.
Dichtungsmassen 557, 558, 559, 560, 613.
Dichtungsplatten, Eigenschaften 559.
Dichtungsringe 518.
Dichtungsschnüre 558, 560.
—, Eigenschaften 559.
— aus Guttasyn 559; PC-Faser 559, 560; Weich-Igelit 559, 560.
Dielektrische Eigenschaften 225, 567.
— von nachchloriertem Polyvinylchlorid 225, 569; Polyvinylchlorid 569; weichgestelltem Polyvinylchlorid 225, 578; Weich-Igelit 225.

Dielektrische Verluste von Polyvinylchlorid-Isoliermassen 568.
Dielektrischer Verlustfaktor
von Decelith 224; Igelit 225; Koroseal 226; Luvitherm 572; Mipolam PCU 224; nachchloriertem Polyvinylchlorid 580; Polyvinylchlorid-Folien 580; Vinifol 572; Vinidur
572; Weich-Igelit 226.
Dielektrizitätskonstante
von Decelith 224; Igelit 224, 225,
226; Genotherm-El-Folie 581; Ko-
roseal 226; Mipolam 224, 226; Vini-
dur 224; Vinidur-Folien 572; Vinifol
572; Weich-Igelit 226.
Diester aliphatischer Dicarbonsäuren
154; halogenierter Phthalsäureester
151.
Diesteramide 161.
Difluoräthylen 81.
Dihexylphthalat 150, 197.
Dihydroisophoron 261, 474.
Diisobutyladipat 153.
Dikosol 153, 565.
Dimethylacrylsäurevinylester 97.
Dimethylglykolphthalat 465.
Dimethyloctadienolester 97.
Dimethylphthalat 150, 191.
—, Geliergeschwindigkeit 247.
Dinopol 152.
Dioctyladipat 154.
Dioctylester der Tetraphthalsäure 151.
Dioctylphthalat 150, 152, 176, 179, 180,
181, 185, 191, 346, 431.
—-Mineralöl-Weichmacher 179.
Dioctylsebacinat 154.
Dioctylsuccinat 153.
Dioxolanperoxyde 32.
Dioxanperoxyde 32.
Dioxolan 86.
Dipelargonylperoxyd 32.
Diphenyl, Verträglichkeit mit Poly-
vinylchlorid 180, 487.
Diphthalate der Fischer-Tropsch-Al-
kohole 150.
Diporpenylenäther 85.
Dipropylperoxyd 75.
Dispergiermittel 86.
Dispergieren von Polyvinylchlorid 263,
264; Vinylchlorid-Mischpolymerisa-
ten 263, 264.
Dispersionen 263, 264, 265.
— von Polyvinylchlorid 2, 63, 264, 356.
— von Vinylchlorid-Mischpolymerisa-
ten 263, 264, 356, 414, 415, 498;
-Vinylacetat-Mischpolymerisaten 26,
414.
Distearylperoxyd 90.
Diuril 81.
Divinylacetaylen 61, 63.

Divinylbenzol 61, 66.
Dodecylphthalat 176.
Dokumente, Konservieren 524.
Dosen
Herstellung 514; Lackieren 593.
— aus Folien 513.
Dosendeckel, Ziehen 514.
Dosenunterteile, Ziehen 514.
Dosenverschlüsse 517.
Doublierte Gewebe 424, 425.
Drahtisolierung 579.
— mit nachchloriertem Polyvinylchlo-
rid 575; Polyvinylchlorid 573; Vinyl-
chlorid-Vinylacetat-Mischpolymeri-
saten 577.
Drähte, folienisolierte 580, 581, 582, 583,
584, 585, 586; Isolierung 573; Lak-
kieren 577; schlauchisolierte 586,
587; Überziehen 84; Umflechten
586; Umspritzen 577, 578, 579, 580.
Drains 615.
Drehfilter 543.
Dreiwalzenkalander 342.
Druck-Wärme-Polymerisation 29, 56,
77, 78.
Druckbeständigkeit von Rohren 326.
Druckfeste Schläuche 321, 322.
Druckfestigkeit
von Astralon 223; Igelit 223; Mipolam 223; Polyvinylchlorid 222; Vinidur 223.
Druckformen 521.
— aus Vinylchlorid-Äthylendicarbon-
säureester-Mischpolymerisaten 521.
Druckgefäßverfahren 298, 299.
Druckwalzen aus Koroseal 521.
Dryseal 459.
Durchschlagsfestigkeit
von Astralon 224; Decelith 224;
Folien aus nachchloriertem Poly-
vinylchlorid 580; aus Polyvinyl-
chlorid 225; Genotherm El-Folien
581; Igelit 224, 225, 226; Koroseal
226; Mipolam 224, 226; Vinidur 224;
Vinylchlorid-Mischpolymerisaten
569; Weich-Igelit 226.
Durchschnittspolymerisationsgrad 24.
Dynamobürsten 603, 604.
Dynamodrähte 582, 586, 603.
Dynamomaschinen 603.
Dynel 372.

Eigenschaften
von Fibrovyl-Fasern 391; Folien 364,
365, 366, 367, 368; Mipolam-Fußbodenbelag 610; nachchloriertem
Polyvinylchlorid 223; PC-Fasern
392; PC 120-Fasern 392; PCU-
Fasern 293; Polyvinylchlorid 202;
-Sohlen 463; Rhovyl-Fasern 391;

Vinidur 222, 224, 519; -Folien 365; -Rohre 326; Vinylchlorid-Mischpolymerisate 23, 72, 88; Vinyon-Fäden 393; weichgestellten Vinylchlorid-Mischpolymerisaten 209.

Eigenschaftswerte von Bekleidungsfolien 433.

Eigenviskosität 239.

Eimer 515.

Einarbeiten von Weichmachern 183, 184, 185, 186, 187, 188, 189, 190, 295, 297, 566.

Einarbeitungstemperatur von Weichmachern 185, 186, 187, 188.

Einbau der Weichmacher 146.

Einbrennlacke 487, 488, 489.

Eindrückbarkeit von Mipolam-Fußbodenbelag 610.

Einheitliche Vinylchlorid-Acrylsäureester-Mischpolymerisate 102; -Vinylacetat-Mischpolymerisate 92.

Einreißfestigkeit von Bekleidungsfolien 433; Weichmipolam-Fischer-Folien 433.

Einwickelhüllen 505.

Elaole 159, 346.

Elaol I 160, 178, 181, 269, 346.

Elaol 1 K 183.

Elaol 12 160, 478.

Elaol 2 160, 181, 478.

Elaol 3 160.

Elastiglass 119.

Elastische Eigenschaften von Bändern 355; Folien 355.

Elastizität von Filmen 350; Folien 350.

Elastizitätsmaß von Dichtungsplatten 559; Dichtungsschnüren 559; Weich-Igelit-Schläuchen 319.

Elastizitätsmodul von Astralon 223; Igelit 222; Mipolam 223; Polyvinylchlorid 222; Vinidur 222; Vinylchlorid-Mischpolymerisaten 223.

Elaston 439.

Elektrisch nicht erregbare Folien 361, 362.

Elektrische Eigenschaften 224; von Astralon 226; Decelith 224; Folien 581; Igelit 224, 226; Koroseal 226; Mipolam 224; nachchloriertem Polyvinylchlorid 182, 225; Polyvinylchlorid 224; Vinidur 224; Vinylchlorid-Mischpolymerisaten 226; Weich-Igelit 225, 226; weichgestelltem Polyvinylchlorid 146, 225, 226.
— Festigkeit von Polyvinylchlorid 564.
— Isolierlacke 75.
— Isoliermassen 564; aus nachchloriertem Polyvinylchlorid 277, 569;

Polyvinylchlorid 139, 564; Vinylchlorid-Acrylsäureester-Mischpolymerisaten 100, 277; für Drähte 566; Kabel 566.

Elektrische Isolierstoffe 564, 565, 566, 567, 568, 569, 570, 571, 572, 573.
— Leiter, folienisolierte 580, 581, 582, 583, 584, 585, 666; Lackieren 577; Überziehen 577, 578; Umflechten 586; Umspritzen 577, 578, 579, 580.
— Schweißgeräte 403.
— Schweißpresse 587.
— Werte von Vinifol 572; weichgestelltem Polyvinylchlorid 182.

Elektrischer Widerstand 567.

Elektrisches Isoliervermögen 569.

Elektroden 564, 601.

Elektrogeräte 605, 606.

Elektroindustrie 564.

Elektrolytische Verchromung 563.

Elektronen-Perforierung von Folien 435.

Elektrostatische Aufladung von Borsten 440; Folien 387; Geweben 437.

Elektrotechnik 564.

Emaille 113.

Emulgiermittel 42, 43, 55, 64, 71, 78, 93, 94, 96, 101; Bestimmung 251.

Emulgierung von Vinylchlorid 263; durch Ultraschall 51.

Emulsionen 262, 263.
—, Aufbringung auf Folien 523, 524.
— aus nachchloriertem Polyvinylchlorid 480; Polyvinylchlorid 262, 263, 340; Vinylchlorid-Vinylester-Mischpolymerisaten 262, 263.
— von Polyvinylchlorid 262; Weichmacherzusatz 184; für Lacke 479, 480, 481; zur Folienherstellung 340, 341, 342; Gewebeimprägnierung 417; Papierimprägnierung 411.
— von Vinylchlorid-Mischpolymerisaten 263; Appreturmittel 414, 415; Weichmacherzusatz 184; für Lacke 480; zur Folienherstellung 340, 341; Gewebimprägnierung 417; Papierimprägnierung 411.

Emulsionslacke 479, 480.

Emulsionspolymerisation 22, 41, 42, 43, 44, 45, 46, 47, 48, 49, 50, 51, 54, 55, 60; von Vinylchlorid 41, 42, 343; diskontinuierliche 46; kontinuierliche 46, 48, 49, 50; Vorrichtung 48; in nichtwäßriger Phase 51, 52; wäßriger Phase 42, 43, 44, 45, 46, 47, 48, 49, 50, 51; mit Acrylsäureestern 100, 101, 102, 103; Acrylsäurenitril 102; Äthylen 68, 69; Äthylendicarbonsäureestern 111; Butadienkohlenwasserstoffen 64, 65; Fumar-

säurediäthylestern 112; Halogen-
butadienkohlenwasserstoffen 65; Isobutylen 70; Maleinsäureestern 111;
Methacrylsäureestern 104, 105; Styrol 71, 72; Vinylacetat 93, 94; Vinylalkyläthern 85; Vinylestern 93, 94,
96; Vinylidenchlorid 76, 77, 78, 79,
80.
Entfärbung
von Polyvinylchlorid 359; -Folien
359; -Formkörpern 305; von Vinylchlorid-Mischpolymerisaten 305.
Entlüften von Polyvinylchlorid-Pasten
272.
Erweichungspunkt, Bestimmung nach
FIKENTSCHER 241; nach MARTENS
241.
— von Astralon 223; Igelit 223, 224;
Polyvinylchlorid 223, 241; -Folien
340; Vinylchlorid-Mischpolymerisate
223, 241.
Ester-Weichmacher 147, 150, 166, 182,
565; Konstitution und Kältebeständigkeit 102; aus Äthercarbonsäuren
177; Thiophenol 158; tert. Aminocarbonsäuren 478; Vorlauffettsäuren
446.
Etagenpressen 332.

Fäden 370; Eigenschaften 384, 387, 391,
392, 393; Färben 387, 388, 389, 390,
391; Herstellung 345, 372; aus
Lösungen 375, 376, 377, 378, 379,
380, 381, 382; nachchloriertem Polyvinylchlorid 370, 380, 385, 387,
388, 390, 436, 437, 551; Pasten 378;
Polyvinylchlorid 370, 551; Schmelzen 373, 374, 375; Vinylchlorid-
Mischpolymerisaten 371, 372, 373,
374, 375, 376, 378, 379, 381, 385,
386; vorgeformten Massen 372, 373;
durch Aufspaltung von Folien 373,
374; Platten 372, 373; Rohren 372,
373; Schläuchen 372, 373; Nachbehandlung 382, 383, 439; thermische Nachbehandlung 384, 385; Veredlung 382, 383, 384; Verminderung
des Schrumpfens 385; Verspinnen
371, 379, 380, 381, 382; Wärmebeständigkeit 436.
Fadenfeinheit der PC-Faser 440.
Fadenmoleküle 26.
Fahrradgriffe 300.
Fahrzeugreifen 621, 622.
Fahrzeugschläuche 621, 622.
Falzzahl von Folien 366.
Farbbänder 519.
Farbe
von Astralon 220; Igelit 220; nachchloriertem Polyvinylchlorid 220;

Polyvinylchlorid 220; Vinylchlorid-
Mischpolymerisaten 220.
Färben
von Fäden 387, 388; Formkörpern
305, 306, 307; Geweben 425; aus
nachchloriertem Polyvinylchlorid
400, 401; Polyvinylchlorid 400, 401;
Rhovyl 401; Polyvinylchlorid 277,
278, 279; -Fasern 387; -Form-
körpern 305, 306, 307; -Garn 390.
Farbenindustrie 470.
Farblose Folien 359, 360, 361.
Farbminen, Umhüllen 518.
Farbstiftminen, Umhüllen 518.
Farbwalzen 521.
Fasergewebe 436.
Faserhaltiges Kunstleder 449, 450.
Fasern 370; Eigenschaften 384, 387,
391, 392, 393; Färben 387, 388, 389,
390, 391, 400; Herstellung 372; aus
Lösungen 375, 377, 378, 379, 380,
381, 382; Pasten 378; Schmelzen
378; vorgeformten Massen 372, 373;
Nachbehandlung 382, 383, 384, 385,
386, 387; Verarbeitung auf Formkörper 309; Veredlung 382, 383, 384,
385, 386, 387; Verspinnen 375, 376,
377, 378, 379, 380, 381, 382.
— aus Igelit 370; nachchloriertem Polyvinylchlorid 370, 380, 385, 387,
388, 390, 436, 437, 560; Polyvinylchlorid 370; Vinylchlorid-Mischpolymerisaten 84, 370, 371, 373, 374,
376, 378, 379, 385, 386.
Faservlieshaltiges Kunstleder 449.
Fäulnisbeständigkeit
von PC-Fasern 552; PC-Filtertüchern 552; Polyvinylchlorid 441.
Fäulnishemmende Anstriche 495.
Feinfolien 365; für Verpackungsbehälter
513.
Feinporige Schwämme 317.
Feinwalzfolien 366; Dichtungen 366;
Dicke 366; Falzzahl 366; Formbeständigkeit 366; Stoßfestigkeit
366; Wasseraufnahme 367; Zerreißfestigkeit 366.
Fernmeldekabeln, Isolierung 599.
Festigkeit
von gedehnten Filmen 355; PC-
Fasern 393; umspritzten Drähten
578; ungedehnten Filmen 355.
Festigkeitseigenschaften von Schwei-
ßungen 406.
Fette 107, 108.
Fettsäureester 107; mehrwertiger Al-
kohole 157; Weichmacher 156, 157,
158, 159, 160, 177.
Feuchtigkeitsfeste Filme 352.
Feuerfestes Papier 410.

Fibrovyl-Faser 377, 397; Dehnung 391;
Eigenschaften 391; Wärmebeständigkeit 377.
Fibrovyl-Stapelfaser 397.
Figuren 315.
Filme 334; alterungsbeständige 346,
350; Biegsamkeit 342; Dehnbarkeit
350; Dehnung 355; durchsichtige
336; Elastizität 350; feuchtigkeitsfeste 352; gefärbte 352; gefüllte 335;
Herstellung 337, 338, 339, 340, 341,
342, 343 344, 345; aus Emulsionen
340, 341; Geon-Latex 340; nachchloriertem Polyvinylchlorid 120,
335, 336, 350, 423, 425; Pasten 337,
338, 339, 340, 341, 342, 501; Vinylchlorid-Mischpolymerisaten 78, 82,
83, 84, 86, 198, 334, 335, 337, 341,
344, 345, 351, 411; nach dem Celluloidverfahren 339, 340; Filmgießverfahren 337, 338, 339; Schmelzverfahren 345; Walzverfahren 342,
343, 344, 345; Kältebeständigkeit
346, 350; Knitterzahl 355; lichtbeständige 346, 352; Nachbehandlung 351; nichteinreißbare 362;
nichtklebende 352; Recken 355;
Reißkraft 355; Sprödigkeit 354;
Verfärbung 352; Wärmebeständigkeit 346; Wärmestabilisierung 352;
weichmacherfreie 335; weichmacherhaltige 335, 345, 346, 347, 348, 349;
zum Kaschieren von Gewebe 423,
424.
Filmgießmaschine 339.
Filmgießverfahren 335, 338, 339.
Filmindustrie 412, 413, 414.
Filter 550, 551, 552, 553, 554, 555, 556.
Filterbeutel 552.
Filterblätter 551.
Filterfolien 555.
Filtergewebe
aus PC-Faser 551; PC 120-Faser 555;
Polyvinylchlorid 551, 552, 553, 554,
555; Vinylchlorid-Mischpolymerisaten 554; Vinyon-Garn 554, 555.
Filterkerzen 551.
Filterpapier 551.
Filterplatten
aus Fäden 551; Garn 551; Gewebe
551, 552, 553, 554.
Filterrohre 551, 556.
Filtersiebe 551.
Filtertücher 551, 552, 553, 554.
Filze 437; Filzindustrie 437.
Firnis 79, 80, 113.
Fischereigeräte 441, 442.
Fischereigewerbe 441, 442.
Fischnetze 442.
Flächengebilde 524.

Flächengebilde, Konservieren 524, 525.
Flamenol 118, 596.
Flaschen 310; aus Platten 515; nach
dem Tauchverfahren 310.
Flaschenkapseln 517.
Flextol TOF 152.
Fließverhalten von Pasten 252, 253.
Flüchtige Bestandteile 229.
Flugzeugbespannungsstoff 428, 429.
Flugzeuglacke 484.
Fluoräthylene 81, 82.
Fluoreszenz von Polyvinylchlorid 220.
Fluoreszenzfarbe vom Igelit 220; Polyvinylchlorid 220.
Flüssigkeiten, Verpackungsbehälter 515.
Flußsäure, Transport 549.
Folien 287, 334; alterungsbeständige
346, 350; bedruckte 363, 364; Biegsamkeit 342, 346; Dehnbarkeit 342,
364; Dehnung 358; dünne 255;
durchsichtige 336; elastische Eigenschaften 355; Elastizität 350; elektrisch nicht erregbare 361, 362; elektrische Eigenschaften 580; farblose
352, 359, 360, 361; gefärbte 352, 363,
364; gefüllte 335, 357; Herstellung
nach dem Celluloidverfahren 339,
340; Filmgießverfahren 337, 338,
339, 572, 573; Preßverfahren 345;
Walzverfahren 342, 343, 344, 345,
350, 534; von weichmacherfreien
335; weichmacherhaltigen 335, 345,
346, 347, 348; kältebeständige 346,
350, 369; lichtbeständige 346, 351,
353; mechanisch widerstandsfähige
355, 356, 357, 358; metallisiertem
603; nichteinreißbare 352; Recken
355, 356; Reißfestigkeit 345; Sprödigkeit 354; Strecken 355, 356, 358;
thermische Nachbehandlung 357;
transparente 353; ungefüllte 357;
Verarbeitung 287, 289, 299, 300,
430, 431; Veredlung 351, 352, 503,
504; Verfärbung 359, 360, 361;
Verschweißen 515; wärmebeständige 351, 353; Wärmebeständigkeit
345, 369; weichmacherfrei 335;
weichmacherhaltige 335, 345, 346,
347, 348.
— als Zwischenschichten für Mehrfachgewebe 427, 428.
— aus Celluloseacetat, Hydrophobieren 413, 414; Cellulosehydrat, Hydrophobieren 413, 414; Emulsionen
346, 347, 348, 349; Lösungen 335,
347, 348, 349; lösungsmittelhaltigen
Pasten 337, 338, 339; nachchloriertem Polyvinylchlorid 334, 335, 336,
337, 351, 354, 355, 369, 423, 522,
572, 573, 581; Pasten 331, 335, 340,

341, 342, 347, 349, 350, 355, 573;
Polyvinylchlorid 354; Schläuchen
351; Vinylchlorid-Mischpolymerisaten 334, 335, 337, 338, 340, 341, 344,
345, 351, 353, 354, 355, 356, 359, 369,
512, 522.
Folien für Bekleidungszwecke 430, 431,
432, 433; doublierte Gewebe 425;
Hohlkörper 315; Polsterindustrie
456; Täschnerwaren 456; Zwischenschichten für Sicherheitsglas 530.
— zum Kaschieren von Gewebe 423,
424.
—-Schweißmaschine 435.
Folienisolation 580.
Folienisolierte Drähte 580, 581, 582, 583,
584, 585, 586.
Formaldehyd-Harnstoff-Harze, Zusatz
zu Polyvinylchlorid 200.
Formbeständigkeit von Folien 366.
Formenabdruckmasse 527.
Formenmaterial 527.
Formex 118.
Formkörper 283, 309; aufblasbare 315;
besondere 309; gefärbte 304, 305,
306, 307; Entfärbung 305; Herstellung 280; aus Astralon 288;
Igelit 286, 299; Igelit-Pasten 300;
nachchloriertem Polyvinylchlorid
284, 295, 304; Polyvinylchlorid 282,
307, 308; Polyvinylchlorid-Pasten
296, 299; Vinidur 284, 286; Vinylchlorid-Mischpolymerisaten 280, 281,
282, 283, 284, 285, 286, 287, 288, 289,
293, 294, 295, 304, 305, 306; weichgestelltem Polyvinylchlorid 294;
nach dem Blasverfahren 314; Druckverfahren 298, 299; Gießverfahren
296, 297; Preßverfahren 288, 289,
299; Schlagpreßverfahren 289, 290,
299, 300; Spritzverfahren 292;
Spritzgußverfahren 283, 287, 292,
293, 294; Tauchverfahren 309; Walzverfahren 287, 288, 299; Ziehpreßverfahren 289, 290, 299, 300; —
Lackieren 303, 304; Umfärben 306;
Veredlung 302, 303.
Formteile, Schweißen 402, 403, 404, 405,
406, 407; Verbinden 402.
Fräsen 280.
Früchte, Verpacken 511.
Fruchtsäfte, Transport 549.
Fugenvergußmasse 614.
Füllstoff- und Weichmachergehalt 180.
Füllstoffe, poröse 279.
Füllstoffgehalt, Bestimmung 248.
— in Kabelmassen 251; Polyvinylchlo-
rid 248, 279, 280; Polyvinylchlorid-
Pasten 269; Vinylchlorid-Misch-
polymerisaten 279.

Fumarsäure 11, 61, 109.
Fumarsäureamide 112.
Fumarsäurediäthylester 62, 110, 112.
Fumarsäuredimethylester 62, 110.
Fumarsäureester-Vinylchlorid-Misch-
polymerisate 109, 110, 111, 112, 184.
Fumarsäuremonoester 112.
Furfurylalkoholester 97.
Fußbodenbelag 607, 608, 609, 610, 611,
612; aus geschichteten Polyvinyl-
chlorid-Bahnen 611; Guttagena 610;
Mipolam 608, 609, 610; Vinylchlo-
rid-Mischpolymerisaten 608, 609;
weichgestelltem Polyvinylchlorid
608.

Galvanische Bäder, Auskleiden 544.
Galvanisiertrommel 544.
Galvanotechnik 543.
Garne 370; Färben 390; Veredlung 441.
Gartenschläuche 322.
Gasbeheizter Heißluft-Schweißbrenner
402.
Gasdurchlässigkeit von Saran 368.
Gebißplatten 617.
Gefärbte Fäden 391; Fasern 391; Folien
363, 364, 443; Formkörper 304, 305,
306, 307; Garne 341; Polyvinyl-
chlorid-Massen 277; Vinylchlorid-
Mischpolymerisate 53.
Gefärbtes Polyvinylchlorid 53, 277, 278,
279.
Geformte Reinigungsmittel 619.
Gelatiniergeschwindigkeit 242.
Gelierfähigkeit, Bestimmung 246.
— von Benzylbutylphthalat 247; Di-
äthylphthalat 247; Dibutylphthalat
247; Mesamoll 166, 247; Palatinol
178, 247; Trikresylphosphat 166,
247; Weichmachern 247.
Gelochte Platten 555.
Genofil 459.
Genotherm 118, 357, 364, 580.
Genotherm El-Bänder 590; -Folie, 580,
581.
Genotherm V-Folie 507, 509, 516.
Genotherm-Kleber 497.
Genoton 630.
—-Band 630.
Genußmittel, Verpacken 511.
Geon 118.
—-Laotex 340.
—-Paste-Resin 266.
—-X-100 271.
—-Polyblend 175, 194; Sohlen 467; Ver-
packungsfolie 512.
Geradsitzventile 547.
Gerbereibetriebe 544.
Geruchsstabilisierung von Polyvinyl-
chlorid 190.

Gesamtdehnung
  von Dichtungsplatten 559; Dichtungsschnüren 559; Weich-Igelit-
  Platten 319.
Geschichtete Sohlen 462.
Geschmacklosigkeit von Polyvinylchlorid 549.
Gesichtschirurgie 514.
Getränkeschankleitungen 550.
Gewebe 399; Appretieren 414, 415; Bedrucken 425; Doublieren 424, 425;
  Färben 400, 401, 402; Imprägnieren
  415, 416, 417, 418, 426, 428; Kaschieren 414, 420, 421, 422, 423, 424,
  453; Kleben 420; Lackieren 428;
  Mattieren 419; Überziehen 415, 416,
  417, 451; unentflammbares 419, 420;
  Verarbeitung auf Formkörper 309;
  Veredlung 400.
— aus nachchloriertem Polyvinylchlorid 399, 400, 453; PC-Faser 399; PC-
  120-Faser 399; Polyvinylchlorid 399,
  414, 420, 421, 422, 423, 453; Vinylchlorid-Mischpolymerisaten 399, 400,
  453.
Gewebeimprägnierung 415, 416, 417,
  418; mit Dispersionen 417, 418, 419;
  Emulsionen 417, 418; Lösungen 417,
  418, 419.
Gewichtsverlust von Bekleidungsfolien
  432.
Gießfähigkeit von Pasten 269.
Gießverfahren 296, 297, 313, 314, 340,
  580.
Glas, Verkleben 496, 499.
Glasartiges Polyvinylchlorid 273.
Glasfäden, Polyvinylchlorid-Überzug
  395.
Glasindustrie 528.
Gleitmittel 190, 275, 293, 325.
Glutsicherheit von Astralon 224; Igelit
  224; Mipolam 224.
Glykoldimethacrylat 104.
Graphisches Gewerbe 521.
Grobfolien 365.
Großporige Schwämme 317.
Gußformen 563.
Gußkerne 563.
Gußstücke, Abdichten von Lunkern
  562.
Guttagena 347.
— AD 443.
— AP 457.
— -Bekleidungsfolie 431.
— -Bodenbelag 610.
— BR 432.
— BS 432.
— EL-Folie 581.
— TH 519.
— V-Folie 512.

Guttasyn 118, 561; Säurebeständigkeit
  217; Verhalten gegenüber Gasen 219.
— für Dichtungen 558; -Bekleidungsfolie 431; -Platten 333; -Riemen 561;
  -Schläuche 321, 322.

Haare aus Polyvinylchlorid 438.
Halogenbutadiene 73.
Halogenierte Alkylbiphenyle 172; Alkylnaphthaline 172.
Halogenkohlenwasserstoffe 73.
Halogenstyrole 83.
Handprothesen 615.
Hanf, Imprägnieren 508.
Hanffasern, Polyvinylchlorid-Überzug
  395.
Handtaschen 456.
Harnstoffperoxyd 67, 69.
Härte, Bestimmung 240.
— von Astralon 223; Igelit 223; Marvinol 222; Mipolam 222, 223; Polyvinylchlorid-Sohlen 463; Vinylchlorid-Mischpolymerisaten 223; weichgestelltem Polyvinylchlorid 249.
Härtemittel 141, 143.
Hartpapier, Veredlung 411.
Härtung von Polyvinylchlorid 120, 140,
  141, 142, 143, 144; Vinylchlorid-
  Mischpolymerisaten 121, 141, 142,
  143.
Hausinnenleitungen 549.
Hekodent 119, 617.
Hermanut-Gewebe 554.
Heterocyclische Kohlenwasserstoffe 73;
  Verbindungen 173.
Heterogene Mischfäden 395.
Hexadienolester 97.
Hexantrio-Vorlauffettsäureester 159.
Hexylphosphat 148, 298.
Hexylphthalat 181.
Hitzebeständigkeit siehe Wärmebeständigkeit.
Hobeln von Polyvinylchlorid 280.
Hochfrequenzkabel 593, 594; -Nahtschweißmaschine 435.
Hochfrequenzerhitzung 287.
Hochfrequenzschweißung 402, 408, 409,
  435.
Hochpolymeres Polyvinylchlorid 47, 54,
  122; K-Wert 197, 570; Molekulargewicht 237; Polymerisationsgrad
  23; Weichmachung 162, 176.
Höchstmolekulares Polyvinylchlorid 47,
  582; Herstellung 36; Weichmachung
  155; zur Isolierung elektrischer Leiter 581.
Höhere Olefine 70.
Hohlkörper 309.
— aus nachchloriertem Polyvinylchlorid 314; Polyvinylchlorid 309, 310,

311, 312, 313, 314, 315; -Dispersionen 309, 311; -Lösungen 309; -Pasten 309, 311, 312; Vinylchlorid-Mischpolymerisaten 310, 313, 314.
Hohlkörper nach dem Blasverfahren 309, 314; Gießverfahren 309, 313, 314; Klebeverfahren 309; Preßverfahren 309, 314, 315; Tauchverfahren 309, 310, 311, 312, 313; Wickelverfahren 309, 314.
Holzbehälter, Auskleiden 535, 536, 539.
Holzöl 107.
Homogene Mischfäden 394; mit Cellulosederivaten 394.
Humanmedizin 614.
Hüte, Verpacken 510.
Hycar-Nitril-Kautschuk, Zusatz von Polyvinylchlorid 194.
Hydrocellulose, Zusatz zu Polyvinylchlorid 192.
Hydrochinon, Stabilisierung von Vinylchlorid 20.
Hydrophobieren
von Cellulosederivat-Folien 413, 414; gefärbten Fäden 391; Folien 391.

Igelit 617; für Kabelumhüllungen 594, 595; K-Wert 121, 343.
— MP 99, 579; Beständigkeit gegenüber Gasen 218; Biegefestigkeit 223; Chlorgehalt 203; dielektrischer Verlustfaktor 226; elektrische Eigenschaften 226; Erweichungspunkt 241; Farbe 220; Härte 223, 241; K-Wert 239; Laugenbeständigkeit 212; Löslichkeit 261; Marke A 118, 119; Marke AK 119; Marke D 99; Marke K 99, 119; Säurebeständigkeit 211; Schlagbiegefestigkeit 223; Verformungstemperatur 288; Wärmefestigkeit 224; Weichmacherzusatz 180, 566; Wichte 223; Zerreißfestigkeit 248.
— für Kunstleder 445.
— PC 118; Chlorgehalt 203; Dehnung 223; dielektrischer Verlustfaktor 225; Dielektrizitätskonstante 225; spezifischer Widerstand 225; Wichte 223; Zugfestigkeit 223.
— PCU 49, 118, 343, 364, 369, 439, 579; Biegefestigkeit 222; Chemikalienbeständigkeit 211; Chlorgehalt 202; dielektrischer Verlustfaktor 223; Dielektrizitätskonstanten 223; Durchschlagsfestigkeit 223; Durchschnittspolymerisationsgrad 24; Elastizitätsmodul 222; elektrische Eigenschaften 224; Erweichungspunkt 241; Feinfolio 365, 580; Glutsicherheit 224; Härte 222; K-Wert

239, 240, 267; Kerbschlagzähigkeit 222; Laugenbeständigkeit 212; Löslichkeit 261; M-Zahl 240; Marke F 120, 121; Marke R 324; -Paste 313; -Paste AH 267; -Paste El 267; -Paste F 25 300, 311, 421, 438, 452; -Paste G 267, 300, 311, 421, 438, 452; -Paste K 311, 421, 438, 452; -Paste M 5 311, 312; -Paste M 10 spezial 311, 312; -Paste M 25 300, 438, 452; -Paste M 25 spezial 311, 312; -Paste P 267, 317; -Paste S 452; Säurebeständigkeit 211; Schlagbiegefestigkeit 222; Verhalten gegenüber Gasen 218; Verlustwinkel 565; Warmfestigkeit 224; Zerreißfestigkeit 222.
Igelit-Feinwalzfolie 365, 366, 367; Eigenschaften 365, 366, 367; Wasseraufnahme 367; Wasserdampfdurchlässigkeit 367, 509, 510; für Verpackungsbehälter 513; Verpackungszwecke 509, 510, 513.
—-Folien 431.
—-Hartfolie 343.
—-Kabel 595.
—-Lösungen zum Abdichten von Lunkern 562.
Imperial-Trockner 268.
Imprägnieren
von Baumwolltuch 417, 418, 508; Faservliesen 450; Gewebe 415, 416, 147, 418, 508; Papier 410, 411, 412, 503, 504, 508; Pappe 412, 503, 504.
Imprägnierte Gewebe 415, 416, 417, 426, 428; für Regenmäntel 429, 430; Schirme 430; Schuhoberteile 467; Schürzen 430.
Inden 73.
Insektenfestigkeit der PC-Faser 392.
Insektenschutzgitter 554.
Intrasolvan 152.
Iroplast 118.
Isobutylen 61, 70.
Isobutylphosphat 148, 181.
Isobutylvinyläther 85.
Isocrotonsäure 98.
Isolationsfähigkeit von Weich-Igelit 595.
Isolationswiderstand von Protodur-H 595.
Isolatoren 601.
Isolierfolien 571, 572.
Isolierlacke 100.
Isoliermasse 1002 589.
Isoliermaterial 70, 100, 550, 573.
Isolierstoffe, elektrische 564, 570.
Isolierte Drähte 573, 574, 575, 576, 577, 588; Ausbessern von Fehlerstellen 587.

Isolierung von Drähten 573, 574, 575, 576, 577, 581.
Isophoron 261, 474.
Isopren 61.
Isopropylierte Naphthalinsulfonsäuren 42, 55.
Isovyl 377.
Itaconsäure 61, 109.
Itaconsäurediäthylester 62; -diäthoxydäthylester 113; -dibutoxyäthylester 113; -dibutylester 113; -didecylester 113; -diisoamylester 113; -diisobutylester 113; -diisopropylester 113; -dimethylester 62; -dioctylester 113.

Jodbutadien 74.
Jute, Imprägnieren 508; Kaschieren 507.

K-Wert 23, 343; Bestimmung 238; — von hochmolekularem Polyvinylchlorid 581; Igelit MP 239; Igelit PCU 239, 240, 267; Igelit PCU, Type F 121, 343; niedermolekularem Polyvinylchlorid 54; Polyvinylchlorid 55, 123, 185, 197, 238; Vinnol 239, 240, 343; Vinylchlorid-Mischpolymerisaten 238.
Kabel, Umspritzen 594.
Kabelendverschlüsse 600.
Kabelhüllen 594, 595, 596, 597, 598, 599, 600.
Kabelisolierlacke 589.
Kabelisoliermassen, Temperaturbeständigkeit 596; — aus Koroseal 589; Polyvinylchlorid 588; weichgestelltem Polyvinylchlorid 588.
Kabelisolierung 588, 589, 590, 591, 592; — mit Genotherm EL-Bändern 590; nachchloriertem Polyvinylchlorid 590; Polyvinylchlorid 588, 589, 590; Polyvinylchlorid-Folien 591, 592; Vinylchlorid-Mischpolymerisaten 100, 588, 589, 591.
Kabelleiter, Isolierung 588, 589, 590, 591, 592.
Kabelmantelmassen 594, 595, 596, 597, 598, 599, 600.
Kabelmuffen 600, 601.
Kabeltrennwände 600.
Kabelzubehörteile 600.
Kalandrierte Isolierfolien 571.
Kaliumpercarbonat 75, 82.
Kaliumperphosphat 75, 82.
Kaliumpersulfat 25, 34, 44, 56, 68, 75, 82, 102, 114.
Kältebeständige Filme 346, 350; Folien 346, 350, 369.
Kältebeständiges Kunstleder 446.

Kältebeständigkeit 243; Bestimmung 243; — von Bekleidungsfolien 432; Lacken 478; Mesamoll 166; Polyvinylchlorid-Mantelkabel 596; Polyvinylchlorid-Sohlen 463; weichgestelltem Polyvinylchlorid 146, 148, 150, 152, 153, 164, 166, 169, 171, 175, 181, 182, 446, 447, 578.
Kältefestigkeit von Kunstleder 446, 452; weichgestelltem Polyvinylchlorid 146, 148, 150, 152, 153, 446; weichgestellten Vinylchlorid-Mischpolymerisaten 148, 157, 169.
— und Weichmachergehalt von Polyvinylchlorid 180.
Kälteprüfgerät 244.
Kälteschlagwert von Bekleidungsfolien 433; Weichmipolam-Fischerfolie 433.
Kaltverformung 282, 285.
Kapselmikrophon 606.
Kapuzen 432.
Karton, Kaschieren 412, 505; Lackieren 412.
Kaschieren von Gewebe 420, 421, 422, 423, 424, 453; Karton 412; Metallfolien 507; Papier 411, 412, 453, 505, 506, 507; Pappe 412.
Kaschierte Gewebebahnen als Bodenbelag 611.
— Gewebe, Alterungsbeständigkeit 430; Lichtbeständigkeit 430; Verarbeitung 430; Wasserfestigkeit 430.
— Verpackungshüllen 505, 506, 507, 508.
Kaschiertes Papier 411, 505, 506, 507.
Katalytische Chlorwasserstoffabspaltung aus Dichloräthan 3, 4, 5; Chlorwasserstoffanlagerung an Acetylen 7, 8, 9, 10, 11, 12, 13, 14, 15, 16; Polymerisation von Vinylchlorid 30, 31, 32, 33, 34, 35, 36, 37, 38, 39, 40, 42, 43, 44.
Kauben 343.
Kautschuk, Verkleben 496.
Kautschukhaltiges Polyvinylchlorid 191.
Kautschukoberflächen, Lackieren 482, 483.
Keimbildung 21.
Kerbschlagzähigkeit von Igelit PCU 222; Polyvinylchlorid 222; Vinidur 222; Vinylchlorid-Mischpolymerisaten 223.
Kernleder, Veredlung 457.
Keton-Weichmacher 169, 170, 173.
Ketone 86.
Ketonharze, Zusatz zu Polyvinylchlorid 191, 200.
Kettenabbruch 21.
Kettenpolymerisation 22.

Kieselgur 12, 279.
Kieselsäuregel 5, 10, 12, 18.
Kinderspielzeug 315, 631.
Kitte 502.
Klebband 500.
Klebefilme 496.
Klebefolien 500, 501, 502.
Klebelösung PC 497, 535, 536, 545.
Kleben
    von Astralon 497, 498; Polyvinyl-
    chlorid 497; Polyvinylchlorid-Folien
    535, 536; Schuhsohlen 458, 460, 461;
    Vinidur 497; Vinylchlorid-Misch-
    polymerisaten 497.
Klebestreifen 500, 501, 502.
Klebstoffmischungen 498, 499, 500.
Klebstoffe 496, 497, 498, 499, 500, 505.
Klebstoffindustrie 496.
Klebstoffträger 500.
Kleidungsstücke aus Vinyon N-Garn
    436.
Klingelleitungen 573.
Klischee 521.
Kneter 186, 187.
Knetmasse 631.
Knitterfestigkeit von Kunstleder 445;
    Vinyon N-Faser 393.
Knitterzahl 355.
Ko-Kneter 187.
Kohlenwasserstoff-Weichmacher 170,
    171, 172, 184.
Kohlenwasserstoffe, Zusatz zu Poly-
    vinylchlorid 201.
Kohlenwasserstoffharze, Zusatz zu Po-
    lyvinylchlorid 191.
Kolophoniumester 200.
Kombinationsklebstoffe 500.
Kombinationslacke 490, 492, 493.
Kombinierte Dichtungen 561.
Kondensation von Acetylen und Chlor-
    wasserstoff 7, 8, 9, 10, 11, 12, 13,
    14, 15, 16, 17; mit festangeordneten
    Kontakten 8; suspendierten Kon-
    takten 14.
Kondensatoren 602, 603.
Kondensatorzwischenschichten 602, 603.
Konserven, Verpacken 515.
Konservendosen, Auskleiden 505; Lak-
    kieren 504, 505.
Konservieren
    — von Ausweiskarten 525; Bildern 525;
    Dokumenten 524, 525; Landkarten
    525; Zeichnungen 524, 525.
Kontaktschweißung 402, 407, 408, 434.
Kontinuierliche Polymerisation von Vi-
    nylchlorid 79.
Kopex-Verfahren 327, 549.
Kopf-Kopf-Schwanz-Schwanz-Struktur
    24.
Kopf-Schwanz-Struktur 24.

Korogel 118.
Korolac 118.
Koroseal, dielektrischer Verlustfaktor
    236; Dielektrizitätskonstante 236.
Koroseal-Folie 505.
Korrosionsfeste Schläuche 322.
Korrosionsschutz 532, 533.
Kraftleitungen 579.
Kragen aus Mehrfachgewebe 428; Steif-
    gewebe 428.
Kreiselgebläse 543.
Kreislaufpolymerisation 51.
Kunstleder 444; Abriebfestigkeit 451,
    454, 456; alterungsbeständiges 446,
    454, 456; faserhaltiges 449, 450;
    faservlieshaltiges 449, 450; Festig-
    keit 450; Kältebeständigkeit 446,
    453; Knickfestigkeit 446, 451; Licht-
    beständigkeit 446; makroporöses
    449; mikroporöses 449; Narben 450,
    453; Reißfestigkeit 450; trägerfreies
    447, 448, 449; trägerhaltiges 450,
    451, 452, 453, 454; Wasserfestigkeit
    451, 454, 456.
    — aus Polyvinylchlorid 444; und Nitro-
    cellulose 455; Polybutadien 454;
    Polyisobutylen 454.
    — mit Wildledereffekten 454.
Kunstleder-Erzeugnisse 455, 456, 457.
Kunstlederindustrie 444.
Künstliche Glieder 615.
Künstliches Roßhaar 438.
Kunstseidegewebe, mattieren 419.
Kunstseideindustrie 543.
Kunststoffindustrie 527.
Kurzzeit-Festigkeitswerte 319.
Kupferchlorür-Ammoniumchlorid-Kon-
    takte 16, 17.

Laboratoriumsmäntel 433.
Laboratoriumsschläuche 322.
Lackdispersionen 479, 481.
Lackdrähte 577.
Lacke 470; Anwendung 482; Dehnbar-
    keit 478; Herstellung 471; kälte-
    beständige 478; lichtbeständige 479;
    Verarbeitung 482; nach dem Spritz-
    verfahren 482; Streichverfahren 482;
    Tauchverfahren 482; Wasserbestän-
    digkeit 478.
    — aus nachchloriertem Polyvinylchlo-
    rid 471; Polyvinylchlorid-Pasten
    471, 484; Vinylchlorid-Mischpoly-
    merisaten 78, 79, 109, 113, 471, 472,
    473, 474, 475, 476, 477, 478, 480,
    484, 486, 487, 488, 489, 491; weich-
    gemachtem Polyvinylchlorid 477,
    478, 479.
Lackemulsionen 471, 478, 479, 480,
    481.

Lackieren
von Behältern 534; Bierkannen 504, 505; Cellulosehydrat-Folien 413, 414; Dosen 503; Drähten 577; Formkörpern 303, 304; Gewebe 428; Kartons 503; Kautschukoberflächen 482, 483; Konservendosen 504, 505; Metallfolien 503, 504; Metalloberflächen 484, 485, 486, 487, 488, 489; Papier 411, 503, 504; Papierbehälter 503; Pappe 503, 504; Pappebehälter 503; photographische Platten 524; Schildern 520.
Lackindustrie 470.
Lackleder 453.
Lacklösungen 471, 472, 473, 474, 475, 476, 477, 478, 479.
Lackpasten 481, 482.
Lackrohstoffe 22, 23, 107, 473, 476.
Lacktame, Mischpolymerisation mit Vinylchlorid 87; Weichmacher 295.
Lagerung von Vinylchlorid 20.
Lampenschirme 443.
Landkarten, Konservieren 525.
Längsbedeckung elektrischer Leiter 582, 583.
Längsbedeckungsverfahren 582, 583, 584.
Laugen, Behälter 515; Verpacken 515.
Laugenbeständigkeit 210; von Bekleidungsfolien 433; Decelith 212; Igelit 212; Mipolam 212, 218; Vinidur 210, 212; Vinylchlorid-Mischpolymerisaten 212, 217; weichgestelltem Polyvinylchlorid 217; weichgestellten Vinylchlorid-Mischpolymerisaten 217.
Laurochlornaphthalin 169.
Laurylperoxyd 67, 69, 75.
Lautsprechermembran 606.
Lebensmittel, Verpackung 502, 509, 511.
Leder, Überziehen 457, 458; Verkleben 496, 499.
Lederersatz, Geon-Polyblend 194.
Lederindustrie 457.
Lederoberfläche, Veredlung 457, 458.
Ledersohle, Veredlung 461.
Lederveredlung 45, 455.
Leinöl 107, 108.
Leitwalzen 543.
Leuchtbuchstaben 520.
Leuchtfarben 495.
Leuchtsätze für Leuchtsteren 528.
Lichtbeständige Folien 352, 353.
Lichtbeständiges Polyvinylchlorid 127, 169, 567.
Lichtbeständigkeit
von Fäden 382, 383; kaschierten Geweben 430; Lacken 478, 479; Polyvinylchlorid 125, 126, 127, 445;

Vinylchlorid-Mischpolymerisaten 89, 445; weichgestelltem Polyvinylchlorid 169, 174, 175.
Lichteinfluß bei der Keimbildung 21.
Lichtempfindlichkeit von Polyvinylchlorid 125.
Lichtleitungen 579.
Lichtpolymerisation von Vinylchlorid 27, 28, 56, 273, 326; Mischpolymerisaten 59, 77, 78, 100.
Liegematten 315.
Lindol 148.
Lineare Polyester, Zusatz zu Polyvinylchlorid 191, 198, 199.
Linoleumersatzstoffe 85.
Lithiumperoxyd 72, 95.
Lösliches Polyvinylchlorid 54, 55, 56, 57.
Löslichkeit
von Igelit 206; hochpolymerem Polyvinylchlorid 259, niederpolymerem Polyvinylchlorid 258; Polyvinylchlorid 257, 258, 259, 260; Vinylchlorid-Mischpolymerisaten 81.
Lösungen
von nachchloriertem Polyvinylchlorid 260, 583; Polyvinylchlorid 257, 258, 259, 260, 375, 451, 452; Vinylchlorid-Mischpolymerisaten 257, 260, 261, 262, 376.
Lösungseigenschaften 260, 261.
Lösungsmittel für Polyvinylchlorid 205, 257, 258, 259, 260, 348.
Lösungsmittelbeständigkeit
von Astralon 206; Guttasyn 208; Igelit 206; Mipolam 206; Polyvinylchlorid 205, 206; Vinylchlorid-Mischpolymerisaten 104, 205, 206; weichgestelltem Polyvinylchlorid 207; Weichmipolam 208.
Lösungsmittelfreie Pasten 267, 268, 269, 270, 271, 272, 273.
Lösungsmittelhaltige Pasten 266, 267.
Lösungspolymerisation 22, 27, 37, 38, 39, 40, 60, 183; von Vinylchlorid-Mischpolymerisaten 71, 100, 104.
Luftpumpen 543.
Luftrakel 421.
Luftraumisolierte Kabel 592, 593, 594; Abstandhalter 592, 593, 594; Umhüllung 596.
Luftschläuche 321.
Lumarith VN 119.
Lungenchirurgie 615.
Luvimal 119.
Luvitherm 118; -Bänder, Schuhoberteile 468; -Folie 34, 357, 365, 580; Bruchdehnung 365; Dehnung 366; Dicke 366; dielektrischer Verlustfaktor 572; Dielektrizitätskonstante 572; Formbeständigkeit 365, 366;

mechanische Eigenschaften 365, 366, 367; Stoßfestigkeit 366; Wasseraufnahme 367; Zerreißfestigkeit 366; -Folie G 365, 366, 367; Folie UG 365, 366, 367.

M-Wert 240.
M-Zahl 23; Bestimmung 340; — von Igelit 240; Vinnol HH 240.
Magnetische Massenkerne 602.
Magnetophonträger 630.
Makadam-Polyvinylchlorid-Zusatz 613.
Makroporöses Kunstleder 448.
Maleinsäure 108, 109; -anhydrid 108, 109; -diäthylester 54, 62, 110; -dibutylester 109, 110; -diheptylester 110; -dimethylester 62; -methylimid 113.
Manschetten 300, 557, 558, 559, 560, 561; aus Steifgewebe 428.
Marmelade, Verpacken 515.
Marvinol 118; Dehnung 222; Härte 222; Wichte 222.
Maschinenindustrie 562, 563.
Maschinenschutz 542, 543.
Matratzenmaterial 443, 444.
Mattgewebe 419.
Mauerwerk, Auskleiden 536, 537, 539.
Mechanisch widerstandsfähige Folien 354.
Mechanische Eigenschaften
    von Folien 356, 357, 358, 367, 368; Polyvinylchlorid 223; Polyvinylchlorid-Sohlen 463; Vinylchlorid-Mischpolymerisaten 221.
— Verarbeitung
    von Polyvinylchlorid 257; Vinylchlorid-Mischpolymerisaten 223, 257.
Medizin 614.
Medizinflaschen 515.
Mehrfachgewebe 426, 427, 428.
Mehrlagegewebe 426, 427, 428.
Mehrschichtfäden 395; -gewebe 424, 426; -Verpackungsmaterial 506.
Mehrstoffpolymerisation 59.
Melamin-Formaldehyd-Harz 200.
Mersolate, Emulgiermittel 43.
Mesaconsäure 109.
Mesaconsäureester 184.
Mesamoll 166, 215, 345, 565; Geliergeschwindigkeit 166, 247; physiologisches Verhalten 166, 319.
Mesamoll I 166, 181, 269, 558, 559, 643.
— H 166.
— HB 166, 463.
Mesityloxyd 348.
Metallbehälter, Auskleiden 535, 539.
Metalle, Verkleben 498, 500.
Metallfolien, Kaschieren 507; Lackieren 507.

Metallisierte Polyvinylchlorid-Folien 603.
Metalloberflächen, Lackieren 484, 485, 486, 487, 488, 489.
Metallrohre, Auskleiden 542; Isolierung 539, 540.
Methactylsäure 126; -allylester 106; -äthylester 62, 106; -butylester 62; -ester 62, 104, 105, 106, 107; -methylester 62, 104, 105, 106; -vinylester 106.
Methacrylylfluorid 83.
Methylbuten 70.
Methylbutinol 45.
Methyllävulinat 109, 189.
Mikrophon, Schutzfolien 606.
Mikrophotographie des Schnittes einer Schweißnaht 409.
Mikroporöses Kunstleder 448; Polyvinylchlorid 550.
Milch, Behälter 515; Leitungen 549.
Mineralölprodukte, Veredlung 525, 526; Weichmacher 170.
Mipolam 55; Bindemittel für Korund 619; für Dichtungen 558, 559; im Apparatebau 543.
—-Bahnen 609; -Dichtungen 558; -Fischerhemd 433; -Folien 345, 431; -Fußbodenbelag 608, 609, 610; Eigenschaften 609, 610; Verschweißen 609; -Platten 609; -Rohre 547.
— MP 119; Biegefestigkeit 223; Druckfestigkeit 223; Elastizitätsmodul 223; Glutsicherheit 224; Härte 223; Laugenbeständigkeit 212; Säurebeständigkeit 211, 216; Schlagbiegfestigkeit 223; Wärmefestigkeit 224.
— PCU 118; Chemikalienbeständigkeit 212; elektrische Eigenschaften 224; physikalische Eigenschaften 222, 224.
Mischester der Phthalsäure 152.
Mischfäden 393, 394; heterogene 395, 396, 397; homogene 394, 395.
Mischfasern 394.
Mischfolien 368, 369, 370.
Mischgewebe 401.
Mischlacke 490, 491, 492, 493, 494.
Mischpolymerisat-Dispersionen 498.
Mischpolymerisate, gefärbte 478.
Mischpolymerisation
    mit Acenaphthylen 73; Acetylen 63; Acetylencarbonsäure 87; Acetylenkohlenwasserstoffen 63; Aconitsäureester 113; Acroleindiacetat 86; Acrylsäure 87; Acrylsäureäthylester 99; Acrylsäurebutylester 99; Acrylsäurederivaten 60, 98, 99, 100, 101, 102, 104; Acrylsäureestern 98, 99, 100, 101, 102; Acrylsäureketoestern

100; Acrylsäuremethylester 101,102, 103; Acrylsäureoctylester 99, 100; Alkoholen 83; Alkoxyfettsäuren 96; Alkydharzen 115; Alkylidenacetessigester 128; Allylchlorid 83; aromatischen Kohlenwasserstoffen 73; Äthern 83; Äthylen 66, 67, 68, 69, 70; Äthylendicarbonsäuren 108, 109; Äthylendicarbonsäureestern 111, 143; Äthylentetracarbonsäuren 114; Äthylentricarbonsäuren 114; Butadienkohlenwasserstoffen 63, 64, 65; Carbazol 73; Chloracrylsäureester 102; Chlorbromäthylen 81; Chlorbutadien 74; Chlorfluoräthylen 81; Citraconsäure 109; Crotonsäure 98; Cumaron 73; Dichlormethylstyrol 82; Difluoräthylen 81; Dipropylenäther 85; Dioxolan 86; Diphenylmaleinsäure 109; Divinylacetylen 63; Divinylbenzol 66; Fettsäuren 107; Fumarsäure 109, 111, 112; Fumarsäureester 110, 112; Isobutylen 60, 70; Isobutylvinyläther 85 Isopren 65; Halogenbutadien 73; Halogenkohlenwasserstoffen 73; Ketonen 86; Kohlenwasserstoffen 63; Lactamen 87; Leinöl 107, 108; Maleinsäure 108, 109; Maleinsäureanhydrid 108, 109; Maleinsäureestern 54, 108, 109, 110, 111; Maleinsäuremethylimid 113; Mesaconsäure 109; Methacrylsäure 104, 105, 106, 107; Methacrylsäureestern 54, 105, 106; Methallylchlorid 82; Methylbuten 70; Olefindicarbonsäuren 108; Olefindicarbonsäureestern 108; Olefinen 70; olefinischen Oxoverbindungen 86; Olefinpolycarbonsäuren 114; Ölen 107, 108; Propylen 70; Säureanhydriden 114; Säuren 87; Standöl 107, 108; Styrol 70, 71, 72, 357; Tetrafluoräthylen 81, 82; Tetrahydrophthalsäureanhydrid 104; Trichloräthylen 81; Trifluoräthylen 81; Trivinylglyzerid 85; Vinylacetat 59, 87, 88, 89, 90, 91, 92, 93, 94, 95, 97; Vinylalkyläthern 84, 85; Vinylestern 87, 88, 89, 90, 91, 92, 93, 94, 96, 97, 184; Vinylfluorid 74, 75; Vinylidenchlorid 60, 76, 77, 78, 79, 80; Vinylketonen 60, 86; Vinylpyrrol 73.
Mischwalzwerk 186.
Möbelstoffe 444.
Modeartikel 432.
Modifizierte Polyvinylchlorid-Massen 192, 198.
Molekulargewicht 237, 282; von Polyvinylchlorid 23, 237; Vinylite 88.

Molekulargewicht und Polymerisationsgrad 23.
Molekülbau von Polyvinylchlorid 21.
Monoplex 11 153.
— DCP 150.

Nachbehandlung von Fäden 382, 383, 439; Folien 351, 352, 356, 357, 358, 359; Isolierfäden 571; Polyvinylchlorid 120; Schläuchen 320, 321; Vinylchlorid 19, 20; Vinylchlorid-Mischpolymerisaten 120; Vinyon N-Fäden 383.
Nachchlorierte Vinylchlorid-Mischpolymerisate 124, 125.
Nachchloriertes Polyvinylchlorid 120, 121, 122, 123, 124, 125, 444, 522; Chemikalienbeständigkeit 436; Chlorgehalt 120, 123, 202, 581, 590; Dehnung 223; dielektrische Eigenschaften 529; elektrische Eigenschaften 225; Farbe 220; färben 306; Filme 120, 346; Folien 327, 337, 346, 354, 355, 423, 444; Formkörper 295, 304; Gewebe 399; Klebelösungen 497, 498; Lacke 120, 471, 472, 477, 478, 484; Lösungen 120, 260; physikalische Eigenschaften 223; poröses 276; Umfärben 306.
— für Abstandhalter 593; Borsten 438, 439; Fasern 370; Rohre 323, 328, 329; Schallplatten 623; Schläuchen 319, 321; Zwischenschichten 529, 530.
— zur Drahtisolierung 575, 581; Gewebeimprägnierung 416; Kabelisolierung 590, 596; Veredlung von Teer 612, 613.
Nachchlorierung von Igelit 121; Polyvinylchlorid 120, 121, 122, 123, 124, 125, 370; Vinylchlorid-Mischpolymerisaten 124, 125.
Nahrungsmittel, Verpacken 502, 505.
Nahrungsmittelindustrie 539, 543.
Nahtschweißen 404.
Narbung von Kunstleder 450, 453, 454.
Naßdehnung von Vinyon-Fäden 393.
Naßfestigkeit von Fibrovyl-Fäden 393; PC-Faser 392; Rhovyl-Fasern 391; Vinyon-Fäden 393.
Naßspinnverfahren 371, 379, 380, 381.
Naturfasern, Polyvinylchlorid-Imprägnierung 395.
Naturkautschuk, Zusatz zu Polyvinylchlorid 200.
Neohekolit 119, 617.
Netze, Veredlung 441; aus PC-Fasern 441.
Netzstricknadeln 442.

Nicht-Ester-Weichmacher 566.
Nichteinreißbare
  Bänder 362, 363; Filme 352, 362, 363; Folien 352, 362, 363.
Nichtklebende Filme 352.
Nichtpolare Weichmacher 566.
Nichtverfärbbare Folien 352.
Niederpolymeres
  Polyvinylchlorid 54, 57, 120; Lacke 120, 471, 472; Molekulargewicht 23; K-Wert 54; Nachchlorierung 120; Polymerisationsgrad 54, 57.
Nitrocellulose, Zusatz zu Polyvinylchlorid 192.
Nora-Absätze 469.
—-Schuhe 470.
Noraplast 118.
Nubilosa-Verfahren 268, 274.
Nyhalam 119.
Nyhalit 118.

Oberflächenaktive Stoffe 11.
Oberflächenbeschaffenheit von Schläuchen 325.
Oberflächenwiderstand
  von Decelith 224; Igelit 224; Mipolam 224; Genotherm-Folie 581.
Oberleder-Austauschstoffe 467; Eigenschaften 467.
Oberschenkelprothesen 615.
Obst, Verpacken 505.
Ölbeständigkeit
  von Bekleidungsfolien 433; Polyvinylchlorid 318, 504; weichgestelltem Polyvinylchlorid 318.
Öle 107.
Olefindicarbonsäureester 108.
Olefindicarbonsäuren 108.
Olefinische Oxoverbindungen 86.
Olefinpolycarbonsäuren 114.
Ölfeste Schläuche 319.
Ölfeste Kabeln 600.
Ölzeug 433.
Operationsschürzen 433.
Optisches Glas 532.
Organische Peroxyde 31, 32, 33, 45, 70, 72, 73, 89.
Organisches Glas 530, 531.
Orsakoid 148.
Orthopädische Fußstützen 616.
Oxooctylphosphat 149.
Oxosynthese 149, 150, 152.
Oxycellulose, Zusatz zu Polyvinylchlorid 192.
Oxyessigsäureester 161.
Ozon 30, 31, 70, 72, 73, 113; Transport 549.
Ozonbeständigkeit 218, 564.
Ozonide 30, 73, 89.
Ozonisierte Lösungsmittel 39.

P-Sohle 461, 464, 465.
Palamoll I 175, 179, 188, 369, 588; Einarbeiten 188.
Palatinol 166, 463; Geliergeschwindigkeit 181, 247; physiologisches Verhalten 183.
— A 150.
— AH 150, 183, 267, 346, 565.
— BB 152, 181.
— C 149, 178, 181, 183, 215, 346.
— DP 176, 178, 183, 565; Geliergeschwindigkeit 178.
— F 150, 176, 181, 183, 215, 269, 346, 348, 565.
— HS 150, 176, 178, 181, 183, 269, 446.
— K 152, 176, 178, 215, 346, 446.
— L 152, 181.
— M 152, 183, 446.
— O 152, 181, 183, 346, 446.
— R 181.
Palmitylperoxyd 32.
Papier, Imprägnieren 508; Kaschieren 412, 505, 507; Lackieren 412, 505, 507; Überziehen 451; Veredlung 410, 411, 412.
Papierbehälter, Lackieren 503.
Papierindustrie 410.
Pappe, Kaschieren 412, 505, 507; Kleben 412, 496, 498; Lackieren 503, 504.
Pasten 266, 267, 268, 269, 270, 271, 272, 331, 631; Verarbeitung 378; auf Fäden 378; Folien 337, 338, 339, 340, 341, 342, 347, 349, 350, 355.
— aus Igelit MP 268; Vinnol 268.
Paßteile für Kunstglieder 615.
PC-Borsten 439; Eigenschaften 439, 440; elektrische Aufladung 441.
—-Faser 370; Anfärbbarkeit 388; Chemikalienbeständigkeit 393, 399, 436, 552; Dehnung 343, 440; Erweichungspunkt 383; Fadenfeinheit 392, 440; Festigkeit 392; Insektenfestigkeit 392; mechanische Eigenschaften 442; spez. Gewicht 392, 440; Thermoplastizität 392, 440; Verspinnen 392; Wärmeempfindlichkeit 383, 436.
— für Arbeitsschutzanzüge 436; Farbbänder 519; Filtergewebe 551, 554; Filterplatten 551; Fischereigeräte 441, 442; Ponchos 432; Schutzschürzen 436; Siebgewebe 551; Skianzüge 436; Winterunterwäsche 436.
—-Faser-Dichtung 560.
— 120-Faser 371; Beständigkeit 393; Erweichungspunkt 392; Herstellung 371; Verspinnen 399; Wärmebeständigkeit 383, 393, 399, 436; für Filtergewebe 555.

PC-Filtertücher 552, 553, 554, 555;
Bakterienfestigkeit 552; Beständig-
keit 552; Temperaturbeständigkeit
553.
—-Garn, Filterplatten 55.
—-Gewebe 399, 553, 554, 555.
—-Kleber 461, 469.
PCU-Faser 439; Chemikalienbeständig-
keit 393; Eigenschaften 383, 393;
Verspinnen 339.
Pedale 300.
Pentantriolester 158.
Perborate 40, 67 69.
Perbunan, Verträglichkeit mit Poly-
vinylchlorid 174 179, 188; Weich-
macher 179, 188; Zusammensetzung
175; Zusatz zu Polyvinylchlorid 193,
194, 195, 369.
—-Dioctylphthalat 179, 180; -Phthal-
säureester 179.
— NS 26 195.
— 35 NS 90 195.
Percarbonate 69.
Perdisulfate 45, 94, 102.
Peressigsäure 34, 67, 69, 110.
Perforierte Decelith-Folien 556; Folien
555; Platten 544, 605.
Permalon 118.
Peroxyd-Katalysatoren 32, 46, 76, 77.
Peroxyde 30, 31, 33, 34, 35, 36, 41, 44,
45, 70, 73, 76, 84, 90, 91, 98, 100,
110, 113; anorganische 31, 45, 73,
88; organische 31, 33, 45, 70, 72,
73, 88, 89, 90, 94.
Peroxydische Derivate der Crotonsäure
32, 60; Methacrylsäure 32, 60.
Persalze 30, 70, 73, 89, 100.
Persäuren 30, 34, 89, 100.
Persulfate 35, 67, 87, 110, 220, 343.
Perulan-Faser 439.
Pferdekummets 457.
Pflanzenschutzmittel 526.
Pflastergrundlage 615.
pH-Wert des wäßrigen Auszuges 228.
— von Vinylchlorid-Emulsionen 43, 44.
Pharmazeutische Industrie 543.
Phenol-Aldehyd-Harz 191, 199.
Phenylisostearat 158.
Phenylstearat 158.
Phosphorsäureester 147, 148, 149, 153,
180, 477; höhermolekularer Alkohole
176.
Photographie 521, 523, 524, 525.
Photographische Filme 75.
Photolithographie 522.
Photomechanische Druckverfahren 522,
523.
Phthalsäure-β-äthoxybutylalkoholester
152; -ester 149, 150, 151, 152, 153,
155, 156, 159, 170, 181, 346, 477,

566; -glykolsäurebutylester 152; -di-
äthylester 150; -hexylester 152, 177.
Physikalische
Eigenschaften 220; von Bekleidungsfolien 433; Igelit 220, 248; Marvinol
222; Mipolam 222; nachchloriertem
Polyvinylchlorid 223; Polyvinyl-
chlorid 222; Vinidur 222; -Folien
365; -Rohren 326; Vinylchlorid-
Mischpolymerisaten 223; weich-
gestelltem Polyvinylchlorid 248.
— Untersuchung 240.
Physiologisch einwandfreie Weich-
macher 166, 183, 227, 319, 431.
Physiologisches
Verhalten 227; von Elaol 227; Mesa-
moll 166, 183, 319; Palatinol 183;
Plastomoll 183; Polyvinylchlorid
227, 502; Trikresylphosphat 183,
227; Vinylchlorid-Mischpolymerisa-
ten 227.
Piassawa-Faser 438.
Pinguin-Schuhe 470.
Plastikmaker 187.
Plastile 611.
Plastische Dehnung und Weichmacher
147.
Plastizierung 190.
Plastogen 615.
Plastol DG 178, 181; Verträglichkeit
mit Polyvinylchlorid 178.
Plastomoll 164; physiologisches Ver-
halten 183.
Plastomoll AL 177.
— F 181.
— K 446.
— KF 160, 178, 183.
— TAH 164, 183, 269.
— TV 164, 183, 204, 215, 347.
Plastosyn 118.
Platten 287, 331, 570; gelochte 556;
Herstellung 331, 332, 333; kom-
binierte 333; Verarbeitung 287, 289,
299; Verschweißen zu Rohren 327.
— aus Astralon 607; Guttasyn 333;
nachchloriertem Polyvinylchlorid
331; Polyvinylchlorid 287, 331, 332,
333; Vinidur 332; Guttasyn 333;
Vinylchlorid-Mischpolymerisaten
331, 332; Vipla 332.
Plextol TOF 148.
Pohmon 119.
Polieren von Formkörpern 304.
Polsterindustrie 369.
Polstermaterial 442, 443; für Kraft-
wagen 443, 456, 457.
Polstermöbel 443, 456.
Polyacrylsäure 196, 197.
Polyacrylsäureester 197, 306, 530.
Polyamide 197, 198.

Polyäthylenglykolester 157.
Polybutadien 192.
Polychloropren 192.
Polydivinylbenzol 195.
Polyisoamylen 195, 196.
Polyisobutylen 174, 196, 454, 529.
Polyisoolefine 174, 196.
Polymerisat-Kunststoffe 192; -Weich-
macher 174, 175.
Polymerisation 27; katalytische 27.
— in Emulsion 27; Gegenwart von
Verdünnungsmitteln 27; Lösung 27;
Suspension 27.
— von Vinylchlorid 21; katalytische 25,
30, 31, 32, 33, 34, 35, 36, 38, 39, 40,
41, 43, 44, 45, 50, 51; — im Rollautoklaven 47; Schüttelautoklaven
47; Taumelautoklaven 47; — in
Emulsion 22, 27; Lösung 22, 27;
ozonisierten Lösungsmitteln 39; Suspension 22, 27; — mit Katalysatoren und Aktivatoren 38; Reduktionsmitteln 33, 47; Strahlen 22,
27; ultravioletten Strahlen 22, 27,
28.
Polymerisationsbeschleuniger 22.
Polymerisationsgefäße 51.
Polymerisationsgeschwindigkeit 22.
Polymerisationsgrad 23, 46, 48, 54; —
und Molekulargewicht 23; Polymeri-
sationstemperatur 23, 46; — von
hochpolymerem Vinylchlorid 23;
niederpolymerem Vinylchlorid 23;
Vinylchlorid-Mischpolymerisaten 88.
Polymerisationsmechanismus 21.
Polymerisationsreaktion 22.
Polymerisationstemperatur 29.
Polymerisationsverfahren 27.
Polymerisationsverlauf 21, 22.
Polymerisationsverzögerer 22.
Polymethacrylsäure 196.
Polymethacrylsäureester 197, 455.
Polymon 118.
Polystyrol 118.
Polyvinylalkohol, Emulgiermittel 42,
43, 94, 96, 101; Zusatz zu Poly-
vinylchlorid 307.
Polyvinyläther 47, 101, 188, 196.
Polyvinyläthyläther 196.
Polyvinylchlorid, Abriebfestigkeit 454,
469; Abtrennung 37; Acetalisierung
253; acetonlösliches 277; Alterungsbeständigkeit 454, 469, 502; Anfärbbarkeit 277; Aschebestandteile 203;
Aschebestimmung 229; Bakterienfestigkeit 441; Biegefestigkeit 222,
616; bleibende Dehnung 38; Brandprobe 228; Chemikalienbeständigkeit 208, 212, 441; chemische Beständigkeit 125, 204, 502; Stabilität
125, 233; Umsetzung 253; Untersuchung 228; Zusammensetzung
202; Chlorbestimmung 229; Chlorgehalt 202; Chlornachweis 228;
Chlorwasserstoffabspaltung 126, 131,
144, 224, 229, 230, 239; Dehnung
222; Dispersion 263; Durchschnittspolymerisationsgrad 23; Eigenschaften 120; Elastizitätsmodul 616; elektrische Eigenschaften 224, 225, 226;
Erweichungspunkt 223, 241; Farbe
220; Fäulnisbeständigkeit 441; flüchtige Bestandteile 229; Fluoreszenzfarbe 220; Fräsen 280; Füllstoff- und
Weichmachergehalt 180; füllstoff-
haltiges 279, 280; gefärbtes 53, 277,
278, 279; gekörntes 53, 276, 277;
Gelatinierung 297; Geruchslosigkeit
502; Geschmacklosigkeit 502; glasartiges 273; Härte 222, 240; Härtung 120, 140, 141, 142, 143, 144;
hitzebeständiges 567; hochmolekulares 23, 36, 54, 57; Infrarotspektrum 25; isolierende Eigenschaften
224, 550; K-Wert 54, 239, 296, 343;
Kaltverformung 285; lichtbeständiges 126; Lichtbeständigkeit 127,
445, 567; Lichtempfindlichkeit 127;
lösliches 54, 55, 56, 57; Lösungsmittelbeständigkeit 205, 206; M-Zahl
240; mechanische Eigenschaften 221;
Verarbeitung 257; Molekulargewicht
23, 268, 282; Molekülverband 26;
Nachbehandlung 120; Nachchlorierung 120, 121, 122, 123, 124, 125;
niedermolekulares 23, 54, 57; Oberflächenbeschaffenheit 268; physikalische Eigenschaften 222; physiologisches Verhalten 226, 502; Plastizität
147; Polymerisationsgrad 23, 46, 48,
54; poröses 275, 276, 277, 316, 317,
318, 550, 622; Produktionskapazität
116, 117; pulverförmiges 38, 58, 273,
274, 275, 332; qualitative Untersuchung 228; quantitative Untersuchung 229; Quecksilbergehalt 203;
Reißfestigkeit 222; Röntgeninterferenzen 25; Salzbeständigkeit 212;
Säurebeständigkeit 198, 209; Schlagbiegefestigkeit 221; Stabilisierung
120, 125, 126, 127, 128, 129, 130,
131, 132, 133, 134, 135, 136, 137,
138, 139, 140; Struktur 24; thermische Eigenschaften 223; Stabilität
234, 235, 236, 237, 532; unlösliches
54, 57, 58; Untersuchung 228; Verarbeitbarkeit 469; Verarbeitung 253;
Verfärbung 125, 294; Verformung
280, 283, 287, 288, 289, 290, 291, 292,
293, 294; Vergilbung 126; Vergrau-

ung 126; Verhalten gegenüber Gasen
219; Verseifung 255. 256; — Verträglichkeit mit Alkydharzen 191,
198; Cellulosederivaten 303; Hydrocellulose 192; Ketonharzen 191, 200;
Kohlenwasserstoffharzen   201;
Kunststoffen 191, 192; linearen Polyestern 191; Naturkautschuk 192;
Nitrocellulose 455; Oxycellulose 192;
Perbunan 179, 193, 194, 195; Phenol-Aldehyd-Harzen 191, 199; Plastol DG 181; Siliconen 192; Tetrahydronaphthalin 170; Vulkanisierung 120; Weichmachern 145, 146,
147, 148, 149, 150, 151, 152, 153,
154, 155, 156, 157, 158, 159, 160,
161, 162, 163, 164, 165, 166, 167,
168, 169, 170, 171, 172, 173, 174,
175, 176; — Wärmebeständigkeit
126; Wärmeisolierung 550; Wärmestabilisierung 132; Warmverformung 286; Wasserbeständigkeit 204,
454; watteartiges 550; Zerfall 223;
Zerreißdehnung 38; Zerreißfestigkeit 38.
Polyvinylchlorid-Bahnen, Verschweißen 407.
—-Bänder 334; als Abstandhalter 593,
594; Klebstoffträger 500; Verbandstoffe 614, 615; für Schuhoberteile
468.
—-Bodenbelag 607, 610.
—-Dichtungen 559.
—-Dispersionen 263, 275, 340, 417; für
Hohlkörper 311.
—-Emulsionen 262; Aufarbeiten 52, 53,
274; Rohre 323; Trocknung 268;
Verdüsen 53, 140; Weichmacherzugabe 480.
—-Erzeugung 117.
—-Fäden 370; Anfärben 387; Färben
387; als Abstandhalter 593, 594;
für Filz 437; Platten 331; Prothesen
616; Schuhkappen 459; zur Kabelisolierung 588.
—-Feinwalzfolie 366.
—-Filme siehe Filme.
—-Folien 334; bedruckte 363, 443;
bemalte 364, 443; Bruchdehnung
358, 359; Dehnung 358; dielektrischer Verlustfaktor 580; Durchschlagsfestigkeit 580; Eigenschaften
358; elektrische Eigenschaften 580;
Elektronenperforierung 435; gefärbte 443; Isolationswiderstand
571; isolierende Eigenschaften 571;
nachbehandelt 351, 354, 355; Reinheitsgrad 571; Reißfestigkeit 358,
359; Spaltbarkeit 358; Streckung
359; Verarbeitung auf Fäden 373;

auf Formkörper 287, 289; Wasserdampfdurchlässigkeit 366; Zerreißfestigkeit 366; Zug-Dehnungs-Diagramm 365.
Polyvinylchlorid-Folien als Abdeckstoff 563; Abstandhalter 593, 594;
Dekorationsmaterial 443, 444; Pflastergrundlage 615; Träger für Klebstoffe 500; lichtempfindliche Schichten 523, 524; Verpackungsmaterial
509, 510.
—-— für Behälterverschlüsse 516;
Dosen 513; Platten 287, 331,
332; Prothesen 616; Säcke 513;
Schläuche 320; Schrumpfkapseln
517; Schuhoberteile 467; Treibriemen 561, 562; Tüten 513;
Verpackungsbehälter 509, 510,
515.
—-— in der Bekleidungsindustrie 429;
Lungenchirurgie 615.
—-— im Kunstgewerbe 543.
—-— zur Behälterauskleidung 534,
535, 536, 537, 538, 539; Isolierung elektrischer Leiter 582;
Metallrohrumkleidung 540, 541.
—-Formkörper 284; Lackieren 304;
Polieren 304.
—-Fußbodenbelag 607, 610.
—-Gehalt in Kabelmassen 251.
—-Gewebe 399; Färben 400, 401; Verarbeitung 436, 437; für Schuhkappen 459; Treibriemen 562; Verpakkungsbehälter 515.
—-Isoliermasse 565; dielektrische Verluste 568.
—-Kabel 596.
—-Kette 30.
—-Kunstleder 454, 455.
—-Lochplatten 555.
—-Lösungen 257, 258, 259, 260, 429;
Verspinnen 375, 376, 377, 378, 379,
380, 381, 382; für Hohlkörper 309;
Folien 335, 336; zur Behälterauskleidung 534.
—-Mäntel 594, 595, 596; Kältebeständigkeit 596.
—-Massen 191.
—-Pasten 266, 267, 301, 434, 631; Beständigkeit 270; Entlüftung 272;
Fließverhalten 252; Füllstoffgehalt
272; Gießfähigkeit 269; lösungsmittelfreie 267, 268, 269, 270, 271,
272; lösungsmittelhaltige 266, 267,
337, 338; Streichfähigkeit 269;
Tauchfähigkeit 269; Untersuchung
252; Viskosität 252, 270.
—-— aus Igelit 267; Vinnol 268;
Vinylchlorid-Mischpolymerisaten
267, 268.

Polyyinylchlorid-Pasten für Doublieren von Gewebe 424; Hohlkörper 309, 311, 312, 313; Kunstleder 452, 453, 456; Kunstsohlen 461; Lacke 481, 482; Reklamefiguren 631; Schläuche 320; Schuhe 470; Schwämme 316, 317; Stopfen 517.
—·— zum Abformen von Hochreliefs 522; Kaschieren von Gewebe 420, 421, 422, 423, 429.
—·-Perbunan 193, 194, 195, 299; Formkörper 299; Sohlen 462; Schuhabsätze 469; Verpackungsfolien 512.
—·-Platten 331; perforierte 605; Schneiden 281; für Akkumulatorenkasten 604, 605; Formkörper 209; Sohlen 463, 464, 465, 466; Verpackungsbehälter 515; zur Metallrohrumkleidung 540; Rohrherstellung 326, 327.
—·-Puppen 310, 315, 342, 343, 631.
—·-Rohre 547, 548; Beizen 545; Druckbeständigkeit 326; für Hausleitungen 549; Kondenswasser 549; zum Transport von Flüssigkeiten 549; zur Metallrohrumkleidung 540; Rohrauskleidung 542.
—·-Sohlen 462, 463, 464, 465, 466, 467; Abnützung 465; Dehnung 463, 464; Härte 463; Kältebeständigkeit 463; Kleben 461; poröse 465, 466; Wasserdampfdurchlässigkeit 465; Zerreißfestigkeit 463, 464.
—·-Tafeln 332; Schneiden 281.
Polyvinylidenchlorid 196.
Polyvinylisobutyläther 196.
Polyvinylmethyläther 196.
Ponchos 432, 436.
Porenausfüllung von Gußstücken 562, 563.
Porophor N 275, 316.
— 254, 316.
Poröse
Füllstoffe 277; Platten 557; Polyvinylchlorid-Füllmasse 622; Sohlen 465, 466.
Poröses
Polyvinylchlorid 275, 276, 277, 466, 622; Isoliermaterial 550; Schuhoberteil 468; Schwämme 316, 317, 318; Sohlen 465, 466; Stempelkissen 519; Stopfen 517; Träger für Heilmittel 614.
Pottmischer 186.
Prägefolien 520.
Presto-Schweißgerät 435.
Preßmassen 83, 288.
Preßverfahren 283, 287, 288, 299, 314, 315, 332.
Preßwerkzeug 242.
Profilschnüre 558.

Propargylester 97.
Propylen 70.
Prothelit 617.
Prothesen 615, 616.
Prothesenmaterial 615, 616, 617, 618.
Protodur-Draht 573.
— H 118.
— H-Isoliermasse 573; Dehnung 595; Isolationswiderstand 595; Kabelhüllen 594, 595; Kabelmantelmischung 595; spez. Gewicht 595; Zugfestigkeit 595.
Protodur H-Mantel 595, 596.
Puffer aus Igelit-Pasten 300; für Emulsionen 43, 44.
Pulverförmige Vinylchlorid-Mischpolymerisate 273.
Pulverförmiges Polyvinylchlorid 38, 58, 273, 274, 275, 332.
Pumpen 543.
Puppen 310, 315, 342, 343, 631.
PV-Farbstoffe 269, 278.
PVC 597.
Pyrogallol 20.

Qualitative Untersuchung 228.
Quantitative Untersuchung 229.
Quecksilberchlorid 8, 9, 11, 12, 13, 14, 15; -Aktivkohle-Kontakt 8, 9, 11, 13, 14; -Aluminiumhydroxyd-Kontakt 8; -Bariumchlorid-Kontakt 11; -Bimsstein-Kontakt 8; -Cerchlorid-Kontakt 12; -Doppelsalze 11; -Erdalkalichlorid-Kontakt 11; -Kieselsäuregel-Kontakt 8, 9; -Kupferchlorid-Kontakt 15; -Kupferchlorid-Zinkchlorid-Kontakt 16; -Oberflächenaktive Stoffe 8; -Tonerde-Kontakt 10; -Zinkchlorid-Kontakt 11.
—·-gehalt von Polyvinylchlorid 203.
—·-haltige Aktivkohle 9, 13, 14.
—·-halogenid-Erdalkalihalogenid-Kontakte 11.
—·-vanadat 12.

R.D.T.-Silber 118.
Rackelstreichmaschine 422, 452.
Rackelstreichverfahren 421.
Radiermassen 519.
Radiodrähte 573.
Randleder 459, 460.
Räumliches Modell von Polyvinylchlorid 25.
Reaktionsbehälter, Auskleidung 539.
Recken von Filmen 355, 356, 539; Folien 355, 356.
Regenbekleidungsfolie 432, 433; mechanische Eigenschaften 433.
Regencapes 432.

Regenerierung von Quecksilberkontak-
    ten 10.
Regenmäntel 429, 430, 432, 437.
Regenschutzkleidung 432.
Reibflächen für Zündhölzer 620.
Reinigung von Vinylchlorid 19.
Reißfestigkeit und Weichmachergehalt
    von Folien 180.
— von Folien 345, 358; Kunstleder
    451; Treibriemen 562; weichgestell-
    tem Polyvinylchlorid 149, 180.
Reißkraft von Folien 355.
Reklamefiguren 631.
Resolvin 617.
Resproid 119.
Reusenbügel 442.
Rettungsringe 315.
Reversibel dispergierbares Polyvinyl-
    chlorid 265, 266.
Revertex 43, 55.
Rhovy 377.
Rhovyl-Faser 377; Dehnung 391;
    Festigkeit 391; für Fischereigeräte
    442; Schutzkleidung 436.
Ricinusöl 161, 176, 346, 447.
Ricinusölsäureester 161, 346.
Rohrarmaturen 543.
Rohrbiegen 544.
Rohre 323, 570; Auskleidung 533, 543;
    gefärbte 328; Herstellung 323, 324,
    325, 326, 327, 328, 329, 330; Ober-
    flächenbeschaffenheit 325; Tempera-
    turbeständigkeit 328; Umkleidung
    540, 541, 542.
— aus Igelit 324; imprägnierten Ge-
    webebahnen 329; nachchloriertem
    Polyvinylchlorid 323, 328, 329;
    Polyvinylchlorid-Dispersionen 323;
    Pasten 323; Platten 327; Vinidur 8,
    54, 326, 545, 546, 547; Vinylchlorid-
    Mischpolymerisaten 327, 328, 329;
    weichgestelltem Polyvinylchlorid
    323.
— mit Drahtgewebe 329; Textilgewebe
    329.
Rohrabzweigstücke 546.
Rohrauskleidung 542.
Rohrbogen 546.
Rohrleitungen 543, 547, 548, 549, 550;
    Verlegen 547.
Rohrreduzierstücke 546.
Rohrumkleidung 540, 541, 542.
Rohrverbindungen 545, 546.
Rokodenta-Kolloid 617.
Rollautoklav 47.
Rollenkneter 188.
Romadurkäse, Verpacken 506.
Röntgeninterferenzen von Polyvinyl-
    chlorid 25.
Rostschutzanstrich 476.

Roßhaarähnliche Fasern 440.
Rotogravür-Maschine 364.
Rückfederung von Mipolam-Fußboden-
    belag 610.
Rührwerksbehälter, Auskleidung 539.
Rundfunkgeräte 606.
Rüttelvolumen, Bestimmung 240.

Säcke 50, 509, 510.
Sägen von Polyvinylchlorid-Massen 280,
    281.
Salzbeständigkeit 212; von Vinidur
    213; weichgestelltem Polyvinylchlo-
    rid 217, 218; weichgestellten Vinyl-
    chlorid-Mischpolymerisaten 218.
Salzsäure, Transportleitungen 549.
Sandalen 470.
Saran 80, 119; -Faser 373; -Folie 368;
    Gasdurchlässigkeit 368.
Säureanhydride 114.
Säureanzüge 433.
Säurebehälter 515.
Säurebeständigkeit
    von Astralon 211; Decelith 211;
    Guttasyn 217; Igelit 211; Mipolam
    211, 216; Polyvinylchlorid 209, 210,
    211; Vinidur 209, 210; Vinylchlorid-
    Mischpolymerisaten 211; weich-
    gestelltem Polyvinylchlorid 215,
    216; weichgestellten Vinylchlorid-
    Mischpolymerisaten 216.
Säuren 87.
Schabebäume 544.
Schachfiguren 631.
Schädlingsbekämpfungsmittel 526.
Schallisolierende Massen 277.
Schallplatten 622, 623, 624, 625, 626,
    627, 628, 629, 630; aus Decelith-
    Folien 625; nachchloriertem Poly-
    vinylchlorid 623, 624, 627; Poly-
    vinylchlorid 622, 623, 624, 625,
    626; Vinylchlorid-Mischpolymeri-
    saten 623, 625; Vinylite VYHH 625,
    626.
Schallplattenmassen, Veredlung 629,
    630.
Schaltdrähte 577.
Schaltleitungen 574, 580.
Schaltlitzen 577.
Schaufelräder 543.
Scheiblerfilter 553.
Scheuerfestigkeit von Isovyl 377.
Schiffskabeln 596.
Schilder 519, 520; aus Astralon 519,
    520; Polyvinylchlorid 519, 520;
    Prägefolien 520; Vinidur 519; Vi-
    nylchlorid-Mischpolymerisaten 519,
    520.
Schirme 430; für Transparentprojek-
    tion 606.

Schlagbiegefestigkeit 221; von Igelit 221; Mipolam 221; Polyvinylchlorid 221, 282; Vinylchlorid-Mischpolymerisaten 76, 223.
Schlagpreßapparatur 290.
Schlagpreßverfahren 283, 287, 290, 291, 292, 464.
Schläuche 318, 319, 320, 321, 322; chemikalienfeste 318, 322; knitterfeste 318, 321; ölfeste 318; ummantelte 321; aus Geon-Polyblend 194; höchstmolekularem Polyvinylchlorid 318; nachchloriertem Polyvinylchlorid 318, 321, 586; Polyvinylchlorid 318, 586; Vinylchlorid-Mischpolymerisaten 318, 321, 586; mit Gewebeeinlagen 321.
Schlauchisolation 585, 587.
Schlauchisolierte Drähte 586, 587.
Schlauchspritzmaschine 319, 320.
Schleifkörner, Bindemittel 619, 620.
Schleifmittel 619, 620.
Schmelzverfahren 345.
Schmiermittel, Veredlung 525, 526.
Schmieröl, Veredlung 525, 526.
Schmirgelpapier 619.
Schneckenspritzmaschine 350, 578.
Schnüre 398, 399, 444.
Schnürriemenenden 458, 459.
Schnürsenkel 458.
Schrägsitzventile 547.
Schreibmaschinenhüllen 519.
Schreibmaschinenwalzen 519.
Schrumpfen von PC-Gewebe 349.
Schrumpfkapseln 516.
Schuhabsätze 468, 469.
Schuhbesatz 458, 460.
Schuhe 458.
Schuhfutter 459.
Schuhindustrie 458.
Schuhkappen 458, 459.
Schuhkleber 469.
Schuhoberteil 467, 468, 469.
Schuhsteifkappen 459.
Schuhwerk 469, 470.
Schürzen 430, 433.
Schußleitungen 573.
Schutzhülle für Schnurringstopfbüchsen 560.
Schutzkappen für Bergarbeiterschuhe 459.
Schutzkleidung 435.
Schutzmaskengläser 532.
Schutzschicht für photographische Emulsionen 524.
Schwachstromleitungen 581.
Schwämme 316, 317, 318; feinporige 317; grobporige 317.
Schweißbeständige Mehrschichtstoffe 428.
Schweißen 402; autogenes 402, 403, 404, 405, 406, 407; der Stumpfnaht 404; von Rohren 545.
Schweißgeräte 434.
Schweißgeschwindigkeit 405.
Schweißlufttemperatur 403.
Schweißnaht, Eigenschaften 406.
Schweißvorrichtung 408.
Schwesterschürzen 433.
Schwimmer 543.
Schwimmtiere 315.
Sebacinsäureester 181.
Sebacinsaures Dibenzyl 153, 177, 578.
Segel 436, 441.
Seife, Verpacken 505, 511.
Selen 190.
Senf, Verpacken 507.
Sicherheitsglas 528, 531; Zwischenschichten 528, 529, 531.
Sidaphan 368.
Siebe 550, 553, 554.
Siebgewebe 553, 554.
Siebrückstand, Bestimmung 340.
Siegelmasse 518.
Sitzkissen 443.
Skianzüge 436.
Sohlen 462, 463, 464, 465, 466, 467; geschichtete 462.
Sohlenmaterial, Veredlung 461, 462.
Solvic 118.
Solvoplast 181.
Spachtelmassen 495.
Spanabhebende Bearbeitung 280, 281, 282, 443; Formung 280, 281, 282.
Spanlose Verformung 282, 283.
Speisewasserleitungen 549.
Sperrholz, Kaschieren 507.
Spez. Gewicht von PC-Fasern 392, 440; s. a. Wichte.
Spez. Isolationswiderstand von Folien 580.
Spielfiguren 631.
Spielzeug 310, 313.
Spielfiguren 631.
Spielzeug 310, 313.
Spinnbäder 543.
Spinnfaser aus nachchloriertem Polyvinylchlorid 376; Vinylchlorid-Mischpolymerisaten 387.
Spinntopfbatterien 543.
Spinnzylinder 543.
Spiralondraht 592.
Sportsweater 436.
Sprengtechnik 528.
Spritzgußartikel 83.
Spritzgußmaschine 301.
Spritzgußverfahren 283, 287, 292, 293, 294, 301, 302.
Sprödigkeit von Folien 354.
Spulenisolation 601.

Stäbe 330, 331.
Stabilisatoren 20, 22, 275, 277.
Stabilisieren von Vinylchlorid-Misch-
　　polymerisaten 126, 131, 136, 137.
Stabilisiermittel 127, 352; in Kabel-
　　massen 251.
Stabilisierung
　　von nachchloriertem Polyvinylchlo-
　　rid 136; Polyvinylchlorid 120, 125,
　　126, 127, 128, 129, 130, 131, 132,
　　134, 135, 136, 137, 138, 139, 140;
　　Vinylchlorid 20.
Stabilität, Bestimmung 233; chemische
　　125; thermische 234.
Standöl 107, 108.
Stanzen von Polyvinylchlorid-Massen
　　280.
Stapelfaser 373, 397, 398.
Steifgewebe 426, 427, 428.
Steingut, Kleben 496, 499.
Steinkohlenteeröl 171.
Stempelkissen 519.
Stopfen 517.
Stoßfestigkeit von Folien 366.
Strandbekleidungsstücke 432.
Strangpressen 324, 325.
Straßenbelag 612, 613.
Straßenteer 526.
Strecken von Fäden 383, 384; Folien
　　355, 356.
Streichfähigkeit von Pasten 268, 269.
Streichmassen für Gewebe 423.
Streichverfahren 456.
Strickereierzeugnisse 436.
Struktur von Polyvinylchlorid 24.
Strumpfwaren 436.
Styrol 61, 70, 71, 72.
Sulfochloride 165, 166, 177.
Suppenwürze, Verpackung 511.
Suspensionspolymerisation 22, 53, 54,
　　60; von Vinylchlorid 53, 54.

Tabak, Verpacken 505, 511.
Tabakwaren, Verpacken 505, 511.
Tabellen, Konservieren 525.
Tafeln 287.
Tapezierergewerbe 442, 443.
Täschnerindustrie 457.
Täschnerwaren 369, 456, 457.
Tauchfähigkeit von Pasten 269.
Tauchkörper 309, 310, 311, 312, 313.
Tauchverfahren 309, 310, 311, 312, 313,
　　315.
Taue 441.
Taumelautoklaven 47.
Technologische Untersuchung 241.
Tee, Verpacken 505.
Teer, Veredlung 526.
—-Asphalt-Mischungen 613.
Teilchengröße von Polyvinylchlorid 268.

Teilweise verseifte Polyvinylester 42.
Temperaturbeständigkeit
　　von Fäden 382; Kabelisoliermassen
　　566, 589, 596; PC-Filtergewebe 563;
　　Polyvinylchlorid 532; weichgestell-
　　tem Polyvinylchlorid 146.
Tenaglas 118.
Tennisschuhe 469.
Teolan P 565.
Tetraäthylblei 69.
—-fluoräthylen 81, 82.
—-hydrofuran 258, 260, 376, 377, 472,
　　473, 474, 480, 497.
—-hydrofurfurol 181.
—-hydrofurfurylchlorid 258, 472.
—-hydrofurfurylester 153, 154.
—-hydronaphthalin 180.
—-hydronaphthalinperoxyd 33.
—-hydrophthalat 158.
—-hydrophthalsäureanhydrid 114.
—-hydropyran 258, 472.
—-linperoxyd 67, 69.
—-methylblei 70.
—-phenylblei 75, 81, 567.
Textilgut 418.
Textilien 436; Verkleben 496.
Textilindustrie 414.
Tewenol 118.
Thermische
　　Chlorwasserstoffabspaltung aus Di-
　　chloräthan 6; Eigenschaften 223;
　　Nachbehandlung von Fäden 384;
　　Folien 355; Spaltung von Dichlor-
　　äthan 6; Stabilität 234; Bestimmung
　　nach Meixner 234; Zöhrer 236;
　　Methode Distillers Co. 237; Siemens-
　　Schuckert-Methode 235.
Thermisches Isoliermaterial 550.
Thermoplastisches Klebband 501.
Thermoplastizität von PC-Faser 392,
　　440.
Thermovyl 377, 397.
Thiobuttersäureester 164.
Tiefdruckwalzen-Verfahren 364.
Tiefziehverfahren 521.
Tischdecken 443.
Toluylperoxyd 32.
Tonwiedergabe 622.
Totector-Schuhe 459.
TP-Schweißgeräte 403.
Träger
　　für antiseptische Mittel 614; Heil-
　　mittel 614, 615; lichtempfindliche
　　Stoffe 523; photographische Emul-
　　sionen 523.
Trägerfreies Kunstleder 447, 448, 449.
Trägerhaltiges Kunstleder 450, 451, 452,
　　453, 454.
Transparente Folien 353.
Transportbänder 561, 562.

Treibmittel 275, 276, 279.
Treibriemen 561, 562.
Treibstoffeste Kabel 600; Schläuche 319, 321.
Tressengewebe 554.
Triäthanolamin-Ölsäureseife 43.
Triäthylenglykolester 346.
Triäthylhexylphosphat 148.
Triäthylphosphat 148, 152.
Tribenzoyltriglykol 149.
Tributylphosphat 148, 181.
Trichloräthan 6.
Trichloräthylen 38, 81.
Trichlorstyrol 83.
Trifluoräthylen 81.
Trifluorbromäthylen 81.
Triglykolamidsäureester 160.
Triglykolester 421.
Trikresylphosphat 148, 166, 169, 176, 177, 179, 181, 182, 185, 189, 191, 197, 204, 215, 225, 267, 269, 295, 296, 313, 316, 319, 345, 350, 353, 355, 363, 375, 381, 430, 431, 446, 463, 465, 467, 469, 563, 565, 567, 568, 578, 592, 615, 620, 631; Geliergeschwindigkeit 247; physiologisches Verhalten 183, 227.
—-Anthracen 178; -chloriertes Methylsterat 176; -Fettsäureester 176; -Palatinol 176.
Trikresylphosphathaltiges Kunstleder 446.
Trioctylphosphat 148.
Triphenylcarbinol 129.
Triphenylphosphat 148, 182.
Tripropylphosphat 148.
Trittschalldämpfung 610.
Trockenelemente 605.
Trockenfestigkeit von Fibrovyl-Faser 391; PC-Faser 392; Rhovyl-Faser 391; Vinyon-Faser 393.
Trockenklebestreifen 501.
Trockenspinnverfahren 371, 379, 380, 381, 382, 397.
Tuben 310, 515; für Senf 507; Zahnpasten 507.
Tunnelgewölbe, Abdichtung 614.
Tupfenkaschierte Folien 506.

Überziehen von elektrischen Leitern 577; Leder 457, 458; Papier 410, 411, 412.
Überzüge auf Metallen 434; Vulkanfiber 483, 484.
Überzugsmittel für Gewebe 84, 415, 416, 417, 418, 419, 420, 421, 422, 424, 426; Papier 84.
Ultraviolette Strahlen 27.
Umdruckverfahren 364.

Umesterung von Polyvinylchlorid 255.
Umfärben von Formkörpern 305.
Umflechten von Drähten 586.
Umhüllen von Farbstoffminen 518; Graphitminen 518.
Umhüllung von Bleimantelkabeln 599; Kabelmuffen 601.
Umkleidung von Metallrohren 540, 541, 542; Leitwalzen 543.
Ummantelung von Dichtungsschnüren 596; luftraumisolierten Kabeln 596; Zündschnüren 596.
Umsetzung von Acetylen mit Dichloräthan 18.
Umspritzen von Drähten 575, 577, 578, 579, 580; Kabeln 589; Leitern 575.
Umspritzte Drähte 577, 578, 579, 580; Biegefestigkeit 578; Festigkeit 578.
Umwickeln von Drähten 581, 584; Rohren 329; vernähten Sehnen 615.
Umwicklungsverfahren 581.
Unentflammbare Gewebe 419, 420.
Unlösliches Polyvinylchlorid 54.
Unterschenkelprothesen 615.
Untersuchung von Polyvinylchlorid 228; Polyvinylchlorid-Pasten 252; Vinylchlorid-Mischpolymerisaten 228; weichgestelltem Polyvinylchlorid 245.
Unvollständige Verseifung von Vinylchlorid-Vinylester-Mischpolymerisaten 256.

Velon 118.
Ventilatoren 543.
Ventile 547.
Verarbeitung von imprägniertem Gewebe 429, 430; kaschiertem Gewebe 430; Polyvinylchlorid 253, 469; Polyvinylchlorid-Folien 430, 431, 432; Vinylchlorid-Mischpolymerisaten 253.
Verbandstoffe 614, 615.
Verbindungsformen von Schweißungen 404.
Verbund-Verpackungsmaterial 506.
Veredlung von Anthracen 525; Bitumen 526, 612, 613; Fäden 383, 384, 385, 386, 387; Folien 351, 352; Formkörpern 302, 303; Hartpapier 411; Kernleder 461, 462; Mineralölprodukten 525; Papier 410, 411, 412; Pappe 412; Schallplattenmassen 626; Schmiermitteln 525, 526; Schmierölen 525

526; Sohlenleder 461; Teer 526;
Textilgewebe 414.
Veresterung von Vinylchlorid-Vinyl-
alkohol-Mischpolymerisaten 255.
Verfärbung
von Folien 359, 360, 361; Polyvinylchlorid 125, 294; Polyvinylchlorid-Formkörpern 305.
Verformung
von nachchloriertem Polyvinylchlorid 284, 295, 305; Polyvinylchlorid
282, 283, 284, 285, 286, 287, 289;
Vinylchlorid-Mischpolymerisaten
282; weichgestelltem Polyvinylchlorid 294, 295, 296.
Verformungstemperatur
von Astralon 288; Igelit 286; Polyvinylchlorid 324; Vinidur 286; Vinylchlorid-Mischpolymerisaten 286.
Vergilbung 126.
Vergrauung 126.
Vergußmassen 614.
Verkitten von Schleifkörnern 619.
Verkleben
von Astralon 497; Bekleidungsfolien 434; Folien mit Papier 505;
Glas 496, 499; Kautschuk 496;
Leder 460, 496, 498; Metall 498,
500; Papier 498, 505; Pappe 499,
505; Polyvinylchlorid 497; Schuhsohlen 460; Steingut 496, 499; Textilien 496; Vinidur 497.
Verlegen von Rohrleitungen 545.
Verlustwinkel
von Genotherm-Folien 581; Igelit
565; Polyvinylchlorid-Mischungen
565; Vinifol 58.
Vernähen von Bekleidungsfolien 434.
Verpacken
von Lebensmitteln 502, 505, 512;
Tabak 505, 511; Wein 502; Zahnpasten 507.
Verpackung
von Chemikalien 515; Früchten 511;
Genußmitteln 511; Hüten 510;
Kaffee 511; pharmazeutischen Artikeln 515; Reinigungsmitteln 505,
511; Seife 505, 511.
Verpackungsbehälter 508, 509, 510, 511,
512, 513; für Konserven 515; Marmelade 515; Milch 515.
Verpackungsfolien 509, 510, 511, 512;
aus Astralon 510; Genotherm 509;
Geon-Polyblend 512; Guttagena
512; Polyvinylchlorid 139, 509, 511,
512; Vinidur 509; Vinylchlorid-
Mischpolymerisaten 509.
Verpackungshüllen 505, 506, 507, 508.
Verpackungsmaterial 83, 84, 139; Lak-
kieren 503, 504, 505; Veredlung 503;

aus kaschierten Flächengebilden 505,
506, 507; lackiertem Papier 503.
Verschleißfestigkeit von Bekleidungsfolien 433.
Verschlußmaterial 516; für Fischkon-
serven 516; Marmeladegläser 516;
Senf 516.
Verschweißen
von Bekleidungsfolien 434; Folien
515; Platten 515.
Verseifte Vinylchlorid-Vinylacetat-
Mischpolymerisate 253; Acetalisierung 253, 254.
Verseifung
von Dichloräthan 2, 3; Polyvinylchlorid 255, 256; Vinylchlorid-Mischpolymerisaten 83, 84, 59, 255, 256.
Verspinnen von Polyvinylchlorid-Lösungen 375.
Verträglichkeit
von Polyvinylchlorid mit Alkydharzen 198, 199; Benzylnaphthalin
180; Dibenzyl 180; Hydrocellulose
192; Ketonharzen 200; Kohlenwasserstoffharzen 201; linearen Polyestern 199; Naturkautschuk 200;
Oxycellulose 192; Phenol-Aldehyd-
Harzen 199; Plastol DG 180; Siliconen 192; Vulkanol B 180.
— von Vinylchlorid-Mischpolymerisaten mit Melaminharzen 200; Phenolharzen 199; Polyestern 198.
— von Vinylchlorid-Vinylacetat-Mischpolymerisaten mit Cellulosederivaten 493.
Verwalzbarkeit, Bestimmung 242.
Verzögerer 22.
Verzweigung der Polyvinylchlorid-
Kette 26.
Vestinol AH 150, 176.
Vestolit 118.
Vierwalzenkalender 342.
Vinidur 118, 364; Biegefestigkeit 519;
Chemikalienbeständigkeit 519; Dielektrizitätskonstante 224; Härte
222; Laugenbeständigkeit 210; Salzbeständigkeit 213; Säurebeständigkeit 209, 210, 211; Schlagbiegefestigkeit 222; spezifischer Widerstand
224; Verformungstemperatur 286;
Verhalten gegenüber Gasen 218,
219; Verkleben 497; Wasserauf-
nahme 204; Wichte 222; Zugfestigkeit 222; für Absperrorgane 547;
Akkumulatorenkasten 604; Dichtungen 561; Rohre 326; Schilder 519,
520.
—Auskleidungsfolien 534.
—Folien 343, 365, 534, 580; Dehnung
365; dielektrischer Verlustfaktor 572;

Dielektrizitätskonstante 572; Dosen
513, 514, 515; Wasserdampfdurch-
lässigkeit 510; Zugfestigkeit 365;
zur Behälterauskleidung 534; Isolierung elektr. Leiter 580.
Vinidur-Grobfolien 513.
—-Platte 332, 333, 544.
—-Rohrbogen 546.
—-Rohre 325, 326, 545, 547, 548; Ab-
messungen 326; Dehnung 326; Kle-
ben 545; Zugfestigkeit 326.
—-MP-Rohre 545.
—-MP-Transparent-Rohre 547, 550.
—-Verpackungsfolie 509.
Vinifol 118; Eigenschaften 572.
—-Folien 367, 580; Bruchdehnung 367;
Dielektrizitätskonstante 572; me-
chanische Festigkeit 572; Ober-
flächenwiderstand 572; Verlustwin-
kel 572; Wasserdampfdurchlässig-
keit 510, 581; Zerreißfestigkeit 572;
Zugfestigkeit 367.
Vinnol 118.
— H 40 88, 474.
— HH 24, 49; K-Wert 239, 240;
M-Zahl 240; Verarbeitung auf Pasten
268; Weichmachen 180, 187.
Vinoflex-Lacke 478, 492, 520.
— MP 400 87; Lacke 494; Lösungen
261, 474.
— N-Lacke 473, 478.
— PCU 55, 472, 478.
Vinylacetat 87, 88, 89, 90, 91, 92, 93, 94,
95.
Vinyläthyläther 61, 84.
Vinylaz C 118.
— CA 119.
Vinylbutyrat 95.
Vinylchloracetat 95.
Vinylchlorid 1; Blockpolymerisation 29;
Brechungsindex 20; Bruttoformel 1;
Druck-Wärme-Polymerisation 29;
Emulsionspolymerisation 22, 41, 42,
43, 44, 45, 46, 47, 48, 49, 50, 51, 54,
55, 343; Herstellung 1; aus Acetylen
7, 8, 9, 10, 11, 12, 13, 14, 15, 16;
Dichloräthan 1, 2, 3, 4, 5, 6; Di-
chloräthylen 6, 7; Trichloräthylen 7,
8; — Katalytische Polymerisation
30, 31, 32, 33, 34, 35, 36, 37; Kon-
stitutionsformel 1; Lagerung 20;
Lichtpolymerisation 27, 28, 56;
Lösungspolymerisation 22, 27, 37,
38, 39, 40, 41; Mischpolymerisation
59; Molekülbau 21; Perlpolymerisation 53; Polymerisationsmechanismus 21; Reinigung 19; Suspensions-
polymerisation 53; Stabilisierung 20.
—-Acrylsäure-Mischpolymerisate 98;
Acrylsäureäthylester-Mischpolymeri-

sate 99; Acrylsäureester-Mischpoly-
merisate 98, 99, 100, 101, 102, 104,
412; Fluoreszenzfarbe 220; Härtung
143; Nachchlorierung 125; Stabilisierung 131; Verseifung 256; Weichmachung 188; — Acrylsäurenitril-
Mischpolymerisate 98, 100, 101, 102;
Acrylsäureoctylester-Mischpolymeri-
sate 114; Butadienkohlenwasserstoff-
Mischpolymerisate 619; Chlorbuta-
dien-Mischpolymerisate 613; Emulsion, p_H-Wert 43, 44; Maleinsäure-
Mischpolymerisate 136, 254; Malein-
säureanhydrid-Mischpolymerisate
136; Maleinsäureester-Mischpolyme-
risate 476, 591; Methacrylsäureester-
Mischpolymerisate 131, 179, 292.
Vinylchlorid-Mischpolymerisate, Acetalisierung 253, 254; Biegefestigkeit
223; Chemikalienbeständigkeit 208;
chemische Umsetzung 253; Untersuchung 228; Zusammensetzung 202;
— Chlorbestimmung 229; Dehnung
223; Dispersion 263; Drehen 281;
Druckfestigkeit 223; Eigenschaften
202; Elastizitätsmodul 223; elektrische Eigenschaften 226; Emulsionen
262, 263; Farbe 220; Fräsen 280, 281;
gefärbte 53, 277, 278; Härte 223;
Kerbschlagzähigkeit 223; Kleben
497; Lösungen 257; Lösungsmittelbeständigkeit 205, 206; mechanische
Eigenschaften 220, 222; Verarbeitung 257; Nachbehandlung 120;
nachchlorierte 124; physikalische
Untersuchung 241; physiologisches
Verhalten 227; Schlagbiegefestigkeit 209, 211; Schweißen 407; Sohlenmaterial 465; Stabilisieren 136,
137; Umsetzung mit Eiweißstoffen
254, Hydroxylamin 254; Verarbeitung 253, 288, 289, 292, 293, 297;
Verformungstemperatur 286; Verträglichkeit mit Formaldehyd-Har-
zen 200, Melamin-Harzen 200, Polyestern 198; Viskosität 237; Vulkanisierung 144, 145; Weichmacherzusatz 179; Wichte 223.
—-Vinylacetat-Mischpolymerisate 87,
88, 89, 90, 91, 92, 93, 94, 95; Acetalisierung 253, 254; Brechungsindex
88; Brinellhärte 88; Chlorgehalt 60,
203; Eigenschaften 88; Löslichkeit
260, 261; Molekülbau 59; nachchlorierte 124; Polymerisationsgrad
88; pulverförmige 274; reversibel
dispergierbare 266; Stabilisierung
126, 136; Verarbeitung 292; Verseifung 59, 84, 256; Wasseraufnahmefähigkeit 88, 204; Weichmacher 153,

157, 160, 164, 174, 179, 180; Zugfestigkeit 221; als Bodenbelag 611; Zahnersatz 618; für Dichtungsmassen 613, 614; Fäden 371, 372; Filme 337; Klebestreifen 501; Folien 337; Formabdruckmassen 527; Kunstleder 445; Lacke 471, 474, 475, 478, 484, 487, 488, 489; Schallplatten 625; Stäbe 330, 331; Steifgewebe 426, 427, 428; Verpackungszwecke 513; zum Lackieren von Drähten 575, Kannen 504, Kautschukoberflächen 482, Konservendosen 504; zur Gewebeimprägnierung 416, 417; Kabelisolierung 591.

Vinylchlorid-Vinylalkohol-Mischpolymerisate 83, 84; Acetalisierung 253, 254; Umsetzung mit Säuren 254; Veresterung 255.

—-Vinyläther-Mischpolymerisate 611, 625.

—-Vinylester-Mischpolymerisate 87, 88, 89, 90, 91, 92, 93, 94, 95, 96; Stabilisieren 131, 136; Verseifung 83; Weichmachung 189.

—-Vinylidenchlorid-Mischpolymerisate 76, 77, 78, 79, 80, 81; Chlorgehalt 203; Härtung 140, 141, 142, 143; Kaltverformung 285; Lösungsmittel 261; Nachchlorierung 124; Stabilisieren 135; Weichmachung 161, 167, 170, 177, 179; für elektr. Isolierstoffe 570; Folien 327, 334, 337; Lacke 78, 79, 473, 474, 480.

—-Vinylketon-Mischpolymerisate 86, 619, 623.

Vinylfluorid 61, 74, 75.

Vinylisobutyläther 61.

Vinylite Q 118.

— VYHH 88, 119.

— VYLF 88, 119.

— VYNS 88, 119, 194, 369.

— VYNW 88, 119, 174, 193, 194.

—-Lacke 474, 494.

Vinyllactame 87.

Vinylmethyläther 61.

Vinylmethylketon 61.

Vinyloctyläther 61.

Vinylpropionat 95.

Vinylstearat 95.

Vinylsulfamide 87.

Vinyon-Fäden 371; Dehnung 393.

—-Fasern 382.

—-Garn für Filtergewebe 554; Kleidungsstücke 436; Ponchos 436; Regenkleidung 436; Segel 436; Strumpfwaren 436.

—-N-Faser 372, 378, 398; Eigenschaften 393.

Vinyon-N-Garn 436, 555.

Vipla 118; Folien 343.

Viskosität, Bestimmung 237, 238, 252, 270.

Vollautomatische Polymerisationsanlage 48.

Vorhangstoffe 443.

Vorlagen 543.

Vorrichtung zum Umkleiden von Metallrohren 541; Verschweißen von Folienbahnen 407; zur Emulsionspolymerisation 51; Folienisolation elektr. Leiter 583; Längsbedeckung elektr. Leiter 584; Polyvinylchlorid-Abtrennung 37.

Vulkanfiber, Lackieren 482; Überziehen 482, 483.

Vulkanisierung 120, 121.

Vulkanol B 171, 180, 181, 565; Verträglichkeit mit Polyvinylchlorid 178.

Vulkanosol-Pulver-Farbstoffe 278.

Vydon 617.

Wachstuch 437, 438.

Wachstumsreaktion 21.

Walzengießverfahren 422.

Walzenlackierverfahren 422.

Walzfolien 342, 353, 357.

Walztemperaturen von Astralon 286; Igelit 286.

Walzverfahren 282, 287, 299, 580; Folienherstellung 335, 342, 343, 344, 345, 350, 580.

Wandbelag 607.

Wärmeausdehnung von Astralon 224; Mipolam 224.

Wärmebeständigkeit von Folien 345; Mipolam-Fußbodenbelag 610; nachchloriertem Polyvinylchlorid 124; PC-Fäden 436; PCU-Fäden 393; Polyvinylchlorid 125, 127, 567; Vinyon-Fäden 393; weichgestelltem Polyvinylchlorid 148, 150, 152, 157, 164, 178, 182, 578.

Wärmebeständige Folien 352, 353, 369.

Wärmebeständiges Polyvinylchlorid 125, 126.

Wärmedeformation, Bestimmung 242, 249.

Wärmedruckprüfung 249.

Wärmefestigkeit von Polyvinylchlorid-Kunststoffen 224; -Rohren 329.

Wärmeisolierende Massen 277.

Wärmepolymerisation 29, 89, 104.

Wärmestabilisierung von Filmen 353.

Warmverformung 282, 286, 287.

Wäsche aus PC-Faser 436.

Wasser-in-Öl-Emulsionen 100.

Wasseraufnahme
   von Feinwalzfolien 366, 367; Luvithermfolie 366; Vinidur 204; weichgestelltem Polyvinylchlorid 204.
Wasserbeständigkeit
   von kaschiertem Gewebe 418; Polyvinylchlorid 204; weichgestelltem
   Polyvinylchlorid 175, 204.
Wasserdampfdurchlässigkeit
   von Feinwalzfolie 366, 367, 509, 510;
   Protodur-Kabelmassen 595; Sohlen
   465; Verbund-Verpackungsmaterial
   506; Vinidur-Folie 510; Vinifol 510.
Wasserfestigkeit
   von kaschiertem Gewebe 430; Kunstleder 451; weichgestelltem Polyvinylchlorid 204.
Wasserleitungen 550.
Wasserlösliche Polyvinyläther 42.
Wasserstoffsuperoxyd 30, 31, 33, 34, 40,
   43, 44, 49, 50, 64, 65, 68, 70, 71, 72,
   74, 75, 77, 80, 87, 89, 90, 94, 95, 96,
   101, 103, 106, 108, 114, 220.
Weich-Igelit, elektr. Eigenschaften 225;
   für Dichtungen 558.
—·— 1014, Abdeckstoff 408.
—·——Dichtungen 561; Kurzzeit-Festigkeitswerte 559.
—·——Folien 347, 349; Bruchdehnung
   347, 348; Zerreißfestigkeit 347,
   348; — -Folien 347, 349; —
   -Schläuche 319; Eigenschaften
   319.
Weichgestellte
   Vinylchlorid-Mischpolymerisate 146;
   chem. Beständigkeit 208, 216, 217,
   218; plastische Dehnung 146; thermische Eigenschaften 223; Viskosität 146; Wasserfestigkeit 148.
Weichgestelltes
   Igelit, chemische Beständigkeit 216,
   217.
— Mipolam 217, 218.
— Polyvinylchlorid 146; Alterungsbeständigkeit 148; Biegsamkeit 154,
   175; Bestimmung des Weichmachergehaltes 251, der Weichmacherzusammensetzung 245; Chemikalienbeständigkeit 214, 215, 216, 217,
   218; chemische Untersuchung 245;
   Chlorbestimmung 245; dielektrische
   Eigenschaften 225, 226, 578; Eigenschaften 202; elektrische Eigenschaften 146, 182, 225, 226; Füllstoffzusatz 280; Geruchsstabilisierung 190; Kältefestigkeit 146, 148,
   150, 152, 153, 157, 164, 166, 171, 175,
   181, 182, 345, 578; Lichtbeständigkeit 175; Lösungsmittelbeständigkeit 204, 206; physikalische Unter-

suchung 248; physiologisches Verhalten 227; plastische Dehnung 147;
   Temperaturbeständigkeit 146; thermische Eigenschaften 223; Verformung 294, 297, 298, 299, 300, 301,
   302; Viskosität 222; Wärmebeständigkeit 148, 150, 152, 157, 164, 178,
   182, 578; Wasseraufnahme 204; Wasserbeständigkeit 175, 148; Weichheitszahl 249; Zugfestigkeit 154.
Weichheit 249; -Härte-Umrechnungs-
   kurve 250.
Weichheitszahl 249.
Weichmacher 145, 477, 565; Acetale
   169; acylierte Ricinusölsäureester
   161, 162, 176, 177; aliphatische Kohlenwasserstoffe 170, 171; Alkoxyalkylester 163; Alkylsulfonsäureester
   177; Aminocarbonsäureester 160;
   Anforderungen 182; Anthracen 171;
   aralkylierte Naphthaline 171; aromatische Kohlenwasserstoffe 170,
   171, 172; Äther 147, 167, 168, 169,
   172; Ätherester 161, 162; Auswahl
   180, 181, 182, 183, 318, 319; Bern-
   steinsäureester 153; chem. Zusammensetzung 147; chlorierte Fettsäureester 158, Naphthaline 172,
   529, Synthese-Kohlenwasserstoffe
   171, 172; Chlorkohlenwasserstoffe
   147, 171, 172, 179; Diarylester von
   Thiosäuren 165; Dicarbonsäureester
   153; Diesteramide 161; echte 147;
   Edelanu-Extrakte 170; Einarbeiten
   183, 184, 185, 186, 187, 188, 189, 190,
   296, 297, 447, 566; Einarbeitungstemperatur 185, 186, 187; Einbau
   146; Elaole 159, 160, 178, 269; Ester
   aromatischer Säuren 149, von Thioäthern 164, 165, 595; Fettsäureester
   156, 157, 158, 159, 160; Gelierfähigkeit 148, 178, 246, 247; Geliergeschwindigkeit 166, 247; halogenierte Alkylbiphenyle 172, Alkylnaphthaline 172, 529; Halogenmethyläther 168, 446; Kältefestigkeit 166, 446; Ketone 147, 169, 170,
   173; Kohlenwasserstoffe 147, 170,
   171, 172; Lösungsmittelwirkung 148;
   Mischester der Phthalsäure 152;
   Mischpolymerisate 174, 175; nicht-
   gelierende 269; nichttrocknende Alkydharze 175; Oxalsäureester 177;
   Oxysäureester 174; Palamoll I 175;
   Pentratriolester 158; Perbunan 170;
   Phosphorsäureester 147, 148, 149,
   153, 295, 477; Phthalsäureester 149,
   150, 151, 152, 153, 155, 156, 159,
   446, 477; physiologisches Verhalten
   182, 183, 431; polare 565; Poly-

aminopolyessigsäureester 161; Polyäthylenglykolester 157; Polycarbonsäureester 153; Polymerisate 174, 175; Ricinusöl 161, 176, 346, 447; Ricinusölsäureester 161, 162; Steinkohlenteeröle 171; Sulfonsäureester 165, 166; synthetische Fettsäureester 159; Tetrahydrofurfurylester 154; Thiobuttersäureester 164; Verträglichkeit 181; Vorlauffettsäureester 159; Wirksamkeit 181.
Weichmacher ABC 180.
— BXX 446.
— DOP 152.
— ED 133, 140, 154, 181, 236, 242, 356, 431, 565.
— GP 233, 154.
— H 446.
— J 182, 565.
— JW 36 181.
— KZ 47, 49, 51, 181.
Weichmacherfreie Filme 335; Folien 335.
Weichmachergehalt
    Bestimmung 245; von Kabelmassen 597; Polyvinylchlorid-Sohlen 463.
Weichmachergemische 175, 176, 177, 178, 179, 295.
Weichmacherhaltige
    Filme 345; Folien 345; Kabelmassen 250; Untersuchung 251.
Weichmachermenge 179, 180; und Dehnung 180; Kältefestigkeit 180; Reißfestigkeit 180.
Weichmacherzusammensetzung, Ermittlung 245, 246.
Weichmacherzusatz 180, 184, 558, 566.
Weichmipolam 544; Abdeckstoff 563; Beständigkeit 207; Chemikalienbeständigkeit 215; Kältefestigkeit 215; Korrosionsfestigkeit 544; Löslichkeit 207; Lösungsmittelbeständigkeit 207, 208; Wasserbeständigkeit 254.
—-Fischerfolie 433; Eigenschaften 433.
Weichstellende
    Wirkung von Hexylphosphat 181; Isobutylphosphat 181; Palatinol-Weichmacher 181; Plastomoll-Weichmacher 64, 181; Tributylphosphat 181; Trikresylphosphat 182; Weichmacher ED 181; Weichmacher KZ 181.
Welvic 118.
Werner-Pfleiderer 186, 187, 269.
Weschulin 119.
Wichte
    von Astralon 223; Igelit 222, 223; Marvinol 222; Mipolam 222, 223;

nachchloriertem Polyvinylchlorid 223; Vinidur 223.
Wickelverfahren 314; zur Rohrherstellung 327; Schlauchherstellung 310.
Widerstände 602.
Wiederbelebung erschöpfter Quecksilber-Kontakte 10.
Windelhöschen 430.
Wintersocken 436.
Winterwäsche 436.
Wirksamkeit der Weichmacher 146.
Wismutchlorid-Aktivkohle-Kontakt 11.
Wyglas 119.

Xylenylstearat 158.

Zähigkeit von Mischpolymerisaten 112.
Zahnpasten, Verpacken 507.
Zahnprothesen 616, 617, 618.
Zeichnungen, Konservieren 524, 525.
Zellstoffindustrie 543.
Zeltbahnen 436.
Zerfall von Polyvinylchlorid 223.
Zerreißdehnung von Polyvinylchlorid 38; Weichmipolam-Fischerfolie 433.
Zerreißfestigkeit
    Bestimmung 248; von Feinwalzfolie 366; Igelit 248, 249; Luvitherm-Folie 366; Polyvinylchlorid 38, 222, 248; -Hohlkörpern 313; -Dohlen 463, 464; Regenbekleidungsfolien 433; Vinifol-Folie 572; Weich-Igelit-Folien 347, 348.
Ziehen von Dosen 513, 514.
Ziehpreßverfahren 287, 289, 299, 300.
Ziehwerkzeuge 514.
Zulässige Beanspruchung der Schweißnaht 407.
Zug-Dehnungs-Diagramm 368.
Zugfestigkeit
    Bestimmung 243, 244; von Bekleidungsfolien 432; Dichtungsschnüren 559; Igelit 221, 223; Mipolam 221; Polyvinylchlorid-Borsten 439; Vinidur 222; -Folien 365; -Kabelmasse 595; Vinylchlorid-Mischpolymerisaten 113, 221.
Zünderdrähte 573.
Zündkerzen 620, 621.
Zündschnur 596.
Zusammensetzung
    von Polyvinylchlorid 202; Vinylchlorid-Mischpolymerisaten 60, 83, 84, 202; Vinylite 88.
Zwischenschichten
    bei photographischen Filmen 523; für Kondensatoren 603; Sicherheitsglas 84, 528, 529, 530.